中国社会科学年鉴

中国生态文明建设

丰鉴

2016

YEARBOOK OF CHINA'S ECOLOGICAL CIVILIZATION CONSTRUCTION

中国社会科学院生态文明研究智库

中国社会科学出版社

图书在版编目（CIP）数据

中国生态文明建设年鉴.2016／潘家华等著.—北京：中国社会科学
出版社，2016.10
ISBN 978 - 7 - 5161 - 9015 - 9

Ⅰ.①中…　Ⅱ.①潘…　Ⅲ.①生态文明—建设—中国—2016—年鉴
Ⅳ.①X321.2 - 54

中国版本图书馆 CIP 数据核字(2016)第 237642 号

出 版 人	赵剑英	
责任编辑	马志鹏　张靖晗　孙铁楠等	
责任校对	林福国	
责任印制	张雪娇	

出　　版	中国社会科学出版社
社　　址	北京鼓楼西大街甲 158 号
邮　　编	100720
网　　址	http://www.csspw.cn
发 行 部	010 - 84083685
门 市 部	010 - 84029450
经　　销	新华书店及其他书店

印刷装订	三河市东方印刷有限公司
版　　次	2016 年 10 月第 1 版
印　　次	2016 年 10 月第 1 次印刷

开　　本	787 × 1092　1/16
印　　张	62.5
插　　页	2
字　　数	1599 千字
定　　价	350.00 元

凡购买中国社会科学出版社图书，如有质量问题请与本社营销中心联系调换
电话：010 - 84083683

《中国生态文明建设年鉴》编委会

主　　任　蔡　昉　解振华

学术顾问　（排名按姓氏拼音字母顺序排列）

董恒宇　内蒙古自治区政协副主席

杜祥琬　中国工程院院士，中国工程院原副院长

高培勇　中国社会科学院学部委员，财经战略研究院院长

金　碚　中国社会科学院学部委员

刘燕华　国务院参事，国家科学技术部原副部长

秦大河　第十二届全国政协常委，中国科协副主席，中科院院士

仇保兴　国务院参事，国家住房和城乡建设部原副部长

田雪原　中国社会科学院学部委员

万本太　国家环境保护部原总工程师

王会军　中科院院士，中国科学院大气物理研究所所长

汪同三　中国社会科学院学部委员

张晓山　中国社会科学院学部委员

朱　玲　中国社会科学院学部委员

编委会委员　（排名按姓氏拼音字母顺序排列）

巢清尘　国家气候中心副主任

陈　迎　中国社会科学院城市发展与环境研究所可持续发展经济研究室主任，研究员，中国社会科学院可持续发展研究中心副主任

陈洪波　中国社会科学院城市发展与环境研究所副研究员，中国社会科学院可持续发展研究中心副主任

单菁菁　中国社会科学院城市发展与环境研究所城市规划研究室主任，研究员

胡兆光　国家电网能源研究院副局级调研员，首席能源专家

李　周　中国社会科学院农村发展研究所原所长，研究员

李春华　中国社会科学院城市发展与环境研究所党委书记

李国庆　中国社会科学院城市发展与环境研究所研究员

李景国　中国社会科学院城市发展与环境研究所研究员

李　萌　中国社会科学院城市发展与环境研究所环境经济与管

理研究室副主任

李怒云　国家林业局气候办常务副主任，中国绿色碳汇基金会秘书长

李　迅　中国城市规划设计研究院副院长，中国城市科学研究会秘书长

李晓西　北京师范大学学术委员会副主任，教授

梁本凡　中国社会科学院城市发展与环境研究所研究员，中国城市经济学会秘书长

刘治彦　中国社会科学院城市发展与环境研究所研究员

罗　勇　中国社会科学院城市发展与环境研究所研究员

马　援　中国社会科学院科研局局长

倪鹏飞　中国社会科学院财经战略研究院院长助理，中国社会科学院城市与竞争力研究中心主任，研究员

秦尊文　湖北省社会科学院副院长、研究员

盛广耀　中国社会科学院城市发展与环境研究所城市与区域管理研究室主任，副研究员

宋迎昌　中国社会科学院城市发展与环境研究所研究员、所长助理

魏后凯　中国社会科学院农村发展研究所所长，研究员

魏一鸣　北京理工大学管理与经济学院院长，教授

吴大华　贵州省社会科学院院长、研究员

王　毅　中国科学院科技政策与管理科学研究所所长，第十二届全国人民代表大会常务委员会委员

王业强　中国社会科学院城市发展与环境研究所土地经济与不动产研究室副主任，副研究员

徐华清　国家应对气候变化战略研究和国际合作中心副主任

于宏源　上海国际问题研究院比较政治与公共政策研究所所长、研究员

张安华　中国华能集团高级经济师，华能国际企业文化部副总经理

张车伟　中国社会科学院人口与劳动经济研究所所长，研究员

张世秋　北京大学环境科学与工程学院副院长，教授

张希良　清华大学能源环境经济研究所所长，教授

张晓晶　中国社会科学院城市发展与环境研究所（副局级干部），研究员

周宏春　国务院发展研究中心社会发展研究部室主任

《中国生态文明建设年鉴》编辑部

编辑说明

生态文明建设是中国特色社会主义事业的重要内容，关系人民福祉，关乎民族未来，事关"两个一百年"奋斗目标和中华民族伟大复兴中国梦的实现。党中央、国务院高度重视生态文明建设，先后出台了一系列重大决策部署，推动生态文明建设取得了重大进展和积极成效。

目前，国内外各界都非常关注中国生态文明建设的进展情况，急需全面了解与把握近年来国际国内生态文明建设进展，急需了解各部门各行业在生态文明建设领域的进展及各学科各专业在生态文明研究方面的动态，需要经常查找政府颁布的相关重要法规文献。因此，编辑出版《中国生态文明建设年鉴》具有较强的现实意义。

《中国生态文明建设年鉴》由中国社会科学院生态文明研究智库负责组织编写，由中国社会科学院资助出版。

作为《中国生态文明建设年鉴》的第一本——《中国生态文明建设年鉴（2016）》，主要具有以下特点：

一是重视综述。由于这本年鉴属于第一本，为了方便读者全面把握中国生态文明的建设情况，年鉴内容不仅重视介绍中国生态文明建设的一项项政策法规、一次次重要的活动，也重视对以往生态文明建设取得的成效及不足进行综述。希望能为读者在较短时间内全面把握中国生态文明建设情况提供有益的帮助。

二是以2014年、2015年两年为重点。2014、2015两年是中国生态文明建设快速发展的两年，其中，尤以2015年更为突出。2015年，有关部门相继出台了《关于加快推进生态文明建设的意见》《生态文明体制改革总体方案》《开展领导干部自然资源资产离任审计试点方案》《关于加快推动生活方式绿色化的实施意见》等政策文件。因此，本年鉴关注的重中之重在2015年中国生态文明建设的进展。

同时，2014年，有关部门也出台了《国家生态保护红线——生态功能基线划定技术指南（试行）》《全国生态保护与建设规划（2013～2020年）》《2014～2015年节能减排低碳发展行动方案》等政策法规，修订了《环境保护法》。加之本年鉴属于第一次出版，为更多的介绍生态文明的进展，本年鉴把2014年的有关活动也作为重点进行了介绍。

三是重视内容的完整性与代表性。本年鉴既重视全面系统地介绍国内在生态文明政策法规方面的进展，也重视介绍相关研究机构及研究成果；既重视介绍国家层面的进展，也重视介绍各省及一些代表性市县的做法；既重视突出有针对性的生态文明方面的内容，也重视整理同生态文明有密切关联领域的文献；不仅注重资料的完整性与系统性，也重视突出重点，比如，列出一些生态文明建设之"最"。同时，本年鉴对国际上的相关进展也进行了介绍。

四是重视篇章顺序及内容顺序安排的合理性。本年鉴总共包含有七篇，在编辑过程中，不仅重视七篇内容之间顺序的合理性，也重视各篇自身内容及顺序的内在逻辑性与合理性。

如第六篇。该篇重点综述各省在生态文明建设方面取得的成就，侧重于2015年的工作进展，主要编辑特点如下：首先是以资料综述为主。该部分主要对各省在生态文明建设方面的报道进行综述，侧重于工作进展描述，一般不做评价。在各省的综述中，除特别标明出处的外，其他均是年鉴编撰团队依据多种资料进行的综述。其次是选择范围是省级，主要是依行政区划（不含港澳台）。不过，在各省的章节中，也选择了少数在生态文明建设方面取得明显进展的城市。第三是在各省的排序方面，主要参考北京大学中国生态文明指数研究小组推出的《2014年中国省市区生态文明水平报告》，以及北京林业大学生态文明研究中心发布的《中国省域生态文明建设评价报告（ECI2014）》等研究成果，并结合年鉴编撰团队的研究成果，安排了各省介绍顺序。

再如第七篇。该篇主要综述中国生态文明研究智库及研究成果。近年来，随着生态文明受到越来越多的关注，一些相关研究机构也不断出现。同时也出现了大量的研究成果。由于国内相关研究机构众多，本年鉴只能选择一些代表性机构予以介绍。

机构选择的依据主要有两点：首先是国家级的研究机构，其次是有重要活动的研究机构；在国内代表性研究文献选择方面，也有两个标准：一是有创新性的学术观点，二是名人名刊；在国内代表性研究报告选择方面，有两条标准：一是同生态文明建设有密切关联，二是有一定的影响力；在国外代表性研究报告选择方面，有三条标准：一是同生态文明建设有密切关联，二是以联合国的相关组织发布的报告为准，三是有一定的影响力。

《中国生态文明建设年鉴（2016）》具体内容的编辑整理工作由编委会负责，其中，各部分的综述内容，主要由年鉴编辑人员写作完成，包括专著及编撰。

第一篇"中国生态文明建设概述"中，"生态文明建设综述"部分由彭启民（中国科学院副教授）、郑志（中国社会科学院博士后）、李萌（中国社会科学院城环所副研究员）著；"生态文明建设历史回顾"及"中国生态文明建设之'最'"部分由娄伟（中国社会科学院城环所副研究员）负责编写。

第二、三篇属于资料汇编，主要由娄伟编辑整理。

第四篇"生态文明示范区建设"中，"国家级生态示范区建设概况""生态省建设情况""国家生态文明建设示范区建设现状""国家生态文明先行示范区概述""海洋生态文明示范区建设概述""水生态文明城市建设的实践探索"等部分由娄伟负责编写。

第五篇"生态功能保护与生物多样性"中，"生态功能区划概述""生态保护红线划定情况"等部分由李萌负责编写。

第六篇"省级生态文明建设实践与进展"中，各省的"生态文明建设综述"均由娄伟、李萌共同编写，不再一一列出。

第七篇"中国生态文明研究智库及研究成果"中，"部分生态文明研究机构""重要研究报告""部分重要国际成果介绍"等部分均由李萌负责编写，不再一一列出。

年鉴中其他大量没有列出的部分均为编辑整理，内容由学术顾问、编委会成员及有关专家负责推选，由编辑部具体负责编辑整理工作。

总之，为了给读者提供真正有价值的资讯，本年鉴打破了年鉴的一些传统做法，希望本年鉴不仅成为各界人士查考生态文明领域文献资料的工具书，也能成为各界人士系统学习研究中国生态文明建设的重要参考读物。

《中国生态文明建设年鉴》编委会

2016 年 3 月

目　录

第一篇　中国生态文明建设概述

第二篇　习近平谈生态文明

第三篇　中国生态文明建设重要文件

● **重要法规和文件**

第四篇　生态文明示范区建设

第五篇　生态功能保护与生物多样性

第六篇　省级生态文明建设实践与进展

第七篇　中国生态文明研究智库及研究成果

附　录

序　一

蔡　昉

　　生态文明建设是党中央提出的五位一体总体布局的重要内容，也以绿色发展的表述位于五大发展理念之中。正如党的十八大报告强调提出："建设生态文明，是关系人民福祉、关乎民族未来的长远大计。面对资源约束趋紧、环境污染严重、生态系统退化的严峻形势，必须树立尊重自然、顺应自然、保护自然的生态文明理念，把生态文明建设放在突出地位，融入经济建设、政治建设、文化建设、社会建设各方面和全过程，努力建设美丽中国，实现中华民族永续发展。"

　　习近平总书记高度重视生态文明建设和绿色发展理念，在一系列重要讲话中做出了论述，提出要求。例如在 2015 年 11 月 30 日，习近平主席在巴黎出席气候变化巴黎大会开幕式并发表题为《携手构建合作共赢、公平合理的气候变化治理机制》的重要讲话，指出中国将把生态文明建设作为"十三五"规划重要内容，落实创新、协调、绿色、开放、共享的发展理念，通过科技创新和体制机制创新，实施优化产业结构、构建低碳能源体系、发展绿色建筑和低碳交通、建立全国碳排放交易市场等一系列政策措施，形成人和自然和谐发展现代化建设新格局。

　　按照以习近平为总书记的党中央要求，"十三五"时期，生态文明建设将从重大决策变为落地规划。在《中华人民共和国国民经济和社会发展第十三个五年规划纲要》中，"加快改善生态环境"专列一篇，以 7 章的篇幅做出了具体的部署。要全面深入地推动我们国家的生态文明建设，就需要加强相关研究以及资料的收集整理工作，因此，《中国生态文明建设年鉴（2016）》的出版发行，具有其重要的学术价值和政策意义。

　　首先，中国社会科学院生态文明研究智库在生态文明研究中应发挥积极的作用。2015年 5 月，中国社会科学院启动了 11 个新型专业智库试点，生态文明研究智库就是其中之一。既然成立了智库，就应当更突出地发挥智库的作用，积极进行相关研究和数据积累，不断推出新的研究成果。中国社会科学院生态文明研究智库正在进行的《中国生态文明建设年鉴》编纂工作就是较好的研究项目之一，不仅有利于促进生态文明研究智库自身的研究，也以一种公共产品的形式，为其他研究机构及研究学者提供系统的资料，同时以翔实的数字材料宣讲生态文明建设方面的中国故事。

　　其次，《中国生态文明建设年鉴》还要强调并进行持续的创新，以不断提高成果质量。年鉴的编撰工作有自己的规律性，同时，这些规律也不是不可以打破的。只要有利于生态文明的研究，有利于为社会为读者提供更多有价值的信息，就应敢于突破一些条条框框，对年鉴的编排形式及内容进行大胆的创新。这一版《中国生态文明建设年鉴（2016）》重视从多个层面进行全方位的综述，就是一个很好的尝试。

最后，要充分利用中国社会科学院对年鉴的支持政策，把《中国生态文明建设年鉴》编撰工作持续地坚持下去。中国社会科学院对各所编撰各类年鉴的工作一直持积极的支持态度，对中国社会科学院生态文明研究智库编撰的《中国生态文明建设年鉴》也将给予持续的支持。与此同时，院里也对年鉴的编撰提出越来越高的要求，促使编撰单位和出版单位不断提高质量，并保证按时出版发行。

2016 年 2 月

序　二

解振华

新中国成立以来特别是改革开放以来，我国现代化建设取得伟大成就的同时，也付出了巨大的资源环境代价。我们党提出了"两个一百年"的奋斗目标，目前我们正处于实现第一个百年奋斗目标即全面建成小康社会的决胜阶段，面临着资源约束趋紧、环境污染严重、生态系统退化、应对气候变化压力不断增大的严峻挑战，生态文明建设总体滞后于经济社会发展，这已经成为经济社会持续健康发展、实现全面建成小康社会奋斗目标的重大瓶颈制约。因此，我们要充分认识加快推进生态文明建设的极端重要性和紧迫性，增强责任感和使命感。

党中央、国务院历来高度重视生态文明建设，根据我国国情不断探索，从实践到理论取得了积极进展和重大成效。党的十八大以来，中央就推进生态文明建设作出系列决策部署，将生态文明建设作为中国特色社会主义事业的重要内容，强调生态文明建设关乎人民福祉、关乎民族未来，事关"两个一百年"奋斗目标和中华民族伟大复兴中国梦的实现。

2015年4月，党中央、国务院印发了《关于加快推进生态文明建设的意见》，这是我国第一个以中共中央、国务院名义对生态文明建设进行专题部署的文件，要求全党全社会深入持久地推进生态文明建设，开创社会主义生态文明新时代。2015年，国家还密集出台了其他一系列的旨在推动生态文明建设的政策措施，这有利于深化与完善我国生态文明建设工作。

展望未来，要加强我国生态文明建设工作，需要从多个方面着手：

首先是要加强制度建设。在中央层面，根据十八届二中全会决定精神已大体完成生态文明制度体系的构建和顶层设计。在地方层面，要鼓励各地紧紧围绕破解本地区生态文明建设的瓶颈制约，先行先试、大胆探索，释放政策活力。通过全社会的共同努力，逐步将我国生态文明体制改革的蓝图变为现实。

要积极发挥生态文明示范区域的示范引领作用。评价这些示范区域生态文明建设是否成功，不仅要看该地区的生态文明建设成效，也要看在制度上取得了哪些突破，哪些为全国生态文明建设积累了有益经验，并可以在全国进行推广。

同时，要积极完善针对领导干部的生态文明考核机制。领导干部考核制度要在生态文明建设差异化的考核评价、编制自然资源资产负债表、开展自然资源资产离任审计、领导干部环境损害终身责任追究等方面探索实践，形成一套可操作的制度体系，通过"指挥棒"推动生态文明建设。

其次，生态文明建设要特别重视发挥市场机制的作用。要健全体现生态文明建设要求的价格、财税、金融等经济政策，推行碳排放权（节能量）、排污权、水权交易，以及合同能源管理、环境污染第三方治理等市场化机制，激发各类主体的内生动力，切实调动各方面力量参与生态文明建设。

最后，推动我国生态文明建设，还要积极加强相关研究工作。生态文明建设，不同于传统的生态环境保护，而是处于一个更高的层次和更广的范围，涉及经济建设、政治建设、文化建设、社会建设和生态文明建设相互协调融合的理论和实践。这也意味着传统的大量有关生态环境保护方面的研究并不能满足当前生态文明建设的需要，需要针对生态文明开展多角度的研究，既包括全新的理论创新，也包括对各种经验教训进行归纳总结，传播推广各地区各领域的最佳实践。

中国社会科学院生态文明研究智库推出的《中国生态文明建设年鉴》不仅系统展现了我国生态文明建设的历程及成就，同时，也有很多分析的内容。条理清晰，重点突出，这对于社会各界深入理解与全面把握生态文明建设工作具有重要的参考价值。

2016 年 2 月

序三（代序）

以生态文明建设推动发展转型

潘家华

工业革命以来，以技术引领、效用为先、财富积累、改造并征服自然为特征的工业文明迅速统治世界，在创造前所未有的物质财富的同时，也导致环境污染、气候变暖、资源枯竭、生态退化等问题日益突出，威胁人类社会的生存和发展。实现工业文明转型、谋求可持续发展，成为当今世界的追求。

西方学界从不同侧面对工业文明提出了质疑和批判。早在 19 世纪中叶，英国经济学家、哲学家穆尔就指出，"美丽自然的幽静和博大是思想和信念的摇篮"，有其自然的价值，不能破坏。因而社会形态应该是一种"静态经济"，即人口数量、经济总量和规模、自然环境均保持基本稳定。英国哲学家罗素甚至认为，工业文明与人性背道而驰。进入 20 世纪 60 年代，资源枯竭和环境污染问题迫使人们考虑工业化和经济增长的边界问题。美国经济学家鲍尔丁提出"宇宙飞船经济"，生态经济学家戴利论证了保持人口与能源和物质消费在一个稳定或有限波动水平的"稳态经济"。但是，这些理论要么过于偏颇，要么脱离实际，要么存在方法论困境，因而都无法实现，更难以指导实践。所以，时至今日，西方工业文明的根本性矛盾和问题并没有得到解决，理论、方法和实践依然面临诸多困惑和困境。

中国的生态文明建设，可望对工业文明转型与实现可持续发展的世界发展难题作出科学解答。最近 30 多年，中国的工业化进程突飞猛进，但资源环境瓶颈制约加剧，环境承载能力已接近上限。在这一背景下，东方哲学"天人合一"的智慧，中国特色社会主义建设中守住发展和生态两条底线的认知，习近平同志关于加强生态文明建设的一系列重要论述，特别是关于"绿水青山就是金山银山"的理念，构成了对生态文明建设的科学指导，促进形成了生态文明发展的中国范式，改造和提升着工业文明。

中国生态文明建设经历了一个从被动到主动、从单一到全面的过程。20 世纪后半叶，尊重自然多具有被动色彩，靠山吃山、有水快流，有的地方甚至为了"金山银山"而破坏"绿水青山"；单一、被动地治理生态破坏和环境污染。进入 21 世纪，生态文明建设的层次和力度不断提升。2002 年，党的十六大报告提出："推动整个社会走上生产发展、生活富裕、生态良好的文明发展道路。"2007 年，党的十七大报告明确要求"建设生态文明"。2012 年，党的十八大报告将生态文明建设纳入中国特色社会主义"五位一体"总布局，并提出把生态文明建设融入经济建设、政治建设、文化建设、社会建设各方面和全过程。党的十八届三中、四中全会进一步将生态文明建设提升到制度层面，提出"建立系统完整的生态文明制度体系""用严格的法律制度保护生态环境"。中共中央、国务院《关于加快推进生态文明建设的意见》提出"协同推进新型工业化、信息化、城镇化、农业现代化和绿色化"，把绿色化作为生态文明建设的手段和评判标准。在实践中，提出了"节约优先、保护优先、自然恢复为主"的尊重和顺应自然的方针，明确了绿色、循环、低碳发展的路径。

可见，中国的生态文明建设涉及价值理念、目标导向、生产和消费方式等方面，是全方位的发展转型。工业文明的价值基础是功利主义，评判的尺度是效用，通行的法则是竞争，崇尚物竞天择；中国生态文明建设的伦理基础源于古代道法自然的哲学思想，寻求生态公正，注重人与自然、人与人、人与社会的和谐。工业文明追求利润、财富积累和效用最大化，导致 GDP 崇拜；而生态文明建设寻求人与自然和谐、环境可持续和社会繁荣。工业文明依赖化石能源；而生态文明建设强调可持续的能源支撑。工业文明下实行"原料—生产过程—产品加废料"的线性生产模式；生态文明下实行"原料—生产过程—产品加原料"的循环经济模式。工业文明下盛行占有型、奢侈型的高消费；而生态文明倡导低碳、品质、健康的理性消费。

中国的生态文明建设得到了国际社会的高度认可，为世界工业文明向生态文明发展转型探索了方向和路径。中国已对联合国实现"千年发展目标"作出突出贡献，在低碳发展、减缓气候变化等方面取得突出成绩。事实上，联合国 2015 年后发展议程提出的行动方案，超越了工业文明范式下可持续发展的"经济—社会—环境"三大支柱格局，构建了人与自然和谐的 5P 愿景：以人为本（people）、尊重自然（planet）、经济繁荣（prosperity）、社会和谐（peace）、合作共赢（partnership）。其中，就包含中国生态文明建设作出的巨大贡献。如果说工业文明是西方社会对人类发展的革命性创新，那么，中国的生态文明建设则是东方智慧对全球可持续发展的根本性贡献。

（文章发表于《人民日报》2015 年 8 月 25 日第 07 版）

第一篇

中国生态文明建设概述

生态文明建设综述

一　生态文明建设意义重大

生态文明是在工业文明之上、工业文明之后，吸收工业文明优势的一种新的文明形态，是一个生产方式、生活方式、家庭理念、社会制度规范整个体系的总和。生态文明不是简单讲效用最大化，它需求的更多的是一种公正，不仅仅是要生态公正，还要社会公正。生态文明是人类社会进步的重大成果，是工业文明发展到一定阶段的产物，是实现人与自然和谐发展的新要求。

生态文明建设不是要放弃工业文明，回到原始的生产生活方式，而是要以资源环境承载能力为基础，以自然规律为准则，以可持续发展、人与自然和谐为目标，建设生产发展、生活富裕、生态良好的文明社会。

生态文明建设关系最广大人民的根本利益，关系中华民族发展的长远利益，是功在当代、利在千秋的事业。发展和改革的根本目的是为了更好地满足人民群众的需求，包括物质文化需求，也包括对良好生态环境如清新空气、清洁水源、舒适环境、宜人气候的需求。推进生态文明建设是我们党坚持以人为本、执政为民，维护最广大人民群众根本利益的集中体现。这要求我们在文化和社会的价值伦理中，要融入生态文明尊重自然、顺应自然、保护自然的理念，崇尚健康、理性、和谐、适度。推进生态文明建设，就是要加快建设美丽中国，使蓝天常在、青山常在、绿水常在，实现中华民族永续发展。这是一项庞大的系统工程，涉及生产方式、生活方式和价值理念的深刻变革。

生态文明建设对于当今中国具有非常重要的战略意义。党的十八大报告中明确提出："建设生态文明，是关系人民福祉、关乎民族未来的长远大计。"我国人口众多，资源蕴藏种类丰富但总量却相对短缺。数据显示，中国的人口密度是世界平均值的3倍，重要资源人均占有量却远低于世界平均水平，耕地、淡水人均占有量为世界平均水平的43%、28%，石油、天然气等战略性资源对外依存度2014年达到59.5%、31%。由于基础薄弱，尽管我们经过了让全世界瞩目的高速增长，但人民生活水平还在奔小康的路上，还有相当数量的人生活贫困，由于一直延续粗放的发展模式，因此付出了沉重的资源环境代价。

联合国环境规划署2013年发布的报告《中国资源效率：经济学与展望》指出，中国已成为包括建筑用矿物、金属矿石、化石燃料等原材料的全球第一大消费国。我国每万美元消耗的矿产资源是日本的7.1倍，美国的5.7倍，甚至是印度的2.8倍，单位GDP能耗是世界平均水平的 2 倍，单位产值排污是世界平均值的十几倍。据统计，我国 1/3 的国土被酸雨侵蚀，七大江河水系中劣五类水质约占 40%，沿海赤潮的年发生次数比 20 年前增加了 3 倍，1/4 人口饮用不合格的水，1/3 的城市人口呼吸着严重污染的空气，全球污染最严重的 10 个城市中，中国占 5 个。大气、水、土壤污染问题突出，由此也引发了食品安全等问题。近年来一些城市和地区更是雾霾天气频发，多数城市空气质量达标天数减少。由于污水、垃圾处理能力不足，污染物排放总量远超环境容量，很多城市出现了垃圾围城的现象，水安全状况堪忧。据环保总局的调查，2001 年西部 9 省区生态破坏造成的直接经济损失占到当地 GDP 的 13%。中科院的测算显示，由于环境污染，2003 年我国发展成本比世界平均水平高 7%。随着中国经济的持续增长、规模不断扩大，对资源的利用、能源的消耗和废弃物的排放都在同步增长，资源、环境问题已经相当严峻，全国生态整体恶化趋势尚未得到根本遏制，为了保证社会经济的可持续发展，中华民族伟大复兴中国梦的实现，开展生态文明建设的需求十分迫切。

我国生态文明建设从实践到理论均取得积极成效，但总体上依然滞后于经济社会发展，突出表现为资源约束趋紧、环境污染严重和生态系统退化，资源环境问题已经成为经济社会可持续发展最紧的约束、实现全面建成小康社会最短的短板，发展与人口资源环境之间的矛盾日益突出[1]。2015 年是中国"全面深化改革关键之年""全面推进依法治国开局之年"，也是"全面完成'十二五'规划收官之年"，在中国经济发展进入新常态，经济发展面临较大向下压力的情况下，生态文明建设更是被赋予了特别的意义。

自生态文明在中国提出以来，特别是过去的一年，中国在生态文明建设方面迈出了坚实的步伐，无论在法律法规方面，还是体制机制改革方面，都做出了扎实有效的工作，其力度是前所未有的。本着系统、科学、可操作的原则，按照问题导向，绩效导向的要求，一批目标明确、可操作性强的政策措施集中出台，生态环境领域人民群众关心的重大问题得到初步解决，维护人民身体健康的空气、水土污染问题得到基本控制、缓解和改善，生态环境恶化的势头被遏制。但资源、环境约束依然趋紧，特别是在中国经济发展进入新常态以后，由于三期叠加，发展和保护的矛盾更趋尖锐。在这样一个特殊时期，中共中央、国务院 2015 年 4 月 25 日适时出台了《关于加快推进生态文明建设的意见》，2015 年 9 月 11 日中共中央政治局审议通过的《生态文明体制改革总体规划》，从指导思想、基本原则、重点任务等方面予以全面指导，做出了高屋建瓴的顶层设计，全国从上到下都投入了极大的热情，整个社会对于生态文明重要性的认识日益深刻，各行各业都在强调生态文明，都在想方设法地将它贯穿于政治、经济、文化和社会之中，体现了较高的工作效率，凸显了生态文明建设的重要地位，十八大确立的"五位一体"的执政理念正在不断落实[2]，也说明我们的改革是卓有成效的，是四个全面战略和四个有利于标准的最好注脚。

---

① 国务院发展改革委员会于 2015 年 5 月 7 日（周四）上午 9：30，在发改委中配楼三层大会议室召开新闻发布会，解读《关于加快推进生态文明建设的意见》，发改委及财政部、环境保护部、国土资源部、国家林业局等相关负责同志出席发布会，并回答记者提问。

② 《生态文明建设走向制度化、常态化》，《光明日报》2014 年 12 月 31 日。

二 生态文明建设理论逐步完善

生态文明建设本质上是如何建设和发展的问题，是先进的政治、经济、社会、文化的集中体现，要求尊重自然规律，协调人与自然、人与人、局部与整体、上层建筑与经济基础之间的矛盾。中共中央、国务院出台的《关于加快推进生态文明建设的意见》，对于中国的生态文明建设具有里程碑式的特殊意义，标志着我国生态文明建设完整理论体系的形成，生态文明建设的路径已经明确，2020年建设目标的明确，为中长期发展奠定了基础。针对我国的实际，《关于加快推进生态文明建设的意见》中明确了坚持把节约优先、保护优先、自然恢复为主作为基本方针，坚持把绿色发展、循环发展、低碳发展作为基本途径。《关于加快推进生态文明建设的意见》提出，经济社会发展必须建立在资源得到高效循环利用、生态环境受到严格保护的基础上，与生态文明建设相协调，形成节约资源和保护环境的空间格局、产业结构、生产方式。要按照生态文明建设的要求，加快实现经济发展转型，倡导鼓励绿色健康的消费模式，提升市民的环保意识，建立尊重自然、顺应自然和保护环境的生活观念与方式。

近年来党的一系列文件完整地展现了我国生态文明建设理论的形成是一个逐渐深入、具体、不断创新、在实践中不断向前推进的过程。

2002年，党的十六大将"可持续发展能力不断增强，生态环境得到改善，资源利用效率显著提高，促进人与自然的和谐，推动整个社会走上生产发展、生活富裕、生态良好的文明发展道路"作为全面建设小康社会的一个重要目标，把生态和谐理念上升到文明的战略高度，初步奠定了生态文明建设的思想基础。

2007年，党的十七大报告提出，建设生态文明，基本形成节约能源资源和保护生态环境的产业结构、增长方式、消费模式，并将其作为全面建设小康社会的一项新要求、新任务。这是"生态文明"的概念首次写入党代会报告。由此，生态文明成为中国现代化建设的战略目标。

2009年，党的十七届四中全会又把生态文明建设提升到与经济建设、政治建设、社会建设、文化建设并列的战略高度，形成了中国特色社会主义事业"五位一体"的总体布局。"十二五"规划纲要明确把"绿色发展，建设资源节约型、环境友好型社会""提高生态文明水平"作为我国"十二五"时期的重要战略任务。

2012年11月，党的十八大从新的历史起点出发，做出"大力推进生态文明建设"的战略决策，从10个方面对生态文明建设的内容进行了全面深刻论述，完整描绘了今后相当长一个时期我国生态文明建设的宏伟蓝图，将生态文明建设提升到与经济建设、政治建设、文化建设、社会建设并列的战略高度，要求把生态文明建设放在突出地位，融入经济建设、政治建设、文化建设、社会建设各方面和全过程，努力建设美丽中国，实现中华民族可持续发展，并且进一步明确了生态文明建设的相关目标，即到2020年"资源节约型、环境友好型社会建设取得重大进展。主体功能区布局基本形成，资源循环利用体系初步建立。单位国内生产总值能源消耗和二氧化碳排放大幅度下降，主要污染物排放总量显著减少。森林覆盖率提高，生态系统稳定性增强，人居环境明显改善"。同时还提出了生态文明建设的四大任务，包括基本优化国土空间开发格局、全面促进资源节约、加大自然生态系统和环境保护力度、加强生态文明制度建设。

2013年2月，十八届二中全会《决议》中提出，要进一步深化改革开放，尊重人民首创精神，深入研究全面深化体制改革的顶层设计和总体规划，把经济、政治、文化、社会、生态等方面的体制改革有机结合起来，把理论创新、制度创新、科技创新、文化创新以及其他各方面创新有机衔接起来，构建系统完备、科学规范、运行有效的制度体系。

2013年11月，十八届三中全会《决议》提出，必须建立系统完整的生态文明制度体系，实行最严格的源头保护制度、损害赔偿制度、责任追究制度，完善环境治理和生态修复制度，用制度保护生态环境。《决议》指出了包括生态文明建设在内，我国的社会经济发展最强大的驱动力来自改革，强调建立系统完整的生态文明制度体系，包括20余项资源节约和环境保护制度：健全自然资源资产产权制度；健全自然资源用途管制制度；健全能源、水、土地节约集约使用制度；实行资源有偿使用制度；健全国有林区经营管理体制，完善集体林权制度改革；健全国家自然资源资产管理体制，探索编制自然资源资产负债表，对领导干部实行自然资源资产离任审计等。以及实行最严格的源头保护制度；实行最严格的损害赔偿制度；实行最严格责任追究制度，建立生态环境损害责任终身追究制；完善环境治理和生态修复制度；实行生态补偿制度；实行生态保护红线制度，包括实施主体功能区制度、建立国土空间开发保护制度；完善污染物排放许可制；实行企事业单位污染物排放总量控制制度；发展环保市场，推行节能量、碳排放权、排污权、水权交易制度；建立和完善严格监管所有污染物排放的环境保护管理制度；改革生态环境保护管理体制；建立国家公园体制；建立资源环境承载能力监测预警机制；建立陆海统筹的生态系统保护修复和污染防治区域联动机制等。

2014年10月，十八届四中全会《决议》中进一步明确了生态文明建设在全面依法治国战略布局中的重要地位，提出用严格的法律制度保护生态环境，加快建立有效约束开发行为和促进绿色发展、循环发展、低碳发展的生态文明法律制度，强化生产者环境保护的法律责任，大幅度提高违法成本；建立健全自然资源产权法律制度，完善国土空间开发保护方面的法律制度，制定完善生态补偿和土壤、水、大气污染防治及海洋生态环境保护等法律法规，促进生态文明建设。

2015年3月，中央政治局会议首次提出"绿色化"，要求"大力推进绿色发展、循环发展、低碳发展，弘扬生态文化，倡导绿色生活"，对十八大提出的"新四化"概念的提升——在"新型工业化、城镇化、信息化、农业现代化"之外，又加入了"绿色化"，并纳入《关于加快推进生态文明建设的意见》中，且将其定性为"政治任务"。"四化"变"五化"。"绿色化"成为新常态下经济发展的新任务、推进生态文明建设的新要求。

2015年4月，中共中央、国务院通过了《关于加快推进生态文明建设的意见》，全文于2015年5月印发。这是第一个就生态文明建设作出专题部署的纲领性文件，全面阐述了生态文明建设的总体要求、目标愿景、重点任务和制度体系，按照源头预防、过程控制、损害赔偿、责任追究的整体思路，提出了严守资源环境生态红线、健全自然资源资产产权和用途管制制度、健全生态保护补偿机制、完善政绩考核和责任追究制度等10个方面的重大制度。其中关于指导思想部分一个突出的特征，就是强调了"把生态文明建设放在突出的战略位置，融入经济建设、政治建设、文化建设、社会建设各方面和全过程，协同推进新型工业化、信息化、城镇化、农业现代化和绿色化"。从"四化同步"到"五化协同"，重要意义在于转变唯GDP的惯性思维，要由立法、制度建设、政策引导、惩罚机制等国家治理措施主导，随之而来的将是经济社会发展指标的变化，干部考评制度的变革，需要一系列体制机制方面的创新与之相配合，需要各级政府及职能部门工作的改革与创新。绿色产业的兴起将孕育新的商机，催生新的业态形式，拉动就业，形成新的经济增长点。

2015 年 9 月，中共中央、国务院印发了《生态文明体制改革总体方案》，阐明了我国生态文明体制改革的指导思想、理念、原则、目标、实施保障等重要内容，提出要加快建立系统完整的生态文明制度体系，为我国生态文明领域改革做出了顶层设计。《方案》指出，推进生态文明体制改革首先要树立和落实正确的理念，统一思想，引领行动。要树立尊重自然、顺应自然、保护自然的理念，发展和保护相统一的理念，绿水青山就是金山银山的理念，自然价值和自然资本的理念，空间均衡的理念，山水林田湖是一个生命共同体的理念。推进生态文明体制改革要坚持正确方向，坚持自然资源资产的公有性质，坚持城乡环境治理体系统一，坚持激励和约束并举，坚持主动作为和国际合作相结合，坚持鼓励试点先行和整体协调推进相结合。《方案》分为十个部分，共 56 条，其中改革任务和举措 47 条，提出建立健全八项制度，分别为健全自然资源资产产权制度、建立国土空间开发保护制度、建立空间规划体系、完善资源总量管理和全面节约制度、健全资源有偿使用和生态补偿制度、建立健全环境治理体系、健全环境治理和生态保护市场体系、完善生态文明绩效评价考核和责任追究制度。明确生态文明体制改革的指导思想是，坚持节约资源和保护环境基本国策，坚持节约优先、保护优先、自然恢复为主的方针，立足我国社会主义初级阶段的基本国情和新的阶段性特征，以建设美丽中国为目标，以正确处理人与自然关系为核心，以解决生态环境领域突出问题为导向，保障国家生态安全，改善环境质量，提高资源利用效率，推动形成人与自然和谐发展的现代化建设新格局。

在社会主义建设实践和思想探索过程中，我国历代中央领导集体均高度重视生态环境建设，对人与自然的关系、经济与生态如何协调发展进行了不断探索，特别是自 2012 年党的十八大首提"美丽中国"、将生态文明纳入"五位一体"总体布局以来，第十八届的中央领导同志对生态文明建设有非常多重要的指示。

据不完全统计，习近平同志在各类场合有关生态文明的讲话、论述、批示超过 60 次，主要精神集中在以下四个大的方面：

一是，关于生态文明建设的深刻内涵及生态文明建设的重大意义。其中最为人们所熟知并引起共鸣的就是"金山银山"与"绿水青山"的"两座山论"。2013 年 5 月 24 日，习近平主持十八届中央政治局第六次集体学习时强调："要正确处理好经济发展同生态环境保护的关系，牢固树立保护生态环境就是保护生产力、改善生态环境就是发展生产力的理念，更加自觉地推动绿色发展、循环发展、低碳发展，绝不以牺牲环境为代价去换取一时的经济增长。"2013 年 9 月 7 日，在哈萨克斯坦纳扎尔巴耶夫大学发表演讲时指出："我们既要绿水青山，也要金山银山。宁要绿水青山，不要金山银山，而且绿水青山就是金山银山。""两座山论"全面、形象地阐明了发展经济与保护生态之间既有侧重又不可分割，构成有机整体的辩证统一关系。2014 年 3 月 7 日，习近平在参加十二届全国人大二次会议贵州代表团审议时，更进一步对此做了深入剖析："正确处理好生态环境保护和发展的关系，是实现可持续发展的内在要求，也是推进现代化建设的重大原则。"指出："绿水青山和金山银山绝不是对立的，关键在人，关键在思路。""保护生态环境就是保护生产力，改善生态环境就是发展生产力。让绿水青山充分发挥经济社会效益，不是要把它破坏了，而是要把它保护得更好。"

关于生态与文明的关系，习近平同志2003年即做出了科学的论断："生态兴则文明兴，生态衰则文明衰。"① 并指出，生态文明建设是"保护和发展生产力的客观需要""社会文明进步的重要标志"，是"功在当代的民心工程、利在千秋的德政工程"。2013年5月24日，习近平总书记在主持中央政治局第六次集体学习时再次重申了这一论断。习近平总书记的这些深刻论述，科学回答了生态与人类文明之间的关系，丰富和发展了马克思主义生态观，成为新时期指导生态文明建设的根本指南。

习近平同志指出："良好生态环境是最公平的公共产品，是最普惠的民生福祉。"不能把加强生态文明建设、加强生态环境保护、提倡绿色低碳生活方式等仅仅作为经济问题。这里面有很大的政治② 习近平总书记要求，把生态文明建设作为提高人民生活质量的增长点，提升国际形象的发力点。习近平总书记于2014年12月在江苏调研时指出："保护生态环境、提高生态文明水平，是转方式、调结构、上台阶的重要内容。经济要上台阶，生态文明也要上台阶。我们要下定决心，实现我们对人民的承诺。"习近平同志要求全党，要清醒认识保护生态环境、治理环境污染的紧迫性和艰巨性，清醒认识加强生态文明建设的重要性和必要性，以对人民群众、对子孙后代高度负责的态度和责任，真正下决心把环境污染治理好、把生态环境建设好，努力走向社会主义生态文明新时代，为人民创造良好的生产生活环境。

二是，关于生态文明建设总体部署的指导意见。习近平同志在主持十八届中共中央政治局第六次集体学习时强调，要树立尊重自然、顺应自然、保护自然的生态文明理念，着力树立生态观念、完善生态制度、维护生态安全、优化生态环境，形成节约资源和保护环境的空间格局、产业结构、生产方式、生活方式。习近平指出，只有实行最严格的制度、最严密的法治，才能为生态文明建设提供可靠保障。完善生态文明建设制度体系，要着力推进制度创新，把体现生态文明建设状况的指标纳入经济社会发展评价体系；建立体现生态文明要求的奖惩机制；建立责任追究制度。最重要的是要完善经济社会发展考核评价体系，把资源消耗、环境损害、生态效益等体现生态文明建设状况的指标纳入经济社会发展评价体系，使之成为推进生态文明建设的重要导向和约束。要建立责任追究制度，对那些不顾生态环境盲目决策、造成严重后果的人，必须追究其责任，而且应该终身追究。要加强生态文明宣传教育，增强全民节约意识、环保意识、生态意识，营造爱护生态环境的良好风气。2014年3月7日，习近平在参加十二届全国人大二次会议贵州团审议时指出，小康全面不全面，生态环境质量是关键。要创新发展思路，发挥后发优势。因地制宜选择好发展产业，让绿水青山充分发挥经济社会效益，切实做到经济效益、社会效益、生态效益同步提升，实现百姓富、生态美有机统一。2014年6月3日，习近平在2014年国际工程科技大会上发表主旨演讲时强调：我们将继续实施可持续发展战略，优化国土空间开发格局，全面促进资源节约，加大自然生态系统和环境保护力度，着力解决雾霾等一系列问题，努力建设天蓝地绿水净的美丽中国。2015年3月24日的政治局集体学习和政治局会议上，习近平关于生态文明的提法最突出的变化就是增加了有关"绿色化"的相关论述，除了关于生产方式和生活方式的内容，还上升到了社会主义核心价值观，且提出了法治和

---

① 《生态兴则文明兴——推进生态建设　打造"绿色浙江"》，《求是》2003年第13期。

② 2013年4月25日，习近平在十八届中央政治局常委会会议上发表的讲话。

制度保障，既有国内视角，又有国际视野以及寻求国际合作，更加全面、深刻和具体。

三是，关于生态文明建设的路径。习近平同志在主持十八届中央政治局第六次集体学习时强调，决不以牺牲环境为代价去换取一时的经济增长。习近平强调，节约资源是保护生态环境的根本之策。要大力节约集约利用资源，推动资源利用方式根本转变，加强全过程节约管理，大幅降低能源、水、土地消耗强度，大力发展循环经济，促进生产、流通、消费过程的减量化、再利用、资源化。习近平总书记指出，用生态文明的理念来看环境问题，其本质是经济结构、生产方式和消费模式问题。要从宏观战略层面切入，搞好顶层设计，从生产、流通、分配、消费的再生产全过程入手，制定和完善环境经济政策，形成激励与约束并举的环境保护长效机制，探索走出一条环境保护新路。2014年2月25日，习近平在北京考察工作时强调，要坚持标本兼治和专项治理并重、常态治理和应急减排协调、本地治污和区域协调相互促进，多策并举，多地联动，全社会共同行动。

四是，关于生态文明建设的目标任务。生态文明建设最感性的目标就是要"望得见山，看得见水，记得住乡愁"。2013年7月30日，习近平就建设海洋强国研究主持中共中央政治局第八次集体学习时指出要保护海洋生态环境，着力推动海洋开发方式向循环利用型转变。2013年11月，习近平同志在党的十八届三中全会上作《中共中央关于全面深化改革若干重大问题的决定》的说明时，十分生动地指出："我们要认识到山水林田湖是一个生命共同体，人的命脉在田，田的命脉在水，水的命脉在山，山的命脉在土，土的命脉在树。"2014年2月，习近平同志指出，环境治理是一个系统工程，必须作为重大民生实事紧紧抓在手上。多次提到要认真解决关系民生的大气污染等突出的环境问题，坚持预防为主、综合治理，强化水、大气、土壤等污染防治，着力推进重点流域和区域水污染防治，着力推进重点行业和重点区域大气污染治理。习近平指出，国土是生态文明建设的空间载体。要按照人口资源环境相均衡、经济社会生态效益相统一的原则，整体谋划国土空间开发，科学布局生产空间、生活空间、生态空间，给自然留下更多修复空间。要坚定不移加快实施主体功能区战略，严格按照优化开发、重点开发、限制开发、禁止开发的主体功能定位，划定并严守生态红线，构建科学合理的城镇化推进格局、农业发展格局、生态安全格局，保障国家和区域生态安全，提高生态服务功能。要牢固树立生态红线的观念。习近平总书记多次强调，生态红线和耕地红线是底线，是民族生存和发展的命脉。让生态系统休养生息，生态红线观念一定要牢固树立起来，决不能逾越，扩大森林、湖泊、湿地等绿色生态空间，增强水源涵养能力和环境容量。

李克强总理、张高丽副总理、马凯副总理等中央领导也对生态文明建设有许多重要的论述、指示和批示。

中央领导的有关指示精神都集中地在党的相关文件中得到反映。

三　制度体系框架日臻完善

长久以来，我国的生态资源和环境保护一直存在法律缺位的问题。进入新时期，坚持依法治国、建设社会主义法治国家成为党领导人民治理国家的基本方略。近年来，国家大力加强生态文明法制建设，更加积极有效地保护生态环境。经过多年努力，已初步建立起以宪法为依据、以《环境保护法》为基础、以各环境单行法为主体、以环境行政法规规章及地方性法规规章为支持的环境保护法律体系。随着号称"史上最严"的新《环境保护法》的实施，"用最严格的制度、最严厉措施"保护生态环境的理念将得以贯彻，在生态文明建设中法律将不再"疲软"。

2006年10月，国务院办公厅发文要求开展全国主体功能区划规划编制工作（国办发〔2006〕85号）。根据资源环境承载能力、现有开发密度和发展潜力，统筹考虑未来我国人口分布、经济布局、国土利用和城镇化格局，将国土空间划分为优化开发、重点开发、限制开发和禁止开发四类主体功能区，并按照主体功能定位调整完善区域政策和绩效评价，规范空间开发秩序，形成合理的空间开发结构，实现人口、经济、资源环境以及城乡、区域协调发展。以后将按主体功能区对全国国土空间发展方向和要求进行定位。

2008年7月，环境保护部和中国科学院发布了联合编制的《全国生态功能区划》。对我国生态空间特征进行了全面分析，对生态敏感性、生态系统服务功能进行了评价，确定了不同区域的生态功能，提出了全国生态功能区划，将全国划分为216个生态功能区。其中，具有生态调节功能的生态功能区148个，占国土面积的78%；提供产品的生态功能区46个，占国土面积的21%；人居保障功能区22个，占国土面积1%。这是我国首次依据生态系统内在属性特征，对其在空间呈现的同一性和差异性做出的科学划分，是基于生态环境保护的产业结构调整和布局的重要决策依据，是依法加强资源开发环境监管的重要尺度，是实施区域生态环境分区管理的基础和前提，是继我国自然区划、农业区划之后，在生态环境保护与生态建设方面的重大基础性工作。环保部要求，要充分发挥《全国生态功能区划》的作用，使之逐步纳入国家限制开发和禁止开发主体功能区管理体系，成为区域开发和经济发展的准入条件；成为指导资源开发、经济结构调整和产业布局、生态环境保护和建设的重要依据；成为全面贯彻落实科学发展观，牢固树立生态文明观念，建设资源节约型和环境友好型社会的有力手段。

2011年12月5日，环境保护部、商务部、科技部发布了关于《加强国家生态工业环境保护示范园区建设的指导意见》（环发〔2011〕143号）。该《意见》提出，"十二五"期间，着力建设50家特色鲜明、成效显著的国家生态工业示范园区；基本形成促进国家生态工业示范园区发展的长效机制；国家生态工业示范园区在经济发展、物质减量与循环、污染防控和园区管理等方面指标居国内领先水平，引领、辐射和带动各级各类工业园区的可持续发展，推动国民经济持续、健康发展。

2012年1月，国务院公布了《国家环境保护"十二五"规划》，这是未来五年我国环保行业的纲领性文件，绘就了环保发展的战略宏图。《国家环境保护"十二五"规划》明确提出，要强化生态保护和监督。该《规划》主要有六方面的特点：一是紧紧围绕科学发展主题，转变经济发展方式主线，提高生态文明水平的新要求，积极探索代价小、效益好、排放低、可持续的环境保护新道路。二是环保领域不断拓展，进一步加强环保能力建设。首次提出"重点领域环境风险防控"的战略任务和完善环境保护基本公共服务体系的战略任务。三是把进一步深化总量减排，作为撬动经济发展方式转变的着力点。四是下大力气解决关系民生的突出环境问题，把改善环境质量放在更加突出位置。该《规划》大幅度减少地表水劣V类水质的水体，提高七大水系好于Ⅲ类水质水体和好于二级空气质量标准的城市比例。同时，从"十二五"开始，将城市大气细颗粒物（PM2.5）防治工作逐步提到议事日程。五是突出有差别的环境管理政策，完善环境保护战略体系。六是强化政策支撑，推进并建立环境保护长效机制。该《规划》明确了地方人民政府是规划实施的责任主体，明确了"部门协同推进环境保护"。在2013年年底和2015年年底，分别对规划执行情况进行中期评估和终期考核，评估和考核结果向国务院报告，向社会公布，并作为对地方政府政绩考核的重要内容。

2012年12月，国务院印发了《全国主体功能区规划》（国发〔2010〕46号）。该《规划》是我国国土空间开发的战略性、基础性和约束性规划，指导构建高效、协调、可持续的国土空间开发格局。编制实施该《规划》，是深入贯彻落实科学发展观的重大战略举措，对于推进形成人口、经济和资源环境相协调的国土空间开发格局，加快转变经济发展方式，促进经济长期平稳较快发展和社会和谐稳定，实现全面建设小康社会目标和社会主义现代化建设长远目标，具有重要战略意义。

2013年2月，《全国生态保护"十二五"规划》颁布实施。该《规划》在准确把握我国自然生态保护形势的基础上，提出了"十二五"期间自然生态保护的目标、任务和措施，对推动生态保护工作，提高生态文明建设水平具有十分重要的意义。突出强调加强生态保护工作是提升我国生态文明建设水平的重要组成部分，提出以生态文明建设试点作为提升生态文明建设水平的重要抓手。与往年的生态保护规划相比，该《规划》有4个突出的特点：更加突出新形势下生态文明建设的新要求；更加注重通过优化空间格局加强生态保护，引导经济和生态保护协调发展；更加注重生态监管能力建设，从机制、手段、措施上构建全过程生态监管体系；更加注重规划的指导作用，明确重点工程引导规划实施。《规划》确定"十二五"的保护目标是，生态环境监管水平明显提高，重点区域生物多样性下降趋势得到遏制，自然保护区建设和监管水平显著提升，生态示范建设广泛开展，生态文明建设试点取得成效，国家重点生态功能区得到有效保护，生态环境恶化趋势得到初步扭转。规划指标也突出反映了保障生态安全和提升生态文明水平的刚性要求，从重点生态功能区、自然保护区、生物多样性保护、生态示范建设等方面提出了具体的保护目标。规划提出了两个工作重点：一是明确了"十二五"期间的生态保护重点工程，包括生态文明示范建设重点工程、生物多样性保护重点工程、自然保护区管护重点工程和生态功能保护重点工程等。生态保护重点工程的明确，为各级环保部门明确了"十二五"期间生态保护的重点任务，有利于指导各地有序开展生态保护工作。二是从各方面明确了规划实施的保障措施。以《全国主体功能区划》和《全国生态功能区划》为基础，制定差异化的生态保护管理政策。推动开展重大区域性和行业性发展决策战略环境影响评价。

2013年9月，国务院印发了《大气污染防治行动计划》（国发〔2013〕37号），该《行动计划》要求2017年全国PM10浓度普降10%，京津冀、长三角、珠三角等区域的PM2.5浓度分别下降25%、20%和15%左右，要求经过五年努力，全国空气质量"总体改善"。为实现以上目标，该《行动计划》提出十项具体措施，包括加大综合治理力度，减少多种污染物排放等。《行动计划》提出，加快提升燃油品质；加大排污费征收力度，做到应收尽收；实行环境信息公开等多项措施。

2013年12月6日，中组部印发《关于改进地方党政领导班子和领导干部政绩考核工作的通知》，要求完善干部政绩考核评价指标，根据不同地区、不同层级领导班子和领导干部的职责要求，设置各有侧重、各有特色的考核指标，把有质量、有效益、可持续的经济发展和民生改善、社会和谐进步、生态文明建设、党的建设等作为考核评价的重要内容，加大资源消耗、环境保护、消化产能过剩、安全生产等指标的权重，更加重视科技创新、教育文化、劳动就业、居民收入、社会保障、人民健康状况的考核。对限制开发区域和生态脆弱的国家扶贫开发工作重点县取消地区生产总值考核。

2014 年 4 月，全国人大常委会审议通过了历经 3 年多时间修订的《环境保护法》。该法规定了采取严格的考核机制、环境信用制度、法律责任等，列入了行政拘留、"引咎辞职""按日计罚"等严厉的处罚制度，被称为"史上最严"。新法提出围绕生态文明进行制度建设，首次将生态保护红线写入法律，规定国家在重点生态保护区、生态环境敏感区和脆弱区等区域，划定生态保护红线，实行严格保护。另一个突破就是专门设立了"信息公开和公众参与"章节，保护公民的参与环境保护权，公民已经有了一定实际意义上的参与环境权了，这次有很重大的创新，让政府接受人大的监督，政府不仅接受 NGO 的监督还接受人大的监督，到人大或人大常委会汇报环境保护工作，人大可以进行批评，民主参与和民主监督色彩强烈。

2015 年 1 月，修订后的《环境保护法》颁布实施，标志我国正式走上了环境经济可持续发展的道路。

2015 年 4 月，国务院印发了《水污染防治行动计划》（国发〔2015〕17 号），继"大气十条"之后，又有了"水十条"。该《计划》计 10 条、35 款、76 项、238 个具体措施，第一次对 2020 年、2030 年、2050 年做了规划编制，是当前和今后一段时间推进水环境治理的路线图。《计划》以环境质量为核心，立足于全国范围内多要素统筹，对水资源、水环境、水生态做了具体部署，对区域性、流域性等水体抓好两头，尽一切力量保护好饮用水源地等优质水体，同时对地表水、江河湖海都做了安排，打好治理劣五类水体的攻坚战，抓两头带中间，让老百姓感受到环境治理的成效。《土壤污染防治行动计划》也有望在 2016 年年内出台。

2015 年 7 月 1 日，中央全面深化改革领导小组第十四次会议召开，审议通过了《环境保护督察方案（试行）》《生态环境监测网络建设方案》《关于开展领导干部自然资源资产离任审计的试点方案》《党政领导干部生态环境损害责任追究办法（试行）》《关于推动国有文化企业把社会效益放在首位、实现社会效益和经济效益相统一的指导意见》。会议强调，生态文明建设是加快转变经济发展方式、实现绿色发展的必然要求。深化生态文明体制改革，关键是要规范各类开发、利用、保护行为，让保护者受益、让损害者受罚。其中《党政领导干部生态环境损害责任追究办法（试行）》首次以中央文件形式提出了"党政同责"和"一岗双责"的要求，明确提出对官员损害生态环境的责任"终身追究"，构成了各级党政领导者的生态环保"责任清单"。会议指出，建立环保督察工作机制是建设生态文明的重要抓手，要把环境问题突出、重大环境事件频发、环境保护责任落实不力的地方作为先期督察对象，近期要把大气、水、土壤污染防治和推进生态文明建设作为重中之重，重点督察贯彻党中央决策部署、解决突出环境问题、落实环境保护主体责任的情况。

除了国家层面的工作，各省、自治区、直辖市也纷纷加强了地方立法，积极为生态文明建设提供法制保障。如安徽、海南、内蒙古、广东等地加强城乡规划立法工作，保障科学的城乡规划顺利编制执行，切实发挥城乡规划对生态文明建设的引领调控作用。各地还围绕促进经济发展方式转变、保障和改善民生、资源与环境保护等方面扎实有效地开展了立法工作。

由于多方面原因，我国的现行法律也还存在与加快推进生态文明建设不相适应的内容，还存在法律法规间缺乏衔接等问题。对此，中共中央、国务院《关于加快推进生态文明建设的意见》提出："研究制定节能评估审查、节水、应对气候变化、生态补偿、湿地保护、生物多样性保护、土壤环境保护等方面的法律法规，修订土地管理法、大气污染防治法、水污染防治法、节约能源法、循环经济促进法、矿产资源法、森林法、草原法、野生动物保护法等。"

四　生态文明建设实践成果丰硕

建设中国特色社会主义，既离不开科学的理论指导，又要求我们必须面对现实，结合中国的实际条件，用科学的理论观察现实和解决现实问题。生态文明建设内涵丰富，外延广阔，尤其需要做到知行合一，坚持理论与实践相结合，在实践中不断深化对生态文明建设规律的认识，丰富和充实生态文明建设理论，进而更好地指导生态文明建设的实践，这是一个螺旋上升的过程。我国的生态文明建设中，从中央到地方都注重遵循这一认识论的规律，保证了生态文明建设的有序开展，其中最具有典型性的就是相关的试点示范工作。生态文明建设示范区重在示范，贵在探索，需要积极推动生态文明建设示范区各创建地区把生态文明建设摆在更加突出的地位[①]。

我国生态文明建设实践中广为关注的就是始于生态省的生态文明建设示范区创建活动。

生态省是社会经济和生态环境协调发展，各个领域基本符合可持续发展的省级行政区域。生态省源自海南特区的生态省运动，强调自下而上的公众参与。生态省建设是以省（自治区、直辖市）为单位开展生态环境保护的制度，是为解决生态环境的整体性与行政管理条块分割的矛盾而提出来的政策，就是要在遵循经济增长规律、社会发展规律、自然生态规律的基础上，转变经济增长方式，提高环境质量，推动整个社会走上生产发展、生活富裕、生态良好的文明发展道路。在环保部 2015 年 5 月 14 日召开的深入推进生态省建设座谈会上，陈吉宁表示，生态省建设强调在发展中保护，在保护中发展，为全方位推进生态环境保护提供了可借鉴可推广的模式。当前，要抓住中共中央、国务院《关于加快推进生态文明建设的意见》实施的新契机，继续深化生态省建设战略，努力打造生态省建设和生态文明建设示范区升级版。陈吉宁指出，加快生态文明建设示范区提档升级，要以市县为单元继续抓好示范区创建的细胞工程，更加突出绿色发展、绿色生活和环境质量改善、环境风险管控。同时，要进一步深化生态省战略，认真做好生产空间、生活空间、生态空间的统筹协调和规划，在重点生态功能区、生态环境敏感区和脆弱区划定生态保护红线并实施严格管控，推进重要生态系统休养生息。

20 世纪 90 年代中国政府开始关注经济、社会与环境协调发展问题，1994 年率先制定并出台《中国 21 世纪议程——中国人口、资源、环境发展白皮书》。

1995 年，原国家环保局启动实施生态示范区、生态省、生态县等一系列生态创建工作，推动落实国家的可持续发展战略，探索区域经济发展与环境保护的协调。

1996 年在"九五计划"中，提出了转变经济增长方式、实施可持续发展战略的主张。

1997 年，国家环境保护总局开展创建国家环境保护模范城市工作。

2000 年，国务院印发了《全国生态环境保护纲要》（国发〔2000〕38 号），明确提出

[①]　环境保护部自然生态保护司副司长邱启文在 2014 中华宝钢环境奖获奖者经验交流会上的主题发言。

要大力推进生态省、生态市、生态县和环境优美乡镇的建设。原国家环保总局开始推进生态省、市、县建设，根据环境、资源条件，统筹规划城乡的经济、社会与环境，保障资源的可持续利用，建立良性循环的生态环境、经济、人居和文化体系。生态省、生态市、生态县和环境优美乡镇的建设，成为各地建设两型社会、提高生态文明水平的重要载体。

2001年3月，国家环境保护总局印发《生态功能保护区规划编制导则（试行）》（环办〔2001〕18号）。

2002年1月，国家环境保护总局对《生态功能保护区规划编制导则（试行）》的核心内容进行了修改、补充、完善，印发了《生态功能保护区规划编制大纲（试行）》（环办〔2002〕8号）。

2003年5月，国家环境保护总局发布《生态县、市、省建设指标（试行）》，对生态县、生态市和生态省进行界定，分别制订了评价指标体系并给出了详尽的指标解释。指标体系分为经济发展、社会进步和环境保护三大层面，包括约束性和参考性两类。其中，生态县指标36个，比较而言更加关注农村环境保护；生态市指标28个，突出了清洁生产与绿色消费；生态省指标22个，侧重于环保产业比重、物种多样性及流域水质等中观层面因素的考察。

2004年12月，国家环境保护总局印发《生态县、生态市建设规划编制大纲（试行）》及实施意见（环办〔2004〕109号）。

2006年，国家环境保护总局先后制定了《全国生态县、生态市创建工作考核方案（试行）》和《国家生态县、生态市考核验收程序》，对生态城市建设、验收、评价、考核等提供了具体的考察标准和有力的政策指导。

2006年3月31日，国家环境保护总局办公厅印发《"十一五"国家环境保护模范城市考核指标及其实施细则》和《国家环境保护模范城市创建与管理工作规定》。相关指标由30项必考指标与2项参考指标组成，其中30项必考指标包括3项基本条件与27项考核指标。2008年1月，环保部对其中一些关键性指标进行适当调整修订，整合为26项考核指标。其中，基本条件3项、社会经济4项、环境质量5项、环境建设8项、环境管理6项。新创模指标体系对地表水和空气环境质量、城市环境基础设施建设、集中式饮用水水源地、工业企业稳定达标等方面提出更高要求。国家环保模范城市创建工作开展10年后，环境保护部办公厅2008年9月21日印发《"十一五"国家环境保护模范城市考核指标及其实施细则（修订）》（环办〔2008〕71号），对考核指标进一步细化和提高，自2010年1月1日起实行。

2007年10月31日，原国家环境保护总局印发《国家重点生态功能保护区规划纲要》（环发〔2007〕165号），明确了加强生态功能保护区建设是促进我国重要生态功能区经济、社会和环境协调发展的有效途径，是维护我国流域、区域生态安全的具体措施，是有效管理限制开发主体功能区的重要手段。

2007年12月26日，原国家环境保护总局印发《生态县、生态市、生态省建设指标（修订稿）》（环发〔2007〕195号）。

2008年9月27日，环境保护部印发《全国生态脆弱区保护规划纲要》（环发〔2008〕92号）。该《纲要》指出，加强生态脆弱区保护是控制生态退化、恢复生态系统功能、改善生态环境质量和落实《全国生态功能区划》的具体措施，也是促进区域经济、社会和环境协调发展、贯彻落实科学发展观的有效途径。我国生态脆弱区主要分布在北方干旱半干旱区、南方丘陵区、西南山地区、青藏高原区及东部沿海水陆交接地区，行政区域涉及黑龙江、内蒙古、吉林、辽宁、河北、山西、陕西、宁夏、甘肃、青海、新疆、西藏、四川、云南、贵州、广西、重庆、湖北、湖南、江西、安徽等21个省（自治区、直辖市）。8种主要类型包括：东北林草交错生态脆弱区、北方农牧交错生态脆弱区、西北荒漠绿洲交接生态脆弱区、南方红壤丘陵山地生态脆弱区、西南岩溶山地石漠化生态脆弱区、西南山地农牧交错生态脆弱区、青藏高原复合侵蚀生态脆弱区、沿海水陆交接带生态脆弱区。

2010年，环境保护部党组明确要求，将"生态省（市、县）建设"调整为"生态建设示范区"。生态建设示范区是生态省、生态市、生态县、生态工业园区、生态乡镇、生态村的统称，是最终建立生态文明建设示范区的过渡阶段。自2000年原国家环保总局在全国组织开展这项工作以来，已有16个省（区、市）开展了省域范围的建设，500多个市县开展了县域范围的建设。江苏省张家港市、浙江安吉县等11个县（市、区）达到国家生态县建设标准，1027个乡镇达到全国环境优美乡镇标准。

2010年6月23日，环境保护部印发《国家级生态乡镇申报及管理规定（试行）》（环发〔2010〕75号），发布了《国家级生态乡镇建设指标（试行）》。

2010年9月17日，环境保护部印发《中国生物多样性保护战略与行动计划》（2011～2030年）（环发〔2010〕106号），提出了我国未来20年生物多样性保护总体目标、战略任务和优先行动。设定了35个保护优先区域，包括大兴安岭区、三江平原区、祁连山区、秦岭区等32个内陆陆地及水域生物多样性保护优先区域，以及黄渤海保护区域、东海及台湾海峡保护区域和南海保护区域等3个海洋与海岸生物多样性保护优先区域和10个优先领域。近期目标，到2015年，力争使重点区域生物多样性下降的趋势得到有效遏制；中期目标，到2020年，努力使生物多样性的丧失与流失得到基本控制；远景目标，到2030年，使生物多样性得到切实保护。

2010年10月18日，中国共产党第十七届中央委员会第五次全体会议通过《中共中央关于制定国民经济和社会发展第十二个五年规划的建议》，提出加快建设资源节约型、环境友好型社会，提高生态文明水平。面对日趋强化的资源环境约束，必须增强危机意识，树立绿色、低碳发展理念，以节能减排为重点，健全激励和约束机制，加快构建资源节约、环境友好的生产方式和消费模式，增强可持续发展能力。

2010年12月21日，国务院印发《全国主体功能区规划》（国发〔2010〕46号），将我国国土空间分为以下主体功能区：按开发方式，分为优化开发区域、重点开发区域、限制开发区域和禁止开发区域；按开发内容，分为城市化地区、农产品主产区和重点生态功能区；按层级，分为国家和省级两个层面。

2011年3月16日，第十一届全国人民代表大会第四次会议审议通过《中华人民共和国国民经济和社会发展第十二个五年规划纲要》，其中第六篇即是绿色发展建设资源节约型、环境友好型社会。提出面对日趋强化的资源环境约束，必须增强危机意识，树立绿色、低碳发展理念，以节能减排为重点，健全激励与约束机制，加快构建资源节约、环境友好的生产方式和消费模式，增强可持续发展能力，提高生态文明水平。

2011年6月30日，财政部、环境保护部印发《湖泊生态环境保护试点管理办法》。按照党中央、国务院让江河湖泊休养生息的战略部署，为保护湖泊生态环境，改善湖泊水质，避免走"先污染、后治理"的老路，决定开展湖泊生态环境保护试点工作，建立优质生态湖泊保护机制。

2012 年 4 月，环境保护部印发《国家生态建设示范区管理规程》（环发［2012］48号）。该《规程》共 7 章 36 条，对申报和规划、技术评估、考核验收、公示公告、监督管理等内容进行了规范，确保公平公正公开。2012 年召开第一次生态建设工作会议，强化工作推动。制定《国家生态建设示范区管理规程》（环发［2012］48 号），对申报、技术评估、考核验收、公告命名、监督管理等做出具体规定。

2012 年 9 月 19 日，国家海洋局印发《海洋生态文明示范区建设管理暂行办法》和《海洋生态文明示范区建设指标体系（试行）》（国海发［2012］44 号）。

2013 年 5 月 23 日，环境保护部印发《国家生态文明建设试点示范区指标（试行）》（环发［2013］58 号），其中强调了实施主体功能区规划，划定生态红线并严格遵守。

2013 年 6 月，中央批准将"生态建设示范区"正式更名为"生态文明建设示范区"，并制定了《国家生态文明先行示范区建设方案（试行）》。中央批准更名后，环境保护部印发了《关于大力推进生态文明建设示范区工作的意见》（环发［2013］121 号），各项工作积极有序推进。

2013 年 8 月，《国务院关于加快发展节能环保产业的意见》中指出，在全国范围内选择有代表性的 100 个地区开展国家生态文明先行示范区建设，探索符合我国国情的生态文明建设模式的要求。

2013 年 9 月 9 日，国家林业局印发《推进生态文明建设规划纲要（2013～2020年）》。该《纲要》明确，推进生态文明建设的战略任务是紧紧围绕生态林业和民生林业两条主线，着力构建国土生态空间规划体系、重大生态修复工程体系、生态产品生产体系、维护生态安全的制度体系和生态文化体系，全面推进生态文明建设。按照中央提出的"把发展林业作为建设生态文明的首要任务"的要求，到 2020 年森林覆盖率达到 23% 以上，森林蓄积量达到 150 亿立方，地保量达到 8 亿亩以上，自然湿地保护率达到 60%，新增沙化土地治理面积达到 20 万平方公里，林业产业总产值达到 10 万亿元、义务植树尽责率达到 70%，构筑坚实的生态安全体系、高效的生态经济体系和繁荣的生态文化体系。

2013 年 12 月，国家发展改革委联合财政部、国土资源部、水利部、农业部、国家林业局制定了《国家生态文明先行示范区建设方案（试行）》，以推动绿色、循环、低碳发展为基本途径，促进生态文明建设水平明显提升。

2013 年 12 月 12 日至 13 日，中央首次召开城镇化工作会议，对城镇化中的生态文明建设做出部署；要求切实提高能源利用效率，降低能源消耗和二氧化碳排放强度；高度重视生态安全，扩大森林、湖泊、湿地等绿色生态空间比重，增强水源涵养能力和环境容量；不断改善环境质量，减少主要污染物排放总量，控制开发强度，增强抵御和减缓自然灾害能力，提高历史文物保护水平。

2013 年 12 月 18 日，国务院常务会议部署推进青海三江源生态保护、建设甘肃省国家生态屏障综合试验区、京津风沙源治理、全国五大湖区湖泊水环境治理等一批重大生态工程。

2014 年 1 月 17 日环境保护部制定《国家生态文明建设示范村镇指标（试行）》。村庄是农民世代生产生活的主要场所，是农村社会经济活动的基本空间，开展国家生态文明建设示范村镇创建，对于改善农村人居环境、推动生态文明建设具有重要意义。在已经制定发布《国家生态文明建设试点示范区指标（试行）》基础上，制定发布适用于乡镇、村的生态文明建设示范区指标。生态乡镇指标包括生产发展、生态良好、生活富裕、村风文明等方面的内容 18 项，生态村指标包括生产发展、生态良好、生活富裕、乡风文明等方面的内容 21 项。

2014 年 7 月，经中央批准在"生态文明建设示范区"项目中增设子项目"中国生态文明奖"。2015 年 6 月 12 日环境保护部印发《中国生态文明奖评选表彰办法（暂行）》的通知（环发〔2015〕69 号），评选面向生态文明建设基层和一线，重点表彰在生态文明实践探索、宣传教育和理论研究等方面做出突出成绩的集体和个人。

2015 年 6 月 18 日，国家发展改革委、财政部、国土资源部、住房和城乡建设部、水利部、农业部、国家林业局制定印发了《第二批生态文明先行示范区建设方案》，开展第二批先行示范区建设申报工作。

2015 年 7 月，国家海洋局正式公布了《海洋生态文明建设实施方案（2015～2020年）》。这是我国首个有关海洋生态文明建设的专项总体方案，为我国"十三五"期间海洋生态文明建设提供了路线图和时间表。预计将通过 5 年左右的努力，启动 20 项重大工程项目，使得我国海洋生态文明制度体系基本完善，海洋管理保障能力显著提升，生态环境保护和资源节约利用取得重大进展。海洋生态文明建设示范区工程将新建 40 个国家级示范区，为探索海洋生态文明建设模式提供有益借鉴。海洋经济创新示范区工程计划在山东、浙江、广东、福建等海洋经济试点省份实施，进一步推动形成特色海洋产业集聚区。入海污染物总量控制示范工程将选取 8 个地方开展试点，尽快形成可复制、可推广的控制模式。海域综合管理示范工程计划选择 2 处地方开展海域综合管理试点，探索海岸带综合管理、海域空间差别化管控等制度。海岛生态建设实验基地工程计划建设 15 个基地，开展海岛生态修复、海岛建设监测等方面研究工作。

从以上的回顾可以看出，我国的生态文明建设经历了调查摸底、方案制定、颁布标准及提高、总结推广等环节，涵盖了山水林田湖海、大气、土，是一个由生态示范区、生态省（市、县）到生态文明建设示范区循序渐进的过程，并在探索中不断前进。目前，已经有了非常明确的工作体系，建立了"党委政府直接领导、人大政协大力推动、相关部门齐抓共管、社会各界广泛参与"的工作机制。按照生态省、生态市、生态县、生态乡镇、生态村之间 4 个 80% 的体系要求，从基层做起，自下而上推动整体工作，实现行政辖区的生态文明建设全覆盖。

20 余年来，随着认识的不断深入和人民群众对生态环境要求的提高，生态文明建设的有关标准也在不断调整提高。为指导生态县、生态市、生态省建设工作，国家环保总局于 2003 年 5 月印发了《生态县、生态市、生态省建设指标（试行）》（环发〔2003〕91 号）。2007 年 12 月 26 日，环保总局印发了《生态县、生态市、生态省建设指标（修订稿）》的通知（环发〔2007〕195 号），对原设定指标进行了调整，生态县建设的指标由原 36 项调整为 22 项，生态市建设的指标由原 28 项调整为 19 项，生态省建设的指标由原 22 项调整为 16 项，包含了经济发展、生态环境保护、社会进步等几个方面。2013 年 5 月 23 日，环境保护部印发《国家生态文明建设试点示范区指标（试行）》（环发〔2013〕58 号），在基本条件中要求建立生态文明建设党委、政府领导工作机制，分为生态文明试点示范县（含县级市、区）和生态文明试点示范市（含地级行政区）两个层级，从生态经济、生态环境、生态人居、生态制度和生态文化等五方面，分别设定了 29 项和 30 项指标。2014 年 1 月，环境保护部印发了《国家生态文明建设示范村镇指标（试行）》，制定发布适用于乡镇、村的生态文明建设示范区指标，从村镇层面对农村地区开展生态文明建设示范工作提出了要求。

自 2000 年国务院印发《全国生态环境保护纲要》提出生态省建设，国家环保总局在全国组织开展这项工作以来，全国已有海南、吉林、黑龙江、福建、浙江、山东、安徽、江苏、河北、广西、四川、辽宁、天津、山西、河南、湖北等 16 个省区市开展了生态省建设，超过 1000 多个市、县、区正在推进生态市县建设，92 个地区取得了生态市县的阶段性成果，获得了命名，建成了 4596 个生态乡镇（全国环境优美乡镇），打造了一批经济社会环境协调发展的先进典型。全国已有六批共 72 个生态文明建设试点。2014 年 3 月，国务院印发了《关于支持福建省深入实施生态省战略加快生态文明先行示范区建设的若干意见》，确定福建省成为党的十八大以来全国第一个生态文明先行示范区。2014 年 6 月，将北京市密云县、上海闵行区、贵州省、江西省、湖北十堰市等 55 个地区作为第一批生态文明先行示范区建设地区。57 个地区开展第一批生态文明先行示范区建设，其中，有 5 个省为整体纳入第一批生态文明先行示范区，其他 52 个第一批先行示范区包括了地级、县级以及跨流域、跨区域的地区。目前，第二批的申报工作正在进行。在生态文明建设中，国家对西部地区也曾有专门的政策措施予以指导。2011 年国家发展改革委、财政部、国家林业局印发《关于开展西部地区生态文明示范工程试点的实施意见的通知》（发改西部〔2011〕1726 号）。2012 年国家发改委批复同意内蒙古自治区乌兰察布市等 13 个市（州、盟）和重庆市巫山县等 74 个县（市、区、旗、团）开展全国生态文明示范工程试点工作。

2001 年由当时的国家旅游局、国家计委、国家环保总局共同提出，共同制定认定标准，经相关程序共同评定“生态旅游示范区”的荣誉称号。2007 年 7 月，国家旅游局、国家环境保护总局共同授予东部华侨城“国家生态旅游示范区”的荣誉称号，东部华侨城成为中国首个获得此项殊荣的旅游区。2013 年 12 月，国家旅游局、国家环保部公布了 2013 年国家生态旅游示范区名单，共 39 家。2014 年国家生态旅游示范区公示名单，包括天津市黄崖关长城风景名胜区、河北省保定市野三坡景区、内蒙古自治区呼伦贝尔市根河源国家湿地公园等 37 家。

2011 年水利部印发了《关于开展国家水土保持生态文明工程创建活动的通知》，决定在全国范围内开展水土保持生态文明工程创建活动。2012 年 10 月水利部确定济南市为第一个国家级水生态文明城市试点。2013 年水利部出台了《关于加快推进水生态文明建设工作的意见》，明确了水生态文明建设的主要工作内容。同年水利部还出台了《关于加快开展全国水生态文明城市建设试点工作的通知》。2013 年 7 月 31 日，国家水利部确定北京市密云县、天津市武清区等 45 个城市（县、区）为第一批全国水生态文明城市建设试点（水资源函〔2013〕233 号）。2014 年 5 月，国家水利部确定河北承德等 59 个城市为第二批全国水生态文明城市建设试点（水资源函〔2014〕137 号）。截止到 2015 年，全国已经有河南、山东、江苏、浙江、安徽、云南、江西、湖北、陕西、福建、贵州等 11 个省开展省级水生态文明创建工作，105 个城市为全国水生态文明城市建设试点。

2013 年，国家海洋局批准山东省威海市、日照市、长岛县，浙江省象山县、玉环县、洞头县，福建省厦门市、晋江市、东山县，广东省珠海横琴新区、南澳县、徐闻县为首批国家级海洋生态文明建设示范市、县（区）。目前，我国已建成各类海洋保护区 170 多处，其中国家级海洋自然保护区 32 处，地方级海洋自然保护区 110 多处；海洋特别保护区 40 余处，其中，国家级 17 处，合计约占我国海域面积的 1.2%。

在生态文明建设与城镇化的结合方面，最重要的工作就是启动了海绵城市建设试点。2013 年 12 月 12 日，习近平总书记在《中央城镇化工作会议》的讲话中强调："提升城市排水系统时要优先考虑把有限的雨水留下来，优先考虑更多利用自然力量排水，建设自然存积、自然渗透、自然净化的海绵城市。"

为贯彻习近平总书记讲话及中央城镇化工作会议精神，落实《国务院关于加强城市基础设施建设的意见》（国发 ［2013］ 36 号）、《国务院办公厅关于做好城市排水防涝设施建设工作的通知》（国办发 ［2013］ 23 号） 要求，建设自然积存、自然渗透、自然净化的海绵城市，住房和城乡建设部于 2014 年 10 月 22 日印发了《海绵城市建设技术指南——低影响开发雨水系统构建（试行）》（建城函 ［2014］ 275 号）。

2014 年 12 月 31 日，根据习近平总书记关于"加强海绵城市建设"的讲话精神和中央经济工作会议精神要求，财政部、住房和城乡建设部、水利部决定开展中央财政支持海绵城市建设试点工作（财建 ［2014］ 838 号）。由中央财政对海绵城市建设试点给予专项资金补助，一定三年，具体补助数额按城市规模分档确定，直辖市每年 6 亿元，省会城市每年 5 亿元，其他城市每年 4 亿元。对采用 PPP 模式达到一定比例的，将按上述补助基数奖励 10%。同时明确了考核办法和奖惩措施。

2015 年 1 月 20 日，财政部办公厅、住房和城乡建设部办公厅、水利部办公厅联合下发《关于组织申报 2015 年海绵城市建设试点城市的通知》（财办建 ［2015］ 4 号），启动 2015 年中央财政支持海绵城市建设试点城市申报工作。

2015 年 4 月 2 日，海绵城市建设试点城市名单正式公布，迁安、白城、镇江、嘉兴、池州、厦门、萍乡、济南、鹤壁、武汉、常德、南宁、重庆、遂宁、贵安新区和西咸新区等 16 个城市成为我国的首批海绵城市建设试点。2015 年 6 月 10 日，住建部发文件把三亚列入城市"双修（城市修补生态修复）"、地下综合管廊和海绵城市的试点城市。

2015 年 10 月 11 日，国务院办公厅印发《关于推进海绵城市建设的指导意见》（国办发 ［2015］ 75 号），部署推进海绵城市建设工作。要求通过海绵城市建设，综合采取"渗、滞、蓄、净、用、排"等措施，最大限度地减少城市开发建设对生态环境的影响，将 70% 的降雨就地消纳和利用。从 2015 年起，全国各城市新区、各类园区、成片开发区要全面落实海绵城市建设要求。到 2020 年，城市建成区 20% 以上的面积达到目标要求；到 2030 年，城市建成区 80% 以上的面积达目标要求。强调了统筹推进新老城区海绵城市建设。老城区要结合城镇棚户区和城乡危房改造、老旧小区有机更新等，以解决城市内涝、雨水收集利用、黑臭水体治理为突破口，推进区域整体治理，逐步实现小雨不积水、大雨不内涝、水体不黑臭、热岛有缓解。各地要建立海绵城市建设工程项目储备制度，编制项目滚动规划和年度建设计划，避免大拆大建。

我国是世界上生物多样性最丰富的 12 个国家之一，物种数量位居北半球第一。拥有森林、灌丛、草甸、草原、荒漠、湿地等地球陆地生态系统，以及黄海、东海、南海、黑潮流域等大海洋生态系；拥有高等植物 34 984 种，居世界第三位；脊椎动物 6445 种，占世界总种数的 13.7%；已查明真菌种类 1 万多种，占世界总种数的 14%。我国生物遗传资源丰富，是世界上重要的农作物起源中心之一，据不完全统计，我国有栽培作物 1339 种，其野生近缘种达 1930 个，果树种类居世界第一。还是多种特有畜、禽、鱼类种和品种的原产地。是世界上家养动物品种最丰富的国家之一，有家养动物品种 576 个。由于人口的快速增长、对生物物种资源的过度开发、外来物种的引进、环境污染、气候变化等原因，我国生物物种资源丧失和流失情况严重，是生物多样性受威胁最严重的国家之一。在《濒危野生动植物国际贸易公约》中列出的 640 种世界濒危物种中，我国有 156 个物种，约占总数 1/4。据估计，我国有 4000～5000 种高等植物濒危或接近濒危，比例达 15%～20%，野生动物濒危程度不断加剧，有 233 种脊椎动物面临灭绝，约 44% 的野生动物呈数量下降趋势，非国家重点保护野生动物种群下降趋势明显。遗传资源不断丧失和流失。一些农作物野生近缘种的生存环境遭受破坏，栖息地丧失，野生稻原有分布点中的 60%～70% 已经消失或萎缩。部分珍贵和特有的农作物、林木、花卉、畜、禽、鱼等种质资源流失严重。一些地方传统和稀有品种资源丧失。IUCN 公布的世界上 100 种最坏的外来入侵物种约有一半已入侵中国，每年造成约 500 多亿元人民币的经济损失。中国从 20 世纪 50～60 年代开始开展大规模的生物多样性调查，90 年代又对重点地区、重要类型资源展开调查，完成了野生动植物物种濒危等级评价，在迁地、就地保护方面也取得了重要进展。

2012 年 3 月，环境保护部组织召开全国生态红线划定技术研讨会，邀请国内知名专家和主要省份环保厅（局）管理者对生态红线的概念、内涵、划定技术与方法进行了深入研讨和交流，并对全国生态红线划定工作进行了总体部署。

2012 年，我国开始生态红线划定工作，形成《全国生态红线划定技术指南（初稿）》，确定内蒙古、江西为红线划定试点，随后，湖北和广西也被列为红线划定试点。2013 年，在内蒙古、江西、广西、湖北等省（自治区）开展了试点省（自治区）生态红线划定工作，提出了试点省（自治区）生态红线划分方案，并进一步完善了《指南》。2014 年 1 月，环境保护部印发了《国家生态保护红线——生态功能基线划定技术指南（试行）》，成为中国首个生态保护红线划定的纲领性技术指导文件，将内蒙古、江西、湖北、广西等地列为生态红线划定试点，推进"国家生态保护红线"划定工作。深圳、东莞、无锡、武汉、广州、天津等城市已在探索划定城市生态红线。2015 年 4 月 30 日，环境保护部在《国家生态保护红线——生态功能红线划定技术指南（试行）》（环发〔2014〕10 号）基础上，经过一年的试点试用、地方和专家反馈、技术论证，形成《生态保护红线划定技术指南》。

此外，在相关标准的制订、自然资源的产权确定、资源有偿使用和生态补偿等方面也取得了很多实质性的进展。通过实行严格的土地利用管理和利用格局调整等政策，逐步实现土地资源优化配置和区域生态安全保障，生态承载力稳步提高，主要污染物如二氧化硫、氮氧化物、氨氮、化学需氧量等的排放强度显著下降，主要江河和湖泊（水库）Ⅰ、Ⅲ类地表水水质比例有所提高，部分空气质量指标在一定程度上得到改善。经济增长的集约化程度有较大改善，生态经济发展水平持续提升，能源结构逐步优化。城市人居环境有所改善，环境突发事件数逐年减少，生态文明理念日益深入人心。

五　地方政府的积极探索成为生态文明建设创新的重要源泉

我国的生态文明建设除了国家层面的推动和部署这种自上而下的驱动力，各地也根据自身的基础和可持续发展的需要，进行了许多创新实践，成为丰富和完善生态文明建设理论的重要来源之一，为生态文明建设提供了来自草根的自下而上的驱动力。

生态省概念即源于海南省在全国率先提出建设生态省的跨世纪发展战略。1999 年，

《海南生态省建设规划纲要》确定了生态省建设的步伐和发展目标，2005 年对生态省建设规划作了进一步完善，2007 年提出了生态省的战略和具体部署，重点是推进绿色经济、生态环境、污染防治、人居环境等四大生态工程，实施建设"绿色之岛"战略，自上而下地开展了以"建设生态环境、发展生态经济、培育生态文化"为主要内容的文明生态村创建活动。

江苏省张家港市于 1999 年第一个提出创建"国家生态市"目标，率先提出"既要金山银山，更要绿水青山"的发展理念，创造了环境保护一把手亲自抓、建设项目环保第一审批权、评先创优环保"一票否决制""三个一"制度。2006 年建成首批"国家生态市"，在全省各县市中率先实现了"国家卫生镇""全国环境优美镇"和"省级卫生村"创建"满堂红"，建成省级"生态村"69 个、各级"绿色学校"112 所、"绿色社区"83 个、"绿色企业"132 家。把工作重点由原来的"污染防治"向"污染防治和生态建设"同步提升，创建范围由"城区"向"整个城乡"拓展，把生态建设全面融入产业大调整、城镇大建设、环境大整治、文明大传播、社会大发展中。着力构建资源节约型、环境友好型城市，全面推进"协调张家港"建设，在全国县级市率先完成循环经济建设总体规划，加快引进推广资源节约替代、能量梯级利用、"零排放"、绿色再制造等技术，推进企业由资源消耗型向生态集约型转变，打造"物质—资源—能源"循环圈。张家港市 2008 年被环保部列为"全国生态文明建设试点地区"之后，在全国率先编制《生态文明建设规划》并通过国家环保部组织的专家论证，在此基础上，分阶段分步骤连续六年出台两轮《生态文明建设三年工作意见》。2009 年 8 月，根据《张家港市关于实施全市生活垃圾集中处理的意见》，全面推行生活垃圾减量化、无害化、资源化利用模式。2013 年制订了《生态文明建设（2013～2015）三年行动计划》，重点推进 6 大行动 20 项工程，有效提升全市生态文明建设水平。2013 年，张家港市制订出台《生态文明建设绩效考核实施办法》，在江苏省乃至全国首开先河，该办法将生态环保作为最重要的考核指标，生态环境指标权重达 32%，对下辖各区镇严格实行经济和环境指标"双重考核"，做到"既考 GDP，又考 COD"。

再如浙江省，2003 年提出了"生态省建设"目标，制定了浙江省生态文明综合评价指标体系；2004 年提出了"811"（8 大水系、11 个省级环保重点监管区）污染整治行动纲领；2005 年制定了发展循环经济的"991"（9 大重点领域、9 个一批抓手和 100 个重点项目）行动计划；2006 年提出将节能、减污列入官员考核指标；2012 年 9 月，浙江省委办公厅、省政府办公厅制定下发了《浙江生态文明建设评价体系（试行）》。浙江安吉县于 2001 年起开始探索"生态立县"之路，并将每年 3 月 25 日定为生态日；2006 年安吉县被授予首个国家生态县；2007 年成为国家环境保护部唯一的"全国新农村与生态县互促共建示范区"；2008 年被国家环境保护部确定为全国首批生态文明建设试点地区之一。安吉县坚持按照生态文明的要求建设社会主义新农村，高起点确定工作目标，提出建设"村村优美、家家创业、处处和谐、人人幸福"的"中国美丽乡村"，确定的新农村建设的 36 项评价标准均高于全省乃至全国水平，注重规划引领，编制《安吉县"中国美丽乡村"建设总体规划》《安吉县生态文明建设纲要》和《生态县建设总体规划》；坚持统筹推进，全面实施环境、产业、服务和素质四项提升工程。

福建省于 2014 年 3 月被确定为全国第一个生态文明先行示范区，国家在福建省开展生态文明建设评价考核试点，探索建立生态文明建设指标体系，率先开展森林、山岭、水流、滩涂等自然生态空间确权登记，编制自然资源资产负债表，开展领导干部自然资源离任审计试点；开展生态公益林管护体制改革、国有林场改革、集体商品林规模经营试点等。2014 年 3 月 19 日，对外发布反映福建生态旅游景区 PM2.5 和负氧离子数据实时值的"清新指数"，该指数让福建良好的生态优势"用数字说话"，在大陆尚属首创，是福建生态文明先行示范区建设的一项创新举措。2014 年 5 月 22 日，福建省十二届人大常委会第九次会议通过《福建省水土保持条例》，该《条例》是福建通过的首部生态地方性法规，以"建设生态文明"为立法目的，从规划、预防、治理、监测和监督、法律责任等方面对福建水土保持做出明确规定。2014 年 5 月 23 日，福建省高级人民法院生态环境审判庭成立，这是全国继海南、贵州之后第三家设立生态环境审判庭的省级法院，以适应当前生态司法保护工作的需要，更好地服务保障生态文明先行示范区建设，全面推广生态环境专业化审判。

贵州省贵阳市于 2001 年提出"环境立市"战略；2002 年在全国率先提出"以循环经济模式构建生态城市"的理念，并付诸实践，成为国家环保总局批准的全国首个循环经济型生态城市建设的试点城市；2004 年贵阳市委、市政府出台了《关于加快生态经济市建设的决定》。2007 年贵阳市委八届四次全会通过《关于建设生态文明城市的决定》，明确了以生态文明理念引领经济社会发展的战略方向，对建设生态文明城市进行全面部署，勾画了贵阳宏伟的发展蓝图。同年，贵阳市成立国内首家环保法庭、环保审判庭，坚决查处破坏生态环境的案件。2008 年 10 月，发布了《贵阳市建设生态文明城市指标体系及监测方法》，标志着贵阳市生态文明城市建设不断在实践中进行理性提炼后，进入了在成熟理念指导下的具体实践阶段；同年，贵阳市委八届六次全会通过《关于抢抓机遇进一步加快生态文明城市建设的若干意见》，提出"应挑战、保增长、重民生、推改革、促开放、善领导"的要求。2009 年，被国家环保部列为全国生态文明建设试点城市。2010 年，贵阳市把生态环境保护纳入法制化轨道，出台了《贵阳市促进生态文明条例》，是国内首部促进生态文明建设的地方性法规，同年，贵阳被国家发改委列为全国低碳试点城市。2012 年 12 月，国家发改委批复了全国第一个生态文明示范城市规划《贵阳建设全国生态文明示范城市规划（2012～2020 年）》。2013 年 1 月，经党中央、国务院同意，外交部批准，生态文明贵阳会议升格为生态文明贵阳国际论坛，这是我国目前唯一以生态文明为主题的国家级国际性论坛。2013 年 7 月 20 日，生态文明贵阳国际论坛 2013 年年会在贵阳开幕，中共中央政治局常委、国务院副总理张高丽出席开幕式、宣读习近平的贺信并发表讲话。2013 年 12 月 30 日，作为贵阳市生态环境系统性、规范性和常态化长效治理的"蓝天守护"、"碧水治理"和"绿地保卫"三大计划中的首个计划——《贵阳市蓝天守护计划（初稿）》公布，确定到 2017 年 PM10 年均浓度下降 12.3% 以上，PM2.5 浓度逐年下降的目标[①]。该计划提出，建立"政府统领、企业配合、市场驱动、公众参与"的大气污染防治新机制，形成"预防为主，联防联控"的大气污防治新格局。为减少空气中污染的聚集，贵阳市规划局接下来应控制高层建筑的高度和数量，在高楼林立的地方留出"大缺口"，对楼盘、道路建设进行合理规划，留出通风走廊。在空气质量考核方面，对各区（市、县）环境空气质量实行公布考核制，对各区（市、县）每月改善空气质量攻坚工作进行打分，以"空气质量优良率＋空气质量综合指数排名"为考核依据，考核结

---

① 《领导决策信息》2014 年第 3 期。

果将纳入年终环保目标考核和首末位排名中。各区（市、县）政府对辖区内环境空气质量负责，考核结果列入政绩考核。同时，通过空气质量自动监测站点能力建设的强化，积极探索以每月空气质量优良率和每月空气质量综合指数排名为依据的考核机制，逐步实现考核机制的科学与公平。

山东省在全国率先建立了基于空气质量改善的生态补偿制度，各市空气质量同比改善的由山东省级财政向市级补偿；同比恶化的由市级财政向省级补偿。每季度结算补偿资金，并向社会公开。2014年3月，山东省印发《山东省环境空气质量生态补偿暂行办法》，明确规定了考核指标、权重、考核数据来源、考核时段、生态补偿资金核算公式、生态补偿资金的筹集与使用等。该《办法》规定了按照"将生态环境质量逐年改善作为区域发展的约束性要求"和"谁保护、谁受益；谁污染、谁付费"的原则，以各设区的市细颗粒物（PM2.5）、可吸入颗粒物（PM10）、二氧化硫（SO_2）、二氧化氮（NO_2）等四类污染物季度平均浓度同比变化情况为考核指标，建立考核奖惩和生态补偿机制，污染物浓度以微克/立方米计。2015年3月18日，山东省政府办公厅印发修改后的《山东省环境空气质量生态补偿暂行办法》（鲁政办字〔2015〕44号），增加第九条"年度空气质量连续两年达到《环境空气质量标准》（GB3095～2012）二级标准的设区的市，省政府给予一次性奖励，下一年度不再参与生态补偿；若该市后续年度污染反弹，空气质量达不到《环境空气质量标准》（GB3095～2012）二级标准，则继续参与生态补偿"。

生态移民是生态文明建设的重要内容之一，是一项关系人民福祉、关乎未来长远发展的大战略。宁夏在扶贫攻坚中大力实施生态移民战略，下决心用5年时间把居住在大山深处的35万贫困人口整体搬迁到新灌区进行集中安置；对生存条件相对较好地区群众采取"人随水走、水随人流"的方式就近安置；对山区各县统一进行规划整治和"大县城建设"，吸引有能力的农村人口向县城和中心集镇聚集；对移民迁出区实施主体功能区建设，加大自然生态系统的保护和修复力度。实践证明，这是一条符合宁夏实际、以生态移民助力生态文明建设的有效途径[①]。

近年来，中国多地在着力完善法律、法规和政策保障，加快推进有利于生态环保的长效机制，用法制来保护生态，用制度来规范开发[②]。

福建省厦门市人大常委会正在制定《厦门经济特区生态文明建设条例》。该条例着力体现党的十八大和十八届三中全会精神，坚持解放思想、先行先试，坚持实行最严格的制度、最严密的法治，着力构建节约资源和保护环境的空间布局、产业结构、生产生活方式，推动厦门成为生态文明示范区[③]。厦门重视通过立法保护环境和自然资源，制定了一系列地方性法规。例如环境保护方面的立法有：《环境保护条例》《市容环境卫生管理条例》《海洋环境保护若干规定》等；污染防治方面有：《机动车排气污染防治条例》等；自然资源保护方面有：《筼筜湖管理办法》《大屿岛白鹭自然保护区管理办法》《无居民海岛保护与利用管理办法》《砂、石、土资源管理办法》《厦门经济特区水资源条例》《风

---

① 《探索生态文明建设的有效途径》，《经济日报》2014年1月21日。
② 《中国多地探索以法律和制度推进生态文明建设》，新华网2015年3月11日。
③ 《以地方立法推动生态文明建设的探索——〈厦门经济特区生态文明建设条例〉立法体会》，中国人大网2014年9月23日。

景名胜资源保护管理条例》等；生态经济方面有：《节约能源条例》《关于发展循环经济的决定》等。这些规定多是对生态建设某一方面事务的规范和调整，制度与制度之间缺乏统筹规划和协调。通过立法做好生态文明建设的顶层设计和制度规范，从更宏观的层面形成生态文明建设的制度体系和总纲，有利于从全局考虑，统筹推进生态文明建设工作，努力实现生态治理体系和治理能力的现代化。该条例的颁布和实施将为厦门生态文明建设提供有力的法制保障。

在生态文明示范区建设中，江西抓住薄弱环节，扫清制度障碍，发挥体制机制改革的牵引作用，全面推进自然资源产权制度和管理体制、自然资源有偿使用制度和生态补偿等制度、生态环境损害赔偿制度和责任终生追究制度等一系列制度探索[①]。江西省2013年出台了市县科学发展综合考核评价实施意见，对全省100个市县区实行差别化分类考核评价；将污染物排放、空气质量等纳入评价范畴，对节能减排不合格的市县区实行"一票否决"。2009年国务院批复鄱阳湖生态经济区规划，将建设鄱阳湖生态经济区上升为国家战略，率先在江西探索生态与经济协调发展的新模式。为此，江西省先后出台《江西省湿地保护条例》《鄱阳湖生态经济区环境保护条例》《"五河一湖"及东江源保护区建设管理办法》等法规制度，保护鄱阳湖一湖清水。

2015年2月，湖北省第十二届人民代表大会第三次会议通过关于农作物秸秆露天禁烧和综合利用的决定，规定从2015年5月1日起，湖北省将全面禁止露天焚烧农作物秸秆，并推进其综合利用，以促进环境保护和资源节约。

六　广泛开展国际交流与合作

推进生态文明建设需要立足全球视野，把绿色发展转化为新的综合国力和国际竞争新优势。中国的可持续发展与世界的可持续发展是紧密联系的，甚至未来将决定和主导世界的可持续发展进程和方向，"在某种程度上可以说，中国的发展路径也是世界的发展路径"[②]。生态文明作为一种社会文明形态，不仅仅是中国要建设生态文明，全世界都应该向着生态文明的方向发展。从这个意义上讲，生态文明建设理论是放之四海而皆准的，中国对于生态文明建设的认知和实践在世界上有一种引领的意义。

中国是批准加入《生物多样性公约》最早的国家之一。自从1993年公约正式生效实施以来，中国政府为保护生物多样性和履行公约，积极认真地开展了一系列卓有成效的工作，有力地促进了国民经济和社会的可持续发展，也为世界保护中国特有的生态系统、物种系统和遗传资源系统做出了重要贡献[③]。联合国《卡塔赫纳生物安全议定书》是在《生物多样性公约》下，为保护生物多样性和人体健康而控制和管理"生物技术改性活生物体"（简称LMOs，Living modified organisms；或称"转基因生物"，简称GMOs，Genetically modified organisms）越境转移的国际法律文件。该《议定书》于2000年1月29日达成谈判文本，批准加入和核准的国家于2003年9月11日达到50个，该《议定书》即时生

---

① 《探索可复制的"江西模式"　聚焦江西生态文明建设机制创新》，《江西日报》2015年3月11日。

② 联合国环境规划署：《中国资源效率：经济学与展望》，2013年。

③ 中国履行《生物多样性公约》工作协调办公室：《中国履行〈生物多样性公约〉十年进展》。

效。中国政府于 2000 年 8 月 8 日签署该《议定书》，国务院于 2005 年 5 月核准《议定书》，成为《议定书》的第 120 个缔约方。

习近平总书记代表中国政府和人民向国际社会承诺，"中国将继续承担应尽的国际义务，同世界各国深入开展生态文明领域的交流合作，推动成果分享，携手共建生态良好的地球美好家园"，这标志着我国开始成为生态文明和可持续发展的"引领者"，展现了开放的心态和强大的自信。

中国政府提出的"一带一路"战略构想获得了沿线国家的热烈响应。维护"一带一路"沿线国家和地区的可持续发展，在经济合作之外，文化融合、社会责任以及生态友好等方面的重要性逐渐凸显[①]。2015 年 3 月 28 日，国家发展改革委、外交部、商务部联合发布了《推动共建丝绸之路经济带和 21 世纪海上丝绸之路的愿景与行动》，提出要突出生态文明理念，加强生态环境、生物多样性和应对气候变化合作，共建绿色丝绸之路。为更好地贯彻落实"一带一路"战略，使沿线的新兴经济体和发展中国家可以通过中国得到先进的环保技术和实用理念，需要按照在北京召开的 APEC 会议上由中国政府牵头提出的倡议，配合建立亚太经合组织绿色供应链合作网络的需求，对进出口的政策做出针对性的调整。

七　结语

毋庸讳言，我国目前仅有少数的生态文明指标已达到或超过了同期世界平均水平，整体的生态文明建设水平还不高，各地区生态文明建设水平参差不齐，客观条件决定了我国的生态文明建设将是一个长期任务。但总的发展趋势是向好的，生态环境和生态社会建设的进步尤为显著。过去一年来，中央和地方各级政府及职能部门，按照"五位一体"的战略布局，积极推进生态文明建设，在生态治理、产业发展、城镇化、民生保障和社会治理等领域均作了大量工作并取得了一定的成效，生态红线划定、资源有偿使用和生态补偿、生态文明示范区建设等工作有序开展。以京津冀协同治理大气污染为先导的区域间协同治理机制逐步建立，明确责任分工、细化配套措施、突出重点整治、严格考核问责，污染防治力度不断加大，成效逐步显现：空气质量相对好转，全国地表水国控断面劣 V 类水质断面比例同比下降，主要污染物减排进展顺利，进一步强化环保硬约束和完善环境标准体系，推动了向绿色低碳循环经济转型，以水安全为代表的民生改善工作有序推进，生态和农村环境保护得到加强。

全面开展生态文明建设的帷幕才刚刚开启，生态文明体制改革正在攻关，包括政府考核、生态文明建设科学评价等在内的生态文明建设基础性工作已经启动，关于生态文明建设的理论、方法、手段不断创新，生态文明建设作为基本国策已取得了初步的成效，未来必将更好。

---

① 　弗雷德·克虏伯：《"一带一路"传递生态理念》，《人民日报》2015 年 6 月 12 日。

生态文明建设历史回顾

1987～2013 年生态文明建设大事记

1987 年，人类的生态足迹第一次超出地球自我更新能力。这主要是发达资本主义国家无限制超额消耗资源能源造成的。"生态文明"进入人类视野。中国著名生态学家、西南大学教授叶谦吉先生在全国生态农业研讨会上呼吁"大力提倡生态文明建设"。

我国曾以国务院名义于 1990 年、1996 年、2006 年印发 3 个关于加强"环境保护"的决定。"生态文明建设"的内涵要远远深于"环境保护"的要求。

1996 年，国家社科基金将"生态文明与生态伦理的信息增值基础"正式列为国家哲学社会科学"九五"规划重点项目。

1997 年，生态学农业学家刘宗超在《生态文明观与中国可持续发展走向》中提出 21 世纪是生态文明时代，生态文明是继农业文明、工业文明之后的一种先进的社会文明形态。

2000 年，全国首届生态文明与生态产业高级研讨会召开。

2002 年，党的十六大提出要"促进人与自然的和谐，推动整个社会走上生产发展、生活富裕、生态良好的文明发展之路"。

2003 年，中共中央、国务院在《关于加快林业发展的决定》中提出"建设一个山川秀美生态文明社会"。

2005 年，胡锦涛在人口资源环境工作座谈会上使用"生态文明"这一术语，提出"完善促进生态建设的法律和政策体系，制定全国生态保护规划，在全社会大力进行生态文明教育"是我国当前环境工作的重点之一。

2007 年，党的十七大报告明确提出"建设生态文明，基本形成节约能源资源和保护生态环境的产业结构、增长方式和消费模式"。"生态文明"首次被写入党代会报告。这是继物质文明、精神文明、政治文明后党提出的又一个新理念。

2008 年，为贯彻落实党的十七大精神，推进生态文明建设，促进资源节约型、环境友好型社会的建立，努力构建社会主义和谐社会，环境保护部出台了《关于推进生态文明建设的指导意见》（环发〔2008〕126 号）。

2012 年，党的十八大报告提出"把生态文明建设放在突出地位，融入经济建设、政治建设、文化建设、社会建设各方面和全过程，努力建设美丽中国，实现中华民族永续发展"。

2013 年 7 月 20 日，习近平向生态文明贵阳国际论坛 2013 年年会致贺信时指出，走向生态文明新时代，建设美丽中国，是实现中华民族伟大复兴的中国梦的重要内容。

2013 年，为贯彻落实党的十八大关于加强生态文明建设的重要精神，加快推进水生态文明建设，水利部出台了《关于加快推进水生态文明建设工作的意见》（水资源[2013] 1 号）。

2014 年生态文明建设大事记①

2014 年 10 月，十八届四中全会提出，用严格的法律制度保护生态环境，加快建立有效约束开发行为和促进绿色发展、循环发展、低碳发展的生态文明法律制度，强化生产者环境保护的法律责任，大幅度提高违法成本。

2014 年 1 月，制定生态保护红线顶层设计。环保部印发《国家生态保护红线——生态功能基线划定技术指南（试行）》。该《指南》是中国首个生态保护红线划定的纲领性技术指导文件，主要内容包括对生态功能红线的定义、类型及特征界定，生态功能红线划定的基本原则、技术流程、范围、方法和成果要求等。

2014 年 2 月，制定《全国生态保护与建设规划（2013～2020 年）》。2 月 8 日，国家发改委、环保部等 12 家部委联合印发了《全国生态保护与建设规划（2013～2020 年）》，提出了强化生态建设的气象保障、防治水土流失、推进重点地区综合治理、保护生物多样性、保护地下水资源以及森林、草原、荒漠、湿地与河湖、农田、城市、海洋七大生态系统等 12 项建设任务。

2014 年 4 月，修订《环境保护法》。4 月 24 日，十二届全国人大常委会第八次会议通过了新的《环境保护法》，该法于 2015 年 1 月 1 日正式实施。这部被称为"史上最严"的环境保护法律着重解决了当前环境保护领域的共性问题和突出问题，更新了环境保护理念，完善了环境保护基本制度，强化了政府和企业的环保责任，明确了公民的环保义务，加强了农村污染防治工作，加大了对企业违法排污的处罚力度，规定了公众对环境保护的知情权、参与权和监督权。

2014 年 5 月，制定节能减排低碳发展行动方案。5 月 15 日，国务院办公厅发布《2014～2015 年节能减排低碳发展行动方案》，该方案指出，2014～2015 年，单位 GDP 能耗、化学需氧量、二氧化硫、氨氮、氮氧化物排放量分别逐年下降 3.9%、2%、2%、2%、5%以上，单位 GDP 二氧化碳排放量两年分别下降 4%、3.5%以上。

2014 年 7 月，生态环境保护纳入审计监督。7 月 28 日，中央纪委机关、中央组织部、中央编办、监察部、人力资源和社会保障部、审计署、国资委联合印发实施《党政主要领导干部和国有企业领导人员经济责任审计规定实施细则》，将地方政府性债务、自然资源资产、生态环境保护等情况列入审计内容。

2014 年 11 月，国务院通过大气污染防治法修订草案。11 月 26 日，国务院常务会议审议通过《大气污染防治法（修订草案）》。草案强调源头治理、全民参与，强化污染排放总量和浓度控制，增加了对重点区域和燃煤、工业、机动车、扬尘等重点领域开展多污染物协同治理和区域联防联控的专门规定，明确了对无证、超标排放和监测数据作假等行为的处罚措施。

2014 年 11 月，国办印发《关于加强环境监管执法的通知》提出，一是严格依法保护

---

① 《2014 年生态文明建设大事记》，光明网。（http：//news.gmw.cn/2014－12/31/content_ 14348435.htm）

环境，推动监管执法全覆盖；二是对各类环境违法行为"零容忍"，加大惩治力度；三是积极推行"阳光执法"，严格规范和约束执法行为；四是明确各方职责任务，营造良好执法环境；五是增强基层监管力量，提升环境监管执法能力。

2014 年 12 月，6 个配套草案助力新环保法执行。12 月中旬，环保部出台《环境保护主管部门实施按日连续处罚暂行办法（草案）》《环境保护主管部门实施查封、扣押暂行办法（草案）》《环境保护主管部门实施限制生产、停产整治暂行办法（草案）》等 6 个配套草案。

2014 年 12 月，我国批准新建 21 处国家级自然保护区。12 月，我国又批准新建国家级自然保护区 21 处，至此，我国的国家级自然保护区数量达到 428 处，总面积 93 万平方公里，占陆域国土面积的 9.72%。

2015 年生态文明建设大事记

2015 年 4 月，我国首次以中共中央、国务院名义印发了《关于加快推进生态文明建设的意见》，这是就生态文明建设作出全面专题部署的第一个文件。该《意见》明确了总体要求、目标愿景、重点任务和制度体系，其中，首次明确提出了新型工业化、信息化、城镇化、农业现代化和绿色化的"五化协同"。

2015 年 9 月，为加快建立系统完整的生态文明制度体系，加快推进生态文明建设，增强生态文明体制改革的系统性、整体性、协同性，中共中央、国务院印发了《生态文明体制改革总体方案》。

2015 年 10 月，中国共产党第十八届中央委员会第五次全体会议首次提出了创新、协调、绿色、开放、共享五大发展理念，把"绿色发展"作为五大发展理念之一，首次将"美丽中国建设"写入规划。这既与党的十八大将生态文明纳入"五位一体"总体布局一脉相承，也标志着生态文明建设被提高到了前所未有的高度，是从总体上改善生态环境质量、全面建成小康社会的必然选择。

2015 年 11 月，中办、国办印发了《开展领导干部自然资源资产离任审计试点方案》，该方案要求，从 2015 年开始，我国要试点领导干部自然资源资产离任审计，对被审计领导干部任职期间履行自然资源资产管理和生态环境保护责任情况进行审计评价，界定领导干部应承担的责任。审计涉及的重点领域包括土地资源、水资源、森林资源以及矿山生态环境治理、大气污染防治等领域，审计对象主要是地方各级党委和政府主要领导干部。根据方案，领导干部自然资源资产离任审计试点将分三步走，2015 ~ 2017 年在各地进行试点，2017 年制定出台领导干部自然资源资产离任审计暂行规定，2018 年开始建立经常性的审计制度。

2015 年 11 月，环保部印发《关于加快推动生活方式绿色化的实施意见》，文件指出，到 2020 年，力争实现生态文明价值理念在全社会得到推行，全民生活方式绿色化的理念明显加强，生活方式绿色化的政策法规体系初步建立，公众践行绿色生活的内在动力不断增强，社会绿色产品服务快捷便利，公众绿色生活方式的习惯基本养成，最终全社会实现生活方式和消费模式向勤俭节约、绿色低碳、文明健康的方向转变，形成人人、事事、时时崇尚生态文明的社会新风尚。

2014年度中国生态文明建设十件大事①

一 党的十八届四中全会提出加快建立生态文明法律制度

2014年10月23日，党的十八届四中全会通过的《中共中央关于全面推进依法治国若干重大问题的决定》提出，用严格的法律制度保护生态环境，加快建立有效约束开发行为和促进绿色发展、循环发展、低碳发展的生态文明法律制度，强化生产者环境保护的法律责任，大幅度提高违法成本。建立健全自然资源产权法律制度，完善国土空间开发保护方面的法律制度，制定完善生态补偿和土壤、水、大气污染防治及海洋生态环境保护等法律法规，促进生态文明建设。

二 习近平强调生态文明建设要上台阶见实效

习近平总书记在江苏调研时指出："保护生态环境、提高生态文明水平，是转方式、调结构、上台阶的重要内容。经济要上台阶，生态文明也要上台阶。我们要下定决心，实现我们对人民的承诺。"习近平总书记在对腾格里沙漠遭污染等事件作出的重要批示中强调，要加大生态环境执法监管力度，建立生态环境损害责任终身追究制，切实把生态文明建设摆在更加突出的位置来抓，务求取得扎扎实实的实效。

三 中国政府提出要像对贫困宣战一样坚决向污染宣战

李克强总理在2014年政府工作报告提出，"我们要像对贫困宣战一样，坚决向污染宣战"，将治理环境污染提高到和反贫困战役同样的高度，彰显国家推进生态文明建设的决心。李克强总理在回答中外记者关于雾霾污染问题时表示，我们说要向雾霾等污染宣战，可不是说向老天爷宣战，而是要向我们自身粗放的生产和生活方式来宣战，要铁腕治污加铁规治污。在2014年夏季达沃斯论坛上李克强总理再次强调，对中国来说，最突出的问题是水、大气和土壤污染，它直接关系到人们每天的生活，直接关系到人们的健康，也关系到食品安全，所以中国政府必须负起责任，向这几个重要领域的污染进行宣战。

四 生态文明建设列入新环保法立法目的

2014年4月24日，历经四次审议，环境保护法修订草案经十二届全国人大常委会第

---

① 《2014年度中国生态文明建设十件大事》，新华网。（http://news.xinhuanet.com/politics/2015 - 01/22/c_ 127411041. htm）

八次会议表决通过。国家主席习近平签署第 9 号主席令，予以公布。其中，将"推进生态文明建设，促进经济社会可持续发展"列入立法目的，将保护环境确立为基本国策，将"保护优先"作为第一基本原则，将"生态红线"等首次写入法律，明确提出对违法排污企业实行按日连续计罚，罚款上不封顶。专家们认为，修订后的环保法将成为"史上最严"的环保法律，对于保护和改善环境，保障公众健康，推进生态文明建设，促进经济社会可持续发展，具有重要意义。新环境保护法于 2015 年 1 月 1 日正式施行。

五 社会期盼"APEC 蓝"常态化

2014 年 11 月 10 日，亚太经合组织（APEC）第二十二次领导人非正式会议在北京召开。会议期间，北京空气质量保持总体良好，为京城带来了难得一见的蓝天白云，引起社会广泛关注，互联网上、朋友圈里，"APEC 蓝"迅速成为热词。习近平总书记指出，希望并相信通过不懈的努力，"APEC 蓝"能够保持下去，北京乃至全中国能够蓝天常在，青山常在，绿水常在。媒体评论称，尽管"APEC 蓝"是临时性管控下实现的，但却证明雾霾是可控、可治的，只要以壮士断腕的决心，坚持铁腕治污、区域合作、联防共治，使"APEC 蓝"变为常态化的"中国蓝"是能够实现的。12 月，十二届全国人大常委会第十二次会议审议了大气污染防治法修订草案，这是 27 年来的首次大规模修订。

六 全国生态文明示范创建拓展提升

2014 年 5 月，环保部在浙江湖州召开全国生态文明建设现场会，在总结 16 个省和 1000 多个市、县多年开展生态示范创建工作的基础上，授予 37 个市（县、区）"国家生态文明建设示范区"称号，强调生态文明示范区建设应在更高层次、更高目标上全面推进，拓展提升，深化固化。2014 年，国家发展改革委等六部委推出 57 个生态文明建设先行示范区，强调要紧紧围绕破解本地区生态文明建设的瓶颈制约，大力推进制度创新。水利部确定 59 个城市作为第二批全国水生态文明城市建设试点，推进城市从粗放用水方式向集约用水方式转变，从过度开发水资源向主动保护水资源转变。农业部在 1100 多个"美丽乡村"创建试点村基础上，发布了"美丽乡村"十大模式。全国绿化委员会、国家林业局授予 17 个城市"国家森林城市"称号。在全面深化改革中，各地生态文明示范创建活动持续推进，不断创新。

七 全国土壤污染状况调查结果公布

2014 年 4 月 17 日，环保部和国土资源部发布《全国土壤污染状况调查公报》，就历时 8 年进行的全国性土壤污染情况对公众披露。根据国务院决定，环境保护部会同国土资源部开展的首次全国土壤污染状况调查于 2005 年 4 月启动。调查范围是除香港、澳门特别行政区和台湾省以外的陆地国土，调查点位覆盖全部耕地，部分林地、草地、未利用地和建设用地，实际调查面积约 630 万平方公里。调查结果显示，全国土壤环境状况总体不容乐观，部分地区土壤污染较重，耕地土壤环境质量堪忧，工矿业废弃地土壤环境问题突出。

八　"中国生态文明奖"设立

2014 年 7 月 2 日，经中央批准，全国评比达标表彰工作协调小组批复环境保护部，同意在"生态文明建设示范区"项目中设立"中国生态文明奖"。"中国生态文明奖"是我国第一个生态文明专项奖，评选表彰面向基层和工作一线，重点奖励对生态文明创建实践、理论研究和宣传教育做出重大贡献的集体和个人。在 11 月 1 日举行的中国生态文明论坛成都年会上，"中国生态文明奖"发布启动。

九　中国明确碳排放峰值时间表

2014 年 11 月 12 日，中美双方在北京发表《中美气候变化联合声明》，中国国家主席习近平和美国总统奥巴马宣布两国各自 2020 年后应对气候变化行动。美国计划在 2005 年基础上，到 2025 年实现全经济范围内二氧化碳减排 26% ~28% 的目标，并努力达到减排 28%。中国计划 2030 年左右，二氧化碳排放达到峰值并争取努力早日达峰，非化石能源占一次能源消费比重提高到 20% 左右。联合国秘书长潘基文对此发表声明指出，这两个世界上最大的经济体所展现的领导力带给了国际社会一个前所未有的契机。

十　生态文明理念逐步走向世界

2014 年 7 月 10 日至 12 日，生态文明贵阳国际论坛 2014 年年会举行。国务院总理李克强向论坛发来贺信，强调生态文明源于对发展的反思，也是对发展的提升，事关当代人的民生福祉和后代人的发展空间。国家副主席李源潮发表致辞，强调人类必须自觉地与自然友好相处，人类的发展必须与生态的发展平衡共进。联合国秘书长潘基文发来贺信，对论坛取得的成果给予高度评价，对推进可持续发展的国际合作、制度约束、改革创新等阐述了主张。会议期间，来自 60 多个国家和地区的 2000 余名嘉宾，围绕"改革驱动，全球携手，走向生态文明新时代——政府、企业、公众：绿色发展的制度架构和路径选择"主题，举办了近 100 场主题论坛及相关活动。

2015 年度中国生态文明建设十件大事

2016 年年初，中国生态文明研究与促进会正式发布了"2015 年度中国生态文明建设十件大事"。

一 "两山论"成为治国理政重要理念

2015 年 8 月，是习近平同志提出"绿水青山就是金山银山"理念十周年。2005 年 8 月 15 日，时任浙江省委书记的习近平到安吉天荒坪镇余村考察时提出："我们过去讲，既要绿水青山，又要金山银山。其实，绿水青山就是金山银山。"9 天后，习近平同志在浙江日报《之江新语》发表《绿水青山也是金山银山》的评论。十八大后，习近平总书记在国内国际场合多次强调"绿水青山就是金山银山"。2015 年，中央政治局会议正式把"绿水青山就是金山银山"写进中央、国务院推进生态文明建设和生态文明体制改革等重要文件，成为中国建设生态文明的重要思想。当前，"两山论"日臻完善，深得人心，极大地影响了经济社会的发展理念、发展思路、发展方式和发展未来，引领中国迈向生态文明新时代。

二 中共中央、国务院出台《关于加快推进生态文明建设的意见》

2015 年 4 月，中共中央、国务院印发了《关于加快推进生态文明建设的意见》，这是中央就生态文明建设作出全面专题部署的第一个文件，明确了生态文明建设的总体要求、目标愿景、重点任务和制度体系，提出协同推进新型工业化、城镇化、信息化、农业现代化和绿色化，突出体现了战略性、综合性、系统性和可操作性，是当前和今后一个时期推动我国生态文明建设的纲领性文件。

三 生态文明体制改革蓝图绘就

2015 年 9 月，中共中央、国务院印发《生态文明体制改革总体方案》，包括自然资源资产产权制度、国土空间开发保护制度、空间规划体系、资源总量管理和节约制度、资源有偿使用和生态补偿制度、环境治理和生态保护市场体系及其绩效考核和责任追究等 8 个方面的改革，相继出台了 6 个配套方案，包括《环境保护督察方案（试行）》《生态环境监测网络建设方案》《开展领导干部自然资源资产离任审计的试点方案》《党政领导干部生态环境损害责任追究办法（试行）》《编制自然资源资产负债表试点方案》《生态环境损害赔偿制度改革试点方案》，推出省以下环保机构监测监察执法垂直管理制度等一系列具体措施。"总体方案"加上相关配套方案，生态文明体制改革全面展开。

四　"十三五"规划《建议》凸显"绿色发展"

2015 年 10 月，党的十八届五中全会通过了《中共中央关于制定国民经济和社会发展第十三个五年规划的建议》，提出创新、协调、绿色、开放、共享"五大发展理念"，成为关系我国发展全局的理念集合体。其中，将绿色发展作为"十三五"乃至更长时期我国经济社会发展的一个基本理念，有利于指引我们更好实现人民富裕、国家富强、中国美丽、人与自然和谐，实现中华民族永续发展。

五　"水十条"正式出台

2015 年 4 月，国务院正式印发《水污染防治行动计划》，这是当前和今后一个时期全国水污染防治工作的行动指南。行动计划突出深化改革和创新驱动思路，坚持系统治理、改革创新理念，按照"节水优先、空间均衡、系统治理、两手发力"的原则，突出重点污染物、重点行业和重点区域，注重发挥市场机制的决定性作用、科技的支撑作用和法规标准的引领作用，加快推进水环境质量改善。为配合"水十条"的真正落地实施，各个省份也纷纷提出地方版的"水十条"，全面打响水污染防治"攻坚战"。

六　生态文明建设试点示范亮点纷呈

2015 年，环保部联合相关部门举办首届中国生态文明奖评选活动，对总结生态文明建设成效，树立典型，试点示范实践创新发挥了重要推动作用。国家有关部门持续推进生态文明建设试点示范工作，包括国家发展改革委等 9 部门批准 45 个地区开展第二批生态文明先行示范区建设，环保部正式印发国家生态文明建设示范区指标和管理规程，住建部等在 16 个城市开展海绵城市建设试点，国家海洋局批准 12 个地区为第二批国家级海洋生态文明建设示范区等。一些地区从本地实际出发，党委和政府对本地区生态文明建设负总责，发挥主动性，建立协调机制，构建有利于推进生态文明建设的工作格局。生态文明贵阳国际论坛 2015 年年会、中国生态文明论坛福州年会成功举办。

七　"铁腕治污"打出组合拳

2015 年 1 月 1 日起，被称为"史上最严"的新《环境保护法》正式实施。相关部门深化改革，严格环境执法，"铁腕治污"全面推进。重拳整治环评"红顶中介"，铲除环评领域滋生腐败的土壤和条件；开展环保综合督查、环保约谈，督促地方政府及有关部门履行环保职责；建立行政执法与刑事执法协调配合机制，环境司法取得重大进展；环境保护部、公安部和最高人民检察院对环境违法案件联合挂牌督办；检察机关重点对生态环境和资源保护领域的案件提起行政公益诉讼；全力推进污染治理，"大气十条""水十条"狠抓落实，加快编制"土十条"，总量减排任务提前完成，农村环境连片整治持续加强。

八 生态文明建设为应对气候变化注入新活力

2015 年 9 月，习近平主席在第七十届联合国大会讲话中提出，"国际社会应该携手同行，共谋全球生态文明建设之路"；11 月 30 日，在气候变化巴黎大会开幕式的重要讲话中，习近平主席庄严承诺，"鉴往知来，中国正在大力推进生态文明建设，推动绿色循环低碳发展。中国把应对气候变化融入国家经济社会发展中长期规划，坚持减缓和适应气候变化并重，通过法律、行政、技术、市场等多种手段，全力推进各项工作。中国在'国家自主贡献'中提出将于 2030 年左右使二氧化碳排放达到峰值并争取尽早实现，2030 年单位国内生产总值二氧化碳排放比 2005 年下降 60% ~ 65%，非化石能源占一次能源消费比重达到 20% 左右，森林蓄积量比 2005 年增加 45 亿立方米左右"。加快推进生态文明建设成为我国积极应对气候变化、维护全球生态安全的重大举措。

九 "一带一路"打造绿色丝绸之路

2015 年 3 月，国家发展改革委、外交部、商务部联合发布了《推动共建丝绸之路经济带和 21 世纪海上丝绸之路的愿景与行动》，强调在投资贸易中突出生态文明理念，加强生态环境、生物多样性和应对气候变化合作，共建绿色丝绸之路。各有关方面紧紧围绕大局，积极参与和服务"一带一路"建设。中央有关部门建立了工作领导机制，出台落实"一带一路"规划的实施意见，生态环保等一批专项规划编制工作已经启动。全国 31 个省区市和新疆生产建设兵团"一带一路"建设实施方案衔接工作基本完成，正陆续出台。"一带一路"建设致力于推动人文交流，保护生态环境，打造绿色、和谐、共赢的现代丝绸之路。

十 《大气污染防治法》修订发布

2015 年 8 月，经过三次审议，十二届全国人大常委会第十六次会议通过新修订的《大气污染防治法》。《大气污染防治法》制定于 1987 年，在 1995 年、2000 年先后做过两次修订，距离本次修订已有 15 年。修订后的《大气污染防治法》共设八章 129 条，对大气污染防治标准和限期达标规划、大气污染防治的监督管理、大气污染防治措施、重点区域大气污染联合防治、重污染天气应对等内容作了规定。新法强化了地方政府责任，加强了对地方政府的监督，对重点区域联防联治、重污染天气的应对措施也做了明确要求，法律还增加了建立大气环境保护目标责任制和考核评价制度、重点领域大气污染防治、重污染天气的预警和应对等内容，提高了对大气污染违法行为的处罚力度。2015 年，京津冀及周边地区、长三角等重点区域联防联控协作机制进一步深化，各省（区、市）、省会城市和计划单列市空气质量预报预警系统全部建成，北京等地发布空气重污染红色预警。

推进生态文明　建设美丽中国

——回眸"十二五"系列述评之生态篇①

建设生态文明，关系人民福祉、关乎民族未来，是中华民族实现永续发展的长远大计。

"十二五"特别是党的十八大以来，以习近平为总书记的党中央把生态文明建设摆在中国特色社会主义五位一体总体布局的战略高度，大力推进生态文明建设，努力建设美丽中国，一系列制度建设次序推进，出硬招、下重拳，环境治理成绩斐然，美丽中国前景可期。

顶层设计绘宏伟蓝图为永续发展奠定坚实根基

金秋时节，福建莆田延寿溪畔，沙洲湿地生机盎然，绿树、河流、飞鸟、游鱼构成动人景致。作为全国第一个生态文明先行示范区，福建省坚持把生态文明建设放在突出位置，生态环境指数持续保持全国前列。

"清新福建"能成为福建的金字招牌，离不开"既要金山银山，又要绿水青山"的发展理念。面对资源约束趋紧、环境污染严重、生态系统退化的严峻形势，"十二五"特别是党的十八大以来，中国加强生态文明顶层设计、完善制度政策，开启生态文明建设新篇章。

这是绘就生态文明宏伟蓝图的关键五年——

"美丽中国"，这一极具诗意的名字，在 2012 年 11 月，首次出现在党的文件中。从实现中华民族伟大复兴和永续发展的全局出发，党的十八大把生态文明建设摆上了中国特色社会主义五位一体总体布局的战略位置。今年 5 月，《关于加快推进生态文明建设的意见》公布，进一步明确了生态文明建设的总体要求、目标愿景，成为当前和今后一个时期推动我国生态文明建设的纲领性文件。

"生态兴则文明兴，生态衰则文明衰。保护生态环境已成为全球共识，但把生态文明建设作为一个政党特别是执政党的行动纲领，中国是第一个，标志着对中国特色社会主义规律认识的进一步深化。"中国农业大学环资学院教授李季说。

既要有蓝图，还要有地基。这是制度日趋完善、政策频频出台的五年：

——从十八届三中全会提出加快建立系统完整的生态文明制度体系，到十八届四中全

---

① 《推进生态文明建设美丽中国——回眸"十二五"系列述评之生态篇》，新华网。（http://news. xinhuanet. com/2015 – 10/23/c_ 1116913119. htm）

会要求用严格的法律制度保护生态环境，到《生态文明体制改革总体方案》的出台，生态文明建设总体制度框架基本构建。

——从把资源消耗、环境损害、生态效益纳入经济社会发展评价体系，到健全生态环境保护责任追究制度和环境损害赔偿制度，再到建立自然资源资产产权制度，以经济杠杆进行环境治理和生态保护的制度体系基本确立。

——从颁布实施《大气污染防治行动计划》和《水污染防治行动计划》，到土壤污染防治行动计划的抓紧编制，五年来，与百姓生活息息相关的"水""土""气"污染防治制度系统推进，合力绘就青山绿水、诗意栖居的美好图景。

"正是在'十二五'期间，我们比较系统地提出了生态文明建设的理念和框架，并确立了一系列基本制度，为今后生态文明建设起到了开创性、奠基性作用。"国务院发展研究中心资源与环境政策研究所副所长李佐军说。

向污染宣战向绿色转型展开生态文明建设伟大实践

面对日益严峻的渭河流域水污染现状，陕西省加大治理力度，五年开出了一张"亿元罚单"：因污染超标，2010年陕西省环保部门对渭河沿线的西安、咸阳、宝鸡三市开出380万元的"生态罚单"。1年后，三市再次被罚8900万元。截至2013年，渭河沿线地市共缴纳污染补偿金超过1.6亿元。

"生态罚单"只是国家重拳治理环境的重要举措之一。五年来，减煤、控车、抑尘、治源、禁燃、增绿，从中央到地方，一系列举措频频出台，向污染宣战。

——严格环评审批，源头预防污染。"十二五"以来，国家层面对151个不符合条件的项目环评文件不予审批，涉及交通运输、电力、钢铁有色、煤炭、化工石化等诸多行业，总投资7600多亿元。

——强化监管执法，严惩违法排污。2013年各级环保部门向公安机关移送涉嫌污染犯罪案件706件，超过以往十年总和。2014年移送案件数达2180件，超过上年两倍。

——扩充资金保障，提升治污"底气"。在2013年中央财政划拨50亿元专项资金的基础上，去年再划拨98亿元，支持京津冀、长三角、珠三角三大区域10省份大气污染防治。

"世界上没有哪个国家在如此短的时间，以如此巨大的投入治理污染。我们是在用硬措施来应对硬挑战！"环保部部长陈吉宁说。

既要治标，更须治本，重拳治污仅是生态文明建设的一个方面。

"生态文明建设的关键，是处理好人与自然的关系，使发展建立在资源能支撑、环境能容纳、生态受保护的基础上，根子在于生产方式的转变，让增长变得更轻、更绿。"国家发展和改革委副主任宁吉喆说。

在忍痛关停1400多个矿山资源类企业和加工摊点，并将41家高能耗企业"拒之门外"后，过去依靠"挖矿山、卖资源"的河北省临城县，抢抓京津冀协同发展机遇，引进新能源汽车、太阳能光伏电站等一批带动作用强、技术含量高的项目，并投资构建以绿色生态农业为主体的生态经济示范区，努力探索保护生态与经济发展的双赢之路。

绿水青山就是金山银山。这是一组让人欣慰的数据：

2011—2014年，全国淘汰钢铁产能1.55亿吨、水泥6亿多吨、造纸3266万吨，分别是"十二五"目标任务的 1.6 倍、1.6 倍、2.2 倍，"十二五"重点行业淘汰落后产能任务提前一年完成；

2014 年，清洁能源消费量占能源消费总量的比重为 16.9%，比 2010 年提高 3.5 个百分点。2011 年至 2014 年，单位国内生产总值能耗累计下降 13.4%，2015 年上半年同比下降 5.9%；

继 2013 年服务业成为国民经济最大产业之后，服务业增加值占国内生产总值比重持续提升，今年一季度首次超过一半，达到 51.6%，创下了历史新高。

"生态文明建设不只是种草种树、末端治理，而是发展方式的根本转变。'十二五'以来，随着结构调整、产业升级、节能减排步伐的加快，经济发展等方面上演了一场绿色变革，有力地推动了生态文明建设。"李佐军说。

让青山常在绿水常清美丽中国愿景可期

与各地越来越多的蓝天白云相呼应，国庆节后，在一场面向首都公众的专题报告会上，陈吉宁公布的"十二五"生态成绩单令人振奋：

"十二五"前四年累计，化学需氧量、氨氮、二氧化碳、氮氧化物排放量分别下降 10.1%、9.8%、12.9% 和 8.6%。目前已提前半年完成"十二五"规划目标；

全国地表水劣Ⅴ类断面比例已由 2001 年的 44% 下降到 2014 年的 9.0%，降幅达 80%；

全国五种重点重金属污染物排放总量比 2007 年下降五分之一，重金属污染事件由"十二五"初期的平均每年 10 余起下降到近两年的平均每年 3 起。

2014 年，首批实施新环境空气质量标准的 74 个城市 PM2.5 平均浓度比 2013 年下降 11.1%。

今天的中国，正用几十年时间走过发达国家百年工业化历程。我们必须清醒地看到，环境问题依然严峻：

大气——在全国 161 个被监测城市中，去年未达标城市超过九成；

土壤——全国 1.5 亿亩耕地受污染、四成多耕地退化，水土流失面积占国土面积近三分之一；

森林——森林生态系统退化严重，土地沙化、石漠化仍然威胁人民生命财产安全……

漫漫生态路，壮哉中国梦。

小康全面不全面，生态环境是关键。只要我们遵循尊重自然、顺应自然、保护自然的生态文明理念，勠力同心、久久为功，蓝天常在、青山常在、绿水常在的美丽中国愿景可期。

党的十八大以来林业生态文明建设[①]

冬日的蓝天下，座座风力发电机旋转着洁白的叶片，绵绵林海一直延伸到远方。很难相信，这里就是从前那个黄沙漫漫的京津冀风沙来源地——内蒙古多伦。20 世纪七八十年代，多伦沙化面积占全县总面积的 87%。经过不懈努力，多伦森林覆盖率由 2000 年的 6.8% 提高到现在的 31%；项目区林草植被覆盖度由 2000 年的不足 30% 提高到现在的 85% 以上。昔日的京津冀"风沙源"，已变成京津冀"后花园"。

多伦从"风沙源"到"后花园"的惊人巨变，正是党的十八大以来我国林业生态文明建设成就的一个缩影。

新理念——绿水青山就是金山银山

保护生态环境已成为全球共识，但将生态文明建设写进党章，作为执政党的行动纲领，中国共产党却是首创。

联合国《千年生态系统评估报告》指出，近几十年来，人类对自然生态系统进行了前所未有的改造，使人类赖以生存的自然生态系统发生了前所未有的变化；全球正面临着森林大面积消失、土地沙漠化扩展、湿地不断退化、物种加速灭绝、水土严重流失、干旱缺水普遍、洪涝灾害频发、全球气候变暖等八大生态危机。

生态问题也是我国面临的最突出问题之一。据统计，到 2012 年末，我国生态脆弱地区总面积已占国土面积 60% 以上；全国 1.5 亿亩耕地受污染、四成多耕地退化，水土流失面积占国土面积近三分之一。

"中国共产党领导人民建设社会主义生态文明。树立尊重自然、顺应自然、保护自然的生态文明理念，坚持节约资源和保护环境的基本国策，坚持节约优先、保护优先、自然恢复为主的方针，坚持生产发展、生活富裕、生态良好的文明发展道路。着力建设资源节约型、环境友好型社会，形成节约资源和保护环境的空间格局、产业结构、生产方式、生活方式，为人民创造良好生产生活环境，实现中华民族永续发展。"2012 年 11 月，党的十八大通过《中国共产党章程（修正案）》，明确地将生态文明建设写进党章。从此，生态文明建设与经济建设、政治建设、文化建设、社会建设并列，共同构成了中国特色社会

---

① 《兴林富民　绿满山川——党的十八大以来我国林业生态文明建设综述》，中国经济网。（http://www.ce.cn/xwzx/gnsz/gdxw/201601/10/t20160110_ 8169931. shtml）

主义事业"五位一体"的总体布局，成为"努力建设美丽中国，实现中华民族永续发展"宏伟蓝图的重要内容。

党的十八大以来，习近平总书记多次强调，建设生态文明是关系人民福祉、关系民族未来的大计。良好生态环境是最公平的公共产品，是最普惠的民生福祉。保护生态环境就是保护生产力，改善生态环境就是发展生产力。绿水青山就是金山银山。山水林田湖是一个生命共同体，人的命脉在田，田的命脉在水，水的命脉在山，山的命脉在土，土的命脉在树。森林是陆地生态系统的主体和重要资源，是人类生存发展的重要生态保障。

生态文明建设从此有了更清晰的努力方向。

新举措——绿色发展拉开大幕

2015 年 4 月 1 日，西起大兴安岭，东到长白山脉，北至小兴安岭，绵延数千公里的原始大森林里，千百年来"丁丁"不绝的伐木声同步戛然而止。这一天，长白山森工集团公司，以及内蒙古自治区岭南 8 个林业局、吉林省 4 个森林经营局和内蒙古自治区天保区外大兴安岭山脉范围内的 100 个国有林场，数以十万计的伐木工人收起油锯，封存斧头，走出深林。

"森林是陆地生态的主体，是国家、民族最大的生存资本，是人类生存的根基，关系生存安全、淡水安全、国土安全、物种安全、气候安全和国家外交大局。"

"林业建设是事关经济社会可持续发展的根本性问题。"

"为全面建成小康社会、实现中华民族伟大复兴的中国梦不断创造更好的生态条件……"

习近平总书记的重要指示精神迅速转化为切切实实的林业生态文明建设大行动。

2015 年 2 月 8 日，中共中央、国务院印发了《国有林场改革方案》和《国有林区改革指导意见》。这是我国林业改革发展进入新阶段的重要里程碑。东北、内蒙古重点国有林区商业性采伐宣告全面停止，标志着我国重点国有林区从开发利用转入全面保护发展新阶段，也标志着我国全面推进生态文明建设、加快绿色发展拉开了新的大幕。

《国有林场改革方案》和《国有林区改革指导意见》为推进国有林场和国有林区改革指明了方向，那就是坚持公益性改革的方向，坚持"保生态、保民生"两条底线，坚守"森林资源不破坏、国有资产不流失"两条红线。通过改革，林场和林区可望增加森林面积 1 亿亩以上，增加森林蓄积量 10 亿立方米以上。全面停止天然林商业性采伐分三步实施：2015 年全面停止内蒙古、吉林等重点国有林区商业性采伐，2016 年全面停止非"天保工程区"国有林场天然林商业性采伐，2017 年实现全面停止全国天然林商业性采伐。

党的十八大后，中央还启动了新一轮退耕还林，加强了林地、湿地和大象等野生动植物保护。林业被纳入"一带一路"建设、京津冀协同发展、长江经济带建设、维护国家生态安全、脱贫攻坚等国家战略，列入需要重点扶持的基础领域。党的十八届五中全会更是明确要求，开展大规模国土绿化行动，加强林业重点工程建设，推进荒漠化、石漠化综合治理，实施濒危野生动植物抢救性保护工程，支持森林城市建设。

党的十八大以来，中央对林业生态建设扶持力度显著加大。"十二五"期间，中央财政对林业投入 4948 亿元，是"十一五"的 1.7 倍。国家相继出台了林木良种、造林、森林抚育、退耕还湿、湿地生态效益补偿、沙化土地封禁保护区等补贴政策，提高了天然林保护工程、国家级公益林、造林投资等补助标准，新增退化防护林改造投资，林业公共财政政策体系基本建立。林业棚户区（危旧房）改造工程深入实施，中央财政投入151亿元，完成改造114万户，惠及300多万人。国有林区林场道路、安全饮水等基础设施建设纳入相关行业投资计划。森林保险、林权抵押贷款全面推广，林业贴息贷款规模大幅度增加，推出了长周期、低利率开发性优惠贷款，林业碳汇纳入国家碳排放权交易试点，金融资本和社会资本加快进入林业。中央调整了育林基金和森林植被恢复费征收标准，减轻了林业生产经营者负担，提高了征占用林地成本。

新成就——生态建设富国惠民

"第五次监测结果与第四次监测相比，全国荒漠化土地面积净减少12 120平方公里，沙化土地净减少9902平方公里。以前每年减少沙化面积1717平方公里，党的十八大以后，年均减少1980平方公里，减少速度明显在增加。"在发布第五次全国荒漠化和沙化土地监测结果时，国家林业局局长张建龙如是说。

国家林业局数据显示，党的十八大以来，全国共完成造林4.5亿亩、森林抚育6亿亩，分别比"十一五"增加18%、29%；森林覆盖率提高到21.66%，森林蓄积量增加到151.37亿立方米，全面完成了"十二五"规划任务，中国一跃而成为全球森林资源增长最多的国家。新一轮退耕还林启动后，共安排1500万亩退耕还林还草。"三北"工程开展了6个百万亩防护林基地建设和退化林改造，完成造林4974万亩。长江、珠江、沿海防护林工程及太行山绿化工程完成造林3048万亩，工程区森林覆盖率提高1.2个百分点。石漠化治理工程、京津风沙源治理工程分别完成林业任务2113万亩、3200万亩。新增74个国家级森林城市，2014年全国城市建成区绿化覆盖率达40.22%，人均公园绿地面积达13.08平方米。国家储备林制度方案出台，累计建设国家储备林基地2990万亩。

"按中央的部署，我们划定了林地和森林、湿地、沙区植被、物种四条生态红线。"张建龙说。党的十八大以来短短几年，全国天然林保护工程管护面积增加到17.32亿亩。新指定国际重要湿地12处，新建国家湿地公园561处，恢复退化湿地240万亩，自然湿地保护率提高到46.8%。沙化土地封禁保护区和国家沙漠公园建设试点已启动，治理沙化土地1000万公顷，土地沙化呈现整体遏制、重点治理区明显改善的态势。新建林业自然保护区154处，总数达2189处，有效保护了我国野生动植物资源和典型生态系统，珍稀濒危物种野外种群数量稳中有升。

党的十八届五中全会提出：坚持绿色发展、绿色富国、绿色惠民，为人民提供更多优质生态产品。可喜的是，过去几年，特色经济林、林下经济、森林旅游、花卉苗木等绿色产业发展加快，林业电子商务迅速崛起。国家林业局数据显示，2015年，全国林业产业总产值达5.81万亿元，林产品进出口贸易额达1400亿美元，分别比2010年增长了160%和50%。我国林产品生产和贸易规模跃居世界首位。

到2030年，中国森林蓄积量要比2005年增加45亿立方米左右。这是前不久在气候变化巴黎大会上，习近平总书记作出的庄严承诺。我们相信，蓝天常在、青山常在、绿水常在，永续发展的美丽中国梦一定能变成现实！

党的十八大以来海洋生态文明建设[①]

十八大以来，我国海洋生态文明建设不断推进，理论研究、长远规划、制度体系、监督管理、监测评价、生态保护、污染防治等各项工作取得了新成绩、新突破。

海洋生态保护首次写入国家规划

2013 年，在理论探索方面，深入开展了海洋生态文明建设专题研究，形成了《关于推进海洋生态文明建设若干问题的报告》等研究成果。

2014 年年初，国家海洋局在大连、宁波、珠海 3 地召集省、市、县有关海洋部门和局属有关单位，围绕三中全会提出的生态文明制度建设要求开展专题调研，进一步深化了生态文明制度建设做什么、怎么做的认识。得益于这次高规格的海洋生态文明大调研，有关内容分别在中共中央、国务院《水污染防治行动计划》《关于加快推进生态文明建设的意见》等国家重大政策性文件中得以体现。

2012 年 3 月，《全国海洋功能区划（2011 年～2020 年）》经国务院批准正式实施。2012 年，11 个沿海省（区、市）的《省级海洋功能区划（2011 年～2020 年）》获国务院批复。2013—2014 年，新一轮市县级海洋功能区划编制报批工作在沿海各市、县有序展开。

2013 年，在海洋生态保护建设方面，组织编制了《遏制海洋生态环境恶化趋势专项规划》，分区提出了遏制生态恶化的 6 个方面重点工作。积极参与国家重大规划，将海洋生态保护建设纳入国家整体考虑，实施《全国湿地保护工程"十二五"实施规划》；与发改委等 12 部委共同编制的《全国生态保护与建设规划》已经印发，海洋生态保护建设首次写入该规划并得到充分体现，"一带四海十二区"的海洋生态保护建设格局得到了明确。

2013—2014 年，《全国海岛保护规划》进入执行阶段。《全国海岛保护规划》于 2012 年 4 月正式公布实施。这一《规划》提出了到 2020 年实现海洋生态保护显著加强等目标，明确了海岛分类、分区保护的具体要求，确定了海岛资源和生态调查评估等 10 项重点工程。

制度建设成体系推进

海洋生态红线制度：2012 年 10 月，国家海洋局印发《关于建立渤海海洋生态红线制

---

① 《推进生态文明　建设美丽海洋——党的十八大以来海洋生态文明建设综述》，《中国海洋报》2015 年 6 月 8 日 A3 版。

度的若干意见》，启动渤海海洋生态红线试点工作。2013 年，山东建立海洋生态红线制度。2014 年，渤海生态红线制度全面建立实施。河北、辽宁、天津先后于 2014 年 3 月、4 月、7 月建立实施海洋生态红线制度。

如今，江苏、福建等省也已启动了海洋生态红线划定工作。与此同时，国家海洋局生态环境保护司正组织制定《关于加快建立海洋生态红线制度的意见》和《全国海洋生态红线划定技术指南》。在海洋生态红线制度全国体系建设方面，渤海先行、全国铺开的局面已经形成。

《海洋生态损害国家损失索赔办法》：2014 年，《海洋生态损害国家损失索赔办法》出台。这一制度的确立，既是对《海洋环境保护法》第 90 条第二款中对海洋生态损害国家索赔规定的细化，也是各级海洋行政主管部门在事后开展生态损害索赔依据的规范性制度。这一办法对索赔主体、索赔途径、赔偿金用途都已明确，配套的两个标准也获得国家标准委批准立项。山东、浙江、福建、广东等省陆续开展了海洋生态补偿试点工作，海洋生态补偿制度研究工作稳步推进。

其他制度：2014 年海洋工程区域限批制度已在河北、山东的"红线区"先期开展。天津、福建分别开展总量控制制度试点。同时，海洋资源环境承载力预警制度也在逐步建立，资源环境承载能力评价体系初步构建。陆海统筹的区域污染防治制度也在探索之中。

监测评价能力全面提升

监测是环境监管的"千里眼、顺风耳"。在监测评价工作方面，全海域海洋环境监测评价、环境信息发布是常规工作。2013 年，西太监测、暑期北戴河保障等重点项目工作纳入日常工作体系。2013 年，西太监测预警体系中长期建设规划纲要印发。

加强放射性监测能力建设是 2013 年监测评价工作的重要着力点。当年，国家海洋局局属单位放射性监测能力得到显著提升，沿海地方放射性能力建设资金到位，同时放射性监测技术研发工作积极展开。

2014 年，在监测评价方面，加强了规章制度的建立健全，强化了工作过程中的质量和能力保证。国家海洋局印发了《关于加强海洋生态环境监测评价工作的若干意见》。

同时，在监测质量管理方面，大力推进全流程规范化管理，印发了《关于进一步加强海洋生态环境监测质量管理的意见》，制定了《全国海洋生态环境监测质量保证工作三年行动计划》。

2014 年，提升海洋（中心）站能力成为加强监测能力建设的重要突破口。开展了局属 16 个中心站和 72 个海洋站的能力摸底工作，印发了《关于加强海洋环境监测海洋（中心）站建设的通知》。

2014 年，海洋生态环境质量通报制度建立，将生态环境保护领域突出的问题和社会公众关注的环境热点问题纳入通报范围，积极推动各级海洋主管部门落实通报制度。

健全完善法规　严格监督管理

在海洋环境监督管理方面，坚持加强制度建设和严格监督管理相结合的思路。

2013 年，健全完善了海洋工程环评制度和标准。结合工作实际，从规范专家管理、加强信息公开、强化公共服务的角度分别制定了评审专家库管理办法、环评公示工作意见、海洋工程环评审批办理指南；组织开展海洋石油勘探开发、采砂、海上风电环评标准制定工作；制定了严格的环评现状调查数据审核规定，将其作为环评审查的重要内容。

在严格监督管理方面，进一步提高环境准入门槛，要求海洋工程建设项目和区域建设用海规划必须明确提出实现零污染的目标和措施。同时研究提出海洋环保领域化解产能严重过剩的落实措施。

2014 年，有序推进《海洋环境保护法》和《海洋石油勘探开发环境保护管理条例》修订工作，制定修订《海岸工程建设项目环境影响报告书征求意见办理程序》等 6 项管理文件，印发了海洋石油勘探开发、海砂开采、海上风电 3 项环评技术规范。

坚持严格审批和提高效率相结合，国家海洋局将海砂开采、海上风电的环评核准权限下放省级海洋主管部门。

组织修订海洋石油勘探开发溢油应急预案，开展了海洋石油勘探开发溢油风险排查整治。

目前，全国海洋生态环境监督管理系统建设已取得阶段性成果，海洋环境监测与评价、海洋生态保护与建设、海洋环境监督与管理、视频会商 4 个核心子系统上线试运行，综合数据库基本建成，系统制度标准体系已初步建立。

生态保护与修复并举

在海洋生态保护方面，海洋保护区是一种预防性的综合管理工具，是应对海洋生态系统压力的重要手段。目前，我国已经初步建立了以海洋自然保护区、海洋特别保护区为主体的海洋保护区网络体系。

2013 年，国家海洋局加强海洋保护区建设和海洋生态修复工作的监督检查。组织开展了 55 个国家级海洋保护区建设管理专项检查和 16 个新建国家级海洋特别保护区（海洋公园）评审，有力促进了海洋保护区建设。

2014 年，印发《国家级保护区规范化建设与管理指南》，制定《海洋保护区监督检查办法》，各地也结合实际加强保护区建设。国家级海洋保护区生态监控体系建设稳步推进；山东、浙江、海南等有关省份加大预算资金投入，加强国家级保护区基础设施建设；广东省将保护区管护平台接入省渔政渔船指挥系统，实现了对进入保护区海域船舶的动态监测。2014 年，新批准建立盘锦鸳鸯沟等 12 处国家级海洋公园，组织 11 处国家海洋保护区总体规划评审，批复 3 处保护区总体规划。

在建立海洋保护区网络系统的同时，国家级海洋生态文明示范区建设、国家级生态保护与建设示范区建设也在稳步推进。

2013 年，坚持边建设、边督导、边完善的原则，在全国率先开展海洋生态文明示范区建设，批准建立珠海横琴新区等 12 个首批国家级海洋生态文明建设示范市、县（区）；修改完善了建设指标体系等配套办法，组织开展首批国家级示范区建设成效检查。

2014 年，遴选并推荐日照、洞头、东山、横琴新区为国家级生态保护与建设示范区，纳入了国家生态保护建设的总体布局。

同时，加大海洋生态修复力度。2014 年，青岛启动了"胶州湾生态湾区"建设，河北继续推进北戴河及周边海域综合整治工程。

在海岛保护修复方面，自 2012 年开始实施《全国海岛保护规划》，截至 2014 年 4 月，该《规划》执行期间新增涉岛类国家级海洋特别保护区 19 个，对海岛生物多样性和重要的生态栖息地进行了就地保护，在 5 个海岛开展了与海岛物种登记相关工作的前期研究，中央和地方共开展了 76 个海岛的生态修复，累计投入资金 21.7 亿元。

坚持陆海统筹　强化污染防治

2014 年，国家海洋局积极加强地方政府污染防治责任的督促考核。辽宁连续 4 年将入海排污口邻近海域水质达标情况纳入省政府对沿海各市政府的绩效考评；福建对各沿海设区市和平潭综合实验区落实 2013 年度污染控制目标责任的情况进行检查考核，并制定了省内主要江河入海排污口及邻近海域的污染物控制指标和浓度目标；广西壮族自治区政府与北海、防城港、钦州、玉林签订《近岸海域环境保护目标责任书》，要求政府切实履行治污责任。

开展重点海湾的污染摸底和综合治理，系统梳理了杭州湾、钦州湾、象山港等 16 个污染严重海湾的现状和问题，各沿海地方开展了一系列的海湾整治工程。浙江推进实施杭州湾和乐清湾综合整治；青岛出台《青岛市胶州湾保护条例》，启动了胶州湾底部清淤研究论证工作；宁波启动象山港综合整治工作，陆源污染的整治防治工作已先期开展；厦门出台《厦门海域水环境污染治理方案》，启动厦门港等海域的综合治理。

2014 年海洋生态文明建设制度年^①

2014 年是海洋生态文明建设制度年。早在 2014 年年初的全国海洋生态环境保护工作会议上，来自全国的海洋环境保护工作者们就提出，制度建设即是 2014 年工作的重中之重。

党的十八届三中全会提出，要加快建立系统完整的生态文明制度体系。2014 年 2—3 月，国家海洋局局长刘赐贵、副局长王飞带队，围绕三中全会提出的要求，赴大连、宁波、珠海 3 地开展生态文明制度建设专题调研，形成了丰硕的调研成果，进一步深化了对生态文明制度建设做什么、怎么做的认识。

2014 年这一篇章已翻过，海洋生态文明制度建设在过去一年积极试点、稳步推进、硕果累累。海洋生态红线、区域限批、海洋生态损害国家索赔等制度正在逐步建立和完善，防源头、控过程、惩后果、善修复的事前、事中、事后的全过程监管体系日趋完善。

组合出拳从源头抓起

海洋生态环境保护，必须从源头抓起。而在源头防控中，要发挥好制度的"硬约束"力量。

海洋生态红线既是维护海洋生态环境质量必须坚守的防护底线，也是按功能区域构建的严密坚固的"防污堤"。

2014 年，渤海生态红线制度全面建立实施。2012 年 10 月，国家海洋局印发了《关于建立渤海海洋生态红线制度的若干意见》。山东、河北、辽宁、天津积极采取行动，先后于 2013 年 12 月以及 2014 年 3 月、4 月、7 月建立实施海洋生态红线制度，将渤海超过 35% 的近岸海域和 30% 的自然岸线划为红线区，为渤海近岸海洋的合理开发和环境保护提供了强有力的制度保证。

如今，江苏省已建立海洋生态红线制度，福建等省也已启动了海洋生态红线划定工作。与此同时，国家海洋局生态环境保护司正组织制定《关于加快建立海洋生态红线制度的意见》和《全国海洋生态红线划定技术指南》，提出了全国海洋生态红线管控制度的分省指标方案。

海洋工程区域限批制度是保障生态红线制度实施的重要抓手。如今，这一制度已在河北、山东的红线区内先期开展。

生态红线划定生态底线，总量控制把住污染关口。2014 年，生态环境保护司组织国

① 《制度"硬约束"呵护海洋生态——2014 海洋生态文明建设制度年综述》，《中国海洋报》2015 年 1 月 20 日 A3 版。

家海洋环境监测中心和国家海洋局第三海洋研究所在天津、福建分别开展总量控制制度试点。

如今，福建省已就主要江河入海排污口、重点陆源入海排污口邻近海域的污染物排放，设定控制指标及浓度目标。

天津已初步估算出总体入境、入海水量，总体入境、入海污染负荷，基本掌握了天津海域边界、排污口邻近海域的水动力和水质状况，估算出了各类陆域污染源的排污贡献率，天津入海污染物总量控制制度框架建设方案已经编制完成。

环境影响评价，是预防污染出现的"防火墙"。2014 年，在强化海洋环境行政许可制度建设方面，重点健全完善了环评的专家管理和科学审查机制，印发了国家级专家库管理办法，建立专家库管理系统，对专家实行有进有退、有考有核。

在标准规范方面，建立"一个导则、三个规范"。2014 年 10 月，开始施行新版《海洋工程环境影响评价技术导则》，该导则对环评的要求更加具体、全面；印发了海砂开采、海上风电、海洋石油勘探开发等 3 项环评技术规范，细化了对各专项的环评要求。

同时，在规范项目审批办理流程方面，印发海岸工程建设项目环评报告书征求意见办理程序，建立海洋油气勘探工程环境影响登记表备案制度，为加强监督管理提供了保障。

监测评价重建章立制

监测是环境监管的"千里眼、顺风耳"，只有监测评价准确，监管才能有理有据、有的放矢。

2014 年，在监测评价方面，加强了规章制度的建立健全，强化了工作过程中的质量保证和能力保证。

2014 年，在监测评价制度体系建设上，国家海洋局印发了《关于加强海洋生态环境监测评价工作的若干意见》，从总体要求、业务布局、制度建设、技术发展、数据管理等方面，对今后一段时期监测业务体系建设发展提出指导意见。

质量是监测工作的生命线。2014 年，在监测质量管理方面，国家海洋局生态环境保护司大力推进全流程规范化管理，印发了《关于进一步加强海洋生态环境监测质量管理的意见》，制定了《全国海洋生态环境监测质量保证工作三年行动计划》，通过质量管理监督检查、技术规范和标准体系建设、实验室信息管理等推进监测质量保证工作。

在信息管理方面，印发《关于建立海洋生态环境质量通报制度的意见》，将当前海洋生态环境保护领域存在的突出问题和社会公众关注的热点问题纳入通报范围，给各级地方政府履行海洋环境保护主体责任以督促。

在能力建设方面，结合目前海洋（中心）站存在仪器设备陈旧、队伍结构不尽合理、人员老龄化等问题，印发《关于加强海洋环境监测（中心）站建设有关工作的通知》，促进监测能力进一步提升。

这些举措的实施，从总体、流程、成果、能力等各个方面，促进了监测评价业务的规范化、制度化和现代化。

多措并举处罚有据

随着沿海开发利用活动方兴未艾，海洋生态环境污染损害事件也频频发生。而整治海洋生态环境污染，需依法从严处理，方能起到威慑和警示作用。建立海洋生态补偿和损害赔偿制度，就是要做到处罚有据。

2014 年，《海洋生态损害国家损失索赔办法》出台。这一制度的确立，既是对《海洋环境保护法》第 90 条第二款中，对海洋生态损害国家索赔规定的细化，也是各级海洋行政主管部门开展生态损害索赔工作的依据。

这一办法对索赔主体、索赔途径、赔偿金用途都已明确，配套的两个标准也获得国家标准委批准立项。至此，海洋生态损害赔偿制度的顶层设计工作基本完成。

2014 年，国家海洋局生态环境保护司还组织在山东、浙江、福建、广东等省开展海洋生态补偿试点工作，开展海洋生态补偿制度研究。

在山东，生态补偿制度已经建立，目前正积极推进生态补偿管理暂行办法由部门规章上升为政府规章或地方性法规。

在浙江，在重新研究梳理海洋生态损害赔（补）偿管理办法、立法前可行性评估文本后，修改完善了相关管理办法，并列入省政府一类立法计划。

在福建，经充分调研几易其稿的《福建省海洋生态补偿管理办法》已完成系统内部征求意见，并上报省政府法制办，列入 2015 年立法计划。

在广东，海洋工程建设项目生态损失赔偿制度得到有效执行，2014 年签订补偿协议 20 份，涉及补偿金额 8000 多万元。

有破亦要有立，与从严处罚海洋生态污染行为同步进行的，是保护修复制度的建立完善。

为了加强海洋保护区规范化建设，《国家级海洋保护区规范化建设指南》对国家级海洋保护区的基础建设和管理进行了规范。

2014 年，海洋资源环境承载力预警制度也在逐步建立，资源环境承载能力评价体系初步构建，已对全国沿海地方进行了预评估。陆海统筹的区域污染防治制度也在探索之中，胶州湾、象山港两个污染较为严重的海湾已由当地政府负责组织开展海湾综合治理试点，统筹开展陆源、海上污染联防联治。

制度建设搭框架、立规矩，海洋生态文明制度体系建设正在逐步系统和完善，用严格的制度保护海洋生态环境的目标也在一步步地接近。

我国水生态文明建设①

"看得见山，望得见水，记得住乡愁。"每个人心中都装有乡土气韵的桑梓情怀和山川秀美的家国梦想。近年来，在检视自然状态、人口状况和发展模式基础上，我国逐步走上尊重自然、崇尚和谐的生态文明之路。而水是生态系统中最活跃、最基础的因子，水生态文明是生态文明的核心组成部分。"十二五"期间，水利部门全面贯彻中央新时期水利工作方针，践行可持续发展治水思路，坚持水土保持国策，系统推进水生态文明建设，让源头活水扮靓美丽中国。

由局部治理到全面建设，系统思维推进水生态顶层设计

水是地球的血脉、生命的源泉、文明的摇篮。我国对水生态的保护由来已久。2004年，水利部出台《关于水生态系统保护与修复的若干意见》，在全国范围内开展了14个城市水生态系统保护与修复试点工作；2007年开始，组织编制大江大河及重要支流流域综合规划，在规划报告中均将水生态保护与修复作为重要内容；2010年以来，国务院相继批复了《全国水资源综合规划（2010～2030年）》《全国生态保护与建设规划（2013～2020年）》及七大流域综合规划等，均对水生态保护与修复提出了明确要求；2012年，水利部会同国务院有关部门启动编制《全国水资源保护规划》。

"我们一定要更加自觉地珍爱自然，更加积极地保护生态，努力走向社会主义生态文明新时代。"2012年，党的十八大报告首次单篇论述生态文明，将生态文明建设列入我国经济社会发展"五位一体"总体布局。

2013年1月4日，水利部印发《关于加快推进水生态文明建设工作的意见》，明确提出"要把生态文明理念融入到水资源开发、利用、治理、配置、节约、保护的各方面和水利规划、建设、管理的各环节"。以此为号令，开启了水生态文明建设"加速度"。

水利部成立了水生态文明建设领导小组，部长陈雷担任组长，指导推进水生态文明建设。组织编制了《水生态文明建设工作方案（2013～2015年）》，对阶段工作目标、任务、进度等进行了总体安排。

特有的流动性、包容性和流域性特征，决定了水生态文明建设必须秉持系统、协调、绿色、共享的理念。

2013年，习近平总书记提出"山水林田湖是一个生命共同体，人的命脉在田，田的命脉在水，水的命脉在山，山的命脉在土，土的命脉在树"。2014年，又提出了治水要"节水优先、空间均衡、系统治理、两手发力"。科学的论断、高屋建瓴的号召、动情的

---

① 《水生态文明建设：碧水长流　美丽中国》，《中国水利报》2016年1月7日。

表达，体现了系统治水的重要思想，吹响了全面加快水生态文明建设的号角。

如今，水生态文明建设的对象已不仅局限于水域，而是牢固树立山水林田湖是一个生命共同体的系统思想，关注整个生态系统，把治水与治山、治林、治田有机结合起来，从涵养水源、修复生态入手，统筹上下游、左右岸、地上地下、城市乡村、工程措施非工程措施，协调解决水资源、水环境、水生态、水灾害问题，把水生态文明建设渗透到整个自然系统和社会系统。

由以供定需到以水定发展，生态文明凸显水资源硬约束

以生态文明理念来审视和认识水问题，会看到我国水资源紧缺、水污染严重、水生态退化，这一方面是由于水资源自然禀赋不尽如人意，而更重要的则是持续高强度的人类活动超过了生态环境承载能力。曾几何时，人们面临缺水的尴尬，却延续着"水从门前过，不用也是错"的陋习。

变则通，不变则壅。面对我国水资源的供需矛盾，水资源总量难以增加，只能改变现有的利用格局。

2011 年中央 1 号文件和中央水利工作会议明确要求实行最严格水资源管理制度。2012 年 1 月 12 日，国务院印发《关于实行最严格水资源管理制度的意见》。

最严格，为经济社会用水量设置了"天花板"，从保障供水向控制用水转变；为用水方式设置了"紧箍咒"，从粗放用水向节约用水转变；建立了水质管理目标，从重视水量向水量水质并重转变。

现实倒逼改革，改革焕发新生。通过最严格的水资源管理，提高了用水效率，确保了更多的水留在自然生态系统，并维持其良性循环和动态平衡。而实行水功能区监督管理，以水域纳污能力限制陆域污染排放，可保证水质符合其功能要求。水利部等十部门联合完成的年度考核结果显示：2014 年全国重要江河湖泊水功能区达标率达到 67.9%，有效促进了大江大河环境改善。

而更令人欣喜的是，随着"水是资源和商品"的理念深入人心，一些城市乃至省份，纷纷提出"以水定城""以水定发展"。刚刚闭幕的中央城市工作会议把水资源承载能力和环境容量作为确定城市规模的重要指标，把划定水体保护红线摆在控制城市开发强度的首要位置。量水而行，推动经济社会发展与水资源、水环境承载力相协调成为广泛共识。

水生态文明，希望在水，关键在水，瓶颈也在水。抓好了水资源管理，便抓住了水生态文明建设的关键环节。

由金山银山到绿水青山，水土保持筑起绿色生态屏障

"山青"才能"水秀"。完成水土流失综合治理面积 26.15 万平方公里，治理小流域 2 万余条，建成生态清洁小流域 1000 多条，实施坡改梯 2000 多万亩，修建骨干和中型淤地坝 2000 余座，全国 700 多个县实施了国家水土流失重点治理工程，创建 60 个国家水土保持生态文明工程，建成 104 个国家水土保持科技示范园、24 个全国中小学水土保持教育社会实践基地……数字折射出的是"十二五"水土保持的显著成效。

从修订《中华人民共和国水土保持法》到出台《全国水土保持规划》，从实施坡改梯

工程到建设淤地坝，从治理重点区域水土流失到建设生态清洁型小流域，从生产建设项目水土保持方案审批到开展执法检查……五年来，水利部门完善水土保持法律法规体系，强化水土保持监督管理，深化水土保持机制改革，染绿千山万壑，造福亿万百姓。

"我们既要绿水青山，也要金山银山。宁要绿水青山，不要金山银山，而且绿水青山就是金山银山。"习近平总书记这样表达党和政府大力推进生态文明建设的鲜明态度和坚定决心。从村庄到城市，从水库到河道，水土保持给生态、生活带来的变化悄然发生。"山变绿，水变清，粮增产，人变富"，水土保持构筑起绿色生态屏障，走出了稳步推进、全面提速的发展之路。

由水在城中到城在水畔，试点城市引领人水和谐风尚

中部丰水地区武汉市，曾称百湖之市。近年却遭遇湖泊面积缩减、水环境污染。2012年，武汉市成立湖泊管理局，实施全市涉湖工作统一管理。至2015年年初，已编制完成全市166个湖泊的"三线一路"保护规划，并首创"湖长制"，明确湖泊保护负责人。启动武昌大东湖、汉阳六湖、金银湖七湖等三片水网建设，实现江湖连通。

北方缺水地区济南市，曾称百泉之城。针对水资源短缺、水生态退化等问题，提出实施水系连通，初步构建起"河湖连通惠民生，五水统筹润泉城"的水资源配置格局。同时，发挥自然生态的自我修复能力，优化南部山区、中部城区、北部沿河湿地生态功能区空间布局。

华东水网地区苏州市，自古就享有"人间天堂"的美誉。在经济发达的同时，她也为水环境污染所困扰。2013年，苏州引长江水入城区，开展"活水自流"工程，每日可为古城区换一遍水，重现水清鱼游的美景。2015年起，每年投入30亿元，在全市范围开展农村生活污水治理，三年后处理率将达到80%以上。

武汉、济南、苏州，只是全国水生态文明城市建设的缩影。2014—2015年，水利部先后启动了两批共105个全国水生态文明城市建设试点。其中，38个试点成为国家生态文明先行示范区，7个试点进入国家海绵城市试点行列。

各地因水制宜，从自身水资源状况和水生态问题出发，开展了大量创新实践。甚至在那些未能参加试点的城乡，水生态文明建设也已经成为水利工作的重要内容。

从清理一条河到实现水系连通，从着眼一处水景到建设一座美丽城市，从水为人用到人水相亲，转变的是人的生活方式和社会的发展理念。

由行政推动到自省自律，和谐共享传承生态文明力量

水量、水质、水环境、水生态，归根结底都要通过管理来治本。以社会化管理思维来考量，水生态文明建设更需要完善制度、确立机制、传承文化。

《水土保持法》《水功能区监督管理办法》《全国水土保持规划》《河湖生态保护和修复规划导则》……一系列法规办法的出台，使水生态文明建设有章可循；《水生态文明建设评价导则》《河湖生态环境需水量计算规范》《水土保持工程设计规范》《水土保持工程施工监理规范》……一系列标准规范的发布，使水生态文明建设有据可依。五年间，水生态文明从行政推动向立法（标准）制约阶段发展。

而保障水生态安全的长效之法还在于科学合理、公平公正机制的确立。2015年9月，中共中央、国务院印发《生态文明体制改革总体方案》，强调完善资源总量管理和全面节约制度，健全资源有偿使用和生态补偿制度。水利部正在积极探索建立水生态保护激励和约束机制，平衡经济社会发展权利和水生态保护利益；完善跨区域水生态补偿机制，使水生态文明建设责任共担、利益共享；探索水权、水价、水市场改革，通过以经济手段为主的市场调节，使节水护水成为自觉自愿。

水生态文明建设也是在传承水文化、培育水情感、解读水伦理，推动社会由他律向自律，由"生态觉醒"向"生态自觉"转变。

水生态文明建设依然任重道远。党的十八届五中全会提出，牢固树立并切实贯彻创新、协调、绿色、开放、共享的发展理念。"十三五"将加强生态文明建设首度写入五年发展规划。让我们期待青山常在，装点家国梦想；碧水长流，润泽美丽中国。

2015 年生态环境工作

2015 年上半年环境政策法规工作综述[①]

2015 年上半年，环境政策法规工作重改革、强法治，积极推进 6 项改革，不断完善生态文明体制建设，在环境法治、环境经济政策等方面取得积极进展。

积极推进 6 项改革，创新体制机制。

全面深化改革，根本在改革，关键在深化，重点在全面。2015 年上半年，改革是贯穿环境政策法规工作的一条主线。

从生态环境损害赔偿改革试点方案（送审稿）编制完成到《党政领导干部生态环境损害责任追究办法（试行）》审议通过，从绿色 GDP 研究重启到《环境保护税法》立法工作推进，再到"探索编制自然资源资产负债表"和行政审批改革的推进，体现的都是改革思维。

综合来看，这些改革，多属顶层设计层面，是关系生态文明建设和环境保护工作的重大课题。

用制度保证环保责任落实到人——

2015 年 7 月 1 日，中央深改组第十四次会议审议通过了《环境保护督察方案（试行）》《生态环境监测网络建设方案》《关于开展领导干部自然资源资产离任审计的试点方案》《党政领导干部生态环境损害责任追究办法（试行）》等文件，引发广泛关注。

有分析指出，4 份文件从不同层面传递出生态文明建设的新动向，释放出加强生态文明建设和环境保护的明确政策信号和制度导向。

生态环境损害赔偿是环境保护部牵头的一项重要改革。上半年，环境保护部牵头编制完成生态环境损害赔偿改革试点方案（送审稿）。

为配合生态环境损害赔偿改革，环境保护部积极开展生态环境损害鉴定评估工作，推进环境损害鉴定评估纳入司法鉴定管理体系，开展环境损害鉴定评估技术方法研究，指导地方开展典型案例评估，如甘肃武威荣华工贸腾格里沙漠污染事件环境损害评估等。

根据安排，下半年，环境保护部将继续推进环境损害鉴定评估管理体系与司法鉴定管理体系的衔接，探索成立国家环境损害鉴定评估专家委员会，继续推进土壤地下水环境损害评估等相关领域的研究与模型工具开发，编制环境损害鉴定评估技术指南——总纲等技术规范。

用制度促进经济绿色发展——

[①] 《以改革思维完善法规政策——2015 年上半年环境政策法规工作综述》，《中国环境报》2015 年 8 月 10 日第 3 版。

2015 年 1 月 1 日实施的新环保法要求，地方政府对辖区环境质量负责，建立资源环境承载能力监测预警机制，实行环保目标责任制和考核评价制度，制定经济政策应当充分考虑对环境的影响。

为落实这些要求，2015 年 3 月底，环境保护部重启绿色 GDP 研究项目，致力于把资源消耗、环境损害、生态效益等体现生态文明建设状况的指标纳入经济社会发展评价体系。

2015 年上半年，环境保护部组织起草完成绿色 GDP 核算有关技术规范，并确定在安徽、海南、四川、云南、深圳、昆明、六安市 7 个地区开展试点工作。

2015 年下半年，环境保护部还将支持环境规划院牵头推进试点和研究等工作，指导各试点地区制定具体工作方案，对试点地区进行核算技术规范培训。争取完成 2013 年度全国环境经济核算报告、京津冀地区环境经济核算报告。

用制度推动自然资源保护——

中共中央、国务院《关于加快推进生态文明建设的意见》强调，要以自然资源资产负债表、自然资源资产离任审计、生态环境损害赔偿和责任追究等重大制度为突破口，深化生态文明体制改革。

2015 年上半年，环境保护部配合推进"探索编制自然资源资产负债表"改革工作，就国家统计局提出的《自然资源资产负债表编制方案（讨论稿）》《编制自然资源资产负债表试点方案（讨论稿）》，组织对方案"水资源质量及变动表"提出修改建议。

环境保护部还继续深入推进行政审批改革，建议下放 3 项，取消 1 项，并将环境保护部实施的唯一一项非行政许可审批事项调整为内部审批事项，待国务院审改办审查决定。

在这一系列制度安排下，各地对保护与发展、绿水青山与金山银山的关系有了更深的认识，执政理念和发展理念都在经历调整。

健全法律法规，强化环境法治。

2015 年 1 月 1 日起，新修订的《环境保护法》开始实施。半年多来，环境保护部精心组织了新法宣传培训。

环境保护部举办了央企培训班，对来自 52 家中央企业的 150 余名学员进行了宣传培训。深入福建、贵州等省有关县区开展专题调研，了解地方实施新环保法的经验和问题。配合研究新环保法有关执法解释。与中国法学会联合举办生态环境法治保障研讨会。

根据部署，2015 年下半年，环境保护部还将着力推动新环保法实施。一是梳理汇总实施中的相关问题，二是继续抓紧做好配套制度建设，三是继续加大宣传力度，四是配合全国人大环资委做好新环保法执法检查工作。

在立法层面，为衔接新环保法，2015 年 7 月，十二届全国人大常委会第十五次会议审议《大气污染防治法（修订草案）》，立法进程加快。

《大气污染防治法（修订草案）》主要突出了全面落实地方政府主体责任、深化企业治污责任、充分利用市场机制、突出强化公众参与、明确排污许可的法律地位等内容。

从环境保护部政策法规司获悉，环境保护部还开展了《水污染防治法》《环境影响评价法》《土壤污染防治法》《核安全法》制（修）订调研、论证。

完善环境法律法规的同时，环境保护部也在积极推动一些部门规章加快实施。

2015 年 3 月 19 日，环境保护部部务会议审议并原则通过《建设项目环境影响评价分类管理名录（修订草案）》《突发环境事件应急管理办法（草案）》。

2015 年 4 月，《环境保护公众参与办法（试行）》公开征求意见，并于 7 月正式对外公布，对环境听证、舆论监督和社会监督、支持提起环境公益诉讼等作出明确规定。

在依法行政层面，环境保护部继续做好行政复议和诉讼案件办理工作。数据显示，上半年，环境保护部共办理行政复议案 75 件、行政诉讼案 21 件、行政裁决案 10 件。

行政应诉案件增长迅速。2015 年上半年的行政诉讼案件数是上一年同期（6 件）的 3.5 倍，是上一年全年应诉案件数（12 件）的 1.75 倍。行政复议案件数与上一年基本持平。

立法、执法强化的同时，环境司法也在持续发力。截至 2015 年 3 月的数据显示，全国各级法院设立了 382 个环境资源审判庭、合议庭、巡回法庭。

2015 年 1 月，最高人民法院发布《关于审理环境民事公益诉讼案件适用法律若干问题的解释》，与之配套的《最高人民法院、民政部、环境保护部关于贯彻实施环境民事公益诉讼制度的通知》同时发布。

2015 年 6 月，最高人民法院发布《关于审理环境侵权责任纠纷案件适用法律若干问题的解释》，加大对污染环境、破坏资源犯罪的惩治力度。

环境立法、执法、司法的强化，指向只有一个，即引导和倒逼企业守法，把过去环境执法"过松、过软"的状况彻底改变过来，把守法变成新常态，敢于碰硬，形成高压态势。

根据部署，下半年，环境保护部将积极配合做好《大气污染防治法》《水污染防治法》《土壤污染防治法》《核安全法》的制（修）订工作。

环境保护部还将积极推动《环境影响评价法》《建设项目环境保护管理条例》《排污许可条例》《环境监测条例》《生物遗传资源获取与惠益分享管理条例》《危险废物经营许可证管理办法》等法律法规的制（修）订工作。

同时，环境保护部将继续推动构建环境司法体系。加强与公安部门、检察机关和审判机关之间的协作机制，在司法解释制定、工作衔接机制构建和创新、信息共享等方面进一步加强合作。

完善环境经济政策，以市场手段解决环境问题。

根据《"十二五"全国环境保护法规和环境经济政策建设规划》，环境经济政策要在 10 个方面取得突破。2015 年是"十二五"收官之年，上半年的环境经济政策工作呈现出许多亮点。

"绿色税收"政策逐渐完善——

消费税"绿色化"。财政部、国家税务总局印发《关于对电池涂料征收消费税的通知》，将高污染电池、挥发性有机污染物（VOCs）含量高的溶剂型涂料产品，纳入消费税征收范围。

增值税"绿色化"。财政部在有关资源综合利用产品和劳务增值税优惠目录及新型墙体材料增值税政策中，首次将"环保综合名录"作为税收优惠的前提条件，明确"双高"（高污染、高环境风险）产品不得享受税收优惠。

"环保综合名录"及相关政策制定完成——

一是研究制定"环保综合名录（2015 年版）（征求意见稿）"，含有"双高"产品 830 余项，已广泛征求相关方面意见。

二是商务部、财政部均明确表示，已被纳入"双高"产品名录的商品，不纳入放开加工贸易、提高出口退税的考虑范围；对其他商品，也将其环境污染、环境风险情况作为政策调整的重要依据之一。

环境信用体系建设加快推进——

一是编制完成《关于加强企业环境信用体系建设的指导意见（征求意见稿）》。

二是开展企业环境信用信息系统建设，并向国家信用信息平台报送相关信息。

三是指导地方开展企业环境信用评价，湖南、江苏等省已公布 2014 年评价结果。

绿色信贷政策深入实践——

一是在重庆、江苏两地开展环保部门与工商银行直接共享企业环境信用评价等级、环评审批、环境违法等信息的试点工作，工商银行将根据企业的环境信息，对相关企业采取支持和限制措施。

二是继续向银监会、人民银行报送企业环境信息，供银监会督促商业银行落实绿色信贷政策。

生活方式绿色化配套政策制定基本完成——

起草《关于加快推动生活方式绿色化的实施意见（征求意见稿）》，组织研究提出了覆盖"衣食住行"各领域和供给、包装、采购、回收各环节的配套政策措施。

根据部署，下半年，环境保护部将继续推进环境经济政策工作：

一是完善绿色税收政策机制。结合"环保综合名录"，研究将更多高污染产品纳入消费税征收范围；在部分商品享受消费税减免政策研究中，将环保作为重要前提条件。

二是发布环保综合名录（2015 年版）。将名录提供发改委等经济综合部门，并向社会公布。更深入参与"绿色贸易"政策研究，将"环保综合名录"作为政策调整的依据和"环保红线"。

三是继续推进环境信用体系建设。发布"关于加强企业环境信用体系建设的指导意见"。推进企业环境信用信息系统建设，与国家信用信息平台对接。

四是深化环境污染责任保险工作。逐步建立环境污染责任保险投保企业信息更新和公布制度，年底将继续向社会公布全国投保企业名单，引导社会公众关注企业环境风险及其应对手段。

2015 年上半年生态保护工作综述[①]

经过长期努力，我国生态保护成效显著。"十二五"收官之年时间过半，纵观生态保护各项工作，可以看到，生态文明建设试点取得成效，重点区域生物多样性下降趋势逐渐得到遏制，自然保护区建设和监管水平不断提升，国家重点生态功能区得到有效保护，农村环境综合整治逐步加强。

以生态文明理念为引领，生态文明示范建设提档升级。

上半年，中共中央、国务院印发《关于加快推进生态文明建设的意见》，多年来生态文明建设的理论总结，环境保护工作的探索实践经验和工作重点在其中得以充分体现。

作为绿色发展、生态转型的重要载体，上半年，生态文明示范建设提档升级。

---

① 《改善生态环境　建设美丽家园——2015 年上半年生态保护工作综述》，《中国环境报》2015 年 8 月 6 日第 1 版。

5月14日，环境保护部召开推进生态文明建设示范区座谈会，环境保护部部长陈吉宁要求，各地要以国务院发布的《关于加快推进生态文明建设的意见》为契机，加快推进生态文明示范区建设，进一步平衡生态、生产、生活空间的协调发展。

随后，环境保护部发出通知，经国家生态市（县、区）考核组考核，拟命名江苏省南京市等48个地区为国家生态市（县、区）。

为规范示范建设流程和管理，上半年，环境保护部先后对《国家生态文明建设示范县、市指标》和《国家生态文明建设示范区管理规程》进行了修改和完善，并对14个地区的示范创建工作进行了技术评估，对20个地区示范创建进行了考核验收。

为指导和规范创建乡镇编制国家生态文明建设示范乡镇规划，在2014年印发《国家生态文明建设示范村镇指标（试行）》的基础上，6月，环境保护部又印发了《国家生态文明建设示范乡镇创建规划编制指南》，进一步理清了乡镇创建生态文明的工作思路，为各地尽早建成国家生态文明建设示范乡镇提供了有力保障。

据环境保护部统计显示，目前福建、浙江、天津、海南、吉林、广西、山西等16省、区、市已开展了生态省建设，已有超过1000多个市县正在开展生态市县的建设。全国有92个地区取得了生态市县的阶段性成果，获得了命名，并建成了4596个生态乡镇。

经过生态文明示范建设，山东、浙江、江苏等省生态环境不断改善，经济发展也在全国处于前列。

生物多样性保护网络基本形成，85%的野生动植物受到保护。

随着生物多样性保护国家委员会的成立，《生物多样性保护战略与行动计划（2011～2030年）》的发布，以及"联合国生物多样性十年中国行动"等项目的启动，我国生物多样性保护取得明显成效，生物多样性保护工作持续推进。

5月22日，环境保护部部长陈吉宁在环境保护部举行的2015年国际生物多样性日纪念大会上说，目前，中国生物多样性保护网络已基本形成。

目前，我国已建成了以自然保护区为骨干，包括风景名胜区、森林公园、湿地公园、地质公园等不同类型保护地在内的生物多样性就地保护网络体系。

各类陆域保护地面积已达到170多万平方公里，约占到陆地国土面积的18%，已提前完成了到2020年达到17%的目标。

85%的陆地生态系统类型和野生动植物已得到有效保护。

成绩背后，是我国生物多样性保护工作的持久努力。

2015年2月，为切实履行《生物多样性公约》以及《名古屋议定书》，环境保护部组织召开了《生物遗传资源获取管理条例》起草工作领导小组第一次会议，完成条例文本草案，为生物遗传资源获取管理打下基础。

2015年5月，为保障生物安全管理，环境保护部发布了《关于做好自然生态系统外来入侵物种防控监督管理有关工作的通知》，对自然生态系统外来入侵物种的防控监管提出了具体要求，对抵御外来入侵物种对我国自然生态系统的威胁和危害产生重要影响。

5月下旬，为贯彻落实国务院批准发布的《中国生物多样性保护战略与行动计划（2011～2030年）》，环境保护部联合中科院发布了《中国生物物种名录2015版》和《中国生物多样性红色名录——脊椎动物卷》，对中国除海洋鱼类外的4357种脊椎动物的受威胁状况进行了评估。

客观来讲，我国生物多样性退化的总体趋势尚未得到根本遏制。最新统计显示，目前，全国90%左右的草原存在不同程度的退化、沙化，40%左右的重要湿地面临退化威胁，10.9%的高等植物和21.2%的脊椎动物受到威胁，部分珍稀濒危物种还未得到保护，遗传资源流失现象依然存在。

面临严峻的形势，如何强化生物多样性保护监督，如何理顺生物多样性保护管理体制机制，从哪些地方着手全面实施生物多样性保护重大工程将是当前和今后一个时期生物多样性保护工作需要考虑的重点。

对此，环境保护部部长陈吉宁明确提出，下一步保护生物多样性要努力做好4方面工作，即强化生物多样性保护监管；理顺生物多样性保护管理体制机制；全面实施生物多样性保护重大工程；加大宣传教育和公众参与力度。

自然保护区数量持续增加，监督管理进一步加强。

建设自然保护区是保护生态环境、自然资源和生物多样性的有效措施，是推进生态文明建设的必然要求，是促进经济持续健康发展的基础保障，也是严守生态保护红线的有力抓手。

自1956年建立第一批自然保护区，至2015年初国务院办公厅印发《关于公布内蒙古毕拉河等21处新建国家级自然保护区名单的通知》，批准新建一批具有重要价值的国家级自然保护区，我国共建立各类自然保护区2729个，保护面积占国土面积的15%以上。

这其中，国家级自然保护区428个，分别占全国自然保护区面积和我国陆域国土面积的64.7%和9.7%。在类型分布方面，森林生态系统类型自然保护区数量最多，达1410个，其余依次为野生动物类型、内陆湿地和水域生态系统类型、野生植物类型、地质遗迹类型、海洋与海岸生态系统类型、草原与草甸生态系统类型、荒漠生态系统类型、古生物遗迹类型自然保护区。

面对自然保护区数目的快速增加和类型的日益丰富，建立健全与之相适应的保护区监管和评估审核机制，防止不合理开发活动对自然保护区的不利影响显得尤为迫切。

加强监督管理。5月8日，环境保护部、国家林业局等10部委联合发布《关于进一步加强涉及自然保护区开发建设活动监督管理的通知》，要求依法做好自然保护区管理工作，严肃查处各种违法违规行为。

严格项目审查。上半年，环境保护部相关部门共对91个（次）涉及国家级自然保护区的建设项目生态影响专题报告进行了审查。对涉及国家级自然保护区建设项目审查和地方级自然保护区调整备案制度研究提出改革方案。

实施基础调查。上半年，环境保护部相关部门共完成全国2000多个自然保护区建设管理数据的审核。同时完成《全国自然保护区基础调查报告》及保护成效评价试点前期准备工作。

当然，我国自然保护区建设仍有不足之处。有专家指出，目前我国很多自然保护区保护手段单一，自然保护区不但需要对保护对象实施有效的保护，同时自然保护区还应是科研基地和生态教育基地，而当下，国内只有较少的自然保护区能做到这一点。

制定生态红线划定纲领性文件，加强重点生态功能区保护。

在重点生态功能区、生态环境敏感区和脆弱区等区域划定生态保护红线，实行严格保护，是加强生态功能保护的重要手段。

自十八届三中全会公报明确"划定生态保护红线"以来，我国的生态保护红线划定从顶层设计到部署实施已初具格局。

完成纲领制定。2014年年初，环境保护部正式下发《国家生态保护红线——生态功能基线划定技术指南（试行）》，标志着全国范围的生态保护红线划定工作正式起步。

在此基础上，经过一年的试点试用、地方和专家反馈、技术论证，5月，环境保护部修订形成《生态保护红线划定技术指南》，要求各地按照《指南》要求，组织开展本地区生态保护红线划定工作。这被业内认为是生态保护红线划定的纲领性技术指导文件。

指导部署划分。为使生态保护红线真正落地，1月，环境保护部自然生态保护司在南京组织召开了《全国生态保护红线划分建议方案》专家论证会，对生态保护红线的总体空间分布与类型划分进行了明确，提出了分省生态保护红线划分的重点区域、面积及比例要求，为各省（自治区、直辖市）划定生态保护红线提供了依据。

7月，环境保护部召开生态保护红线划定和管理工作协调组第一次会议。会议要求要充分发挥工作协调组和专家委员会在生态保护红线划定和管理中的作用。

经过不断的探索实践，生态保护红线划定工作不仅自上而下地制定了方针、指南，而且还通过自下而上的在内蒙古、江苏、江西、广西和湖北等地试点，积累了大量生态保护红线划定经验。

除了生态红线的划定，上半年，区域生态功能保护也取得了成效。

推进国家重点生态功能区建设规划。1月，第二批国家重点生态功能区生态保护与建设规划通过审查，包括阿尔泰山地森林草原、三江源草原草甸湿地、桂黔滇喀斯特石漠化防治、三峡库区水土保持、浑善达克沙漠化防治、藏东南高原边缘森林等6个项目。

推进国家公园体制试点和研究。同样在1月，环境保护部参与编制的《建立国家公园体制试点方案》印发，根据方案，国家拟在北京、吉林、黑龙江、浙江、福建、湖北、湖南、云南、青海开展建立国家公园体制试点。

推进生态环境变化调查评估。5月，经过3年攻关，由环境保护部与中科院联合开展的《全国生态环境十年变化（2000～2010年）遥感调查与评估》完成。项目全面获取了我国生态系统状况及其动态变化信息，明确了我国生态系统类型构成与格局、生态系统质量、生态服务功能、生态问题现状特征与2000～2010年的变化趋势，深刻揭示了我国生态系统与生态问题变化的驱动力与主要原因，分析了我国生态保护管理的主要问题，提出了新时期生态环境保护对策与建议。

加大农村环境连片整治力度，全年下达60亿元支持资金。

落实2015年度中央农村环保资金，明确重点整治区域。与财政部协调沟通，保留"以奖促治"政策。2015年下达60亿元资金支持16个省（区、市）开展农村环境综合整治。通过两上两下，起草2015～2020年农村环境综合整治实施方案。

推进农村生态文明建设。印发《国家生态文明建设示范乡镇创建规划编制指南》；完成2014年度国家级生态乡镇复核报告。开展农村环境综合整治成效宣传。

推动建立健全农村环境基础设施长效运行机制。完成《2008～2013年农村环境综合整治统计分析报告》，制订部分省区农村环境综合整治实施情况督察方案。拟定《关于加强"以奖促治"农村环境基础设施长效运行管理的意见》。

加强农业生产环境监管。联合农业部起草《关于进一步推动畜禽规模养殖污染防治条例贯彻落实的指导意见》。组织修改《畜禽养殖项目环评导则》。起草《农药包装废弃物回收处理管理办法》。公布第5批国家有机食品生产基地。

2015 年中央财政支持生态环境保护工作综述①

近年来，蓝藻、荒漠化、水土流失、风沙……一再出现的生态环境恶化事件不断刺激着国人的眼球。2015 年，环境保护部指出，我国局部地区生态环境呈现改善的势头，但生态环境整体恶化的趋势仍未得到根本遏制。

为了遏制恶化趋势，修复生态环境，按照党中央、国务院部署，中央与地方各级财政不断强化对于生态环境保护的政策和资金支持，取得了较好的效果。

创新机制：用活财政"杠杆"

水是生命之源。为加强水污染防治和水生态环境保护，确保百姓的饮水安全，提高财政资金使用效益，中央财政全力谋划，筹集越来越多的资金，改进财政支出方式，有力地促进了"净水行动"提速增效。

2015 年，为落实"水十条"（即国务院于 2015 年 4 月发布的《水污染防治行动计划》），财政部相关司局将江河湖泊治理与保护专项资金进一步整合转型为水污染防治专项资金，预算规模增至 130 亿元。其中，62.7 亿元用于湖泊生态环境保护，根据绩效评价结果，对已纳入支持范围的水质良好湖泊给予奖励。同时，为引导地方积极开展湖泊生态环境保护、实现水质越好越能得到国家支持的正效应，将前期工作较好的 15 个湖泊新纳入支持范围，安排专项资金启动相关工作。此外，1.8 亿元用于辽河水环境综合整治项目，5.5 亿元用于国土江河综合整治试点，50 亿元用于"水十条"其他任务落实，预留10 亿元用于应对水污染突发事件。

130 亿元能撬动多少社会资本？有分析人士认为，"水十条"将在未来 5 年带动水污染防治领域超过 2 万亿元的投资规模。

而在水污染防治领域大力推广应用政府和社会资本合作（PPP）模式，更是为这一预测提供了有力的支撑。今年 4 月，财政部与环境保护部联合下发《关于推进水污染防治领域政府和社会资本合作的实施意见》，要求逐步将水污染防治领域全面向社会资本开放。同时，要求地方各级财政部门统筹运用水污染防治专项等相关资金，对 PPP 项目予以适度政策倾斜；逐步从"补建设"向"补运营"、"前补助"向"后奖励"转变；鼓励社会资本建立环境保护基金，重点支持水污染防治领域 PPP 项目。

9 月，财政部和环境保护部又联合制定了《水污染防治专项资金管理办法》，明确重点流域水污染防治等八种情况可获水污染防治专项资金重点扶持。为了加强资金管理，真正把钱用在刀刃上，该办法还规定：专项资金根据各项水污染防治工作性质，主要采取因素法、竞争性等方式分配，采用奖励等方式予以支持。

中央财政大气污染防治专项资金是推进大气污染治理的有效政策杠杆。2013—2015 年，财政部累计安排 271 亿元，通过以奖代补的方式支持京津冀、长三角及珠三角等地开展大气污染防治工作。今年 9 月，针对该专项预算执行进度较慢、资金安排保障重点任务不够等问题，财政部、环境保护部发布加强大气污染防治专项资金管理提高使用绩效的通

---

① 《调动生态环保建设的"合动力"——2015 年中央财政支持生态环境保护工作综述》，《中国财经报》2015 年 12 月 28 日第 3 版。

知，要求各地按照轻重缓急安排专项资金，优先保障国家确定的重点治理任务。两部门对专项资金使用开展绩效考核，资金清算与考核结果挂钩，对成绩突出的给予奖励，对治理效果不好的扣减专项资金，真正实现奖优罚劣。

为推动环境管理模式从"底线约束"向"底线约束"与"先进带动"并重转变，6月底，财政部、国家发改委、工业和信息化部以及环境保护部发布《环保"领跑者"制度实施方案》，决定对环境绩效最高的产品给予表彰奖励，激发市场主体节能减排内生动力，促进环境绩效持续改善。财政部会同有关部门制定激励政策，给予环保"领跑者"名誉奖励和适当政策支持，为环保"领跑者"创造更好的市场空间。

10月24日，环境保护部、财政部联合召开全国农村环境连片整治工作现场会，提出对"以奖促治"政策做适当调整，重点支持南水北调沿线及国家重点饮用水源地周边农村环境综合整治，使重点饮用水源地得到有效保护和治理；通过差异化的政策加大激励和约束，推动落实国务院确定的新增13万个村的整治任务；加快建立农村环境整治投资运营长效机制，培育农村环境治理运营主体，建立多元化经费保障机制，充分调动群众建设清洁家园的积极性。

生态补偿：让山变绿草变青

主要分布于我国北部和西部的60亿亩草原，是我国重要的生态屏障。为有效遏制草原的退化，同时保障农牧民的生产生活，财政部等部门从2011年开始，在草原牧区全面建立草原生态保护补助奖励机制，并设立草原生态保护补助奖励资金，主要用于实施禁牧补助、草畜平衡奖励，落实对牧民的生产性补贴政策及安排奖励资金。

2015年，在前几年投入的基础上，中央财政进一步加大投入力度，安排资金166.49亿元，比上年增加8.8亿元。据悉，财政部正研究启动新一轮（2016—2020年）草原生态保护补助奖励政策，拟在今后5年进一步加大资金支持力度，完善相关政策措施。

2015年，中央财政重点生态功能区转移支付规模进一步扩大。在2014年下达480亿元的基础上，2015年中央财政预算安排该项转移支付509亿元，以更好地引导地方政府加强生态环境保护，提高国家重点生态功能区所在地政府基本公共服务保障能力，促进生态文明建设，维护国家生态安全。

建立和完善基于"受益者付费和破坏者付费"原则的生态补偿机制，是推进资源可持续利用，加快环境友好型社会建设，实现不同地区、不同利益群体和谐发展的有力举措。作为与之相关的一项措施，已实施13年，补偿标准明显偏低的森林植被恢复费征收标准2015年终于迎来大幅上调。根据11月财政部、国家林业局发布的《关于调整森林植被恢复费征收标准引导节约集约利用林地的通知》，各类被占用林地的森林植被恢复费征收标准普遍上调50%以上。这是我国加快健全资源有偿使用和生态补偿制度的有力举措。

12月初，备受瞩目的《生态环境损害赔偿制度改革试点方案》由中共中央办公厅、国务院办公厅正式印发，该《方案》体现了生态环境有价、损害担责的保护理念，确定2015—2017年选择部分省份开展试点，2018年起在全国试行，到2020年力争初步构建责任明确、途径畅通、技术规范、保障有力、赔偿到位、修复有效的生态环境损害赔偿制度。

据环境保护部有关负责人介绍，由于目前存在法律体系不健全、技术支撑薄弱、社会化资金分担机制未建立等诸多问题，长期以来，生态环境损害得不到足额赔偿，生态环境得不到及时修复，需要尽快建立健全生态环境损害赔偿制度，由造成生态环境损害的责任者承担赔偿责任，修复受损生态环境，有助于破解"企业污染、群众受害、政府买单"的困局。

● 中国生态文明建设之"最"

【生态文明建设首次纳入五年规划】

"十三五"时期是全面建成小康社会的决定性阶段,也是完成第一个百年奋斗目标的最后一个五年。因此,即将出炉的"十三五"规划对中国发展来说意义非凡。

2015年5月至7月,习近平总书记曾先后召开三次座谈会,听取18个省市主要负责人对"十三五"时期经济社会发展的意见和建议。在座谈会上,习近平定调了"十三五"规划的主要框架:要在保持经济增长、转变经济发展方式、优化产业结构、推动创新驱动发展、加快农业现代化步伐、体制机制改革、协调发展、生态文明建设、促进民生和扶贫开发等十大领域取得明显突破。

在这十大发展目标中,有四大经济发展目标最受关注。其中,保增长位居首位,但经济增长目标或淡化;优化产业结构上,中国制造2025、"互联网+"、信息经济或被重点提及;改革将是贯穿"十三五"的主线,国企改革、财税改革和金融改革有望成重头戏;生态文明建设将首次写入五年规划,并成为规划的重点之一。

近年来,中央对生态文明建设的重视程度日益提升。党的十八大报告作出了"大力推进生态文明建设"的战略决策,2015年5月,中共中央、国务院出台了《关于加快推进生态文明建设的意见》,对生态文明建设作出全面部署。

而"十三五"时期,生态文明建设将从决策变为落地规划。据了解,"生态文明建设"将纳入国家"十三五"规划,这也是"生态文明建设"首次写入五年规划。

习近平在2015年9月访美期间出席第三届中美省州长论坛并发表讲话时提到,"中国正在大力推进生态文明建设,这也是我们'十三五'规划的一个重点方向"。

【十八大报告首次单篇论述生态文明,全国党代会报告第一次提出推进绿色发展、循环发展、低碳发展】

党的十五大报告明确提出实施可持续发展战略。

十六大以来,在科学发展观指导下,党中央相继提出走新型工业化发展道路,发展低碳经济、循环经济,建立资源节约型、环境友好型社会,建设创新型国家,建设生态文明等新的发展理念和战略举措。

十七大报告进一步明确提出了建设生态文明的新要求,并将到2020年成为生态环境良好的国家作为全面建设小康社会的重要目标之一。

党的十七届五中全会明确要求"树立绿色、低碳发展理念"。推广绿色建筑、绿色施工,发展绿色经济,发展绿色矿业,推广绿色消费模式,推行政府绿色采购……"绿色发展"被明确写入"十二五"规划并独立成篇,表明我国走绿色发展道路的决心和信心。

党的十八大报告首次单篇论述生态文明,首次把"美丽中国"作为未来生态文明建设的宏伟目标。十八大报告提出,要把生态文明建设放在突出地位,融入经济建设、政治建设、文化建设、社会建设各方面和全过程,努力建设美丽中国,实现中华民族永续发展。把生态文明建设摆在总体布局的高度来论述,表明我们党对中国特色社会主义总体布局认识的深化,把生态文明建设摆在五位一体的高度来论述,也彰显出中华民族对子孙、对世界负责的精神。

【党的十七大报告第一次明确提出了建设生态文明的目标】

我们党曾多次郑重提出，在建设物质文明的同时，要建设社会主义精神文明和社会主义政治文明。2007 年 11 月，党的十七大报告在全面建设小康社会奋斗目标的新要求中，第一次明确提出了建设生态文明的目标。物质文明是人类在社会发展中改造自然的物质成果，它表现为物质生产的进步和人们物质生活的改善。生态文明是人类在发展物质文明过程中保护和改善生态环境的成果，它表现为人与自然和谐程度的进步和人们生态文明观念的增强。

强调建设生态文明，具有重大的现实意义。从全球范围看，自工业革命以来，人类在物质生产取得巨大发展的同时，对地球资源的索取超出了合理的范围，对地球生态环境造成了破坏。其严重后果就是全球气候变化，以及过度开发土地、滥伐森林、过度捕捞、环境污染等所产生的其他负面效应。近些年来暴雨、高温等极端气候频繁发生，就是大自然向人类敲响的警钟。

在我国突出强调建设生态文明，是贯彻落实科学发展观、全面建设小康社会的必然要求和重大任务。一方面，我国人均资源不足，人均耕地、淡水、森林仅占世界平均水平的 32%、27.4% 和 12.8%，石油、天然气、铁矿石等资源的人均拥有储量也明显低于世界平均水平。另一方面，由于长期实行主要依赖投资和增加物质投入的粗放型经济增长方式，能源和其他资源的消耗增长很快，生态环境恶化问题也日益突出。因此，提出建设生态文明，不论对于实现以人为本、全面协调可持续发展，还是对于改善生态环境、提高人民生活质量，实现全面建设小康社会的目标，

都是至关重要的。实践充分证明，物质文明建设，不仅同精神文明建设、政治文明建设相互依存、互为条件，而且同生态文明建设互相依存、互为条件。

建设生态文明，必须加快转变经济发展方式，到 2020 年基本形成节约能源资源和保护生态环境的产业结构、增长方式和消费模式。2006 年在我国国内生产总值构成中，第二产业占 48.7%，其中工业占 43.1%，分别比 1991 年提高 6.9 和 6 个百分点，特别是近几年一些消耗资源多、污染大的行业发展过快，这是经济发展与资源、环境矛盾日益突出的重要原因。另一方面，消耗资源较少、污染较轻的第三产业比重明显偏低，2006 年仅占国内生产总值的 39.5%，只比 1991 年提高 5.8 个百分点。因此建设生态文明，必须坚持走中国特色新型工业化道路，大力调整优化产业结构，加快发展第三产业，提高其比重和水平；并且优化第二产业内部结构，大力推进信息化与工业化融合，提升高技术产业，限制高耗能、高污染工业的发展。同时，要立足我国国情，正确引导消费结构升级，形成有利于节约能源资源和保护环境的城乡建设模式和消费模式。应当看到，西方发达国家的消费模式，是建立在索取全球资源基础上的。据全球生态足迹网估计，如果在全球维持一个像美国社会这样的物质社会，将需要五个地球的资源，而维持一个像英国这样的社会也需要将近三个地球的资源。当今的时代条件和国际环境决定了我国不可能走先污染后治理的旧式工业化道路；人口众多，人均资源不足的基本国情决定了我国不应当也不可能模仿一些发达国家以挥霍资源为特征的消费模式。比如，城市应以发展公共交通为主，适度发展私家车；建筑应大力发展节能省地型的，限制建设占地多的别墅、高尔夫球场，等等。

【中央出台首个生态文明建设文件①】

2015 年，中共中央、国务院印发《关于加快推进生态文明建设的意见》，这是自党的十八大报告重点提及生态文明建设内容后，中央全面专题部署生态文明建设的第一个文件，生态文明建设的政治高度进一步凸显。

《关于加快推进生态文明建设的意见》（以下简称《意见》）提出，到 2020 年，资源节约型和环境友好型社会建设取得重大进展，主体功能区布局基本形成，经济发展质量和效益显著提高，生态文明主流价值观在全社会得到推行，生态文明建设水平与全面建成小康社会目标相适应。

文件共 9 个部分 35 条，包括总体要求；强化主体功能定位，优化国土空间开发格局；推动技术创新和结构调整，提高发展质量和效益；全面促进资源节约循环高效使用，推动利用方式根本转变；加大自然生态系统和环境保护力度，切实改善生态环境质量；健全生态文明制度体系；加强生态文明建设统计监测和执法监督；加快形成推进生态文明建设的良好社会风尚；切实加强组织领导。

此外，意见还提出，发展有机农业、生态农业，以及特色经济林、林下经济、森林旅游等林业产业。

就扶持政策，《意见》强调，要健全价格、财税、金融等政策，激励、引导各类主体积极投身生态文明建设。加大财政资金投入，统筹有关资金，对资源节约和循环利用、新能源和可再生能源开发利用、环境基础设施建设、生态修复与建设、先进适用技术研发示范等给予支持。将高耗能、高污染产品纳入消费税征收范围。推动环境保护费改税。加快资源税从价计征改革，清理取消相关收费基金，逐步将资源税征收范围扩展到占用各种自然生态空间。完善节能环保、新能源、生态建设的税收优惠政策。推广绿色信贷，支持符合条件的项目通过资本市场融资。探索排污权抵押等融资模式。

中共中央、国务院最近发布的这个《意见》既是贯彻落实党的十八大报告和十八届三中全会《决定》关于生态文明建设部署的重要举措，也是基于当前我国生态文明建设现状做出的新的重要部署；既包含对十八大和十八届三中全会关于生态文明建设顶层设计和总体部署的重申，也包含许多新的内容。其中的"十个首次"更是集中体现了这个《意见》的十大亮点。

亮点一：首次由中共中央、国务院专门就生态文明建设作出全面部署。

此前关于我国生态文明建设的部署都是由党的代表大会和中央全会作出的，而且都不是专门就生态文明建设作出的全面部署，而是作为大会"报告"和全会"决定"的一部分作出的部署，如党的十八大是在大会"报告"的第八部分，即"八、大力推进生态文明建设"中作出的部署；十八届三中全会是在全会"决定"的第十四部分，即"十四、加快生态文明制度建设"中作出的部署。这次《意见》的出台则有两点和以往的部署有所不同：一是由中共中央和国务院作出，表明大力推进生态文明建设已经由党的意志和党的行为转变成为党和国家的共同意志和共同行为；二是由中共中央、国务院专门发布一个文件，就加快推进生态文明建设作出全面部署，而不只是作为一个文件的部分内容。这在我们党和国家的历史中还是第一次，充分说明党中央和国务院对加快推进生态文明建设的高度重视和务求必胜的坚强决心。

---

① 　缪宏：《"十个首次"彰显生态文明建设〈意见〉新亮点——中国生态文明研究与促进会常务理事黎祖交教授专访》，人民网。（http：//env. people. com. cn/n/2015/0514/c1010 - 27000065. html）

亮点二：首次在党和国家历史文献中出现"绿色化"的新概念。

"绿色化"是党中央和国务院作为必须协同推进的"新五化"（即"新型工业化、信息化、城镇化、农业现代化和绿色化"）之一，在生态文明建设的《意见》中首次提出来的，是我国经济社会发展全方位绿色转型的最新概括和集中体现。其适用范围不限于生态文明建设，还包括经济建设、政治建设、文化建设、社会建设的各方面和全过程，当然也包括新型工业化、信息化、城镇化、农业现代化的各方面和全过程。

认真研读《意见》的全文就不难发现，"绿色化"是其贯穿始终的一个最为重要的关键词。根据《意见》关于"协同推进新型工业化、信息化、城镇化、农业现代化和绿色化"的总体要求，我国经济社会发展各领域、各行业、各部门、各地方、各方面都要加快推进"绿色化"，实现绿色转型。其中《意见》特别提到要加快推进的"绿色化"包括：

——"加快推动生产方式绿色化，大幅提高经济绿色化程度"，"坚持把绿色发展、循环发展、低碳发展作为基本途径"，"发展绿色产业"，"推动传统能源安全绿色开发"，"发展绿色矿业，加快推进绿色矿山建设"，"推广绿色信贷"；

——"大力推进绿色城镇化"，"大力发展绿色建筑"，"推进绿色生态城区建设"；

——"实现生活方式绿色化"，"培育绿色生活方式"，"广泛开展绿色生活行动"，"大力推广绿色低碳出行"，"倡导绿色生活和休闲模式"；

——在国际合作中"把绿色发展转化为新的综合国力、综合影响力和国际竞争新优势"，"开展绿色援助"；

……如此等等。需要指出的是，这里列举的都是《意见》中直接包含"绿色化"字样的原话。至于没有包含"绿色化"字样而贯穿"绿色化"意涵的内容，如实现思想观念的绿色化，牢固树立尊重自然、顺应自然、保护自然的理念，坚持绿水青山就是金山银山，使生态文明成为社会主流价值观，成为社会主义核心价值观的重要内容，等等，就更是举不胜举了。

人们有理由相信，随着我国经济社会发展的全方位绿色转型，一个经济社会得到全面协调可持续发展，而且蓝天常在、青山常在、绿水常在的"绿色化"的美丽中国，一定会呈现在世人的面前。

亮点三：首次明确加快推进生态文明建设要以健全生态文明制度体系为重点。

《意见》全文共有 35 条，其中有 10 条是专门讲制度体系建设的，占了将近 30%，其篇幅确实不小。这足以说明党中央国务院对生态文明制度体系建设的高度重视。但是，我要特别强调的并不只是其所占的篇幅，而是《意见》中一个十分关键的新提法，这就是："以健全生态文明制度体系为重点。"

因为这一提法集中体现了党和国家对生态文明建设规律的新的更深的认识，集中体现了生态文明制度体系在生态文明建设中的关键地位和作用。

十八大报告在讲到生态文明制度建设重要性时的提法是"保护生态环境必须依靠制度"；十八届三中全会《决定》在讲到生态文明制度建设重要性时的提法是"建设生态文明，必须建立系统完整的生态文明制度体系，……用制度保护生态环境"。这当然都是非常正确的，也是完全必要的，而且十八届三中全会《决定》明确提出的"建立系统完整的生态文明制度体系"也是对十八大报告的进一步完善和发展。但是，无论是"保护生态环境必须依靠制度"，还是"必须建立系统完整的生态文明制度体系，……用制度保护生态环境"，都没有明确制度和制度体系建设在生态文明建设中居于何种地位。只有此次中共中央、国务院的《意见》，才首次明确提出了加快推进生态文明建设要"以健全生态文明制度体系为重点"，才确立了生态文明制度体系在生态文明建设中的核心地位。这就再清楚不过地告诉我们，在生态文明建设中，最重要的问题是制度的问题，最根本的保障是制度的保障。这是因为——正如邓小平所说——"制度是决定因素"，"更带根本性、全局性、稳定性和长期性"，"制度好，可以使坏人无法任意横行。制度不好，可以使好人无法充分做好事，甚至会走向反面"。

亮点四：首次提出加强生态文明建设统计监测和执法监督的明确要求

在十八大报告的第八部分曾出现"加强环境监管"字样，在十八届三中全会《决定》的第十四部分曾出现"完善自然资源监管体制""建立资源环境承载能力监测预警机制""独立进行环境监管和行政执法""加强社会监督"字样。但是，所有这些都只是一带而过地简单提及，并没有对其提出全面的明确的要求。而这正是《意见》对十八大报告和十八届三中全会决定相关提法的丰富、发展和深化、细化，也正是该《意见》不同于以往同类文件的闪光点。譬如：

在加强统计监测方面，该《意见》提出：建立生态文明综合评价指标体系。加快推进对能源、矿产资源、水、大气、森林、草原、湿地、海洋和水土流失、沙化土地、土壤环境、地质环境、温室气体等的统计监测核算能力建设，提升信息化水平，提高准确性、及时性，实现信息共享。加快重点用能单位能源消耗在线监测体系建设。建立循环经济统计指标体系、矿产资源合理开发利用评价指标体系。利用卫星遥感等技术手段，对自然资源和生态环境保护状况开展全天候监测，健全覆盖所有资源环境要素的监测网络体系。提高环境风险防控和突发环境事件应急能力，健全环境与健康调查、监测和风险评估制度。定期开展全国生态状况调查和评估。加大各级政府预算内投资等财政性资金对统计监测等基础能力建设的支持力度。

在强化执法监督方面，该《意见》提出：加强法律监督、行政监察，对各类环境违法违规行为实行"零容忍"，加大查处力度，严厉惩处违法违规行为。强化对浪费能源资源、违法排污、破坏生态环境等行为的执法监察和专项督察。资源环境监管机构独立开展行政执法，禁止领导干部违法违规干预执法活动。健全行政执法与刑事司法的衔接机制，加强基层执法队伍、环境应急处置救援队伍建设。强化对资源开发和交通建设、旅游开发等活动的生态环境监管。

这些统计监测和执法监督的实实在在的全面明确的要求对于加快推进生态文明建设具有的重大意义和作用是毋庸置疑的，当然也不是以往同类文件中几个简单的术语和提法所能比拟的。正是基于这一认识，我们说《意见》首次就生态文明建设的统计监测和执法监督提出明确要求也是其亮点之一。

亮点之五：首次提出弘扬和培育生态文化作为生态文明建设的重要支撑。

生态文化的内容是《意见》的重要组成部分，也是《意见》相较于以往同类文件的一大创新。如《意见》在"指导思想"部分首次强调"弘扬生态文化"；在"基本原则"中首次提出"坚持把培育生态文化作为重要支撑"；在"加快形成推进生态文明建设的良好社会风尚"部分又首次提出"积极培育生态文化、生态道德，使生态文明成为社会主流价值观，成为社会主义核心价值观的重要内容"，还提出"将生态文化作为现代公共文化服务体系建设的重要内容"。这同样也是《意见》的一大亮点。

值得指出的是，在十八大报告和十八届三中全会决定中，不仅有关生态文明建设的部分没有出现"生态文化"的概念和"弘扬生态文化""培育生态文化"的提法，而且在"报告"和"决定"的其他部分，包括专门阐述文化建设的部分，也没有出现过这一概念和提法。由此我们也可以看出，弘扬生态文化，坚持把培育生态文化作为生态文明建设的重要支撑，不仅是《意见》的重要内容和一大亮点，还是党和国家加快推进生态文明建设的一大理论创新。

亮点六：首次提出把生态文明教育纳入国民教育体系和干部教育培训体系。

《意见》最重要、最关键的是首次提出了"把生态文明教育作为素质教育的重要内容，纳入国民教育体系和干部教育培训体系"。

在《意见》的"基本原则"中有一个十分重要的表述——"将生态文明纳入社会主义核心价值体系"；在"加快形成推进生态文明建设的良好社会风尚"部分又有一个十分重要的表述——"使生态文明成为社会主流价值观，成为社会主义核心价值观的重要内容"。这些表述对于加快推进生态文明建设所具有的重要意义是不言自明的。但是，我们要通过何种途径才能将生态文明纳入社会主义核心价值体系，才能使生态文明成为社会主流价值观，成为社会主义核心价值观的重要内容呢？或者说，我们要怎样做才能将这些重要的文字表述转化为实实在在的客观现实呢？答案只有一个，这就是：教育、培训，包括国民教育和干部教育培训。

懂得了这一点就不难理解，为什么我们将首次提出把生态文明教育作为素质教育的重要内容纳入国民教育体系和干部教育培训体系也作为《意见》的新亮点之一了。

亮点七：首次提出鼓励公众积极参与并就公众参与做出制度安排。

具体的制度安排包括要完善公众参与制度，及时准确披露各类环境信息，扩大公开范围，保障公众知情权，维护公众环境权益，还包括：健全举报、听证、舆论和公众监督等制度，构建全民参与的社会行动体系；建立环境公益诉讼制度，对污染环境、破坏生态的行为，有关组织可提起公益诉讼；在建设项目立项、实施、后评价等环节，有序增强公众参与程度；引导生态文明建设领域各类社会组织健康有序发展，发挥民间组织和志愿者的积极作用；等等。

亮点八：首次提出健全生态文明建设领导体制和工作机制。

组织领导问题对于任何一项事业和任何一项工作都是至关重要的，生态文明建设自然也不例外。《意见》专门用一个部分的篇幅讲这个问题，并首次提出健全生态文明建设领导体制和工作机制，既填补了以往同类文件的空白，也彰显了其自身的一大亮点。

《意见》提出的健全生态文明建设的领导体制和工作机制的要求，包括"基本原则"和"切实加强组织领导"两个方面。

从基本原则上说，是坚持把重点突破和整体推进作为工作方式。既立足当前，着力解决对经济社会可持续发展制约性强、群众反映强烈的突出问题，打好生态文明建设攻坚战；又着眼长远，加强顶层设计与鼓励基层探索相结合，持之以恒全面推进生态文明建设。

从切实加强组织领导上说，其要求有以下四个方面：一是强化统筹协调。各级党委和政府对本地区生态文明建设负总责，要建立协调机制，形成有利于推进生态文明建设的工作格局。各有关部门要按照职责分工，密切协调配合，形成生态文明建设的强大合力。二是探索有效模式。抓紧制定生态文明体制改革总体方案，深入开展生态文明先行示范区建设，研究不同发展阶段、资源环境禀赋、主体功能定位地区生态文明建设的有效模式。各地区要抓住制约本地区生态文明建设的瓶颈，在生态文明制度创新方面积极实践，力争取得重大突破。及时总结有效做法和成功经验，完善政策措施，形成有效模式，加大推广力度。三是广泛开展国际合作。统筹国内国际两个大局，以全球视野加快推进生态文明建设，树立负责任大国形象，把绿色发展转化为新的综合国力、综合影响力和国际竞争新优势。发扬包容互鉴、合作共赢的精神，加强与世界各国在生态文明领域的对话交流和务实合作，引进先进技术装备和管理经验，促进全球生态安全。加强南南合作，开展绿色援助，对其他发展中国家提供支持和帮助。四是抓好贯彻落实。各级党委和政府及中央有关部门要按照《意见》要求，抓紧提出实施方案，研究制定与《意见》相衔接的区域性、行业性和专题性规划，明确目标任务、责任分工和时间要求，确保各项政策措施落到实处。各地区各部门贯彻落实情况要及时向党中央、国务院报告，同时抄送国家发展改革委。中央就贯彻落实情况适时组织开展专项监督检查。

亮点九：首次提出支持生态文明基础设施和科技人才队伍建设。

在以往的同类文件中基本没有涉及基础设施建设和人才队伍建设等方面的内容。这次中共中央、国务院的《意见》特别在"推动技术创新和结构调整，提高发展质量和效益"部分提出："支持生态文明领域工程技术类研究中心、实验室和实验基地建设，完善科技创新成果转化机制，形成一批成果转化平台、中介服务机构，加快成熟适用技术的示范和推广。加强生态文明基础研究、试验研发、工程应用和市场服务等科技人才队伍建设。"

这充分说明，生态文明建设中的基础设施建设和人才队伍建设这两个事关生态文明建设成败的大问题已经引起党中央、国务院的高度重视，并将采取一系列重大措施，形成有效的体制机制。这对于加快推进我国的生态文明建设无疑是一个有力的保障，对于生态文明建设领域的科技工作者更是一个莫大的福音。这当然也是《意见》的一大亮点。

亮点十：首次提出实施一批重大工程，开展一批专项行动和专项活动。

十八大报告中是提到过"要实施重大生态修复工程"，但这次中共中央、国务院的《意见》除了重申实施这一工程外，还首次提出实施其他一批重大工程，包括：节能环保产业重大技术装备产业化工程、生物多样性保护重大工程，等等。

《意见》首次提出开展的一批生态文明建设的专项行动，包括：大气污染防治行动、水污染防治行动、土壤污染防治行动，以及重点用能单位节能低碳行动、循环经济示范行动、耕地质量保护与提升行动、绿色生活行动、反食品浪费行动，等等。

《意见》首次提出开展的一批生态文明建设的专项活动，包括：生态文明先行示范区建设活动，节约型公共机构示范创建活动，重要水域增殖放流活动，世界地球日、世界环境日、世界森林日、世界水日、世界海洋日和全国节能宣传周主题宣传活动，等等。

此外，《意见》还提出（其中大部分也是首次提出）要构建一批生态文明建设体系，包括：循环型工业、农业、服务业体系，再生资源回收体系，覆盖全社会的资源循环利用体系，重点防护林体系，监测评估与预警体系，防灾减灾体系，环境管理体系，生态文明综合评价指标体系，能源消耗在线监测体系，循环经济统计指标体系，矿产资源合理开发利用评价指标体系，覆盖所有资源环境要素的监测网络体系，全民参与的社会行动体系，等等。

这表明，当前和今后一个时期我国生态文明建设不仅有了明确的指导思想、基本原则和目标要求，还有了明确的行动计划和路线图。

【我国设立首个政府奖项表彰生态文明建设模范】

经中央批准，我国已设立首个生态文明建设示范方面的政府奖项"中国生态文明奖"，旨在表彰和奖励生态文明建设方面的模范集体和个人。

2015 年 6 月 3 日，首届"中国生态文明奖"评选表彰工作在京启动。据了解，该奖项主要表彰和奖励在生态文明建设一线和实际工作中，对生态文明创建实践、理论研究和宣传教育等方面做出重大贡献的集体和个人。先进集体的主要评选对象是从事生态文明建设的基层组织，先进个人的评选对象为从事生态文明建设的一线工作者，包括科技教育工作者、新闻工作者、社会组织工作者、企业管理人员、工人、农民、公务员、军人等。

按计划，"中国生态文明奖"每三年评选表彰一次。首届表彰名额拟设先进集体奖 20 个，先进个人奖 30 名。

环保部副部长李干杰表示，开展"中国生态文明奖"评选表彰活动，有利于进一步凝聚生态文明建设的价值公约数，增强生态文明主流价值观的向心力和感召力。要充分利用这一契机，进一步激发各地政府和广大干部群众大力推进生态文明建设的积极性和创造性，使之成为推进各地各级、各行各业生态文明建设工作的一个有力抓手和工作动力。

【全国生态文明宣教工作首次评估】

为推进生态文明宣传教育工作的科学化、规范化和制度化发展，2013 年环保部选取包括河南省在内的八个省份实施了生态文明宣传教育工作绩效评估试点。

2014 年开始，环保部联合中央文明办、团中央、教育部、全国妇联对 31 个省（自治区、直辖市）开展生态文明宣传教育工作全面量化考评。评估指标主要包括工作保障、生态文明宣传、生态文明教育、宣教效果、特色创新等 5 个一级指标及 18 个二级指标、40 个三级指标。经过各地网上自评、各省间交叉互评、环保部组织的专家组审核并进行综合考评，2015 年 2 月，2014 年全国生态文明宣传教育工作绩效评估结果公布。

【首次地理普查，满足生态文明建设】

为全面掌握我国地理国情现状，满足经济社会发展和生态文明建设的需要，国务院决定于 2013 年至 2015 年开展第一次全国地理国情普查工作。《国务院关于开展第一次全国地理国情普查的通知》于 2013 年 3 月印发。

重要意义：

地理国情主要是指地表自然和人文地理要素的空间分布、特征及其相互关系，是基本国情的重要组成部分。地理国情普查是一项重大的国情国力调查，是全面获取地理国情信息的重要手段，是掌握地表自然、生态以及人类活动基本情况的基础性工作。普查的目的是查清我国自然和人文地理要素的现状和空间分布情况，为开展常态化地理国情监测奠定基础，满足经济社会发展和生态文明建设的需要，提高地理国情信息对政府、企业和公众的服务能力。

开展全国地理国情普查，系统掌握权威、客观、准确的地理国情信息，是制定和实施国家发展战略与规划、优化国土空间开发格局和各类资源配置的重要依据，是推进生态环境保护、建设资源节约型和环境友好型社会的重要支撑，是做好防灾减灾工作和应急保障服务的重要保障，也是相关行业开展调查统计工作的重要数据基础。

主要内容：

一、普查的对象和内容

普查对象：我国陆地国土范围内的地表自然和人文地理要素。

普查内容：一是自然地理要素的基本情况，包括地形地貌、植被覆盖、水域、荒漠与裸露地等的类别、位置、范围、面积等，掌握其空间分布状况；二是人文地理要素的基本情况，包括与人类活动密切相关的交通网络、居民地与设施、地理单元等的类别、位置、范围等，掌握其空间分布现状。

二、普查的时间安排

普查标准时点为 2015 年 6 月 30 日。2013 年 1 月至 2013 年 6 月为普查工作准备阶段，主要完成普查方案和技术规程制定，开展试点试验和技术培训，资料收集与获取等前期准备工作。2013 年 7 月至 2015 年 6 月为普查工作第一阶段，主要完成普查底图制作、数据采集与处理、外业调查与核查、数据集建设等工作。2015 年 7 月至 2015 年 12 月为普查工作第二阶段，主要完成普查信息的整理、汇总、统计分析，形成普查报告，发布普查结果。

三、普查的组织和实施

全国地理国情普查工作作业范围广、涉及部门多、工作任务重、技术要求高、实施难度大。为加强领导，国务院决定成立第一次全国地理国情普查领导小组，负责普查工作的组织和领导，协调解决重大问题（领导小组成员单位及人员名单另发）。普查领导小组办公室设在测绘地信局，承担领导小组的日常工作，具体负责业务指导与监督检查。各省级人民政府要成立相应的普查领导小组及其办公室，认真组织本地区普查工作。

普查工作要按照"全国统一领导、部门分工协作、地方分级负责、各方共同参与"的原则组织实施。领导小组各成员单位要各司其职、各负其责、通力协作、密切配合，共同做好普查工作。测绘地信局要会同有关部门抓紧制定普查总体方案，建立普查的技术和标准体系，做好技术指导、培训、质量控制、信息汇总和统计分析，帮助中西部贫困地区完成普查工作，充分利用已有地理信息和专题信息资源，建设全国地理国情本底数据库，形成全国普查报告。各省级人民政府要按照普查总体方案，结合当地实际，制定本地区普查实施方案。各地区要充分整合已有资源，组织专业队伍，开展本地区普查底图制作、外业调查与核查、数据处理、数据集建设等工作，做好普查成果的检查验收和汇总上报。

四、普查的经费保障

全国地理国情普查工作所需经费按工作任务由中央财政和地方财政分别承担。中央财政所需承担经费在现有的地理国情监测经费中统筹安排。

五、工作要求

各级普查机构及其工作人员必须严格按照《中华人民共和国测绘法》《中华人民共和国统计法》《基础测绘条例》和《中华人民共和国测绘成果管理条例》的有关规定和要求，按时报送普查数据，确保基础数据完整、真实、可靠。任何地方、部门、单位和个人都不得虚报、瞒报、拒报、迟报，不得伪造、篡改普查数据。普查结果要逐级上报，按规定程序报批后对外发布。对在普查中所获得的涉密资料和数据，必须严格保密。

各地区、各有关部门要充分利用报刊、广播、电视和互联网等媒体，广泛深入地宣传地理国情普查工作的重要意义和要求，为开展普查创造良好的社会环境。

2015 年 6 月 30 日是第一次全国地理国情普查标准时点。至此，中国陆地国土范围内的地表自然和人文地理要素数据采集工作已全面完成，普查数据均反映中国地理国情在这一时点的实际状况。

【生态文明首次纳入中国人权保障】

2013 年 5 月，国务院新闻办公室发布《2012 年中国人权事业的进展》白皮书，单列章节阐述"生态文明建设中的人权保障"。《2012 年中国人权事业的进展》是我国自 1991 年以来，发布的第 10 部中国人权白皮书。

体例编排"参照""五位一体"布局

白皮书约 2 万字，与前 9 部白皮书相比，体例编排变化明显。

此前的各年度人权白皮书，体例编排均以具体的人权保障实况为线索。例如《2009 年中国人权事业的进展》，就从"人民的生存权和发展权""公民权利和政治权利"等 7 个方面展开论述。

第 10 部中国人权白皮书体例编排"参照"十八大提出的"五位一体"布局，全文从"经济建设中的人权保障""政治建设中的人权保障""文化建设中的人权保障""社会建设中的人权保障""生态文明建设中的人权保障"5 大方面，以及"人权领域的对外交流与合作"章节，通过大量数据和事实，全面阐述了我国人权事业的新进展。

单独章节阐述生态文明与人权

按照如上布局，第 10 部中国人权白皮书首次将"生态文明建设中的人权保障"，作为一个单独章节，强调"面对资源约束趋紧、环境污染严重、生态系统退化的严峻形势，中国坚持树立尊重自然、顺应自然、保护自然的生态文明理念，将生态文明建设放在突出地位"。

白皮书还提出，中国已加入包括《经济、社会及文化权利国际公约》在内的 27 项国际人权公约，并积极为批准《公民权利和政治权利国际公约》创造条件。

【海南省：全国第一个开展生态省建设的省份】

1998 年，海南省开始谋划生态省建设方略；1999 年，先后通过省人大代表议案和地方立法形式，在全国率先拉开了生态省建设的序幕，成为全国第一个开展生态省建设的省份。

经过 12 年全省上下的共同努力，海南省生态示范省建设进行了有益探索与实践，在环境保护和生态建设、生态产业发展、人居环境改善和生态文化培育等方面取得了显著成效，全省经济发展与环境保护走出了一条双赢之路。

建设生态省，是海南经济特区的正确抉择，也是全省的一项长期战略。曾有多位国家领导人对海南生态示范省建设给予肯定并做出重要指示。2001 年 2 月，时任中共中央总书记、国家主席江泽民在海南考察时指出，海南得天独厚的热带资源和生态环境是极其宝贵的，要积极探索依靠生态环境建设增创新优势、实现可持续发展的路子，扎扎实实地实现建设生态省的目标；2007 年 3 月，国务院总理温家宝在参加十届全国人大五次会议海南代表团审议时指出，海南要把生态环境保护放在海南经济发展的首位，使经济发展和生态发展相协调；2011 年 4 月 15—16 日，时任中共中央总书记、国家主席的胡锦涛在海南考察工作时指出，在保护生态环境的前提下，开发旅游资源，着力打造世界一流的海岛休闲度假旅游胜地，努力实现海南经济繁荣、社会和谐、环境优美、人民幸福。

【国家林业局：我国首家海岛生态文明建设示范基地挂牌】

2007 年 11 月 1 日，国家林业局、中国生态道德促进会向福建省莆田市授牌"中国生态文明建设湄州岛示范基地"，标志着我国第一个海岛生态文明建设示范基地诞生。

福建省莆田市湄州岛背靠海峡西岸，面临台湾海峡，素以"妈祖圣地，海上明珠"著称于世。近年来，湄州岛围绕建设生态文明、改善海岛生态、创建绿色家园，做了大量卓有成效的工作。把湄州岛打造成中国生态文明建设的品牌，可以大大推动妈祖文化进一步走向世界。

【张家港：编制完成国内首份《生态文明建设规划》】

江苏省最早在全国提出了"两个率先"的战略：率先实现小康，率先现代化。其中，张家港是全国首个国家环保模范城，是首批命名的国家生态市之一，也是全国首批"生态文明试点地区"之一。20世纪80年代的时候，张家港市也是村村冒烟。90年代开始，在发展经济的同时，环保理念也开始提升。

2006年，张家港市提出力争通过9年不懈努力，持续推进环保"333"工程，还百姓"不带水分"的蓝天碧水。

2008年5月，江苏省张家港市和广东省深圳市、珠海市、韶关市及北京密云县、浙江省安吉县正式被国家环境保护部列为全国首批6个生态文明建设试点地区。张家港市专门委托中国环境科学研究院编制了《生态文明建设规划大纲》，指导、推动生态文明建设。

江苏省张家港市在全国第一家编制完成《生态文明建设规划大纲》，并于2008年9月19日通过评审。

多年来，市级领导班子几经交替，但重视环保、建设生态的决心从未动摇：从编制完成国内首份《生态文明建设规划》，到相继出台2009—2011年和2012—2014年生态文明建设工作意见、《生态文明建设三年行动计划（2013—2015）》，再到全力推进现代化建设"810工程"之"十大生态建设工程"，"既要金山银山、又要绿水青山"的绿色发展理念始终融合于"五位一体"总体布局中，贯穿于经济社会发展全过程，落实到党政干部决策、管理、执行各环节。

【全国首个省级生态文明建设规划：《江苏省生态文明建设规划》】

继绿色江苏建设之后，江苏省以出台全国首个省级生态文明建设规划——《江苏省生态文明建设规划》拉开了全省加速推进生态文明建设的大幕。

江苏生态文明建设之路始于2011年，在"十二五"期间实施的八大工程之中，生态文明建设工程是其中一项重点工程。

2013年7月，江苏省委、省政府加强顶层设计，在没有先例可循的前提下，相继出台《关于深入推进生态文明建设工程率先建成全国生态文明建设示范区的意见》和全国首个省级生态文明建设规划——《江苏省生态文明建设规划》。

这两个文件的出台让生态文明建设工程"两脚着地"，行动更加具体，目标更加明确。依照《规划》的时间表和路线图，10年后的江苏，将是经济发达与生态宜居协调融合、都市风貌与田园风光相映生辉、人与自然和谐共生的美好家园。

【全国首部省级层面的生态文明建设地方性法规：《贵州省生态文明建设促进条例》】

2013年国家把生态文明贵阳会议上升为生态文明贵阳国际论坛后，贵州省委、省政府抢抓机遇，及时向国家申请把贵州省作为生态文明先行示范区，为了配合做好相关工作，省人大常委会提出制定这个条例。贵州省第十二届人大常委会第九次会议审议并通过了《贵州省生态文明建设促进条例》，该条例是全国首部省级层面的生态文明建设地方性法规。

2013年8月，《贵州省生态文明建设促进条例》起草工作启动。

2013 年 12 月 25 日，《条例（草案）》送审稿经省人大环资委会议审议通过，形成《条例（草案）》。

2014 年 1 月 8 日，省十二届人大常委会第六次会议对《条例（草案）》进行审议。

2014 年 1 月至 4 月，省人大常委会法工委在常委会网站上发布《条例（草案）》征求意见稿。

2014 年 2 月 22 日，《贵州日报》全文刊登《条例（草案）》征求意见稿。

2014 年 5 月 13 日，省十二届人大常委会第九次会议对《条例（草案）》修改稿进行审议。

2014 年 5 月 17 日，省十二届人大常委会第九次会议表决通过《贵州省生态文明建设促进条例》。

2014 年 6 月 5 日，国家 6 部委发布国家生态文明先行示范区，贵州省入列。

2014 年 6 月 9 日，全省生态文明建设大会召开，这是贵州省生态文明建设具有里程碑意义的大会。

2014 年 7 月 1 日，《贵州省生态文明建设促进条例》即日起生效实施。

【“贵阳生态文明城市指标体系”编制完成并获联合国人居署认证通过】

2015 年 6 月 8 日，全国首个生态文明示范城市指标体系——“贵阳生态文明城市指标体系（GECCIS）”专家认证会在贵阳市隆重召开，并获联合国人居署认证通过。来自联合国人居署、国家发展和改革委员会城市和小城镇研究中心、中欧低碳生态城市合作项目专家组、亚洲人居环境协会、荷兰 ARCADIS 集团、新加坡国立大学、同济大学和复旦大学等机构的专家和贵阳市发展和改革委员会、贵阳市生态文明建设委员会、贵阳市规划局、贵阳市住房和城乡建设局、贵阳市工业和信息化委员会等部门领导共同出席了指标认证会。

上海同济城市规划设计研究院周玉斌副院长出席并共同主持了此次认证会。

贵阳市是国家发改委批复的全国第一个生态文明城市。建立生态文明城市指标体系是贵阳市“重点推进生态文明建设评价考核制度等十个重大改革任务，生态文明建设的制度体系得到完善”的一项重要任务。为完成此项工作，在同济城市规划院和联合国人居署的支持下成立了专门的课题研究小组，就生态文明城市指标体系开展研究。研究小组在深入调查研究，征求专家、学者、各相关部门、市民、企业和访客等多方意见的基础上，经过反复论证和修改，《贵阳生态文明城市指标体系》目前已通过联合国人居署的认证。该指标体系的完成将帮助贵阳市率先形成“生态文明城市规划引领，生态文明城市条例保障，生态文明城市指标监督”的三重机制。

该指标体系以贵阳市经济社会发展的实际为出发点，以国际国内公认的与生态文明城市的内涵和特征为引领，以反映贵阳特色为重要抓手。指标体系第一次提出“生态文明魔方”的概念，以“生态文明魔方”为核，从经济、社会、文化和自然—环境四大支柱出发，分别包括 31 个一级指标和 66 个二级指标。作为全国首个生态文明示范城市指标体系，该指标在展示贵阳特点的同时又兼顾了全国示范的作用。与会专家认为，该指标体系具备前瞻性、科学性和很强的操作性，对于推进贵阳市生态文明城市建设和发展具有重要的现实意义。

2015 年 4 月，中共中央、国务院发布了《关于加快推进生态文明建设的意见》。意见指出，生态文明建设是中国特色社会主义事业的重要内容，关系人民福祉，关乎民族未来，事关“两个一百年”奋斗目标和中华民族伟大复兴中国梦的实现。此次贵阳指标的制订，是上海同济城市规划设计研究院开展生态文明城市研究的重要探索，同时也是同济城市规划院和联合国人居署开展"联合国人居署绿色与可持续城市项目"试点的又一大成果。

建设生态文明城市的目标被细化到六个方面、33项指标。

生态文明涉及观念转变、产业转换、体制转轨、社会转型等多个方面，是一项复杂的系统工程。

生态优势是贵阳最大的比较优势，也是发展低碳经济的重要基础。对于贵阳人而言，生态的分量很重。保护好这方水土，不仅关系着贵阳的现在和未来，更因为贵州在全国的生态建设中具有的重要地位而具有深远的意义。作为一个欠发达地区，贵阳市率先提出建设生态文明城市，更是对一种新的发展模式的积极探索。

"目前，一些高污染企业正在向欠发达地区转移，不管这些企业能提供多少GDP和税收，凡是不符合循环经济理念、不符合环保要求，一律不得引进。凡是污染严重的落后工艺、技术、装备、生产能力和产品一律淘汰，凡是超标或超总量控制指标排污的工业企业一律停产治理。"贵阳市市长袁周说："建设生态文明城市，不仅是一个理念、一个目标，更是一个长期艰苦奋斗的过程。因此，我们必须把保护生态环境放在更加突出的位置，以最严格的措施保护好我们赖以生存的家园。"

2008年出台的《贵阳市建设生态文明城市指标体系及监测方法》是全国首部反映最完整、最具有可操作性的生态文明城市指标体系，该指标体系从生态经济、生态环境、民生改善、基础设施、生态文化、政府廉洁高效六方面33项指标出发，对生态文明城市的建设提出具体的考量标准。

根据《贵阳市建设生态文明城市指标体系及监测方法》，贵阳市建设生态文明城市的各项重点任务被一一量化：到2012年，贵阳市人均生产总值将达34600元，

服务业增加值占GDP的50%以上，森林覆盖率为45%，中心城区空气良好以上天数达标率达95%，主要饮用水源水质达标率为100%。

贵州省委常委、贵阳市委书记李军说，建设生态文明城市，绝不是在牺牲发展基础上进行低水平的生态建设，而是通过产业结构的调整、发展方式的转变和生态产业体系的构筑，有效促进城市转型，继而实现向生态文明城市的跨越。

从本质上看，贵阳建设生态文明城市与发展低碳经济是一致的。发展低碳经济，减少碳排放，优化能源结构，推动产业结构调整，将为生态文明城市的建设提供一个新的思路。反之，推进节能减排，构建生态产业体系，转变经济发展方式也为推动低碳经济的发展营造一个更为良好的现实基础。

【国内首家生态文明创新园落户贵安新区】

2015年2月7日下午，贵州贵安新区管理委员会与清华控股人居建设集团、英国建筑研究院（BRE）共同签署"中国贵安·生态文明创新园"项目合作合同。

"中国贵安·生态文明创新园"的建设，将整合英国建筑研究院、清华大学在生态理念、环境技术、建筑艺术等方面的综合优势，共同推动"中国贵安·生态文明创新园"的运营管理、品牌塑造和价值推广，为新型城镇化建设中可持续发展、生态文明建设、绿色建筑的理念和最新科技及成果提供国际最领先的展示平台和科研平台，并在创新园基础上持续开展与生态文明相关的研究，形成标准与规范，引导中国的新型城镇化和生态文明建设，同时促进将贵安新区打造成为国际一流的生态、低碳城镇化建设示范区。

据了解，2011年，时任国务院副总理李克强在访英期间专程参观考察了位于英国伦敦沃特福德郡的"创新园"。2014年，

中英两国政府签署了《中英联合科学创新基金 2014~2015 工作计划》，把环境技术、城镇化作为重要内容纳入工作计划。此次"中国贵安·生态文明创新园"项目签约，是中英两国在新型城镇化建设与绿色园区发展方面第一个合作项目的正式落地。三方商定，第一栋具有高科技含量的绿色建筑将由清华控股人居建设集团于 2015 年 6 月底建成，并于生态文明贵阳国际论坛期间正式开园。

【福建：国务院确定的全国第一个生态文明先行示范区】

2014 年 3 月 10 日，国务院正式印发《关于支持福建省深入实施生态省战略加快生态文明先行示范区建设的若干意见》（以下简称《意见》）。福建省成为党的十八大以来，国务院确定的全国第一个生态文明先行示范区。

党的十八大把生态文明建设放在更加突出位置，十八届三中全会要求深化生态文明体制改革，加快建立系统完整的生态文明制度体系。当前，国家在强化生态文明建设顶层设计和总体部署的同时，选择一批有代表性的地区开展先行先试，总结实践经验，推广典型模式，发挥引领示范作用。

福建生态文明建设有良好的基础。早在 2001 年，习近平同志任福建省省长时就前瞻性地提出建设生态省的战略构想。十多年来，历届省委、省政府一任接着一任干，一年接着一年干，生态省建设取得积极成效，节能降耗水平居全国前列，森林覆盖率保持全国首位，水、大气、生态环境质量均保持优良，创造了南方红壤区水土流失治理、集体林权制度改革、生态补偿等一批先进典型，打造出"清新福建"品牌，为建设生态文明先行示范区奠定基础。2013 年 4 月以来，国家发改委牵头有关部门来闽开展生态文明建设实地调研，

最终形成《意见》上报国务院批准实施。

《意见》在全面分析福建省生态文明建设总体情况、综合优势的基础上，提出了支持福建省深入实施生态省战略、加快生态文明先行示范区建设的主要目标、重点任务和重大政策，共包括 8 个部分24 条。

《意见》提出，要充分发挥福建省生态优势和区位优势，坚持解放思想、先行先试，以体制机制创新为动力，以生态文化建设为支撑，以实现绿色循环低碳发展为途径，深入实施生态省战略，着力构建节约资源和保护环境的空间格局、产业结构、生产方式、生活方式，成为生态文明先行示范区。《意见》赋予福建生态文明先行示范区建设四大战略定位：一是国土空间科学开发先导区，优化生产、生活、生态空间结构，率先形成与主体功能定位相适应，科学合理的城镇化格局、农业发展格局、生态安全格局；二是绿色循环低碳发展先行区，加快"绿色转型"，把发展建立在资源能支撑、环境可容纳的基础上，率先实现生产、消费、流通各环节绿色化、循环化、低碳化；三是城乡人居环境建设示范区，加强自然生态系统保护和修复，深入实施造林绿化和城乡环境综合整治，增强生态产品生产能力，打造山清水秀、碧海蓝天的美丽家园；四是生态文明制度创新实验区，建立体现生态文明要求的评价考核体系，大力推进自然资源资产产权、集体林权、生态补偿等制度创新，为全国生态文明制度建设提供有益借鉴。《意见》提出了 2015 年和 2020 年两个阶段的目标：到 2015 年，单位地区生产总值能源消耗和二氧化碳排放均比全国平均水平低 20% 以上，非化石能源占一次能源消费比重比全国平均水平高 6 个百分点；城市空气质量全部达到或优于二级标准；主要水系Ⅰ—Ⅲ类水质比例达到 90% 以上，近岸海域达到或优于二类水质标准的面积占

65%；单位地区生产总值用地面积比 2010 年下降 30%；万元工业增加值用水量比 2010 年下降 35%；森林覆盖率达到 65.95% 以上。到 2020 年，能源资源利用效率、污染防治能力、生态环境质量显著提升，系统完整的生态文明制度体系基本建成，绿色生活方式和消费模式得到大力推行，形成人与自然和谐发展的现代化建设新格局。

《意见》从六个方面提出支持福建省加快生态文明先行示范区建设的发展方向和主要任务。即：优化国土空间开发格局；加快推进产业转型升级；促进能源资源节约；加大生态建设和环境保护力度；提升生态文明建设能力和水平；加强生态文明制度建设。

《意见》从加大政策支持力度、支持开展先行先试、加强组织协调等方面提出了 25 条支持福建省加快生态文明先行示范区建设的政策措施。这是继 2009 年国务院支持海西经济区意见后国家新一轮集中出台的支持福建发展、含金量高的政策举措，充分体现了国家对福建生态文明先行示范区建设的倾斜支持。

【深圳：首次生态文明建设考核结果公布】

2014 年 5 月，深圳市委常委会议审议通过了 2013 年度生态文明建设考核结果。根据考核结果，全市 38 家被考核单位全部达到合格要求，盐田区等 6 家单位获评优秀，考核单位中没有出现"评定不合格"和"末位警示和诫勉"的情形。这也是深圳市在 6 年环保实绩考核基础上，提升为生态文明建设考核的第一年，有效推动了美丽深圳建设。

自《深圳市生态文明建设考核制度（试行）》实施以来，深圳市各区（新区）、各部门对生态文明建设工作越来越重视，工作力度不断加强，全年各项改善环境的措施得到了实施，环境质量各项指标趋势向好。2013 年度，深圳市共对 10 个区（新区）、16 个市直部门和 12 个重点企业、共 38 家单位进行了生态文明建设考核。考核内容包括保护生态环境、促进资源节约、优化生态空间、落实生态制度等方面。根据考核结果，38 家被考核单位平均分达 91.88 分，全部达到合格要求。根据考核得分排名等情况，盐田区、大鹏新区，市发改委、市财政委，市机场集团、市燃气集团 6 家单位分获区、市直部门、重点企业优秀单位。

会议指出，38 家被考核单位虽然全部达到合格要求，但对于排名靠后的单位，市生态文明建设考核领导小组将会指出这些单位存在的问题和差距，提出整改要求，通过督促检查，促使对方加快整改。同时，要按照市委市政府《关于推进生态文明、建设美丽深圳的决定》的要求，与时俱进，进一步完善考核指标设置和评分细则的科学性、合理性，进一步优化考核内容和考核机制，以更加科学、合理的考核，引领深圳生态文明建设取得新成绩，努力争当建设"美丽中国"的典范城市。

【深圳：率先制定实施的生态文明建设制度体系】

2015 年 1 月，深圳市委全面深化改革领导小组会议审议通过了《大鹏新区生态文明体制机制改革总体方案（2014～2020）》和 5 个专项改革方案（以下简称 1+5 方案）。1+5 方案是党的十八大以来，深圳在全国率先制定实施的生态文明建设制度体系，不仅为大鹏新区生态文明建设先行先试提供强大的技术支撑，也将为深圳乃至全国生态文明建设提供示范和经验。

1+5 方案是深圳市委市政府落实十八届三中、四中全会，建设美丽中国深化生态文明体制改革和全面推进依法治国决定的具体举措，也是深圳推进生态文明、建设美丽深圳的重要内容。2013 年 4 月 18

日，市委深改组第二次会议明确要求大鹏新区创建全市生态文明体制改革试验区，为全市乃至全国生态文明建设探索新路，赋予新区更大的改革自主权。同年 6 月 6 日，市委书记王荣主持召开专题会议，决定成立由市委常委、常务副市长吕锐锋任组长的大鹏半岛生态文明体制改革领导小组，决定推荐大鹏新区申报国家第二批生态文明先行示范区，争取申报国家级试点。2014 年 12 月 4 日，国家环保部突破非行政区和生态区才可申报的两个限制，将大鹏新区列为全国生态文明建设试点。

率先建立六大新体制，实现六大目标。

1＋5 改革方案包括一个总体方案和 5 个具体方案（制度）。总体方案起草突出了着眼大局与立足长远相统一，问题导向与需求导向相统一，法治引领与制度创新相统一，体系化与项目化相统一。通过建立大鹏半岛生态资源台账，理清生态资源权属，核算生态资源价值，明确保护监管责任，做到有账、有权、有偿、有责。

总体方案共四个部分，明确了改革的项目库、时间表、路线图。其中项目库将改革任务分解成六大改革内容、35 个改革项目，明确提出将率先建立六个科学、完整、系统的新体制，并提出以改革的成效实现"六大目标"。具体包括率先建立科学统一的自然资源资产管理体制，打造生态安全战略功能区；率先建立最严格的生态环境法治监管体制，打造优质生态产品供给区；率先建立市场化的生态补偿与资源有偿使用体制，打造生态资产交易先行区；率先建立绿色产业引导发展体制，打造高端生态经济发展集聚区；率先建立资源节约集约利用的城区开发体制，打造生态宜居环境示范区；率先建立生态文明建设社会治理体制，打造生态文化理念和价值观推广区。"六个率先"与"六大目标"创新性地构建起生态文明体制改革的范式，增强了改革的系统性、前瞻性。在制度创新上，把改革创新有机贯穿到生态经济、生态环境、生态格局和生态文化建设中；在项目设计上，采取项目清单方式，突出改革可操作性、可复制性、可推广性。35 项改革中，18 项属于在全国率先探索或实施的改革。

率先试行领导干部任期生态审计等一系列改革项目。

整套制度体系是在摸清大鹏半岛自然资产资源总量，建立归属清晰、权责明确、监管有效的自然资源资产产权制度的基础上建立的。首次实施大鹏半岛生态 GEP（生态 GDP）核算体系，建立领导干部离任生态审计和环保责任终身追究制度，探索设立大鹏半岛生态环保法庭，建立自然资源资产使用权市场化定价机制，推动环境资源市场化交易，编制大鹏半岛自然资源资产负债表，实行基本生态控制线分区管理模式和划定海洋生态红线等改革项目。此外，制度体系中推行的原村民生态补偿制度、生态环境损害赔偿制度、产业负面清单和生态产业扶持机制、推行"海绵城市"建设模式、规划建设生态社区试点等也在不同程度上体现改革创新的全新内涵。

2020 年建成美丽深圳典范区和国家生态文明先行示范区。

5 个专项方案（制度）分别是《大鹏新区党政领导干部离任生态审计制度》《大鹏半岛自然资源资产负债表编制实施方案》《大鹏半岛原村民新型生态补偿长效机制实施方案》《大鹏新区产业绿色低碳循环发展机制改革工作方案》和《大鹏新区海岸带综合保护利用改革方案》。其中，自然资源资产负债表于 2014 年 10 月通过专家评审；领导干部离任生态审计制度于 2014 年 11 月颁布。原村民新型生态补偿长效机制实施方案，探索与生态管护绩效挂钩的生态补偿长效机制；产业绿色低碳循环发展机制改革工作方案将在产业准入、项目进驻、产业退出、绿色发展监测体系、生态经济考核体系、产业支撑体系、碳汇交易机制等方面实现突破；海岸带综合保护利用，将统筹协调海岸带自然资源保护开发，逐步建立系统完整、科学规范、高效运行的海岸带使用保护制度体系，助推 21 世纪海上丝绸之路桥头堡建设。

按照大鹏新区给出的改革进程时间表，到 2017 年，大鹏半岛生态文明建设的体制框架初步确立，在生态文明体制改革重要领域和关键环节取得突破；到 2020 年，建成生态经济发达、生态环境优良、生态格局完善、生态文化繁荣、生态制度健全的美丽深圳典范区和国家生态文明先行示范区。

【山东省出台全国第一个水生态文明城市省级地方评价标准】

山东省质量技术监督局发布了地方标准《山东省水生态文明城市评价标准》（DB37/T 2172～2012，以下简称《标准》）自 2012 年 8 月 20 日起实施。这是全国范围内发布的首个省级地方水生态文明城市评价标准，标志着山东省水生态文明城市创建工作迈出坚实一步，进入加速实施阶段。

自 2000 年水利部开展水利风景区评审及建设管理工作以来，山东省认真贯彻落实水利部的有关要求，积极推进水利风景区建设管理工作，截至 2011 年底，共创建国家水利风景区 52 处，连续四年居全国之首，创建省级水利风景区 95 处。水利风景区建设得到全省各级党委、政府的高度重视，已经纳入地方政府绩效考核体系。水利风景区的迅猛发展，带动了全省水生态环境明显改善，水质达标率、林草覆盖率、水土流失综合治理率等显著提高，"一河清水、两岸绿色、城景交融、人水和谐"的水生态城市在全省不断涌现。

2012 年年初，山东省委、省政府颁发了《关于建设生态山东的决定》，强调要"率先建成让江河湖泊休养生息的示范省，努力走出一条生产发展、生活富裕、生态良好的文明发展道路"，提出了建设"生态山东"的奋斗目标。山东省水利厅迅速响应，抢抓机遇，发挥行业优势，率先启动了"水生态文明城市创建"工作，以城市河湖型水利风景区为依托，以"水生态文明城市创建"为抓手，积极推进民生水利和生态水利新发展，全面提升水利现代化水平，以优异的水生态环境为"生态山东"建设提供有力保障和支撑。

山东省把"水生态文明城市"创建与水利风景区建设有机结合起来，规划了"三步走"的生态水利发展战略。即：第一步，依托水利工程建设和水生态修复，积极推动水利风景区建设和发展，促进水利工程的生态化、景观化进程，提升水利工程的文化内涵和文化品位，改善水生态环境质量；第二步，依托水利风景区的建设和发展，积极推进水生态文明城市创建，改善城市环境，提升城市品位，优化城市布局，促进城市发展，增强城市活力，打造宜居城市，实现人、水、城和谐发展的目标；第三步，依托水生态文明城市的建设和发展，有序推动水生态文明市（县、区）创建，实现城乡水利一体化、生态化发展，以优质的水生态保障"生态山东"目标的有效落实。

为扎实推进"水生态文明城市创建"工作，保障水生态文明城市评价质量，在水利部景区办的指导下，山东省水利厅组织力量编制了《标准》，经过多次实地调研、专家研讨和审查修改，《标准》顺利通过了山东省质量技术监督局组织的专家评审，并颁布实施。《标准》评价内容包括水资源、水生态、水景观、水工程和水管理五大体系评价，共24条评价指标，总分为100分。在赋分比例中突出水资源体系评价与水生态体系评价，占分值较高，体现出水生态文明城市强调保护水资源、修复水生态、改善水环境等方面的导向作用和以水定发展、以水调结构、以水规划产业布局的核心理念。

下一步，山东省将结合水利风景区建设与管理工作，制定出台《山东省水生态文明城市评审工作实施方案》等一系列文件，对水生态文明城市的申报范围、申报时间、申报条件、申报材料、申报程序、评审程序以及动态监管等作出详细规定，依托《标准》，尽快实施山东省水生态文明城市评审工作。

【济南将创建水生态文明城市，为全国首家试点】

在 2013 年的济南两会上，水利部已经确定济南市为全国首家水生态文明建设试点城市，将通过实践为全国水生态文明建设积累经验，发挥示范引导作用。

作为闻名遐迩的"泉城"，济南自然风貌独特、文化底蕴深厚，七十二名泉更是世人皆知。然而随着城市化速度加快，特别是"一城三区"发展格局的逐步形成，济南水资源供需矛盾突出，防洪排涝能力降低、地下水超采严重、水污染严重、生态用水严重不足、水生态退化等问题日益凸显。为保障济南市防洪安全、供水安全、生态安全，保障市民的生活质量，水利部决定将济南定位为首个水生态文明建设试点城市。

按照水利部的要求，济南市将明确实行最严格的水资源管理制度，完善河湖水网体系，加强水资源节约利用，改善水生态环境，保障饮用水水源地安全达标、加强地下水管理与保护，强化水生态安全。

据了解，济南市水生态文明市试点建设期为 2013 年至 2015 年，到 2020 年争取实现"泉涌、河畅、水清、景美"的目标。

按水利部要求，济南将实行最严格的水资源管理制度。

【宁夏：全国首家省级团委主管的生态文明促进会成立】

2014 年 11 月 26 日，宁夏生态文明促进会第一次会员大会在银川市召开，宣告了宁夏生态文明促进会正式成立，这是全国首家由省级团委主管的生态文明促进会。会议听取了筹备工作报告，审议通过了《宁夏生态文明促进会章程（草案）》《宁夏生态文明促进会第一次会员大会选举办法（草案）》及促进会规章制度，选举产生了宁夏生态文明促进会第一届理事会和第一届会长、副会长、秘书长，圆满完成了会议各项议程。

【我国藏区诞生首部生态文明建设法规】

2015 年 1 月 13 日，《青海省生态文明建设促进条例》经青海省第十二届人民代表大会常务委员会第十六次会议审议通过，这是我国藏区诞生的第一部省级地方生态文明建设立法。

位于青藏高原的青海省，是我国藏族群众聚居的五个省级行政区之一。长江、黄河、澜沧江、青海湖等重要河流和湖泊均发源或位于青海省，青海省也是我国高原草地、林地、湿地的重要分布区，其生态功能在全国具有重要战略地位。长期以来，生态立省一直是青海发展的基本思路。

据青海省人大法制委员会主任委员刘建军介绍，为了贯彻十八大以来中央和青海省委关于生态文明建设精神，在没有上位法可循的情况下，青海省人大常委会自主开展生态文明建设立法。通过半年多的调研论证，在广泛听取群众意见和专家专业意见基础上，反复调整、修改，最终形成《青海省生态文明建设促进条例（草案）》并经审议通过。

【南京市打造全国首家生态文明教育馆】

　　根据南京市委市政府对雨花台风景名胜区的规划要求，雨花台风景区管理局投资 3000 万对景区东南角 1600 亩区域进行生态环境改造，建设生态园林景观为重点、风景优美、环境怡人的生态密林区，该区域以生态环境科教馆主建筑为中心，辅以广场活动草坪、水面湿地、志愿者营地等户外元素。

　　2008 年底，南京市环保局与雨花台风景区管理局协商并开展合作，决定共同新建全国首家以生态文明教育为主题的展览馆。场馆由东南大学建筑大师齐康设计，建筑小巧精致，外形酷似风车，建筑共 2 层，层高 4.2 米，总建筑面积 1557 平方米，其中一层 850.6 平方米，二层 707 平方米，有效布展面积约 850 平方米。

　　展馆坚持以人为本、传播绿色文化以及生态文明思想为主旨；在建筑设计上本着环保、节能、生态以及与周边环境相协调的理念，使用环保材料，采用地源热泵空调项目；展馆内外的设施及布局利用声光电等多媒体技术，采用现代化的展览手段，努力打造一个全国首家以生态文明教育为主题，融环保科普教育、生态环境展示及广泛性、互动性、参与性、知识性、趣味性于一体的生态文明教育馆。展馆是市民了解生态知识、接受环境教育的重要场所，是南京市生态建设和保护最新成果展示交流的重要平台，也是反映各单位及部门环境保护、节能减排工作的重要载体。

　　展馆设生态科普、生态建设、生态南京、低碳生活四大展厅。

　　生态科普厅以环境警示教育为主，重点介绍了当今全球面临的九大环境问题。展厅选取反映相关环境问题的震撼图片，辅以简要的文字介绍，结合雕塑、造景、多媒体等多种方式，让观众了解相关环境问题的基本知识。该展厅互动性强，"生命的悲歌""围城的垃圾""噪音污染"等

展厅观众可实际互动参与。

　　生态建设厅反映人类在保护环境及维护生态平衡中所做的努力。展厅较为详细地呈现了世界环境保护的历史沿革、中国环境保护工作和生态建设的历程以及改革开放三十年来的环保大事记。该展厅的污水处理模型及动画让观众直观了解污水处理的基本工艺。

　　生态南京厅以沙盘的形式反映了南京的生态建设取得的成就。南京的生态功能规划，如南京的生态功能园区、"四横两纵"的生态廊道、长江南京段的水源保护地，沙盘上一目了然。此外，放大呈现了市区的污水处理厂、固废填埋中心。

　　低碳生活厅介绍了和低碳有关的科普知识和贴近市民的低碳生活技巧。该展厅作为展馆的临时展厅，将不定期开展各种以低碳为主题的交流活动，展示相关展品及成果。

　　影视互动区有 10 台多媒体触摸屏，每台触摸屏都是一个微型电子展览馆，里面存储了各展厅的电子资料以及相关的延伸阅读，观众可选择观看。

　　展馆于 2010 年 6 月 5 日正式对外免费开放，开馆一个月内接待游客近 7000 人，其中以中小学生和团体游客为主，也有诸多外籍人士前来参观。雨花台风景区年接待游客 600 多万人次，雨花台风景区管理局预计生态文明教育馆全年参观人次将达到 20 万。

【浙江湖州：全国首个创建国家级生态文明标准化示范区的城市】

　　国家标准化管理委员会 2015 年 10 月复函浙江省湖州市，同意该市的《生态文明先行示范区标准化建设方案》，湖州由此成为全国首个创建国家级生态文明标准化示范区的城市。

　　2014 年 6 月，经国务院同意，国家发改委、国土资源部等六部委发文决定在湖

州市开展生态文明先行示范区建设。湖州市是国务院批准的全国首个建设生态文明先行示范区的地级市。

位于太湖南岸的湖州市，境内森林覆盖率50.9%，长年提供60%的入太湖自然径流量，是太湖流域和长三角地区重要生态涵养区和生态屏障。

湖州市生态文明先行示范区标准化建设领导小组办公室相关负责人表示，接下来湖州将制定2016—2017年生态文明标准化建设推进计划，全面铺开示范点建设和标准化服务平台建设，研制并发布生态文明标准化建设导向目录，培养一批标准化管理人员，为东部地区乃至全国生态文明建设探索新路径。

第二篇

习近平谈生态文明

携手构建合作共赢、公平合理的气候变化治理机制

——在气候变化巴黎大会开幕式上的讲话
（2015 年 11 月 30 日，巴黎）

中华人民共和国主席　习近平

尊敬的奥朗德总统，

尊敬的各位同事，

女士们，先生们，朋友们：

　　今天，我们齐聚巴黎，出席联合国气候变化巴黎大会开幕式。这表明，恐怖主义阻挡不了全人类应对气候变化、追求美好未来的进程。借此机会，我愿向法国人民致以诚挚的慰问，同时对奥朗德总统和法国政府为这次大会召开所作的精心筹备表示感谢。

　　《联合国气候变化框架公约》生效 20 多年来，在各方共同努力下，全球应对气候变化工作取得积极进展，但仍面临许多困难和挑战。巴黎大会正是为了加强公约实施，达成一个全面、均衡、有力度、有约束力的气候变化协议，提出公平、合理、有效的全球应对气候变化解决方案，探索人类可持续的发展路径和治理模式。法国作家雨果说："最大的决心会产生最高的智慧。"我相信，只要各方展现诚意、坚定信心、齐心协力，巴黎大会一定能够取得令人满意的成果，不辜负国际社会的热切期盼。

　　尊敬的各位同事，女士们、先生们！

　　一份成功的国际协议既要解决当下矛盾，更要引领未来。巴黎协议应该着眼于强化 2020 年后全球应对气候变化行动，也要为推动全球更好实现可持续发展注入动力。

　　——巴黎协议应该有利于实现公约目标，引领绿色发展。协议应该遵循公约原则和规定，推进公约全面有效实施。既要有效控制大气温室气体浓度上升，又要建立利益导向和激励机制，推动各国走向绿色循环低碳发展，实现经济发展和应对气候变化双赢。

　　——巴黎协议应该有利于凝聚全球力量，鼓励广泛参与。协议应该在制度安排上促使各国同舟共济、共同努力。除各国政府，还应该调动企业、非政府组织等全社会资源参与国际合作进程，提高公众意识，形成合力。

　　——巴黎协议应该有利于加大投入，强化行动保障。获取资金技术支持、提高应对能力是发展中国家实施应对气候变化行动的前提。发达国家应该落实到 2020 年每年动员

1000 亿美元的承诺，2020 年后向发展中国家提供更加强有力的资金支持。此外，还应该向发展中国家转让气候友好型技术，帮助其发展绿色经济。

——巴黎协议应该有利于照顾各国国情，讲求务实有效。应该尊重各国特别是发展中国家在国内政策、能力建设、经济结构方面的差异，不搞一刀切。应对气候变化不应该妨碍发展中国家消除贫困、提高人民生活水平的合理需求。要照顾发展中国家的特殊困难。

尊敬的各位同事，女士们、先生们！

巴黎协议不是终点，而是新的起点。作为全球治理的一个重要领域，应对气候变化的全球努力是一面镜子，给我们思考和探索未来全球治理模式、推动建设人类命运共同体带来宝贵启示。

——我们应该创造一个各尽所能、合作共赢的未来。对气候变化等全球性问题，如果抱着功利主义的思维，希望多占点便宜、少承担点责任，最终将是损人不利己。巴黎大会应该摈弃"零和博弈"狭隘思维，推动各国尤其是发达国家多一点共享、多一点担当，实现互惠共赢。

——我们应该创造一个奉行法治、公平正义的未来。要提高国际法在全球治理中的地位和作用，确保国际规则有效遵守和实施，坚持民主、平等、正义，建设国际法治。发达国家和发展中国家的历史责任、发展阶段、应对能力都不同，共同但有区别的责任原则不仅没有过时，而且应该得到遵守。

——我们应该创造一个包容互鉴、共同发展的未来。面对全球性挑战，各国应该加强对话，交流学习最佳实践，取长补短，在相互借鉴中实现共同发展，惠及全体人民。同时，要倡导和而不同，允许各国寻找最适合本国国情的应对之策。

尊敬的各位同事，女士们、先生们！

中国一直是全球应对气候变化事业的积极参与者，有诚意、有决心为巴黎大会成功作出自己的贡献。

过去几十年来，中国经济快速发展，人民生活发生了深刻变化，但也承担了资源环境方面的代价。鉴往知来，中国正在大力推进生态文明建设，推动绿色循环低碳发展。中国把应对气候变化融入国家经济社会发展中长期规划，坚持减缓和适应气候变化并重，通过法律、行政、技术、市场等多种手段，全力推进各项工作。中国可再生能源装机容量占全球总量的 24%，新增装机占全球增量的 42%。中国是世界节能和利用新能源、可再生能源第一大国。

"万物各得其和以生，各得其养以成。"中华文明历来强调天人合一、尊重自然。面向未来，中国将把生态文明建设作为"十三五"规划重要内容，落实创新、协调、绿色、开放、共享的发展理念，通过科技创新和体制机制创新，实施优化产业结构、构建低碳能源体系、发展绿色建筑和低碳交通、建立全国碳排放交易市场等一系列政策措施，形成人和自然和谐发展现代化建设新格局。中国在"国家自主贡献"中提出将于 2030 年左右使二氧化碳排放达到峰值并争取尽早实现，2030 年单位国内生产总值二氧化碳排放比 2005 年下降 60% ~65%，非化石能源占一次能源消费比重达到 20% 左右，森林蓄积量比 2005 年增加 45 亿立方米左右。虽然需要付出艰苦的努力，但我们有信心和决心实现我们的承诺。

中国坚持正确义利观，积极参与气候变化国际合作。多年来，中国政府认真落实气候变化领域南南合作政策承诺，支持发展中国家特别是最不发达国家、内陆发展中国家、小岛屿发展中国家应对气候变化挑战。为加大支持力度，中国在今年9月宣布设立200亿元人民币的中国气候变化南南合作基金。中国将于明年启动在发展中国家开展10个低碳示范区、100个减缓和适应气候变化项目及1000个应对气候变化培训名额的合作项目，继续推进清洁能源、防灾减灾、生态保护、气候适应型农业、低碳智慧型城市建设等领域的国际合作，并帮助他们提高融资能力。

尊敬的各位同事，女士们、先生们！

应对气候变化是人类共同的事业，世界的目光正聚焦于巴黎。让我们携手努力，为推动建立公平有效的全球应对气候变化机制、实现更高水平全球可持续发展、构建合作共赢的国际关系作出贡献！

谢谢大家。

关于《中共中央关于制定国民经济和社会发展第十三个五年规划的建议》的说明

习近平

受中央政治局委托，现在，我就《中共中央关于制定国民经济和社会发展第十三个五年规划的建议》起草的有关情况向全会作说明。

一 建议稿起草过程

"十三五"时期是全面建成小康社会、实现我们党确定的"两个一百年"奋斗目标的第一个百年奋斗目标的决胜阶段。制定和实施好"十三五"规划建议，阐明党和国家战略意图，明确发展的指导思想、基本原则、目标要求、基本理念、重大举措，描绘好未来5年国家发展蓝图，事关全面建成小康社会、全面深化改革、全面依法治国、全面从严治党战略布局的协调推进，事关我国经济社会持续健康发展，事关社会主义现代化建设大局。

为此，今年1月，中央政治局决定，党的十八届五中全会审议"十三五"规划建议，成立由我担任组长，李克强同志、张高丽同志担任副组长，有关部门和地方负责同志参加的文件起草组，在中央政治局常委会领导下承担建议稿起草工作。

1月28日，党中央发出《关于对党的十八届五中全会研究"十三五"规划建议征求意见的通知》，在党内一定范围征求意见和建议。2月10日，文件起草组召开第一次全体会议，建议稿起草工作正式启动。

从各方面反馈的意见看，大家一致认为，党的十八届五中全会重点研究"十三五"规划建议问题并提出建议，对坚持和发展中国特色社会主义，实现"两个一百年"奋斗目标、实现中华民族伟大复兴的中国梦，具有十分重要的意义。综合判断，"十三五"时期我国发展仍处于可以大有作为的重要战略机遇期，但战略机遇期内涵发生深刻变化，我国发展既面临许多有利条件，也面临不少风险挑战。大家普遍希望，通过制定建议明确"十三五"时期我国经济社会发展的基本思路、主要目标，特别是要以新的发展理念推动发展，提出一些具有标志性的重大战略、重大工程、重大举措，着力解决突出问题和明显短板，确保如期全面建成小康社会，保持经济社会持续健康发展。文件起草组在起草过程中，充分考虑、认真吸收了各方面意见和建议。

文件起草组成立9个多月来，深入开展专题调研，广泛征求各方意见，多次召开会议进行讨论修改。根据中央政治局会议决定，7月底，建议稿下发党内一定范围征求意见，包括征求党内部分老同志意见，还专门听取了民主党派中央、全国工商联负责人和无党派人士意见。其间，中央政治局常委会召开 3 次会议、中央政治局召开 2 次会议分别审议建议稿。

从反馈情况看，各地区各部门对建议稿给予充分肯定。大家一致认为，建议稿体现了"四个全面"战略布局和"五位一体"总体布局，反映了党的十八大以来党中央决策部署，顺应了我国经济发展新常态的内在要求，有很强的思想性、战略性、前瞻性、指导性。建议稿提出创新、协调、绿色、开放、共享的发展理念，在理论和实践上有新的突破，对破解发展难题、增强发展动力、厚植发展优势具有重大指导意义。建议稿坚持问题导向，聚焦突出问题和明显短板，回应人民群众诉求和期盼，提出一系列新的重大战略和重要举措，对保持经济社会持续健康发展具有重要推动作用。

在征求意见过程中，各方面提出了许多好的意见和建议，主要有以下几个方面。一是建议对"十三五"时期我国发展面临的机遇和挑战作出更加深入和更具前瞻性的分析概括。二是建议进一步突出人民群众普遍关心的就业、教育、社保、住房、医疗等民生指标。三是建议抓住新一轮科技革命带来的机遇，将优势资源集聚到重点领域，力求在关键核心技术上取得突破。四是建议进一步提高绿色指标在"十三五"规划全部指标中的权重，把保障人民健康和改善环境质量作为更具约束性的硬指标。五是建议重视促进内陆地区特别是中西部地区对外开放。六是建议更加注重通过改善二次分配促进社会公平，明确精准扶贫、精准脱贫的政策举措，把更多公共资源用于完善社会保障体系。

中央责成文件起草组认真研究和吸纳各方面意见和建议。文件起草组全面汇总、逐条分析各方面意见和建议，做到了能吸收的尽量吸收。

二　建议稿的主要考虑和基本框架

建议稿的起草，充分考虑了"十三五"时期我国经济社会发展的趋势和要求。

第一，"十三五"规划作为我国经济发展进入新常态后的第一个五年规划，必须适应新常态、把握新常态、引领新常态。新常态下，我国经济发展表现出速度变化、结构优化、动力转换三大特点，增长速度要从高速转向中高速，发展方式要从规模速度型转向质量效率型，经济结构调整要从增量扩能为主转向调整存量、做优增量并举，发展动力要从主要依靠资源和低成本劳动力等要素投入转向创新驱动。这些变化不依人的意志为转移，是我国经济发展阶段性特征的必然要求。制定"十三五"时期经济社会发展建议，必须充分考虑这些趋势和要求，按照适应新常态、把握新常态、引领新常态的总要求进行战略谋划。

第二，面对经济社会发展新趋势新机遇和新矛盾新挑战，谋划"十三五"时期经济社会发展，必须确立新的发展理念，用新的发展理念引领发展行动。古人说："理者，物之固然，事之所以然也。"发展理念是发展行动的先导，是管全局、管根本、管方向、管长远的东西，是发展思路、发展方向、发展着力点的集中体现。发展理念搞对了，目标任务就好定了，政策举措也就跟着好定了。为此，建议稿提出了创新、协调、绿色、开放、共享的发展理念，并以这五大发展理念为主线对建议稿进行谋篇布局。这五大发展理念，是"十三五"乃至更长时期我国发展思路、发展方向、发展着力点的集中体现，也是改革开放 30 多年来我国发展经验的集中体现，反映出我们党对我国发展规律的新认识。

第三，"十三五"规划作为全面建成小康社会的收官规划，必须紧紧扭住全面建成小康社会存在的短板，在补齐短板上多用力。比如，农村贫困人口脱贫，就是一个突出短板。我们不能一边宣布全面建成了小康社会，另一边还有几千万人口的生活水平处在扶贫标准线以下，这既影响人民群众对全面建成小康社会的满意度，也影响国际社会对我国全面建成小康社会的认可度。此外，在社会事业发展、生态环境保护、民生保障等方面也存在着一些明显的短板。谋划"十三五"时期经济社会发展，必须全力做好补齐短板这篇大文章，着力提高发展的协调性和平衡性。

另外，考虑到建议通过后，还要根据建议制定"十三五"规划纲要，两个文件之间要有合理分工。所以，建议在内容上重点是确立发展理念，明确发展的方向、思路、重点任务、重大举措，而一些具体的工作部署则留给纲要去规定，以更好体现和发挥建议的宏观性、战略性、指导性。

在建议稿起草过程中，我们注意把握以下原则。一是坚持目标导向和问题导向相统一，既从实现全面建成小康社会目标倒推，厘清到时间节点必须完成的任务，又从迫切需要解决的问题顺推，明确破解难题的途径和办法。二是坚持立足国内和全球视野相统筹，既以新理念新思路新举措主动适应和积极引领经济发展新常态，又从全球经济联系中进行谋划，重视提高在全球范围配置资源的能力。三是坚持全面规划和突出重点相协调，既着眼于全面推进经济建设、政治建设、文化建设、社会建设、生态文明建设、对外开放、国防建设和党的建设，又突出薄弱环节和滞后领域，集中攻关，提出可行思路和务实举措。四是坚持战略性和操作性相结合，既强调规划的宏观性、战略性、指导性，又突出规划的约束力和可操作、能检查、易评估，做到虚实结合。

在结构上，建议稿分三大板块、八个部分。导语和第一、第二部分构成第一板块，属于总论。第一部分讲全面建成小康社会决胜阶段的形势和指导思想，总结"十二五"时期我国发展取得的重大成就，分析"十三五"时期我国发展环境的基本特征，提出"十三五"时期我国发展的指导思想和必须遵循的原则。第二部分讲"十三五"时期我国经济社会发展的主要目标和基本理念，提出全面建成小康社会新的目标要求，提出并阐释了创新、协调、绿色、开放、共享的发展理念。

第三至第七部分构成第二板块，属于分论，分别就坚持创新发展、协调发展、绿色发展、开放发展、共享发展进行阐述和部署。第三部分讲坚持创新发展、着力提高发展质量和效益，从培育发展新动力、拓展发展新空间、深入实施创新驱动发展战略、大力推进农业现代化、构建产业新体系、构建发展新体制、创新和完善宏观调控方式7个方面展开。第四部分讲坚持协调发展、着力形成平衡发展结构，从推动区域协调发展、推动城乡协调发展、推动物质文明和精神文明协调发展、推动经济建设和国防建设融合发展4个方面展开。第五部分讲坚持绿色发展、着力改善生态环境，从促进人与自然和谐共生、加快建设主体功能区、推动低碳循环发展、全面节约和高效利用资源、加大环境治理力度、筑牢生态安全屏障6个方面展开。第六部分讲坚持开放发展、着力实现合作共赢，从完善对外开放战略布局、形成对外开放新体制、推进"一带一路"建设、深化内地和港澳以及大陆和台湾地区合作发展、积极参与全球经济治理、积极承担国际责任和义务6个方面展开。第七部分讲坚持共享发展、着力增进人民福祉，从增加公共服务供给、实施脱贫攻坚工程、提高教育质量、促进就业创业、缩小收入差距、建立更加公平更可持续的社会保障制度、推进健康中国建设、促进人口均衡发展8个方面展开。

第八部分和结束语构成第三板块。第八部分讲加强和改善党的领导、为实现"十三五"规划提供坚强保证,从完善党领导经济社会发展工作体制机制、动员人民群众团结奋斗、加快建设人才强国、运用法治思维和法治方式推动发展、加强和创新社会治理、确保"十三五"规划建议的目标任务落到实处6个方面展开。结束语号召全党全国各族人民万众一心、艰苦奋斗,共同夺取全面建成小康社会决胜阶段的伟大胜利。

三　需要重点说明的几个问题

建议稿提出了一系列新的发展要求和重大举措。这里,就其中几个问题作简要说明。

第一,关于经济保持中高速增长。建议稿提出今后5年经济保持中高速增长的目标。主要考虑是,确保到2020年实现国内生产总值和城乡居民人均收入比2010年翻一番的目标,必须保持必要的增长速度。从国内生产总值翻一番看,2016年至2020年经济年均增长底线是6.5%以上。从城乡居民人均收入翻一番看,2010年城镇居民人均可支配收入和农村居民人均纯收入分别为19109元和5919元。到2020年翻一番,按照居民收入增长和经济增长同步的要求,"十三五"时期经济年均增长至少也要达到6.5%。经济保持中高速增长,有利于改善民生,让人民群众更加切实感受到全面建成小康社会的成果。随着我国经济发展进入新常态,产能过剩化解、产业结构优化升级、创新驱动发展实现都需要一定的时间和空间,经济下行压力明显,保持较高增长速度难度不小。考虑到正向引导市场预期和留有一定余地,在综合各方面意见的基础上,建议稿提出经济保持中高速增长的目标。

国内外主要研究机构普遍认为,"十三五"时期我国年均经济潜在增长率为6%—7%。综合起来看,我国经济今后要保持7%左右的增长速度是可能的,但面临的不确定性因素也比较多。这是因为,未来一个时期全球经济贸易增长将持续乏力,我国投资和消费需求增长放缓,形成新的市场空间需要一个过程。在经济结构、技术条件没有明显改善的条件下,资源安全供给、环境质量、温室气体减排等约束强化,将压缩经济增长空间。经济运行中还存在其他一些风险,如杠杆率高企、经济风险上升等,都对经济增长形成了制约。同时,随着经济总量不断增大,增长速度会相应慢下来,这是一个基本规律。

"十三五"时期我国发展,既要看速度,也要看增量,更要看质量,要着力实现有质量、有效益、没水分、可持续的增长,着力在转变经济发展方式、优化经济结构、改善生态环境、提高发展质量和效益中实现经济增长。

第二,关于户籍人口城镇化率加快提高。户籍人口城镇化率直接反映城镇化的健康程度。根据《国家新型城镇化规划(2014~2020年)》预测,2020年户籍人口城镇化率将达到45%左右。按2013年户籍人口城镇化率35.9%计算,年均提高1.3个百分点,年均需转户1600多万人。现在,按照常住人口计算,我国城镇化率已经接近55%,城镇常住人口达到7.5亿。问题是这7.5亿人口中包括2.5亿的以农民工为主体的外来常住人口,他们在城镇还不能平等享受教育、就业服务、社会保障、医疗、保障性住房等方面的公共服务,带来一些复杂的经济社会问题。

建议稿提出户籍人口城镇化率加快提高,是要加快落实中央确定的使1亿左右农民工和其他常住人口在城镇定居落户的目标。这1亿人主要指农村学生升学和参军进入城镇的人口、在城镇就业和居住5年以上和举家迁徙的农业转移人口。

实现1亿人在城镇落户意义重大。从供给看,在劳动年龄人口总量减少的情况下,对稳定劳动力供给和工资成本、培育现代产业工人队伍具有重要意义。从需求看，对扩大消费需求、稳定房地产市场、扩大城镇基础设施和公共服务设施投资具有重要意义。实现这个目标，既有利于稳定经济增长，也有利于促进社会公平正义与和谐稳定，是全面小康社会惠及更多人口的内在要求。这就要求加大户籍制度改革措施落实力度，加快完善相关配套政策，确保这一目标实现。

第三，关于我国现行标准下农村贫困人口实现脱贫、贫困县全部摘帽、解决区域性整体贫困。农村贫困人口脱贫是全面建成小康社会最艰巨的任务。我国现行脱贫标准是农民年人均纯收入按2010年不变价计算为2300元，2014年现价脱贫标准为2800元。按照这个标准，2014年末全国还有7017万农村贫困人口。综合考虑物价水平和其他因素，逐年更新按现价计算的标准。据测算，若按每年6%的增长率调整，2020年全国脱贫标准约为人均纯收入4000元。今后，脱贫标准所代表的实际生活水平，大致能够达到2020年全面建成小康社会所要求的基本水平，可以继续采用。

通过实施脱贫攻坚工程，实施精准扶贫、精准脱贫，7017万农村贫困人口脱贫目标是可以实现的。2011年至2014年，每年农村脱贫人口分别为4329万、2339万、1650万、1232万。因此，通过采取过硬的、管用的举措，今后每年减贫1000万人的任务是可以完成的。具体讲，到2020年，通过产业扶持，可以解决3000万人脱贫；通过转移就业，可以解决1000万人脱贫；通过易地搬迁，可以解决1000万人脱贫，总计5000万人左右。还有2000多万完全或部分丧失劳动能力的贫困人口，可以通过全部纳入低保覆盖范围，实现社保政策兜底脱贫。

第四，关于实施一批国家重大科技项目和在重大创新领域组建一批国家实验室。落实创新驱动发展战略，必须把重要领域的科技创新摆在更加突出的地位，实施一批关系国家全局和长远的重大科技项目。这既有利于我国在战略必争领域打破重大关键核心技术受制于人的局面，更有利于开辟新的产业发展方向和重点领域、培育新的经济增长点。2014年8月，我们确定要抓紧实施已有的16个国家科技重大专项，进一步聚焦目标、突出重点，攻克高端通用芯片、集成电路装备、宽带移动通信、高档数控机床、核电站、新药创制等关键核心技术，加快形成若干战略性技术和战略性产品，培育新兴产业。在此基础上，以2030年为时间节点，再选择一批体现国家战略意图的重大科技项目，力争有所突破。从更长远的战略需求出发，我们要坚持有所为有所不为，在航空发动机、量子通信、智能制造和机器人、深空深海探测、重点新材料、脑科学、健康保障等领域再部署一批体现国家战略意图的重大科技项目。已经部署的项目和新部署的项目要形成梯次接续的系统布局，发挥市场经济条件下新型举国体制优势，集中力量、协同攻关，为攀登战略制高点、提高我国综合竞争力、保障国家安全提供支撑。

我国同发达国家的科技经济实力差距主要体现在创新能力上。提高创新能力，必须夯实自主创新的物质技术基础，加快建设以国家实验室为引领的创新基础平台。国家实验室已成为主要发达国家抢占科技创新制高点的重要载体，诸如美国阿贡、洛斯阿拉莫斯、劳伦斯伯克利等国家实验室和德国亥姆霍兹研究中心等，均是围绕国家使命，依靠跨学科、大协作和高强度支持开展协同创新的研究基地。当前，我国科技创新已步入以跟踪为主转向跟踪和并跑、领跑并存的新阶段，急需以国家目标和战略需求为导向，瞄准国际科技前沿，布局一批体量更大、学科交叉融合、综合集成的国家实验室，优化配置人财物资源，形成协同创新新格局。主要考虑在一些重大创新领域组建一批国家实验室，打造聚集国内外一流人才的高地，组织具有重大引领作用的协同攻关，形成代表国家水平、国际同行认可、在国际上拥有话语权的科技创新实力，成为抢占国际科技制高点的重要战略创新力量。

第五，关于加强统筹协调，改革并完善适应现代金融市场发展的金融监管框架。金融是现代经济的核心，在很大程度上影响甚至决定着经济健康发展。现代金融发展呈现出机构种类多、综合经营规模大、产品结构复杂、交易频率高、跨境流动快、风险传递快、影响范围广等特点。国际金融危机爆发后，主要国家均加大了金融监管体系改革力度，核心是提高监管标准、形成互为补充的监管合力和风险处置能力。

近年来，我国金融业发展明显加快，形成了多样化的金融机构体系、复杂的产品结构体系、信息化的交易体系、更加开放的金融市场，特别是综合经营趋势明显。这对现行的分业监管体制带来重大挑战。党的十八届三中全会就加强金融监管提出了完善监管协调机制的改革任务。近来频繁显露的局部风险特别是近期资本市场的剧烈波动说明，现行监管框架存在着不适应我国金融业发展的体制性矛盾，也再次提醒我们必须通过改革保障金融安全，有效防范系统性风险。要坚持市场化改革方向，加快建立符合现代金融特点、统筹协调监管、有力有效的现代金融监管框架，坚守住不发生系统性风险的底线。

国际金融危机发生以来，主要经济体都对其金融监管体制进行了重大改革。主要做法是统筹监管系统重要金融机构和金融控股公司，尤其是负责对这些金融机构的审慎管理；统筹监管重要金融基础设施，包括重要的支付系统、清算机构、金融资产登记托管机构等，维护金融基础设施稳健高效运行；统筹负责金融业综合统计，通过金融业全覆盖的数据收集，加强和改善金融宏观调控，维护金融稳定。这些做法都值得我们研究和借鉴。

第六，关于实行能源和水资源消耗、建设用地等总量和强度双控行动。推进生态文明建设，解决资源约束趋紧、环境污染严重、生态系统退化的问题，必须采取一些硬措施，真抓实干才能见效。实行能源和水资源消耗、建设用地等总量和强度双控行动，就是一项硬措施。这就是说，既要控制总量，也要控制单位国内生产总值能源消耗、水资源消耗、建设用地的强度。这项工作做好了，既能节约能源和水土资源，从源头上减少污染物排放，也能倒逼经济发展方式转变，提高我国经济发展绿色水平。

"十一五"规划首次把单位国内生产总值能源消耗强度作为约束性指标，"十二五"规划提出合理控制能源消费总量。现在看，这样做既是必要的，也是有效的。根据当前资源环境面临的严峻形势，在继续实行能源消费总量和消耗强度双控的基础上，水资源和建设用地也要实施总量和强度双控，作为约束性指标，建立目标责任制，合理分解落实。要研究建立双控的市场化机制，建立预算管理制度、有偿使用和交易制度，更多用市场手段实现双控目标。

第七，关于探索实行耕地轮作休耕制度试点。经过长期发展，我国耕地开发利用强度过大，一些地方地力严重透支，水土流失、地下水严重超采、土壤退化、面源污染加重已成为制约农业可持续发展的突出矛盾。当前，国内粮食库存增加较多，仓储补贴负担较重。同时，国际市场粮食价格走低，国内外市场粮价倒挂明显。利用现阶段国内外市场粮食供给宽裕的时机，在部分地区实行耕地轮作休耕，既有利于耕地休养生息和农业可持续发展，又有利于平衡粮食供求矛盾、稳定农民收入、减轻财政压力。

实行耕地轮作休耕制度，国家可以根据财力和粮食供求状况，重点在地下水漏斗区、重金属污染区、生态严重退化地区开展试点，安排一定面积的耕地用于休耕，对休耕农民给予必要的粮食或现金补助。开展这项试点，要以保障国家粮食安全和不影响农民收入为前提，休耕不能减少耕地、搞非农化、削弱农业综合生产能力，确保急用之时粮食能够产得出、供得上。同时，要加快推动农业走出去，增加国内农产品供给。耕地轮作休耕情况复杂，要先探索进行试点。

第八，关于实行省以下环保机构监测监察执法垂直管理制度。生态环境特别是大气、水、土壤污染严重，已成为全面建成小康社会的突出短板。扭转环境恶化、提高环境质量是广大人民群众的热切期盼，是"十三五"时期必须高度重视并切实推进的一项重要工作。现行以块为主的地方环保管理体制，使一些地方重发展轻环保、干预环保监测监察执法，使环保责任难以落实，有法不依、执法不严、违法不究现象大量存在。综合起来，现行环保体制存在4个突出问题：一是难以落实对地方政府及其相关部门的监督责任，二是难以解决地方保护主义对环境监测监察执法的干预，三是难以适应统筹解决跨区域、跨流域环境问题的新要求，四是难以规范和加强地方环保机构队伍建设。

建议稿提出的省以下环保机构监测监察执法垂直管理，主要指省级环保部门直接管理市（地）县的监测监察机构，承担其人员和工作经费，市（地）级环保局实行以省级环保厅（局）为主的双重管理体制，县级环保局不再单设而是作为市（地）级环保局的派出机构。这是对我国环保管理体制的一项重大改革，有利于增强环境执法的统一性、权威性、有效性。这项改革要在试点基础上全面推开，力争"十三五"时期完成改革任务。

第九，关于全面实施一对夫妇可生育两个孩子政策。当前，我国人口结构呈现明显的高龄少子特征，适龄人口生育意愿明显降低，妇女总和生育率明显低于更替水平。现在的生育主体是80后、90后，他们的生育观念变化了，养育孩子的成本也增加了，同时社会保障水平提高了，养儿防老的社会观念明显弱化，少生优生已成为社会生育观念的主流。一方面，据调查，实施一方是独生子女的夫妇可生育两个孩子政策以来，全国符合政策条件的夫妇有1100多万对。截至今年8月底，提出生育二孩申请的只有169万对，占比为15.4%。另一方面，我国人口老龄化态势明显，2014年60岁以上人口占总人口的比重已经超过15%，老年人口比重高于世界平均水平，14岁以下人口比重低于世界平均水平，劳动年龄人口开始绝对减少，这种趋势还在继续。这些都对我国人口均衡发展和人口安全提出了新的挑战。

全面实施一对夫妇可生育两个孩子政策，可以通过进一步释放生育潜力，减缓人口老龄化压力，增加劳动力供给，促进人口均衡发展。这是站在中华民族长远发展的战略高度促进人口均衡发展的重大举措。国家卫计委等部门经过认真测算，认为实施这项政策是可行的。

同志们！讨论、修改、通过"十三五"规划建议，是这次全会的主要任务。做好这项工作，对指导国家"十三五"规划纲要编制、引领"十三五"时期经济社会发展具有十分重要的意义。大家要全面把握和深刻领会建议稿提出的目标、理念、任务、举措，认真思考，深入讨论，提出建设性的意见和建议，使建议稿更加完善。最后，让我们同心同德、群策群力，共同把这次全会开好。

携手构建合作共赢新伙伴
同心打造人类命运共同体

——在第七十届联合国大会一般性辩论时的讲话
（2015 年 9 月 28 日，纽约）

中华人民共和国主席　习近平

主席先生，各位同事：

70 年前，我们的先辈经过浴血奋战，取得了世界反法西斯战争的胜利，翻过了人类历史上黑暗的一页。这一胜利来之不易。

70 年前，我们的先辈以远见卓识，建立了联合国这一最具普遍性、代表性、权威性的国际组织，寄托人类新愿景，开启合作新时代。这一创举前所未有。

70 年前，我们的先辈集各方智慧，制定了联合国宪章，奠定了现代国际秩序基石，确立了当代国际关系基本准则。这一成就影响深远。

主席先生、各位同事！

9 月 3 日，中国人民同世界人民一道，隆重纪念了中国人民抗日战争暨世界反法西斯战争胜利 70 周年。作为东方主战场，中国付出了伤亡 3500 多万人的民族牺牲，抗击了日本军国主义主要兵力，不仅实现了国家和民族的救亡图存，而且有力支援了在欧洲和太平洋战场上的抵抗力量，为赢得世界反法西斯战争胜利作出了历史性贡献。

历史是一面镜子。以史为鉴，才能避免重蹈覆辙。对历史，我们要心怀敬畏、心怀良知。历史无法改变，但未来可以塑造。铭记历史，不是为了延续仇恨，而是要共同引以为戒。传承历史，不是为了纠结过去，而是要开创未来，让和平的薪火代代相传。

主席先生、各位同事！

联合国走过了 70 年风风雨雨，见证了各国为守护和平、建设家园、谋求合作的探索和实践。站在新的历史起点上，联合国需要深入思考如何在 21 世纪更好回答世界和平与发展这一重大课题。

世界格局正处在一个加快演变的历史性进程之中。和平、发展、进步的阳光足以穿透战争、贫穷、落后的阴霾。世界多极化进一步发展，新兴市场国家和发展中国家崛起已经成为不可阻挡的历史潮流。经济全球化、社会信息化极大解放和发展了社会生产力，既创造了前所未有的发展机遇，也带来了需要认真对待的新威胁新挑战。

"大道之行也，天下为公。"和平、发展、公平、正义、民主、自由，是全人类的共同价值，也是联合国的崇高目标。目标远未完成，我们仍须努力。当今世界，各国相互依存、休戚与共。我们要继承和弘扬联合国宪章的宗旨和原则，构建以合作共赢为核心的新型国际关系，打造人类命运共同体。为此，我们需要作出以下努力。

——我们要建立平等相待、互商互谅的伙伴关系。联合国宪章贯穿主权平等原则。世界的前途命运必须由各国共同掌握。世界各国一律平等，不能以大压小、以强凌弱、以富欺贫。主权原则不仅体现在各国主权和领土完整不容侵犯、内政不容干涉，还应该体现在各国自主选择社会制度和发展道路的权利应当得到维护，体现在各国推动经济社会发展、改善人民生活的实践应当受到尊重。

我们要坚持多边主义，不搞单边主义；要奉行双赢、多赢、共赢的新理念，扔掉我赢你输、赢者通吃的旧思维。协商是民主的重要形式，也应该成为现代国际治理的重要方法，要倡导以对话解争端、以协商化分歧。我们要在国际和区域层面建设全球伙伴关系，走出一条"对话而不对抗，结伴而不结盟"的国与国交往新路。大国之间相处，要不冲突、不对抗、相互尊重、合作共赢。大国与小国相处，要平等相待，践行正确义利观，义利相兼，义重于利。

——我们要营造公道正义、共建共享的安全格局。在经济全球化时代，各国安全相互关联、彼此影响。没有一个国家能凭一己之力谋求自身绝对安全，也没有一个国家可以从别国的动荡中收获稳定。弱肉强食是丛林法则，不是国与国相处之道。穷兵黩武是霸道做法，只能搬起石头砸自己的脚。

我们要摒弃一切形式的冷战思维，树立共同、综合、合作、可持续安全的新观念。我们要充分发挥联合国及其安理会在止战维和方面的核心作用，通过和平解决争端和强制性行动双轨并举，化干戈为玉帛。我们要推动经济和社会领域的国际合作齐头并进，统筹应对传统和非传统安全威胁，防战争祸患于未然。

——我们要谋求开放创新、包容互惠的发展前景。2008 年爆发的国际经济金融危机告诉我们，放任资本逐利，其结果将是引发新一轮危机。缺乏道德的市场，难以撑起世界繁荣发展的大厦。富者愈富、穷者愈穷的局面不仅难以持续，也有违公平正义。要用好"看不见的手"和"看得见的手"，努力形成市场作用和政府作用有机统一、相互促进，打造兼顾效率和公平的规范格局。

大家一起发展才是真发展，可持续发展才是好发展。要实现这一目标，就应该秉承开放精神，推进互帮互助、互惠互利。当今世界仍有 8 亿人生活在极端贫困之中，每年近 600 万孩子在 5 岁前夭折，近 6000 万儿童未能接受教育。刚刚闭幕的联合国发展峰会制定了 2015 年后发展议程。我们要将承诺变为行动，共同营造人人免于匮乏、获得发展、享有尊严的光明前景。

——我们要促进和而不同、兼收并蓄的文明交流。人类文明多样性赋予这个世界姹紫嫣红的色彩，多样带来交流，交流孕育融合，融合产生进步。

文明相处需要和而不同的精神。只有在多样中相互尊重、彼此借鉴、和谐共存，这个世界才能丰富多彩、欣欣向荣。不同文明凝聚着不同民族的智慧和贡献，没有高低之别，更无优劣之分。文明之间要对话，不要排斥；要交流，不要取代。人类历史就是一幅不同文明相互交流、互鉴、融合的宏伟画卷。我们要尊重各种文明，平等相待，互学互鉴，兼收并蓄，推动人类文明实现创造性发展。

——我们要构筑尊崇自然、绿色发展的生态体系。人类可以利用自然、改造自然，但归根结底是自然的一部分，必须呵护自然，不能凌驾于自然之上。我们要解决好工业文明带来的矛盾，以人与自然和谐相处为目标，实现世界的可持续发展和人的全面发展。

建设生态文明关乎人类未来。国际社会应该携手同行，共谋全球生态文明建设之路，牢固树立尊重自然、顺应自然、保护自然的意识，坚持走绿色、低碳、循环、可持续发展之路。在这方面，中国责无旁贷，将继续作出自己的贡献。同时，我们敦促发达国家承担历史性责任，兑现减排承诺，并帮助发展中国家减缓和适应气候变化。

主席先生、各位同事！

13亿多中国人民正在为实现中华民族伟大复兴的中国梦而奋斗。中国人民的梦想同各国人民的梦想息息相通。实现中国梦，离不开和平的国际环境和稳定的国际秩序，离不开各国人民的理解、支持、帮助。中国人民圆梦必将给各国创造更多机遇，必将更好促进世界和平与发展。

中国将始终做世界和平的建设者，坚定走和平发展道路，无论国际形势如何变化，无论自身如何发展，中国永不称霸、永不扩张、永不谋求势力范围。

中国将始终做全球发展的贡献者，坚持走共同发展道路，继续奉行互利共赢的开放战略，将自身发展经验和机遇同世界各国分享，欢迎各国搭乘中国发展"顺风车"，一起来实现共同发展。

中国将始终做国际秩序的维护者，坚持走合作发展的道路。中国是第一个在联合国宪章上签字的国家，将继续维护以联合国宪章宗旨和原则为核心的国际秩序和国际体系。中国将继续同广大发展中国家站在一起，坚定支持增加发展中国家特别是非洲国家在国际治理体系中的代表性和发言权。中国在联合国的一票永远属于发展中国家。

在此，我宣布，中国决定设立为期10年、总额10亿美元的中国—联合国和平与发展基金，支持联合国工作，促进多边合作事业，为世界和平与发展作出新的贡献。我宣布，中国将加入新的联合国维和能力待命机制，决定为此率先组建常备成建制维和警队，并建设8000人规模的维和待命部队。我宣布，中国决定在未来5年内，向非盟提供总额为1亿美元的无偿军事援助，以支持非洲常备军和危机应对快速反应部队建设。

主席先生、各位同事！

在联合国迎来又一个10年之际，让我们更加紧密地团结起来，携手构建合作共赢新伙伴，同心打造人类命运共同体。让铸剑为犁、永不再战的理念深植人心，让发展繁荣、公平正义的理念践行人间！

谢谢各位。

在中美省州长论坛上的讲话

(2015 年 9 月 22 日，西雅图)

中华人民共和国主席　习近平

尊敬的加利福尼亚州布朗州长，
尊敬的华盛顿州英斯利州长，
尊敬的艾奥瓦州布兰斯塔德州长，
尊敬的密歇根州斯奈德州长，
尊敬的俄勒冈州布朗州长，
中方各位省市负责同志，
女士们，先生们，朋友们：

很高兴出席第三届中美省州长论坛。首先，我对论坛的成功举办，表示热烈的祝贺！对各位省州负责人长期以来为促进中美关系发展作出的积极努力，表示高度的赞赏！

刚才，我认真听了你们的发言，大家讲得都很好。每次同中美地方负责人交流，我都很受启发。2012 年，我访美时曾在洛杉矶出席中美省州长见面会。2013 年，我在北京会见了参加第二届省州长论坛的双方代表。大家畅谈地方合作，为发展两国关系献计献策，我至今记忆犹新。

我曾长期在地方工作，深知地方领导责任之重、工作之不易，也深知地方合作对发展国家关系有着重要作用。国与国关系归根结底需要人民支持，最终也服务于人民。地方是最贴近老百姓的。地方合作搞得好不好，关系国家层面的合作能否落地生根。为此，我一直高度重视中美地方合作。过去 30 多年，中美关系发展得益于两国地方和人民支持，未来仍然要依靠地方、造福地方。

我高兴地看到，近年来，中美地方交流合作呈现新的蓬勃发展态势。中国 31 个省区市同美国 50 个州建立了 43 对友好省州、200 对友好城市。过去 10 年，美国 42 个州对华出口增幅达到 3 位数。据美方统计，中国过去 5 年对美投资年均超过 80 多亿美元，增速还在加快。今天来的美国 5 个州，中国都是你们位列前四位的出口市场和主要留学生来源国。与会的中国 6 个省市，有的以美国为第一大贸易伙伴，有的吸引数以千计的美国企业投资，有的一年对美国贸易额增幅就超过 40％。这些交流合作造福了两国人民。

当前，中美关系总体保持稳定发展，各领域务实合作全面深化。我这次来，希望同奥巴马总统和美国社会各界深入交流，规划两国关系发展蓝图。从国际上看，经济全球化继续深入发展，产业升级酝酿新突破，各种生产要素在世界范围内加快流动。在上述背景下，两国地方交流合作有着更加广阔的天地。

首先，双方要有效利用中美两国经济巨大体量带来的机遇。规模就是商机。中美坐拥世界前两大经济体地位，这本身就是省州开展合作的巨大宝藏。美国作为世界第一大经济体，拥有广大的市场空间，吸纳外部商品、投资、人才的能力极强。从中国看，我们有13亿多人口，山东、四川两省人口都接近一个亿，在座六省市人口加起来相当于全美国人口的总数。我们正在大力推进新型工业化、信息化、城镇化、农业现代化，实施创新驱动发展战略，这一进程将对外部商品、技术、服务产生海量需求。未来5年，预计中国将进口10万亿美元商品，对外投资将超过5000亿美元，出境旅游人数将超过5亿人次。我们欢迎美国各州同中国地方加强合作。

第二，双方要共同分享中美两国改革发展的政策利好。变革是当今世界的潮流。中国将坚定不移继续改革开放，中国各地正在进行各方面改革开放的探索。美国努力调整经济结构，采取"再工业化"、制造业回流等政策，制定了很多鼓励科技创新、产业升级的战略规划，推动经济持续复苏。一些州出台了不少招商引资的办法，条件甚至比我们上世纪80年代还优惠。这都会创造合作机遇。我们鼓励更多中国地方到美国开展更高水平的交流合作，实现自身发展，也进一步造福当地社会。

中国正在制定"十三五"时期经济社会发展规划。我们将着力实行新一轮高水平对外开放，加快建立开放型经济新体制。这方面，我们鼓励一些有条件的地区先行先试。比如，我们在上海、广东、天津、福建设立4个自由贸易试验区，采取准入前国民待遇加负面清单的管理模式；在北京市开展金融、旅游、医疗等6个服务业领域对外资开放试点，等等。我们将采取有力措施促进国内区域协调发展、城乡协调发展，加快欠发达地区发展。我们将加快推进"一带一路"建设，为国内各地区拓展对外合作搭建平台。比如，新疆是丝绸之路经济带"核心区域"，云南是"一带一路"向西南开放的"桥头堡"。"一带一路"欢迎包括美国在内的世界各国积极参与。这些措施将为中美地方合作创造机遇。

第三，双方要努力发掘中美地方优势互补的潜能。发挥优势是合作成功的关键。中美各地优势领域各具特色，互补性很强。双方应该因地制宜，"八仙过海，各显神通"。比如，艾奥瓦州有"美国粮仓"之称，俄勒冈州也是美国的重要农业区，可以同陕西、河北、黑龙江等中国农业大省加强合作。加利福尼亚州的惠普公司在重庆建有全球电脑生产基地，双方可以围绕信息产业深化合作。密歇根州是美国最大的机动车生产地，中方在座的六省市都在积极发展汽车工业，双方可以探讨开展更多合作项目。双方还可以积极探索开辟第三方市场。

中国正在大力推进生态文明建设。这也是我们"十三五"规划的一个重点方向。粗略计算，我们这些年每年环保投入近2000亿美元，各地环保投入都在快速增长。这方面中国有需要、有市场，美国有技术、有经验。华盛顿州在环保、海岸带保护等方面有优势，就可以同中国一些环保投入大省或沿海省份加强合作。前不久在洛杉矶举办的首届中美气候智慧型/低碳城市峰会效果也很好，很多地方省州减排目标走在了国家目标的前头，发挥着率先引领作用。这种努力值得肯定和鼓励。两国地方环保领域交流合作理应成为中美合力应对气候变化、推进可持续发展的一个重要方面。

我高度重视中美人文交流。"亲戚越走越近，朋友越走越亲。"中美民众往来越频繁，两国友好的基础就越坚实，务实合作就越红火。各省州应该在教育、旅游、体育、青年等广泛领域开展交流合作，支持社会各界和民众多走动、常来往。

就业是各位省州长高度关注的问题，我们要通过开展这些合作，促进增长，创造就业，使人民受益。

今天来的中国省市，每家都有几十、上百所高等院校，有的省在校生数量超过百万。2006 年，我在浙江工作时，出席了温州大学和美国肯恩大学合作创办温州肯恩大学的签字仪式。经过多年努力，温州肯恩大学去年正式设立，目前运转良好。浙江省还有近百所中小学同美国各地学校结成姐妹关系，往来活跃。双方应该探索形式多样的教育合作，共同培养面向未来的高素质人才。中方将在未来 3 年内资助两国共 5 万名留学生到对方国家学习，美国也将努力在 2020 年前实现百万名美国学生学中文，两国将在 2016 年举办旅游年。这些举措将为两国各省州加强人文交流提供更多平台。希望大家一道努力，把中美民间友好的桥梁筑得更宽、更牢。

中国人常说"只争朝夕"。西方人则讲究"行事要趁机会好"。中美地方合作正当其时。希望各位积极推动两国各省州抓住机遇、乘势而上，共同谱写中美地方合作新篇章。

谢谢大家。

● 论述节录

2012—2014 年习近平总书记关于
生态文明重要论述回顾①

　　自 2012 年党的十八大首提"美丽中国"、将生态文明纳入"五位一体"总体布局以来，习近平在各类场合有关生态文明的讲话、论述、批示超过 60 次。"绿水青山就是金山银山""APEC 蓝""乡愁"等"习式生态词汇"广为人知。

　　党的十八大以来，习近平总书记从中国特色社会主义事业"五位一体"总布局的战略高度，对生态文明建设提出了一系列新思想、新观点、新论断。这些重要论述为实现中华民族永续发展和中华民族伟大复兴的中国梦规划了蓝图，也为建设美丽中国提供了根本遵循。现将习近平总书记关于生态文明的重要论述摘编如下：

　　全民义务植树开展 30 多年来，促进了我国森林资源恢复发展，增强了全民爱绿植绿护绿意识。同时，我们必须清醒地看到，我国总体上仍然是一个缺林少绿、生态脆弱的国家，植树造林，改善生态，任重而道远。

　　——2013 年 4 月 2 日，习近平在参加首都义务植树活动时强调

　　森林是陆地生态系统的主体和重要资源，是人类生存发展的重要生态保障。不可想象，没有森林，地球和人类会是什么样子。

　　——2013 年 4 月 2 日，习近平在参加首都义务植树活动时强调

　　良好生态环境是最公平的公共产品，是最普惠的民生福祉。

　　——2013 年 4 月 8 日至 10 日，习近平在海南考察时指出

　　希望海南处理好发展和保护的关系，着力在"增绿""护蓝"上下功夫，为全国生态文明建设当个表率，为子孙后代留下可持续发展的"绿色银行"。

　　——2013 年 4 月 8 日至 10 日，习近平在海南考察时指出

　　如果仍是粗放发展，即使实现了国内生产总值翻一番的目标，那污染又会是一种什么情况？届时资源环境恐怕完全承载不了。经济上去了，老百姓的幸福感大打折扣，甚至强烈的不满情绪上来了，那是什么形势？所以，我们不能把加强生态文明建设、加强生态环境保护、提倡绿色低碳生活方式等仅仅作为经济问题。这里面有很大的政治。

　　——2013 年 4 月 25 日，习近平在十八届中央政治局常委会会议上发表讲话时谈到

　　生态环境保护是功在当代、利在千秋的事业。要清醒认识保护生态环境、治理环境污

---

① 人民网。（http://cpc.people.com.cn/n/2014/0829/c164113 – 25567379. html）

染的紧迫性和艰巨性，清醒认识加强生态文明建设的重要性和必要性，以对人民群众、对子孙后代高度负责的态度和责任，为人民创造良好生产生活环境。

——2013 年 5 月 24 日，习近平在中央政治局第六次集体学习时指出

要正确处理好经济发展同生态环境保护的关系，牢固树立保护生态环境就是保护生产力、改善生态环境就是发展生产力的理念，更加自觉地推动绿色发展、循环发展、低碳发展，决不以牺牲环境为代价去换取一时的经济增长。

——2013 年 5 月 24 日，习近平在中央政治局第六次集体学习时指出

国土是生态文明建设的空间载体。要按照人口资源环境相均衡、经济社会生态效益相统一的原则，整体谋划国土空间开发，科学布局生产空间、生活空间、生态空间，给自然留下更多修复空间。

——2013 年 5 月 24 日，习近平在中央政治局第六次集体学习时指出

节约资源是保护生态环境的根本之策。要大力节约集约利用资源，推动资源利用方式根本转变，加强全过程节约管理，大幅降低能源、水、土地消耗强度，大力发展循环经济，促进生产、流通、消费过程的减量化、再利用、资源化。

——2013 年 5 月 24 日，习近平在中央政治局第六次集体学习时指出

要实施重大生态修复工程，增强生态产品生产能力。环境保护和治理要以解决损害群众健康突出环境问题为重点，坚持预防为主、综合治理，强化水、大气、土壤等污染防治，着力推进重点流域和区域水污染防治，着力推进重点行业和重点区域大气污染治理。

——2013 年 5 月 24 日，习近平在中央政治局第六次集体学习时指出

要牢固树立生态红线的观念。在生态环境保护问题上，就是要不能越雷池一步，否则就应该受到惩罚。

——2013 年 5 月 24 日，习近平在中央政治局第六次集体学习时指出

要完善经济社会发展考核评价体系，把资源消耗、环境损害、生态效益等体现生态文明建设状况的指标纳入经济社会发展评价体系，使之成为推进生态文明建设的重要导向和约束。一定要彻底转变观念，再不以 GDP 增长率论英雄。如果生态环境指标很差，一个地方一个部门的表面成绩再好看也不行，不说一票否决，但这一票一定要占很大的权重。

——2013 年 5 月 24 日，习近平在中央政治局第六次集体学习时指出

要建立责任追究制度，主要对领导干部的责任追究。对那些不顾生态环境盲目决策、造成严重后果的人，必须追究其责任，而且应该终身追究。真抓就要这样抓，否则就会流于形式。不能把一个地方环境搞得一塌糊涂，然后拍拍屁股走人，官还照当，不负任何责任。

——2013 年 5 月 24 日，习近平在中央政治局第六次集体学习时指出

要建立健全资源生态环境管理制度，加快建立国土空间开发保护制度，强化水、大气、土壤等污染防治制度，建立反映市场供求和资源稀缺程度、体现生态价值、代际补偿的资源有偿使用制度和生态补偿制度，健全生态环境保护责任追究制度和环境损害赔偿制度，强化制度约束作用。

——2013 年 5 月 24 日，习近平在中央政治局第六次集体学习时指出

中国将继续承担应尽的国际义务，同世界各国深入开展生态文明领域的交流合作，推动成果分享，携手共建生态良好的地球美好家园。

——2013 年 7 月 18 日，习近平向生态文明贵阳国际论坛 2013 年年会致贺信时强调

要保护海洋生态环境，着力推动海洋开发方式向循环利用型转变。要下决心采取措施，全力遏制海洋生态环境不断恶化趋势。要把海洋生态文明建设纳入海洋开发总布局之中，坚持开发和保护并重、污染防治和生态修复并举，科学合理开发利用海洋资源，维护海洋自然再生产能力。要从源头上有效控制陆源污染物入海排放，加快建立海洋生态补偿和生态损害赔偿制度，开展海洋修复工程，推进海洋自然保护区建设。

——2013 年 7 月 30 日，习近平就建设海洋强国研究主持政治局第八次集体学习时指出

建设生态文明是关系人民福祉、关系民族未来的大计。我们既要绿水青山，也要金山银山。宁要绿水青山，不要金山银山，而且绿水青山就是金山银山。

——2013 年 9 月 7 日，习近平在哈萨克斯坦纳扎尔巴耶夫大学回答学生问题时指出

高耗能、高污染、高排放问题如此严重，导致河北生态环境恶化趋势没有扭转。这些年，北京雾霾严重，可以说是"高天滚滚粉尘急"，严重影响人民群众身体健康，严重影响党和政府形象。

——2013 年 9 月 23 日至 25 日，习近平在参加河北省委常委班子专题民主生活会时指出

要给你们去掉紧箍咒，生产总值即便滑到第七、第八位了，但在绿色发展方面搞上去了，在治理大气污染、解决雾霾方面作出贡献了，那就可以挂红花、当英雄。反过来，如果就是简单为了生产总值，但生态环境问题越演越烈，或者说面貌依旧，即便搞上去了，那也是另一种评价了。

——2013 年 9 月 23 日至 25 日，习近平在参加河北省委常委班子专题民主生活会时指出

山水林田湖是一个生命共同体，人的命脉在田，田的命脉在水，水的命脉在山，山的命脉在土，土的命脉在树。用途管制和生态修复必须遵循自然规律，由一个部门负责领土范围内所有国土空间用途管制职责，对山水林田湖进行统一保护、统一修复是十分必要的。

——2013 年 11 月 15 日，习近平在对《中共中央关于全面深化改革若干重大问题的决定》作说明时指出

我国生态环境保护中存在的一些突出问题，一定程度上与体制不健全有关，原因之一是全民所有自然资源资产的所有权人不到位，所有权人权益不落实。针对这一问题，全会决定提出健全国家自然资源资产管理体制的要求。

——2013 年 11 月 15 日，习近平在对《中共中央关于全面深化改革若干重大问题的决定》作说明时指出

城市规划建设的每个细节都要考虑对自然的影响，更不要打破自然系统。为什么这么多城市缺水？一个重要原因是水泥地太多，把能够涵养水源的林地、草地、湖泊、湿地给占用了，切断了自然的水循环，雨水来了，只能当作污水排走，地下水越抽越少。解决城市缺水问题，必须顺应自然。比如，在提升城市排水系统时要优先考虑把有限的雨水留下来，优先考虑更多利用自然力量排水，建设自然积存、自然渗透、自然净化的"海绵城市"。许多城市提出生态城市口号，但思路却是大树进城、开山造地、人造景观、填湖填海等。这不是建设生态文明，而是破坏自然生态。

——2013 年 12 月 12 日，习近平在中央城镇化工作会议上发表讲话时谈到

今年以来，"雾霾"两字吸引眼球，PM2.5 引起热议。改革开放 30 多年来，我们的成绩无与伦比，但问题也高度集中。解决环境问题要迈出更大步伐，也要有耐心定力。

——2013 年 12 月 28 日，习近平考察参观北京供热企业时强调

环境治理是一个系统工程，必须作为重大民生实事紧紧抓在手上。大气污染防治是北京发展面临的一个最突出的问题。要坚持标本兼治和专项治理并重、常态治理和应急减排协调、本地治污和区域协调相互促进，多策并举，多地联动，全社会共同行动。

——2014 年 2 月 25 日，习近平在北京考察工作时强调

应对雾霾污染、改善空气质量的首要任务是控制 PM2.5。虽然说按国际标准控制 PM2.5 对整个中国来说提得早了，超越了我们发展阶段，但要看到这个问题引起了广大干部群众高度关注，国际社会也关注，所以我们必须处置。民有所呼，我有所应！

——2014 年 2 月 26 日，习近平在北京市考察工作结束发表讲话时谈到

着力扩大环境容量生态空间，加强生态环境保护合作，在已经启动大气污染防治协作机制的基础上，完善防护林建设、水资源保护、水环境治理、清洁能源使用等领域合作机制。

——2014 年 2 月 26 日，习近平在听取京津冀协同发展专题汇报时强调

保护生态环境就是保护生产力，绿水青山和金山银山绝不是对立的，关键在人，关键在思路。

——2014 年 3 月 7 日，习近平在参加贵州团审议时强调

小康全面不全面，生态环境质量是关键。要创新发展思路，发挥后发优势。因地制宜选择好发展产业，让绿水青山充分发挥经济社会效益，切实做到经济效益、社会效益、生态效益同步提升，实现百姓富、生态美有机统一。

——2014 年 3 月 7 日，习近平在参加贵州团审议时强调

现在一些城市空气质量不好，我们要下决心解决这个问题，让人民群众呼吸新鲜的空气。将来可以制作贵州的"空气罐头"……

——2014 年 3 月 7 日，习近平在参加贵州团审议时强调

我们将继续实施可持续发展战略，优化国土空间开发格局，全面促进资源节约，加大自然生态系统和环境保护力度，着力解决雾霾等一系列问题，努力建设天蓝地绿水净的美丽中国。

——2014 年 6 月 3 日，习近平在 2014 年国际工程科技大会上发表主旨演讲时强调

希望北京乃至全中国都能够蓝天常在、青山常在、绿水常在，让孩子们都生活在良好的生态环境之中，这也是中国梦中很重要的内容。

——2014 年 11 月 10 日，习近平在 APEC 欢迎宴会上致辞时表示

要把生态环境保护放在更加突出位置，像保护眼睛一样保护生态环境，像对待生命一样对待生态环境，在生态环境保护上一定要算大账、算长远账、算整体账、算综合账，不能因小失大、顾此失彼、寅吃卯粮、急功近利。生态环境保护是一个长期任务，要久久为功。

2015 年习近平总书记关于生态文明
重要论述回顾①

"学习笔记"② 按:

让山川林木葱郁，让大地遍染绿色，让天空湛蓝清新，让河湖鱼翔浅底，让草原牧歌欢唱……这是建设美丽中国的美好蓝图，也是实现永续发展的根本要求。党的十八大和十八届三中、四中全会对生态文明建设作出了顶层设计和总体部署。习近平总书记高度重视生态文明建设，无论是在中央还是在地方工作期间，都对生态文明建设发表过许多重要论述。2015 年，习近平总书记又有哪些新论述，跟随"学习笔记"一起来看看。

1 月，云南

新农村建设一定要走符合农村实际的路子，遵循乡村自身发展规律，充分体现农村特点，注意乡土味道，保留乡村风貌，留得住青山绿水，记得住乡愁。经济要发展，但不能以破坏生态环境为代价。生态环境保护是一个长期任务，要久久为功。一定要把洱海保护好，让"苍山不墨千秋画，洱海无弦万古琴"的自然美景永驻人间。

——2015 年 1 月 20 日在云南考察工作时指出

背景：1 月 19 日至 21 日，习近平总书记来到昭通、大理、昆明等地，看望鲁甸地震灾区干部群众，深入企业、工地、乡村考察，就灾后恢复重建和经济社会发展情况进行调研。在洱海边，他仔细察看生态保护湿地，听取洱海保护情况介绍。并强调，经济要发展，但不能以破坏生态环境为代价。

"学习笔记"批注：在我国乃至全世界，地方经济发展、企业发展的同时，当地环境也遭到了严重甚至是毁灭性的破坏，大有"一业功成环境差"之无奈与辛酸。习近平总书记的讲话，再次强调了，经济完全可以与生态相伴而行，我们要努力发展经济，更要让伴随它的是青山绿水，是鸟语花香，是天朗气清，是经济生活与生态环境的和谐发展。

3 月，两会，江西代表团

要把生态环境保护放在更加突出位置，环境就是民生，青山就是美丽，蓝天也是幸

① 《2015 年习近平总书记关于生态文明重要论述回顾》，微信·公众平台。（http://mp.weixin.qq.com/s?＿＿biz＝MzI5ODAzMzY3MA＝＝&mid＝401672425&idx＝1&sn＝d4214dfdecb957cc6aab1262beb68d0b&scene＝1&srcid＝1230Pijz3VgdRZsLNLrHAlR3#wechat＿redirect）。

② "学而时习"是由求是杂志社全媒体发展中心出品的"学习笔记"栏目的微信公众号，深入解读习近平总书记治国理政中的重要讲话、理论和实践。

福。要着力推动生态环境保护，像保护眼睛一样保护生态环境，像对待生命一样对待生态环境。对破坏生态环境的行为，不能手软，不能下不为例。

——2015年3月6日，在参加江西代表团审议时强调

背景：2015年3月6日下午，中共中央总书记、国家主席、中央军委主席习近平参加了十二届全国人大三次会议江西代表团的审议。习近平总书记认真听取和记录并同大家交流，最后作了重要讲话。他肯定了江西一年来取得的成绩，强调指出，要着力推动老区特别是原中央苏区加快发展，决不能让老区群众在全面建成小康社会进程中掉队，立下愚公志、打好攻坚战，让老区人民同全国人民共享全面建成小康社会成果。这是我们党的历史责任。环境就是民生，青山就是美丽，蓝天也是幸福。

"学习笔记"批注：在生态环境保护上一定要算大账、算长远账、算整体账、算综合账，不能因小失大、顾此失彼、寅吃卯粮、急功近利。生态环境保护是一个长期任务，要久久为功。

4月，北京

植树造林是实现天蓝、地绿、水净的重要途径，是最普惠的民生工程。要坚持全国动员、全民动手植树造林，努力把建设美丽中国化为人民自觉行动。

——2015年4月3日，在参加首都义务植树活动时强调

背景：2015年4月3日上午，习近平总书记来到北京市朝阳区孙河乡参加首都义务植树活动。他强调，坚持全国动员、全民动手植树造林，努力把建设美丽中国化为人民自觉行动。植树间隙，他向孙河村党支部书记吕栋询问村民就业和社保情况，向社区工作者殷金凤和志愿者叶如陵了解社区绿化和志愿服务工作。总书记肯定了志愿服务凝聚人心、增强群众主人翁精神的重要意义，勉励大家再接再厉扎实推进这项工作。

"学习笔记"批注：近30多年来，我国植树造林扎实推进，"三北工程""天保工程"等成效显著。据国家林业局第八次全国森林资源清查数据显示，全国森林面积2.08亿公顷，森林覆盖率21.63%，森林蓄积151.37亿立方米。人工林面积0.69亿公顷，蓄积24.83亿立方米。与植树造林相呼应的是，绿色理念也蔚然成风。"环境就是民生""青山就是美丽""蓝天也是幸福"等理念深入人心。

5月，浙江舟山

这里是一个天然大氧吧，是"美丽经济"，印证了绿水青山就是金山银山的道理。

——2015年5月25日，在浙江舟山农家乐小院考察调研时表示

背景：2015年5月25日至27日，习近平总书记来到舟山和杭州，深入企业、社区、国家战略石油储备基地等考察调研，就抓好经济社会发展、做好"十三五"规划编制工作进行指导。在以开办农家乐为主业的村民袁其忠家里，他察看院落、客厅、餐厅，同一家人算客流账、收入账，随后同一家人和村民代表围坐一起促膝交谈，并表示，这里是一个天然大氧吧，是"美丽经济"，印证了绿水青山就是金山银山的道理。

"学习笔记"批注：2005年，时任浙江省委书记的他在浙江日报《之江新语》发表了评论——《绿水青山也是金山银山》："生态环境优势转化为生态农业、生态工业、生

态旅游等生态经济的优势，那么绿水青山也就变成了金山银山。"

5 月，浙江

协调发展、绿色发展既是理念又是举措，务必政策到位、落实到位。要科学布局生产空间、生活空间、生态空间，扎实推进生态环境保护，让良好生态环境成为人民生活质量的增长点，成为展现我国良好形象的发力点。

——2015 年 5 月 27 日，在浙江召开华东 7 省市党委主要负责同志座谈会时指出

背景：习近平总书记 27 日在浙江召开华东 7 省市党委主要负责同志座谈会，听取对"十三五"时期经济社会发展的意见和建议。他指出，协调发展、绿色发展既是理念又是举措，务必政策到位、落实到位。要采取有力措施促进区域协调发展、城乡协调发展，加快欠发达地区发展，积极推进城乡发展一体化和城乡基本公共服务均等化。

"学习笔记"批注：绿水青山既是自然财富，又是社会财富、经济财富。保护生态环境就是保护生产力，改善生态环境就是发展生产力。只有把绿水青山作为核心竞争力，更加重视生态环境这一生产力要素，才能实现可持续发展。

6 月，贵州

要正确处理发展和生态环境保护的关系，在生态文明建设体制机制改革方面先行先试，把提出的行动计划扎扎实实落实到行动上，实现发展和生态环境保护协同推进。

——2015 年 6 月 16 日至 18 日，在贵州考察调研时指出

背景：6 月 16 日至 18 日，习近平总书记来到遵义、贵阳和贵安新区，深入农村、企业、学校、园区、红色教育基地，就做好"十三五"时期经济社会发展进行调研考察。他指出，要正确处理发展和生态环境保护的关系，在生态文明建设体制机制改革方面先行先试。

"学习笔记"批注：我国是发展中国家，解决环保问题归根到底要靠发展。我国要消除贫困，提高人民生活水平，就必须毫不动摇地把发展经济放在首位，各项工作都要围绕经济建设这个中心来展开，无论是社会生产力的提高，综合国力的增强，人民生活水平和人口素质的提高，还是资源的有效利用，环境和生态的保护，都有赖于经济的发展。但是，经济发展不能以牺牲环境为代价，不能走先污染后治理的路子。

7 月，北京

"要把环境问题突出、重大环境事件频发、环境保护责任落实不力的地方作为先期督察对象，近期要把大气、水、土壤污染防治和推进生态文明建设作为重中之重，重点督察贯彻党中央决策部署、解决突出环境问题、落实环境保护主体责任的情况"。

"形成政府主导、部门协同、社会参与、公众监督的新格局"，"推动领导干部守法守纪、守规尽责，促进自然资源资产节约集约利用和生态环境安全。"

——2015 年 7 月 1 日，主持召开中央全面深化改革领导小组第十四次会议并发表重要讲话

背景：本次深改组会议一共审议通过了五个文件，其中有四个与生态相关。分别是《环境保护督察方案（试行）》《生态环境监测网络建设方案》《关于开展领导干部自然资源资产离任审计的试点方案》《党政领导干部生态环境损害责任追究办法（试行）》。对具体督察什么？形成怎样的保护格局？领导干部调离、提拔或者退休，如果有留下生态"烂账"如何追责等问题进行了规定。

"学习笔记"批注：如此高规格会议讨论生态文明建设，这已经不是第一次。就在2015年3月24日，中共中央政治局召开会议，审议通过了《关于加快推进生态文明建设的意见》，为生态文明建设作出了"顶层设计"，深改组此次通过的四个文件正是其进一步细化。

7月，吉林

要大力推进生态文明建设，强化综合治理措施，落实目标责任，推进清洁生产，扩大绿色植被，让天更蓝、山更绿、水更清、生态环境更美好。

——2015年7月16日至18日，在吉林调研时指出

背景：7月16日至18日，习近平总书记在来到延边朝鲜族自治州和长春市，深入农村、企业，深入广大干部群众，就振兴东北等地区老工业基地、谋划好"十三五"时期经济社会发展进行调研考察。他强调，东北地区等老工业基地振兴战略要一以贯之抓，同时东北老工业基地振兴要在新形势下、新起点上开始新征程。要大力推进生态文明建设，强化综合治理措施，落实目标责任，推进清洁生产，扩大绿色植被。

"学习笔记"批注：当今，绿色经济、循环经济成为新世纪的标志。用环保促进经济结构调整成为经济发展的必然趋势。保护环境就是保护生产力，改善环境就是发展生产力。因此，如何协调环境与经济的关系，建设人与自然和谐相处的现代文明是坚持实现保护环境的基本国策的关键。

11月，北京

"十三五"时期我国发展，既要看速度，也要看增量，更要看质量，要着力实现有质量、有效益、没水分、可持续的增长，着力在转变经济发展方式、优化经济结构、改善生态环境、提高发展质量和效益中实现经济增长。

——2015年11月3日，在关于《中共中央关于制定国民经济和社会发展第十三个五年规划的建议》的说明中提出

背景：习近平总书记在关于《中共中央关于制定国民经济和社会发展第十三个五年规划的建议》的说明中，有7次提到"绿色"、4次提到"可持续"。

"学习笔记"批注：绿色是永续发展的必要条件和人民对美好生活追求的重要体现。必须坚持节约资源和保护环境的基本国策，坚持可持续发展，坚定走生产发展、生活富裕、生态良好的文明发展道路。第十三个五年规划是未来五年的行动路线、发展指南，习近平总书记在规划编制说明中多次提到生态、绿色、可持续，充分说明了中央在未来五年彻底改善生态环境的决心。

11 月，菲律宾马尼拉

我们将把生态文明建设融入经济社会发展各方面和全过程，致力于实现可持续发展。我们将全面提高适应气候变化能力，坚持节约资源和保护环境的基本国策，建设天蓝、地绿、水清的美丽中国。

——在亚太经合组织工商领导人峰会上发表主旨演讲强调

背景：2015 年 11 月 18 日，国家主席习近平正在菲律宾首都马尼拉，出席亚太经合组织，也就是 APEC 第二十三次领导人非正式会议。上午，习近平主席出席亚太经合组织工商领导人峰会，并发表主旨演讲。"发展必须是遵循经济规律的科学发展，必须是遵循自然规律的可持续发展。"

"学习笔记"批注：不仅在国内，在国际场合，习近平总书记一直致力于倡导绿色发展和可持续发展道路。今年 5 月，访问白俄罗斯时他指出："中白作为联合国创始会员国，要加强在联合国和其他国际组织中的协调和配合，推动国际秩序和国际体系朝着更加公正合理的方向发展。"在今年 9 月联合国举行的南南合作圆桌会上他指出："要致力于促进各国发展战略对接。我们要发挥各自比较优势，加强宏观经济政策协调，推动经贸、金融、投资、基础设施建设、绿色环保等领域合作齐头并进，提高发展中国家整体竞争力。"

11 月，巴黎

"万物各得其和以生，各得其养以成。"中华文明历来强调天人合一、尊重自然。面向未来，中国将把生态文明建设作为"十三五"规划重要内容，落实创新、协调、绿色、开放、共享的发展理念，通过科技创新和体制机制创新，实施优化产业结构、构建低碳能源体系、发展绿色建筑和低碳交通、建立全国碳排放交易市场等一系列政策措施，形成人和自然和谐发展现代化建设新格局。

——2015 年 11 月 30 日，在气候变化巴黎大会开幕式上的讲话

背景：习近平主席 30 日在巴黎出席气候变化巴黎大会开幕式发表题为《携手构建合作共赢公平合理的气候变化治理机制》的重要讲话。强调各方推动建立公平有效的全球应对气候变化机制，实现更高水平全球可持续发展。

"学习笔记"批注：习近平主席的讲话着眼全球气候治理的长远目标，立足人类可持续发展大局，赢得与会者高度关注和积极评价。"最大的决心会产生最高的智慧。"加强联合国气候变化框架公约的实施，达成一个全面均衡、有力度、有约束力的气候变化协议，提出公平、合理、有效的全球应对气候变化解决方案，探索人类可持续的发展路径和治理模式，习近平主席的讲话展示了中国应对气候变化的决心，坚定了各方推动大会如期达成协议的信心，为大会凝聚共识注入了积极动力。

结 语

生态文明，昭示着人与自然的和谐相处，意味着生产方式、生活方式的根本改变，是

关系人民福祉、关乎民族未来的长远大计，也是全党全国的一项重大战略任务。生态文明建设其实就是把可持续发展提升到绿色发展高度，为后人"乘凉"而"种树"，就是不给后人留下遗憾而是留下更多的生态资产。我们一定要更加自觉地珍爱自然，更加积极地保护生态，努力走向社会主义生态文明新时代。

习近平:推动长江经济带发展

　　中共中央总书记、国家主席、中央军委主席习近平2016年1月5日在重庆召开推动长江经济带发展座谈会,听取有关省市和国务院有关部门对推动长江经济带发展的意见和建议。他强调,长江是中华民族的母亲河,也是中华民族发展的重要支撑。推动长江经济带发展必须从中华民族长远利益考虑,走生态优先、绿色发展之路,使绿水青山产生巨大生态效益、经济效益、社会效益,使母亲河永葆生机活力。

　　习近平强调,长江、黄河都是中华民族的发源地,都是中华民族的摇篮。千百年来,长江流域以水为纽带,连接上下游、左右岸、干支流,形成经济社会大系统,今天仍然是连接丝绸之路经济带和21世纪海上丝绸之路的重要纽带。新中国成立以来特别是改革开放以来,长江流域经济社会迅猛发展,综合实力快速提升,是我国经济重心所在、活力所在。长江和长江经济带的地位和作用,说明推动长江经济带发展必须坚持生态优先、绿色发展的战略定位,这不仅是对自然规律的尊重,也是对经济规律、社会规律的尊重。

　　习近平指出,长江拥有独特的生态系统,是我国重要的生态宝库。当前和今后相当长一个时期,要把修复长江生态环境摆在压倒性位置,共抓大保护,不搞大开发。要把实施重大生态修复工程作为推动长江经济带发展项目的优先选项,实施好长江防护林体系建设、水土流失及岩溶地区石漠化治理、退耕还林还草、水土保持、河湖和湿地生态保护修复等工程,增强水源涵养、水土保持等生态功能。要用改革创新的办法抓长江生态保护。要在生态环境容量上过紧日子的前提下,依托长江水道,统筹岸上水上,正确处理防洪、通航、发电的矛盾,自觉推动绿色循环低碳发展,有条件的地区率先形成节约能源资源和保护生态环境的产业结构、增长方式、消费模式,真正使黄金水道产生黄金效益。

　　习近平强调,长江经济带作为流域经济,涉及水、路、港、岸、产、城和生物、湿地、环境等多个方面,是一个整体,必须全面把握、统筹谋划。要增强系统思维,统筹各地改革发展、各项区际政策、各领域建设、各种资源要素,使沿江各省市协同作用更明显,促进长江经济带实现上中下游协同发展、东中西部互动合作,把长江经济带建设成为我国生态文明建设的先行示范带、创新驱动带、协调发展带。要优化已有岸线使用效率,把水安全、防洪、治污、港岸、交通、景观等融为一体,抓紧解决沿江工业、港口岸线无序发展的问题。要优化长江经济带城市群布局,坚持大中小结合、东中西联动,依托长三角、长江中游、成渝这三大城市群带动长江经济带发展。

　　习近平指出,推动长江经济带发展必须建立统筹协调、规划引领、市场运作的领导体制和工作机制。推动长江经济带发展领导小组要更好发挥统领作用。发展规划要着眼战略全局、切合实际,发挥引领约束功能。保护生态环境、建立统一市场、加快转方式调结构,这是已经明确的方向和重点,要用"快思维"、做加法。而科学利用水资源、优化产业布局、统筹港口岸线资源和安排一些重大投资项目,如果一时看不透,或者认识不统一，则要用"慢思维"，有时就要做减法。对一些二选一甚至多选一的"两难""多难"问题，要科学论证，比较选优。对那些不能做的事情，要列出负面清单。市场、开放是推动长江经济带发展的重要动力。推动长江经济带发展，要使市场在资源配置中起决定性作用，更好发挥政府作用。沿江省市要加快政府职能转变，提高公共服务水平，创造良好市场环境。沿江省市和国家相关部门要在思想认识上形成一条心，在实际行动中形成一盘棋，共同努力把长江经济带建成生态更优美、交通更顺畅、经济更协调、市场更统一、机制更科学的黄金经济带。

习近平:生态文明建设是加快转变经济发展方式必然要求

　　中共中央总书记、国家主席、中央军委主席、中央全面深化改革领导小组组长习近平2015年7月1日下午主持召开中央全面深化改革领导小组第十四次会议并发表重要讲话。他强调，领导干部是否做到严以修身、严以用权、严以律己，谋事要实、创业要实、做人要实，全面深化改革是一个重要检验。要把"三严三实"要求贯穿改革全过程，引导广大党员、干部特别是领导干部大力弘扬实事求是、求真务实精神，理解改革要实，谋划改革要实，落实改革也要实，既当改革的促进派，又当改革的实干家。

　　中共中央政治局常委、中央全面深化改革领导小组副组长刘云山、张高丽出席会议。

　　会议审议通过了《环境保护督察方案（试行）》《生态环境监测网络建设方案》《关于开展领导干部自然资源资产离任审计的试点方案》《党政领导干部生态环境损害责任追究办法（试行）》《关于推动国有文化企业把社会效益放在首位、实现社会效益和经济效益相统一的指导意见》。

　　会议强调，现在，我国发展已经到了必须加快推进生态文明建设的阶段。生态文明建设是加快转变经济发展方式、实现绿色发展的必然要求。要立足我国基本国情和发展新的阶段性特征，以建设美丽中国为目标，以解决生态环境领域突出问题为导向，明确生态文明体制改革必须坚持的指导思想、基本理念、重要原则、总体目标，提出改革任务和举措，为生态文明建设提供体制机制保障。深化生态文明体制改革，关键是要发挥制度的引导、规制、激励、约束等功能，规范各类开发、利用、保护行为，让保护者受益、让损害者受罚。

　　会议指出，建立环保督察工作机制是建设生态文明的重要抓手，对严格落实环境保护主体责任、完善领导干部目标责任考核制度、追究领导责任和监管责任，具有重要意义。要明确督察的重点对象、重点内容、进度安排、组织形式和实施办法。要把环境问题突出、重大环境事件频发、环境保护责任落实不力的地方作为先期督察对象，近期要把大气、水、土壤污染防治和推进生态文明建设作为重中之重，重点督察贯彻党中央决策部署、解决突出环境问题、落实环境保护主体责任的情况。要强化环境保护"党政同责"和"一岗双责"的要求，对问题突出的地方追究有关单位和个人责任。

　　会议强调，完善生态环境监测网络，关键是要通过全面设点、全国联网、自动预警、依法追责，形成政府主导、部门协同、社会参与、公众监督的新格局，为环境保护提供科学依据。要围绕影响生态环境监测网络建设的突出问题，强化监测质量监管，落实政府、企业、社会的责任和权利。要依靠科技创新和技术进步，提高生态环境监测立体化、自动化、智能化水平，推进全国生态环境监测数据联网共享，开展生态环境监测大数据分析，实现生态环境监测和监管有效联动。

会议指出，开展领导干部自然资源资产离任审计试点，主要目标是探索并逐步形成一套比较成熟、符合实际的审计规范，明确审计对象、审计内容、审计评价标准、审计责任界定、审计结果运用等，推动领导干部守法守纪、守规尽责，促进自然资源资产节约集约利用和生态环境安全。要紧紧围绕领导干部责任，积极探索离任审计与任中审计、与领导干部经济责任审计以及其他专业审计相结合的组织形式，发挥好审计监督作用。

会议强调，生态环境保护能否落到实处，关键在领导干部。要坚持依法依规、客观公正、科学认定、权责一致、终身追究的原则，围绕落实严守资源消耗上限、环境质量底线、生态保护红线的要求，针对决策、执行、监管中的责任，明确各级领导干部责任追究情形。对造成生态环境损害负有责任的领导干部，不论是否已调离、提拔或者退休，都必须严肃追责。各级党委和政府要切实重视、加强领导，纪检监察机关、组织部门和政府有关监管部门要各尽其责、形成合力。

会议指出，国有文化企业是建设社会主义先进文化的重要力量，必须发挥示范引领和表率带动作用，在推动实现社会效益和经济效益相统一中走在前列。要着力推动国有文化企业树立社会效益第一、社会价值优先的经营理念，完善治理结构，加强绩效考核，推动企业做强做优做大。要建立健全两个效益相统一的评价考核机制，形成对社会效益的可量化、可核查要求。要落实和完善文化经济政策，加强文化市场监管，不断优化国有文化企业健康发展的环境条件。

会议强调，改革越是向纵深发展，越是要重视思想认识问题。要结合"三严三实"专题教育，抓好思想政治工作，教育引导广大党员、干部看大局、明大势，深刻认识全面深化改革的重大意义，自觉站在改革全局的高度，正确看待局部利益关系调整，坚定改革决心和信心，形成推动改革的思想自觉和行动自觉。要把方案质量放在第一位，坚持问题导向，抓实问题，开实药方，提实举措，每一条改革举措都要内涵清楚、指向明确、解决问题，便于基层理解和落实。要把好改革方案的主旨和要点，把准相关改革的内在联系，结合实际实化细化，使各项改革要求落地生根。要集中力量做好督察工作，对执行不力、落实不到位的要严肃问责。

中央全面深化改革领导小组成员出席，中央和国家有关部门负责同志列席会议。

习近平：全党要把生态文明建设作为重要政治任务

中共中央政治局 2015 年 3 月 24 日召开会议，审议通过《关于加快推进生态文明建设的意见》，审议通过广东、天津、福建自由贸易试验区总体方案、进一步深化上海自由贸易试验区改革开放方案。中共中央总书记习近平主持会议。

会议认为，党的十八大和十八届三中、四中全会对生态文明建设作出了顶层设计和总体部署。党的十八大以来，在以习近平同志为总书记的党中央坚强领导下，各地区各部门统一思想、扎实工作、积极推进，在生态文明建设上不断取得新的重大进展。当前和今后一个时期，要按照党中央决策部署，把生态文明建设融入经济、政治、文化、社会建设各方面和全过程，切实把生态文明建设工作抓紧抓好。

会议强调，要全面推动国土空间开发格局优化、加快技术创新和结构调整、促进资源节约循环高效利用、加大自然生态系统和环境保护力度等重点工作，努力在重要领域和关键环节取得突破。必须加快推动生产方式绿色化，构建科技含量高、资源消耗低、环境污染少的产业结构和生产方式，大幅提高经济绿色化程度，加快发展绿色产业，形成经济社会发展新的增长点。必须加快推动生活方式绿色化，实现生活方式和消费模式向勤俭节约、绿色低碳、文明健康的方向转变，力戒奢侈浪费和不合理消费。必须弘扬生态文明主流价值观，把生态文明纳入社会主义核心价值体系，形成人人、事事、时时崇尚生态文明的社会新风尚，为生态文明建设奠定坚实的社会、群众基础。

必须把制度建设作为推进生态文明建设的重中之重，按照国家治理体系和治理能力现代化的要求，着力破解制约生态文明建设的体制机制障碍，以资源环境生态红线管控、自然资源资产产权和用途管制、自然资源资产负债表、自然资源资产离任审计、生态环境损害赔偿和责任追究、生态补偿等重大制度为突破口，深化生态文明体制改革，尽快出台相关改革方案，建立系统完整的制度体系，把生态文明建设纳入法治化、制度化轨道。

会议要求，加强顶层设计与推动地方实践相结合，深入开展生态文明先行示范区建设，形成可复制可推广的有效经验。全党上下要把生态文明建设作为一项重要政治任务，以抓铁有痕、踏石留印的精神，真抓实干、务求实效，把生态文明建设蓝图逐步变为现实，努力开创社会主义生态文明新时代。

习近平:要像保护眼睛一样保护生态环境

2015年3月6日上午,中共中央总书记、国家主席、中央军委主席习近平,中共中央政治局常委、全国人大常委会委员长张德江,中共中央政治局常委、全国政协主席俞正声,中共中央政治局常委、中央纪委书记王岐山分别参加了十二届全国人大三次会议和全国政协十二届三次会议一些团组的审议和讨论。

习近平在江西代表团参加审议。会上,强卫、鹿心社、莫建成、殷美根、李利、徐毅、兰念瑛、明经华、龙波舟等代表先后围绕深入贯彻落实"四个全面"、重点突破深化改革、加强民生保障、完善医疗保险制度、保障困难群众生活、保护绿水青山、带动老区发展振兴等问题发表意见。习近平认真听取和记录并同大家交流,最后作了重要讲话。习近平肯定了江西一年来取得的成绩,强调指出,要着力推动老区特别是原中央苏区加快发展,决不能让老区群众在全面建成小康社会进程中掉队,立下愚公志、打好攻坚战,让老区人民同全国人民共享全面建成小康社会成果。这是我们党的历史责任。环境就是民生,青山就是美丽,蓝天也是幸福。要像保护眼睛一样保护生态环境,像对待生命一样对待生态环境。对破坏生态环境的行为,不能手软,不能下不为例。党要管党丝毫不能松懈,从严治党一刻不能放松。井冈山精神和苏区精神是我们党的宝贵精神财富,要永远铭记、世代传承,教育引导广大党员、干部在思想上正本清源、固根守魂,始终保持共产党人政治本色。要重视基层风气问题,下大气力整治发生在老百姓身边的不良行为,对随意插手基层敏感事务、截留克扣基层物资经费、处事不公、吃拿卡要、侵占群众利益等问题,必须严肃查处,绝不姑息。要着力净化政治生态,营造廉洁从政良好环境。要深入推进反腐败斗争,下大气力拔"烂树"、治"病树"、正"歪树",使领导干部受到警醒、警示、警戒。要加强对干部特别是党员领导干部的监督管理,彻底改变对干部失之于宽、失之于软现象。

《习近平总书记系列重要讲话读本》（节选）①

在党的十八大以来治国理政新的实践中，习近平总书记发表了一系列重要讲话。深刻回答了新形势下党和国家发展的一系列重大理论和现实问题，深入阐释了党的十八大精神，进一步升华了我们党对中国特色社会主义规律和马克思主义执政党建设规律的认识。讲话内涵丰富、思想深邃、博大精深，贯穿着坚定信仰追求、历史担当意识、真挚为民情怀、务实思想作风、科学思想方法，闪耀着马克思主义真理的光辉。

该《读本》分十二个专题，全面准确阐述了习近平总书记系列重要讲话的重大意义、科学内涵、精神实质和实践要求，阐述了讲话提出的一系列重大战略思想和重大理论观点。该书框架结构是在深入领会和梳理习近平总书记系列重要讲话基础上设计的，全书主要观点和论述忠实于原著。《读本》为广大党员、干部、群众学习讲话精神提供了重要辅助材料。

目录

---

① 中共中央宣传部编写：《习近平总书记系列重要讲话读本》，学习出版社、人民出版社 2014 年 6 月版。

序

新时期统一思想和推进工作的科学指南

党的十八大以来，以习近平同志为总书记的党中央，深入贯彻党的十八大精神，高举中国特色社会主义伟大旗帜，以邓小平理论、"三个代表"重要思想、科学发展观为指导，统筹国内国际两个大局，统筹伟大事业伟大工程，以中国梦凝聚力量，以抓改革激发活力，以改作风振奋人心，励精图治、攻坚克难，带领全党全国各族人民取得新成就、形成新风气、开创新局面，得到了广大干部群众的衷心拥护和国际社会的高度评价。

在党的十八大以来治国理政新的实践中，习近平总书记发表了一系列重要讲话。讲话围绕坚持和发展中国特色社会主义、实现中华民族伟大复兴的中国梦，围绕推进经济建设、政治建设、文化建设、社会建设、生态文明建设，围绕推进国防和军队建设、祖国统一、外交工作等，围绕从严管党治党、全面提高党的建设科学化水平，提出许多富有创见的新思想新观点新论断新要求，深刻回答了新形势下党和国家发展的一系列重大理论和现实问题，深入阐释了党的十八大精神，进一步升华了我们党对中国特色社会主义规律和马克思主义执政党建设规律的认识。讲话内涵丰富、思想深邃、博大精深，贯穿着坚定信仰追求、历史担当意识、真挚为民情怀、务实思想作风、科学思想方法，闪耀着马克思主义真理的光辉，是新一届中央领导集体执政理念、工作思路和信念意志的集中反映，是坚持和发展中国特色社会主义的最新理论成果，为我们在新的历史起点上实现新的奋斗目标提供了科学指南和基本遵循。

深入学习贯彻习近平总书记系列重要讲话精神，是全党的一项重大政治任务，是我们统一思想认识、凝聚奋进力量的迫切需要，是把握发展大势、明确前进方向的迫切需要，是赢得发展新优势、开创事业新局面的迫切需要，是提高党员干部素养、增强驾驭复杂局面能力的迫切需要，对于全面建成小康社会、夺取中国特色社会主义新胜利，具有重大而深远的意义。学习好贯彻好讲话精神，才能进一步坚定主心骨，保持思想上政治上行动上的团结统一，更好地坚持中国道路、弘扬中国精神、凝聚中国力量；才能进一步增强战略思维和战略定力，更好地观大势、谋大事，排除各种干扰，不动摇、不懈怠、不折腾，续写中国特色社会主义新篇章；才能进一步增强发展信心、把握发展规律、拓展发展空间，推动经济社会持续健康发展、加快推进社会主义现代化；才能更好保持党的先进性和纯洁性，保持党的蓬勃生机和旺盛活力，切实承担起党所肩负的历史责任和历史使命。

为推动全党深入学习贯彻习近平总书记系列重要讲话精神，切实用讲话精神武装头脑、指导实践、推动工作，中央宣传部组织编写了《习近平总书记系列重要讲话读本》。该书框架结构是在深入领会和梳理习近平总书记系列重要讲话基础上设计的，全书主要观点和论述忠实于原著。该书可作为广大党员、干部、群众学习讲话精神的重要辅助材料。

……

八　绿水青山就是金山银山——关于大力推进生态文明建设

建设生态文明是关系人民福祉、关乎民族未来的大计，是实现中华民族伟大复兴中国梦的重要内容。二〇一三年九月七日，习近平总书记在哈萨克斯坦纳扎尔巴耶夫大学发表演讲并回答学生们提出的问题，在谈到环境保护问题时他指出："我们既要绿水青山，也要金山银山。宁要绿水青山，不要金山银山，而且绿水青山就是金山银山。"这生动形象表达了我们党和政府大力推进生态文明建设的鲜明态度和坚定决心。要按照尊重自然、顺应自然、保护自然的理念，贯彻节约资源和保护环境的基本国策，把生态文明建设融入经济建设、政治建设、文化建设、社会建设各方面和全过程，建设美丽中国，努力走向社会主义生态文明新时代。

1. 良好生态环境是最普惠的民生福祉

生态文明是人类社会进步的重大成果。人类经历了原始文明、农业文明、工业文明，生态文明是工业文明发展到一定阶段的产物，是实现人与自然和谐发展的新要求。建设生态文明，不是要放弃工业文明，回到原始的生产生活方式，而是要以资源环境承载能力为基础，以自然规律为准则，以可持续发展、人与自然和谐为目标，建设生产发展、生活富裕、生态良好的文明社会。

人与自然的关系是人类社会最基本的关系。自然界是人类社会产生、存在和发展的基础和前提，人类则可以通过社会实践活动有目的地利用自然、改造自然，但人类归根结底是自然的一部分，在开发自然、利用自然的过程中，人类不能凌驾于自然之上，人类的行为方式必须符合自然规律。人与自然是相互依存、相互联系的整体，对自然界不能只讲索取不讲投入、只讲利用不讲建设。保护自然环境就是保护人类，建设生态文明就是造福人类。

历史地看，生态兴则文明兴，生态衰则文明衰。古今中外，这方面的事例众多。恩格斯在《自然辩证法》一书中就深刻指出，"我们不要过分陶醉于我们人类对自然界的胜利。对于每一次这样的胜利，自然界都对我们进行报复"，"美索不达米亚、希腊、小亚细亚以及其他各地的居民，为了得到耕地，毁灭了森林，但是他们做梦也想不到，这些地方今天竟因此而成为不毛之地"。历史的教训，值得深思！

中华文明传承五千多年，积淀了丰富的生态智慧。"天人合一"、"道法自然"的哲理思想，"劝君莫打三春鸟，儿在巢中望母归"的经典诗句，"一粥一饭，当思来处不易；半丝半缕，恒念物力维艰"的治家格言，这些质朴睿智的自然观，至今仍给人以深刻警示和启迪。

我们党一贯高度重视生态文明建设。二十世纪八十年代初，我们就把保护环境作为基本国策。进入新世纪，又把节约资源作为基本国策。多年来，我们大力推进生态环境保护，取得了显著成绩。但是经过三十多年的快速发展，积累下来的生态环境问题日益显现，进入高发频发阶段。比如，全国江河水系、地下水污染和饮用水安全问题不容忽视，有的地区重金属、土壤污染比较严重，全国频繁出现大范围长时间的雾霾污染天气，等等。

这些突出环境问题对人民群众生产生活、身体健康带来严重影响和损害，社会反映强烈，由此引发的群体性事件不断增多。这说明，随着社会发展和人民生活水平不断提高，人民群众对干净的水、清新的空气、安全的食品、优美的环境等的要求越来越高，生态环境在群众生活幸福指数中的地位不断凸显，环境问题日益成为重要的民生问题。正像有人所说的，老百姓过去"盼温饱"现在"盼环保"，过去"求生存"现在"求生态"。

习近平总书记指出："良好生态环境是最公平的公共产品，是最普惠的民生福祉。"保护生态环境，关系最广大人民的根本利益，关系中华民族发展的长远利益，是功在当代、利在千秋的事业，在这个问题上，我们没有别的选择。必须清醒认识保护生态环境、治理环境污染的紧迫性和艰巨性，清醒认识加强生态文明建设的重要性和必要性，以对人民群众、对子孙后代高度负责的态度，加大力度，攻坚克难，全面推进生态文明建设，实现中华民族永续发展。

2. 保护生态环境就是保护生产力

二〇一三年五月，习近平总书记在中央政治局第六次集体学习时指出，"要正确处理好经济发展同生态环境保护的关系，牢固树立保护生态环境就是保护生产力、改善生态环境就是发展生产力的理念"。这一重要论述，深刻阐明了生态环境与生产力之间的关系，是对生产力理论的重大发展，饱含尊重自然、谋求人与自然和谐发展的价值理念和发展理念。

改革开放以来，我国坚持以经济建设为中心，推动经济快速发展起来，在这个过程中，我们强调可持续发展，重视加强节能减排、环境保护工作。但也有一些地方、一些领域没有处理好经济发展同生态环境保护的关系，以无节制消耗资源、破坏环境为代价换取经济发展，导致能源资源、生态环境问题越来越突出。比如，能源资源约束强化，石油等重要资源的对外依存度快速上升；耕地逼近十八亿亩红线，水土流失、土地沙化、草原退化情况严重；一些地区由于盲目开发、过度开发、无序开发，已经接近或超过资源环境承载能力的极限；温室气体排放总量大、增速快；等等。这种状况不改变，能源资源将难以支撑、生态环境将不堪重负，反过来必然对经济可持续发展带来严重影响，我国发展的空间和后劲将越来越小。习近平总书记指出："我们在生态环境方面欠账太多了，如果不从现在起就把这项工作紧紧抓起来，将来会付出更大的代价。"

环顾世界，许多国家，包括一些发达国家，都经历了"先污染后治理"的过程，在发展中把生态环境破坏了，搞了一堆没有价值甚至是破坏性的东西。再补回去，成本比当初创造的财富还要多。特别是有些地方，像重金属污染区，水被污染了，土壤被污染了，到了积重难返的地步，至今没有恢复。英国是最早开始走上工业化道路的国家，伦敦在很长一段时期是著名的"雾都"。一九三〇年，比利时爆发了世人瞩目的马斯河谷烟雾事件。二十世纪四十年代的光化学烟雾事件使美国洛杉矶"闻名世界"。殷鉴不远，西方传统工业化的迅猛发展在创造巨大物质财富的同时，也付出了十分沉重的生态环境代价，教训极为深刻。

中国是一个有十三亿多人口的大国，我们建设现代化国家，走美欧老路是走不通的。能源资源相对不足、生态环境承载能力不强，已成为我国的一个基本国情。发达国家一两百年出现的环境问题，在我国三十多年来的快速发展中集中显现，呈现明显的结构型、压缩型、复合型特点，老的环境问题尚未解决，新的环境问题接踵而至。走老路，去无节制消耗资源，去不计代价污染环境，难以为继！中国要实现工业化、信息化、城镇化、农业现代化，必须走出一条新的发展道路。

我们只有更加重视生态环境这一生产力的要素，更加尊重自然生态的发展规律，保护和利用好生态环境，才能更好地发展生产力，在更高层次上实现人与自然的和谐。要克服把保护生态与发展生产力对立起来的传统思维，下大决心、花大气力改变不合理的产业结构、资源利用方式、能源结构、空间布局、生活方式，更加自觉地推动绿色发展、循环发展、低碳发展，决不以牺牲环境、浪费资源为代价换取一时的经济增长，决不走"先污染后治理"的老路，探索走出一条环境保护新路，实现经济社会发展与生态环境保护的共赢，为子孙后代留下可持续发展的"绿色银行"。

3. 以系统工程思路抓生态建设

习近平总书记强调，环境治理是一个系统工程，必须作为重大民生实事紧紧抓在手上。要按照系统工程的思路，抓好生态文明建设重点任务的落实，切实把能源资源保障好，把环境污染治理好，把生态环境建设好，为人民群众创造良好生产生活环境。

要牢固树立生态红线的观念。生态红线，就是国家生态安全的底线和生命线，这个红线不能突破，一旦突破必将危及生态安全、人民生产生活和国家可持续发展。我国的生态环境问题已经到了很严重的程度，非采取最严厉的措施不可，不然不仅生态环境恶化的总态势很难从根本上得到扭转，而且我们设想的其他生态环境发展目标也难以实现。习近平总书记强调："在生态环境保护问题上，就是要不能越雷池一步，否则就应该受到惩罚。"要精心研究和论证，究竟哪些要列入生态红线，如何从制度上保障生态红线，把良好生态系统尽可能保护起来。对于生态红线全党全国要一体遵行，决不能逾越。

优化国土空间开发格局。国土是生态文明建设的空间载体，要按照人口资源环境相均衡、经济社会生态效益相统一的原则，统筹人口分布、经济布局、国土利用、生态环境保护，科学布局生产空间、生活空间、生态空间，给自然留下更多修复空间，给农业留下更多良田，给子孙后代留下天蓝、地绿、水净的美好家园。加快实施主体功能区战略，严格实施环境功能区划，构建科学合理的城镇化推进格局、农业发展格局、生态安全格局，保障国家和区域生态安全，提高生态服务功能。要坚持陆海统筹，进一步关心海洋、认识海洋、经略海洋，提高海洋资源开发能力，保护海洋生态环境，扎实推进海洋强国建设。

全面促进资源节约。大部分对生态环境造成破坏的原因是来自对资源的过度开发、粗放型使用，如果竭泽而渔，最后必然是什么鱼也没有了。扬汤止沸不如釜底抽薪，建设生态文明必须从资源使用这个源头抓起，把节约资源作为根本之策。要大力节约集约利用资源，推动资源利用方式根本转变，加强全过程节约管理，大幅降低能源、水、土地消耗强度。控制能源消费总量，加强节能降耗，支持节能低碳产业和新能源、可再生能源发展，确保国家能源安全，努力控制温室气体排放，积极应对气候变化。加强水源地保护，推进水循环利用，建设节水型社会。严守十八亿亩耕地保护红线，严格保护耕地特别是基本农田，严格土地用途管制。加强矿产资源勘查、保护、合理开发，提高矿产资源勘查合理开采和综合利用水平。大力发展循环经济，促进生产、流通、消费过程的减量化、再利用、资源化。

加大生态环境保护力度。良好生态环境是人和社会持续发展的根本基础。要以解决损害群众健康突出环境问题为重点，坚持预防为主、综合治理，强化水、大气、土壤等污染防治，着力推进重点流域和区域水污染防治，着力推进颗粒物污染防治，着力推进重金属污染和土壤污染综合治理，集中力量优先解决好细颗粒物（PM2.5）、饮用水、土壤、重金属、化学品等损害群众健康的突出问题，切实改善环境质量。实施重大生态修复工程，增强生态产品生产能力，推进荒漠化、石漠化综合治理，扩大湖泊、湿地面积，保护生物多样性，提高适应气候变化能力。

4. 实行最严格的生态环境保护制度

建设生态文明是一场涉及生产方式、生活方式、思维方式和价值观念的革命性变革。实现这样的根本性变革，必须依靠制度和法治。我国生态环境保护中存在的一些突出问题，大都与体制不完善、机制不健全、法治不完备有关。习近平总书记指出："只有实行最严格的制度、最严密的法治，才能为生态文明建设提供可靠保障。"必须建立系统完整的制度体系，用制度保护生态环境、推进生态文明建设。

要完善经济社会发展考核评价体系。科学的考核评价体系犹如"指挥棒"，在生态文明制度建设中是最重要的。要把资源消耗、环境损害、生态效益等体现生态文明建设状况的指标纳入经济社会发展评价体系，建立体现生态文明要求的目标体系、考核办法、奖惩机制，使之成为推进生态文明建设的重要导向和约束。要把生态环境放在经济社会发展评价体系的突出位置，如果生态环境指标很差，一个地方一个部门的表面成绩再好看也不行。

要建立责任追究制度。资源环境是公共产品，对其造成损害和破坏必须追究责任。对那些不顾生态环境盲目决策、导致严重后果的领导干部，必须追究其责任，而且应该终身追究。不能把一个地方环境搞得一塌糊涂，然后拍拍屁股走人，官还照当，不负任何责任。要对领导干部实行自然资源资产离任审计，建立生态环境损害责任终身追究制。

要建立健全资源生态环境管理制度。健全自然资源资产产权制度和用途管制制度，加快建立国土空间开发保护制度，健全能源、水、土地节约集约使用制度，强化水、大气、土壤等污染防治制度，建立反映市场供求和资源稀缺程度、体现生态价值和代际补偿的资源有偿使用制度和生态补偿制度，健全环境损害赔偿制度，强化制度约束作用。加强生态文明宣传教育，增强全民节约意识、环保意识、生态意识，营造爱护生态环境的良好风气。

为了中华民族永续发展

——习近平总书记关心生态文明建设纪实①

让山川林木葱郁，让大地遍染绿色，让天空湛蓝清新，让河湖鱼翔浅底，让草原牧歌欢唱……

这是建设美丽中国的美好蓝图，也是实现永续发展的根本要求。

党的十八大以来，以习近平同志为总书记的党中央高瞻远瞩战略谋划，着力创新发展理念，大力建设生态文明，引领中华民族在伟大复兴的征途上奋勇前行。

这是对人类文明发展规律的深刻总结

——生态兴则文明兴，生态衰则文明衰。生态环境保护是功在当代、利在千秋的事业。

2015年新年伊始，习近平总书记在云南考察工作时，专程来到大理市湾桥镇古生村，详细了解洱海湿地生态保护情况。

在碧波荡漾的洱海边，习近平和当地干部合影后说："立此存照，过几年再来，希望水更干净清澈。"他叮嘱，一定要把洱海保护好，让"苍山不墨千秋画，洱海无弦万古琴"的自然美景永驻人间。

习总书记强调，要把生态环境保护放在更加突出位置，像保护眼睛一样保护生态环境，像对待生命一样对待生态环境，在生态环境保护上一定要算大账、算长远账、算整体账、算综合账，不能因小失大、顾此失彼、寅吃卯粮、急功近利。生态环境保护是一个长期任务，要久久为功。

建设一个美丽富强的中国，实现中华民族永续发展，是习近平总书记心中的梦想和力量之源。这力量，根植于生生不息的中华文明。

尊重自然、顺应自然、保护自然，是习近平对东方文化中和谐平衡思想的深刻理解。

在他看来，人类追求发展的需求和地球资源的有限供给是一对永恒的矛盾，必须解决好"天育物有时，地生财有限，而人之欲无极"的矛盾，达到"一松一竹真朋友，山鸟山花好兄弟"的意境。

地球很大，也很脆弱。工业革命以来，人类对大自然进行了前所未有的改造，在生产力空前发展的同时，自然生态系统发生巨大变化，出现森林消失、湿地退化、水土流失、

① 《为了中华民族永续发展——习近平总书记关心生态文明建设纪实》，《人民日报》2015年3月10日第1版。

干旱缺水、洪涝灾害频发、全球气候变暖等严重生态危机。

放眼人类文明，审视当代中国，习总书记的思考深邃而迫切——中华文明已延续了5000多年，能不能再延续5000年直至实现永续发展？

"我国生态环境矛盾有一个历史积累过程，不是一天变坏的，但不能在我们手里变得越来越坏，共产党人应该有这样的胸怀和意志。"习近平的讲话掷地有声。

大力建设生态文明，彰显了总书记对人类文明发展经验教训的历史总结，对人类发展意义的深邃思考。

从实现中华民族伟大复兴和永续发展的全局出发，2012年11月召开的党的十八大，首次把"美丽中国"作为生态文明建设的宏伟目标，把生态文明建设摆上了中国特色社会主义"五位一体"总体布局的战略位置。

这部由习近平担任起草组组长的报告，体现了中国共产党人对中国特色社会主义建设发展的认识更加深化——

建设生态文明，是关系人民福祉、关乎民族未来的长远大计。面对资源约束趋紧、环境污染严重、生态系统退化的严峻形势，必须树立尊重自然、顺应自然、保护自然的生态文明理念，把生态文明建设放在突出地位，融入经济建设、政治建设、文化建设、社会建设各方面和全过程，努力建设美丽中国，实现中华民族永续发展。

保护生态环境已成为全球共识，但把生态文明建设作为一个政党特别是执政党的行动纲领，中国共产党是第一个。

2013年2月，联合国环境规划署第二十七次理事会通过了推广中国生态文明理念的决定草案，标志着中国生态文明的理论与实践在国际社会得到认同与支持。

党的十八大以来，习近平无论在国内主持重要会议、考察调研，还是在国外访问、出席国际会议活动，常常强调建设生态文明、维护生态安全，有关重要讲话、论述、批示超过60次。

"生态兴则文明兴，生态衰则文明衰。"2013年5月24日，习近平在主持中共中央政治局第六次集体学习时指出："生态环境保护是功在当代、利在千秋的事业。"

这是对生态与文明关系的鲜明阐释，彰显了中国共产党人对人类文明发展规律、自然规律和经济社会发展规律的深刻认识，丰富发展了马克思主义生态观。

保护好生态环境，要有科学和系统的视野。在习近平看来，一个良好的自然生态系统，是大自然亿万年间形成的，是一个复杂的系统。如果种树的只管种树、治水的只管治水、护田的单纯护田，很容易顾此失彼，最终造成生态的系统性破坏。

2013年11月，习近平在党的十八届三中全会上作关于《中共中央关于全面深化改革若干重大问题的决定》的说明时指出："我们要认识到，山水林田湖是一个生命共同体，人的命脉在田，田的命脉在水，水的命脉在山，山的命脉在土，土的命脉在树。"

在另一次重要会议上，他进一步指出："如果破坏了山、砍光了林，也就破坏了水，山就变成了秃山，水就变成了洪水，泥沙俱下，地就变成了没有养分的不毛之地，水土流失、沟壑纵横。"

他要求采取综合治理的方法，把生态文明建设融入经济建设、政治建设、文化建设、社会建设的各方面与全过程，作为一个复杂的系统工程来操作，加快建立生态文明制度，健全国土空间开发、资源节约利用、生态环境保护的体制机制，推动形成人与自然和谐发展现代化建设新格局。

习近平认为，在复杂的生态系统中，林业在维护国土安全和统筹山水林田湖综合治理中占有基础地位。他多次指出，林业是事关经济社会可持续发展的根本性问题。森林是自然生态系统的顶层，拯救地球首先要从拯救森林开始。

科学家预测，如果森林从地球上消失，陆地的生物、淡水、固氮将减少 90%，生物放氧将减少 60%，人类将无法生存。联合国指出，全球森林已减少了 50%，难以支撑人类文明大厦。

"不可想象，没有森林，地球和人类会是什么样子。"2013 年 4 月 2 日，习近平在参加首都义务植树活动时指出："森林是陆地生态系统的主体和重要资源，是人类生存发展的重要生态保障。"

国家林业局局长赵树丛一直铭记，他到国家林业局工作时，习近平对他叮嘱道，林业就是要保护好生态，谁破坏了生态，就要拿谁是问。这使赵树丛深深感到，保护生态责任重于泰山。

目前，我国仍有 9 亿多亩天然林没有纳入天保工程实施范围，森林质量不高、生态系统脆弱、水土流失严重等问题严峻。如何让中国的森林为地球增添更多绿色，在习近平心里有着特殊地位。

对此，党中央作出了事关长远发展的战略决断——从 2015 年起，我国分步骤扩大停止天然林商业性采伐范围，最终全面停止天然林商业性采伐。

同时，把天保工程范围扩大到全国、争取把所有天然林都保护起来；实施湖泊湿地保护修复工程、对有条件恢复的湖泊湿地退耕还湖还湿；扩大退耕还林退牧还草；扩大京津平原的森林湿地面积，提高燕山太行山绿化水平。

顺应世界大势，实现永续发展。以习近平同志为总书记的党中央，正引领中国人民奋力抒写生态文明新篇章。

这是引领中国长远发展的执政理念和战略谋划

——既要金山银山，也要绿水青山，绿水青山就是金山银山。绝不能以牺牲生态环境为代价换取经济的一时发展。

"原油可以进口，世界石油资源用光后还有替代能源顶上，但水没有了，到哪儿去进口？"

2014 年 3 月 14 日，中央财经领导小组第五次会议上，习近平提出的问题振聋发聩。

他指出，治水的问题，过去我们系统研究不够，"今天就是专门研究从全局角度寻求新的治理之道，不是头疼医头、脚疼医脚"。

森林、湖泊、湿地是天然水库，具有涵养水源、蓄洪防涝、净化水质和空气的功能。然而，全国面积大于 10 平方公里的湖泊已有 200 多个萎缩；全国因围垦消失的天然湖泊有近 1000 个；全国每年 1.6 万亿立方米的降水直接入海、无法利用。

针对严峻形势，总书记一语中的：水稀缺，"一个重要原因是涵养水源的生态空间大面积减少，盛水的'盆'越来越小，降水存不下、留不住"。

不仅是水资源短缺、水体污染严重，作为一个发展中大国，中国在追赶现代化的征程上，面临更多的生态窘境，长期被忽视的生态环境问题全面显现：

大气——在全国 74 个按新的空气质量标准监测的城市中，达标比例仅为 4.1%；

土壤——全国 1.5 亿亩耕地受污染、四成多耕地退化，水土流失面积占国土面积近 1/3；

森林——森林生态系统退化严重，土地沙化、石漠化仍然威胁人民生命财产安全；

水体——受严重污染的劣 V 类水体比例达 10% 左右。

更为紧迫的是，我国长期处于全球价值链的中低端，承接比较多的是一些高污染、高耗能产业。历史遗留的环境问题尚未解决，新的环境问题接踵而至。

"我们在生态环境方面欠账太多了，如果不从现在起就把这项工作紧紧抓起来，将来会付出更大的代价。" 2012 年 12 月 7 日至 11 日，习近平在广东考察时谆谆告诫。

2014 年 2 月 26 日，习近平在专题听取京津冀协同发展工作汇报时指出，华北地区缺水问题本来就很严重，如果再不重视保护好涵养水源的森林、湖泊、湿地等生态空间，再继续超采地下水，自然报复的力度会更大。

"小康全面不全面，生态环境质量是关键。" 2014 年 3 月 7 日在参加贵州代表团审议时，习近平深刻地指出。

生态破坏严重、生态灾害频繁、生态压力巨大等突出问题，已成为全面建成小康社会最大的短板。如何补齐生态短板？习近平有深邃的理解。

"我们追求人与自然的和谐、经济与社会的和谐，通俗地讲就是要'两座山'：既要金山银山，又要绿水青山，绿水青山就是金山银山。" 2013 年 9 月 7 日，习近平在哈萨克斯坦纳扎尔巴耶夫大学发表演讲后回答学生提问时说："我们绝不能以牺牲生态环境为代价换取经济的一时发展。"

在另一次重要场合上，习近平对"两山论"进行了深入分析：

"在实践中对绿水青山和金山银山这'两座山'之间关系的认识经过了三个阶段：第一个阶段是用绿水青山去换金山银山，不考虑或者很少考虑环境的承载能力，一味索取资源。第二个阶段是既要金山银山，但是也要保住绿水青山，这时候经济发展和资源匮乏、环境恶化之间的矛盾开始凸显出来，人们意识到环境是我们生存发展的根本，要留得青山在，才能有柴烧。第三个阶段是认识到绿水青山可以源源不断地带来金山银山，绿水青山本身就是金山银山，我们种的常青树就是摇钱树，生态优势变成经济优势，形成了浑然一体、和谐统一的关系，这一阶段是一种更高的境界。"

生态学专家、中国科学院院士蒋有绪深有感触地说："总书记从发展最紧迫的地方入手，凸显出对生态问题的重视，生动形象地阐明了经济发展与生态保护的辩证关系，对发展观作出了新诠释，为加快林业和生态建设指出了新方向。"

远见卓识源于切身实践，高瞻远瞩始自深入调研。习近平对于绿水青山与金山银山关系的深刻认识，源自他长期对林业和生态建设的实践。福建长汀的生态巨变，就是一个缩影。

长汀是客家人重要的聚居地，历史上山清水秀，林茂田肥，人们安居乐业。由于近代以来森林遭到严重破坏，长汀成为当时全国最为严重的水土流失区之一。1985 年，长汀水土流失面积达 146.2 万亩，占全县面积的 31.5%，不少地方出现"山光、水浊、田瘦、人穷"的景象。

绿水青山没了，何谈金山银山？在福建工作期间，习近平五下长汀，走山村，访农户，摸实情，谋对策，大力支持长汀水土流失治理。经过连续十几年的努力，长汀治理水土流失面积 162.8 万亩，减少水土流失面积 98.8 万亩，森林覆盖率由 1986 年的 59.8% 提高到现在的 79.4％，实现了"荒山—绿洲—生态家园"的历史性转变。

长汀的生态治理样本，折射出习近平清晰的生态理念。党的十八大以来，无论是中南海的政治局集体学习，还是同人大代表讨论交流，无论是在深入基层乡村的调研中，还是在远渡重洋的国外访问时，他反复强调这"两座山"，坚定传递着这一执政理念。

思想引领行动，理念指导实践。

围绕生态文明建设，党中央提出了一系列新要求，推出了一揽子硬措施。

——不简单地以 GDP 论英雄。最重要的是完善经济社会发展考核评价体系，把资源消耗、环境损害、生态效益等体现生态文明建设状况的指标纳入经济社会发展评价体系，使之成为推进生态文明建设的重要导向和约束。

——坚定不移加快实施主体功能区战略。严格按照优化开发、重点开发、限制开发、禁止开发的主体功能定位，构建科学合理的城镇化推进格局、农业发展格局、生态安全格局，保障国家和区域生态安全，提高生态服务功能。

——坚持系统思维综合治理。对水流、森林、山岭、草原、荒地、滩涂等自然生态空间进行统一确权登记，形成归属清晰、权责明确、监管有效的自然资源资产产权制度。

——建立责任追究制度。对那些不顾生态环境盲目决策、造成严重后果的人，必须追究其责任，而且应该终身追究。

——划定并严守生态红线。不能越雷池一步，否则就受到惩罚；实施重大生态修复工程，增强生态产品生产能力。

"中国在生态文明这个领域中，不仅是给自己，而且也给世界一个机会，让我们更好地了解朝着绿色经济的转型。"联合国副秘书长阿奇姆·施泰纳说。

既要金山银山，也要绿水青山，绿水青山就是金山银山，这是发展理念和方式的深刻转变，也是执政理念和方式的深刻变革，引领着中国发展迈向新境界。

这是深厚的民生情怀和强烈的责任担当

——良好生态环境是最公平的公共产品，是最普惠的民生福祉。给子孙留下天蓝、地绿、水净的美好家园

"习总书记到林区看望林业工人了！"2014 年春节前夕，内蒙古大兴安岭林区沸腾了。冒着零下 30 摄氏度的严寒，踏着皑皑白雪，习近平来到阿尔山市伊尔施镇林业棚户区。

建设生态文明，是民意，也是民生。习近平没有忘记地处偏远的山区林区，没有忘记生活在这里的林区人民。当听到阿尔山林区已全面停伐，正处在艰难转型期时，他深情地说："历史有它的阶段性，当时砍木头是为国家做贡献，现在种树看林子也是为国家做贡献。"

春秋时期，管仲在《管子·立政》中说，"草木不植成，国之贫也""草木植成，国之富也""行其山泽，观其桑麻，计其六畜之产，而贫富之国可知也"。在习近平看来，林业改革的目标，就是既要生态美，也要百姓富，"保生态、保民生"。

建立有利于保护和发展森林资源、有利于改善生态和民生、有利于增强林业发展活力的国有林场林区新体制，建设资源增长、生态良好、林业增效、职工增收、稳定和谐的社会主义新林区。

早在 2001 年，时任福建省省长的习近平就把集体林权制度改革作为一项重大民生工

程给予了特别关注。他到武平县调研后作出了"集体林权制度改革要像家庭联产承包责任制那样从山下转向山上"的历史性决定。如今，这项被誉为我国农村第三次土地革命的改革已将 27 亿亩山林承包到户，为 5 亿农民带来福祉。

"森林是我们从祖宗继承来的，要留传给子孙后代，上对得起祖宗，下对得起子孙。"在 2014 年 12 月 25 日中央政治局常委会会议上，习近平语重心长地说："森林是陆地生态的主体，是国家、民族最大的生存资本，是人类生存的根基，关系生存安全、淡水安全、国土安全、物种安全、气候安全和国家外交大局。必须从中华民族历史发展的高度来看待这个问题，为子孙后代留下美丽家园，让历史的春秋之笔为当代中国人留下正能量的记录。"

习近平多次指出，我国仍然是一个缺林少绿、生态脆弱的国家，人民群众期盼山更绿、水更清、环境更宜居，造林绿化、改善生态任重而道远。

从"求生存"到"求生态"，从"盼温饱"到"盼环保"，群众对干净水质、绿色食品、清新空气、优美环境等生态的需求更为迫切，推进生态文明之路，已成为共同愿望和追求。

2013 年 4 月，他在海南考察时强调，良好生态环境是最公平的公共产品，是最普惠的民生福祉。同年 12 月，他在中央城镇化工作会议上指出，让城市融入大自然，让居民望得见山、看得见水、记得住乡愁。

群众的期盼，就是总书记的关切。2014 年岁末，时刻牵挂百姓健康和生活的习近平，在江苏调研时来到镇江市丹徒区世业镇永茂圩自然村村民洪家勇家。他走进厨房，开冰箱、揭锅盖、拧龙头，拉家常、谈生产、问民需。

习近平坚定地说："经济要上台阶，生态文明也要上台阶。我们要下定决心，实现我们对人民的承诺。"

民之所望，施政所向。严守生态红线不能"越雷池一步"，习近平要求全党同志在这个原则问题上不能有一丝一毫松懈。面对一些破坏生态的事件，他还亲自作出重要指示要求严查。

陕西秦岭北麓山区曾私建上百套别墅，山体被肆意破坏，生活污水随意排放，有的甚至把山坡人为削平，圈占林地，对生态环境破坏十分严重，老百姓意见很大。看到材料后，习近平当即批示。随后，这些存在多年的违法建筑被一举拆除。群众拍手称赞。

"人民群众对清新空气、清澈水质、清洁环境等生态产品的需求越来越迫切，生态环境越来越珍贵。我们必须顺应人民群众对良好生态环境的期待，推动形成绿色低碳循环发展的新方式，并从中创造新的增长点。生态环境问题是利国利民利子孙后代的一项重要工作，决不能说起来重要、喊起来响亮、做起来挂空挡。"习近平强调。

拳拳爱民心，尽现决策中。党的十八大以来，围绕民生改善，一项项生态文明制度改革有力推进：

——发布大气污染防治行动计划，进一步推进排污权有偿使用和交易试点。2013 年全国单位 GDP 二氧化碳排放同比下降 4.3%，比 2005 年累计下降 28.56%。

——落实最严格水资源管理制度取得进展，2014 年治理水土流失面积 5.4 万平方公里，建成生态清洁小流域 300 多条，实施河北地下水超采区综合治理试点。

——新一轮退耕还林还草启动实施，成为推进生态文明建设、加快贫困地区农民脱贫致富的有效途径。

这是炽热的民生情怀，也是坚定的历史担当——2014 年 11 月 10 日，习近平在 APEC 欢迎宴会上致辞时表示，希望北京乃至全中国都能够蓝天常在、青山常在、绿水常在，让孩子们都生活在良好的生态环境之中，这也是中国梦中很重要的内容。

漫漫生态路，壮哉中国梦。

在以习近平同志为总书记的党中央坚强领导下，伟大的中华民族一定能完成建设生态文明、建设美丽中国的战略任务，给子孙留下天蓝、地绿、水净的美好家园，赢得永续发展的美好未来。

中央政治局会议首提绿色化："四化"变"五化"①

2015 年 3 月 24 日的政治局会议，有一个概念让人耳目一新："绿色化"。

之所以这么说，是因为这个概念是首次在中央政治局会议上提出。而更深一层的意义在于，这是十八大提出的"新四化"概念的提升——在"新型工业化、城镇化、信息化、农业现代化"之外，又加入了"绿色化"，并且将其定性为"政治任务"。换句话说，这是"四化"变"五化"。

那么，"绿色化"究竟是什么意思？内涵和外延是什么？习近平为何如此看重这个概念，它又将如何影响中国的走势？学习小组一篇文为你解读。

"绿色化"究竟是什么

"绿色化"究竟指什么？

首先，在经济领域，它是一种生产方式——"科技含量高、资源消耗低、环境污染少的产业结构和生产方式"，有着"经济绿色化"的内涵，而且希望带动"绿色产业"，"形成经济社会发展新的增长点"。

同时，它也是一种生活方式——"生活方式和消费模式向勤俭节约、绿色低碳、文明健康的方向转变，力戒奢侈浪费和不合理消费"。

并且，它还是一种价值取向——"把生态文明纳入社会主义核心价值体系，形成人人、事事、时时崇尚生态文明的社会新风"。

简单来说，就是把生态文明摆到了非常高的位置，不仅要在经济社会发展中实现发展方式的"绿色化"，而且要使之成为高级别价值取向。其阶段性目标，就是通稿里提到的，"推动国土空间开发格局优化、加快技术创新和结构调整、促进资源节约循环高效利用、加大自然生态系统和环境保护力度"，也就是朝着生态文明建设的总体目标进发。

事实上，"绿色化"这个词并非一个凭空造出的概念。早在 1949 年，《人民日报》就有一篇关于介绍苏联"绿色化"的文章，在那里，这个词的意思就是指"植树造林、绿化"；进入 90 年代以后，这个词则开始被用在食品、生态农业等领域，表示有机、无公害等概念；再后来，这个词开始被用在建筑、化工、制造业、工程管理等领域，环保、生态友好的理念开始融入这些领域。

但前面已经说到，将绿色化提得这么高，在政治局会议上是第一次；将其与"新型四化"并列，则更是属于理论的又一创新。生态文明建设，开始有了理论上的"抓手"，也有了实践的路径。

---

① "学习小组"。(http://news.sina.com.cn/c/2015-03-25/181231644809.shtml)

数字可以表现情况的紧迫程度：在全国 74 个按新的空气质量标准监测的城市中，达标比例仅为 4.1%；全国 1.5 亿亩耕地受污染、四成多耕地退化，水土流失面积占国土面积近三分之一；森林生态系统退化严重，土地沙化、石漠化仍然威胁人民生命财产安全；受严重污染的劣 V 类水体比例达 10% 左右。

如习近平所言，"我们在生态环境方面欠账太多了，如果不从现在起就把这项工作紧紧抓起来，将来付出的代价会更大"。

从福建到浙江的习近平

就习近平本人来说，对生态文明的关注也不是一天两天了，而是数十年来的"久久为功"。

举个例子就知道。通稿中有一句话："牢固树立'绿水青山就是金山银山'的理念。"看上去非常眼熟是不是？

是的，2013 年，在哈萨克斯坦演讲的习近平，就说过"既要绿水青山，也要金山银山。宁要绿水青山，不要金山银山，而且绿水青山就是金山银山"。而这句话，其实在他2006 年担任浙江省委书记时就说过，并有一段"两座山"的关系论述：

"在实践中对这'两座山'之间关系的认识经过了三个阶段：第一个阶段是用绿水青山去换金山银山，不考虑或者很少考虑环境的承载能力，一味索取资源。第二个阶段是既要金山银山，但是也要保住绿水青山，这时候经济发展和资源匮乏、环境恶化之间的矛盾开始凸显出来，人们意识到环境是我们生存发展的根本，只有'留得青山在'，才能'不怕没柴烧'。第三个阶段是认识到绿水青山可以源源不断地带来金山银山，绿水青山本身就是金山银山，我们种的常青树就是摇钱树，生态优势变成经济优势，形成了一种浑然一体、和谐统一的关系，这一阶段是一种更高的境界。"

如果你更加熟悉习近平，或许会想起 2014 年他到福建考察时，《福建日报》的那个头版报道的标题——《绿水青山就是金山银山——习近平同志关心长汀水土流失治理纪实》。

长汀，客家人聚居地，200 年来饱受水土流失之苦。1999 年，时任福建省委副书记、代省长的习近平到当地调研，之后十年，长汀的水土流失都被列入福建省为民办实事项目。调任浙江之后，他收到了当地居民寄去的樱桃——昔日 170 万亩水土流失的贫瘠土地，变成了瓜果飘香的"花果山"，这事儿还上了新闻联播。

时光再往前推 10 年，1989 年，年轻的习近平写过一篇《干部的基本功——密切联系人民群众》，收入《摆脱贫困》中。文中，他举例道：

"例如，修了一道堤，人行车通问题解决了，但水的回流没有了，生态平衡破坏了；大量使用地热水，疗疾洗浴问题解决了，群众很高兴，但地面建筑下沉了，带来了更为棘手的后果；这类傻事千万干不得！"

另一个数据是，从 1979 年起，连续 36 年，福建的森林覆盖率排名全国第一；2014年 3 月，国务院正式印发《关于支持福建省深入实施生态省战略加快生态文明先行示范区建设的若干意见》，福建成为全国第一个、也是目前唯一一个生态文明先行示范区。

总书记习近平为何关心生态

刚结束不久的 2015 年两会，在上海团、江西团，在广西团、吉林团，习近平每次都谈到生态环境问题。在江西，除了引用"落霞与孤鹜齐飞"之外，他还对江西的人大代表们说："要像保护眼睛一样保护生态环境，像对待生命一样对待生态环境。"

2014 年两会也有类似的场景。那一次是在贵州团，他开玩笑说，贵州的生态很好，甚至可以开发"空气罐头"。

而 2015 年年初在云南，他的一句"立此存照"也使人印象深刻——"过几年再来，希望水更干净清澈"，一定要把洱海保护好，让"苍山不墨千秋画，洱海无弦万古琴"的自然美景永驻人间。

事实上，担任总书记之后，无论是在国内主持会议、考察调研，还是在国外访问、出席国际会议活动，生态文明、生态安全都是他的重要议题。新华社通讯的数字显示，与此相关话题的重要讲话、论述、批示已经超过 60 次。

2013 年 5 月，中共中央政治局的第六次集体学习，专题就是生态文明。而在那次会议上，习近平的许多提法，比如"优化国土空间开发格局""全面促进资源节约""加大自然生态系统和环境保护力度""加强生态文明制度建设"，甚至是环保方面的"责任追究制"，都在此次中央政治局的通稿当中显示出来。

其实，"绿色化"能提到"五化"的地位，也是一种理论必然——在十八大上，"生态文明"就被首次提到与经济、政治、社会、文化并列的地位，中国特色社会主义开始成为了全新的"五位一体"；那次会议上，"美丽中国"的目标也首次被提出，并提到"中华民族永续发展"的高度。

而十八大报告的起草组组长，正是习近平。

学习小组一直说，"这些年，与习近平一起进步，共同担当"。我们看到，十八大以来，中共的理论创新一直在进行，无论是"四个全面"，还是"五化"，均属此列。

新的说法，总是新的实践下的理论提炼。

比如，相对于 2 年前的政治局集体学习，此次政治局会议，习近平的提法已经显然更加全面。在这次会议中，"绿色化"不仅有生产方式和生活方式的内容，还有上升到了社会主义核心价值观；不仅将改革作为绿色化的切口方案，而且提出了法治和制度保障；不仅有国内视角，还有国际视野，寻求国际合作。

更加具有理论创新意义的地方在于，在十八大提到"五个文明"之一之后，"生态文明"终于有了落实方案和路径。也就是说，生态文明建设是一个总体目标，而"绿色化"则是具体道路；中国特色的总体道路中，政治、经济、社会、文化建设，其中都要"贯穿生态文明"。

也就是说，生态将不仅仅是环保部、国土部，甚至是林业局、海洋局的"片内"工作，而将是"全国一盘棋"；不仅是"政绩"，而且将是真金白银的巨大产业；不仅是"肉食者谋之"，而是"匹夫有责"。

"希望北京乃至全中国都能够蓝天常在、青山常在、绿水常在，让孩子们都生活在良好的生态环境之中，这也是中国梦中很重要的内容。" 2014 年 11 月，在 APEC 带来的蓝天之下，习近平如此说道。

习近平与"十三五"五大发展理念：绿色篇^①

二十五年前他提出"绿色工程"，他说"什么时候闽东的山都绿了，什么时候闽东就富裕了"；十年前他提出"生态工程"，他说"绿水青山就是金山银山"；今天他提出"绿色发展"新理念，他说"让居民望得见山、看得见水、记得住乡愁"；他就是我们的习大大。十八大以来，以习近平同志为总书记的党中央坚持实践创新、理论创新，协调推进"四个全面"战略布局，坚持统筹国内国际两个大局，毫不动摇坚持和发展中国特色社会主义，党和国家各项事业取得了新的重大成就。十八届五中全会强调，实现"十三五"时期发展目标，破解发展难题，厚植发展优势，必须牢固树立并切实贯彻创新、协调、绿色、开放、共享的发展理念。这是关系我国发展全局的一场深刻变革。全党同志要充分认识这场变革的重大现实意义和深远历史意义。"学习中国"将连续推出系列文章《习近平与"十三五"五大发展理念》，今天推出"绿色篇"。

一　绿色发展新理念

习近平的绿色发展理念是把马克思主义生态理论与当今时代发展特征相结合，又融会了东方文明而形成的新的发展理念；是将生态文明建设融入经济、政治、文化、社会建设各方面和全过程的全新发展理念。

一是绿色经济理念。是指基于可持续发展思想产生的新型经济发展理念，致力于提高人类福利和社会公平。"绿色经济发展"是"绿色发展"的物质基础，涵盖了两个方面的内容：一方面，经济要环保。任何经济行为都必须以保护环境和生态健康为基本前提，它要求任何经济活动不仅不能以牺牲环境为代价，而且要有利于环境的保护和生态的健康。另一方面，环保要经济。即从环境保护的活动中获取经济效益，将维系生态健康作为新的经济增长点，实现"从绿掘金"。要求把培育生态文化作为重要支撑，协同推进新型工业化、城镇化、信息化、农业现代化和绿色化，牢固树立"绿水青山就是金山银山"的理念，坚持把节约优先、保护优先、自然恢复作为基本方针，把绿色发展、循环发展、低碳发展作为基本途径。2005年，时任浙江省委书记的习近平指出："生态环境优势转化为生态农业、生态工业、生态旅游等生态经济的优势，那么绿水青山也就变成了金山银山。"发展绿色经济强调"科技含量高、资源消耗低、环境污染少的生产方式"，强调"勤俭节约、绿色低碳、文明健康的消费生活方式"。2015年8月21日，在中南海召开的党外人士座谈会上，习近平指出："'十三五'时期，我国发展面临许多新情况新问题，最主要的就是经济发展进入新常态。在新常态下，我国发展的环境、条件、任务、要求等都发生

①　"学习中国"。（http://news.sina.com.cn/c/2015 – 11 – 02/doc – ifxkhqea2966896.shtml）

了新的变化。适应新常态、把握新常态、引领新常态，保持经济社会持续健康发展，必须坚持正确的发展理念。建议稿分析了全面建成小康社会决胜阶段的形势和任务，提出并阐述了创新、协调、绿色、开放、共享的发展理念，强调落实这些发展理念是关系我国发展全局的一场深刻变革。发展理念是发展行动的先导，是发展思路、发展方向、发展着力点的集中体现。要直接奔着当下的问题去，体现出鲜明的问题导向，以发展理念转变引领发展方式转变，以发展方式转变推动发展质量和效益提升，为'十三五'时期我国经济社会发展指好道、领好航。"

二是绿色环境发展理念。是指通过合理利用自然资源，防止自然环境与人文环境的污染和破坏，保护自然环境和地球生物，改善人类社会环境的生存状态，保持和发展生态平衡，协调人类与自然环境的关系，以保证自然环境与人类社会的共同发展。习近平指出："建设生态文明，关系人民福祉，关乎民族未来。""良好的生态环境是最公平的公共产品，是最普惠的民生福祉。"2015年1月20日，习近平在云南考察工作时指出："新农村建设一定要走符合农村实际的路子，遵循乡村自身发展规律，充分体现农村特点，注意乡土味道，保留乡村风貌，留得住青山绿水，记得住乡愁。经济要发展，但不能以破坏生态环境为代价。生态环境保护是一个长期任务，要久久为功。一定要把洱海保护好，让'苍山不墨千秋画，洱海无弦万古琴'的自然美景永驻人间。"2015年5月25日，习近平在浙江舟山农家乐小院考察调研时表示："这里是一个天然大氧吧，是'美丽经济'，印证了绿水青山就是金山银山的道理。"2015年5月27日，习近平在浙江召开华东7省市党委主要负责同志座谈会时指出："协调发展、绿色发展既是理念又是举措，务必政策到位、落实到位。要科学布局生产空间、生活空间、生态空间，扎实推进生态环境保护，让良好生态环境成为人民生活质量的增长点，成为展现我国良好形象的发力点。"

三是绿色政治生态理念。是指政治生态清明，从政环境优良。习近平指出："自然生态要山清水秀，政治生态也要山清水秀。严惩腐败分子是保持政治生态山清水秀的必然要求。党内如果有腐败分子藏身之地，政治生态必然会受到污染。"五中全会《公报》指出："要坚持全面从严治党、依规治党，深入推进党风廉政建设和反腐败斗争，巩固反腐败斗争成果，健全改进作风长效机制，着力构建不敢腐、不能腐、不想腐的体制机制，着力解决一些干部不作为、乱作为等问题，积极营造风清气正的政治生态，形成敢于担当、奋发有为的精神状态，努力实现干部清正、政府清廉、政治清明，为经济社会发展提供坚强政治保证。"在中国共产党建党93周年纪念日前夕，习近平总书记在中央政治局第十六次集体学习时首次提出"要有一个好的政治生态"，并在此后多个场合强调要净化政治生态。2013年1月22日，习近平在第十八届中央纪律检查委员会第二次全体会议上的讲话指出："工作作风上的问题绝对不是小事，如果不坚决纠正不良风气，任其发展下去，就会像一座无形的墙把我们党和人民群众隔开，我们党就会失去根基、失去血脉、失去力量。改进工作作风，就是要净化政治生态，营造廉洁从政的良好环境。"营造绿色政治生态，要抓好领导干部这个关键少数。2015年3月习近平参加十二届全国人大三次会议吉林代表团的审议时强调："做好各方面工作，必须有一个良好政治生态。政治生态污浊，从政环境就恶劣；政治生态清明，从政环境就优良。政治生态和自然生态一样，稍不注意，就很容易受到污染，一旦出现问题，再想恢复就要付出很大代价。要突出领导干部这个关键，教育引导各级领导干部立正身、讲原则、守纪律、拒腐蚀，形成一级带一级、一级抓一级的示范效应，积极营造风清气正的从政环境。"讲绿色生态也是生产力，绿色政治生态同样能够极大促进社会生产力的发展，最终实现绿色政治生态的巨大效能。这是一个系统的工程，这个过程急不得，等不得，要统筹推进，踏石留印的去落实，最终才能实现我们党和人民所期待的效果。

四是绿色文化发展理念。绿色文化，作为一种文化现象，是与环保意识、生态意识、生命意识等绿色理念相关的，以绿色行为为表象的，体现了人类与自然和谐相处、共进共荣共发展的生活方式、行为规范、思维方式以及价值观念等文化现象的总和。绿色文化是绿色发展的灵魂。作为一种观念、意识和价值取向，绿色文化不是游离于其他系统之外，而是自始至终地渗透贯穿并深刻影响着绿色发展的方方面面，并在其中起到灵魂的作用。进一步弘扬绿色文化，让绿色价值观深入人心，对于我国顺利完成经济结构调整和发展方式转变，促进绿色发展、建设美丽中国具有重要的实践指导意义。五中全会《公报》指出："全面节约和高效利用资源，树立节约集约循环利用的资源观，建立健全用能权、用水权、排污权、碳排放权初始分配制度，推动形成勤俭节约的社会风尚。"要推动绿色文化繁荣发展，第一，要树立绿色的世界观、价值观文化。习近平指出："像保护眼睛一样保护生态环境，像对待生命一样对待生态环境"；第二，要树立绿色生活方式和消费文化，"用之无节，取之无时"将后患无穷；第三，要树立绿色 GDP 文化，不能把 GDP 作为衡量经济发展的唯一指标。习近平指出："单纯依靠刺激政策和政府对经济大规模直接干预的增长，只治标、不治本，而建立在大量资源消耗、环境污染基础上的增长则更难以持久。要提高经济增长质量和效益，避免单纯以国内生产总值增长率论英雄。各国要通过积极的结构改革激发市场活力，增强经济竞争力。"第四，要树立绿色法律文化。新修订的《环境保护法》，集中体现了党和国家对加强环境保护法治、努力破解环境污染难题、大力推动生态文明建设的坚定决心，有助于树立绿色法律文化，形成全面、完善、长效的环境治理机制体系，为调整经济结构和转变发展方式保驾护航。

五是绿色社会发展理念。绿色是大自然的特征颜色，是生机活力和生命健康的体现，是稳定安宁和平的心理象征，是社会文明的现代标志。绿色蕴涵着经济与生态的良性循环，意味着人与自然的和谐平衡，寄予着人类未来的美好愿景。五中全会《公报》提出：要"促进人与自然和谐共生，构建科学合理的城市化格局"。《国家新型城镇化规划（2014～2020 年）》提出，要加快绿色城市建设，将生态文明理念全面融入城市发展，构建绿色生产方式、生活方式和消费模式。这意味着，"十三五"期间的城镇化要着力推进绿色发展、循环发展、低碳发展，节约集约利用土地、水、能源等资源，强化环境保护和生态修复，减少对自然的干扰和损害，推动形成绿色低碳的生产生活方式和城市建设运营模式。绿色社会成为一种极具时代特征的历史阶段，辐射渗入到经济社会的不同范畴和各个领域，引领着 21 世纪的时代潮流。

二　绿色发展新道路

习近平的绿色发展理念，引领中国走向永续发展、文明发展新道路。十八大以来，习近平关于建设生态文明、维护生态安全的讲话、论述、批示超过 60 次，足见其对绿色发展的重视。他担任十八报告起草组组长，在报告中指出：要"坚持节约资源和保护环境的基本国策，坚持节约优先、保护优先、自然恢复为主的方针，着力推进绿色发展、循环发展、低碳发展"。

绿色发展是坚持人民主体地位的具体体现。"坚持人民主体地位",是五中全会强调的如期实现全面建成小康社会奋斗目标,推动经济社会持续健康发展,必须遵循的原则。习近平在海南考察时指出:"良好生态环境是最公平的公共产品,是最普惠的民生福祉。"习近平在中央政治局第六次集体学习时指出:"生态环境保护是功在当代、利在千秋的事业。要清醒认识保护生态环境、治理环境污染的紧迫性和艰巨性,清醒认识加强生态文明建设的重要性和必要性,以对人民群众、对子孙后代高度负责的态度和责任,为人民创造良好生产生活环境。"

绿色发展是实施可持续发展战略的具体行动。习近平指出:"生态环境是经济社会发展的基础。发展,应当是经济社会整体上的全面发展,空间上的协调发展,时间上的持续发展。"习近平强调:"经济发展、GDP数字的加大,不是我们追求的全部,我们还要注重社会进步、文明兴盛的指标,特别是人文指标、资源指标、环境指标;我们不仅要为今天的发展努力,更要对明天的发展负责,为今后的发展提供良好的基础和可以永续利用的资源和环境。"

绿色发展是增强综合实力和国际竞争力的必由之路。生态环境已成为一个国家和地区综合竞争力的重要组成部分。习近平强调:"中国将继续承担应尽的国际义务,同世界各国深入开展生态文明领域的交流合作,推动成果分享,携手共建生态良好的地球美好家园。"

绿色发展是实现全面建成小康社会目标的重要途径。"生态环境质量总体改善",是五中全会提出的全面建成小康社会新的目标要求的重要内容。习近平指出:"我们已进入新的发展阶段,现在的发展不仅仅是为了解决温饱,而是为了加快全面建设小康社会、提前基本实现现代化;不能光追求速度,而应该追求速度、质量、效益的统一;不能盲目发展,污染环境,给后人留下沉重负担,而要按照统筹人与自然和谐发展的要求,做好人口、资源、环境工作。"

三 绿色发展新举措

习近平指出:"必须加快推动生产方式绿色化,构建科技含量高、资源消耗低、环境污染少的产业结构和生产方式,大幅提高经济绿色化程度,加快发展绿色产业,形成经济社会发展新的增长点。必须加快推动生活方式绿色化,实现生活方式和消费模式向勤俭节约、绿色低碳、文明健康的方向转变,力戒奢侈浪费和不合理消费。"五中全会为实现绿色发展提出一系列新举措。"坚持绿色发展,必须坚持节约资源和保护环境的基本国策,坚持可持续发展,坚定走生产发展、生活富裕、生态良好的文明发展道路,加快建设资源节约型、环境友好型社会,形成人与自然和谐发展现代化建设新格局,推进美丽中国建设,为全球生态安全作出新贡献。"

习近平指出:"你善待环境,环境是友好的;你污染环境,环境总有一天会翻脸,会毫不留情地报复你。这是自然界的规律,不以人的意志为转移。"习近平指出:"我们要认识到,山水林田湖是一个生命共同体,人的命脉在田,田的命脉在水,水的命脉在山,山的命脉在土,土的命脉在树。"五中全会提出:"促进人与自然和谐共生,构建科学合理的城市化格局、农业发展格局、生态安全格局、自然岸线格局,推动建立绿色低碳循环发展产业体系。"

习近平指出："用途管制和生态修复必须遵循自然规律，由一个部门负责领土范围内所有国土空间用途管制职责，对山水林田湖进行统一保护、统一修复是十分必要的。"五中全会提出："加快建设主体功能区，发挥主体功能区作为国土空间开发保护基础制度的作用。"

习近平指出："中国的绿色机遇在扩大。我们要走绿色发展道路，让资源节约、环境友好成为主流的生产生活方式。我们正在推进能源生产和消费革命，优化能源结构，落实节能优先方针，推动重点领域节能。"五中全会提出："推动低碳循环发展，建设清洁低碳、安全高效的现代能源体系，实施近零碳排放区示范工程。""全面节约和高效利用资源，树立节约集约循环利用的资源观，建立健全用能权、用水权、排污权、碳排放权初始分配制度，推动形成勤俭节约的社会风尚。"

习近平指出："着力扩大环境容量生态空间，加强生态环境保护合作，在已经启动大气污染防治协作机制的基础上，完善防护林建设、水资源保护、水环境治理、清洁能源使用等领域合作机制。"五中全会提出："加大环境治理力度，以提高环境质量为核心，实行最严格的环境保护制度，深入实施大气、水、土壤污染防治行动计划，实行省以下环保机构监测监察执法垂直管理制度。"

习近平指出："要实施重大生态修复工程，增强生态产品生产能力。环境保护和治理要以解决损害群众健康突出环境问题为重点，坚持预防为主、综合治理，强化水、大气、土壤等污染防治，着力推进重点流域和区域水污染防治，着力推进重点行业和重点区域大气污染治理。"五中全会提出："筑牢生态安全屏障，坚持保护优先、自然恢复为主，实施山水林田湖生态保护和修复工程，开展大规模国土绿化行动，完善天然林保护制度，开展蓝色海湾整治行动。"

"环境就是民生""青山就是美丽""蓝天也是幸福"。坚持绿色发展理念，实施绿色发展战略，走文明发展新路。十八大以来，中国已经在这条道路上迈开大步向前走，政治、经济、文化、社会、生态、党建都在走向绿色化。五中全会再次吹响绿色发展的号角，中国将迎来一个绿色化的"十三五"！

第三篇

中国生态文明建设重要文件

十八大报告原文之八：大力推进生态文明建设

建设生态文明，是关系人民福祉、关乎民族未来的长远大计。面对资源约束趋紧、环境污染严重、生态系统退化的严峻形势，必须树立尊重自然、顺应自然、保护自然的生态文明理念，把生态文明建设放在突出地位，融入经济建设、政治建设、文化建设、社会建设各方面和全过程，努力建设美丽中国，实现中华民族永续发展。

坚持节约资源和保护环境的基本国策，坚持节约优先、保护优先、自然恢复为主的方针，着力推进绿色发展、循环发展、低碳发展，形成节约资源和保护环境的空间格局、产业结构、生产方式及生活方式，从源头上扭转生态环境恶化趋势，为人民创造良好生产生活环境，为全球生态安全做出贡献。

（一）优化国土空间开发格局。国土是生态文明建设的空间载体，必须珍惜每一寸国土。发展海洋经济，保护海洋生态环境，坚决维护国家海洋权益，建设海洋强国。

（二）全面促进资源节约。节约资源是保护生态环境的根本之策。要节约集约利用资源，控制能源消费总量，加强节能降耗，推进水循环利用。

（三）加大自然生态系统和环境保护力度。良好生态环境是人和社会持续发展的根本基础。扩大森林、湖泊、湿地面积，保护生物多样性。加快水利建设，增强城乡防洪抗旱排涝能力。加强防灾减灾体系建设，提高气象、地质、地震灾害防御能力。

（四）加强生态文明制度建设。保护生态环境必须依靠制度。积极开展节能量、碳排放权、排污权、水权交易试点。

我们一定要更加自觉地珍爱自然，更加积极地保护生态，努力走向社会主义生态文明新时代。

中国共产党第十八届中央委员会
第五次全体会议公报

（2015 年 10 月 29 日中国共产党第十八届中央委员会
第五次全体会议通过）

中国共产党第十八届中央委员会第五次全体会议，于 2015 年 10 月 26 日至 29 日在北京举行。

出席这次全会的有，中央委员 199 人，候补中央委员 156 人。中央纪律检查委员会常务委员会委员和有关方面负责同志列席了会议。党的十八大代表中部分基层同志和专家学者也列席了会议。

全会由中央政治局主持。中央委员会总书记习近平作了重要讲话。

全会听取和讨论了习近平受中央政治局委托作的工作报告，审议通过了《中共中央关于制定国民经济和社会发展第十三个五年规划的建议》。习近平就《建议（讨论稿）》向全会作了说明。

全会充分肯定党的十八届四中全会以来中央政治局的工作。一致认为，面对国内外形势的深刻复杂变化特别是经济下行压力加大的挑战，中央政治局高举中国特色社会主义伟大旗帜，全面贯彻党的十八大和十八届三中、四中全会精神，以马克思列宁主义、毛泽东思想、邓小平理论、"三个代表"重要思想、科学发展观为指导，深入贯彻习近平总书记系列重要讲话精神，团结带领全党全军全国各族人民，坚持"四个全面"战略布局，坚持统筹国内国际两个大局，坚持稳中求进工作总基调，积极引领经济发展新常态，着力推进改革开放，加强和创新宏观调控，有效化解各种风险和挑战，保持经济平稳较快发展和社会和谐稳定，开展"三严三实"专题教育，隆重纪念中国人民抗日战争暨世界反法西斯战争胜利 70 周年，党和国家各项事业取得了新的重大成就。

全会认为，到 2020 年全面建成小康社会，是我们党确定的"两个一百年"奋斗目标的第一个百年奋斗目标。"十三五"时期是全面建成小康社会决胜阶段，"十三五"规划必须紧紧围绕实现这个奋斗目标来制定。

全会高度评价"十二五"时期我国发展取得的重大成就，认为面对错综复杂的国际环境和艰巨繁重的国内改革发展稳定任务，我们党团结带领全国各族人民顽强拼搏、开拓创新，奋力开创了党和国家事业发展新局面，我国经济实力、科技实力、国防实力、国际影响力又上了一个大台阶。尤为重要的是，党的十八大以来，以习近平同志为总书记的党中央毫不动摇坚持和发展中国特色社会主义，勇于实践、善于创新，深化对共产党执政规律、社会主义建设规律、人类社会发展规律的认识，形成一系列治国理政新理念新思想新战略，为在新的历史条件下深化改革开放、加快推进社会主义现代化提供了科学理论指导和行动指南。

全会深入分析了"十三五"时期我国发展环境的基本特征，认为我国发展仍处于可以大有作为的重要战略机遇期，也面临诸多矛盾叠加、风险隐患增多的严峻挑战。我们要准确把握战略机遇期内涵的深刻变化，更加有效地应对各种风险和挑战，继续集中力量把自己的事情办好，不断开拓发展新境界。

全会提出了"十三五"时期我国发展的指导思想：高举中国特色社会主义伟大旗帜，全面贯彻党的十八大和十八届三中、四中全会精神，以马克思列宁主义、毛泽东思想、邓小平理论、"三个代表"重要思想、科学发展观为指导，深入贯彻习近平总书记系列重要讲话精神，坚持全面建成小康社会、全面深化改革、全面依法治国、全面从严治党的战略布局，坚持发展是第一要务，以提高发展质量和效益为中心，加快形成引领经济发展新常态的体制机制和发展方式，保持战略定力，坚持稳中求进，统筹推进经济建设、政治建设、文化建设、社会建设、生态文明建设和党的建设，确保如期全面建成小康社会，为实现第二个百年奋斗目标、实现中华民族伟大复兴的中国梦奠定更加坚实的基础。

全会强调，如期实现全面建成小康社会奋斗目标，推动经济社会持续健康发展，必须遵循以下原则：坚持人民主体地位，坚持科学发展，坚持深化改革，坚持依法治国，坚持统筹国内国际两个大局，坚持党的领导。

全会提出了全面建成小康社会新的目标要求：经济保持中高速增长，在提高发展平衡性、包容性、可持续性的基础上，到2020年国内生产总值和城乡居民人均收入比2010年翻一番，产业迈向中高端水平，消费对经济增长贡献明显加大，户籍人口城镇化率加快提高。农业现代化取得明显进展，人民生活水平和质量普遍提高，我国现行标准下农村贫困人口实现脱贫，贫困县全部摘帽，解决区域性整体贫困。国民素质和社会文明程度显著提高。生态环境质量总体改善。各方面制度更加成熟更加定型，国家治理体系和治理能力现代化取得重大进展。

全会强调，实现"十三五"时期发展目标，破解发展难题，厚植发展优势，必须牢固树立并切实贯彻创新、协调、绿色、开放、共享的发展理念。这是关系我国发展全局的一场深刻变革。全党同志要充分认识这场变革的重大现实意义和深远历史意义。

全会提出，坚持创新发展，必须把创新摆在国家发展全局的核心位置，不断推进理论创新、制度创新、科技创新、文化创新等各方面创新，让创新贯穿党和国家一切工作，让创新在全社会蔚然成风。必须把发展基点放在创新上，形成促进创新的体制架构，塑造更多依靠创新驱动、更多发挥先发优势的引领型发展。培育发展新动力，优化劳动力、资本、土地、技术、管理等要素配置，激发创新创业活力，推动大众创业、万众创新，释放新需求，创造新供给，推动新技术、新产业、新业态蓬勃发展。拓展发展新空间，形成沿海沿江沿线经济带为主的纵向横向经济轴带，培育壮大若干重点经济区，实施网络强国战略，实施"互联网＋"行动计划，发展分享经济，实施国家大数据战略。深入实施创新驱动发展战略，发挥科技创新在全面创新中的引领作用，实施一批国家重大科技项目，在重大创新领域组建一批国家实验室，积极提出并牵头组织国际大科学计划和大科学工程。大力推进农业现代化，加快转变农业发展方式，走产出高效、产品安全、资源节约、环境友好的农业现代化道路。构建产业新体系，加快建设制造强国，实施《中国制造二〇二五》，实施工业强基工程，培育一批战略性产业，开展加快发展现代服务业行动。构建发展新体制，加快形成有利于创新发展的市场环境、产权制度、投融资体制、分配制度、人才培养引进使用机制，深化行政管理体制改革，进一步转变政府职能，持续推进简政放权、放管结合、优化服务，提高政府效能，激发市场活力和社会创造力，完善各类国有资产管理体制，建立健全现代财政制度、税收制度，改革并完善适应现代金融市场发展的金融监管框架。创新和完善宏观调控方式，在区间调控基础上加大定向调控力度，减少政府对价格形成的干预，全面放开竞争性领域商品和服务价格。

全会提出，坚持协调发展，必须牢牢把握中国特色社会主义事业总体布局，正确处理发展中的重大关系，重点促进城乡区域协调发展，促进经济社会协调发展，促进新型工业化、信息化、城镇化、农业现代化同步发展，在增强国家硬实力的同时注重提升国家软实力，不断增强发展整体性。增强发展协调性，必须在协调发展中拓宽发展空间，在加强薄弱领域中增强发展后劲。推动区域协调发展，塑造要素有序自由流动、主体功能约束有效、基本公共服务均等、资源环境可承载的区域协调发展新格局。推动城乡协调发展，健全城乡发展一体化体制机制，健全农村基础设施投入长效机制，推动城镇公共服务向农村延伸，提高社会主义新农村建设水平。推动物质文明和精神文明协调发展，加快文化改革发展，加强社会主义精神文明建设，建设社会主义文化强国，加强思想道德建设和社会诚信建设，增强国家意识、法治意识、社会责任意识，倡导科学精神，弘扬中华传统美德。推动经济建设和国防建设融合发展，坚持发展和安全兼顾、富国和强军统一，实施军民融合发展战略，形成全要素、多领域、高效益的军民深度融合发展格局。

全会提出，坚持绿色发展，必须坚持节约资源和保护环境的基本国策，坚持可持续发展，坚定走生产发展、生活富裕、生态良好的文明发展道路，加快建设资源节约型、环境友好型社会，形成人与自然和谐发展现代化建设新格局，推进美丽中国建设，为全球生态安全作出新贡献。促进人与自然和谐共生，构建科学合理的城市化格局、农业发展格局、生态安全格局、自然岸线格局，推动建立绿色低碳循环发展产业体系。加快建设主体功能区，发挥主体功能区作为国土空间开发保护基础制度的作用。推动低碳循环发展，建设清洁低碳、安全高效的现代能源体系，实施近零碳排放区示范工程。全面节约和高效利用资源，树立节约集约循环利用的资源观，建立健全用能权、用水权、排污权、碳排放权初始分配制度，推动形成勤俭节约的社会风尚。加大环境治理力度，以提高环境质量为核心，实行最严格的环境保护制度，深入实施大气、水、土壤污染防治行动计划，实行省以下环保机构监测监察执法垂直管理制度。筑牢生态安全屏障，坚持保护优先、自然恢复为主，实施山水林田湖生态保护和修复工程，开展大规模国土绿化行动，完善天然林保护制度，开展蓝色海湾整治行动。

全会提出，坚持开放发展，必须顺应我国经济深度融入世界经济的趋势，奉行互利共赢的开放战略，发展更高层次的开放型经济，积极参与全球经济治理和公共产品供给，提高我国在全球经济治理中的制度性话语权，构建广泛的利益共同体。开创对外开放新局面，必须丰富对外开放内涵，提高对外开放水平，协同推进战略互信、经贸合作、人文交流，努力形成深度融合的互利合作格局。完善对外开放战略布局，推进双向开放，支持沿海地区全面参与全球经济合作和竞争，培育有全球影响力的先进制造基地和经济区，提高边境经济合作区、跨境经济合作区发展水平。形成对外开放新体制，完善法治化、国际化、便利化的营商环境，健全服务贸易促进体系，全面实行准入前国民待遇加负面清单管理制度，有序扩大服务业对外开放。推进"一带一路"建设，推进同有关国家和地区多领域互利共赢的务实合作，推进国际产能和装备制造合作，打造陆海内外联动、东西双向开放的全面开放新格局。深化内地和港澳、大陆和台湾地区合作发展，提升港澳在国家经济发展和对外开放中的地位和功能，支持港澳发展经济、改善民生、推进民主、促进和谐，以互利共赢方式深化两岸经济合作，让更多台湾普通民众、青少年和中小企业受益。积极参与全球经济治理，促进国际经济秩序朝着平等公正、合作共赢的方向发展，加快实施自由贸易区战略。积极承担国际责任和义务，积极参与应对全球气候变化谈判，主动参与2030年可持续发展议程。

全会提出，坚持共享发展，必须坚持发展为了人民、发展依靠人民、发展成果由人民共享，作出更有效的制度安排，使全体人民在共建共享发展中有更多获得感，增强发展动力，增进人民团结，朝着共同富裕方向稳步前进。按照人人参与、人人尽力、人人享有的要求，坚守底线、突出重点、完善制度、引导预期，注重机会公平，保障基本民生，实现全体人民共同迈入全面小康社会。增加公共服务供给，从解决人民最关心最直接最现实的利益问题入手，提高公共服务共建能力和共享水平，加大对革命老区、民族地区、边疆地区、贫困地区的转移支付。实施脱贫攻坚工程，实施精准扶贫、精准脱贫，分类扶持贫困家庭，探索对贫困人口实行资产收益扶持制度，建立健全农村留守儿童和妇女、老人关爱服务体系。提高教育质量，推动义务教育均衡发展，普及高中阶段教育，逐步分类推进中等职业教育免除学杂费，率先从建档立卡的家庭经济困难学生实施普通高中免除学杂费，实现家庭经济困难学生资助全覆盖。促进就业创业，坚持就业优先战略，实施更加积极的就业政策，完善创业扶持政策，加强对灵活就业、新就业形态的支持，提高技术工人待遇。缩小收入差距，坚持居民收入增长和经济增长同步、劳动报酬提高和劳动生产率提高同步，健全科学的工资水平决定机制、正常增长机制、支付保障机制，完善最低工资增长机制，完善市场评价要素贡献并按贡献分配的机制。建立更加公平更可持续的社会保障制度，实施全民参保计划，实现职工基础养老金全国统筹，划转部分国有资本充实社保基金，全面实施城乡居民大病保险制度。推进健康中国建设，深化医药卫生体制改革，理顺药品价格，实行医疗、医保、医药联动，建立覆盖城乡的基本医疗卫生制度和现代医院管理制度，实施食品安全战略。促进人口均衡发展，坚持计划生育的基本国策，完善人口发展战略，全面实施一对夫妇可生育两个孩子政策，积极开展应对人口老龄化行动。

全会强调，发展是党执政兴国的第一要务，各级党委必须深化对发展规律的认识，完善党领导经济社会发展工作体制机制，加强党的各级组织建设，强化基层党组织整体功能。动员人民群众团结奋斗，贯彻党的群众路线，提高宣传和组织群众能力，加强经济社会发展重大问题和涉及群众切身利益问题的协商，依法保障人民各项权益，激发各族人民建设祖国的主人翁意识。加强思想政治工作，创新群众工作体制机制和方式方法，最大限度凝聚全社会推进改革发展、维护社会和谐稳定的共识和力量。加快建设人才强国，深入实施人才优先发展战略，推进人才发展体制改革和政策创新，形成具有国际竞争力的人才制度优势。运用法治思维和法治方式推动发展，全面提高党依据宪法法律治国理政、依据党内法规管党治党的能力和水平。加强和创新社会治理，推进社会治理精细化，构建全民共建共享的社会治理格局。牢固树立安全发展观念，坚持人民利益至上，健全公共安全体系，完善和落实安全生产责任和管理制度，切实维护人民生命财产安全。实施国家安全战略，坚决维护国家政治、经济、文化、社会、信息、国防等安全。

全会分析了当前形势和任务，强调当前和今后一个时期，全党全国的一项重要政治任务，就是深入贯彻落实全会精神，把《建议》确定的各项决策部署和工作要求落到实处。全党要把思想统一到全会精神上来，认清形势，坚定信心，继续顽强奋斗，团结带领全国各族人民协调推进"四个全面"战略布局，如期完成全面建成小康社会的战略任务。要坚持全面从严治党、依规治党，深入推进党风廉政建设和反腐败斗争，巩固反腐败斗争成果，健全改进作风长效机制，着力构建不敢腐、不能腐、不想腐的体制机制，着力解决一些干部不作为、乱作为等问题，积极营造风清气正的政治生态，形成敢于担当、奋发有为的精神状态，努力实现干部清正、政府清廉、政治清明，为经济社会发展提供坚强政治保证。

全会按照党章规定，决定递补中央委员会候补委员刘晓凯、陈志荣、金振吉为中央委员会委员。

全会审议并通过了中共中央纪律检查委员会关于令计划、周本顺、杨栋梁、朱明国、王敏、陈川平、仇和、杨卫泽、潘逸阳、余远辉严重违纪问题的审查报告，确认中央政治局之前作出的给予令计划、周本顺、杨栋梁、朱明国、王敏、陈川平、仇和、杨卫泽、潘逸阳、余远辉开除党籍的处分。

全会号召，全党全国各族人民要更加紧密地团结在以习近平同志为总书记的党中央周围，万众一心，艰苦奋斗，共同夺取全面建成小康社会决胜阶段的伟大胜利！

中共中央关于制定国民经济和社会发展第十三个五年规划的建议

（2015 年 10 月 29 日中国共产党第十八届中央委员会
第五次全体会议通过）

到 2020 年全面建成小康社会，是我们党确定的"两个一百年"奋斗目标的第一个百年奋斗目标。"十三五"时期是全面建成小康社会决胜阶段，"十三五"规划必须紧紧围绕实现这个奋斗目标来制定。

中国共产党第十八届中央委员会第五次全体会议全面分析国际国内形势，认为如期全面建成小康社会既具有充分条件也面临艰巨任务，必须在新中国成立特别是改革开放以来打下的坚实基础上坚定信心、锐意进取、奋发有为。全会研究了"十三五"时期我国发展的一系列重大问题，就制定"十三五"规划提出以下建议。

一　全面建成小康社会决胜阶段的形势和指导思想

（一）"十二五"时期我国发展取得重大成就。"十二五"时期是我国发展很不平凡的五年。面对错综复杂的国际环境和艰巨繁重的国内改革发展稳定任务，我们党团结带领全国各族人民顽强拼搏、开拓创新，奋力开创了党和国家事业发展新局面。

我们妥善应对国际金融危机持续影响等一系列重大风险挑战，适应经济发展新常态，不断创新宏观调控方式，推动形成经济结构优化、发展动力转换、发展方式转变加快的良好态势。我国经济总量稳居世界第二位，十三亿多人口的人均国内生产总值增至七千八百美元左右。第三产业增加值占国内生产总值比重超过第二产业，基础设施水平全面跃升，农业连续增产，常住人口城镇化率达到百分之五十五，一批重大科技成果达到世界先进水平。公共服务体系基本建立、覆盖面持续扩大，新增就业持续增加，贫困人口大幅减少，生态文明建设取得新进展，人民生活水平和质量加快提高。全面深化改革有力推进，人民民主不断扩大，依法治国开启新征程。全方位外交取得重大进展，对外开放不断深入，我国成为全球第一货物贸易大国和主要对外投资大国。中华民族伟大复兴的中国梦和社会主义核心价值观深入人心，国家文化软实力不断增强。中国特色军事变革成就显著，强军兴军迈出新步伐。全面从严治党开创新局面，党的群众路线教育实践活动成果丰硕，党风廉政建设成效显著，赢得了党心民心。"十二五"规划目标即将胜利实现，我国经济实力、科技实力、国防实力、国际影响力又上了一个大台阶。

尤为重要的是，党的十八大以来，以习近平同志为总书记的党中央毫不动摇坚持和发展中国特色社会主义，勇于实践、善于创新，深化对共产党执政规律、社会主义建设规律、人类社会发展规律的认识，形成一系列治国理政新理念新思想新战略，为在新的历史条件下深化改革开放、加快推进社会主义现代化提供了科学理论指导和行动指南。

（二）"十三五"时期我国发展环境的基本特征。和平与发展的时代主题没有变，世界多极化、经济全球化、文化多样化、社会信息化深入发展，世界经济在深度调整中曲折复苏，新一轮科技革命和产业变革蓄势待发，全球治理体系深刻变革，发展中国家群体力量继续增强，国际力量对比逐步趋向平衡。同时，国际金融危机深层次影响在相当长时期依然存在，全球经济贸易增长乏力，保护主义抬头，地缘政治关系复杂变化，传统安全威胁和非传统安全威胁交织，外部环境不稳定不确定因素增多。

我国物质基础雄厚、人力资本丰富、市场空间广阔、发展潜力巨大，经济发展方式加快转变，新的增长动力正在孕育形成，经济长期向好基本面没有改变。同时，发展不平衡、不协调、不可持续问题仍然突出，主要是发展方式粗放，创新能力不强，部分行业产能过剩严重，企业效益下滑，重大安全事故频发；城乡区域发展不平衡；资源约束趋紧，生态环境恶化趋势尚未得到根本扭转；基本公共服务供给不足，收入差距较大，人口老龄化加快，消除贫困任务艰巨；人们文明素质和社会文明程度有待提高；法治建设有待加强；领导干部思想作风和能力水平有待提高，党员、干部先锋模范作用有待强化。我们必须增强忧患意识、责任意识，着力在优化结构、增强动力、化解矛盾、补齐短板上取得突破性进展。

综合判断，我国发展仍处于可以大有作为的重要战略机遇期，也面临诸多矛盾叠加、风险隐患增多的严峻挑战。我们要准确把握战略机遇期内涵的深刻变化，更加有效地应对各种风险和挑战，继续集中力量把自己的事情办好，不断开拓发展新境界。

（三）"十三五"时期我国发展的指导思想。高举中国特色社会主义伟大旗帜，全面贯彻党的十八大和十八届三中、四中全会精神，以马克思列宁主义、毛泽东思想、邓小平理论、"三个代表"重要思想、科学发展观为指导，深入贯彻习近平总书记系列重要讲话精神，坚持全面建成小康社会、全面深化改革、全面依法治国、全面从严治党的战略布局，坚持发展是第一要务，以提高发展质量和效益为中心，加快形成引领经济发展新常态的体制机制和发展方式，保持战略定力，坚持稳中求进，统筹推进经济建设、政治建设、文化建设、社会建设、生态文明建设和党的建设，确保如期全面建成小康社会，为实现第二个百年奋斗目标、实现中华民族伟大复兴的中国梦奠定更加坚实的基础。

如期实现全面建成小康社会奋斗目标，推动经济社会持续健康发展，必须遵循以下原则。

——坚持人民主体地位。人民是推动发展的根本力量，实现好、维护好、发展好最广大人民根本利益是发展的根本目的。必须坚持以人民为中心的发展思想，把增进人民福祉、促进人的全面发展作为发展的出发点和落脚点，发展人民民主，维护社会公平正义，保障人民平等参与、平等发展权利，充分调动人民积极性、主动性、创造性。

——坚持科学发展。发展是硬道理，发展必须是科学发展。我国仍处于并将长期处于社会主义初级阶段，基本国情和社会主要矛盾没有变，这是谋划发展的基本依据。必须坚持以经济建设为中心，从实际出发，把握发展新特征，加大结构性改革力度，加快转变经济发展方式，实现更高质量、更有效率、更加公平、更可持续的发展。

——坚持深化改革。改革是发展的强大动力。必须按照完善和发展中国特色社会主义制度、推进国家治理体系和治理能力现代化的总目标，健全使市场在资源配置中起决定性作用和更好发挥政府作用的制度体系，以经济体制改革为重点，加快完善各方面体制机制，破除一切不利于科学发展的体制机制障碍，为发展提供持续动力。

——坚持依法治国。法治是发展的可靠保障。必须坚定不移走中国特色社会主义法治道路，加快建设中国特色社会主义法治体系，建设社会主义法治国家，推进科学立法、严格执法、公正司法、全民守法，加快建设法治经济和法治社会，把经济社会发展纳入法治轨道。

——坚持统筹国内国际两个大局。全方位对外开放是发展的必然要求。必须坚持打开国门搞建设，既立足国内，充分运用我国资源、市场、制度等优势，又重视国内国际经济联动效应，积极应对外部环境变化，更好利用两个市场、两种资源，推动互利共赢、共同发展。

——坚持党的领导。党的领导是中国特色社会主义制度的最大优势，是实现经济社会持续健康发展的根本政治保证。必须贯彻全面从严治党要求，不断增强党的创造力、凝聚力、战斗力，不断提高党的执政能力和执政水平，确保我国发展航船沿着正确航道破浪前进。

二　"十三五"时期经济社会发展的主要目标和基本理念

（一）全面建成小康社会新的目标要求。党的十六大提出全面建设小康社会奋斗目标以来，全党全国各族人民接续奋斗，各项事业取得重大进展。今后五年，要在已经确定的全面建成小康社会目标要求的基础上，努力实现以下新的目标要求。

——经济保持中高速增长。在提高发展平衡性、包容性、可持续性的基础上，到2020年国内生产总值和城乡居民人均收入比2010年翻一番。主要经济指标平衡协调，发展空间格局得到优化，投资效率和企业效率明显上升，工业化和信息化融合发展水平进一步提高，产业迈向中高端水平，先进制造业加快发展，新产业新业态不断成长，服务业比重进一步上升，消费对经济增长贡献明显加大。户籍人口城镇化率加快提高。农业现代化取得明显进展。迈进创新型国家和人才强国行列。

——人民生活水平和质量普遍提高。就业比较充分，就业、教育、文化、社保、医疗、住房等公共服务体系更加健全，基本公共服务均等化水平稳步提高。教育现代化取得重要进展，劳动年龄人口受教育年限明显增加。收入差距缩小，中等收入人口比重上升。我国现行标准下农村贫困人口实现脱贫，贫困县全部摘帽，解决区域性整体贫困。

——国民素质和社会文明程度显著提高。中国梦和社会主义核心价值观更加深入人心，爱国主义、集体主义、社会主义思想广泛弘扬，向上向善、诚信互助的社会风尚更加浓厚，人民思想道德素质、科学文化素质、健康素质明显提高，全社会法治意识不断增强。公共文化服务体系基本建成，文化产业成为国民经济支柱性产业。中华文化影响持续扩大。

——生态环境质量总体改善。生产方式和生活方式绿色、低碳水平上升。能源资源开发利用效率大幅提高，能源和水资源消耗、建设用地、碳排放总量得到有效控制，主要污染物排放总量大幅减少。主体功能区布局和生态安全屏障基本形成。

——各方面制度更加成熟更加定型。国家治理体系和治理能力现代化取得重大进展，各领域基础性制度体系基本形成。人民民主更加健全，法治政府基本建成，司法公信力明显提高。人权得到切实保障，产权得到有效保护。开放型经济新体制基本形成。中国特色现代军事体系更加完善。党的建设制度化水平显著提高。

（二）完善发展理念。实现"十三五"时期发展目标，破解发展难题，厚植发展优势，必须牢固树立创新、协调、绿色、开放、共享的发展理念。

创新是引领发展的第一动力。必须把创新摆在国家发展全局的核心位置，不断推进理论创新、制度创新、科技创新、文化创新等各方面创新，让创新贯穿党和国家一切工作，让创新在全社会蔚然成风。

协调是持续健康发展的内在要求。必须牢牢把握中国特色社会主义事业总体布局，正确处理发展中的重大关系，重点促进城乡区域协调发展，促进经济社会协调发展，促进新型工业化、信息化、城镇化、农业现代化同步发展，在增强国家硬实力的同时注重提升国家软实力，不断增强发展整体性。

绿色是永续发展的必要条件和人民对美好生活追求的重要体现。必须坚持节约资源和保护环境的基本国策，坚持可持续发展，坚定走生产发展、生活富裕、生态良好的文明发展道路，加快建设资源节约型、环境友好型社会，形成人与自然和谐发展现代化建设新格局，推进美丽中国建设，为全球生态安全作出新贡献。

开放是国家繁荣发展的必由之路。必须顺应我国经济深度融入世界经济的趋势，奉行互利共赢的开放战略，坚持内外需协调、进出口平衡、引进来和走出去并重、引资和引技引智并举，发展更高层次的开放型经济，积极参与全球经济治理和公共产品供给，提高我国在全球经济治理中的制度性话语权，构建广泛的利益共同体。

共享是中国特色社会主义的本质要求。必须坚持发展为了人民、发展依靠人民、发展成果由人民共享，作出更有效的制度安排，使全体人民在共建共享发展中有更多获得感，增强发展动力，增进人民团结，朝着共同富裕方向稳步前进。

坚持创新发展、协调发展、绿色发展、开放发展、共享发展，是关系我国发展全局的一场深刻变革。全党同志要充分认识这场变革的重大现实意义和深远历史意义，统一思想、协调行动、深化改革，开拓前进，推动我国发展迈上新台阶。

三　坚持创新发展，着力提高发展质量和效益

在国际发展竞争日趋激烈和我国发展动力转换的形势下，必须把发展基点放在创新上，形成促进创新的体制架构，塑造更多依靠创新驱动、更多发挥先发优势的引领型发展。

（一）培育发展新动力。优化劳动力、资本、土地、技术、管理等要素配置，激发创新创业活力，推动大众创业、万众创新，释放新需求，创造新供给，推动新技术、新产业、新业态蓬勃发展，加快实现发展动力转换。

发挥消费对增长的基础作用，着力扩大居民消费，引导消费朝着智能、绿色、健康、安全方向转变，以扩大服务消费为重点带动消费结构升级。促进流通信息化、标准化、集约化。

发挥投资对增长的关键作用，深化投融资体制改革，优化投资结构，增加有效投资。

发挥财政资金撬动功能，创新融资方式，带动更多社会资本参与投资。创新公共基础设施投融资体制，推广政府和社会资本合作模式。

发挥出口对增长的促进作用，增强对外投资和扩大出口结合度，培育以技术、标准、品牌、质量、服务为核心的对外经济新优势。实施优进优出战略，推进国际产能和装备制造合作，提高劳动密集型产品科技含量和附加值，营造资本和技术密集型产业新优势，提高我国产业在全球价值链中的地位。

（二）拓展发展新空间。用发展新空间培育发展新动力，用发展新动力开拓发展新空间。

拓展区域发展空间。以区域发展总体战略为基础，以"一带一路"建设、京津冀协同发展、长江经济带建设为引领，形成沿海沿江沿线经济带为主的纵向横向经济轴带。发挥城市群辐射带动作用，优化发展京津冀、长三角、珠三角三大城市群，形成东北地区、中原地区、长江中游、成渝地区、关中平原等城市群。发展一批中心城市，强化区域服务功能。支持绿色城市、智慧城市、森林城市建设和城际基础设施互联互通。推进重点地区一体发展，培育壮大若干重点经济区。推进城乡发展一体化，开辟农村广阔发展空间。

拓展产业发展空间。支持节能环保、生物技术、信息技术、智能制造、高端装备、新能源等新兴产业发展，支持传统产业优化升级。推广新型孵化模式，鼓励发展众创、众包、众扶、众筹空间。发展天使、创业、产业投资，深化创业板、新三板改革。

拓展基础设施建设空间。实施重大公共设施和基础设施工程。实施网络强国战略，加快构建高速、移动、安全、泛在的新一代信息基础设施。加快完善水利、铁路、公路、水运、民航、通用航空、管道、邮政等基础设施网络。完善能源安全储备制度。加强城市公共交通、防洪防涝等设施建设。实施城市地下管网改造工程。加快开放电力、电信、交通、石油、天然气、市政公用等自然垄断行业的竞争性业务。

拓展网络经济空间。实施"互联网+"行动计划，发展物联网技术和应用，发展分享经济，促进互联网和经济社会融合发展。实施国家大数据战略，推进数据资源开放共享。完善电信普遍服务机制，开展网络提速降费行动，超前布局下一代互联网。推进产业组织、商业模式、供应链、物流链创新，支持基于互联网的各类创新。

拓展蓝色经济空间。坚持陆海统筹，壮大海洋经济，科学开发海洋资源，保护海洋生态环境，维护我国海洋权益，建设海洋强国。

（三）深入实施创新驱动发展战略。发挥科技创新在全面创新中的引领作用，加强基础研究，强化原始创新、集成创新和引进消化吸收再创新。推进有特色高水平大学和科研院所建设，鼓励企业开展基础性前沿性创新研究，重视颠覆性技术创新。实施一批国家重大科技项目，在重大创新领域组建一批国家实验室。积极提出并牵头组织国际大科学计划和大科学工程。

推动政府职能从研发管理向创新服务转变。完善国家科技决策咨询制度。坚持战略和前沿导向，集中支持事关发展全局的基础研究和共性关键技术研究，加快突破新一代信息通信、新能源、新材料、航空航天、生物医药、智能制造等领域核心技术。瞄准瓶颈制约问题，制定系统性技术解决方案。

强化企业创新主体地位和主导作用，形成一批有国际竞争力的创新型领军企业，支持科技型中小企业健康发展。依托企业、高校、科研院所建设一批国家技术创新中心，形成若干具有强大带动力的创新型城市和区域创新中心。完善企业研发费用加计扣除政策，扩大固定资产加速折旧实施范围，推动设备更新和新技术应用。

深化科技体制改革，引导构建产业技术创新联盟，推动跨领域跨行业协同创新，促进科技与经济深度融合。加强技术和知识产权交易平台建设，建立从实验研究、中试到生产的全过程科技创新融资模式，促进科技成果资本化、产业化。构建普惠性创新支持政策体系，加大金融支持和税收优惠力度。深化知识产权领域改革，加强知识产权保护。

扩大高校和科研院所自主权，赋予创新领军人才更大人财物支配权、技术路线决策权。实行以增加知识价值为导向的分配政策，提高科研人员成果转化收益分享比例，鼓励人才弘扬奉献精神。

（四）大力推进农业现代化。农业是全面建成小康社会、实现现代化的基础。加快转变农业发展方式，发展多种形式适度规模经营，发挥其在现代农业建设中的引领作用。着力构建现代农业产业体系、生产体系、经营体系，提高农业质量效益和竞争力，推动粮经饲统筹、农林牧渔结合、种养加一体、一二三产业融合发展，走产出高效、产品安全、资源节约、环境友好的农业现代化道路。

稳定农村土地承包关系，完善土地所有权、承包权、经营权分置办法，依法推进土地经营权有序流转，构建培育新型农业经营主体的政策体系。培养新型职业农民。深化农村土地制度改革。完善农村集体产权权能。深化农村金融改革，完善农业保险制度。

坚持最严格的耕地保护制度，坚守耕地红线，实施藏粮于地、藏粮于技战略，提高粮食产能，确保谷物基本自给、口粮绝对安全。全面划定永久基本农田，大规模推进农田水利、土地整治、中低产田改造和高标准农田建设，加强粮食等大宗农产品主产区建设，探索建立粮食生产功能区和重要农产品生产保护区。优化农业生产结构和区域布局，推进产业链和价值链建设，开发农业多种功能，提高农业综合效益。

推进农业标准化和信息化。健全从农田到餐桌的农产品质量安全全过程监管体系、现代农业科技创新推广体系、农业社会化服务体系。发展现代种业，提高农业机械化水平。持续增加农业投入，完善农业补贴政策。改革农产品价格形成机制，完善粮食等重要农产品收储制度。加强农产品流通设施和市场建设。

（五）构建产业新体系。加快建设制造强国，实施《中国制造二〇二五》。引导制造业朝着分工细化、协作紧密方向发展，促进信息技术向市场、设计、生产等环节渗透，推动生产方式向柔性、智能、精细转变。

实施工业强基工程，开展质量品牌提升行动，支持企业瞄准国际同行业标杆推进技术改造，全面提高产品技术、工艺装备、能效环保等水平。更加注重运用市场机制、经济手段、法治办法化解产能过剩，加大政策引导力度，完善企业退出机制。

支持战略性新兴产业发展，发挥产业政策导向和促进竞争功能，更好发挥国家产业投资引导基金作用，培育一批战略性产业。

实施智能制造工程，构建新型制造体系，促进新一代信息通信技术、高档数控机床和机器人、航空航天装备、海洋工程装备及高技术船舶、先进轨道交通装备、节能与新能源汽车、电力装备、农机装备、新材料、生物医药及高性能医疗器械等产业发展壮大。

开展加快发展现代服务业行动，放宽市场准入，促进服务业优质高效发展。推动生产性服务业向专业化和价值链高端延伸、生活性服务业向精细和高品质转变，推动制造业由生产型向生产服务型转变。大力发展旅游业。

（六）构建发展新体制。加快形成有利于创新发展的市场环境、产权制度、投融资体制、分配制度、人才培养引进使用机制。

深化行政管理体制改革，进一步转变政府职能，持续推进简政放权、放管结合、优化服务，提高政府效能，激发市场活力和社会创造力。

坚持公有制为主体、多种所有制经济共同发展。毫不动摇巩固和发展公有制经济，毫不动摇鼓励、支持、引导非公有制经济发展。推进产权保护法治化，依法保护各种所有制经济权益。

深化国有企业改革，增强国有经济活力、控制力、影响力、抗风险能力。分类推进国有企业改革，完善现代企业制度。完善各类国有资产管理体制，以管资本为主加强国有资产监管，防止国有资产流失。健全国有资本合理流动机制，推进国有资本布局战略性调整，引导国有资本更多投向关系国家安全、国民经济命脉的重要行业和关键领域，坚定不移把国有企业做强做优做大，更好地服务于国家战略目标。

鼓励民营企业依法进入更多领域，引入非国有资本参与国有企业改革，更好激发非公有制经济活力和创造力。

优化企业发展环境。开展降低实体经济企业成本行动，优化运营模式，增强盈利能力。限制政府对企业经营决策的干预，减少行政审批事项。清理和规范涉企行政事业性收费，减轻企业负担，完善公平竞争、促进企业健康发展的政策和制度。激发企业家精神，依法保护企业家财产权和创新收益。

加快形成统一开放、竞争有序的市场体系，建立公平竞争保障机制，打破地域分割和行业垄断。深化市场配置要素改革，促进人才、资金、科研成果等在城乡、企业、高校、科研机构间有序流动。

深化财税体制改革，建立健全有利于转变经济发展方式、形成全国统一市场、促进社会公平正义的现代财政制度，建立税种科学、结构优化、法律健全、规范公平、征管高效的税收制度。建立事权和支出责任相适应的制度，适度加强中央事权和支出责任。调动各方面积极性，考虑税种属性，进一步理顺中央和地方收入划分。建立全面规范、公开透明预算制度，完善政府预算体系，实施跨年度预算平衡机制和中期财政规划管理。建立规范的地方政府举债融资体制。健全优先使用创新产品、绿色产品的政府采购政策。

加快金融体制改革，提高金融服务实体经济效率。健全商业性金融、开发性金融、政策性金融、合作性金融分工合理、相互补充的金融机构体系。构建多层次、广覆盖、有差异的银行机构体系，扩大民间资本进入银行业，发展普惠金融，着力加强对中小微企业、农村特别是贫困地区金融服务。积极培育公开透明、健康发展的资本市场，推进股票和债券发行交易制度改革，提高直接融资比重，降低杠杆率。开发符合创新需求的金融服务，推进高收益债券及股债相结合的融资方式。推进汇率和利率市场化，提高金融机构管理水平和服务质量，降低企业融资成本。规范发展互联网金融。加快建立巨灾保险制度，探索建立保险资产交易机制。

加强金融宏观审慎管理制度建设，加强统筹协调，改革并完善适应现代金融市场发展的金融监管框架，健全符合我国国情和国际标准的监管规则，实现金融风险监管全覆盖。完善国有金融资本和外汇储备管理制度，建立安全高效的金融基础设施，有效运用和发展金融风险管理工具。防止发生系统性区域性金融风险。

（七）创新和完善宏观调控方式。按照总量调节和定向施策并举、短期和中长期结合、国内和国际统筹、改革和发展协调的要求，完善宏观调控，采取相机调控、精准调控措施，适时预调微调，更加注重扩大就业、稳定物价、调整结构、提高效益、防控风险、保护环境。

依据国家中长期发展规划目标和总供求格局实施宏观调控，稳定政策基调，增强可预期性和透明度，创新调控思路和政策工具，在区间调控基础上加大定向调控力度，增强针对性和准确性。完善以财政政策、货币政策为主，产业政策、区域政策、投资政策、消费政策、价格政策协调配合的政策体系，增强财政货币政策协调性。运用大数据技术，提高经济运行信息及时性和准确性。

减少政府对价格形成的干预，全面放开竞争性领域商品和服务价格，放开电力、石油、天然气、交通运输、电信等领域竞争性环节价格。

建立风险识别和预警机制，以可控方式和节奏主动释放风险，重点提高财政、金融、能源、矿产资源、水资源、粮食、生态环保、安全生产、网络安全等方面风险防控能力。

四 坚持协调发展，着力形成平衡发展结构

增强发展协调性，必须坚持区域协同、城乡一体、物质文明精神文明并重、经济建设国防建设融合，在协调发展中拓宽发展空间，在加强薄弱领域中增强发展后劲。

（一）推动区域协调发展。塑造要素有序自由流动、主体功能约束有效、基本公共服务均等、资源环境可承载的区域协调发展新格局。

深入实施西部大开发，支持西部地区改善基础设施，发展特色优势产业，强化生态环境保护。推动东北地区等老工业基地振兴，促进中部地区崛起，加大国家支持力度，加快市场取向改革。支持东部地区率先发展，更好辐射带动其他地区。支持革命老区、民族地区、边疆地区、贫困地区加快发展，加大对资源枯竭、产业衰退、生态严重退化等困难地区的支持力度。

培育若干带动区域协同发展的增长极。推动京津冀协同发展，优化城市空间布局和产业结构，有序疏解北京非首都功能，推进交通一体化，扩大环境容量和生态空间，探索人口经济密集地区优化开发新模式。推进长江经济带建设，改善长江流域生态环境，高起点建设综合立体交通走廊，引导产业优化布局和分工协作。

（二）推动城乡协调发展。坚持工业反哺农业、城市支持农村，健全城乡发展一体化体制机制，推进城乡要素平等交换、合理配置和基本公共服务均等化。

发展特色县域经济，加快培育中小城市和特色小城镇，促进农产品精深加工和农村服务业发展，拓展农民增收渠道，完善农民收入增长支持政策体系，增强农村发展内生动力。

推进以人为核心的新型城镇化。提高城市规划、建设、管理水平。深化户籍制度改革，促进有能力在城镇稳定就业和生活的农业转移人口举家进城落户，并与城镇居民有同等权利和义务。实施居住证制度，努力实现基本公共服务常住人口全覆盖。健全财政转移支付同农业转移人口市民化挂钩机制，建立城镇建设用地增加规模同吸纳农业转移人口落户数量挂钩机制。维护进城落户农民土地承包权、宅基地使用权、集体收益分配权，支持引导其依法自愿有偿转让上述权益。深化住房制度改革。加大城镇棚户区和城乡危房改造力度。

促进城乡公共资源均衡配置，健全农村基础设施投入长效机制，把社会事业发展重点放在农村和接纳农业转移人口较多的城镇，推动城镇公共服务向农村延伸。提高社会主义新农村建设水平，开展农村人居环境整治行动，加大传统村落民居和历史文化名村名镇保护力度，建设美丽宜居乡村。

（三）推动物质文明和精神文明协调发展。坚持"两手抓、两手都要硬"，坚持社会主义先进文化前进方向，坚持以人民为中心的工作导向，坚持把社会效益放在首位、社会效益和经济效益相统一，坚定文化自信，增强文化自觉，加快文化改革发展，加强社会主义精神文明建设，建设社会主义文化强国。

坚持用邓小平理论、"三个代表"重要思想、科学发展观和习近平总书记系列重要讲话精神武装全党、教育人民，用中国梦和社会主义核心价值观凝聚共识、汇聚力量。深化马克思主义理论研究和建设工程，加强思想道德建设和社会诚信建设，增强国家意识、法治意识、社会责任意识，倡导科学精神，弘扬中华传统美德，注重通过法律和政策向社会传导正确价值取向。

扶持优秀文化产品创作生产，加强文化人才培养，繁荣发展文学艺术、新闻出版、广播影视事业。实施哲学社会科学创新工程，建设中国特色新型智库。构建中华优秀传统文化传承体系，加强文化遗产保护，振兴传统工艺，实施中华典籍整理工程。加强和改进基层宣传思想文化工作，深化各类群众性精神文明创建活动。

深化文化体制改革，实施重大文化工程，完善公共文化服务体系、文化产业体系、文化市场体系。推动基本公共文化服务标准化、均等化发展，引导文化资源向城乡基层倾斜，创新公共文化服务方式，保障人民基本文化权益。推动文化产业结构优化升级，发展骨干文化企业和创意文化产业，培育新型文化业态，扩大和引导文化消费。普及科学知识。倡导全民阅读。发展体育事业，推广全民健身，增强人民体质。做好2022年北京冬季奥运会筹办工作。

牢牢把握正确舆论导向，健全社会舆情引导机制，传播正能量。加强网上思想文化阵地建设，实施网络内容建设工程，发展积极向上的网络文化，净化网络环境。推动传统媒体和新兴媒体融合发展，加快媒体数字化建设，打造一批新型主流媒体。优化媒体结构，规范传播秩序。加强国际传播能力建设，创新对外传播、文化交流、文化贸易方式，推动中华文化走出去。

（四）推动经济建设和国防建设融合发展。坚持发展和安全兼顾、富国和强军统一，实施军民融合发展战略，形成全要素、多领域、高效益的军民深度融合发展格局。

同全面建成小康社会进程相一致，全面推进国防和军队建设。以党在新形势下的强军目标为引领，贯彻新形势下军事战略方针，加强军队党的建设和思想政治建设，加强各方向各领域军事斗争准备，加强新型作战力量建设，加快推进国防和军队改革，深入推进依法治军、从严治军。到2020年，基本完成国防和军队改革目标任务，基本实现机械化，信息化取得重大进展，构建能够打赢信息化战争、有效履行使命任务的中国特色现代军事力量体系。

健全军民融合发展的组织管理体系、工作运行体系、政策制度体系。建立国家和各省（自治区、直辖市）军民融合领导机构。制定统筹经济建设和国防建设专项规划。深化国防科技工业体制改革，建立国防科技协同创新机制。推进军民融合发展立法。在海洋、太空、网络空间等领域推出一批重大项目和举措，打造一批军民融合创新示范区，增强先进技术、产业产品、基础设施等军民共用的协调性。

加强全民国防教育和后备力量建设。加强现代化武装警察部队建设。密切军政军民团结。党政军警民合力强边固防。各级党委和政府要积极支持国防建设和军队改革，人民解放军和武警部队要积极支援经济社会建设。

五 坚持绿色发展，着力改善生态环境

坚持绿色富国、绿色惠民，为人民提供更多优质生态产品，推动形成绿色发展方式和生活方式，协同推进人民富裕、国家富强、中国美丽。

（一）促进人与自然和谐共生。有度有序利用自然，调整优化空间结构，划定农业空间和生态空间保护红线，构建科学合理的城市化格局、农业发展格局、生态安全格局、自然岸线格局。设立统一规范的国家生态文明试验区。

根据资源环境承载力调节城市规模，依托山水地貌优化城市形态和功能，实行绿色规划、设计、施工标准。

支持绿色清洁生产，推进传统制造业绿色改造，推动建立绿色低碳循环发展产业体系，鼓励企业工艺技术装备更新改造。发展绿色金融，设立绿色发展基金。

加强资源环境国情和生态价值观教育，培养公民环境意识，推动全社会形成绿色消费自觉。

（二）加快建设主体功能区。发挥主体功能区作为国土空间开发保护基础制度的作用，落实主体功能区规划，完善政策，发布全国主体功能区规划图和农产品主产区、重点生态功能区目录，推动各地区依据主体功能定位发展。以主体功能区规划为基础统筹各类空间性规划，推进"多规合一"。

推动京津冀、长三角、珠三角等优化开发区域产业结构向高端高效发展，防治"城市病"，逐年减少建设用地增量。推动重点开发区域提高产业和人口集聚度。重点生态功能区实行产业准入负面清单。加大对农产品主产区和重点生态功能区的转移支付力度，强化激励性补偿，建立横向和流域生态补偿机制。整合设立一批国家公园。

维护生物多样性，实施濒危野生动植物抢救性保护工程，建设救护繁育中心和基因库。强化野生动植物进出口管理，严防外来有害物种入侵。严厉打击象牙等野生动植物制品非法交易。

以市县级行政区为单元，建立由空间规划、用途管制、领导干部自然资源资产离任审计、差异化绩效考核等构成的空间治理体系。

（三）推动低碳循环发展。推进能源革命，加快能源技术创新，建设清洁低碳、安全高效的现代能源体系。提高非化石能源比重，推动煤炭等化石能源清洁高效利用。加快发展风能、太阳能、生物质能、水能、地热能，安全高效发展核电。加强储能和智能电网建设，发展分布式能源，推行节能低碳电力调度。有序开放开采权，积极开发天然气、煤层气、页岩气。改革能源体制，形成有效竞争的市场机制。

推进交通运输低碳发展，实行公共交通优先，加强轨道交通建设，鼓励自行车等绿色出行。实施新能源汽车推广计划，提高电动车产业化水平。提高建筑节能标准，推广绿色建筑和建材。

主动控制碳排放，加强高能耗行业能耗管控，有效控制电力、钢铁、建材、化工等重

点行业碳排放，支持优化开发区域率先实现碳排放峰值目标，实施近零碳排放区示范工程。

实施循环发展引领计划，推行企业循环式生产、产业循环式组合、园区循环式改造，减少单位产出物质消耗。加强生活垃圾分类回收和再生资源回收的衔接，推进生产系统和生活系统循环链接。

（四）全面节约和高效利用资源。坚持节约优先，树立节约集约循环利用的资源观。

强化约束性指标管理，实行能源和水资源消耗、建设用地等总量和强度双控行动。实施全民节能行动计划，提高节能、节水、节地、节材、节矿标准，开展能效、水效领跑者引领行动。

实行最严格的水资源管理制度，以水定产、以水定城，建设节水型社会。合理制定水价，编制节水规划，实施雨洪资源利用、再生水利用、海水淡化工程，建设国家地下水监测系统，开展地下水超采区综合治理。坚持最严格的节约用地制度，调整建设用地结构，降低工业用地比例，推进城镇低效用地再开发和工矿废弃地复垦，严格控制农村集体建设用地规模。探索实行耕地轮作休耕制度试点。

建立健全用能权、用水权、排污权、碳排放权初始分配制度，创新有偿使用、预算管理、投融资机制，培育和发展交易市场。推行合同能源管理和合同节水管理。

倡导合理消费，力戒奢侈浪费，制止奢靡之风。在生产、流通、仓储、消费各环节落实全面节约。管住公款消费，深入开展反过度包装、反食品浪费、反过度消费行动，推动形成勤俭节约的社会风尚。

（五）加大环境治理力度。以提高环境质量为核心，实行最严格的环境保护制度，形成政府、企业、公众共治的环境治理体系。

推进多污染物综合防治和环境治理，实行联防联控和流域共治，深入实施大气、水、土壤污染防治行动计划。实施工业污染源全面达标排放计划，实现城镇生活污水垃圾处理设施全覆盖和稳定运行。扩大污染物总量控制范围，将细颗粒物等环境质量指标列入约束性指标。坚持城乡环境治理并重，加大农业面源污染防治力度，统筹农村饮水安全、改水改厕、垃圾处理，推进种养业废弃物资源化利用、无害化处置。

改革环境治理基础制度，建立覆盖所有固定污染源的企业排放许可制，实行省以下环保机构监测监察执法垂直管理制度。建立全国统一的实时在线环境监控系统。健全环境信息公布制度。探索建立跨地区环保机构。开展环保督察巡视，严格环保执法。

（六）筑牢生态安全屏障。坚持保护优先、自然恢复为主，实施山水林田湖生态保护和修复工程，构建生态廊道和生物多样性保护网络，全面提升森林、河湖、湿地、草原、海洋等自然生态系统稳定性和生态服务功能。

开展大规模国土绿化行动，加强林业重点工程建设，完善天然林保护制度，全面停止天然林商业性采伐，增加森林面积和蓄积量。发挥国有林区林场在绿化国土中的带动作用。扩大退耕还林还草，加强草原保护。严禁移植天然大树进城。创新产权模式，引导各方面资金投入植树造林。

加强水生态保护，系统整治江河流域，连通江河湖库水系，开展退耕还湿、退养还滩。推进荒漠化、石漠化、水土流失综合治理。强化江河源头和水源涵养区生态保护。开展蓝色海湾整治行动。加强地质灾害防治。

六　坚持开放发展，着力实现合作共赢

开创对外开放新局面，必须丰富对外开放内涵，提高对外开放水平，协同推进战略互信、经贸合作、人文交流，努力形成深度融合的互利合作格局。

（一）完善对外开放战略布局。推进双向开放，促进国内国际要素有序流动、资源高效配置、市场深度融合。

完善对外开放区域布局，加强内陆沿边地区口岸和基础设施建设，开辟跨境多式联运交通走廊，发展外向型产业集群，形成各有侧重的对外开放基地。支持沿海地区全面参与全球经济合作和竞争，培育有全球影响力的先进制造基地和经济区。提高边境经济合作区、跨境经济合作区发展水平。

加快对外贸易优化升级，从外贸大国迈向贸易强国。完善对外贸易布局，创新外贸发展模式，加强营销和售后服务网络建设，提高传统优势产品竞争力，巩固出口市场份额，推动外贸向优质优价、优进优出转变，壮大装备制造等新的出口主导产业。发展服务贸易。实行积极的进口政策，向全球扩大市场开放。

完善投资布局，扩大开放领域，放宽准入限制，积极有效引进境外资金和先进技术。支持企业扩大对外投资，推动装备、技术、标准、服务走出去，深度融入全球产业链、价值链、物流链，建设一批大宗商品境外生产基地，培育一批跨国企业。积极搭建国际产能和装备制造合作金融服务平台。

（二）形成对外开放新体制。完善法治化、国际化、便利化的营商环境，健全有利于合作共赢并同国际贸易投资规则相适应的体制机制。建立便利跨境电子商务等新型贸易方式的体制，健全服务贸易促进体系，全面实施单一窗口和通关一体化。提高自由贸易试验区建设质量，在更大范围推广复制。

全面实行准入前国民待遇加负面清单管理制度，促进内外资企业一视同仁、公平竞争。完善境外投资管理，健全对外投资促进政策和服务体系。有序扩大服务业对外开放，扩大银行、保险、证券、养老等市场准入。

扩大金融业双向开放。有序实现人民币资本项目可兑换，推动人民币加入特别提款权，成为可兑换、可自由使用货币。转变外汇管理和使用方式，从正面清单转变为负面清单。放宽境外投资汇兑限制，放宽企业和个人外汇管理要求，放宽跨国公司资金境外运作限制。加强国际收支监测，保持国际收支基本平衡。推进资本市场双向开放，改进并逐步取消境内外投资额度限制。

推动同更多国家签署高标准双边投资协定、司法协助协定，争取同更多国家互免或简化签证手续。构建海外利益保护体系。完善反洗钱、反恐怖融资、反逃税监管措施，完善风险防范体制机制。

（三）推进"一带一路"建设。秉持亲诚惠容，坚持共商共建共享原则，完善双边和多边合作机制，以企业为主体，实行市场化运作，推进同有关国家和地区多领域互利共赢的务实合作，打造陆海内外联动、东西双向开放的全面开放新格局。

推进基础设施互联互通和国际大通道建设，共同建设国际经济合作走廊。加强能源资源合作，提高就地加工转化率。共建境外产业集聚区，推动建立当地产业体系，广泛开展教育、科技、文化、旅游、卫生、环保等领域合作，造福当地民众。

加强同国际金融机构合作，参与亚洲基础设施投资银行、金砖国家新开发银行建设，发挥丝路基金作用，吸引国际资金共建开放多元共赢的金融合作平台。

（四）深化内地和港澳、大陆和台湾地区合作发展。全面准确贯彻"一国两制"、"港人治港"、"澳人治澳"、高度自治的方针，发挥港澳独特优势，提升港澳在国家经济发展和对外开放中的地位和功能，支持港澳发展经济、改善民生、推进民主、促进和谐。

支持香港巩固国际金融、航运、贸易三大中心地位，参与国家双向开放、"一带一路"建设。支持香港强化全球离岸人民币业务枢纽地位，推动融资、商贸、物流、专业服务等向高端高增值方向发展。支持澳门建设世界旅游休闲中心、中国与葡语国家商贸合作服务平台，促进澳门经济适度多元可持续发展。

加大内地对港澳开放力度，加快前海、南沙、横琴等粤港澳合作平台建设。加深内地同港澳在社会、民生、科技、文化、教育、环保等领域交流合作。深化泛珠三角等区域合作。

坚持"九二共识"和一个中国原则，秉持"两岸一家亲"，以互利共赢方式深化两岸经济合作。推动两岸产业合作协调发展、金融业合作及贸易投资等双向开放合作。推进海峡西岸经济区建设，打造平潭等对台合作平台。扩大两岸人员往来，深化两岸农业、文化、教育、科技、社会等领域交流合作，增进两岸同胞福祉，让更多台湾普通民众、青少年和中小企业受益。

（五）积极参与全球经济治理。推动国际经济治理体系改革完善，积极引导全球经济议程，促进国际经济秩序朝着平等公正、合作共赢的方向发展。加强宏观经济政策国际协调，促进全球经济平衡、金融安全、经济稳定增长。积极参与网络、深海、极地、空天等新领域国际规则制定。

推动多边贸易谈判进程，促进多边贸易体制均衡、共赢、包容发展，形成公正、合理、透明的国际经贸规则体系。支持发展中国家平等参与全球经济治理，促进国际货币体系和国际金融监管改革。

加快实施自由贸易区战略，推进区域全面经济伙伴关系协定谈判，推进亚太自由贸易区建设，致力于形成面向全球的高标准自由贸易区网络。

（六）积极承担国际责任和义务。坚持共同但有区别的责任原则、公平原则、各自能力原则，积极参与应对全球气候变化谈判，落实减排承诺。

扩大对外援助规模，完善对外援助方式，为发展中国家提供更多免费的人力资源、发展规划、经济政策等方面咨询培训，扩大科技教育、医疗卫生、防灾减灾、环境治理、野生动植物保护、减贫等领域对外合作和援助，加大人道主义援助力度。主动参与二〇三〇年可持续发展议程。

维护国际公共安全，反对一切形式的恐怖主义，积极支持并参与联合国维和行动，加强防扩散国际合作，参与管控热点敏感问题，共同维护国际通道安全。加强多边和双边协调，参与维护全球网络安全。推动国际反腐败合作。

七　坚持共享发展，着力增进人民福祉

按照人人参与、人人尽力、人人享有的要求，坚守底线、突出重点、完善制度、引导预期，注重机会公平，保障基本民生，实现全体人民共同迈入全面小康社会。

（一）增加公共服务供给。坚持普惠性、保基本、均等化、可持续方向，从解决人民最关心最直接最现实的利益问题入手，增强政府职责，提高公共服务共建能力和共享水平。

加强义务教育、就业服务、社会保障、基本医疗和公共卫生、公共文化、环境保护等基本公共服务，努力实现全覆盖。加大对革命老区、民族地区、边疆地区、贫困地区的转移支付。加强对特定人群特殊困难的帮扶。

创新公共服务提供方式，能由政府购买服务提供的，政府不再直接承办；能由政府和社会资本合作提供的，广泛吸引社会资本参与。加快社会事业改革。

（二）实施脱贫攻坚工程。农村贫困人口脱贫是全面建成小康社会最艰巨的任务。必须充分发挥政治优势和制度优势，坚决打赢脱贫攻坚战。

实施精准扶贫、精准脱贫，因人因地施策，提高扶贫实效。分类扶持贫困家庭，对有劳动能力的支持发展特色产业和转移就业，对"一方水土养不起一方人"的实施扶贫搬迁，对生态特别重要和脆弱的实行生态保护扶贫，对丧失劳动能力的实施兜底性保障政策，对因病致贫的提供医疗救助保障。实行低保政策和扶贫政策衔接，对贫困人口应保尽保。

扩大贫困地区基础设施覆盖面，因地制宜解决通路、通水、通电、通网络等问题。对在贫困地区开发水电、矿产资源占用集体土地的，试行给原住居民集体股权方式进行补偿，探索对贫困人口实行资产收益扶持制度。

提高贫困地区基础教育质量和医疗服务水平，推进贫困地区基本公共服务均等化。建立健全农村留守儿童和妇女、老人关爱服务体系。

实行脱贫工作责任制。进一步完善中央统筹、省（自治区、直辖市）负总责、市（地）县抓落实的工作机制。强化脱贫工作责任考核，对贫困县重点考核脱贫成效。加大中央和省级财政扶贫投入，发挥政策性金融和商业性金融的互补作用，整合各类扶贫资源，开辟扶贫开发新的资金渠道。健全东西部协作和党政机关、部队、人民团体、国有企业定点扶贫机制，激励各类企业、社会组织、个人自愿采取包干方式参与扶贫。把革命老区、民族地区、边疆地区、集中连片贫困地区作为脱贫攻坚重点。

（三）提高教育质量。全面贯彻党的教育方针，落实立德树人根本任务，加强社会主义核心价值观教育，培养德智体美全面发展的社会主义建设者和接班人。深化教育改革，把增强学生社会责任感、创新精神、实践能力作为重点任务贯彻到国民教育全过程。

推动义务教育均衡发展，全面提高教育教学质量。普及高中阶段教育，逐步分类推进中等职业教育免除学杂费，率先对建档立卡的家庭经济困难学生实施普通高中免除学杂费。发展学前教育，鼓励普惠性幼儿园发展。完善资助方式，实现家庭经济困难学生资助全覆盖。

促进教育公平。加快城乡义务教育公办学校标准化建设，加强教师队伍特别是乡村教师队伍建设，推进城乡教师交流。办好特殊教育。

提高高校教学水平和创新能力，使若干高校和一批学科达到或接近世界一流水平。建设现代职业教育体系，推进产教融合、校企合作。优化学科专业布局和人才培养机制，鼓励具备条件的普通本科高校向应用型转变。

落实并深化考试招生制度改革和教育教学改革。建立个人学习账号和学分累计制度，畅通继续教育、终身学习通道。推进教育信息化，发展远程教育，扩大优质教育资源覆盖面。完善教育督导，加强社会监督。支持和规范民办教育发展，鼓励社会力量和民间资本提供多样化教育服务。

（四）促进就业创业。坚持就业优先战略，实施更加积极的就业政策，创造更多就业岗位，着力解决结构性就业矛盾。完善创业扶持政策，鼓励以创业带就业，建立面向人人的创业服务平台。

统筹人力资源市场，打破城乡、地区、行业分割和身份、性别歧视，维护劳动者平等就业权利。加强对灵活就业、新就业形态的支持，促进劳动者自主就业。落实高校毕业生就业促进和创业引领计划，带动青年就业创业。加强就业援助，帮助就业困难者就业。

推行终身职业技能培训制度。实施新生代农民工职业技能提升计划。开展贫困家庭子女、未升学初高中毕业生、农民工、失业人员和转岗职工、退役军人免费接受职业培训行动。推行工学结合、校企合作的技术工人培养模式，推行企业新型学徒制。提高技术工人待遇，完善职称评定制度，推广专业技术职称、技能等级等同大城市落户挂钩做法。

提高劳动力素质、劳动参与率、劳动生产率，增强劳动力市场灵活性，促进劳动力在地区、行业、企业之间自由流动。建立和谐劳动关系，维护职工和企业合法权益。

完善就业服务体系，提高就业服务能力。完善就业失业统计指标体系。

（五）缩小收入差距。坚持居民收入增长和经济增长同步、劳动报酬提高和劳动生产率提高同步，持续增加城乡居民收入。调整国民收入分配格局，规范初次分配，加大再分配调节力度。

健全科学的工资水平决定机制、正常增长机制、支付保障机制，推行企业工资集体协商制度。完善最低工资增长机制，完善市场评价要素贡献并按贡献分配的机制，完善适应机关事业单位特点的工资制度。

实行有利于缩小收入差距的政策，明显增加低收入劳动者收入，扩大中等收入者比重。加快建立综合和分类相结合的个人所得税制。多渠道增加居民财产性收入。规范收入分配秩序，保护合法收入，规范隐性收入，遏制以权力、行政垄断等非市场因素获取收入，取缔非法收入。

支持慈善事业发展，广泛动员社会力量开展社会救济和社会互助、志愿服务活动。完善鼓励回馈社会、扶贫济困的税收政策。

（六）建立更加公平更可持续的社会保障制度。实施全民参保计划，基本实现法定人员全覆盖。坚持精算平衡，完善筹资机制，分清政府、企业、个人等的责任。适当降低社会保险费率。完善社会保险体系。

完善职工养老保险个人账户制度，健全多缴多得激励机制。实现职工基础养老金全国统筹，建立基本养老金合理调整机制。拓宽社会保险基金投资渠道，加强风险管理，提高投资回报率。逐步提高国有资本收益上缴公共财政比例，划转部分国有资本充实社保基金。出台渐进式延迟退休年龄政策。发展职业年金、企业年金、商业养老保险。

健全医疗保险稳定可持续筹资和报销比例调整机制，研究实行职工退休人员医保缴费参保政策。全面实施城乡居民大病保险制度。改革医保支付方式，发挥医保控费作用。改进个人账户，开展门诊费用统筹。实现跨省异地安置退休人员住院医疗费用直接结算。整合城乡居民医保政策和经办管理。鼓励发展补充医疗保险和商业健康保险。鼓励商业保险机构参与医保经办。将生育保险和基本医疗保险合并实施。

统筹救助体系，强化政策衔接，推进制度整合，确保困难群众基本生活。

（七）推进健康中国建设。深化医药卫生体制改革，实行医疗、医保、医药联动，推进医药分开，实行分级诊疗，建立覆盖城乡的基本医疗卫生制度和现代医院管理制度。

全面推进公立医院综合改革，坚持公益属性，破除逐利机制，建立符合医疗行业特点的人事薪酬制度。优化医疗卫生机构布局，健全上下联动、衔接互补的医疗服务体系，完善基层医疗服务模式，发展远程医疗。促进医疗资源向基层、农村流动，推进全科医生、家庭医生、急需领域医疗服务能力提高、电子健康档案等工作。鼓励社会力量兴办健康服务业，推进非营利性民营医院和公立医院同等待遇。加强医疗质量监管，完善纠纷调解机制，构建和谐医患关系。

坚持中西医并重，促进中医药、民族医药发展。完善基本药物制度，健全药品供应保障机制，理顺药品价格，增加艾滋病防治等特殊药物免费供给。提高药品质量，确保用药安全。加强传染病、慢性病、地方病等重大疾病综合防治和职业病危害防治，通过多种方式降低大病慢性病医疗费用。倡导健康生活方式，加强心理健康服务。

实施食品安全战略，形成严密高效、社会共治的食品安全治理体系，让人民群众吃得放心。

（八）促进人口均衡发展。坚持计划生育的基本国策，完善人口发展战略。全面实施一对夫妇可生育两个孩子政策。提高生殖健康、妇幼保健、托幼等公共服务水平。帮扶存在特殊困难的计划生育家庭。注重家庭发展。

积极开展应对人口老龄化行动，弘扬敬老、养老、助老社会风尚，建设以居家为基础、社区为依托、机构为补充的多层次养老服务体系，推动医疗卫生和养老服务相结合，探索建立长期护理保险制度。全面放开养老服务市场，通过购买服务、股权合作等方式支持各类市场主体增加养老服务和产品供给。

坚持男女平等基本国策，保障妇女和未成年人权益。支持残疾人事业发展，健全扶残助残服务体系。

八　加强和改善党的领导，为实现"十三五"规划提供坚强保证

发展是党执政兴国的第一要务。各级党委必须深化对发展规律的认识，提高领导发展能力和水平，推进国家治理体系和治理能力现代化，更好推动经济社会发展。

（一）完善党领导经济社会发展工作体制机制。坚持党总揽全局、协调各方，发挥各级党委（党组）领导核心作用，加强制度化建设，改进工作体制机制和方式方法，强化全委会决策和监督作用。提高决策科学化水平，完善党委研究经济社会发展战略、定期分析经济形势、研究重大方针政策的工作机制，健全决策咨询机制。完善信息发布制度。

优化领导班子知识结构和专业结构，注重培养选拔政治强、懂专业、善治理、敢担当、作风正的领导干部，提高专业化水平。深化干部人事制度改革，完善政绩考核评价体系和奖惩机制，调动各级干部工作积极性、主动性、创造性。

加强党的各级组织建设，强化基层党组织整体功能，发挥战斗堡垒作用和党员先锋模范作用，激励广大干部开拓进取、攻坚克难，更好带领群众全面建成小康社会。

反腐倡廉建设永远在路上，反腐不能停步、不能放松。要坚持全面从严治党，落实"三严三实"要求，严明党的纪律和规矩，落实党风廉政建设主体责任和监督责任，健全改进作风长效机制，强化权力运行制约和监督，巩固反腐败成果，构建不敢腐、不能腐、

不想腐的有效机制，努力实现干部清正、政府清廉、政治清明，为经济社会发展营造良好政治生态。

（二）动员人民群众团结奋斗。充分发扬民主，贯彻党的群众路线，提高宣传和组织群众能力，加强经济社会发展重大问题和涉及群众切身利益问题的协商，依法保障人民各项权益，激发各族人民建设祖国的主人翁意识。

加强思想政治工作，创新群众工作体制机制和方式方法，注重发挥工会、共青团、妇联等群团组织的作用，正确处理人民内部矛盾，最大限度凝聚全社会推进改革发展、维护社会和谐稳定的共识和力量。高度重视做好意识形态领域工作，切实维护意识形态安全。

巩固和发展最广泛的爱国统一战线，全面落实党的知识分子、民族、宗教、侨务等政策，充分发挥民主党派、工商联和无党派人士作用，深入开展民族团结进步宣传教育，引导宗教与社会主义社会相适应，促进政党关系、民族关系、宗教关系、阶层关系、海内外同胞关系和谐，巩固全国各族人民大团结，加强海内外中华儿女大团结。

（三）加快建设人才强国。深入实施人才优先发展战略，推进人才发展体制改革和政策创新，形成具有国际竞争力的人才制度优势。

推动人才结构战略性调整，突出"高精尖缺"导向，实施重大人才工程，着力发现、培养、集聚战略科学家、科技领军人才、企业家人才、高技能人才队伍。实施更开放的创新人才引进政策，更大力度引进急需紧缺人才，聚天下英才而用之。发挥政府投入引导作用，鼓励企业、高校、科研院所、社会组织、个人等有序参与人才资源开发和人才引进。

优化人力资本配置，清除人才流动障碍，提高社会横向和纵向流动性。完善人才评价激励机制和服务保障体系，营造有利于人人皆可成才和青年人才脱颖而出的社会环境，健全有利于人才向基层、中西部地区流动的政策体系。

（四）运用法治思维和法治方式推动发展。厉行法治是发展社会主义市场经济的内在要求。必须坚持依法执政，全面提高党依据宪法法律治国理政、依据党内法规管党治党的能力和水平。

加强党对立法工作的领导。加快重点领域立法，坚持立改废释并举，深入推进科学立法、民主立法，加快形成完备的法律规范体系。

加强法治政府建设，依法设定权力、行使权力、制约权力、监督权力，依法调控和治理经济，推行综合执法，实现政府活动全面纳入法治轨道。深化司法体制改革，尊重司法规律，促进司法公正，完善对权利的司法保障、对权力的司法监督。弘扬社会主义法治精神，增强全社会特别是公职人员尊法学法守法用法观念，在全社会形成良好法治氛围和法治习惯。

（五）加强和创新社会治理。建设平安中国，完善党委领导、政府主导、社会协同、公众参与、法治保障的社会治理体制，推进社会治理精细化，构建全民共建共享的社会治理格局。健全利益表达、利益协调、利益保护机制，引导群众依法行使权利、表达诉求、解决纠纷。增强社区服务功能，实现政府治理和社会调节、居民自治良性互动。

加强社会治理基础制度建设，建立国家人口基础信息库、统一社会信用代码制度和相关实名登记制度，完善社会信用体系，健全社会心理服务体系和疏导机制、危机干预机制。

完善社会治安综合治理体制机制，以信息化为支撑加快建设社会治安立体防控体系，建设基础综合服务管理平台。落实重大决策社会稳定风险评估制度，完善社会矛盾排查预警和调处化解综合机制，加强和改进信访和调解工作，有效预防和化解矛盾纠纷。严密防范、依法惩治违法犯罪活动，维护社会秩序。

牢固树立安全发展观念，坚持人民利益至上，加强全民安全意识教育，健全公共安全体系。完善和落实安全生产责任和管理制度，实行党政同责、一岗双责、失职追责，强化预防治本，改革安全评审制度，健全预警应急机制，加大监管执法力度，及时排查化解安全隐患，坚决遏制重特大安全事故频发势头。实施危险化学品和化工企业生产、仓储安全环保搬迁工程，加强安全生产基础能力和防灾减灾能力建设，切实维护人民生命财产安全。

贯彻总体国家安全观，实施国家安全战略，落实重点领域国家安全政策，完善国家安全审查制度，完善国家安全法治，建立国家安全体系。依法严密防范和严厉打击敌对势力渗透颠覆破坏活动、暴力恐怖活动、民族分裂活动、极端宗教活动，坚决维护国家政治、经济、文化、社会、信息、国防等安全。

（六）确保"十三五"规划建议的目标任务落到实处。制定"十三五"规划纲要和专项规划，要坚决贯彻党中央决策部署，落实本建议确定的发展理念、主要目标、重点任务、重大举措。各地区要从实际出发，制定本地区"十三五"规划。各级各类规划要增加明确反映创新、协调、绿色、开放、共享发展理念的指标，增加政府履行职责的约束性指标，把全会确定的各项决策部署落到实处。

实现"十三五"时期发展目标，前景光明，任务繁重。全党全国各族人民要更加紧密地团结在以习近平同志为总书记的党中央周围，万众一心，艰苦奋斗，共同夺取全面建成小康社会决胜阶段的伟大胜利！

中共中央、国务院:《生态文明体制改革总体方案》

2015 年 9 月,中共中央、国务院印发了《生态文明体制改革总体方案》,并发出通知,要求各地区各部门结合实际认真贯彻执行。

生态文明体制改革总体方案

为加快建立系统完整的生态文明制度体系,加快推进生态文明建设,增强生态文明体制改革的系统性、整体性、协同性,制定本方案。

一 生态文明体制改革的总体要求

(一)生态文明体制改革的指导思想。全面贯彻党的十八大和十八届二中、三中、四中全会精神,以邓小平理论、"三个代表"重要思想、科学发展观为指导,深入贯彻落实习近平总书记系列重要讲话精神,按照党中央、国务院决策部署,坚持节约资源和保护环境基本国策,坚持节约优先、保护优先、自然恢复为主方针,立足我国社会主义初级阶段的基本国情和新的阶段性特征,以建设美丽中国为目标,以正确处理人与自然关系为核心,以解决生态环境领域突出问题为导向,保障国家生态安全,改善环境质量,提高资源利用效率,推动形成人与自然和谐发展的现代化建设新格局。

(二)生态文明体制改革的理念

树立尊重自然、顺应自然、保护自然的理念,生态文明建设不仅影响经济持续健康发展,也关系政治和社会建设,必须放在突出地位,融入经济建设、政治建设、文化建设、社会建设各方面和全过程。

树立发展和保护相统一的理念,坚持发展是硬道理的战略思想,发展必须是绿色发展、循环发展、低碳发展,平衡好发展和保护的关系,按照主体功能定位控制开发强度,调整空间结构,给子孙后代留下天蓝、地绿、水净的美好家园,实现发展与保护的内在统一、相互促进。

树立绿水青山就是金山银山的理念,清新空气、清洁水源、美丽山川、肥沃土地、生物多样性是人类生存必需的生态环境,坚持发展是第一要务,必须保护森林、草原、河流、湖泊、湿地、海洋等自然生态。

树立自然价值和自然资本的理念,自然生态是有价值的,保护自然就是增值自然价值和自然资本的过程,就是保护和发展生产力,就应得到合理回报和经济补偿。

树立空间均衡的理念,把握人口、经济、资源环境的平衡点推动发展,人口规模、产业结构、增长速度不能超出当地水土资源承载能力和环境容量。

树立山水林田湖是一个生命共同体的理念，按照生态系统的整体性、系统性及其内在规律，统筹考虑自然生态各要素、山上山下、地上地下、陆地海洋以及流域上下游，进行整体保护、系统修复、综合治理，增强生态系统循环能力，维护生态平衡。

（三）生态文明体制改革的原则

坚持正确改革方向，健全市场机制，更好发挥政府的主导和监管作用，发挥企业的积极性和自我约束作用，发挥社会组织和公众的参与和监督作用。

坚持自然资源资产的公有性质，创新产权制度，落实所有权，区分自然资源资产所有者权利和管理者权力，合理划分中央地方事权和监管职责，保障全体人民分享全民所有自然资源资产收益。

坚持城乡环境治理体系统一，继续加强城市环境保护和工业污染防治，加大生态环境保护工作对农村地区的覆盖，建立健全农村环境治理体制机制，加大对农村污染防治设施建设和资金投入力度。

坚持激励和约束并举，既要形成支持绿色发展、循环发展、低碳发展的利益导向机制，又要坚持源头严防、过程严管、损害严惩、责任追究，形成对各类市场主体的有效约束，逐步实现市场化、法治化、制度化。

坚持主动作为和国际合作相结合，加强生态环境保护是我们的自觉行为，同时要深化国际交流和务实合作，充分借鉴国际上的先进技术和体制机制建设有益经验，积极参与全球环境治理，承担并履行好同发展中大国相适应的国际责任。

坚持鼓励试点先行和整体协调推进相结合，在党中央、国务院统一部署下，先易后难、分步推进，成熟一项推出一项。支持各地区根据本方案确定的基本方向，因地制宜、大胆探索、大胆试验。

（四）生态文明体制改革的目标。到2020年，构建起由自然资源资产产权制度、国土空间开发保护制度、空间规划体系、资源总量管理和全面节约制度、资源有偿使用和生态补偿制度、环境治理体系、环境治理和生态保护市场体系、生态文明绩效评价考核和责任追究制度等八项制度构成的产权清晰、多元参与、激励约束并重、系统完整的生态文明制度体系，推进生态文明领域国家治理体系和治理能力现代化，努力走向社会主义生态文明新时代。

构建归属清晰、权责明确、监管有效的自然资源资产产权制度，着力解决自然资源所有者不到位、所有权边界模糊等问题。

构建以空间规划为基础、以用途管制为主要手段的国土空间开发保护制度，着力解决因无序开发、过度开发、分散开发导致的优质耕地和生态空间占用过多、生态破坏、环境污染等问题。

构建以空间治理和空间结构优化为主要内容，全国统一、相互衔接、分级管理的空间规划体系，着力解决空间性规划重叠冲突、部门职责交叉重复、地方规划朝令夕改等问题。

构建覆盖全面、科学规范、管理严格的资源总量管理和全面节约制度，着力解决资源使用浪费严重、利用效率不高等问题。

构建反映市场供求和资源稀缺程度、体现自然价值和代际补偿的资源有偿使用和生态补偿制度，着力解决自然资源及其产品价格偏低、生产开发成本低于社会成本、保护生态得不到合理回报等问题。

　　构建以改善环境质量为导向，监管统一、执法严明、多方参与的环境治理体系，着力解决污染防治能力弱、监管职能交叉、权责不一致、违法成本过低等问题。

　　构建更多运用经济杠杆进行环境治理和生态保护的市场体系，着力解决市场主体和市场体系发育滞后、社会参与度不高等问题。

　　构建充分反映资源消耗、环境损害和生态效益的生态文明绩效评价考核和责任追究制度，着力解决发展绩效评价不全面、责任落实不到位、损害责任追究缺失等问题。

二　健全自然资源资产产权制度

　　（五）建立统一的确权登记系统。坚持资源公有、物权法定，清晰界定全部国土空间各类自然资源资产的产权主体。对水流、森林、山岭、草原、荒地、滩涂等所有自然生态空间统一进行确权登记，逐步划清全民所有和集体所有之间的边界，划清全民所有、不同层级政府行使所有权的边界，划清不同集体所有者的边界。推进确权登记法治化。

　　（六）建立权责明确的自然资源产权体系。制定权利清单，明确各类自然资源产权主体权利。处理好所有权与使用权的关系，创新自然资源全民所有权和集体所有权的实现形式，除生态功能重要的外，可推动所有权和使用权相分离，明确占有、使用、收益、处分等权利归属关系和权责，适度扩大使用权的出让、转让、出租、抵押、担保、入股等权能。明确国有农场、林场和牧场土地所有者与使用者权能。全面建立覆盖各类全民所有自然资源资产的有偿出让制度，严禁无偿或低价出让。统筹规划，加强自然资源资产交易平台建设。

　　（七）健全国家自然资源资产管理体制。按照所有者和监管者分开和一件事情由一个部门负责的原则，整合分散的全民所有自然资源资产所有者职责，组建对全民所有的矿藏、水流、森林、山岭、草原、荒地、海域、滩涂等各类自然资源统一行使所有权的机构，负责全民所有自然资源的出让等。

　　（八）探索建立分级行使所有权的体制。对全民所有的自然资源资产，按照不同资源种类和在生态、经济、国防等方面的重要程度，研究实行中央和地方政府分级代理行使所有权职责的体制，实现效率和公平相统一。分清全民所有中央政府直接行使所有权、全民所有地方政府行使所有权的资源清单和空间范围。中央政府主要对石油天然气、贵重稀有矿产资源、重点国有林区、大江大河大湖和跨境河流、生态功能重要的湿地草原、海域滩涂、珍稀野生动植物种和部分国家公园等直接行使所有权。

　　（九）开展水流和湿地产权确权试点。探索建立水权制度，开展水域、岸线等水生态空间确权试点，遵循水生态系统性、整体性原则，分清水资源所有权、使用权及使用量。在甘肃、宁夏等地开展湿地产权确权试点。

三　建立国土空间开发保护制度

　　（十）完善主体功能区制度。统筹国家和省级主体功能区规划，健全基于主体功能区的区域政策，根据城市化地区、农产品主产区、重点生态功能区的不同定位，加快调整完善财政、产业、投资、人口流动、建设用地、资源开发、环境保护等政策。

（十一）健全国土空间用途管制制度。简化自上而下的用地指标控制体系，调整按行政区和用地基数分配指标的做法。将开发强度指标分解到各县级行政区，作为约束性指标，控制建设用地总量。将用途管制扩大到所有自然生态空间，划定并严守生态红线，严禁任意改变用途，防止不合理开发建设活动对生态红线的破坏。完善覆盖全部国土空间的监测系统，动态监测国土空间变化。

（十二）建立国家公园体制。加强对重要生态系统的保护和永续利用，改革各部门分头设置自然保护区、风景名胜区、文化自然遗产、地质公园、森林公园等的体制，对上述保护地进行功能重组，合理界定国家公园范围。国家公园实行更严格保护，除不损害生态系统的原住民生活生产设施改造和自然观光科研教育旅游外，禁止其他开发建设，保护自然生态和自然文化遗产原真性、完整性。加强对国家公园试点的指导，在试点基础上研究制定建立国家公园体制总体方案。构建保护珍稀野生动植物的长效机制。

（十三）完善自然资源监管体制。将分散在各部门的有关用途管制职责，逐步统一到一个部门，统一行使所有国土空间的用途管制职责。

四　建立空间规划体系

（十四）编制空间规划。整合目前各部门分头编制的各类空间性规划，编制统一的空间规划，实现规划全覆盖。空间规划是国家空间发展的指南、可持续发展的空间蓝图，是各类开发建设活动的基本依据。空间规划分为国家、省、市县（设区的市空间规划范围为市辖区）三级。研究建立统一规范的空间规划编制机制。鼓励开展省级空间规划试点。编制京津冀空间规划。

（十五）推进市县"多规合一"。支持市县推进"多规合一"，统一编制市县空间规划，逐步形成一个市县一个规划、一张蓝图。市县空间规划要统一土地分类标准，根据主体功能定位和省级空间规划要求，划定生产空间、生活空间、生态空间，明确城镇建设区、工业区、农村居民点等的开发边界，以及耕地、林地、草原、河流、湖泊、湿地等的保护边界，加强对城市地下空间的统筹规划。加强对市县"多规合一"试点的指导，研究制定市县空间规划编制指引和技术规范，形成可复制、能推广的经验。

（十六）创新市县空间规划编制方法。探索规范化的市县空间规划编制程序，扩大社会参与，增强规划的科学性和透明度。鼓励试点地区进行规划编制部门整合，由一个部门负责市县空间规划的编制，可成立由专业人员和有关方面代表组成的规划评议委员会。规划编制前应当进行资源环境承载能力评价，以评价结果作为规划的基本依据。规划编制过程中应当广泛征求各方面意见，全文公布规划草案，充分听取当地居民意见。规划经评议委员会论证通过后，由当地人民代表大会审议通过，并报上级政府部门备案。规划成果应当包括规划文本和较高精度的规划图，并在网络和其他本地媒体公布。鼓励当地居民对规划执行进行监督，对违反规划的开发建设行为进行举报。当地人民代表大会及其常务委员会定期听取空间规划执行情况报告，对当地政府违反规划行为进行问责。

五　完善资源总量管理和全面节约制度

（十七）完善最严格的耕地保护制度和土地节约集约利用制度。完善基本农田保护制度，划定永久基本农田红线，按照面积不减少、质量不下降、用途不改变的要求，将基本农田落地到户、上图入库，实行严格保护，除法律规定的国家重点建设项目选址确实无法避让外，其他任何建设不得占用。加强耕地质量等级评定与监测，强化耕地质量保护与提升建设。完善耕地占补平衡制度，对新增建设用地占用耕地规模实行总量控制，严格实行耕地占一补一、先补后占、占优补优。实施建设用地总量控制和减量化管理，建立节约集约用地激励和约束机制，调整结构，盘活存量，合理安排土地利用年度计划。

（十八）完善最严格的水资源管理制度。按照节水优先、空间均衡、系统治理、两手发力的方针，健全用水总量控制制度，保障水安全。加快制定主要江河流域水量分配方案，加强省级统筹，完善省市县三级取用水总量控制指标体系。建立健全节约集约用水机制，促进水资源使用结构调整和优化配置。完善规划和建设项目水资源论证制度。主要运用价格和税收手段，逐步建立农业灌溉用水量控制和定额管理、高耗水工业企业计划用水和定额管理制度。在严重缺水地区建立用水定额准入门槛，严格控制高耗水项目建设。加强水产品产地保护和环境修复，控制水产养殖，构建水生动植物保护机制。完善水功能区监督管理，建立促进非常规水源利用制度。

（十九）建立能源消费总量管理和节约制度。坚持节约优先，强化能耗强度控制，健全节能目标责任制和奖励制。进一步完善能源统计制度。健全重点用能单位节能管理制度，探索实行节能自愿承诺机制。完善节能标准体系，及时更新用能产品能效、高耗能行业能耗限额、建筑物能效等标准。合理确定全国能源消费总量目标，并分解落实到省级行政区和重点用能单位。健全节能低碳产品和技术装备推广机制，定期发布技术目录。强化节能评估审查和节能监察。加强对可再生能源发展的扶持，逐步取消对化石能源的普遍性补贴。逐步建立全国碳排放总量控制制度和分解落实机制，建立增加森林、草原、湿地、海洋碳汇的有效机制，加强应对气候变化国际合作。

（二十）建立天然林保护制度。将所有天然林纳入保护范围。建立国家用材林储备制度。逐步推进国有林区政企分开，完善以购买服务为主的国有林场公益林管护机制。完善集体林权制度，稳定承包权，拓展经营权能，健全林权抵押贷款和流转制度。

（二十一）建立草原保护制度。稳定和完善草原承包经营制度，实现草原承包地块、面积、合同、证书"四到户"，规范草原经营权流转。实行基本草原保护制度，确保基本草原面积不减少、质量不下降、用途不改变。健全草原生态保护补奖机制，实施禁牧休牧、划区轮牧和草畜平衡等制度。加强对草原征用使用审核审批的监管，严格控制草原非牧使用。

（二十二）建立湿地保护制度。将所有湿地纳入保护范围，禁止擅自征用占用国际重要湿地、国家重要湿地和湿地自然保护区。确定各类湿地功能，规范保护利用行为，建立湿地生态修复机制。

（二十三）建立沙化土地封禁保护制度。将暂不具备治理条件的连片沙化土地划为沙化土地封禁保护区。建立严格保护制度，加强封禁和管护基础设施建设，加强沙化土地治理，增加植被，合理发展沙产业，完善以购买服务为主的管护机制，探索开发与治理结合新机制。

（二十四）健全海洋资源开发保护制度。实施海洋主体功能区制度，确定近海海域海岛主体功能，引导、控制和规范各类用海用岛行为。实行围填海总量控制制度，对围填海面积实行约束性指标管理。建立自然岸线保有率控制制度。完善海洋渔业资源总量管理制度，严格执行休渔禁渔制度，推行近海捕捞限额管理，控制近海和滩涂养殖规模。健全海洋督察制度。

（二十五）健全矿产资源开发利用管理制度。建立矿产资源开发利用水平调查评估制度，加强矿产资源查明登记和有偿计时占用登记管理。建立矿产资源集约开发机制，提高矿区企业集中度，鼓励规模化开发。完善重要矿产资源开采回采率、选矿回收率、综合利用率等国家标准。健全鼓励提高矿产资源利用水平的经济政策。建立矿山企业高效和综合利用信息公示制度，建立矿业权人"黑名单"制度。完善重要矿产资源回收利用的产业化扶持机制。完善矿山地质环境保护和土地复垦制度。

（二十六）完善资源循环利用制度。建立健全资源产出率统计体系。实行生产者责任延伸制度，推动生产者落实废弃产品回收处理等责任。建立种养业废弃物资源化利用制度，实现种养业有机结合、循环发展。加快建立垃圾强制分类制度。制定再生资源回收目录，对复合包装物、电池、农膜等低值废弃物实行强制回收。加快制定资源分类回收利用标准。建立资源再生产品和原料推广使用制度，相关原材料消耗企业要使用一定比例的资源再生产品。完善限制一次性用品使用制度。落实并完善资源综合利用和促进循环经济发展的税收政策。制定循环经济技术目录，实行政府优先采购、贷款贴息等政策。

六　健全资源有偿使用和生态补偿制度

（二十七）加快自然资源及其产品价格改革。按照成本、收益相统一的原则，充分考虑社会可承受能力，建立自然资源开发使用成本评估机制，将资源所有者权益和生态环境损害等纳入自然资源及其产品价格形成机制。加强对自然垄断环节的价格监管，建立定价成本监审制度和价格调整机制，完善价格决策程序和信息公开制度。推进农业水价综合改革，全面实行非居民用水超计划、超定额累进加价制度，全面推行城镇居民用水阶梯价格制度。

（二十八）完善土地有偿使用制度。扩大国有土地有偿使用范围，扩大招拍挂出让比例，减少非公益性用地划拨，国有土地出让收支纳入预算管理。改革完善工业用地供应方式，探索实行弹性出让年限以及长期租赁、先租后让、租让结合供应。完善地价形成机制和评估制度，健全土地等级价体系，理顺与土地相关的出让金、租金和税费关系。建立有效调节工业用地和居住用地合理比价机制，提高工业用地出让地价水平，降低工业用地比例。探索通过土地承包经营、出租等方式，健全国有农用地有偿使用制度。

（二十九）完善矿产资源有偿使用制度。完善矿业权出让制度，建立符合市场经济要求和矿业规律的探矿权采矿权出让方式，原则上实行市场化出让，国有矿产资源出让收支纳入预算管理。理清有偿取得、占用和开采中所有者、投资者、使用者的产权关系，研究建立矿产资源国家权益金制度。调整探矿权采矿权使用费标准、矿产资源最低勘查投入标准。推进实现全国统一的矿业权交易平台建设，加大矿业权出让转让信息公开力度。

（三十）完善海域海岛有偿使用制度。建立海域、无居民海岛使用金征收标准调整机制。建立健全海域、无居民海岛使用权招拍挂出让制度。

（三十一）加快资源环境税费改革。理顺自然资源及其产品税费关系，明确各自功能，合理确定税收调控范围。加快推进资源税从价计征改革，逐步将资源税扩展到占用各种自然生态空间，在华北部分地区开展地下水征收资源税改革试点。加快推进环境保护税立法。

（三十二）完善生态补偿机制。探索建立多元化补偿机制，逐步增加对重点生态功能区转移支付，完善生态保护成效与资金分配挂钩的激励约束机制。制定横向生态补偿机制办法，以地方补偿为主，中央财政给予支持。鼓励各地区开展生态补偿试点，继续推进新安江水环境补偿试点，推动在京津冀水源涵养区、广西广东九洲江、福建广东汀江—韩江等开展跨地区生态补偿试点，在长江流域水环境敏感地区探索开展流域生态补偿试点。

（三十三）完善生态保护修复资金使用机制。按照山水林田湖系统治理的要求，完善相关资金使用管理办法，整合现有政策和渠道，在深入推进国土江河综合整治的同时，更多用于青藏高原生态屏障、黄土高原—川滇生态屏障、东北森林带、北方防沙带、南方丘陵山地带等国家生态安全屏障的保护修复。

（三十四）建立耕地草原河湖休养生息制度。编制耕地、草原、河湖休养生息规划，调整严重污染和地下水严重超采地区的耕地用途，逐步将25度以上不适宜耕种且有损生态的陡坡地退出基本农田。建立巩固退耕还林还草、退牧还草成果长效机制。开展退田还湖还湿试点，推进长株潭地区土壤重金属污染修复试点、华北地区地下水超采综合治理试点。

七　建立健全环境治理体系

（三十五）完善污染物排放许可制。尽快在全国范围建立统一公平、覆盖所有固定污染源的企业排放许可制，依法核发排污许可证，排污者必须持证排污，禁止无证排污或不按许可证规定排污。

（三十六）建立污染防治区域联动机制。完善京津冀、长三角、珠三角等重点区域大气污染防治联防联控协作机制，其他地方要结合地理特征、污染程度、城市空间分布以及污染物输送规律，建立区域协作机制。在部分地区开展环境保护管理体制创新试点，统一规划、统一标准、统一环评、统一监测、统一执法。开展按流域设置环境监管和行政执法机构试点，构建各流域内相关省级涉水部门参加、多形式的流域水环境保护协作机制和风险预警防控体系。建立陆海统筹的污染防治机制和重点海域污染物排海总量控制制度。完善突发环境事件应急机制，提高与环境风险程度、污染物种类等相匹配的突发环境事件应急处置能力。

（三十七）建立农村环境治理体制机制。建立以绿色生态为导向的农业补贴制度，加快制定和完善相关技术标准和规范，加快推进化肥、农药、农膜减量化以及畜禽养殖废弃物资源化和无害化，鼓励生产使用可降解农膜。完善农作物秸秆综合利用制度。健全化肥农药包装物、农膜回收贮运加工网络。采取财政和村集体补贴、住户付费、社会资本参与的投入运营机制，加强农村污水和垃圾处理等环保设施建设。采取政府购买服务等多种扶持措施，培育发展各种形式的农业面源污染治理、农村污水垃圾处理市场主体。强化县乡两级政府的环境保护职责，加强环境监管能力建设。财政支农资金的使用要统筹考虑增强农业综合生产能力和防治农村污染。

（三十八）健全环境信息公开制度。全面推进大气和水等环境信息公开、排污单位环境信息公开、监管部门环境信息公开，健全建设项目环境影响评价信息公开机制。健全环境新闻发言人制度。引导人民群众树立环保意识，完善公众参与制度，保障人民群众依法有序行使环境监督权。建立环境保护网络举报平台和举报制度，健全举报、听证、舆论监督等制度。

（三十九）严格实行生态环境损害赔偿制度。强化生产者环境保护法律责任，大幅度提高违法成本。健全环境损害赔偿方面的法律制度、评估方法和实施机制，对违反环保法律法规的，依法严惩重罚；对造成生态环境损害的，以损害程度等因素依法确定赔偿额度；对造成严重后果的，依法追究刑事责任。

（四十）完善环境保护管理制度。建立和完善严格监管所有污染物排放的环境保护管理制度，将分散在各部门的环境保护职责调整到一个部门，逐步实行城乡环境保护工作由一个部门进行统一监管和行政执法的体制。有序整合不同领域、不同部门、不同层次的监管力量，建立权威统一的环境执法体制，充实执法队伍，赋予环境执法强制执行的必要条件和手段。完善行政执法和环境司法的衔接机制。

八 健全环境治理和生态保护市场体系

（四十一）培育环境治理和生态保护市场主体。采取鼓励发展节能环保产业的体制机制和政策措施。废止妨碍形成全国统一市场和公平竞争的规定和做法，鼓励各类投资进入环保市场。能由政府和社会资本合作开展的环境治理和生态保护事务，都可以吸引社会资本参与建设和运营。通过政府购买服务等方式，加大对环境污染第三方治理的支持力度。加快推进污水垃圾处理设施运营管理单位向独立核算、自主经营的企业转变。组建或改组设立国有资本投资运营公司，推动国有资本加大对环境治理和生态保护等方面的投入。支持生态环境保护领域国有企业实行混合所有制改革。

（四十二）推行用能权和碳排放权交易制度。结合重点用能单位节能行动和新建项目能评审查，开展项目节能量交易，并逐步改为基于能源消费总量管理下的用能权交易。建立用能权交易系统、测量与核准体系。推广合同能源管理。深化碳排放权交易试点，逐步建立全国碳排放权交易市场，研究制定全国碳排放权交易总量设定与配额分配方案。完善碳交易注册登记系统，建立碳排放权交易市场监管体系。

（四十三）推行排污权交易制度。在企业排污总量控制制度基础上，尽快完善初始排污权核定，扩大涵盖的污染物覆盖面。在现行以行政区为单元层层分解机制基础上，根据行业先进排污水平，逐步强化以企业为单元进行总量控制、通过排污权交易获得减排收益的机制。在重点流域和大气污染重点区域，合理推进跨行政区排污权交易。扩大排污权有偿使用和交易试点，将更多条件成熟地区纳入试点。加强排污权交易平台建设。制定排污权核定、使用费收取使用和交易价格等规定。

（四十四）推行水权交易制度。结合水生态补偿机制的建立健全，合理界定和分配水权，探索地区间、流域间、流域上下游、行业间、用水户间等水权交易方式。研究制定水权交易管理办法，明确可交易水权的范围和类型、交易主体和期限、交易价格形成机制、交易平台运作规则等。开展水权交易平台建设。

（四十五）建立绿色金融体系。推广绿色信贷，研究采取财政贴息等方式加大扶持力度，鼓励各类金融机构加大绿色信贷的发放力度，明确贷款人的尽职免责要求和环境保护法律责任。加强资本市场相关制度建设，研究设立绿色股票指数和发展相关投资产品，研究银行和企业发行绿色债券，鼓励对绿色信贷资产实行证券化。支持设立各类绿色发展基金，实行市场化运作。建立上市公司环保信息强制性披露机制。完善对节能低碳、生态环保项目的各类担保机制，加大风险补偿力度。在环境高风险领域建立环境污染强制责任保险制度。建立绿色评级体系以及公益性的环境成本核算和影响评估体系。积极推动绿色金融领域各类国际合作。

（四十六）建立统一的绿色产品体系。将目前分头设立的环保、节能、节水、循环、低碳、再生、有机等产品统一整合为绿色产品，建立统一的绿色产品标准、认证、标识等体系。完善对绿色产品研发生产、运输配送、购买使用的财税金融支持和政府采购等政策。

九 完善生态文明绩效评价考核和责任追究制度

（四十七）建立生态文明目标体系。研究制定可操作、可视化的绿色发展指标体系。制定生态文明建设目标评价考核办法，把资源消耗、环境损害、生态效益纳入经济社会发展评价体系。根据不同区域主体功能定位，实行差异化绩效评价考核。

（四十八）建立资源环境承载能力监测预警机制。研究制定资源环境承载能力监测预警指标体系和技术方法，建立资源环境监测预警数据库和信息技术平台，定期编制资源环境承载能力监测预警报告，对资源消耗和环境容量超过或接近承载能力的地区，实行预警提醒和限制性措施。

（四十九）探索编制自然资源资产负债表。制定自然资源资产负债表编制指南，构建水资源、土地资源、森林资源等的资产和负债核算方法，建立实物量核算账户，明确分类标准和统计规范，定期评估自然资源资产变化状况。在市县层面开展自然资源资产负债表编制试点，核算主要自然资源实物量账户并公布核算结果。

（五十）对领导干部实行自然资源资产离任审计。在编制自然资源资产负债表和合理考虑客观自然因素基础上，积极探索领导干部自然资源资产离任审计的目标、内容、方法和评价指标体系。以领导干部任期内辖区自然资源资产变化状况为基础，通过审计，客观评价领导干部履行自然资源资产管理责任情况，依法界定领导干部应当承担的责任，加强审计结果运用。在内蒙古呼伦贝尔市、浙江湖州市、湖南娄底市、贵州赤水市、陕西延安市开展自然资源资产负债表编制试点和领导干部自然资源资产离任审计试点。

（五十一）建立生态环境损害责任终身追究制。实行地方党委和政府领导成员生态文明建设一岗双责制。以自然资源资产离任审计结果和生态环境损害情况为依据，明确对地方党委和政府领导班子主要负责人、有关领导人员、部门负责人的追责情形和认定程序。区分情节轻重，对造成生态环境损害的，予以诫勉、责令公开道歉、组织处理或党纪政纪处分，对构成犯罪的依法追究刑事责任。对领导干部离任后出现重大生态环境损害并认定其需要承担责任的，实行终身追责。建立国家环境保护督察制度。

十 生态文明体制改革的实施保障

（五十二）加强对生态文明体制改革的领导。各地区各部门要认真学习领会中央关于生态文明建设和体制改革的精神，深刻认识生态文明体制改革的重大意义，增强责任感、使命感、紧迫感，认真贯彻党中央、国务院决策部署，确保本方案确定的各项改革任务加快落实。各有关部门要按照本方案要求抓紧制定单项改革方案，明确责任主体和时间进度，密切协调配合，形成改革合力。

（五十三）积极开展试点试验。充分发挥中央和地方两个积极性，鼓励各地区按照本方案的改革方向，从本地实际出发，以解决突出生态环境问题为重点，发挥主动性，积极探索和推动生态文明体制改革，其中需要法律授权的按法定程序办理。将各部门自行开展的综合性生态文明试点统一为国家试点试验，各部门要根据各自职责予以指导和推动。

（五十四）完善法律法规。制定完善自然资源资产产权、国土空间开发保护、国家公园、空间规划、海洋、应对气候变化、耕地质量保护、节水和地下水管理、草原保护、湿地保护、排污许可、生态环境损害赔偿等方面的法律法规，为生态文明体制改革提供法治保障。

（五十五）加强舆论引导。面向国内外，加大生态文明建设和体制改革宣传力度，统筹安排、正确解读生态文明各项制度的内涵和改革方向，培育普及生态文化，提高生态文明意识，倡导绿色生活方式，形成崇尚生态文明、推进生态文明建设和体制改革的良好氛围。

（五十六）加强督促落实。中央全面深化改革领导小组办公室、经济体制和生态文明体制改革专项小组要加强统筹协调，对本方案落实情况进行跟踪分析和督促检查，正确解读和及时解决实施中遇到的问题，重大问题要及时向党中央、国务院请示报告。

中共中央、国务院关于加快推进
生态文明建设的意见

（2015 年 4 月 25 日）

生态文明建设是中国特色社会主义事业的重要内容，关系人民福祉，关乎民族未来，事关"两个一百年"奋斗目标和中华民族伟大复兴中国梦的实现。党中央、国务院高度重视生态文明建设，先后出台了一系列重大决策部署，推动生态文明建设取得了重大进展和积极成效。但总体上看我国生态文明建设水平仍滞后于经济社会发展，资源约束趋紧，环境污染严重，生态系统退化，发展与人口资源环境之间的矛盾日益突出，已成为经济社会可持续发展的重大瓶颈制约。

加快推进生态文明建设是加快转变经济发展方式、提高发展质量和效益的内在要求，是坚持以人为本、促进社会和谐的必然选择，是全面建成小康社会、实现中华民族伟大复兴中国梦的时代抉择，是积极应对气候变化、维护全球生态安全的重大举措。要充分认识加快推进生态文明建设的极端重要性和紧迫性，切实增强责任感和使命感，牢固树立尊重自然、顺应自然、保护自然的理念，坚持绿水青山就是金山银山，动员全党、全社会积极行动、深入持久地推进生态文明建设，加快形成人与自然和谐发展的现代化建设新格局，开创社会主义生态文明新时代。

一　总体要求

（一）指导思想

以邓小平理论、"三个代表"重要思想、科学发展观为指导，全面贯彻党的十八大和十八届二中、三中、四中全会精神，深入贯彻习近平总书记系列重要讲话精神，认真落实党中央、国务院的决策部署，坚持以人为本、依法推进，坚持节约资源和保护环境的基本国策，把生态文明建设放在突出的战略位置，融入经济建设、政治建设、文化建设、社会建设各方面和全过程，协同推进新型工业化、信息化、城镇化、农业现代化和绿色化，以健全生态文明制度体系为重点，优化国土空间开发格局，全面促进资源节约利用，加大自然生态系统和环境保护力度，大力推进绿色发展、循环发展、低碳发展，弘扬生态文化，倡导绿色生活，加快建设美丽中国，使蓝天常在、青山常在、绿水常在，实现中华民族永续发展。

（二）基本原则

坚持把节约优先、保护优先、自然恢复为主作为基本方针。在资源开发与节约中，把节约放在优先位置，以最少的资源消耗支撑经济社会持续发展；在环境保护与发展中，把保护放在优先位置，在发展中保护、在保护中发展；在生态建设与修复中，以自然恢复为主，与人工修复相结合。

坚持把绿色发展、循环发展、低碳发展作为基本途径。经济社会发展必须建立在资源得到高效循环利用、生态环境受到严格保护的基础上，与生态文明建设相协调，形成节约资源和保护环境的空间格局、产业结构、生产方式。

坚持把深化改革和创新驱动作为基本动力。充分发挥市场配置资源的决定性作用和更好发挥政府作用，不断深化制度改革和科技创新，建立系统完整的生态文明制度体系，强化科技创新引领作用，为生态文明建设注入强大动力。

坚持把培育生态文化作为重要支撑。将生态文明纳入社会主义核心价值体系，加强生态文化的宣传教育，倡导勤俭节约、绿色低碳、文明健康的生活方式和消费模式，提高全社会生态文明意识。

坚持把重点突破和整体推进作为工作方式。既立足当前，着力解决对经济社会可持续发展制约性强、群众反映强烈的突出问题，打好生态文明建设攻坚战；又着眼长远，加强顶层设计与鼓励基层探索相结合，持之以恒全面推进生态文明建设。

（三）主要目标

到 2020 年，资源节约型和环境友好型社会建设取得重大进展，主体功能区布局基本形成，经济发展质量和效益显著提高，生态文明主流价值观在全社会得到推行，生态文明建设水平与全面建成小康社会目标相适应。

——国土空间开发格局进一步优化。经济、人口布局向均衡方向发展，陆海空间开发强度、城市空间规模得到有效控制，城乡结构和空间布局明显优化。

——资源利用更加高效。单位国内生产总值二氧化碳排放强度比 2005 年下降 40% ～ 45%，能源消耗强度持续下降，资源产出率大幅提高，用水总量力争控制在 6700 亿立方米以内，万元工业增加值用水量降低到 65 立方米以下，农田灌溉水有效利用系数提高到 0.55 以上，非化石能源占一次能源消费比重达到 15% 左右。

——生态环境质量总体改善。主要污染物排放总量继续减少，大气环境质量、重点流域和近岸海域水环境质量得到改善，重要江河湖泊水功能区水质达标率提高到 80% 以上，饮用水安全保障水平持续提升，土壤环境质量总体保持稳定，环境风险得到有效控制。森林覆盖率达到 23% 以上，草原综合植被覆盖度达到 56%，湿地面积不低于 8 亿亩，50% 以上可治理沙化土地得到治理，自然岸线保有率不低于 35%，生物多样性丧失速度得到基本控制，全国生态系统稳定性明显增强。

——生态文明重大制度基本确立。基本形成源头预防、过程控制、损害赔偿、责任追究的生态文明制度体系，自然资源资产产权和用途管制、生态保护红线、生态保护补偿、生态环境保护管理体制等关键制度建设取得决定性成果。

二　强化主体功能定位，优化国土空间开发格局

国土是生态文明建设的空间载体。要坚定不移地实施主体功能区战略，健全空间规划体系，科学合理布局和整治生产空间、生活空间、生态空间。

（四）积极实施主体功能区战略。全面落实主体功能区规划，健全财政、投资、产业、土地、人口、环境等配套政策和各有侧重的绩效考核评价体系。推进市县落实主体功能定位，推动经济社会发展、城乡、土地利用、生态环境保护等规划"多规合一"，形成

一个市县一本规划、一张蓝图。区域规划编制、重大项目布局必须符合主体功能定位。对不同主体功能区的产业项目实行差别化市场准入政策，明确禁止开发区域、限制开发区域准入事项，明确优化开发区域、重点开发区域禁止和限制发展的产业。编制实施全国国土规划纲要，加快推进国土综合整治。构建平衡适宜的城乡建设空间体系，适当增加生活空间、生态用地，保护和扩大绿地、水域、湿地等生态空间。

（五）大力推进绿色城镇化。认真落实《国家新型城镇化规划（2014～2020年）》，根据资源环境承载能力，构建科学合理的城镇化宏观布局，严格控制特大城市规模，增强中小城市承载能力，促进大中小城市和小城镇协调发展。尊重自然格局，依托现有山水脉络、气象条件等，合理布局城镇各类空间，尽量减少对自然的干扰和损害。保护自然景观，传承历史文化，提倡城镇形态多样性，保持特色风貌，防止"千城一面"。科学确定城镇开发强度，提高城镇土地利用效率、建成区人口密度，划定城镇开发边界，从严供给城市建设用地，推动城镇化发展由外延扩张式向内涵提升式转变。严格新城、新区设立条件和程序。强化城镇化过程中的节能理念，大力发展绿色建筑和低碳、便捷的交通体系，推进绿色生态城区建设，提高城镇供排水、防涝、雨水收集利用、供热、供气、环境等基础设施建设水平。所有县城和重点镇都要具备污水、垃圾处理能力，提高建设、运行、管理水平。加强城乡规划"三区四线"（禁建区、限建区和适建区，绿线、蓝线、紫线和黄线）管理，维护城乡规划的权威性、严肃性，杜绝大拆大建。

（六）加快美丽乡村建设。完善县域村庄规划，强化规划的科学性和约束力。加强农村基础设施建设，强化山水林田路综合治理，加快农村危旧房改造，支持农村环境集中连片整治，开展农村垃圾专项治理，加大农村污水处理和改厕力度。加快转变农业发展方式，推进农业结构调整，大力发展农业循环经济，治理农业污染，提升农产品质量安全水平。依托乡村生态资源，在保护生态环境的前提下，加快发展乡村旅游休闲业。引导农民在房前屋后、道路两旁植树护绿。加强农村精神文明建设，以环境整治和民风建设为重点，扎实推进文明村镇创建。

（七）加强海洋资源科学开发和生态环境保护。根据海洋资源环境承载力，科学编制海洋功能区划，确定不同海域主体功能。坚持"点上开发、面上保护"，控制海洋开发强度，在适宜开发的海洋区域，加快调整经济结构和产业布局，积极发展海洋战略性新兴产业，严格生态环境评价，提高资源集约节约利用和综合开发水平，最大程度减少对海域生态环境的影响。严格控制陆源污染物排海总量，建立并实施重点海域排污总量控制制度，加强海洋环境治理、海域海岛综合整治、生态保护修复，有效保护重要、敏感和脆弱海洋生态系统。加强船舶港口污染控制，积极治理船舶污染，增强港口码头污染防治能力。控制发展海水养殖，科学养护海洋渔业资源。开展海洋资源和生态环境综合评估。实施严格的围填海总量控制制度、自然岸线控制制度，建立陆海统筹、区域联动的海洋生态环境保护修复机制。

三　推动技术创新和结构调整，提高发展质量和效益

从根本上缓解经济发展与资源环境之间的矛盾，必须构建科技含量高、资源消耗低、环境污染少的产业结构，加快推动生产方式绿色化，大幅提高经济绿色化程度，有效降低发展的资源环境代价。

（八）推动科技创新。结合深化科技体制改革，建立符合生态文明建设领域科研活动特点的管理制度和运行机制。加强重大科学技术问题研究，开展能源节约、资源循环利用、新能源开发、污染治理、生态修复等领域关键技术攻关，在基础研究和前沿技术研发方面取得突破。强化企业技术创新主体地位，充分发挥市场对绿色产业发展方向和技术路线选择的决定性作用。完善技术创新体系，提高综合集成创新能力，加强工艺创新与试验。支持生态文明领域工程技术类研究中心、实验室和实验基地建设，完善科技创新成果转化机制，形成一批成果转化平台、中介服务机构，加快成熟适用技术的示范和推广。加强生态文明基础研究、试验研发、工程应用和市场服务等科技人才队伍建设。

（九）调整优化产业结构。推动战略性新兴产业和先进制造业健康发展，采用先进适用节能低碳环保技术改造提升传统产业，发展壮大服务业，合理布局建设基础设施和基础产业。积极化解产能严重过剩矛盾，加强预警调控，适时调整产能严重过剩行业名单，严禁核准产能严重过剩行业新增产能项目。加快淘汰落后产能，逐步提高淘汰标准，禁止落后产能向中西部地区转移。做好化解产能过剩和淘汰落后产能企业职工安置工作。推动要素资源全球配置，鼓励优势产业走出去，提高参与国际分工的水平。调整能源结构，推动传统能源安全绿色开发和清洁低碳利用，发展清洁能源、可再生能源，不断提高非化石能源在能源消费结构中的比重。

（十）发展绿色产业。大力发展节能环保产业，以推广节能环保产品拉动消费需求，以增强节能环保工程技术能力拉动投资增长，以完善政策机制释放市场潜在需求，推动节能环保技术、装备和服务水平显著提升，加快培育新的经济增长点。实施节能环保产业重大技术装备产业化工程，规划建设产业化示范基地，规范节能环保市场发展，多渠道引导社会资金投入，形成新的支柱产业。加快核电、风电、太阳能光伏发电等新材料、新装备的研发和推广，推进生物质发电、生物质能源、沼气、地热、浅层地温能、海洋能等应用，发展分布式能源，建设智能电网，完善运行管理体系。大力发展节能与新能源汽车，提高创新能力和产业化水平，加强配套基础设施建设，加大推广普及力度。发展有机农业、生态农业，以及特色经济林、林下经济、森林旅游等林产业。

四　全面促进资源节约循环高效使用，推动利用方式根本转变

节约资源是破解资源瓶颈约束、保护生态环境的首要之策。要深入推进全社会节能减排，在生产、流通、消费各环节大力发展循环经济，实现各类资源节约高效利用。

（十一）推进节能减排。发挥节能与减排的协同促进作用，全面推动重点领域节能减排。开展重点用能单位节能低碳行动，实施重点产业能效提升计划。严格执行建筑节能标准，加快推进既有建筑节能和供热计量改造，从标准、设计、建设等方面大力推广可再生能源在建筑上的应用，鼓励建筑工业化等建设模式。优先发展公共交通，优化运输方式，推广节能与新能源交通运输装备，发展甩挂运输。鼓励使用高效节能农业生产设备。开展节约型公共机构示范创建活动。强化结构、工程、管理减排，继续削减主要污染物排放总量。

（十二）发展循环经济。按照减量化、再利用、资源化的原则，加快建立循环型工业、农业、服务业体系，提高全社会资源产出率。完善再生资源回收体系，实行垃圾分类回收，开发利用"城市矿产"，推进秸秆等农林废弃物以及建筑垃圾、餐厨废弃物资源化

利用，发展再制造和再生利用产品，鼓励纺织品、汽车轮胎等废旧物品回收利用。推进煤矸石、矿渣等大宗固体废弃物综合利用。组织开展循环经济示范行动，大力推广循环经济典型模式。推进产业循环式组合，促进生产和生活系统的循环链接，构建覆盖全社会的资源循环利用体系。

（十三）加强资源节约。节约集约利用水、土地、矿产等资源，加强全过程管理，大幅降低资源消耗强度。加强用水需求管理，以水定需、量水而行，抑制不合理用水需求，促进人口、经济等与水资源相均衡，建设节水型社会。推广高效节水技术和产品，发展节水农业，加强城市节水，推进企业节水改造。积极开发利用再生水、矿井水、空中云水、海水等非常规水源，严控无序调水和人造水景工程，提高水资源安全保障水平。按照严控增量、盘活存量、优化结构、提高效率的原则，加强土地利用的规划管控、市场调节、标准控制和考核监管，严格土地用途管制，推广应用节地技术和模式。发展绿色矿业，加快推进绿色矿山建设，促进矿产资源高效利用，提高矿产资源开采回采率、选矿回收率和综合利用率。

五　加大自然生态系统和环境保护力度，切实改善生态环境质量

良好生态环境是最公平的公共产品，是最普惠的民生福祉。要严格源头预防、不欠新账，加快治理突出生态环境问题、多还旧账，让人民群众呼吸新鲜的空气，喝上干净的水，在良好的环境中生产生活。

（十四）保护和修复自然生态系统。加快生态安全屏障建设，形成以青藏高原、黄土高原—川滇、东北森林带、北方防沙带、南方丘陵山地带、近岸近海生态区以及大江大河重要水系为骨架，以其他重点生态功能区为重要支撑，以禁止开发区域为重要组成的生态安全战略格局。实施重大生态修复工程，扩大森林、湖泊、湿地面积，提高沙区、草原植被覆盖率，有序实现休养生息。加强森林保护，将天然林资源保护范围扩大到全国；大力开展植树造林和森林经营，稳定和扩大退耕还林范围，加快重点防护林体系建设；完善国有林场和国有林区经营管理体制，深化集体林权制度改革。严格落实禁牧休牧和草畜平衡制度，加快推进基本草原划定和保护工作；加大退牧还草力度，继续实行草原生态保护补助奖励政策；稳定和完善草原承包经营制度。启动湿地生态效益补偿和退耕还湿。加强水生生物保护，开展重要水域增殖放流活动。继续推进京津风沙源治理、黄土高原地区综合治理、石漠化综合治理，开展沙化土地封禁保护试点。加强水土保持，因地制宜推进小流域综合治理。实施地下水保护和超采漏斗区综合治理，逐步实现地下水采补平衡。强化农田生态保护，实施耕地质量保护与提升行动，加大退化、污染、损毁农田改良和修复力度，加强耕地质量调查监测与评价。实施生物多样性保护重大工程，建立监测评估与预警体系，健全国门生物安全查验机制，有效防范物种资源丧失和外来物种入侵，积极参加生物多样性国际公约谈判和履约工作。加强自然保护区建设与管理，对重要生态系统和物种资源实施强制性保护，切实保护珍稀濒危野生动植物、古树名木及自然生境。建立国家公园体制，实行分级、统一管理，保护自然生态和自然文化遗产原真性、完整性。研究建立江河湖泊生态水量保障机制。加快灾害调查评价、监测预警、防治和应急等防灾减灾体系建设。

（十五）全面推进污染防治。按照以人为本、防治结合、标本兼治、综合施策的原

则，建立以保障人体健康为核心、以改善环境质量为目标、以防控环境风险为基线的环境管理体系，健全跨区域污染防治协调机制，加快解决人民群众反映强烈的大气、水、土壤污染等突出环境问题。继续落实大气污染防治行动计划，逐渐消除重污染天气，切实改善大气环境质量。实施水污染防治行动计划，严格饮用水源保护，全面推进涵养区、源头区等水源地环境整治，加强供水全过程管理，确保饮用水安全；加强重点流域、区域、近岸海域水污染防治和良好湖泊生态环境保护，控制和规范淡水养殖，严格入河（湖、海）排污管理；推进地下水污染防治。制定实施土壤污染防治行动计划，优先保护耕地土壤环境，强化工业污染场地治理，开展土壤污染治理与修复试点。加强农业面源污染防治，加大种养业特别是规模化畜禽养殖污染防治力度，科学施用化肥、农药，推广节能环保型炉灶，净化农产品产地和农村居民生活环境。加大城乡环境综合整治力度。推进重金属污染治理。开展矿山地质环境恢复和综合治理，推进尾矿安全、环保存放，妥善处理处置矿渣等大宗固体废物。建立健全化学品、持久性有机污染物、危险废物等环境风险防范与应急管理工作机制。切实加强核设施运行监管，确保核安全万无一失。

（十六）积极应对气候变化。坚持当前长远相互兼顾、减缓适应全面推进，通过节约能源和提高能效，优化能源结构，增加森林、草原、湿地、海洋碳汇等手段，有效控制二氧化碳、甲烷、氢氟碳化物、全氟化碳、六氟化硫等温室气体排放。提高适应气候变化特别是应对极端天气和气候事件能力，加强监测、预警和预防，提高农业、林业、水资源等重点领域和生态脆弱地区适应气候变化的水平。扎实推进低碳省区、城市、城镇、产业园区、社区试点。坚持共同但有区别的责任原则、公平原则、各自能力原则，积极建设性地参与应对气候变化国际谈判，推动建立公平合理的全球应对气候变化格局。

六　健全生态文明制度体系

加快建立系统完整的生态文明制度体系，引导、规范和约束各类开发、利用、保护自然资源的行为，用制度保护生态环境。

（十七）健全法律法规。全面清理现行法律法规中与加快推进生态文明建设不相适应的内容，加强法律法规间的衔接。研究制定节能评估审查、节水、应对气候变化、生态补偿、湿地保护、生物多样性保护、土壤环境保护等方面的法律法规，修订土地管理法、大气污染防治法、水污染防治法、节约能源法、循环经济促进法、矿产资源法、森林法、草原法、野生动物保护法等。

（十八）完善标准体系。加快制定修订一批能耗、水耗、地耗、污染物排放、环境质量等方面的标准，实施能效和排污强度"领跑者"制度，加快标准升级步伐。提高建筑物、道路、桥梁等建设标准。环境容量较小、生态环境脆弱、环境风险高的地区要执行污染物特别排放限值。鼓励各地区依法制定更加严格的地方标准。建立与国际接轨、适应我国国情的能效和环保标识认证制度。

（十九）健全自然资源资产产权制度和用途管制制度。对水流、森林、山岭、草原、荒地、滩涂等自然生态空间进行统一确权登记，明确国土空间的自然资源资产所有者、监管者及其责任。完善自然资源资产用途管制制度，明确各类国土空间开发、利用、保护边界，实现能源、水资源、矿产资源按质量分级、梯级利用。严格节能评估审查、水资源论证和取水许可制度。坚持并完善最严格的耕地保护和节约用地制度，强化土地利用总体规划和年度计划管控，加强土地用途转用许可管理。完善矿产资源规划制度，强化矿产开发准入管理。有序推进国家自然资源资产管理体制改革。

（二十）完善生态环境监管制度。建立严格监管所有污染物排放的环境保护管理制度。完善污染物排放许可证制度，禁止无证排污和超标准、超总量排污。违法排放污染物、造成或可能造成严重污染的，要依法查封扣押排放污染物的设施设备。对严重污染环境的工艺、设备和产品实行淘汰制度。实行企事业单位污染物排放总量控制制度，适时调整主要污染物指标种类，纳入约束性指标。健全环境影响评价、清洁生产审核、环境信息公开等制度。建立生态保护修复和污染防治区域联动机制。

（二十一）严守资源环境生态红线。树立底线思维，设定并严守资源消耗上限、环境质量底线、生态保护红线，将各类开发活动限制在资源环境承载能力之内。合理设定资源消耗"天花板"，加强能源、水、土地等战略性资源管控，强化能源消耗强度控制，做好能源消费总量管理。继续实施水资源开发利用控制、用水效率控制、水功能区限制纳污三条红线管理。划定永久基本农田，严格实施永久保护，对新增建设用地占用耕地规模实行总量控制，落实耕地占补平衡，确保耕地数量不下降、质量不降低。严守环境质量底线，将大气、水、土壤等环境质量"只能更好、不能变坏"作为地方各级政府环保责任红线，相应确定污染物排放总量限值和环境风险防控措施。在重点生态功能区、生态环境敏感区和脆弱区等区域划定生态红线，确保生态功能不降低、面积不减少、性质不改变；科学划定森林、草原、湿地、海洋等领域生态红线，严格自然生态空间征（占）用管理，有效遏制生态系统退化的趋势。探索建立资源环境承载能力监测预警机制，对资源消耗和环境容量接近或超过承载能力的地区，及时采取区域限批等限制性措施。

（二十二）完善经济政策。健全价格、财税、金融等政策，激励、引导各类主体积极投身生态文明建设。深化自然资源及其产品价格改革，凡是能由市场形成价格的都交给市场，政府定价要体现基本需求与非基本需求以及资源利用效率高低的差异，体现生态环境损害成本和修复效益。进一步深化矿产资源有偿使用制度改革，调整矿业权使用费征收标准。加大财政资金投入，统筹有关资金，对资源节约和循环利用、新能源和可再生能源开发利用、环境基础设施建设、生态修复与建设、先进适用技术研发示范等给予支持。将高耗能、高污染产品纳入消费税征收范围。推动环境保护费改税。加快资源税从价计征改革，清理取消相关收费基金，逐步将资源税征收范围扩展到占用各种自然生态空间。完善节能环保、新能源、生态建设的税收优惠政策。推广绿色信贷，支持符合条件的项目通过资本市场融资。探索排污权抵押等融资模式。深化环境污染责任保险试点，研究建立巨灾保险制度。

（二十三）推行市场化机制。加快推行合同能源管理、节能低碳产品和有机产品认证、能效标识管理等机制。推进节能发电调度，优先调度可再生能源发电资源，按机组能耗和污染物排放水平依次调用化石类能源发电资源。建立节能量、碳排放权交易制度，深化交易试点，推动建立全国碳排放权交易市场。加快水权交易试点，培育和规范水权市场。全面推进矿业权市场建设。扩大排污权有偿使用和交易试点范围，发展排污权交易市场。积极推进环境污染第三方治理，引入社会力量投入环境污染治理。

（二十四）健全生态保护补偿机制。科学界定生态保护者与受益者权利义务，加快形成生态损害者赔偿、受益者付费、保护者得到合理补偿的运行机制。结合深化财税体制改革，完善转移支付制度，归并和规范现有生态保护补偿渠道，加大对重点生态功能区的转移支付力度，逐步提高其基本公共服务水平。建立地区间横向生态保护补偿机制，引导生态受益地区与保护地区之间、流域上游与下游之间，通过资金补助、产业转移、人才培训、共建园区等方式实施补偿。建立独立公正的生态环境损害评估制度。

（二十五）健全政绩考核制度。建立体现生态文明要求的目标体系、考核办法、奖惩机制。把资源消耗、环境损害、生态效益等指标纳入经济社会发展综合评价体系，大幅增加考核权重，强化指标约束，不唯经济增长论英雄。完善政绩考核办法，根据区域主体功能定位，实行差别化的考核制度。对限制开发区域、禁止开发区域和生态脆弱的国家扶贫开发工作重点县，取消地区生产总值考核；对农产品主产区和重点生态功能区，分别实行农业优先和生态保护优先的绩效评价；对禁止开发的重点生态功能区，重点评价其自然文化资源的原真性、完整性。根据考核评价结果，对生态文明建设成绩突出的地区、单位和个人给予表彰奖励。探索编制自然资源资产负债表，对领导干部实行自然资源资产和环境责任离任审计。

（二十六）完善责任追究制度。建立领导干部任期生态文明建设责任制，完善节能减排目标责任考核及问责制度。严格责任追究，对违背科学发展要求、造成资源环境生态严重破坏的要记录在案，实行终身追责，不得转任重要职务或提拔使用，已经调离的也要问责。对推动生态文明建设工作不力的，要及时诫勉谈话；对不顾资源和生态环境盲目决策、造成严重后果的，要严肃追究有关人员的领导责任；对履职不力、监管不严、失职渎职的，要依纪依法追究有关人员的监管责任。

七　加强生态文明建设统计监测和执法监督

坚持问题导向，针对薄弱环节，加强统计监测、执法监督，为推进生态文明建设提供有力保障。

（二十七）加强统计监测。建立生态文明综合评价指标体系。加快推进对能源、矿产资源、水、大气、森林、草原、湿地、海洋和水土流失、沙化土地、土壤环境、地质环境、温室气体等的统计监测核算能力建设，提升信息化水平，提高准确性、及时性，实现信息共享。加快重点用能单位能源消耗在线监测体系建设。建立循环经济统计指标体系、矿产资源合理开发利用评价指标体系。利用卫星遥感等技术手段，对自然资源和生态环境保护状况开展全天候监测，健全覆盖所有资源环境要素的监测网络体系。提高环境风险防控和突发环境事件应急能力，健全环境与健康调查、监测和风险评估制度。定期开展全国生态状况调查和评估。加大各级政府预算内投资等财政性资金对统计监测等基础能力建设的支持力度。

（二十八）强化执法监督。加强法律监督、行政监察，对各类环境违法违规行为实行"零容忍"，加大查处力度，严厉惩处违法违规行为。强化对浪费能源资源、违法排污、破坏生态环境等行为的执法监察和专项督察。资源环境监管机构独立开展行政执法，禁止领导干部违法违规干预执法活动。健全行政执法与刑事司法的衔接机制，加强基层执法队伍、环境应急处置救援队伍建设。强化对资源开发和交通建设、旅游开发等活动的生态环境监管。

八、加快形成推进生态文明建设的良好社会风尚

生态文明建设关系各行各业、千家万户。要充分发挥人民群众的积极性、主动性、创

造性，凝聚民心、集中民智、汇集民力，实现生活方式绿色化。

（二十九）提高全民生态文明意识。积极培育生态文化、生态道德，使生态文明成为社会主流价值观，成为社会主义核心价值观的重要内容。从娃娃和青少年抓起，从家庭、学校教育抓起，引导全社会树立生态文明意识。把生态文明教育作为素质教育的重要内容，纳入国民教育体系和干部教育培训体系。将生态文化作为现代公共文化服务体系建设的重要内容，挖掘优秀传统生态文化思想和资源，创作一批文化作品，创建一批教育基地，满足广大人民群众对生态文化的需求。通过典型示范、展览展示、岗位创建等形式，广泛动员全民参与生态文明建设。组织好世界地球日、世界环境日、世界森林日、世界水日、世界海洋日和全国节能宣传周等主题宣传活动。充分发挥新闻媒体作用，树立理性、积极的舆论导向，加强资源环境国情宣传，普及生态文明法律法规、科学知识等，报道先进典型，曝光反面事例，提高公众节约意识、环保意识、生态意识，形成人人、事事、时时崇尚生态文明的社会氛围。

（三十）培育绿色生活方式。倡导勤俭节约的消费观。广泛开展绿色生活行动，推动全民在衣、食、住、行、游等方面加快向勤俭节约、绿色低碳、文明健康的方式转变，坚决抵制和反对各种形式的奢侈浪费、不合理消费。积极引导消费者购买节能与新能源汽车、高能效家电、节水型器具等节能环保低碳产品，减少一次性用品的使用，限制过度包装。大力推广绿色低碳出行，倡导绿色生活和休闲模式，严格限制发展高耗能、高耗水服务业。在餐饮企业、单位食堂、家庭全方位开展反食品浪费行动。党政机关、国有企业要带头厉行勤俭节约。

（三十一）鼓励公众积极参与。完善公众参与制度，及时准确披露各类环境信息，扩大公开范围，保障公众知情权，维护公众环境权益。健全举报、听证、舆论和公众监督等制度，构建全民参与的社会行动体系。建立环境公益诉讼制度，对污染环境、破坏生态的行为，有关组织可提起公益诉讼。在建设项目立项、实施、后评价等环节，有序增强公众参与程度。引导生态文明建设领域各类社会组织健康有序发展，发挥民间组织和志愿者的积极作用。

九　切实加强组织领导

健全生态文明建设领导体制和工作机制，勇于探索和创新，推动生态文明建设蓝图逐步成为现实。

（三十二）强化统筹协调。各级党委和政府对本地区生态文明建设负总责，要建立协调机制，形成有利于推进生态文明建设的工作格局。各有关部门要按照职责分工，密切协调配合，形成生态文明建设的强大合力。

（三十三）探索有效模式。抓紧制定生态文明体制改革总体方案，深入开展生态文明先行示范区建设，研究不同发展阶段、资源环境禀赋、主体功能定位地区生态文明建设的有效模式。各地区要抓住制约本地区生态文明建设的瓶颈，在生态文明制度创新方面积极实践，力争取得重大突破。及时总结有效做法和成功经验，完善政策措施，形成有效模式，加大推广力度。

（三十四）广泛开展国际合作。统筹国内国际两个大局，以全球视野加快推进生态文明建设，树立负责任大国形象，把绿色发展转化为新的综合国力、综合影响力和国际竞争新优势。发扬包容互鉴、合作共赢的精神，加强与世界各国在生态文明领域的对话交流和务实合作，引进先进技术装备和管理经验，促进全球生态安全。加强南南合作，开展绿色援助，对其他发展中国家提供支持和帮助。

（三十五）抓好贯彻落实。各级党委和政府及中央有关部门要按照本意见要求，抓紧提出实施方案，研究制定与本意见相衔接的区域性、行业性和专题性规划，明确目标任务、责任分工和时间要求，确保各项政策措施落到实处。各地区各部门贯彻落实情况要及时向党中央、国务院报告，同时抄送国家发展改革委。中央就贯彻落实情况适时组织开展专项监督检查。

中共中央办公厅、国务院办公厅:《党政领导干部生态环境损害责任追究办法(试行)》

2015 年 8 月 17 日,中国政府网公布中共中央办公厅、国务院办公厅印发的《党政领导干部生态环境损害责任追究办法（试行)》。并发出通知,要求各地区各部门遵照执行。

党政领导干部生态环境损害
责任追究办法 （试行）

第一条　为贯彻落实党的十八大和十八届三中、四中全会精神,加快推进生态文明建设,健全生态文明制度体系,强化党政领导干部生态环境和资源保护职责,根据有关党内法规和国家法律法规,制定本办法。

第二条　本办法适用于县级以上地方各级党委和政府及其有关工作部门的领导成员,中央和国家机关有关工作部门领导成员;上列工作部门的有关机构领导人员。

第三条　地方各级党委和政府对本地区生态环境和资源保护负总责,党委和政府主要领导成员承担主要责任,其他有关领导成员在职责范围内承担相应责任。

中央和国家机关有关工作部门、地方各级党委和政府的有关工作部门及其有关机构领导人员按照职责分别承担相应责任。

第四条　党政领导干部生态环境损害责任追究,坚持依法依规、客观公正、科学认定、权责一致、终身追究的原则。

第五条　有下列情形之一的,应当追究相关地方党委和政府主要领导成员的责任:

(一) 贯彻落实中央关于生态文明建设的决策部署不力,致使本地区生态环境和资源问题突出或者任期内生态环境状况明显恶化的;

(二) 作出的决策与生态环境和资源方面政策、法律法规相违背的;

(三) 违反主体功能区定位或者突破资源环境生态红线、城镇开发边界,不顾资源环境承载能力盲目决策造成严重后果的;

(四) 作出的决策严重违反城乡、土地利用、生态环境保护等规划的;

(五) 地区和部门之间在生态环境和资源保护协作方面推诿扯皮,主要领导成员不担当、不作为,造成严重后果的;

(六) 本地区发生主要领导成员职责范围内的严重环境污染和生态破坏事件,或者对严重环境污染和生态破坏（灾害)事件处置不力的;

(七) 对公益诉讼裁决和资源环境保护督察整改要求执行不力的;

（八）其他应当追究责任的情形。

有上述情形的，在追究相关地方党委和政府主要领导成员责任的同时，对其他有关领导成员及相关部门领导成员依据职责分工和履职情况追究相应责任。

第六条 有下列情形之一的，应当追究相关地方党委和政府有关领导成员的责任：

（一）指使、授意或者放任分管部门对不符合主体功能区定位或者生态环境和资源方面政策、法律法规的建设项目审批（核准）、建设或者投产（使用）的；

（二）对分管部门违反生态环境和资源方面政策、法律法规行为监管失察、制止不力甚至包庇纵容的；

（三）未正确履行职责，导致应当依法由政府责令停业、关闭的严重污染环境的企业事业单位或者其他生产经营者未停业、关闭的；

（四）对严重环境污染和生态破坏事件组织查处不力的；

（五）其他应当追究责任的情形。

第七条 有下列情形之一的，应当追究政府有关工作部门领导成员的责任：

（一）制定的规定或者采取的措施与生态环境和资源方面政策、法律法规相违背的；

（二）批准开发利用规划或者进行项目审批（核准）违反生态环境和资源方面政策、法律法规的；

（三）执行生态环境和资源方面政策、法律法规不力，不按规定对执行情况进行监督检查，或者在监督检查中敷衍塞责的；

（四）对发现或者群众举报的严重破坏生态环境和资源的问题，不按规定查处的；

（五）不按规定报告、通报或者公开环境污染和生态破坏（灾害）事件信息的；

（六）对应当移送有关机关处理的生态环境和资源方面的违纪违法案件线索不按规定移送的；

（七）其他应当追究责任的情形。

有上述情形的，在追究政府有关工作部门领导成员责任的同时，对负有责任的有关机构领导人员追究相应责任。

第八条 党政领导干部利用职务影响，有下列情形之一的，应当追究其责任：

（一）限制、干扰、阻碍生态环境和资源监管执法工作的；

（二）干预司法活动，插手生态环境和资源方面具体司法案件处理的；

（三）干预、插手建设项目，致使不符合生态环境和资源方面政策、法律法规的建设项目得以审批（核准）、建设或者投产（使用）的；

（四）指使篡改、伪造生态环境和资源方面调查和监测数据的；

（五）其他应当追究责任的情形。

第九条 党委及其组织部门在地方党政领导班子成员选拔任用工作中，应当按规定将资源消耗、环境保护、生态效益等情况作为考核评价的重要内容，对在生态环境和资源方面造成严重破坏负有责任的干部不得提拔使用或者转任重要职务。

第十条 党政领导干部生态环境损害责任追究形式有：诫勉、责令公开道歉；组织处理，包括调离岗位、引咎辞职、责令辞职、免职、降职等；党纪政纪处分。

组织处理和党纪政纪处分可以单独使用，也可以同时使用。

追责对象涉嫌犯罪的，应当及时移送司法机关依法处理。

第十一条 各级政府负有生态环境和资源保护监管职责的工作部门发现有本办法规定

的追责情形的，必须按照职责依法对生态环境和资源损害问题进行调查，在根据调查结果依法作出行政处罚决定或者其他处理决定的同时，对相关党政领导干部应负责任和处理提出建议，按照干部管理权限将有关材料及时移送纪检监察机关或者组织（人事）部门。需要追究党纪政纪责任的，由纪检监察机关按照有关规定办理；需要给予诫勉、责令公开道歉和组织处理的，由组织（人事）部门按照有关规定办理。

负有生态环境和资源保护监管职责的工作部门、纪检监察机关、组织（人事）部门应当建立健全生态环境和资源损害责任追究的沟通协作机制。

司法机关在生态环境和资源损害等案件处理过程中发现有本办法规定的追责情形的，应当向有关纪检监察机关或者组织（人事）部门提出处理建议。

负责作出责任追究决定的机关和部门，一般应当将责任追究决定向社会公开。

第十二条　实行生态环境损害责任终身追究制。对违背科学发展要求、造成生态环境和资源严重破坏的，责任人不论是否已调离、提拔或者退休，都必须严格追责。

第十三条　政府负有生态环境和资源保护监管职责的工作部门、纪检监察机关、组织（人事）部门对发现本办法规定的追责情形应当调查而未调查，应当移送而未移送，应当追责而未追责的，追究有关责任人员的责任。

第十四条　受到责任追究的人员对责任追究决定不服的，可以向作出责任追究决定的机关和部门提出书面申诉。作出责任追究决定的机关和部门应当依据有关规定受理并作出处理。

申诉期间，不停止责任追究决定的执行。

第十五条　受到责任追究的党政领导干部，取消当年年度考核评优和评选各类先进的资格。

受到调离岗位处理的，至少一年内不得提拔；单独受到引咎辞职、责令辞职和免职处理的，至少一年内不得安排职务，至少两年内不得担任高于原任职务层次的职务；受到降职处理的，至少两年内不得提升职务。同时受到党纪政纪处分和组织处理的，按照影响期长的规定执行。

第十六条　乡（镇、街道）党政领导成员的生态环境损害责任追究，参照本办法有关规定执行。

第十七条　各省、自治区、直辖市党委和政府可以依据本办法制定实施细则。国务院负有生态环境和资源保护监管，职责的部门应当制定落实本办法的具体制度和措施。

第十八条　本办法由中央组织部、监察部负责解释。

第十九条　本办法自 2015 年 8 月 9 日起施行。

中共中央办公厅、国务院办公厅:《开展领导干部自然资源资产离任审计试点方案》

2014年11月,中共中央办公厅、国务院办公厅印发《开展领导干部自然资源资产离任审计试点方案》,标志着此项试点工作正式拉开帷幕。

方案提出,开展领导干部自然资源资产离任审计试点的主要目标,是探索并逐步完善领导干部自然资源资产离任审计制度,形成一套比较成熟、符合实际的审计规范,保障领导干部自然资源资产离任审计工作深入开展,推动领导干部守法、守纪、守规、尽责,切实履行自然资源资产管理和生态环境保护责任,促进自然资源资产节约集约利用和生态环境安全。此项工作由审计署牵头负责实施,全国各级审计机关是主体。审计试点期间,审计对象主要是地方各级党委和政府主要领导干部。

方案强调,开展领导干部自然资源资产离任审计试点,应坚持因地制宜、重在责任、稳步推进,要根据各地主体功能区定位及自然资源资产禀赋特点和生态环境保护工作重点,结合领导干部的岗位职责特点,确定审计内容和重点,有针对性地组织实施。审计涉及的重点领域包括土地资源、水资源、森林资源以及矿山生态环境治理、大气污染防治等领域。要对被审计领导干部任职期间履行自然资源资产管理和生态环境保护责任情况进行审计评价,界定领导干部应承担的责任。

一方面,要揭示自然资源资产管理开发利用和生态环境保护中存在的突出问题以及影响自然资源和生态环境安全的风险隐患,并推动及时解决;另一方面,要落实责任、强化问责,促进领导干部树立正确的政绩观,推动领导干部守法、守纪、守规、尽责,切实履行自然资源资产管理和生态环境保护责任,促进自然资源资产节约集约利用和生态环境安全。

方案明确,领导干部自然资源资产离任审计试点2015年至2017年分阶段分步骤实施,2017年制定出台领导干部自然资源资产离任审计暂行规定,自2018年开始建立经常性的审计制度。

方案要求,中央有关部门要加强对此项审计试点的支持和配合,加快推进相关改革,建立健全制度规范,为审计试点工作提供专业支持和制度保障。同时,地方党委和政府要加强对本地区审计试点相关工作的领导,及时听取本级审计机关审计试点工作情况汇报,并主动接受、配合上级审计机关审计,保障审计试点工作的顺利开展。

审计署有关负责人表示,党的十八大把生态文明建设纳入"五位一体"总体布局,十八届三中全会提出加快建立系统完整的生态文明制度体系,十八届四中全会要求用严格的法律制度保护生态环境,十八届五中全会强调必须坚持绿色发展理念。对领导干部实行自然资源资产离任审计,是党的十八届三中全会《决定》提出的一项重要改革举措,是健全生态文明制度体系的要求。试点方案的出台,将为建立健全生态文明制度体系提供重要支撑,促进各级领导干部更好地履行自然资源资产管理和生态环境保护责任,在推动生态文明建设方面发挥积极作用。

国务院办公厅:《关于印发编制自然资源资产负债表试点方案的通知》

国务院办公厅2015年11月下发《关于印发编制自然资源资产负债表试点方案的通知》称,《编制自然资源资产负债表试点方案》已经党中央、国务院同意。方案对自然资源资产负债表编制工作提出时间表:根据试点经验,在进一步调查研究的基础上,统计局会同发展改革委、财政部、国土资源部、环境保护部、水利部、农业部、审计署、林业局,研究扩大自然资源资产负债核算范围,2018年底前编制出自然资源资产负债表。

方案全文如下:

编制自然资源资产负债表试点方案

为贯彻落实党中央、国务院决策部署,探索编制自然资源资产负债表,指导试点地区探索形成可复制可推广的编表经验,制定本方案。

一 总体要求

(一)指导思想。

认真贯彻落实党的十八大和十八届二中、三中、四中、五中全会精神,以邓小平理论、"三个代表"重要思想、科学发展观为指导,深入贯彻习近平总书记系列重要讲话精神,按照党中央、国务院关于加快推进生态文明建设的决策部署,全面加强自然资源统计调查和监测基础工作,坚持边改革实践边总结经验,逐步建立健全自然资源资产负债表编制制度。

(二)主要目标。

通过探索编制自然资源资产负债表,推动建立健全科学规范的自然资源统计调查制度,努力摸清自然资源资产的家底及其变动情况,为推进生态文明建设、有效保护和永续利用自然资源提供信息基础、监测预警和决策支持。按照本方案要求,试编出自然资源资产负债表,对完善自然资源统计调查制度提出建议,为制定自然资源资产负债表编制方案提供经验。

(三)基本原则。

1. 坚持整体设计。将自然资源资产负债表编制纳入生态文明制度体系,与资源环境生态红线管控、自然资源资产产权和用途管制、领导干部自然资源资产离任审计、生态环境损害责任追究等重大制度相衔接。按照生态系统的自然规律和有机联系,统筹设计主要自然资源的资产负债核算。

2. 突出核算重点。从生态文明建设要求和人民群众期盼出发，优先核算具有重要生态功能的自然资源，并在实践中不断完善核算体系。

3. 注重质量指标。编制自然资源资产负债表既要反映自然资源规模的变化，更要反映自然资源的质量状况。通过质量指标和数量指标的结合，更加全面系统地反映自然资源的变化及其对生态环境的影响。

4. 确保真实准确。按照高质、务实、管用的要求，建立健全自然资源统计监测指标体系，充分运用现代科技手段和法治方式提高统计监测能力和统计数据质量，确保基础数据和自然资源资产负债表各项数据真实准确。编制自然资源资产负债表，不涉及自然资源的权属关系和管理关系。

5. 借鉴国际经验。立足我国生态文明建设需要、自然资源禀赋和统计监测基础，参照联合国等国际组织制定的《环境经济核算体系 2012》等国际标准，借鉴国际先进经验，通过探索创新，构建科学、规范、管用的自然资源资产负债表编制制度。

二　试点内容

根据自然资源保护和管控的现实需要，先行核算具有重要生态功能的自然资源。我国自然资源资产负债表的核算内容主要包括土地资源、林木资源和水资源。土地资源资产负债表主要包括耕地、林地、草地等土地利用情况，耕地和草地质量等级分布及其变化情况。林木资源资产负债表包括天然林、人工林、其他林木的蓄积量和单位面积蓄积量。水资源资产负债表包括地表水、地下水资源情况，水资源质量等级分布及其变化情况。试点地区根据本方案，分别采集、审核相关基础数据，研究资料来源和数据质量控制等关键性问题，探索编制自然资源资产负债表。试点地区可结合当地实际，探索编制矿产资源资产负债表。

三　基本方法

自然资源资产负债表反映自然资源在核算期初、期末的存量水平以及核算期间的变化量。核算期为每个公历年度 1 月 1 日至 12 月 31 日。在自然资源核算理论框架下，以自然资源管理部门统计调查数据为基础，编制反映主要自然资源实物存量及变动情况的资产负债表。

自然资源资产负债表的基本平衡关系是：期初存量 + 本期增加量 - 本期减少量 = 期末存量。期初存量和期末存量来自自然资源统计调查和行政记录数据，本期期初存量即为上期期末存量。核算期间自然资源增减变化的主要影响因素有两类：一是人为因素，如林木的培育和采伐引起的林木资源资产变化；二是自然因素，如降水和蒸发等引起的水资源资产变化。由于自然属性差别较大、与经济体关系不尽相同，各种自然资源都有其特有的增加、减少方式及原因。按照自然资源变动因素，依据行政记录和统计调查监测资料，建立自然资源增减变化统计台账，及时填报相关指标。

编制自然资源资产负债表所使用的分类，原则上采用国家标准。尚未制定国家标准的，可暂采用行业标准。编制自然资源资产负债表所涉及指标的涵义、包含范围和计算方法，由统计局会同有关部门制定。

四　试点地区

根据自然资源的代表性和有关工作基础，在内蒙古自治区呼伦贝尔市、浙江省湖州市、湖南省娄底市、贵州省赤水市、陕西省延安市开展编制自然资源资产负债表试点工作。

五　时间安排

试点工作从 2015 年 11 月开始到 2016 年 12 月底结束，分为两个阶段。

第一阶段（2015 年 11 月至 2016 年 7 月底），试点地区开展有关自然资源基础资料的搜集整理和审核，必要时开展补充性调查，编制出 2011 年以来各公历年度的自然资源资产负债表。如缺少基础资料，可只编制其中一年或两年的自然资源资产负债表。

第二阶段（2016 年 8 月至 12 月），试点地区提交试点报告，提出修订完善自然资源统计调查制度和自然资源资产负债表编制方案的建议。

根据试点经验，在进一步调查研究的基础上，统计局会同发展改革委、财政部、国土资源部、环境保护部、水利部、农业部、审计署、林业局，研究扩大自然资源资产负债核算范围，2018 年底前编制出自然资源资产负债表。同时，研究探索主要自然资源资产负债价值量核算技术。

六　保障措施

编制自然资源资产负债表试点工作意义重大，必须高度重视，精心实施，确保试点工作取得切实成效。

一是加强领导，落实责任。成立编制自然资源资产负债表试点工作指导小组，由统计局、发展改革委、财政部、国土资源部、环境保护部、水利部、农业部、审计署、林业局有关人员组成。成立编制自然资源资产负债表专家咨询组，提供有关理论、政策和技术咨询。试点地区政府成立试点工作组织协调机构，建立沟通协调机制。试点地区编制自然资源资产负债表有关技术工作，由统计部门牵头负责。相关部门要积极支持和配合试点工作，参与有关问题研究，提供编表所需要的基础资料。要加强与负责领导班子和领导干部政绩考核工作、领导干部自然资源资产离任审计试点工作部门的沟通协调，同步推进，切实形成工作合力。试点地区所在省（区）人民政府和有关部门要加强领导和协调工作。

二是信息共享，夯实基础。统计部门要加强与国土资源、环保、水利、农业、林业等自然资源主管部门的沟通，研究理清编制自然资源资产负债表所需的基础资料状况。有关部门已有资料的，应当主动及时提供给统计部门编表使用；现有资料不能满足需要的，应当积极研究解决办法，必要时可开展补充性调查。加强数据质量审核评估和检查，确保基础数据真实可靠。为更好地运用试点成果，便于社会监督，试点地区试编的自然资源资产负债表原则上应向社会公开。

试点期间，统计局将会同有关部门赴试点地区指导调研，帮助解决试点过程中遇到的问题。试点过程中发现的重要问题和成功做法，请及时报送统计局。

中华人民共和国环境保护法

中华人民共和国主席令第九号

《中华人民共和国环境保护法》已由中华人民共和国第十二届全国人民代表大会常务委员会第八次会议于 2014 年 4 月 24 日修订通过，现将修订后的《中华人民共和国环境保护法》公布，自 2015 年 1 月 1 日起施行。

中华人民共和国主席　习近平

2014 年 4 月 24 日

中华人民共和国环境保护法

（1989 年 12 月 26 日第七届全国人民代表大会常务委员会第十一次会议通过　2014 年 4 月 24 日第十二届全国人民代表大会常务委员会第八次会议修订）

目录

第一章　总则

第一条　为保护和改善环境，防治污染和其他公害，保障公众健康，推进生态文明建设，促进经济社会可持续发展，制定本法。

第二条　本法所称环境，是指影响人类生存和发展的各种天然的和经过人工改造的自然因素的总体，包括大气、水、海洋、土地、矿藏、森林、草原、湿地、野生生物、自然遗迹、人文遗迹、自然保护区、风景名胜区、城市和乡村等。

第三条　本法适用于中华人民共和国领域和中华人民共和国管辖的其他海域。

第四条　保护环境是国家的基本国策。

国家采取有利于节约和循环利用资源、保护和改善环境、促进人与自然和谐的经济、技术政策和措施，使经济社会发展与环境保护相协调。

第五条　环境保护坚持保护优先、预防为主、综合治理、公众参与、损害担责的原则。

第六条　一切单位和个人都有保护环境的义务。

地方各级人民政府应当对本行政区域的环境质量负责。

企业事业单位和其他生产经营者应当防止、减少环境污染和生态破坏，对所造成的损害依法承担责任。

公民应当增强环境保护意识，采取低碳、节俭的生活方式，自觉履行环境保护义务。

第七条　国家支持环境保护科学技术研究、开发和应用，鼓励环境保护产业发展，促进环境保护信息化建设，提高环境保护科学技术水平。

第八条　各级人民政府应当加大保护和改善环境、防治污染和其他公害的财政投入，提高财政资金的使用效益。

第九条　各级人民政府应当加强环境保护宣传和普及工作，鼓励基层群众性自治组织、社会组织、环境保护志愿者开展环境保护法律法规和环境保护知识的宣传，营造保护环境的良好风气。

教育行政部门、学校应当将环境保护知识纳入学校教育内容，培养学生的环境保护意识。

新闻媒体应当开展环境保护法律法规和环境保护知识的宣传，对环境违法行为进行舆论监督。

第十条　国务院环境保护主管部门，对全国环境保护工作实施统一监督管理；县级以上地方人民政府环境保护主管部门，对本行政区域环境保护工作实施统一监督管理。

县级以上人民政府有关部门和军队环境保护部门，依照有关法律的规定对资源保护和污染防治等环境保护工作实施监督管理。

第十一条　对保护和改善环境有显著成绩的单位和个人，由人民政府给予奖励。

第十二条　每年6月5日为环境日。

第二章　监督管理

第十三条　县级以上人民政府应当将环境保护工作纳入国民经济和社会发展规划。

国务院环境保护主管部门会同有关部门，根据国民经济和社会发展规划编制国家环境保护规划，报国务院批准并公布实施。

县级以上地方人民政府环境保护主管部门会同有关部门，根据国家环境保护规划的要求，编制本行政区域的环境保护规划，报同级人民政府批准并公布实施。

环境保护规划的内容应当包括生态保护和污染防治的目标、任务、保障措施等，并与主体功能区规划、土地利用总体规划和城乡规划等相衔接。

第十四条　国务院有关部门和省、自治区、直辖市人民政府组织制定经济、技术政策，应当充分考虑对环境的影响，听取有关方面和专家的意见。

第十五条　国务院环境保护主管部门制定国家环境质量标准。

省、自治区、直辖市人民政府对国家环境质量标准中未作规定的项目，可以制定地方环境质量标准；对国家环境质量标准中已作规定的项目，可以制定严于国家环境质量标准的地方环境质量标准。地方环境质量标准应当报国务院环境保护主管部门备案。

国家鼓励开展环境基准研究。

第十六条　国务院环境保护主管部门根据国家环境质量标准和国家经济、技术条件，制定国家污染物排放标准。

省、自治区、直辖市人民政府对国家污染物排放标准中未作规定的项目，可以制定地方污染物排放标准；对国家污染物排放标准中已作规定的项目，可以制定严于国家污染物排放标准的地方污染物排放标准。地方污染物排放标准应当报国务院环境保护主管部门备案。

第十七条　国家建立、健全环境监测制度。国务院环境保护主管部门制定监测规范，会同有关部门组织监测网络，统一规划国家环境质量监测站（点）的设置，建立监测数据共享机制，加强对环境监测的管理。

有关行业、专业等各类环境质量监测站（点）的设置应当符合法律法规规定和监测规范的要求。

监测机构应当使用符合国家标准的监测设备，遵守监测规范。监测机构及其负责人对监测数据的真实性和准确性负责。

第十八条　省级以上人民政府应当组织有关部门或者委托专业机构，对环境状况进行调查、评价，建立环境资源承载能力监测预警机制。

第十九条　编制有关开发利用规划，建设对环境有影响的项目，应当依法进行环境影响评价。

未依法进行环境影响评价的开发利用规划，不得组织实施；未依法进行环境影响评价的建设项目，不得开工建设。

第二十条　国家建立跨行政区域的重点区域、流域环境污染和生态破坏联合防治协调机制，实行统一规划、统一标准、统一监测、统一的防治措施。

前款规定以外的跨行政区域的环境污染和生态破坏的防治，由上级人民政府协调解决，或者由有关地方人民政府协商解决。

第二十一条　国家采取财政、税收、价格、政府采购等方面的政策和措施，鼓励和支持环境保护技术装备、资源综合利用和环境服务等环境保护产业的发展。

第二十二条　企业事业单位和其他生产经营者，在污染物排放符合法定要求的基础上，进一步减少污染物排放的，人民政府应当依法采取财政、税收、价格、政府采购等方面的政策和措施予以鼓励和支持。

第二十三条　企业事业单位和其他生产经营者，为改善环境，依照有关规定转产、搬迁、关闭的，人民政府应当予以支持。

第二十四条　县级以上人民政府环境保护主管部门及其委托的环境监察机构和其他负有环境保护监督管理职责的部门，有权对排放污染物的企业事业单位和其他生产经营者进行现场检查。被检查者应当如实反映情况，提供必要的资料。实施现场检查的部门、机构及其工作人员应当为被检查者保守商业秘密。

第二十五条　企业事业单位和其他生产经营者违反法律法规规定排放污染物，造成或者可能造成严重污染的，县级以上人民政府环境保护主管部门和其他负有环境保护监督管理职责的部门，可以查封、扣押造成污染物排放的设施、设备。

第二十六条　国家实行环境保护目标责任制和考核评价制度。县级以上人民政府应当将环境保护目标完成情况纳入对本级人民政府负有环境保护监督管理职责的部门及其负责人和下级人民政府及其负责人的考核内容，作为对其考核评价的重要依据。考核结果应当向社会公开。

第二十七条　县级以上人民政府应当每年向本级人民代表大会或者人民代表大会常务委员会报告环境状况和环境保护目标完成情况，对发生的重大环境事件应当及时向本级人民代表大会常务委员会报告，依法接受监督。

第三章　保护和改善环境

第二十八条　地方各级人民政府应当根据环境保护目标和治理任务，采取有效措施，改善环境质量。

未达到国家环境质量标准的重点区域、流域的有关地方人民政府，应当制定限期达标规划，并采取措施按期达标。

第二十九条　国家在重点生态功能区、生态环境敏感区和脆弱区等区域划定生态保护红线，实行严格保护。

各级人民政府对具有代表性的各种类型的自然生态系统区域，珍稀、濒危的野生动植物自然分布区域，重要的水源涵养区域，具有重大科学文化价值的地质构造、著名溶洞和化石分布区、冰川、火山、温泉等自然遗迹，以及人文遗迹、古树名木，应当采取措施予以保护，严禁破坏。

第三十条　开发利用自然资源，应当合理开发，保护生物多样性，保障生态安全，依法制定有关生态保护和恢复治理方案并予以实施。

引进外来物种以及研究、开发和利用生物技术，应当采取措施，防止对生物多样性的破坏。

第三十一条　国家建立、健全生态保护补偿制度。

国家加大对生态保护地区的财政转移支付力度。有关地方人民政府应当落实生态保护补偿资金，确保其用于生态保护补偿。

国家指导受益地区和生态保护地区人民政府通过协商或者按照市场规则进行生态保护补偿。

第三十二条　国家加强对大气、水、土壤等的保护，建立和完善相应的调查、监测、评估和修复制度。

第三十三条　各级人民政府应当加强对农业环境的保护，促进农业环境保护新技术的使用，加强对农业污染源的监测预警，统筹有关部门采取措施，防治土壤污染和土地沙化、盐渍化、贫瘠化、石漠化、地面沉降以及防治植被破坏、水土流失、水体富营养化、水源枯竭、种源灭绝等生态失调现象，推广植物病虫害的综合防治。

县级、乡级人民政府应当提高农村环境保护公共服务水平，推动农村环境综合整治。

第三十四条　国务院和沿海地方各级人民政府应当加强对海洋环境的保护。向海洋排放污染物、倾倒废弃物，进行海岸工程和海洋工程建设，应当符合法律法规规定和有关标准，防止和减少对海洋环境的污染损害。

第三十五条　城乡建设应当结合当地自然环境的特点，保护植被、水域和自然景观，加强城市园林、绿地和风景名胜区的建设与管理。

第三十六条　国家鼓励和引导公民、法人和其他组织使用有利于保护环境的产品和再生产品，减少废弃物的产生。

国家机关和使用财政资金的其他组织应当优先采购和使用节能、节水、节材等有利于保护环境的产品、设备和设施。

第三十七条　地方各级人民政府应当采取措施，组织对生活废弃物的分类处置、回收利用。

第三十八条　公民应当遵守环境保护法律法规，配合实施环境保护措施，按照规定对生活废弃物进行分类放置，减少日常生活对环境造成的损害。

第三十九条　国家建立、健全环境与健康监测、调查和风险评估制度；鼓励和组织开展环境质量对公众健康影响的研究，采取措施预防和控制与环境污染有关的疾病。

第四章　防治污染和其他公害

第四十条　国家促进清洁生产和资源循环利用。

国务院有关部门和地方各级人民政府应当采取措施，推广清洁能源的生产和使用。

企业应当优先使用清洁能源，采用资源利用率高、污染物排放量少的工艺、设备以及废弃物综合利用技术和污染物无害化处理技术，减少污染物的产生。

第四十一条　建设项目中防治污染的设施，应当与主体工程同时设计、同时施工、同时投产使用。防治污染的设施应当符合经批准的环境影响评价文件的要求，不得擅自拆除或者闲置。

第四十二条　排放污染物的企业事业单位和其他生产经营者，应当采取措施，防治在生产建设或者其他活动中产生的废气、废水、废渣、医疗废物、粉尘、恶臭气体、放射性物质以及噪声、振动、光辐射、电磁辐射等对环境的污染和危害。

排放污染物的企业事业单位，应当建立环境保护责任制度，明确单位负责人和相关人员的责任。

重点排污单位应当按照国家有关规定和监测规范安装使用监测设备，保证监测设备正常运行，保存原始监测记录。

严禁通过暗管、渗井、渗坑、灌注或者篡改、伪造监测数据，或者不正常运行防治污染设施等逃避监管的方式违法排放污染物。

第四十三条　排放污染物的企业事业单位和其他生产经营者，应当按照国家有关规定缴纳排污费。排污费应当全部专项用于环境污染防治，任何单位和个人不得截留、挤占或者挪作他用。

依照法律规定征收环境保护税的，不再征收排污费。

第四十四　条国家实行重点污染物排放总量控制制度。重点污染物排放总量控制指标由国务院下达，省、自治区、直辖市人民政府分解落实。企业事业单位在执行国家和地方污染物排放标准的同时，应当遵守分解落实到本单位的重点污染物排放总量控制指标。

对超过国家重点污染物排放总量控制指标或者未完成国家确定的环境质量目标的地区，省级以上人民政府环境保护主管部门应当暂停审批其新增重点污染物排放总量的建设项目环境影响评价文件。

第四十五条　国家依照法律规定实行排污许可管理制度。

实行排污许可管理的企业事业单位和其他生产经营者应当按照排污许可证的要求排放污染物；未取得排污许可证的，不得排放污染物。

第四十六条　国家对严重污染环境的工艺、设备和产品实行淘汰制度。任何单位和个人不得生产、销售或者转移、使用严重污染环境的工艺、设备和产品。

禁止引进不符合我国环境保护规定的技术、设备、材料和产品。

第四十七条　各级人民政府及其有关部门和企业事业单位，应当依照《中华人民共和国突发事件应对法》的规定，做好突发环境事件的风险控制、应急准备、应急处置和事后恢复等工作。

县级以上人民政府应当建立环境污染公共监测预警机制，组织制定预警方案；环境受到污染，可能影响公众健康和环境安全时，依法及时公布预警信息，启动应急措施。

企业事业单位应当按照国家有关规定制定突发环境事件应急预案，报环境保护主管部门和有关部门备案。在发生或者可能发生突发环境事件时，企业事业单位应当立即采取措施处理，及时通报可能受到危害的单位和居民，并向环境保护主管部门和有关部门报告。

突发环境事件应急处置工作结束后，有关人民政府应当立即组织评估事件造成的环境影响和损失，并及时将评估结果向社会公布。

第四十八条　生产、储存、运输、销售、使用、处置化学物品和含有放射性物质的物品，应当遵守国家有关规定，防止污染环境。

第四十九条　各级人民政府及其农业等有关部门和机构应当指导农业生产经营者科学种植和养殖，科学合理施用农药、化肥等农业投入品，科学处置农用薄膜、农作物秸秆等农业废弃物，防止农业面源污染。

禁止将不符合农用标准和环境保护标准的固体废物、废水施入农田。施用农药、化肥等农业投入品及进行灌溉，应当采取措施，防止重金属和其他有毒有害物质污染环境。

畜禽养殖场、养殖小区、定点屠宰企业等的选址、建设和管理应当符合有关法律法规规定。从事畜禽养殖和屠宰的单位和个人应当采取措施，对畜禽粪便、尸体和污水等废弃物进行科学处置，防止污染环境。

县级人民政府负责组织农村生活废弃物的处置工作。

第五十条　各级人民政府应当在财政预算中安排资金，支持农村饮用水水源地保护、生活污水和其他废弃物处理、畜禽养殖和屠宰污染防治、土壤污染防治和农村工矿污染治理等环境保护工作。

第五十一条　各级人民政府应当统筹城乡建设污水处理设施及配套管网，固体废物的收集、运输和处置等环境卫生设施，危险废物集中处置设施、场所以及其他环境保护公共设施，并保障其正常运行。

第五十二条　国家鼓励投保环境污染责任保险。

第五章　信息公开和公众参与

第五十三条　公民、法人和其他组织依法享有获取环境信息、参与和监督环境保护的权利。

各级人民政府环境保护主管部门和其他负有环境保护监督管理职责的部门，应当依法公开环境信息、完善公众参与程序，为公民、法人和其他组织参与和监督环境保护提供便利。

第五十四条　国务院环境保护主管部门统一发布国家环境质量、重点污染源监测信息及其他重大环境信息。省级以上人民政府环境保护主管部门定期发布环境状况公报。

县级以上人民政府环境保护主管部门和其他负有环境保护监督管理职责的部门，应当依法公开环境质量、环境监测、突发环境事件以及环境行政许可、行政处罚、排污费的征收和使用情况等信息。

县级以上地方人民政府环境保护主管部门和其他负有环境保护监督管理职责的部门，应当将企业事业单位和其他生产经营者的环境违法信息记入社会诚信档案，及时向社会公布违法者名单。

第五十五条　重点排污单位应当如实向社会公开其主要污染物的名称、排放方式、排放浓度和总量、超标排放情况，以及防治污染设施的建设和运行情况，接受社会监督。

第五十六条　对依法应当编制环境影响报告书的建设项目，建设单位应当在编制时向可能受影响的公众说明情况，充分征求意见。

负责审批建设项目环境影响评价文件的部门在收到建设项目环境影响报告书后，除涉及国家秘密和商业秘密的事项外，应当全文公开；发现建设项目未充分征求公众意见的，应当责成建设单位征求公众意见。

第五十七条　公民、法人和其他组织发现任何单位和个人有污染环境和破坏生态行为的，有权向环境保护主管部门或者其他负有环境保护监督管理职责的部门举报。

公民、法人和其他组织发现地方各级人民政府、县级以上人民政府环境保护主管部门和其他负有环境保护监督管理职责的部门不依法履行职责的，有权向其上级机关或者监察机关举报。

接受举报的机关应当对举报人的相关信息予以保密，保护举报人的合法权益。

第五十八条　对污染环境、破坏生态，损害社会公共利益的行为，符合下列条件的社会组织可以向人民法院提起诉讼：

（一）依法在设区的市级以上人民政府民政部门登记；

（二）专门从事环境保护公益活动连续五年以上且无违法记录。

符合前款规定的社会组织向人民法院提起诉讼，人民法院应当依法受理。

提起诉讼的社会组织不得通过诉讼牟取经济利益。

第六章　法律责任

第五十九条　企业事业单位和其他生产经营者违法排放污染物，受到罚款处罚，被责令改正，拒不改正的，依法作出处罚决定的行政机关可以自责令改正之日的次日起，按照原处罚数额按日连续处罚。

前款规定的罚款处罚，依照有关法律法规按照防治污染设施的运行成本、违法行为造成的直接损失或者违法所得等因素确定的规定执行。

地方性法规可以根据环境保护的实际需要，增加第一款规定的按日连续处罚的违法行为的种类。

第六十条　企业事业单位和其他生产经营者超过污染物排放标准或者超过重点污染物排放总量控制指标排放污染物的，县级以上人民政府环境保护主管部门可以责令其采取限制生产、停产整治等措施；情节严重的，报经有批准权的人民政府批准，责令停业、关闭。

第六十一条　建设单位未依法提交建设项目环境影响评价文件或者环境影响评价文件未经批准，擅自开工建设的，由负有环境保护监督管理职责的部门责令停止建设，处以罚款，并可以责令恢复原状。

第六十二条　违反本法规定，重点排污单位不公开或者不如实公开环境信息的，由县级以上地方人民政府环境保护主管部门责令公开，处以罚款，并予以公告。

第六十三条　企业事业单位和其他生产经营者有下列行为之一，尚不构成犯罪的，除依照有关法律法规规定予以处罚外，由县级以上人民政府环境保护主管部门或者其他有关部门将案件移送公安机关，对其直接负责的主管人员和其他直接责任人员，处十日以上十五日以下拘留；情节较轻的，处五日以上十日以下拘留：

（一）建设项目未依法进行环境影响评价，被责令停止建设，拒不执行的；

（二）违反法律规定，未取得排污许可证排放污染物，被责令停止排污，拒不执行的；

（三）通过暗管、渗井、渗坑、灌注或者篡改、伪造监测数据，或者不正常运行防治污染设施等逃避监管的方式违法排放污染物的；

（四）生产、使用国家明令禁止生产、使用的农药，被责令改正，拒不改正的。

第六十四条　因污染环境和破坏生态造成损害的，应当依照《中华人民共和国侵权责任法》的有关规定承担侵权责任。

第六十五条　环境影响评价机构、环境监测机构以及从事环境监测设备和防治污染设施维护、运营的机构，在有关环境服务活动中弄虚作假，对造成的环境污染和生态破坏负有责任的，除依照有关法律法规规定予以处罚外，还应当与造成环境污染和生态破坏的其他责任者承担连带责任。

第六十六条　提起环境损害赔偿诉讼的时效期间为三年，从当事人知道或者应当知道其受到损害时起计算。

第六十七条　上级人民政府及其环境保护主管部门应当加强对下级人民政府及其有关部门环境保护工作的监督。发现有关工作人员有违法行为，依法应当给予处分的，应当向其任免机关或者监察机关提出处分建议。

依法应当给予行政处罚，而有关环境保护主管部门不给予行政处罚的，上级人民政府环境保护主管部门可以直接作出行政处罚的决定。

第六十八条　地方各级人民政府、县级以上人民政府环境保护主管部门和其他负有环境保护监督管理职责的部门有下列行为之一的，对直接负责的主管人员和其他直接责任人员给予记过、记大过或者降级处分；造成严重后果的，给予撤职或者开除处分，其主要负责人应当引咎辞职：

（一）不符合行政许可条件准予行政许可的；

（二）对环境违法行为进行包庇的；

（三）依法应当作出责令停业、关闭的决定而未作出的；

（四）对超标排放污染物、采用逃避监管的方式排放污染物、造成环境事故以及不落实生态保护措施造成生态破坏等行为，发现或者接到举报未及时查处的；

（五）违反本法规定，查封、扣押企业事业单位和其他生产经营者的设施、设备的；

（六）篡改、伪造或者指使篡改、伪造监测数据的；

（七）应当依法公开环境信息而未公开的；

（八）将征收的排污费截留、挤占或者挪作他用的；

（九）法律法规规定的其他违法行为。

第六十九条　违反本法规定，构成犯罪的，依法追究刑事责任。

第七章　附则

第七十条　本法自 2015 年 1 月 1 日起施行。

关于加快推动生活方式绿色化的实施意见

环发 ［2015］ 135 号

为贯彻落实中央《关于加快推进生态文明建设的意见》和新修订的《环境保护法》有关要求，现就加快推动生活方式绿色化，提出以下实施意见。

一 加快推动生活方式绿色化的总体要求

（一）指导思想

以邓小平理论、"三个代表"重要思想、科学发展观为指导，全面贯彻党的十八大和十八届二中、三中、四中全会精神，深入贯彻习近平总书记系列重要讲话精神，以"四个全面"战略布局为指引，认真落实党中央、国务院关于生态文明建设和环境保护的部署要求，坚持节约资源和保护环境基本国策，通过宣传教育，弘扬生态文明价值理念，传播社会主义核心价值观；完善政策，建立系统完整的制度体系；引导实践，倡导绿色生活方式，为生态文明建设奠定坚实的社会、群众基础。

（二）基本原则

更新理念、夯实基础。加强宣传教育，增强生态文明意识，广泛开展绿色生活行动，推动全民在衣、食、住、行、游等方面加快向勤俭节约、绿色低碳、文明健康的方式转变。

节约优先、绿色消费。倡导勤俭节约的消费观，积极引导消费者购买节能环保低碳产品，倡导绿色生活和休闲模式，严格限制发展高耗能服务业，坚决抵制和反对各种形式的奢侈浪费、不合理消费。

创新驱动、政策引导。强化相关政策机制创新，大力发展节能环保产业，以推广节能环保产品，完善政策机制，促进绿色消费需求。不断创新和丰富活动载体，积极打造推动生活方式绿色化的品牌活动和亮点工程。

典型示范、全民行动。广泛宣传典型经验、典型人物，提高公众节约意识、环境意识、生态意识，形成生态文明建设人人有责、生态文明规定人人遵守的新局面。

（三）主要目标

到 2020 年，生态文明价值理念在全社会得到推行，全民生活方式绿色化的理念明显加强，生活方式绿色化的政策法规体系初步建立，公众践行绿色生活的内在动力不断增强，社会绿色产品服务快捷便利，公众绿色生活方式的习惯基本养成，最终全社会实现生活方式和消费模式向勤俭节约、绿色低碳、文明健康的方向转变，形成人人、事事、时时崇尚生态文明的社会新风尚。

二　推动生活方式绿色化的组织实施

（一）强化生活方式绿色化理念

1. 充分认识生活方式绿色化的重要性

当前，我国经济增速放缓、能源资源消费增速下降，国家加大对落后产能的淘汰力度、产业结构不断升级，公众环境意识显著提升。限制粗放、奢华式发展和不合理的需求，既为加快推动生活方式绿色化提供良好的外部条件和机遇，同时可极大促进绿色化融入生产领域和消费领域，减少资源严重浪费与过度消费现象，遏制攀比性、炫耀性、浪费性行为日益增长，实现生产方式和生活方式的绿色转型。

2. 准确把握生活方式绿色化理念的实践要求

个人自律是生活方式绿色化理念的主线。时刻秉持节约优先，力戒奢侈浪费和不合理消费，通过日常生活中的自律，从小事着手，逐步培育生活方式绿色化的习惯。

绿色消费是生活方式绿色化理念的支撑。强化生活方式绿色化意识，在衣、食、住、行、游等各个领域，加快向绿色转变，通过绿色消费倒逼绿色生产，为全社会生产方式、生活方式绿色化贡献力量。

激励带动是生活方式绿色化理念的助力。注重发现和学习身边生活方式绿色化的良好实践，并通过互相激励带动，扩大生活方式绿色化理念对自身、家庭成员和其他人群的正面影响，为社会正能量的形成发挥积极作用。

3. 推动生活方式绿色化理念深入人心

强化对生态文明建设重大决策部署的宣传教育。大力传播人与自然和谐发展、"绿水青山就是金山银山"、"环境就是民生、青山就是美丽、蓝天也是幸福"等价值理念，切实增强全民节约意识、环境意识、生态意识，牢固树立生态文明理念。

提高公众生态文明社会责任意识。积极培育生态文化、生态道德，使生态文明成为社会主流价值观，成为社会主义核心价值观的重要内容。引导公众履行环境保护的社会责任和义务，使绿色生活、勤俭节约成为全社会的自觉习惯。

普及生态文明法律法规。深化新修订的《环境保护法》宣传教育，大力宣传新修订的《环境保护法》关于"一切单位和个人都有保护环境的义务"和"公民应当增强环境保护意识，采取低碳、节俭的生活方式，自觉履行环境保护义务"的规定。曝光奢侈浪费等反面事例，让公众认识到绿色生活方式既是个人选择，也是法律义务，使公众严格执行法律规定的保护环境的权利和义务，形成守法光荣、违法可耻、节约光荣、浪费可耻的社会氛围。

（二）制定推动生活方式绿色化的政策措施

1. 促进生产、流通、回收等环节绿色化

增强绿色供给。引导企业采用先进的设计理念、使用环保原材料、提高清洁生产水平。进一步完善环境标志产品认证工作，拓展纳入认证的产品范围、提升认证标准、规范认证体系，严厉打击伪绿色、假认证等行为。依法推动在燃煤、石油焦、生物质燃料、涂料等含挥发性有机物的产品、烟花爆竹以及锅炉等产品的质量标准中，明确环境保护要求。依法推动燃油质量标准符合国家大气污染物控制要求，并与国家机动车船、非道路移动机械大气污染物排放标准相互衔接，同步实施。依法推动发动机油、氮氧化物还原剂、燃料和润滑油添加剂以及其他添加剂的有害物质含量和其他大气环境保护指标符合有关标准的要求。根据大气污染物对公众健康和生态环境的危害和影响程度，依法公布有毒有害大气污染物名录，推动对严重污染大气环境的工艺、设备和产品实行淘汰制度。

鼓励、支持消耗臭氧层物质替代品的生产和使用，逐步减少直至停止消耗臭氧层物质的生产和使用。加强持久性有机污染物（POPs）的环境监管，向大气排放POPs的有关企业和废弃物焚烧设施的运营单位，应当采取有利于减少POPs排放的技术方法和工艺，配备有效的净化装置，实现达标排放。鼓励生产、进口、销售和使用低毒、低挥发性有机溶剂。石油、化工以及其他生产和使用有机溶剂的企业，应当采取措施对管道、设备进行日常维护、维修，减少物料泄漏，对泄漏的物料应当及时收集处理。落实针对电池、涂料等产品的消费税政策，工业涂装企业应当使用低挥发性有机物含量的涂料。推动将其他大量消耗资源、严重污染环境的产品纳入消费税征收范围。

推进绿色包装。加强对包装印刷企业的环境整治力度，引导鼓励企业采用环保材料，提升印刷过程VOCs防治水平，加强包装印刷废物妥善进行无害化处理处置力度。推动包装减量化、无害化，鼓励采用可降解、无污染、可循环利用的包装材料，推动绿色包装材料的研发和生产，推动淘汰污染严重、健康风险大的包装材料。鼓励网上购物绿色包装，推动网络销售龙头企业制定和实施绿色包装指南，引导有关行业协会组织电商企业开展网上购物绿色包装自律行动。

促进绿色采购。引导企业实施绿色采购、构建绿色供应链，加大对生命周期过程中环境影响较小、环境绩效较优企业所提供的产品与服务的采购力度。引导企业和公众减少对"高污染、高环境风险"产品的使用、更多使用"环保领跑者"产品。推动完善政府绿色采购相关法律法规与规范标准，充分发挥政府绿色采购的带动与示范作用。

开展绿色回收。鼓励企业开展源头减量、综合利用、废物分类回收处理。鼓励小规模、散养畜禽建设生态养殖场和养殖小区，在养畜、粪污收集处理、有机肥料、种植业等多方面实现种养平衡。推进对废旧农用薄膜进行处理处置。依法推动出台财政补贴等措施，支持秸秆的收集、贮存、运输和综合利用。加强废旧资源回收利用行业的环境监管，避免二次污染。落实《废弃电器电子产品回收处理管理条例》，促进废弃电器电子产品回收。依法推动建立并严格执行机动车环境保护召回制度，生产、进口企业获知机动车排放大气污染物超过标准，属于设计、生产缺陷或者不符合规定的环境保护耐久性要求的，应当召回。在用机动车经维修或者采用污染控制技术后，大气污染物排放仍不符合国家在用机动车排放标准的，应当强制报废。严格对报废机动车回收拆解企业的环境监管。加强对固废的进出口管理，杜绝进口"洋垃圾"。

2. 推进衣、食、住、行等领域绿色化

引导绿色饮食。鼓励餐饮行业减少提供一次性餐具、更多提供可降解打包盒。鼓励餐饮企业对餐厨垃圾实施分类回收与利用。继续推动国家有机食品生产基地建设。加强对餐饮企业的环保监管，排放油烟的餐饮服务业经营者应当安装油烟净化设施并保持正常使用，或者采取其他油烟净化措施，使油烟达标排放，并防止对附近居民的正常生活环境造成污染。禁止在居民住宅楼、未配套设立专用烟道的商住综合楼以及商住综合楼内与居住层相邻的商业楼层内新建、改建、扩建产生油烟、异味、废气的餐饮服务项目。任何单位和个人不得在当地人民政府禁止的区域内露天烧烤食品或者为露天烧烤食品提供场地。

推广绿色服装。遏制将珍稀野生动物毛皮作为服装原料的行为。限制含有毒有害物质的服装材料、染料、助剂、洗涤剂及干洗剂的生产与使用。加强对干洗行业的环境监管，从事服装干洗的经营者，应当按照国家有关标准或者要求设置异味和废气处理装置等污染防治设施并保持正常使用，防止影响周边环境。鼓励研发和推广环境友好型的服装材料、染料、助剂、洗涤剂及干洗剂。

倡导绿色居住。引导家具等行业采用水性木器涂料、水性油墨、水性胶黏剂等环保型原材料，加强 VOCs 等污染控制、切实提升清洁生产水平。完善相关环境标志产品技术要求。推动完善节水器具、节电灯具、节能家电等产品的推广机制，鼓励公众购买绿色家具和环保建材产品。

鼓励绿色出行。倡导低碳、环保出行，合理控制燃油机动车保有量，大力发展城市公共交通，提高公共交通出行比例。推动采取财政、税收、政府采购等措施推广应用节能环保型和新能源机动车。加强机动车污染防治，严格执行机动车大气污染物排放标准。在重污染天气等特殊情况下，推动公众主动减少机动车使用。重污染天气预报预警信息发布后，依法推动通过电视、广播、网络、短信等途径告知公众，指导公众出行。

（三）引领生活方式向绿色化转变

1. 全面构建推动生活方式绿色化全民行动体系

开展生活方式绿色化活动。开展绿色生活"十进"活动（进家庭、进机关、进社区、进学校、进企业、进商场、进景区、进交通、进酒店、进医院）。创新宣教工作形式，增进公众环境守法意识，开展日常生活节约用电、生活垃圾污水不随意排放、公共场所全面禁烟等公众参与度高的绿色生活行动。

调动公众积极主动参与。将生活方式绿色化全民行动纳入文明城市、文明村镇、文明单位、文明家庭创建内容。建立推动生活方式绿色化的志愿者队伍，充分发挥人民群众和社会组织的积极性、主动性和创造性，推广环境友好使者、少开一天车、空调 26 度、光盘行动、地球站等品牌环保公益活动。推动绿色、文明出游，倡导维护景区厕所卫生，倡导垃圾减量、垃圾自带或放置于指定位置，保护景区的生态环境及人文景观。

发挥典型示范引领作用。树立并表彰节约消费榜样，激发全社会践行绿色生活的热情。注重引导青壮年群体践行绿色生活方式，发挥幼儿、中小学生、大学生在全社会的带动辐射作用，鼓励创建绿色幼儿园、绿色学校和绿色大学。

2. 创新开展全民生态文明宣传教育活动

开展各层次绿色生活宣传。建立绿色生活宣传和展示平台，利用环境教育基地，开展以生活方式绿色化为主题的浸入式、互动式教育。将每年 6 月设为"全民生态文明月"，将 2016 年设为"生活方式绿色化推进年"，同时利用世界环境日、世界地球日、森林日、水日、海洋日、生物多样性日、湿地日等节日集中组织开展环保主题宣传活动。

深化环境教育，培养绿色公民。将生态文明教育全面纳入国民教育和干部教育培训体系，在幼儿园、小学、中学、职业学校、大学以及党校、行政学院等各级各类教育机构开展生态文明教育，普及生活方式绿色化的知识和方法，使之成为素质教育、职业教育和终身教育的重要内容。

发挥媒体宣传引导作用。充分发挥传统媒体和新兴媒体的作用，广泛宣传我国资源环境国情和环境保护法律法规。督促政府有关部门和企业及时准确披露各类环境质量和环境污染物信息，保障公众知情权，为推进生活方式绿色化营造良好舆论氛围。

3. 积极搭建绿色生活方式的行动网络和平台

建立绿色生活服务和信息平台。发布《生活方式绿色化指南》，帮助消费者获取新能源汽车、高能效家电、节水型器具等节能环保低碳产品信息。发布《生活方式绿色化行为准则》，引导公众线上线下积极践行绿色简约生活和低碳休闲模式。大力发展环保产业，支持公众开展环保科技、环保服务、绿色产品等领域的绿色创业，为公众绿色生活提供支撑。

培育生态环境文化。开展以绿色生活、绿色消费为主题的环境文化活动。鼓励将绿色生活方式植入各类文化产品，利用影视、戏曲、音乐及图书漫画等形式传播绿色生活科学知识和实践方法，以及传统生态文化思想、资源和产品，提升公众生态文明意识和道德素养。

三　加快推动生活方式绿色化的保障措施

（一）加强组织领导

各级环保部门要加强组织领导和工作指导，制定推进工作方案，协调和引导社会力量积极参与，形成有序推进生活方式绿色化的工作机制。

（二）完善配套政策

各级环保部门将生活方式绿色化工作纳入现有工作体系中，积极推动和配合有关部门完善配套措施，积极引导和激励企业落实责任、公众主动参与，有效推动生活方式绿色化工作的开展与落实。

（三）推广典型经验

及时总结实践中好经验好做法，通过现场观摩、交流研讨等方式进行推广；尊重基层和群众首创精神，从政策层面鼓励和支持绿色化创新。研究制定绿色、低碳产品评价机制和生产奖励政策等。

国家林业局关于印发《推进生态文明建设规划纲要》的通知

林规发〔2013〕146 号

各省、自治区、直辖市林业厅（局），内蒙古、吉林、龙江、大兴安岭森工（林业）集团公司，新疆生产建设兵团林业局，各计划单列市林业局，国家林业局各司局、各直属单位：

为贯彻落实党的十八大和习近平总书记重要讲话精神，努力完成党中央、国务院赋予林业建设生态文明首要任务的重任，大力推进生态文明建设，我局组织编制了《推进生态文明建设规划纲要（2013～2020 年）》（以下简称《纲要》）。《纲要》是今后一个时期推进生态文明建设、指导和引领林业发展的纲领性文件，已经国家林业局局务会议审议通过，现印发给你们。请结合本地本单位实际，认真贯彻落实，并抓紧编制本地区推进生态文明建设规划，报请省级人民政府批准，全力推进我国的生态文明建设。

国家林业局
2013 年 9 月 6 日

推进生态文明建设规划纲要（2013～2020 年）

前言

党的十八大对建设生态文明作出了全面部署，强调把生态文明建设放在突出地位，融入经济建设、政治建设、文化建设、社会建设各方面和全过程。生态文明建设，开辟了人类文明建设的新境界，开启了中华民族永续发展的新征程。

生态文明建设对新时期林业发展提出了更高要求，赋予了林业前所未有的历史使命。林业必须主动服从服务于国家战略大局，牢固树立尊重自然、顺应自然、保护自然的生态文明理念，深入实施以生态建设为主的林业发展战略，以建设生态文明为总目标，以改善生态改善民生为总任务，切实履行保护自然生态系统、实施重大生态修复工程、构建生态安全格局、推进绿色发展、建设美丽中国、为应对全球气候变化作贡献的重大职责，着力构建国土生态安全空间规划体系、重大生态修复工程体系、生态产品生产体系、支持生态建设的政策体系、维护生态安全的制度体系和生态文化体系，全面实施十大生态修复工程，加快构筑十大生态安全屏障，大力发展十大绿色富民产业，为建设生态文明和美丽中国，实现中华民族永续发展作出新贡献。

国家林业局为认真贯彻落实党的十八大精神，组织编制了《推进生态文明建设规划纲要（2013～2020年）》。

第一章　生态文明建设肩负着重要历史使命

生态是生物在一定自然环境下生存和发展的状态，文明是人类社会进步的状态。生态文明则是人类文明中反映人类进步与自然存在和谐程度的状态，生态文明建设的核心和要义是维护自然生态平衡、实现人与自然和谐。

一、生态文明建设的国际背景

全球生态危机已经成为人类生存与发展的最大安全威胁。2005年联合国发布的《千年生态系统评估报告》指出"近数十年来，人类对自然生态系统进行了前所未有的改造，使人类赖以生存的自然生态系统发生了前所未有的变化，有60%正处于不断退化状态之中"。当前，全球主要存在8大生态危机：森林大面积消失、土地沙漠化扩展、湿地不断退化、物种加速灭绝、水土严重流失、干旱缺水普遍、洪涝灾害频发、全球气候变暖。

这些生态危机都是人类破坏自然生态系统的结果，都与林业密切相关。评估报告特别强调，由地球上的各种动植物以及生物过程所组成的各种复杂多样的生态系统，对于人类的福祉起着至关重要的作用。评估报告特别警告，我们再也不能对生态系统维持子孙后代生存能力的状况漠不关心了；世界上每一个角落的每一个人的选择，都将决定人类的未来。正是基于对自然生态系统重要性认识的不断深化，在联合国的倡导和推动下，国际社会已经形成了一些全球和区域性的生态治理机制，采取了重建森林、防治荒漠化、保护湿地、拯救物种、应对气候变化等一系列重大行动。同时，促进可持续发展和绿色增长成为全世界关注的焦点。2011年底，联合国环境规划署发布的《迈向绿色经济》报告指出，绿色经济可显著降低环境风险与生态稀缺，提高人类福祉和社会公平。报告认为，在绿色经济政策的引导下，如果全球每年将约1.3万亿美元（约相当于全球生产总值的2%）作为绿色投资投向10个关键经济部门，到2050年即可推动全球向绿色经济转型。报告将林业列在自然资本投资领域的第一位。在国际大背景下，我国全面提出和部署生态文明建设，顺应国际潮流，凸显了我国作为负责任大国和倡导人与自然和谐的意志和决心。

二、生态文明建设的国内背景

半个多世纪以来，我们党在带领人民摆脱贫困、走向富强的过程中，一直以世界眼光和战略思维关注着森林问题，对生态文明建设进行了不懈探索。

——早在新中国成立初期，毛泽东同志就告诫人们："林业将变成根本问题之一"，并提出"绿化祖国"、"实行大地园林化"。中央政府还确定了"青山常在，永续利用"的林业建设方针。

——1978年，经邓小平同志批示，我国启动了世界上规模最大的生态修复工程——三北防护林工程。1981年，在邓小平同志的倡导下，全国人大作出了关于开展全民义务植树运动的决议。

——1991年，江泽民同志提出"全党动员、全民动手、植树造林、绿化祖国"。1997

年又发出了"再造祖国秀美山川"的号召。1998年长江、松花江发生特大洪水后，党中央、国务院决定投资几千亿元，实施天然林保护、退耕还林、京津风沙源治理等重大生态修复工程。

——2009年，胡锦涛同志向世界作出了"大力增加森林碳汇，争取到2020年森林面积比2005年增加4000万公顷，森林蓄积量比2005年增加13亿立方米"的庄严承诺，并要求全国人民"为祖国大地披上美丽绿装，为科学发展提供生态保障"。林业"双增"目标纳入了"十二五"规划约束性考核指标。

——习近平同志深刻指出"生态文明是工业文明发展到一定阶段的产物，是实现人与自然和谐的新要求。建设生态文明，关系人民福祉，关乎民族未来。生态兴则文明兴，生态衰则文明衰"、"保护生态环境就是保护生产力，改善生态环境就是发展生产力。良好生态环境是最公平的公共产品，是最普惠的民生福祉"。特别强调"森林是陆地生态系统的主体和重要资源，是人类生存发展的重要生态保障"，并要求"划定并严守生态红线，不能越雷池一步，否则就应该受到惩罚"。进一步明确了林业在推进生态文明建设中的重要使命和战略任务。

在党中央、国务院的高度重视下，在生态建设的长期实践中，林业生态建设逐步上升为党和国家的重大战略，为生态文明理念的形成作出了积极贡献。按照党中央、国务院的要求，2001～2002年国家林业局开展了《中国可持续发展林业战略研究》，提出了"生态建设、生态安全、生态文明"的战略思想。2002年党的十六大提出要"推动整个社会走上生产发展、生活富裕、生态良好的文明发展道路"。2003年中央9号文件确立了以生态建设为主的林业发展战略，明确提出"建立以森林植被为主体、林草结合的国土生态安全体系，建设山川秀美的生态文明社会"。2007年党的十七大将建设生态文明确定为全面建设小康社会的重要目标。2008年中央10号文件进一步提出，建设生态文明、维护生态安全是林业发展的首要任务。2009年党中央、国务院正式确立了林业的"四大地位"和"四大使命"。

60多年来特别是进入新世纪以来，我国在森林资源保护、荒漠化治理、野生动植物及生物多样性保护、湿地保护方面取得了巨大的成就。但是，由于历史原因和人口众多、经济高速增长对生态的巨大压力，生态问题仍然是我国最突出的问题之一。主要表现在六个方面：

一是自然生态系统十分脆弱。森林资源总量不足，分布不均，结构不合理，质量不高，整体生态功能较弱。湿地生态系统退化严重，面积萎缩，生态功能下降。荒漠化十分严重，沙化、石漠化土地面积大，治理难。濒危物种种类不断增加。目前，我国生态脆弱地区总面积已达国土面积的60%以上。

二是生态破坏十分严重。林地流失严重，违法使用林地屡禁不止。湿地破坏严重，因围垦致使大量天然沼泽和湖泊消失。开矿、采石破坏植被严重。乱砍滥伐、乱捕滥猎严重。林业有害生物和森林火灾危害严重，造成了人民生命财产和森林资源的严重损失。

三是生态产品十分短缺。我国对涵养水源、净化水质、保持水土、防风固沙、降低噪声、调节气候、吸附尘霾、生态疗养、宜居环境等无形生态产品的生产能力严重不足。同时，随着经济发展和人民生活水平提高，我国对森林、湿地、草原、野生动植物、水资源、清洁空气等有形生态产品的需求日益增加，产品短缺问题将更为加剧。

四是生态差距巨大。目前生态差距已成为我国与发达国家最大的差距之一。我国森林覆盖率比全球平均水平低近 10 个百分点，排在世界第 136 位，人均森林面积不足世界平均水平的 1/4，人均森林蓄积量只有世界平均水平的 1/7，单位面积森林生态服务价值，日本是我国的 4.68 倍。

五是生态灾害频繁。我国是世界上生态灾害最频繁、最严重的国家之一。1954 年、1981 年、1991 年、1998 年我国发生的特大洪水灾害损失十分惨痛。沙尘暴、泥石流灾害时有发生。2010 年 8 月舟曲县发生的特大山洪泥石流灾害，经专家评估，森林退化是导致灾害发生的重要因素。

六是生态压力剧增。气候变化已经成为国际政治、经济和外交领域的热点问题，对我国经济发展的压力日益加大。到 2020 年，我国国内生产总值和城乡居民人均收入要比 2010 年翻一番，温室气体减排、大气净化，水资源需求等压力将进一步加重我国生态系统的负荷，对我国生态系统承载力构成的压力将进一步呈加剧态势。

在深刻总结人类文明发展规律和科学判断我国发展阶段的基础上，党的十八大将生态文明建设与经济建设、政治建设、文化建设、社会建设并列，共同构成了中国特色社会主义事业"五位一体"的总体布局，描绘了"努力建设美丽中国，实现中华民族永续发展"的宏伟蓝图。

三、生态文明建设的历史使命

建设生态文明是实现科学发展的重要基础。科学发展观强调人对自然尊重、利用、保护、修复，实现人与自然和谐发展。要实现科学发展，就必须处理好人与自然的关系。自然生态系统的稳定平衡和生态功能的持续发挥，为生态文明建设提供了强有力地支撑；建设生态文明也将为科学发展奠定牢固基础。

建设生态文明是实现中华民族永续发展的必然选择。中国五千年文明史延绵不断的实践证明，人类社会的繁荣进步必须以良好的自然生态为基础。经济社会的发展必须遵循自然规律，以人与自然和谐共存为价值取向，保护、修复和合理利用自然生态系统，有效解决人与自然的矛盾，建立生态经济良性运行机制、维持人与自然和谐共进的融洽关系，实现中华民族永续发展。

建设生态文明是实现人类可持续发展的重要途径。可持续发展，既满足当代人的需求，又不损害后代人满足其需求的能力，维护代际公平，包括经济、生态、社会可持续发展三个方面内容。建设生态文明有利于维护生态系统的健康和活力，促进绿色、循环和低碳经济的良性发展，提高社会公平与福利。建设生态文明有利于保护全人类赖以生存的自然生态环境，有利于实现全人类的可持续发展愿景，为全球生态安全做出贡献。

四、林业肩负的重大职责

建设生态文明是时代赋予林业的新使命，林业要肩负起与生态文明建设要求相适应的重大职责。一是林业必须承担起保护自然生态系统的重大职责，在覆盖近 2/3 的国土面积上，保护和建设森林生态系统、保护和恢复湿地生态系统、治理和改善荒漠生态系统、维护和保育生物多样性。二是林业必须承担起实施重大生态修复工程的重大职责，扩大森林、湿地面积，推进荒漠化、石漠化、水土流失综合治理，增强生态产品生产能力。三是林业必须承担起构建生态安全格局的重大职责，切实落实国家主体功能区战略，优化和拓展中华民族的生存空间。四是林业必须承担起促进绿色发展的重大职责，发展绿色产业、绿色经济，促进经济发展方式转型升级，推动绿色增长。五是林业必须承担起建设美丽中国的重大职责，坚持走生产发展、生活富裕和生态良好的文明发展道路。六是林业必须承担起为全球生态安全作贡献的重大职责，树立负责任大国的良好形象。

第二章 推进生态文明建设的基本思路

一、指导思想

高举中国特色社会主义伟大旗帜，以邓小平理论、"三个代表"重要思想、科学发展观为指导，全面落实党的十八大精神，以建设生态文明为总目标，以改善生态、改善民生为总任务，深入实施以生态建设为主的林业发展战略，加快发展现代林业，切实履行六大职责，着力构建六大体系，努力建设美丽中国，推动我国走向社会主义生态文明新时代。

二、基本原则

——坚持保护优先。把生态保护放在生态文明建设的首要地位，融入经济建设、政治建设、文化建设、社会建设各方面和全过程。把林业和生态建设成效作为考核各级政府生态文明建设的重要指标，确保如期实现林业发展"双增"目标。

——坚持空间优化。划定生态红线，严格保护森林、湿地、荒漠植被等各类生态用地，明确生态空间的功能定位、目标任务和管理措施，优化生态空间布局。

——坚持生态修复。尊重自然规律，因地制宜，加强生态保护与建设，实施重大生态修复工程，保护生物多样性，全面提升森林、湿地、荒漠和野生动植物等自然生态系统生态服务功能。

——坚持改善民生。把改善民生作为林业发展重要任务，创造更丰富的生态产品，发展绿色富民产业，实现产业生态化，生态产业化，促进就业，改善人们生产生活条件，促进社会和谐。

——坚持绿色发展。注重产业结构调整，倡导绿色生产和消费，加快绿色发展步伐，注重科技创新，提升低碳、循环经济发展水平，维护国家资源能源安全，积极应对气候变化。

——坚持科技支撑。提高科技创新能力，加强科技成果转化应用、标准化示范和科学技术普及，充分发挥林业科技在推进生态文明建设中的引领、带动和示范作用。

三、发展目标

紧紧围绕建设美丽中国、实现中华民族永续发展的宏伟目标，按照中央提出的"要把发展林业作为建设生态文明的首要任务"的要求，到2020年森林覆盖率达到23%以上，森林蓄积量达到150亿立方米以上，湿地保有量达到8亿亩以上，自然湿地保护率达到60%，新增沙化土地治理面积达到20万平方公里，林业产业总产值达到10万亿元，义务植树尽责率达到70%，构筑坚实的生态安全体系、高效的生态经济体系和繁荣的生态文化体系，切实担当起生态文明建设赋予林业的历史使命。

——坚实的生态安全体系。划定森林、湿地、荒漠植被、野生动植物生态保护红线，在维护自然生态系统基本格局的基础上，使国土开发空间格局为生态安全保留适度的自然本底。通过开展生态系统保护、修复和治理，确保生态系统结构更加合理；使生物多样性丧失与流失得到基本控制；防灾减灾能力、应对气候变化能力、生态服务功能和生态承载力明显提升，基本形成国土生态安全体系的骨架。

——高效的生态经济体系。依托林业的资源优势，改造提升传统产业，大力发展特色产业，鼓励发展新兴产业，重点发展生态经济型产业，到 2020 年林业产业总产值达到 10 万亿元，林业产品有效供给和生态服务能力明显提升，产业结构进一步优化。

——繁荣的生态文化体系。将生态文化因素凝结到主流文化中，从根本上融入人们的思想和意识，逐步建立崇尚自然的精神准则、文化修养和道德标准，引领和规范人们的行为，并且通过生态安全制度、政策体系不断完善，推进生态文化广泛传播。

表 1　　　　　　　　　　　　**推进生态文明建设主要指标体系**

类别	类型	序号	指标	2015 年目标	2020 年目标
生态安全	森林	1	林地保有量（万公顷）	30900	31230
		2	森林覆盖率（%）	21.66	>23
		3	森林蓄积量（亿立方米）	143	150
		4	森林植被碳储量（亿吨）	84	88
	湿地	5	湿地保有量（万公顷）	5363	5417
		6	自然湿地保护率（%）	55	60
	荒漠	7	比 2010 年新增沙化土地治理面积（万公顷）	1000	2000
	草原	8	草牧场防护林带控制率（%）	80	85
	农田	9	农田林网控制率（%）	85	90
	城市	10	城市建成区绿化覆盖率（%）	39	39.50
	海岸	11	沿海防护林达标率（%）	85	90
	生物多样性	12	林业自然保护区面积占国土面积比例（%）	13	15
		13	森林公园面积占国土面积比例（%）	2	3
		14	濒危动植物种保护率（%）	90	95
生态经济	经济价值	15	林业产业总产值（万亿元）	6	10
	生态价值	16	森林生态服务功能年价值量（万亿元）	12	16
		17	湿地生态服务功能年价值量（万亿元）	9.88	12
生态文化	宜居环境	18	城市人均公园绿地面积（平方米）	13	15
		19	村屯建成区绿化覆盖率（%）	23	25
		20	空气负氧离子含量达到 WHO 标准的达标率*	50% 地区	60% 地区
	生态观念	21	义务植树尽责率（%）	65	70
		22	生态文明教育普及率（%）	80	85

---

　　* 空气负氧离子，根据世界卫生组织（WHO）划定的标准，清新空气的负氧离子含量为每立方厘米空气中不低于 1000～1500 个。

四、总体布局

综合考虑《全国主体功能区规划》、《中国可持续发展林业战略研究》和《全国林业发展区划》成果，在"两屏三带多点"的国土生态安全战略框架下，着力构建东北森林屏障、北方防风固沙屏障、东部沿海防护林屏障、西部高原生态屏障、长江流域生态屏障、黄河流域生态屏障、珠江流域生态屏障、中小河流及库区生态屏障、平原农区生态屏障和城市森林生态屏障等十大国土生态安全屏障，稳固生态基础、丰富生态内涵、增加生态容量，为生态文明建设提供安全保障。

以林业资源优势为基础，以市场需求为导向，优化配置林业生产力布局，重点培育和发展木材及其他原料林培育、木本粮油和特色经济林产业、森林旅游、林下经济、竹产业、花卉苗木产业、林产工业、林业生物产业、野生动植物繁育利用产业、沙产业等十大绿色富民产业，构建惠民、富民的绿色产业经济发展框架，为生态文明建设提供经济活力。

第三章　推进生态文明建设的战略任务

紧紧围绕生态林业和民生林业两条主线，着力构建国土生态空间规划体系、重大生态修复工程体系、生态产品生产体系、维护生态安全的制度体系和生态文化体系，全面推进生态文明建设。

一、着力构建国土生态空间规划体系

根据党的十八大"加快实施主体功能区战略"和《全国主体功能区规划》要求，构建国土生态空间规划体系，进一步提升林业在生态保护与建设中的主体地位。

（一）完善森林保护空间规划

充分发挥森林在自然生态系统中的主体作用，严格执行《森林法》，认真落实国务院批准的《全国林地保护利用规划纲要（2010~2020年)》，划定并严守"林地和森林红线"。深入实施《全国造林绿化规划纲要（2011~2020年)》，认真落实造林绿化责任制，深入开展全民义务植树活动。编制与主体功能区要求相适应的生态保护与建设规划。在生态区位重要和脆弱地区，加快优化配置林业生产力布局，为优化国土生态空间奠定坚实基础。

（二）完善湿地保护空间规划

充分重视湿地生态系统在维护地球生态平衡中的重要作用，制定《湿地保护条例》，划定并严守"湿地红线"，努力扩大湿地面积。实施国务院批准的《全国湿地保护工程规划（2002~2030年)》，加强对国际和国家重要湿地、各级湿地保护区、国家湿地公园以及滨海湿地、高原湿地、鸟类迁飞网络和跨流域、跨地区湿地的保护与监管。

（三）完善荒漠治理空间规划

在《全国防沙治沙规划》和《岩溶地区石漠化综合治理规划大纲》的基础上，分区域、分阶段规划可治理沙地、盐碱地和石漠化土地的综合治理，划定并严守"沙区植被红线"，严格保护现有植被，增加林草植被，固定流动沙丘，强化沙化土地封禁保护，改善沙漠化、石漠化区域生态状况。做好第五次荒漠化沙化监测和重大沙尘暴灾害应急处置工作。

（四）完善生物多样性保育空间规划

划定并严守"物种红线"，严格保护国家野生动植物保护名录规定的一、二级保护的野生动植物，严防外来生物入侵，拯救极小种群，防止遗传资源流失。结合区域生态建设的具体要求，优化自然保护区建设空间布局，完善自然保护区分级分类管理体系，加强基础设施建设，强化景观多样性保护，提升生物多样性保育水平。加强林业生物多样性保护示范区和监测网络建设。

二、着力构建重大生态修复工程体系

继续以大工程推动全国自然生态系统的修复与恢复，重点实施十大生态修复工程。

（一）森林生态系统重大修复工程

继续推进天然林资源保护，加强公益林建设和后备资源培育。巩固退耕还林成果，对重点生态脆弱区 25 度以上坡耕地和严重沙化耕地继续开展退耕地造林、宜林荒山荒地造林和封山育林。推动防护林体系建设，加大造林绿化力度，加强新造林、中幼龄林抚育管理，推进低质低效林改造。以营造农田防护林网为重点，继续开展平原绿化建设。

专栏 1　　　　　　　　　　　**森林生态系统重大修复工程**

01	天然林资源保护工程 对天然林资源保护工程区内 1.07 亿公顷森林进行全面有效管护，加强公益林建设和后备森林资源培育；开展工程效益评估，强化工程目标、任务、资金、责任"四到省"管理，将工程实施的考核指标纳入地方政府考核内容。
02	退耕还林工程 巩固退耕还林成果，继续在长江上中游重点水源区、西南岩溶石漠化防治区、黄土高原丘陵沟壑水土流失防治区、北方风蚀沙化区等生态区位重要、生态环境脆弱地区推进陡坡耕地和严重沙化耕地退耕还林。
03	三北防护林体系建设五期工程 继续以增加和恢复森林植被为主要任务，以工程造林为主，适度开展退化林分修复；在 18 个重点建设区建设 32 个百万亩防护林基地，重点建设农田防护林、防风固沙林、水土保持林和水源涵养林。
04	沿海防护林体系建设工程 从浅海水域向内陆地区建设红树林等消浪林带、海岸基干林带和沿海纵深防护林，对重点地区进行重点建设和集中治理。
05	长江、珠江流域及农田防护林体系建设工程 管理培育好现有防护林，加强中、幼龄林抚育和低效林改造，调整防护林体系内部结构，完善防护林体系基本骨架，继续加强区域防护林建设；以全国粮食生产县为重点，完善农田林网建设和林带改造。

（二）湿地生态系统重大修复工程

继续开展湿地保育与管理能力建设，加强湿地自然保护区、湿地公园、湿地多用途管理区、湿地保护小区等建设，充实和完善湿地保护体系。通过围垦湿地退还、湿地补水、污染防控、外来入侵物种生物防治、生物遗传资源针对性保护、栖息地恢复等措施，开展重点区域湿地恢复与综合治理。开展湿地资源合理利用示范区建设，逐步引导可持续利用湿地资源，优化湿地生态系统结构和恢复湿地功能。

专栏 2	湿地生态系统重大修复工程
06	**湿地保护与恢复工程** 保护自然湿地，对过度利用、遭受破坏或其他原因导致功能降低、生物多样性减少的湿地，进行恢复与综合治理，开展湿地可持续利用示范。

（三）荒漠生态系统重大修复工程

建立和巩固以林草植被恢复为主体的荒漠生态安全体系。保护现有植被，合理调配生态用水，宜林则林、宜灌则灌、宜草则草，固定流动和半流动沙丘，加强石漠化综合治理。对暂不具备治理条件及因保护生态需要不宜开发利用的连片沙化土地实行封禁保护。

专栏 3	荒漠生态系统重大修复工程
07	**京津风沙源治理二期工程** 巩固建设成果，强化治理区域和植被恢复方式的针对性，建设重点集中布局在风沙传输路径区和沙尘源区。
08	**岩溶地区石漠化综合治理工程** 通过封育、退还、人工造林种草等措施对石漠化土地进行综合治理，逐步恢复林草植被，有步骤地开展生态移民。

（四）生物多样性保护工程

加大典型生态系统、物种、景观和基因多样性保护与恢复力度，对目前保护空缺的典型自然生态系统和自然景观，加快划建保护区和森林、湿地公园，完善保护网络体系。加强国家级自然保护区基础设施及能力建设，推进国家级示范自然保护区和自然保护区示范省建设。加强对濒危动植物种和古树名木的拯救与保护，继续开展对野生动植物的就地保护、迁地保护、野外放（回）归和种质资源收集保存。强化生物多样性的调查、监测与评估工作。

专栏 4	生物多样性保护重大工程
09	**全国野生动植物保护及自然保护区建设工程** 开展极度濒危野生动物和极小种群野生植物的保护拯救，完善野生动物疫源疫病监测防控体系建设，加强现有自然保护区基础设施建设，划建一批自然保护区，提高自然保护能力。
10	**全国极小种群野生动植物拯救保护工程** 对极小种群野生动植物进一步开展就地保护、近地保护、迁地保护，建设人工种群保育基地和种质资源基因库。

三、着力构建生态产品生产体系

（一）增加生态产品的有效供给

保护和扩大生态产品生产空间，提升生态产品生产能力。扩大森林面积、提高森林质量，充分发挥森林作为陆地生态系统主体的重要作用。保护和恢复湿地，增强湿地蓄水调洪和净水贮碳能力。加强水源地植被和湿地修复，增加水量、水质保障，维护国家淡水资源安全。保护荒漠植被，开展防沙治沙，保住人类生存发展空间。加强生物多样性保护，维护物种安全，并将其作为发展战略性新兴产业的重要物质基础和占领未来发展制高点的重大战略资源。改善城乡居民生活环境，将生态用地作为重要基础设施，打造宜居城镇。加强国家林业行政主管部门作为国家生态产品生产与监管部门的职能，发挥其保障国家生态安全的作用。

（二）发展绿色富民产业

加快发展木本粮油，维护国家粮油安全。大力发展特色经济林和林下经济，鼓励农民兴办林业专业合作社、家庭林场、股份合作林场等多元化、多类型的林业专业合作组织，保障农民收入倍增。加快实施木材战略储备基地建设，维护国家木材安全。加快培育花卉苗木和竹产业，壮大产业集群。加快发展森林旅游业，打造一批精品森林公园和精品旅游线路，大力发展森林人家。积极推进野生动植物繁育利用产业。大力发展沙产业，充分挖掘林业产业在绿色发展中的优势和潜力。大力提升林产工业，引导企业扩大生产规模，加快技术改造，培育龙头企业和名牌产品。

（三）增强林业碳汇功能

加快造林绿化和森林经营，加强森林和湿地保护，提升森林和湿地生态系统减缓和适应气候变化能力。在有条件的地域，开展碳汇造林活动。倡导节约木材理念，延长林产品使用寿命，健全林产品回收利用机制，提高木材综合利用率，增强林产品储碳能力。大力发展林业生物能源，促进清洁能源发展。加快推进林业碳汇进入国家排放权交易体系的步伐，促进碳汇林业发展。

四、着力构建维护生态安全的制度体系

（一）完善生态安全法制体系

修订《森林法》、《野生动物保护法》、《种子法》、《森林病虫害防治条例》，推进湿地保护、国有林场、森林公园、石漠化防治立法，研究制定加强生态保护与建设的法律法规、部门规章和规范性文件。对已颁布的国家林业法律法规，推动地方制定相应的实施性法规。对国家层面立法难度较大的领域，推动各地先出台地方法规。开展林业规范性文件合法性审查，加强林业综合行政执法示范点建设，完善执法监督和行政审批制度，规范行政执法和行政审批。做好普法工作，增强全社会的林业法制意识。

（二）健全生态文明制度体系

把资源消耗、生态破坏、生态服务纳入经济社会发展评价体系，逐步建立健全绿色核算制度。建立国土生态空间开发分级控制和生态保护制度。健全体现生态价值和代际公平的生态补偿制度。构建维护生态安全的生态监测评估体系和重点生态功能区生态考评制度。建立生态保护责任追究制度和生态破坏处罚制度等。

五、着力构建生态文化体系

（一）培育生态文明价值体系

将生态文明融入社会主义核心价值体系。把生态文明宣传教育融入全面教育、终生教育全过程，在全社会树立生态文明理念，推动形成绿色发展、循环发展、低碳发展的文明发展模式，树立勤俭节约、绿色出行、理性消费的生态文明道德。促进形成节约资源、保护环境的绿色生产方式，努力营造植绿护绿、低碳出行、绿色消费的绿色生活方式。大力弘扬具有时代特征、反映务林人风貌的林业精神。

（二）强化生态文化传承创新和宣传实践

建立生态文化数据库，挖掘树文化、竹文化、花文化、园林文化和动物文化价值。加强生态文化体系理论研究，推进生态文艺创作，举办各类文艺作品征集展演活动。加大生态文化宣传力度，开展以保护生态、热爱森林、建设家园、节约资源为主题的生态文明宣传教育活动，推进生态文化教育进课堂、进校园、进社区、走向户外，升华为全社会的共同行动，大力增强全民生态意识、节约意识，形成绿色消费的社会风尚。

第四章　推进生态文明建设的重大行动

为实现林业推进生态文明建设的战略目标和任务，全面实施十大生态修复工程，加快构筑十大生态安全屏障，大力发展十大绿色富民产业，在推进生态文明建设进程中，要突出开展十项重大行动。

一、生态红线保护行动

习近平总书记指出，要牢固树立生态红线的观念，在生态环境保护问题上，不能越雷池一步，否则就应该受到惩罚。划定生态红线的意义就在于要把需要保护的生态空间、物种严格保护起来，这是构建我国生态安全战略格局的底线，也是维护代际公平、留给子孙后代的最大、最珍贵遗产。生态红线是我国继"18亿亩耕地红线"后，另一条被提升到国家层面的"安全线"，体现了党和国家加强自然生态系统保护的坚定意志和决心。

（一）科学划定生态红线

生态红线就是保障和维护国土生态安全、人居环境安全、生物多样性安全的生态用地和物种数量底线。生态红线具有不可替代性和无法复制性，很难实现占补平衡，一旦失去，难以拯救。林地和森林红线：全国林地面积不低于46.8亿亩，森林面积不低于37.4亿亩，森林蓄积量不低于200亿立方米，维护国土生态安全。湿地红线：全国湿地面积不少于8亿亩，维护国家淡水安全。沙区植被红线：全国治理和保护恢复植被的沙化土地面积不少于56万平方公里，拓展国土生态空间。物种红线：确保各级各类自然保护区严禁开发，确保现有濒危野生动植物得到全面保护，维护国家物种安全。

（二）严格守住生态红线

制定最严格的生态红线管理办法。确定生态红线区划技术规范和管制原则与措施，将林地、湿地、荒漠生态空间保护和治理，以及生物多样性保护纳入政府责任制考核，坚决打击破坏红线行为。运用法律手段严守生态红线。已经具有法律法规保障的生态红线，如森林、自然保护区、野生动植物、宜林宜草沙化土地等红线，必须强化依法、守法、执法力度，确保达到和守住红线。没有法律保障的生态红线，如湿地，要尽快完成立法，切实依法保护红线。

（三）推进生态用地可持续增长

适度保障国家基础设施及公共建设使用生态用地，控制城乡建设使用生态用地，限制工矿开发占用生态用地，规范商业性经营使用生态用地，制定出台征占用生态用地项目禁限目录。通过生态自我修复和加大对石漠化和沙化土地、工矿废弃地、退化湿地治理等，有效补充生态用地数量，确保全国生态用地资源适度增长。

二、重点生态功能区建设行动

实施区域性生态保护和修复，使重点生态功能区成为保障国家生态安全的主体和人与自然和谐相处的示范区域。

（一）加快编制重点生态功能区生态保护与建设规划

根据国家主体功能区战略，按照《全国主体功能区规划》要求，编制25个国家重点生态功能区生态保护与建设规划，强化各功能区的生态主体功能，逐步形成适应各类主体功能区要求的生态空间格局，指导和规范各功能区的生态保护和建设工作。

（二）加快推进生态功能区生态保护和修复

严格按照各区生态保护与建设规划，全面推进天然林保护、退耕还林和围栏封育，治理水土流失，维护或重建湿地、森林等生态系统。严格保护区域自然植被，禁止过度放牧、无序采矿、毁林开荒等行为。加强大江大河源头及上游地区的水源涵养保育，对主要沙尘源区、沙尘暴频发区实行封禁管理。禁止对野生动植物进行滥捕乱猎、滥挖乱采，保持并恢复野生动植物物种和种群平衡，保护自然生态系统与重要物种栖息地。促进生态与产业融合发展，在保护优先和不影响主体功能定位的前提下，因地制宜地发展特色优势生态产业，解决农民长远生计。

（三）加强林业禁止开发区保护和管理

自然保护区、森林公园是国家主体功能区布局中的禁止开发区，严格禁止工业化和城镇化开发。加强林业自然保护区、自然保护小区和保护点建设，进一步完善自然保护区网络，继续推进全国示范自然保护区和自然保护区示范省建设，加强国家级自然保护区基础设施及能力建设。加强森林公园内森林景观的保护、培育、修复，选择一批具有珍贵国家自然文化遗产资源的森林公园，强化基础设施、公共服务和管理能力建设，提升森林公园的景观价值和品位。

（四）开展生态监测评估

在保护和建设的同时，对重点生态领域和生态功能区开展资源与生态专项监测，加强对生态系统结构和功能监测，构建以重点生态功能区以及重大生态修复工程为核心的综合生态监测评估体系。

三、森林保育和木材储备行动

培育良种壮苗、加强森林抚育、加快国家木材战略储备基地建设，强化森林保护，确保实现森林面积和森林蓄积增长目标，维护国家木材安全。

（一）加强重点林木良种基地建设和种质资源保护

完成全国林木种质资源调查，建设国家和省级林木种质资源保存库，培育一批优良品种和优良无性系，实现全国造林良种使用率达到75%以上，商品林造林全部使用良种。建设和完善国家重点林木良种基地，实现全国造林全部由基地供种。建立和完善国家、省、市、县四级林木种苗管理机构和质量检验机构，夯实造林绿化质量基础。

（二）加强森林经营

着力推进造林绿化和森林抚育经营，增加森林面积，提高森林质量和效益。科学谋划全国森林中长期经营，稳步推进全国森林抚育经营样板基地建设。加快推进依据森林经营方案编制采伐限额的改革进程，鼓励各类经营主体按照森林经营方案开展森林经营活动。加强森林经营基础能力建设，推进森林立地分类和相关数表体系建设，建立和完善森林经营技术标准体系，开展森林认证，全面提升森林经营水平。

（三）加快国家木材战略储备基地建设

在东南沿海地区、长江中下游地区、黄淮海地区、东北内蒙古地区、西南适宜地区和其他适宜地区，着力培育和保护乡土珍贵树种资源，大力营造和发展珍贵树种、大径材和短周期工业原料林、中长周期用材林。划定国家储备林，研究国家储备林运行、动用、轮换模式和管理机制，逐步构建起总量平衡、树种多样、结构稳定和可持续经营的木材安全保障体系。

（四）强化森林保护

加强森林防火，落实森林防火行政首长负责制，加快实施《全国森林防火中长期发展规划》，严格管理野外用火。加快推进专业森林消防队伍和武警森林部队正规化建设，扩大森林航空消防范围。加强林业有害生物防治，落实地方政府目标责任制，加强松材线虫病、美国白蛾等重大林业有害生物灾害监测预报、检疫和防控工作，建立林业有害生物检疫责任追溯制度，推进社会化防治工作。建立林业外来有害生物防范体系。

四、湿地修复行动

提高湿地保护、管理和合理利用能力，使我国自然湿地得到良好保护，逐步恢复湿地生态功能。

（一）加强湿地保护与恢复

落实《全国湿地保护工程"十二五"实施规划》，执行湿地保护补助政策，加强国家湿地自然保护区、湿地公园建设管理，推动各地谋划实施地方湿地保护与恢复工程，努力扩大湿地面积。

（二）科学构建湿地保护网络体系

发布第二次全国湿地资源调查结果。将国际重要湿地、国家重要湿地、国家湿地公园和省级重要湿地纳入禁止开发区域。严守"湿地红线"，确保自然湿地不被侵占。通过建设湿地公园、开发湿地产品、开展生态旅游等活动，科学利用湿地资源，构建科学合理的湿地保护网络体系。

（三）积极推进湿地保护法制建设

抓紧制定《湿地保护条例》，建立健全湿地保护政策法律体系，对利用湿地资源和征占用湿地的行为进行规范。建立湿地生态补偿制度、湿地征占用费征收制度、流域湿地污染补偿机制。

（四）全面深化湿地保护国际交流与合作

认真履行《关于特别是作为水禽栖息地的国际重要湿地公约》（以下简称《湿地公约》），建立国际重要湿地生态预警机制，开展打击破坏湿地资源专项行动，提高《湿地公约》履约能力。积极引进和吸收国际上湿地保护的先进理念与技术，同时为国际湿地保护提供有益经验。开展跨区域、跨国界湿地保护与利用合作。

五、沙化土地封禁行动

对暂不具备治理条件的，以及因保护生态需要不宜开发利用的连片沙化土地实行封禁保护，促进荒漠植被自然修复。

（一）划建沙化土地封禁保护区

对干旱沙漠边缘及绿洲类型区内的沙漠与绿洲过渡带、严重风蚀沙（砾）化地区等沙尘源区以及沙尘路径区，半干旱沙化土地类型区内的四大沙地中暂不具备治理条件且人为对生态干扰较大地区，高原高寒沙化土地类型区内的柴达木盆地中部、西北部天然荒漠地区以及西藏西部荒漠地区，划建封禁保护区，严格管控各类开发建设活动，禁止破坏植被，保护生态系统。

（二）开展封禁设施建设

主要在人畜活动频繁的重点地段设置必要的网围栏，防止人畜进入。对一些重点和必要地段的流动沙地，扎设沙障，固定流沙。建设简易的管护用房和必要的生活设施等，满足管护人员的基本生活需要。建设瞭望塔，修筑必要的巡护道路，配备瞭望设备和交通、通讯设备，建设固定界碑（桩）和警示宣传标牌。在适宜地区实施必要的人工促进措施，加快植被恢复。

（三）开展监管能力建设

加强管护队伍建设，建立封禁保护区管护队伍，安排专职管护人员。开展生态效益监测，制订封禁保护区生态效益评价与监测技术规范。开展宣传培训，提高管护人员素质及封禁保护区周边群众的生态意识和劳动技能。

（四）妥善安置农牧民生产生活

对封禁保护区内的农牧民，坚持统一规划、集中安置、稳定持久的原则，通过就近易地安置，使一部分农牧民从事生态农业和现代畜牧业生产经营；通过转产安置，将一部分农牧民就地转为封禁保护区管护人员，妥善解决生产和生活问题。

六、物种拯救行动

开展物种拯救，使95%以上的极小种群野生动植物和国家级自然保护区以外80%的重要生境得到保护。

（一）加强极小种群野生植物拯救保护

全面实施《全国极小种群野生植物拯救保护工程规划》，针对120种野生植物，采取就地保护、近地保护和迁地保护，稳定、恢复和壮大野生资源。建设国家级就地保护点412个，营造适生生境2万公顷；构建近地保护点200个，形成近地保护种群500个；建立40个物种的200个迁地保护种群；在原生地及附近重建植物种群，优先建设20个回归种群；建立红豆杉、兰科植物等20处珍稀植物种源基地。

（二）加强重点野生动物保护

加强野生动物类自然保护区和自然保护小区网络体系建设，开展极小种群野生动物拯救保护。开展拯救大熊猫保护行动。在全国大熊猫第四次调查成果基础上，制定大熊猫保护国家战略，加强国际交流与合作。拯救和保护朱鹮、虎、金丝猴、藏羚羊、亚洲象、长臂猿等珍稀濒危野生动物种及其栖息地。加强野生动物科研、种质资源收集保存、救护繁育。完善野生动物调查监测体系和保护管理体系。

切实履行《濒危野生动植物种国际贸易公约》，加强野生动植物及其产品进出口管制，维护国家利益和形象。

（三）加强野生动物疫源疫病防控

建立健全国家、省、县三级野生动物疫源疫病监测防控体系。在全国野生动物集中分布区域、疫病高发区、边境地区、自然疫源地和野生动物驯养繁殖密集区、集散地，建立国家级野生动物疫源疫病监测站，监测覆盖率达到90%。妥善应对突发事件对野生动植物的危害和处理有关敏感事件。

七、城市林业建设行动

通过创建森林城市，增加城市绿色元素，绿化、美化、净化城市环境，打造宜居城市，提升人民生活品质，保障城镇化绿色发展。

（一）大力开展森林城市创建活动

积极倡导"让森林走进城市、让城市拥抱森林"的理念，加大城市森林建设力度。加大对地方积极性高、生态区位重要地区城市森林建设的扶持力度，在一些省会城市和有条件的地级、县级城市取得突破，全面带动城市森林建设。完善国家森林城市评价指标、申报和审批办法，深入开展国家和省级森林城市创建活动。

（二）积极推进绿色城镇化

更加重视人居生态建设，将森林、湿地等作为城市建设重要基础设施。结合城镇化规划，以"身边增绿"为目标，积极创建绿色家园，提高城镇居民义务植树尽责率。大力建设森林乡镇、校园和城市型森林公园，继续抓好铁路、公路等通道绿化，使绿色更加贴近人们的生产生活。

八、美丽乡村建设行动

发挥林业生态、经济、社会综合效益，绿化美化乡村环境，促进农民就业增收，维护农村社会稳定。

（一）大力开展村庄绿化美化活动

按照道路林荫化、农民庭院花果化等要求，开展进村道路绿化和庭院绿，建设环村绿化带，大力发展乔木、乡土、珍贵树种和特色林果、花卉苗木，形成道路与河岸乔木林、房前屋后果木林、公园绿地休憩林、村庄周围护村林的村庄绿化格局。

（二）积极推进兴林惠民

不断深化集体林权制度改革，积极引导分山到户后的农民实施"兴林富民工程"，促进农民脱贫致富。积极推进农村林业事务民主管理，引导农民积极参与村级涉林公共事务决策，深入落实农民平等的林地承包经营权。加强林地承包经营权流转监管，切实维护农民合法权益。强化林权档案信息化管理。健全农村林地承包经营纠纷调解仲裁工作体系，建立长效调处机制，妥善化解矛盾，维护农村社会稳定。

九、木本粮油发展行动

木本粮油树种资源丰富，适生性广，单产提高潜力巨大，而且不与农争地，既可以置换出耕地种植粮食，又可以改善居民膳食结构，提升健康水平、释放消费潜力，对维护国家粮油安全、拉动内需意义重大。加大高产稳产木本粮油树种的培育和推广，重点建设油茶、核桃、油橄榄、板栗、枣等木本粮油生产基地。

（一）培育和推广优良品种

在充分发挥现有良种繁育基地（种质资源库、苗圃）生产能力的基础上，结合全国林木良种基地、重点林木采种基地、保障性苗圃建设，新建和改扩建一批以油茶、核桃、枣、板栗、仁用杏等为主的木本粮油树种良种苗木生产基地。加强木本粮油优良种质资源保存、引进、开发、试验基地建设，重点开展油茶、核桃、枣、板栗和仁用杏等良种选育和推广工作。

（二）实行标准化生产和管理

实施《全国油茶产业发展规划（2009～2020年）》，在优势产区，通过新造和低产低效林改造的方式，建设高标准、集约化经营的油茶、核桃、油橄榄、板栗、枣等木本粮油生产基地。针对良种、育苗、种植、经营及综合配套等技术，开展示范基地建设，带动全国木本粮油向优质、高效、生态、安全方向发展。

（三）推进加工体系建设和强化产品质量安全

以产后商品化处理为重点，积极扶持建设一批加工能力强，生产工艺先进的木本粮油加工、贮藏龙头企业，增强产业的市场竞争力与辐射带动能力。实施产品质量安全市场准入制度，加强木本粮油产品产地环境、生产过程和农药、化肥等生产投入品的监管，构建从"田间到市场"的全过程质量安全管理体系。

十、生态文明宣教和林业信息化行动

通过开展生态文明宣教和生态文明单位创建活动，使全民生态文明意识普遍增强，生态文明观念广泛传播。充分利用物联网、云计算、大数据、移动互联网等新一代信息技术，推进智慧林业建设。

（一）开展生态文明宣教活动

以植树节、森林日、湿地日、荒漠化日、爱鸟周等重要节日为契机，集中开展主题宣传活动；加强优秀生态文化典籍编纂出版工作；积极推进国树、国花、省树、省花、市树、市花评选命名。积极开展"生态文明示范工程试点市（县）"、"全国生态文化示范县"和生态文化品牌创建工作，继续开展"全国绿化模范单位（城市、区、县、单位）"、"生态文化村（企业、示范基地）"建设，发掘保护原生态文化。

（二）夯实生态文明建设基础

加强生态文明宣教基地建设，丰富森林公园、湿地公园、自然保护区、生态文化博物馆、森林体验教育中心等文化载体，提升生态文化公共服务水平。加强生态文化传播体系平台建设，为人们提供丰富多样的生态文化创意产品与服务。

（三）加快构建智慧林业管理体系

大力推进林业下一代互联网、林区无线网络、林业物联网建设。有序推进以遥感卫星、无人遥感飞机等为核心的林业"天网"系统建设。打造统一完善的林业视频监控系统及应急地理信息平台。加大云计算、大数据等信息技术创新应用，推进林业基础数据库建设，形成全覆盖、一体化、智能化的智慧林业管理体系。

（四）努力提升林业信息化服务水平

建设林业信息公共服务平台、林业智慧商务系统、林产品电子商务平台和智慧社区服务系统。建立智慧营造林管理系统、智能林业资源监管系统、智能野生动植物保护系统、林业重点工程监督管理平台，以及林业网络博物馆、林业智能体验中心等。加强林业信息化标准建设和综合管理，不断完善林业信息化运维体系和安全体系。

第五章　推进生态文明建设的政策措施

一、政策支持

（一）实施严格的林地保护政策

制定和完善林地保护相关政策与法规。坚持节约集约用地，完善和实行林地管理制度。与城镇规划和土地利用规划相衔接，严格控制非林建设占用林地，强化林地占补平衡管理，探索建立林地储备制度。完善林地占用税、林地出让金、新增建设用地有偿使用费征缴和使用政策。进一步完善林地征占用审批制度，实行严格的林地征占用限额管理。落实林地保护利用目标考核责任制。严格林地保护和监管执法，落实监管责任。

（二）健全和完善公共财政支持政策

完善生态补偿制度，多渠道筹集生态补偿基金，探索按照森林生态服务功能高低和重要程度，实行分类、分级的差别化补偿。探索制定非国有公益林国家赎买政策。扩大湿地保护补助范围，提高补助标准，提高补助资金的使用效率，逐步建立湿地生态补偿制度。健全林业补贴制度，加大对林木良种、造林、森林抚育、保护、林业机具购置等补贴力度，探索出台对木本粮油、珍贵树种培育、木材战略储备、生物质能源等专项补贴政策。加大对重大生态修复工程建设的投入力度，加大对林业灾害监测和防治的投入。加强资金监管，推进林业专项财政投入的制度化和长效化。加大中央财政对国家重点生态功能区财政转移支付力度。

（三）完善基础设施投入政策

扩大林业基本建设投资规模，完善各类基础设施建设规划，修订以物价联动机制为依据的投资标准，争取形成多元化的投入机制。加强林业灾害防控和林区基础设施建设的公共财政支持，加大对基层林业站（所）基本建设的投入。重点支持林区的道路、供水、供电、供暖、通信、广播电视等民生林业基础设施建设，推进国有林区、国有林场棚户区和危旧房改造。加强对森林公园、自然保护区、湿地公园、生态文化博物馆、科技馆、标本馆等文化性林业基础设施建设支持力度。加大对林区医疗卫生、教育等社会保障性林业基础设施建设投入。

（四）完善金融和税收扶持政策

积极开展包括林权抵押贷款在内的符合林业特点的多种信贷融资业务，创新担保机制，探索建立面向林农、林业专业合作组织和中小企业的小额贷款与贴息扶持政策。增加中国绿化基金和中国绿色碳汇基金总量，鼓励企业捐资造林志愿减排，吸引社会资金参与碳汇林业建设。探索发行生态彩票，对林业重大生态修复工程发行生态债券，降低民间资本参与林业建设的门槛，吸引多元投资主体参与建设。对林业生态产品、林农、林业企业、林业重大生态修复工程实施单位及捐资主体实行税收优惠政策，对劳动密集型和高附加值林产品争取实行出口退税优惠政策。提高中央财政政策性森林保险保费的补贴规模、范围和标准，鼓励形成政策性保险与商业保险相结合的森林保险体系。

（五）加大林业能力建设支持力度

加强林业科技创新、成果转化推广、产品质量标准检验检测、林业防灾减灾、林业信息化、基层林业公共服务等能力建设。加强各级各类人才队伍建设，增加对林业教育和培训的资金投入，培养创新型专业人才。深化干部人事制度改革，建立健全人才选拔培养使用制度。探索建立林业生态文明建设投入保障制度和增长机制。

二、措施保障

（一）建立政府目标责任制

林业行政管理部门要在合理划分中央和地方事权的基础上，履行好部门职责，落实好生态文明建设各项任务。实行林业生态文明建设目标责任制，将国家林业生态文明建设的总目标逐级分解成各地区的具体目标。争取建立由地方政府统一领导、部门分工协作的林业生态文明建设目标考核与激励机制，推进本地区林业生态文明建设。

（二）建立生态评价机制

树立正确的生态道德观、生态价值观和生态政绩观。探索建立国家和地区生态系统生产总值（GEP）的新型绿色经济核算体系。建立科学的评价标准，成立权威、独立的林业生态文明建设评价机构。实行生态政绩考核、奖惩、问责机制，对各类主体功能区采取不同的考核办法。

（三）建立制度创新机制

着力推进体制改革和机制创新，建立绿色经济发展评价体系。加快生态补偿立法，通过财政转移支付、赎买、建立生态补偿基金和实施重大生态修复工程进行政策性生态补偿；通过开征生态税，开展资源使用权、碳排放权、水权交易为代表的环境经济手段，探索市场化生态补偿机制。建立林业政策监测评价、效果反馈和调整优化机制。建立林业产业发展政策创新机制。完善林业规划、工程、项目等绩效评价与监督制度。实行重大政策和决策的公示和听证制度。

（四）建立保护激励机制

加快制定林权流转登记管理办法。完善造林绿化、义务植树、古树名木保护等地方性法规。依法惩处盗伐、滥伐林木，毁坏和非法占用林地、绿地的行为。对行政不作为、乱作为的问题，坚决实行倒查问责机制。严肃处理违法审批、越权审批等违法行政行为。健全林业行政执法体系，强化林业普法体系。开展生态文明建设成效评估，探索建立生态发展激励机制。

（五）形成全民参与机制

发挥工会、妇联、共青团和民兵预备役、青年、学生组织及其他社团组织在生态文明建设中的作用，发动和组织各行各业、社会各界人士积极投身国土绿化和生态保护事业。完善生态保护的公共参与政策，探索建立林业生态文明建设全民共建共享的长效机制。创新公众参与林业生态文明建设的方式和渠道，发挥非政府组织在生态文明建设中的积极作用。

国家林业局

二〇一三年九月

环境保护部《关于推进生态文明建设的指导意见》

环发〔2008〕126 号

为贯彻落实党的十七大精神，推进生态文明建设，促进资源节约型、环境友好型社会的建立，努力构建社会主义和谐社会，提出以下意见：

一　落实科学发展观，扎实推进生态文明建设

（一）深刻认识生态文明建设的重大意义

生态文明建设是落实科学发展观的重要内容。科学发展观的核心是以人为本，实现经济发展与人口资源环境相协调。生态文明以人与人、人与自然、人与社会和谐共生为宗旨，以建立可持续的生产方式和消费方式为内涵，引导人们走上持续和谐的发展道路。因此，生态文明与科学发展观在本质上是一致的，建设生态文明必须坚持科学发展观，进一步提升科学发展、和谐发展理念。

生态文明建设是实施可持续发展的战略保障。我国已进入工业化、城镇化快速发展阶段，但我国人均资源占有量不足，耕地、淡水、森林、能源等均低于世界平均水平，生态环境恶化趋势仍未得到有效遏制，生态系统整体功能下降，抵御各种自然灾害的能力减弱，阻碍了我国可持续发展进程。生态文明是人类对传统文明形态特别是工业文明进行深刻反思的成果，是人类文明形态和文明发展理念、道路和模式的重大进步，是实现我国可持续发展战略的重要保障。

生态文明建设是全面建设小康社会的内在需要。全面建设小康社会是我国现代化建设第三个战略阶段中具有决定意义的发展阶段。如果继续沿用高投入、高消耗、高排放、低效率的粗放型增长方式，资源难以为继，环境难以承载，全面建设小康社会和实现现代化的目标将难以完成。在全面建设小康社会进程中，必须以资源环境承载力为基础，加快转变发展方式，促进全面建设小康社会目标的实现。

生态文明建设是构建社会主义和谐社会的重要条件。当前在生产和消费领域，还存在着向大自然过度索取自然资源、破坏生态、污染环境的现象，导致人与自然关系的紧张，破坏了人与人、人与社会的和谐。生态文明是人类遵循人、自然、社会和谐发展的客观规律，在改造客观世界和主观世界的过程中取得的物质和精神文化成果的结晶，是以人与人、人与自然、人与社会和谐共生、良性循环、全面发展、持续繁荣为基本宗旨的文化伦理形态，是构建社会主义和谐社会的重要条件。

（二）明确推进生态文明建设的指导思想和基本原则

指导思想：以邓小平理论和"三个代表"重要思想为指导，全面落实科学发展观，

加快推进环境保护历史性转变，发展生态经济和循环经济，建立可持续的生产方式；加强生态环境保护与建设，维护生态平衡；强化城乡环境治理，改善人居生态环境；努力培育生态文化，积极倡导文明消费方式。加快推进体制、机制创新，动员全社会力量共同建设生态文明，努力建设资源节约型、环境友好型社会，为构建社会主义和谐社会奠定坚实的基础。

基本原则：在生态文明建设中，坚持和谐发展原则，正确处理环境保护与经济发展和社会进步的关系，尊重生态规律，在保护生态环境的前提下发展，在发展的基础上改善生态环境，实现人与自然的协调发展。坚持公平发展原则，统筹兼顾，合理布局，妥善处理区域保护与发展的关系，促进地区间公平协调发展；经济社会发展既要满足当代人的基本发展需求，又要维护后代人的发展权益。坚持传承发扬原则，既要继承"天人合一"、"回归自然"的朴素生态观，又要发扬人与自然和谐的现代生态文明观；既要传承勤俭节约、艰苦朴素的传统美德，又要弘扬资源节约、环境友好的发展理念。坚持整体协调原则，协调近期与远期、局部与整体、少数与多数利益。坚持共同推进原则，形成政府主导、各部门分工协作、全社会共同参与的工作机制，深入、扎实、有序地推进生态文明建设。

（三）推进生态文明建设的基本要求

生态文明建设是一项复杂、长期的系统工程，在内容上具有全面性，时间上具有长期性，过程上具有渐进性和阶段性，成果上具有多样性。建设生态文明必须大力发展生态经济，强化生态文明建设的产业支撑体系；必须加强生态环境保护和建设，构建生态文明建设的环境安全体系；必须促进人与自然和谐，倡导生态文明的生活方式；要广泛宣传发动，建立生态文明的道德文化体系；要健全长效机制，完善生态文明建设的保障措施。要科学规划，分类指导，因地制宜、有计划有步骤有重点地推进；要动员全社会力量广泛参与，使生态文明建设成为全社会的共同行动。在推进生态文明建设工作中，要注重实效，不搞形式主义；要量力而行，不盲目攀比；要积极推进，不搞指标摊派；要突出特色，不强求一律；要引导扶持，不包办代替；要试点引路，不一哄而上。

二　严格环境准入，建立生态文明的产业支撑体系

（四）加强环境分类管理

各级环保部门要在国家主体功能区划的基础上，加紧环境功能区划工作，逐步实行环境分类管理。

在优化开发区域，坚持环境优先，优化产业结构和布局，大力发展高新技术，加快传统产业技术升级，实行严格的建设项目环境准入制度，率先完成排污总量削减任务，做到增产减污，切实解决一批突出的环境问题，努力改善环境质量。

在重点开发区域，坚持环境与经济协调发展，科学合理利用环境承载力，推进工业化和城镇化，加快环保基础设施建设，严格控制污染物排放总量，做到增产不增污，基本遏制生态环境恶化趋势。

在限制开发区域，坚持保护为主，合理选择发展方向，积极发展特色优势产业，加快建设重点生态功能保护区，确保生态功能的恢复与保育，逐步恢复生态平衡。

在禁止开发区域，坚持强制性保护，依据法律法规和相关规划严格监管，严禁不符合

主体功能定位的开发活动，遏制人为因素对自然生态的干扰和破坏。

（五）严格环境准入

依据国家产业政策和环保法规，优化产业结构，加大淘汰污染严重的落后工艺、设备和企业的力度。在确定钢铁、有色、建材、电力、轻工等重点行业准入条件时要充分考虑环境保护要求，新建项目必须符合国家规定的准入条件、清洁生产标准和排放标准，已无环境容量的区域，禁止新建增加污染物排放的项目。进一步完善规划环评，强化环境影响评价制度的源头预防作用。

（六）加快推进循环经济

根据发展循环经济的总体要求，环保部门要配合发展改革委等有关部门制定相关法规，完善评价指标体系。实行有利于资源节约和循环经济发展的经济政策。推进重点行业、产业园区和省、市循环经济试点工作，推广循环经济先进适用技术和典型经验，建设循环经济试点示范工程，联合商务、科技等有关部门积极做好生态工业园区建设工作，推动循环经济在区域层面上的发展。加快制定重点行业清洁生产标准和清洁生产审核技术指南，建立推进循环经济和清洁生产的技术支撑体系。进一步推动企业落实清洁生产方案。对污染物排放超过国家和地方标准或总量控制指标的企业，以及使用有毒有害原料或者排放有毒物质的企业，要依法实行强制性清洁生产审核。

（七）大力开展资源节约和综合利用

保护和合理利用各种自然资源，完善环境经济政策，促进自然资源的节约和综合利用。按照低投入、高产出、低消耗、少排放、能循环、可持续的原则，把节能、节水、节地与削减污染物排放总量有机结合起来，实行统筹规划，同步实施。积极发展清洁能源和可再生能源，完善资源节约的标准体系。建立健全各类废弃物收集、转运、安全处置和综合利用的构架体系，大力推进生产、生活中各类废弃物的综合利用。

三　加强生态环境保护和建设，构建生态文明的环境安全体系

（八）加强自然生态环境保护

实施生态环境保护分区、分类管理，确定不同地区的主导生态功能和发展方向。进一步优化自然保护区空间分布格局，强化管护能力建设，推进规范化管理，提高保护质量；建立一批重点生态功能保护区，建立重点生态功能保护区的评价指标体系、绩效评估机制，提高重点生态功能保护区的管护能力；划定生态脆弱区，使脆弱的生态系统休养生息；建立和完善自然灾害预警预报系统，加强灾后生态恢复与建设。加强物种资源保护和生物安全管理，加强履行国际公约工作的组织协调，实施生物物种资源保护与利用规划，做好生物物种资源调查工作，完善生物物种资源数据库和信息系统；做好转基因生物安全、外来有害入侵物种和病原微生物的环境安全管理。

（九）强化污染防治与节能减排

完善有利于节能减排的政策措施，加大节能减排重点工程实施力度，努力完成主要污染物减排目标。加大重点流域和区域水污染防治和生态修复力度，优先保护饮用水源。逐步划定各主要河流、湖泊的水生态功能区，建立健全水生态质量监测指标体系。加快城市污水处理与再生利用工程建设，加强工业废水治理。推进重点行业二氧化硫综合治理，加大城市烟尘、粉尘、细颗粒物和汽车尾气治理力度，控制温室气体排放。强化危险废物和

危险化学品监管，加强重金属、持久性有机污染物等的污染治理，实施生活垃圾无害化处置，控制固体废物污染；加强核设施和放射源安全监管，确保核与辐射环境安全。

（十）加强农村环境保护

统筹城乡发展，努力推进城乡环境基础设施共建共享。完善农村环境管理体制，建立健全农村环境保护目标责任制，实行"以奖促治"政策，大力推进农村环境综合整治，切实加强农村饮用水水源地保护和水质改善，积极开展农村生活污水、垃圾污染治理，加强畜禽、水产养殖污染防治，推广农业废弃物综合利用。强化农村地区工业企业环境监管。建立健全土壤污染防治法律法规和标准体系，加强农用土壤环境保护和污染场地环境监管，开展污染土壤修复与综合治理试点示范，改善土壤环境质量，保障农产品质量安全。积极推广病虫草害综合防治、生物防治等技术，大力发展节水农业和生态农业，规范有机食品发展，组织开展有机食品生产示范县建设，防治农药、化肥和农膜等面源污染。

（十一）严格资源开发的环境监管

按照保护优先、开发有序的原则，做好资源、能源开发规划和项目的环境影响评价，有效控制不合理的资源开发活动。加大生态环境保护监管力度，防止开发建设过程中的环境污染和生态破坏。加快建立矿山环境恢复保证金制度，促进新老矿山生态环境恢复治理。统筹生活、生产、生态用水，做好上下游、地表地下水调配，有效保护水资源。严格控制建设用地增长，提高土地资源集约节约利用水平。加强对生态敏感区域旅游开发活动的环境监管，推广生态旅游试点示范。

四　广泛宣传发动，建立生态文明的道德文化体系

（十二）建立生态文明的道德规范

崇尚亲近自然的生活理念，从社会公德、职业道德和家庭美德等不同层面入手，制定和实施推进生态文明建设的道德规范，促进人们更加自觉地保护环境、尊重自然、节约资源。大力倡导以清洁生产、爱护公物、文明办公为主要内容的职业道德，不断壮大环保志愿者队伍；积极弘扬以简约生活、善待生命、邻里和谐为主要内容的家庭美德，树立勤俭节约为荣，奢侈浪费为耻的社会新风尚。

（十三）推广可持续的消费模式

贯彻实施政府绿色采购意见，实行环境标志认证和政府绿色采购制度；提高公众的绿色消费意识，倡导购买绿色、有机产品，以绿色消费带动绿色生产，以绿色生产促进绿色消费；提倡绿色出行，开展"无车日"活动；以节能、节水、节材、保护生态环境为重点，引导公众改变不良的消费方式，简化商品包装，减少一次性用品的使用；完善塑料包装制品减量化、无害化、再利用政策措施，实行垃圾分类、清运和回收，促进资源的综合利用。

（十四）强化生态文明宣传教育

大力宣传生态文明理念，加强舆论引导，通过媒体宣传、专题讲座、科普展览等多种形式，广泛宣传生态文明建设的新事物、新典型，积极反映生态文明建设成效，丰富生态文明建设内涵。建立生态文明教育的长效机制，完善生态文明教育体系。通过家庭教育，形成生态文明的家风；通过学校教育，普及生态文明知识；通过社会教育和培训，提高公众的生态文明素养。

五　健全长效机制，完善生态文明建设的保障措施

（十五）加强推进生态文明建设的组织领导

各级环保部门要把推进生态文明建设工作列入重要议事日程，切实加强组织领导与协调、监督。充分发挥社会各界力量，积极配合有关部门各负其责，协调联动，形成生态文明建设的合力。

（十六）完善生态文明建设的体制机制

建立生态文明建设的综合决策机制，以生态文明的理念指导经济和社会发展规划，建立推进生态文明建设的考评制度，把生态文明建设纳入党政领导班子和领导干部政绩考核评价体系。各级环保部门要加强与有关部门的合作与协调，建立、完善部门协作制度、信息通报制度、联合检查制度。完善政府主导、市场推进、公众参与的新机制。鼓励社会资本进入，推动企业成为节能环保的实施主体和投入主体，逐步形成多方并举、合力推进的市场化、社会化运作投入格局。

（十七）完善生态文明的法律法规

建立有利于推进生态文明建设的法律法规体系，把生态文明建设纳入法制化轨道，为生态文明建设提供有力保障。坚持依法行政，克服并纠正环境执法中的地方和部门保护主义，遏制行政干预执法的现象，打击权法交易、权钱交易行为。

（十八）制定生态文明建设政策标准

制订科学合理的生态文明建设评价指标体系，完善技术规范和环境标准体系。强化并完善资源有偿使用和污染者付费政策，合理提高排污费征收标准。限制原材料、粗加工和高耗能、高耗材、高污染、高环境风险的产品的生产和出口，制定和发布相关限制生产、出口的产品和工艺名录，建立并完善重污染企业退出机制。各级环保部门应配合相关经济部门，抓紧制定和实施利用信贷、保险、税费、证券、贸易等市场手段促进环境保护的环境经济政策。制定并实施生态补偿政策，对饮用水源区、自然保护区、重要生态功能保护区、生态公益林、资源开发、重点流域与区域等予以补偿支持。

（十九）推广生态文明建设试点示范

积极组织开展生态文明建设试点、示范活动。生态省（市、县）、环境保护模范城市等建设活动是大力推进生态文明建设的重要载体和有效途径，也是开展生态文明建设试点的基础和前提。要整合社会资源，调整工作思路和工作方式，继续深入开展系列建设活动，总结建设经验，丰富建设内涵，突出建设特点。特别要将指导推进生态省（市、县）建设的工作重点放在建设过程监督，突出成效评估，强化过程管理，对在生态文明建设中做出突出贡献的单位和个人给予表彰和奖励。全面推进环境优美乡镇、生态街道、生态村、绿色社区、绿色学校、绿色家庭等生态文明建设的"细胞工程"，自下而上、由点到面，不断扩大建设成果，夯实生态文明建设基础。

二〇〇八年十二月十八日

● 政策解读

【环保部：五方面促十三五期间生态文明建设】

环境保护部部长、中国环境与发展国际合作委员会（以下简称"国合会"）中方执行副主席陈吉宁在国合会2015年年会上发表特别演讲时指出，要以改善环境质量为核心，深化生态环保制度改革，提升环境治理能力。

陈吉宁说，2015年是中国环境发展历史上具有里程碑意义的一年。中共十八届五中全会通过的"十三五"规划建议，将"绿色发展"作为五大发展理念之一，对生态文明建设和环境保护作出了重大战略部署。中国政府高度重视生态环境保护和绿色发展。中共十八大将生态文明建设纳入中国特色社会主义事业"五位一体"总体布局，把环境保护和绿色发展摆到更加突出的位置。习近平主席反复强调生态环境保护的极端重要性，指出"绿水青山就是金山银山"，"保护环境就是保护生产力，改善环境就是发展生产力"。李克强总理、张高丽副总理也多次就加强生态环境保护作出重要指示。这充分表明，中国政府对生态文明建设和环境保护的认识不断深化，进程在加速推进。2015年以来，随着《大气污染防治行动计划》《水污染防治行动计划》，以及新环保法的实施，中国环境质量改善已取得了积极进展。

陈吉宁指出，"十三五"是中国全面建成小康社会、实现第一个百年奋斗目标的决胜期，也是生态文明建设和环境保护取得实质性进展的重要窗口机遇期。"十三五"规划《建议》提出了许多新思想新措施，从环境与发展的视角看，比较突出的有三个方面：一是提出了创新、协调、绿色、开放和共享五大发展理念，意味着国合会一直倡导的绿色发展成为中国经济社会发展的主流和方向，将对引领经济新常态发挥重要作用。二是为了补齐生态环境这一中国全面建成小康社会的短板，提出了生态环境质量要总体改善的奋斗目标，这既是加强环境保护的强大动力，也面临着巨大压力和挑战，保护生态环境任务艰巨而繁重。三是提出了促进绿色发展、改善生态环境的六大措施，措施内涵丰富，指导性强，对有效促进环境与发展的融合，进一步增强环境保护的整体性、系统性、协调性和有效性具有十分重要的意义。要完整、准确地理解《建议》提出的目标、任务和要求，坚持以提高环境质量为核心，从改革环境治理制度入手，实行最严格的环境保护制度，构建政府、企业、社会共治的环境治理体系，不断提高环境管理系统化、科学化、法治化、市场化和信息化水平。重中之重的是要改革环境治理制度，提升环境治理能力，把生态环境保护的顶层设计和改革蓝图具体化为路线图和施工图。为此，将着力抓好五个方面的工作：

第一，加强环境法治建设，坚持依法保护环境。中国的环境保护工作越来越需要宏观政策，而保持宏观政策有效性的基础是法治化，使守法成为常态。这既是依法治国的必然要求，也是环境治理的改革方向。法治化的任务，一要健全环境法律体系，二要严格执行法律。通过法律的完善和执行，让环境违法行为受到应有处罚，促进建立规范和公平的市场竞争秩序。

第二，完善环境预防体系，推动空间布局和产业结构优化。预防是环境保护的首要原则，包括划定生态红线、实施战略环评、完善环境标准以及资源能源总量与强度双控制度等措施。通过生态红线的划定，不断优化发展的空间布局，守住生态环境安全的底线；通过强化战略和规划环评，发挥对区域重大生产力科学布局的导向和约束作用；通过完善环境标准体系，包括强化地方的环境标准，引导和推动企业技术创新、转型升级；通过控制总量和控制单位生产总值能耗、水耗、建设用地强度，全面节约和高效利用资源能源，减轻污染排放，促进环境治理。

第三，改革环境治理基础制度，推进环境质量改善。要建立覆盖所有固定污染源的企业排放许可证制度，改革环境影响评价等有关管理制度，形成有效衔接、运行顺畅、简便高效的管理制度体系。要建立污染防治区域联动机制，实行统一规划、统一标准、统一环评、统一监测、统一执法，提高环境治理的整体性和有效性。要健全环境保护的市场体系，引入第三方治理环境污染，向社会开放部分环境监测项目。建立健全用能权、用水权、排污权、碳排放权初始分配制度和交易市场。推广绿色信贷，支持设立绿色发展基金。建立上市公司环保信息强制披露机制，在环境高风险领域建立环境污染强制责任保险制度。建立健全评价考核和责任追究制度，研究建立绿色发展指标体系，制定生态文明建设目标和评价考核办法，完善生态补偿机制。逐步建立地方领导人员自然资源资产离任审计制度，对造成生态环境损害的企业，探索建立赔偿制度。对在生态环境保护中失职、渎职的党政领导和工作人员，实行严格的责任追究制度。

第四，改革环境监管方式，提升监测监管执法能力。从2015年开始，将对省级党委和政府及其有关部门开展环保督察巡视，推动地方党委政府落实保护生态环境的主体责任。实行省以下环保机构监测监察执法垂直管理制度，从体制机制上解决一些地方政府重发展、轻环保和有法不依、执法不严、违法不究的问题。适度上收生态环境质量监测事权，建立全国统一的实时在线环境监控系统，到2020年，全国生态环境监测网络基本实现环境质量、重点污染源、生态状况监测全覆盖，各级各类监测数据系统实现互联共享。

第五，全面推进信息公开，倡导全民参与。加强资源环境国情和生态价值观教育，不断提高公民环境意识。推进绿色消费革命，引导公众向勤俭节约、绿色低碳、文明健康的生活方式转变。要健全环境信息公开制度，建立健全环境保护网络举报平台和制度，促进公众监督企业的环境行为，让每个人成为保护环境的参与者、建设者、监督者。

【审计署：解读《开展领导干部自然资源资产离任审计试点方案》①】

中共中央办公厅、国务院办公厅印发《开展领导干部自然资源资产离任审计试点方案》，标志着这项备受关注的审计试点工作正式拉开帷幕。审计署党组成员、副审计长陈尘肇接受记者专访，就相关情况进行了解读。

健全生态文明制度体系的要求

陈尘肇说，对领导干部实行自然资源资产离任审计，是健全生态文明制度体系的要求。中央《关于加快推进生态文明建设的意见》提出，加快生态文明制度体系建设，包括从源头严防、到过程严管、再到后果严惩等全过程。对领导干部实行自然资源资产离任审计，既是生态文明制度

---

① 《加强审计监督推进生态文明建设——审计署副审计长陈尘肇解读〈开展领导干部自然资源资产离任审计试点方案〉》，新华网。(http://news.xinhuanet.com/2015－11/09/c_1117083146.htm)

体系的重要组成部分，也是建立健全系统完整的生态文明制度体系的重要内容，对于促进领导干部树立科学的发展观和正确的政绩观，推动生态文明建设具有重要意义。

党的十八大把生态文明建设纳入"五位一体"总体布局，十八届三中全会提出加快建立系统完整的生态文明制度体系，十八届四中全会要求用严格的法律制度保护生态环境，十八届五中全会强调必须坚持绿色发展理念。党的十八届三中全会《决定》提出，对领导干部实行自然资源资产离任审计，作为加强生态文明建设的一项重要改革举措。

根据中央部署和分工，审计署牵头实施此项改革任务，会同有关部门研究起草了试点方案。方案要求紧密结合自然资源资产开发利用和生态环境保护的实际，围绕领导干部履行自然资源资产管理和生态环境保护责任情况开展审计试点，在具体审计试点中，一方面要揭示自然资源资产管理开发利用和生态环境保护中存在的突出问题以及影响自然资源资产和生态环境安全的风险隐患；另一方面，要界定责任、强化问责，促进领导干部树立正确的政绩观，推动领导干部守法、守纪、守规、尽责，切实履行自然资源资产管理和生态环境保护责任，促进自然资源资产节约集约利用和生态环境安全。这是审计试点工作中要始终把握的方向。

探索形成一套成熟的审计规范

据陈尘肇介绍，领导干部自然资源资产离任审计试点的对象主要是地方各级党委和政府主要领导干部。在审计试点中，应坚持因地制宜、重在责任、稳步推进的原则，即根据各地主体功能区定位以及自然资源资产禀赋特点和生态环境保护工作重点，结合领导干部的岗位职责特点，确定审计内容和重点，有针对性地组织实施。

审计试点涉及的重点领域包括土地资源、水资源、森林资源以及矿山生态环境治理、大气污染防治等领域。主要围绕被审计领导干部任职期间履行自然资源资产管理和生态环境保护责任情况开展审计试点，进行审计评价，界定领导干部应承担的责任。

陈尘肇说，开展领导干部自然资源资产离任审计试点的主要目标，是探索并逐步完善领导干部自然资源资产离任审计制度，形成一套比较成熟、符合实际的审计规范，保障领导干部自然资源资产离任审计工作深入开展，推动领导干部守法、守纪、守规、尽责，切实履行自然资源资产管理和生态环境保护责任，促进自然资源资产节约集约利用和生态环境安全。多年来，审计署积极开展资源环境审计和领导干部经济责任审计，积累了较为丰富的经验。在借鉴这些经验的基础上，审计试点工作要紧紧围绕"领导干部责任"，积极探索符合审计工作规律的技术方法和组织方式。

试点方案明确，领导干部自然资源资产离任审计试点2015年至2017年分阶段分步骤实施。2015年至2016年的审计试点任务，审计署组织实施审计试点，地方审计机关根据实际情况安排当地审计试点项目，由省级审计机关统一组织实施。在试点工作中，审计署要在审计对象、审计内容、审计评价、审计责任界定、审计结果运用等方面积极探索，加强经验总结，逐步予以规范，为逐步建立起经常性的审计制度做好充分的准备。2017年，审计署统一组织全国审计机关开展审计试点，并会同相关部门制定出台领导干部自然资源资产离任审计暂行规定。自2018年开始，建立经常性的审计制度。

加强试点工作统筹规划

陈尘肇表示，审计署作为此项改革任

务的牵头单位，将加强对领导干部自然资源资产离任审计试点的统筹规划，切实做好分类指导和专业培训，加强调查研究，统筹协调解决试点中遇到的困难和问题。

他说，这项审计试点工作的审计内容和审计方法，很大程度上要以主管部门的指标体系为基础，审计通过必要的审计手段进行核实，界定领导干部的责任，作出全面客观的审计评价，需要尽快编制自然资源资产负债表，建立和完善自然资源资产产权制度、自然资源资产管理和监管制度、主体功能区和国土空间开发制度、生态环境损害责任终身追究制度、生态环境损害赔偿制度等，积极推进完善自然资源资产登记制度、自然资源资产保护目标责任制度等，建立完善自然资源资产管理保护考核评价体系，为开展领导干部自然资源资产离任审计提供基础。

因此，试点方案也提出，发展改革委、财政部、国土资源部、环境保护部、水利部、农业部、统计局和林业局等部门要加强对此项审计的支持和配合，加快推进有关改革，建立健全制度规范，为审计试点工作提供专业支持和制度保障。

同时，地方党委和政府要加强对本地区审计试点相关工作的领导，及时听取本级审计机关审计试点工作情况汇报，并主动接受、配合上级审计机关审计，保障审计试点工作的顺利开展。

【国家发展和改革委员会：加快制定生态文明建设配套政策措施】

2015 年 6 月日召开的全国发展改革系统加快推进生态文明建设会议上，国家发展改革委表示，生态文明建设是一项全面而系统的工程，是一场全方位、系统性的绿色变革，要加快制定建立健全生态补偿机制的若干意见、加强资源环境生态红线管控的指导意见等配套政策措施。各地区要结合本地实际，抓紧制定实施方案，明

确目标任务和时间要求。

各地发展改革部门将积极做好主体功能区、生态保护补偿、能源消费总量管理、环境污染第三方治理、节能环保标准等改革任务，配合有关部门推进自然资源资产负债表和离任审计、生态环境损害赔偿和责任追究等工作。

同时，各地将发挥生态文明建设对稳增长的促进作用，加强生态文明领域重大工程和投资项目的谋划、储备及实施，大力发展绿色产业，促进绿色消费。

【国家发展和改革委员会等六部委：加快推进生态文明建设的保障机制】

国家发展和改革委员会、国土资源部、环境保护部、财政部和国家林业局 2015 年 5 月 7 日联合举行发布会，就《关于加快推进生态文明建设的意见》进行解读，各部委负责人集中回应了当前有关环境污染治理、沙尘暴、城市扩张侵占耕地等热点资源环境问题。

《关于加快推进生态文明建设的意见》明确了当前和今后一个时期我国生态文明建设的总体要求、主要任务、制度体系和保障措施，共 9 部分 35 条。在这份《意见》中还明确了加快推进生态文明建设的保障机制，其中就包括了要求划定生态保护红线，这条红线究竟怎么划？又该如何严格执行？

环境保护部自然生态保护司司长庄国泰：要制定负面清单。在红线划定的区域里要严格管控，哪些方面不允许做。明确责任。中央部委之间有责任，各级政府、省、市、县甚至到乡镇都有相应的管理管控的责任要求。现在在国家发改委、财政部支持下在搭建一个生态红线管控平台，"天地一体化"，卫星经常照着，下面及时地检查，发现哪些越了红线，造成了破坏。奖惩分明。财政部门设定了生态补偿机制，每年几百亿元的给重点生态功能区进行补

偿，将来补偿到位了，同时对没有保护到位的要追究责任。

另外还有媒体报道，三北防护林遭遇大面积枯死。

国家林业局计财司副司长张艳红：对于三北防护林大面积枯死，已在北京、天津、河北三省开展了退化林份改造试点，按照已经枯死、濒临枯死和生长质量差的不同类型林木分类施策，采取更新改造、补植补造等多项措施来提高植被质量。同时调整种植结构，加强水资源的管理，提高防护林的质量。另外，除了自然环境外，城市扩张带来的问题也备受关注，国土资源部规划司司长董祚继表示，近些年，城市外延扩张占用了大量土地，占用的土地一半以上是耕地。

董祚继：要保护耕地，重点还是要控制城镇建设用地的规模扩张。通过划定城市开发边界，尽可能地把山水自然、自然生态这样一些自然本底守住，把城市放在大自然当中。

财政部经建司副司长孙志表示，将进一步完善有利于资源节约、生态环境保护的税收政策体系。

孙志：将积极推进环境保护的费改税，将配合国务院法制办、全国人大做好环境保护税的立法工作。同时在实施好煤炭、天然气、石油资源税从价计征的基础上，进一步扩大资源税从价计征的范围。

【财政部：推进资金税收改革　促进生态文明建设】

国家发改委、国土资源部、环境保护部、财政部和国家林业局 2015 年 5 月 7 日联合举行发布会，就《关于加快推进生态文明建设的意见》进行解读。财政部表示，财政部将加大对生态环境的投入，同时，积极推进税收制度改革，实施煤炭资源税的从价计征改革，调整了消费税的征收范围和税率，更好发挥税收杠杆调节作用，促进生态文明建设。

加大对大气水土壤污染治理财政支持

下一步，财政部将从以下方面更好支持生态文明建设。首先，突出财政资金支持重点。重点加大对大气、水、土壤污染治理的支持力度，继续实施农村环境的"以奖促治"，把资金集中于突出的环境问题。继续强化对自然保护和生态修复的支持力度，支持实施退耕还林、还草、还湿、天然林保护工程等等，加快矿山环境治理，推进国土江河的综合整治。继续强化对节能减排新能源发展的引导，和发改委等部门一起推进节能减排的综合示范，鼓励新能源汽车发展，加快淘汰落后过剩产能等。同时，财政部也将保障好环保部的生态红线划定等管理工作。

完善利于节能生态保护的税收政策体系

财政部今后将积极推进环境保护的费改税，将配合国务院法制办、全国人大做好环境保护税的立法工作。同时在实施好煤炭、天然气、石油资源税从价计征的基础上，进一步扩大资源税从价计征的范围。财政将积极推进生态补偿机制等制度建设，不断加大对重点生态功能区的转移支付力度，提高基本公共服务的保障水平。稳步扩大流域上下游的横向生态补偿机制，建立起成本共担、效益共享的机制。同时，将积极推进排污权的有偿使用和交易试点，利用市场机制促进节能减排和环境保护。

财政部将通过资金政策、税收政策及推进制度建设等方面全面推进生态文明建设，落实好中央的决策部署。

拟出台干部环境生态破坏追责办法

惩处问题，违反规定负责任的问题，党的十八届四中全会已经作出了部署、提出了要求，相关部门正抓紧制定文件，很快就要出台。

此次生态文明意见明确提出补偿机制，生态补偿存在横向和纵向两个方面的补偿机制建设，正像文件中提到的要使损害者赔偿，受益者付费，保护者得到合理补偿。横向补偿方面，财政部和环保部一起在新安江流域搞了横向生态补偿机制试点。纵向方面主要是对重点生态功能区给予转移支付，重点生态功能区很多属于限制开发或者禁止开发区域，这些区域保护生态环境，提供好的生态产品，这几年增加了对这方面的转移支付资金。下一步，将继续完善对重点生态功能区的转移支付制度。建立起横向和纵向相结合的补偿机制。

财税手段是实现生态补偿的重要工具

在生态补偿机制中，资金链条是通过相关的财税手段连接并运作的。通过转移支付、生态税、税收差异化、押金退款制度等政策手段，政府将资金在补偿者与受偿者之间进行转移，达到生态补偿的目的。随着市场经济体制的确立和发展，促进生态文明建设的财税政策不断获得完善和发展。当前，我国政府在生态补偿中，常用的收入手段主要有税收和政府性基金，常用的支出手段包括转移支付和财政补贴。

从财税手段的作用来看，大体可分为激励效果和约束效果。能够产生激励效果的主要有税收优惠和财政补贴，约束效果则多由征收税费产生。财政手段的选择关系到政策效果的最终发挥，因此，在实施生态补偿政策时，应考虑政策目标与财税手段的配合，同时将不同的财税手段合理组合，以实现生态补偿的目标

【高层力推生态文明建设，"美丽中国"迎政策年】

中共中央政治局 2015 年 3 月 24 日召开会议，审议通过《关于加快推进生态文明建设的意见》。会议认为，当前和今后一个时期，要按照党中央决策部署，把生态文明建设融入经济、政治、文化、社会建设各方面和全过程，协同推进新型工业化、城镇化、信息化、农业现代化和绿色化。

会议强调，要全面推动国土空间开发格局优化、加快技术创新和结构调整、促进资源节约循环高效利用、加大自然生态系统和环境保护力度等重点工作，努力在重要领域和关键环节取得突破。必须加快推动生产方式绿色化，构建科技含量高、资源消耗低、环境污染少的产业结构和生产方式，大幅提高经济绿色化程度，加快发展绿色产业，形成经济社会发展新的增长点。

近年来，国内多个城市提出建设生态城市，围绕"美丽中国"的相关政策也陆续出台。2015 年将成为环保"政策年"，预计生态文明建设和美丽中国将成为经济社会发展的主要内容。

据国家海洋局印发《2015 年全国海岛管理工作要点》，部署了 2015 年海岛管理的重点工作。《要点》要求各级海洋主管部门做好"十三五"期间海岛管理的总体设计。立足生态文明建设，编制《全国海岛保护"十三五"规划》与省级海岛保护"十三五"规划。完善海岛保护规划体系，依法编制沿海城市海岛保护专项规划和县域海岛保护规划。

与此同时，能源局正在进一步研究提高煤炭清洁高效利用，将尽快制定出台《煤炭清洁高效利用行动计划》、《关于稳步推进天然气产业化示范指导意见》、《关于稳步推进煤制油示范项目建设的指导意见》。

在 3 月 23 日世界气象日，中国气象局局长郑国光也呼吁全社会积极行动起来，高度重视气候安全问题，积极应对气候变化，大力推进生态文明建设。

【国家标准委：健全完善标准体系，加快推进生态文明建设】

中共中央、国务院印发的《关于加快推进生态文明建设的意见》要求要完善标准体系。加快制定修订一批能耗、水耗、地耗、污染物排放、环境质量等方面的标准，实施能效和排污强度"领跑者"制度，加快标准升级步伐。提高建筑物、道路、桥梁等建设标准。环境容量较小、生态环境脆弱、环境风险高的地区要执行污染物特别排放限值。鼓励各地区依法制定更加严格的地方标准。建立与国际接轨、适应我国国情的能效和环保标识认证制度。

国家标准委认真贯彻落实党中央、国务院决策部署，进一步健全完善标准体系，加快推进生态文明建设。联合发展改革委、工业和信息化部等部门实施百项能效标准推进工程，全力推进高耗能行业能耗限额标准和终端用能产品能效标准的制修订工作。实施完成了"2012～2013年百项能效标准推进工程"，启动实施了"2014～2015年百项能效标准推进工程"。截至2015年4月底，共发布了79项强制性能耗限额国家标准，覆盖了钢铁、有色、建材、石油、化工、煤炭、电力等重点高耗能行业，有力促进了产业结构转型和优化升级；共发布了家用电器、照明器具、工业设备等六大类共65项终端用能产品能效标准，有效支撑了强制性能效标识制度、节能产品认证制度、节能产品惠民工程、节能产品政府采购制度的实施，取得了显著的节能效益，促进了消费向高效节能产品转型。

与此同时，国家标准委大力加强节水标准制修订。截止到目前已批准发布43项节水标准，包括用水器具水效标准，钢铁、电力、化工、洗车场、滑雪场等重点行业取水定额标准，以及节水型企业评价标准等。

此外，国家标准委还积极开展国家循环经济标准化试点。2007年3月，正式启动了国家循环经济标准化试点工作。针对循环经济模式清晰、效果显著、标准化基础较好的企业、园区和城市，开展循环产业链标准综合体建立、标准制修订、标准信息服务平台建设、循环经济标准化培训、循环经济采标贯标等重点工作。截止2014年12月，共批准77个项目开展循环经济标准化试点，其中城市12个、园区15个、企业50个，已验收22家。

【"史上最严"的新环保法】

1989年，《环保法》正式施行。20多年间，中国已经成为世界第二大经济体，环境状况却日益严峻。原《环保法》的47条规定，被认为过于粗疏，理念落后，操作性不强，执法疲软。

2014年4月24日，十二届全国人大常委会第八次会议表决通过了《环保法修订案》，被称为"史上最严厉"的新法将于2015年1月1日施行。

新《环保法》共有70条，不但明确了政府的职责，划定了生态保护红线，而且规定了跨行政区域联合防治协调机制等制度，赋予公众参与的权利，明确了环境公益诉讼，对原有条款进行了系统性修改。新《环保法》中因加入了"对拒不改正的排污企业实施按日计罚"，"对严重的违法行为采取行政拘留"，以及规定"政府及有关部门8种情形造成严重后果的，主要负责人引咎辞职"等内容，被专家称为"史上最严"。

为配合"史上最严"的新环保法，环保部2014年10月发布按日计罚、查封扣押、限产停产、信息公开的4套具体办法，并在中国环境网上公开征集意见。8种环境违法行为纳入按日计罚，按日计罚的最大处罚期限为30天。

违法成本低、守法成本高是当前环境问题难以解决的一个重要原因。而"按日计罚"的最大特点，就在于重罚。业内人士算过一笔账，2005 年松花江水污染事故造成严重损害，根据原来处罚的办法最多罚 100 万元，九牛一毛。新环保法实施后，启动按日计罚，那可能就是每天罚 900 多万元。这恐怕没有哪家企业能够承担。

但值得注意的是"按日计罚"再狠，总归是一种以经济为主的行政处罚。遏制企业违法排污，不能光算经济账，尤其在"违法排污"和"接受处罚或停产"之间，还存在更加隐蔽的违法排污选择可能。事实上，2013 年 6 月 19 日，最高法院、最高检察院就发布了《关于办理环境污染刑事案件适用法律若干问题的解释》，明确了 14 种"严重污染环境"的入刑标准。不过在具体司法实践中，存在入刑主体的甄别以及环境行政执法与刑事司法如何衔接的问题。

另外，还有一个"赏罚分明"问题。既然对污染企业有严格惩罚，那对于守法企业，也应有相应的激励措施，比如在税收政策上有所倾斜等。违法成本奇低，守法成本却畸高，这既有失公平，也是一种不好的负面暗示，不利于环境守法氛围的形成。

【新大气法施行：中国步入生态文明体制改革关键之年】

修订后的《中国大气污染防治法》2016 年 1 月 1 日起施行。这部被称为"史上最严"的大气污染防治法，不仅在法条数量上几近翻一倍，内容上也基本对所有现行法条作出修改。

修订后的大气污染防治法将排放总量控制和排污许可的范围扩展到全国，明确分配总量指标，对超总量和未完成达标任务的地区实行区域限批，并约谈主要负责人。建立重点区域大气污染联防联控机制。

回顾 2015 年，中国环境立法进展诸多，执法有所加强，司法实现突破。业内人士认为，2016 年将是生态文明体制改革的关键之年，改革步伐加快，但仍存挑战。

国务院发展研究中心资源与环境政策研究所副所长、研究员常纪文认为，过去一年，中国直面问题，发布了系列生态文明体制改革文件，对"十三五"时期环保工作做出部署，环境立法有诸多进展，是环境治理史上不平凡的一年。

2015 年，是中国生态文明体制改革的关键之年。中共中央、国务院既发布了指导性文件《关于加快推进生态文明建设的意见》，也出台了纲领性文件《生态文明体制改革总体方案》，构建了中国未来发展创新、协调、绿色、开放、共享的大格局。

2015 年，为配合新《环保法》实施，最高人民法院发布《最高人民法院关于审理环境民事公益诉讼案件适用法律若干问题的解释》，对"环境公益诉讼"做出细化规定；环保部发布实施"按日连续处罚""查封、扣押""限制生产、停产整治""企业事业单位环境信息公开""环境保护公众参与""突发环境事件应急管理""约谈暂行办法"等的部门规章。

2016 年 1 月 1 日施行的新大气法，由全国人大常委会于 2015 年 8 月修订，为治理区域性雾霾和应对重污染天气奠定法治基础。

环保部部长陈吉宁 2015 年 12 月 29 日在全国人大、国务院法制办、环保部联合召开的新大气法实施座谈会上指出，该法的立法目标为"改善大气环境质量"，主线清晰、重点突出、内容完备，管控措施更严密，公众参与更畅通，是大气污染防治工作强有力的法律武器。

在政府层面，新大气法专章阐述"重污染天气应对"，县级以上地方人民政府应当将重污染天气应对纳入突发事件应急管理体系，要求由设区的市级以上地方政府环境保护主管部门确定重点排污单位名录，并向社会公布。在企业处罚力度方面，新法取消了罚款"最高不超过50万元"的封顶限额，同时增加"按日计罚"的规定，是重典治霾的体现。

此外，新大气法还强调"公众参与"，采取低碳生活方式。这是贯彻新《环保法》"公众参与"条款，公众既是参与者，也是监督者，不再是单纯的看客。

目前，中国环境立法正逐步健全，但需建立全社会参与和监督机制，建立行政处罚、引咎辞职、诉讼受理和行政追责等行政措施，让行政监管的权力受到制度化约束。

【潘家华：绿色化不是简单的绿化①】

中共中央政治局审议通过的《关于加快推进生态文明建设的意见》提出了"绿色化"概念。人们对绿化很熟悉，对绿色化则还有陌生感。根据中央精神和理论研究，绿色化显然不是简单的绿化，而是要将绿色融入新型工业化、城镇化、信息化和农业现代化，成为新常态下经济发展的重要内容和动力。简而言之，绿色化是一种生产生活方式。

如果说传统工业化是高消耗、高排放、高污染的"棕色化"发展，那么，经济发展新常态则意味着我国经济将步入低碳、绿色、循环的绿色化轨道。起初，植树种草、防治土壤沙化盐碱化、治理水土流失等是绿色化的主要内容。随着工业化快速推进，资源被大量消耗，废弃物被大量排放，于是污染控制和资源节约被纳入绿色化议程。传统工业化的绿色化手段，就是提高效率和加强工程治理。这样确实能使单位国内生产总值的物耗、能耗和排放下降。但是，随着生产规模的扩大，环境污染仍呈增速趋缓、总体恶化的态势。在"金山、银山"的诱惑下，在规模速度型

粗放增长的惯性思维下，很多地方靠山吃山、有水快流，最后的结果是坐吃山空、水污流断。按工业化思维定势建设的一些污水处理设施等，也存在运行能耗高、治标不治本等问题。

如果说传统工业化的规模速度型粗放增长使绿色化呈现碎片化，那么，在经济新常态下寻求品质增长、内涵提升的质量效率型集约增长，能促使绿色化融入生产生活的各方面和全过程，与新型工业化、城镇化、信息化、农业现代化互促共进、相得益彰：工业化必须是全过程的绿色化，从原料—生产过程—产品加废弃物的线性生产方式转变为原料—生产过程—产品加原料的循环生产方式，而且源头、生产过程和产出全面绿色化；城镇化必须是全方位的绿色化，不仅注重发展绿色交通、绿色建筑、绿地空间，而且注重城市空间格局和运行机制的绿色化，均衡配置公共资源，保障城市绿色生产、绿色生活、绿色运行；将绿色化融入农业现代化，应防止过度机械化、化学化（大量使用农药和化肥），防治土壤污染，保障粮食安全、食品安全，增强农业生物多样性保护和自然生态系统维护的功能；将绿色化融入信息化，则要求信息生产设施运行、信息网络构建和信息内容的绿色低碳。

绿色化不仅要融入生产领域，而且要融入制度建设和消费领域。例如，收入分配制度与绿色化密切相关。如果收入差距过大，高收入者炫耀性浪费性消费，低收入者没有能力绿色消费，就会破坏绿色、远离绿色。又如，干部考评制度需要绿色化，否则，如果唯GDP，就会毁坏绿水青山和自然资产。制度建设非常重要的一环在于执行。如果不加大对严重污染事件、规划失误、质量事故的问责，那么，再绿

---

① 潘家华：《绿色化不是简单的绿化》，《人民日报》2015年4月22日第7版。

色化的制度也不可能带来绿色化的结果。同时，将绿色化融入消费领域也非常必要。攀比性消费、炫耀性消费、浪费性消费都是反绿色化的。勤俭节约、文明健康的理性消费才是绿色消费。应着力推动人们消费理念和行为绿色化。

绿色化是新常态下经济发展的重要动力源泉。新型工业化需要实现绿色、低碳、循环以及减量、节能、控污、废弃物再利用，这些需要投入，需要服务，需要就业，自然形成新的经济增长点。例如，节能服务业正在成为一种重要业态；可再生能源设施的生产、安装、维护是绿色化的支撑产业；生活垃圾分类处理与资源再生利用，农作物秸秆的资源化利用，森林碳汇工程建设与生态系统维护，不仅提升自然资产的品质和数量，而且孕育新的商机、提供大量就业机会；绿色产品设计、绿色供应链等也是绿色化的内容和经济增长的源泉。

绿色化为经济新常态提供发展导向和支撑，经济新常态使绿色化成为可能。绿色化不是简单的绿化、环保和节能，而是稳增长、促改革、转方式、调结构、惠民生的重要手段，应贯彻到社会生产生活各方面。

【部分省区市"十三五"规划建议中生态文明建设新举措①】

2015 年是"十二五"收官之年。前不久，中共十八届五中全会审议通过了"十三五"规划建议稿。在生态文明建设领域，《中共中央关于制定国民经济和社会发展第十三个五年规划的建议》提出"生态环境质量总体改善"的目标和"绿色"发展理念。上述目标和理念要求，能源资源开发利用效率大幅提高，能源和水资源消耗等得到有效控制，主要污染物排放总量大幅减少。必须坚持节约资源和保护环境的基本国策，坚持可持续发展，坚定走生产发展、生活富裕、生态良好的文明发展道路，加快建设资源节约型、环境友好型社会，形成人与自然和谐发展现代化建设新格局，推进美丽中国建设，为全球生态安全做出新贡献。落实到地方，河北、内蒙古、黑龙江、山东、江苏、甘肃、青海、陕西、四川、江西、贵州、重庆、广东、广西、湖南、浙江、福建等省份"十三五"规划建议近日陆续出台，分别在生态文明建设领域对上述目标理念的要求做出了结合当地实际的具体安排。本期一版对这些内容进行了梳理，以飨读者。

河北：优化能源结构，积极发展风电、核电、光伏发电等可再生能源和清洁能源，推进气化河北等重点工程，加强煤炭清洁高效利用。实施矿山复绿工程，加快矿山生态环境整治，恢复和提高山区生态功能。深入实施地下水超采综合治理，扩大治理范围，通过"节、引、蓄、调、管"等综合措施，到 2020 年基本实现地下水采补平衡。加强矿产资源保护开发，提高矿产资源开采回采率、选矿回收率和综合利用率水平，实施重点产业能效提升计划。

内蒙古：严格控制不符合主体功能定位的生产生活活动，严格控制超越资源环境承载能力的工程项目建设。实施地下水保护和超采漏斗区综合治理，严格控制地下水开采。

黑龙江：支持煤炭接续资源较多的城市加快大型煤矿建设，加快推进煤炭转化重大项目建设，建设煤化工基地。推动地方与大庆油田深化合作，实施重大石化项目，加快石化工业向精细化工延伸。

吉林：推进矿产资源综合勘查及高效利用，加快绿色矿山建设，提高矿产资源

① 《部分省区市"十三五"规划建议中生态文明建设新举措》，《中国矿业报》2015 年 12 月 9 日第 01 版。

综合利用率。

山东：进一步调整能源结构，优化发展高效清洁煤电，积极参与国内外能源开发。围绕重点流域建设一批生态保护带（区），实施地下水保护、超采漏斗区和小流域水土流失综合治理。实施塌陷地整治和恢复工程，分年度减少煤炭资源采掘量，切实防止产生新塌陷。推进资源型城市转型，加快独立工矿区搬迁改造。

江苏：促进钢铁、建材、化工、有色金属等行业实行碳排放零增长，支持优化开发地区率先实现碳排放峰值目标。

甘肃：提高非化石能源比重，发展以新能源为主的清洁能源。开展生态资产评估核算和生态补偿试点。

青海：以资源精深加工和智能制造为方向，滚动实施"百项改造提升工程"项目，全面提高盐湖化工、有色冶金、能源化工、特色轻工、建材等传统产业的产品技术、工艺装备、能效环保等水平，推进产业链延伸和产业融合，为构建在全国具有重要影响力的千亿元盐湖资源综合利用产业集群打下坚实基础。

陕西：大力发展循环经济，推进园区循环化改造和再生资源回收体系、"城市矿产"示范基地建设等重大工程，提高矿产资源采收率、回采率和综合利用率。

四川：建设国家重要的天然气基地。加强页岩气重点规划区勘探开发，建设国家页岩气创新开发示范区。

江西：落实全省重点流域生态补偿办法，探索森林、湿地、矿产资源开发等生态补偿机制。开展省际横向合作，探索资金补助、产业协作、项目支持等补偿办法。

贵州：加快天然气、煤层气、页岩气、太阳能、地热能、风能等开发利用，争取国家支持核电项目开发。

重庆：加强矿产资源节约和综合利用。推动建立跨行政区域的环境污染和生态破坏联合防治协调机制。

广东：加快实现化石能源消费峰值，提高非化石能源在能源消费结构中的比重。

广西：利用节能低碳环保技术对传统工业特别是资源型工业进行绿色化改造。建立健全地质灾害调查和防治体系。

湖南：健全反映市场供求和资源稀缺程度、体现自然价值和代际补偿的资源有偿使用制度和生态补偿制度。加快发展风能、太阳能、生物质能、水能、地热能和页岩气开发。

浙江：推进绿色矿山建设，促进矿产资源高效利用。完善资源环境价格形成机制，建立健全用能权、用水权、排污权、碳排放权交易制度，探索生态环境资产证券化机制。

福建：提升推广"长汀经验"，推进水土流失和矿山生态环境恢复治理。

贵阳市促进生态文明建设条例

（2009 年 10 月 16 日贵阳市第十二届人民代表大会常务委员会第 20 次会议通过 2010 年 1 月 8 日贵州省第十一届人民代表大会常务委员会第 12 次会议批准　2010 年 1 月 14 日贵阳市人民代表大会常务委员会公告〔2010〕第 1 号公布自 2010 年 3 月 1 日起施行）

第一章　总则

第一条　为促进生态文明建设，实现经济社会全面协调可持续发展，根据有关法律、法规的规定，结合本市实际，制定本条例。

第二条　本市行政区域内的国家机关、企业事业单位、社会团体和个人，应当遵守本条例。

本条例所称生态文明，是指以尊重和维护自然为前提，实现人与自然、人与人、人与社会和谐共生，形成节约能源资源和保护生态环境的产业结构、增长方式和消费模式的经济社会发展形态。

第三条　本市以建设生态观念浓厚、生态环境良好、生态产业发达、文化特色鲜明、市民和谐幸福、政府廉洁高效的生态文明城市为发展目标。

第四条　实施生态文明建设，应当遵循以人为本、城乡统筹、统一规划、创新机制、政府推动、全民参与的原则。

第五条　市人民政府统一领导实施全市生态文明建设工作，履行下列职责：

（一）组织编制、实施生态文明城市总体规划、生态功能区划；

（二）制定、实施生态文明建设指标体系；

（三）制定、实施促进生态文明建设政策措施；

（四）建立生态文明建设目标责任制，实施绩效考核；

（五）建立生态文明建设协调推进机制。

县、乡级人民政府领导实施本行政区域的生态文明建设工作。

县级以上人民政府行政管理部门根据职责负责实施生态文明建设工作。

第六条　国家机关、企业事业单位、社会团体和个人都有参与生态文明建设的权利和义务，依法承担违反生态文明建设行为规范的法律责任，有权检举和依法控告危害生态文明建设的行为。

各级国家机关应当为实现公众的生态文明建设知情权、参与权、表达权和监督权提供有效保障。

第七条　各级人民政府应当对促进生态文明建设成绩显著的组织和个人进行表彰和奖励。

第二章　保障机制和措施

第八条　编制、实施城乡规划、土地利用总体规划等生态文明建设规划，划定生态功能区，应当贯彻生态文明理念，明确建设发展目标，发挥资源优势，体现区域环境特色，符合环境影响评价要求，严格保护生态资源和历史文化遗产，促进生态环境改善。

划定生态功能区，应当具体规定优化开发区、重点开发区、限制开发区和禁止开发区的范围及规范要求，科学确定片区功能定位与发展方向。

经依法批准的城乡规划、土地利用总体规划等生态文明建设规划，划定的生态功能区，任何单位和个人不得擅自改变。

第九条　生态文明建设指标体系应当包括基础设施、生态产业、环境质量、民生改善、生态文化、政府责任等指标，体现生态优先，并与公众满意度和生态文明建设的发展需要、实施进度相适应。

第十条　制定生态文明建设指标体系和目标责任制，应当突出下列内容：

（一）经济社会发展约束性指标；

（二）水污染防治及饮用水水源保护；

（三）水土流失防治及林地、绿地保护；

（四）大气污染防治及空气质量改善；

（五）噪声污染防治及声环境质量改善；

（六）公众反映强烈的其他生态环境问题。

第十一条　生态文明建设资金，采取政府、企业投入和社会融资等方式多元化、多渠道筹集。

涉及民生改善、生态环境建设等公益性项目，应当主要由财政资金予以保障。

第十二条　县级以上人民政府应当将节能、节水、节地、节材、资源综合利用、可再生能源项目列为重点投资领域，鼓励发展低能耗、高附加值的高新技术产业、现代生态农业、现代服务业和特色优势产业，推进发展循环经济、实施清洁生产和传统产业升级改造，优化产业结构。

禁止新建、扩建高能耗、高污染等不符合国家产业政策、环保要求的项目，禁止采用被国家列入限制类、淘汰类的技术和设备。

县级以上人民政府应当按照国家规定和生态文明建设需要，制定、公布本区域内落后生产技术、工艺、设备、产品限期淘汰计划并组织实施。有关单位应当按照计划限期淘汰。

第十三条　各级人民政府及有关部门进行建设开发决策或者审批建设项目，应当优先考虑自然资源条件、生态环境的承载能力和保护水平，以法律法规的规定及已经批准的规划、环境影响评价文件为依据。

下列建设项目，各级人民政府及有关部门不得引进和批准：

（一）不符合国家产业政策的；

（二）不符合环保要求的；

（三）不符合生态文明建设规划的；

（四）不符合生态功能区划的。

第十四条　实行区域限批制度。对超过污染物排放总量控制指标，或者不按期淘汰严重污染环境的落后生产技术、工艺、设备、产品，或者尚未完成生态恢复任务的区、县、市，环境保护行政管理部门暂停审批新增污染物排放总量和对生态有较大影响的建设项目的环境影响评价文件。

第十五条　依托新农村建设和乡村清洁工程，推进农村环境综合整治，防治农村生活污染、工业污染、农业面源污染和规模化畜禽养殖污染，加强农村饮用水安全项目建设与管理，加快沼气工程建设，改善农村能源结构，保护农村自然生态。

倡导社区支持农户的绿色纽带模式，促进城乡相互支持、共同发展。

第十六条　加强以环城林带为重点的林地、绿地资源保护，维护良好自然景观，建设优美生态环境。

禁止在下列区域采矿、采石、采砂：

（一）国道、省道、高等级公路、旅游线路、铁路主干线两侧可视范围内；

（二）饮用水源保护区、风景名胜区、自然保护区、文物保护区和环城林带内；

（三）湖泊、水库周边，河道沿岸。

上述区域内已经建成的采矿场、采石场、采砂场，由县级以上人民政府依法责令限期关闭，并由生产经营者进行生态修复。

第十七条　实行生态环境和规划建设监督员制度。在社区居委会、村委会设立监督员，及时发现并报告辖区内破坏生态环境、违反城乡规划的行为。

监督员制度的具体规定，由市人民政府制定。

第十八条　实行"门前三包"责任制度。市容环境卫生行政管理部门、街道办事处、乡镇人民政府与管理区域内的机关、企业事业单位、社会团体和个体工商户，应当遵循专业管理和群众管理相结合原则，按照划定范围和管理标准签订"门前三包"责任书。责任人履行责任书确定的环境卫生、市容秩序、绿化维护责任，市容环境卫生行政管理部门、街道办事处、乡镇人民政府履行相应的组织、指导、协调、监督、执法等职责。

"门前三包"责任制度的具体规定，由市人民政府制定。

第十九条　建立以资金补偿为主和技术、政策、实物补偿为辅的生态补偿机制，设立生态补偿专项资金，实行生态项目扶持补助和财力性转移补偿。接受生态补偿后的居民收入不得低于当地的平均水平。

生态补偿的具体规定，由市人民政府制定。

第二十条　各级人民政府及有关部门进行涉及公众权益和公共利益的生态文明建设重大决策活动，应当通过听证、论证、专家咨询或者社会公示等形式广泛听取意见，并接受公众监督。

对涉及特定相对人的决策事项，还应当征求特定相对人或者有关行业组织的意见。

第二十一条　县级以上人民政府及有关部门应当依法主动公开有关生态文明建设的政府信息，并且重点公开下列信息：

（一）生态文明城乡规划；

（二）生态功能区的范围及规范要求；

（三）生态文明建设量化指标及绩效考核结果；

（四）建设项目的环境影响评价文件审批结果和竣工环境保护验收结果；

（五）财政资金保障的生态文明建设项目及实施情况；

（六）生态补偿资金使用、管理情况；

（七）环境保护、规划建设的监督检查情况；

（八）社会反映强烈的生态文明违法行为的查处情况。

第二十二条　生态文明建设绩效考核按年度进行，以完成生态文明建设目标责任和公众评价为主要依据，与考核对象类别、区域功能定位相适应，客观、公正反映考核对象的工作实绩，并根据考核结果进行奖惩。

对生态文明建设目标责任单位及第一责任人的绩效考核，实行主要生态环境保护指标完成情况一票否决。

第二十三条　检察机关、环境保护管理机构、环保公益组织为了环境公共利益，可以依照法律对污染环境、破坏资源的行为提起诉讼，要求有关责任主体承担停止侵害、排除妨碍、消除危险、恢复原状等责任。

检察机关、环保公益组织为了环境公共利益，可以依照法律对涉及环境资源的具体行政行为和行政不作为提起诉讼，要求有关行政机关履行有利于保护环境防止污染的行政管理职责。

第二十四条　审判、检察机关办理环境诉讼案件，应当适时向行政机关或者有关单位提出司法、检察建议，促进有关行政机关和单位改进工作。

鼓励法律援助机构对环境诉讼提供法律援助。

第二十五条　各级人民政府、有关行政管理部门和基层自治组织，应当加强生态文明道德建设，弘扬生态文化，培育城市精神，组织开展生态文明宣传，普及生态文明知识，创建生态文明示范单位，提高公众生态文明素质，倡导形成绿色消费、绿色出行等健康、环保、文明的行为方式和生活习惯。

机关、团体、企业事业组织，应当定期组织国家工作人员、单位员工进行生态文明学习培训；学校、托幼机构应当结合实施素质教育，设置符合受教育对象特点的生态文明教育课程，开展儿童、青少年的生态文明养成教育。

第二十六条　公民应当自觉遵守生态文明建设行为规范，积极维护城市形象，不得有下列行为：

（一）随地吐痰、乱扔废物；

（二）随意倾倒垃圾、污水；

（三）乱涂、乱贴、乱画；

（四）违章占道摆摊设点；

（五）践踏绿地、攀折花木；

（六）违法横穿马路、翻越交通隔离带；

（七）违法修建、搭建建筑物、构筑物。

第二十七条　各级人民代表大会及其常务委员会应当加强生态文明建设的法律监督和工作监督，定期听取审议同级人民政府有关生态文明建设的报告，检查督促生态文明建设有关工作的实施情况。

第二十八条　广播、电视、报刊、网络等新闻媒体，依法对生态文明建设活动及国家机关履行生态文明建设职责情况进行舆论监督。

　　有关单位和国家工作人员应当自觉接受新闻媒体的监督，及时调查处理新闻媒体报道或者反映的问题，并通报调查处理情况。

第三章　责任追究

　　第二十九条　实行生态文明建设行政责任追究制度，严肃整治和处理各种违反行政管理规范的行为，改善行政管理，提高政府执行力和公信力。

　　第三十条　违反本条例第三条规定，废止、中止实施生态文明建设发展目标，或者对生态文明建设发展目标进行重大变更的，应当依照有关规定对作出相应决定的负责人从重问责，直至免职。

　　第三十一条　行政机关及其工作人员有下列行为之一的，由各级人民政府及其行政监察等有关行政管理部门予以问责，追究过错责任：

　　（一）擅自改变生态文明建设规划、生态功能区划的；

　　（二）引进、批准不符合国家产业政策、环保要求、生态文明建设规划或者生态功能区划项目的；

　　（三）批准引进和采用被国家列入限制类、淘汰类的技术和设备的；

　　（四）不按照规定制定、公布落后生产技术、工艺、设备、产品限期淘汰计划的；

　　（五）不依法重点公开生态文明建设政府信息的；

　　（六）不履行"门前三包"责任制相应职责的；

　　（七）拒不履行环境诉讼裁决的；

　　（八）拒不接受舆论监督和公众监督的；

　　（九）行政不作为或者不按照规定履行职责等其他阻碍生态文明建设的行为。

　　第三十二条　有下列行为之一的，由有关行政管理部门责令改正，依法实施行政强制、行政处罚：

　　（一）不按照名录、计划限期淘汰落后生产技术、工艺、设备、产品的；

　　（二）新建、扩建高能耗、高污染等不符合国家产业政策、环保要求项目的；

　　（三）采用被国家列入限制类、淘汰类的技术和设备的；

　　（四）在禁止区域内采矿、采石、采砂的。

　　第三十三条　违反本条例第十八条规定，责任人不履行"门前三包"责任的，由县级人民政府市容环境卫生行政管理部门予以警告，责令限期改正，并可以采取通报批评、媒体披露等方式督促改正；逾期不改正的，对单位处以3000元以上3万元以下罚款，对个人处以300元以上3000元以下罚款。

　　第三十四条　违反本条例第二十六条规定，由有关行政管理部门责令改正，依照有关法律、法规予以处罚；情节严重的，依照有关法律、法规的处罚上限实施处罚。

第四章　附则

　　第三十五条　本条例规定由市人民政府制定的配套办法，市人民政府应当在本条例施行之日起6个月内制定公布。

　　第三十六条　本条例自2010年3月1日起施行。

贵州省生态文明建设促进条例

(2014 年 5 月 17 日贵州省第十二届人民代表大会常务委员会
第 9 次会议通过　自 2014 年 7 月 1 日起施行)

第一章　总则

第一条　为了促进生态文明建设，推进经济社会绿色发展、循环发展、低碳发展，保障人与自然和谐共存，维护生态安全，根据有关法律、法规的规定，结合本省实际，制定本条例。

第二条　本省行政区域内的生态文明建设和相关活动，适用本条例。

第三条　本条例所称生态文明，是指以尊重自然、顺应自然和保护自然为理念，人与人和睦相处，人与自然、人与社会和谐共生、良性循环、全面发展、持续繁荣的社会形态。

本条例所称生态文明建设，是指为实现生态文明而从事的各项建设活动及其相关活动。

第四条　在本省行政区域内进行经济建设、政治建设、文化建设、社会建设等活动，应当与生态文明建设相协调，不得与生态文明建设的要求相抵触。

第五条　生态文明建设坚持节约优先、保护优先、自然恢复为主的方针，坚持政府引导与社会参与相结合、区域分异与整体优化相结合、市场激励与法治保障相结合的原则，实现资源利用效率提高、污染物产生量减少、经济社会发展方式合理、产业结构优化、生态系统安全。

第六条　省人民政府统一领导、组织、协调全省生态文明建设工作，县级以上人民政府负责本行政区域生态文明建设工作，并将生态文明建设纳入国民经济和社会发展规划及年度计划。

县级以上人民政府生态文明建设机构，具体负责本行政区域生态文明建设的指导、协调和监督管理工作。

县级以上人民政府有关部门按照各自职责做好生态文明建设工作。

第七条　鼓励公民、法人和其他组织参与生态文明建设，并保障其享有知情权、参与权、表达权和监督权。公民、法人和其他组织有权检举、投诉和控告危害生态文明建设的行为。

第八条　各级人民政府应当通过开展世界地球日、环境日、湿地日、低碳日、节水日以及全国节能宣传周等主题宣传活动，加强生态文明宣传，普及生态文明知识，倡导生态文明行为，提高全社会的生态文明意识。

每年 6 月为本省生态文明宣传月。

第九条　各级人民政府应当对建设生态文明成绩显著的单位和个人予以表彰和奖励。

第二章　规划与建设

第十条　省人民政府应当编制生态文明建设规划，市、州和县级人民政府可以根据上级人民政府生态文明建设规划编制本行政区域的生态文明建设规划，报同级人大常委会批准后实施。

生态文明建设规划主要内容包括：生态文明建设总体目标、指标体系、重点领域及重点工程、重点任务、保障机制和措施等。

经依法批准的生态文明建设规划，非经法定程序，任何单位和个人不得修改。

第十一条　省人民政府应当根据本省主体功能区规划和生态文明建设规划以及相关技术规范划定生态保护红线，确定生态保护红线区域、自然资源使用上限和环境质量安全底线并向社会公布。

本条例所称生态保护红线是指为维护国家和区域生态安全及经济社会可持续发展，保障公众健康，在自然生态功能保障、环境质量安全、自然资源利用等方面，需要实行严格保护的空间边界与管理限值。

生态保护红线区域包括禁止开发区、集中连片优质耕地、公益林地、饮用水水源保护区等重点生态功能区、生态敏感区和生态脆弱区及其他具有重要生态保护价值的区域。

编制或者调整土地利用总体规划、城乡规划、环境保护规划、林地保护利用规划、水土保持规划等，应当遵守生态保护红线。

公民、法人和其他组织在生态保护红线区域从事各种活动应当严格遵守相关要求，维护生态安全。

第十二条　县级以上人民政府应当编制生态文明建设指标体系。

生态文明建设指标体系包括生态安全、生态经济、生态环境、生态人居、生态文化、生态制度等内容。

第十三条　县级以上人民政府应当逐步建立自然生态空间规划体系，划定生产、生活、生态空间开发管制界限，落实用途管制。

各级人民政府应当优化用地结构，建立国土空间开发保护制度，划定耕地和林地保护红线，节约集约利用土地资源。

第十四条　县级以上人民政府有关部门应当根据本级人民政府或者上级人民政府生态文明建设规划制定清洁生产、循环经济发展、应对气候变化、生态农业和生态林业发展、城乡绿色交通建设、生态旅游发展、绿色建筑和绿色生态城区发展等规划或者行动方案，报同级人民政府批准后实施。

第十五条　县级以上人民政府应当积极发展生态工业、生态农业、现代种业、设施农业、生态林业、生态服务业等产业，将低碳、节能、节水、节地、节材、新能源、资源合理开发和综合利用、主要污染物减排、环保基础设施建设、固体废物处置和危险废物安全处置等项目列为重点投资领域。

第十六条　县级以上人民政府应当按照减量化、再利用、资源化的要求，逐步构建覆盖全社会的资源循环利用体系、再生资源回收体系，积极推进循环经济发展，推动资源利用节约化和集约化，降低资源消耗强度，提高资源产出率。

开发区、产业园区应当加强循环化改造，实现产业废物交换利用、能量梯级利用、废水循环利用和污染物集中处理；完善环境保护设施，发展绿色产业，建设循环经济基地。

第十七条　县级以上人民政府应当结合本地实际，推广使用天然气、风能、太阳能、浅层地温能和生物质能等绿色能源，降低化石能源使用比例，改善能源使用结构；加强工业生态化改造，推动企业降低单位产值能耗和单位产品能耗，淘汰落后的生产能力，提高能源使用效率；推行建筑节能，推广使用新型墙体材料，发展绿色建筑。

第十八条　县级以上人民政府及其有关部门应当按照国家规定逐步淘汰落后产能，并公布本区域内落后生产技术、工艺、设备和材料的限期淘汰计划和目录，有关单位应当按照计划限期淘汰。鼓励企业采用先进技术、工艺、设备和材料。

禁止引进、新建、扩建和改建不符合产业政策和环境准入条件的产业、企业及项目。

第十九条　县级以上人民政府及其有关部门应当发展生态农业，构建新型农业生产体系，推行生态循环种养模式，科学合理使用农业投入品，保障农业安全。推进畜禽粪便、废水、弃物综合利用与无害化处理，防治农业面源污染，全面改善农村生产生活条件和生态环境。

第二十条　县级以上人民政府及其有关部门应当加强森林、林地、湿地、绿地的规划和建设，发挥森林、湿地等自然生态系统在应对气候变化、改善生态环境、维护生态安全、抵御自然灾害中的重要作用。

第二十一条　县级以上人民政府及其有关部门应当合理规划生态旅游资源，加大旅游资源整合与产业融合力度，鼓励有条件的地区发展生态旅游。

第二十二条　县级以上人民政府及其有关部门应当完善城市公共交通体系，构建便捷通畅的城乡交通网络，鼓励绿色出行，减少机动车污染物排放。

第二十三条　县级以上人民政府及其有关部门应当将生态文明建设内容纳入国民教育体系和培训机构教学计划，推进生态文明宣传教育示范基地建设。教育行政部门和学校应当将生态文明教育融入教育教学活动，推进绿色校园建设。

第二十四条　县级以上人民政府及其有关部门应当采取措施，弘扬生态文化，开展生态文化载体建设，保护生态文化景观，实施生态文化保护和利用示范工程，发展体现生态理念、地方特色的文化事业和文化产业；倡导文明、绿色的生活方式和消费模式，引导全社会参与生态文明建设。

各级人民政府以及有关部门应当利用文化设施、传媒手段和文学艺术等形式，普及生态文明知识和行为规范。

第二十五条　开展生态文明社区、单位、家庭以及示范教育基地等创建活动，树立绿色消费观念，分类投放生活垃圾，形成文明的生活习惯，提高全民生态文明素质，增强全民生态文明建设的责任感，促进全社会形成良好的生态文明风尚。

第三章　保护与治理

第二十六条　各级人民政府应当对划入生态保护红线区域的禁止开发区、自然保护区、风景名胜区、森林公园、湿地公园、集中式饮用水水源地及重要地质遗迹、自然遗迹、人文遗迹和1000亩以上集中连片优质耕地实行永久性保护，确保红线区域面积占全省国土面积的 30% 以上。

生态保护红线区域实行分级分类管理，一级管控区禁止一切形式的开发建设活动，二级管控区禁止影响其主导生态功能的开发建设活动。

第二十七条　各级人民政府应当将国有林场所有森林转为生态林，将 25°以上坡耕地全部纳入退耕还林（草）范围；划定湿地保护区域，确定湿地生态功能分区。

县级以上人民政府及其有关部门应当加强森林资源保护，禁止非法砍伐林木和破坏野生动植物资源，加强城乡绿化、通道绿化和园林绿化，改善人居环境；组织实施重大生态修复工程，改善生态环境，提高生态环境承载力。

第二十八条　实行严格的水资源管理制度。县级以上人民政府及其有关部门应当制定水资源开发利用总量、用水效率控制和水功能区限制纳污基准。实施规划水资源论证制度，建立水资源水环境承载能力监测预警机制和实时监测制度。加强水资源保护，改善水体生态功能，确保水质达到水环境功能区要求。

第二十九条　各级人民政府应当严守耕地保护红线，从严控制建设用地；严格执行工业用地招拍挂制度，探索工业用地租赁制；适度开发利用低丘缓坡地，推进农村土地整治和旧城镇旧村庄旧厂房、低效用地等二次开发利用，清理处置闲置土地。鼓励和规范城镇地下空间开发利用。

第三十条　各级人民政府应当做好土壤环境状况调查，建立严格的耕地和集中式饮用水水源地周边土壤环境保护制度，划定优先保护区域，提高土壤环境综合监管能力，建立土壤环境保护体系。

对已经造成严重污染的耕地，应当组织监测和修复，或者合理调整耕地用途。

第三十一条　各级人民政府应当加强大气污染防治，严格执行国家和地方大气污染物排放标准。

第三十二条　县级以上人民政府应当建立本行政区域内的矿山地质环境监测工作体系，加强矿山地质环境的保护和矿山废弃地的生态修复，加强山体保护。

第三十三条　县级以上人民政府应当加强水污染防治，建立目标责任制，对本行政区域的水环境质量负责，确保水质安全，定期公布出入境断面水质状况。

各级人民政府应当加强城镇、美丽乡村示范点、乡村旅游度假区污水收集处理系统的规划、建设、运行及其监督管理，提高城镇污水处理率。鼓励对生产生活废水进行深度处理，提高中水回用率，削减污染物进入水环境的总量。

第三十四条　各级人民政府应当加强水利建设、生态建设、石漠化的综合治理，并进行分类指导、统筹推进；合理确定不同区域生态建设和石漠化治理方式，提高生态脆弱区域抗御自然灾害和贫困地区自我发展能力。

第三十五条　各级人民政府应当加强固体废物污染防治工作，加强固体废物分类收集、综合利用和无害化处理体系建设。鼓励多渠道投资建设固体废物综合处理系统。

环境保护主管部门应当建立危险废物收集、运输、处置全过程环境监督管理体系，加强对产生、收集和处置危险废物企业的监管，确保危险废物安全处置。

第三十六条　县级以上人民政府应当加强城乡环境综合治理，改善城乡生态系统，推动绿色生态城区建设，完善公共服务设施，提高城乡人居环境质量。

第三十七条　省人民政府林业、农业、环境保护等主管部门应当定期开展区域生物多样性调查，建立生物物种资源数据库和外来入侵物种名录，加强生物多样性保护，完善外来物种风险评估制度，防范外来物种对本省生态环境的危害。

第三十八条　县级以上人民政府有关部门应当采取措施加强对具有自然生态系统代表性、民族特色、重要观赏价值的山峰、喀斯特地貌、森林景观资源、稻作梯田、古大珍稀树木等自然标志物和古城镇、古村落、古文化等历史遗迹的保护。

第四章　保障措施

第三十九条　县级以上人民政府生态文明建设机构统筹实施生态文明建设规划，制定生态文明建设年度行动计划，推进生态文明建设，做好生态文明建设工作的组织协调、任务分解、督促检查、评估考核工作。

第四十条　县级以上人民政府应当建立生态文明建设目标责任制，目标责任制主要包括下列内容：

（一）水资源管理控制指标；

（二）节能和主要污染物排放总量约束性指标；

（三）森林覆盖率、森林蓄积量、森林质量、林地保有量、湿地保有量、物种保护程度指标；

（四）重大生态修复工程；

（五）资源产出率、土地产出率指标；

（六）环境基础设施以及防灾减灾体系建设；

（七）生态文化建设指标；

（八）可再生能源占一次能源消费比重；

（九）中水回用、再生水、雨水等非饮用水水源利用指标；

（十）城乡垃圾无害化处理率、城镇污水处理率、城市园林绿化率指标；

（十一）其他经济社会发展的生态文明建设指标。

第四十一条　省、市州人民政府应当将节能减排目标逐级分解，落实到下一级人民政府，签订节能减排目标和资源产出率指标责任书，建立节能评估审查、污染物总量控制、环境质量提升与环境风险控制相结合的环境管理模式，并将节能减排目标任务和资源产出率指标完成情况作为对下一级人民政府及其负责人年度考核评价的内容。

县级以上人民政府应当每年向上一级人民政府报告节能减排目标任务和资源产出率指标完成情况和节能减排措施落实情况。

超过主要污染物排放总量控制指标的地区和企业，县级以上人民政府环境保护部门应当责令限期治理，向社会公布，并暂停审批新增同种污染物排放总量的建设项目。

第四十二条　对生态环境可能产生重大影响的建设项目，建设单位应当优先考虑自然资源条件、生态环境承载能力和保护措施，按照法律、法规规定和已经批准的建设规划、水资源论证报告、水土保持方案、环境影响评价文件、节能评估文件和气候可行性论证文件等的要求进行建设，并进行风险评估。

建立决策责任追究制度，对因盲目决策造成生态环境严重损害的，应当追究决策主要负责人及相关责任人的责任。

第四十三条　县级以上人民政府有关部门应当向同级人民政府报告职责范围内的生态文明建设工作情况，由同级生态文明建设机构对报告进行评估，评估结果作为生态文明建设目标考核的重要依据。

第四十四条　上级人民政府每年对下级人民政府和开发区管理机构进行生态文明建设目标责任考核；县级以上人民政府对政府职能部门生态文明建设目标考核结果应当纳入政府绩效考核体系，并向社会公告。

建立健全经济社会发展评价体系和考核体系，根据主体功能定位实行差别化评价考核制度，提高资源消耗、环境损害、生态效益、资源产出率等指标权重。对禁止开发区域，实行单位第一责任人生态环境保护考核一票否决制；对生态文明建设目标责任单位及第一责任人的绩效考核，实行生态环境保护约束性指标完成情况一票否决制度和第一责任人自然资源资产离任审计制度；对限制开发区域和生态脆弱的国家扶贫开发工作重点县，取消地区生产总值考核，增加循环经济产业、清洁型产业占地区生产总值比重等新指标。实行单位第一责任人生态环境损害责任追究制。

生态文明建设目标责任及考核的具体办法，由省人民政府另行规定。

第四十五条　县级以上人民政府及其有关部门对列入重点投资领域的生态文明建设项目，应当按照国家产业政策要求在项目布点、土地利用等方面给予重点支持。

第四十六条　县级以上人民政府应当将生态文明建设作为公共财政支出的重要内容，在年度财政预算中统筹安排，逐步加大投入。通过专项资金整合，综合运用财政贴息、投资补助等方式支持公益性生态文明建设项目。

鼓励和支持社会资金采取多种投资形式参与生态文明建设，鼓励金融机构在信贷融资等方面支持生态文明建设。

第四十七条　使用财政性资金的机关和组织，应当建立绿色采购制度，优先采购和使用节能、节水、节材、再生产品等有利于保护环境的产品，节约使用办公用品，按照定额指标用能、用水。

县级以上人民政府商务部门应当引导企业之间建立绿色供应链。鼓励、引导消费者购买和使用节能、节水、再生产品，不使用或者减少使用一次性用品。

第四十八条　省人民政府应当建立健全自然资源资产产权制度和用途管制制度，编制自然资源资产负债表；制定有利于生态文明建设的资源有偿使用、绿色信贷、绿色税收、环境污染责任保险、生态补偿、环境损害赔偿以及碳排放权、排污权、节能量、水权交易等环境经济政策。逐步划定自然资源资产产权，并进行确权登记。

省人民政府发展改革、环境保护主管部门应当推行环境污染第三方治理，推进环境自动监控设施社会化、专业化运营，支持发展环境污染损害鉴定中介评估机构，推动相关环保产业良性发展。

第四十九条　省、市州人民政府应当按照保护者受益、污染者（破坏者）赔偿、受益者补偿的原则，逐步建立健全生态保护补偿机制。通过财政转移支付与资金、技术、实物补偿等方式，在全省八大水系、草海实施生态补偿，逐步对全省空气质量实行地区间生态补偿，并对生态保护区、流域上游地区和生态项目建设者、保护者、受损者提供经济补偿和经费支持。

鼓励探索区域合作等形式进行生态补偿，推动地区间搭建协商平台，建立生态补偿市场化运作机制和横向转移支付制度。

第五十条　县级以上人民政府应当安排资金，用于支持有关生态文明建设的科学技术研究开发和有利于生态文明建设的科技创新和管理创新，推动资源节约型、环境友好型技术和产品的示范、推广与应用，提高自主创新能力。

高等院校、科研机构应当加强生态文明建设相关领域的学科建设、人才培养和科学技术研究开发。鼓励高等院校、科研机构加强与省外高等院校、科研机构开展生态文明建设研究合作与交流，带动本省科技力量发展，推动生态文明建设。

创新人才发展和运行机制，采取提供创业资助、工作场所、住房、公寓、贷款担保、融资服务和薪酬激励等措施，引进、培养和聚集人才，加强生态文明人才队伍建设。

对于生态文明建设中面临的重大技术和管理问题，可以通过政府购买服务等方式，吸引省内外有实力的组织和个人，参与科技和管理创新。

第五十一条　县级以上人民政府及其有关部门应当强化科技支撑，完善技术创新体系，加强重点实验室、工程技术（研究）中心建设，开展关键技术攻关；健全科技成果转化机制，促进节能环保、循环经济等先进技术推广应用。

第五十二条　县级以上人民政府应当建立生态环境污染公共监测预警机制，制定预警方案；县级以上人民政府及其有关部门应当建立生态环境监测系统，对本行政区域水环境、大气环境、声环境、辐射环境、固体废物、森林资源系统等进行监测，监测结果向社会公布。

第五十三条　建立区域生态文明联动机制，统一区域产业环保准入标准，实施环境信息共享，推进区域水污染、大气污染联防联控。逐步完善跨界污染应急联动机制和区域危险废物、化学品环境监管机制，共同维护区域生态环境安全。

第五十四条　公安机关、审判机关和检察机关应当加大生态环境保护执法力度，依法查处破坏生态环境的违法犯罪行为。破坏生态环境违法犯罪案件，由公安机关、审判机关和检察机关生态环境保护专门机构办理。

第五十五条　法律援助机构应当为符合法律援助条件的环境污染受害人提供法律援助。鼓励律师事务所、基层法律服务机构以及律师、其他法律工作者为环境污染受害人提供法律服务。

第五章　信息公开与公众参与

第五十六条　建立生态文明建设公众参与机制，完善公众参与生态文明建设的途径、程序、保障等，为公民、法人和其他组织参与和监督生态文明建设提供便利。

涉及公众权益和公共利益的生态文明建设重大决策，或者可能对生态系统产生重大影响的建设项目，有关部门在作出决策前应当听取公众意见。

第五十七条　县级以上人民政府应当建立生态文明建设信息共享平台，重点公开下列信息：

（一）生态文明建设规划及其执行情况；

（二）生态功能区的范围及规范要求；

（三）生态文明建设指标体系及绩效考核结果；

（四）财政资金保障的生态文明建设项目及实施情况；

（五）生态文明建设资金、生态补偿资金使用和管理情况；

（六）社会反映强烈的违法行为查处情况；

（七）生态文明建设成果；

（八）生态保护红线的范围和内容；

（九）其他相关信息。

县级以上人民政府生态文明建设机构应当每年向社会发布本行政区域生态文明建设情况，并定期公布相关生态文明建设信息。

第五十八条　省人民政府环境保护主管部门应当定期发布生态环境状况公报。

重点排污单位应当向社会公开其主要污染物的名称、排放方式、排放浓度和总量、超标情况，以及污染防治设施建设和运行情况。

第五十九条　公民、法人和其他组织发现污染环境和破坏生态行为的，有权向环境保护主管部门或者其他负有环境保护监督管理职责的部门举报。

公民、法人和其他组织发现各级人民政府、环境保护主管部门和其他负有环境保护监督管理职责的部门不依法履行职责的，有权向其上级机关或者监察机关举报。

第六十条　鼓励乡村、街道（社区）、住宅小区的自治公约规定生态文明建设自律内容，对违反规定者可以提出劝告、批评和警告。

第六十一条　对污染环境、破坏生态，损害社会公共利益的行为，法律规定的社会组织可以向人民法院提起诉讼。提起诉讼的社会组织不得通过诉讼牟取经济利益。

第六章　监督机制

第六十二条　县级以上人民代表大会及其常务委员会应当加强生态文明建设的监督，定期听取和审议同级人民政府有关生态文明建设的报告，检查督促生态文明建设实施情况。

第六十三条　县级以上人民政府生态文明建设机构应当加强对本行政区域生态文明建设工作的监督。有关部门不履行生态文明建设职责或者履行不力的，由同级生态文明建设机构督促履行；仍不履行或者履行不力的，由生态文明建设机构报本级人民政府处理。

第六十四条　审判机关、检察机关办理生态环境诉讼案件或者参与处理环境事件，可以向行政机关或者有关单位提出司法建议或者检察建议，有关行政机关和单位应当在60日内书面答复。

第六十五条　县级以上人民政府生态文明建设有关部门应当建立生态文明建设信息档案，记录单位和个人环境违法信息，向政府相关部门、金融监管机构、金融机构、承担行政职能的事业单位及行业协会等通报并向社会公开，供相关单位依照法律、法规和有关规定，在政府采购、招标投标、行政审批、政府扶持、融资信贷、市场准入、资质认定等方面，对环境违法的单位和个人予以信用惩戒。

第六十六条　广播、电视、报刊和网络等新闻媒体，应当依法对生态文明建设活动及国家机关履行生态文明建设职责情况进行舆论监督。有关单位和人员应当接受新闻媒体的监督。

第六十七条　各级人民政府可以聘请热心公益的社会各界人士，担任生态文明建设监督员，对生态文明建设提出意见和建议，及时发现、劝阻、报告不符合生态文明建设要求的行为。

第七章　法律责任

第六十八条　国家机关及其工作人员在生态文明建设工作中有下列行为之一的，由上级主管部门或者监察机关责令改正，通报批评；对直接负责的主管人员和其他直接责任人员依法给予处分：

（一）未依法及时向社会发布有关生态文明建设信息或者弄虚作假；

（二）不依法制定、公布落后生产技术、工艺、设备和材料限期淘汰计划；

（三）引进不符合生态环境保护法律、法规、政策、规划和强制性标准项目；

（四）无正当理由不接受监督；

（五）未依法实施监督管理；

（六）未依法及时受理检举、投诉和控告或者不及时对检举、投诉和控告事项进行调查、处理；

（七）未完成生态文明建设目标责任；

（八）其他玩忽职守、滥用职权、徇私舞弊的行为。

第六十九条　违反本条例规定，在生态保护红线范围内从事损害生态环境保护的活动，以及有其他破坏生态环境行为的，由有关部门责令停止违法行为，限期整改、恢复原状，对个人处以 1 万元以上 10 万元以下罚款，对单位处以 10 万元以上 100 万元以下罚款；造成损失或者生态环境损害的，依法给予赔偿。

第七十条　违反本条例规定的其他行为，按照有关法律、法规的规定处罚。

珠海经济特区生态文明建设促进条例

(2013 年 12 月 26 日珠海市第八届人民代表大会
常务委员会第十六次会议通过)

第一章 总则

第一条 为了建立健全生态文明制度，促进生态文明建设，推动人与自然和谐发展，根据有关法律、行政法规的基本原则，结合珠海经济特区实际，制定本条例。

第二条 本条例适用于本市行政区域内开展的生态文明建设活动。

第三条 根据建设生态文明新特区、科学发展示范市的发展定位，健全国土空间开发、资源节约利用、生态环境保护的体制机制，实行严格的源头保护、环境治理、生态修复、损害赔偿和责任追究制度，建设资源节约型、环境友好型、人口均衡型社会。

第四条 生态文明建设应当将生态文明理念、原则、目标、方法融入经济建设、政治建设、文化建设、社会建设各方面和全过程，遵循统筹规划、注重实效、全民参与、依法促进的原则。

第五条 市、区人民政府领导本辖区生态文明建设工作。横琴新区、经济功能区管理机构履行区人民政府的职责。

各行政管理部门在各自职责范围内做好生态文明建设工作。

第六条 市、区人民政府应当制定本行政区域的生态文明建设规划，并向社会公布实施。

各级人民政府及其相关部门根据生态文明建设规划的要求编制本地区、本部门的生态文明建设年度实施计划，确定年度目标和责任。

第七条 各级人民政府应当向同级人民代表大会及其常务委员会报告生态文明建设规划的执行情况，接受监督。

第八条 市人民政府设立环境宜居委员会，由相关领域专家、公众代表和相关部门代表等组成，对本市生态文明建设的重大决策和重大建设项目等进行审议，听取专家和公众意见，向市人民政府提出审议和咨询意见。

第九条 生态文明建设是全社会的共同责任。

建立全社会参与机制，保障公众的生态文明建设知情权、参与权、表达权和监督权，鼓励和引导公众参与生态文明建设，共建美丽珠海，共享美好生活。

第二章 主体功能区管理

第十条 划定生态保护红线，实施主体功能区制度。市发展和改革部门根据国家和省的主体功能区规划，组织编制本市主体功能区规划，划分禁止开发区、生态发展区、集聚发展区、提升完善区等功能分区，明确各功能分区的边界、定位、开发和管制原则，报市人民政府批准后实施。

本市所辖海域的主体功能定位按照广东省海洋功能区划执行。

第十一条　禁止开发区包括自然保护区、森林公园、风景名胜区、重要水源地和重要湿地等区域。

禁止开发区内依据法律法规规定和相关规划实施强制性保护，禁止从事不符合主体功能定位的开发活动，引导居民逐步有序转移，提高环境质量。

第十二条　生态发展区包括生态农业发展区和特色产业发展区。生态发展区内严格控制工业和城镇开发活动。

生态农业发展区应当严格保护耕地和基本农田，重点发展生态农业。

特色产业发展区应当因地制宜，重点发展与现代农渔业相关的观光休闲等旅游业及符合资源条件的特色产业。

第十三条　集聚发展区包括都市高端产业集聚区和城镇商务服务业集聚区。

都市高端产业集聚区内划分高新技术、高端制造业、高端服务业等产业集聚区，推动关联产业和企业集中发展，构建符合循环经济要求的产业链，提高自主创新能力。

城镇商务服务业集聚区重点发展生产性服务、总部经济、商务金融和现代物流等产业，提高产业和人口集聚能力。

第十四条　提升完善区是人口、经济高度集聚的区域，应当加快促进产业转型升级，完善各类基础设施和公共服务设施配套，提升都市功能和城镇功能。

第十五条　各级人民政府及相关部门应当严格按照主体功能定位推动各区域发展，编制城乡规划、土地利用规划等规划以及布局重大项目，必须符合各区域的主体功能定位。

第十六条　市、区人民政府应当按照分类管理的原则，制定符合各区域主体功能定位的财政政策和投资政策。加大对禁止开发区和生态发展区的财政投入力度，通过生态移民、加强基础设施和公共服务设施建设等方式，提高生态服务和产品的供给能力，支持生态环境保护和修复。

第十七条　建立由市发展和改革、国土、规划、科技、海洋、农业和环境保护等部门共同参与、协同有效的国土空间监测管理工作机制和资源环境承载能力预警机制，对主体功能区规划的实施情况进行全面的监测、分析和评估。

第三章　生态经济

第十八条　本市根据环境承载力调整经济结构，节约集约使用能源、水和土地，重点发展高端制造业、高端服务业、高新技术产业、特色海洋经济和生态农业。

第十九条　坚持保护优先、预防为主的原则，对重大项目在招商引资阶段实行生态环境影响预评估制度。科学评定项目的污染物排放和资源消耗，不得设立能耗高、环境污染严重、资源消耗大、不符合产业政策的项目。

第二十条　市经贸部门组织制定对浪费资源和严重污染环境的落后生产技术、工艺、设备和产品的限期淘汰计划，经市人民政府批准后公布实施。

第二十一条　根据国家和省有关生态工业园区的标准和要求，建立生态工业园示范区，共享资源和互换副产品，形成主要产业集群，达到物质循环使用、能量多级利用，提高资源综合利用率。

第二十二条　市、区人民政府应当促进循环经济和低碳经济发展，推动企业、工业园区和社区等在生产、流通和消费过程中实现减量化、再利用、资源化，减少高碳能源消耗。

第二十三条　市经贸部门会同市环境保护、发展和改革部门组织编制推行清洁生产的专项规划，经市人民政府批准后，向社会公布并组织实施。

相关企业应当采取改进设计、使用清洁的能源和原料、采用先进的工艺技术与设备、改善管理、综合利用等措施，从源头削减污染，提高资源利用效率，减少或者避免生产、服务和产品使用过程中污染物的产生和排放。

相关部门应当执行国家和省清洁生产审核评估验收制度，并向社会公布，接受公众监督。

第二十四条　市农业部门组织编制生态农业发展规划，报市人民政府批准后公布实施。

加大对生态农业的扶持力度，建设农业生态休闲旅游观光基地、多功能现代农业示范基地和特色农业产业基地。

第二十五条　市旅游部门编制旅游总体规划应当注重保护自然资源和生态环境，发展生态旅游。

禁止在景区内建设污染环境、破坏景观、危害生态的项目；完善景区污水排放处理、垃圾收集处理等环境基础设施。

第四章　生态环境

第二十六条　市环境保护部门依法划定环境空气质量功能区、水环境功能区等各类环境功能区，明确各类环境功能区的管理目标和要求。

第二十七条　完善空气质量监测和信息发布制度，建立空气质量预报预警体系。

建立区域空气污染联防联控和多污染物协同防治机制。

第二十八条　加强饮用水水源地保护规划和管理，保持全市集中式饮用水水源水质持续稳定达标。

完善城镇污水收集管网和集中处理设施的规划和建设，实施雨污分流，实现污水达标排放。

建立合理的污水处理价格体系，对生产生活废水进行深度处理，提高中水回用率，逐步建立污水再生利用制度。

第二十九条　加强海洋生态系统保护，建立海洋环境和资源承载能力评估制度，科学开发、利用海洋资源。

加强对滨海自然岸线的保护，严格控制围海造地、采挖砂石等活动，对湿地、海滩、红树林等进行保护与修复，提升海洋生态系统功能。

第三十条　完善生活垃圾处理设施，加快餐厨垃圾无害化处理和资源化利用项目建设，采用先进技术，实现生活垃圾分类收集、密闭运输、综合利用、无害化处理。

健全工业固体废物处理处置责任制，实行计量收费和有偿清运；鼓励企业开展工业固体废物综合利用，支持工业固体废物处理行业的发展。

第三十一条　加强对本市生物多样性的调查和监测，建立生物多样性数据库，完善外来物种风险评价和应急处理制度，防范外来物种入侵造成危害。

对已经出现的外来物种入侵及其造成的危害，应当采取有效措施予以消除或者控制。

第三十二条　推进农村环境综合整治，防治农业污染、工业污染、规模化畜禽养殖污染和农村生活污染，保护农村生态环境。

加强对农药、化肥的管理，指导科学施用农药、化肥，鼓励使用农家肥和新型有机肥、生物农药或者高效、低毒、低残留农药，推广作物病虫草害综合防治。加强农村生活污水收集处理系统建设，对较偏远未能纳入城镇污水处理设施的乡村，结合河涌整治建设分散式污水处理系统。

从事水产养殖应当保护水域生态环境，科学确定养殖密度，合理投饵和使用药物，防止污染水环境。

第三十三条　本市对大气和水实行主要污染物总量控制制度。市人民政府确定各区主要污染物总量控制指标。各区人民政府负责制定区级控制指标，将本辖区主要污染物总量控制指标分解落实到排污单位。

环境保护部门对排污单位实行环境监督管理，依法核定排污单位主要污染物排放量。主要污染物排放量超过总量控制指标的，环境保护部门应当依法责令其限期整改，并向社会发布相关信息，接受社会监督。

第三十四条　逐步建立排污权交易制度。超额完成主要污染物总量控制任务的排污单位，其超额完成的削减量经市环境保护部门复核后，可以依法转让。

第三十五条　完善限期治理制度。对超标排放污染物或者超总量排放污染物的排污者，由环境保护部门下达限期治理任务，限期治理的方式包括限产、减产或者停产治理。被责令限期治理的排污者，应当按照要求完成治理任务，并由作出限期治理决定的环境保护部门组织验收。限期内未完成治理任务的，由所在地区级人民政府责令其停业或者关闭。

第三十六条　对于已经受到污染或者破坏的环境功能区，应当落实整治责任人，采取措施进行治理和恢复。不按要求采取治理和恢复措施的，由环境保护部门通过招标等公开方式确定有治理和恢复能力的第三方代为治理，所需费用由责任人承担。

第三十七条　环境保护部门建立环境风险防范体系，定期组织环境风险排查，制定环境突发事件应急预案，提高环境突发事件应对能力。

第五章　生态人居

第三十八条　适度控制人口发展规模，优化人口结构，提高人口素质，拓展人的发展空间。加强教育、医疗、文化、体育等公共设施的规划和建设。推进环境宜居城市、幸福村居建设，使居民享受良好的居住条件、公共设施和生态环境。

第三十九条　鼓励建设绿色建筑。新建政府投资建筑项目、大型公共建筑、保障性住房项目，应当按照绿色建筑标准进行建设和管理。

第四十条　遵循以人为本、方便快捷、安全可靠、经济舒适、节能减排的原则，优化城乡交通网络，坚持公交优先，实施公交引导发展模式，建设智能交通系统，构建绿色交通体系。

限期淘汰高污染排放的机动车，鼓励购买和使用清洁能源、节能环保的机动车。

第四十一条　建立健全食品安全管理制度，提高监管水平。推行食品安全可追溯和食品卫生量化分级管理制度，完善无公害农产品、绿色食品、有机农产品等产地认定制度，完善食品安全事故责任追究制度。

第四十二条　市、区人民政府应当加大财政资金扶持农村地区基础设施和公共服务设施建设的力度，鼓励和引导社会力量参与，开展农村地区的环境宜居提升工程，建设村容整洁、设施配套、生活便利的宜居村居。

第四十三条　完善城市防灾减灾和抗灾救灾体系，应对各类突发自然灾害。

市气象部门制定气象宜居安全指标体系，提高气象预报水平和气象灾害预警水平，降低气象灾害风险。

第六章　生态文化

第四十四条　树立尊重自然、顺应自然、保护自然的生态文明理念，增强市民的生态忧患意识，使生态文明理念获得市民的普遍认同。

第四十五条　加强生态文明宣传教育，建设生态文明宣传教育基地和示范基地。

教育、人力资源管理部门和学校、职业培训机构应当将生态文明知识纳入教育和培训内容。

广播、电视、报刊、新媒体等公共媒体应当加强生态文明宣传和舆论引导，积极开展生态文明公益性宣传。

第四十六条　建立政府绿色采购制度，在性能、技术等指标能够满足政府采购需求的条件下，优先购买节能环保产品。

建立绿色办公制度，倡导政府机关工作人员节能节水和节约使用办公用品。加快建设电子政务办公平台，推进无纸化办公。

第四十七条　鼓励企业、社区、学校开展生态文明实践，建设环境友好企业、绿色社区和绿色学校。

第四十八条　鼓励和支持成立以建设生态文明为宗旨的社会组织，宣传和参与生态文明建设公益活动，弘扬生态理念，倡导绿色生活方式。

第四十九条　制定市民生态文明行为准则，按照少消耗、少浪费、少污染的原则，倡导全社会转变消费观念和方式，有效利用能源和资源，鼓励使用节能电器、节水器具和环境污染小的日用品。

各级国家机关工作人员应当带头遵守生态文明行为准则、参与生态文明建设活动。

第五十条　鼓励行业协会等社会组织制定生态文明公约，经成员单位自愿签署后，向社会公布，接受社会监督。

第五十一条　设计产品包装物应当执行产品包装标准，防止过度包装造成资源浪费和环境污染。

第五十二条　餐饮、娱乐和宾馆等服务性行业，应当采用节能、环保产品，减少使用一次性产品，提示消费者节约能源和资源。

倡导餐饮企业提供不同分量的菜品供顾客选择，引导顾客理性消费，按需点餐，杜绝浪费。

第七章　保障措施

第五十三条　市、区人民政府应当增加生态文明建设的资金投入，建立健全生态文明建设资金保障机制，发挥财政职能，保障生态文明建设。

财政部门对纳入财政预算的生态文明建设项目和活动所需资金，应当及时、足额拨付，并规范和监督财政资金的使用情况。

第五十四条　市、区人民政府应当支持有利于生态文明建设的科技创新和管理创新，推动资源节约型和环境友好型技术和产品的示范、推广与应用，提高自主创新能力。

通过与高等院校或者科研机构建立合作关系、政府购买服务等方式，为生态文明建设提供技术支撑和智力保障。

第五十五条　积极发展节能环保市场，吸引社会资本投入节能环保领域。

开展合同能源管理，推进污水处理、固体废物综合利用和无害化处理、生态环境修复等环境公共服务的社会化和市场化。

第五十六条　依法建立不动产统一确权登记制度，形成归属清晰、权责明确、监管有效的自然资源资产管理体系。

第五十七条　建立和完善生态补偿机制。因保障分区功能，禁止开发区和生态发展区内的企业事业单位和个人确需搬迁或者经济利益受到损害的，由所在地人民政府根据实际情况进行安置或者给予补偿。市、区人民政府应当制定财政转移支付制度，落实补偿政策。

移民安置和生态补偿的具体办法，由市人民政府制定。

第五十八条　探索城乡一体化发展的实现形式，在城乡规划、基础设施、公共服务、产业布局等方面推进城乡一体化，构建结构有序、功能互补、整体优化、共建共享的城乡发展一体化格局。

第五十九条　各级人民政府及相关部门应当依法主动公开有关生态文明建设的政务信息，对涉及民生、社会关注度高的环境质量监测、建设项目环评审批、企业污染物排放等信息，应当及时公开，主动向社会通报重要生态文明建设政策措施、环境状况和突发环境事件。

第六十条　健全生态文明建设举报制度，鼓励公民、法人和其他社会组织就生态环境问题进行举报。

有关行政管理部门应当及时处理相关举报，保护举报人合法权益。

第六十一条　建立生态文明督导员制度，聘请热心公益人士担任生态文明建设督导员，对生态文明建设进行监督，提出意见和建议。

第六十二条　市、区人民政府通过授予生态文明建设荣誉称号等方式，对在生态文明建设中做出突出贡献的单位和个人予以表彰和奖励。

第六十三条　严格落实生态文明建设各项指标，建立健全生态文明建设考核机制。未完成生态文明建设约束性指标的行政机关，其第一责任人年度考核不得确定为优秀、称职等级。

逐步建立编制自然资源资产负债表，对领导干部实施自然资源资产离任审计制度。建立生态环境损害责任终身追究制。

第六十四条 相关行政管理部门及其工作人员未依照本条例规定履行职责的，对负责的主管人员和其他直接责任人员依法给予处分。

其他任何单位和个人未依照本条例规定履行生态文明建设义务或者破坏生态文明建设的，由相关行政管理部门责令改正，依法给予处罚。

第八章 附则

第六十五条 本条例自 2014 年 3 月 1 日起施行。

厦门经济特区生态文明建设条例

（2014 年 10 月 31 日经厦门市第十四届人民代表大会常务委员会第二十二次会议通过，现予以公布，自 2015 年 1 月 1 日起施行）

第一章　总则

第一条　为了推进生态文明建设，改善公众福祉，建设美丽厦门，遵循有关法律、行政法规的基本原则，结合本经济特区实际，制定本条例。

第二条　本条例所称的生态文明，是指人与自然、人与人、人与社会和谐共生的文明形态，其建设目的是促进"社会—经济—自然"系统的良性循环、全面发展和持续繁荣。

第三条　生态文明建设应当遵循下列原则：

（一）与经济建设、政治建设、文化建设、社会建设同步发展；

（二）实行最严格的源头保护制度、损害赔偿制度、责任追究制度；

（三）保持生态系统功能和改善生态循环系统服务能力，为公众提供可持续的生态福利；

（四）坚持生态优先与协调发展相结合，区域分异与整体优化相结合，可操作性与可持续性相结合，政府主导与全民参与相结合。

第四条　市人民政府领导全市生态文明建设工作，坚持先行先试，推进生态文明先行示范区建设，确定生态文明建设主要目标，履行下列职责：

（一）编制生态文明建设规划；

（二）建立健全生态文明社会管理体系，制定生态文明建设评价指标体系；

（三）建立吸引社会资本投入生态环境保护的市场化机制，推行环境污染第三方治理；

（四）建立生态文明建设决策、协调和激励约束机制，研究、解决生态文明建设工作中的重大问题；

（五）制定生态文明建设目标责任体系和考核办法；

（六）制定资源有偿使用、生态产业扶持政策；

（七）实施国家、省有关生态文明建设的战略；

（八）其他与生态文明建设相关的职责。

环保、规划、国土房产、建设、市政园林、林业、海洋渔业、水利、农业、城市管理行政执法等行政主管部门在各自职责范围内做好生态文明建设工作。

区、镇人民政府负责本行政区域的生态文明建设工作。

第五条　鼓励公众参与生态文明建设，举报投诉环境违法行为，保障公众的环境知情权、参与权和监督权。

第六条　市、区人民政府应当对促进生态文明建设成绩显著的单位和个人进行表彰和奖励。

第二章　优化国土空间格局

第七条　市人民政府应当根据不同区域的资源环境承载能力，统筹规划人口分布、经济布局、国土利用和城镇化格局，科学合理地确定生产空间、生活空间和生态空间的规模、结构与布局，划定空间开发管制界限，落实用途管制制度，提高土地空间利用效率。

第八条　实施主体功能区制度。市人民政府应当根据国家和省的主体功能区规划，组织编制本市主体功能区规划，划分优化提升区、重点发展区、协调发展区、生态保护区等功能分区。

市人民政府及其有关部门应当按照主体功能定位推动各区发展，制定符合各区主体功能定位的财政政策、投资政策和考核指标。

第九条　优化提升厦门本岛，降低建设容量，改善城市人居环境，保护城市特色风貌。

第十条　以生态文明建设引领岛外城乡建设与工业协调发展，严格执行岛外各主体功能区规划，推动重大园区载体建设，促进产业集聚发展，带动产业转型升级。

第十一条　开展全市生态系统本底调查，查清光、热、水、气、土壤、岩石、矿产、地质、植物、动物、微生物等自然生态要素的基本情况和主要数据指标。建立建筑物、构筑物、道路管网系统以及其他城市基础设施、市政设施等人工要素的数量、布局和功能的数据档案。

第十二条　依托背山面海的自然格局，建设陆域森林生态屏障和沿海海洋生态屏障；构建沿河流、山体和交通干线的生态廊道，连接森林生态屏障与海洋生态屏障，建设厦门山海区域生态格局。

第三章　划定生态控制线

第十三条　市人民政府应当根据《美丽厦门战略规划》划定生态控制线，报市人民代表大会常务委员会备案，并向社会公布。

市规划行政主管部门负责生态控制线的具体划设和管理协调工作。

环保、国土房产、市政园林、林业、海洋渔业、水利、农业、城市管理行政执法等行政主管部门在各自的职责范围内负责生态控制线的相关管理工作。

第十四条　生态控制线包含的区域是：生态林地、基本农田、公园绿地、河流水面、海域生态保护区域以及国家、省、市规定的其他区域。

第十五条　市人民政府有关行政主管部门和各区人民政府应当按照各自的职责对生态控制线范围内各类现有项目进行清理，并提出分类处置方案。

鼓励生态控制线范围内的原农村居民点进行搬迁和集中统一建设。市、区人民政府应当在规划、用地、资金、就业和技能培训等方面予以扶持。

第十六条　禁止在生态控制线范围内从事破坏生态环境的项目开发以及其他可能损

害、破坏生态环境的活动。

因国家、省、市重点工程，属于公共利益需要的工程以及其他线型工程确需占用生态控制线区域的，应当报市人民政府批准并向社会公布。

第十七条 生态控制线不得擅自变更，因公共利益确需调整的，由规划行政主管部门提出，报市人民政府批准并向社会公布。

第十八条 市人民政府每年度应当将占用生态控制线区域和变更生态控制线的情况向市人民代表大会常务委员会报告。

第四章 保护自然生态

第十九条 加强自然生态系统保护和修复，完善环境治理和生态修复制度，提高生态系统质量。

对具有代表性的各种类型的自然生态系统区域，珍稀、濒危的野生动植物自然分布区域，重要的水源涵养区域，具有重大科学文化价值的地质构造、温泉等自然遗迹，以及人文遗迹、古树名木，应当予以保护，严禁破坏。

第二十条 加强山体保护。禁止在山顶、山脊及二十五度以上陡坡地开垦种植和建设。禁止在国道、省道、高速公路等交通设施每侧二百米、铁路每侧五百米和机场、车站、湖泊、水库周边山坡地划定的范围内进行开山采石活动。

第二十一条 加强对天竺山、莲花山、云顶山、北辰山等本市西部、北部低山丘陵地带森林生态安全屏障以及主要河流和交通干线两侧生态廊道的保护和建设，提升森林生态系统服务功能。

采取天然林保护、封山育林、退耕还林、林相改造、预防火灾和防治病虫害等措施，提高森林质量，维护森林生态系统健康。

禁止擅自砍伐天然林和生态公益林。因国家、省重大项目建设需要，确需砍伐天然林和生态公益林的，应当经市人民政府同意后，按相关程序报批并等额补足。

第二十二条 加强自然水体保护，实施过芸溪、瑶山溪、后溪、东西溪、深青溪、官浔溪、埭头溪和龙东溪、九溪、东坑湾至南部港汊景观水系等溪流流域综合整治与景观生态修复工程，促进水质达到水环境功能区标准，维持和改善水体生态系统功能。

市、区人民政府应当制定溪流流域退耕、退渔、退养计划，并组织实施。加强植被保护，提高水源涵养能力。建设溪流生态岸线，改善溪流生态环境。

禁止在湖泊、水库、河流、干渠进行洗砂排污、倾倒垃圾等活动。

第二十三条 加强海洋生态系统保护，建立海洋环境容量和资源承载能力评估制度。

加强对无居民海岛、滨海自然岸线及港湾、港汊的保护，严格控制围填海造地。对滨海湿地、沙滩及红树林等进行保护与修复，提升海洋生态系统功能。

禁止在本市海域开采海砂，严格控制在本市海域从事水产养殖。

第二十四条 加强对厦门珍稀海洋物种国家级自然保护区和五缘湾栗喉蜂虎自然保护区的建设和管理。

珍稀物种繁殖地内设立临时性禁入区，禁止在区内进行砍伐、狩猎、捕捞、烧荒、开矿、采石、挖砂及其他危及珍稀物种繁殖的行为。

第二十五条 定期开展区域生物多样性调查，建立生物多样性资源数据库。完善外来入侵物种风险评估和应急处置制度，防范外来入侵物种对生态环境的危害。

加强对入境动植物的检验检疫工作。

第二十六条　加强对具有自然生态系统代表性、重要观赏价值的山峰、礁石、古驿道、古城遗址、古民居、古村落、古渔港等自然标志物和历史遗迹的保护。

第五章　改善环境质量

第二十七条　实施能耗强度、碳排放强度和能源消费总量、用水总量控制制度，强化目标责任考核。

第二十八条　严格执行环境影响评价和污染物排放许可制度。

实行污染物排放总量控制制度。对超过重点污染物排放总量控制指标的区域，应当暂停审批新增同种污染物排放的建设项目。对超过重点污染物排放总量控制指标的企业，应当限期整治并暂停审批新增同种污染物排放的新建、改建、扩建项目。

开展排污权交易，建立主要污染物排污权有偿使用及差别化排污收费制度。

第二十九条　坚持集中与分散处理相结合，完善城镇污水收集处理系统的规划和建设，提高城镇污水处理率。

建立溪流跨界断面水质责任考核机制，具体办法由市人民政府另行制定。

建立中水回用的奖惩机制，鼓励对生产废水和生活污水进行深度处理，提高中水回用率。

禁止擅自设置暗管或者采取其他方式向海域或者地下排放水污染物。

鼓励采用具有透水功能的新技术、新材料、新方法进行地表铺设，减少城市地表硬化面积。

第三十条　完善城市公共交通体系，构建低碳便捷的城市交通网络。加强城市慢行系统建设，鼓励绿色出行方式，减少城市交通产生的大气污染。

严格执行国家机动车污染物排放标准和检测方法，加强在用机动车环保检验合格标志管理，加快淘汰高排放机动车，鼓励使用纯电动汽车、混合动力汽车等新能源汽车，严格控制机动车排气污染物总量。市人民政府应当加大财政投入，支持优先使用新能源汽车。

加快燃煤锅炉清洁能源改造，岛内停止对新建、改建和扩建项目的燃煤锅炉审批。加快清洁能源使用的配套基础设施建设，减少能源活动产生的大气污染。

第三十一条　实施城乡环境综合整治。

新区建设和旧城改建应当按照市容环境卫生设施的设置标准，配套建设城市生活垃圾收集设施。

尚未配套建设生活垃圾收集设施的城市建成区应当限期补建。

加强固体废弃物分类收集、综合利用和无害化处理体系的建设，提高固体废弃物处理能力。

建立危险废物的全过程环境监督管理体系，加强对产生、收集、贮存、运输、利用和处置危险废物活动的监管，确保危险废物的安全处置。

第三十二条　对耕地质量状况进行定期监测，建立数据库，向农业生产者通报相关信息，指导农业生产者科学合理使用农药化肥，治理农村面源污染。

鼓励推进生态文明村镇建设。实施农村田园清洁工程和家园清洁行动，推进农村环境综合整治，加强农村污水、垃圾收集处理设施建设，完善运行管理机制，防治农村生活污染。

第三十三条　控制畜禽养殖规模。在思明区、湖里区、集美区和海沧区禁止规模化养殖，在同安区、翔安区划定禁养区和限养区。

制定畜禽养殖废弃物循环利用奖励扶持政策，鼓励养殖企业对畜禽粪便、废水和其他废弃物进行综合利用和无害化处理，防治畜禽养殖污染。

第三十四条　建立环境风险防范体系和科学有效的环境应急机制，市、区人民政府应当制定突发环境事件应急预案，提高突发环境事件应对能力。

可能发生突发环境事件的单位应当编制环境应急预案，做好应急物资准备、人员培训和预案演练。

国务院、省、市人民政府或者省级以上环境保护行政主管部门关于预防污染事故、改善环境质量、排放污染物方面有新规定的，环境保护行政主管部门应当责令有关责任主体整治，并可限定其在完成整治前的作业时间与排放方式。

第六章　发展生态经济

第三十五条　建设绿色循环低碳发展先行区。加快绿色转型，把发展建立在资源能支撑、环境可容纳的基础上，率先实现生产、消费、流通各环节绿色化、循环化、低碳化。

第三十六条　鼓励优先发展战略性新兴产业，促进生态低碳的新型制造业与现代服务业融合集聚。

优先发展节能环保产业，鼓励工业企业开展节能环保技术改造，开发节能环保型产品。

科技行政主管部门应当加大对循环利用产业技术研发的扶持力度。发挥在厦高校、科研机构作用，加强生态文明建设关键技术的研究、实验。引进、建设高水平的生态建设科技创新平台和高层次创新团队，提高本市生态环境治理的科技水平。

第三十七条　推行生态工业设计，实施循环型生产方式，建立互利共生的工业生态网和循环产业链条，采用废物交换、循环利用和清洁生产等循环经济手段，实现物质闭路循环，达到资源、能源的最大利用和对外废物的零排放。

按照国家、省、市有关规定淘汰落后产能，鼓励企业采用先进技术、工艺和设备，对生产过程中产生的废料、废水、废气、余热、余压进行再利用。

第三十八条　促进产业转型升级，加快发展现代服务业。

鼓励发展航运物流、旅游会展、金融与商务、软件和信息服务业，培育文化创意、电子商务、物联网等新兴服务业。

合理开发利用生态旅游资源，推进生态旅游项目建设，创建生态旅游示范区，促进生态旅游产业的发展。

第三十九条　制定海洋经济发展规划，加强资金和政策扶持，推进海洋经济发展。

鼓励培育和发展海洋生物、海洋环保、海水综合利用和海洋能源利用等海洋新兴产业。

第四十条　加快再生资源回收体系建设。实行资源综合利用、回收、安全处置的全过程管理，加强废弃资源源头控制和回收网点建设，鼓励推进废弃资源再生利用规模化、再制造产业化。开发区、产业园区应当按照减量化、再利用、资源化的要求统筹规划，推动其循环化改造。

推广使用以工业废渣、建筑废渣、垃圾焚烧残渣和淤泥等无毒无害的固体废物生产的利废节能建材，制定财税扶持政策，鼓励利废节能建材的生产企业及应用建设项目。政府投融资建设项目，应当采用利废节能建材。

第四十一条　应当改善能源使用结构，促进能源梯级利用。

鼓励使用电力、天然气、生物质能等清洁能源，加强太阳能等可再生能源的应用研究、示范和推广。鼓励企业降低单位产值能耗和单位产品能耗，淘汰落后产能，提高能源利用效率。

第四十二条　按照建筑物的类别、使用功能和规模，制定各类建筑的碳排放指标。在公共建筑领域建立碳排放权交易机制，公共建筑业主应当按照规定承担强制性减排任务，具体办法由市人民政府另行制定。

加强公共建筑能耗监测、能耗统计、能耗能源审计、能效公示的节能监管体系建设，推动节能改造与运行管理。有集中热水供应需求的公共建筑，具备太阳能集热条件的，应当使用太阳能集中供热系统，实现供热系统与建筑一体化。

第四十三条　新建政府投融资项目、安置房、保障性住房，以招拍挂、协议出让的方式新获得建设用地的民用建筑应当按照绿色建筑的标准进行建设，以一星级绿色建筑为主，鼓励建设二星级及以上等级的绿色建筑。推广建筑产业化发展模式和工业化方式建造建筑。

新建商品居住建筑应当一次性装修到位，具体办法由市人民政府另行制定。

第七章　宣传教育与公众参与

第四十四条　应当利用媒体、文化设施和文学艺术等形式，组织开展生态文明宣传，普及生态文明知识，树立公众生态意识，培育公众生态行为。

鼓励社会各界开展世界地球日、环境日、气象日、湿地日、低碳日以及全国节能、节水宣传周等主题活动。

市、区人民政府及其有关部门可以聘请生态文明建设监督员。

第四十五条　将生态文明内容纳入国民教育体系和公务员培训教学计划。

鼓励国家机关、企业事业单位和社会团体编制具有厦门特色的生态文明读本和宣传材料，定期组织生态文明学习培训。

大、中、小学校应当结合学校环境教育工作定期组织开展生态文明主题活动，加强生态文明宣传教育工作。鼓励幼儿园开展儿童生态文明养成教育。

第四十六条　开展生态文明建设试点、示范活动，建设生态文明宣传教育和示范基地；开展生态文明机关、镇街、社区、企业、学校、医院、家庭等创建活动，提高全民生态文明素质。

第四十七条　弘扬生态文化，开展生态文化载体建设，发展体现生态文化特色的文化事业和文化产业。

第四十八条　国家机关、国有企业和事业单位应当建立绿色采购制度，优先采购和使用节约能源资源和有利于保护环境的产品以及再生产品，节约使用办公用品。

建立用能、用水定额管理制度。鼓励餐饮、娱乐、宾馆和交通运输等服务性行业提供充分利用资源、保护生态环境的产品和服务。鼓励公众购买和使用节能、节水、再生利用产品，减少使用一次性用品。

第四十九条 制定公众生态文明行为准则，按照少消耗、少污染、不浪费的原则，倡导全社会转变消费观念和方式。

倡导公众选择公共交通、自行车、步行等绿色出行方式。

培养公众资源回收意识，分类投放生活垃圾，遵守废弃电器电子产品等固体废弃物的回收处理规定。鼓励企业参与回收旧家电、旧家具和旧衣物。

鼓励公众合理控制室内空调温度，节约照明用电。

第八章 制度建设与保障

第五十条 加强生态文明制度建设的总体设计与创新。

第五十一条 市人民政府及其有关部门应当推动国民经济和社会发展规划、城乡总体规划、土地利用总体规划等多规划的融合统一。

第五十二条 建立城市生态环境长期调查和动态监测综合信息系统，对大气、水、土壤等环境要素和海洋、森林等生态系统进行监测、预警和综合评价。开展森林、山岭、水流、滩涂等自然生态资源确权登记，编制自然资源资产负债表，为生态环境保护决策提供依据。

第五十三条 市人民政府应当按照政府投入为主、排污者付费、受益者补偿的原则建立生态补偿制度。通过财政资金补助、技术培训、就业、社保等方式对下列事项予以补偿：

（一）饮用水源保护区建设与保护；

（二）自然保护区建设与保护；

（三）生态公益林建设与保护；

（四）风景名胜区建设与保护；

（五）矿产资源开发的环境修复；

（六）水土流失治理；

（七）市人民政府规定的其他事项。

具体生态补偿办法由市人民政府另行制定。对生态控制线范围较大的区，市人民政府应当加大财政扶持力度。

第五十四条 市人民政府应当建立生态文明建设目标责任制，主要包括下列内容：

（一）实施生态控制线规划的情况；

（二）环境质量达到功能区标准并持续改善；

（三）涉及生态文明建设的经济社会发展约束性指标；

（四）重点污染物排放总量控制约束性指标；

（五）森林、海洋、湿地、溪流等生态系统的保护与建设情况；

（六）生态修复工程实施情况；

（七）环境基础设施以及防灾减灾体系建设；

（八）单位国内生产总值能耗水平与清洁能源所占比重；

（九）碳排放总量控制及碳排放强度下降指标。

第五十五条　市人民政府应当建立体现生态文明要求的评价考核体系。

对责任单位以及负责人的考核，实行生态文明建设一票否决和单位负责人离任生态环境报告制度。

建立决策责任追究制度。对因盲目决策造成生态环境严重损害的，应当追究决策主要负责人及相关责任人的责任。

第五十六条　市、区人民代表大会常务委员会应当加强对生态文明建设的监督。

市、区人民政府应当定期向同级人民代表大会或者其常务委员会报告生态文明建设情况。

第五十七条　广播、电视、报刊和网络等新闻媒体依法对生态文明建设活动及违法行为、国家机关履行生态文明建设职责情况进行监督。

国家机关及其工作人员履行生态文明建设职责的情况应当自觉接受新闻媒体和社会的监督，及时调查处理新闻媒体以及各方面反映的问题，通报调查处理情况。

第五十八条　鼓励律师事务所、基层法律服务机构为环境诉讼提供法律援助。

第五十九条　建立生态文明建设信息档案，将单位和个人违反本条例的行为记入档案，建立信用监督和奖惩制度。

第六十条　市人民政府应当建立生态文明建设信息共享平台，公开下列信息：

（一）生态文明建设相关规划及执行情况；

（二）生态控制线的范围；

（三）生态文明建设量化指标及评价考核结果；

（四）生态补偿资金标准和使用、管理情况；

（五）社会反映强烈的生态文明违法行为的查处情况；

（六）生态文明建设成果；

（七）公众参与的信息反馈；

（八）其他相关信息。

第六十一条　加强海峡两岸生态环境保护交流合作。

加强台湾海峡海洋环境监测，推进海洋环境及重大灾害监测数据资源共享。

第九章　法律责任

第六十二条　违反本条例第十六条第一款，在生态控制线范围内从事破坏生态环境的项目开发的，按照职责分工由城市管理行政执法部门、林业行政主管部门、海洋行政主管部门责令停止违法行为，限期整改、恢复原状，并处十万元以上五十万元以下的罚款。

第六十三条　违反本条例第二十条，在国道、省道、高速公路等交通设施每侧二百米、铁路每侧五百米和机场、车站、湖泊、水库周边山坡地划定的范围内进行开山采石活动的，由城市管理行政执法部门责令停止违法行为，没收违法所得，并处每立方米二百元以上五百元以下的罚款。

第六十四条　违反本条例第二十一条第三款，擅自砍伐天然林和生态公益林的，由林业行政主管部门责令停止违法行为，补种砍伐株数十倍的树木，并处砍伐林木价值七倍以上十倍以下的罚款。

第六十五条　违反本条例第二十二条第三款，在湖泊、水库、河流、干渠进行洗砂排污活动的，由城市管理行政执法部门会同水行政主管部门责令停止违法行为，采取补救措施，没收违法所得，并处每立方米一百元以上二百元以下的罚款。

第六十六条　违反本条例第二十四条第二款，单位和个人在临时性禁入区进行砍伐、狩猎、捕捞、烧荒、开矿、采石、挖砂及其他人为干扰活动的，按照职责分工由林业行政主管部门、海洋行政主管部门、城市管理行政执法部门责令停止违法行为，没收违法所得，限期恢复原状或者采取其他补救措施，并处一万元以下的罚款。

第六十七条　违反本条例第三十四条第三款，企业、事业单位或者个体工商户在整治期间，不履行环境保护行政主管部门限定的作业时间与排放方式要求的，由环境保护行政主管部门处三千元以上二万元以下的罚款；未达到整治要求的，处二万元以上五万元以下的罚款，并可报请同级人民政府依法予以关闭。

第六十八条　违反本条例第四十二条第二款，有集中热水供应需求且具备太阳能集热条件的公共建筑，未采用太阳能集中供热系统的，由建设行政主管部门责令建设单位改正，并处每平方米十元以上三十元以下的罚款。

第六十九条　违反本条例第四十三条第一款，不按照绿色建筑标准进行建设的，规划行政主管部门不得颁发建设工程规划许可证，建设行政主管部门不得颁发施工许可证。

第七十条　有关行政主管部门及其工作人员有下列行为的，依法对有关行政主管部门通报批评，对主管人员和其他直接责任人员给予记过、记大过或者降级处分，造成严重后果的，给予撤职或者开除处分，其主要负责人应当引咎辞职：

（一）违反本条例第十六条第一款，审批在生态控制线范围内从事破坏生态环境的项目开发的；

（二）违反本条例第二十条，审批在国道、省道、高速公路、铁路等交通设施两侧和机场、车站、湖泊、水库周边进行开山采石的；

（三）违反本条例第二十一条第三款，审批砍伐天然林和生态公益林的；

（四）违反本条例第二十三条第三款，审批在本市海域开采海砂的；

（五）违反本条例第二十八条第二款，对超过重点污染物排放总量控制指标的地区审批新增同种污染物排放的建设项目；对超过重点污染物排放总量控制指标的企业审批新增同种污染物排放的新建、改建、扩建项目的；

（六）其他在生态文明建设工作中玩忽职守、滥用职权、徇私舞弊等行为的。

第十章　附则

第七十一条　本条例自 2015 年 1 月 1 日起施行。

青海省生态文明建设促进条例①

(2015 年 1 月 13 日青海省第十二届人民代表大会
常务委员会第十六次会议通过)

第一章 总则

第一条 为了维护国家重要生态安全屏障，推进生态文明先行区建设，实现经济社会全面协调可持续发展，根据有关法律、行政法规，结合本省实际，制定本条例。

第二条 本条例所称生态文明，是指以尊重自然、顺应自然和保护自然为理念，遵循人与自然和谐发展的客观规律，实现人与自然和谐共生、良性循环、持续繁荣的社会形态。

本条例所称生态文明建设，是指为实现生态文明而从事的各项建设活动及其相关活动。

第三条 本省行政区域内的生态文明建设和相关活动，适用本条例。

第四条 全省应当坚持生态保护第一，正确处理保护与发展的关系，把生态文明建设放在优先地位，融入经济建设、政治建设、文化建设、社会建设各方面和全过程，构建节约资源和保护环境的空间格局、产业结构、生产方式和生活方式。

第五条 生态文明建设必须建立有效约束开发行为和促进绿色发展、循环发展、低碳发展的生态文明法规制度，坚持用严格的制度保护生态环境，强化生产者环境保护的法律责任，大幅度提高违法成本，依法制裁破坏生态、污染环境的违法犯罪行为。

第六条 生态文明建设应当坚持统筹规划、系统设计与重点突破相结合，生态保护建设工程与体制机制创新相结合，专项改革与综合试点相结合，政府主导与发挥市场机制作用相结合，生态领域改革与其他领域改革相结合。

第七条 省人民政府负责领导、组织、协调全省生态文明建设工作。市（州）、县级人民政府负责组织、协调、实施本行政区域生态文明建设工作。

县级以上人民政府应当明确生态文明建设协调机构，具体负责本行政区域生态文明建设的指导、协调和监督管理工作。

县级以上人民政府有关部门按照各自职责做好生态文明建设工作。

第八条 生态文明建设是全社会的共同责任，应当发挥政府、公众、社会组织和市场

---

① 《青海省生态文明建设促进条例》，于 3 月 1 日起施行。这是青海省诞生的第一部省级地方生态文明建设立法，也是除贵州省之外全国第二部省级层面的生态文明地方性法规。是藏区诞生的首部生态文明建设法规。

的作用。

单位和个人参与生态文明建设，享有知情权、参与权和监督权。

建立生态文明建设公众参与机制，完善公众参与生态文明建设的途径、程序和保障措施，为公民、法人和其他组织共同参与和有效监督生态文明建设提供便利。

第九条　各级人民政府应当加强生态文明宣传工作，普及生态文明知识，倡导生态文明行为，提高全社会的生态文明意识。新闻媒体应当为生态文明建设营造良好的舆论氛围。

每年六月为全省生态文明建设宣传月。

第十条　各级人民政府应当对在生态文明建设工作中做出显著成绩的单位和个人予以表彰和奖励。

第二章　规划与建设

第十一条　各级人民政府应当把生态文明建设纳入国民经济和社会发展规划及年度计划。

第十二条　省人民政府编制全省生态文明建设规划，市（州）、县级人民政府根据上级人民政府生态文明建设规划编制本行政区域的生态文明建设规划。生态文明建设规划应当与国民经济和社会发展规划、主体功能区规划相衔接。

生态文明建设规划报同级人大常委会批准后实施。经依法批准的生态文明建设规划，非经法定程序，任何单位和个人不得修改。

第十三条　省人民政府应当根据主体功能区规划、城镇体系规划、城乡总体规划，划定生态保护红线，强化重要生态功能保育、资源集约激励和环境质量约束。

第十四条　各级人民政府应当组织实施主体功能区规划，健全与功能区相适应、相配套的政策体系，优化调整空间利用结构，促进资源合理配置、优势互补，引导人口分布、经济布局与资源环境承载力相适应。

第十五条　省人民政府应当建立国土空间规划体系，统筹协调经济发展与人口、资源、环境关系，优化国土空间开发布局，促进国土生态环境改善。

第十六条　省人民政府应当制定本行政区域的环境保护规划，强化大气、水、土壤和声环境监测监管，加大生态环境保护和污染防治力度，改善生产生活质量。

第十七条　省人民政府应当编制全省水中长期供求规划等战略配置规划，科学配置、有效保护、合理使用水资源。

第十八条　省人民政府应当组织编制保护地建设规划和国家公园建设规划，丰富我省保护地类型，探索在适宜地区建立国家公园管理保护机制。

第十九条　省人民政府应当实施三江源国家生态保护综合试验区规划、祁连山生态保护与建设综合治理规划、青海湖流域生态环境保护与综合治理规划、柴达木生态保护和综合治理规划、黄土高原和东部干旱山区生态环境综合整治规划，编制和落实各项工程实施方案。

第二十条　省人民政府应当加强新型城镇化建设，明确新型城镇发展思路和布局，完善配套政策措施，加强城乡规划实施管理，落实城乡一体化建设，改善城乡人居环境，全面推进美丽高原城镇、乡村建设。

第二十一条　省人民政府应当推进市县规划体系改革，开展经济社会发展规划、城乡规划、土地利用规划和生态环境保护规划多规合一工作，划定生产、生活、生态空间开发界限，实行空间用途管制。

第二十二条　各级人民政府应当依据循环经济主要评价指标，规划和调整本行政区域的产业结构，加快循环经济发展，扩大循环经济规模，构建以循环经济为主体的绿色产业体系。

第二十三条　各级人民政府应当发展绿色能源，推广使用太阳能、风能、地热能、生物质能等绿色能源，改善能源结构；发展绿色工业，逐步淘汰落后工艺、设备和材料；发展绿色建筑，推行绿色建筑评价体系，提高新型节能建材使用比例；发展绿色交通，鼓励使用清洁能源交通工具。

第二十四条　各级人民政府应当提倡环保消费，鼓励、引导消费者购买和使用节能、节水、再生产品，加快形成简约适度、绿色低碳、文明健康的消费行为。

第二十五条　各级人民政府应当组织开展生态文明建设试点、示范活动，将市（州）、县（区、市）、乡（镇）、社区、村社、单位、家庭创建活动作为推进生态文明建设的重要载体和有效途径。

第三章　保护与治理

第二十六条　各级人民政府应当根据生态文明建设规划，采取有效措施，实行严格的生态保护红线管控，对划入生态保护红线的重点生态功能区、生态环境敏感区和脆弱区等区域实行严格保护，严禁破坏。

未达到生态文明建设规划目标的各级人民政府，应当制定限期达标规划，并采取措施按期达标。

第二十七条　各级人民政府应当处理好生态文明建设和保障群众利益的关系，发挥群众在生态文明建设中的主体作用。妥善处理禁牧搬迁和生态移民后续问题，发展生态型产业，增强基础设施支撑能力，改善农牧民生产生活条件，提高农牧民生活水平，使群众成为生态文明建设的受益者。

第二十八条　各级人民政府应当加强基本农田保护，严守耕地保护红线，从严控制建设用地，清理处置闲置土地，节约集约利用土地资源。

第二十九条　各级人民政府应当采取有效措施，保护土壤环境，建立土壤环境监测网络，防止污染物侵蚀土壤，对受污染土壤的使用进行风险评估，修复污染耕地和场地。

第三十条　各级人民政府应当加强草原保护与治理，健全基本草原保护制度，推进发展生态畜牧业，落实草原生态保护补助奖励政策，开展退化草原综合治理，科学利用草原资源，增加草原植被覆盖度，恢复和巩固草原功能。

第三十一条　各级人民政府应当加强森林资源保护，开展森林生态系统服务功能价值评估，强化林地管理，严格征占用林地程序，完善森林生态效益补偿制度，加强封山育林，扩大森林面积，科学发展林下产业，有效增强森林碳汇。

第三十二条　各级人民政府应当加强湿地保护，开展湿地生态系统服务功能价值评估，落实湿地封育措施，实施湿地生态效益补偿制度，恢复湿地植被，扩大湿地面积，保持湿地自然特征，防止湿地功能退化。

第三十三条 各级人民政府应当开展沙化土地和水土流失治理，开展荒漠生态服务功能价值评估，加强小流域综合治理和风沙源区治理，划定沙化土地封禁保育区，强化开发建设项目水土保持管理，防止人为新增水土流失。

第三十四条 各级人民政府应当加强本行政区域的大气污染防治，采取有效措施，使大气环境质量达到国家规定的标准。

未达到国家大气环境质量标准的各级人民政府，应当编制大气环境质量限期达标规划，并按照规划的期限，实现限期达标。

第三十五条 县级以上人民政府应当实行最严格水资源管理制度，落实用水总量控制、用水效率控制、水功能区限制纳污的红线控制指标，推进节水型社会建设。

第三十六条 各级人民政府应当对本行政区域的水环境质量负责，优先保护饮用水水源安全，严格控制工业污染、城镇生活污染，防治农业面源污染，积极推进生态治理工程建设，使水环境质量达到国家规定的标准。

未达到国家水环境质量标准的重点流域的各级人民政府，应当制定限期达标规划，并采取措施按期达标。

第三十七条 县级以上人民政府应当建立本行政区域内的矿山生态环境监测和调查评价工作体系，完善矿山开采的生态环境治理和恢复保护制度，指导、监督采矿权人依法保护矿山环境。

第三十八条 各级人民政府应当加强本行政区域内固体废弃物污染防治工作，加强固体废弃物分类收集、综合利用和无害化处理。

第三十九条 省人民政府应当制定限制和禁止发展的产业目录，实行严格的产业准入和环境标准，提高生态环境准入门槛，新上产业项目必须依法进行环境影响评价。

禁止引进、新建、扩建和改建不符合产业政策和环境准入条件的产业、企业和项目。

第四十条 各级人民政府应当加强生物多样性保护，健全生物多样性保护协调工作机制，实施生物多样性保护行动计划，建立高原生物资源数据库，强化对青藏高原典型生态系统特有珍稀物种保护，防范外来入侵物种对本省生态环境的危害。

第四十一条 各级人民政府应当加强城乡环境综合治理，改善城乡生态环境，提高城乡人居环境质量。

第四十二条 各级人民政府应当依据资源环境承载能力，适度控制旅游规模和人文景点建设，严格保护自然生态、地质遗迹和历史文化遗存。

第四章 保障机制

第四十三条 县级以上人民政府应当建立生态文明建设工作协调机制，积极推进生态环境跨流域、跨行政区域的协同保护，研究解决生态文明建设工作中的重大问题。

第四十四条 县级以上人民政府应当建立体现生态文明建设要求的评价考核机制，将生态文明建设工作作为各级政府领导班子、领导干部年度目标责任考核的重要内容。对禁止开发区域、限制开发区域和生态脆弱的国家扶贫开发工作重点县不进行地区生产总值考核。

第四十五条 县级以上人民政府应当探索编制自然资源资产负债表，对领导干部实行自然资源资产离任审计。建立生态环境损害责任终身追究制。

第四十六条　省人民政府应当健全自然资源资产产权制度，对水域、森林、山岭、草原、耕地、湿地、荒地等自然生态空间进行统一确权登记，形成归属清晰、权责明确、监管有效的自然资源资产产权制度。

第四十七条　省人民政府应当建立资源环境承载能力监测预警机制，对水资源、环境容量和草原资源超载区域实行限制性措施，有序实现河流、湖泊、草地休养生息。

第四十八条　省人民政府应当逐步构建全面稳定有效的生态补偿机制。鼓励探索运用区域合作、市场运作等形式，建立地区间横向生态补偿制度。

第四十九条　县级以上人民政府应当将节能减排降碳目标逐级分解，落实到下一级人民政府，并制定严格的年度计划和年度目标，作为对下一级人民政府年度考核的重要内容。

第五十条　县级以上人民政府应当建立和完善严格的环境保护监督管理制度。对超过国家重点污染物排放种类控制指标或者未完成国家确定的环境质量目标的地区，环境保护主管部门应当暂停审批其新增重点污染物排放总量的建设项目环境影响评价文件，并向社会公布。

第五十一条　县级以上人民政府应当推行节能量、排污权、水权交易制度，建立吸引社会资本投入生态环境保护的市场化机制，推行环境污染第三方治理。

第五十二条　县级以上人民政府应当把生态文明建设作为公共财政支出的重点，加大投入力度，通过预算安排、专项资金整合、财政贴息、投资补助、减免行政收费等方式，支持生态文明建设，发挥公共财政在生态文明建设方面的导向作用。

第五十三条　县级以上人民政府应当创新投融资模式，探索多元化的投融资渠道，吸引、鼓励和支持社会资金、生态保护基金、企业和个人捐助、国际组织和国外政府援助等多种形式参与生态文明建设。鼓励金融机构在信贷融资等方面支持生态文明建设。

第五十四条　省人民政府应当加快自然资源及其产品价格改革，全面反映市场供求状况、资源稀缺程度、生态环境损害成本和修复效益，积极推进资源税从价计征改革。

第五十五条　省人民政府应当加大科技投入力度，支持有关生态文明建设的科技研发和新技术、新成果的应用推广。通过政府购买服务等方式，吸引省内外有实力的组织和个人，参与科技攻关和管理创新。

第五十六条　省人民政府及其有关部门应当将生态文明建设内容纳入国民教育体系和培训机构教学计划，加强生态文明领域人才队伍建设和人才智力引进。高等院校、科研机构应当加强生态文明建设相关领域的学科建设、人才培养和科技研发。鼓励企业提高自主创新能力，积极参与生态文明建设。

第五十七条　全社会应当弘扬人与自然和谐的生态文化。以培育和践行社会主义核心价值观为根本，强化人民群众的资源节约意识、环境保护意识、生态忧患意识，提高生态文明素养，树立正确的生态伦理道德观。

第五十八条　省人民政府应当建立生态环境污染公共监测预警机制和生态环境监测系统，制定预警方案。对水环境、大气环境、声环境、辐射环境、固体废物、森林资源系统、草原生态系统、湿地生态系统、荒漠生态系统等进行监测，监测结果向社会公布。环境受到污染，可能影响公众健康和环境安全时，依法及时公布预警信息，启动应急预案。

第五十九条　县级以上人民政府应当建立生态资源破坏、环境污染有奖举报制度，鼓励社会各界依法参与和监督生态环境保护工作。

第六十条　司法机关应当坚持公正司法，依法惩处破坏资源、污染环境的单位和个人。法律援助机构依法为环境污染受害人提供法律援助。

第六十一条　国家机关、新闻媒体、社会团体、企业事业单位和基层自治组织，应当加强生态文明宣传教育，增强全民节约意识、环保意识、生态意识，营造爱护生态环境的良好氛围。

第五章　监督检查

第六十二条　县级以上人民政府应当每年向同级人民代表大会或者其常务委员会报告生态文明建设目标完成情况，依法接受监督。

第六十三条　县级以上人民政府应当加强对所属部门和下级人民政府开展生态文明建设工作的监督检查，督促相关部门和地区履行生态文明建设职责，完成生态文明建设目标。

县级以上人民政府应当规范生态保护行政执法工作，建立和完善独立进行环境监管和行政执法制度，加大生态环境保护执法力度。

第六十四条　审判机关、检察机关办理生态环境诉讼案件或者参与处理环境事件，可以向行政机关或者有关单位提出司法建议或者检察建议，有关行政机关或者单位应当在收到建议之日起六十日内书面答复。

第六十五条　对污染环境、破坏生态、损害社会公共利益的行为，法律规定的社会组织可以向人民法院提起诉讼。

第六十六条　报刊、广播电视、网络等新闻媒体应当进一步加强和改进对生态文明建设的新闻舆论监督，有关单位和人员应当自觉接受新闻媒体的监督。

第六十七条　县级以上人民政府应当建立生态文明建设信息发布机制，定期将空气、水和土壤信息以及建设项目环境影响评价信息、环境监管和执法信息、污染减排信息、环境违法行为信息等向社会公开。突发环境事件应当及时向社会通报。

第六十八条　县级以上人民政府及其有关部门进行涉及公共利益的生态文明建设重大决策时，应当通过听证、论证、专家咨询或者公示等形式，广泛听取意见，接受公众监督。

第六十九条　公民、法人和其他组织发现任何单位和个人有污染环境和破坏生态的行为，有权向负有监管职责的部门举报。

公民、法人和其他组织发现负有监管职责的部门不依法履行职责的，有权向上级机关或者监察机关举报。

第七十条　各级人民政府可以聘请热心公益的公民，担任生态文明建设监督员，对生态文明建设提出意见建议，发现、劝阻、报告违反生态文明建设要求的行为。

第六章　法律责任

第七十一条　按照生态环境损害责任追究制度，对造成生态环境损害的责任者严格追究赔偿责任；构成犯罪的，依法追究刑事责任。

第七十二条　国家机关及其工作人员在生态文明建设中，有下列行为之一的，由上级主管部门责令改正，通报批评，对直接负责的主管人员和其他责任人员依法给予处分：

（一）未完成生态文明建设目标责任的；

（二）应当依法公开生态文明建设信息而未公开或者弄虚作假的；

（三）对生态文明建设违法行为进行包庇的；

（四）未依法实施监督管理的；

（五）无正当理由不接受监督的；

（六）未依法及时受理检举、投诉和控告或者不及时进行调查处理的；

（七）其他玩忽职守、滥用职权、徇私舞弊的。

第七十三条　违反本条例规定，在生态保护红线范围内从事损害生态环境保护活动的，由有关行政主管部门责令停止违法行为，限期整改，恢复原状，没收违法所得，对个人处以二万元以上十万元以下罚款，对单位处以二十万元以上一百万元以下罚款。

第七十四条　违反本条例规定的其他行为，按照有关法律、法规的规定处罚。

第七章　附则

第七十五条　本条例的配套规定由省人民政府制定。

第七十六条　本条例自 2015 年 3 月 1 日起施行。

杭州市生态文明建设促进条例(草案)

(征求意见稿)

2015 年 10 月 29 日,《杭州市生态文明建设促进条例 (草案)》在市十二届人大常委会第三十二次会上提请审议。

市人大城建环保委员会相关负责人表示,《杭州市生态文明建设促进条例》是今年的正式立法项目。"通过地方立法推进生态文明建设的法治进程,有利于进一步增强杭州市全社会生态文明建设的法治意识,形成节约能源资源和保护生态环境的产业结构、增长方式和消费模式,对推动'美丽杭州'建设意义重大。"

第一章 总则

第一条 [目的和依据] 为建立健全生态文明制度,促进生态文明建设,推动人与自然和谐发展,依据《中华人民共和国环境保护法》、《中华人民共和国土地管理法》等有关法律、法规,结合本市实际,制定本条例。

第二条 [适用范围] 本市行政区域内的生态文明建设,适用本条例。

本条例所称生态文明,是指以尊重自然、顺应自然和保护自然为理念,遵循人与自然和谐发展的客观规律,实现人与自然和谐共生、良性循环、持续繁荣的社会形态。

本条例所称生态文明建设,是指为实现生态文明而从事的各项建设及其相关活动。

第三条 [指导思想] 全市应当将生态文明建设放在优先地位,融入经济建设、政治建设、文化建设、社会建设各方面和全过程,以健全生态文明制度体系为重点,优化国土空间开发格局,构建节约资源和保护环境的产业结构、生产方式和生活方式,实现可持续发展。

第四条 [基本原则] 生态文明建设坚持节约优先、保护优先、自然恢复为主的方针,坚持把绿色发展、循环发展、低碳发展作为基本途径,坚持把深化改革和创新驱动作为基本动力,坚持把培育生态文化作为重要支撑,坚持把重点突破和整体推进作为工作方式。

第五条 [政府责任] 市人民政府统一领导、组织、协调全市生态文明建设工作,履行下列职责:

(一) 组织编制和实施生态文明建设规划;

(二) 制定生态文明建设指标体系;

(三) 制定资源有偿使用等政策措施;

(四) 制定和实施生态文明建设目标责任体系、考核办法、奖惩机制;

（五）建立生态文明建设决策、协调、合作和激励机制；

（六）建立用能权、碳排放权、排污权、水权交易机制。

各区、县（市）人民政府负责组织、协调、实施本行政区域内的生态文明建设工作。

市、区县（市）人民政府应当明确生态文明建设协调机构，具体负责本行政区域内生态文明建设的指导、协调和监督管理工作。有关部门按照各自职责做好生态文明建设工作。

第六条［共同责任］　生态文明建设是全社会的共同责任，应当发挥政府、公众、社会组织和市场的作用。

鼓励公民、法人和其他组织参与生态文明建设，并保障其享有知情权、参与权和监督权。

第七条［宣传倡导］　市、区县（市）人民政府应当结合实际开展形式多样的生态文明宣传教育工作，将生态文明建设内容作为公务员培训、国民教育的重要内容，普及生态文明知识，倡导绿色生活，提高全社会的生态文明意识。新闻媒体应当为生态文明建设营造良好的舆论氛围。

工会、共青团、妇联、基层自治组织等应当积极参与生态文明宣传。

第二章　生态规划

第八条［主体功能区］　市、区县（市）人民政府应当组织实施主体功能区规划，严格按照主体功能定位发展，完善开发政策，合理控制开发强度，规范开发秩序，促进资源优化配置，引导人口分布、经济布局与水、土地、气候等资源环境承载力相适应，构建科学合理的城镇发展格局、产业发展格局、生态安全格局。

第九条［生态保护红线］　市、区县（市）人民政府应当依法、科学划定生态保护红线，合理确定保护区域和限值，建立严格保护和动态管理制度，确保基本生态功能供给。

各区、县（市）人民政府负有环境保护监督管理职责的部门应当依法履行保护生态保护红线的职责和义务。

第十条［生态带规划］　市城乡规划部门负责组织编制本市生态带规划，指导区、县（市）人民政府制定和落实生态带的保护措施，严格控制并逐步降低生态带内建筑密度。已建的合法建筑物、构筑物，不得擅自改建或扩建。

第十一条［多规融合］　环境保护规划、土地利用规划、城乡规划、国民经济和社会发展规划等重要规划应当互相衔接，实现多规融合，划定生产、生活、生态空间开发界限，优化空间资源配置。

第十二条［空间开发］　市、区县（市）人民政府应当优化城乡空间结构和管理格局，促进地下空间的合理开发和综合利用，优化城镇功能配置，提高城镇空间资源利用效率和综合承载能力。

地下空间开发应当科学规划，避免或减少对地面空间利用的影响。

城乡规划部门应当加强对城市天际线的保护，逐步规划形成城市风道。

第三章　生态经济

第十三条［结构性产业调整］　市、区县（市）人民政府应当大力推行生态农业、生态旅游、生态服务业、生态工业等生态经济发展，推进生态型现代服务业和战略新兴产业发展。加快传统产业的生态转型升级改造，淘汰产能落后、污染严重的企业，促进企业转型升级。

有关行政主管部门应当坚持总量控制和空间管制制度，落实《产业发展导向目录与空间布局指引》等目录，严格执行产业项目联合审查制度，禁止或限制发展高能耗、高污染、低效益行业。

企业应当采用资源利用率高、污染物排放量少的工艺、设备以及废弃物综合利用技术和污染物无害化处理技术，减少污染物的产生。

第十四条［循环低碳］　发展和改革主管部门负责组织协调、监督管理本行政区域内的循环经济发展工作，经信部门应当积极促进清洁生产和工业废弃物的资源综合利用，环境保护等有关行政主管部门应当按照各自的职责负责有关循环经济的监督管理工作。

第十五条［资源配置量化管理］　市、区县（市）人民政府应当建立资源环境配置量化管理制度，促进环境资源的市场化配置，盘活存量环境资源，腾出资源环境容量促进服务经济社会发展。

第十六条［资源产权］　市、区县（市）人民政府应当建立自然资源资产产权制度。

经信部门应当建立能耗总量控制指标体系，推进重点用能单位用能权确权，开展用能权有偿使用和交易。

发展和改革主管部门应当强化应对气候变化基础能力建设，推进重点企业事业单位温室气体排放报告和核查工作，并根据国家、省统一部署，参与全国碳排放权市场交易。

水行政主管部门应当建立用水总量控制指标体系，开展水权确权登记和管理，探索建立水权制度。

第十七条［排污权交易］　市、区县（市）人民政府应当组织开展区域环境容量和主要污染物排放量核定工作，建立主要污染物排放权指标体系，开展排放权确权登记和管理，开展排污权交易。

环境保护部门应当推行重点监管企业主要污染物刷卡排污制度，建立持证排污、刷卡定量、动态监控、总量控制的监管体系。

主要污染物排放权可以用于质押贷款。

第十八条［资源价格体系］　市、区县（市）人民政府应当对水、电、气等资源要素实行阶梯累进的有偿使用制度，对高污染、高能耗企业采取惩罚性资源价格。

市、区县（市）人民政府建立全面反映市场供求、资源稀缺程度、生态环境损害成本和修复效益的资源有偿使用制度。

第十九条［水资源管理］　市、区县（市）人民政府应当实行最严格水资源管理制度，确立水资源开发利用控制红线、用水效率控制红线和水功能区限制纳污红线，落实水资源管理考核责任制，推进节水型社会建设。

水行政主管部门应当健全水资源监控体系，强化用水需求和用水过程管理，落实对水功能区和饮用水源区的监督管理。

第二十条［能源消费］　市、区县（市）人民政府应当实施煤炭消费总量控制，推进能源结构的调整优化和无燃煤区建设，不断降低煤炭能源消费比重。

市、区县（市）人民政府应当积极推广清洁能源的生产和使用，积极推进可再生能源、新能源的开发和利用。

第二十一条［生态农业建设］　市、区县（市）人民政府应当大力发展现代生态循环农业，推广新型种养模式和生态循环农业技术，构建产业布局生态、资源高效利用、生产清洁安全、产品优质安全、环境持续改善的现代生态循环农业体系。

第二十二条［建设节地］　市、区县（市）人民政府应当严守耕地保护红线，落实国土空间用途管制，加强新增建设用地指标管控、促进城镇低效土地盘活利用、强化建设项目用地监管，优化土地资源结构，集约利用国土资源。

第二十三条［生态补偿］　建立健全生态保护补偿制度。市、区县（市）人民政府应当完善对重点生态功能区的生态补偿机制，推动地区间建立横向生态补偿制度，落实生态保护补偿资金，确保其用于生态保护补偿。

第二十四条［绿色金融］　金融机构应当在行业监管政策的指引下，积极开展与产业政策、财政政策相协同的绿色金融业务，在信贷、证券等金融业务中应当优先考虑环境信用情况。

加快建立健全环境污染责任保险制度，率先在环境敏感地区、重污染行业，重点监管企业推行。

第二十五条［第三方服务］　市、区县（市）人民政府应当建立生态建设和环境保护领域吸引社会资本投入的市场化机制，推行环境污染治理、环境监测、运行维护等社会化第三方专业服务制度。

具有资质的第三方专业服务机构可以参与环境资源承载力、环境损害等评估，出具专业报告，并对报告结果负责。

第二十六条［中介机构监管］　环境保护等部门应当加强对环境影响评价、环境污染治理、环境监测、运行维护等第三方专业服务机构的监管，建立违法行为信息公开制度和退出机制，对涉及严重环境违法而负有连带责任的第三方专业服务机构依法追究责任。

第四章　生态环境

第二十七条［生物多样性］　自然资源的开发利用和城镇化建设活动，应当合理开发，采取措施保护野生动植物，防止对生物多样性的破坏，保障生态安全。

第二十八条［要素多样性］　市、区县（市）人民政府在城乡规划和建设中，应当采取措施，最大限度保留、保护包括钱塘江、苕溪、西湖、千岛湖、西溪湿地在内的原有江、河、湖、溪、山、林、田、湿地等自然生态要素，保护历史文化街区和历史建筑、古城镇、古村落等历史遗迹，防止自然生态要素和历史文化要素多样性的破坏。

第二十九条［森林资源保护］　市、区县（市）人民政府应当加强森林资源保护，开展植树造林、封山育林和森林抚育，严格森林采伐管理、征占用林地监管，扩大森林面积和提升森林质量，科学发展森林生态产业。

第三十条［造林绿化］　林业行政管理部门应当持续推进植树造林，优先推广乡土树种，持续改善林相景观和林分结构，提高森林生态系统的多样性。

绿化行政管理部门应当加强城市绿化规划的组织实施，监督检查绿化工作，鼓励和推广立体绿化等新型绿化方式。

第三十一条［环境综合治理］　市、区县（市）人民政府应当加强城乡环境综合治理工作，改善城乡生态系统，完善公共服务设施，提高城乡人居环境质量。

第三十二条［生态修复］　市、区县（市）人民政府应当依法制定有关水、气、土壤等生态保护和恢复治理方案，加大调查、评估、保护和治理力度，并实施生态化修复措施。

第三十三条［矿产开发］　国土部门应当按照生态保护优先的原则，合理控制矿产资源开发。开采矿产资源应当严格按照经批准的矿产资源开发利用方案和矿山地质环境保护与治理恢复方案进行开采和生态修复。

第五章　生态文化

第三十四条［生态文明制度］　市、区县（市）人民政府应当引导生态文化建设，积极鼓励企事业单位、社会组织、个人等弘扬生态文化，培育城市人文精神，提高公众生态文明素质。

鼓励企事业单位、基层自治组织、物业服务企业、行业协会通过管理制度、村规民约等形式，规定生态文明建设自律内容，强化自我约束和自我管理，对违反规定者可以提出劝告、批评和警告。

公民应当自觉遵守生态文明建设行为规范，积极参与生态文明建设，维护生态文明建设成果和形象。

第三十五条［生态文明建设基地］　市、区县（市）人民政府应当鼓励企业、社区、学校、医院、宾馆、家庭等开展生态文明实践，建设生态文明教育基地。

第三十六条［绿色建筑］　市、区县（市）人民政府应当积极推广绿色建筑，强化民用建筑节能，逐步提高节能建筑比例。新建政府投资建筑项目、大型公共建筑、保障性住房项目等，应当按照民用绿色建筑设计标准进行建设。

第三十七条［绿色交通］　市、区县（市）人民政府应当大力发展低碳交通生态体系，优化城乡立体化、智能化交通网络，鼓励低碳出行，完善公共自行车和大众公交服务体系，积极推进低排放城市建设。

环境保护部门应当加强对机动车辆尾气排放的监管，建立高污染排放机动车淘汰制度。鼓励优先购买和使用低排量的绿色车辆。

交通运输、海事、渔政等部门应当加强对机动船舶污染物排放的监督管理，建立严重污染环境船舶的淘汰制度。

第三十八条［绿色食品］　市、区县（市）人民政府应当建立健全食品安全管理制度，推行食品安全可追溯和量化分级管理制度，完善无公害农产品、绿色食品、有机食品等产地认定制度，落实食品生产经营者主体责任，完善食品安全事故责任追究制度。

第三十九条［绿色消费］　市、区县（市）人民政府应当倡导文明、绿色的生活方式和消费模式，引导消费者购买和使用节能、节水、节电、再生产品，减少一次性产品使用，加快推广简约适度、绿色低碳、文明健康的消费模式。

第四十条［生活垃圾分类］　本市生活垃圾管理工作遵循政府主导、全民参与、城乡统筹、市场运作的原则，通过实行分类投放、分类收集运输、分类利用、分类处置，逐步提高生活垃圾减量化、资源化、无害化水平。

市、区县（市）人民政府应当确定并落实生活垃圾管理目标，制定促进生活垃圾减量化、资源化、无害化的政策和措施，统筹生活垃圾处置设施规划布局和建设，保障生活垃圾管理的资金投入。

第四十一条［绿色采购］　国家机关和使用财政资金的其他组织应当按照国家有关规定优先采购和使用节能、节水、节材等有利于保护环境的产品、设备和设施。

第四十二条［科技创新］　市、区县（市）人民政府应当加大科技投入力度和应用推广，积极鼓励企业事业单位、高等院校、科研机构、社会团体、个人等参与生态文明建设相关的科技研究和创新，加快产业化转化，提高生态文明建设的质量。

第六章　公众参与

第四十三条［政府信息公开］　市人民政府应当建立生态文明建设信息共享和发布平台，公开生态文明建设规划及执行情况、生态控制线的范围、生态文明建设考核评价结果、生态文明违法行为处罚情况、生态文明建设成果、公众参与信息反馈等相关信息。

第四十四条［公众环境安全信息］　城乡规划部门应当科学、合理地规划布局对公众可能产生安全影响的建设项目用地，卫生、安监部门应当加强安全、卫生防护距离的监管，并公开相关信息。

第四十五条［企业信息公开］　依法纳入信息公开范围的企业应当依法、如实、及时公开与生态文明建设、环境保护相关的信息。鼓励其他企业采用年度报告等形式，通过网站平台、当地媒体等途径，依法公开相关信息。

第四十六条［信用评价］　环境保护部门和其他具有环境保护监督管理职责的部门应当对企事业单位和其他生产经营者的环境信用等级进行评价，及时公开环境信用信息。

生态文明建设信息纳入公共信用信息平台和企业信用信息公示系统，生态和环境违法信息记入信用档案，将严重破坏生态环境的企事业单位和其他生产经营者列入黑名单并向社会公开。

第四十七条［社会监督］　公民、法人、社会组织、新闻媒体有权依法对生态文明建设活动、相关违法行为及国家机关履行生态文明建设职责情况进行监督。

市、区县（市）人民政府应当健全对生态破坏和污染环境行为的有奖举报制度。

国家机关及其工作人员应当自觉接受新闻媒体和公民、法人、社会组织对其履行生态文明建设职责情况的监督，及时调查处理新闻媒体及各方面反映的问题。

第四十八条［公益诉讼］　法律规定的机关和组织可以对污染环境、破坏资源、破坏生态等损害社会公共利益的行为提起诉讼，要求有关责任主体承担停止侵害、排除妨碍、消除危险、恢复原状和赔偿损失等责任。

完善检察机关行使监督权制度，加强对民事公益诉讼、行政执法行为的法律监督。检察机关可以对法定组织因环境污染提出诉讼的符合条件的案件，积极开展支持起诉工作。

鼓励律师事务所、基层法律服务机构以及律师、其他法律工作者为环境诉讼提供公益法律服务。

第四十九条［司法建议和保全］　审判、检察机关办理环境诉讼案件或参与处理环境事件，可以向行政机关或有关单位提出司法建议或法律意见、检察建议或督促令，有关行政机关和单位应当及时回复。

查处环境违法行为的行政机关或提起环境公益诉讼的原告，认为当事人的行为可能加重对自然资源和生态、生活环境的破坏，或可能造成难以恢复后果的，可以向人民法院申请保全措施。

第五十条［多方调解］ 基层自治组织应当协助所在地人民政府及相关行政管理部门对影响公众生活的环境污染实施监督管理，并可依法调解因环境污染产生的民事纠纷。

物业服务企业应当对管理区域内的环境污染行为予以劝阻，对不听劝阻的，应当及时向环境保护部门或其他具有环境保护监督管理职责的部门报告。

建立行政调解与人民调解、司法调解的衔接工作机制，鼓励开展行政调解、人民调解、司法调解的统筹整合。

第七章 制度保障

第五十一条［目标体系和财政保障］ 市、区县（市）人民政府应当把资源消耗、环境损害、生态效益纳入经济社会发展评价体系，建立体现生态文明要求的目标体系。

市、区县（市）人民政府应当加大并优先保障保护和改善环境、防治污染和其他公害的财政投入，提高财政资金的使用效益。

第五十二条［协调考核机制］ 市、区县（市）人民政府应当建立生态文明建设协调机制，加强生态文明建设综合协调、统筹推进、监督考核工作。

市、区县（市）人民政府应当建立生态文明建设和环境保护目标责任制和考核评价制度，将目标完成情况作为对负有环境保护监督管理职责的部门及其负责人、下级人民政府及其负责人考核评价的重要依据，并向社会公开。

市、区县（市）人民政府应当对限制开发区域和生态脆弱的地区取消地区生产总值考核。

第五十三条［追责制度］ 市、区县（市）人民政府对本行政区域的环境质量负责，对决策所带来的环境风险和后果负责。对市、区县（市）人民政府主要领导干部实行自然资源资产离任审计，实行生态环境损害责任终身追究制。

审计机关在开展党政主要领导经济责任审计时，应当包括对市、区县（市）人民政府主要领导干部执行环境保护法律法规和政策、落实环境保护目标责任制等情况进行审计。

第五十四条［执法监管］ 区、县（市）人民政府对本行政区域环境监管执法工作负领导责任，应当落实环境监管网格化管理职责，落实监管方案。加强乡镇、街道环境保护监管能力建设，明确环境保护工作分管领导及配备必要的环境监管人员，推行综合执法。

具有环境保护监督管理职责部门应当加强环境保护监管和执法，确保生态环境安全。

环境保护部门应当通过制定方案、分解任务、跟踪督查、考核通报的措施，落实对下级政府和同级其他具有环境保护监督管理职责部门的统一监督管理。

第五十五条［规范监管］ 环境保护部门及其他具有环境保护监督管理职责部门应当采用符合市场经济规律的监管方式，建立科学监管的规则和方法，制定监管计划方案，完善以随机抽查为重点的日常监督检查制度，及时处理公众举报。

使用自动监控监测设备、设施的单位，应当定期经由质量监督管理部门认可资质的第三方机构对监控监测设备、设施进行检定或校准，其非现场技术监管的合法数据可以用于执法监管。

第五十六条〔监测体系〕 环境保护部门应当会同有关部门组织监测网络，加强对环境监测机构的管理，建立监测数据共享机制，形成统一的环境监测体系。各监测机构及其负责人对监测数据的真实性和准确性负责。

第五十七条〔综合行政执法〕 市、区县（市）人民政府应当按照浙江省人民政府批准的方案确定综合行政执法范围，组织有关行政主管部门在生态保护领域依法推行综合行政执法。

第五十八条〔司法联动〕 环境保护部门及其他具有环境保护监督管理职责的部门应当建立生态建设和环境保护行政执法与刑事司法联动制度，健全案件移送、联合调查、会商督办、信息共享和奖惩措施。

第八章　法律责任

第五十九条〔依法处罚〕 对违反本条例规定的行为，有关法律、法规对其法律责任已有规定的，从其规定。

按照生态环境损害责任追究制度，对造成生态环境损害的责任者严格追究赔偿责任；构成犯罪的，依法追究刑事责任。

第六十条〔公职人员法律责任〕 国家机关及其工作人员在生态文明建设中，有下列行为之一的，由其所在单位、监察机关或上级主管部门责令改正，通报批评，对直接负责的主管人员和其他责任人员依法给予行政处分。涉嫌犯罪的，依法追究刑事责任：

（一）因工作不力等主观原因，未完成生态文明建设目标的；

（二）应当依法公开生态文明建设信息而未公开或弄虚作假的；

（三）对生态文明建设违法行为进行包庇的；

（四）未依法实施监督管理的；

（五）无正当理由不接受监督的；

（六）未依法及时受理检举、投诉和控告或未及时进行处理的；

（七）存在其他玩忽职守、滥用职权、徇私舞弊行为的。

第九章　附则

第六十一条〔施行时间〕 本条例自　年　月　日施行。

第四篇

生态文明示范区建设

● 国家级生态示范区建设

国家级生态示范区建设概况

生态示范区建设是在一个市、县区域内，由政府牵头组织，以社会—经济—自然复合生态系统为对象，以区域可持续发展为最终目标的一种工作组织方式。生态示范区建设的目的是按照可持续发展的要求和生态经济学原理，调整区域内经济发展与自然环境的关系，努力建立起人与自然和谐相处的社会，促进经济、社会和自然环境的可持续发展。

全国生态示范区建设从试点启动到目前大体经历了 3 个阶段：

一是前期筹备阶段：

1994 年，国家环保局组织制定了"全国生态示范区建设规划"。1995 年，国家环保总局组织开展了生态示范区建设工作。根据当时国家环保局印发的《全国生态示范区建设规划纲要（1996～2050）》，生态示范区是以生态学和生态经济学原理为指导，以协调经济、社会、环境建设为主要对象，统一规划、综合建设，生态良性循环，社会经济全面、健康持续发展的一定行政区域。生态示范区是一个相对独立的、又对外开放的社会、经济、自然的复合生态系统。

二是组织试点：

从 1996 年到 1999 年，全国先后分四批开展了 154 个国家级生态示范区建设试点。在各省、自治区、直辖市环境保护局的指导和帮助下，各试点地区党委、政府高度重视生态示范区建设工作，按可持续发展战略要求，精心编制和实施生态示范区建设规划。通过生态示范区建设，一些试点地区积极调整产业结构，寓环境保护于经济社会发展之中，发展适应市场经济的生态产业，探索建立了多样化的现代生态经济模式，取得了良好的经济社会和环境效益，推动了环境保护基本国策的贯彻落实，初步实现了经济、社会、生态的良性循环和协调发展。

同时，部分省（区）也开展了省级生态示范区建设试点工作。

三是首批验收：

1998 年，国家环保总局决定提前组织生态示范区验收工作。1999 年，在省、自治区、直辖市环境保护局初审的基础上，国家环境保护总局组织对申报验收的 33 个试点地区进行了现场考核。结果表明，参加验收的试点地区工作成绩显著，示范效果明显，达到了预期的建设目标。经研究，国家环境保护总局决定对通过验收的试点地区进行命名，对在生态示范区建设过程中工作成绩突出的个人和单位进行表彰，这就是 2000 年命名的第一批国家级生态示范区。

在生态示范区建设试点方面，从 1995 年到 2003 年，国家环保总局分 8 批批准建立了

400 个生态示范区建设试点，其中，生态市（地、盟、州）55 个，生态县（市、区、旗）335 个，其他 10 个。批准生态省 6 个（海南省、吉林省、黑龙江省、福建省、浙江省、山东省）。到 2004 年 6 月，国家环保总局先后九批共批准 528 个国家级生态示范区试点。

在国家级生态示范区建设方面，到 2011 年，共命名七批 528 个国家级生态示范区。

为贯彻落实党的十七大及十七届四中全会精神，大力推进生态文明建设，促进资源节约型、环境友好型社会和社会主义新农村建设，努力构建社会主义和谐社会。2010 年，环境保护部出台了《关于进一步深化生态建设示范区工作的意见》。

2012 年，为推进生态文明建设，进一步规范国家生态建设示范区创建工作，环境保护部又制定了《国家生态建设示范区管理规程》。

2013 年 6 月，中央批准将"生态建设示范区"正式更名为"生态文明建设示范区"。这是中央对环保部门和地方各级党委、政府以"生态建设示范区"为平台推进生态文明建设所取得成效的充分肯定，也是对进一步发挥环境保护在生态文明建设中主阵地作用的殷切希望。

关于开展全国生态示范区建设试点工作的通知

环然 ［1995］ 444 号

各省、自治区、直辖市环境保护局：

保护自然资源和生态环境，实现可持续发展，是我国改革开放，进行现代化建设，广大群众致富奔小康的客观要求，也是环境保护工作的重要组成部分。目前，我国环境形势十分严峻，自然生态破坏呈加剧趋势，已引起社会各界的广泛关注。为了保护和建设我们赖以生存的生态环境，各级环境保护部门应积极会同有关部门通过防治乡镇工业和农药、化肥污染，保护生物多样性，建设自然保护区，发展生态农业，治理生态退化区域，强化对建设项目的生态环境管理，预防新的生态破坏等一系列工作，促进生态环境的建设，使生态恶化趋势逐步得到控制。

近年来，各地政府和环境保护部门，在生态建设方面进行了积极探索，一些地区开展了生态村、生态乡、生态县和生态市的建设，积累了经验，取得了一定成绩。在此基础上，为加快生态建设的步伐，实施可持续发展战略，促进区域经济社会与环境保护协同发展，我局决定开展生态示范区建设试点工作。

生态示范区是以生态学和生态经济学为指导，经济、社会和环境保护协调发展，经济效益、社会效益和环境效益相统一，以行政单元为界线的区域。建设生态示范区要在当地政府的领导下，把区域生态建设（包括生物多样性保护，乡镇企业和农药、化肥的污染防治，海洋环境保护，自然资源的合理开发利用及保护，生态农业发展，生态破坏的恢复治理等）与当地的社会经济发展和城乡建设有机地结合起来，统一规划，综合建设。建设生态示范区是实施可持续发展战略的必要途径，是落实环境保护基本国策的重要保证，是环境保护部门参与综合决策的可靠机制，对保护和改善我国的环境具有现实的意义和深远的影响。

现将《全国生态示范区建设规划纲要》等文件印发给你们，请按通知要求，认真组织生态示范区建设试点的选取和投资项目表的填写工作，并将有关材料于 10 月底前报送我局。

附件：全国生态示范区建设规划纲要（略）

关于批准北京市平谷县等地为全国生态示范区建设试点地区的通知

环然〔1996〕179 号

各省、自治区、直辖市环境保护局：

根据我局《关于开展全国生态示范区建设试点工作的通知》（环然〔1995〕444 号）要求，各地较好地完成了选点、申报等工作。经研究，现批准北京市平谷县等 69 个地、州、市、县（市、区、旗）及吉林天桥岭林业局为全国生态示范区建设试点地区（名单详见附件）。

党的十四届五中全会通过的《中共中央关于制定国民经济和社会发展"九五"计划和 2010 年远景目标的建议》，明确提出了到本世纪末和 2010 年的环境保护目标。建设生态示范区是探讨区域经济实施可持续发展和实现国家环境保护目标的一项重要战略措施。请你们接此通知后，近期重点做好以下几项工作：

（1）成立以政府主要负责人为首的生态示范区试点建设领导小组，统一领导试点工作；

（2）编制生态示范区建设规划，组织各方专家进行充分论证，报当地政府或人民代表大会批准；

（3）组织人员培训，开展宣传，形成良好的社会氛围；

（4）选好突破口，实施重点生态建设项目；

（5）制定生态示范区建设工作计划报我局备案。

各试点地区要精心组织，坚持不懈，争取经过几年乃至更长时间的艰苦努力，把试点地区建成区域可持续发展的样板和名副其实的生态示范区。

为及时交流经验，互通信息，加强工作指导，我局将编发《全国生态示范区建设试点工作通讯》，各地可将有关试点工作情况和重要思路、建议等及时报送我局。

附件：全国生态示范区建设试点地区名单

一九九六年二月二十七日

附件：

全国生态示范区建设试点地区名单

北京市　平谷县　延庆县

天津市　蓟　县

河北省　平泉县　阜城县

山西省　壶关县　榆次县　武乡县

内蒙古自治区　包头市郊区（西郊）　敖汉旗

辽宁省　盘锦市　盘山县　抚顺市顺城区　新宾县　沈阳市苏家屯区

吉林省　东辽县　和龙市　天桥岭林业局　白山市

黑龙江省　穆棱市　拜泉县　庆安县　虎林市　五常市

上海市　崇明县

江苏省　扬中市　大丰县　姜堰市　江都市

浙江省　绍兴县

安徽省　砀山县　黄山市黄山区　马鞍山市（矿区）　金寨县　涡阳县

福建省　建阳市

江西省　共青城

山东省　鄄城县　桓台县

河南省　内乡县　淇　县　内黄县

湖北省　老河口市　当阳市

湖南省　娄地地区　江永县　黔阳县　桃源县　祁阳县

广东省　珠海市（经济特区）

广西壮族自治区　环江毛南族自治县　恭城瑶族自治县

海南省　三亚市

四川省　珙　县　大足县　巫山县　成都市"温郫都"地区　彭山县

贵州省　赤水市

云南省　通海县　永平县　西双版纳州

西藏自治区　拉萨市

陕西省　延安市　合阳市

甘肃省　永昌县

青海省　互助县

宁夏回族自治区　中卫县

新疆维吾尔自治区　沙湾县

关于批准河北省围场县等地为全国生态示范区建设第二批试点地区的通知

环然 ［1997］078 号

各省、自治区、直辖市环境保护局：

我局《关于批准北京平谷县等地为全国生态示范区建设试点地区的通知》（环然［1996］179 号）发出后，各省、自治区、直辖市环境保护局和试点地区人民政府给予了高度重视，第一批试点工作进展顺利，社会反映良好。根据全国生态示范区建设试点工作发展的需要，各地又积极组织申报第二批试点。经研究，现批准河北省围场县等 31 个地（盟）、县（市、区、旗）为全国生态示范区建设第二批试点地区（名单详见附件）。请你们接此通告后，参照对第一批试点地区的管理要求，近期主要做好如下工作：

一、成立以政府主要负责人为首的生态示范区建设领导小组，统一领导试点工作；

二、严格按照《生态示范区建设规划导则（试行）》（环办然字［1996］046 号）要求，编制生态示范区建设规划，并组织专家论证，报当地政府或人民代表大会批准；

三、制定生态示范区建设试点工作计划。

各试点地区要充分认识生态示范区建设是一项长期而艰巨的任务，只有长抓不懈，才能取得预期的效果。

为加强对生态示范区建设试点工作的指导，我局将适时组织调研检查，请各试点地区及时将工作进展报我局。

附件：全国生态示范区建设第二批试点地区名单

一九九七年二月五日

附件：

全国生态示范区建设第二批试点地区名单

河　北　围场县　迁安市

山　西　清徐县

内蒙古　科左中旗　伊克昭盟（恩格贝）

辽　宁　大连市金州区

黑龙江　延寿县　同江市

浙　江　磐安县　开化县　泰顺县

安　徽　淮北市（煤矿区）　池州地区（已单独行文批准试点）　亳州市
福　建　长泰县　建宁县
江　西　信丰县　东乡县　宁都县
山　东　莘　县　五莲县　枣庄市峄城区　栖霞市
河　南　罗山县　民权县
湖　北　宜昌县
广　东　增城县　湛江市区　廉江市　龙门县
广　西　龙胜县

关于批准黑龙江省饶河县等地为第三批全国生态示范区建设试点地区的批复

环发［1998］351号

黑龙江省、江苏省、安徽省、贵州省、宁夏回族自治区环境保护局：

　　根据你局申报，经研究，现批准黑龙江省饶河县等5县、1基地为第三批全国生态示范区建设试点地区。请组织上述试点地区按全国生态示范区建设试点工作的要求，尽快成立以当地政府主要负责人为首的生态示范区建设领导小组。同时，要严格按照《生态示范区建设规划编制导则（试行）》的要求编制生态示范区建设规划，并组织专家论证后，报当地政府或人民代表大会批准。

　　特此批复。

　　附件：第三批全国生态示范区建设试点地区名单

一九九八年十月十六日

附件：

第三批全国生态示范区建设试点地区名单

黑龙江省　饶河县
江苏省　宝应县
安徽省　岳西县
贵州省　湄潭县　荔波县
宁夏回族自治区　广夏征沙渠种植基地

关于批准河北赤城县等地为第四批全国生态示范区建设试点地区的批复

环发〔1999〕274号

河北省、内蒙古自治区、辽宁省、江苏省、浙江省、安徽省、福建省、江西省、山东省、河南省、湖北省、湖南省、新疆维吾尔自治区环境保护局：

根据你局申报，经研究，现批准河北省赤城县等40个地（市）、县（旗、区）、矿区为全国生态示范区建设第四批试点地区（名单详见附件）。接此通知后，请组织上述试点地区按全国生态示范区建设试点工作的要求，尽快成立以政府主要负责人为首的生态示范区建设试点领导小组。同时，要严格按照《生态示范区建设规划编制导则（试行）》的要求，接受省环保局技术指导，编制生态示范区建设规划，组织专家论证，报当地人民政府或人民代表大会批准，并报我局备案。特此批复。

附件：全国生态示范区建设第四批试点地区名单

一九九九年十二月一日

附件：

全国生态示范区建设第四批试点地区名单

河北省 　赤城县 　蔚县 　涿鹿县 　怀来县 　平山县
天津市 　宝坻县
内蒙古自治区 　奈曼旗 　兴安盟农牧场管理局 　呼伦贝尔盟
辽宁省 　清原满族自治县 　宽甸满族自治县
江苏省 　扬州市 　溧阳市 　兴化市 　邳州市
浙江省 　丽水地区 　宁海县 　安吉县
安徽省 　望江县 　绩溪县
福建省 　华安县
江西省 　南丰县 　黎川县 　武宁县
河南省 　濮阳市 　新县 　柘城县 　伊川县 　泌阳县

山东省　寿光县　新汶矿区

湖北省　荆门市　京山县

湖南省　长沙市岳麓区　长沙县

广东省　中山市

甘肃省　广河县

新疆维吾尔自治区　哈密市　乌鲁木齐市水磨沟区　阜康市

关于批准河北省栾城县等地为第五批全国生态示范区建设试点地区的批复

环发〔2000〕133号

河北省、辽宁省、吉林省、黑龙江省、江苏省、浙江省、安徽省、山东省、河南省、湖北省、湖南省、广西壮族自治区、四川省环境保护局：

你局关于申报全国生态示范区建设试点的请示收悉，经研究，现批复如下：

一、批准河北省栾城县等57个地（市、垦区）、县（市、区）为全国生态示范区建设第五批试点地区（名单详见附件）。

二、江苏省滨海县和盐都县纳入盐城市国家级生态示范区建设试点，泗洪县纳入宿迁市国家级生态示范区建设试点，金湖县和盱眙县纳入淮阴市国家级生态示范区建设试点，高邮市、邗江县和仪征市纳入扬州市国家级生态示范区建设试点，山东省烟台经济技术开发区纳入烟台市国家级生态示范区建设试点，广西壮族自治区兴安县、资源县、灵川县和全州县纳入桂林市国家级生态示范区建设试点，进行统一建设和管理，不再单独批复。

三、请组织上述试点地区按照全国生态示范区建设试点工作的要求，成立生态示范区建设试点领导小组。其中地市规模的生态示范区建设试点领导小组成员应当包括所辖县区政府领导，所辖县区也要成立相应的领导小组。

四、各试点地区要根据《生态示范区建设规划编制导则（试行）》的要求，接受省环保局的技术指导，编制生态示范区建设规划，组织专家论证，报当地人民代表大会或人民政府批准，并报我局备案。地市规模的生态示范区所辖县区也要编制本县区生态示范区建设规划。

五、按照国家环保总局生态示范区建设标准和试点单位建设规划，各试点单位应切实加强领导，制定具体实施方案，提出相应的对策措施，深入宣传发动，精心组织，求真务实，扎扎实实地抓好示范区建设的各项创建工作。

附件：第五批全国生态示范区建设试点地区名单

二〇〇〇年六月二十九日

附件：

第五批全国生态示范区建设试点地区名单

河北省　栾城县　正定县　涿州市

辽宁省　沈阳市东陵区　大连市旅顺口区　海城市　建平县

吉林省　辽源市　长春市净月潭开发区　长春市双阳区　集安市　德惠市　通榆县

黑龙江省　黑龙江垦区　绥化市　宝清县

江苏省　盐城市　宿迁市　淮阴市　江阴市　高淳县　溧水县　睢宁县　丰县　吴县市　赣榆县　灌南县

浙江省　桐乡市　平湖市　诸暨市　玉环县　嵊泗县

安徽省　颖上县　宁国市　界首市　临泉县　庐江县　南陵县　宣州市　泾县　全椒县

山东省　日照市　威海市　烟台市

河南省　信阳市　栾川县　桐柏县

湖北省　十堰市　咸丰县

湖南省　资兴市　麻阳苗族自治县　石门县　望城县

广西壮族自治区　桂林市　防城港市

四川省　叙永县　蒲江县　成都市龙泉驿区

关于批准北京市密云县等地为第六批全国生态
示范区建设试点地区的批复

环发〔2001〕88号

北京市、天津市、山西省、内蒙古自治区、辽宁省、黑龙江省、江苏省、浙江省、福建省、江西省、山东省、河南省、湖北省、湖南省、广东省、四川省、陕西省、新疆维吾尔自治区环境保护局（厅）：

你局（厅）关于申报全国生态示范区建设试点的请示收悉。经研究，现批复如下：

一、批准北京市密云县等8个地（盟、市）、县（市、区）为全国生态示范区建设第六批试点地区（名单详见附件）。

二、江苏省盐城市城区、阜宁县、响水县纳入盐城市国家级生态示范区建设试点，宿迁市宿豫区、沭阳县、泗阳县纳入宿迁市国家级生态示范区建设试点，东海县、灌云县纳入连云港市国家级生态示范区建设试点；陕西省太白县纳入宝鸡市国家级生态示范区建设试点，进行统一建设和管理，不另行文。

三、请组织上述试点地区按照全国生态示范区建设试点工作的要求，成立生态示范区建设试点领导小组。其中地市规模的生态示范区建设试点领导小组成员应当包括所辖县区政府领导，所辖县区也要成立相应的领导小组。

四、各试点地区要根据《生态示范区建设规划编制导则（试行）》的要求，接受省环保部门的技术指导，编制生态示范区建设规划，组织专家论证，报当地人民代表大会或人民政府批准，并报我局备案。地市规模的生态示范区所辖县区也要编制本县区生态示范区建设规划。

五、按照国家环保总局制订的生态示范区建设标准和试点地区建设规划，各试点地区应切实加强领导，制定具体实施方案，提出相应的对策措施，深入宣传发动，精心组织，求真务实，扎扎实实地抓好生态示范区建设的各项创建工作。

附件：第六批全国生态示范区建设试点地区名单

二〇〇一年六月六日

附件：

第六批全国生态示范区建设试点地区名单

北京市 密云县

天津市 大港区 宁河县

山西省 安泽县

内蒙古自治区 赤峰市元宝山区 阿鲁科尔沁旗 乌兰察布盟

辽宁省 桓仁县 抚顺县 昌图县 丹东市振安区 康平县

黑龙江省 克山县 铁力市 嘉荫县 密山市

江苏省 苏州市 连云港市 江浦县 南京市江宁区 六合县 沛县 铜山县 新沂市 海门市 如东县 如皋市 通州市 启东市 海安县 涟水县 洪泽县 淮安市淮阴区 句容市 靖江市

浙江省 淳安县 海宁市

福建省 南平市

江西省 星子县 靖安县 资溪县 南城县 崇义县 金溪县

山东省 青岛市 青州市 章丘市

河南省 鲁山县

湖北省 鄂州市

湖南省 益阳市资阳区 岳阳市君山区 韶山市 攸县 新宁县

广东省 南澳县 始兴县 连平县 徐闻县 揭西县

四川省 苍溪县 阆中市 三台县 邛崃市 金堂县 大邑县 沐川县

陕西省 宝鸡市 杨凌区 西安市临潼区 周至县 佛坪县 洛川县 彬县 大荔县 宜君县 宁陕县 商州市 米脂县

新疆维吾尔自治区 布尔津县 呼图壁县

关于批准第七批全国生态示范区建设试点地区及调整部分试点地区的通知

环发〔2002〕92号

各省、自治区、直辖市环境保护局（厅），新疆生产建设兵团环境保护局：

根据有关省、自治区、直辖市环境保护局（厅）的申请，经研究，现就批准第七批全国生态示范区建设试点地区及调整部分生态示范区建设试点地区的有关事宜通知如下：

一、批准北京市大兴区等106个市、县（市、区）为第七批全国生态示范区建设试点地区（名单详见附件）。

二、江苏省常熟市、太仓市、昆山市、张家港市、吴江市纳入苏州市国家级生态示范区建设试点，淮安市楚州区纳入淮安市国家级生态示范区建设试点，东台市、射阳县、建湖县纳入盐城市国家级生态示范区建设试点，湖南省长沙市开福区、宁乡县纳入长沙市国家级生态示范区建设试点，进行统一建设和管理，不另行文。

三、请组织上述试点地区按照全国生态示范区建设试点工作的要求，成立生态示范区建设试点领导小组。其中地市规模的生态示范区建设试点领导小组成员应当包括所辖县区政府领导，所辖县区也要成立相应的领导小组。

四、各试点地区要根据《生态示范区建设规划编制导则（试行）》的要求，接受省环保部门的技术指导，编制生态示范区建设规划。规划由省级环境保护部门组织专家论证，报当地人民代表大会或人民政府批准，并报我局备案。地市规模的生态示范区所辖县区也要编制本县区生态示范区建设规划。

五、内蒙古自治区包头市郊区、安徽省亳州市谯城区（原亳州市）、湖南省娄底市（原娄底地区）分别为我局批准的第一批（1996年）和第二批（1997年）生态示范区建设试点地区。三个试点地区至今未编制完成生态示范区建设规划，生态示范区建设工作基本没有进展。我局决定这三个试点地区不再作为全国生态示范区建设试点地区。今后，我局还将定期对其它生态示范区建设工作进展不力的地区予以调整。

六、按照国家环保总局制订的生态示范区建设标准和试点地区建设规划，各试点地区应切实加强领导，制定具体实施方案，提出相应的对策措施。深入宣传发动，精心组织，求真务实，扎扎实实地抓好生态示范区建设的各项创建工作。

附件：第七批全国生态示范区建设试点地区名单

二〇〇二年六月十一日

附件：

第七批全国生态示范区建设试点地区名单

北京市　大兴区

河北省　灵寿县　邢台县　巨鹿县　黄骅市

山西省　沁源县　右玉县　朔州市平鲁区　平陆县　永和县　沁县　祁县　陵川县
沁水县　盂县

黑龙江省　大兴安岭地区　海林市　北安市　萝北县

江苏省　宜兴市　金坛市　泰兴市　丹阳市　镇江市丹徒区

浙江省　衢州市　德清县　嵊州市　象山县　慈溪市　海盐县　嘉善县　建德市

安徽省　芜湖市马塘区　蚌埠市新城综合开发区

福建省　平和县　南靖县　永泰县　泰宁县

江西省　安义县　南昌县　新建县　吉安县　永丰县　分宜县　上犹县　兴国县　石
城县　彭泽县　婺源县　新干县　安福县

山东省　平阴县　淄博市博山区　临朐县　安丘市　禹城市　乐陵市　夏津县　临沂
市兰山区　临沂市河东区　蒙阴县　沂南县　临沭县　东阿县　博兴县　邹平县

河南省　新蔡县　遂平县　西峡县　淅川县　嵩县

湖北省　武汉市东西湖区　谷城县

湖南省　湘阴县　隆回县　城步苗族自治县　洞口县　绥宁县　平江县　桂东县

广西壮族自治区　昭平县　崇左县　大新县　北海市

四川省　彭州市　崇州市　新津县　天全县　泸县　通江县　宣汉县　南充市顺庆区
广元市元坝区　青川县

贵州省　金沙县　毕节市　黎平县　凤冈县　贵阳市花溪区

云南省　楚雄市　师宗县　澄江县　江川县

陕西省　汉中市　礼泉县

新疆生产建设兵团　石河子市

关于批准第八批全国生态示范区
建设试点地区的通知

环发 ［2003］ 109 号

有关省、自治区、直辖市环境保护局（厅）：

按照我局生态示范区建设管理的要求，根据有关省、自治区、直辖市环境保护局（厅）的申请，经研究审定，现批准北京市怀柔区等86个市、县（市、区）为第八批全国生态示范区建设试点地区（名单详见附件）。请各地切实加强领导，认真搞好有关试点工作：

一、上述试点地区要按照全国生态示范区建设试点工作的要求，成立生态示范区建设试点领导小组。其中地市规模的生态示范区建设试点领导小组成员应当包括所辖县区政府领导，所辖县区也要成立相应的领导小组。

二、各试点地区要根据《生态示范区建设规划编制导则（试行）》的要求，接受省级环保部门的技术指导，编制生态示范区建设规划。规划由省级环境保护部门组织专家论证，报同级人民代表大会或人民政府批准、实施，并报我局备案。地市规模的生态示范区所辖县区也要编制本县区生态示范区建设规划。

三、按照我局制订的生态示范区建设指标和试点地区建设规划，各试点地区应切实加强领导，加大工作力度，制定具体实施方案，提出相应的对策措施，深入宣传发动，精心组织，求真务实，扎扎实实地抓好生态示范区建设的各项创建工作。

四、加强对前七批生态示范区试点的监督管理。尚未编制完成生态示范区建设规划的试点地区，要尽快组织编制完成建设规划；在建的生态示范区试点地区，要围绕建设规划目标和任务，细化、分解各项任务指标，并具体落实到部门、单位和乡（镇），确保如期实现规划目标。我局将对生态示范区建设工作进展不力的地区进行调整。

五、有条件的地区可参照我局印发的《生态县、生态市、生态省建设指标（试行）》（环发〔2003〕91号）要求，积极开展生态市（县）创建工作。

附件：第八批全国生态示范区建设试点地区名单

二〇〇三年六月三十日

附件：

第八批全国生态示范区建设试点地区名单

北京市　怀柔区

天津市　汉沽区　西青区　武清区

重庆市　丰都县

河北省　遵化市　隆化县　曲周县　涉县　文安县　固安县　高邑县　唐海县　迁西县　崇礼县

山西省　太原市晋源区　大同市新荣区　方山县　左云县　灵丘县　芮城县　吉县　隰县

内蒙古自治区　锡林浩特市　阿尔山市　扎鲁特旗　杭锦后旗

辽宁省　北宁市　长海县　彰武县

黑龙江省　依兰县　林口县　集贤县　桦南县

江苏省　南京市　无锡市　徐州市　常州市　南通市　镇江市　泰州市

安徽省　枞阳县　桐城市　舒城县　和县　芜湖县　旌德县　祁门县　休宁县

福建省　柘荣县　明溪县　霞浦县

江西省　南昌市

山东省　临沂市　聊城市东昌府区　微山县　金乡县

河南省　孟州市

湖南省　怀化市　武冈市　汝城县　岳阳县

广东省　深圳市龙岗区　新丰县

广西壮族自治区　南宁市　蒙山县

四川省　雅安市　江油市　泸州市江阳区　九寨沟县

贵州省　余庆县　榕江县　从江县　绥阳县

云南省　大理市　德宏州　宣威市　思茅市　玉溪市红塔区　临沧县　武定县　易门县
陆良县　罗宁县

陕西省　吴起县

宁夏回族自治区　彭阳县

关于批准第九批全国生态示范区建设试点的通知

环发〔2004〕144号

省、自治区、直辖市环境保护局（厅），新疆生产建设兵团环境保护局：

按照我局全国生态示范区建设试点管理的要求，根据有关省、自治区、直辖市环境保护局的申请，经研究审定，现批复如下：

一、批准北京市朝阳区等44个市、县（市、区）为第九批全国生态示范区建设试点地区（名单见附件）。江西省吉安市青原区不单独批复，纳入吉安市全国生态示范区建设试点进行管理。请各试点地区切实加强领导，认真做好有关工作：

1. 按照全国生态示范区建设试点工作的要求，成立生态示范区建设试点领导小组。其中地市规模的生态示范区建设试点领导小组成员应当包括所辖县区政府领导，所辖县区也要成立相应的领导小组。

2. 根据《生态示范区建设规划编制导则（试行）》的要求，接受省级环保部门的技术指导，按不同建设类别（建设类别的划分参见我局《关于开展2001年度全国生态示范区建设试点考核验收工作的通知》（环办〔2001〕31号）编制生态示范区建设规划。规划由省级环境保护部门组织专家论证，报同级人民代表大会或人民政府批准、实施，并报我局备案。地市规模的生态示范区所辖县区也要编制本县区生态示范区建设规划。

有条件的地区可参照我局印发的《生态县、生态市、生态省建设指标（试行）》（环发〔2003〕91号）要求，直接编制生态市（县）建设规划，积极开展生态市（县）创建工作。

3. 切实加强领导，加大工作力度，制定具体实施方案，提出相应的对策措施，深入宣传发动，精心组织，求真务实，扎扎实实地抓好生态示范区建设的各项创建工作。

二、黑龙江省阿城市、克东县、哈尔滨市松北新区，吉林省榆树市、安图县，浙江省宁波市鄞州区、宁波市镇海区、文成县，山东省济阳县、商河县、淄博市周村区、枣庄市山亭区、高唐县、阳谷县，福建省周宁县，不再单独批复为全国生态示范区建设试点，分别纳入黑龙江、吉林、浙江、山东、福建生态省建设进行管理。今后凡属生态省建设试点，其下属市、县不需另申报国家级生态示范区建设试点，可直接按国家级生态示范区建设要求，自行开展创建工作。达到验收条件和标准后，可直接申请考核、验收。

三、请各地加强对前八批生态示范区试点的监督管理。尚未编制完成生态示范区建设规划的试点地区，要尽快组织编制完成建设规划；在建的生态示范区试点地区，要围绕建设规划目标和任务，细化、分解各项任务指标，并具体落实到部门、单位和乡（镇），确保如期实现规划目标。我局将对生态示范区建设工作进展不力的地区进行调整，取消其试点资格。

附件：第九批全国生态示范区建设试点名单及其建设类别

二〇〇四年十月二十六日

附件：

第九批全国生态示范区建设试点名单及其建设类别

省（区市）	试点	建设类别
北京市	朝阳区	1
	丰台区	1
河北省	丰宁县	3
	宽城县	3
	张家口市桥西区	2
	香河县	1
	易县	2
	涞水县	2
	泊头市	2
	新乐市	1
	大名县	3
	馆陶县	2
	尚义县	3
山西省	平定县	2

省（区市）	试点	建设类别
内蒙古自治区	宁城县	3
	突泉县	3
辽宁省	铁岭市经济开发区	2
江西省	吉安市	2
	芦溪县	3
	大余县	2
	修水县	3
	宜春市	2
	安远县	3
河南省	郑州市惠济区	1
	登封市	2
	修武县	2
	卢氏县	3
湖南省	张家界市	3
	湘西土家族苗族自治州	3
四川省	丹棱县	2
	洪雅县	2
	南溪县	2
	长宁县	2
	宜宾市翠屏区	2
	南部县	3
	南充市嘉陵区	3
	平昌县	3
云南省	云县	3
	曲靖市麒麟区	2
	华宁县	2
	建水县	3
陕西省	淳化县	3
甘肃省	平凉市	3
	清水县	3

关于命名第一批国家级生态示范区及表彰先进的决定

环发〔2000〕49号

各省、自治区、直辖市环境保护局：

建设生态示范区是实施可持续发展战略的重要举措，是解决当前我国农村生态环境问题、实现区域经济社会与环境保护协调发展的有效途径。

1995年以来，全国先后建立了154个省、地、县级规模的生态示范区建设试点。在各省、自治区、直辖市环境保护局的指导和帮助下，各试点地区党委、政府高度重视生态示范区建设工作，按可持续发展战略要求，精心编制和实施生态示范区建设规划。通过生态示范区建设，一些试点地区积极调整产业结构，寓环境保护于经济社会发展之中，发展适应市场经济的生态产业，探索建立了多样化的现代生态经济模式，取得了良好的经济社会和环境效益，推动了环境保护基本国策的贯彻落实，初步实现了经济、社会、生态的良性循环和协调发展。

1999年，在省、自治区、直辖市环境保护局初审的基础上，我局组织对申报验收的33个试点地区进行了现场考核。结果表明，参加验收的试点地区工作成绩显著，示范效果明显，达到了预期的建设目标。经研究，我局决定对通过验收的试点地区进行命名，对在生态示范区建设过程中工作成绩突出的个人和单位进行表彰：

命名北京市延庆县等33个县、市、地区为国家级生态示范区；

授予张志宽等66位同志为国家级生态示范区建设优秀领导者；

授予尤秉德等33位同志为国家级生态示范区建设先进工作者；

授予北京市延庆县环境保护局等32个单位为国家级生态示范区建设优秀组织奖。

请获命名的国家级生态示范区所在省、自治区、直辖市环境保护局及时向当地党委、政府汇报命名表彰情况，并结合本地实际，进一步开展对获命名地区的有关单位和人员进行表彰和奖励。

希望被命名的国家级生态示范区和获表彰的单位与个人再接再厉，争取更大成绩。同时，也希望全国生态示范区建设试点地区的广大干部群众，向被命名的国家级生态示范区和获表彰的单位与个人学习，为保护和改善我国的生态环境，实现社会经济的可持续发展，不断做出新的贡献。

国家环境保护总局
二〇〇〇年三月三日

国家级生态示范区名单

第一、二批（2000、2002 年）

地区	第一批命名（33 个）	第二批命名（49 个）
北京市	延庆县	平谷县
天津市		蓟县
河北省		围场县
山西省		壶关县
内蒙古	敖汉旗	科左中旗
辽宁省	盘锦市　盘山县　新宾县　沈阳市苏家屯区　大连金州区	
吉林省	东辽县　和龙市	
黑龙江省	拜泉县　虎林市　庆安县　省农垦总局 291 农场	同江市　穆棱市　延寿县　饶河县　省农垦总局宝泉岭分局
上海市		崇明县
江苏省	扬中市　大丰市　姜堰市　江都市　宝应县	溧阳市　兴化市　邳州市　高邮市　仪征市　高淳县　盱眙县　泗洪县　丰县
浙江省	绍兴县　临安市　磐安县	开化县　泰顺县　安吉县
安徽省	砀山县　池州地区	黄山市黄山区　马鞍山市南山铁矿　金寨县　涡阳县
福建省		建阳市　建宁县　华安县
江西省	共青城	信丰县　东乡县　宁都县
山东省	五莲县	栖霞市　寿光市　桓台县　莘县　枣庄市峄城区
河南省	内乡县	淇县　内黄县
湖北省	当阳市　钟祥市	老河口市
湖南省	江永县	浏阳市
广东省	珠海市	
广西壮族自治区		恭城瑶族自治县　龙胜各族自治县
海南省	三亚市	
四川省		温江县　郫县　都江堰市

续表

地区	第一批命名（33 个）	第二批命名（49 个）
贵州省		赤水市
云南省		通海县
宁夏回族自治区	广夏征沙渠种植基地	
新疆维吾尔自治区	乌鲁木齐市沙依巴克区	

第三批（2004 年）

地区	第三批命名（84 个）
北京市	密云县
天津市	宝坻区
河北省	平泉县　怀来县　迁安市阜城县
山西省	侯马市　晋中市　榆次区安泽县　武乡县　五寨县　清徐县
内蒙古	呼伦贝尔市奈曼旗
辽宁省	海城市　沈阳市东陵区　大连市旅顺口区　建平县　宽甸满族自治县　清原满族自治县
吉林省	集安市　长春市双阳区　长春市净月潭开发区　天桥岭林业局
黑龙江省	省农垦总局红兴隆分局　省农垦总局建三江分局　省农垦总局牡丹江分局　省农垦总局绥化分局　嘉荫县　克山县
江苏省	常熟市　张家港市　昆山市　苏州市吴中区　太仓市　吴江市　海门市　扬州市邗江区　句容市　溧水县　如东县　如皋市　睢宁县　盐城市盐都区　滨海县　金湖县
浙江省	丽水市　宁海县　象山县　德清县　海宁市　桐乡市　平湖市　淳安县
安徽省	霍山县　岳西县　绩溪县
福建省	长泰县
江西省	武宁县
山东省	章丘市　青州市　鄄城县　胶南市　胶州市　青岛市城阳区
河南省	新县　固始县　罗山县　商城县　泌阳县
湖北省	十堰市　武汉市东西湖区　远安县
湖南省	望城县　长沙市岳麓区　长沙县　石门县
广东省	中山市南澳县
广西壮族自治区	环江毛南族自治县
重庆市	大足县
四川省	蒲江县

续表

地区	第三批命名（84个）
云南省	西双版纳傣族自治州
新疆维吾尔自治区	乌鲁木齐市水磨沟区

第四批（2006年）

地区	第四批命名（67个）
北京市	朝阳区
重庆市	巫山县
山西省	右玉县
内蒙古	阿鲁科尔沁旗杭锦后旗
辽宁省	抚顺县　桓仁县　丹东市振安区　大洼县　康平县
吉林省	安图县
江苏省	扬州市　南京市江宁区、浦口区　江阴市　启东市　通州市　海安县　泰兴市　靖江市　金坛市　东台市　射阳县　阜宁县　建湖县　响水县　沭阳县　洪泽县　沛县
浙江省	江山市　常山县　建德市　嘉善县　海盐县　温岭市　文成县
江西省	资溪县
山东省	东营市　日照市　青岛市崂山区、黄岛区　即墨市　平度市　莱西市　临朐县
河南省	信阳市　信阳市浉河区、平桥区　潢川县　光山县　息县　淮滨县　桐柏县　伊川县　栾川县
湖南省	长沙市天心区、雨花区、开福区、芙蓉区　祁阳县　桃源县
广东省	深圳市龙岗区　始兴县
贵州省	荔波县　湄潭县
陕西省	延安市宝塔区杨凌农业高新技术产业示范区

第五批（2007年）

地区	第五批命名（87个）
北京市	海淀区　大兴区
天津市	大港区　西青区　武清区
河北省	遵化市　迁西县　唐海县　涿州市　平山县　邢台县　隆化县　巨鹿县
山西省	芮城县　沁水县　陵川县
内蒙古	扎鲁特旗阿尔山市

地区	第五批命名（87个）
辽宁省	沈阳市沈北新区、于洪区　辽中县　法库县　长海县　北镇市
吉林省	德惠市
黑龙江	省农垦总局齐齐哈尔分局、北安分局、九三分局　哈尔滨市松北区　五常市　铁力市　萝北县　宝清县　依兰县
江苏省	南京市六合区宜兴市　常州市武进区　东海县　赣榆县　涟水县　盐城市亭湖区　镇江市丹徒区　宿迁市宿豫区　泗阳县
浙江省	衢州市　衢州市柯城区、衢江区　龙游县　宁波市镇海区　嵊泗县　桐庐县　天台县　洞头县
安徽省	临泉县　舒城县
福建省	柘荣县　泰宁县
江西省	安义县
山东省	威海市　平阴县　聊城市东昌府区　东阿县
河南省	嵩县　鲁山县
湖北省	鄂州市
湖南省	宁乡县　平江县
广西壮族自治区	阳朔县　兴安县　灵川县　资源县　武鸣县　马山县　隆安县　上林县
四川省	雅安市　邛崃市　大邑县　崇州市　苍溪县　彭山县　九寨沟县
贵州省	余庆县　凤冈县
云南省	玉溪市红塔区
新疆维吾尔自治区	哈密市

第六批（2008年）

地区	第六批命名（69个）
北京市	门头沟区　怀柔区
天津市	宁河县　汉沽区
河北省	文安县　蔚县　涿鹿县　秦皇岛市北戴河区　灵寿县　正定县
山西省	沁源县　左云县　朔州市平鲁区
内蒙古	宁城县　突泉县
吉林省	九台市　农安县　榆树市
黑龙江	大兴安岭地区　哈尔滨市阿城区　北安市　桦南县　集贤县　绥滨县
江苏省	灌南县　灌云县　淮安市楚州区　淮阴区　丹阳市

续表

地区	第六批命名（69个）
浙江省	舟山市　舟山市定海区、普陀区　岱山县
安徽省	祁门县　休宁县
福建省	东山县　明溪县
江西省	南丰县
河南省	郑州市惠济区　濮阳市华龙区　孟州市　范县　南乐县　西峡县　修武县　鄢陵县
湖南省	新宁县　绥宁县
广西壮族自治区	北海市　合浦县　临桂县　荔浦县　平乐县　昭平县　大新县　崇左市江州区　横县　宾阳县　蒙山县
四川省	珙县　金堂县　丹棱县　洪雅县
贵州省	绥阳县
云南省	澄江县
陕西省	太白县　礼泉县　宜君县　宁陕县

第七批（2011年）

地区	第七批命名（139个）
北京市	顺义区　昌平区　通州区
河北省	景县　栾城县　曲周县　固安县　宁晋县　涉县　冀州市　涞水县　饶阳县　易县　深州市
山西省	祁县　平陆县
黑龙江省	双城市　方正县　木兰县　黑河市爱辉区　巴彦县　杜尔伯特蒙古族自治县　尚志市　林口县　五大连池市　桦川县　汤原县　东宁县　富裕县　讷河市　望奎县　抚远县　富锦市　兰西县
江苏省	铜山县
浙江省	慈溪市　嵊州市
安徽省	宁国市　颍上县　南陵县　黟县
福建省	永泰县　南平市　南靖县　平和县
江西省	芦溪县　南昌县　崇义县　大余县　婺源县　新干县　吉安县
山东省	安丘市　乐陵市　禹城市　沂南县　博兴县　济阳县　临沭县　临沂市河东区　临沂市兰山区　蒙阴县　郯城县　枣庄市山亭区　微山县　夏津县　邹平县　沂水县　山东新汶矿区
河南省	濮阳县　台前县　清丰县　尉氏县　新蔡县　遂平县　柘城县　濮阳市　登封市

续表

地区	第七批命名（139个）
湖南省	怀化市洪江区　沅陵县　溆浦县　通道县　新晃侗族自治县　怀化市　怀化市鹤城区　中方县　张家界市武陵源区　靖州县　会同县　芷江县　洪江市　资兴市　麻阳苗族自治县　城步苗族自治县　隆回县
广东省	连平县
广西壮族自治区	灌阳县　全州县　永福县
重庆市	北碚区
四川省	沐川县　遂宁市
贵州省	贵阳市花溪区　榕江县　黎平县　金沙县　毕节市
云南省	江川县　楚雄市　普洱市思茅区　曲靖市麒麟区　易门县　华宁县
陕西省	留坝县　勉县　商洛市商州区　麟游县　西乡县　彬县　淳化县　陇县　岐山县　镇巴县　佛坪县　旬阳县　南郑县　眉县　宝鸡市陈仓区　宝鸡市渭滨区　宝鸡市金台区　旬邑县　千阳县　凤县　吴起县　洛川县　西安市临潼区　周至县　汉中市汉台区
甘肃省	平凉市

国家生态市（区、县）建设概况

　　随着生态示范区工作的深入开展，一些已经通过生态示范区考核验收的地区，以及一些社会经济发展较快、生态环境质量较好的地区，如江苏省扬州市、张家港市、昆山市、常熟市、江阴市，浙江省绍兴市、海宁市，湖南省长沙市，广东省珠海市，辽宁省盘锦市，山东省青岛市、日照市，四川省都江堰市等一些县（市）提出了创建生态市的要求。同时，国家环保总局批准建设的6个生态省试点，以及陕西、江苏等省，已经开展或将要开展生态省建设工作。

　　为指导生态县、生态市、生态省建设工作，国家环保总局于2003年5月印发了《生态县、生态市、生态省建设指标（试行）》。

　　2006年，国家环保总局命名江苏省张家港市、常熟市、昆山市、江阴市为国家生态市，上海市闵行区为国家生态区，浙江省安吉县为国家生态县。

　　2007年，为贯彻落实党的十七大精神，进一步深化生态县（市、省）建设，国家环保总局组织修订了《生态县、生态市、生态省建设指标》。

　　2008年，国家环境保护部在安徽黄山市为获得国家生态县（市、区）的北京密云县、延庆县，江苏太仓市，山东荣成市，广东深圳市盐田区授牌。到2008年，中国已有11个县（市、区）被命名为国家级生态县（市、区）。其中，江苏省张家港市、常熟市、昆山市、江阴市、上海市闵行区、浙江省安吉县已被命名为首批国家生态市（区、县）。全国已有海南等 14 个省区市开展了生态省（区、市）建设，有 150 多个市（县）开展了生态市、生态县创建工作。

2011 年，环境保护部授予江苏省宜兴市等 27 个市（区、县）"国家生态市（区、县）"称号。

2013 年，授予辽宁省沈阳市苏家屯区等 17 个市（县、区）"国家生态市（县、区）"称号。

2015 年，授予江苏省南京市等 48 个地区为"国家生态市（县、区）"称号。

关于命名张家港等市（区、县）为国家
生态市（区、县）的决定

环发［2006］84 号

江苏省张家港市、常熟市、昆山市、江阴市，上海市闵行区，浙江省安吉县人民政府：

生态市（区、县）建设是落实科学发展观、建设环境友好型社会的重要载体。在多年创建工作的基础上，经我局考核、公示和审定，决定命名江苏省张家港市、常熟市、昆山市、江阴市为国家生态市，上海市闵行区为国家生态区，浙江省安吉县为国家生态县。

希望被命名的市（区、县）再接再厉，在总结经验的基础上，不断深化创建工作，充分发挥典型示范作用，为促进区域经济、社会、环境协调发展做出新的贡献。

二〇〇六年六月二日

关于命名密云等县（市、区）为国家
生态县（市、区）的决定

环发［2008］73 号

北京市密云县、延庆县，江苏省太仓市，山东省荣成市，广东省深圳市盐田区人民政府：

生态县（市、区）建设是落实科学发展观、建设生态文明的重要载体。在多年创建工作的基础上，经我部考核、公示和审定，决定命名北京市密云县、延庆县为国家生态县，江苏省太仓市、山东省荣成市为国家生态市，广东省深圳市盐田区为国家生态区。

希望被命名的县（市、区）再接再厉，在总结经验的基础上，不断深化创建工作，充分发挥典型示范作用，为促进区域经济、社会、环境协调发展做出新的贡献。

二〇〇八年八月一日

关于授予江苏省宜兴市等27个市（区、县）"国家
生态市（区、县）"称号的公告

根据《环境保护部关于进一步深化生态建设示范区工作的意见》和《国家生态县、生态市考核验收程序》等规定，经我部考核、公示、审定，江苏省宜兴市等27个市（区、县）已经达到国家生态建设示范区之国家生态市（区、县）考核指标要求，现决定授予其"国家生态市（区、县）"称号。

希望授予称号的市（区、县）珍惜荣誉，再接再厉，深入贯彻落实科学发展观，全面加强环境保护，努力提高生态文明水平，为促进区域经济、社会和环境的全面、协调、可持续发展，建设资源节约型、环境友好型社会做出新的贡献。

特此公告。

附件：国家生态市（区、县）名单

二〇一一年七月一日

附件：

国家生态市（区、县）名单

江苏省　宜兴市，无锡市滨湖区、锡山区、惠山区，吴江市，苏州市吴中区、相城区，高淳县，南京市江宁区，金坛市，常州市武进区，海安县

浙江省　义乌市、临安市、桐庐县、磐安县、开化县

广东省　中山市，深圳市福田区、南山区

四川省　双流县，成都市温江区

安徽省　霍山县

陕西省　西安市浐灞生态区

辽宁省　沈阳市东陵区、沈北新区

天津市　西青区

关于授予辽宁省沈阳市苏家屯区等17个市（县、区）"国家生态市（县、区）"称号的公告

为贯彻落实党的十八大精神，大力推进生态文明建设，根据《环境保护部关于推进生态文明建设的指导意见》、《环境保护部关于进一步深化生态建设示范区工作的意见》和《国家生态建设示范区管理规程》等规定，经我部考核、公示、审定，辽宁省沈阳市苏家屯区等17个市（县、区）已经达到国家生态建设示范区之国家生态市（县、区）考核指标要求，现决定授予其"国家生态市（县、区）"称号。

希望授予称号的市（县、区）珍惜荣誉，再接再厉，深入贯彻落实科学发展观，全面加强环境保护，不断提升生态文明水平，为促进区域经济、社会和环境的全面、协调、可持续发展，建设美丽中国做出新的贡献。

特此公告。

附件：国家生态市（县、区）名单

环境保护部

2013 年 1 月 15 日

附件：

国家生态市（县、区）名单

辽宁省　沈阳市苏家屯区、于洪区、棋盘山开发区

江苏省　无锡市、常州市、苏州市、溧阳市、南京市浦口区

安徽省　绩溪县、宁国市

山东省　文登市、乳山市

广东省　深圳市罗湖区

四川省　郫县、蒲江县

陕西省　西安市曲江新区

新　疆　克拉玛依市克拉玛依区

关于拟命名江苏省南京市等48个地区为国家生态市（县、区）的公示

根据地方申请和省级环境保护部门推荐，经国家生态市（县、区）考核组考核，江苏省南京市、南京市六合区、南通市、南通市通州区、金湖县、淮安市清浦区、泰州市姜堰区、泰州市海陵区，浙江省杭州市余杭区、杭州市江干区、宁海县、象山县、庆元县、

仙居县、新昌县、湖州市吴兴区，福建省南安市、泉州市洛江区、安溪县、永泰县、福州市马尾区、东山县、福清市、长乐市、厦门市翔安区、厦门市集美区、厦门市海沧区、厦门市同安区，上海市崇明县，内蒙古呼伦贝尔市鄂温克旗、扎兰屯市，湖南省长沙县，江西省靖安县、婺源县、南昌市湾里区、浮梁县、铜鼓县，四川省成都市锦江区、崇州市、成都市龙泉驿区，广东省珠海市、珠海市金湾区、珠海市斗门区，河南省新县，安徽省岳西县，陕西省凤县，吉林省通化县，辽宁省辽中县已通过国家生态市（县、区）考核验收。为体现公开、公正的原则，鼓励公众积极参与监督生态市（县、区）工作，现就江苏省南京市等48个地区创建生态市（县、区）事宜在环境保护部政府网站、《中国环境报》上进行公示：

公示日期：2015年5月8日至18日

环境保护部
2015年5月6日

关于印发生态保护与建设示范区名单的通知

发改农经〔2015〕822号

有关省、自治区、直辖市及新疆生产建设兵团发展改革委、科技厅、国土资源厅、环境保护厅、住房城乡建设厅、水利厅、农业（农机、畜牧、渔业）厅（局、委）、林业厅、统计局、气象局、海洋厅（局）：

你们关于申报生态保护与建设示范区的请示均悉。经研究，现对符合《生态保护与建设示范区实施意见》（发改农经〔2014〕2115号，以下简称《意见》）要求的市、县予以确认，并将《生态保护与建设示范区名单》印发给你们。请按以下要求，组织推进生态保护与建设示范区实施工作。

一、切实推进示范区建设。示范区建设要重点突出创新、示范两个方面，要按照《意见》的有关要求和各自的示范区建设方案稳步推进相关工作，积极探索生态保护与建设的规划实施、制度建设、投入机制、科技支撑等方面的经验，形成可复制、可推广的模式。

二、加大对示范区建设投入和政策的支持。国家安排的相关专项资金、实施的相关政策措施，在同等条件下，各省（区、市）要优先安排生态保护与建设示范区实施。支持各示范区统筹规划生态保护与建设任务，在遵循各专项资金管理规定的前提下科学安排各渠道资金，分步落实建设任务，发挥资金的综合使用效益。

三、加强示范区建设的总结工作。各地要及时总结示范区建设工作进展情况、主要做法和取得的成果与经验，及时报送有关信息，每个示范区每年报送的信息不少于2篇。每年底，每个示范区要形成年度总结报告报省级发展改革部门，省级发展改革部门要会同有关部门在此基础上形成全省的总结报告并附示范区总结报告，于每年 12 月 15 日前报送国家发展改革委等有关部门。

附件：生态保护与建设示范区名单

国家发展改革委
科　技　部
国土资源部
环境保护部
住房城乡建设部
水　利　部
农　业　部
统　计　局
林　业　局
气　象　局
海　洋　局
2015 年 4 月 23 日

附件：

生态保护与建设示范区名单

省份	个数	示范区	
		市（州、地区）	县（市、区）
合计	143	30	113
北京	2		房山区、怀柔区
天津	3		武清区、宝坻区、蓟县*
河北	4	张家口市	唐山市迁安市、石家庄市赞皇县、保定市安新县
山西	5	太原市	大同市大同县、晋城市陵川县、长治市沁县、忻州市五台县*
内蒙古	5	赤峰市	通辽市扎鲁特旗、乌兰察布市四子王旗、鄂尔多斯市乌审旗、内蒙古森工集团*
辽宁	5		本溪市桓仁县、铁岭市西丰县、锦州市北镇市、鞍山市岫岩县、丹东市宽甸县*
吉林	4	白城市	白山市临江市、延边州汪清县、通化市集安市

注：带 * 号为行业部门推荐。

续表

省份	个数	示范区	
		市（州、地区）	县（市、区）
黑龙江	5	伊春市、大兴安岭地区*	哈尔滨市延寿县、绥化市庆安县、双鸭山市饶河县
江苏	4	无锡市	连云港市东海县、苏州市吴中区、南京市高淳区
浙江	6	丽水市	杭州市淳安县、桐庐县*，温州市洞头县*、泰顺县、衢州市开化县
安徽	5	黄山市、池州市*	安庆市岳西县、六安市霍山县、宣城市宁国市
福建	5	三明市	龙岩市长汀县、泉州市永春县、南平市光泽县、漳州市东山县*
江西	4	吉安市	上饶市婺源县、九江市武宁县、赣州市上犹县
山东	5	济宁市、日照市*	滨州市博兴县、烟台市龙口市、青岛市西海岸新区
河南	5	南阳市	济源市、信阳市固始县、信阳市新县、开封市兰考县*
湖北	5	咸宁市	十堰市郧阳区、荆州市石首市、荆门市京山县、黄冈市罗田县*
湖南	4	湘西州	张家界市桑植县、益阳市安化县、永州市双牌县
广东	5	河源市	东莞市中堂镇、茂名市信宜市、揭阳市揭西县、珠海市横琴新区*
广西	5	贺州市	柳州市融水县、河池市东兰县、来宾市金秀县、百色市凌云县*
海南	4		琼海市、琼中县、五指山市、澄迈县
重庆	8		万州区、黔江区、梁平县、彭水县、南川区*、云阳县*、秀山县*、璧山县*
四川	4	阿坝州	广安市华蓥市、巴中市南江县、南充市西充市

续表

省份	个数	示范区	
		市（州、地区）	县（市、区）
贵州	7	黔南州、黔西南州*、毕节市*	铜仁市印江县、铜仁市石阡县、黔东南州雷山县、遵义市赤水市*
云南	4	迪庆州	文山州广南县、西双版纳州勐海县、大理州洱源县
西藏	4	山南地区	拉萨市曲水县、林芝地区波密县、日喀则市桑珠孜区
陕西	4	榆林市	渭南市富平县、宝鸡市千阳县、汉中市镇巴县
甘肃	4	临夏州	陇南市康县、庆阳市环县、武威市民勤县
青海	5	西宁市	海南州共和县、海西州都兰县、海北州祁连县、黄南州河南县*
宁夏	4	固原市	吴忠市青铜峡市、吴忠市盐池县、中卫市沙坡头区
新疆	5	阿勒泰地区	喀什地区泽普县、和田地区和田县、伊犁州昭苏县、伊犁州特克斯县*
新疆生产建设兵团	4		三师45团、十师187团、一师10团、六师105团

环境保护部办公厅与财政部办公厅关于印发《2016年国家重点生态功能区县域生态环境质量监测、评价与考核工作实施方案》的通知

各有关省、自治区、直辖市环境保护厅（局）、财政厅（局）：

为确保2016年国家重点生态功能区县域生态环境质量监测、评价与考核工作顺利完成，根据《国家重点生态功能区县域生态环境质量考核办法》（环发〔2011〕18号）和《中央对地方国家重点生态功能区转移支付办法》（财预〔2015〕126号），环境保护部、

财政部联合制定了《2016 年国家重点生态功能区县域生态环境质量监测、评价与考核工作实施方案》。现印发给你们，请遵照执行。

附件：2016 年国家重点生态功能区县域生态环境质量监测、评价与考核工作实施方案

附件：

2016 年国家重点生态功能区县域生态环境质量监测、评价与考核工作实施方案

为确保 2016 年国家重点生态功能区县域生态环境质量监测、评价与考核工作顺利完成，根据《国家重点生态功能区县域生态环境质量考核办法》（环发〔2011〕18 号）和《中央对地方国家重点生态功能区转移支付办法》（财预〔2015〕126 号），特制定本实施方案。

一、适用范围

本实施方案适用于 2015 年限制开发等国家重点生态功能区所属县（包括县级市、市辖区、旗等，以下统称县），涉及北京、天津、河北、山西、内蒙古、吉林、黑龙江、安徽、福建、江西、河南、湖北、湖南、广东、广西、海南、重庆、四川、贵州、云南、西藏、陕西、甘肃、青海、宁夏和新疆 26 个省（区、市），共 555 个。

二、指标体系

按照《国家重点生态功能区县域生态环境质量监测评价与考核指标体系》（环发〔2014〕32 号）和《国家重点生态功能区县域生态环境质量监测评价与考核指标体系实施细则》（环办〔2014〕96 号）有关要求组织实施，分为防风固沙、水土保持、水源涵养、生物多样性维护等四种生态功能类型，实行差别化的考核评价。

三、职责分工

财政部：负责考核工作的总体指导，与环境保护部联合印发实施方案、组织现场抽查、通报考核结果，并根据考核结果相应实施约谈和奖惩。

环境保护部：负责监测、评价与考核工作的组织实施，与财政部联合印发实施方案、组织现场抽查、通报考核结果。组织制定县域生态环境质量监测工作方案；组织汇总、评价各相关省（区、市）报送的数据资料，编写技术评价报告；向财政部提交国家重点生态功能区县域生态环境质量考核报告。

省级财政主管部门：负责行政区内考核工作的保障指导，与省级环境保护主管部门联合印发实施方案、开展数据审核和现场核查等工作。研究制定省（区、市）对下重点生态功能区转移支付办法，落实考核结果的应用。

省级环境保护主管部门：负责行政区内监测、评价与考核工作的组织实施，与省级财政主管部门联合印发实施方案，组织完成行政区内监测任务；对被考核县域上报资料进行汇总、审核，负责对被考核县域开展监测数据质量控制，开展工作培训、业务指导、日常监管和现场核查等，向环境保护部提交本省（区、市）县域生态环境质量考核工作报告。

省级环境保护主管部门酌情上收生态环境质量监测事权，原则上由省级环境监测机构开展监测工作，或由省级环境监测机构委托地市级、区县级环境监测机构承担；委托社会环境检测机构承担的，应制定监测数据质量控制工作方案报环境保护部备案。

被考核县级人民政府：按照国家、省级财政和环境保护主管部门的有关要求，负责本县域生态环境质量考核自查工作。及时填报相关资料，规范编写自查报告，加强生态环境监测能力建设，保障相关工作经费。

环保部办公厅　财政部办公厅

关于印发生态保护与建设示范区
实施意见的通知

2014 年，国家发改委等 11 部（委、局）下发《关于印发生态保护与建设示范区实施意见的通知》（发改农经［2014］2115 号），要求每个省申报国家级生态保护与建设示范区 1 市 3 县。示范区建设将有利于探索总结生态保护与建设的规划实施、制度建设、投入机制、科技支撑等方面的经验和做法，推动各省生态保护与建设。对于确定为示范区的市、县，国家、省级有关部门除安排现有渠道生态保护与建设资金外、对于符合相关政策和规划的，将予以倾斜。

关于印发《国家生态建设示范区管理规程》的通知

环发［2012］48 号

各省、自治区、直辖市环境保护厅（局），新疆生产建设兵团环境保护局：

为推进生态文明建设，进一步规范国家生态建设示范区创建工作，我部制定了《国家生态建设示范区管理规程》。现印发给你们，请结合实际，抓好落实。

附件：国家生态建设示范区管理规程

二〇一二年四月三十日

附件：

国家生态建设示范区管理规程

第一章　总　则

第一条　为推进生态文明建设，进一步规范国家生态建设示范区创建工作，促进国家生态建设示范区建设规划、申报、评估、验收、公告及监督管理等工作科学化、规范化、制度化，制定本规程。

第二条　国家生态建设示范区包括生态省、生态市、生态县（市、区）、生态乡镇、生态村和生态工业园区。

本规程适用于生态市、生态县（市、区）管理，生态省管理参照执行。国家生态乡镇管理按照《关于印发〈国家级生态乡镇申报及管理规定（试行）〉的通知》（环发〔2010〕75号）执行。国家生态村管理按照《关于印发〈国家级生态村创建标准（试行）〉的通知》（环发〔2006〕192号）执行。国家生态工业园区管理按照《关于印发〈国家生态工业示范园区管理办法（试行）〉的通知》（环发〔2007〕188号）执行。

第三条　环境保护部鼓励地方开展国家生态建设示范区创建工作。创建工作坚持国家指导，分级管理；因地制宜，突出特色；政府组织，群众参与；重在建设、注重实效的原则。

对积极开展国家生态建设示范区创建，达到相应标准并通过考核验收，在全国生态环境保护与建设方面发挥示范作用的市、县，环境保护部授予相应的国家生态建设示范区称号。

第二章　申报和规划

第四条　各市、县（含县级市）均可申报创建生态建设示范区。具备下列条件之一的直辖市或设区的市所属的区，可以申报创建国家生态建设示范区：

（一）辖区内含建制镇（涉农街道）、建制村；

（二）生态功能用地占辖区国土面积的比例≥50%。

第五条　环境保护部制定、发布国家生态市、生态县（市、区）建设规划编制指南。

开展国家生态市或生态县（市、区）创建的地方（以下简称"创建地区"）人民政府，应当按照编制指南，组织编制国家生态市、生态县（市、区）建设规划。

第六条　国家生态市、生态县（市、区）建设规划应当符合本行政区域国民经济与社会发展规划，并与相关部门的专项规划相衔接。

第七条　国家生态市建设规划由环境保护部组织论证；国家生态县（市、区）建设规划由环境保护部委托创建地区所在地省级环境保护主管部门组织论证。

国家生态市、生态县（市、区）建设规划通过论证后，当地环境保护主管部门可以建议本级人民政府将建设规划草案提请同级人民代表大会或其常务委员会审议后颁布实施。

在国家生态市、生态县（市、区）建设规划颁布实施后 3 个月内，创建地区人民政府应将建设规划报所在地省级环境保护主管部门和环境保护部备案。

第八条　创建地区人民政府应当设立专门的组织机构，建立监督考核和长效管理机制。

第九条　创建地区人民政府应当依据建设规划，制定国家生态建设示范区创建工作实施方案和年度工作计划，将工作任务分解落实到部门、行政区和责任人，明确工作进度，落实专项资金。

第十条　创建地区人民政府应当每年总结国家生态市、生态县（市、区）创建工作进展，包括项目实施、经费落实、建设成效等情况，并于次年 3 月 1 日前报送省级环境保护主管部门。

第十一条　创建地区人民政府应当加强档案管理，收集、整理和归档国家生态市、生态县（市、区）创建工作的相关资料和工作总结，作为技术评估、考核验收和复核的重要依据。

第十二条　创建地区人民政府应当自国家生态市、生态县（市、区）建设规划批准之日起，在政府门户网站及时发布或定期更新以下信息：

（一）国家生态市或生态县（市、区）建设规划；

（二）国家生态市或生态县（市、区）创建工作实施方案；

（三）国家生态市或生态县（市、区）创建年度工作计划；

（四）国家生态市或生态县（市、区）创建年度工作总结；

（五）国家生态市或生态县（市、区）创建工作动态。

第三章　技术评估

第十三条　符合下列条件的创建地区，可以向省级环境保护主管部门申请技术评估：

（一）生态市建设规划经批准后实施 4 年（含）以上，或生态县（市、区）建设规划经批准后实施 2 年（含）以上的；

（二）获省级生态市或生态县（市、区）称号 1 年以上的；

（三）设市城市（包括县级市）通过国家环保模范城市考核并获称号的；

（四）经自查达到国家生态建设示范区各项标准。

第十四条　创建地区申请技术评估时，应当提交下列材料：

（一）技术评估申请书；

（二）国家生态市或生态县（市、区）建设规划；

（三）国家生态市或生态县（市、区）创建工作实施方案、年度工作计划、年度工作总结；

（四）省级生态市或生态县（市、区）命名文件；

（五）国家生态市或生态县（市、区）创建工作报告；

（六）国家生态市或生态县（市、区）创建技术报告；

（七）国家生态市或生态县（市、区）规划实施情况评估报告；

（八）地方近三年年度环境质量报告（公报）、统计年鉴和突发环境事件统计分析报告。

第十五条　省级环境保护主管部门收到创建地区人民政府提交的申请书后，应当按照环境保护部《生态县、生态市、生态省建设指标（修订稿）》（环发〔2007〕195号），及时进行预审；预审合格后，向环境保护部提交技术评估申请及相关附件。

环境保护部收到申请后，应当于1个月内组织进行初步审查。对经初步审查合格的创建地区，环境保护部应当于6个月内开展技术评估。

第十六条　技术评估组由环境保护部和省级环境保护主管部门相关人员及有关专家组成。

技术评估的主要工作内容包括：

（一）听取创建地区的工作汇报；

（二）评估国家生态市或生态县（市、区）建设规划实施情况；

（三）审核国家生态市或生态县（市、区）基本条件和建设指标完成情况；

（四）审核区域生态环境监察情况；

（五）检查国家生态市或生态县（市、区）创建工作的档案资料；

（六）开展现场考察；

（七）开展民意调查；

（八）形成并通报技术评估意见。

第十七条　创建地区人民政府应当在技术评估组抵达前3天，在主要媒体上向社会公布技术评估组工作时间、联系方式、举报电话和信箱等相关信息。

第十八条　技术评估的现场考察采取随机抽查的方式进行。抽查线路及内容由技术评估组确定。

第十九条　环境保护部应当在技术评估结束后15个工作日内，向省级环境保护主管部门和创建地区反馈书面评估意见；发现问题的，应当要求创建地区进行整改。

创建地区人民政府应当按照评估意见和环境保护部的要求，及时进行整改，并提交整改报告。

第四章　考核验收

第二十条　技术评估合格，或已按照环境保护部的要求对发现的问题进行整改的创建地区，可以向省级环境保护主管部门申请考核验收。

第二十一条　省级环境保护主管部门收到创建地区人民政府提交的考核验收申请和整改报告后，应当及时进行预审，提出预审意见；预审合格后，向环境保护部提交考核验收申请及相关附件。

第二十二条　环境保护部收到申请后，应当于1个月内，组织对创建地区提交的整改报告以及其他国家生态市、生态县（市、区）建设指标落实情况进行初步审查。对经初步审查合格的创建地区，环境保护部应当于3个月内开展考核验收。

第二十三条　考核验收组由环境保护部和省级环境保护行政主管部门相关人员及有关专家组成。

考核验收主要工作内容包括：

（一）听取创建工作及整改情况汇报；

（二）检查评估和整改意见的落实情况；

（三）开展现场考察；

（四）形成并通报考核验收意见。

第五章 公示公告

第二十四条 对通过考核验收、拟授予国家生态建设示范区称号的地区，环境保护部在政府网站及中国环境报上予以公示。公示期为 7 个工作日。

公众可以通过登录政府网站、来信来访、"12369"环保举报热线等方式反映公示地区存在的问题。

对公示期间收到的投诉和举报问题，环境保护部应当进行现场调查，也可以委托省级环境保护主管部门进行现场调查。

第二十五条 公示期间未收到投诉和举报，或投诉和举报问题经调查核实、整改完善的地区，环境保护部按程序审议通过后发布公告，授予创建地区国家生态市或生态县（市、区）称号。

第六章 监督管理

第二十六条 获得国家生态市或生态县（市、区）称号的地区应当在每年 3 月 1 日前，向省级环境保护主管部门报送后续工作年度报告。

省级环境保护主管部门应当每两年向环境保护部报送本地区国家生态建设示范区后续工作汇总报告。

第二十七条 环境保护部对已经获得称号的国家生态市或生态县（市、区）实行动态监督管理，并根据情况进行抽查。对抽查中发现问题的，环境保护部应当要求当地人民政府在 6 个月内完成整改，并将整改结果报送环境保护部审查；未通过环境保护部审查的，环境保护部应当撤销其国家生态市或生态县（市、区）称号。

第二十八条 已经获得国家生态市或生态县（市、区）称号的地区发生行政区划变更、重组、撤销、分立或合并等情形的，国家生态市或生态县（市、区）称号自行终止。

第二十九条 国家生态市或生态县（市、区）称号每 5 年复核一次。

已经获得国家生态市或生态县（市、区）称号地区的人民政府，应当按照以下程序申请复核：

（一）向省级环境保护主管部门提交复核申请；

（二）省级环境保护主管部门进行初核；

（三）省级环境保护主管部门向环境保护部提交复核申请和初核意见。

第三十条 环境保护部自收到复核申请之日起 6 个月内，按照以下要求组织复核：

（一）听取地方人民政府工作汇报；

（二）检查国家生态市或生态县（市、区）指标达标情况。如考核指标或考核标准发生调整，按调整后指标进行复核；

（三）向省级环境保护主管部门和地方人民政府通报复核意见。

第三十一条 环境保护部对复核合格的地区，经公示和审议程序，将其国家生态市或生态县（市、区）称号延续 5 年。

第三十二条 对出现以下（一）至（六）情形之一的创建地区，环境保护部应当终止其国家生态市或生态县（市、区）审查；对出现以下情形之一的、已获得国家生态市、生态县（市、区）称号的地区，环境保护部应当撤销其国家生态市或生态县（市、区）称号，并暂停该地区申报资格两年：

（一）发生重、特大突发环境事件或生态破坏事件的；

（二）发生由环境保护部通报的重大违反环境保护法律法规案件的；

（三）年度主要污染物总量减排指标未完成的；

（四）环境质量出现明显下降或未完成环境质量目标的；

（五）在国家生态市或生态县（市、区）创建、技术评估、考核验收过程中存在弄虚作假行为的；

（六）违法违规影响技术评估和考核验收结果科学性、客观性和公正性的；

（七）复核过程中存在弄虚作假行为的；

（八）未按期办理复核或未通过复核的；

（九）国家环境保护模范城市未通过复核或国家环境保护模范城市（区）称号被撤销的。

第三十三条 环境保护部建立国家生态市、生态县（市、区）技术专家库。专家采用个人申请和单位推荐相结合的办法，经环境保护部遴选纳入专家库。专家库实行动态管理，适时更新。

第三十四条 参与国家生态市、生态县（市、区）管理的工作人员和专家，在国家生态市或生态县（市、区）技术评估、考核验收等工作中，必须严格落实廉洁要求和责任，坚持科学、务实、高效的工作作风，严格遵守相关工作程序和规范；构成违法行为或犯罪的，依法追究法律责任。

第七章 附 则

第三十五条 本规程由环境保护部负责解释。

第三十六条 本规程自发布之日起施行。

环境保护部关于进一步深化生态建设示范区工作的意见

环发〔2010〕16号

各省、自治区、直辖市环境保护厅（局），新疆生产建设兵团环境保护局，副省级城市环境保护局：

为贯彻落实党的十七大及十七届四中全会精神，大力推进生态文明建设，促进资源节约型、环境友好型社会和社会主义新农村建设，努力构建社会主义和谐社会。现就进一步深化生态建设示范区工作提出如下意见：

一　进一步认识深化生态建设示范区工作的重大意义

（一）全国生态建设示范区工作取得积极进展。生态建设示范区是生态省（市、县）、生态工业园区、生态乡镇（即原环境优美乡镇）、生态村的统称，是最终建立生态文明建设示范区的过渡阶段。自 2000 年原国家环保总局在全国组织开展这项工作以来，已有海南、吉林、黑龙江、福建、浙江、山东、安徽、江苏、河北、广西、四川、辽宁、天津、山西等 14 个省（区、市）开展了省域范围的建设，500 多个市县开展了市县范围的建设。其中，江苏省张家港市、常熟市、昆山市、江阴市、太仓市，浙江省安吉县，上海市闵行区，北京市密云县、延庆县，山东省荣成市，深圳市盐田区等 11 个县（市、区）达到国家生态县建设标准，1027 个乡镇达到全国环境优美乡镇标准，生态建设示范区工作呈现出蓬勃发展的态势。

（二）生态建设示范区是推进生态文明建设的有效载体。生态建设示范区工作得到了各地的积极响应，引起了地方各级党委、政府的高度重视。许多地方以创建工作为抓手，优化经济增长、调整产业结构、强化节能减排、加强城乡环境保护，提升了公众环保意识，生态文明理念日益深入人心，部分地区已初步走上了生产发展、生活富裕、生态良好的文明发展道路。实践证明，生态建设示范区是地方政府落实科学发展观、促进区域经济、社会与环境协调发展的重大举措，是实现环境保护进入经济建设、社会发展的主干线、大舞台、主战场的有效形式，是现阶段建设生态文明的基本目标模式，对于建设资源节约型、环境友好型社会、推动环境保护历史性转变具有重要意义。

（三）进一步明确深化生态建设示范区工作的必要性。环境保护是生态文明建设的主阵地和根本措施。大力推进生态文明建设，促进人与自然和谐，是经济社会发展全局赋予环境保护工作的时代重任，是新时期环境保护事业的灵魂所在，也是生态建设示范区工作的根本目标和任务。各级环保部门要积极做生态文明建设的倡导者、引领者和践行者，进一步深化生态建设示范区工作，在更高层面上、更大范围内审视和解决我国突出的环境问题，积极探索中国环境保护新道路。

当前，生态建设示范区工作也面临着一些亟待解决的问题。在建设的数量和质量上，东中西部发展尚不平衡，建设水平和质量差异较大；生态建设示范区工作缺乏系统宣传，存在认识上的差异，没有把建设工作与落实科学发展观和生态文明建设、社会主义新农村建设等有机结合起来；一些地方在建设工作中还没有真正统筹各领域的协调发展，缺乏总体谋划，缺少地方特色，尚未建立长效的推进机制，环保部门的综合协调能力不强；一些地方的建设工作不扎实，个别地方为创建而创建，建设与绩效评估工作中存在弄虚作假、拉关系走门路等不正之风，存在廉政风险。为大力推进生态文明建设，加快推进环境保护的历史性转变，需要不断总结经验，继续坚定不移、深入扎实地开展生态建设示范区工作。

二　深化生态建设示范区工作的总体要求

（四）明确重点任务。生态建设示范区工作的本质是促进区域社会、经济与生态环境的协调发展，推动整个区域走生产发展、生活富裕、生态良好的文明发展道路。各地要以发展生态经济、循环经济、低碳经济、绿色经济为重点，推进生态产业体系建设；以节约能源和促进资源永续利用为重点，推进资源保障体系建设；以生态环境保护和治理、污染物减排为重点，推进山川秀美的生态环境体系建设；以城乡环境综合整治为重点，推进人与自然和谐的生态人居体系建设；以创新可持续发展的体制、机制和提升环境保护能力为重点，推进高效、稳定、配套的能力保障体系建设；以提高环境保护和环境道德意识、倡导绿色生产和绿色消费为重点，推进生态文化体系建设。

（五）转变工作方式。生态建设示范区工作是推进区域可持续发展的长期过程。各地在推进工作中，要注重实效，不搞形式主义；要量力而行，不盲目攀比；要积极推进，不搞指标摊派；要突出特色，不强求一律。要把工作重点放在建设过程中，加大建设力度，提高建设质量，扩大建设规模。要建立、完善推进工作的长效机制，创新工作方式和方法，为生态建设示范区工作提供制度保障。各级环保部门要在同级党委、政府的领导下，强化建设过程的监督管理，加强部门协调，明确责任分工，深入扎实地推进建设工作。要广泛进行宣传发动，强化对生态建设示范区工作重要性的认识，充分调动社会各界和公众的积极性，发挥地方在生态建设示范区工作中的主体作用。

（六）加强分类指导。各地的经济社会发展状况和资源环境禀赋不同，建设的类型和特点也不同，要科学规划、分类指导、因地制宜，有计划、有步骤、有重点地推进生态建设示范区工作。东部发达地区以及工作开展较早的地区要不断深化各项工作，完善领导干部目标责任考核制度，积极探索离任生态审计制度、绿色国民经济核算制度等机制；已达到相关建设标准的地区，要继续巩固建设成效，深化建设工作，及时开展生态文明建设试点。中西部地区以及建设工作尚处于起步阶段的地区要加强建设工作的组织和协调，编制并实施建设规划，严格目标责任考核，切实抓好落实，抓出成效。

在生态建设示范区工作中，要进一步强化分类管理。已开展生态省建设的省份，要完善推进机制，不断探索机制的完善和制度的创新；生态市、县建设要夯实工作基础，生态市建设应有80%的县达到生态县的建设标准，生态县应有80%的乡镇达到生态乡镇的建设标准；生态乡镇应有80%的行政村达到生态村的建设标准，生态乡镇和生态村建设应重点解决集镇和村庄的环境问题。

（七）实行分级管理。生态建设示范区工作应充分发挥地方各级政府的积极性。按照事权划分的原则，环境保护部主要加强对建设工作的指导，制（修）订相关建设标准（指标）及建设成效评估办法，并负责指标完成情况的审核和向社会公告国家级生态建设示范区达标情况；省级环保部门负责省级生态市、县建设的考核和国家级生态乡镇、生态村的复核工作；市、县环保部门重点抓好生态乡镇和生态村建设的考核工作。

（八）落实廉政要求。在生态建设示范区考核、评估工作中，要按照廉政的要求，坚持务实高效的工作作风，规范工作程序，严格建设标准，坚持公开、公平、公正原则，防止暗箱操作。要研究制定考评工作行为准则与廉政规定，在部署工作时要提出廉政要求，在检查工作中要落实廉政责任，从源头和机制上防范廉政风险。

三　强化生态建设示范区工作过程的推进和监督管理

（九）加强建设工作的组织。在生态建设示范区工作中，各地普遍建立了党委和政府领导、人大和政协监督、部门分工合作、社会共同参与的工作机制。在此基础上，各地要进一步加强建设工作的组织和协调，统一规划，统筹安排，总体推进。要整合部门资源和力量，优先解决重大社会、经济、环境问题以及与人民群众生产生活密切相关的热点、难点问题；充分发挥各部门、各单位的作用，形成工作合力，不断提高建设工作的整体水平；环保部门要提高环境监管综合能力，建立完善的信息管理体系和区域生态环境质量评价体系，为党委、政府科学决策提供技术支撑和服务。

（十）做好建设规划的编制工作。规划是生态建设示范区工作的重要基础。各级环保部门要加强指导，督促开展生态建设示范区工作的地区抓紧编制相关建设规划，明确建设目标和任务。编制规划要坚持科学发展、因地制宜、量力而行、便于操作的原则，科学划定本地区优化开发、重点开发、限制开发和禁止开发的区域，指导当地的产业发展和社会经济活动。要充分发挥本地资源、环境、区位优势，突出地方特色。同时，生态建设示范区规划要与当地国民经济与社会发展规划（计划）相衔接，与相关部门的行业规划相衔接。规划的目标和任务要做到工程化、项目化、时限化、责任化，便于实施、检查和考核。

（十一）加强建设规划的监督实施。各地要落实生态建设示范区规划，把规划中确定的任务按部门、按行政区、按指标、按责任人分解落实。要严格规划目标责任考核，做好年度工作任务的督促检查和考核工作。各级环保部门要加强对生态建设示范区规划实施情况的监督、检查，定期组织开展建设成效的评估，及时公布建设规划目标任务完成情况，推动建设工作不断深入并取得实效。

各地要充分发挥法规、政策的引导作用，因地制宜地制订优惠政策或奖励办法，向开展生态建设示范区工作的领域和地区倾斜。在农村环境综合整治实施过程中，以及其他试点示范工作中，优先选择在生态建设示范区开展工作，鼓励这些地区积极推进建立生态环境补偿机制。

（十二）加大经验交流力度。生态建设示范区的建设过程，就是提升公众生态文明理念的过程。各地要加强建设成效的宣传，积极引导社会舆论，加强对社会各界的环境宣传和教育，积极传播生态文明理念，提升公众环境意识，营造全社会共同参与推进生态建设示范区的良好氛围。环境保护部将组织开展省域和市（县）域层面的建设经验交流，开展专题研讨与交流，加强对各地建设成效的宣传。支持省级环保部门加强工作指导和业务培训，提高基层环保部门对生态建设示范区内涵的认识，提高综合监管能力和水平。

四　严格生态建设示范区成效评估标准和程序

（十三）完善建设标准。环境保护部将研究制订生态建设示范区成效评估办法，适时修订和完善相关建设指标体系，以体现地区差别；完善相关规划编制指南等技术规范；研究制定生态文明建设评价指标体系，指导地方的生态文明建设试点工作。

各地应从本地实际出发，高标准、高起点地开展生态建设示范区工作，确保建设成效。要抓紧建立本地区生态建设示范区的相应指标和规范，并开展建设工作。1995 年原国家环保局组织开展的"生态示范区"建设指标将由各地根据各自实际，转化为地方标准，环境保护部今后不再开展此项考评、命名工作。

（十四）明确考评程序。目标考评是推动生态建设示范区工作的重要措施，各地要根据相关建设标准，严格目标考评，通过考评将建设工作任务落到实处。为进一步规范考评工作，建立省部间良性互动机制，从 2012 年起，凡申报环境保护部考评的，均须先达到省级生态县（市）和生态乡镇、生态村建设标准1年以上方可申报。

（十五）实行公告制度。在经过自检、省级考评、环境保护部审核等程序基础上，对取得明显成效、达到相关建设标准的生态建设示范区，环境保护部将以公告"达到国家生态建设示范区的生态省（市、县、工业园区、乡镇、村）类标准"的形式向社会公布，鼓励公众参与评议和监督。

（十六）实施动态管理。已达到环境保护部相关建设标准，并经社会公告的国家级生态建设示范区，每年应向省级环保部门提交年度工作报告，省级环保部门每两年向环境保护部提交其建设情况报告。环境保护部将根据报告情况，适时抽查、复核，明确奖惩措施，建立动态监督、管理制度。

二〇一〇年一月二十八日

关于印发《国家级生态乡镇申报及
管理规定（试行）》的通知

环发〔2010〕75号

各省、自治区、直辖市环境保护厅（局），新疆生产建设兵团环境保护局：

为加速推进农村环境保护工作，建设农村生态文明，我部按照转换生态建设示范工作思路的原则，组织修订了《全国环境优美乡镇考核标准（试行）》，并更名为《国家级生态乡镇申报及管理规定（试行）》（以下简称《规定》）。现印发给你们，并就有关事项通知如下。

一、对于已获得"全国环境优美乡镇"称号的乡镇，省级环保部门统一组织更名工作，本着"简便易行、质量优先"的原则，对照《规定》，查漏补缺，明确更名程序；更名后需报环境保护部备案。

二、加强"国家级生态乡镇"及"国家级生态村"申报、初审的组织领导工作，规范管理，明确职责。加大省级生态乡镇建设的工作力度，制定相应的规章制度。指导、督促市（地）级环保部门开展市（地）生态村建设。

三、严格监督管理获得"国家级生态乡镇"或"国家级生态村"称号的村镇，确保质量，结合区域特点，将国家关于农村环境保护工作的有关部署、要求融入日常监管工作中。通过开展"国家级生态乡镇"及"国家级生态村"建设，解决区域性环境问题，探索农村环境保护新模式。

附件：国家级生态乡镇申报及管理规定（试行）

中华人民共和国环境保护部
二〇一〇年六月二十三日

附件：

国家级生态乡镇申报及管理规定（试行）

国家级生态乡镇示范建设是加快推进农村环境保护工作的重要载体，是国家生态建设示范区建设的重要组成，是实现环境保护优化经济增长的有效途径，也是现阶段建设农村生态文明的重大举措。为规范国家级生态乡镇申报及管理工作，制定本规定。

一、申报范围

市辖区、县级市、县以下各类建制镇、乡、涉农街道等乡镇级行政区划单位。

二、申报条件

在申报范围内，经自查达到《国家级生态乡镇建设指标（试行）》（附后）各项要求的单位，可以提出申报。

三、申报程序、内容与时间

1. 申报程序。申报国家级生态乡镇由乡镇人民政府向县（市、区）人民政府提出申请并获批准，再经市（地）环境保护局同意后报省（区、市）环境保护厅（局）。省（区、市）环境保护厅（局）审查合格后，向环境保护部提出复核申请。

2. 申报内容。乡镇人民政府的申请报告必须附有建设国家级生态乡镇的工作总结和技术报告。工作总结包括建设工作的组织领导、建设主要内容和措施、以及取得的成效；技术报告包括国家级生态乡镇申报表（具体格式附后）和各项指标完成情况的证明材料（包括监测、检测报告）。

3. 申报时间。省（区、市）环境保护厅（局）向环境保护部提出复核申请的截止时间为每年的 6 月 30 日。

四、审查与复核

1. 省（区、市）环境保护厅（局）审查

（1）对申报国家级生态乡镇的材料进行审查。经审查合格的，组织专家组到申报乡镇进行实地考核。实地考核包括听取汇报、查阅资料、现场检查、社会调查等。对考核中发现的问题，专家组应指导申报乡镇做好改进工作。实地考核结束后，专家组向省（区、市）环境保护厅（局）提交考核报告。

（2）依据专家组考核报告对被考核的乡镇提出是否达到国家级生态乡镇建设指标的审查意见，并对经审查认为达到国家级生态乡镇建设指标的乡镇在当地主要媒体上公示，对公示有疑问的乡镇进行复查。

（3）对公示通过（或复查合格）的乡镇，向环境保护部提出复核申请，同时提交专家组考核意见、公示情况及复查情况。

2. 环境保护部复核

（1）环境保护部收到省（区、市）环境保护厅（局）报送的审查意见和复核申请后两个月内，组织专家组核查材料，对各省级环保部门申报的乡镇按原则不低于 15% 的比例开展现场抽查。在现场抽查中，若发现抽查数量三分之一以上的乡镇在申报过程中存在弄虚作假行为，则取消该省（区、市）环境保护厅（局）本次所有申报乡镇的审议资格，并在下一年度暂停受理该省（区、市）环境保护厅（局）国家级生态乡镇复核申请。

（2）根据专家组提出的核查意见和现场抽查情况，对符合条件的乡镇，以公告等形式向社会公布。

五、监督管理

1. 环境保护部对达到国家级生态乡镇建设指标的乡镇实行动态管理，公告后每3年组织一次复查。复查由省（区、市）环境保护厅（局）负责实施。复查发现问题的乡镇要限期整改，整改时限为半年。经整改仍达不到要求的，取消其国家级生态乡镇称号。省（区、市）环境保护厅（局）应于每年10月底前将当年复查情况及整改落实情况报送环境保护部。

2. 环境保护部对省（区、市）环境保护厅（局）的国家级生态乡镇管理工作进行抽查，抽查发现问题的，提出限期整改要求；经整改问题依然存在的，暂停受理该省（市、区）国家级生态乡镇复核申请。

3. 省（区、市）环境保护厅（局）应建立、完善本省（市、区）国家级生态乡镇申报、核查、专家组考核、公示、复查等制度，规范国家级生态乡镇建设和管理工作。

4. 省（区、市）环境保护厅（局）应在每年10月底前向环境保护部上报本省（市、区）上一年度国家级生态乡镇工作总结，包括申报情况、建设情况、日常管理情况、建章立制情况等。

5. 经环境保护部公告达到国家级生态乡镇建设指标的乡镇，应加强辖区环境监管，若辖区内出现较大（Ⅲ级以上）级别的环境事件，但当地政府未能及时妥善处理、造成严重社会影响的，或多次接到当地群众环境举报的，一经查实，环境保护部将取消其国家级生态乡镇称号。

六、其他

1. 本规定自印发之日起执行，原《全国环境优美乡镇考核验收规定》（《关于深入开展创建全国环境优美乡镇活动的通知》（环发［2002］101号））同时失效。

2. 《国家级生态乡镇建设指标（试行）》（见附件）中基本条件第二项"基础扎实"，自2012年1月1日年起开始执行。在此之前，该项指标执行"按照《小城镇环境规划编制导则》，编制或修订乡镇环境规划，并认真实施"。

附：国家级生态乡镇建设指标（试行）

附：

国家级生态乡镇建设指标（试行）

一、基本条件

1. 机制健全。建立了乡镇环境保护工作机制，成立以乡镇政府领导为组长，相关部门负责人为成员的乡镇环境保护工作领导小组。乡镇设置了专门的环境保护机构或配备了专职环境保护工作人员，建立了相应的工作制度。

2. 基础扎实。达到本省（区、市）生态乡镇（环境优美乡镇）建设指标一年以上，且80%以上行政村达到市（地）级以上生态村建设标准。编制或修订了乡镇环境保护规划，并经县级人大或政府批准后组织实施两年以上。

3. 政策落实。完成上级政府下达的主要污染物减排任务。认真贯彻执行环境保护政策和法律法规，乡镇辖区内无滥垦、滥伐、滥采、滥挖现象，无捕杀、销售和食用珍稀野生动物现象，近3年内未发生较大（Ⅲ级）以上级别环境污染事件。基本农田得到有效保护。草原地区无超载过牧现象。

4. 环境整洁。乡镇建成区布局合理，公共设施完善，环境状况良好。村庄环境无"脏、乱、差"现象，秸秆焚烧和"白色污染"基本得到控制。

5. 公众满意。乡镇环境保护社会氛围浓厚，群众反映的各类环境问题得到有效解决。公众对环境状况的满意率≥95%。

二、建设指标

类别	序号	指标名称		指标要求		
				东部	中部	西部
环境质量	1	集中式饮用水水源地水质达标率（%）		100		
		农村饮用水卫生合格率（%）		100		
	2	地表水环境质量		达到环境功能区或环境规划要求		
		空气环境质量				
		声环境质量				
环境污染防治	3	建成区生活污水处理率（%）		80	75	70
		开展生活污水处理的行政村比例（%）		70	60	50
	4	建成区生活垃圾无害化处理率（%）		≥95		
		开展生活垃圾资源化利用的行政村比例（%）		90	80	70
	5	重点工业污染源达标排放率（%）		100		
	6	饮食业油烟达标排放率（%）＊＊		≥95		
	7	规模化畜禽养殖场粪便综合利用率（%）		95	90	85
	8	农作物秸秆综合利用率（%）		≥95		
	9	农村卫生厕所普及率（%）		≥95		
	10	农用化肥施用强度（折纯，公斤/公顷·年）		<250		
		农药施用强度（折纯，公斤/公顷·年）		<3.0		
生态保护与建设	11	使用清洁能源的居民户数比例（%）		≥50		
	12	人均公共绿地面积（m²/人）		≥12		
	13	主要道路绿化普及率（%）		≥95		
	14	森林覆盖率（%，高寒区或草原区考核林草覆盖率）＊	山区、高寒区或草原区	≥75		
			丘陵区	≥45		
			平原区	≥18		
	15	主要农产品中有机、绿色及无公害产品种植（养殖）面积的比重（%）		≥60		

注：标"＊"指标仅考核乡镇、农场，标"＊＊"指标仅考核涉农街道。

三、指标说明

（一）基本条件

1. 机制健全。建立了乡镇环境保护工作机制，成立以乡镇政府领导为组长，相关部门负责人为成员的乡镇环境保护工作领导小组。乡镇设置了专门的环境保护机构或配备了专职环境保护工作人员，建立了相应的工作制度。

指标解释：要求乡镇政府成立生态乡镇建设工作领导小组，由主要领导牵头，有关部门领导参加，下设建设工作办公室，建设工作有组织、有计划、有方案，措施得力，定期检查落实；乡镇环境保护目标责任制得到落实；乡镇党委、政府将环境保护工作纳入重要议事日程，每年研究环保工作不少于两次。要求乡镇配备专职环境保护工作人员；建立相应的工作制度和污染源档案等。

考核要求：查看近1年内当地党委、政府研究环境保护工作的会议纪要或会议记录、印发的有关文件和污染源档案等资料。查看乡镇环境保护资金使用的有关文件、记录。查看各级环保项目下达、建设、验收和管理文件。查看设立环境保护机构或配备环境保护人员的有关文件、档案。现场检查。

2. 基础扎实。达到本省（区、市）生态乡镇（环境优美乡镇）建设指标一年以上，且80%以上行政村达到市（地）级以上生态村建设标准。编制或修订了乡镇环境保护规划，并经县级人大或政府批准后组织实施两年以上。

指标解释：达到本省（区、市）生态乡镇（环境优美乡镇）建设指标一年以上，并获省（区、市）环境保护厅（局）命名或公告；80%以上行政村达到市（地）级以上环境保护部门制定的生态村指标，并获上级命名或公告。按照环境保护部、城乡建设部关于印发《小城镇环境规划编制导则（试行）》的通知（环发〔2002〕82号），编制或修订完成乡镇环境规划，经县级人大或政府批准后组织实施两年以上。

考核要求：查看省（区、市）、市（地）环境保护厅（局）的命名文件或公告文件；所辖行政村数量的证明文件；乡镇环境规划的文本及有关批准文件。

3. 政策落实。完成上级政府下达的主要污染物减排任务。认真贯彻执行环境保护政策和法律法规，乡镇辖区内无滥垦、滥伐、滥采、滥挖现象，无捕杀、销售和食用珍稀野生动物现象，近三年内未发生重大（Ⅱ级）以上级别环境污染事件。基本农田得到有效保护。草原地区无超载过牧现象。

指标解释：有节能减排任务的乡镇，要按有关要求完成上级政府下达的能源消耗降低、主要污染物减排的指标任务。严格执行建设项目环境管理有关规定；工业污染源稳定达标排放；工业固体废物得到适当处置并无危险废物排放，执行《一般工业固体废物贮存、处置场污染控制标准》（GB18599—2001）；镇域内无"十五小"、"新六小"等国家明令禁止的重污染企业；无大于25度坡地开垦、任意砍伐山林、破坏草原、开山采矿及乱挖中草药资源等现象；无随意捕杀、销售、食用国家珍稀野生动物现象；近三年内没有发生过较大（Ⅲ级）以上级别环境污染事件，判断标准参照2006年国务院颁布《国家突发环境事件应急预案》关于环境污染事件的分级规定。划定的基本农田保护区数量和等级不变或有所提高。"草原地区无超载过牧现象"，是指乡镇辖区内牲畜养殖不得超过国家草原载畜量标准。

考核要求：查看上级政府下达的能源消耗降低、主要污染物减排指标的相关文件或任务书；查看指标完成情况证明材料。查看建设项目环境管理的有关档案资料；查看所有工业企业名单及工业企业达标验收有关材料；现场抽查企事业单位烟尘治理设施安装及运行情况；抽查企业污染物排放及污染治理设施运行情况；现场查看是否存在滥垦、滥伐、滥采、滥挖、滥牧的现象。

4. 环境整洁。乡镇建成区布局合理，公共设施完善，环境状况良好。村庄环境无"脏、乱、差"现象，秸秆焚烧和"白色污染"基本得到控制。

指标解释："乡镇建成区布局合理"，是指严格按规划要求，有合理的功能分区布局，有良好的居住小区和基本完善的工业小区。"公共设施完善"是指城镇建成区自来水、排水管网、道路、卫生厕所、通讯设施、文化体育活动场所、医疗机构、医疗机构、适龄儿童入学、防洪等符合国家相关标准的要求。"环境状况良好"，是指街道路面平整，排水通畅，无污水溢流、无暴露垃圾，无冒黑烟、水体黑臭现象；街道卫生状况良好，主要街道有卫生设施，垃圾箱（果壳箱）箱体整洁，周围无暴露垃圾、无蝇蛆；有专门保洁队伍，镇区建筑垃圾和生活垃圾日清日运，无垃圾乱堆乱倒现象，无直接向江河湖泊排放污水和倾倒垃圾的现象；城镇建成区内应禁止散养家禽；危险废物、医疗废物和放射性废物得到安全处置。"村庄环境整洁，无脏乱差现象"，是指城镇所辖村庄主要道路平整，两侧无暴露垃圾，无乱搭乱建，无露天粪坑，无污水横流现象，基本做到垃圾定点堆放；绿化、美化好；有良好的感官和视觉效果。"秸秆焚烧和'白色污染'基本得到控制"，主要是指无秸秆焚烧和一次性餐盒、塑料包装袋、废弃农膜随意丢弃现象。

考核要求：现场检查、考核。

5. 乡镇环境保护社会氛围浓厚，群众反映的各类环境问题得到有效解决。公众对环境状况的满意率≥95%。

指标解释：要求乡镇及其所辖街道和各村有环保宣传的标语或橱窗，主要街道每公里不少于一个。12369环境投诉处理满意率要求达到95%以上。"公众对环境状况的满意率"指公众对环境保护工作及环境质量状况的满意程度。

考核要求：现场检查是否有环保宣传标语或橱窗。查看环境投诉记录及处理情况。采取对乡镇辖区各职业人群进行抽样问卷调查的方式获取数据，随机抽样人数不低于乡镇总人口的0.5%。问卷在"满意"、"不满意"二者之间进行选择。各职业人群应包括以下四类，即机关（党委、人大、政府或政协）工作人员、企业（工业、商业）职工、事业（医院、学校等）单位工作人员、城镇居民、村民。

（二）考核指标

1. 集中式饮用水水源地水质达标率、农村饮用水卫生合格率

指标解释：集中式饮用水水源地水质达标率是指，在乡镇辖区内，根据国家有关规定，划定了集中式饮用水水源保护区，其地表水水源一级、二级保护区内监测认证点位（指经乡镇所在县级以上环保局认证的监测点，下同）的水质达到《地表水环境质量标准》（GB3838—2002）或《地下水质量标准》（GB/T14848—1993）相应标准的取水量占总取水量的百分比。

农村饮用水卫生合格率指，在乡镇辖区内，以自来水厂或手压井形式取得饮用水的村镇人口占总人口的百分率；雨水收集系统和其他饮水形式的合格与否需经检测确定，其饮用水水质需符合国家生活饮用水卫生标准的规定。

数据来源：环保、卫生、建设等部门。

2. 地表水环境质量、空气环境质量、声环境质量

指标解释：地表水环境质量达到环境功能区或环境规划要求，是指乡镇辖区内主要河

流、湖泊、水库等水体的认证点位监测结果，在已经划定环境功能区的乡镇，要达到环境功能区要求；在未划定环境功能区的乡镇，要达到乡镇环境规划以及所在流域和区域环境规划对相关水体水质的要求。

空气环境质量达到环境功能区或环境规划要求，是指乡镇建成区内大气的认证点位监测结果，在已经划定环境功能区的乡镇，要达到环境功能区要求；在未划定环境功能区的乡镇，要达到乡镇环境规划以及流域和区域环境规划对大气环境质量的要求。

声环境质量达到环境功能区或环境规划要求，是指乡镇建成区内声环境的认证点位监测结果，在已经划定环境功能区的乡镇，要达到环境功能区要求；在未划定环境功能区的乡镇，要达到乡镇环境规划对声环境质量的要求。

数据来源：县级以上环保部门。

3. 建成区生活污水处理率、开展生活污水治理的行政村比例

指标解释：建成区生活污水处理率指乡镇建成区（中心村）经过污水处理厂或其他处理设施处理的生活污水量占生活污水排放总量的百分比。污水处理厂包括一级、二级集中污水处理厂，其他处理设施包括氧化塘、氧化沟、净化沼气池，以及湿地处理工程等。离城市较近乡镇生活污水要纳入城市污水收集管网，其他地区根据经济发展水平、人口规模和分布情况等，因地制宜选择建设集中或分散污水处理设施；位于水源源头、集中式饮用水水源保护区等需特殊保护地区或处于水体富营养化严重的平原河网地区的乡镇，生活污水处理必须采取有效的脱氮除磷工艺，满足水环境功能区要求。

开展生活污水处理的行政村是指通过采取符合当地实际的处理方式对生活污水进行处理，且受益农户达80%以上的行政村。

数据来源：县级以上建设部门、环保部门。

4. 建成区生活垃圾无害化处理率、开展生活垃圾资源化利用的行政村比例

指标解释：建成区生活垃圾无害化处理率是指乡镇建成区经无害化处理的生活垃圾数量占生活垃圾产生总量的百分比。生活垃圾无害化处理指卫生填埋、焚烧和资源化利用（如制造沼气和堆肥）。卫生填埋场应有防渗设施，或达到有关环境影响评价的要求（包括地点及其他要求）。执行《生活垃圾填埋场污染控制标准》（GB16889—2008）和《生活垃圾焚烧污染控制标准》（GB18485—2001）等垃圾无害化处理的有关标准。

开展生活垃圾资源化利用的行政村比例是指乡镇非建成区开展生活垃圾资源化利用的行政村占非建成区行政村总数的比例。生活垃圾资源化利用是指，在开展垃圾"户分类"的基础上，对不能利用的垃圾定期清运并进行无害化处理，对其他垃圾通过制造沼气、堆肥或资源回收等方式，按照"减量化、无害化"的原则实现生活垃圾资源化利用。其中，开展生活垃圾资源利用的行政村其生活垃圾资源化利用率不低于60%。

数据来源：县级以上城建（环卫）部门、统计部门。

5. 重点工业污染源排放达标率

指标解释：指乡镇辖区内实现稳定达标排放的重点工业污染源数量占所有重点工业污染源总数的比例。重点工业污染源包括废水排放和废气排放两类污染源。"重点工业污染源"是指乡镇辖区内分别按废水、废气中主要污染物排污量从高到低，累计排放量占乡镇排污总量85%的工业污染源。"排放达标"是指浓度稳定达到排放标准，执行排污许可证的规定，不超过排污总量指标要求，未发生污染事故。

工业废水排放达标率是指乡镇范围内的重点工业企业，经其所有排污口排到企业外部

并稳定达到国家或地方排放标准的工业废水总量占外排工业废水总量的百分比。

工业废气排放达标率是指乡镇范围内的重点工业企业，在燃料燃烧和生产工艺过程中稳定达到排放标准的工业烟尘、工业粉尘和工业二氧化硫排放量分别占其排放总量的百分比。

数据来源：县级以上环保部门。

6. 饮食业油烟达标排放率

指标解释：（该项指标仅考核街道；涉农街道是指辖区内存在基本农田的街道。）指街道辖区内油烟废气达标排放的饮食业单位占所有排放油烟废气的饮食业单位总数的百分比。执行《饮食业油烟排放标准（试行）》（GB18483—2001）。饮食业项目环保审批和验收合格率要求达到100%。

数据来源：县级以上环保部门。数据收集采用抽样监测的方法，抽样比例不得低于街道辖区内排放油烟废气的饮食业单位总数的20%。

7. 规模化畜禽养殖场粪便综合利用率

指标解释：指乡镇辖区内畜禽养殖场综合利用的畜禽养殖粪便与产生总量的比例。按照《畜禽养殖污染防治管理办法》（国家环境保护总局令第9号），规模化畜禽养殖场，是指长年存栏量为500头以上的猪、3万羽以上的鸡和100头以上的牛的畜禽养殖场，以及达到规定规模标准的其他类型的畜禽养殖场。规模以下畜禽养殖场分级标准及畜禽养殖废弃物综合利用要求，由省级环境保护行政主管部门作出规定。畜禽养殖粪便综合利用主要包括用作肥料、培养料、生产回收能源（包括沼气）等。规模化畜禽养殖场应执行《畜禽养殖业污染物排放标准》（GB18596—2001）的相关规定。

数据来源：县级以上环保部门、农业部门。

8. 农作物秸秆综合利用率

指标解释：指乡镇辖区内综合利用的农作物秸秆数量占农作物秸秆产生总量的百分比。秸秆综合利用主要包括粉碎还田、过腹还田、用作燃料、秸秆气化、建材加工、食用菌生产、编织等。乡镇辖区全部范围划定为秸秆禁烧区，并无农作物秸秆焚烧现象。

数据来源：县级以上环保部门、农业部门。

9. 农村卫生厕所普及率

指标解释：指乡镇辖区内使用卫生厕所的农户数占农户总户数的比例。卫生厕所标准执行《农村户厕卫生标准》（GB19379—2003）。

数据来源：县级以上卫生、建设部门。

10. 农用化肥施用强度、农药施用强度

指标解释：农用化肥施用强度指乡镇辖区内实际用于农业生产的化肥施用量（包括氮肥、磷肥、钾肥和复合肥）与播种总面积之比。化肥施用量要求按折纯量计算。农药施用强度指实际用于农业生产的农药施用量与播种总面积之比。

数据来源：县级以上农业、统计部门。

11. 使用清洁能源的居民户数比例

指标解释：指乡镇辖区内使用清洁能源的居民户数占居民总户数的百分比。清洁能源指消耗后不产生或很少产生污染物的可再生能源（包括水能、太阳能、沼气等生物质能、风能、核电、地热能、海洋能）、低污染的化石能源（如天然气），以及采用清洁能源技术处理后的化石能源（如清洁煤、清洁油）。

数据来源：县级以上统计、经贸、能源、农业、环保等部门。统计范围包括乡镇建成区和所辖行政村。

12. 人均公共绿地面积

指标解释：人均公共绿地面积指乡镇建成区（中心村）公共绿地面积与建成区常住人口的比值。公共绿地，是指乡镇建成区内对公众开放的公园（包括园林）、街道绿地及高架道路绿化地面，企事业单位内部的绿地、乡镇建成区周边山林不包括在内。

数据来源：县级以上城建部门。

13. 主要道路绿化普及率

指标解释：指乡镇建成区（中心村）主要街道两旁栽种行道树（包括灌木）的长度与主要街道总长度之比。

数据来源：县级以上城建部门、园林部门。

14. 森林覆盖率

指标解释：指乡镇辖区内森林面积占土地面积的百分比。森林，包括郁闭度0.2以上的乔木林地、经济林地和竹林地。同时，依据国家特别规定的灌木林地、农田林网以及村旁、路旁、水旁、山旁、宅旁林木面积折算为森林面积的标准计算。高寒区或草原区考核林草覆盖率，具体指标值参照山区森林覆盖率标准执行。

数据来源：县级以上统计、林业部门。

15. 主要农产品中有机、绿色及无公害产品种植（养殖）面积的比重

指标解释：指乡镇辖区内，主要农（林）产品、水（海）产品中，认证为有机、绿色及无公害农产品的种植（养殖）面积占总种植（养殖）面积的比例。其中，有机农、水产品种植（养殖）面积按实际面积两倍统计，总种植（养殖）面积不变。有机、绿色和无公害农、水产品种植（养殖）面积不能重复统计。

数据来源：县级以上农业、林业、环保、质检、统计部门。

关于印发《生态县、生态市、生态省建设指标（修订稿）》的通知

各省、自治区、直辖市环境保护局（厅），新疆生产建设兵团环境保护局：

生态示范创建工作是落实科学发展观，推进生态文明建设的有效载体。为贯彻落实党的十七大精神，进一步深化生态县（市、省）建设，我局组织修订了《生态县、生态市、生态省建设指标》。现印发给你们，请结合实际，加强组织协调，求真务实，坚持标准，严格把关，扎扎实实地抓好生态示范创建工作。

附件：生态县、生态市、生态省建设指标（修订稿）

二○○七年十二月二十六日

附件：

生态县、生态市、生态省建设指标（修订稿）

一、生态县（含县级市）建设指标

1. 基本条件

（1）制订了《生态县建设规划》，并通过县人大审议、颁布实施。国家有关环境保护法律、法规、制度及地方颁布的各项环保规定、制度得到有效的贯彻执行。

（2）有独立的环保机构。

（3）完成上级政府下达的节能减排任务。三年内无较大环境事件，群众反映的各类环境问题得到有效解决。外来入侵物种对生态环境未造成明显影响。

（4）生态环境质量评价指数在全省名列前茅。

（5）全县80%的乡镇达到全国环境优美乡镇考核标准并获命名。

2. 建设指标

	序号	名　称	单　位	指　标	说明
经济发展	1	农民年人均纯收入	元／人		约束性指标
		经济发达地区			
		县级市（区）		≥8000	
		县		≥6000	
		经济欠发达地区			
		县级市（区）		≥6000	
		县		≥4500	
	2	单位GDP能耗	吨标煤／万元	≤0.9	约束性指标
	3	单位工业增加值新鲜水耗	m³／万元	≤20	约束性指标
		农业灌溉水有效利用系数		≥0.55	
	4	主要农产品中有机、绿色及无公害产品种植面积的比重	%	≥60	参考性指标
生态环境保护	5	森林覆盖率	%		约束性指标
		山区		≥75	
		丘陵区		≥45	
		平原地区		≥18	
		高寒区或草原区林草覆盖率		≥90	

续表

	序号	名　称	单　位	指　标	说明
生态环境保护	6	受保护地区占国土面积比例	%		约束性指标
		山区及丘陵区		≥20	
		平原地区		≥15	
	7	空气环境质量	——	达到功能区标准	约束性指标
	8	水环境质量	——	达到功能区标准，且省控以上断面过境河流水质不降低	约束性指标
		近岸海域水环境质量			
	9	噪声环境质量	——	达到功能区标准	约束性指标
	10	主要污染物排放强度	千克/万元（GDP）		约束性指标
		化学需氧量（COD）		<3.5	
		二氧化硫（SO_2）		<4.5且不超过国家总量控制指标	
	11	城镇污水集中处理率	%	≥80	约束性指标
		工业用水重复率		≥80	
	12	城镇生活垃圾无害化处理率	%	≥90	约束性指标
		工业固体废物处置利用率		≥90且无危险废物排放	
	13	城镇人均公共绿地面积	m^2	≥12	约束性指标
	14	农村生活用能中清洁能源所占比例	%	≥50	参考性指标
	15	秸秆综合利用率	%	≥95	参考性指标
	16	规模化畜禽养殖场粪便综合利用率	%	≥95	约束性指标
	17	化肥施用强度（折纯）	千克/公顷	<250	参考性指标

续表

	序号	名　称	单　位	指　标	说明
生态环境保护	18	集中式饮用水源水质达标率	%	100	约束性指标
		村镇饮用水卫生合格率			
	19	农村卫生厕所普及率	%	≥95	参考性指标
	20	环境保护投资占 GDP 的比重	%	≥3.5	约束性指标
社会进步	21	人口自然增长率	‰	符合国家或当地政策	约束性指标
	22	公众对环境的满意率	%	>95	参考性指标

二、生态市（含地级行政区）建设指标

1. 基本条件

（1）制订了《生态市建设规划》，并通过市人大审议、颁布实施。国家有关环境保护法律、法规、制度及地方颁布的各项环保规定、制度得到有效的贯彻执行。

（2）全市县级（含县级）以上政府（包括各类经济开发区）有独立的环保机构。环境保护工作纳入县（含县级市）党委、政府领导班子实绩考核内容，并建立相应的考核机制。

（3）完成上级政府下达的节能减排任务。三年内无较大环境事件，群众反映的各类环境问题得到有效解决。外来入侵物种对生态环境未造成明显影响。

（4）生态环境质量评价指数在全省名列前茅。

（5）全市80%的县（含县级市）达到国家生态县建设指标并获命名；中心城市通过国家环保模范城市考核并获命名。

2. 建设指标

	序号	名　称	单　位	指　标	说明
经济发展	1	农民年人均纯收入	元/人		约束性指标
		经济发达地区		≥8000	
		经济欠发达地区		≥6000	
	2	第三产业占 GDP 比例	%	≥40	参考性指标
	3	单位 GDP 能耗	吨标煤/万元	≤0.9	约束性指标
	4	单位工业增加值新鲜水耗	m³/万元	≤20	约束性指标
		农业灌溉水有效利用系数		≥0.55	
	5	应当实施强制性清洁生产企业通过验收的比例	%	100	约束性指标

	序号	名　称	单　位	指　标	说明
生态环境保护	6	森林覆盖率	%		约束性指标
		山区		≥70	
		丘陵区		≥40	
		平原地区		≥15	
		高寒区或草原区林草覆盖率		≥85	
	7	受保护地区占国土面积比例	%	≥17	约束性指标
	8	空气环境质量	—	达到功能区标准	约束性指标
	9	水环境质量	—	达到功能区标准，且城市无劣Ⅴ类水体	约束性指标
		近岸海域水环境质量			
	10	主要污染物排放强度	千克/万元（GDP）		约束性指标
		化学需氧量（COD）		<4.0	
		二氧化硫（SO_2）		<5.0 不超过国家总量控制指标	
	11	集中式饮用水源水质达标率	%	100	约束性指标
	12	城市污水集中处理率	%	≥85	约束性指标
		工业用水重复率		≥80	
	13	噪声环境质量	—	达到功能区标准	约束性指标
	14	城镇生活垃圾无害化处理率	%	≥90	约束性指标
		工业固体废物处置利用率		≥90 且无危险废物排放	
	15	城镇人均公共绿地面积	m²/人	≥11	约束性指标
	16	环境保护投资占GDP的比重	%	≥3.5	约束性指标
社会进步	17	城市化水平	%	≥55	参考性指标
	18	采暖地区集中供热普及率	%	≥65	参考性指标
	19	公众对环境的满意率	%	>90	参考性指标

三、生态省建设指标

1. 基本条件

（1）制订了《生态省建设规划纲要》，并通过省人大常委会审议、颁布实施。国家有关环境保护法律、法规、制度及地方颁布的各项环保规定、制度得到有效的贯彻执行。

（2）全省县级（含县级）以上政府（包括各类经济开发区）有独立的环保机构。环境保护工作纳入市（含地级行政区）党委、政府领导班子实绩考核内容，并建立相应的考核机制。

（3）完成国家下达的节能减排任务。三年内无重大环境事件，群众反映的各类环境问题得到有效解决。外来入侵物种对生态环境未造成明显影响。

（4）生态环境质量评价指数位居国内前列或不断提高。

（5）全省80%的地市达到生态市建设指标并获命名。

2. 建设指标

	序号	名　称	单　位	指　标	说明
经济发展	1	农民年人均纯收入	元/人		约束性指标
		东部地区		≥8000	
		中部地区		≥6000	
		西部地区		≥4500	
	2	城镇居民年人均可支配收入	元/人		约束性指标
		东部地区		≥16000	
		中部地区		≥14000	
		西部地区		≥12000	
	3	环保产业比重	%	≥10	参考性指标
生态环境保护	4	森林覆盖率	%		约束性指标
		山区		≥65	
		丘陵区		≥35	
		平原地区		≥12	
		高寒区或草原区林草覆盖率		≥80	
	5	受保护地区占国土面积比例	%	≥15	约束性指标
	6	退化土地恢复率	%	≥90	参考性指标
	7	物种保护指数	—	≥0.9	参考性指标
	8	主要河流年水消耗量	—		参考性指标
		省内河流		<40%	
		跨省河流		不超过国家分配的水资源量	
	9	地下水超采率	%	0	参考性指标

续表

	序号	名　　称	单　位	指　　标	说　明
生态环境保护	10	主要污染物排放强度	千克/万元（GDP）		约束性指标
		化学需氧量（COD）		＜5.0	
		二氧化硫（SO$_2$）		＜6.0 且不超过国家总量控制指标	
	11	降水 pH 值年均值	%	≥5.0	约束性指标
		酸雨频率		＜30	
	12	空气环境质量	—	达到功能区标准	约束性指标
	13	水环境质量	—	达到功能区标准，且过境河流水质达到国家规定要求	约束性指标
		近岸海域水环境质量			
	14	环境保护投资占 GDP 的比重	%	≥3.5	约束性指标
社会进步	15	城市化水平	%	≥50	参考性指标
	16	基尼系数	—	0.3~0.4 之间	参考性指标

四、指标解释

（一）生态县

第一部分　基本条件

1. 制订了《生态县建设规划》，并通过县人大审议、颁布实施。国家有关环境保护法律、法规、制度及地方颁布的各项环保规定、制度得到有效的贯彻执行。

指标解释：按照《生态县、生态市建设规划编制大纲（试行）》（环办［2004］109号），组织编制或修订完成生态县（市、区）建设规划。通过有关专家论证后，由当地政府提请同级人大审议通过后颁布实施。

规划文本和批准实施的文件报国家环保总局备案。规划应实施 2 年以上。

严格执行国家和地方的生态环境保护法律法规，并根据当地的生态环境状况，制订本地区生态环境保护与建设的政策措施；严格执行项目建设和资源开发的环境影响评价和"三同时"制度。主要工业污染源达标率 100%，小造纸、小化工、小制革、小印染、小酿造等不符合国家产业政策的企业全部关停。

数据来源：当地政府或各有关部门的文件、实施计划。

2. 有独立的环保机构。环境保护工作纳入乡镇党委、政府领导班子实绩考核内容，并建立相应的考核机制。

指标解释：设有独立的环保机构，将环境保护纳入党政领导干部政绩考核。成立以政府主要负责人为组长、有关部门负责人参加的创建工作领导小组，下设办公室。评优创先活动实行环保一票否决。

数据来源：当地政府或各有关部门的文件。

3. 完成上级政府下达的节能减排任务。三年内无较大环境事件，群众反映的各类环境问题得到有效解决。外来入侵物种对生态环境未造成明显影响。

指标解释：按照国务院印发的《节能减排综合性工作方案》，明确各乡镇各部门实现节能减排的目标任务和总体要求，完成年度节能减排任务。

较大环境事件，指"国家突发环境事件应急预案"规定的较大环境事件（III 级）以上（含 III 级）的环境事件，具体要求详见上述预案。及时查处、反馈群众投诉的各类环境问题。

外来入侵物种指在当地生存繁殖，对当地生态或者经济构成破坏的外来物种。

数据来源：发展改革、环保等部门。

4. 生态环境质量评价指数在全省名列前茅。

指标解释：按照《生态环境状况评价技术规范（试行）》（HJ/T192—2006）开展区域生态环境质量状况评价。

生态环境质量评价指数连续三年在全省排名前 10 位（不含已命名生态县的排名）。

数据来源：环保部门。

5. 全县 80% 的乡镇达到全国环境优美乡镇考核标准并获命名。

指标解释：全县（含县级市、区）80% 的乡镇（街道）被命名为"全国环境优美乡镇（街道）"。

数据来源：环保部门。

第二部分　建设指标

1. 农民年人均纯收入

指标解释：指乡镇辖区内农村常住居民家庭总收入中，扣除从事生产和非生产经营费用支出、缴纳税款、上交承包集体任务金额以后剩余的，可直接用于进行生产性、非生产性建设投资、生活消费和积蓄的那一部分收入。

数据来源：统计部门。

2. 单位 GDP 能耗

指标解释：指万元国内生产总值的耗能量。计算公式为：

$$单位 GDP 能耗 = \frac{总能耗（吨标煤）}{国内生产总值（万元）}$$

数据来源：统计、经济综合管理、能源管理等部门。

3. 单位工业增加值新鲜水耗、农业灌溉水有效利用系数

（1）单位工业增加值新鲜水耗

指标解释：工业用新鲜水量指报告期内企业厂区内用于生产和生活的新鲜水量（生活用水单独计量且生活污水不与工业废水混排的除外），它等于企业从城市自来水取用的水量和企业自备水用量之和。工业增加值指全部企业工业增加值，不限于规模以上企业工业增加值。计算公式为：

$$单位工业增加值新鲜水耗 = \frac{工业用新鲜水量（m^3）}{工业增加值（万元）}$$

数据来源：统计、经贸、水利、环保等部门。

（2）农业灌溉水有效利用系数

指标解释：指田间实际净灌溉用水总量与毛灌溉用水总量的比值。毛灌溉用水总量指在灌溉季节从水源引入的灌溉水量；净灌溉用水总量指在同一时段内进入田间的灌溉用水量。计算公式为：

$$农业灌溉水有效利用系数 = \frac{净灌溉用水总量}{毛灌溉用水总量} \times 100\%$$

数据来源：水利、农业、统计部门。

4. 主要农产品中有机、绿色及无公害产品种植面积的比重

指标解释：指有机、绿色及无公害产品种植面积与农作物播种总面积的比例。有机、绿色及无公害产品种植面积不能重复统计。计算公式为：

$$有机，绿色无公害产品种植面积的比重 = \frac{有机、绿色及无公害产品种植面积}{农作物种植总面积} \times 100\%$$

数据来源：农业、林业、环保、质检、统计部门。

5. 森林覆盖率

指标解释：森林覆盖率指森林面积占土地面积的比例。高寒区或草原区林草覆盖率是指区内林地、草地面积之和与总土地面积的百分比。计算公式为：

$$林草覆盖率 = \frac{林草地面积之和}{土地总面积} \times 100\%$$

数据来源：统计、林业、农业、国土资源部门。

6. 受保护地区占国土面积比例

指标解释：指辖区内各类（级）自然保护区、风景名胜区、森林公园、地质公园、生态功能保护区、水源保护区、封山育林地等面积占全部陆地（湿地）面积的百分比，上述区域面积不得重复计算。

数据来源：统计、环保、建设、林业、国土资源、农业等部门。

7. 空气环境质量

指标解释：指辖区空气环境质量达到国家有关功能区标准要求，目前执行 GB3095～1996《环境空气质量标准》和 HJ14～1996《环境空气质量功能区划分原则与技术方法》。

数据来源：环保部门。

8. 水环境质量、近岸海域水环境质量

指标解释：按规划的功能区要求达到相应的国家水环境或海水环境质量标准。目前采用 GB3838～2002《地表水环境质量标准》、GB/T14848－93《地下水环境质量标准》和 GB3097～1997《海水水质标准》。

省控以上断面过境河流水质不降低。

数据来源：环保部门。

9. 噪声环境质量

指标解释：指城市区域按规划的功能区要求达到相应的国家声环境质量标准。目前采用 GB3096－93《城市区域环境噪声标准》。

数据来源：环保部门。

10. 主要污染物排放强度

指标解释：指单位 GDP 所产生的主要污染物数量。按照节能减排的总体要求，本指标计算化学需氧量（COD）和二氧化硫（SO_2）的排放强度。计算公式为：

$$主要污染物排放强度 = \frac{全年\ COD\ 或\ SO_2\ 排放总量（千克）}{全年国内生产总值（万元）}$$

COD 和 SO_2 的排放不得超过国家总量控制指标，且近三年逐年下降。

数据来源：环保部门。

11. 城镇污水集中处理率、工业用水重复率

（1）城镇污水集中处理率

指标解释：城镇污水集中处理率指城市及乡镇建成区内经过污水处理厂二级或二级以上处理，或其它处理设施处理（相当于二级处理），且达到排放标准的生活污水量与城镇建成区生活污水排放总量的百分比。计算公式为：

$$生活污水集中处理率 = \frac{二级污水处理厂处理量 + \frac{一级污水处理厂、排江、排海工程处理量}{} \times 0.7 + \frac{氧化塘、氧化沟、沼气池及湿地处理系统处理量}{} \times 0.5}{城镇建成区生活污水排放总量} \times 100\%$$

数据来源：建设、环保部门。

（2）工业用水重复率

指标解释：指工业重复用水量占工业用水总量的比值。计算公式为：

$$工业用水得利率 = \frac{工业重复用水量}{工业用水总量} \times 100\%$$

数据来源：统计、发展改革、经贸、环保部门。

12. 城镇生活垃圾无害化处理率、工业固体废物处置利用率

指标解释：城镇生活垃圾无害化处理率指城市及建制镇生活垃圾资源化量占垃圾清运量的比值。工业固体废物处置利用率指工业固体废物处置及综合利用量占工业固体废物产生量的比值。无危险废物排放。有关标准采用 GB18599—2001《一般工业固体废弃物储存、处置场污染控制标准》、GB18485—2001《生活垃圾焚烧污染控制标准》、GB16889—1997《生活垃圾填埋污染控制标准》。

数据来源：环保、建设、卫生部门。

13. 城镇人均公共绿地面积

指标解释：指城镇公共绿地面积的人均占有量。公共绿地包括公共人工绿地、天然绿地，以及机关、企事业单位绿地。

数据来源：统计、建设部门。

14. 农村生活用能中清洁能源所占比例

指标解释：指农村用于生活的全部能源中清洁能源所占的比例。清洁能源是指环境污染物和温室气体零排放或者低排放的一次能源，主要包括天然气、核电、水电及其他新能源和可再生能源等。

数据来源：统计、经贸、能源、农业、环保等部门。

15. 秸秆综合利用率

指标解释：指综合利用的秸秆数量占秸秆总量的比例。秸秆综合利用包括秸秆气化、饲料、秸秆还田、编织、燃料等。计算公式为：

$$秸秆综合利用率 = \frac{综合利用的秸秆数量}{农村秸秆总量} \times 100\%$$

数据来源：统计、农业、环保部门。

16. 规模化畜禽养殖场粪便综合利用率

指标解释：指集约化、规模化畜禽养殖场通过还田、沼气、堆肥、培养料等方式利用的畜禽粪便量与畜禽粪便产生总量的比例。有关标准按照 GB18596—2001《畜禽养殖业污染物排放标准》和《畜禽养殖污染防治管理办法》执行。

数据来源：环保、农业部门。

17. 化肥施用强度（折纯）

指标解释：指本年内单位面积耕地实际用于农业生产的化肥数量。化肥施用量要求按折纯量计算。折纯量是指将氮肥、磷肥、钾肥分别按含氮、含五氧化二磷、含氧化钾的百分之百成分进行折算后的数量。复合肥按其所含主要成分折算。计算公式为：

$$化肥施用强度 = \frac{化肥施用量（千克）}{耕地面积（公顷）}$$

数据来源：农业、统计、环保部门。

18. 集中式饮用水源水质达标率、村镇饮用水卫生合格率

（1）集中式饮用水源水质达标率

指标解释：指城镇集中饮用水水源地，其地表水水源水质达到 GB3838—2002《地表水环境质量标准》III 类标准和地下水水源水质达到 GB/T14848—1993《地下水质量标准》III 类标准的水量占取水总量的百分比。计算公式为：

$$集中式饮用水源水质达标率 = \frac{各饮用水水源取水水质达标量之和}{各饮用水水源地取水量之和} \times 100\%$$

数据来源：建设、卫生、环保等部门。

（2）村镇饮用水卫生合格率

指标解释：指以自来水厂或手压井形式取得饮用水的农村人口占农村总人口的百分率，雨水收集系统和其它饮水形式的合格与否需经检测确定。饮用水水质符合国家生活饮用水卫生标准的规定，且连续三年未发生饮用水污染事故。计算公式为：

$$村镇饮用水卫生合格率 = \frac{取得合格饮用水农村人口数}{农村总人口数} \times 100\%$$

数据来源：环保、卫生、建设等部门。

19. 农村卫生厕所普及率

指标解释：指使用卫生厕所的农户数占农户总户数的比例。卫生厕所标准执行 GB19379—2003《农村户厕卫生标准》。

数据来源：卫生、建设部门。

20. 环境保护投资占 GDP 的比重

指标解释：指用于环境污染防治、生态环境保护和建设投资占当年国内生产总值（GDP）的比例。要求近三年污染治理和生态环境保护与恢复投资占 GDP 比重不降低或持续提高。计算公式为：

$$环保投资占 GDP 的比重 = \frac{污染防治投资 + 生态环境保护和建设投资}{国内生产总值（GDP）} \times 100\%$$

数据来源：统计、发展改革、建设、环保部门。

21. 人口自然增长率

指标解释：指在一定时期内（通常为一年）人口净增加数（出生人数减死亡人数）

与该时期内平均人数（或期中人数）之比，采用千分率表示。计算公式为：

$$人口自然增长率 = \frac{本年出生人数 - 本年死亡人数}{年平均人数} \times 1000‰$$

数据来源：计划生育、统计部门。

22. 公众对环境的满意率

指标解释：指公众对环境保护工作及环境质量状况的满意程度。

数据来源：现场问卷调查。

（二）生态市

第一部分　基本条件

指标解释参照生态县的相关内容。"生态环境质量评价指数在全省名列前茅"是指生态环境质量评价指数连续三年在全省排名前3位（不含已命名生态市的排名）。

第二部分　建设指标

1. 农民年人均纯收入

指标解释参照生态县的相关内容。

2. 第三产业占 GDP 比例

指标解释：指第三产业的产值占国内生产总值的比例。计算公式为：

$$第三产业占 GDP 比例 = \frac{第三产业产值}{国内生产总值（GDP）} \times 100\%$$

数据来源：统计部门。

3. 单位 GDP 能耗

指标解释参照生态县的相关内容。

4. 单位工业增加值新鲜水耗、农业灌溉水有效利用系数

指标解释参照生态县的相关内容。

5. 应当实施强制性清洁生产企业通过验收的比例

指标解释：《清洁生产促进法》规定：污染物排放超过国家和地方规定的排放标准或者超过经有关地方人民政府核定的污染物排放总量控制标准的企业，应当实施清洁生产审核；使用有毒、有害原料进行生产或者在生产中排放有毒、有害物质的企业，应当定期实施清洁生产审核。同时规定，省级环保部门在当地主要媒体上定期公布污染物超标排放或者污染物排放总量超过规定限额的污染严重企业的名单。

数据来源：经贸、环保、统计部门。

6. 森林覆盖率

指标解释参照生态县的相关内容。

7. 受保护地区占国土面积比例

指标解释参照生态县的相关内容。

8. 空气环境质量

指标解释参照生态县的相关内容。

9. 水环境质量、近岸海域水环境质量

指标解释参照生态县的相关内容。

10. 主要污染物排放强度

指标解释参照生态县的相关内容。

11. 集中式饮用水源水质达标率

指标解释参照生态县的相关内容。

12. 城市污水集中处理率、工业用水重复率

（1）城市污水集中处理率

指标解释：是指城市市区经过城市污水处理厂二级或二级以上处理且达到排放标准的污水量与城市污水排放总量的百分比。计算公式为：

$$城市污水集中处理率 = \frac{城市污水处理厂处理污水量（万吨）}{城市污水排放总量（万吨）} \times 100\%$$

数据来源：建设、环保部门。

（2）工业用水重复率

指标解释参照生态县的相关内容。

13. 噪声环境质量

指标解释参照生态县的相关内容。

14. 城镇生活垃圾无害化处理率、工业固体废物处置利用率

指标解释参照生态县的相关内容。

15. 城镇人均公共绿地面积

指标解释参照生态县的相关内容。

16. 环境保护投资占 GDP 的比重

指标解释参照生态县的相关内容。

17. 城市化水平

指标解释：指城镇建成区内总人口占地区总人口的比重。计算公式为：

$$城市化水平 = \frac{城镇建成区内总人口数}{市（县）总人口数} \times 100\%$$

数据来源：统计部门。

18. 采暖地区集中供热普及率

指标解释：指城市市区集中供热设备供热总容量占市区供热设备总容量的百分比。计算公式为：

$$市区集中供热普及率 = \frac{市区集中供势设备供热总容量（兆瓦）}{市区供热设备供热总容量（兆瓦）} \times 100\%$$

数据来源：建设部门。

19. 公众对环境的满意率

指标解释参照生态县的相关内容。

（三）生态省

第一部分　基本条件

指标解释参照生态县的相关内容。

第二部分　建设指标

1. 农民年人均纯收入

指标解释参照生态县的相关内容。

2. 城镇居民年人均可支配收入

指标解释：指城镇居民家庭在支付个人所得税、财产税及其他经常性转移支出后所余

下的人均实际收入。

数据来源：统计部门。

3. 环保产业比重

指标解释：指环保产业产值占国内生产总值（GDP）的比重。环保产业是环境保护相关产业的简称，指国民经济结构中为环境污染防治、生态保护与恢复、有效利用资源、满足人民环境需求，为社会、经济可持续发展提供产品和服务支持的产业。它不仅包括污染控制与减排、污染清理及废物处理等方面提供产品与技术服务的狭义内涵，还包括涉及产品生命周期过程中对环境友好的技术与产品、节能技术、生态设计及与环境相关的服务等。

数据来源：统计、发展改革、经贸、环保部门。

4. 森林覆盖率

指标解释参照生态县的相关内容。

5. 受保护地区占国土面积比例

指标解释参照生态县的相关内容。

6. 退化土地恢复率

指标解释：土地退化是指由于使用土地或由于一种营力或数种营力结合致使雨浇地、水浇地或草原、牧场、森林和林地的生物或经济生产力和复杂性下降或丧失，其中主要包括：（1）风蚀和水蚀致使土壤物质流失；（2）土壤的物理、化学和生物特性或经济特性退化；（3）自然植被长期丧失。本指标计算以水土流失为例，水利部规定小流域侵蚀治理达标标准是，土壤侵蚀治理程度达 70%。其它土地退化，如沙漠化、盐渍化、矿产开发引起的土地破坏等也可类推。计算公式为：

$$退化土地恢复率 = \frac{已恢复的退化土地总面积}{退化土地总面积} \times 100\%$$

数据来源：水利、林业、国土、农业部门。

7. 物种保护指数

指标解释：指考核年动植物物种现存数与生态省建设规划基准年动植物物种总数之比。计算公式为：

$$物种保护指数 = \frac{考核年动植物物种数}{基准年动植物物种数}$$

数据来源：林业、农业、环保部门。

8. 主要河流年水消耗量

指标解释：对省域内主要河流，国际上通常将 40% 的水资源消耗作为临界值；对跨省主要河流，水资源的消耗不得超过国家分配的水资源量。

数据来源：水利部门。

9. 地下水超采率

指标解释：指一年内区域地下水开发利用量超过可采地下水资源总量的比例。

数据来源：水利、国土资源、建设部门。

10. 主要污染物排放强度

指标解释参照生态县的相关内容。

11. 降水 pH 值年均值、酸雨频率

降水 pH 值年均值指一年降水酸度（pH 值）的平均值。酸雨频率指一年的降水总次数中，pH 值小于 5.6 的降水发生比例。

数据来源：环保部门。

12. 空气环境质量

指标解释参照生态县的相关内容。

13. 水环境质量，近岸海域水环境质量

指标解释参照生态县的相关内容。

14. 环境保护投资占 GDP 的比重

指标解释参照生态县的相关内容。

15. 城市化水平

指标解释参照生态市的相关内容。

16. 基尼系数

指标解释：是用来反映社会收入分配平等状况的指数。基尼系数一般介于 0 ~ 1 之间，0 表示收入绝对平均，1 表示收入绝对不平均，小于 0.2 表示收入高度平均，大于 0.6 表示收入高度不平均。0.3 ~ 0.4 之间表示较为合理。国际上一般把 0.4 作为警戒线。

基尼系数的计算方法：按人均收入由低到高进行排序，分成若干组（如果不分组，则每一户或每一人为一组），计算每组收入占总收入比重（Wi）和人口比重（Pi），计算公式为：

$$G = 1 - \sum_{i-1}^{n} Pi \cdot (2Qi - Wi)$$

其中：$Qi = \sum_{k-1}^{i}$ 或 $G = 1 - \sum_{i=1}^{n} Pi \cdot (2 \sum_{k-1}^{i} Wk - Wi)$

关于印发《生态县、生态市建设规划编制大纲（试行）》及实施意见的通知

环办 [2004] 109 号

各省、自治区、直辖市环境保护局（厅）：

为规范生态县、生态市建设规划的编制，我局制订了《生态县、生态市建设规划编制大纲（试行）》及实施意见。现印发给你们，请参照执行。

附件：1. 生态县、生态市建设规划编制大纲（试行）

2.《生态县、生态市建设规划编制大纲（试行）》实施意见

二〇〇四年十二月二十四日

附件1：

生态县、生态市建设规划编制大纲（试行）

1. 总则

1.1 任务的由来

1.2 规划编制的范围（行政辖区）

1.3 生态县、生态市建设的目的和意义

1.4 规划编制的依据

（1）国家和地方环境、资源相关法律、法规和规定、要求

（2）国家和地方国民经济和社会发展计划及中长期发展规划

（3）国家和地方环境保护及生态建设规划

（4）国家环境保护总局《生态县、生态市、生态省建设指标（试行）》（环发〔2003〕91号）

（5）相关生态省建设规划

2. 基本情况与趋势分析

2.1 自然地理状况

2.2 社会经济状况

2.3 生态环境现状

2.4 主要资源状况

2.5 社会经济发展与生态环境趋势分析

2.6 生态县、生态市建设的优势与制约因素

对比《生态县、生态市、生态省建设指标（试行）》（环发〔2003〕91号），找出差距，分析原因。

3. 生态县、生态市建设的指导思想与目标

3.1 指导思想和基本原则

围绕全面建设小康社会，以全面、协调、可持续的科学发展观为指导，运用生态经济和循环经济理论，统筹区域经济、社会和环境、资源的关系，以人为本，通过调整优化产业结构，大力发展生态经济和循环经济，改善生态环境，培育生态文化，重视生态人居，走生产发展、生活富裕、生态良好的文明发展道路。

（1）协调发展的原则。充分考虑区域社会、经济与资源、环境的协调发展，统筹城乡发展，促进人与自然和谐，实现经济、社会和环境效益的"共赢"。

（2）因地制宜的原则。从本地实际出发，发挥本地资源、环境、区位优势，突出地

方特色。

（3）量力而行的原则。不贪大求全，不盲目攀比。通过规划编制，选择生态县、生态市建设的重点领域和重点区域作为突破，循序渐进，分步实施。

（4）便于操作的原则。规划要与当地国民经济与社会发展规划（计划）相衔接，与相关部门的行业规划相衔接。规划目标与措施应尽可能做到工程化、项目化、时限化。

3.2　规划时限

以规划的前一年为基准年，分近期、中期和远期目标，应与当地国民经济与社会发展计划或中长期经济与社会发展规划相衔接。

3.3　规划目标

3.3.1　总体目标

对生态县、生态市建设的预期目标进行定量与定性的描述，以充分展示规划远景目标。根据实际情况，可按规划的不同时限确定总体目标。

各地根据实际，生态县创建一般以5—10年为期，生态市创建一般以5—15年为期。

已开展生态省建设的地区，生态县、生态市建设规划的目标、任务，要与生态省建设规划纲要确定的目标、任务相衔接。

3.3.2　具体建设指标

具体建设指标包括经济发展、环境保护和社会进步三类，参见《生态县、生态市、生态省建设指标（试行）》（环发［2003］91号）。各地可结合当地实际对指标进行补充。指标的确定应与不同规划期的目标相一致，并便于阶段工作考核。

3.3.3　规划指标体系

列表表述生态县、生态市规划建设时段和指标值。

3.3.4　生态县、生态市建设目标的可达性分析

4. 生态功能区划（依据省域生态功能区划制订）

4.1　生态功能区划方案

4.1.1　生态功能区的基本概况

4.1.2　生态功能区的生态环境特点、生态敏感性、生态功能服务重要性评价，以及主导功能定位

4.1.3　生态功能区生态保护与建设方向

4.2　区域经济发展与生态功能区划的关系

重点说明区域主导生态功能，阐明经济发展对生态环境的影响，提出明确禁止、限制和鼓励、倡导发展的产业方向及建议。

5. 生态县、生态市建设的主要领域和重点任务

5.1　生态产业体系建设

5.1.1　主要目标

5.1.2　产业布局与生态功能区划的一致性分析

5.1.3　循环经济与生态产业建设［包括生态工业、生态农业、生态服务业（生态旅

游业等）等，此部分可根据当地实际进一步细化]

5.2　自然资源与生态环境体系建设（自然资源较丰富或自然资源开发强度较大的县、市，可单独设"自然资源保障体系"一节）

5.2.1　主要目标

5.2.2　重点资源开发生态环境保护监管，资源开发生态恢复与重建

5.2.3　环境污染治理

5.2.4　自然生态保护与建设

5.2.5　农村和农业生态环境保护与建设

5.3　生态人居体系建设

5.3.1　主要目标

5.3.2　优化城（镇）功能区布局与景观结构建设

5.3.3　城（镇）环境保护基础设施建设与环境综合整治

5.3.4　创建环境保护模范城市（编制生态市、区建设规划时考虑）

5.3.5　创建环境优美乡镇（编制生态县建设规划时考虑）

5.3.6　绿色社区、生态村建设

5.4　生态文化体系建设

5.4.1　主要目标

5.4.2　倡导绿色生产和绿色消费

5.4.3　生态环境保护知识普及与教育

5.4.4　创建绿色学校

5.4.5　提高公众的参与能力

5.5　能力保障体系建设

5.5.1　主要目标

5.5.2　科技支撑能力建设

5.5.3　环境安全预测、预警、预报系统建设

5.5.4　相关资源、环境保护法规、制度建设

5.5.5　完善可持续发展的科学、民主决策机制

6. 生态县、生态市建设的重点项目

6.1　建设项目

6.1.1　建设项目名称

6.1.2　建设位置、实施期限

6.1.3　建设内容及投资（包括分年度建设内容）

6.2　建设目的及预期应达到的效果

6.3　责任单位

附表：重点建设项目表

7. 规划实施效益分析与评价

7.1　投资经费估算

7.2　经费来源分析

7.3　效益分析

7.3.1　经济效益

7.3.2　环境效益

7.3.3　社会效益

8. 规划实施的保障措施

8.1　法制保障

8.2　组织保障（含领导干部目标考核）

8.3　资金保障

8.4　技术保障

8.5　社会保障

附件2：

《生态县、生态市建设规划编制大纲（试行）》 实施意见

一、编制生态县、生态市建设规划，是创建生态县、生态市的基础，各地要高度重视、精心组织，认真按照《生态县、生态市建设规划编制大纲（试行）》（以下简称《大纲》）的要求，确保规划编制质量。

（一）要坚持因地制宜，从本地实际出发，发挥本地资源、环境、区位优势，充分整合各种资源，实施分类指导。

（二）要突出当地特点，扬长避短，开拓工作思路，走出具有当地特色的可持续发展的新路子。

（三）要与当地国民经济与社会发展规划（计划）相衔接，与相关部门的行业规划相衔接。创建生态省的省份所辖市、县编制规划时，还应与生态省建设规划相衔接。

（四）要提高规划的可操作性，建设目标、任务应具体化，工作措施应尽可能做到工程化、项目化、时限化，任务分解到各有关部门、县（区）、乡镇。

二、生态县、生态市规划的编制，可以由所在地人民政府委托有关科研院所承担，也可以组织自身技术力量开展编制工作。参与编制规划的单位和人员应当具有相关规划编制经验，熟悉生态县、生态市建设的要求。规划编制过程中，既要有经济、社会、环境、资源等领域的专家参与，也要有当地政府有关部门的管理人员和实际工作者参加，确保规划

的科学性、前瞻性和可操作性。

三、各地要严格规划编制经费预算,规划编制业务的委托和承担,应尽可能采用招标、投标方式进行。

四、规划编制完成后,编制单位应当广泛征求当地政府各有关部门的意见,并经政府常务会审议后,由省级环境保护部门组织专家进行论证。

五、论证、修改后的规划必须经当地人大审议通过后,颁布实施。

六、县、市级全国生态示范区建设规划的编制可参照《大纲》进行;已命名的国家级生态示范区,可在原有生态示范区建设规划的基础上,按照《大纲》的要求进行修编,形成生态县、生态市建设规划。

全国生态示范区建设规划纲要(1996～2050 年)

1 背景和重要意义

1.1 生态破坏现状

目前我国的自然资源和生态环境破坏十分严重,中国城市低碳经济网全国水土流失面积为 367 万平方公里,占国土面积的 38.2%;沙漠化土地面积为 33.4 万平方公里,每年仍以 2100 平方公里的速度扩展;沙化、退化、盐碱化草地 9000 万公顷,每年还以 67 万公顷的速度发展;目前已有 15%～20% 的动植物种类受到威胁,高于世界 10%～15% 的平均水平;全国自然灾害频繁发生,危害加重,每年因灾害损毁的土地约 13 万公顷以上;全国亟待整治和恢复的矿区弃地有 200 多万公顷。

我国正处于快速城市化、工业化的过程中,人口多、底子薄、资源相对不足,特别是长期以来,经济发展采用了以大量消耗资源和粗放经营为特征的发展模式,重经济效益、轻环境效益,造成了对自然资源和生态环境的破坏,我国的自然资源基础正不断地退化、枯竭。

保护和建设生态环境,改变传统发展模式,以较低的资源代价和环境代价换取较高的经济发展速度,进一步达到经济效益、社会效益和环境效益的统一,实现城镇乡村社会经济的持续发展,这应该是我国发展战略的重要选择。

1.2 生态示范区建设现状

多年来,环境保护部门和有关部门一起在引导城市乡村合理利用自然资源和自然环境,开展生态环境保护和建设方面进行了大量有益的尝试:

1.2.1 开展生态农业户、村、乡和县的建设;

1.2.2 组织开展了农村环境综合整治和目标责任制试点工作;

1.2.3 开展了合理规划乡镇工业小区和防治乡镇工业污染的工作;

1.2.4 加强了自然资源开发建设项目的环境管理;

1.2.5　开展了区域环境影响评价，完成了沿海近岸海域的环境功能区划；

1.2.6　开展了生态县（市）建设规划的科研和试点；

1.2.7　开展了矿区生态破坏恢复治理和自然生态系统破坏恢复治理的示范工程建设，等等。

综上所述，生态建设工作取得了一定成效，积累了一定的经验，为进一步开展生态示范区的建设奠定了扎实的基础。

1.3　生态示范区的内涵

生态示范区是以生态学和生态经济学原理为指导，以协调经济、社会发展和环境保护为主要对象，统一规划，综合建设，生态良性循环，社会经济全面、健康持续发展的一定行政区域。生态示范区是一个相对独立，对外开放的社会、经济、自然的复合生态系统。生态示范区建设可以乡、县和市域为基本单位组织实施，当前重点可放在以县为单位组织实施上。

1.4　生态示范区建设的内容，主要包括如下几个方面：

1.4.1　以保护农业生态和发展农村经济为主要内容的生态示范区建设；

1.4.2　以乡镇工业合理布局和污染防治为主要内容的生态示范区建设；

1.4.3　以自然资源合理开发利用为主要内容实现农工贸一体化的生态示范区建设；

1.4.4　以防治污染、改善和美化环境为主要内容的生态示范区建设；

1.4.5　以保护生物多样性、发展生态旅游为主要内容的生态示范区建设；

1.4.6　各方面综合的生态示范区建设。

1.5　生态示范区建设的意义

1.5.1　生态示范区建设是区域经济社会可持续发展的有益探索

生态示范区建设的根本目的，是实现区域经济社会的可持续发展：一方面要求大力发展经济社会，以满足广大人民不断提高的物质文化生活的需要；另一方面要求合理开发利用资源，积极保护生态环境，保护人类赖以生存和发展的物质基础，最终实现经济社会与生态环境的协调发展，走可持续发展的道路。

1.5.2　生态示范区建设是落实环境保护基本国策的有效途径

生态建设要求具备三个基本环节，一是按照生态学和生态经济学原理，制定建设规划，这是一个生态环境保护与社会经济发展相互协调的规划，对区域发展具有重要指导意义；二是规划由当地人大审议通过，或以当地党委、政府决议的形式确定下来，使之具有法律和行政的约束力，保证生态建设融入当地经济社会的整体发展中；三是在统一规划的前提下，将建设目标和任务分解到各政府部门，使之与部门的工作有机结合起来。由此，使环境保护得到加强，并有效地落实到各项工作之中。

1.5.3　生态示范区建设是环境保护部门参与政府综合决策的重要机制。

生态示范区建设既是一项建设工作，又是一项管理工作，从统一规划，任务分解，到建设过程的监督与最后的验收评比，都是有效的管理形式，特别是对各部门的环境保护与建设职责进行了统一的规范和要求。同时，环境保护机构和统一监督管理的职能相应加强，发挥政府参谋作用的能力也相应提高。通过生态示范区建设，将进一步建立、健全环境保护和各有关部门参与重大决策的机制，促进决策的科学化与民主化。

2　生态示范区建设的指导思想和战略目标

2.1　指导思想

根据国民经济和社会发展的总目标，以保护和改善生态环境、实现资源的合理开发和永续利用为重点，通过统一规划，有组织、有步骤地开展生态示范区的建设，促进区域生态环境的改善，推动国民经济和社会持续、健康、快速地发展，逐步走上可持续发展的道路。

2.2　基本原则

2.2.1　环境效益、经济效益、社会效益相统一原则：生态示范区建设应与农村脱贫致富、地区经济发展结合起来，与当地的社会发展、城乡建设结合起来。

2.2.2　因地制宜的原则：生态示范区建设应从当地的实际情况出发，以当地的生态环境和自然资源条件、社会经济和科技文化发展水平为基础，科学合理地组织建设。

2.2.3　资源永续利用原则：提倡资源的合理开发利用，积极开展资源的综合利用和循环利用，能源的高效利用，实现废物的最小化；可更新资源和开发利用与保护增值相并重，实现自然资源的开发利用与生态环境的保护和改善相协调。

2.2.4　政府宏观指导与社会共同参与相结合原则：生态示范区建设作为一项政府行为，强调政府对生态示范区建设的宏观管理和扶持作用。同时，应充分调动社会力量共同参与。

2.2.5　国家倡导、地方为主的原则：充分发挥地方政府的作用，遵循地方自主建设、自愿参与的原则。

2.2.6　统一规划、突出重点、分步实施原则：生态示范区建设规划应当是生态环境建设与社会经济发展相结合的统一规划，应体现出生态系统与社会经济系统的有机联系。同时，规划应明确近、中、远期目标，并将建设任务加以分解落实，分阶段、分部门组织实施，突出阶段、部门的建设重点，组成重点建设项目。

3　战略目标

通过生态示范区建设，树立一批区域生态建设与社会经济发展相协调的典型，2000年以后，通过在全国广大地区的推广普及，使生态环境质量和人民生活水平得到较大程度的改善内，逐步实现资源的永续利用和社会经济的可持续发展。

4　分阶段目标

为使生态示范区建设规划与我国国民经济和社会发展规划、全国生态环境建设规格纲要相协调，生态示范区建设分为三个阶段进行。

第一阶段：近期 1996 年～2000 年，试点建设阶段，在全国建立生态示范区 50 个；

第二阶段：中期 2001 年～2010 年，重点推广阶段，在全国选取 300 个区域进行重点推广，建成各种类型，各具特色的生态示范区 350 个；

第三阶段：远期 2011 年～2050 年，普遍推广阶段，在全国广大地区推广生态示范区建设，使示范区的总面积达到国土面积的 50% 左右。

5　建设指标

5.1　生态示范区可根据全国不同地区经济发展与生态环境状况，按现状分为三类地区：

第一类：经济落后、群众生活贫困（人均收入少于或等于400元）和生态环境质量较差的地区；

第二类：中等经济水平（人均收入在400~1000元）和生态环境质量一般的地区；

第三类：经济发达（人均收入大于1000元）和生态环境质量较好的地区。

各生态示范区也可根据本地经济发展和生态环境的实际情况交叉利用上述目标。

5.2　生态破坏恢复治理区：

到2000年，生态破坏恢复治理示范区的恢复治理率达到40%~50%，每年自然环境新破坏面积小于恢复治理面积。

6　生态示范区建设的任务

6.1　重点建设类型与任务

6.1.1　区域生态建设

区域生态建设主要包括两大类，一类是以单项建设为主，另一类是综合建设为主。

单项建设的重点任务是：

6.1.1.1　生态农业示范区建设。即在已有生态农业户、村、乡建设的基础上，扩大到整个县域的生态农业建设，进而发展到包括农、林、牧、副、渔在内的生态经济县的建设。

6.1.1.2　乡镇合理规划布局示范区建设。为促进乡镇工业健康发展，防治乡镇工业环境污染而组织开展的乡镇规划和建设，乡镇工业小区建设和乡镇工业污染防治示范工程建设，通过集中发展，促进集中治理。

6.1.1.3　生态旅游示范区建设。以合理开发旅游资源，有效防止生态破坏和旅游污染为主要内容，通过风景旅游区的发展建设，促进当地生态建设和社会经济的发展，使该区域成为环境优美、舒适、安全的风景旅游区。

6.1.1.4　生态城市示范区建设。为改善城镇生态环境和人民生活环境，组织开展城镇园林、绿化、草坪和自然、人文景观、生态景观的建设及污染防治，资源和能源的有效合理利用。

6.1.1.5　农工贸一体化示范区建设。建立合理的产业结构，以农产品为主要原料，以工业深加工，形成物质循环利用系统，减少污染物排放实现工农业生产的一体化，并由此带动区域工业、农业和城镇建设和生态良性循环发展。

综合建设的重点任务是：开展城乡生态环境综合建设，按生态学原理和生态经济规律，把生态经济县建设、乡镇规划建设、生态旅游区建设、生态城市建设、自然保护区建设等各项任务有机结合起来，实现整个区域经济社会与环境保护的全面发展。

6.1.2　生态破坏恢复治理示范建设

6.1.2.1　矿区生态破坏恢复治理示范区建设。在矿区污染治理和土地复垦的基础上，开展生态景观建设，发展生态经济，保护生物多样性，实现区域自然资源开发与生态建设协调发展。

6.1.2.2　农村环境综合整治示范区建设。包括农业污染、工业污染、农村生态破坏的综合整治和生态建设。

6.1.2.3　湿地资源合理开发利用与保护示范区建设。以重要湿地及其生物多样性保护和重要湿地的恢复建设为主要内容，建立平原湿地保护示范区、高原湿地保护示范区、湖泊湿地保护示范区、海滨湿地保护示范区和西北内陆湿地保护示范区等，实现湿地保护与区域经济的持续发展。

6.1.2.4　土地退化综合整治示范区建设。以水土流失、土地沙化、草场退化、土壤盐渍化的综合治理和脱贫致富为主要内容，在一些主要的流域、农牧交错区、水源地建立生态建设示范区。

6.2　分区建设任务

6.2.1　经济发达地区。采取高起点，以区域的综合建设为主，形成工业、农业生产和城镇发展建设的生态良性循环系统，建立与小康相适应的生态示范区，并借鉴发达国家的先进模式，建立具有我国特色的反映新世纪发展方向的生态示范区。

6.2.2　经济欠发达地区。从生态建设促进经济发展出发，分阶段逐步开展建设。第一阶段重点开展单项建设，同时，结合有机食品的开发，开展有机食品基地的建设，加强生态农业实用技术的推广和适用模式的试验，并使各单项建设达到初级优化组合。第二阶段实现农、林、牧、渔等产品加工和城乡工业无污染和资源能源合理利用；生态示范区建设规划大部分得到实施，各业生产基本达到优化组合。第三阶段生态示范区建设规划全部得到实施，社会经济发展与城乡建设整体达到生态的良性循环。

6.2.3　资源富集和重点开采区。一是开展资源开发生态破坏恢复治理示范区的建设，推广生态破坏恢复治理实用技术，推动生态破坏恢复治理走产业化道路；二是通过试行生态环境补偿费制度，建立生态破坏恢复治理专项基金，在取得一定经验后，逐步把示范区建设成资源合理开发利用与区域经济持续发展的生态示范区。

7　规划实施的保障措施

7.1　加强领导

7.1.1　以政府主要负责人为主成立生态示范区建设的领导小组，统一组织领导生态示范区建设。

7.1.2　生态示范区建设规划由当地人大审议通过，列入地方政府的国民经济与社会发展计划。

7.1.3　生态示范区建设的成效作为政府负责人政绩考核的重要指标。

7.2　多方筹措资金

7.2.1　本着自愿的原则，建设经费由地方按现有的资金渠道自筹。

7.2.2　实行个人、集体、政府三结合政策，鼓励多方投资，引入市场机制，以效益吸引投资。

7.2.3　国家、省建立生态示范区建设重点项目库，作为争取国内、国际资金的依据。

7.3　强化管理

7.3.1　国家制定"生态示范区建设管理办法"，定期组织监督、检查、经验交流，并进行阶段性评比、验收工作。同时，根据各点的工作情况，必要时可对部分试点作增减处理。

7.3.2　将示范区的建设规划目标和任务纳入城市和农村环境保护目标责任制和综合整治定量考核的指标体系，一同布置，一同检查验收。

7.3.3　对阶段性建设成果显著的生态示范区可优先推荐给联合国环境规划署参加"全球 500 佳"的评选，或授予"全国生态示范区建设先进单位"称号。

7.4　能力建设

7.4.1　国家环境保护局自然保护司负责全国生态示范区建设的日常管理工作，负责制定有关规章制度，组织检查验收和经验交流，指导生态示范区建设等工作。

7.4.2　成立全国生态示范区建设技术指导委员会，负责指导生态示范区建设的技术业务工作。

7.4.3　加强科学研究，为生态示范区建设提供技术保障。

7.4.4　组织制定示范区建设规划编制导则的技术规范。

7.4.5　组织示范区管理人员和技术人员的经验交流和技术培训。

7.5　开展国际交流

7.5.1　吸收、引进国外生态环境建设的先进技术与模式。

7.5.2　开展双边合作与交流。

7.5.3　积极争取国际赠款和贷款。

7.6　加强宣传

7.6.1　提高各级政府对生态示范区建设的，促使其加强对建设工作领导。

7.6.2　广泛动员社会力量，共同参与生态建设。

8　规划的实施步骤（到 2000 年）

8.1　启动（1995 年）

8.1.1　召开"全国生态示范区建设工作研讨会"。

8.1.2　成立"全国生态示范区建设技术指导委员会"。

8.1.3　制定印发《全国生态示范区建设规划纲要》组织第一阶段试点的申报工作。

8.1.4　组织制定印发"生态示范区建设技术规范"等技术性文件。

8.2　规划（1996 年）

8.2.1　各试点对当地社会经济自然资源和生态环境的现状进行调查。

8.2.2　各试点单位制定示范区建设规划，由国家评估验收后，报当地人大或政府审批。

8.3　建设

8.3.1　生态示范区建设规划的组织实施（1997～1999 年）

8.3.2　国家组织进行阶段性评估验收（2000 年）

8.3.3　组织第二阶段生态示范区试点的申报工作。

国家生态文明建设示范区建设现状

我国对生态文明建设的认识和实践起源于环境保护。上世纪 70 年代初，我国开始认识到环境保护的重要性，1973 年召开的第一次全国环境保护会议提出了 32 字的环保方针。进入 80 年代，国家将环境保护明确为一项基本国策，强调经济建设和环境保护必须协调发展。90 年代开始，我国开始将环境与发展统筹考虑，把可持续发展战略确定为国家发展战略，组织实施了一批环境保护和生态建设重大工程。进入新世纪，党的十六大提出统筹人与自然和谐发展，推动整个社会走上生产发展、生活富裕、生态良好的发展道路；党的十七大首次提出建设生态文明，基本形成节约能源资源和保护生态环境的产业结构、增长方式、消费模式。2012 年，党的十八大将生态文明建设纳入中国特色社会主义事业"五位一体"总体布局，生态文明作为执政理念上升为党的意志。

生态文明建设内涵丰富，外延广阔，需要有扎实的实践基础，才能不断深化对生态文明建设规律的认识，认识成果也只有再回到实践中去指导生态文明建设工作，才能在螺旋上升中推动生态文明建设水平不断提高。生态文明建设的试点示范正是遵循这一认识论的规律，形成了相互联系、循序渐进、标准逐步提高的几个阶段。1995 年原国家环保局启动了生态示范区工作，推动落实国家的可持续发展战略，探索区域经济发展与环境保护的协调。2000 年原国家环保总局开始推进的生态省、市、县建设，根据环境、资源条件，统筹规划城乡的经济、社会与环境，保障资源的可持续利用，建立良性循环的生态环境、经济、人居和文化体系，成为各地建设两型社会、提高生态文明水平的重要载体。2013 年 6 月，"生态建设示范区"经中央批准更名为"生态文明建设示范区"。2014 年 7 月，经中央批准在"生态文明建设示范区"项目中增设子项目"中国生态文明奖"。

中央批准更名后，环境保护部印发《关于大力推进生态文明建设示范区工作的意见》，出台《国家生态文明建设试点示范区指标（试行）》，设定生态经济、生态环境、生态人居、生态制度和生态文化等五方面 28 项指标，各项工作在积极有序推进。

目前这项工作一是有明确的工作体系。生态示范区、生态省（市、县）、生态文明建设示范区之间是持续推进的关系，生态文明建设示范区以生态省（市、县）的建设为前提。在生态省（市、县）建设中，特别强调细胞工程的建设，明确了生态省、生态市、生态县、生态乡镇、生态村之间 4 个 80% 的体系要求。从基层做起，自下而上推动整体工作，实现行政辖区的全覆盖。二是有具体的量化指标。2002 年环保部印发《国家生态县、生态市、生态省指标（试行）》，2007 年对指标进行修订。生态省建设的 16 项指标，包含了经济发展、生态环境保护、社会进步等几个方面。2013 年印发《国家生态文明建设试点示范区指标（试行）》设定了生态经济、生态环境、生态人居、生态制度和生态文化等五方面的 28 项指标。三是有系统的推进机制。环境保护部自 2002 年以来，已经举办了 7 届生态省论坛会议，2012 年召开第一次生态建设工作会议，强化工作推动。制定《国家生态建设示范区管理规程》，对申报、技术评估、考核验收、公告命名、监督管理等做出具体规定，确保公平公正公开。创建工作推动各地建立了"党委政府直接领导、人大政协大力推动、相关部门齐抓共管、社会各界广泛参与"的工作机制。四是取得了初步工作成效。全国已有海南、吉林、黑龙江、福建、浙江、山东、安徽、江苏、河北、广西、四川、辽宁、天津、山西、河南、湖北等 16 个省开展生态省建设，1000 多个市、县开展生态市、县建设，已有 92 个地区已经建成国家生态市县，高淳区、桐庐、安吉、吴中区、苏州、青浦区等等。为在生态市县基础上继续探索生态文明建设的目标模式和推进机制，环境保护部在全国分七批累计确定 125 个生态文明建设试点地区。

生态文明建设示范区重在示范，贵在探索，需要积极推动生态文明建设示范区各创建地区把生态文明建设摆在更加突出的地位，同时环保部门要牵好头，发挥好参谋和助手作用，把环境保护主阵地和根本措施的功能定位落实好，推动生态文明建设工作不断取得新成效。

具体来说，需要重点从以下几个方面着手：

1. 要进一步完善和创新体制机制。按照十八届三中全会全面深化改革的精神和新修订的《环境保护法》的新理念和新要求，制订生态文明建设的目标体系、考核办法和奖励机制，建立健全资源环境承载能力监测预警制度，生态保护补偿制度，环保目标责任制和考核评价制度，污染物排放总量控制制度，排污许可管理制度，环境监察制度等。用制度保护生态环境，树立科学发展的鲜明导向。

2. 是抓紧划定并严守生态红线。划定并严守生态红线，对于维护国家和区域生态安全，优化生态安全格局，促进经济社会可持续发展，有着重要意义。生态文明建设示范区要在现有工作基础上，抓紧生态红线的划定工作，制定管制措施，将生态红线区扎扎实实地保护好。

3. 要努力开创绿色发展新局面。推进"两型"社会建设，节约集约利用资源，推动资源利用方式根本转变，提高利用效率和效益；严守土地保护红线，严格土地用途管制；大力发展绿色经济、低碳经济、循环经济，实现经济可持续发展。

4. 全力解决损害群众健康的突出环境问题。强化水、大气、土壤等污染防治，解决突出环境问题，加大治理力度，打好"向污染宣战"的攻坚战，取得实际成效，让全社会看到希望，树立信心。

5. 加快保护与修复生态功能。以重要生态功能区为重点，实施好天然林保护、退耕还林等生态修复工程，推进水源涵养地修复；做好水土保持带维护以及生态屏障建设；加强荒漠化、石漠化综合治理；加强湿地保护和森林资源管护，构建完善的生态系统。

6. 大力弘扬生态文化，提升全社会生态文明意识。只有生态文明的理念深入人心，全社会才会自觉践行生态文明，也只有依靠公众的力量，才能促进生态文明建设不断发展。建设生态文明、宣传教育要先行。引导党员干部、青少年学生和社会公众树立生态文明理念，进一步增强绿色财富意识、生态忧患意识、生态责任意识；指导绿色低碳消费，践行健康文明的生态生活。广泛开展企业、社区、学校、家庭等生态文明细胞创建活动。在全社会形成共建生态文明的浓厚氛围。

关于印发《中国生态文明奖评选表彰办法(暂行)》的通知

环发〔2015〕69号

各省、自治区、直辖市环境保护厅(局):

为贯彻落实《中共中央、国务院〈关于加快推进生态文明建设的意见〉》精神,按照全国评比达标表彰工作协调小组的批复开展中国生态文明奖的评选表彰活动,我部制定了《中国生态文明奖评选表彰办法(暂行)》。现印发给你们,请遵照执行。

附件:中国生态文明奖评选表彰办法(暂行)

环境保护部
2015年6月12日

附件:

中国生态文明奖评选表彰办法(暂行)

第一章 总则

第一条 为贯彻落实《中共中央、国务院〈关于加快推进生态文明建设的意见〉》(中发〔2015〕12号)精神,认真做好中国生态文明奖评选表彰工作,确保评选表彰活动公开、公平、公正,根据中共中央办公厅、国务院办公厅《评比达标表彰活动管理办法(试行)》(中办发〔2010〕33号)、全国评比达标表彰工作协调小组《评比达标表彰活动管理办法(试行)实施细则》(国评组发〔2011〕5号)和《关于环境保护部申报项目的复函》(国评组函〔2014〕40号),制定本办法。

第二条 中国生态文明奖的评选面向生态文明建设基层和一线,重点表彰在生态文明实践探索、宣传教育和理论研究等方面做出突出成绩的集体和个人。

第三条 中国生态文明奖表彰奖励活动由环境保护部主办,邀请有关部门和单位予以支持,具体工作由中国生态文明研究与促进会承担。

第四条 中国生态文明奖表彰奖励名额为"中国生态文明奖——先进集体"不超过20个,不评选副司局或者相当于副司局级以上单位,不评选县级以上党委、政府;"中国生态文明奖——先进个人"不超过30名,不评选副司局或者相当于副司局级以上干部(县建制高配者除外),县处级干部不超过评选总数的20%。对获得表彰奖励的集体,由环境保护部颁发奖牌、荣誉证书；对获得表彰奖励的个人，由环境保护部颁发荣誉证书和壹万元奖金。

第五条　中国生态文明奖每三年评选表彰一次，对获奖集体或个人的先进事迹应进行广泛宣传，营造良好社会氛围。

第二章　评选机构

第六条　环境保护部会同有关部门和单位设立中国生态文明奖评选委员会（以下简称评委会）。评委会主任由环境保护部分管部领导担任；设执行副主任1名，由中国生态文明研究与促进会常务副会长担任；副主任3名，分别由中央精神文明建设指导委员会办公室（以下简称中央文明办）相关司局负责同志和环境保护部相关司局负责同志担任。

评委会委员由中央文明办、全国人大环资委、全国政协人资环委、国家公务员局、全国总工会、共青团中央、全国妇联、国务院其他有关部门的代表，环境保护部相关司局和直属单位负责人，以及生态文明建设领域知名专家、学者组成。

第七条　评委会下设秘书处（以下简称评委会秘书处），负责中国生态文明奖表彰活动的日常事务。评委会秘书处设在中国生态文明研究与促进会。

第三章　申报要求

第八条　申报中国生态文明奖应符合下列条件：

（一）先进集体模范遵守国家法律法规，认真贯彻党中央国务院关于生态文明建设决策部署，积极践行社会主义核心价值观，在生态文明实践探索、宣传教育和理论研究等方面做出显著成绩和突出贡献，具有典型示范意义，五年内未发生违法违纪等问题。评选对象为从事生态文明建设的基层组织，主要包括企事业单位、社团、社区和基层政府或部门等。

（二）先进个人模范遵守国家法律法规，积极践行社会主义核心价值观，在生态文明实践探索、宣传教育和理论研究等方面做出显著成绩和突出贡献，事迹具有先进性和典型性，无违法违纪等问题。评选对象为从事生态文明建设的一线工作者，主要包括学者、教育工作者、新闻工作者、社会组织工作者、企业管理人员、工人、农民、公务员、军人等。

第九条　具有下列情况之一的，不得被推荐为中国生态文明奖候选者：

（一）不符合本办法规定的奖励范围和条件的；

（二）曾经获得中国生态文明奖的；

（三）申报资料不实或弄虚作假的。

第十条　各省（区、市）环境保护部门可提出候选先进集体1个和候选先进个人1名。其中，开展生态省（生态文明建设示范省）建设的省（区、市）可增加1个候选集体或个人。国家各有关部门每届可推荐1个候选先进集体或1名候选先进个人。推荐机关事业单位干部作为候选先进个人的，推荐单位应按干部管理权限，征求组织人事、纪检监察、计划生育等部门意见；推荐企业作为候选先进集体的或企业负责人作为候选先进个人的，推荐单位应征求工商、税务、审计、纪检监察、环境保护、计划生育、安全生产、行业主管等有关部门意见。

第四章　评选程序

第十一条　评委会秘书处对候选先进集体和候选先进个人按评选条件进行资格审查，将符合条件的候选先进集体和候选先进个人名单提交评委会评审。

第十二条　评委会组织召开评审会，评委会委员对候选先进集体和候选先进个人的申报材料进行评审，实名投票，提出不超过 20 个候选先进集体的建议名单、不超过 30 个候选先进个人的建议名单。评委会按得票多少确定先进集体和先进个人的建议名单。

第十三条　评委会秘书处通过环境保护部网站、中国生态文明网、中国环境报对先进集体和先进个人的建议名单及主要事迹进行公示。公示期为 7 天。对公示期间收到的实名投诉和举报问题，评委会秘书处责成推荐单位进行调查核实，必要时评委会秘书处组织调查组进行调查。经调查问题属实、不符合评选条件的，取消候选资格。公示期间未收到投诉和举报，或投诉和举报问题经调查不属实的，由评委会秘书处将名单报环境保护部。

第十四条　环境保护部按程序进行审议，确定中国生态文明奖先进集体和先进个人名单并公告，会同有关部门组织中国生态文明奖颁奖表彰活动。

第五章　其他

第十五条　在评选活动中，对营私舞弊、弄虚作假和有行贿、受贿行为，或推荐材料严重失实的，经查实，取消候选者的评奖资格，已经授奖的撤销其荣誉证书和奖牌，追回颁发的奖金。

第十六条　参与中国生态文明奖评选活动的评委会委员和工作人员，必须严格遵守中央八项规定精神，认真落实廉洁自律要求，严格遵守相关工作准则和规定。在评选活动中，对有违法违纪行为的，经查实，依法依纪追究其责任。

第十七条　评选表彰活动中，不得以任何名目向参加评选的集体、个人及相关方收取任何费用。

第十八条　本办法由环境保护部负责解释。

第十九条　本办法自发布之日起执行。

关于授予江苏省扬州市等 37 个市（县、区）"国家生态文明建设示范区"称号的公告

环境保护部公告 2014 年第 33 号

为贯彻落实党的十八大和十八届三中全会精神，大力推进生态文明建设，根据《环

境保护部关于推进生态文明建设的指导意见》、《环境保护部关于大力推进生态文明建设示范区工作的意见》等规定，经我部考核、公示、审定，江苏省扬州市等 37 个市（县、区）已经达到"国家生态文明建设示范区"考核指标要求，现决定授予"国家生态文明建设示范区"称号。

希望获得称号的地区珍惜荣誉，再接再厉，牢固树立尊重自然、顺应自然、保护自然的生态文明理念，坚持在保护中发展、在发展中保护，推进区域经济、社会和环境的全面、协调、可持续发展，提升生态文明水平，为建设美丽中国作出新的贡献。

特此公告。

附件：国家生态文明建设示范区（生态市、县、区）名单

环境保护部

2014 年 5 月 16 日

附件：

国家生态文明建设示范区（生态市、县、区）名单

江苏省　扬州市、镇江市、如东县、海门市、扬中市、丹阳市、句容市、镇江市丹徒区、扬州市邗江区、宝应县、高邮市、扬州市江都区、南京市溧水区

浙江省　德清县、嘉善县、杭州市西湖区、宁波市镇海区、洞头县、天台县、长兴县、云和县、遂昌县、泰顺县

福建省　长泰县、南靖县、德化县、永春县、泰宁县

辽宁省　新民市、康平县、法库县

山东省　寿光市

河南省　栾川县

广东省　珠海市香洲区

四川省　成都市青白江区、成都市新都区、新津县

关于印发《国家生态文明建设示范村镇指标（试行）》的通知

环发〔2014〕12 号

各省、自治区、直辖市环境保护厅（局），新疆生产建设兵团环境保护局：

为深入贯彻落实党的十八大精神，大力推进农村生态文明建设，打造国家级生态村镇

的升级版，我部研究制定了《国家生态文明建设示范村镇指标（试行）》。现印发你们，请各地在继续推进国家级生态村镇建设的同时，加强协调、指导和监督，积极推进国家生态文明建设示范村镇建设。

附件：国家生态文明建设示范村镇指标（试行）

环境保护部

2014 年 1 月 17 日

附件：

国家生态文明建设示范村镇指标（试行）

一 国家生态文明建设示范村指标

（一）基本条件

1. 基础扎实。制定国家生态文明建设示范村规划或方案，并组织实施。村庄环境综合整治长效管理机制健全，建立制度，配备人员，落实经费。村庄配备环保与卫生保洁人员，协助开展生态环境监管工作，比例不低于常住人口的 2‰。

2. 生产发展。主导产业明晰，无农产品质量安全事故。辖区内的资源开发符合生态文明要求。农业基础设施完善，基本农田得到有效保护，林地无滥砍、滥伐现象，草原无乱垦、乱牧和超载过牧现象。有机农业、循环农业和生态农业发展成效显著。工业企业向园区集聚，建设项目严格执行环境管理有关规定，污染物稳定达标排放，工业固体废物和医疗废物得到妥当处置。农家乐等乡村旅游健康发展。

3. 生态良好。村域内水源清洁、田园清洁、家园清洁，水体、大气、噪声、土壤环境质量符合功能区标准并持续改善。未划定环境质量功能区的，满足国家相关标准的要求，无黑臭水体等严重污染现象。村容村貌整洁有序，生产生活合理分区，河塘沟渠得到综合治理，庭院绿化美化。近三年无较大以上环境污染事件，无露天焚烧农作物秸秆现象，环境投诉案件得到有效处理。属国家重点生态功能区的，所在县域在国家重点生态功能区县域生态环境质量考核中生态环境质量不变差。

4. 生活富裕。农民人均纯收入逐年增加。住安全房、喝干净水、走平坦路，用水、用电、用气、通信等生活服务设施齐全。新型农村社会养老保险和新型农村合作医疗全覆盖。

5. 村风文明。节约资源和保护环境的村规民约深入人心。邻里和睦，勤俭节约，反对迷信，社会治安良好，无重大刑事案件和群体性事件。历史文化名村、古街区、古建筑、古树名木得到有效保护，优秀的传统农耕文化得到传承。村级组织健全、领导有力、村务公开、管理民主。

（二）建设指标

表1　　　　　　　　　　　　　　国家生态文明建设示范村建设指标表

类别	序号	指　　标	单　位	指标值	指标属性
生产发展	1	主要农产品中有机、绿色食品种植面积的比重	%	≥60	约束性指标
	2	农用化肥施用强度	折纯，千克/公顷	<220	约束性指标
	3	农药施用强度	折纯，千克/公顷	<2.5	约束性指标
	4	农作物秸秆综合利用率	%	≥98	约束性指标
	5	农膜回收率	%	≥90	约束性指标
	6	畜禽养殖场（小区）粪便综合利用率	%	100	约束性指标
生态良好	7	集中式饮用水水源地水质达标率	%	100	约束性指标
	8	生活污水处理率	%	≥90	约束性指标
	9	生活垃圾无害化处理率	%	100	约束性指标
	10	林草覆盖率 山区 丘陵区 平原区	%	≥80 ≥50 ≥20	约束性指标
	11	河塘沟渠整治率	%	≥90	约束性指标
	12	村民对环境状况满意率	%	≥95	参考性指标
生活富裕	13	农民人均纯收入	元/年	高于所在地市平均值	约束性指标
	14	使用清洁能源的农户比例	%	≥80	约束性指标
	15	农村卫生厕所普及率	%	100	约束性指标
村风文明	16	开展生活垃圾分类收集的农户比例	%	≥80	约束性指标
	17	遵守节约资源和保护环境村规民约的农户比例	%	≥95	参考性指标
	18	村务公开制度执行率	%	100	参考性指标

二　国家生态文明建设示范乡镇指标

（一）基本条件

1. 基础扎实。已获得国家级生态乡镇命名。建立健全领导机制，制定国家生态文明建设示范乡镇规划或方案，并组织实施。乡镇环境综合整治长效管理机制健全，明确相关机构和人员专职承担环保职能，协助开展生态环境监管工作，落实工作经费和环保设施运行维护费用。

2. 生产发展。区域空间开发和产业布局符合主体功能区规划、环境功能区划和生态功能区划要求。辖区内的资源开发符合生态文明要求。产业结构合理，主导产业明晰。严守生态红线和耕地红线，基本农田得到有效保护，林地无滥砍、滥伐现象，草原无乱垦、乱牧和超载过牧现象。有机农业、循环农业和生态农业发展成效显著。工业企业向园区集聚，建设项目严格执行环境管理有关规定，污染物稳定达标排放，并达到总量控制要求。工业固体废物和医疗废物得到妥当处置。

3. 生态良好。完成上级政府下达的节能减排任务。辖区内水体（包括近岸海域）、大气、噪声、土壤环境质量达到功能区标准并持续改善。未划定环境质量功能区的，满足国家相关标准的要求，无黑臭水体等严重污染现象。近三年内无较大以上环境污染事件，无露天焚烧农作物秸秆现象，环境投诉案件得到有效处理。镇容镇貌整洁有序。属国家重点生态功能区的，所在县域在国家重点生态功能区县域生态环境质量考核中生态环境质量不变差。

4. 生活富裕。农民人均纯收入逐年增加。喝干净水、走平坦路，用水、用电、用气、通信等生活服务设施齐全，住宅美观舒适、节能环保。基本社会公共服务全覆盖。

5. 乡风文明。节约资源和保护环境的理念深入人心。邻里和睦，勤俭节约，反对迷信，社会治安良好，无重大刑事案件和群体性事件。历史文化名镇（村）、古街区、古建筑、古树名木得到有效保护。乡镇政务公开、管理民主。

（二）建设指标

表2　　　　　　　　　　　　　国家生态文明建设示范乡镇建设指标表

类别	序号	指　标	单　位	指标值	指标属性
生产发展	1	主要农产品中有机、绿色食品种植面积的比重	%	≥60	约束性指标
	2	农业灌溉水有效利用系数	—	≥0.6	约束性指标
	3	农用化肥施用强度	折纯，千克/公顷	<220	约束性指标
	4	农药施用强度	折纯，千克/公顷	<2.5	约束性指标
	5	农作物秸秆综合利用率	%	≥98	约束性指标
	6	农膜回收率	%	≥90	约束性指标
	7	畜禽养殖场（小区）粪便综合利用率	%	100	约束性指标
	8	应当实施清洁生产审核的企业通过审核比例	%	100	约束性指标
	9	工业企业污染物排放达标率	%	100	约束性指标

类别	序号	指　标	单　位	指标值	指标属性
生态良好	10	集中式饮用水水源地水质达标率	%	100	约束性指标
	11	生活污水处理率	%	≥80	约束性指标
	12	生活垃圾无害化处理率	%	≥95	约束性指标
	13	林草覆盖率 山区 丘陵区 平原区	%	≥80 ≥50 ≥20	约束性指标
	14	建成区人均公共绿地面积	平方米/人	≥15	约束性指标
	15	居民对环境状况满意率	%	≥95	参考性指标
生活富裕	16	农民人均纯收入	元/年	高于所在地市平均值	约束性指标
	17	使用清洁能源的户数比例	%	≥60	约束性指标
	18	农村卫生厕所普及率	%	100	约束性指标
乡风文明	19	开展生活垃圾分类收集的居民户数比例	%	≥70	约束性指标
	20	政府采购节能环保产品和环境标志产品所占比例	%	100	参考性指标
	21	制定实施有关节约资源和保护环境村规民约的行政村比例	%	100	参考性指标

三　指标解释

（一）国家生态文明建设示范村指标

1. 基本条件

（1）基础扎实。制定国家生态文明建设示范村规划或方案，并组织实施。村庄环境综合整治长效管理机制健全，建立制度，配备人员，落实经费。村庄配备环保与卫生保洁人员，协助开展生态环境监管工作比例不低于常住人口的2‰。

指标解释：编制国家生态文明建设示范村规划或方案，经乡镇人大或政府批准后颁布实施。建立健全村庄环境综合整治长效管理机制，建立村庄环境卫生保洁管护制度，配备环境卫生保洁队伍，明确村庄环境综合整治长效管理经费渠道，落实相应设施运行维护、保洁人员工资等费用。村庄需配备环境保护和卫生保洁人员，协助开展生态环境监管工作，且配备比例不低于村庄常住人口的2‰。

数据来源：国家生态文明建设示范村规划或方案文本及其批准文件；查看落实相应制度、人员、经费的文件、档案；现场检查。

（2）生产发展。主导产业明晰，无农产品质量安全事故。辖区内的资源开发符合生态文明要求。农业基础设施完善，基本农田得到有效保护，林地无滥砍、滥伐现象，草原无乱垦、乱牧和超载过牧现象。有机农业、循环农业和生态农业发展成效显著。工业企业向园区集聚，建设项目严格执行环境管理有关规定，污染物稳定达标排放，工业固体废物和医疗废物得到妥当处置。农家乐等乡村旅游健康发展。

指标解释：发挥当地资源优势，大力发展特色优势产业。近三年内无对人体健康有危害的农产品质量安全事故。辖区内的资源开发符合生态文明要求。农田水利设施、农田道路、农田林网、农资销售网点等农业基础设施完备。耕地保护参照与上级政府签订的耕地保护目标责任制，要求基本农田总量不减少、用途不改变、质量有提高。林地无滥砍、滥伐现象。草原地区牲畜养殖不得超过国家草原载畜量标准，无乱垦、乱牧、超载过牧现象。有机农业、循环农业和生态农业发展模式得到普遍推广，取得了较好的生态效益和经济效益。村域内工业企业向工业园区集中，建设项目严格执行环境影响评价和"三同时"制度等环境管理规定，所有企业污染源稳定达标排放，工业固体废物和医疗废物得到妥当处置，农村卫生医疗服务站（室）产生的医疗废弃物按规范要求送乡镇卫生院集中存放，并送有资质的处置中心有效处置且无危险废物排放。利用农村田园风光、山水景观、乡风民俗等资源，积极发展"农家乐"、休闲农业、旅游农业等，生活污水、垃圾等污染治理设施和旅游基础设施完备，景区管理规范，特色鲜明。

数据来源：县级以上环保、发改、经信、农业、林业、水利、旅游等部门。现场检查。

（3）生态良好。村域内水源清洁、田园清洁、家园清洁，水体、大气、噪声、土壤环境质量符合功能区标准并持续改善。未划定环境质量功能区的，满足国家相关标准的要求，无黑臭水体等严重污染现象。村容村貌整洁有序，生产生活合理分区，河塘沟渠得到综合治理，庭院绿化美化。近三年无较大以上环境污染事件，无露天焚烧农作物秸秆现象，环境投诉案件得到有效处理。属国家重点生态功能区的，所在县域在国家重点生态功能区县域生态环境质量考核中生态环境质量不变差。

指标解释：水环境、大气环境、噪声环境、土壤环境质量达到相应的功能区（类型区）标准，未划定环境质量功能区的，满足国家相关标准的要求。辖区内无Ⅴ类和劣Ⅴ类水体，无黑臭水体等严重污染现象。无耕地土壤遭受污染的现象。村容村貌整洁，房前屋后"干净、整洁、有序、美观"，无"脏、乱、差"现象。生产生活实现分区，村民集中居住区无污染企业和畜禽养殖场（小区）。村域内河、塘、沟、渠等淤积得到疏浚，河塘坡岸自然、生态，无污水塘、臭水沟，河道沟塘无垃圾、杂物和漂浮物。住宅舒适美观，与乡土文化、自然环境相协调，宅间有绿化，绿化树种优先选用当地适生物种，乔灌草合理搭配。近三年内无较大（Ⅲ级）以上环境污染事件，环境投诉案件得到有效处理。在环境保护部公布的秸秆焚烧遥感监测日报和卫星遥感监测秸秆焚烧信息列表中，显示近三年内无露天焚烧农作物秸秆火点（经环境保护部核销的火点除外）。属国家重点生态功能区的，所在县域在国家重点生态功能区县域生态环境质量考核中生态环境质量不变差。

数据来源：县级以上环保、水利、农业、住建、林业等部门。

（4）生活富裕。农民人均纯收入逐年增加。住安全房、喝干净水、走平坦路，用水、用电、用气、通信等生活服务设施齐全。新型农村社会养老保险和新型农村合作医疗全覆盖。

指标解释：近三年内农民人均纯收入逐年增加。通过农村人居环境综合整治，农村居民住房安全、饮水安全、出行安全得到保障。用水、用电、用气、通信等生活服务设施齐全，给水、排水系统完善，管网布局规范合理；电力、通讯、有线电视线路架设规范，外观协调。建立了新型农村社会养老保险制度，保障农村居民老年基本生活，全村适龄居民实现全覆盖。建立了以大病统筹为主的新型农村合作医疗制度，保障农民获得基本卫生服务，村民实现新型农村合作医疗制度全覆盖。

数据来源：县级以上统计、住建、水利、交通、环保、卫生计生、农业、人社等部门。

（5）村风文明。节约资源和保护环境的村规民约深入人心。邻里和睦，勤俭节约，反对迷信，社会治安良好，无重大刑事案件和群体性事件。历史文化名村、古街区、古建筑、古树名木得到有效保护，优秀的传统农耕文化得到传承。村级组织健全、领导有力、村务公开、管理民主。

指标解释：制定有关节水、节电、节地、节材、节能、生活污水处理、垃圾分类收集、化肥和农药科学施用、有机肥生产和使用等节约资源和保护环境方面的村规民约，居民自觉遵循，基本形成了绿色低碳的生产方式和生活方式。社会风尚良好，邻里和睦，勤劳节约，无偷盗、赌博、封建迷信活动，婚丧等无铺张浪费和盲目攀比现象。社会治安良好，无重大刑事犯罪和群体性事件。加强对历史文化名村、古街区、古建筑、古树名木等物质文化和优秀的传统农耕、技艺、民俗等非物质文化的保护、开发和利用。按照《历史文化名城名镇名村保护条例》（国务院第 524 号令），强化村域内历史文化名村的保护与管理。村级党组织健全，团结协作；村党组织和村委会领导班子坚强有力，勇于开拓，在群众中的威信高；依据《中华人民共和国村民委员会组织法》实行村务公开制度；工作规章制度健全，管理民主，档案管理规范。

数据来源：有关节约资源和保护环境的村规民约；地方特色历史文化名村、古街区、古建筑、古树名木等保护的相关材料；村务信息公开文件等。

2. 建设指标

（1）主要农产品中有机、绿色食品种植面积的比重

指标解释：指辖区内有机、绿色食品种植面积与农作物播种总面积的百分比。有机、绿色食品种植面积不能重复统计。

计算方法：

有机、绿色食品种植面积比重（%）＝有机、绿色食品种植面积（公顷）/农作物种植总面积（公顷）×100%

有机食品：指根据有机农业原则和有机产品生产方式及国家《有机产品》（GB/T 19630—2005）标准生产、加工出来的，并通过合法的有机产品认证机构认证并颁发证书的一切农产品。有机食品在生产过程中不使用化学合成的农药、化肥、生产调节剂、饲料添加剂等物质，以及基因工程生物及其产物，而是遵循自然规律和生态学原理，采取可持续发展的有机农业技术进行有机食品生产。

绿色食品：在无污染的生态环境中种植及全过程标准化生产或加工的农产品，严格控制其有毒有害物质含量，使之符合国家健康安全食品标准，并经专门机构认定，许可使用绿色食品标志的产品。

有机、绿色食品的产地环境状况应达到《食用农产品产地环境质量评价标准》

（HJ332—2006）、《温室蔬菜产地环境质量评价标准》（HJ‑333—2006）等国家环境保护标准和管理规范要求。

数据来源：县级以上统计、农业、林业、环保、质检等部门。

（2）农用化肥施用强度

指标解释：指村域内每年实际用于农业生产的化肥施用量（包括氮肥、磷肥、钾肥和复合肥）与耕地总面积之比。化肥施用量要求按折纯量计算。

计算方法：

农用化肥施用强度（千克/公顷）＝化肥施用量（折纯，千克）/耕地总面积（公顷）

数据来源：县级以上统计、农业部门。

（3）农药施用强度

指标解释：指每年实际用于农业生产的农药施用量与耕地总面积之比。

计算方法：

农药施用强度（千克/公顷）＝农药施用量（折纯，千克）/耕地总面积（公顷）

数据来源：县级以上统计、农业部门。

（4）农作物秸秆综合利用率

指标解释：指村域内综合利用的农作物秸秆数量占农作物秸秆产生总量的百分比。

计算方法：

农作物秸秆综合利用率（％）＝农作物秸秆综合利用量（吨）/农作物秸秆产生总量（吨）×100％

秸秆综合利用主要包括粉碎还田、过腹还田、用作燃料、秸秆气化、建材加工、食用菌生产、编织等。村域内全部范围划定为秸秆禁烧区，并无农作物秸秆焚烧现象。

数据来源：县级以上发改、农业、环保、公安部门。

（5）农膜回收率

指标解释：指村域内农田回收薄膜量占使用薄膜量的百分比。

计算方法：

农膜回收率（％）＝农田回收薄膜量（吨）/农田使用薄膜总量（吨）×100％

数据来源：县级以上农业、环保部门。查阅农资使用的证明材料；现场察看农膜回收系统及其回收利用证明原件和原始记录单；抽样调查。

（6）畜禽养殖场（小区）粪便综合利用率

指标解释：指村域内畜禽养殖场（小区）综合利用的畜禽养殖粪便量与产生总量的百分比。依据《畜禽规模养殖污染防治条例》，畜禽养殖场和养殖小区需配套建设固体废物和污水贮存处理设施，应执行《畜禽养殖业污染物排放标准》（GB18596—2001）的相关规定。

计算方法：

畜禽养殖场（小区）粪便综合利用率（％）＝畜禽养殖场（小区）粪便综合利用量（吨）/畜禽养殖场（小区）粪便产生总量（吨）×100％

畜禽养殖场指达到各省（区、市）规定的畜禽养殖规模标准的养殖场，若无省级有关畜禽养殖规模标准的，则按照《畜禽养殖污染防治管理办法》（国家环境保护总局令第9号）执行有关规定。规模以下畜禽养殖场分级标准及畜禽养殖废弃物综合利用要求，由省级环境保护行政主管部门做出规定。

养殖小区指在某地集中建造畜禽栏舍，饲养某一特定畜禽、具备一定条件、由多户农民分户饲养、实行统一办法管理的畜禽饲养园区。养殖小区规模认定由各省份自行认定，可参考《"十二五"主要污染物总量减排核算细则》（环发〔2011〕148号）。

畜禽养殖粪便综合利用方式主要包括用作肥料、培养料、生产回收能源（包括沼气）等。

数据来源：县级以上统计、环保部门。

（7）集中式饮用水水源地水质达标率

指标解释：指在村域内，根据国家有关规定，划定了集中式饮用水水源保护区，其地表水水源一级、二级保护区内监测认证点位（指经村所在县级以上环保局认证的监测点，下同）的水质达到《地表水环境质量标准》（GB3838—2002）或《地下水质量标准》（GB/T14848—1993）相应标准的取水量占总取水量的百分比。村域内不涉及集中式饮用水水源地的，不考核该指标。

计算方法：

集中式饮用水水源地水质达标率（％）＝达到相应标准的取水量（升）/总取水量（升）×100％

数据来源：县级以上环保部门。

（8）生活污水处理率

指标解释：指村域内经过污水处理厂或其他处理设施处理的生活污水量占生活污水排放总量的百分比。

计算方法：

生活污水处理率（％）＝生活污水处理量（吨）/生活污水排放总量（吨）×100％

污水处理厂包括采用活性污泥、生物滤池、生物接触氧化加人工湿地、土地快渗、氧化塘等组合工艺的一级、二级集中污水处理厂，其他处理设施包括氧化塘、氧化沟、净化沼气池，以及小型湿地处理工程等分散设施。依据《城镇排水与污水处理条例》，统筹城乡排水和污水处理相关规划，加强城乡排水和污水处理设施建设，离城市较近村庄生活污水要纳入城市污水收集管网，其他地区根据经济发展水平、人口规模和分布情况等，因地制宜选择建设集中或分散污水处理设施；位于水源源头、集中式饮用水水源保护区等需特殊保护地区的村庄，生活污水处理必须采取有效的脱氮除磷工艺，满足水环境功能区要求。生活污水产生量小且无污水外排的地区，不考核该指标。

数据来源：县级以上住建、环保部门。

（9）生活垃圾无害化处理率

指标解释：指村域内经无害化处理的生活垃圾数量占生活垃圾产生总量的百分比。

计算方法：

生活垃圾无害化处理率（％）＝生活垃圾无害化处理量（吨）/生活垃圾产生总量（吨）×100％

生活垃圾无害化处理指卫生填埋、焚烧和资源化利用（如制造沼气和堆肥）。

生活垃圾资源化利用指在开展垃圾"户分类"的基础上，对不能利用的垃圾定期清运并进行无害化处理，对其他垃圾通过制造沼气、堆肥或资源回收等方式，按照"减量化、无害化"的原则实现生活垃圾资源化利用。

卫生填埋场应有防渗设施，或达到有关环境影响评价的要求（包括地点及其他要求）。执行《生活垃圾填埋场污染控制标准》（GB16889—2008）和《生活垃圾焚烧污染控制标准》（GB18485—2001）等垃圾无害化处理的有关标准。

数据来源：县级以上住建（环卫）、统计部门。

（10）林草覆盖率

指标解释：指村域内林地、草地面积之和与村庄总土地面积的百分比。

计算方法：

林草覆盖率（%）=林草地面积之和（公顷）/村土地总面积（公顷）×100%

数据来源：县级以上林业、农业、国土等部门。

（11）河塘沟渠整治率

指标解释：指村庄内完成整治河道、水塘、沟和渠的数量占村庄河道、水塘、沟和渠总数的百分比。

计算方法：

河塘沟渠整治率（%）=完成整治的河道、水塘、沟和渠数量（个）/河道、水塘、沟和渠总数（个）×100%

河道指《河道等级划分办法》（水利部水管［1994］106号）确定的四级（含）以上的河道。

塘、沟和渠分别指村域视线范围内的主要水塘、水沟和水渠等。

河塘沟渠整治指村域内的河道、塘、沟和渠开展了截污治污、拆除违章、清淤疏浚、环境卫生治理、河岸生态化改造等的治理内容。

完成整治的河道、塘、沟和渠需净化整洁、无淤积、无臭味、无白色污染、无垃圾杂物等。

数据来源：县级以上水利、环保部门；现场检查。

（12）村民对环境状况满意率

指标解释：指村庄居民对环境保护工作及生态环境状况的满意程度。

计算方法：

村民对环境状况满意率（%）=问卷结果为"满意"的问卷数（份）/问卷发放总数（份）×100%

调查方式：对村民进行抽样问卷调查。随机抽样户数不低于全村居民户数的1/5。问卷在"满意"、"不满意"二者之间进行选择。

数据来源：现场抽查；考核期间，进行公示，接受群众举报。

（13）农民人均纯收入

指标解释：农村居民人均纯收入是农村居民纯收入按照农村住户人口平均的纯收入水平。它反映的是全国或一个地区农村居民的平均收入水平，是一个年度核算指标。单位：元/年。

数据来源：县级以上统计部门。

（14）使用清洁能源的农户比例

指标解释：指村域内使用清洁能源的农户数占总农户数的百分比。

计算方法：

使用清洁能源的农户比例（%）=使用清洁能源的农户数（户）/村庄农户总数

（户）×100%

清洁能源指在生产和使用过程中，不产生有害物质排放的能源。主要包括太阳能、风能、生物能、水能、地热能等可再生能源，化石能源（如天然气等）和利用清洁能源技术处理过的化石能源，如洁净煤、洁净油等。

使用清洁能源的农户指使用清洁能源进行炊事、洗浴的农户。

数据来源：县级以上统计、经贸、能源、农业、环保等部门。

（15）农村卫生厕所普及率

指标解释：指村域内使用卫生厕所的农户数占农户总户数的百分比。卫生厕所标准执行《农村户厕卫生标准》（GB19379—2003）。

计算方法：

农村卫生厕所普及率（%）＝使用卫生厕所的农户数（户）/村庄农户总数（户）×100%

数据来源：县级以上卫生计生部门。

（16）开展生活垃圾分类收集的农户比例

指标解释：指行政村范围内开展生活垃圾分类、定期收集的农户占总农户的比例。

计算方法：

开展生活垃圾分类收集的农户比例（%）＝开展生活垃圾分类、定期收集的农户（户）/村庄农户总数（户）×100%

生活垃圾分类指按照可堆肥垃圾、可回收垃圾、有害垃圾、不可回收垃圾对生活垃圾进行分类的方式。

可堆肥垃圾指垃圾中适宜于利用微生物发酵处理并制成肥料的物质，包括剩余饭菜等易腐食物类厨余垃圾，树枝花草等可堆沤植物类垃圾等。

可回收垃圾主要包括废纸、塑料、玻璃、金属和布料五大类。

有毒有害垃圾指存有对人体健康有害的重金属、有毒的物质或者对环境造成现实危害或者潜在危害的废弃物，包括废弃农药瓶、电池、荧光灯管、灯泡、水银温度计、油漆桶、家电类、过期药品，过期化妆品等。

不可回收垃圾包括除上述几类垃圾之外的砖瓦陶瓷、渣土、卫生间废纸、纸巾等难以回收的废弃物。

数据来源：县级以上环保、卫生计生部门。

（17）遵守节约资源和保护环境村规民约的农户比例

指标解释：指村域内遵守节约资源和保护环境村规民约的农户数占总户数的比例。

计算方法：

遵守节约资源和保护环境村规民约的农户比例（%）＝遵守节约资源和保护环境村规民约的农户数（户）/村庄农户总数（户）×100%

节约资源和保护环境的村规民约指村庄依据国家方针政策和法律法规，结合本村实际，从维护本村的社会秩序以及引导村民节约资源和保护环境等方面制定规范村民行为的一种规章制度。

数据来源：问卷调查，查阅村规民约，现场走访、察看。

（18）村务公开制度执行率

指标解释：指村庄实际村务公开的事项占应当村务公开的事项的百分比。

计算方法：

村务公开制度执行率（％）＝实际村务公开的事项（个）/应当村务公开的事项（个）×100％

村务公开制度指依据《村民委员会组织法》所建立的村务公开制度。村务公开内容包括村民会议和村民代表会议讨论决定的事项及其实施情况、国家计划生育政策的落实方案、资金和物资的管理使用情况、村民委员会协助人民政府开展工作的情况、以及涉及本村村民利益和村民普遍关心的其他事项。一般事项至少每季度公布一次；集体财务往来较多的，财务收支情况应当每月公布一次；涉及村民利益的重大事项应当随时公布。

数据来源：村务公开的有关制度、村务信息公告、抽样调查表等文件。

（二）国家生态文明建设示范乡镇指标

1．基本条件

（1）基础扎实。已获得国家级生态乡镇命名。建立健全领导机制，制定国家生态文明建设示范乡镇规划或方案，并组织实施。乡镇环境综合整治长效管理机制健全，明确相关机构和人员专职承担环保职能，协助开展生态环境监管工作，落实工作经费和环保设施运行维护费用。

指标解释：乡镇建设符合《国家级生态乡镇申报及管理规定（试行）》要求，并获得环境保护部公告命名。乡镇政府成立了以主要领导为组长，有关部门领导为成员的国家生态文明建设示范乡镇领导小组，下设办公室。编制国家生态文明建设示范乡镇相关规划或方案，经县级人大或政府批准后颁布实施。乡镇环境综合整治长效管理机制健全，明确相关机构和人员专职承担环保职能，协助开展生态环境监管工作，明确乡镇环境综合整治长效管理的经费渠道，落实环保工作人员日常监督、检查等费用，以及环境设施运行、维护等费用。

数据来源：查看当地党委、政府研究部署示范乡镇建设的会议纪要、印发的有关文件等资料；示范乡镇建设规划或方案文本及有关批准文件；查看乡镇环境综合整治资金使用的有关文件、记录，现场检查。

（2）生产发展。区域空间开发和产业布局符合主体功能区规划、环境功能区划和生态功能区划要求。辖区内的资源开发符合生态文明要求。产业结构合理，主导产业明晰。严守生态红线和耕地红线，基本农田得到有效保护，林地无滥砍、滥伐现象，草原无乱垦、乱牧和超载过牧现象。有机农业、循环农业和生态农业发展成效显著。工业企业向园区集聚，建设项目严格执行环境管理有关规定，污染物稳定达标排放，并达到总量控制要求。工业固体废物和医疗废物得到妥当处置。

指标解释：区域空间开发和产业布局符合当地主体功能区规划、环境功能区划和生态功能区划要求，根据区域内资源禀赋、基础条件、产业现状、环境容量、发展潜力和经济安全等因素，规划不同区域的主体功能及产业布局，资源开发符合生态文明要求。产业结构符合国家相关规定要求，大力发展特色优势产业。划定生态红线，严格遵守，并制定实施相关管理办法，优先保护好乡镇辖区内的森林、草地、湿地、河流和湖泊等。耕地保护参照与上级政府签订的耕地保护目标责任书，要求基本农田总量不减少、用途不改变、质量有提高；林地无滥砍、滥伐现象。草原地区牲畜养殖不得超过国家草原载畜量标准，无乱垦、乱牧、超载过牧现象。有机农业、循环农业和生态农业发展模式得到普遍推广，取得了较好的生态效益和经济效益。村域内工业企业向工业园区集中，建设项目严格执行环境影响评价和"三同时"制度等环境管理规定，所有企业污染源稳定达标排放，并达到总量控制要求。工业固体废物和医疗废物得到妥当处置，且无危险废物排放。

数据来源：县级以上发改、经信、环保、农业、林业、水利等部门。现场检查。

（3）生态良好。完成上级政府下达的节能减排任务。辖区内水体（包括近岸海域）、大气、噪声、土壤环境质量达到功能区标准并持续改善。未划定环境质量功能区的，满足国家相关标准的要求，无黑臭水体等严重污染现象。近3年内无较大以上环境污染事件，无露天焚烧农作物秸秆现象，环境投诉案件得到有效处理。镇容镇貌整洁有序。属国家重点生态功能区的，所在县域在国家重点生态功能区县域生态环境质量考核中生态环境质量不变差。

指标解释：有节能减排任务的乡镇，完成上级政府下达的能源消耗降低、主要污染物减排的指标任务。乡镇辖区内水环境、大气环境、噪声环境、土壤环境质量达到相应的功能区（类型区）标准，未划定环境质量功能区的满足国家相关标准的要求，无黑臭水体等严重污染现象。河流入海断面水质达到国家规定要求。无V类和劣V类水体，无耕地土壤遭受污染的现象。近3年内无较大（Ⅲ级）以上环境污染事件，环境投诉案件得到有效处理。在环境保护部公布的秸秆焚烧遥感监测日报和卫星遥感监测秸秆焚烧信息列表中，显示近3年内无露天焚烧农作物秸秆火点（经环境保护部核销的火点除外）。镇容镇貌整洁有序，主要道路亮化、绿化、美化，主要河道干净整洁，无臭味、无淤泥、无垃圾乱堆乱放，住宅美观舒适，与乡土文化、自然环境相协调；乡镇建成区居住、商贸、休闲、生产等功能布局合理，建成区和所辖行政村社区综合服务中心配套完善，交通出行便利。属国家重点生态功能区的，所在县域在国家重点生态功能区县域生态环境质量考核中生态环境质量不变差。

数据来源：县级以上发改、环保、农业、水利、林业、住建、交通等部门。

（4）生活富裕。农民人均纯收入逐年增加。喝干净水、走平坦路，用水、用电、用气、通信等生活服务设施齐全，住宅美观舒适、节能环保。基本社会公共服务全覆盖。

指标解释：近3年内农民人均纯收入逐年增加。通过农村人居环境综合整治，农村居民住房安全、饮水安全、出行安全，农村生产生活条件全面改善。用水、用电、用气、通信等生活服务设施齐全，给水、排水系统完善，管网布局规范合理；电力、通讯、有线电视线路架设规范，外观协调。乡镇辖区内住宅布局合理、美观舒适、节能环保。城乡社会公共服务水平较高，建立了覆盖乡镇辖区的城镇居民基本医疗保险制度、城镇居民养老保险制度、新型农村社会养老保险制度和新型农村合作医疗制度。

数据来源：县级以上统计、交通、水利、环保、卫生计生、农业、人社等部门。

（5）乡风文明。节约资源和保护环境的理念深入人心。邻里和睦，勤俭节约，反对迷信，社会治安良好，无重大刑事案件和群体性事件。历史文化名镇（村）、古街区、古建筑、古树名木得到有效保护。乡镇政务公开，管理民主。

指标解释：乡镇指导所辖村庄制定有关节水、节电、节地、节材、节能、生活污水处理、垃圾分类收集、化肥和农药科学施用、有机肥生产和使用等方面的村规民约，加强节约资源和保护环境知识宣传，提高居民节约资源和保护环境的意识。社会风尚良好，邻里和睦，勤劳节约，无偷盗、赌博、封建迷信活动，婚丧等无铺张浪费和盲目攀比现象。社会治安良好，无重大刑事犯罪和群体性事件。加强对历史文化名镇（村）、古街区、古建筑、古树名木等物质文化的保护、开发和利用。乡镇党政领导班子坚强有力，勇于开拓，在群众中的威信高；依据《中华人民共和国政府信息公开条例》，全面推行乡镇政务公开；工作规章制度健全，管理民主。

数据来源：有关节约资源和保护环境的村规民约；地方特色历史文化名镇名村、古街区、古建筑、古树名木等保护的相关材料；乡镇信息公开文件等。

2. 建设指标

（1）主要农产品中有机、绿色食品种植面积的比重

指标解释参照国家生态文明建设示范村指标有关内容。

（2）农业灌溉水有效利用系数

指标解释：指田间实际净灌溉用水总量与毛灌溉用水总量的比值。

计算方法：

农业灌溉水有效利用系数 = 净灌溉用水总量（立方米）/毛灌溉用水总量（立方米）

毛灌溉用水总量指灌区全年从水源地等灌溉系统取用的用于农田灌溉的总水量，其值等于取水总量中扣除由于工程保护、防洪除险等需要的渠道（管路）弃水量、向灌区外的退水量以及非农业灌溉水量等。

净灌溉用水量指同一时间段进入田间的灌溉用水量。

数据来源：县级以上统计、水利、农业等部门。

（3）农用化肥施用强度

指标解释参照国家生态文明建设示范村指标有关内容。

（4）农药施用强度

指标解释参照国家生态文明建设示范村指标有关内容。

（5）农作物秸秆综合利用率

指标解释参照国家生态文明建设示范村指标有关内容。

（6）农膜回收率

指标解释参照国家生态文明建设示范村指标有关内容。

（7）畜禽养殖场（小区）粪便综合利用率

指标解释参照国家生态文明建设示范村指标有关内容。

（8）应当实施清洁生产审核的企业通过审核比例

指标解释：指乡镇辖区内应当实施清洁生产审核的企业通过审核数量占应当实施清洁生产审核企业总数的百分比。《清洁生产促进法》规定应当实施强制性清洁生产审核企业全部完成审核。

计算方法：

应当实施清洁生产审核的企业通过审核比例（%）= 应当实施清洁生产审核的企业通过审核数量（个）/应当实施清洁生产审核的企业总数（个）×100%

数据来源：县级以上工信、环保、科技部门。

（9）工业企业污染物排放达标率

指标解释：乡镇辖区内污染物达标排放的工业企业数占工业企业总数的比例。

计算方法：

工业企业污染物排放达标率（%）= 污染物达标排放的工业企业数/工业企业总数×100%

数据来源：县级以上环保部门。

（10）集中式饮用水水源地水质达标率

指标解释参照国家生态文明建设示范村指标有关内容。

（11）生活污水处理率

指标解释参照国家生态文明建设示范村指标有关内容，范围含乡镇所辖地区。

（12）生活垃圾无害化处理率

指标解释参照国家生态文明建设示范村指标有关内容，范围含乡镇所辖地区。

（13）林草覆盖率

指标解释参照国家生态文明建设示范村指标有关内容。

（14）建成区人均公共绿地面积

指标解释：指乡镇建成区公共绿地面积与建成区常住人口的比值。

计算方法：

建成区人均公共绿地面积（平方米/人）＝乡镇建成区公共绿地面积（平方米）/乡镇建成区常住人口总数（人）

公共绿地指乡镇建成区内对公众开放的公园（包括园林）、街道绿地及高架道路绿化地面，企事业单位内部的绿地、乡镇建成区周边山林不包括在内。

数据来源：县级以上住建、林业、农业部门；现场检查。

（15）居民对环境状况满意率

指标解释：指乡镇居民对环境保护工作及环境状况的满意程度。

计算方法：

居民对环境状况满意率（％）＝抽样调查满意人口数量（人）/抽样调查样本总数（人）×100％

调查方式：采取对乡镇辖区各职业人群进行抽样问卷调查的方式获取数据，随机抽样人数不低于乡镇总人口的0.5％。问卷在"满意"、"不满意"二者之间进行选择。各职业人群应包括以下四类，即机关（党委、人大、政府或政协）工作人员，企业（工业、商业）职工，事业（医院、学校等）单位工作人员，城镇居民、村民。

数据来源：问卷调查，或委托国家统计局直属调查队的调查结果。

（16）农民人均纯收入

指标解释参照国家生态文明建设示范村指标有关内容。

数据来源：县级以上统计部门。

（17）使用清洁能源的户数比例

指标解释参照国家生态文明建设示范村指标有关内容。

（18）农村卫生厕所普及率

指标解释参照国家生态文明建设示范村指标有关内容。

（19）开展生活垃圾分类收集的居民户数比例

指标解释参照国家生态文明建设示范村指标有关内容。

（20）政府采购节能环保产品和环境标志产品所占比例

指标解释：指按照财政部和环保部联合发布的《关于调整环境标志产品政府采购清单的通知》（财库［2008］50号），辖区内政府采购清单中有"中国环境标志"的产品数量占政府采购产品总数量的比例。

计算方法：

政府采购节能环保产品和环境标志产品比例（％）＝政府采购环境标志认证产品数

量（个）/政府采购产品总数量（个）×100%

数据来源：财政、审计、环保等部门。

（21）制定实施有关节约资源和保护环境村规民约的行政村比例

指标解释：指乡镇辖区内制定实施有关节约资源和保护环境村规民约的行政村数占乡镇总行政村数的百分比。

计算方法：

制定实施有关节约资源和保护环境村规民约的行政村比例（%）＝制定实施有关节约资源和保护环境村规民约的行政村（个）/乡镇行政村总数（个）×100%

数据来源：查阅村规民约、乡镇辖区行政村数量等。

关于印发《国家生态文明建设试点示范区指标（试行）》的通知

环发〔2013〕58号

各生态文明建设试点，各省、自治区、直辖市环境保护厅（局），新疆生产建设兵团环境保护局：

为深入贯彻落实党的十八大精神，以生态文明建设试点示范推进生态文明建设，我部研究制定了《国家生态文明建设试点示范区指标（试行）》。现印发你们，请各生态文明建设试点根据试点工作的要求，建立工作机制，编制生态文明建设规划并发布实施。请有关省（区、市）环境保护厅（局）按照指标的要求，进一步加强对生态文明建设试点工作的协调、指导和监督。

附件：国家生态文明建设试点示范区指标（试行）

环境保护部
2013 年 5 月 23 日

附件：

国家生态文明建设试点示范区指标（试行）

一　生态文明试点示范县（含县级市、区）建设指标

（一）基本条件

1. 建立生态文明建设党委、政府领导工作机制，研究制定生态，通过人大审议并颁

布实施 4 年以上；国家和上级政府颁布的有关建设生态文明，加强生态环境保护，建设资源节约型、环境友好型社会等相关法律法规、政策制度得到有效贯彻落实。实施系列区域性行业生态文明管理制度和全社会共同遵循的生态文明行为规范，生态文明良好社会氛围基本形成。

2. 达到国家生态县建设标准并通过考核验收。所辖乡镇（涉农街道）全部获得国家级美丽乡镇命名。辖区内国家级工业园区建成国家生态工业示范园区；50% 以上的国家级风景名胜区、国家级森林公园建成国家生态旅游示范区。县级市建成国家环保模范城市。

3. 完成上级政府下达的节能减排任务，总量控制考核指标达到国家和地方总量控制要求。矿产、森林、草原等主要自然资源保护、水土保持、荒漠化防治、安全监管等达到相应考核要求。严守耕地红线、水资源红线、生态红线。

4. 环境质量（水、大气、噪声、土壤、海域）达到功能区标准并持续改善。当地存在的突出环境问题和环境信访得到有效解决，近三年辖区内未发生重大、特大突发环境事件，政府环境安全监管责任和企业环境安全主体责任有效落实。区域环境应急关键能力显著增强，辖区中具有环境风险的企事业单位有突发环境事件应急预案并进行演练。危险废物的处理处置达到相关规定要求，实施生活垃圾分类，实现无害化处理。新建化工企业全部进入化工园区。生态灾害得到有效防范，无重大森林、草原、基本农田、湿地、水资源、矿产资源、海岸线等人为破坏事件发生，无跨界重大污染和危险废物向其他地区非法转移、倾倒事件。生态环境质量保持稳定或持续好转。

5. 实施主体功能区规划，划定生态红线并严格遵守。严格执行规划（战略）环评制度。区域空间开发和产业布局符合主体功能区规划、生态功能区划和环境功能区划要求，产业结构及技术符合国家相关政策。开展循环经济试点和推广工作，应当实施清洁生产审核的企业全部通过审核。

（二）建设指标

系统		指标	单位	指标值	指标属性
生态经济	1	资源产出增加率 重点开发区 优化开发区 限制开发区	%	≥15 ≥18 ≥20	参考性指标
	2	单位工业用地产值 重点开发区 优化开发区 限制开发区	亿元/平方公里	≥65 ≥55 ≥45	约束性指标
	3	再生资源循环利用率 重点开发区 优化开发区 限制开发区	%	≥50 ≥65 ≥80	约束性指标

续表

系统		指　　标	单　　位	指　标　值	指标属性
生态经济	4	碳排放强度 重点开发区 优化开发区 限制开发区	千克/万元	≤600 ≤450 ≤300	约束性指标
	5	单位 GDP 能耗 重点开发区 优化开发区 限制开发区	吨标煤/万元	≤0.55 ≤0.45 ≤0.35	约束性指标
	6	单位工业增加值新鲜水耗	立方米/万元	≤12	参考性指标
		农业灌溉水有效利用系数	—	≥0.6	
	7	节能环保产业增加值占 GDP 比重	%	≥6	参考性指标
	8	主要农产品中有机、绿色食品种植面积的比重	%	≥60	约束性指标
生态环境	9	主要污染物排放强度 * 化学需氧量 COD 二氧化硫 SO_2 氨氮 NH3 – N 氮氧化物	吨/平方公里	≤4.5 ≤3.5 ≤0.5 ≤4.0	约束性指标
	10	受保护地占国土面积比例 山区、丘陵区 平原地区	%	≥25 ≥20	约束性指标
	11	林草覆盖率 山区 丘陵区 平原地区	%	≥80 ≥50 ≥20	约束性指标
	12	污染土壤修复率	%	≥80	约束性指标
	13	农业面源污染防治率	%	≥98	约束性指标
	14	生态恢复治理率 重点开发区 优化开发区 限制开发区 禁止开发区	%	≥54 ≥72 ≥90 100	约束性指标

续表

系统		指　标	单　位	指　标　值	指标属性
生态人居	15	新建绿色建筑比例	%	≥75	参考性指标
	16	农村环境综合整治率 重点开发区 优化开发区 限制开发区 禁止开发区	%	≥60 ≥80 ≥95 100	约束性指标
	17	生态用地比例 重点开发区 优化开发区 限制开发区 禁止开发区	%	≥45 ≥55 ≥65 ≥95	约束性指标
	18	公众对环境质量的满意度	%	≥85	约束性指标
	19	生态环保投资占财政收入比例	%	≥15	约束性指标
生态制度	20	生态文明建设工作占党政实绩考核的比例	%	≥22	参考性指标
	21	政府采购节能环保产品和环境标志产品所占比例	%	100	参考性指标
	22	环境影响评价率及环保竣工验收通过率	%	100	约束性指标
	23	环境信息公开率	%	100	约束性指标
	24	党政干部参加生态文明培训比例	%	100	参考性指标
	25	生态文明知识普及率	%	≥95	参考性指标
生态文化	26	生态环境教育课时比例	%	≥10	参考性指标
	27	规模以上企业开展环保公益活动支出占公益活动总支出的比例	%	≥7.5	参考性指标
	28	公众节能、节水、公共交通出行的比例 节能电器普及率 节水器具普及率 公共交通出行比例	%	≥95 ≥95 ≥70	参考性指标
	29	特色指标	自定	参考性指标	

注：资源产出率、单位工业用地产值、再生资源循环利用率、碳排放强度、单位 GDP 能耗等指标不适用于禁止开发区。

＊主要污染物排放的种类随国家相关政策实时调整。

二 生态文明试点示范市（含地级行政区）建设指标

（一）基本条件

1. 建立生态文明建设党委、政府领导工作机制，研究制定生态文明建设规划，通过人大审议并颁布实施 4 年以上；建立实施基于主体功能区区划和生态功能区划，符合当地实际的生态补偿制度；国家和上级政府颁布的有关建设生态文明，加强生态环境保护，建设资源节约型、环境友好型社会等相关法律法规、政策制度得到有效贯彻落实。实施系列区域性行业生态文明管理制度和全社会共同遵循的生态文明行为规范，生态文明良好社会氛围基本形成。

2. 达到国家生态市建设标准并通过考核验收。所辖县（县级市、区）全部获得国家生态文明建设试点示范区称号。辖区内国家级工业园区建成国家生态工业示范园区；45%以上的国家级风景名胜区、国家级森林公园建成国家生态旅游示范区。设市城市建成国家环保模范城市。

3. 完成上级政府下达的节能减排任务，总量控制考核指标达到国家和地方总量控制要求。矿产、森林、草原等主要自然资源保护、水土保持、荒漠化防治、安全监管等达到相应考核要求。严守耕地红线、水资源红线、生态红线。

4. 环境质量（水、大气、噪声、土壤、海域）达到功能区标准并持续改善。当地存在的突出环境问题和环境信访得到有效解决，近三年辖区内未发生重大、特大突发环境事件，政府环境安全监管责任和企业环境安全主体责任有效落实。区域环境应急关键能力显著增强，辖区中具有环境风险的企事业单位有突发环境事件应急预案并进行演练。危险废物的处理处置达到相关规定要求，实施生活垃圾分类，实现无害化处理。新建化工企业全部进入化工园区。生态灾害得到有效防范，无重大森林、草原、基本农田、湿地、水资源、矿产资源、海岸线等人为破坏事件发生，无跨界重大污染和危险废物向其他地区非法转移、倾倒事件。生态环境质量保持稳定或持续好转。

5. 实施主体功能区规划，划定生态红线并严格遵守。严格执行规划（战略）环评制度。区域空间开发和产业布局符合主体功能区规划、生态功能区划和环境功能区划要求，产业结构及技术符合国家相关政策。开展循环经济试点和推广工作，应当实施清洁生产审核的企业全部通过审核。

（二）建设指标

系统		指　　标	单　位	指标值	指标属性
生态经济	1	资源产出增加率 重点开发区 优化开发区 限制开发区	%	≥15 ≥18 ≥20	参考性指标
	2	单位工业用地产值 重点开发区 优化开发区 限制开发区	亿元/平方公里	≥65 ≥55 ≥45	约束性指标

续表

系统		指 标	单 位	指标值	指标属性
生态经济	3	再生资源循环利用率 　重点开发区 　优化开发区 　限制开发区	%	≥50 ≥65 ≥80	约束性指标
	4	生态资产保持率	—	>1	参考性指标
	5	单位工业增加值新鲜水耗	立方米/万元	≤12	参考性指标
	6	碳排放强度 　重点开发区 　优化开发区 　限制开发区	千克/万元	≤600 ≤450 ≤300	约束性指标
	7	第三产业占比	%	≥60	参考性指标
	8	产业结构相似度	—	≤0.30	参考性指标
生态环境	9	主要污染物排放强度 * 　化学需氧量 COD 　二氧化硫 SO_2 　氨氮 NH3 – N 　氮氧化物	吨/平方公里	≤4.5 ≤3.5 ≤0.5 ≤4.0	约束性指标
	10	受保护地占国土面积比例 　山区、丘陵区 　平原地区	%	≥20 ≥15	约束性指标
	11	林草覆盖率 　山区 　丘陵区 　平原地区	%	≥75 ≥45 ≥18	约束性指标
	12	污染土壤修复率	%	≥80	约束性指标
	13	生态恢复治理率 　重点开发区 　优化开发区 　限制开发区 　禁止开发区	%	≥48 ≥64 ≥80 100	约束性指标
	14	本地物种受保护程度	%	≥98	约束性指标
	15	国控、省控、市控断面水质达标比例	%	≥95	约束性指标
	16	中水回用比例	%	≥60	参考性指标

续表

系统		指　标	单　位	指标值	指标属性
生态人居	17	新建绿色建筑比例	%	≥75	参考性指标
	18	生态用地比例 　　重点开发区 　　优化开发区 　　限制开发区 　　禁止开发区	%	≥40 ≥50 ≥60 ≥90	约束性指标
	19	公众对环境质量的满意度	%	≥85	约束性指标
生态制度	20	生态环保投资占财政收入比例	%	≥15	约束性指标
	21	生态文明建设工作占党政实绩考核的比例	%	≥22	参考性指标
	22	政府采购节能环保产品和环境标志产品所占比例	%	100	参考性指标
	23	环境影响评价率及环保竣工验收通过率	%	100	约束性指标
	24	环境信息公开率	%	100	约束性指标
生态文化	25	党政干部参加生态文明培训比例	%	100	参考性指标
	26	生态文明知识普及率	%	≥95	约束性指标
	27	生态环境教育课时比例	%	≥10	参考性指标
	28	规模以上企业开展环保公益活动支出占公益活动总支出的比例	%	≥7.5	参考性指标
	29	公众节能、节水、公共交通出行的比例 　节能电器普及率 　节水器具普及率 　公共交通出行比例	%	参考性指标	 ≥90 ≥90 ≥70
	30	特色指标	—	自定	参考性指标

注：资源产出率、单位工业用地产值、再生资源循环利用率、碳排放强度、单位 GDP 能耗等指标不适用于禁止开发区。

＊主要污染物排放的种类随国家相关政策实时调整。

中共江苏省委、江苏省人民政府关于深入推进生态文明建设工程　率先建成全国生态文明建设示范区的意见

（2013 年 7 月 21 日）

为深入贯彻落实党的十八大精神和习近平总书记对江苏发展的最新要求，更大力度推进生态文明建设工程，全面提升生态文明水平，在新起点上开创"两个率先"新局面，特提出如下意见。

一　必须把生态文明建设放在更加突出地位

（一）加强生态文明建设是紧迫而重大的战略任务。近年来，我省深入实施可持续发展战略，大力推进生态文明建设工程，持续加强绿色江苏和生态省建设，促进环境保护和生态建设不断取得新成效，为经济社会发展和人民生活改善提供了有力支撑。但在经济快速发展过程中，生态环境也受到了相当程度的损害，资源环境已成为发展的"硬约束"，成为全面小康和现代化建设必须跨越的一道"坎"。面对资源环境约束趋紧的严峻形势，面对人民群众对良好生态环境的热切期盼，面对绿色转型、低碳发展的世界潮流，加强生态文明建设比以往任何时候都更为紧迫。这是事关全省"两个率先"、影响未来发展的长远大计，是化解资源环境约束、增强可持续发展能力的迫切需要，是实现科学发展、增进民生福祉的根本要求。各地区、各部门和全社会要从战略和全局的高度，清醒认识保护生态环境、治理环境污染的紧迫性和艰巨性，清醒认识加强生态文明建设的重要性和必要性，按照十八大精神和习近平总书记对江苏发展的最新要求，以更大的决心、更新的发展理念、更有力的政策举措，把生态文明建设作为一项重大战略任务来抓，久久为功，坚持不懈，协同推进，务求实效。

（二）总体要求。以邓小平理论、"三个代表"重要思想、科学发展观为指导，树立尊重自然、顺应自然、保护自然的生态文明理念，坚持节约资源和保护环境的基本国策，以推进生态文明建设工程为抓手，以转变经济发展方式为核心，以环境治理和生态修复为重点，以全民共建共享为基础，以体制机制创新为保障，加快形成节约资源和保护环境的空间结构、产业结构、生产方式、生活方式，切实把环境污染治理好、把生态环境建设好，努力走向社会主义生态文明新时代，为人民群众创造良好生产生活环境，为建设美丽中国作出贡献。

深入推进生态文明建设工程必须把生态文明建设作为践行科学发展的重要标杆，深刻

融入经济、政治、文化、社会各项建设，全面贯穿"两个率先"全过程，一切发展建设都以不损害生态环境为底线；必须把节约优先、保护优先、自然恢复为主作为根本方针，使经济社会发展建立在资源环境可承载的基础之上，不欠新账、多还旧账；必须把绿色发展、循环发展、低碳发展作为基本途径，更新发展理念，创新发展路径，以最小的资源环境代价实现有质量、有效益、可持续的增长；必须把以人为本作为出发点和落脚点，切实解决关系民生的突出环境问题，努力提供更多优质生态产品，给子孙后代留下可持续发展空间。

（三）工作目标。经过 10 年左右时间的不懈努力，实现生态省建设目标，率先建成全国生态文明建设示范区。主要体现在四个方面：一是生态文明理念显著增强，生态文明制度更加健全，全社会节约意识、环保意识、生态意识牢固确立，形成珍爱自然、保护生态的良好风气。二是绿色发展水平显著提升，生态空间得到有效保护，循环经济和清洁生产形成较大规模，资源能源利用效率大幅提高，基本形成节约资源能源和保护生态环境的产业结构、增长方式、消费模式。三是污染排放总量显著下降，环境基础设施实现全覆盖，单位地区生产总值能耗和二氧化碳排放大幅下降，节能减排任务全面完成。四是生态环境质量显著改善，重点流域水质明显好转，大气环境质量得到改善，林木覆盖率进一步提升，生物多样性更加丰富，人民群众对生态环境满意度明显提高。在此基础上接续奋斗，达到与"两个率先"相适应的生态环境目标，把江苏建成经济发达与生态宜居协调融合、都市风貌与田园风光相映生辉、人与自然和谐共生的美好家园。

二　更大力度推进绿色发展

（四）加快构建科学合理的国土空间开发格局。按照人口资源环境相均衡、经济社会生态效益相统一的原则，科学布局生产空间、生活空间、生态空间。坚定不移加快实施省级主体功能区规划，强化国土空间开发战略性、基础性和约束性作用，全面落实到产业发展、城乡建设、土地利用、人口管理、生态环境保护等各项工作中。建立全省重要生态功能区，划定并严守生态红线区域，严格保护重要水源、湿地、水体、山林等自然生态资源，确保生态红线区域保护面积不低于国土面积的 20%，形成生态调节主导优先、生态服务功能互补、生态产品支撑供给的生态安全格局。实行最严格的耕地保护制度，推进农村土地综合整治和高标准基本农田建设，构建现代农业生产体系，形成农业综合生产能力高、农产品质量安全有保障、文化生态休闲效应强的农业发展格局。引导产业向重点开发区域集聚，从限制开发区域、禁止开发区域有序转移，大力培育产业集群和特色产业基地，形成布局集中、产业集聚、发展集约的现代产业发展格局。按照新型城镇化和城乡发展一体化要求，着力培育城市群，合理确定城镇发展的增长边界，促进大中小城市和小城镇协调发展，形成布局紧凑、分工合理、舒适宜居的城镇发展格局。实施沿海开发战略，加快发展海洋经济，保护海洋生态环境，努力建设海洋强省，形成优江拓海、联动开发、相互协调的陆海统筹发展格局。

（五）着力推进产业结构绿色转型。把产业优化升级作为发展方式转变的关键举措，按照产业发展生态化、生态经济产业化的要求，深化产业结构调整，加快构建现代产业体系，降低经济发展对资源和环境的依赖、对投资和出口拉动的依赖、对高能耗产业和重化工的依赖，不断提高质量、增加效益，既为环境减负，又给生态增值。大力实施创新驱动战略，加快发展战略性新兴产业和先进制造业，加快发展服务业特别是生产性服务业，提高其在国民经济中的比重。加大产业改造提升力度，对石化、化工、钢铁、有色金属、装备制造、建材、纺织等重点行业，用清洁生产、高新技术和适用技术进行改造，支持优势企业兼并重组，引导石化工业有序向沿海地区转移，推进化工企业入园进区，促进全产业链整体升级，提高企业集中度和产业集聚度。强化规划、总量、准入的联动机制，实施产能总量限制、能耗等量替代和污染物排放总量控制，加快淘汰落后产能，对排放严重超标的污染企业实施强制淘汰关停。提升生态农业水平，推广农业循环产业链模式，实行农业标准化生产，改善施肥用药结构，推动农业向绿色生产转变。推动开放型经济转型升级，坚持有进有出，重点引进技术含量高、资源消耗少、带动能力强的产业项目，促进部分加工制造环节向境外转移，带动产品、设备和劳务输出，提升江苏绿色贸易和参与国际分工的水平。推动节能环保技术装备产业化，完善节能环保产业服务体系，加快把节能环保产业发展成为支柱产业，既为生态文明建设提供产业支撑和物质基础，也为经济发展提供新的增长点。

（六）全面开展园区生态化改造。坚持因地制宜、分类指导、突出特色，重点对国家级和省级开发园区实施生态化改造，加大资源整合力度，提高资源利用效率和产出率，成为科技创新先导区、生态经济集聚区、集约发展示范区。构筑循环链接的产业体系，促进产业间耦合、上下游配套，促进产业废弃物综合利用和再制造产业化。积极推行绿色制造和清洁生产，加强重点行业的清洁生产审核，对超标或超总量排污企业、使用和排放有毒物质企业全面实施强制性清洁生产审核。配套完善园区污水处理、废气治理、危险废物处置以及环境监控等基础设施，推进企业间废物交换利用、能量梯级利用、废水循环利用，推动产业集聚发展、土地集约利用、环境集中治理。到2015年，70%以上的国家级开发区和50%以上的省级开发区实现循环化改造，到2022年，所有省级以上开发区建成生态工业园区。

（七）促进资源集约高效利用。加快转变资源利用方式，加强全过程节约管理，大幅降低能源、水、土地消耗强度，促进生产、流通、消费过程的减量化、再利用、资源化。控制能源消费总量，优化能源消费结构，提高非化石能源比重，严格用能管理，加快推行合同能源管理等节能新机制，突出抓好工业、建筑、交通运输和公共机构等重点领域节能。推进低碳交通运输体系建设，优先发展公共交通，推广新能源汽车、船舶等交通运输装备。组织实施绿色建筑行动，自2013年起，全省保障性住房、政府投资项目、省级示范区内的项目，以及大型公共建筑四类新建项目全面执行绿色建筑标准；2015年，全省城镇新建建筑全面按一星及以上绿色建筑标准设计建造。按照"控制总量、严控增量、盘活存量"要求，严格土地用途管制，实行最严格的节约集约用地制度，从严控制建设用地规模，提高土地集约利用水平。深入开展用水总量管理，大力发展节水农业，加快高耗水企业节水技术改造，推动再生水回用和雨水利用，在全社会推广节水技术和高效节水产品，建设节水型城市和节水型社会。

（八）大力拓展污染减排空间。坚持源头控制、综合治理、多策并举，优先破解环境约束瓶颈，努力实现污染排放强度和总量"双下降"。建立和推行主要污染物总量指标预算管理制度，把预支增量、总减排量、控制排放量实行一体化约束性管理，增强污染减排的刚性和动力。着力向结构减排要空间，提高淘汰落后产能标准，完善落后产能退出机制，控制煤炭消费总量，增加外省电量输入和清洁能源、可再生能源比重，积极开展发电权交易，深入推进电力、化工、纺织、印染、造纸等重点行业专项整治。着力向工程减排要能力，加强城镇污水处理设施建设运营和提标升级，提高污水截流收集、再生水利用和污泥规范化处置能力，推进化肥农药减施、畜禽粪污无害化处理与资源化利用，全面实施电力、钢铁、建材等重点行业脱硫脱硝设施改造，积极开展机动车污染减排，到2015年基本实现全省建制镇污水处理设施、火电行业脱硫脱硝设施全覆盖，城市污水处理厂尾水再生利用率明显提升，大中型规模化畜禽养殖场配备符合减排要求的工程设施。着力向管理减排要效益，健全完善减排统计、监测和考核体系，全面推行排污许可证管理制度，对化学需氧量、氨氮、二氧化硫、氮氧化物、细颗粒物、重金属等主要污染物削减加大监管力度，实现单因子污染物逐项控制向多因子关联污染物协同控制转变，由点源治理向面上整体推进拓展。

三　着力建设生态宜居环境

（九）深入实施"蓝清绿"工程。把蓝天白云、青山碧水作为反映生态文明建设水平直观感受的重要标志，以解决损害群众健康突出环境问题为重点，综合治理水、大气、土壤等基本生态圈。大力实施蓝天工程。健全大气污染联防联控体系，加大扬尘治理，加速淘汰老旧车船，推广使用清洁能源，稳步推进油品升级，严格实施重点工业行业废气治理提标改造。积极完善空气环境监测网络，率先执行国家环境空气质量新标准，使监测结果与人民群众感受相一致。大力实施清水工程。把太湖治理作为江苏生态文明建设的标志性工程，实施铁腕治污、科学治理，早日重现太湖碧波美景。加强洪泽湖、高邮湖、骆马湖等湖泊保护与治理，把各类湖泊建设成为涵养生态的功能区、美丽家园的示范区、文化休闲的旅游区。突出大江大河水生态保护，集中整治入江入海入湖河道，保护好长江母亲河，建设好南水北调东线江苏段、通榆河、望虞河等"清水走廊"，促进地表水质量持续改善。加强饮用水源地保护，实行城乡统筹区域供水，推进自来水深度处理、城乡供水管网、二次供水设施改造，实现城市自来水106项水质国家标准全达标并逐步覆盖到农村，提高城乡居民饮用水水质。大力实施绿地工程。持之以恒推进植树造林，突出抓好江河湖海生态防护林和绿色通道建设，积极开展村庄绿化，切实加强森林抚育，努力构筑绿色屏障，积极增加森林碳汇。全面调查摸清土壤污染状况，确定土壤环境保护优先区域，建立严格的耕地和集中式饮用水水源地土壤环境保护制度，规范城市"棕地"利用管理，加强工矿企业污染场地治理与修复，提升土壤环境综合监管能力，促进土壤环境质量改善。大力推进生态循环农业生产基地、无公害农产品、绿色食品和有机食品基地建设，切实保障"米袋子"、"菜篮子"有效供给和质量安全。

（十）积极推进美好城乡建设。把生态文明理念融入城镇化和城乡发展一体化全过程，努力走出一条集约、智能、绿色、低碳发展的新路子。加强城市宜居环境建设，深入开展城市环境综合整治，对城中村、城郊结合部等管理薄弱地区实施集中整治行动，对主要山体、主要河流实施"山青水绿"式美容，拓展生态廊道，增加绿化轴线，建设开放式天然公园，改善人居环境，全面提升城市形象和环境面貌。建立城乡河道水环境综合治理工作体系，用3年时间彻底消除城市河道黑臭，加快实施农村河道疏浚整治，为城乡居民增建更多"水清、岸绿、景美"的亲水平台。积极开展城市生活垃圾分类收集，加快生活垃圾无害化处理设施市县全覆盖进程。大力实施村庄环境整治，建立完善长效管理机制，提升农村基础设施和生态服务功能。强化秸秆综合利用，疏堵结合促进秸秆禁烧。全面改善村庄环境面貌，完成全省自然村庄环境整治，规划布点村庄和非规划布点村庄分别达到"康居乡村"、"环境整洁村"标准，太湖一、二级保护区率先建成全国农村环境连片整治样板区，彰显"自然美、山水美、田园美、城乡美"的生态品牌。

（十一）加大生态修复保护力度。开展大规模生态修复，切实增强生态产品生产能力。实施次生天然林、重要生态公益林保护等重点工程，加快实施丘陵岗地、荒山、荒滩等困难立地的植被恢复工程。更大规模地恢复和保护湿地，积极开展国家湖泊生态环境修复试点，建设环太湖湖滨缓冲带。加强矿山宕口整治和修复，推进山体保护复绿、工矿废弃地恢复治理。积极推进水土保持和流域生态治理，强化地下水管理与保护。开展海洋生态建设，增殖海洋生物资源，修复近海生态环境。加强大江、滨海、环太湖、江南水乡、里下河水乡、宜溧金高丘陵等风貌保护，整合串联历史地段、风景名胜、滨水地区等各类生态空间景观资源。从严控制河湖水域占用，加强沿江生活生态岸线保护与管理，维护河湖健康生态。推进盐城珍禽、大丰麋鹿、泗洪洪泽湖湿地等国家级自然保护区规范化建设。实施生物多样性保护战略与行动计划，建立生物多样性监测、评估与预警体系以及生物遗传资源获取与惠益共享制度，有效防范物种资源丧失和流失。合理开发旅游资源，积极培育国家级生态旅游示范区，以生态旅游促进自然保护。

（十二）强化生态风险防控。健全完善环境风险管理和应急救援体系，推进重点环境风险企业达标改造，有效防范和遏制重特大污染事故的发生。加大重点行业和区域重金属污染防治力度，继续抓好尾矿库隐患综合治理工作。强化放射源、电磁辐射环境管理，切实加强田湾核电站外围辐射环境监测预警，确保核与辐射环境安全。加强危险废物产生和处置单位规范化整治，合理规划建设全省危险废物处理处置设施，加快区域污泥无害化集中处置设施建设，建立电子废物回收利用体系，推进医疗废弃物安全处置覆盖所有乡镇。综合推进区域、城市和社区生态健康发展行动计划，开展生态健康风险分析，探索建立生态服务保育的各种有益模式。

四 积极推进生态文化建设

（十三）弘扬生态文明理念。加强生态文化理论研究，注重挖掘江苏地域文化中的生态特色，注重在实践中培育生态认知并提升为生态文化理论。把生态文明有关知识和课程纳入国民教育体系，编写富有地方特色的生态文明建设通俗教材，开发生态文化精品和经典文库，鼓励创作反映生态内涵的影视音乐作品、科普读物。加快建设并形成一批以绿色学校、绿色企业、绿色社区为主体的生态文化宣传教育基地，使其成为传播、弘扬生态文化的重要阵地。保护和开发生态文化资源，在生态文化遗产丰富、保持较完整的区域，加快建设一批融合自然、人文和文化要素的生态文化实践基地，领会、体念生态文化内涵，提升生态价值。从社会公德、职业道德、家庭美德和个人品德等方面入手，制定全省生态文明建设道德规范，提高公民生态道德素质，强化全民节约意识、环保意识、生态意识，使珍惜资源、保护生态成为全省人民的主流价值观。

（十四）倡导绿色消费方式。加快制定有利于绿色消费的激励政策，鼓励健康消费、适度消费，促进消费方式和生活方式转变，在全社会形成绿色消费的良好氛围。推行绿色采购制度，建立并完善激励购买无公害、绿色和有机产品的政策措施和服务体系。研究建立低碳绿色产品、绿色企业的评价标准和认证制度，建立健全绿色产品质量监督体系。设立地方标准，限制一次性产品生产销售和使用，限制过度包装。强化资源回收意识，推广建设社区跳蚤市场，引导居民交换使用物品。加快建设绿色公共交通体系，大力倡导居民绿色出行。

（十五）推进生态文明建设共建共享。大力开展生态文明示范创建活动，培育不同层次的先行先试示范区。加大生态文明宣传力度，拓展生态环境普法教育覆盖面，深入开展"生态江苏在行动"等群众性环保活动，倡导生态文明从我做起、从身边做起，争当建设生态文明的志愿者，形成生态文明建设人人可以参与、人人积极参与、人人共建共享的社会格局。扩大生态环境、资源能源等领域的信息公开，加强对生态环境违法行为的舆论监督，定期发布各地生态文明建设量化评价情况，保障公众应有的知情权、监督权和表达权，推进生态文明建设决策的科学化、民主化。成立公众参与第三方咨询调查机构，搭建公众监督、参与生态文明建设的良好平台。积极发挥环保义务监督员、环保志愿者等民间力量作用，正确引导社会组织积极参与生态文明建设。

五 创新生态文明建设制度

（十六）完善法规标准体系。建立和完善具有江苏特色的生态文明建设地方法规、规章及标准体系，以刚性约束促进绿色发展、资源节约、环境保护，把生态文明建设纳入法治化轨道。加强地方环境立法工作，围绕水、大气、土壤等污染防治和资源有偿使用、生态补偿、生态修复、应对气候变化以及促进绿色消费、生态文明建设信息公开等重点领域，制定专项法规规章。支持有立法权的较大市制定推进生态文明建设的地方法规和规章。以发达国家生态环境标准为主要参照，按照严于国家标准的要求，建立健全系统、科学、适用的地方生态环境标准体系。

（十七）建立生态补偿机制。建立健全资源有偿使用制度和生态补偿制度，形成导向明确、公平合理的激励机制，调整经济发展和生态建设相关各方利益关系，保障生态保护地区的公平发展权，提高生态建设和保护工作的积极性。建立生态补偿财政转移支付制度，对生态红线内的重要自然保护区、重要湿地、重要水源地和公益林地等，因实施生态保护而形成的贡献给予生态补偿。总结推广太湖、通榆河流域水环境区域补偿试点经验，按照"双向补偿"原则，建立覆盖全省主要流域水环境区域补偿制度。积极推进节能量、排污权、碳排放权、水权交易试点，建设省及区域性排污交易平台，支持苏州、泰州先行开展环境权益交易中心建设，深化环境资源有偿使用机制，创新生态补偿的渠道和方式。

（十八）强化经济政策导向。加快制定和完善促进产业升级、鼓励资源节约、加大环保投入、减少污染排放、反映环境资源稀缺性等方面的相关政策，激励企业和公众节约资源、保护环境。完善促进产业绿色低碳发展的政策措施，大力发展绿色金融，实行有利于清洁能源、可再生能源发展使用的优惠政策。健全企业环保信用体系，扩大企业环保信用评级结果应用范围，加大对绿色企业的信用支持力度。加快制定鼓励社会资金参与生态环保基础设施建设和经营的办法，扩大环保基础设施覆盖面、提高建设水平。深化资源性产品价格改革，完善差别电价和惩罚性电价政策、可再生能源电价补贴政策，推进居民生活用电用水阶梯价格；按照污染治理实际成本，逐步提高排污费、污水处理费、垃圾处理费等征收标准；对实施区域供水的乡镇，开征污水处理费；扩大扬尘排污收费试点，控制城市施工工地扬尘污染。对高环境风险企业实行环境污染强制责任保险。

（十九）严格环保执法监管。坚持对污染环境、破坏生态行为"零容忍"，敢于铁腕执法、铁面问责，切实扭转违法成本低、守法成本高的状况，做到在生态环境保护问题上不越雷池一步。加大生态文明建设司法保护力度，加强环保行政执法与刑事司法的有效衔接，强化行政机关与司法部门联动配合，严厉打击生态环境违法犯罪行为。在司法部门探索建立专业化机构和队伍，推动生态环保案件专业化审理。鼓励开展环境公益诉讼，依法支持对污染企业提起环境污染损害赔偿诉讼。深入开展整治违法排污企业保障群众健康环保专项行动，对重大违法案件实行挂牌督办，对环境问题突出的地区和企业集团实施限批。加强环保法制宣传和法律服务工作，增强全社会的生态环保法治意识，建立群体性环保纠纷预警机制。坚持依法行政，切实纠正环境执法中的地方和部门保护主义，坚决遏制权力干预执法的现象。

六　完善生态文明建设保障体系

（二十）加大组织领导力度。将生态省建设领导小组调整为省生态文明建设领导小组，由省委省政府主要领导担任组长，统筹推进生态文明建设中的重大事项和重大项目，抓紧制定并组织实施全省生态文明建设规划。领导小组下设办公室，领导小组办公室设在省环保厅，承担规划管理、政策研究、统筹协调、重大项目推进等职能。各地要结合自身实际，建立高效有力的协调机制和工作机制。省各有关部门要明确职责，密切配合，找准工作着力点，推动各项工作落实到位。加强人大对生态文明建设的立法和监督工作，强化生态环保预算审查监督，加强环保及生态建设执法检查和监督。支持政协积极履行政治协商、民主监督和参政议政职能，团结动员各方面力量为生态文明建设献计出力。

（二十一）深入实施生态文明建设工程。根据十八大新要求和发展阶段新变化，丰富拓展生态文明建设工程内涵，提升工作标准，完善行动方案，做到目标上有新定位、工作上有新举措、实践中有新成效。实行工程化管理、项目化推进，每项行动计划既要有五年安排也要有年度计划，既要有行动方案也要有项目支撑，一步一个脚印、扎扎实实向前推进。要加强督促检查，全面落实工作责任，总结推广实践经验，有针对性地抓重点、攻难点、带一般，努力把环境保护和生态建设的目标任务落实到具体行动上，落实到各项工作推进中。

（二十二）加强科技和人才支撑。充分发挥我省科教人才资源丰富优势，整合利用高等院校、科研院所、重点实验室、产业基地和企业等多方面科研力量，深化产学研合作，大力推进协同创新，突破一批生态建设和环境保护核心技术。瞄准世界生态技术前沿，重点跟踪大气、水、土壤等环保技术发展趋势，加强国内外科研交流合作，掌握共性关键技术，做好技术储备。抓紧培养和引进生态文明建设急需的拔尖人才和专业人才，在省"双创"人才引进计划、"333"人才培养工程、科技企业家培育工程中加大引进和培养力度，建立健全人才使用激励机制，为生态文明建设提供强大的技术支撑和智力支持。加快长三角区域发展一体化合作，共同加强系统性、流域性、区域性生态环境问题治理，在区域联动联防联控、共建共享良好生态方面，力争走在全国前列。积极推进生态保护、应对气候变化国际合作。

（二十三）完善多元投入机制。强化政府对生态文明建设工程的引导作用，逐步把生态文明建设作为公共财政支出的重点，加大投入力度，确保公共财政每年用于环境保护和生态建设支出的增幅高于经济增长速度、高于财政支出增长幅度。按照专项资金性质不变、安排渠道不变、监督管理不变原则，将现有省级用于环境保护和生态建设方面的有关专项资金整合使用，集中解决大气、水、土壤污染等突出问题。充分发挥市场机制作用，实行财政补助、贴息等办法，吸引银行等金融机构特别是政策性银行积极支持环境保护项目。鼓励和引导社会资本、民间资本投向环境治理和生态建设项目，支持生态环保类重点企业上市融资。

（二十四）建立有利于生态文明建设的评价考核体系。制定和实施体现生态文明建设要求的评价体系、考核机制和激励办法。根据主体功能区定位，探索设立不同的考核目标。把生态文明建设内容纳入经济社会发展规划，生态文明建设目标纳入"两个率先"指标体系，生态文明建设成效纳入干部政绩考核的重要内容，推动生态文明建设各项工作落实到位。探索改进统计方法，将资源消耗、环境损害、生态效益等纳入经济社会发展评价体系，为全省推进生态文明建设提供参考和依据。健全生态环境保护责任追究制度，对造成生态环境损害的重大决策失误，实行问题追溯和责任终身追究。

各地各有关部门要根据本文件精神，抓紧制定实施办法，并认真组织落实。

环保部：以市县为重点加快生态文明
建设示范区提档升级

2015 年 5 月 14 日，环保部部长陈吉宁在北京表示，要深入开展生态文明示范建设，在推进生态省建设的基础上，以市县为重点加快生态文明建设示范区提档升级，努力推动绿色转型和发展。

据了解，自 2000 年国务院印发《全国生态环境保护纲要》提出生态省建设以来，全国已有海南、吉林、黑龙江、福建、浙江、山东、安徽、江苏、河北、广西、四川、辽宁、天津、山西、河南、湖北等 16 个省区市开展了生态省建设，超过 1000 多个市、县、区正在推进生态省建设的细胞工程，大力开展生态市县建设，92 个地区取得了生态市县的阶段性成果，获得了命名，建成了 4596 个生态乡镇，打造了一批经济社会环境协调发展的先进典型。

在环保部当日召开的深入推进生态省建设座谈会上，陈吉宁表示，生态省建设强调在发展中保护，在保护中发展，为全方位推进生态环境保护提供了可借鉴可推广的模式。当前，要抓住中共中央、国务院《关于加快推进生态文明建设的意见》实施的新契机，继续深化生态省建设战略，努力打造生态省建设和生态文明建设示范区升级版。

陈吉宁指出，加快生态文明建设示范区提档升级，要以市县为单元继续抓好示范区创建的细胞工程，更加突出绿色发展、绿色生活和环境质量改善、环境风险管控。同时，要进一步深化生态省战略，认真做好生产空间、生活空间、生态空间的统筹协调和规划，在重点生态功能区、生态环境敏感区和脆弱区划定生态保护红线并实施严格管控，推进重要生态系统休养生息。

以中央领导同志重要指示精神为统领
开创生态文明建设示范区工作新局面

——在全国生态文明建设现场会上的讲话
（2014 年 5 月 20 日）

环境保护部原部长　　周生贤

今天召开的全国生态文明建设现场会是经张高丽副总理批准的。张高丽副总理十分重视，会前专门作出重要批示，充分肯定环保部门和各地推进生态文明建设示范区创建取得的明显成效，要求学习推广浙江生态省建设经验，大力推进生态文明建设。我们要认真领会、抓好贯彻落实。

这次会议的主要任务是，贯彻落实党的十八大、十八届三中全会和中央领导同志重要指示精神，学习推广浙江省大力开展生态省建设的鲜活实践，交流湖州等地方加强生态环境整治和生态文明建设的典型经验，带动更多地区广泛深入开展生态文明建设示范区创建。

刚才，黄旭明副省长发表了热情洋溢的致辞并介绍了生态省建设情况，湖州市、珠海市、张家港市和成都市温江区的同志作了经验交流发言，反映了生态兴则地方兴、经济兴的规律，反映了不同地区在一定时期所做的工作，讲得都很好，听了很受启发。

下面，我讲三点意见。

一　深入贯彻落实党中央、国务院关于生态文明建设和环境保护的新思想新论断新要求

党的十八大以来，习近平总书记、李克强总理、张高丽副总理对生态文明建设和环境保护提出了一系列新思想新论断新要求，主要集中在六个方面：

一是深刻认识生态文明建设和环境保护重大意义。习近平总书记指出，走向生态文明新时代，建设美丽中国，是实现中华民族伟大复兴的中国梦的重要内容；建设生态文明是关系人民福祉、关系民族未来的大计；保护生态环境就是保护生产力，改善生态环境就是发展生产力；既要绿水青山也要金山银山，绿水青山就是金山银山；要清醒认识保护生态环境、治理环境污染的紧迫性和艰巨性，清醒认识加强生态文明建设的重要性和必要性，

以对人民群众、对子孙后代高度负责的态度，真正下决心把环境污染治理好、把生态环境建设好。

二是作出生态文明建设总体部署。习近平总书记强调，推进生态文明建设，必须树立尊重自然、顺应自然、保护自然的生态文明理念，坚持节约资源和保护环境的基本国策，坚持节约优先、保护优先、自然恢复为主的方针，着力树立生态观念、完善生态制度、维护生态安全、优化生态环境，形成节约资源和保护环境的空间格局、产业结构、生产方式、生活方式。

三是积极探索环境保护新路。习近平总书记指出，决不以牺牲环境为代价去换取一时的经济增长；用生态文明的理念来看环境问题，其本质是经济结构、生产方式和消费模式问题；从宏观战略层面切入，搞好顶层设计，从生产、流通、分配、消费的再生产全过程入手，制定和完善环境经济政策，形成激励与约束并举的环境保护长效机制，探索走出一条环境保护新路。李克强总理强调，绝不能以牺牲结构和环境换速度，在保护生态中实现经济发展和民生改善。

四是让生态系统休养生息。习近平总书记指出，要让透支的资源环境逐步休养生息，扩大森林、湖泊、湿地等绿色生态空间，增强水源涵养能力和环境容量。科学布局生产空间、生活空间、生态空间，给自然留下更多修复空间，划定并严守生态红线。生态红线观念一定要牢固树立起来，列入后全党全国就要一体遵行，决不能逾越。

五是认真解决关系民生的突出环境问题。习近平总书记指出，良好生态环境是最公平的公共产品，是最普惠的民生福祉。加大环境治理和生态保护工作力度、投资力度、政策力度；以解决损害群众健康突出环境问题为重点，坚持预防为主、综合治理，强化水、大气、土壤等污染防治，着力推进重点流域和区域水污染防治，着力推进重点行业和重点区域大气污染治理；加强污染物减排，减少主要污染物排放总量，不断改善环境质量。李克强总理强调，要像对贫困宣战一样，坚决向污染宣战，铁腕治污加铁规治污，用硬措施完成硬任务。张高丽副总理指出，必须采取稳、准、狠的措施，重拳出击、重点治污。

六是完善生态文明建设制度体系。习近平总书记强调，只有实行最严格的制度、最严密的法治，才能为生态文明建设提供可靠保障；再也不能简单以国内生产总值增长率来论英雄，要建立体现生态文明要求的目标体系、考核办法、奖惩机制。对那些不顾生态环境盲目决策、造成严重后果的人，必须追究其责任，而且应该是终身追究。李克强总理强调，要实行最严格的源头保护制度、损害赔偿制度、责任追究制度，切实做到用制度保护生态环境。

这些新思想新论断新要求，是对中国特色社会主义事业"五位一体"总体布局和走向社会主义生态文明新时代理论的丰富完善与拓展深化，是提高我们党执政能力和执政水平的目标指向与现实要求，是指导生态文明建设和环境保护的思想武器与根本遵循。

为深入贯彻落实党中央、国务院关于生态文明建设和环境保护的决策部署，环境保护部印发《关于贯彻落实习近平总书记重要讲话精神的任务分工》，把学习贯彻讲话精神特别是有关生态文明建设的重要指示，分解细化成16项任务，落实到分管部领导和相关责任单位。经过认真学习和深入研讨，我们有以下几点体会：

一是对生态文明建设重大意义的认识更加清醒。生态文明建设是经济持续健康发展的关键保障，是民意所在民心所向，是党提高执政能力的重要体现。二是对生态文明建设根本要求的领会更加深入。必须正确处理一对关系，即经济发展与环境保护的关系；牢固树立一种观念，即生态保护红线观念；积极探索一条新路，即环境保护新路；着力解决一个问题，即损害群众健康的突出环境问题；努力完善一套制度，即生态文明建设制度体系。三是对生态文明建设重大任务的把握更加清晰。从宏观战略层面切入，搞好顶层设计；立足再生产全过程，制定完善环境经济政策；强化制度建设，构建有利于生态文明建设的激励约束机制；发挥生态文明建设主阵地作用，用新思路新举措推动环境保护新发展。四是对生态文明建设的责任担当更加坚定。环保部门要用生态文明统一思想、凝聚力量、攻坚克难，做好推进生态文明建设的引领者、推动者和实践者。

二　着力构建推进生态文明建设和环境保护的四梁八柱

在 2011 年 12 月召开的全国环境保护工作会议上，我提出"十二五"期间要重点抓好四件大事：一是以积极探索环境保护新路为实践主体，丰富完善环境保护的理论体系；二是以修改《环境保护法》为龙头，全面构建环境法律法规框架；三是以大力推进生态文明建设为契机，理顺健全环境保护职能和组织系统；四是以完成节能减排为主要任务，着力推进环境质量改善。这四件大事的有序推进，推动"十二五"以来环境保护事业持续发展。

随着实践和认识的不断深入，推进生态文明建设和环境保护面临一些新形势新任务。党的十八大把生态文明建设纳入中国特色社会主义事业"五位一体"总体布局，党的十八届三中全会提出全面深化改革的总目标是完善和发展中国特色社会主义制度，推进国家治理体系和治理能力现代化，要求紧紧围绕建设美丽中国深化生态文明体制改革，加快生态文明制度建设，推动形成人与自然和谐发展现代化建设新格局。

生态文明建设是一项复杂庞大的系统工程。面对新形势新任务，我们要站在推进国家生态环境治理体系和治理能力现代化的高度，着力构建推进生态文明建设和环境保护的四梁八柱，做到纲举目张。四梁八柱是一个形象说法，用来描述生态文明建设和环境保护的宏观性、系统性、轮廓性的整体架构。它既是党中央、国务院决策部署的具体化，也是各地区和环保部门一段时期以来探索实践的总结概括；既是客观的，也是主观的；既是无形的，也是有形的；既是定量的，也是定性的，是宏观与微观、实践与认识、可能性与现实性的高度统一。

一是以积极探索环境保护新路为实践主体，进一步丰富环境保护的理论体系。这是推进生态文明建设的有效路径。理论是行动的指南。习近平总书记系列重要讲话精神，为积极探索环境保护新路指明了方向，丰富了内涵。我们既要借鉴西方发达国家治理污染的经验教训，又要结合我国国情和发展阶段，改革创新，发挥体制和制度优势，尽量缩短污染治理进程，努力改善环境质量，造福全体人民。

探索环境保护新路必须用新的理念进一步深化对环境问题的认识，用新的视野把握环境保护事业发展的机遇，用新的实践推动环保事业取得更大成效，用新的体制保障环保事业持续推进，用新的思路指导当前谋划未来，以最小的资源环境代价支撑更大规模的经济社会发展，使经济社会活动对生态环境的损害降低到最小程度，实现经济效益、社会效益和生态环境效益多赢。

探索环境保护新路的根本要求是正确处理经济发展与环境保护的关系。脱离环境保护搞经济发展是"竭泽而渔"，离开经济发展抓环境保护是"缘木求鱼"。如果竭泽而渔，最后必然是什么鱼也没有了。必须牢固树立保护生态环境就是保护生产力、改善生态环境就是发展生产力的理念，坚持保护优先方针，利用好环境保护对发展方式转变和经济结构调整的倒逼机制，把调整优化结构、强化创新驱动和保护生态环境结合起来，推动绿色发展、循环发展、低碳发展。

探索环境保护新路的着眼点是加快推进环境管理战略转型。以改善生态环境质量为目标导向，从单纯防治一次污染物向既防治一次污染物又防治二次污染物转变，从单独控制个别污染物向多种污染物协同控制转变，统筹协调污染治理、总量减排、环境风险防范和环境质量改善的关系。推进环境管理战略转型，迫切需要提高环境治理体系和治理能力现代化水平。当前环境质量与人民群众期待还有很大差距，原因是多方面的，其中，环境治理体系不完善、治理能力现代化水平不高是深层次原因。以提高环境治理体系和治理能力现代化为重点，尽快把环保部门各级领导班子和领导干部的思想政治素质、科学文化素养、工作本领都提升到一个新的高度，环境管理战略转型才有可靠的基础和保障。

二是以新修订的《环境保护法》实施为龙头，形成有力保护生态环境的法律法规体系。这是推进生态文明建设的强大武器。《环境保护法》是环境领域内的基础性、综合性法律。4月24日，十二届全国人大常委会第八次会议审议通过了新修订的《环境保护法》，自2015年1月1日起施行。

新修订的《环境保护法》在理念、制度、保障措施等方面都有重大突破和创新。在创新理念方面，将"推进生态文明建设，促进经济社会可持续发展"列入立法目的，提出了促进人与自然和谐的理念和保护优先的基本原则，明确要求经济社会发展与环境保护相协调。在完善制度方面，要求建立资源环境承载能力监测预警机制，实行环保目标责任制和考核评价制度，制定经济政策充分考虑对环境的影响，建立跨区联合防治协调机制，划定生态保护红线，建立环境与健康风险评估制度，实行总量控制和排污许可管理制度，建立环境污染公共监测预警机制。注重运用市场手段和经济政策，明确提出了财政、税收、价格、生态补偿、环境保护税、环境污染责任保险、重污染企业退出激励机制，以及作为绿色信贷基础的企业环保诚信制度。在多元共治方面，不仅强化了政府环境责任，还新增专章规定信息公开和公众参与，赋予公民环境知情权、参与权和监督权，并明确提起环境公益诉讼的社会组织范围。在强化执法方面，首次明确了"环境监察机构"的法律地位，授予环保部门许多新的监管权力。这既是权利，更是义务、责任和担当。

法律的生命在于实施。新修订的《环境保护法》出台为进一步保护和改善环境，保障公众健康，推进生态文明建设提供了有力的法制保障。

要广泛宣传。通过召开新闻发布会、举办讲座、发表文章、编写书籍及宣传图册等多种形式，广泛宣传新修订的《环境保护法》新规定新要求，大力增强社会各界的环境法治意识。

要组织培训轮训。协调各级党校、行政学院组织党政机关领导干部学习贯彻新修订的《环境保护法》，组织开展对环保系统工作人员培训轮训，熟悉并掌握新制度新措施，全面提升相关人员依法决策、依法管理水平。加强对企业单位及其负责人培训，提高企业单位环保守法自觉性。

要完善相关法律法规。加快推进大气污染防治、水污染防治、土壤环境保护、核与辐射安全等专项法律法规的制修订，全面推进环境保护法律法规、政策制度和环境标准建设。及时总结新法实施过程中出现的突出问题，组织制定相关执法解释、指导意见及配套措施，确保实施工作有序进行。

要做好实施基础工作。研究制定按日计罚、查封扣押等新措施的执法规范。配合组织人事部门制定完善环境目标责任制和考核评价制度的具体规定，将政府责任落到实处。加强与公安机关、人民法院、人民检察院等司法部门的沟通和交流，做好公益诉讼、行政拘留、环境刑事案件办理等工作的协调和衔接。配合纪检监察机关做好行政追责的有关工作，明确环保部门应当承担的责任范围和形式，确保环保工作正常有效开展。

三是以深化生态环保体制改革为契机，建立严格监管所有污染物的环境保护组织制度体系。这是推进生态文明建设的组织保障。生态环保体制改革是促进经济转型升级的重要抓手，是解决损害群众健康突出环境问题的有力举措，是转变政府职能、加快环境管理战略转型的必然要求，其主攻方向和着力点是建立和完善严格的污染防治监管体制、生态保护监管体制、核与辐射安全监管体制、环境影响评价体制、环境执法体制、环境监测预警体制。

深化生态环保体制改革，要以改革创新为动力，从宏观战略层面切入，从再生产全过程着手，从形成山顶到海洋、天上到地下的所有污染物严格监管制度和一体化污染防治管理模式着力，主动遵循、准确把握生态环境特点和规律，维护生态环境的系统性、多样性和可持续性，增强生态环境监管的统一性和有效性。对于方向明确又立即可行的，要加快推进；对于认识还不深入，但又必须推进的，要加强调查研究，大胆探索，有的要先行试点；对涉及面广、基础又很薄弱，需要中央决策的，要加快研究提出改革思路。

通过体制创新，建立统一监管所有污染物排放的环境保护管理制度，对所有污染物，以及点源（矿山等）、面源（农业等）、固定源（工厂等）、移动源（车、船、飞机等）等所有污染源，大气、土壤、地表水、地下水、海洋等所有污染介质，实行统一监管。独立进行环境监管和行政执法，切实加强对有关部门和地方政府执行国家环境法律法规和政策的监督，纠正其执行不到位，以及一些地方政府对环境保护的不当干预行为。

改革是2014年工作的重中之重。环境保护部2014年全面深化改革重点工作要点、任务分工方案和各专题工作班子方案已经明确，要加快节奏，加大力度，确保2014年十项改革重点任务全部落地。这十项任务包括：一是严格监管所有污染物排放的环境保护管理制度；二是及时公布环境信息，健全举报制度；三是完善污染物排放许可制，实行企事业单位污染物排放总量控制制度；四是对造成生态环境损害的责任者严格实行赔偿制度；五是建立陆海统筹的生态系统保护修复和污染防治区域联动机制；六是完善发展成果考核评价体系，建立生态文明建设目标体系；七是建立空间规划体系，划定生态保护红线；八是实施主体功能区制度，建立国家公园体制；九是探索编制自然资源资产负债表，开展国家环境资产核算方法体系研究；十是发展环保市场，推行排污权交易制度。其中，提出生态文明体制改革和生态环境保护管理体制改革的顶层设计方案，是块硬骨头，要集中力量，善借外脑，拿出高质量、有见地、能落地的方案，下半年尽快报中央全面深化改革领导小组审议。

四是以打好大气、水、土壤污染防治三大战役为抓手，构建改善环境质量的工作体系。这是推进生态文明建设的主战场。保护和改善环境质量是各级政府应当提供的基本公共服务。面对艰巨复杂的生态环境问题，我们既要从容淡定、科学理性，又要敢于担当、有所作为，既要打好攻坚战，也要打好持久战，坚持源头严防、过程严管、后果严惩，用铁规铁腕强化大气、水、土壤污染防治，优先解决损害群众健康的突出环境问题，以实际行动逐步改善环境质量。

继续把大气污染防治作为重中之重。深入实施《大气污染防治行动计划》，以雾霾频发的特大城市和区域为重点，以细颗粒物（PM2.5）和可吸入颗粒物（PM10）治理为突破口，做好源解析这个基础，抓住产业结构、能源效率、尾气排放和扬尘等关键环节，健全政府、企业、公众共同参与新机制，实行区域联防联控，在大气污染防治上下大力、出真招、见实效。

强化水污染防治。编制实施《水污染防治行动计划》，抓"两头"、带"中间"，在确保饮用水水源地等水质较好水体稳定达标、水质不退化的同时，集中力量把劣 V 类水体治好，尤其是消灭一批影响群众多、公众关注高的城镇黑臭水体，带动一般水体污染防治。推进重点流域和地下水污染防治，加强水质较好湖泊生态环境保护，综合防控海洋环境污染和生态破坏。

抓好土壤污染治理。编制实施《土壤污染防治行动计划》，加强监督管理，切断各类污染源；深入推进土壤污染治理修复，实施土壤修复工程，逐步改善土壤环境质量；加强污染场地开发利用监管，维护人居环境健康。深化以奖促治政策，继续推进农村环境连片整治，治理农业面源污染。

用好环境执法和信息公开两个手段。强化环境执法监管，做到"三不"、"三直"，即"不定时间、不打招呼、不听汇报、直奔现场、直接督查、直接曝光"，保持执法检查高压态势，对环境违法行为"零容忍"，执法必严、违法必究。全面推进环境信息公开，及时公开环境质量监测、建设项目环境影响评价、环境违法案件及查处等方面的环境信息，主动向社会通报环境状况、重要政策措施和突发环境事件及其应急处置信息，保障公众的环境知情权、表达权和监督权。

这四大体系，也是我们向污染宣战的行动指南、有力武器、组织保障和重大举措。向污染宣战，反映了党的意志、国家的意志、人民的意志。推进生态文明建设与向污染宣战内在一致，两者统一于建设美丽中国、走向社会主义生态文明新时代的伟大实践中。推进生态文明建设，为人民群众创造良好生产生活环境，必须向污染宣战；向污染宣战，破解经济社会发展的资源环境瓶颈制约，会有力推进生态文明建设进程。构建好这四梁八柱，推动形成人与自然和谐发展现代化新格局，环保部门使命光荣，责无旁贷，要做到驰而不息、持之以恒、干有所成。

三　深入总结生态文明建设示范区创建成效和经验，在新的起点上全面加以推进

生态文明建设示范区创建是大力推进生态文明建设的重要载体，是加强生态环境保护的有力抓手，是实践环保为民惠民的生动体现，得到了党中央、国务院充分肯定，得到了地方各级党委、政府积极响应，也得到了广大人民群众真心欢迎。

（一）认真学习习近平总书记、李克强总理、张高丽副总理高度重视生态省建设的重要论断和指示

习近平总书记在福建省、浙江省工作期间，就启动了生态省建设。李克强总理在辽宁省工作期间启动了辽宁生态省建设，张高丽副总理在天津工作时启动了天津生态市建设。

习近平总书记在福建省工作期间，明确提出建设生态省的战略构想，强调任何形式的

开发利用都要在保护生态的前提下进行，使八闽大地更加山清水秀，使经济社会在资源的永续利用中良性发展。在浙江省工作期间多次指出，建设生态省是一个全局性、长远性、战略性的重大决策，直接关系到浙江经济社会全面协调可持续发展，关系到浙江人与自然的和谐发展，关系到浙江人民群众的根本利益；保护环境、建设生态省，是一项功在当代、利在千秋、功德无量的大事；发挥生态优势、建设生态省、打造绿色浙江。2006年到湖州南太湖调研时进一步指出，既要保护生态，也要发展经济，经济发展不能以牺牲生态为代价，强调南太湖开发治理要以生态保护为前提，构建浙江省生态屏障。

2003年，浙江省委、省政府作出建设生态省决定，制定实施《浙江省生态省建设规划纲要》。成立生态省建设工作领导小组，书记任组长、省长任常务副组长，形成党委领导、政府负责、部门联动、社会参与工作机制，为生态省建设提供组织保障。建立严格的生态文明建设考核机制，每年下达生态文明建设工作任务书，开展中期评估与专项督查，年底进行考核，把考核结果作为评价党政领导班子实绩和领导干部任用与奖惩的重要依据。健全科学的评价体系，制定《浙江生态文明建设评价体系（试行）》，对县（市、区）生态文明建设情况进行全面量化评价，落实各级领导对生态文明建设的责任。完善相关的工作机制，着力构建组织协调、指导服务、督办、考核激励、全民参与、宣传教育等六大推进机制，强化跟踪督查和示范引领，深入探索并丰富生态省建设实现形式与内容。

十多年来，浙江省委、省政府始终坚持生态立省方略，一张蓝图抓到底，一任接着一任干，"功成不必在我任期"，生态文明建设取得明显成效，生态省建设走在全国前列。

（二）生态建设示范区创建为生态文明建设示范区创建打下了坚实基础

1995年，环保部门启动实施生态建设示范区。2000年以来，环保部门以生态省、生态市、生态县、生态乡镇、生态村、生态工业园区等6个层级建设为主要内容，构建工作体系、制定量化指标、出台管理规程，积极推进生态建设示范区创建工作。目前，全国有16个省正在开展生态省建设，1000多个县、市、区在开展生态市、县建设。从全国来看，已形成生态建设示范区创建梯次推进格局。东部沿海地区自北向南，生态建设示范区创建全面展开，辽宁、山东、江苏、浙江和福建连成一片；中部稳步推进，安徽、河南、湖南、湖北等省生态建设示范区创建活动正在大力实施；西部地区四川、陕西、贵州等省生态建设示范区创建开局良好，形势喜人。

经过各地多年积极探索，生态建设示范区创建形成了不少可复制、可推广的实践成果，为生态文明建设示范区创建奠定了坚实基础。

一是推动区域经济转型升级。浙江省从2004年开始，持续开展"811生态环保专项行动"，强力推进重点流域区域、行业企业污染整治，对铅蓄电池、电镀、印染、化工、制革、造纸等六大行业进行重点整治，实施腾笼换鸟、转型升级，成效明显。辽宁省启动环境保护加快经济发展方式转变十大专项工程，通过严格环境准入，促进铁合金、焦化、电石等行业提标升级。山西省抓住进行资源型转型综合配套改革试验机遇，大力促进经济转型发展，新能源、新材料、节能环保、高端装备制造等九大战略新兴产业发展势头强劲。

二是优化国土空间开发格局。江苏省率先在全国制定出台省级生态红线区域保护规划，划出15种类型生态红线区域，出台补偿政策和管控制度。天津市出台《生态用地保护红线划定方案》，明确红线区内禁止一切与保护无关建设活动，黄线区内从事各项建设活动必须经市政府审查同意。福建省对河口湿地、沿海红树林采取重点保护，全省森林覆盖率达到65.95%，始终保持全国第一。宁夏回族自治区优化生产空间、生活空间、生态空间格局，形成以宁东、石嘴山为主的重点开发区，以沿黄经济带为主的优化开发区，以大六盘生态系统等重点生态功能区为主的限制开发区，以自然保护区、饮用水水源地等为主的禁止开发区。内蒙古、江西、湖北、广西等四省（区）正积极开展生态保护红线划定试点工作。在国土空间开发中，要高度注意新型城镇化建设和沿江开发中的环境问题，把好环境关口。

三是促进生态环境质量改善。天津市自2008年开始，连续实施两轮生态市建设三年行动计划，推进清新空气、清水河道、清洁村庄、清洁社区、绿化美化"四清"行动，不断改善生产生活环境。海南省强化重点区域生态保护与重点领域污染防治，加强海域、海岛、海岸生态整治修复，保护海洋生态环境。江西省划定源头保护区，建立激励机制，制定考核办法，推进"五河一湖"和东江源头保护，确保鄱阳湖"一湖清水"。四川省主要河流断面水质达标率由2000年40.3%上升到70.5%，涌现了双流、浦江、大邑等生态文明建设示范先进典型。

四是推动生态文明制度建设。贵州省正在制订《贵州省生态文明建设促进条例》，将为生态文明建设及示范创建提供有力法律法规保障。河北省对全省七大水系201个断面实施跨界断面水质责任目标考核，并与财政转移支付挂钩。天津市调整党政领导班子和领导干部综合考核评价机制，进一步提高资源环境指标权重，充分发挥考核考评正能量作用。湖北省创新企业环境信用评价体系，制定全省企业环境信用评价管理暂行办法和评价标准。河南省推进生态市、生态县创建制度化，半数省辖市正在编制生态市建设规划，全省45%的县已启动并开展生态县建设。安徽省强化生态文明制度和机制的顶层设计，积极推进生态文明建设示范创建细胞工程。

各地开展生态建设示范区创建的实践，归纳起来，主要有四条经验：一是坚持党政主导、环保牵头、社会参与，系统构建示范创建的推进机制。二是坚持环境优先、绿色发展，把经济社会发展与生态环境协调共赢作为示范创建的鲜明导向。三是坚持科学规划、统筹推进，切实解决损害人民群众健康的突出环境问题。四是坚持工程带动、严格考核，确保示范创建具体化、责任化、时限化。

（三）中央批准更名为全面推进生态文明建设示范区创建工作创造了良好条件

2013年6月，中央批准将"生态建设示范区"正式更名为"生态文明建设示范区"。这是中央对环保部门和地方各级党委政府以"生态建设示范区"为平台推进生态文明建设所取得成效的充分肯定，也是对进一步发挥环境保护在生态文明建设中主阵地作用的殷切希望。

生态文明建设示范区相对生态建设示范区而言，是全面深化和提标升级，实现了质的提升与超越。在认识理念上，生态文明建设示范区立足于人与自然、环境与经济、人与社会和谐发展的生态文明新高度，来审视解决资源环境问题，强调把生态文明建设融入经济建设、政治建设、文化建设、社会建设各方面和全过程。在基本内涵上，生态文明建设示范区以实现人与自然和谐发展和建设美丽中国的新要求为目标，在价值取向、建设目标、基本原则、实现途径和保障举措等方面，更全面、系统和深入。在建设内容上，生态文明建设示范区强调在区域内新型工业化、城镇化、农业现代化、信息化和生态化"五化"同步，统筹城乡协调发展，系统建立安全的生态空间、发达的生态经济、良好的生态环境、适度的生态生活、完善的生态制度和先进的生态文化等六大体系。在方式方法上，生态文明建设示范区大都以地方党委政府为主导，环保部门牵头，多部门联动，不仅借助必要的行政手段，更强调体制机制创新和政策法规引导推动。

中央批准更名后，环境保护部印发《关于大力推进生态文明建设示范区工作的意见》，出台《国家生态文明建设试点示范区指标（试行）》，设定生态经济、生态环境、生态人居、生态制度和生态文化等五方面28项指标，各项工作在积极有序推进。

同时，我们清醒地认识到，生态文明建设示范区创建工作中还存在一些不足：一是在特定区域开展生态文明建设的理论支撑不充分。对分区域开展生态文明建设的研究不够，分类管理有待加强。二是有针对性的政策支持不足。生态补偿机制尚不健全，"以奖代补"、生态环保项目和资金向生态文明建设示范区倾斜等激励机制尚未到位。三是对地方的指导有待进一步加强。生态文明建设示范区有详细的指标体系以及明确的申报、评估和考核要求。各地对指标内涵、考核要求理解有差异，在具体工作中需要进一步加强指导。四是工作开展尚不平衡。从地域分布上看，开展生态文明建设示范区工作的，大多在沿海和东部地区，西部地区较少；从工作力度来看，一些地区形成了扎实推进、上下联动、广泛参与的良好局面，也有一些地区的工作进展缓慢。此外，生态文明建设示范区创建、考核周期较长，从启动到最终命名往往要五六年甚至更长时间，与地方政府和职能部门工作周期衔接性不强，影响了部分地区积极性、主动性。这些问题需要我们认真加以解决。

（四）全力做好新阶段生态文明建设示范区创建各项工作

发展无止境，生态文明建设也无止境。要全面规划、统筹安排，切实做到想抓、能抓、真抓、善抓。现在，生态文明建设示范区总体上结束了阶段性的试点示范，进入了在更高层次、更高目标上全面推进、拓展提升、深化固化的新阶段。我们要抓住机遇、乘势而上、积极作为，以中央领导同志重要指示批示为统领，充分发挥地方首创精神，积极探索符合国情省情又有地域特色的生态文明建设新途径新模式，着力构建人与自然和谐发展的空间格局、经济结构、生产方式和生活方式，使越来越多的美丽城市乡村成为创建示范样本。当前，要集中力量抓好以下五项工作：

一是大力推进生态省建设。生态省是推动省域开展生态文明建设的示范区和样本，工作重点在市县、在基层，必须继续把它抓紧抓好，争取早出成效，出好成果。希望浙江、福建、江苏、辽宁、天津等16个正开展生态省建设的省（区、市），按照习近平总书记、李克强总理、张高丽副总理要求，发挥生态文明建设领跑者作用，进一步明确创建目标任务，丰富创建内涵，拓宽创建领域，加快形成示范创建有效构架。

二是尽快实现提档升级。这次会议宣布对通过验收的37个生态市、县（区），直接命名为"全国生态文明建设示范区（生态市、县）"。对此前已命名的生态市、县（区），要抓紧复核后，按此更名。环境保护部将尽快明确直辖市、计划单列市和省会城市等条件较好、实力较强的地区达到生态文明建设示范区标准的时间表。各省、自治区也要对所辖市、县做出相应的明确要求。要抓紧修改完善相关指标体系、标准和管理规程，进一步提高生态文明建设示范区规范化和制度化水平。

三是加强跨部门协作配合。应该说，一些开展生态省、市、县建设的地区开了个好头，提供了样板。比如，浙江省率先成立生态省建设领导小组，并由环保部门承担领导小组办公室的具体事务。这个模式行之有效，后来很多省（区、市）都学习采用。我们要努力构建上下左右、横向纵向协同联动的创建格局，形成推进示范区创建的强大合力。

四是加大改革创新力度。随着生态文明建设深入推进、建设水平进一步提升，我们将面对越来越多理论与实践挑战。比如，"五位一体"如何落实到位？"四个融入"怎样全面实现？"五化"并举怎样确保？节约资源、保护环境的生产生活方式怎么来构建？产业的生态化和法律的生态化怎么来推进？环保产业发展如何推进，第三方治理和服务模式如何构建等等。要借助生态文明建设示范区这个平台，对这些问题加以研究和探索。其中有些问题不是短期所能解决的，需要长期面对，进行反复研究、实践、总结和深化。环保部门要走在前列，精心组织，主动参与，提高推动引领生态文明建设的能力。

五是切实强化"细胞工程"。生态文明建设示范区创建离不开广大人民群众的支持和参与。通过强化"细胞工程"，开展各种活动和行动，让生态文明建设进学校、进社区、进工厂，鼓励更多公众参与。及时宣传推广生态文明建设示范区创建的做法、成效和经验，营造良好的氛围和条件。适时启动重点行业生态文明建设示范工作，推动节能减排，促进清洁生产，建立和完善企业环境行为自我约束机制。抓紧研究制定行业生态文明建设目标模式、考核评价体系，推动建立一批重点行业生态文明建设示范基地。

同志们，"一分部署，九分落实"。让我们紧密团结在以习近平同志为总书记的党中央周围，以改革创新的勇气，以抓铁有痕的干劲，以持之以恒的精神，立足新起点，瞄准新目标，聚焦突出问题，全面开创生态文明建设示范区创建新局面，大力推进生态文明建设，为明显改善生态环境质量，让人民群众早日享有优美的生产生活环境作出更大贡献！

生态文明建设从细胞抓起

——《国家生态文明建设示范村镇指标（试行）》解读

为推进农村生态文明建设，打造国家级生态村镇升级版，引导各地开展国家生态文明建设示范村镇创建工作，2014年，环境保护部印发了《国家生态文明建设示范村镇指标（试行）》（以下简称《指标》）。国家生态文明建设示范村镇创建，是促进农村经济社会与环境保护协调发展、建设美丽乡村的重要载体和有力抓手。

一 开展国家生态文明建设示范村镇创建工作的背景和重要意义

多年来，由环境保护部组织开展的"生态建设示范区"（包括生态省、市、县、乡镇、村、生态工业园区）创建工作，促进了各地走生产发展、生活富裕、生态良好发展之路，取得了明显成效，涌现出了一批经济社会与环境协调发展的先进典型。前不久，经中央批准，"生态建设示范区"正式更名为"生态文明建设示范区"，这充分表明了党中央、国务院对生态文明建设的高度重视和坚定决心。为推进生态文明建设示范区工作，环境保护部印发了《关于大力推进生态文明建设示范区工作的意见》，明确要求，在已经制定发布《国家生态文明建设试点示范区指标（试行）》基础上，制定发布适用于乡镇、村的生态文明建设示范区指标。《指标》的印发，从村镇层面对农村地区开展生态文明建设示范工作提出了要求。

村庄是农民世代生产生活的主要场所，是农村社会经济活动的基本空间，开展国家生态文明建设示范村镇创建，对于改善农村人居环境、推动生态文明建设具有重要意义。

开展国家生态文明建设示范村镇创建是全面建成小康社会的必然要求。小康不小康，关键看老乡。农业农村发展对如期实现全面建成小康社会的战略目标具有决定性作用。开展国家生态文明建设示范村镇创建工作，对于提高农村基础设施建设和公共服务水平，改善农村居民的居住条件、公共设施、环境卫生，推动农村环境面貌的明显改观，使农民群众与城市居民同步迈入全面小康具有重要作用。

开展国家生态文明建设示范村镇创建是建设美丽中国的细胞工程。党的十八大首次把生态文明建设纳入中国特色社会主义事业"五位一体"总体布局，并提出要把生态文明建设放在突出地位，努力建设美丽中国。中国要美，农村必须美。美丽乡村不仅要有青山绿水、鸟语花香、林茂粮丰的自然景观，还要有路畅灯明、水清塘净、村容整洁的宜居环境，开展国家生态文明建设示范村镇创建，就是要美化提升农村田园景观，把生态文明建设融入农村地区经济建设、政治建设、文化建设、社会建设各方面和全过程，促进农村经济社会与环境协调发展，建设美丽乡村。

开展国家生态文明建设示范村镇创建是统筹城乡发展的有效途径。开展国家生态文明建设示范村镇创建，把农村建设好，积极发展绿色低碳产业和现代农业，带动农村经济发展和农民增收，让农村居民享有完善的基础设施、均等化的公共服务和宜居宜业的环境，通过创建过程带动农村基层组织建设，通过村容村貌改善带动农民精神面貌变化，有利于促进城乡互补协调发展，有利于形成城乡经济社会发展一体化的新格局，对实现新型城镇化也有重要意义。

二　《指标》的主要内容和特点

为体现"五位一体"总体布局要求，真正起到农村地区生态文明建设的示范和带头作用，《指标》从经济、社会、生态等方面提出要求，建成的示范村镇应实现"生产发展美、生态环境美、生活富裕美、乡（村）风人文美"。在生产发展方面，体现生态文明发展理念，要求区域空间开发和产业布局要符合主体功能区规划、环境功能区划和生态功能区划要求，发展有机农业、循环农业和生态农业等环境友好型农业；在乡风人文方面，要求乡村社会和谐、乡风淳朴，优秀的传统文化得到传承，历史遗迹得到保护；在生态环境方面，水、大气等环境质量应达到环境功能区要求，生活污水和生活垃圾得到有效治理，辖区内环境优美，乡村风貌得到保留，河塘沟渠水体清洁。

《指标》框架包括基本条件和建设指标两个方面，这两个方面既相互衔接，又各有侧重，基本条件主要是定性描述，建设指标主要是定量数据。其中，基本条件包括基础扎实、生产发展、生态良好、生活富裕、乡风文明5个方面；建设指标包括生产发展、生态良好、生活富裕、乡风文明4个方面，每项指标包括指标名称、单位、指标值。其中，国家生态文明建设示范村建设指标包括18项指标，国家生态文明建设示范乡镇建设指标包括21项指标。

《指标》注重与现有生态示范创建工作体系相衔接，旨在打造国家级生态村镇的"升级版"，树立农村生态文明建设的先进典型。一是与生态文明建设示范区总体部署相衔接，成为体系。在区县层面，开展"国家生态文明建设示范区县"创建。在村镇层面，开展"国家生态文明建设示范村镇"创建。二是以现有农村生态示范建设为基础，国家生态文明建设示范乡镇必须首先是国家级生态乡镇；国家生态文明建设示范村应当首先达到国家级生态村建设要求。

在制定指标时，充分考虑"可操作、可统计、可考核"，让地方"跳一跳能够得着"。所有指标都细化和明确了有关考核要求、指标定义、计算公式、指标单位、数据来源。指标值的设定较国家级生态村镇适当提高，但又没有脱离乡村实际情况，对一些村镇来说，只要积极努力，创建目标是可以达到的。

三　各地开展国家生态文明建设示范村镇创建应注意的问题

国家生态文明建设示范村镇是农村地区生态文明建设的典型和样板，以国家级生态村镇为基础，但又有更高的要求，各地在创建过程中要遵循以下原则。

以民为本，尊重民意。开展生态示范建设的最终目的是为了让农民群众得实惠，要充分尊重农民群众的意愿。政府的主要作用是编规划、补资金、建机制、搞服务，努力获得广大农民的理解、支持和主动参与。要充分听取广大农民群众的意见建议，规划方案、重大建设项目应交由村民大会或村民代表大会决定。发挥村务监督委员会、村民理事会等村民组织的作用，强化建设项目的监督管理。完善村务公开制度，主动接受村民监督和评议。

因地制宜，保持特色。我国地域广大、地形复杂、民族众多、发展不平衡，各地情况千差万别，这就决定了创建工作必须因地制宜、分类指导。各地在创建过程中，要认真研究分析本地实际情况，既尽力而为，又量力而行，不盲目攀比。在创建过程中，要尊重农村乡土文化和自然风貌，尽可能保留乡村原有的文化传承、自然风貌。

立足长远，建管并重。农村基本公共服务设施，三分在建、七分在管，要做到有制度、有资金、有人员，逐步建立长效管理机制。积极探索建立县乡财政补助、村集体补贴、住户适量付费相结合的管护经费保障制度，确保生态文明建设示范成果能持续发挥作用。

下一步，环境保护部将在继续抓好生态村镇创建工作基础上，积极推动东中西部地区选择有代表性的村镇，努力建成一批国家生态文明建设示范村镇，发挥示范、带动作用，不断提高农村生态文明建设水平。

● 国家生态文明先行示范区

国家生态文明先行示范区概述

生态文明示范区旨在通过建设形成符合主体功能定位的开发格局，资源循环利用体系初步建立，节能减排和碳强度指标下降，资源产出率、单位建设用地生产总值、万元工业增加值用水量、农业灌溉水有效利用系数、城镇（乡）生活污水处理率、生活垃圾无害化处理率等处于前列，城镇供水水源地全面达标，森林、草原、湖泊、湿地等面积逐步增加、质量逐步提高，水土流失和沙化、荒漠化、石漠化土地面积明显减少，耕地质量稳步提高，物种得到有效保护，覆盖全社会的生态文化体系基本建立，绿色生活方式普遍推行，最严格的耕地保护制度、水资源管理制度、环境保护制度得到有效落实，生态文明制度建设取得重大突破，形成可复制、可推广的生态文明建设典型模式。

党的十八大要求把生态文明建设放在突出地位，融入经济建设、政治建设、文化建设、社会建设各方面和全过程。十八届三中全会要求紧紧围绕建设美丽中国深化生态文明体制改革，加快建立生态文明制度。

2013 年 12 月，国家发改委等六部委下发了《关于印发国家生态文明先行示范区建设方案（试行）的通知》，以推动绿色、循环、低碳发展为基本途径，促进生态文明建设水平明显提升。

2014 年 3 月 10 日，国务院正式印发《关于支持福建省深入实施生态省战略加快生态文明先行示范区建设的若干意见》，福建成为十八大以来，国务院确定的全国第一个生态文明先行示范区。

2014 年 6 月，国家发改委等六部门联合批复《贵州省生态文明先行示范区建设实施方案》，这标志着贵州建设全国生态文明先行示范区正式启动。随着《贵州省生态文明先行示范区建设实施方案》的获批，贵州成为继福建之后第二个以省为单位建设全国生态文明先行示范区。

关于印发国家生态文明先行示范区
建设方案（试行）的通知

发改环资〔2013〕2420号

各省、自治区、直辖市发展改革委、财政厅（局）、国土资源厅（局）、水利厅（局）、农业厅（局）、林业厅（局）：

为认真贯彻党的十八大关于大力推进生态文明建设的战略部署，积极落实十八届三中全会关于加快生态文明制度建设的精神，根据《国务院关于加快发展节能环保产业的意见》（国发〔2013〕30号）中关于在全国范围内选择有代表性的100个地区开展国家生态文明先行示范区建设，探索符合我国国情的生态文明建设模式的要求，国家发展改革委联合财政部、国土资源部、水利部、农业部、国家林业局制定了《国家生态文明先行示范区建设方案（试行）》。现印发你们，请认真组织先行示范地区申报（本次申报以省级以下地区为主，每个省、自治区、直辖市申报不超过2个地区，并排出顺序，超过2个的不予受理），做好建设实施方案的编制工作，报经省级人民政府同意后，于2014年2月17日前，报送国家发展改革委（环资司）。国家发展改革委、财政部、国土资源部、水利部、农业部、国家林业局将根据各地申报情况，确定生态文明先行示范区建设第一批名单。

各地区可参照本方案，组织开展本地区生态文明先行示范区建设活动，为创建国家生态文明先行示范区打好基础。

附件：国家生态文明先行示范区建设方案（试行）

国家发展改革委
财　政　部
国 土 资 源 部
水　利　部
农　业　部
国 家 林 业 局
2013 年 12 月 2 日

附件：

国家生态文明先行示范区建设方案（试行）

根据《国务院关于加快发展节能环保产业的意见》（国发〔2013〕30号）关于在全

国范围内选择有代表性的 100 个地区开展国家生态文明先行示范区建设，探索符合我国国情的生态文明建设模式的要求，为做好国家生态文明先行示范区建设，制定本方案。

一、充分认识开展国家生态文明先行示范区建设的重要意义

建设生态文明，关系人民福祉、关乎民族未来。党的十八大对生态文明建设作出了战略部署，要求把生态文明建设放在突出地位，融入经济建设、政治建设、文化建设、社会建设各方面和全过程，努力建设美丽中国。十八届三中全会要求紧紧围绕建设美丽中国深化生态文明体制改革，加快建立生态文明制度，健全国土空间开发、资源节约利用、生态环境保护的体制机制，推动形成人与自然和谐发展现代化建设新格局。当前，我国生态文明建设总体滞后于经济社会发展，现有法律、制度、政策尚不适应生态文明建设的要求，落实不够严格，全社会生态文明意识也亟待加强。选取不同发展阶段、不同资源环境禀赋、不同主体功能要求的地区开展生态文明先行示范区建设，总结有效做法，创新方式方法，探索实践经验，提炼推广模式，完善政策机制，以点带面地推动生态文明建设，对于破解资源环境瓶颈制约，加快建设资源节约型、环境友好型社会，不断提高生态文明水平，具有重要的意义和作用。

二、总体要求和主要目标

（一）总体要求。

把生态文明建设放在突出的战略地位，按照五位一体总布局要求，推动生态文明建设与经济、政治、文化、社会建设紧密结合、高度融合，以推动绿色、循环、低碳发展为基本途径，以体制机制创新激发内生动力，以培育弘扬生态文化提供有力支撑，结合自身定位推进新型工业化、新型城镇化和农业现代化，调整优化空间布局，全面促进资源节约，加大自然生态系统和环境保护力度，加快建立系统完整的生态文明制度体系，形成节约资源和保护环境的空间格局、产业结构、生产方式、生活方式，提高发展的质量和效益，促进生态文明建设水平明显提升。

（二）主要目标。

通过 5 年左右的努力，先行示范地区基本形成符合主体功能定位的开发格局，资源循环利用体系初步建立，节能减排和碳强度指标下降幅度超过上级政府下达的约束性指标，资源产出率、单位建设用地生产总值、万元工业增加值用水量、农业灌溉水有效利用系数、城镇（乡）生活污水处理率、生活垃圾无害化处理率等处于全国或本省（市）前列，城镇供水水源地全面达标，森林、草原、湖泊、湿地等面积逐步增加、质量逐步提高，水土流失和沙化、荒漠化、石漠化土地面积明显减少，耕地质量稳步提高，物种得到有效保护，覆盖全社会的生态文化体系基本建立，绿色生活方式普遍推行，最严格的耕地保护制度、水资源管理制度、环境保护制度得到有效落实，生态文明制度建设取得重大突破，形成可复制、可推广的生态文明建设典型模式。

三、主要任务

（一）科学谋划空间开发格局。加快实施主体功能区战略，严格按照主体功能定位发展，合理控制开发强度，调整优化空间结构，进一步明确市县功能区布局，构建科学合理的

城镇化格局、农业发展格局、生态安全格局。科学划定生态红线，推进国土综合整治，加强国土空间开发管控和土地用途管制。将生态文明理念融入城镇化的各方面和全过程，分类引导不同主体功能区的城镇化进程，走以人为本、集约高效、绿色低碳的新型城镇化道路。

（二）调整优化产业结构。进一步明确产业发展方向和重点，加快发展现代服务业、高技术产业和节能环保等战略性新兴产业，改造提升优势产业，做好化解产能过剩工作，大力淘汰落后产能。调整优化能源结构，控制煤炭消费总量，因地制宜加快发展水电、核电、风电、太阳能、生物质能等非化石能源，提高可再生能源比重。严格落实项目节能评估审查、环境影响评价、用地预审、水资源论证和水土保持方案审查等制度。

（三）着力推动绿色循环低碳发展。以节能减排、循环经济、清洁生产、生态环保、应对气候变化等为抓手，设置科学合理的控制指标，大幅降低能耗、碳排放、地耗和水耗强度，控制能源消费总量、碳排放总量和主要污染物排放总量，严守耕地、水资源，以及林草、湿地、河湖等生态红线，大力发展绿色低碳技术，优化改造存量，科学谋划增量，切实推动绿色发展、循环发展、低碳发展，加快转变发展方式，提高发展的质量和效益。

（四）节约集约利用资源。加强生产、流通、消费全过程资源节约，推动资源利用方式根本转变。在工业、建筑、交通运输、公共机构等领域全面加强节能管理，大幅提高能源利用效率。推进土地节约集约利用，推动废弃土地复垦利用。实行最严格水资源管理制度，落实水资源开发利用控制、用水效率控制、水功能区限制纳污三条红线，加快节水改造，大力推动农业高效节水，建设节水型社会。加快建设布局合理、集约高效、生态优良的绿色矿山。大力发展循环经济，推动园区循环化改造，开发利用城市矿产，发展再制造，做好大宗固体废弃物、餐厨废弃物、农村生产生活废弃物、秸秆和粪污等资源化利用，构建覆盖全社会的资源循环利用体系。

（五）加大生态系统和环境保护力度。实施重大生态修复工程，推进荒漠化、沙化、石漠化、水土流失等综合治理。加强自然生态系统保护，扩大森林、草原、湖泊、湿地面积，保护生物多样性，增强生态产品生产能力。以解决大气、水、土壤等污染为重点，加强污染综合防治，实现污染物减排由总量控制向环境质量改善转变。控制农业面源污染，开展农村环境综合整治，加强耕地质量建设。加强防灾减灾体系建设，提高适应气候变化能力。

（六）建立生态文化体系。倡导尊重自然、顺应自然、保护自然的生态文明理念，并培育为社会主流价值观。加强生态文明科普宣传、公共教育和专业培训，做好生态文化与地区传统文化的有机结合。倡导绿色消费，推动生活方式和消费模式加快向简约适度、绿色低碳、文明健康的方式转变。

（七）创新体制机制。把资源消耗、环境损害、生态效益等体现生态文明建设的指标纳入地区经济社会发展综合评价体系，大幅增加考核权重，建立领导干部任期生态文明建设问责制和终身追究制。率先探索编制自然资源资产负债表，实行领导干部自然资源资产和资源环境离任审计。树立底线思维，实行最严格的资源开发节约利用和生态环境保护制度。在自然资源资产产权和用途管制，能源、水、土地节约集约利用，资源环境承载能力监测预警，生态环境损害赔偿、生态补偿、生态服务价值评价、分类差异化考核等制度建设，以及节能量、碳排放权、水权、排污权交易、环境污染第三方治理等市场化机制建设方面积极探索，力争取得重要突破。

（八）加强基础能力建设。强化生态文明建设统筹协调，形成工作合力，加强统计、监测、标准、执法等基础能力建设。

申报地区可结合自身资源环境特点和生态文明建设基础，调整和增加体现地方特色的发展任务，作为建设先行示范区的努力方向。

四、组织实施

（一）申报条件。

1. 对生态文明建设高度重视，将其放在突出的战略位置，突出生态文明建设与经济、政治、文化、社会建设的深度融合，重在文明建设，建立起推进生态文明建设的组织协调机制。

2. 在体制机制建设、管理制度创新等方面进行了探索实践，具备一定先行示范的基础。鼓励与现行节能减排、循环经济、生态环保等生态文明相关试点示范相结合。

3. 十一五期间完成节能减排、耕地保有量、森林覆盖率等资源环境类约束性目标，十二五以来单位 GDP 能耗、碳排放强度、主要污染物排放总量、万元工业增加值用水量完成年度和进度目标任务；近年来未发生重大环境污染或生态破坏事件。

4. 认真落实全国主体功能区规划，在主体功能区建设方面取得一定成效并具有示范作用。

5. 申报地区不局限于辖区范围大小，工作要有特色、亮点，具有辐射带动作用和推广价值。

（二）审核批准。

省、市、区、县自愿申报，有关地区也可按流域、区域等联合申报，编制《生态文明先行示范区建设实施方案》（以下简称《实施方案》）。本行政区域申报为生态文明先行示范区的，其下辖地区不再申报。

省级发展改革委会同财政、国土、水利、农业、林业等部门对申报地区《实施方案》进行论证，根据申报条件、建设目标体系（见附表）等对申报地区进行初步审查，报经省级人民政府同意后，上报国家发展改革委，同时抄报财政部、国土资源部、水利部、农业部、国家林业局。

国家发展改革委会同财政部、国土资源部、水利部、农业部、国家林业局等部门，组织专家对申报地区《实施方案》进行评审，在对通过评审的地区进行公示基础上，批复《实施方案》并确定为国家生态文明先行示范区。

（三）方案实施。

先行示范地区要对批复的《实施方案》作进一步完善深化，认真抓好各项工作落实，确保完成目标任务。国家发展改革委、财政部、国土资源部、水利部、农业部、国家林业局要加强对建设地区工作的指导，在政策、资金、项目等方面给予支持。对先行示范区建设，中央财政按照现有各项有关政策优先予以支持。

（四）考核评价。

国家发展改革委会同财政部、国土资源部、水利部、农业部、国家林业局等相关部门，定期组织专家对先行示范区开展监督检查和评估。建设期满后开展验收考核，验收考核不合格的，取消其建设资格。验收考核办法由国家发展改革委会同财政部、国土资源部、水利部、农业部、国家林业局等部门另行制定。

（五）总结推广。

总结生态文明建设的成功经验，凝练有效模式，树立先进典型，在全国范围内进行宣传推广。

关于生态文明先行示范区建设名单
（第一批）的公示

  根据《国务院关于加快发展节能环保产业的意见》（国发〔2013〕30 号）中"在全国选择有代表性的 100 个地区开展生态文明先行示范区建设"的要求，2013 年 12 月，国家发展改革委、财政部、国土资源部、水利部、农业部、国家林业局等六部门联合下发了《关于印发国家生态文明先行示范区建设方案（试行）的通知》（发改环资〔2013〕2420 号），启动了生态文明先行示范区建设。近期，六部门委托中国循环经济协会从相关领域选取专家组成专家组，对申报地区的《生态文明先行示范区建设实施方案》进行了集中论证和复核把关。根据论证和复核结果，拟将北京市密云县等 55 个地区作为生态文明先行示范区建设地区（第一批）。

  为发挥社会各界监督作用，现将名单予以公示。公示期为 2014 年 6 月 5 日～12 日。如有质疑，请于 6 月 12 日前将有关情况和证明材料以书面（实名）形式，反馈至国家发展改革委环资司。

  附件：生态文明先行示范区建设名单（第一批）

国家发展改革委环资司

2014 年 6 月 5 日

附件：

生态文明先行示范区建设名单（第一批）

1. 北京市密云县
2. 北京市延庆县
3. 天津市武清区
4. 河北省承德市
5. 河北省张家口市
6. 山西省芮城县
7. 山西省娄烦县
8. 内蒙古自治区鄂尔多斯市
9. 内蒙古自治区巴彦淖尔市
10. 辽宁省辽河流域
11. 辽宁省抚顺大伙房水源保护区
12. 吉林省延边朝鲜族自治州
13. 吉林省四平市
14. 黑龙江省伊春市
15. 黑龙江省五常市
16. 上海市闵行区
17. 上海市崇明县
18. 江苏省镇江市
19. 江苏省淮河流域重点区域
20. 浙江省杭州市
21. 浙江省丽水市
22. 安徽省巢湖流域

23. 安徽省黄山市
24. 江西省
25. 山东省临沂市
26. 山东省淄博市
27. 河南省郑州市
28. 河南省南阳市
29. 湖北省十堰市
30. 湖北省宜昌市
31. 湖南省湘江源头区域
32. 湖南省武陵山片区
33. 广东省梅州市
34. 广东省韶关市
35. 广西壮族自治区玉林市
36. 广西壮族自治区富川瑶族自治县
37. 海南省万宁市
38. 海南省琼海市
39. 重庆市渝东南武陵山区
40. 重庆市渝东北三峡库区
41. 四川省成都市
42. 四川省雅安市
43. 贵州省
44. 云南省
45. 西藏自治区山南地区
46. 西藏自治区林芝地区
47. 陕西省西咸新区
48. 陕西省延安市
49. 甘肃省甘南藏族自治州
50. 甘肃省定西市
51. 青海省
52. 宁夏回族自治区永宁县
53. 宁夏回族自治区吴忠市利通区
54. 新疆维吾尔自治区昌吉州玛纳斯县
55. 新疆维吾尔自治区伊犁州特克斯县

关于请组织申报第二批生态文明先行示范区的通知

发改环资 〔2015〕 1447 号

北京市、天津市、河北省、山西省、内蒙古自治区、辽宁省、吉林省、黑龙江省、上海市、江苏省、安徽省、山东省、河南省、湖北省、湖南省、广东省、广西壮族自治区、海南省、四川省、重庆市、陕西省、西藏自治区、甘肃省、宁夏回族自治区、新疆维吾尔自治区及大连市、宁波市、青岛市、深圳市和新疆生产建设兵团发展改革委、财政厅（局）、国土资源厅（局）、住房建设厅（局）、水利厅（局）、农业厅（局）、林业厅（局）：

为贯彻落实党的十八大和十八届三中、四中全会关于大力推进生态文明建设、加快生态文明制度建设的战略决策，根据《中共中央国务院关于加快推进生态文明建设的意见》（中发〔2015〕12 号）、《国务院关于加快发展节能环保产业的意见》（国发〔2013〕30 号）关于开展生态文明先行示范区建设的要求，探索符合我国国情、地区实际的生态文明建设有效模式，我们在全国 57 个地区开展第一批生态文明先行示范区建设的基础上，制定了《第二批生态文明先行示范区建设方案》，现印发你们，请认真组织第二批先行示范区建设申报工作。现将有关事项通知如下：

一、本次不以省级地区为申报对象，已纳入第一批先行示范区建设的福建、江西、云南、贵州、青海5个省之外，原则上其余省（区、市）、计划单列市、新疆生产建设兵团每个地区保证1个申报名额（浙江省已有3个地区纳入第一批先行示范区，本次名额分配给宁波市），同时结合京津冀协同发展、"一带一路"、长江经济带等重大战略，并综合考虑各地区面积大小、生态区位重要性、经济社会发展阶段等因素，适当增加有关省（区、市）申报名额，各省（区、市）申报数量详见附件1，超过申报数量的不予受理。

二、与现行节能减排、循环经济、生态环保、新型城镇化、"两型"社会建设等试点示范结合的，予以优先支持。

三、请做好建设实施方案的编制工作，报经省级人民政府同意后（计划单列市、新疆生产建设兵团可单独报送），于2015年8月15日前，将申报文件和实施方案报送国家发展改革委（环资司），并抄送财政部、国土资源部、住房城乡建设部、水利部、农业部、国家林业局。

四、国家发展改革委等部门将组织专家论证，批复开展第二批生态文明先行示范区建设。

各地区可参照本方案，组织开展本地区生态文明先行示范区建设工作。

附件：1. 第二批生态文明先行示范区申报名额分配表（略）
　　　2. 第二批生态文明先行示范区建设方案（略）

国家发展改革委
财　　政　　部
国 土 资 源 部
住房和城乡建设部
水　　利　　部
农　　业　　部
国 家 林 业 局
2015 年 6 月 18 日

国务院关于支持福建省深入实施生态省战略　加快生态文明先行示范区建设的若干意见

国发〔2014〕12号

各省、自治区、直辖市人民政府，国务院各部委、各直属机构：

福建省是我国南方地区重要的生态屏障，生态文明建设基础较好。为支持福建省深入实施生态省战略，加快生态文明先行示范区建设，增强引领示范效应，现提出以下意见：

一　总体要求

（一）指导思想。以邓小平理论、"三个代表"重要思想、科学发展观为指导，充分发挥福建省生态优势和区位优势，坚持解放思想、先行先试，以体制机制创新为动力，以生态文化建设为支撑，以实现绿色循环低碳发展为途径，深入实施生态省战略，着力构建节约资源和保护环境的空间格局、产业结构、生产方式、生活方式，成为生态文明先行示范区。

（二）战略定位。

——国土空间科学开发先导区。优化生产、生活、生态空间结构，率先形成与主体功能定位相适应，科学合理的城镇化格局、农业发展格局、生态安全格局。

——绿色循环低碳发展先行区。加快"绿色转型"，把发展建立在资源能支撑、环境可容纳的基础上，率先实现生产、消费、流通各环节绿色化、循环化、低碳化。

——城乡人居环境建设示范区。加强自然生态系统保护和修复，深入实施造林绿化和城乡环境综合整治，增强生态产品生产能力，打造山清水秀、碧海蓝天的美丽家园。

——生态文明制度创新实验区。建立体现生态文明要求的评价考核体系，大力推进自然资源资产产权、集体林权、生态补偿等制度创新，为全国生态文明制度建设提供有益借鉴。

（三）主要目标。

到 2015 年，单位地区生产总值能源消耗和二氧化碳排放均比全国平均水平低 20% 以上，非化石能源占一次能源消费比重比全国平均水平高 6 个百分点；城市空气质量全部达到或优于二级标准；主要水系Ⅰ—Ⅲ类水质比例达到 90% 以上，近岸海域达到或优于二类水质标准的面积占 65%；单位地区生产总值用地面积比 2010 年下降 30%；万元工业增加值用水量比 2010 年下降 35%；森林覆盖率达到 65.95% 以上。

到 2020 年，能源资源利用效率、污染防治能力、生态环境质量显著提升，系统完整的生态文明制度体系基本建成，绿色生活方式和消费模式得到大力推行，形成人与自然和谐发展的现代化建设新格局。

二　优化国土空间开发格局

（四）加快落实主体功能区规划。健全省域空间规划体系，划定生产、生活、生态空间开发管制界限，落实用途管制。沿海城市群等重点开发区域要加快推进新型工业化、城镇化，促进要素、产业和人口集聚，支持闽江口金三角经济圈建设。闽西北等农产品主产区要因地制宜发展特色生态产业，提高农业可持续发展能力。重点生态功能区要积极开展生态保护与修复，实施有效保护。坚持陆海统筹，合理开发利用岸线、海域、海岛等资源，保护海洋生态环境，支持海峡蓝色经济试验区建设。

（五）推动城镇化绿色发展。坚持走以人为本、绿色低碳的新型城镇化道路。深入实施宜居环境建设行动计划，保护和扩大绿地、水域、湿地，提高城镇环境基础设施建设与运营水平，大力发展绿色建筑、绿色交通，建设一批美丽乡村示范村。

三　加快推进产业转型升级

（六）着力构建现代产业体系。全面落实国家产业政策，严控高耗能、高排放项目建设。推进电子信息、装备制造、石油化工等主导产业向高端、绿色方向发展，加快发展节能环保等战略性新兴产业。积极发展现代种业、生态农业和设施农业。推动远洋渔业发展，推广生态养殖，建设一批海洋牧场。发展壮大林产业，推进商品林基地建设，积极发展特色经济林、林下种养殖业、森林旅游等产业。加快发展现代物流、旅游、文化、金融等服务业。

（七）调整优化能源结构。稳步推进宁德、福清等核电项目建设。加快仙游、厦门等抽水蓄能电站建设。有序推进莆田平海湾、漳浦六鳌、宁德霞浦等海上风电场建设。积极发展太阳能、地热能、生物质能等非化石能源，推广应用分布式能源系统。加快天然气基础设施建设。

（八）强化科技支撑。完善技术创新体系，加强重点实验室、工程技术（研究）中心建设，开展高效节能电机、烟气脱硫脱硝、有机废气净化等关键技术攻关。健全科技成果转化机制，促进节能环保、循环经济等先进技术的推广应用。

四　促进能源资源节约

（九）深入推进节能降耗。全面实施能耗强度、碳排放强度和能源消费总量控制，建立煤炭消费总量控制制度，强化目标责任考核。突出抓好重点领域节能，实施节能重点工程，推广高效节能低碳技术和产品。开展重点用能单位节能低碳行动和能效对标活动，实施能效"领跑者"制度。

（十）合理开发与节约利用水资源。严格实行用水总量控制，统筹生产、生活、生态用水，大力推广节水技术和产品，强化水资源保护。科学规划建设一批跨区域、跨流域水资源配置工程，研究推进宁德上白石、罗源霍口等大中型水库建设。

（十一）节约集约利用土地资源。严守耕地保护红线，从严控制建设用地。严格执行工业用地招拍挂制度，探索工业用地租赁制。适度开发利用低丘缓坡地，积极稳妥推进农村土地整治试点和旧城镇旧村庄旧厂房、低效用地等二次开发利用，清理处置闲置土地。鼓励和规范城镇地下空间开发利用。

（十二）积极推进循环经济发展。加快构建覆盖全社会的资源循环利用体系，提高资源产出率。加强产业园区循环化改造，实现产业废物交换利用、能量梯级利用、废水循环利用和污染物集中处理。大力推行清洁生产。加快再生资源回收体系建设，支持福州、厦门、泉州等城市矿产示范基地建设。推进工业固体废弃物、建筑废弃物、农林废弃物、餐厨垃圾等资源化利用。支持绿色矿山建设。

五　加大生态建设和环境保护力度

（十三）加强生态保护和修复。划定生态保护红线，强化对重点生态功能区和生态环境敏感区域、生态脆弱区域的有效保护。加强森林抚育，持续推进城市、村镇、交通干线两侧、主要江河干支流及水库周围等区域的造林绿化，优化树种、林分结构，提升森林生态功能。加强自然保护区建设和湿地保护，维护生物多样性。支持以小流域、坡耕地、崩岗为重点的水土流失治理。推进矿山生态环境恢复治理。实施沿海岸线整治与生态景观恢复。完善防灾减灾体系，提高适应气候变化能力。

（十四）突出抓好重点污染物防治。深入开展水环境综合整治和近岸海域环境整治，抓好畜禽养殖业等农业面源污染防治，推进重点行业废水深度治理，完善城乡污水处理设施。加大大气污染综合治理力度，实施清洁能源替代，加快重点行业脱硫、脱硝和除尘设施建设，强化机动车尾气治理，进一步提高城市环境空气质量。加快生活垃圾、危险废物、放射性废物等处理处置设施建设。加强铅、铬等重金属污染防治和土壤污染治理。

（十五）加强环境保护监管。严格执行环境影响评价和污染物排放许可制度，实施污染物排放总量控制。加快重点污染源在线监测装置建设，完善环境监测网络。加强危险化学品、核设施和放射源安全监管，强化环境风险预警和防控。严格海洋倾废、船舶排污监管。全面推行环境信息公开，完善举报制度，强化社会监督。

六　提升生态文明建设能力和水平

（十六）建立健全生态文明管理体系。加强基层生态文明管理能力建设，重点推进资源节约和环境保护领域执法队伍建设。推进能源、温室气体排放、森林碳汇等统计核算能力建设，支持开展资源产出率统计试点。

（十七）推进生态文化建设。将生态文明内容纳入国民教育体系和干部培训机构教学计划，推进生态文明宣传教育示范基地建设。依托森林文化、海洋文化、茶文化等，创作一批优秀生态文化作品。开展世界地球日、环境日以及全国节能宣传周、低碳日等主题宣传活动，倡导文明、绿色的生活方式和消费模式，引导全社会参与生态文明建设，打造"清新福建"品牌。

（十八）开展两岸生态环境保护交流合作。推动建立闽台生态科技交流与产业合作机制，推进节能环保、新能源等新兴产业对接。鼓励和支持台商扩大绿色经济投资。协同开展增殖放流等活动，共同养护海峡水生生物资源。加强台湾海峡海洋环境监测，推进海洋环境及重大灾害监测数据资源共享。

七　加强生态文明制度建设

（十九）健全评价考核体系。完善经济社会评价体系和考核体系，根据主体功能定位实行差别化的评价考核制度，提高资源消耗、环境损害、生态效益等指标权重。对禁止开发区域，实行领导干部考核生态环境保护"一票否决"制；对限制开发区域，取消地区生产总值考核。实行领导干部生态环境损害责任终身追究制。

（二十）完善资源环境保护与管理制度。加快建立国土空间开发保护制度和生态保护红线管控制度，建立资源环境承载能力监测预警机制。完善耕地保护、节约集约用地等制度。完善水资源总量控制、用水效率控制、水功能区限制纳污等制度。建立陆海统筹的生态系统保护修复和污染防治区域联动机制。健全环境保护目标责任制。建立生态环境损害赔偿制度、企业环境行为信用评价制度。

（二十一）建立健全资源有偿使用和生态补偿机制。健全对限制开发、禁止开发区域的生态保护财力支持机制。建立有效调节工业用地和居住用地合理比价机制。完善流域、森林生态补偿机制，研究建立湿地、海洋、水土保持等生态补偿机制。完善海域、岸线和无居民海岛有偿使用制度。积极开展节能量、排污权、水权交易试点，探索开展碳排放权交易，推行环境污染第三方治理。完善用电、用水、用气阶梯价格制度，健全污水、垃圾处理和排污收费制度。

八　保障措施

（二十二）加大政策支持力度。中央财政加大转移支付力度，支持福建省生态文明建设和经济社会发展。中央预算内投资对福建原中央苏区和闽东苏区按照西部地区政策执行，对福建其他革命老区按照中部地区政策执行。研究将以武夷山—玳瑁山山脉为核心的生态功能区列为国家限制开发的重点生态功能区。

加大中央投资对福建省生态建设、节能环保、水土保持、循环经济、污水垃圾处理、水利工程、新能源、能力建设等项目的支持力度。支持福建大型灌区续建配套与节水改造、中小河流治理、病险水库除险加固等项目建设。支持闽江、九龙江流域污染治理。加大对空气自动监测站建设的支持力度。

鼓励和引导金融机构加大对福建省资源节约、环境保护和生态建设项目的资金支持，创新金融产品和服务方式，在风险可控的前提下，探索开展采矿权、海域和无居民海岛使用权等抵（质）押贷款。支持大型节能环保企业设立财务公司，鼓励符合条件的企业通过发行债券或股票上市融资。探索开展碳金融业务。

合理布局重大产业项目和基础设施，研究推进漳州古雷炼化一体化、浦城至梅州铁路、吉安至泉州铁路、福建与广东电网联网、平潭及闽江口水资源配置工程等项目建设，强化生态文明建设物质保障。

（二十三）支持福建省开展先行先试。国家在福建省开展生态文明建设评价考核试点，探索建立生态文明建设指标体系。率先开展森林、山岭、水流、滩涂等自然生态空间确权登记，编制自然资源资产负债表，开展领导干部自然资源资产离任审计试点。开展生态公益林管护体制改革、国有林场改革、集体商品林规模经营等试点，支持三明林区开展生态文明建设配套改革。在闽江源、九龙江开展生态补偿试点，研究建立汀江（韩江）跨省流域生态补偿机制。推进电力等能源价格市场化改革。整合资源节约、环境保护、循环经济等方面中央预算内投资，开展项目统筹管理试点。开展城镇低效用地再开发、农村集体经营性建设用地流转试点。

（二十四）加强组织协调。福建省人民政府要切实加强组织领导，细化目标任务，完善工作机制，落实工作责任，确保本意见各项任务措施落到实处。国务院有关部门要结合各自职能，加大对福建省生态文明建设的支持力度，指导和帮助解决实施过程中遇到的困难和问题。发展改革委要会同有关部门加强对本意见实施情况的督促检查，重大问题及时向国务院报告。

国务院
2014 年 3 月 10 日

中共贵州省委、贵州省人民政府关于贯彻落实《中共中央、国务院关于加快推进生态文明建设的意见》深入推进生态文明先行示范区建设的实施意见

为贯彻落实《中共中央、国务院关于加快推进生态文明建设的意见》（中发〔2015〕12号，以下简称《意见》），深入推进贵州省生态文明先行示范区建设，现提出如下实施意见。

一　深入学习贯彻《意见》精神，牢牢把握加快推进生态文明建设的重大意义和目标要求

（一）重大意义。生态文明建设是中国特色社会主义事业的重要内容，关系人民福祉、关乎民族未来，事关"两个一百年"奋斗目标和中华民族伟大复兴中国梦的实现。党的十八大以来，以习近平同志为总书记的党中央站在战略和全局的高度，对生态文明建设提出了一系列新思想新论断新要求，作出了一系列重大决策部署。习近平总书记一直高度关注贵州省生态文明建设，作出了一系列重要指示。2013年7月，习近平总书记在致生态文明贵阳国际论坛年会贺信中指出，走向生态文明新时代，建设美丽中国，是实现中华民族伟大复兴的中国梦的重要内容。同年11月，习近平总书记在听取贵州工作汇报时要求贵州省守住发展和生态两条底线。2014年全国"两会"期间，习近平总书记参加贵州代表团审议时要求贵州省坚持以生态文明的理念引领经济社会发展，切实做到经济效益、社会效益、生态效益同步提升，使青山常在、碧水长流，实现百姓富、生态美的有机统一。

2015年6月，习近平总书记在考察指导贵州工作时指出，良好生态环境是人民美好生活的重要组成部分，也是贵州省发展要实现的重要目标；希望贵州省要守住发展和生态两条底线，走出一条有别于东部、不同于西部其他省份的发展新路；要求贵州省把生态环境保护放在更加重要的位置，在生态文明建设体制机制改革方面先行先试，把提出的行动计划扎扎实实落在行动上。习近平总书记这一系列重要指示，是对贵州省改革发展的莫大关心和殷切希望，是加快推进贵州省生态文明建设的强大动力、理论指导和行动指南。在党中央、国务院的亲切关怀下，2014年6月，国家批复了《贵州省生态文明先行示范区建设实施方案》，要求贵州省加快推进生态文明先行示范区建设，树立先进典型，发挥引领作用，大胆实践、先行先试，探索可复制可推广的有效模式。2015年4月出台的《意见》，是继党的十八大和十八届三中、四中全会对生态文明建

设作出顶层设计后，中央对生态文明建设的一次全面部署，是当前和今后一个时期推进生态文明建设的纲领性文件，为贵州省深入推进生态文明先行示范区建设提供了政策引领和基本遵循。

近年来，贵州省委、省政府认真贯彻落实习近平总书记系列重要讲话精神和中央的决策部署，加快生态文明体制机制改革，推动贵州省生态文明建设取得了重大进展和明显成效。贵州省山川秀丽，在贫困落后和欠发达欠开发的同时有着良好的生态环境，这是贵州省最重要的后发优势。同时，由于特定的地理位置和复杂的地形地貌，特别是喀斯特地貌分布较广，贵州省生态环境又十分脆弱，而且损害后非常难以修复和恢复。目前，贵州省石漠化、水土流失问题还比较突出，能源资源消耗强度较大，"三废"综合利用率较低，污染物排放强度较大，污水、垃圾处理等环境基础设施建设滞后，发展与人口资源环境之间的矛盾日益突出，已成为经济社会可持续发展的重大瓶颈制约。全面贯彻落实《意见》精神，深入推进生态文明先行示范区建设，是在经济发展新常态下加快转变经济发展方式、提高发展质量和效益的内在要求；是发挥生态优势、培植后发优势，实现后发赶超、同步小康，提升"多彩贵州"影响力、竞争力的重要途径；是构筑"两江"上游生态安全屏障，在生态文明建设方面走前列、作表率的重大抉择。全省上下要认真学习领会《意见》精神实质和部署要求，把贯彻落实《意见》作为重大任务，切实增强紧迫感责任感使命感，确保《意见》明确的各项目标任务和政策措施不折不扣地落到实处，不断推进生态文明先行示范区建设取得重大进展。

（二）总体要求。以邓小平理论、"三个代表"重要思想、科学发展观为指导，全面贯彻落实党的十八大和十八届三中、四中全会精神，深入贯彻习近平总书记系列重要讲话精神和对贵州工作的重要指示精神，认真落实党中央、国务院的决策部署，坚守发展和生态两条底线，实现发展和生态环境保护协同推进，推动生态文明建设与经济、政治、文化、社会建设高度融合，走出以生态文明理念为引领的绿色发展之路。要把生态环境保护放在更加重要的位置，更加注重经济、社会和生态相平衡，协同推进新型工业化、信息化、城镇化、农业现代化和绿色化，以健全生态文明制度建设为重点，在生态文明建设体制机制改革方面先行先试，大力提升生态环境质量，守住山上、天上、水里、地里的生态底线，切实维护国家生态安全，着力实施"八大工程"，构筑"八大体系"，加快推进生态文明先行示范区建设，为我国生态文明建设积累经验、提供示范，奋力走向生态文明新时代。

（三）基本原则。坚持把节约优先、保护优先、自然恢复为主作为基本方针。在资源开发与节约中，把节约放在优先位置，以最少的资源消耗支撑经济社会持续发展；在环境保护与发展中，把保护放在优先位置，在发展中保护、在保护中发展；在生态建设与修复中，以自然修复为主，与人工修复相结合，加强生态建设，强化人工干预。

坚持把绿色发展、循环发展、低碳发展作为基本途径。把绿色循环低碳要求贯穿到生产生活各个方面，在高效循环利用资源、生态环境受到严格保护的基础上加快经济社会发展，实现生态环境保护与加快发展的互动双赢，形成节约资源和保护环境的空间格局、产业结构、生产方式。

坚持把深化改革、扩大开放作为关键一招。突出战略导向、需求导向和问题导向，充分发挥市场配置资源的决定性作用和更好发挥政府作用，不断深化制度改革和体制机制创新，健全生态文明建设地方法规制度体系和长效机制。加强生态文明建设区域合作和国际交流合作。

坚持把培育生态文化、强化科技创新作为重要支撑。将生态文明纳入社会主义核心价值体系，加强生态文化的宣传教育，推动全民参与，倡导勤俭节约、绿色低碳、文明健康的生活方式和消费模式。加强生态环保科技研发和成果运用，强化科技创新的引领支撑作用，推动大众创业、万众创新。

坚持把重点突破、整体推进作为工作方式。立足当前，着眼长远，着力解决对经济社会可持续发展制约性强、群众反映强烈的突出问题；在若干重点领域和关键环节先行先试，探索资源能源富集的欠发达地区绿色发展的新道路和有效模式，持之以恒、全面推进。

（四）主要目标。到 2020 年，资源节约型和环境友好型社会建设取得重大进展，主体功能区布局基本形成，经济发展质量和效益显著提高，生态文明主流价值观普遍推行，生态文明建设水平与同步全面建成小康社会目标相适应，产生一批在全国发挥典型示范作用和可复制、可推广的决定性成果。

——国土空间开发布局明显优化。产业发展布局、城镇化格局、生态格局科学合理，经济、人口布局向均衡方向发展，城乡结构和空间布局明显优化。

——发展方式转变成效显著。科技含量高、资源消耗低、环境污染少、生态影响小的产业结构加快形成，经济绿色化程度大幅提高，战略性新兴产业增加值占 GDP 比重明显提高，农产品中无公害、绿色、有机农产品比例达 60%。

——资源利用效率更加高效。全面完成国家下达的单位国内生产总值二氧化碳排放强度、能源消耗强度、用水总量、万元工业增加值用水量等约束指标，实现各类资源节约高效利用，资源循环利用体系基本建立。

——生态环境质量跃居前列。县级以上城市空气质量指数（AQI）达到优良天数占比 85% 以上。水功能区水质达标率达到 86% 以上，森林覆盖率达到 60%，石漠化治理累计 1.26 万平方公里。

——全社会生态文明意识显著增强。全社会节约意识、环保意识、生态意识显著提高，勤俭节约、绿色低碳、文明健康的生活方式和消费模式普遍推广。

——生态文明制度基本完善。形成源头严防、过程严控、后果严惩的生态文明制度体系，在自然资源资产产权和用途管制、生态保护红线、市场化机制、生态文明建设绩效考核评价等方面取得决定性成果，生态文明建设进入法治化、制度化轨道。

二　着力实施生态文明建设"八大工程"，构筑生态文明先行示范区的"八大体系"

以工程化、项目化推进《意见》的贯彻落实，着力优化国土空间开发，推动绿色发展，促进资源节约利用，提升生态环境质量，强化科技支撑，加强制度创新，推进生态环保能力建设，培育生态文化，大力推进生产方式和生活方式绿色化，保护和建设好天蓝、地绿、水净的多彩贵州。

（一）实施国土空间开发优化工程，构建科学合理的生产、生活、生态空间体系。发挥规划的引导和控制作用，把适宜开发的国土空间开发好，把不适宜开发的国土空间切实保护好，优化提升空间利用效率。

1. 实施主体功能区战略。严格按照主体功能区定位谋划区域发展，妥善处理好生产、生活与生态的关系，促进生产空间集约高效、生活空间宜居适度、生态空间山清水秀，给自然留下更多修复空间，给农业留下更多良田好土。推动经济社会发展、城乡、土地利用、生态环境保护等规划"多规合一"，形成一个市县一本规划、一张蓝图。区域规划编制、重大项目布局必须符合主体功能区定位，执行国家产业指导目录，进一步明确不同区域的鼓励类、限制类、禁止类产业。构建平衡适宜的城乡建设空间体系，适当增加生活空间，保护和扩大绿地、水域、湿地等生态空间。强化城乡规划约束力，划定城乡禁建区、限建区和适建区，严格"绿线、蓝线、紫线和黄线"四线管理，坚决控制城乡建设用地无序扩张，杜绝大拆大建。牢固树立"生态路"的理念，交通基础设施建设要注重顺应自然、保护自然，尽量避免开山打洞、砍伐树木，深入打造"多彩贵州·最美高速"，大力推进乡村公路绿色化建设，努力将城乡道路建成道法自然的生态路、景观路。

2. 加快推进山地特色新型城镇化。贯彻落实国家新型城镇化规划和推进绿色城镇化要求，努力把贵州建设成为西部地区新型城镇化试验区和示范区。构建科学合理的城镇化布局，培育壮大黔中城市群，提高贵阳市和贵安新区首位度，做大区域中心城市、做强县城、做特小城镇，优化发展交通节点城市，促进大中小城市和小城镇协调发展。扎实推进安顺市、都匀市开展国家新型城镇化综合试点工作。强化城镇自然景观保护，保持特色风貌，注重城镇形态多样性。加强城市和工业园区绿化，全面改善城市生态环境。提高城镇土地利用效率、建成区人口密度。推进绿色生态城区建设，提高城镇供排水、防涝、雨水收集利用、供热、供气、环境等基础设施建设水平。

3. 加快"四在农家·美丽乡村"建设。强化县域村庄规划建设，深入实施"四在农家·美丽乡村"六项行动计划，坚持基础设施向乡镇以下延伸，加快改善农村生产生活条件。加强农村环境集中连片整治，开展农村垃圾专项治理，加大农村污水处理和改厕力度。加快城镇保障性安居工程、农村危房改造与扶贫生态移民房建设，推进"三房融合"。突出地方和民族特色，增强人文感召力，善做山水文章，保护好溪流、林草、山丘等生态细胞和民族村寨、传统村落等文化元素，传承好传统文化、耕读文明、田园生活。秉持以人为本、道法自然的理念，开展"百村示范、千村整治、万户提升"行动，集中力量打造100个省级综合示范村，打响一批多彩贵州、美丽乡村旅游品牌。

（二）实施经济绿色转型工程，构建生态友好型、环境友好型的产业体系。从源头上保护生态环境，最根本的是要加快经济转型发展步伐。要充分发挥资源和生态优势，因地制宜选择好发展产业，推动生产方式绿色化和产业结构优化升级，显著提高经济绿色化程度，实现经济发展和生态环境保护双赢。

1. 积极发展新兴产业。按照特色化、集聚化、绿色化的原则，大力培育发展以大数据为引领的电子信息产业、以大健康为目标的医药养生产业、以绿色有机无公害为标准的现代山地特色高效农业、以民族和山地为特色的文化旅游业、以节能环保低碳为主导的新型建筑建材业等五大新兴产业，形成有利于绿色循环低碳发展的新的经济增长点。充分利用"三线"企业的基础和条件，推进军民融合发展，促进高端装备制造向精密化、节约化和绿色化方向发展。加快发展金融、现代物流、研发设计、检验检测、节能环保等生产性服务业。以贵阳市、贵安新区为核心创建国家级大数据产业发展聚集区，支持中国电信、中国移动、中国联通三大营运商建立数据中心，建成中国数谷。支持富士康贵州第四代绿色产业园建设，支持贵安新区节能环保产业园和毕节新能源汽车国家级高新技术产业化基地建设。

2. 推进传统产业生态化。用信息化、服务化、绿色化以及先进适用节能低碳环保技术改造提升传统产业，集中力量发展酒、烟、茶、药、食品等特色优势轻工业。深入打造白酒品牌，支持名优品牌白酒改造升级，建设以仁怀市为核心的国家优质酱香型白酒产业带。优化"两烟"生产。大力实施茶产业提升三年行动计划，不断提升茶叶规模、质量和品牌影响力，加快建设茶叶强省。加快中药材基地建设，培育一批大宗药材品种和中药材、名牌中成药骨干企业，加快中药材主产省和民族药业大省建设。坚持以农产品资源为依托，优先发展比较优势突出的特色食品，形成一批全国性、区域性知名品牌和龙头骨干企业，加快建设绿色有机无公害农产品大省。加快推进煤电磷、煤电铝、煤电钢、煤电化等资源深加工产业一体化，大力推进煤的清洁高效利用，深入实施煤炭液化、气化、煤焦化、煤焦油深加工、煤层气综合利用和煤制烯烃、煤制芳烃、煤制醇醚、煤制油等项目。支持水钢等传统企业转型升级。

3. 加快生态文化旅游创新区建设。大力发展展现生态环境优势的产业，依托环境优美、气候宜人、文化多彩和风景名胜资源丰富的独特优势，加快把旅游业做大做强，丰富旅游生态和人文内涵。着力打造国际山地旅游目的地，加快推进国家生态文化旅游创新区建设。促进旅游业与一、二、三产业融合发展，加快推动旅游业转型升级，不断创造新的旅游产品，加快形成新的旅游业态，形成全方位、宽领域、多层级的大旅游格局，使旅游业成为我省重要的优势产业和支柱产业。深入推进100个旅游景区建设，努力打造一批高品位的生态文化度假旅游区和旅游综合体。大力发展现代交通、信息等旅游相关产业，积极发展健康养老、休闲娱乐等生活性服务业。

（三）实施资源绿色开发工程，构建节约循环高效的资源利用体系。节约资源是破解资源瓶颈约束、保护生态环境的首要之策。要大力推动资源绿色开发，大力发展循环经济，实现各类资源节约高效利用。

1. 积极发展循环经济。按照减量化、再利用、资源化的原则，加快建立循环型工业、农业、服务业体系，提高全社会资源产出率。推进煤矸石、磷石膏、赤泥等大宗固体废弃物综合利用，促进生活垃圾、餐厨垃圾资源化利用，推动新型利废墙体材料等资源综合利用重点工程建设，构建再生资源回收——再制造（再生）产品循环链，加快园区（基地）循环化改造步伐。推广种养结合、农牧结合、林牧结合的农业循环经济典型模式。逐步改变农村居民的燃料结构，鼓励使用电能、太阳能、沼气等清洁能源。组织开展循环经济示范行动，推广循环经济先进技术。推动贵阳市国家资源综合利用"双百工程"示范基地、贵州大龙经济开发区国家园区循环化改造试点园区、茅台生态循环经济产业示范区建设，支持六盘水市创建国家循环经济示范城市、铜仁市万山区创建国家"城市矿产"示范基地，支持毕节市、兴义市创建国家餐厨废弃物资源化利用和无害化处理试点城市。

2. 大力推动节能减排。发挥节能与减排的协同促进作用，全面推动工业、建筑、交通、公共机构等重点领域节能减排。开展重点用能单位节能低碳行动，实施重点产业能效提升计划，大力实施节能改造、节能技术产业化示范等重点工程。实施绿色建筑行动计划，从标准、设计、建设等方面大力推广可再生能源在建筑上的应用，鼓励建筑工业化等建设模式。优化运输方式，推广节能与新能源交通运输装备。大力发展新能源、清洁能源汽车。支持节能新技术（产品）研发、示范与推广，培育和规范节能产品（技术）市场。鼓励使用高效节能农业生产设备。强化结构、工程、管理减排，继续削减主要污染物排放总量。加快低碳城市、低碳小城镇、低碳社区、低碳产业园区的试点示范。

3. 加强资源节约。加快转变资源利用方式，节约集约利用水、土地、森林、矿产等资源，大幅降低资源消耗强度。改革用水需求管理制度，全面实施水资源统一调度，推动水务一体化，实现区域水资源供需平衡。推进贵安新区全国"海绵城市"试点建设，六盘水市"地下综合管廊"试点建设。推进贵阳市、黔西南州、黔南州全国水生态文明试点建设。加强节水灌溉工程建设和节水改造。推进企业节水改造，重点抓好高用水行业节水减排技改以及重复用水工程建设。严格土地用途管制，推广应用节地技术和模式。大力发展绿色矿业，加快推进绿色矿山建设，提高矿产资源开采回采率、选矿回收率和综合利用率，建立健全矿业绿色发展运行和管理机制。大力推进页岩气、煤层气的开发利用。

（四）实施生态环境质量提升工程，构建切实可靠的生态环境保护体系。坚持建设、保护、治理并举，严守环境底线，严格源头预防，加快治理突出生态环境问题，不欠新账、还清旧账。

1. 构筑"两江"上游重要生态安全屏障。加快以乌蒙山——苗岭、大娄山——武陵山生态屏障和乌江、南北盘江及红水河、赤水河、清水江、都柳江、草海等河流生态带及生态重点区域为骨架，以重要河流上游水源涵养——水土保持区、石漠化综合防治——水土保持区、生物多样性保护——水土保持区等生态功能区为支撑，以交通沿线、河湖绿化带为网络，以自然保护区、风景名胜区、森林公园、地质公园、湿地公园、城市绿地、农田植被等为重要组成部分的生态安全屏障建设。深入实施"县乡村造林绿化"三年规划，加快推进"绿色贵州建设"三年行动计划，全面推进封山育林、退耕还林、植树造林等重点生态建设工程，大力开展生态县、生态乡、生态村创建活动。着力推进草海等湿地恢复保护，启动退耕还湿。探索建立国家公园建设体制，开展国家公园建设试点。实施生物多样性保护战略及行动计划，深入开展物种资源调查，建立生物物种名录。加强水生生物保护，开展重要水域增殖放流活动。加快推广赤水河流域12项生态文明改革经验，在乌江、清水江、南北盘江及红水河等全省八大主要流域渐次复制展开。

2. 全面推进污染防治。加快解决大气、水、土壤污染等突出环境问题。大力实施大气污染防治行动，以 PM10 污染防治为突破口，强化大气污染物协同控制。全面整治燃煤小锅炉，加强机动车尾气治理。实施重点区域、流域水环境综合整治，坚持在全省八大流域实行"河长制"。不断改善地表水质量，加强优良湖库建设，有效保障城乡居民饮水安全和大中小水库水环境安全。强化农田生态保护，实施耕地质量保护与提升行动，加大退化、污染、损毁农田改良和修复力度。大力推广绿色生物防控技术和专业化统防统治，加强农业面源污染防治，加大种养业特别是规模化畜禽养殖污染防治力度，科学施用化肥、农药。继续实施重金属污染防治重点工程，探索重金属废渣综合利用。坚持控新治旧，开展矿山地质环境恢复和综合治理。大力实施环境污染治理设施建设三年行动计划，围绕城镇、产业园区、现有企业三大领域环保设施建设，以治水、治气、治渣为重点，推进实施约2000个污染治理项目，到2017年基本解决我省环保设施总量不足问题。

3. 加快推进石漠化治理。向石漠化发起总攻，深入实施"生态建设、水利建设、石漠化治理"三位一体规划，打造国家石漠化综合治理示范区。牢牢抓住国家开展新一轮退耕还林试点机遇，争取将全省1054万亩25度以上的坡耕地更多纳入国家支持。探索石漠化治理新模式和新技术，协调石漠化治理工程和扶贫开发项目。实施78个县石漠化综合治理重点工程，对深山区、石山区等居住条件恶劣的居民，有计划、有步骤地实施扶贫生态移民工程，"十三五"期间完成142万移民搬迁任务。在适宜地区推广黔西南州晴隆县草地畜牧业发展模式，推广扩大人工栽培草地，恢复岩溶草地生态，防治草地石漠化和水土流失。

（五）实施科技支撑工程，构建充满活力的生态文明建设创新驱动体系。充分发挥创新第一动力作用，强化协同创新、科技引领和人才支撑，不断增强生态文明建设的内生动力。

1. 加强绿色科技研发。跟踪国内外绿色技术产业发展，积极抢占前沿绿色技术发展制高点，重点开展矿产和生物资源、清洁能源、生态、环境、新材料、中药民族药、生态农业等领域的科技研发。加强喀斯特环境基准和标准、污染成因及机理、预警及防控、环境政策效应等研究。扶持中关村贵阳科技园、贵州科学城等平台建设，打造一批具有产业集聚功能的产学研联合创新载体。聚焦国家推进绿色发展的科技战略需求，争取建设绿色农药与农业生物工程实验室、中低品位磷矿及其伴生资源高效利用实验室、特种化学电源实验室。

2. 加快绿色科技创新成果的转化运用。将具有重要应用前景的绿色技术进行系统化、配套化、工程化开发，着力打造集绿色科技研发、集成应用、成果产业化于一体的绿色低碳科技产业链。统筹设立生态文明建设科技专项，加大对生态文明领域基础性、战略性、前沿性科学研究和科技成果转化的支持力度。以高新技术改造和提升煤磷铝钢等传统产业，以前沿技术推进和支撑节能环保、信息技术、新能源等战略性新兴产业，加快推进重点领域的共性关键核心技术突破和成果应用示范。加快资源整合，建设北京大学贵州生态文明国际研究院，建立稳定持久的绿色科技创新产学研一体化和科技创新成果产业化技术支撑体系。以贵阳国家高新区建设为重要抓手和载体，率先建成省级科技成果转化和科技服务示范基地，开展绿色科技重大战略产品开发和成果转化，催生一批绿色高科技产业新业态，促进高成长性绿色科技企业持续涌现。

3. 推进生态文明人才队伍建设。积极争取国家在"千人计划""万人计划""西部之光""百千万人才工程"等人才项目中对我省生态文明建设给予倾斜。着重引进能够带来核心技术、推动绿色产业转型升级的关键人才，引进具有先进管理理念、能够组织绿色科技攻关和集成创新的科研管理人才。引导科研院所结合生态文明建设重大科技需求完善科研方向和加强科研力量。积极争取国家在生态文明建设所需硕士、博士授权点、企业科研博士流动站建设中给予倾斜。依托高校现有硕士、博士点一级学科优势，调整优化一批绿色农药、生态学、森林培育、环境学等硕士、博士二级学科授权点及专业方向。促进优势学科交叉融合，重点建设一批与生态文明建设密切相关并有较好基础的学科专业群。

（六）实施制度创新工程，构建生态文明法规制度体系。深化改革创新，大胆探索实践，加快健全生态文明地方法规规章和各项制度，引导、规范和约束各类开发、利用、保护自然资源的行为。

1. 健全法规规章。全面清理和修订地方性法规、政府规章和规范性文件中与加快推进生态文明建设不相适应的内容。修订完善保护环境、节约能源资源、生态补偿、促进经济绿色循环低碳发展等方面的法规规章，加强重点流域、重点区域生态环境保护立法。加快研究制定大气污染防治、固体废物污染防治、水污染防治、环境影响评价、草海保护等一批地方性生态环境保护法规。力争将行之有效、具有推广意义的地方性法规上升到国家立法层面。

2. 完善生态环保标准。加快制定修订一批能耗、水耗、地耗、污染物排放、环境质量等方面的标准。以污染物、重金属、持久性有机污染物和其他有毒有机物为重点控制对象，不断严格排放标准，提高重点行业环境准入门槛，最大限度降低环境风险、改善环境质量。健全完善固定资产投资项目节能评估和审查相关政策。环境容量较小、生态环境脆弱、环境风险高的地区要执行污染物特别排放限值。

3. 健全自然资源资产产权制度和用途管制制度。认真做好自然资源管理制度顶层设计和管理体制改革试点。整合不动产登记职能，统一不动产登记信息平台，构建统一的自然资源监管体制机制。对水流、森林、湿地、山岭、荒地、生物多样性等进行普查登记，建立自然资源资产数据库，开展自然资源资产价值评估，形成归属清晰、权责明确、监管有效的自然资源资产产权制度。加快完成农村土地承包经营权确权登记颁证工作，鼓励农户采取多种形式依法自主流转土地承包经营权。深化集体林权制度改革和林木采伐管理改革。

4. 完善资源环境生态红线制度。在完善主体功能区规划的基础上，实行最严格的耕地、林地和水资源保护制度，将禁止开发区、公益林地和 1000 亩以上集中连片优质耕地划为生态保护红线区域，确保红线区域面积占贵州全省国土面积 30% 以上。依托重点生态工程补充生态用地数量，确保生态用地适度增长。实行红线区域分级分类管理，一级管控区严禁一切形式的开发建设活动，二级管控区严禁影响其主导生态功能的开发建设活动。划定永久基本农田，严格实施永久保护，对新增建设用地占用耕地规模实行总量控制，落实耕地占补平衡。对坝区耕地坚持"六个严禁"、实行"三个不能"。严格水资源论证和取水许可制度。贵阳市、遵义市要按照近期严控和远期适当留有弹性的思路，划定城市开发边界，其他中小城市要适当增加近期城市发展边界的弹性。严守环境质量底线，将大气、水、土壤等环境质量"只能更好、不能变坏"作为地方各级政府环保责任红线，相应确定污染物排放总量限值和环境风险防控措施。

5. 健全生态保护补偿机制。科学界定生态保护者与受益者权利义务，加快形成生态损害者赔偿、受益者付费、保护者得到合理补偿的运行机制。争取中央在贵州部分地区开展生态补偿试点，推动建立长江、珠江流域联席会议制度和水资源产品购买制度。引导生态受益地区与保护地区之间、流域上游与下游之间，通过资金补助、产业转移、人才培训、共建园区等方式实施补偿，推动地区间搭建协商平台，逐步构建生态补偿横向转移支付制度。逐步将集中式自然保护区、流域、湿地、森林等纳入生态补偿范围。提高林地补偿标准，实现林地与耕地同质同价。

6. 推行市场化机制。充分发挥市场对绿色循环低碳产业发展方向和技术路线选择的导向作用和对资源配置的决定性作用。积极开展环境资本运作，使良好的生态环境成为不断增值的资本。鼓励和引导社会和民间资本、外来资本和金融信贷参与生态文明建设。争取设立生态文明建设专项债券、生态文明建设基金、环保产业股权投资基金，开展环保贷款贴息、贷款担保和环保技术产业化市场运作试点。采用特许经营、公私合营等方式，建立民间资本和社会力量投入生态文明建设的多元化投资机制。推进排污权抵押贷款和融资服务。积极开展节能量、碳排放权等交易试点，探索水权交易的办法和模式，以燃煤火电、水泥、钢铁企业为对象实行排污权交易试点。

（七）实施生态环保能力建设工程，构建生态文明建设执行体系。突出问题导向，针对薄弱环节，加强统计监测、环境监管、执法监督、考核问责，提升生态环境保护能力。

1. 加强统计监测。健全完善生态文明相关指标统计、监测制度，加快推进对能源、矿产资源、水、大气、森林、草原、湿地和水土流失、沙化土地、土壤环境、地质环境、温室气体等的统计监测核算能力建设。定期开展生态状况调查和评估。建立健全所有县城空气质量自动监测站、县域河流出境断面水质自动监测站运行机制。加快重点用能单位能耗在线监测系统建设，实现能耗动态监测，提高能耗统计分析的时效性、准确性。完善能评制度，探索建立节能"三同时"和验收制度。加快灾害调查评价、监测预警、防治和应急等防灾减灾体系建设。

2. 加强生态环境监管。按照统一、协调、高效的原则，深化生态环境保护监管体制机制建设，实现环境保护由被动向主动、事后向事前转变，提升环境监管能力。严格执行监管所有污染物排放的环境保护管理制度和污染物排放许可证制度，禁止无证排污和超标准、超总量排污。对违法排放污染物、造成或可能造成严重污染的，要依法查封扣押排放污染物的设施设备。健全环境影响评价、清洁生产审核、环境信息公开等制度，对设区城市继续实行空气质量月度排名。健全建设项目区域限批、环评机构信用评价、环境监理等制度。建立生态保护修复和污染防治区域联动机制。强化生态建设动态管理，建立健全环境质量在线监测系统、重点污染源在线监控系统、省市县三级环保管理信息化系统"三位一体"的监控机制。

3. 强化执法监督。加强法律监督、行政监督，对各类环境违法违规行为实行"零容忍"，坚决严查严处。深入开展环境保护"六个一律"、森林保护"六个严禁"执法专项行动，实行设置与行政区划适当分离的生态环保案件集中管辖模式。推进生态环保审判"三审合一"，综合运用刑事、民事、行政审判手段参与资源保护和环境治理。健全行政执法与刑事司法的衔接机制，探索建立检察机关提起民事、行政环境公益诉讼制度。资源环境监管机构独立开展行政执法，禁止领导干部违法违规干预执法司法活动。加强执法队伍、司法队伍、环境应急处置救援队伍建设。建立完善环保审判人民陪审员制度和专家咨询制度，支持发展生态环保中介专业鉴定机构。

4. 严格考核问责。建立体现生态文明要求的目标体系、考核办法、奖惩机制，把资源消耗、环境损害、生态存量、生态增量等指标纳入经济社会发展综合评价体系，大幅增加考核权重，强化指标约束。将生态文明建设综合考评指数优劣状况，作为综合考核市县两级领导班子和领导干部政绩的重要内容，把考核结果作为干部选拔任用的重要依据和管理监督干部的重要参考。健全领导干部任期生态文明建设责任制，完善节能减排目标责任考核及问责制度。探索自然资源资产负债表编制工作，实行领导干部自然资源资产离任审计，建立生态环境损害责任终身追究制度。对推动生态文明建设工作不力的，要及时诫勉谈话；对不顾资源和生态环境盲目决策、造成严重后果的，要严肃追究有关人员的领导责任；对履职不力、监管不严、失职渎职的，要依纪依法追究有关人员的监管责任。

（八）实施生态文化培育工程，构建生态文明建设的全民参与体系。积极培育生态文化、生态道德，大力弘扬生态文明主流价值观，充分发挥人民群众的积极性、主动性、创造性，加快形成推进生态文明建设的良好社会风尚，实现生活方式绿色化。

1. 提高全民生态文明意识。深入开展保护生态、爱护环境、节约资源、环保守法的宣传教育和知识普及，让"多彩贵州拒绝污染"深入人心，增强全社会践行生态文明的凝聚力。将生态文明教育纳入国民教育体系和各级党校、行政学院教学计划，加快形成一批生态文化宣传教育基地，让天蓝、地绿、水净成为自觉追求。组织好世界地球日、世界环境日、世界森林日、世界水日、世界海洋日和全国节能宣传周等主题宣传活动。充分发挥新闻媒体作用，形成人人、事事、时时崇尚生态文明的社会氛围。

2. 培育发展生态文化。将生态文化作为现代公共文化服务体系建设的重要内容，挖掘优秀传统生态文化思想和资源，创作一批文化作品，创建一批教育基地，满足广大人民群众对生态文化的需求。保护和发掘山水文化、森林文化、茶文化、花文化、竹文化、中医药文化、建筑文化，积极开展倡导生态文明、普及生态知识、促进人与自然和谐相处的文学、影视、戏剧、书画、摄影、音乐、雕塑等多种艺术创作。着力发展生态文化产业，将生态文化融入文化旅游业、民族民间演出业、会展广告业、广播电影电视业、休闲娱乐业、网络新媒体与动漫网游业，培育一批生态文化企业、产品和品牌，引导实施一批生态文化产业项目，加快建设一批高起点、规模化、体现区域特点和未来产业发展方向的生态文化产业园区。

3. 培育绿色生活方式。广泛开展绿色生活行动，推动全民在衣、食、住、行、游等方面加快向勤俭节约、绿色低碳、文明健康的方式转变。推进绿色消费，引导城乡居民广泛使用节能节水节材产品和可再生产品，减少一次性用品的使用。开展垃圾分类处理试点并逐步推广。推动绿色出行，确立公共交通在城市交通的主体地位，加快城市公共交通领域新能源、清洁能源车辆的推广应用。在餐饮企业、单位食堂、家庭全方位开展反浪费行动。党政机关、国有企业要带头厉行勤俭节约，推进绿色采购，推行无纸化和绿色节能办公。

4. 鼓励公众积极参与。完善公众参与制度，保障公众知情权，维护公众环境权益。健全举报、听证、舆论和公众监督等制度，推进全民参与生态文明建设。引导生态文明建设领域各类社会组织健康有序发展，加强民间环保组织建设，推进生态文明志愿者队伍建设。鼓励和引导公众对环境污染、生态破坏以及未依法履行环境保护监督管理职责的行为依法进行举报。把各类生态文明创建活动作为吸纳公众积极参与的平台和载体，建设一批绿色机关、绿色学校、绿色社区、绿色企业和绿色家庭。支持有条件的地方创建国家级文明城市、国家环保模范城市、园林城市、森林城市和卫生城市。

三 切实加强领导，形成推进生态文明先行示范区建设的强大合力

健全领导体制、工作机制和推进机制，加快形成党委政府领导、人大政协监督、部门分工协作、全社会共同参与的生态建设工作格局。

（一）加强组织领导。各级党委要总揽全局、协调各方，切实加强对本地区生态文明建设的领导。各级人大要加强对生态文明建设的地方立法和监督工作。各级政府要认真编制相关专项规划，制定实施配套政策，强化行政执法，推进区域合作。各级政协要团结动员各方面力量为生态文明建设献计出力。各有关部门要按照职能分工，落实任务清单，密切协调配合。将省生态文明建设工作领导小组升格为省生态文明建设委员会。

（二）强化社会协同。推进政府购买环境服务，推行环境污染第三方治理。充分发挥企业和行业协会的重要作用，规范和引导企业增强环保意识、法制观念和社会责任感，自觉推行清洁生产、采用先进生产工艺、控制处理排放。研究建立企业环境信用体系，以企业环境信用信息系统建设、企业环境信用信息公开与共享、守信激励和失信惩戒为主要内容，推动建立环保激励与约束并举的长效机制。

（三）加强开放合作。坚持高规格、高水平承办生态文明贵阳国际论坛这一国家级国际性论坛，持续发出生态文明建设"中国声音"，深化同国际社会在生态环境保护、应对气候变化等领域的交流合作。加强与瑞士等国家和地区的国际合作，借鉴在资源核算、生态足迹等方面的国际经验、模式和工具。积极参加应对气候变化与绿色低碳发展等高规格国际研讨会，加强与生态文明相关国际组织和机构的信息沟通、资源共享和务实合作，实施一批相关领域的国际性合作研究项目。发扬包容互鉴、合作共赢的精神，积极引进借鉴欧美等发达国家和地区在生态建设与环境保护领域成功经验及技术，加强在节能环保、清洁能源汽车、绿色建筑、生态城市发展、城乡可持续发展等领域的合作。建立与泛珠三

角、成渝、长株潭等经济区的广泛联系，在能源开发、生态建设、环境保护、产业发展、碳排放权交易等领域开展合作。

（四）狠抓工作落实。各市州、贵安新区党委和政府及省直有关部门要按照本实施意见的要求，提出具体工作方案，抓紧研究制定与本实施意见相衔接的区域性、行业性和专题性规划，明确目标任务、责任分工和时间要求，确保各项政策措施落到实处，对贯彻落实情况要及时向省委、省政府报告。各级纪检监察机关要强化生态文明建设工作监督检查和效能监察。各级党委、政府督查部门要把生态文明建设工作落实情况纳入重大事项督查范围，加强日常督查和重点督查。

中共江西省委、江西省人民政府关于建设生态文明先行示范区的实施意见

（2015 年 4 月 14 日）

各市、县（市、区）党委和人民政府，省委各部门，省直各单位，各人民团体：

根据党的十八大、十八届三中、四中全会和省委十三届七次、八次、九次、十次全会精神，为贯彻落实国家发展改革委、财政部、国土资源部、水利部、农业部、国家林业局等六部委批复的《江西省生态文明先行示范区建设实施方案》（以下简称《实施方案》），探索江西生态文明建设的有效模式，努力走出一条具有江西特色的生态文明建设新路子，现提出如下实施意见。

一　提高认识，全面把握《实施方案》的总体要求

（一）充分认识重大意义。我省生态环境优良、生态区位重要，开展生态文明先行示范区建设，有利于提升我省在全国区域发展格局中的地位，形成发展新优势；有利于提升发展质量，加快全面建成小康社会进程；有利于巩固长江中下游生态安全屏障，促进长江经济带建设；有利于创新生态文明建设体制机制，率先走出一条绿色循环低碳发展的新路。

（二）准确把握实施重点。以邓小平理论、"三个代表"重要思想、科学发展观为指导，深入贯彻习近平总书记系列重要讲话精神，坚持"五位一体"的总体布局，坚持节约优先、保护优先、自然恢复为主的根本方针，坚持绿色循环低碳发展的基本途径，坚持用严格的制度保护生态环境，着力构建"六大体系"，推进"十大工程"建设，努力使我省成为中部地区绿色崛起先行区、全国大湖流域生态保护与科学开发典范区、生态文明体制机制创新区。

（三）努力实现各项目标。有步骤、分阶段推进生态文明先行示范区建设，努力实现一年开好局、三年见成效、六年大进展。

一年开好局：到"十二五"末，《实施方案》确定的各项任务分解落实到位，生态文

明先行示范区建设领导和组织协调机构建立健全，专项规划和配套政策制定出台，先行工程全面启动，全省上下形成推进生态文明建设的共识与合力。

三年见成效：《实施方案》提出的 2017 年各项目标顺利实现，部分领域和区域取得阶段性成果。生态建设和环境保护工程全面实施，生态环境质量继续位居全国前列，生态产业体系初步形成，生态文明制度体系基本形成。

六年大进展：到 2020 年，生态文明先行示范区建设取得重大进展。符合主体功能区定位的开发格局全面形成，产业结构明显优化，绿色生产、生活方式普遍推行，在若干生态文明重大制度建设上形成可复制、可推广的典型模式。

二　突出重点，构建生态文明建设的"六大体系"

树立"既要金山银山、更要绿水青山、绿水青山就是金山银山"的理念，正确处理生态环境保护与经济社会发展的关系，坚持预防为主、源头严控、过程严管、责任追究，努力形成节约资源和保护环境的空间开发格局、产业结构、生产方式、生活方式，保护和建设好天蓝、地绿、水净的美丽家园。

（一）构建定位清晰的国土空间开发体系

1. 尽快完善主体功能区配套政策。结合预算管理制度改革，加大省级财政对限制开发和禁止开发区域的均衡性转移支付和奖励补助力度，增强地方公共服务供给能力。研究制定针对不同功能区的产业指导目录，进一步明确不同区域的鼓励类、限制类、禁止类产业，对不同区域的投资项目实行不同的资源消耗、土地利用和生态保护等管理措施。探索实行城镇建设用地增加规模与吸纳农业转移人口落户数量挂钩政策，引导产业、人口等要素向重点开发区集中。切实抓好国家主体功能区建设试点，尽快启动省级试点，出台省级层面支持限制开发区域的政策措施。积极争取将我省武夷山脉、罗霄山脉、幕阜山脉、怀玉山脉、雩山山脉核心区域县（市）和重要江河源头县（市）、鄱阳湖湿地调整纳入国家重点生态功能区范围。

2. 全面落实主体功能区空间管制措施。加快推进国家生态红线划定试点工作，将禁止开发区和重要江河源头、主要山脉、重点湖泊等生态功能极重要地区划入红线范围。严守耕地保护红线，将耕地林地保有量、基本农田保护面积列入市县科学发展综合考核评价体系。严格执行矿产资源规划分区管理制度。强化城乡规划约束力，划定城市禁建区、限建区、适建区，严格"绿线、蓝线、紫线、黄线"四线管制，坚决制止城镇建设用地盲目无序扩张。

3. 建立健全河湖管理与保护制度。建立以鄱阳湖为核心，以"五河"为纽带，干支流、上下游市县政府共同参与的河湖管理制度，加强跨界流域水质及水量断面监测，建立跨行政区的水环境保护奖惩机制。在环境敏感区、生态脆弱区、水环境容量不足的区域，制订比国家标准更严格的水污染排放标准，市县生活、工业污水处理设施必须配套建设脱氮除磷设施。严格划定规模化畜禽养殖禁养区和适养区，在鄱阳湖最高水位线外一公里内严格控制化肥施用量大的农业活动。修订完善涉河、涉湖规划制度，制定和完善技术标准。建立流域规划治导线管理制度，落实水域岸线用途管制，合理划分岸线保护区、保留区、限制开发区和开发利用区，严格分区管理。创新河湖管理模式，探索建立政府一把手负责的"河长制"，对河湖的生命健康负总责。"十三五"末全面完成河湖水域岸线登记、河湖管理范围划定、水利工程确权划界工作。推进出台《江西省湖泊保护条例》，建立以河湖水环境、岸线管理、河道采砂等为重点的综合管理信息平台，开展联合执法，严厉打击破坏河湖水环境的违法违规行为。

4. 推动市县空间规划改革创新。鼓励和支持县（市）探索国民经济社会发展、城乡建设、土地利用、环境保护等规划的"多规合一"，形成一个市县、一本规划、一张蓝图。探索整合相关规划的空间管制分区，科学划定并落实用地、产业、生态等管控边界红线，形成合理的城镇、农业、生态空间布局。探索建立市县空间规划协调工作机制，形成"多规合一"常态化管理。搭建统一的"多规合一"空间信息管理服务平台，整合项目审批流程。支持鹰潭市、樟树市开展全国新型城镇化综合改革试点，支持于都县国家级和鹰潭市、萍乡市、乐平市、丰城市、吉安县、湖口县、婺源县省级"多规合一"试点工作，赋予相关先行先试权力。

（二）构建环境友好的绿色产业体系

1. 促进产业集聚发展。大力发展产业集群，重点培育60个重点工业产业集群和20个省级工业示范产业集群，发展壮大75个农业产业集群、35个旅游产业集群、16个现代物流产业集群，扶持一批现代服务业集聚区。加大龙头企业培育扶持力度，打造一批优强工业企业、销售收入超亿元的绿色食品企业和省级服务业龙头企业。

2. 加快产业转型升级。发展特色生态农业。大力推进农产品规模化、标准化、生态化生产，实施现代农业示范园区建设工程，积极创建一批国家级现代农业示范区和国家有机产品认证示范区。实施农产品注册商标和地理证明商标保护工程，打响江西绿色农产品品牌，打造一批全国知名的绿色食品原料基地。发展绿色工业。突出发展节能环保、新材料、新能源、装备制造等十大战略性新兴产业，扎实推进重大新兴产业高端项目建设。推进传统产业绿色转型升级，重点推进一批技术改造和结构调整的重大项目建设，着力延伸产业链条，促进传统产业向高端高质高效方向发展。严格执行产能过剩行业项目禁批限批政策。发展现代服务业。围绕发展物流产业，加快推进骨干物流工程，大力发展第三方物流，开展国家级和省级工业园区"物流港"试点。围绕发展金融业，加快推进南昌金融商务区和金融产业服务园建设，抓紧组建我省地方法人银行和保险公司。围绕发展养老服务业，建立全省统一养老服务信息平台，培育一批新型养老产业集聚区和养老产业连锁集团。围绕发展电子商务，建设陶瓷、特色农产品等一批电子商务服务平台，培育一批电子商务集聚区。围绕发展旅游业，大力实施生态旅游示范工程，努力把江西生态优势转化为旅游产业优势，巩固和提升"江西风景独好"品牌形象。

3. 完善绿色产业政策规划体系。抓紧编制现代农业强省建设规划，加快制定完善新型农业经营体系、农村产权制度等方面的政策意见。认真落实关于深入实施工业强省战略加速推进新型工业化的意见、十大战略性新兴产业发展规划等政策，进一步制定支持新能源汽车、智能装备等产业发展的措施。抓紧出台促进健康服务业、生产性服务业、旅游产业、体育产业发展的政策措施，编制全省电子商务发展、文化创意和设计服务与相关产业融合发展等专项规划。

4. 推进循环化改造和清洁生产。加快工业园区循环化改造，着力争取和推进一批国家级和省级"城市矿产"示范基地、循环经济示范园区、再制造产业示范基地、清洁化园区等试点示范。实施工业清洁生产促进工程，重点在重金属污染防治重点防控行业、产能过剩行业实施一批清洁生产项目。全面推广农业清洁生产技术，推动农业生产循环化改造，加快创建一批"猪—沼—果"、"秸秆—食用菌—有机肥—种植"、林禽渔立体复合种养等模式的循环型生态农业示范园。

5. 着力优化能源结构。按照国家统一部署，争取尽快启动彭泽核电站一期工程，做好万安烟家山核电厂址保护工作和吉安何魁、鹰潭铁山岭核电厂址论证工作。积极推进新干、井冈山等大中型水电项目前期工作，积极推进金沙江下游水电等直流特高压入赣工程。推进天然气建设工程，加快西气东输三线、新粤浙线、省级天然气管网工程等建设，推进赣州、新余新能源示范城市建设。加快光伏发电应用。积极有序推进一批风电、生物质发电项目建设。加大火电清洁化改造力度，加快"上大压小"工程建设。

（三）构建节约集约的资源能源利用体系

1. 推进节能降耗。加强能源消费总量和能耗强度双控制，严格节能标准和节能监管。加快推进钢铁、有色、水泥、焦炭、造纸、印染等行业企业节能降耗技术改造。大力推广应用可再生、绿色建筑材料。大力倡导和推行公共交通出行，推广节能与新能源汽车，推进"车船路港"低碳交通运输专项行动。制定城市综合体、公共机构办公场所等能源使用定额标准和效能标准，推行街道和楼宇能源智能管理系统。

2. 加强水资源节约。深入落实"节水优先"方针，全面推进节水型社会建设。实行最严格的水资源管理制度，加强"三条红线"管理，落实用水总量控制制度、用水效率控制制度、水资源管理责任制度和考核制度，进一步推进和完善阶梯水价制度。加快城乡供水管网改造和水资源管理监测系统建设。制定完善重点行业节水标准，推进一批企业节水技术改造项目，制定出台推广节水技术、产品和鼓励非常规水源开发利用的激励政策，严格计划用水管理。实施一批农业高效节水灌溉重大项目。

3. 节约集约利用土地。实行最严格的耕地、林地保护制度，支持赣南等原中央苏区开展农村土地综合整治，对损毁建设用地和未利用地开发整理成园地，经认定可视作补充耕地，验收后用于占补平衡，在非农建设占用时除需按照法律程序报批外，仍要实行"占一补一"。继续抓好城乡建设用地增减挂钩、工矿废弃地复垦利用、低丘缓坡荒滩等未利用地开发利用等试点工作。严格执行土地使用标准和投资强度要求，推进项目入园和标准化厂房建设。深入开展建设用地专项清理，依法收回闲置土地，切实提高土地利用率。

4. 促进矿产资源合理开发利用。实施深部找矿专项行动，建设南方离子型稀土、硬岩性铀矿战略资源储备基地，组建中国南方大型稀土集团。加快江西铜矿、赣州稀土等国家级矿产资源综合利用示范基地建设，支持赣南地方钨矿、赣中铁矿田项目等列入第二批国家级矿产资源综合利用示范基地，支持萍乡市建设煤矸石综合利用基地、赣州市建设共伴生矿及尾矿综合利用基地和吉安市建设尾矿综合利用基地。在矿山分布相对集中的地区推进建设一批绿色矿业发展示范区。通过复垦还绿、绿色矿山建设等方式，引导和鼓励社会资金投入矿山环境治理。加强市场准入管理，强化矿产资源和矿山环境保护执法监察，坚决制止乱挖滥采。

（四）构建安全可靠的生态环保体系

1. 强化生态建设。加强对水源涵养区、江河源头区和湿地的保护，加快推进以赣江抚河下游尾闾地区水系综合整治工程为重点的"五河"尾闾河道疏浚、生态堤防建设、水系连通和生态整治。争取国家将鄱阳湖纳入重点流域治理范围，推进鄱阳湖流域水环境综合治理项目建设，做好鄱阳湖水利枢纽工程前期工作。编制江西省水生态文明建设规划，推进南昌、新余、萍乡水生态文明城市试点，积极开展水生态文明县、乡（镇）、村建设，构建四级联动水生态文明建设体系。大力实施人工造林和封山育林，加大中幼林抚育力度，启动实施低产低效林改造和珍贵阔叶林培育工程，调整和优化林分结构，提高森林资源质量。加强生态公益林保护，启动水源涵养林建设，完成国家下达的林地和湿地保有量任务。提升森林火灾和林业有害生物综合防控能力，确保全省森林资源安全。推进生物多样性优先区域物种资源调查、监测、预警和评价体系建设，实施国家级自然保护区生物廊道建设，打造国际生物多样性科普教育和研究基地。

2. 严防土壤污染。以保护耕地和饮用水水源地土壤环境、严格控制新增土壤污染和提升土壤环境保护监督管理能力为重点，有针对性地开展保护和治理。严禁施用高毒禁限用农药，大力推广绿色防控技术和专业化统防统治，科学施用化肥，提高肥效、减少施用量，禁止使用重金属等有毒有害物质超标的肥料。

3. 加强自然生态修复与环境保护。积极推进污水处理设施建设，大力实施污水配套管网工程，促进污水再生水利用，到 2017 年，实现全省工业园区污水处理设施建设全覆盖，城镇生活污水集中处理率达到 85% 以上，再生水利用率达到 9%。大力推进南昌市、赣州市国家餐厨垃圾资源化利用和无害化处理试点工作。着力推进农村人居环境综合治理，积极推广农业面源和农村生活污水与垃圾处理适用技术，按照"户分类、村收集、镇搬运、县处理"的模式，加大农村生活垃圾收运和无害化处理力度。严格入河湖排污口监督管理，抓紧制定监督管理细则。建立以限制入河排污总量为控制核心的水功能区限制纳污制度，实施跨流域、跨市（县）水质联防联控考核制度。实施土壤重金属污染修复工程，推进赣江源头、乐安河流域、信江流域、袁河流域、湘江源头等区域修复治理历史遗留重金属污染。支持鹰潭、新余、萍乡等地开展农村重金属污染耕地农业结构调整试点。实施历史遗留废弃矿山和国有老矿山地质环境恢复治理工程。支持有条件的矿山申报建设绿色矿山和矿山公园。推进丰城工业固体废物综合利用基地建设试点。加大农业面源污染防治力度，建设一批重要农产品产区病虫害安全用药示范区。

4. 推进大气污染防治和应对气候变化工作。实施重点行业脱硫、脱硝、除尘设施改造升级重点工程，2015 年起，所有设区市开展 PM2.5 数据实时监测，逐步在各设区市开展负氧离子数据实时监测，加快鄱阳湖气候与生态遥感监测中心建设。加强温室气体排放制度建设，逐步在全省各设区市建立温室气体监测网。支持南昌、景德镇、赣州等城市开展低碳试点，支持南昌开展国家低碳交通试点城市建设，支持南昌、新余开展低碳工业园区试点建设，组织开展低碳社区试点工作。充分利用"世界低碳生态经济大会"等平台，加大国际合作项目引进力度，推动企业参与低碳领域的国际互惠交易活动。完善防灾减灾系统，加快灾害调查评价、监测预警、综合治理、应急救援等体系建设。

5. 着力改善城乡人居环境。以"净化、绿化、美化"为重点，全面推进城乡人居环境综合整治。保护和扩大城市绿地、水域、湿地空间，着力推动城镇湿地公园和绿化工程建设，提升人居生活环境绿化质量，到 2020 年全省城市建成区绿地率达到 43%。统筹城乡环保设施建设，推动城镇污水收集管网、垃圾收运体系向城乡结合部延伸。大力开展农村环境连片整治，争取列入全国农村环境连片整治示范省。推进美丽乡村建设，实施 105 国道、320 国道等干道沿线乡村"六化"综合整治和乡村改造提升工程，打造昌铜高速生态经济带，加强历史文化名镇名村、传统村落保护开发，努力建成一批美丽宜居村镇。

（五）构建崇尚自然的生态文化体系

1. 倡导生态文明行为。深入开展保护生态、爱护环境、节约资源的宣传教育和知识普及活动，增强全社会践行生态文明的凝聚力。全面推行生态文明教育，将生态文化知识和生态意识教育纳入国民教育、继续教育、干部培训和企业培训计划，大力开展生态文明教育进机关、进企业、进社区、进农村、进学校活动。积极开展"绿色回收"进机关、进商场、进园区、进社区、进学校等"五进"活动，促进资源循环利用。积极推行绿色出行"135"计划，倡导公众1公里步行、3公里骑自行车、5公里乘坐公交车。积极推动家庭垃圾分类处理计划，开展家庭垃圾分类处理试点。积极引导绿色消费，鼓励使用节能节水节材产品和可再生产品。推进政府绿色采购，推行无纸化和绿色节能办公。组织好世界环境日、世界水日、全国节能宣传周等主题宣传活动。

2. 传承发展生态文化。充分挖掘、保护和弘扬赣鄱优秀传统生态文化，推进生态文化创新，积极开发体现江西自然山水、生态资源特色和倡导生态文明、普及生态知识的图书、音像等文化产品。充分利用各类媒体、活动中心、鄱阳湖生态经济区规划馆以及其它文化科技场馆等传播生态文化，支持在生态文化遗产丰富、保持较完整的区域建设生态文化保护区。办好鄱阳湖国际生态文化节、龙虎山国际道教论坛、赣州国际脐橙文化节等生态文明主题活动，提升赣鄱文化品牌影响力。做大做强生态文化产业，建设一批特色生态文化产业示范园区、基地，培育一批生态文化企业、产品和品牌，引导实施一批生态文化产业项目。

3. 开展各类生态创建行动。实施生态家园创建工程，创建一批国家级生态市、生态县和生态乡镇。加快推进生态文明村、美丽乡村创建示范工程，建成一批宜居宜业宜游的生态文明示范村和秀美示范乡村。大力开展绿色示范单位创建活动，建设一批绿色机关、绿色学校、绿色社区、绿色企业和绿色家庭，打造一批以绿色示范单位为主体的生态文化宣传教育基地。支持有条件的地区创建国家级文明城市、园林城市、森林城市、卫生城市。

（六）构建科学长效的生态文明制度体系

1. 完善体现生态文明要求的考评机制。建立科学完整的生态文明建设考核评价体系，把生态文明建设工作纳入领导干部年度述职重要内容，引导形成节约资源和保护环境的政绩观。进一步完善市县科学发展综合考核评价实施意见，逐步提高资源消耗、环境损害、生态效益等指标权重，形成与主体功能区相适应的考核评价制度和奖惩机制。探索自然资源资产负债表编制工作，实行领导干部自然资源资产离任审计，实施与生态环境质量监测结果相挂钩的领导干部约谈制度，建立生态环境损害责任终身追究制度。

2. 建立自然资源资产产权管理制度。在开展自然资源调查的基础上，对水流、湖泊、森林、荒地、滩涂等自然生态空间进行统一确权登记。整合不动产登记职能，统一不动产登记信息平台，构建统一的自然资源监管体制机制。争取有条件的地区纳入国家公园体制试点。全面推行矿业权评估、挂牌、交易制度。加快完成农村土地承包经营权确权登记颁证工作。鼓励农户采取多种形式自主流转土地承包经营权，完善农村宅基地管理制度。

3. 探索建立生态补偿机制。制定出台建立健全生态补偿机制的实施意见，建立财政转移支付与地方配套相结合的补偿方式，通过对口支援、产业园区共建、增量受益、社会捐赠等形式，探索建立多元化的生态补偿机制。争取国家加大对重点生态功能区的转移支付力度，尽快批复实施东江源生态补偿试点方案。研究推进赣江源、抚河源等流域生态补偿试点和鄱阳湖实施湿地生态补偿试点。健全矿产资源有偿使用、矿山地质环境保护和恢复治理保证金制度，建立矿产资源开发生态补偿长效机制。研究探索产业生态补偿机制，对企业生产过程中产生的资源消耗和环境污染承担相应的生态补偿责任。

4. 建立健全市场化机制。加快推进阶梯气价、水资源价格等制度改革，推动建立重要矿产资源开采回采率、选矿回收率、综合利用率激励约束机制。大力推进环境污染第三方治理，逐步开展排污权交易，在城镇污水垃圾处理和工业园区污染集中治理等重点领域开展特许经营试点。建立江西省碳排放权交易平台，探索设立中国南方（江西）林业碳汇基金，推进碳汇造林和碳减排指标有偿使用交易，支持南方林业产权交易所建设成为辐射南方的区域性林权交易市场。探索建立水权交易制度，鼓励和引导地区间、用水户间的水权交易。

5. 严格环境保护管理制度。加强生态环境保护立法工作，完善建设国家生态文明先行示范区的有关地方性法规。实行严格的污染物源头控制制度，严格落实新建项目环保准入机制，严格执行污染物排放许可制度。制定重点流域、区域的环境容量及总量控制标准，实行企事业单位污染物排放总量控制制度，落实建设项目主要污染物排放总量指标管理办法。加强环境损害鉴定评估能力建设，推动开展环境损害司法鉴定，对造成生态环境损害的责任者严格实行赔偿制度，依法追究刑事责任。加强环境执法能力建设，完善环境举报投诉受理处置机制，制定突发环境事件调查处理办法。创新环境公益诉讼制度，健全法律援助机制，推进环保法庭建设，鼓励公众参与环境违法监督。

三　狠抓落实，确保生态文明先行示范区建设取得实效

推进生态文明先行示范区建设是一项战略性系统工程，各地各部门要大力弘扬实干精神，加强组织领导，注重协调配合，抓好推进实施，确保各项工作落到实处、取得实效。

（一）加强组织领导。省委、省政府成立江西省生态文明先行示范区建设领导小组，负责统筹推进生态文明先行示范区建设，研究解决重大事项；领导小组办公室设在省发改委，负责日常组织、协调和推进工作。各地要成立相应机构，把生态文明建设列入重要议事日程，与经济建设、政治建设、文化建设、社会建设同部署、同推进、同考核，确保生态文明建设各项工作部署落到实处。

（二）强化统筹协调。省直单位是本行业责任主体，要积极争取国家政策支持，加强对各地的业务工作指导，组织开展试点示范。各市、县（市、区）是区域责任主体，主要负责同志是第一责任人、负总责，要确保本地区目标任务如期完成。构建省直单位与各市、县（市、区）之间的沟通机制，协调推进重大政策落实、重大资金争取和重大项目建设。

（三）加大政策支持。研究制定生态文明类产业发展目录，争取列入国家鼓励类投资项目清单。推动南昌临空经济区、共青先导区和赣南承接产业转移示范区列入国家重点产业布局调整和产业转移区，推动设立更多的战略性新兴产业创业投资基金。积极落实国家节能减排、资源综合利用和环境保护等有关税收优惠政策，逐步扩大"营改增"试点范围。对接落实中央资金支持我省生态文明先行示范区建设，争取国家在我省发行销售生态文明主题性即开型彩票。大力发展绿色信贷，加大对产业转型升级、资源节约、生态建设等项目的信贷投放力度，在符合规定的情况下，实施优惠利率并适当延长贷款期限。优先支持符合条件的节能环保企业上市及在"新三板"挂牌，推动生态环保项目利用国际金融机构优惠贷款。加大金融创新力度，完善林权、采矿权抵（质）押贷款制度，试行污水处理收费权等抵（质）押贷款，探索碳金融业务。各地各部门要结合实际，抓紧研究出台具体配套政策措施，完善生态文明先行示范区的政策体系。

（四）增强科技支撑。加强低碳与生态环保技术公共协同创新平台建设，在资源环境

领域申报设立若干国家重点实验室、国家工程（技术）研究中心、国家认定企业技术中心，培育一批生态领域科技创新团队。组织开展能源节约、资源循环利用、新能源开发、污染治理、生态修复等关键技术攻关。建立和完善生态文明建设科技创新成果转化机制，形成一批成果转化平台、中介服务机构。

（五）广泛宣传动员。集中开展系列宣传活动，大力宣传生态文明先行示范区的重要意义和重大举措，营造全社会合力推进生态文明建设的良好氛围。积极搭建宣传平台，把"世界低碳生态经济大会"打造成国家级推动生态文明建设国际交流合作的重要宣传窗口和对外开放合作的高端平台。

（六）加强督促落实。各地各部门要根据本实施意见，研究制定具体工作方案，认真抓好各项工作的落实，于每年年底前向省发改委报送工作进展情况。省发改委要组织对本实施意见的落实情况进行检查，并向省委、省政府报告。

　　附件：1. 江西省生态文明先行示范区建设目标体系
　　　　　2. 江西省建设生态文明先行示范区十大重点工程（略）
　　　　　3. 江西省生态文明先行示范区建设任务分解落实方案（略）
　　　　　4. 江西省生态文明先行示范区十大重点工程任务分解落实方案（略）

附件1

江西省生态文明先行示范区建设目标体系

类别		指标名称	单位	指标值			
				2012 年	2015 年	2017 年	2020 年
经济发展质量	1	人均 GDP	万元	2.88	3.8	4.4	5.8
	2	城乡居民收入比例	—	2.54：1	2.39：1	2.3：1	2.2：1
	3	三次产业增加值比例	—	11.7：53.8：34.5	10.7：53.3：36.0	10：52：38	9：50.5：40.5
	4	战略性新兴产业工业增加值占 GDP 比重	%	14.9	16	18	20
	5	获得无公害、绿色、有机、良好农业规范等认证的农产品种植面积比例	%	41	45	52	60
资源能源节约利用	6	国土开发强度	%	7.22	7.25	7.32	7.38
	7	耕地保有量	万公顷	286.67	286.67	286.67	286.67
	8	单位建设用地生产总值	亿元/平方公里	1.07	1.3	2	2.44

类别		指标名称	单位	指标值			
				2012 年	2015 年	2017 年	2020 年
资源能源节约利用	9	用水总量	亿立方米	242.5	245	252	260
	10	水资源开发利用率	%	15	15.5	16	17
	11	万元工业增加值用水量	吨水	100	84	65	52
	12	农业灌溉水有效利用系数	—	0.471	0.48	0.5	0.55
	13	非常规水资源利用率	%	0.7	0.8	1	1.5
	14	单位 GDP 能耗	吨标准煤/万元	0.613	0.565	国家下达的控制目标	国家下达的控制目标
	15	单位 GDP 二氧化碳排放量	吨/万元	1.424	1.296	国家下达的控制目标	国家下达的控制目标
	16	非化石能源占一次能源消费比重	%	7.7	8	8.4	8.8
	17	能源消费总量	万吨标准煤	7232.9	8183	国家下达的控制目标	国家下达的控制目标
	18	资源产出率	万元/吨	—	—	比 2012 年提高 15%	—
	19	矿产资源三率（开采回采、选矿回收、综合利用）（铜露采）	%	95、84、80	95、84、80	95、85、81	95、85、81
		矿产资源三率（开采回采、选矿回收、综合利用）（铜硐采）	%	82、84、68.9	82.5、84、70	83、85、71.6	85、85、72.3
		矿产资源三率（开采回采、选矿回收、综合利用）（钨）	%	90、85、76.5	90、85、76.5	90、85、76.5	90、85、76.5
		矿产资源三率（开采回采、选矿回收、综合利用）（稀土）	%	总回收率 80	总回收率 82	总回收率 85	总回收率 85
		矿产资源三率（开采回采、选矿回收、综合利用）（钽铌露采）	%	95、45、43	95、45、43	95、45、43	95、45、43

续表

类别		指标名称	单位	指标值			
				2012 年	2015 年	2017 年	2020 年
资源能源节约利用	20	绿色矿山比例	%	0.49	2	17	30
	21	工业固体废物综合利用率	%	54.53	57	61	65
	22	城镇新建绿色建筑比例	%	5	10	20	50
	23	农作物秸秆综合利用率	%	75.2	80	82	85.9
	24	主要再生资源回收利用率	%	63	65	70	75
生态建设与环境保护	25	森林覆盖率	%	63.1	64	64	64
	26	森林蓄积量	万立方米	49000	54000	58000	60000
	27	草原植被综合盖度	%	—	—	—	—
	28	林地保有量	万公顷	1072	1073	1074	1076
	29	湿地保有量	万公顷	91.01	91.01	91.01	91.01
	30	禁止开发区域面积	万公顷	201.32	按照国家要求落实	按照国家要求落实	按照国家要求落实
	31	国家级水产种质资源保护区个数	个	19	21	27	31
	32	沙化土地治理面积	万公顷	0.3	0.4	0.45	0.5
生态建设与环境保护	33	设区市建成区空气负氧离子含量达到 WHO 标准的地区 *	%	0	—	70	85
	34	"五河" + 鄱阳湖自然岸线保有率	%	98	97	95	90
	35	河湖水域面积保有率	%	7.7	7.7	7.7	7.7
	36	城市人均公园绿地面积	平方米	14.10	14.20	14.30	14.50
	37	主要污染物排放总量 化学需氧量	万吨	74.8	73.2	完成国家下达的目标任务	完成国家下达的目标任务
		氨氮		9.1	8.52		
		二氧化硫		56.8	54.9		
		氮氧化物		57.7	54.2		
	38	空气质量指数（AQI）达到优良天数占比	%	达到国内先进水平			
	39	重要水功能区水质达标率	%	87.1	88	89	91

续表

类别		指标名称	单位	指标值			
				2012 年	2015 年	2017 年	2020 年
生态建设与环境保护	40	集中式饮用水水源地水质达标率（设区市城区）	%	100	100	100	100
	41	城镇污水集中处理率	%	77.18	80	85	90
	42	城镇生活垃圾无害化处理率	%	57.06	63	70	85
	43	城市步行和自行车出行比例	%	16	17	18	20
生态文化培育	44	生态文明知识普及率	%	70	75	80	85
	45	党政干部参加生态文明培训的比例	%	70	80	90	100
	46	公共交通出行比例	%	25	30	40	50
	47	二级及以上能效家电产品市场占有率	%	70	75	80	90
	48	节水器具普及率	%	65	70	78	85
生态文化培育	49	城区居住小区生活垃圾分类达标率	%	0	10	20	40
	50	有关产品政府绿色采购比例	%	15	30	60	85
体制机制建设	51	生态文明建设占党政绩效考核的比重	%	—	5	10	15
	52	环境信息公开率（涉密信息除外）	%	100	100	100	100

● 国家级海洋生态文明建设示范区

海洋生态文明示范区建设概述

　　开展海洋生态文明建设示范区工作，是海洋领域贯彻党的十八大提出的大力推进生态文明建设的总体部署，促进沿海地区经济社会与生态的协调、持续和健康发展的有效举措，也是深化海洋综合管理、推进海洋强国和海洋生态文明建设的重要载体。通过示范区工作开展，率先走出一条在海洋领域内实现经济发展方式、生产生活方式与生态转变的新路径，为推动全国海洋生态文明建设发挥示范带动作用。

　　国家海洋局一直高度重视海洋生态文明建设，加强海洋生态文明建设研究。自 2012 年以来，国家海洋局还相继出台了《关于开展海洋生态文明建设示范区建设工作的意见》、《海洋生态文明示范区建设管理暂行办法》等一系列政策。

　　2013 年，国家海洋局批准山东省威海市、日照市、长岛县，浙江省象山县、玉环县、洞头县，福建省厦门市、晋江市、东山县，广东省珠海横琴新区、南澳县、徐闻县为首批国家级海洋生态文明建设示范市、县（区）。

　　2015 年 7 月，我国海洋生态文明建设（2015～2020 年）正式公布了总体实施方案，这是我国首个有关海洋生态文明建设的专项总体方案，为我国"十三五"期间海洋生态文明建设提供了路线图和时间表。预计将通过 5 年左右的努力，启动 20 项重大工程项目，使得我国海洋生态文明制度体系基本完善，海洋管理保障能力显著提升，生态环境保护和资源节约利用取得重大进展。

　　总体来说，"十二五"期间，国家海洋局将海洋生态文明建设这一主题作为根本遵循，贯穿于海洋生态环境保护工作的全过程和各方面，从 3 方面进行了探索和深化，树立了一系列新的理念。在理论研究方面，通过为期两年的专题研究和 3 次深入调研，不断深化对海洋生态文明建设做什么、怎么做的认识，相关研究成果得到中央领导的认可并直接写入国家生态文明建设重要文件。在顶层设计方面，制订《国家海洋局海洋生态文明建设实施方案》，提出 31 项重点任务和 20 项重大工程项目，形成了海洋生态文明建设的"时间表"和"路线图"。在示范建设方面，鼓励沿海地方先行先试，先后批准建立 24 个国家级海洋生态文明建设示范区，为沿海地区建设海洋生态文明提供了"新标杆"和"试验田"。

国家海洋局海洋生态文明建设
实施方案(2015～2020年)

2015年，国家海洋局印发（以下简称《实施方案》），要求沿海各级海洋主管部门和局属各部门单位切实提高认识，把落实《实施方案》当作"十三五"期间海洋事业发展的重要基础性工作抓实抓牢，将海洋生态文明建设贯穿于海洋事业发展的全过程和各方面，推动海洋生态文明建设上水平、见实效。

"十三五"期间海洋生态文明建设的路线图和时间表

国家海洋局党组高度重视中共中央、国务院《关于加快推进生态文明建设的意见》、《水污染防治行动计划》的贯彻落实工作。王宏局长先后两次听取汇报，专题研究贯彻落实工作，强调要成立海洋生态文明建设协调小组，把编制《实施方案》作为贯彻落实的首要工作。为此，成立了以王飞副局长任组长的协调小组，办公室、规划与经济司、法制与岛屿司、环保司、海域司、减灾司、科技司、财务司、人事司作为成员单位，并设立了专家咨询组。编制过程中，为保证工作能落地、可执行，王飞副局长多次召开工作会议，率队赴福建开展专题调研，并专门听取了专家咨询组的意见，最终形成了《实施方案》，为"十三五"期间海洋生态文明建设提供了路线图和时间表。

《实施方案》着眼于建立基于生态系统的海洋综合管理体系，坚持"问题导向、需求牵引"、"海陆统筹、区域联动"的原则，以海洋生态环境保护和资源节约利用为主线，以制度体系和能力建设为重点，以重大项目和工程为抓手，旨在通过5年左右的努力，推动海洋生态文明制度体系基本完善，海洋管理保障能力显著提升，生态环境保护和资源节约利用取得重大进展，推动海洋生态文明建设水平在"十三五"期间有较大水平的提高。

从十个方面推进海洋生态文明建设

《实施方案》提出了10个方面31项主要任务：

一是强化规划引导和约束，主要从规划顶层设计的角度增强对海洋开发利用活动的引导和约束，包括实施海洋功能区划、科学编制"十三五"规划和实施海岛保护规划3个方面内容。

二是实施总量控制和红线管控，侧重于从总量控制和空间管控方面对资源环境要素实施有效管理，包括实施自然岸线保有率目标控制、实施污染物入海总量控制和实施海洋生态红线制度3个方面内容。

三是深化资源科学配置与管理，涵盖海域海岛资源的配置、使用、管理等方面内容，突出市场化配置、精细化管理、有偿化使用的导向，具体包括严格控制围填海活动等 5 个方面内容。

四是严格海洋环境监管与污染防治，包括监测评价、污染防治、应急响应等海洋环境保护内容，突出提升能力、完善布局、健全制度，具体包括推进海洋环境监测评价制度体系建设等 5 个方面内容。

五是加强海洋生态保护与修复，体现生态保护与修复整治并重，既注重加强海洋生物多样性保护，又注重实施生态修复重大工程，包括加强海洋生物多样性保护等 3 个方面内容。

六是增强海洋监督执法，包括健全完善法律法规和标准体系的基础保障、建立督察制度和区域限批制度的制度保障以及严格检查执法的行动保障，突出了依法治海、从严从紧的方向。

七是施行绩效考核和责任追究，包括面向地方政府的绩效考核机制、针对建设单位和领导干部的责任追究和赔偿等内容，体现了对海洋资源环境破坏的严厉追究。

八是提升海洋科技创新与支撑能力，提出了强化科技创新和培育壮大战略新兴产业 2 项任务，提升海洋科技创新对海洋生态文明建设的支撑作用。

九是推进海洋生态文明建设领域人才建设，包括加强监测观测专业人才队伍建设和加强海洋生态文明建设领域人才培养引进两项具体任务。

十是强化宣传教育与公众参与，重在为海洋生态文明建设营造良好的社会氛围，包括强化宣传教育和公众参与的系列举措。

以二十项重大工程项目推动主要任务实施

为推动主要任务的深入实施，《实施方案》提出了 4 个方面共 20 项重大工程项目。

在治理修复类工程项目中，"蓝色海湾"综合治理工程着重利用污染防治、生态修复等多种手段改善 16 个污染严重的重点海湾和 50 个沿海城市毗邻重点小海湾的生态环境质量。"银色海滩"岸滩修复工程主要通过人工补砂、植被固沙、退养还滩（湿）等手段，修复受损岸滩，打造公众亲水岸线。"南红北柳"湿地修复工程计划通过在南方种植红树林，在北方种植柽柳、芦苇、碱蓬，有效恢复滨海湿地生态系统。"生态海岛"保护修复工程将采取制定海岛保护名录、实施物种登记、开展整治修复等手段保护修复海岛。

在能力建设类工程项目中，海洋环境监测基础能力建设、海域动态监控体系建设、海岛监视监测体系建设工程针对环保、海域、海岛的监视监测工作，提出了扩展网络、丰富手段、增强信息化的建设方向。海洋环境保护专业船舶队伍建设工程提出了近岸、近海、远海综合船舶监测能力的建设目标。海洋生态环境在线监测网建设工程计划在重点海湾、入海河流、排污口等地布设在线监测设备和溢油雷达。综合保障基地建设工程拟建设集监测观测、应急响应、预报监测等于一体的综合保障基地。国家级海洋保护区规范化能力提升工程计划每年支持 10 个左右的国家级保护区开展基础管护设施和生态监控系统平台建设。

在统计调查类工程项目中，共有海洋生态、第三次海洋污染基线、海域现状调查与评价、海岛统计 4 项专项调查任务，旨在摸清我国生态保护、海洋污染、海域使用和海岛保护开发的家底和状况，为制定有针对性的政策措施提供重要决策支撑。

在示范创建类工程项目中，海洋生态文明建设示范区工程将新建40个国家级示范区，为探索海洋生态文明建设模式提供有益借鉴。海洋经济创新示范区工程计划在山东、浙江、广东、福建等海洋经济试点省份实施，进一步推动形成特色海洋产业集聚区。入海污染物总量控制示范工程将选取8个地方开展试点，尽快形成可复制、可推广的控制模式。海域综合管理示范工程计划选择2处地方开展海域综合管理试点，探索海岸带综合管理、海域空间差别化管控等制度。海岛生态建设实验基地工程计划建设15个基地，开展海岛生态修复、海岛建设监测等方面研究工作。

以细化目标和督促考核保障《实施方案》落实推进

据悉，《实施方案》印发后，将从两个途径细化分解目标，形成落实意见：各项任务和重大项目工程的牵头部门将会同沿海地方海洋部门和局属有关单位制定具体的落实意见，同时各省级海洋部门也将根据《实施方案》组织制定具体的行动计划，将目标、任务和责任逐级分解细化至沿海市、县级人民政府，于10月底前报至国家海洋局。

此外，国家海洋局将针对《实施方案》实施情况组织开展跟踪评价和督促检查，沿海各省（区、市）也将加强海洋生态文明建设的考核，共同形成海洋生态文明建设督促合力。

首批国家级海洋生态文明建设示范区获批

2013年，国家海洋局批准山东省威海市、日照市、长岛县，浙江省象山县、玉环县、洞头县，福建省厦门市、晋江市、东山县，广东省珠海横琴新区、南澳县、徐闻县为首批国家级海洋生态文明建设示范市、县（区）。

首批示范区评选工作是在山东、浙江、福建、广东4个海洋经济发展试点省范围内开展的。这12个示范市、县（区）共同特征是区域空间布局合理，发展理念先进，城乡一体化建设水平不断提升；坚持陆海统筹，积极推行绿色发展、循环发展和低碳发展，海洋战略性新兴产业和生态产业纵深发展势头良好；立足区域海洋自然资源禀赋优势，生态环境优美特色，坚持未来以滨海生态旅游和服务业为主导发展；海洋优势特色凸显，区域海洋生态文明建设发展整体水平较高，有较强的示范作用和引领效应。

关于开展"海洋生态文明示范区"建设工作的意见

国海发〔2012〕3号

沿海各省、自治区、直辖市及计划单列市人民政府办公厅：

根据党中央、国务院关于生态文明建设的战略部署，为深入贯彻落实科学发展观，促进沿海地区海洋生态文明建设与经济建设、政治建设、文化建设、社会建设协调发展，推动沿海地区海洋生态文明示范区建设，提出以下意见：

一　充分认识海洋生态文明示范区建设的重大意义

（一）深入开展海洋生态文明示范区建设，积极探索沿海地区经济社会与海洋生态环境相协调的科学发展模式，是落实科学发展观、推动我国海洋生态文明建设的重要举措。努力推进海洋生态文明建设，对于促进海洋经济发展方式转变，提高海洋资源开发、环境保护、综合管理的管控能力和应对气候变化的适应能力，实现"十二五"海洋事业发展战略目标，推动我国沿海地区经济社会和谐、持续、健康发展都具有重要的战略意义。

二　海洋生态文明示范区建设的指导思想、基本原则和总体目标

（二）指导思想。深入贯彻落实科学发展观，坚持生态文明理念，以促进海洋资源环境可持续利用和沿海地区科学发展为宗旨，探索经济、社会、文化和生态的全面、协调、可持续发展模式，引导沿海地区正确处理经济发展与海洋生态环境保护的关系，推动沿海地区发展方式的转变和海洋生态文明建设。

（三）基本原则。坚持统筹兼顾，促进沿海地区经济建设和海洋生态环境保护协调发展；坚持科学引领，提升海洋资源环境承载能力和沿海地区可持续发展能力；坚持以人为本，打造良好海洋生态环境；坚持公众参与，提高全社会海洋生态文明意识；坚持先行先试，充分发挥示范区的带动引领作用。

（四）总体目标。"十二五"前期在海洋经济发展试点省份以及海峡西岸经济区开展海洋生态文明示范区建设，积极探索经验。在总结、提高的基础上，各沿海省市全面推进，形成各具特色的科学发展模式，到"十二五"末建成10~15个国家级海洋生态文明示范区，并在全国范围内推广示范区建设经验，综合提升全国海洋生态文明建设水平。

三　海洋生态文明示范区建设的主要任务

（五）优化沿海地区产业结构，转变发展方式。

依据沿海地区海域和陆域资源禀赋、环境容量和生态承载能力，科学规划产业布局，优化产业结构。积极推广生态农业、生态养殖业，大力发展海洋生物资源利用、海水淡化与综合利用、节能环保、海洋能开发等海洋新兴产业，发展循环经济和低碳经济，用生态文明理念指导和促进滨海旅游业、海洋文化产业等服务产业的发展。提高海洋工程环境准入标准，提升海洋资源综合利用效率。积极实施宏观调控，综合运用海域使用审批、海洋工程环评审批和工程竣工验收等手段，促进产业结构调整和升级，保障各示范区的海洋产业结构和效益优于全国同期平均水平。

（六）加强污染物入海排放管控，改善海洋环境质量。

坚持陆海统筹，建立各有关部门联合监管陆源污染物排海的工作机制。加大污水处理厂建设，限期治理超标入海排放的排污口，优化排污口布局，实施集中深海排放。海洋环境质量不能满足海洋功能区和海洋环境保护规划要求的海域，要通过生态修复等手段积极开展海洋环境整治工作。要积极建立和实施主要污染物排海总量控制制度，加强海上倾废排污管理，逐步减少入海污染物总量，有效改善海洋环境质量。

（七）强化海洋生态保护与建设，维护海洋生态安全。

大力推进海洋保护区建设，强化海洋保护区规范化建设，在海洋生态健康受损海域组织实施一批海洋生态修复示范工程，恢复受损海洋生态系统功能，营造良好投资、宜居环境，培育新的海洋经济增长点。在自然条件比较适宜的区域，试点开展滨海湿地固碳示范区建设，提升海洋应对全球气候变化贡献能力。建立实施海洋生态保护红线制度，保护重要海洋生态区；严格限制顺岸平推式围填海，保护自然岸线和滨海湿地。提高海洋工程环境准入标准，建立实施海洋生态补偿制度，提升海洋资源综合利用效率，加大海洋生态环境保护力度。

建立海洋生态环境安全风险防范体系，编制区域应急响应预案，加强海洋环境突发事件和区域潜在环境风险评估、预警的信息共享，提升海洋环境灾害、环境突发事件的监测、预警、处置及快速反应能力，保障海洋生态安全。

（八）培育海洋生态文明意识，树立海洋生态文明理念。

深入开展海洋生态文明宣传教育活动，普及海洋生态环境科普知识，建设海洋生态环境科普教育基地，传播海洋生态文明理念，培育海洋生态文明意识。发挥新闻媒介的舆论宣传作用，提高公众投身海洋生态文明建设的自觉性和积极性。建立公众参与机制，开辟公众参与海洋生态文明建设的有效渠道，鼓励社会各界参与海洋生态文明建设，提高全民参与意识，营造全社会共同参与海洋生态文明示范区建设的良好氛围，牢固树立海洋生态文明理念。

四　推进全国海洋生态文明示范区建设的保障措施

（九）加强领导，健全机制。国家海洋局统一组织和指导全国的海洋生态文明示范区建设工作。各地区要建立健全海洋生态文明示范区建设工作领导组织体系，具体组织和实施海洋生态文明示范区建设工作。

（十）规划先行，有序推进。海洋生态文明示范区建设试点地区要根据经济社会发展状况、海洋生态保护实际，科学制定海洋生态文明示范区建设规划。各级海洋行政主管部门要加强对海洋生态文明示范区建设规划实施情况的监督检查，加强指导，有序推进。

（十一）明确程序，严格审批。沿海市、县人民政府在自愿的基础上，逐级提出申请，经省级人民政府审查通过后报国家海洋局审批。国家海洋局组织有关专家论证考核申报材料，通过审批核准的市、县按照相关建设标准开展海洋生态文明示范区建设。规划建设期结束后，经考核达到示范区建设要求的市、县，由国家海洋局命名为"国家级海洋生态文明示范区"，并向社会公告。

（十二）科学指导，规范实施。国家海洋局研究制订海洋生态文明示范区建设规划编制指南、建设指标体系和考核评估办法等，指导各地海洋生态文明示范区建设工作。各市、县应据此编制建设规划，确定分阶段目标和任务，保证示范区建设工作科学规划，有序实施。

（十三）加大投入，拓宽渠道。要加大对海洋生态文明示范区建设试点地区的各级海域使用金支出项目支持力度；各地应积极加大财政资金投入，同时鼓励企业和社会积极参与，多渠道筹措建设资金，以保障建设资金需求。

二〇一二年一月三十日

国家海洋局关于印发《海洋生态文明示范区建设管理暂行办法》和《海洋生态文明示范区建设指标体系（试行）》的通知

国海发 〔2012〕 44 号

沿海各省、自治区、直辖市人民政府办公厅：

为科学、规范、有序地开展海洋生态文明示范区建设工作，提高海洋生态文明建设水平，推动沿海地区经济社会发展方式转变，我局在深入调查研究的基础上，编制了《海洋生态文明示范区建设管理暂行办法》和《海洋生态文明示范区建设指标体系（试行）》。现印发给你们，请认真组织实施。

附件：1. 海洋生态文明示范区建设规划编制大纲
　　　2. 国家级海洋生态文明示范区申报书（略）
　　　3. 海洋生态文明示范区建设调查问卷（略）
　　　4. 海洋生态文明示范区建设指标解释、计算和评分方法（略）

国家海洋局
2012 年 9 月 19 日

海洋生态文明示范区建设管理暂行办法

　　第一条　根据党中央、国务院关于生态文明建设的总体部署，为推进海洋生态文明建设，规范海洋生态文明示范区建设工作，制定本办法。

　　第二条　本办法适用于国家级海洋生态文明示范区的申报、建设、考核、验收和管理。

　　第三条　国家海洋局负责国家级海洋生态文明示范区建设工作的监督管理，制定实施海洋生态文明示范区建设指标体系和考核评估办法。

　　沿海省级海洋行政主管部门可参照本办法制定地方级海洋生态文明示范区的建设管理办法。

　　第四条　海洋生态文明示范区建设应当遵循统筹兼顾、科学引领、以人为本、公众参与、先行先试的原则。坚持在开发中保护、保护中开发，坚持规划用海、集约用海、生态用海、科技用海、依法用海，促进海洋资源环境可持续利用和沿海地区科学发展。

　　第五条　创建国家级海洋生态文明示范区的沿海市、县（区）应成立以政府主要领导为组长、各有关部门参与的建设领导小组，负责实施国家级海洋生态文明示范区建设工作。

　　第六条　创建国家级海洋生态文明示范区的沿海市、县（区）应指定相应的职能部门参照《海洋生态文明示范区建设规划编制大纲》，科学编制建设规划，由省级海洋行政主管部门组织评审，经示范区所在地人民政府批准，并向社会公示。

　　第七条　沿海市、县（区）人民政府作为国家级海洋生态文明示范区的申报主体，按自愿申报的原则，逐级提出申请。

　　省级海洋行政主管部门根据《海洋生态文明示范区建设指标体系（试行）》标准，对所辖区域的创建申报材料进行预评估，择优推荐本省前三名候选市、县（区），经省级人民政府同意后报国家海洋局。

　　第八条　申报国家级海洋生态文明示范区应当提交下列材料：

　　（一）示范区市、县（区）人民政府申请文件；

　　（二）《国家级海洋生态文明示范区申报书》；

　　（三）《海洋生态文明示范区建设规划》；

　　（四）《海洋生态文明示范区建设达标自评估报告》；

　　（五）省级海洋行政主管部门预评估意见与推荐意见；

　　（六）其它辅助材料。

　　第九条　国家海洋局成立国家级海洋生态文明示范区评审委员会，负责国家级海洋生态文明示范区的考核与评估。

　　国家级海洋生态文明示范区评审委员会由相关管理部门代表和相关领域专家等组成。

　　第十条　国家海洋局收到申报材料后，组织国家级海洋生态文明示范区评审委员会赴现场进行考察、考核和评估。

通过考察、考核和评估的沿海市、县（区），经国家海洋局研究审定，公示无异议后，命名为"国家级海洋生态文明示范市、县（区）"。

第十一条　国家级海洋生态文明示范区市、县（区）人民政府应将《国家级海洋生态文明示范区建设规划》的工作任务纳入当地经济社会发展规划，制定详细方案，强化组织实施，开展有效宣传，吸纳各方参与，确保国家级海洋生态文明示范区建设目标完成。

第十二条　国家海洋局对国家级海洋生态文明示范区实行鼓励政策，在海洋生态环境保护、海域海岛与海岸带整治修复及海洋经济社会发展等领域，优先给予政策支持与资金安排。

沿海各级政府及有关部门应积极扶持海洋生态文明示范区建设，加大对海洋环境保护、生态修复、能力建设等领域的政策支持和资金投入。

第十三条　各示范区市、县（区）人民政府应于每年 6 月 30 日前将上年度示范区建设工作总结报告，报送省级海洋行政主管部门和国家海洋局。

第十四条　建立长效的示范区建设管理机制。省级海洋行政主管部门应采取有效措施，加强对示范区建设工作监督检查。国家海洋局每五年开展一次重新评估，对重新评估结果不能满足要求的提出限期整改，并在国家海洋局网站向社会公布。

第十五条　国家级海洋生态文明示范区出现以下情况之一的，国家海洋局将撤销其示范区资格：

（一）在示范区内发生重大海洋环境污染和生态损害的责任事故；

（二）发生严重违反《海域使用管理法》、《海岛保护法》和《海洋环境保护法》等相关法律法规的案件；

（三）重新评估提出限期整改仍不能满足建设指标和规划目标的；

（四）在申报和考核评估过程中有弄虚作假行为的；

（五）在示范区内因海洋管理缺失、应急处理不及时等，造成生命和财产重大损失的；

（六）其他不符合海洋生态文明建设要求情形的。

第十六条　本办法自发布之日起执行。

第十七条　本办法由国家海洋局负责解释。

海洋生态文明示范区建设指标体系（试行）

类别		内容	指标名称	指标类型	建设标准	分值
1	海洋经济发展	1.1 海洋经济总体实力	1.1.1 海洋产业增加值占地区生产总值比重	A	≥10%	5
			1.1.2 近五年海洋产业增加值年均增长速度	B	≥16.7%	3
			1.1.3 城镇居民人均可支配收入	B	≥2.33 万元/人	2
		1.2 海洋产业结构	1.2.1 近五年海洋战略性新兴产业增加值年均增长速度	B	≥30%	3

续表

类别		内容	指标名称	指标类型	建设标准	分值
			1.2.2 海洋第三产业增加值占海洋产业增加值比重	B	≥40%	3
		1.3 地区能源消耗	1.3.1 地区能源消耗	A	≤0.9 吨标准煤/万元	4
2	海洋资源利用	2.1 海域空间资源利用	2.1.1 单位海岸线海洋产业增加值（大陆，X）或海岛单位面积地区生产总值贡献率（海岛，Y）	B	X≥1.28 亿元/km Y≥0.26 亿元/km²	4
			2.1.2 围填海利用率	A	100%	5
		2.2 海洋生物资源利用	2.2.1 近海渔业捕捞强度零增长	B	零增长	3
			2.2.2 开放式养殖面积占养殖用海面积比重	B	≥80%	4
		2.3 用海秩序	2.3.1 违法用海（用岛）案件零增长	A	零增长	4
3	海洋生态保护	3.1 区域近岸海域海洋环境质量状况	3.1.1 近岸海域一、二类水质占海域面积比重（X）或其变化趋势（Y）	A	X≥70% Y≥5%	5
			3.1.2 近岸海域一、二类沉积物质量站位比重	B	≥90%	2
		3.2 生境与生物多样性保护	3.2.1 自然岸线保有率	A	≥42%	3
			3.2.2 海洋保护区面积占管辖海域面积比率	B	≥3%	2
		3.3 陆源污染防治与生态修复	3.3.1 城镇污水处理率（X）与工业污水直排口达标排放率（Y）	B	X≥90% Y≥85%	5
			3.3.2 近三年区域岸线或近岸海域修复投资强度	B	见评估指标解释	3

续表

类别		内容	指标名称	指标类型	建设标准	分值
4.	海洋文化建设	4.1 海洋宣传与教育	4.1.1 文化事业费占财政总支出的比重	B	不低于本省平均水平	3
			4.1.2 涉海公共文化设施建设及开放水平	B	见评估指标解释	3
			4.1.3 海洋文化宣传及科普活动	A	见评估指标解释	4
		4.2 海洋科技	4.2.1 海洋科技投入占地区海洋产业增加值的比重	A	≥1.76%	3
			4.2.2 万人专业技术人员数	B	≥174 人	3
		4.3 海洋文化传承与保护	4.3.1 海洋文化遗产传承与保护	B	见评估指标解释	2
			4.3.2 重要海洋节庆与传统习俗保护	B	见评估指标解释	2
5.	海洋管理保障	5.1 海洋管理机构与规章制度	5.1.1 海洋管理机构设置	A	健全	2
			5.1.2 海洋管理规章制度建设	B	完善	1
			5.1.3 海洋执法效能	B	无上级部门督办的海洋违法案件	1
		5.2 服务保障能力	5.2.1 海洋服务保障机制建设	B	健全	1
			5.2.2 海洋服务保障水平	B	具备	1
			5.2.3 海洋环保志愿者队伍与志愿活动	B	见评估指标解释	1
		5.3 示范区建设组织保障	5.3.1 组织领导力度	B	符合	1
			5.3.2 经费投入	B	符合	1
			5.3.3 推进机制	B	符合	1
备注			1. 本体系中指标类型分为约束性指标（A）和参考性指标（B）； 2. 本指标体系目标值总分为 90 分，问卷调查占 10 分（见附件）；国家级海洋生态文明示范区原则上总分应不低于 85 分； 3. 示范区申报的基本要求，约束性指标分值不得低于 30 分； 4. 建设标准具体内容详见《海洋生态文明示范区建设指标解释、计算和评分方法》。			

附件1

海洋生态文明示范区建设规划编制大纲

前言

介绍申报国家级海洋生态文明示范区的沿海市、县（区）的基本情况，开展海洋生态文明示范区建设的有利条件、限制因素，海洋生态文明示范区建设的主要目标、重点任务，预期的生态、经济、社会效益等。

1. 总则

1.1 规划背景

1.2 意义和必要性

1.3 规划编制依据

1.4 规划范围和期限

规划期限原则上为十年，基准年为规划编制的前一年。

2. 海洋生态文明示范区建设现状分析

2.1 社会经济状况与海洋产业现状

分析社会发展情况，包括人口、教育、文化等。分析海洋经济与产业结构现状，包括海洋经济发展水平、经济结构和产业布局。

2.2 海洋生态环境现状

分析规划区域内海洋生态环境质量总体情况、基本特征和变化趋势，辨识规划区域内的主要环境问题和污染来源。

2.3 海洋资源及利用现状

2.4 海洋生态文明意识现状

2.5 海洋管理与保障能力现状

2.6 有利条件与限制因素分析

3. 指导思想、基本原则和目标

3.1 指导思想

3.2 基本原则

3.3 建设目标

需要结合海洋生态文明示范区建设指标，以及申报地的特有指标进行规划目标的制定，目标要具体，可测量、可考核，具有可行性。

3.3.1 总体目标

3.3.2 具体目标

4. 重点建设任务

需要结合《关于开展"海洋生态文明示范区"建设工作的意见》（国海发［2012］3号）文件要求，以及申报地的主要问题以及区域特色进行编制，以下的内容仅供参考，可以结合本地区特点自行组织调整。

4.1 产业结构优化与调整

水生态文明城市建设的实践探索

伴随着 2011 年中央 1 号文件与中央水利工作会议精神的全面贯彻与落实，水利部综合事业局随即开始酝酿与谋划水生态文明城市建设工作，先后会同中国科学院、广西社科院、江南大学、华侨大学、浙江外国语学院、北京联合大学等科研院所专家，分别对水生态文明城市的理念、内容、目标以及创建发展展开前期系列研究，历经"山水城市""山水文化名城"到"水生态文明城市"的理论探讨。2011 年，水利部综合事业局在广西来宾、湖南耒阳和贵州贵阳等地举办了"水生态文明城市发展论坛""水利旅游助推城市发展论坛"，研讨了水生态文明城市创建的目标、任务，形成了发展水利风景区促进水生态文明建设的意见。许多地方党委、政府主动结合水利风景区建设、河湖连通和城市水生态修复与保护，引水进城，以水定城，因水兴城，极力打造水生态环境更加优异的宜居城市。

2011 年下半年，水利部综合事业局与山东省水利厅开始共同研究水生态文明城市建设工作。2012 年 4 月，水利部综合事业局在济南市召开水生态文明城市发展研讨会，并组织专家对《山东省水生态文明城市评价标准》进行修改完善。与会专家一致认为，山东省启动水生态文明城市创建是一项开拓性、创新性和引领性的工作，是加快水利风景区建设发展的重要举措。山东省发布了国内首个省级地方标准《山东省水生态文明城市评价标准》（自 2012 年 8 月 20 日起实施），颁布了水生态文明城市创建工作实施方案，正式启动了水生态文明城市创建工作。水利部党组十分重视此项工作，9 月 18 日，陈雷部长在听取山东省创建水生态文明城市工作汇报时给予了高度评价，专门作出重要批示：加强水资源节约保护，是关系生态文明建设和中华民族长远发展的一件大事。

全国水生态文明城市建设试点工作始于 2013 年，2013 年 1 月 4 日，水利部出台《关于加快推进水生态文明建设工作的意见》，启动了水生态文明建设试点工作。7 月 31 日，确定了首批 45 个全国水生态文明城市建设试点，连同 2012 年 10 月水利部确定济南市为第一个国家级水生态文明城市试点，全国试点城市共有 46 个。

2014 年 5 月 19 日，国家水利部确定长春市等 59 个城市为第二批全国水生态文明城市建设试点。

截至到 2015 年，已有 105 个生态文明建设试点城市，正在以水为核心，按照多规合一的思路，积极做着探索和实践。全国已经有河南、山东、江苏、浙江、安徽、云南、江西、湖北、陕西、福建、贵州等 11 个省开展省级水生态文明创建工作，各试点明确将"三条红线"四项指标作为试点建设的约束性指标，纳入政府绩效考核体系。

水利部关于加快推进水生态文明建设工作的意见

水资源〔2013〕1 号

各流域机构，各省、自治区、直辖市水利（水务）厅（局），各计划单列市水利（水务）局，新疆生产建设兵团水利局：

为贯彻落实党的十八大关于加强生态文明建设的重要精神，加快推进水生态文明建设，促进经济社会发展与水资源水环境承载能力相协调，不断提升我国生态文明水平，努力建设美丽中国，提出意见如下：

一　充分认识加快推进水生态文明建设的重要意义

水是生命之源、生产之要、生态之基，水生态文明是生态文明的重要组成和基础保障。长期以来，我国经济社会发展付出的水资源、水环境代价过大，导致一些地方出现水资源短缺、水污染严重、水生态退化等问题。加快推进水生态文明建设，从源头上扭转水生态环境恶化趋势，是在更深层次、更广范围、更高水平上推动民生水利新发展的重要任务，是促进人水和谐、推动生态文明建设的重要实践，是实现"四化同步发展"、建设美丽中国的重要基础和支撑，也是各级水行政主管部门的重要职责。

各流域机构、各级水行政主管部门必须深刻领会党的十八大精神，从保障国家可持续发展和水生态安全的战略高度，加强学习、提高认识，增强紧迫感和责任感，把水生态文明建设工作放在更加突出的位置，加大推进力度，落实保障措施，加快实现从供水管理向需水管理转变，从水资源开发利用为主向开发保护并重转变，从局部水生态治理向全面建设水生态文明转变，切实把水生态文明建设工作抓实抓好。

二　水生态文明建设的指导思想、基本原则和目标

水生态文明建设的指导思想是：以科学发展观为指导，全面贯彻党的十八大关于生态文明建设战略部署，把生态文明理念融入到水资源开发、利用、治理、配置、节约、保护的各方面和水利规划、建设、管理的各环节，坚持节约优先、保护优先和自然恢复为主的方针，以落实最严格水资源管理制度为核心，通过优化水资源配置、加强水资源节约保护、实施水生态综合治理、加强制度建设等措施，大力推进水生态文明建设，完善水生态保护格局，实现水资源可持续利用，提高生态文明水平。

水生态文明建设的基本原则是：

——坚持人水和谐，科学发展。牢固树立人与自然和谐相处理念，尊重自然规律和经

济社会发展规律，充分发挥生态系统的自我修复能力，以水定需、量水而行、因水制宜，推动经济社会发展与水资源和水环境承载力相协调。

——坚持保护为主，防治结合。规范各类涉水生产建设活动，落实各项监管措施，着力实现从事后治理向事前保护转变。在维护河湖生态系统的自然属性，满足居民基本水资源需求基础上，突出重点，推进生态脆弱河流和地区水生态修复，适度建设水景观，避免借生态建设名义浪费和破坏水资源。

——坚持统筹兼顾，合理安排。科学谋划水生态文明建设布局，统筹考虑水的资源功能、环境功能、生态功能，合理安排生活、生产和生态用水，协调好上下游、左右岸、干支流、地表水和地下水关系，实现水资源的优化配置和高效利用。

——坚持因地制宜，以点带面。根据各地水资源禀赋、水环境条件和经济社会发展状况，形成各具特色的水生态文明建设模式。选择条件相对成熟、积极性较高的城市或区域，开展试点和创建工作，探索水生态文明建设经验，辐射带动流域、区域水生态的改善和提升。

水生态文明建设的目标是：最严格水资源管理制度有效落实，"三条红线"和"四项制度"全面建立；节水型社会基本建成，用水总量得到有效控制，用水效率和效益显著提高；科学合理的水资源配置格局基本形成，防洪保安能力、供水保障能力、水资源承载能力显著增强；水资源保护与河湖健康保障体系基本建成，水功能区水质明显改善，城镇供水水源地水质全面达标，生态脆弱河流和地区水生态得到有效修复；水资源管理与保护体制基本理顺，水生态文明理念深入人心。

三　水生态文明建设的主要工作内容

（一）落实最严格水资源管理制度

把落实最严格水资源管理制度作为水生态文明建设工作的核心，抓紧确立水资源开发利用控制、用水效率控制、水功能区限制纳污"三条红线"，建立和完善覆盖流域和省、市、县三级行政区域的水资源管理控制指标，纳入各地经济社会发展综合评价体系。全面落实取水许可和水资源有偿使用、水资源论证等管理制度；加快制定区域、行业和用水产品的用水效率指标体系，加强用水定额和计划用水管理，实施建设项目节水设施与主体工程"三同时"制度；充分发挥水功能区的基础性和约束性作用，建立和完善水功能区分类管理制度，严格入河湖排污口设置审批，进一步完善饮用水水源地核准和安全评估制度；健全水资源管理责任与考核制度，建立目标考核、干部问责和监督检查机制。充分发挥"三条红线"的约束作用，加快促进经济发展方式转变。

（二）优化水资源配置

严格实行用水总量控制，制定主要江河流域水量分配和调度方案，强化水资源统一调度。着力构建我国"四横三纵、南北调配、东西互济、区域互补"的水资源宏观配置格局。在保护生态前提下，建设一批骨干水源工程和河湖水系连通工程，加快形成布局合理、生态良好，引排得当、循环通畅，蓄泄兼筹、丰枯调剂，多源互补、调控自如的江河湖库水系连通体系，提高防洪保安能力、供水保障能力、水资源与水环境承载能力。大力推进污水处理回用，鼓励和积极发展海水淡化和直接利用，高度重视雨水和微咸水利用，将非常规水源纳入水资源统一配置。

（三）强化节约用水管理

建设节水型社会，把节约用水贯穿于经济社会发展和群众生产生活全过程，进一步优化用水结构，切实转变用水方式。大力推进农业节水，加快大中型灌区节水改造，推广管道输水、喷灌和微灌等高效节水灌溉技术。严格控制水资源短缺和生态脆弱地区高用水、高污染行业发展规模。加快企业节水改造，重点抓好高用水行业节水减排技改以及重复用水工程建设，提高工业用水的循环利用率。加大城市生活节水工作力度，逐步淘汰不符合节水标准的用水设备和产品，大力推广生活节水器具，降低供水管网漏损率。建立用水单位重点监控名录，强化用水监控管理。

（四）严格水资源保护

编制水资源保护规划，做好水资源保护顶层设计。全面落实《全国重要江河湖泊水功能区划》，严格监督管理，建立水功能区水质达标评价体系，加强水功能区动态监测和科学管理。从严核定水域纳污容量，制定限制排污总量意见，把限制排污总量作为水污染防治和污染减排工作的重要依据。加强水资源保护和水污染防治力度，严格入河湖排污口监督管理和入河排污总量控制，对排污量超出水功能区限排总量的地区，限制审批新增取水和入河湖排污口，改善重点流域水环境质量。严格饮用水水源地保护，划定饮用水水源保护区，按照"水量保证、水质合格、监控完备、制度健全"要求，大力开展重要饮用水水源地安全保障达标建设，进一步强化饮用水水源应急管理。

（五）推进水生态系统保护与修复

确定并维持河流合理流量和湖泊、水库以及地下水的合理水位，保障生态用水基本需求，定期开展河湖健康评估。加强对重要生态保护区、水源涵养区、江河源头区和湿地的保护，综合运用调水引流、截污治污、河湖清淤、生物控制等措施，推进生态脆弱河湖和地区的水生态修复。加快生态河道建设和农村沟塘综合整治，改善水生态环境。严格控制地下水开采，尽快建立地下水监测网络，划定限采区和禁采区范围，加强地下水超采区和海水入侵区治理。深入推进水土保持生态建设，加大重点区域水土流失治理力度，加快坡耕地综合整治步伐，积极开展生态清洁小流域建设，禁止破坏水源涵养林。合理开发农村水电，促进可再生能源应用。建设亲水景观，促进生活空间宜居适度。

（六）加强水利建设中的生态保护

在水利工程前期工作、建设实施、运行调度等各个环节，都要高度重视对生态环境的保护，着力维护河湖健康。在河湖整治中，要处理好防洪除涝与生态保护的关系，科学编制河湖治理、岸线利用与保护规划，按照规划治导线实施，积极采用生物技术护岸护坡，防止过度"硬化、白化、渠化"，注重加强江河湖库水系连通，促进水体流动和水量交换。同时要防止以城市建设、河湖治理等名义盲目裁弯取直、围垦水面和侵占河道滩地；要严格涉河湖建设项目管理，坚决查处未批先建和不按批准建设方案实施的行为。在水库建设中，要优化工程建设方案，科学制定调度方案，合理配置河道生态基流，最大程度地降低工程对水生态环境的不利影响。

（七）提高保障和支撑能力

充分发挥政府在水生态文明建设中的领导作用，建立部门间联动工作机制，形成工作合力。进一步强化水资源统一管理，推进城乡水务一体化。建立政府引导、市场推动、多元投入、社会参与的投入机制，鼓励和引导社会资金参与水生态文明建设。完善水价形成机制和节奖超罚的节水财税政策，鼓励开展水权交易，运用经济手段促进水资源的节约与保护，探索建立以重点功能区为核心的水生态共建与利益共享的水生态补偿长效机制。注重科技创新，加强水生态保护与修复技术的研究、开发和推广应用。制定水生态文明建设工作评价标准和评估体系，完善有利于水生态文明建设的法制、体制及机制，逐步实现水生态文明建设工作的规范化、制度化、法制化。

（八）广泛开展宣传教育

开展水生态文明宣传教育，提升公众对于水生态文明建设的认知和认可，倡导先进的水生态伦理价值观和适应水生态文明要求的生产生活方式。建立公众对于水生态环境意见和建议的反映渠道，通过典型示范、专题活动、展览展示、岗位创建、合理化建议等方式，鼓励社会公众广泛参与，提高珍惜水资源、保护水生态的自觉性。大力加强水文化建设，采取人民群众喜闻乐见、容易接受的形式，传播水文化，加强节水、爱水、护水、亲水等方面的水文化教育，建设一批水生态文明示范教育基地，创作一批水生态文化作品。

四　开展水生态文明建设试点和创建活动

为加快推进水生态文明建设，充分吸收节水型社会建设、水生态系统保护与修复、水土保持和水利风景区建设等工作经验，我部拟选择一批基础条件较好、代表性和典型性较强的市，开展水生态文明建设试点工作，探索符合我国水资源、水生态条件的水生态文明建设模式。在此基础上，尽快启动全国水生态文明市创建活动，在更大范围、更高层面上推进水生态文明建设工作。通过水生态文明建设试点和创建活动，树立典型，发挥示范带动效应。各省（自治区、直辖市）水行政主管部门可结合当地工作实际，组织开展本省（自治区、直辖市）水生态文明建设试点或创建活动。水生态文明建设试点和创建工作相关要求另行制定。

加强水生态文明建设是一项长期而复杂的系统工程，各流域机构和各级水行政主管部门主要负责同志要亲自抓，积极安排部署，认真督促检查，及时研究解决工作中的重大问题，确保各项工作落到实处。要按照本意见的要求，抓紧制定具体工作方案，加快推进水生态文明建设工作，及时将有关情况报我部。

水利部
2013 年 1 月 4 日

水利部关于加快开展全国水生态文明
城市建设试点工作的通知

水资源函 ［2013］ 233 号

各有关城市人民政府，有关省（自治区、直辖市）水利（水务）厅（局）：

为贯彻落实党的十八大精神，加快推进水生态文明建设，按照《水利部关于开展全国水生态文明建设试点工作的通知》（水资源［2013］145号）要求，我部确定了45个城市为全国水生态文明城市建设试点（附件1）。请各有关单位切实加强组织领导，尽快开展试点建设工作。有关事项通知如下：

一　高度重视试点建设工作

开展水生态文明城市试点建设是加快推进水生态文明建设的重要抓手。各有关单位要高度重视，把生态文明理念融入到水资源开发、利用、治理、配置、节约、保护的各方面和水利规划、建设、管理的各环节。要通过试点建设，促进最严格水资源管理制度落实和江河湖库水系连通；促进水资源优化配置、合理开发、高效利用和节约保护，建设节水防污型社会；促进水资源管理体制改革创新，加快城乡水务一体化进程；促进传统水利向现代水利、可持续发展水利转变和民生水利发展。为"四化同步"发展、城乡统筹发展和经济社会可持续发展提供支撑和保障。

二　切实加强组织领导

各试点城市要按照《水利部关于开展全国水生态文明建设试点工作的意见》（水资源［2013］145号），尽快成立由政府负责同志牵头，有关部门参加的水生态文明城市建设试点工作领导小组，统筹推进水生态文明建设，协调有关重大问题。

三　抓紧编制试点工作实施方案

各试点城市要按照《水生态文明城市建设试点实施方案编制大纲》（附件2）要求，抓紧编制实施方案。方案要立足经济社会发展全局，着眼流域整体布局，充分考虑当地水资源水环境条件，合理确定规划目标和建设任务。各省（自治区、直辖市）水行政主管部门要加强对试点实施方案的指导。

实施方案请于2013年9月底前报送我部，经我部或委托有关流域机构会同省级水行政主管部门审查同意后，由地方人民政府批复实施，我部将加强对试点建设工作的指导和支持。

四　严格试点建设管理

各试点城市要制定切实可行的工作措施，做好工作衔接和组织协调，按照批复的实施方案，全面推进试点建设各项工作。要推动建立政府引导、市场推动、多元投入、社会参与的投入机制，鼓励、引导社会资金积极参与水生态文明建设。要建立试点工作督查制度，定期对试点工作组织监督检查。及时进行试点工作总结，推广试点经验，发挥试点的示范和带动作用。要建立试点工作进展情况报送制度，各试点城市应于每年12月31日前向我部提交年度自评价报告，说明试点工作进展和预订目标执行情况。

附件：1. 全国水生态文明城市建设试点名单

2. 水生态文明城市建设试点实施方案编制大纲

水利部

2013 年 7 月 31 日

附件 1

首批水生态文明建设试点名单

序号	行政隶属	城市名称
1	北京市	密云县
2	天津市	武清区
3	河北省	邯郸市
4		邢台市
5	内蒙古自治区	乌海市
6	辽宁省	大连市
7		丹东市
8	吉林省	吉林市
9	黑龙江省	鹤岗市
10		哈尔滨市
11	上海市	青浦区
12	江苏省	徐州市
13		扬州市
14		苏州市
15		无锡市
16	浙江省	宁波市
17		湖州市
18	安徽省	芜湖市
19		合肥市
20	福建省	长汀县
21	江西省	南昌市
22		新余市
23	山东省	青岛市
24		临沂市
25	河南省	郑州市

序号	行政隶属	城市名称
26	河南省	洛阳市
27		许昌市
28	湖北省	咸宁市
29		鄂州市
30	湖南省	长沙市
31		郴州市
32	广东省	广州市
33		东莞市
34	广西壮族自治区	南宁市
35	海南省	琼海市
36	重庆市	永川区
37	四川省	成都市
38		泸州市
39	贵州省	黔西南州
40	云南省	普洱市
41	陕西省	西安市
42	甘肃省	张掖市
43		陇南市
44	青海省	西宁市
45	宁夏回族自治区	银川市

附件 2

水生态文明城市建设试点实施方案编制大纲

总体要求

实施方案是试点开展水生态文明建设的依据。通过试点实施方案的编制和实施，科学指导试点建设，促进最严格水资源管理制度落实和江河湖库水系连通；促进水资源优化配置、合理开发、高效利用和节约保护，建设节水防污型社会；促进水资源管理体制改革创新，加快城乡水务一体化进程；促进传统水利向现代水利、可持续发展水利转变和民生水利发展。

方案的编制实施，要坚持人水和谐，科学发展；坚持保护为主，防治结合；坚持统筹兼顾，合理安排；坚持因地制宜，以点带面；坚持地方自筹，国家扶持；坚持深化改革、健全制度的基本原则。要按照《水利部关于加快推进水生态文明建设工作的意见》（水资源〔2013〕1号），立足当地经济社会发展全局，着眼流域整体布局，充分考虑当地水资源、水环境、水生态条件，确定可监测、可评价、可实现、可考核的工作目标和指标体系，搭建科学合理的建设布局，安排具体可行的工作任务，统筹谋划，科学制定。

方案编制要注意与流域综合规划、当地经济社会发展规划、城市总体规划、水资源综合规划、生态环境建设规划等做好衔接；要注意相关建设对所在流域以及区域上下游、左右岸的影响；要注意城乡统筹兼顾，解决城镇化发展中突出的水问题；要注意工作目标和任务的可达性，有关工作应具有一定规划基础；要注意水生态系统保护与修复，避免采取过分的人工干预措施。

一　概况

（一）自然状况

介绍试点地区的气候、地理、地貌等状况；水文地质、水资源分区以及水资源数量、质量等状况；对试点地区所在流域内相关的上下游、左右岸的自然条件进行概要描述。

（二）社会经济

介绍试点地区社会经济的概况，如人口数量及结构、经济总量、产业结构、城市功能及分区等；介绍地方经济发展规划、城市总体规划等确定的试点地区发展目标和功能定位。

（三）水生态系统状况

介绍试点地区有关主体功能区划、生态功能区划、水功能区划等对试点地区的要求。介绍试点地区水生态系统的主要特征和重要动植物分布，介绍主要河流、湖泊、水库、地下水、河口、沼泽、湿地等水生态系统基本情况等。介绍区域内相关保护区或生态敏感区的分布情况及保护目标等。

二　现状评估与问题分析

（一）水生态文明现状评估

介绍试点地区最严格水资源管理制度、水资源优化配置、防洪排涝体系建设、水生态环境保护措施、水生态文明理念宣传等情况，从水资源、水环境、水生态、水文化，以及供水、用水、管水等方面对水生态文明现状进行评估。

（二）存在的问题

分析当前水生态文明建设存在的主要问题，并对问题成因予以分析。

（三）开展水生态文明建设的迫切性和可行性

阐述当前开展水生态文明建设的紧迫性、已有基础、有利条件，论述水生态文明建设的可行性。

三　目标和任务

（一）指导思想和基本原则

按照党的十八大生态文明建设要求，以及我部水生态文明建设工作部署，结合试点地区社会经济发展需要，和试点地区水资源、水环境特点和问题，提出试点工作指导思想和基本原则。

（二）范围及试点期

试点范围：根据试点建设需求分析，确定合理的建设范围。

试点期：一般按 3 年安排。

现状基准年：以 2011 年为宜，也可用水情具有典型性和代表性的最新统计数据。相关数据要与地区年鉴、水资源公报等资料相协调。

（三）工作目标

目标应分为总体目标和试点期目标两部分。

总体目标应围绕区域发展和《水利部关于加快推进水生态文明建设工作的意见》（水资源〔2013〕1 号）要求，提出与建设小康社会、建设美丽中国要求相适应的水生态文明建设远期目标。

试点期目标是试点工作验收的依据，应尽量细化、量化。目标应具有区域特色，且可监测、可评价、可实现、可考核。

要对应目标建立相应指标体系，指标体系应涉及水资源、水环境、水生态、水管理、水文化等有关方面。各项指标应明确数值要求和责任单位。

（四）总体布局及主要任务

确定试点建设总体布局和主要任务。主要任务应统筹考虑水生态文明建设各地区、各行业、各部门的相关工作和要求，重点围绕落实最严格水资源管理制度、优化水资源配置、构建江河湖库水系连通体系、加强节水型社会建设、严格水资源保护和水污染防治、推进水生态系统保护与修复、深化体制机制改革创新等方面提出，既要切实解决当地水资源、水环境、水生态存在的突出问题，又要突出地方特色，具有一定示范效应。

四　主要实施内容

应按照试点地区水生态文明建设的目标和主要任务逐一分解确定各项任务的实施内容。应明确实施内容的目标、具体措施、总体进度、责任主体等。工程措施要有规划依据和前期工作基础，具备实施条件，内容可包含河湖水系连通、水污染治理、水源涵养、水土保持、湿地保护、节水、生态景观等工程，要明确各类工程措施的作用和效益。非工程措施方面，要将落实最严格水资源管理制度作为核心，推进水资源管理体制改革。

为突出试点的示范效应，可提出试点期重点示范项目，并予以详细说明。要注意对试点实施前背景资料的监测和收集，制定与指标体系相配合的监测方案和评估计划。

五　组织实施

（一）进度安排与任务分工

根据试点实际情况和主要工作内容，设定年度工作时间表并明确分解各部门任务。年度工作时间表应体现较明确的建设周期、实施进度安排、阶段目标等。

（二）资金投入

资金投入应以地方投入为主，坚持地方自筹、国家扶持的原则，按照相关国家标准和规定，对建设资金投入进行科学核算、总体安排。

试点地区应建立政府引导、市场推动、多元投入、社会参与的投入机制，鼓励和引导社会资金参与水生态文明建设。

六　预期效益分析

在科学预测建设效果基础上，分析试点在社会、经济、生态方面的预期效益。效益分析应结合试点期目标和指标体系，尽量提出量化的预期效益。

七　保障措施

试点地区应成立由政府领导牵头、水行政主管部门和其他有关部门负责同志参加的试点工作领导小组，加强部门协作，合理分工、各负其责，共同推进试点建设。应积极推进水资源管理体制改革，为水生态文明建设提供体制保障。应从政策、制度、资金、能力、科技、宣传等方面制定试点建设具体保障措施。

二〇一三年七月

全国水生态文明城市建设试点名单

序号	行政隶属	城市名称
1	北京市	密云县
2	天津市	武清区
3	河北省	邯郸市
4		邢台市
5	内蒙古自治区	乌海市
6	辽宁省	大连市
7		丹东市
8	吉林省	吉林市
9	黑龙江省	鹤岗市
10		哈尔滨市
11	上海市	青浦区
12	江苏省	徐州市
13		扬州市
14		苏州市
15		无锡市

序号	行政隶属	城市名称
16	浙江省	宁波市
17		湖州市
18	安徽省	芜湖市
19		合肥市
20	福建省	长汀县
21	江西省	南昌市
22		新余市
28	湖北省	咸宁市
29		鄂州市
30	湖南省	长沙市
31		郴州市
32	广东省	广州市
33		东莞市
34	广西壮族自治区	南宁市
35	海南省	琼海市
36	重庆市	永川区
37	四川省	成都市
38		泸州市
39	贵州省	黔西南州
40	云南省	普洱市
41	陕西省	西安市
42	甘肃省	张掖市
43		陇南市
44	青海省	西宁市
45	宁夏回族自治区	银川市

水利部:水生态文明城市建设要严控"三条红线"

　　2013 年 9 月 26 日上午,2013 中国扬州世界运河名城博览会在扬州京杭之心开幕,同时举办"水生态、水文明与名城"的主题论坛。

　　中国水利部副部长胡四一在论坛上指出,水生态文明是生态文明的组成部分,加快推进水生态文明建设,是建设美丽中国的资源环境基础,也是生态文明的水利载体。"水生态文明建设要以城市为中心,大力开展水生态系统保护与修复试点工作。"胡四一表示。

　　对此,胡四一特别提出,水生态文明城市建设要划定"三条红线",严格管控水资源管理,使之成为推进水生态文明建设的重要导向和刚性约束。"三条红线"要求严格控制用水总量过快增长,着力提高用水效率,严格控制入河湖排污总量。从源头上规范人类供水、用水、排水行为,加强水资源保护与节约力度。

　　胡四一同时指出,当前,中国的一些地方出现不合理建设水生态景观的倾向。有些缺水地区片面追求区域水生态环境表面改善,罔顾当地水资源、水环境和水生态条件,大搞人工造湖,依托引水造湖挖河,大兴房地产,以人造水生态环境去抬高房价,获取经济利益。由于没有因地制宜,没有恰当考虑人工河湖的水源保障、蒸渗损失及生态链接,导致了水资源浪费和生态环境的破坏,也影响了区域水资源的合理配置和科学利用。

　　因此,胡四一说:"水生态文明建设要尊重自然、顺应自然、保护自然。要坚持人水和谐的科学理念,注重生态优先和生态措施,强调自然修复和天然保护。"

　　胡四一还透露,中国目前已经确定了 46 个城市作为水生态文明城市建设试点,其中与运河有关的城市就有扬州、北京、无锡、苏州等。他表示,运河沿岸水生态文明城市的建设必将进一步促进运河保护,提升运河城市水生态文明水平,也必将给古老的京杭大运河带来勃勃生机。

● 海绵城市建设试点

海绵城市建设试点城市解读

试点城市应将城市建设成具有吸水、蓄水、净水和释水功能的海绵体，提高城市防洪排涝减灾能力。试点城市年径流总量目标控制率应达到住房城乡建设部《海绵城市建设技术指南》要求。

1. 发展沿革

2013 年 12 月 12 日，习近平总书记在《中央城镇化工作会议》的讲话中正式提出要建设海绵城市："提升城市排水系统时要优先考虑把有限的雨水留下来，优先考虑更多利用自然力量排水，建设自然存积、自然渗透、自然净化的海绵城市"。

2014 年 10 月 22 日，住房和城乡建设部于印发了《海绵城市建设技术指南——低影响开发雨水系统构建（试行）》（建城函〔2014〕275 号）。

2014 年 12 月 31 日，财政部、住房城乡建设部、水利部决定开展中央财政支持海绵城市建设试点工作（财建〔2014〕838 号）。试点城市年径流总量目标控制率应达到住房城乡建设部《海绵城市建设技术指南》要求。

2015 年 1 月 20 日，财政部办公厅、住房城乡建设部办公厅、水利部办公厅联合下发《关于组织申报 2015 年海绵城市建设试点城市的通知》（财办建〔2015〕4 号）。

2015 年 4 月 2 日，首批 16 个海绵城市建设试点城市名单正式公布。

2015 年 6 月 10 日，三亚被住建部发文件列入海绵城市的试点城市。

2015 年 10 月 11 日，国务院办公厅印发《关于推进海绵城市建设的指导意见》（国办发〔2015〕75 号），部署推进海绵城市建设工作。

2. 相关概念

海绵城市：城市能够像海绵一样，在适应环境变化和应对自然灾害等方面具有良好的"弹性"，下雨时吸水、蓄水、渗水、净水，需要时将蓄存的水"释放"并加以利用。提升城市生态系统功能和减少城市洪涝灾害的发生。

海绵城市建设：海绵城市建设是一项生态文明建设工程。2015 年 10 月国务院常务会议确定，加快雨水蓄排顺畅合理利用的海绵城市建设，有效推进新型城镇化。按照生态文明建设要求，建设海绵城市，统筹发挥自然生态功能和人工干预功能，有效控制雨水径流，实现自然积存、自然渗透、自然净化的城市发展方式，有利于修复城市水生态、涵养水资源，增强城市防涝能力，扩大公共产品有效投资，提高新型城镇化质量，促进人与自然和谐发展。从 2015 年起在城市新区、各类园区、成片开发区全面推进海绵城市建设。

海绵城市建设试点：由财政部办、住房城乡建设部、水利部启动，经省级推荐、资格审核、竞争性评审三个环节确定，实施期为 2015～2017 年（至少含 1 年的项目运营期）。试点区域总面积原则上不少于 15 平方公里，多年平均降雨量不低于 400 毫米。优先鼓励旧城改造项目。包括城市水系、城市园林绿地、市政道路、绿色建筑小区等。中央财政对海绵城市建设试点给予专项资金补助，一定三年，具体补助数额按城市规模分档确定，直辖市每年 6 亿元，省会城市每年 5 亿元，其他城市每年 4 亿元。对采用 PPP 模式达到一定比例的，将按上述补助基数奖励 10%。

海绵城市建设措施：有多种可以实施的措施和建材。比如用透水材料替代沥青水泥，可提高地面渗透率；将城市绿地建成下凹式的，可大量储蓄雨水。城市的露天公园、运动场等，可作为有效的临时蓄水场所。此外，还可利用房顶、地下蓄水池等滞留雨水。增强建筑小区、公园绿地、道路绿化带等的雨水消纳功能，在非机动车道、人行道等扩大使用透水铺装，使城市建设顺应自然。通过精良设计的水处理系统保证尽可能多的雨水得以下渗，不仅大大减少了雨洪暴雨径流，同时由于及时补充了地下水，可以防止地面沉降，从而使城市水文生态系统形成良性循环，既有助于解决缺水问题，也有助于扭转城镇建设的水泥化趋势。

申报办法：试点城市由省级财政、住房城乡建设、水利部门联合申报。采取竞争性评审方式选择试点城市。财政部、住房城乡建设部、水利部将对申报城市进行资格审核。对通过资格审核的城市，财政部、住房城乡建设部、水利部将组织城市公开答辩，由专家进行现场评审，现场公布评审结果。

申报流程：（一）省级推荐。2015 年，有积极性的省份先推荐 1 个城市。由省级财政、住房城乡建设、水利部门于 2015 年 2 月 26 日前通过信息平台向财政部、住房城乡建设部和水利部提交申请文件（扫描件）和海绵城市建设试点实施方案电子版。（二）资格审核。财政部、住房城乡建设部、水利部将对各省份推荐城市进行资格审核，并于 2015 年 2 月底公布通过资格审核的城市名单。（三）竞争性评审。对通过资格审核的城市，财政部、住房城乡建设部、水利部将于 2015 年 3 月初组织城市公开答辩，由专家进行现场评审，现场公布评审结果。

3. 相关文件

《海绵城市建设技术指南——低影响开发雨水系统构建（试行）》

《关于开展中央财政支持海绵城市建设试点工作的通知》

《关于推进海绵城市建设的指导意见》

海绵城市建设试点城市名单

迁安、白城、镇江、嘉兴、池州、厦门、萍乡、济南、鹤壁、武汉、常德、南宁、重庆、遂宁、贵安新区、西咸新区、三亚。

● 国家生态旅游示范区

国家生态旅游示范区解读

国家生态旅游示范区，是指管理规范、具有示范效应的典型，经过相关标准确定的评定程序后，具有明确地域界线的生态旅游区。同时也是全国生态示范区的类型或组成部分之一。

1. 发展沿革

2001 年由当时的国家旅游局、国家计委、国家环保总局共同提出，共同制定认定标准，经相关程序共同评定的荣誉称号。

2007 年 7 月，国家旅游局、国家环境保护总局共同授予东部华侨城"国家生态旅游示范区"的荣誉称号，东部华侨城成为中国首个获得此项殊荣的旅游区。同年，发布了《东部华侨城国家生态旅游示范区管理规范》。

2008 年 11 月，全国生态旅游发展工作会议在北京召开，当时国家旅游局在制定《全国生态旅游示范区标准》，并在会上发布了征求意见稿。

2010 年由国家旅游局提出，联合环保部和两家机构起草了《国家生态旅游示范区建设与运营规范（GB/T26362～2010）》。

2012 年 9 月，由国家旅游局和环境保护部联合制定了《国家生态旅游示范区管理规程》和《国家生态旅游示范区建设与运营规范（GB/T26362～2010）评分实施细则》，并颁布实施。

2013 年 12 月，国家旅游局、国家环保部公布了 2013 年国家生态旅游示范区名单，共 39 家。

2014 年 5 月，国家水利部确定长春市等 59 个城市为第二批全国水生态文明城市建设试点。

2. 相关概念

生态旅游：是指以可持续发展为理念，以保护生态环境为前提，以统筹人与自然和谐为准则，并依托良好的自然生态环境和独特的人文生态系统，采取生态友好方式，开展的生态体验、生态教育、生态认知并获得心身愉悦的旅游方式。

生态旅游示范区：是以独特的自然生态、自然景观和与之共生的人文生态为依托，以促进旅游者对自然、生态的理解与学习为重要内容，提高对生态环境与社区发展的责任感，形成可持续发展的旅游区域。

生态旅游区分类：根据资源类型，结合旅游活动，将生态旅游区分为七种类型：

（1）山地型

以山地环境为主而建设的生态旅游区，适于开展科考、登山、探险、攀岩、观光、漂流、滑雪等活动。

（2）森林型

以森林植被及其生境为主而建设的生态旅游区，也包括大面积竹林（竹海）等区域。这类区域适于开展科考、野营、度假、温泉、疗养、科普、徒步等活动。

（3）草原型

以草原植被及其生境为主而建设的生态旅游区，也包括草甸类型。这类区域适于开展体育娱乐、民族风情活动等。

（4）湿地型

以水生和陆栖生物及其生境共同形成的湿地为主而建设的生态旅游区，主要指内陆湿地和水域生态系统，也包括江河出海口。这类区域适于开展科考、观鸟、垂钓、水面活动等。

（5）海洋型

以海洋、海岸生物及其生境为主而建设的生态旅游区，包括海滨、海岛。这类区域适于开展海洋度假，海上运动、潜水观光活动等。

（6）沙漠戈壁型

以沙漠或戈壁或其生物及其生境为主而建设的生态旅游区，这类区域适于开展观光、探险和科考等活动。

（7）人文生态型

以突出的历史文化等特色形成的人文生态及其生境为主建设的生态旅游区。这类区域主要适于历史、文化、社会学、人类学等学科的综合研究，以及适当的特种旅游项目及活动。

国家生态旅游示范区：是生态旅游区中管理规范、具有示范效应的典型。凡经过相关标准确定的评定程序后，可以获得国家生态旅游示范区（以下简称示范区）的称号。该区域具有明确地域界限，同时也是全国生态示范区的类型或组成部分之一。

3. 相关规范文件

《国家生态旅游示范区建设与运营规范（GB/T26362—2010）》

《国家生态旅游示范区建设与运营规范（GB/T26362—2010）》评分实施细则［2］

《国家生态旅游示范区建设与运营规范指引》

《国家生态旅游示范区管理规程》

4. 申报认定程序

申报程序主要有：申报、评估、验收、公告、批准和复核六个阶段。

国家生态旅游示范区名录

2007 年国家生态旅游示范区名单

广东省深圳市东部华侨城国家生态旅游示范区

2013 年国家生态旅游示范区名单

北京市：

1. 南宫国家生态旅游示范区
2. 野鸭湖国家生态旅游示范区

天津市：

盘山国家生态旅游示范区

上海市：

1. 明珠湖·西沙湿地国家生态旅游示范区

2. 东滩湿地国家生态旅游示范区

重庆市：

天生三桥·仙女山国家生态旅游示范区

内蒙古自治区：

（兴安盟）阿尔山国家生态旅游示范区

辽宁省：

（大连市）西郊森林公园国家生态旅游示范区

吉林省：

（长春市）莲花山国家生态旅游示范区

黑龙江省：

1. （伊春市）汤旺河林海奇石国家生态旅游示范区

2. （哈尔滨市）松花江避暑城国家生态旅游示范区

江苏省：

1. （泰州市）溱湖湿地国家生态旅游示范区

2. （常州市）天目湖国家生态旅游示范区

浙江省：

1. （衢州市）钱江源国家生态旅游示范区

2. （宁波市）滕头国家生态旅游示范区

安徽省：

（黄山市）黄山国家生态旅游示范区

福建省：

1. （南平市）武夷山国家生态旅游示范区

2. （龙岩市）梅花山国家生态旅游示范区

江西省：

1. （上饶市）婺源国家生态旅游示

2. （吉安市）井冈山国家生态旅游示范区

山东省：

（烟台市）昆嵛山国家生态旅游示范区

河南省：

1. （焦作市）云台山国家生态旅游示范区

2. （平顶山市）尧山·大佛国家生态旅游示范区

湖北省：

（神农架林区）神农架国家生态旅游示范区

湖南省：

1. （长沙市）大围山国家生态旅游示范区

2. （郴州市）东江湖国家生态旅游示范区

广东省：

（韶关市）丹霞山国家生态旅游示范区

广西壮族自治区：

1. （贺州市）姑婆山国家生态旅游示范区

2. （柳州市）大龙潭公园风景区

四川省：

1. （西昌市）邛海国家生态旅游示范区

2. （巴中市）南江光雾山国家生态旅游示范区

贵州省：

1. （黔南州）樟江国家生态旅游示范区

2. （毕节市）百里杜鹃国家生态旅游示范区

云南省：

1. （西双版纳自治州）野象谷国家生态旅游示范区

2. （玉溪市）玉溪庄园国家生态旅游

示范区

陕西省：

1. （西安市）世博园国家生态旅游示范区

2. （商南县）金丝峡国家生态旅游示范区

甘肃省：

1. （甘南州）当周草原国家生态旅游示范区

2. （兰州市）兴隆山国家生态旅游示范区园

宁夏回族自治区：

（中卫市）沙坡头国家生态旅游示范区

新疆建设兵团：

五家渠青湖国家生态旅游示范区

2014 国家生态旅游示范区公示名单

1. 天津市黄崖关长城风景名胜区
2. 河北省保定市野三坡景区
3. 内蒙古自治区呼伦贝尔市根河源国家湿地公园
4. 吉林省吉林市松花湖国家风景名胜区
5. 黑龙江省黑河市五大连池风景区
6. 黑龙江省五常市凤凰山国家森林公园
7. 辽宁省盘锦市红海滩湿地旅游度假区
8. 上海市海湾国家森林公园
9. 江苏省苏州市镇湖生态旅游区
10. 江苏省无锡市蠡湖风景区
11. 浙江省杭州市西溪国家湿地公园
12. 浙江省台州市神仙居景区
13. 安徽省池州市九华天池风景区
14. 福建省厦门市天竺山旅游风景区
15. 福建省龙岩市冠豸山生态旅游区
16. 江西省上饶市鄱阳湖国家湿地公园
17. 山东省济宁市微山湖国家湿地公园
18. 河南省驻马店市嵖岈山旅游景区
19. 河南省鹤壁市淇河生态旅游区
20. 湖北省黄冈市龟峰山风景区
21. 湖南省株洲市神农谷国家森林公园
22. 湖南省永州市阳明山国家森林公园
23. 广东省梅州市雁南飞茶田景区
24. 广西自治区柳州市大龙潭景区
25. 海南省呀诺达雨林文化旅游区
26. 重庆市四面山旅游区
27. 四川省广元市唐家河生态旅游区
28. 四川省甘孜州海螺沟景区
29. 贵州省铜仁市梵净山旅游景区
30. 云南省昆明市石林景区
31. 陕西省商洛市金丝峡景区
32. 甘肃省平凉市崆峒山生态文化旅游区
33. 青海省青海湖景区
34. 青海省西宁市大通老爷山—鹞子沟旅游区
35. 宁夏自治区石嘴山市沙湖旅游区
36. 新疆生产建设兵团一八五团白沙湖边境生态旅游区
37. 新疆维吾尔自治区伊犁州那拉提旅游风景区

第五篇

生态功能保护
与生物多样性

● 生态功能保护区

生态功能区划概述

　　生态功能保护区是指在涵养水源、保持水土、调蓄洪水、防风固沙、维系生物多样性等方面具有重要作用的重要生态功能区内，有选择地划定一定面积予以重点保护和限制开发建设的区域。建立生态功能保护区，保护区域重要生态功能，对于防止和减轻自然灾害，协调流域及区域生态保护与经济社会发展，保障国家和地方生态安全具有重要意义。国家重点生态功能保护区是指对保障国家生态安全具有重要意义，需要国家和地方共同保护和管理的生态功能保护区。

　　生态功能区划是实施区域生态环境分区管理的基础和前提。它是以正确认识区域生态环境特征，生态问题性质及产生的根源为基础，以保护和改善区域生态环境为目的，依据区域生态系统服务功能的不同，生态敏感性的差异和人类活动影响程度，分别采取不同的对策。它是研究和编制区域环境保护规划的重要内容。

　　党中央、国务院高度重视生态功能区划工作。1999 年，中央宣布实施西部大开发的战略，并明确提出生态环境保护和建设是西部开发的根本。2000 年，国务院颁布了《全国生态环境保护纲要》，明确了生态保护的指导思想、目标和任务，要求开展全国生态功能区划工作，为经济社会持续、健康发展和环境保护提供科学支持。2004 年，胡锦涛总书记强调指出："开展全国生态区划和规划工作，增强各类生态系统对经济社会发展的服务功能。"2005 年，国务院《关于落实科学发展观加强环境保护的决定》再次要求"抓紧编制全国生态功能区划"。国家"十一五"规划纲要明确要求对 22 个重要生态功能区实行优先保护，适度开发。

　　为贯彻落实党中央、国务院编制全国生态功能区划的有关要求，从 2001 年开始，原国家环境保护总局会同有关部门组织开展了全国生态现状调查。在调查的基础上，中国科学院以甘肃省为试点开展了省级生态功能区划研究，并编制了《全国生态功能区划规程》。2002 年 8 月，原国家环境保护总局会同国务院西部开发办公室联合下发了《关于开展生态功能区划工作的通知》，启动了西部 12 省、自治区、直辖市和新疆生产建设兵团的生态功能区划编制工作。2003 年 8 月，开始了中东部地区生态功能区划的编制。2004年，我国内地 31 个省、自治区、直辖市和新疆生产建设兵团全部完成了生态功能区划编制工作。在此基础上，综合运用新中国成立以来自然区划、农业区划、气象区划，以及生态系统及其服务功能研究成果，2005 年，中国科学院汇总完成了《全国生态功能区划》初稿。之后，原国家环境保护总局会同中国科学院先后召开了十余次专家分析论证会，对《全国生态功能区划》初稿进行了反复修改和完善。2006 年 10 月，《全国生态功能区划》

再次征求国务院各有关部门和各省、自治区、直辖市的意见后，又进一步得到充实与完善。2007 年 7 月，原国家环境保护总局与中国科学院又联合主持了专家论证会，对修改完善的《全国生态功能区划》进行了全面系统地评估，并得到了由 16 位院士、专家组成的专家组的充分肯定。2008 年，环境保护部和中国科学院联合发布了《全国生态功能区划》。

　　2010 年，根据中国共产党第十七次全国代表大会报告、《中华人民共和国国民经济和社会发展第十一个五年规划纲要》和《国务院关于编制全国主体功能区规划的意见》（国发〔2007〕21 号），国务院编制发布了《全国主体功能区规划》。该规划将我国国土空间分为以下主体功能区：按开发方式，分为优化开发区域、重点开发区域、限制开发区域和禁止开发区域，这也有利于生态功能区工作的开展。

国务院关于印发全国主体功能区规划的通知

国发〔2010〕46 号

各省、自治区、直辖市人民政府，国务院各部委、各直属机构：

　　现将《全国主体功能区规划》（以下简称《规划》）印发给你们，请认真贯彻执行。

　　《规划》是我国国土空间开发的战略性、基础性和约束性规划。编制实施《规划》，是深入贯彻落实科学发展观的重大战略举措，对于推进形成人口、经济和资源环境相协调的国土空间开发格局，加快转变经济发展方式，促进经济长期平稳较快发展和社会和谐稳定，实现全面建设小康社会目标和社会主义现代化建设长远目标，具有重要战略意义。

　　各地区、各部门要从全局出发，统一思想，高度重视，加强领导，明确责任，切实抓好《规划》的贯彻落实。各省、自治区、直辖市人民政府要按照《规划》明确的原则和要求，尽快组织完成省级主体功能区规划编制工作，并认真实施。各部门要根据《规划》明确的任务分工和要求，调整完善财政、投资、产业、土地、农业、人口、环境等相关规划和政策法规，建立健全绩效考核评价体系，加强组织协调和监督检查，全面做好《规划》实施的各项工作。

　　附件：全国主体功能区规划（略）

国务院
二〇一〇年十二月二十一日

关于印发《全国生态脆弱区保护规划纲要》的通知

环发〔2008〕92 号

各省、自治区、直辖市环境保护局（厅），新疆生产建设兵团环境保护局：

加强生态脆弱区保护是控制生态退化、恢复生态系统功能、改善生态环境质量和落实《全国生态功能区划》的具体措施，也是促进区域经济、社会和环境协调发展和贯彻落实科学发展观的有效途径。依据国务院《全国生态环境保护纲要》和《关于落实科学发展观加强环境保护的决定》有关精神，我部编制了《全国生态脆弱区保护规划纲要》。现印发给你们，请参照执行。

附件：全国生态脆弱区保护规划纲要

附件：

全国生态脆弱区保护规划纲要

前言

我国是世界上生态脆弱区分布面积最大、脆弱生态类型最多、生态脆弱性表现最明显的国家之一。我国生态脆弱区大多位于生态过渡区和植被交错区，处于农牧、林牧、农林等复合交错带，是我国目前生态问题突出、经济相对落后和人民生活贫困区。同时，也是我国环境监管的薄弱地区。加强生态脆弱区保护，增强生态环境监管力度，促进生态脆弱区经济发展，有利于维护生态系统的完整性，实现人与自然的和谐发展，是贯彻落实科学发展观，牢固树立生态文明观念，促进经济社会又好又快发展的必然要求。

北京，2009 年 6 月 17 日：国际环保组织绿色和平与国际扶贫组织乐施会今天共同发布《气候变化与贫困——中国案例研究》报告，指出气候变化已成为我国贫困地区致贫甚至返贫的重要原因。95% 的中国绝对贫困人口生活在生态环境极度脆弱的地区，已经成为气候变化的最大受害者。绿色和平与乐施会表示，如果不马上采取积极的应对行动，气候变化将削弱中国的扶贫努力，并可能对中国实现长期减贫发展目标造成严重阻碍。

党中央、国务院高度重视生态脆弱区的保护。温家宝总理多次强调，我国许多地方生态脆弱，环境承载力很低；保护环境，就是保护我们赖以生存的家园，就是保护中华民族发展的根基。《国务院关于落实科学发展观加强环境保护的决定》明确指出在生态脆弱地区要实行限制开发。为此，"十一五"期间，环境保护部将通过实施"三区推进"（即自然保护区、重要生态功能保护区和生态脆弱区）的生态保护战略，为改善生态脆弱区生态环境提供政策保障。

本纲要明确了生态脆弱区的地理分布、现状特征及其生态保护的指导思想、原则和任务，为恢复和重建生态脆弱区生态环境提供科学依据。

生态脆弱区特征及其空间分布

生态脆弱区也称生态交错区（Ecotone），是指两种不同类型生态系统交界过渡区域。这些交界过渡区域生态环境条件与两个不同生态系统核心区域有明显的区别，是生态环境变化明显的区域，已成为生态保护的重要领域。

（一）生态脆弱区基本特征

1. 系统抗干扰能力弱。生态脆弱区生态系统结构稳定性较差，对环境变化反映相对敏感，容易受到外界的干扰发生退化演替，而且系统自我修复能力较弱，自然恢复时间较长。

2. 对全球气候变化敏感。生态脆弱区生态系统中，环境与生物因子均处于相变的临界状态，对全球气候变化反应灵敏。具体表现为气候持续干旱，植被旱生化现象明显，生物生产力下降，自然灾害频发等。

3. 时空波动性强。波动性是生态系统的自身不稳定性在时空尺度上的位移。在时间上表现为气候要素、生产力等在季节和年际间的变化；在空间上表现为系统生态界面的摆动或状态类型的变化。

4. 边缘效应显著。生态脆弱区具有生态交错带的基本特征，因处于不同生态系统之间的交接带或重合区，是物种相互渗透的群落过渡区和环境梯度变化明显区，具有显著的边缘效应。

5. 环境异质性高。生态脆弱区的边缘效应使区内气候、植被、景观等相互渗透，并发生梯度突变，导致环境异质性增大。具体表现为植被景观破碎化，群落结构复杂化，生态系统退化明显，水土流失加重等。

（二）生态脆弱区的空间分布

我国生态脆弱区主要分布在北方干旱半干旱区、南方丘陵区、西南山地区、青藏高原区及东部沿海水陆交接地区，行政区域涉及黑龙江、内蒙古、吉林、辽宁、河北、山西、陕西、宁夏、甘肃、青海、新疆、西藏、四川、云南、贵州、广西、重庆、湖北、湖南、江西、安徽等21个省（自治区、直辖市）。主要类型包括：

1. 东北林草交错生态脆弱区

该区主要分布于大兴安岭山地和燕山山地森林外围与草原接壤的过渡区域，行政区域涉及内蒙古呼伦贝尔市、兴安盟、通辽市、赤峰市和河北省承德市、张家口市等部分县（旗、市、区）。生态环境脆弱性表现为：生态过渡带特征明显，群落结构复杂，环境异质性大，对外界反应敏感等。重要生态系统类型包括：北极泰加林、沙地樟子松林；疏林草甸、草甸草原、典型草原、疏林沙地、湿地、水体等。

2. 北方农牧交错生态脆弱区

该区主要分布于年降水量300~450毫米、干燥度1.0~2.0北方干旱半干旱草原区，行政区域涉及蒙、吉、辽、冀、晋、陕、宁、甘等8省区。生态环境脆弱性表现为：气候干旱，水资源短缺，土壤结构疏松，植被覆盖度低，容易受风蚀、水蚀和人为活动的强烈影响。重要生态系统类型包括：典型草原、荒漠草原、疏林沙地、农田等。

3. 西北荒漠绿洲交接生态脆弱区

该区主要分布于河套平原及贺兰山以西，新疆天山南北广大绿洲边缘区，行政区域涉及新、甘、青、蒙等地区。生态环境脆弱性表现为：典型荒漠绿洲过渡区，呈非地带性岛状或片状分布，环境异质性大，自然条件恶劣，年降水量少、蒸发量大，水资源极度短缺，土壤瘠薄，植被稀疏，风沙活动强烈，土地荒漠化严重。重要生态系统类型包括：高山亚高山冻原、高寒草甸、荒漠胡杨林、荒漠灌丛以及珍稀、濒危物种栖息地等。

4. 南方红壤丘陵山地生态脆弱区

该区主要分布于我国长江以南红土层盆地及红壤丘陵山地，行政区域涉及浙、闽、赣、湘、鄂、苏等六省。生态环境脆弱性表现为：土层较薄，肥力瘠薄，人为活动强烈，土地严重过垦，土壤质量下降明显，生产力逐年降低；丘陵坡地林木资源砍伐严重，植被覆盖度低，暴雨频繁、强度大，地表水蚀严重。重要生态系统类型包括：亚热带红壤丘陵山地森林、热性灌丛及草山草坡植被生态系统，亚热带红壤丘陵山地河流湿地水体生态系统。

5. 西南岩溶山地石漠化生态脆弱区

该区主要分布于我国西南石灰岩岩溶山地区域，行政区域涉及川、黔、滇、渝、桂等省市。生态环境脆弱性表现为：全年降水量大，融水侵蚀严重，而且岩溶山地土层薄，成土过程缓慢，加之过度砍伐山体林木资源，植被覆盖度低，造成严重水土流失，山体滑坡、泥石流灾害频繁发生。重要生态系统类型包括：典型喀斯特岩溶地貌景观生态系统，喀斯特森林生态系统，喀斯特河流、湖泊水体生态系统，喀斯特岩溶山地特有和濒危动植物栖息地等。

6. 西南山地农牧交错生态脆弱区

该区主要分布于青藏高原向四川盆地过渡的横断山区，行政区域涉及四川阿坝、甘孜、凉山等州，云南省迪庆、丽江、怒江以及黔西北六盘水等40余个县市。生态环境脆弱性表现为：地形起伏大、地质结构复杂，水热条件垂直变化明显，土层发育不全，土壤瘠薄，植被稀疏；受人为活动的强烈影响，区域生态退化明显。重要生态系统类型包括：亚热带高山针叶林生态系统，亚热带高山峡谷区热性灌丛草地生态系统，亚热带高山高寒草甸及冻原生态系统，河流水体生态系统等。

7. 青藏高原复合侵蚀生态脆弱区

该区主要分布于雅鲁藏布江中游高寒山地沟谷地带、藏北高原和青海三江源地区等。生态环境脆弱性表现为：地势高寒，气候恶劣，自然条件严酷，植被稀疏，具有明显的风蚀、水蚀、冻蚀等多种土壤侵蚀现象，是我国生态环境十分脆弱的地区之一。重要生态系统类型包括：高原冰川、雪线及冻原生态系统，高山灌丛化草地生态系统，高寒草甸生态系统，高山沟谷区河流湿地生态系统等。

8. 沿海水陆交接带生态脆弱区

该区主要分布于我国东部水陆交接地带，行政区域涉及我国东部沿海诸省（市），典型区域为滨海水线500米以内、向陆地延伸1～10公里之内的狭长地域。生态环境脆弱性表现为：潮汐、台风及暴雨等气候灾害频发，土壤含盐量高，植被单一，防护效果差。重要生态系统类型包括：滨海堤岸林植被生态系统，滨海三角洲及滩涂湿地生态系统，近海水域水生生态系统等。

生态脆弱区的主要压力

（一）主要问题

1. 草地退化、土地沙化面积巨大

2005 年我国共有各类沙漠化土地 174.0 万平方公里，其中，生态环境极度脆弱的西部 8 省区就占 96.3%。我国北方有近 3.0 亿公顷天然草地，其中 60% 以上分布在生态环境比较脆弱的农牧交错区，目前，该区中度以上退沙化面积已占草地总面积的 53.6%，并已成为我国北方重要沙尘源区，而且每年退沙化草地扩展速度平均在 200 万公顷以上。

2. 土壤侵蚀强度大，水土流失严重

西部 12 省（自治区、直辖市）是我国生态脆弱区的集中分布区。最近 20 年，由于人为过度干扰，植被退化趋势明显，水土流失面积平均每年净增 3% 以上，土壤侵蚀模数平均高达 3000 吨/平方公里·年，云贵川石漠化发生区，每年流失表土约 1 厘米，输入江河水体的泥沙总量约 40 亿~60 亿吨。

3. 自然灾害频发，地区贫困不断加剧

我国生态脆弱区每年因沙尘暴、泥石流、山体滑坡、洪涝灾害等各种自然灾害所造成的经济损失约 2000 多亿元人民币，自然灾害损失率年均递增 9%，普遍高于生态脆弱区 GDP 增长率。我国《"八七"扶贫计划》共涉及 592 个贫困县，中西部地区占 52%，其中 80% 以上地处生态脆弱区。2005 年全国绝对贫困人口 2365 万，其中 95% 以上分布在生态环境极度脆弱的老少边穷地区。

4. 气候干旱，水资源短缺，资源环境矛盾突出

我国北方生态脆弱区耕地面积占全国的 64.8%，实际可用水量仅占全国的 15.6%，70% 以上地区全年降水不足 300 毫米，每年因缺水而使 1300 万~4000 万公顷农田受旱。西北荒漠绿洲区主要依赖雪山融水维系绿洲生态平衡，最近几年，雪山融水量比 20 年前普遍下降 30%~40%，绿洲萎缩后外围胡杨林及荒漠灌丛生态退化日益明显，并已严重威胁到绿洲区的生态安全。

5. 湿地退化，调蓄功能下降，生物多样性丧失

20 世纪 50 年代以来，全国共围垦湿地 3.0 万平方公里，直接导致 6.0 万~8.0 万平方公里湿地退化，蓄水能力降低约 200 亿~300 亿立方米，许多两栖类、鸟类等关键物种栖息地遭到严重破坏，生物多样性严重受损。此外，湿地退化，土壤次生盐渍化程度增加，每年受灾农田约 100 万公顷，粮食减产约 2 亿公斤。

（二）成因及压力

造成我国生态脆弱区生态退化、自然环境脆弱的原因除生态本底脆弱外，人类活动的过度干扰是直接成因。主要表现在：

1. 经济增长方式粗放

我国经济增长方式粗放的特征主要表现在重要资源单位产出效率较低，生产环节能耗和水耗较高，污染物排放强度较大，再生资源回收利用率低下，社会交易率低而交易成本较高。2006 年中国 GDP 约占世界的 5.5%，但能耗占到 15%、钢材占到 30%、水泥占到 54%；2000 年中国单位 GDP 排放 CO_2 0.62 公斤、有机污水 0.5 公斤，污染物排放强度大

大高于世界平均水平；而矿产资源综合利用率、工业用水重复率均高于世界先进水平15～25个百分点；社会交易成本普遍比发达国家高30%～40%。

2. 人地矛盾突出

我国以占世界9%的耕地、6%的水资源、4%的森林、1.8%的石油，养活着占世界22%的人口，人地矛盾突出已是我国生态脆弱区退化的根本原因，如长期过牧引起的草地退化，过度开垦导致干旱区土地沙化，过量砍伐森林资源引发大面积水土流失等。据报道，我国环境污染损失约占GDP的3%～8%，生态破坏（草原、湿地、森林、土壤侵蚀等）约占GDP的6%～7%。

3. 监测与监管能力低下

我国生态监管机制由于部门分割、协调不力，导致监管效率低下。同时，由于相关政策法规、技术标准不完善，经济发展与生态保护矛盾突出，特别是生态监测、评估与预警技术落后，生态脆弱区基线不清、资源环境信息不畅，难以为环境管理与决策提供良好的技术支撑。

4. 生态保护意识薄弱

我国人口众多，环保宣传和文教事业严重滞后。许多地方政府重发展轻保护思想普遍，有的甚至以牺牲环境为代价，单纯追求眼前的经济利益；个别企业受经济利益驱动，违法采矿、超标排放十分普遍，严重破坏人类的生存环境。许多民众环保观念淡漠，对当前严峻的环境形势认知水平低，而且消费观念陈旧，缺乏主动参与和积极维护生态环境的思想意识，资源掠夺性开发和浪费使用不能有效遏制，生态破坏、系统退化日趋严重。

规划指导思想、原则及目标

（一）指导思想

以邓小平理论和"三个代表"重要思想为指导，贯彻落实科学发展观，建设生态文明，以维护生态系统完整性，恢复和改善脆弱生态系统为目标，在坚持优先保护、限制开发、统筹规划、防治结合的前提下，通过适时监测、科学评估和预警服务，及时掌握脆弱区生态环境演变动态，因地制宜，合理选择发展方向，优化产业结构，力争在发展中解决生态环境问题。同时，强化法制监管，倡导生态文明，积极增进群众参与意识，全面恢复脆弱区生态系统。

（二）基本原则

——预防为主，保护优先。建立健全脆弱区生态监测与预警体系，以科学监测、合理评估和预警服务为手段，强化"环境准入"，科学指导脆弱区生态保育与产业发展活动，促进脆弱区的生态恢复。

——分区推进，分类指导。按照区域生态特点，优化资源配置和生产力空间布局，以科技促保护，以保护促发展，维护生态脆弱区自然生态平衡。

——强化监管，适度开发。强化生态环境监管执法力度，坚持适度开发，积极引导资源环境可承载的特色产业发展，保护和恢复脆弱区生态系统，是维护区域生态系统完整性、实现生态环境质量明显改善和区域可持续发展的必由之路。

——统筹规划，分步实施。在明确区域分布、地理环境特点、重点生态问题和成因的基础上，制定相应的应对战略，分期分批开展，逐步推进，积极探索生态脆弱区保护的多样化模式，形成生态脆弱区保护格局。

（三）规划期限

规划的基准年为 2008 年。

规划期为 2009 ~ 2020 年。

（四）编制依据

1.《中华人民共和国国民经济和社会发展第十一个五年计划纲要》（2006 年 3 月 16 日十届全国人大第四次会议通过）；

2.《全国生态环境保护纲要》（国发〔2000〕38 号）；

3.《全国生态环境建设规划》（国发〔1998〕36 号）；

4.《国务院关于落实科学发展观加强环境保护的决定》（国发〔2005〕39 号）；

5.《国家环境保护"十一五"规划》（国发〔2007〕37 号）；

6.《全国生态保护"十一五"规划》（环发〔2006〕158 号）；

7.《国家重点生态功能保护区规划纲要》（环发〔2007〕165 号）；

8.《全国生态功能区划》（环境保护部公告 2008 年第 35 号）。

（五）规划目标

1. 总体目标

到 2020 年，在生态脆弱区建立起比较完善的生态保护与建设的政策保障体系、生态监测预警体系和资源开发监管执法体系；生态脆弱区 40% 以上适宜治理的土地得到不同程度治理，水土流失得到基本控制，退化生态系统基本得到恢复，生态环境质量总体良好；区域可更新资源不断增值，生物多样性保护水平稳步提高；生态产业成为脆弱区的主导产业，生态保护与产业发展有序、协调，区域经济、社会、生态复合系统结构基本合理，系统服务功能呈现持续、稳定态势；生态文明融入社会各个层面，民众参与生态保护的意识明显增强，人与自然基本和谐。

2. 阶段目标

（1）近期（2009 ~ 2015 年）目标

明确生态脆弱区空间分布、重要生态问题及其成因和压力，初步建立起有利于生态脆弱区保护和建设的政策法规体系、监测预警体系和长效监管机制；研究构建生态脆弱区产业准入机制，全面限制有损生态系统健康发展的产业扩张，防止因人为过度干扰所产生新的生态退化。到 2015 年，生态脆弱区战略环境影响评价执行率达到 100%，新增治理面积达到 30% 以上；生态产业示范已在生态脆弱区全面开展。

（2）中远期（2016 ~ 2020 年）目标

生态脆弱区生态退化趋势已得到基本遏止，人地矛盾得到有效缓减，生态系统基本处于健康、稳定发展状态。到 2020 年，生态脆弱区 40% 以上适宜治理的土地得到不同程度治理，退化生态系统已得到基本恢复，可更新资源不断增值，生态产业已基本成为区域经济发展的主导产业，并呈现持续、强劲的发展态势，区域生态环境已步入良性循环轨道。

规划主要任务

（一）总体任务

以维护区域生态系统完整性、保证生态过程连续性和改善生态系统服务功能为中心，优化产业布局，调整产业结构，全面限制有损于脆弱区生态环境的产业扩张，发展与当地资源环境承载力相适应的特色产业和环境友好产业，从源头控制生态退化；加强生态保育，增强脆弱区生态系统的抗干扰能力；建立健全脆弱区生态环境监测、评估及预警体系；强化资源开发监管和执法力度，促进脆弱区资源环境协调发展。

（二）具体任务

1. 调整产业结构，促进脆弱区生态与经济的协调发展

根据生态脆弱区资源禀赋、自然环境特点及容量，调整产业结构，优化产业布局，重点发展与脆弱区资源环境相适宜的特色产业和环境友好产业。同时，按流域或区域编制生态脆弱区环境友好产业发展规划，严格限制有损于脆弱区生态环境的产业扩张，研究并探索有利于生态脆弱区经济发展与生态保育耦合模式，全面推行生态脆弱区产业发展规划战略环境影响评价制度。

2. 加强生态保育，促进生态脆弱区修复进程

在全面分析和研究不同类型生态脆弱区生态环境脆弱性成因、机制、机理及演变规律的基础上，确立适宜的生态保育对策。通过技术集成、技术创新以及新成果、新工艺的应用，提高生态修复效果，保障脆弱区自然生态系统和人工生态系统的健康发展。同时，高度重视环境极度脆弱、生态退化严重、具有重要保护价值的地区如重要江河源头区、重大工程水土保持区、国家生态屏障区和重度水土流失区的生态应急工程建设与技术创新；密切关注具有明显退化趋势的潜在生态脆弱区环境演变动态的监测与评估，因地制宜，科学规划，采取不同保育措施，快速恢复脆弱区植被，增强脆弱区自身防护效果，全面遏制生态退化。

3. 加强生态监测与评估能力建设，构建脆弱区生态安全预警体系

在全国生态脆弱典型区建立长期定位生态监测站，全面构建全国生态脆弱区生态安全预警网络体系；同时，研究制定适宜不同生态脆弱区生态环境质量评估指标体系，科学监测和合理评估脆弱生态系统结构、功能和生态过程动态演变规律，建立脆弱区生态背景数据库资源共享平台，并利用网络视频和模型预测技术，实现脆弱区生态系统健康网络诊断与安全预警服务，为国家环境决策与管理提供技术支撑。

4. 强化资源开发监管执法力度，防止无序开发和过度开发

加强资源开发监管与执法力度，全面开展脆弱区生态环境监查工作，严格禁止超采、过牧、乱垦、滥挖以及非法采矿、无序修路等资源破坏行为发生；以生态脆弱区资源禀赋和生态环境承载力基线为基础，通过科学规划，确立适宜的资源开发模式与强度、可持续利用途径、资源开发监管办法以及资源开发过程中生态保护措施；研究制定生态脆弱区资源开发监管条例，编制适宜不同生态脆弱区资源开发生态恢复与重建技术标准及技术规范，积极推进脆弱区生态保育、系统恢复与重建进程。

（三）重点生态脆弱区建设任务

根据全国生态脆弱区空间分布及其生态环境现状，本规划重点对全国八大生态脆弱区中的19个重点区域进行分区规划建设（参见附件）。

1. 东北林草交错生态脆弱区

重点保护区域：大兴安岭西麓山地林草交错生态脆弱重点区域。主要保护对象包括大兴安岭西麓北极泰加林、落叶阔叶林、沙地樟子松林、呼伦贝尔草原、湿地等。

具体保护措施：以维护区域生态完整性为核心，调整产业结构，集中发展生态旅游业，通过北繁南育发展畜牧业，以减轻草地的压力；实施退耕还林还草工程，对已经发生退化或沙化的天然草地，实施严格的休牧、禁牧政策，通过围封改良与人工补播措施恢复植被；强化湿地管理，合理营建沙地灌木林，重点突出生态监测与预警服务，从保护源头遏止生态退化；加大林草过渡区资源开发监管力度，严格执行林草采伐限额制度，控制超强采伐。

2. 北方农牧交错生态脆弱区

重点保护区域： 辽西以北丘陵灌丛草原垦殖退沙化生态脆弱重点区域，冀北坝上典型草原垦殖退沙化生态脆弱重点区域，阴山北麓荒漠草原垦殖退沙化生态脆弱重点区域，鄂尔多斯荒漠草原垦殖退沙化生态脆弱重点区域。

具体保护措施： 实施退耕还林、还草和沙化土地治理为重点，加强退化草场的改良和建设，合理放牧，舍饲圈养，开展以草原植被恢复为主的草原生态建设；垦殖区大力营造防风固沙林和农田防护林，变革生产经营方式，积极发展替代产业和特色产业，降低人为活动对土地的扰动。同时，合理开发、利用水资源，增加生态用水量，建设沙漠地区绿色屏障；对少数沙化严重地区，有计划生态移民，全面封育保护，促进区域生态恢复。

3. 西北荒漠绿洲交接生态脆弱区

重点保护区域： 贺兰山及蒙宁河套平原外围荒漠绿洲生态脆弱重点区域，新疆塔里木盆地外缘荒漠绿洲生态脆弱重点区域，青海柴达木高原盆地荒漠绿洲生态脆弱重点区域。

具体保护措施： 以水资源承载力评估为基础，重视生态用水，合理调整绿洲区产业结构，以水定绿洲发展规模，限制水稻等高耗水作物的种植；严格保护自然本底，禁止毁林开荒、过度放牧，积极采取禁牧休牧措施，保护绿洲外围荒漠植被。同时，突出生态保育，采取生态移民、禁牧休牧、围封补播等措施，保护高寒草甸和冻原生态系统，恢复高山草甸植被，切实保障水资源供给。

4. 南方红壤丘陵山地生态脆弱区

重点保护区域： 南方红壤丘陵山地流水侵蚀生态脆弱重点区域，南方红壤山间盆地流水侵蚀生态脆弱重点区域。

具体保护措施： 合理调整产业结构，因地制宜种植茶、果等经济树种，增加植被覆盖度；坡耕地实施梯田化，发展水源涵养林，积极推广草田轮作制度，广种优良牧草，发展以草畜沼肥"四位一体"生态农业，改良土壤，减少地表径流，促进生态系统良性循环。同时，强化山地林木植被法制监管力度，全面封山育林、退耕还林；退化严重地段，实施生物措施和工程措施相结合的办法，控制水土流失。

5. 西南岩溶山地石漠化生态脆弱区

重点保护区域： 西南岩溶山地丘陵流水侵蚀生态脆弱重点区域，西南岩溶山间盆地流水侵蚀生态脆弱重点区域。

具体保护措施： 全面改造坡耕地，严格退耕还林、封山育林政策，严禁破坏山体植被，保护天然林资源；开展小流域和山体综合治理，采用补播方式播种优良灌草植物，提高山体林草植被覆盖度，控制水土流失。选择典型地域，建立野外生态监测站，加强区域石漠化生态监测与预警；同时，合理调整产业结构，发展林果业、营养体农业和生态旅游业为主的特色产业，促进地区经济发展；强化生态保护监管力度，快速恢复山体植被，逐步实现石漠化区生态系统的良性循环。

6. 西南山地农牧交错生态脆弱区

重点保护区域： 横断山高中山农林牧复合生态脆弱重点区域，云贵高原山地石漠化农林牧复合生态脆弱重点区域。

具体保护措施：全面退耕还林还草，严禁樵采、过垦、过牧和无序开矿等破坏植被行为；积极推广封山育林育草技术，有计划、有步骤地营建水土保持林、水源涵养林和人工草地，快速恢复山体植被，全面控制水土流失；同时，加强小流域综合治理，合理利用当地水土资源、草山草坡，利用冬闲田发展营养体农业、山坡地林果业和生态旅游业，降低人为干扰强度，增强区域减灾防灾能力。

7. 青藏高原复合侵蚀生态脆弱区

重点保护区域：青藏高原山地林牧复合侵蚀生态脆弱重点区域，青藏高原山间河谷风蚀水蚀生态脆弱重点区域。

具体保护措施：以维护现有自然生态系统完整性为主，全面封山育林，强化退耕还林还草政策，恢复高原山地天然植被，减少水土流失。同时，加强生态监测及预警服务，严格控制雪域高原人类经济活动，保护冰川、雪域、冻原及高寒草甸生态系统，遏制生态退化。

8. 沿海水陆交接带生态脆弱区

重点保护区域：辽河、黄河、长江、珠江等滨海三角洲湿地及其近海水域，渤海、黄海、南海等滨海水陆交接带及其近海水域，华北滨海平原内涝盐碱化生态脆弱重点区域。

具体保护措施：加强滨海区域生态防护工程建设，合理营建堤岸防护林，构建近海海岸复合植被防护体系，缓减台风、潮汐对堤岸及近海海域的破坏；合理调整湿地利用结构，全面退耕还湿，重点发展生态养殖业和滨海区生态旅游业；加强湿地及水域生态监测，强化区域水污染监管力度，严格控制污染陆源，防止水体污染，保护滩涂湿地及近海海域生物多样性。

（四）近期建设重点

1. 生态脆弱区现状调查与基线评估

以"3S"技术为主要手段，结合地面生态调查，全面开展全国八大类生态脆弱区资源、环境现状调查与基线评估，建立脆弱区生态背景数据库，明确不同生态脆弱区时空演变动态，制定符合中国国情的生态脆弱区评价指标体系，编制符合不同生态脆弱区植被恢复与系统重建的技术规范与技术标准，确定不同生态脆弱区资源、环境承载力阈值（生态警戒线），为脆弱区生态保育奠定科学基础。

2. 生态脆弱区监测网络与预警体系建设

在全国八大类典型生态脆弱区，建立长期定位生态监测站，运用互联网技术，与国家环境保护生态背景数据网络平台联网，实施数据信息共享，构建全国生态脆弱区生态监测网络。同时，利用遥感和地理信息系统技术，开展生态系统健康诊断与预测评估，对全国生态脆弱区实施动态监测与中长期预警，定期发布生态安全预警信息，为国家环境管理、资源开发及生态保护提供技术支撑。

3. 开展生态脆弱区保护、修复与产业示范

针对不同类型生态脆弱区资源与环境特点，编制适合不同生态脆弱区持续发展的生态保护与修复示范产业规划，并选择典型区域进行试点示范。同时，研究制定不同生态脆弱区限制类、优化类和鼓励类产业准入分类指导目录，指导脆弱区产业发展；此外，开展生态脆弱区资源开发、生态恢复及重建技术规范及标准研究，以及自然资源生态价值评估指标及评估方法研究，积极探索生态保护与经济发展耦合模式，促进示范产业的开展实施。

4. 典型示范工程整合与技术推广

编制全国生态脆弱区生态保护与建设工程实施管理办法及技术规范，研究制定全国生态脆弱区重大生态建设工程效益评估指标及评估方法，逐步开展生态脆弱区重大生态建设工程效益后评估，并按照评估结果进行整合与推广，为确保脆弱区生态工程质量提供技术保障。

对策措施

（一）完善生态脆弱区的政策与法律法规体系

由于我国脆弱区生态保护与建设法律法规体系不健全，政策措施不完善，导致环境监察与行政执法能力薄弱，资源过度开发、人为破坏生态等仍是引发生态脆弱区土地退化和水土流失的主要因素。因此，加快制定国家《生态保护法》、《生态补偿条例》等法律法规，健全生态保护行政执法体制，建设高素质执法队伍、严格管理制度、强化行政执法能力，是杜绝生态脆弱区资源不合理利用、防止滥砍乱伐、滥搂乱采、无节制开垦、非法采矿等人为破坏现象的有效措施，也是保证规划目标如期实现的关键。

（二）强化生态督查，促进生态脆弱区保护与建设

加强生态督查力度，研究制定生态脆弱区重大生态建设工程生态督查专员管理办法和有利于生态脆弱区保护与建设的环境督查、生态监理技术规范以及工程质量验收标准。地方政府应建立由主管领导牵头、相关部门共同参与的生态保护协调机制和政府决策机制，定期或不定期开展联合执法检查，统一生态保护行政执法权限，严厉查处生态脆弱区内各种破坏生态环境和有损生态功能的不法行为，如非法采矿、盗砍森林资源、草原挖药等现象，切实保障生态脆弱区生态环境保护和建设事业的顺利进行。

（三）增强公众参与意识，建立多元化社区共管机制

以政府为主导，调动各方积极因素，充分利用广播、电视、报刊等现代媒体，深入宣传保护脆弱区生态环境的重要作用和意义，不断提高全民的生态环境保护意识，积极倡导生态文明，增强全社会公众参与的积极性。同时，各级政府要借助国家新农村建设的有利时机，逐级建立生态保护目标责任制，并与农牧民签订生态管护合同，逐步建成完善的多元化社区共管机制，使生态保护与全民利益融为一体，从根本上实现生态保护社会化。

（四）构建生态补偿机制，多渠道筹措脆弱区保护资金

生态脆弱区为国家生态安全做出的公益性贡献大。因此，继续实施生态建设项目向脆弱区倾斜政策，建立有利于脆弱区生态保护的财政转移支付制度和资金横向转移补偿模式，通过横向转移改变地区间既得利益格局，实现公共服务水平的均衡，增加脆弱区资金投入。

（五）加强科技创新，促进脆弱区生态保育

围绕区域重点生态问题进行协同攻关，深入开展与脆弱区生态保护和建设相关的基础理论与应用研究；积极筛选并推广适宜不同生态脆弱区的保护和治理技术。同时，加快科技成果的转化，通过提高资源利用效率，减少资源消耗，降低开发强度，促进脆弱区生态保育。

（六）探索产业准入管理，从源头遏制脆弱区生态退化

脆弱区生态环境脆弱性的根源，一方面是受脆弱区本身地形地貌、自然气候、土壤质

地及自然植被等结构因素的限制，另一方面是受到人类经济与社会活动的强烈干扰所致。其中，人类的经济开发活动是加剧脆弱区生态环境脆弱性的根本因素。因此，积极探索生态脆弱区合理的经济开发强度与方式，建立适宜的产业准入制度，限制或降低人类的干扰程度，缓减人口对土地的压力，是有效克服脆弱区生态环境脆弱性的根本所在。

　　附：全国生态脆弱区重点保护区域及发展方向

附

全国生态脆弱区重点保护区域及发展方向

生态脆弱区名称	序号	重点保护区域	主要生态问题	发展方向与措施
东北林草交错生态脆弱区	1	大兴安岭西麓山地林草交错生态脆弱重点区域	天然林面积减小，稳定性下降；水土保持、水源涵养能力降低，草地退化、沙化趋势激烈	严格执行天然林保护政策，禁止超采过牧、过度垦殖和无序采矿，防止草地退化与风蚀沙化，全面恢复林草植被，合理发展生态旅游业和特色养殖业
北方农牧交错生态脆弱区	2	辽西以北丘陵灌丛草原垦殖退沙化生态脆弱重点区域	草地过垦过牧，植被退化明显，土地沙漠化强烈，水土流失严重，气候干旱，水资源短缺	禁止过度垦殖、樵采和超载放牧，全面退耕还林（草），防治草地退化、沙化，恢复草原植被，发展节水农业和生态养殖业
	3	冀北坝上典型草原垦殖退沙化生态脆弱重点区域	草地退化，土地沙化趋势激烈，风沙活动强烈，干旱、沙尘暴等灾害天气频发，水土流失严重	严禁滥砍滥挖，全面退耕还林还草，严格控制耕地规模，禁牧休牧，以草定畜，大力推行舍饲圈养技术，发展新型有机节水农业和生态养殖业
	4	阴山北麓荒漠草原垦殖退沙化生态脆弱重点区域	草地退化、沙漠化趋势激烈，风沙活动强烈，土壤侵蚀严重，气候灾害频发，水资源短缺	退耕还林还草，严格控制耕地规模，禁牧休牧，以草定畜，恢复植被，全面推行舍饲圈养技术，发展新型农牧业，防止草地沙化
	5	鄂尔多斯荒漠草原垦殖退沙化生态脆弱重点区域	气候干旱，植被稀疏，风沙活动强烈，沙漠化扩展趋势明显，气候灾害频发，水土流失严重	严格退耕还林还草，全面围封禁牧，恢复植被，防止沙丘活化和沙漠化扩展，加强矿区植被重建，发展生态产业西北荒漠绿洲交接生态脆弱区

生态脆弱区名称	序号	重点保护区域	主要生态问题	发展方向与措施
北方农牧交错生态脆弱区	6	贺兰山及蒙宁河套平原外围荒漠绿洲生态脆弱重点区域	土地过垦，草地过牧，植被退化，水土保持能力下降，土壤次生盐渍化加剧，水资源短缺	禁止破坏林木资源，严格控制水土流失，发展节水农业，提高水资源利用效率，防止土壤次生盐渍化，合理更新林地资源
	7	新疆塔里木盆地外缘荒漠绿洲生态脆弱重点区域	滥伐森林，草地过牧，植被退化严重，高山雪线上移，水资源短缺，土壤贫瘠，风沙活动强烈，土地荒漠化及水土流失严重	严格保护林木资源和山地草原生态系统，禁止采伐、过牧和过度利用水资源，发展节水型高效种植业和生态养殖业，防止土壤侵蚀与荒漠化扩展
	8	青海柴达木高原盆地荒漠绿洲生态脆弱重点区域	草地过牧，乱采滥挖，植被严重退化，水土保持及水源涵养能力下降，荒漠化扩展趋势明显	严禁乱采、滥挖野生药材，以草定畜、禁牧恢复、限牧育草，加强天然林保护，围栏封育，恢复草地植被，防治水土流失
南方红壤丘陵山地生态脆弱区	9	南方红壤丘陵山地流水侵蚀生态脆弱重点区域	土地过垦、林灌过樵，植被退化明显，水土流失严重，生态十分脆弱	杜绝樵采，封山育林，种植经济型灌草植物，恢复山体植被，发展生态养殖业和农畜产品加工业
	10	南方红壤山间盆地流水侵蚀生态脆弱重点区域	土地过垦、肥力下降，植被盖度低、退化明显，流水侵蚀严重	合理营建农田防护林，种植经济灌木和优良牧草，推广草田轮作，发展生态种养业和农畜产品加工业
西南岩溶山地石漠化生态脆弱区	11	西南岩溶山地丘陵流水侵蚀生态脆弱重点区域	过度樵采，植被退化，土层薄，土壤发育缓慢，溶蚀、水蚀严重	严禁樵采和破坏山地植被，封山育林，广种经济灌木和牧草，快速恢复山体植被，发展生态旅游业
	12	西南岩溶山间盆地流水侵蚀生态脆弱重点区域	土地过垦，林地过樵，植被退化，流水侵蚀严重，生态脆弱	建设经济型乔灌草复合植被，固土肥田，实施林网化保护，控制水土流失，发展生态旅游和生态种殖业

续表

生态脆弱区名称	序号	重点保护区域	主要生态问题	发展方向与措施
西南山地农牧交错生态脆弱区	13	横断山高中山农林牧复合生态脆弱重点区域	森林过伐，土地过垦，植被退化，土壤发育不全，土层薄而贫瘠，水土流失严重	严格执行天然林保护政策，禁止超采过牧和无序采矿，防止水土流失，恢复林草植被，合理发展生态旅游业
	14	云贵高原山地石漠化农林牧复合生态脆弱重点区域	森林过伐，土地过垦，植被稀疏，土壤发育不全，土层薄而贫瘠，水源涵养能力低下，水土流失十分严重，石漠化强烈	严禁采伐山地森林资源，严格退耕还林，封山育林，加强小流域综合治理，控制水土流失，合理发展生态农业、生态旅游业
青藏高原复合侵蚀生态脆弱区	15	青藏高原山地林牧复合侵蚀生态脆弱重点区域	植被退化明显，受风蚀、水蚀、冻蚀以及重力侵蚀影响，水土流失严重	全面退耕还林、退牧还草，封山育林育草，恢复植被，休养生息，建立高原保护区，适当发展生态旅游业
	16	青藏高原山间河谷风蚀水蚀生态脆弱重点区域	植被退化明显，受风蚀、水蚀、冻蚀以及重力侵蚀影响，水土流失严重	全面退耕还林、退牧还草，封山育林育草，恢复植被，适当发展旅游业和生态养殖业
沿海水陆交接带生态脆弱区	17	辽河、黄河、长江、珠江等滨海三角洲湿地及其近海水域	湿地退化，调蓄净化能力减弱，土壤次生盐渍化加重，水体污染，生物多样性下降	调整湿地利用结构，全面退耕还湿，合理规划，严格控制水体污染，重点发展特色养殖业和生态旅游业
	18	渤海、黄海、南海等滨海水陆交接带及其近海水域	台风、暴雨、潮汐等自然灾害频发，过渡区土壤次生盐渍化加剧，缓冲能力减弱	科学规划，合理营建滨海防护林和护岸林，加强滨海区域生态防护工程建设，因地制宜发展特色养殖业
	19	华北滨海平原内涝盐碱化生态脆弱重点区域	植被覆盖度低，受潮汐、台风影响大，地下水矿化度高，土壤盐碱化较重	合理营建滨海农田防护林和堤岸防护林，广种耐盐碱优良牧草，发展滨海养殖业

关于印发《国家重点生态功能保护区规划纲要》的通知

环发〔2007〕165号

各省、自治区、直辖市环境保护局（厅），新疆生产建设兵团环境保护局：

加强生态功能保护区建设是促进我国重要生态功能区经济、社会和环境协调发展的有效途径，是维护我国流域、区域生态安全的具体措施，是有效管理限制开发主体功能区的重要手段。依据国务院《全国生态环境保护纲要》、《关于落实科学发展观加强环境保护的决定》和《关于编制全国主体功能区规划的意见》有关精神，我局编制了《国家重点生态功能保护区规划纲要》。现印发给你们，请参照执行。

附件：国家重点生态功能保护区规划纲要

二〇〇七年十月三十一日

附件：

国家重点生态功能保护区规划纲要

前言

生态功能保护区是指在涵养水源、保持水土、调蓄洪水、防风固沙、维系生物多样性等方面具有重要作用的重要生态功能区内，有选择地划定一定面积予以重点保护和限制开发建设的区域。建立生态功能保护区，保护区域重要生态功能，对于防止和减轻自然灾害，协调流域及区域生态保护与经济社会发展，保障国家和地方生态安全具有重要意义。国家重点生态功能保护区是指对保障国家生态安全具有重要意义，需要国家和地方共同保护和管理的生态功能保护区。

党中央、国务院对重要生态功能区的保护工作十分重视。2000年国务院印发的《全国生态环境保护纲要》明确提出，要通过建立生态功能保护区，实施保护措施，防止生态环境的破坏和生态功能的退化。《中华人民共和国国民经济和社会发展第十一个五年规划纲要》将重要生态功能区建设作为推进形成主体功能区，构建资源节约型、环境友好型社会的重要任务之一。《国务院关于落实科学发展观加强环境保护的决定》将保持"重点生态功能保护区、自然保护区等的生态功能基本稳定"作为我国环境保护的目标之一。

党和国家领导人高度重视生态功能保护区建设工作，作出了一系列重要指示和批示。

胡锦涛总书记在 2004 年中央人口资源环境工作座谈会上强调："做好生态功能区划和生态保护规划，加大重要生态功能保护区、自然保护区建设力度，提高保护质量。"2003 年 9 月，曾培炎副总理在听取全国生态环境调查评估汇报时指出："在目前条件下，要以生态功能保护区抢救性保护为重点"，"根据我国人口多、自然资源短缺的国情，加强重点生态功能保护区建设，是生态环境保护工作的重大突破和重要举措"，"环保总局应抓紧有关规划和项目的前期准备工作"。

根据党中央、国务院对建立生态功能保护区的要求，我局组织编制了《国家重点生态功能保护区规划纲要》（以下简称《纲要》）。

《纲要》根据我国生态功能重要性和生态敏感性评价结果，结合《中华人民共和国国民经济和社会发展第十一个五年规划纲要》和《国务院关于编制全国主体功能区规划的意见》提出的限制开发区域有关要求，确定了我国重点生态功能保护区建设的主要目标和任务，以此来指导我国生态功能保护区的建设。根据《中华人民共和国国民经济和社会发展第十一个五年规划纲要》和《国务院关于落实科学发展观加强环境保护的决定》，生态功能保护区实行限制开发，在坚持保护优先、防治结合的前提下，合理选择发展方向，发展特色优势产业，防止各种不合理的开发建设活动导致生态功能的退化，从而减轻区域自然生态系统的压力，保护和恢复区域生态功能，逐步恢复生态平衡。

一 我国重要生态功能区保护面临的形势和机遇，重要生态功能区的保护事关我国生态安全，是我国生态保护的重要内容。重要生态功能区的保护工作既存在严峻挑战，同时也面临重大机遇。

（一）重要生态功能区生态恶化趋势尚未扭转

我国重要生态功能区生态破坏严重，部分区域生态功能整体退化甚至丧失，严重威胁国家和区域的生态安全。突出表现在：大江大河源头区生态功能退化，水源涵养功能下降，对下游地区的生态安全带来威胁；北方重要防风固沙区植被破坏和绿洲萎缩，沙尘暴威胁严重；江河、湖泊湿地萎缩，生态系统退化，洪水调蓄功能下降；部分地区水土流失加剧，威胁区域可持续发展；近岸海域生态系统遭到破坏，重要渔业水域生产能力衰退；部分重要物种资源集中分布区自然生境退化加剧，生物多样性维系功能衰退。我国重要生态功能区生态恶化的主要原因有：经济发展与生态保护之间的矛盾突出，落后的生产生活方式是造成区域生态功能破坏；条块式的管理方式阻碍了重要生态功能区的整体性保护；监管能力薄弱，执法不严，管理不力，致使许多生态环境破坏的现象屡禁不止，加剧了生态环境的退化。

（二）生态功能保护区建设面临重大机遇

建立生态功能保护区是保护我国重要生态功能区的主要措施。目前，我国存在加快生态功能保护区建设的有利条件。在国际上，"综合生态系统管理"方法在越来越受到重视，"生态功能"整体性和综合性保护的理念逐步得到社会各界的承认和支持。以建立生态功能保护区的方式保护重要生态功能区得到相关部门的一致认可。我国正在开展主体功能区划规划的编制，其中限制开发区将为生态功能保护区的建设提供保障。

二　指导思想、原则及目标

（一）指导思想及原则

1. 指导思想

以科学发展观为指导，以保障国家和区域生态安全为出发点，以维护并改善区域重要生态功能为目标，以调整产业结构为主段，统筹人与自然和谐发展，把生态保护和建设与地方社会经济发展、群众生活水平提高有机结合起来，统一规划，优先保护，限制开发，严格监管，促进我国重要生态功能区经济、社会和环境的协调发展。

2. 基本原则

（1）统筹规划，分步实施

生态功能保护区建设是一个长期的系统工程，应统筹规划，分步实施，在明确重点生态功能保护区建设布局的基础上，分期分批开展，逐步推进，积极探索生态功能保护区建设多样化模式，建立符合我国国情的生态功能保护区格局体系。

（2）高度重视，精心组织

各级环保部门要将重点生态功能保护区的规划编制、相关配套政策的制定和研究、管理技术规范研究作为生态环境保护的重要内容。并通过与相关部门的协调和衔接，力争将生态功能保护区的建设纳入当地经济社会发展规划。

（3）保护优先，限制开发

生态功能保护区属于限制开发区，应坚持保护优先、限制开发、点状发展的原则，因地制宜地制定生态功能保护区的财政、产业、投资、人口和绩效考核等社会经济政策，强化生态环境保护执法监督，加强生态功能保护和恢复，引导资源环境可承载的特色产业发展，限制损害主导生态功能的产业扩张，走生态经济型的发展道路。

（4）避免重复，互为补充生态功能保护区属于限制开发区，自然保护区、世界文化自然遗产、风景名胜区、森林公园等各类特别保护区域属于禁止开发区，生态功能保护区建设要考虑两者之间的协调与补充。在空间范围上，生态功能保护区不包含自然保护区、世界文化自然遗产、风景名胜区、森林公园、地质公园等特别保护区域；在建设内容上，避免重复，互相补充；在管理机制上，各类特别保护区域的隶属关系和管理方式不变。

（二）主要目标

以《中华人民共和国国民经济和社会发展第十一个五年规划纲要》明确的国家限制开发区为重点，合理布局国家重点生态功能保护区，建设一批水源涵养、水土保持、防风固沙、洪水调蓄、生物多样性维护生态功能保护区，形成较完善的生态功能保护区建设体系，建立较完备的生态功能保护区相关政策、法规、标准和技术规范体系，使我国重要生态功能区的生态恶化趋势得到遏制，主要生态功能得到有效恢复和完善，限制开发区有关政策得到有效落实。

三　主要任务

重点生态功能保护区属于限制开发区，要在保护优先的前提下，合理选择发展方向，发展特色优势产业，加强生态环境保护和修复，加大生态环境监管力度，保护和恢复区域生态功能。

（一）合理引导产业发展。充分利用生态功能保护区的资源优势，合理选择发展方向，调整区域产业结构，发展有益于区域主导生态功能发挥的资源环境可承载的特色产业，限制不符合主导生态功能保护需要的产业发展，鼓励使用清洁能源。

1. 限制损害区域生态功能的产业扩张。根据生态功能保护区的资源禀赋、环境容量，合理确定区域产业发展方向，限制高污染、高能耗、高物耗产业的发展。要依法淘汰严重污染环境、严重破坏区域生态、严重浪费资源能源的产业，要依法关闭破坏资源、污染环境和损害生态系统功能的企业。

2. 发展资源环境可承载的特色产业。依据资源禀赋的差异，积极发展生态农业、生态林业、生态旅游业；在中药材资源丰富的地区，建设药材基地，推动生物资源的开发；在畜牧业为主的区域，建立稳定、优质、高产的人工饲草基地，推行舍饲圈养；在重要防风固沙区，合理发展沙产业；在蓄滞洪区，发展避洪经济；在海洋生态功能保护区，发展海洋生态养殖、生态旅游等海洋生态产业。

3. 推广清洁能源。积极推广沼气、风能、小水电、太阳能、地热能及其他清洁能源，解决农村能源需求，减少对自然生态系统的破坏。

（二）保护和恢复生态功能遵循先急后缓、突出重点，保护优先、积极治理，因地制宜、因害设防的原则，结合已实施或规划实施的生态治理工程，加大区域自然生态系统的保护和恢复力度，恢复和维护区域生态功能。

1. 提高水源涵养能力。在水源涵养生态功能保护区内，结合已有的生态保护和建设重大工程，加强森林、草地和湿地的管护和恢复，严格监管矿产、水资源开发，严肃查处毁林、毁草、破坏湿地等行为，合理开发水电，提高区域水源涵养生态功能。

2. 恢复水土保持功能。在水土保持生态功能保护区内，实施水土流失的预防监督和水土保持生态修复工程，加强小流域综合治理，营造水土保持林，禁止毁林开荒、烧山开荒和陡坡地开垦，合理开发自然资源，保护和恢复自然生态系统，增强区域水土保持能力。

3. 增强防风固沙功能。在防风固沙生态功能保护区内，积极实施防沙治沙等生态治理工程，严禁过度放牧、樵采、开荒，合理利用水资源，保障生态用水，提高区域生态系统防沙固沙的能力。

4. 提高调洪蓄洪能力。在洪水调蓄生态功能保护区内，严禁围垦湖泊、湿地，积极实施退田还湖还湿工程，禁止在蓄滞洪区建设与行洪泄洪无关的工程设施，巩固平垸行洪、退田还湿的成果，增强区内调洪蓄洪能力。

5. 增强生物多样性维护能力。在生物多样性维护生态功能保护区内，采取严格的保护措施，构建生态走廊，防止人为破坏，促进自然生态系统的恢复。对于生境遭受严重破坏的地区，采用生物措施和工程措施相结合的方式，积极恢复自然生境，建立野生动植物救护中心和繁育基地。禁止滥捕、乱采、乱猎等行为，加强外来入侵物种管理。

6. 保护重要海洋生态功能。在海洋生态功能保护区内，合理开发利用海洋资源，禁止过度捕捞，保护海洋珍稀濒危物种及其栖息地，防治海洋污染，开展海洋生态恢复，维护海洋生态系统的主要生态功能。

（三）强化生态环境监管通过加强法律法规和监管能力建设，提高环境执法能力，避免边建设、边破坏；通过强化监测和科研，提高区内生态环境监测、预报、预警水平，及时准确掌握区内主导生态功能的动态变化情况，为生态功能保护区的建设和管理提供决策依据；通过强化宣传教育，增强区内广大群众对区域生态功能重要性的认识，自觉维护区域和流域生态安全。

1. 强化监督管理能力。健全完善相关法律法规，加大生态环境监察力度，抓紧制定生态功能保护区法规，建立生态功能保护区监管协调机制，制定不同类型生态功能保护区管理办法，发布禁止、限制发展的产业名录。加强生态功能保护区环境执法能力，组织相关部门开展联合执法检查。

2. 提高监测预警能力。开展生态功能保护区生态环境监测，制定生态环境质量评价与监测技术规范，建立生态功能保护区生态环境状况评价的定期通报制度。充分利用相关部门的生态环境监测资料，实现生态功能保护区生态环境监测信息共享，并建立重点生态功能保护区生态环境监测网络和管理信息系统，为生态功能保护区的管理和决策提供科学依据。

3. 增强宣传教育能力。结合各地已有的生态环境保护宣教基地，在生态功能保护区内建立生态教育警示基地，提高公众参与生态功能保护区建设的积极性。加强生态环境保护法规、知识和技术培训，提高生态功能保护区管理人员和技术人员的专业知识和技术水平。

4. 加强科研支撑能力。开展生态功能保护区建设与管理的理论和应用技术研究，揭示不同区域生态系统结构和生态服务功能作用机理及其演变规律。引导科研机构积极开展生态修复技术、生态监测技术等应用技术的研究。

四　保障措施

（一）加强部门协调，促进部门合作。生态功能保护区具有涉及面广、政策性强、周期长等特点，需要各级政府各级部门通力合作，加强协调，建立综合决策机制。各级环保部门要主动加强与其他相关部门的协调，充分沟通，推动建立相关部门共同参与的生态功能保护区建设和管理的协调机制，统筹考虑生态功能保护区的建设。各级环保部门应优先将生态保护和建设项目优先安排在生态功能保护区内，并积极与其他相关部门开展联合执法检查，严厉查处生态功能保护区内各种破坏生态环境、损害生态功能的行为。

（二）科学制定重点生态功能保护区实施规划。各重点生态功能保护区的具体实施规划是重点生态功能保护区建设的重要依据。省级环保部门应积极制定重点生态功能保护区的具体实施规划，并报国家相关部门审批后实施。实施规划要在充分考察、论证的基础上，科学划定生态功能保护区的具体范围，明确生态功能保护区的主要建设任务、重点项目和投资需求。主要建设任务应根据区内主导生态功能保护的需要，并结合现有生态建设和保护工程进行确定，重点开展生态功能保护和恢复、产业引导以及监管能力建设等方面的工作。要积极争取将实施规划的主要内容纳入各级政府国民经济和社会发展规划。

（三）建立多渠道的投资体系。要探索建立生态功能保护区建设的多元化投融资机制，充分发挥市场机制作用，吸引社会资金和国际资金的投入。要将生态功能保护区的运行费用纳入地方财政。同时，应综合运用经济、行政和法律手段，研究制定有利于生态功能保护区建设的投融资、税收等优惠政策，拓宽融资渠道，吸引各类社会资金和国际资金参与生态功能保护区建设。要开展生态环境补偿机制的政策研究，在近期建设的重点生态功能保护区内开展生态环境补偿试点，逐步建立和完善生态环境补偿机制。

（四）加强对科学研究和技术创新的支持。生态功能保护区建设是一项复杂的系统工程，要依靠科技进步搞好生态功能保护区建设。要围绕影响主导生态功能发挥的自然、社会和经济因素，深入开展基础理论和应用技术研究。积极筛选并推广适宜不同类型生态功能保护区的保护和治理技术。要重视新技术、新成果的推广，加快现有科技成果的转化，努力减少资源消耗，控制环境污染，促进生态恢复。要加强资源综合利用、生态重建与恢复等方面的科技攻关，为生态功能保护区的建设提供技术支撑。

（五）增强公众参与意识，形成社区共管机制。生态功能保护区建设涉及各行各业，只有得到全社会的关心和支持，尤其是当地居民的广泛参与，才能实现建设目标。要充分利用广播、电视、报刊等媒体，广泛深入地宣传生态功能保护区建设的重要作用和意义，不断提高全民的生态环境保护意识，增强全社会公众参与的积极性。各级政府要通过与农、牧户签订生态管护合同，建设环境优美乡镇、生态村等多种形式，建立良性互动的社区共管机制，提高当地居民参与生态功能保护区建设的积极性，使当地的经济发展与生态功能保护区的建设融为一体。

国家环境保护总局
二〇〇七年十月

国务院关于编制全国主体功能区规划的意见

国发〔2007〕21号

各省、自治区、直辖市人民政府，国务院各部委、各直属机构：

为落实《国民经济和社会发展第十一个五年规划纲要》确定的编制全国主体功能区规划，明确主体功能区的范围、功能定位、发展方向和区域政策的任务，按照2006年中央经济工作会议关于"分层次推进主体功能区规划工作，为促进区域协调发展提供科学依据"的要求，现就做好全国主体功能区规划编制工作提出如下意见：

一　编制全国主体功能区规划的重要意义

编制全国主体功能区规划，就是要根据不同区域的资源环境承载能力、现有开发密度和发展潜力，统筹谋划未来人口分布、经济布局、国土利用和城镇化格局，将国土空间划分为优化开发、重点开发、限制开发和禁止开发四类，确定主体功能定位，明确开发方向，控制开发强度，规范开发秩序，完善开发政策，逐步形成人口、经济、资源环境相协调的空间开发格局。

编制全国主体功能区规划，推进形成主体功能区，是全面落实科学发展观、构建社会主义和谐社会的重大举措，有利于坚持以人为本，缩小地区间公共服务的差距，促进区域协调发展；有利于引导经济布局、人口分布与资源环境承载能力相适应，促进人口、经济、资源环境的空间均衡；有利于从源头上扭转生态环境恶化趋势，适应和减缓气候变化，实现资源节约和环境保护；有利于打破行政区划，制定实施有针对性的政策措施和绩效考评体系，加强和改善区域调控。

全国主体功能区规划是战略性、基础性、约束性的规划，是国民经济和社会发展总体规划、人口规划、区域规划、城市规划、土地利用规划、环境保护规划、生态建设规划、流域综合规划、水资源综合规划、海洋功能区划、海域使用规划、粮食生产规划、交通规划、防灾减灾规划等在空间开发和布局的基本依据。同时，编制全国主体功能区规划要以上述规划和其他相关规划为支撑，并在政策、法规和实施管理等方面做好衔接工作。

二　编制全国主体功能区规划的指导思想和原则

（一）指导思想。以邓小平理论和"三个代表"重要思想为指导，全面落实科学发展观和构建社会主义和谐社会的战略思想，在坚持实施区域发展总体战略基础上，前瞻性、全局性地谋划好未来全国人口和经济的基本格局，引导形成主体功能定位清晰，人口、经济、资源环境相互协调，公共服务和人民生活水平差距不断缩小的区域协调发展格局。

（二）主要原则。坚持以人为本，引导人口与经济在国土空间合理、均衡分布，逐步实现不同区域和城乡人民都享有均等化公共服务；坚持集约开发，引导产业相对集聚发展，人口相对集中居住，形成以城市群为主体形态、其他城镇点状分布的城镇化格局，提高土地、水、气候等资源的利用效率，增强可持续发展能力；坚持尊重自然，开发必须以保护好自然生态为前提，发展必须以环境容量为基础，确保生态安全，不断改善环境质量，实现人与自然和谐相处；坚持城乡统筹，防止城镇化地区对农村地区的过度侵蚀，同时，也为农村人口进入城市提供必要的空间；坚持陆海统筹，强化海洋意识，充分考虑海域资源环境承载能力，做到陆地开发与海洋开发相协调。

根据上述指导思想和原则，编制全国主体功能区规划要妥善处理好几个方面的关系。

一是处理好开发与发展的关系。发展是硬道理，发展必须建立在科学合理、有序适度开发的基础上。我国正处于工业化、城镇化加速发展的阶段，编制实施全国主体功能区规划，就是要在大规模开发过程中，既明确优化开发、重点开发区域，又根据资源环境承载能力划定限制、禁止开发区域，实现又好又快发展。

二是处理好政府与市场的关系。全国主体功能区规划是政府对国土空间开发的战略设计和总体布局，体现了国家战略意图，政府应当根据主体功能区的定位合理配置公共资源，同时要充分发挥市场配置资源的基础性作用，完善法律法规和区域政策，综合运用各种手段，引导市场主体的行为符合主体功能区的定位。

三是处理好局部与全局的关系。推进形成主体功能区是从全局利益出发，谋求国家和人民的整体利益、长远利益的最大化，要做到局部服从全局，全局兼顾局部。

四是处理好主体功能与其他功能的关系。主体功能区要突出主要功能和主导作用，同时不排斥其他辅助或附属功能。优化开发和重点开发区域的主体功能是集聚经济和人口，但其中也要有生态区、农业区、旅游休闲区等；限制开发区域的主体功能是保护生态环境，但在生态和资源环境可承受的范围内也可以发展特色产业，适度开发矿产资源。

五是处理好行政区与主体功能区的关系。编制主体功能区规划，需要打破行政区界限，改变完全按行政区制定区域政策和绩效评价的方法，同时，主体功能区规划的实施，也需要依托一定层级的行政区。

六是处理好各类主体功能区之间的关系。各类主体功能区之间要分工协作，相互促进。优化开发区域要通过向重点开发区域转移产业，减轻人口、资源大规模跨区域流动和生态环境的压力；重点开发区域要促进产业集群发展，增强承接限制开发和禁止开发区域超载人口的能力；限制开发、禁止开发区域要通过生态建设和环境保护，提高生态环境承载能力，逐步成为全国或区域性的生态屏障和自然文化保护区域。

七是处理好保持稳定与动态调整的关系。主体功能区一经确定，不能随意更改。禁止开发区域要严格依法保护；限制开发区域要坚持保护优先，逐步扩大范围；重点开发区域可根据经济社会发展和资源环境承载能力的变化，适时调整为优化开发区域。

三 编制全国主体功能区规划的主要任务

全国主体功能区规划由国家主体功能区规划和省级主体功能区规划组成，分国家和省级两个层次编制。国家主体功能区规划由全国主体功能区规划编制工作领导小组（以下简称领导小组）会同各省（区、市）人民政府编制，规划期至2020年，并通过中期评估实行滚动调整；省级主体功能区规划由各省（区、市）人民政府组织市、县级人民政府编制，规划期至2020年。编制全国主体功能区规划的主要任务是，在分析评价国土空间的基础上，确定各级各类主体功能区的数量、位置和范围，明确不同主体功能区的定位、开发方向、管制原则、区域政策等。

（一）分析评价。

编制全国主体功能区规划，首先要对国土空间进行客观分析评价。科学确定指标体系，利用遥感、地理信息等空间分析技术和手段，对全国或本地区的所有国土空间进行综合分析评价，作为确定主体功能区的基本依据。分析评价采用全国统一的指标体系，统筹考虑以下因素：

一是资源环境承载能力。即在自然生态环境不受危害并维系良好生态系统的前提下，特定区域的资源禀赋和环境容量所能承载的经济规模和人口规模。主要包括：水、土地等资源的丰裕程度，水和大气等的环境容量，水土流失和沙漠化等的生态敏感性，生物多样性和水源涵养等的生态重要性，地质、地震、气候、风暴潮等自然灾害频发程度等。

二是现有开发密度。主要指特定区域工业化、城镇化的程度，包括土地资源、水资源开发强度等。

三是发展潜力。即基于一定资源环境承载能力，特定区域的潜在发展能力，包括经济社会发展基础、科技教育水平、区位条件、历史和民族等地缘因素，以及国家和地区的战略取向等。

（二）确定主体功能区。

在分析评价的基础上，根据人口居住、交通和产业发展等对空间需求的预测以及对未来国土空间变动趋势的分析，在国家和省级主体功能区规划中确定各类主体功能区的数量、位置和范围。

确定主体功能区的数量、位置和范围后，要根据各个主体功能区的资源环境承载能力、现有开发密度和发展潜力，明确各个主体功能区的定位、发展方向、开发时序、管制原则等。

国家层面的四类主体功能区不覆盖全部国土，优化开发、重点开发和限制开发区域原则上以县级行政区为基本单元，禁止开发区域按照法定范围或自然边界确定；要按照区域发展总体战略和推进形成主体功能区的总体要求，阐明推进形成主体功能区的指导方针、主要目标、开发战略等，明确确定省级主体功能区的主要原则，以及市、县级行政区在推进形成主体功能区中的主要职责。

编制省级主体功能区规划要根据国家主体功能区规划，将行政区国家层面的主体功能区确定为相同类型的区域，保证数量、位置和范围的一致性。对行政区国家主体功能区以外的国土空间，要根据国家确定的原则，结合本地区实际确定省级主体功能区，原则上以县级行政区为基本单元；以农业为主的地区，原则上要确定为限制开发区域；位于省级行政区边界、均质性较强的区域应确定为同一类型的主体功能区；沿海省区陆地主体功能区与海洋主体功能区要相互衔接，主体功能定位要相互协调；对重点开发区域要区分近期、中期和远期的开发时序；矿产资源丰富但生态环境承载能力较弱的区域，可以适度开发矿产资源，但原则上应确定为限制开发区域；依法设立的省级各类自然文化保护区域要确定为禁止开发区域。

（三）完善区域政策。

实施全国主体功能区规划，实现主体功能区定位，关键要调整完善相关政策，主要有：

1. 财政政策。以实现基本公共服务均等化为目标，完善中央和省以下财政转移支付制度，重点增加对限制开发和禁止开发区域用于公共服务和生态环境补偿的财政转移支付。

2. 投资政策。逐步实行按主体功能区与领域相结合的投资政策，政府投资重点支持限制开发、禁止开发区域公共服务设施建设、生态建设和环境保护，支持重点开发区域基础设施建设。

3. 产业政策。按照推进形成主体功能区的要求，研究提出不同主体功能区的产业指导目录及措施，引导优化开发区域增强自主创新能力，提升产业结构层次和竞争力；引导重点开发区域加强产业配套能力建设，增强吸纳产业转移和自主创新能力；引导限制开发区域发展特色产业，限制不符合主体功能定位的产业扩张。

4. 土地政策。按照主体功能区的有关要求，依据土地利用总体规划，实行差别化的土地利用政策，确保18亿亩耕地数量不减少、质量不下降。对优化开发区域实行更严格的建设用地增量控制，适当扩大重点开发区域建设用地供给，严格对限制开发区域和禁止开发区域的土地用途管制，严禁改变生态用地用途。

5. 人口管理政策。按照主体功能定位调控人口总量，引导人口有序流动，逐步形成人口与资金等生产要素同向流动的机制。鼓励优化开发区域、重点开发区域吸纳外来人口定居落户；引导限制开发和禁止开发区域的人口逐步自愿平稳有序转移，缓解人与自然关系紧张的状况。

6. 环境保护政策。根据不同主体功能区的环境承载能力，提出分类管理的环境保护政策。优化开发区域要实行更严格的污染物排放和环保标准，大幅度减少污染排放；重点开发区域要保持环境承载能力，做到增产减污；限制开发区域要坚持保护优先，确保生态功能的恢复和保育；禁止开发区域要依法严格保护。

7. 绩效评价和政绩考核。针对主体功能区不同定位，实行不同的绩效评价指标和政绩考核办法。优化开发区域要强化经济结构、资源消耗、自主创新等的评价，弱化经济增长的评价；重点开发区域要对经济增长、质量效益、工业化和城镇化水平以及相关领域的自主创新等实行综合评价；限制开发区域要突出生态建设和环境保护等的评价，弱化经济增长、工业化和城镇化水平的评价；禁止开发区域主要评价生态建设和环境保护。

四　编制全国主体功能区规划的工作要求

（一）确保工作进度。国家主体功能区规划 2007 年 9 月形成初稿，通过多种形式广泛征求各地区、各部门及社会各界意见，经"十一五"规划专家委员会评估论证并做修改完善后，于 12 月报国务院审议。省级主体功能区规划 2007 年全面开展基础研究工作，对国土空间进行专题研究和综合评价；2008 年 6 月，形成规划初稿，报领导小组办公室，与国家主体功能区规划和相邻省（区、市）主体功能区规划进行衔接；2008 年 9 月，根据衔接意见修改形成的规划，再次报领导小组办公室进行衔接；2008 年 11 月，根据衔接意见形成规划送审稿，与专家论证报告一起报省（区、市）人民政府审议。

（二）加强组织领导。编制全国主体功能区规划是一项开创性工作，涉及面广，难度大，任务重。各地区、各部门要从全局出发，统一思想，高度重视，加强领导，落实责任，全力支持规划编制工作。领导小组要按照国务院赋予的职责，积极指导并协调解决规划编制中的重大问题。各省（区、市）人民政府要抓紧组建本地区主体功能区规划编制工作领导小组，做好规划编制工作中的组织协调。

（三）改进工作方式。要广泛动员多学科力量，充分借鉴国外先进经验，不断深化对主体功能区理论和技术路线的研究，科学确定指标体系和评价方法，细化完善分类管理的区域政策。要坚持政府组织、专家领衔、部门合作、公众参与、科学决策的方针，科学系统地安排规划编制各项工作。各省（区、市）人民政府要成立规划专家咨询委员会，承担规划的咨询、论证和评估等工作。要采取多种形式和渠道，扩大公众参与，增强规划编制的公开性和透明度。

（四）落实人员和经费保障。要选配知识结构好、业务能力强的骨干人员，组建得力的规划编制队伍，加强培训，提高规划人员的素质和水平，为做好规划编制工作提供人才保障。各省（区、市）人民政府要为规划编制安排必要的经费，纳入本级财政预算，为规划编制工作提供经费保障。

国务院

二〇〇七年七月二十六日

全国生态功能区划

前言

全国生态功能区划是在全国生态调查的基础上，分析区域生态特征、生态系统服务功能与生态敏感性空间分异规律，确定不同地域单元的主导生态功能，制定全国生态功能区划，对贯彻落实科学发展观，牢固树立生态文明观念，维护区域生态安全，促进人与自然和谐发展具有重要意义。

全国生态功能区划是生态保护工作由经验型管理向科学型管理转变、由定性型管理向定量型管理转变、由传统型管理向现代型管理转变的一项重大基础性工作，是科学开展生态环境保护工作的重要手段，是指导产业布局、资源开发的重要依据。

党中央、国务院高度重视生态功能区划工作。2000 年，国务院颁布了《全国生态环境保护纲要》，明确了生态保护的指导思想、目标和任务，要求开展全国生态功能区划工作，为经济社会持续、健康发展和环境保护提供科学支持。2004 年，胡锦涛总书记强调指出："开展全国生态区划和规划工作，增强各类生态系统对经济社会发展的服务功能。"2005 年，国务院《关于落实科学发展观加强环境保护的决定》再次要求"抓紧编制全国生态功能区划"。国家"十一五"规划纲要明确要求对 22 个重要生态功能区实行优先保护，适度开发。

为贯彻落实党中央、国务院编制全国生态功能区划的有关要求，从 2001 年开始，原国家环境保护总局会同有关部门组织开展了全国生态现状调查。在调查的基础上，中国科学院以甘肃省为试点开展了省级生态功能区划研究，并编制了《全国生态功能区划规程》。2002 年 8 月，原国家环境保护总局会同国务院西部开发办公室联合下发了《关于开展生态功能区划工作的通知》，启动了西部 12 省、自治区、直辖市和新疆生产建设兵团的生态功能区划编制工作。2003 年 8 月，开始了中东部地区生态功能区划的编制。2004 年，我国内地 31 个省、自治区、直辖市和新疆生产建设兵团全部完成了生态功能区划编制工作。在此基础上，综合运用我国建国以来自然区划、农业区划、气象区划，以及生态系统及其服务功能研究成果，2005 年，中国科学院汇总完成了《全国生态功能区划》初稿。之后，原国家环境保护总局会同中国科学院先后召开了 10 余次专家分析论证会，对《全国生态功能区划》初稿进行了反复修改和完善。2006 年 10 月，《全国生态功能区划》再次征求国务院各有关部门和各省、自治区、直辖市的意见后，又进一步得到充实与完善。2007 年 7 月原国家环境保护总局与中国科学院又联合主持了专家论证会，对修改完善的《全国生态功能区划》进行了全面系统地评估，并得到了由 16 位院士、专家组成的专家组的充分肯定。

全国生态功能区划的范围为我国内地 31 个省级行政单位的陆地，未包括香港特别行政区、澳门特别行政区和台湾省。

一　指导思想、基本原则和目标

1. 指导思想

为了贯彻科学发展观，树立生态文明的观念，运用生态学原理，以协调人与自然的关系、协调生态保护与经济社会发展关系、增强生态支撑能力、促进经济社会可持续发展为目标，在充分认识区域生态系统结构、过程及生态服务功能空间分异规律的基础上，划分生态功能区，明确对保障国家生态安全有重要意义的区域，以指导我国生态保护与建设、自然资源有序开发和产业合理布局，推动我国经济社会与生态保护协调、健康发展。

2. 基本原则

（1）主导功能原则：生态功能的确定以生态系统的主导服务功能为主。在具有多种生态服务功能的地域，以生态调节功能优先；在具有多种生态调节功能的地域，以主导调节功能优先。

（2）区域相关性原则：在区划过程中，综合考虑流域上下游的关系、区域间生态功能的互补作用，根据保障区域、流域与国家生态安全的要求，分析和确定区域的主导生态功能。

（3）协调原则：生态功能区的确定要与国家主体功能区规划、重大经济技术政策、社会发展规划、经济发展规划和其他各种专项规划相衔接。

（4）分级区划原则：全国生态功能区划应从满足国家经济社会发展和生态保护工作宏观管理的需要出发，进行大尺度范围划分。省级生态功能区划应与全国生态功能区划相衔接，在区划尺度上应更能满足省域经济社会发展和生态保护工作微观管理的需要。

3. 目标

（1）分析全国不同区域的生态系统类型、生态问题、生态敏感性和生态系统服务功能类型及其空间分布特征，提出全国生态功能区划方案，明确各类生态功能区的主导生态服务功能以及生态保护目标，划定对国家和区域生态安全起关键作用的重要生态功能区域。

（2）按综合生态系统管理思想，改变按要素管理生态系统的传统模式，分析各重要生态功能区的主要生态问题，分别提出生态保护主要方向。

（3）以生态功能区划为基础，指导区域生态保护与生态建设、产业布局、资源利用和经济社会发展规划，协调社会经济发展和生态保护的关系。

二　区划方法与依据

全国生态功能区划是在生态现状调查、生态敏感性与生态服务功能评价的基础上，分析其空间分布规律，确定不同区域的生态功能，提出全国生态功能区划方案。

1. 生态系统空间特征

我国地处欧亚大陆东南部，位于北纬4°15′~53°31′，东经73°34′~135°5′，自北向南有寒温带、温带、暖温带、亚热带和热带5个气候带。地貌类型十分复杂，由西向东形成三大阶梯，第一阶梯是号称"世界屋脊"的青藏高原，平均海拔在4000米以上；第二阶梯从青藏高原的北缘和东缘到大兴安岭—太行山—巫山—雪峰山一线之间，海拔在1000~2000米；第三阶梯为我国东部地区，海拔在500米以下。我国独特的气候和地貌特征是我国森林、草原、湿地、荒漠、农田和城市等各类陆地生态系统发育与演变的自然基础。

森林生态系统：我国森林面积为174.8万平方公里，森林覆盖率为18.2%，森林蓄积量为124.56亿立方米。我国森林生态系统主要分布在东部地区，受热量的影响，从北到南依次分布的典型森林生态系统类型有寒温带针叶林、温带针阔叶混交林、暖温带落叶阔叶林和针叶林、亚热带常绿阔叶林和针叶林、热带季雨林、雨林等。

草原生态系统：我国草原面积为390万平方公里，约占世界草原面积的13%，占全国国土面积的41%，其中84.4%的草原分布在西部。我国草原可分为温带草原、高寒草原和荒漠区山地草原3大类。温带草原分布于内蒙古高原、黄土高原北部和松嫩平原西部，受水分的影响，从东到西依次分布有草甸草原、典型草原和荒漠草原。高寒草原为青藏高原所特有，东部半湿润地区为高寒草甸，西部半干旱区为高寒草原。荒漠区山地草原主要分布在阿尔泰、天山、昆仑山等山系。

湿地生态系统：世界各类型湿地在我国均有分布，湿地总面积为 38.5 万平方公里，居亚洲第一位、世界第四位，并拥有独特的青藏高原高寒湿地生态系统类型。在自然湿地中，沼泽湿地为 13.7 万平方公里，近海与海岸湿地为 5.9 万平方公里，河流湿地为 8.2 万平方公里，湖泊湿地为 8.4 万平方公里。

荒漠生态系统：主要分布在我国的西北降水稀少、蒸发强烈、极端干旱的地区，总面积约占全国国土面积的 1/5，沙漠和戈壁面积共约 100 万平方公里。我国荒漠生态系统有小乔木荒漠、灌木荒漠、半灌木与小半灌木荒漠和垫状小半灌木（高寒）荒漠 4 个主要类型。

农田生态系统：我国是农业大国，耕地面积为 121.8 万平方公里，占全国国土面积的 12.7%，主要分布在我国东部地区。我国农田分为水田和旱地两种类型，分别占全国农田总面积的 26.3% 和 73.7%。水田以水稻为主，旱地以小麦、玉米、大豆和棉花等为主。

城市生态系统：全国设市城市为 661 个，城市人口为 35894 万，并已形成 3 个城市群和 11 个区域城市中心。我国城市主要分布在中东部地区。

由于数千年的开发历史和巨大的人口压力，我国各类生态系统受到不同程度的开发、干扰和破坏。生态系统退化，涵养水源、防风固沙、调节洪涝灾害、保持土壤、保护生物多样性等生态服务功能大幅度降低，并由此带来一系列生态问题，国家生态安全面临严重威胁。

2. 生态敏感性评价

生态敏感性是指一定区域发生生态问题的可能性和程度，用来反映人类活动可能造成的生态后果。生态敏感性的评价内容包括土壤侵蚀敏感性、沙漠化敏感性、盐渍化敏感性、石漠化敏感性、冻融侵蚀敏感性和酸雨敏感性 6 个方面。根据各类生态问题的形成机制和主要影响因素，分析各地域单元的生态敏感性特征，按敏感程度划分为极敏感、高度敏感、中度敏感以及一般敏感 4 个级别。

土壤侵蚀敏感性：我国土壤侵蚀敏感性主要受地形、降水量、土壤和植被的影响。全国极敏感区域面积为 27.1 万平方公里，占全国国土面积的 2.8%，主要分布在黄土高原、西南山区、太行山区、汉江源头山区、大青山、念青唐古拉山脉、横断山地区等。高度敏感区面积为 61.2 万平方公里，占全国国土面积的 6.4%，主要分布在燕山、努鲁儿虎山、大兴安岭东部，川西、滇西、秦巴山地，贵州省、广西壮族自治区、湖南省、江西省等的丘陵和山区，以及天山山脉、昆仑山脉局部零星地区。中度敏感区面积为 97.5 万平方公里，占全国国土面积的 10.2%，主要分布在降水量 400~800 毫米的区域，包括东北平原大部、四川盆地东部丘陵、阿尔泰山、天山、昆仑山等地区。土壤侵蚀极度敏感和高度敏感地区通常也是滑坡、泥石流易发生区。

沙漠化敏感性：我国沙漠化敏感性主要受干燥度、大风日数、土壤性质和植被覆盖的影响。沙漠化敏感区域主要集中分布在降水量稀少、蒸发量大的干旱、半干旱地区。其中，沙漠化极敏感区域面积为 111.2 万平方公里，主要分布在准噶尔盆地、塔克拉玛干沙漠边缘、吐鲁番盆地、巴丹吉林沙漠和腾格里沙漠边缘、柴达木盆地北部、呼伦贝尔沙地、科尔沁沙地、浑善达克沙地、毛乌素沙地、宁夏平原等地。沙漠化高度敏感区域包括新疆天山南脉至塔里木河冲洪积平原、古尔班通古特沙漠南部、疏勒河北部、柴达木盆地南部、呼伦贝尔高原、河套平原、阴山山脉以北以及科尔沁沙地以北地区，面积为 43.0 万平方公里。沙漠化中度敏感区域主要分布在大兴安岭至科尔沁沙地过渡低丘、平原带、青海湖，以及北大通河流域、四川若尔盖、东北平原西部，面积为 71.3 万平方公里。

盐渍化敏感性：我国盐渍化敏感性主要受干燥度、地形、地下水水位与矿化度的影响。我国土地盐渍化极敏感区面积为 79.5 万平方公里，除滨海半湿润地区的盐渍土外，主要分布在我国干旱和半干旱地区，包括塔里木盆地周边、和田河谷、准噶尔盆地周边、柴达木盆地、吐鲁番盆地、罗布泊、疏勒河下游、黑河下游、河套平原、浑善达克沙地以西、呼伦贝尔东部，以及西辽河河谷平原。盐渍化高度敏感区面积为 50.5 万平方公里，集中分布在准噶尔盆地东南部、哈密地区、北山洪积平原、河西走廊北部、阿拉善洪积平原区、宁夏平原、阴山以北河谷区域、黄淮海平原、东北平原河谷地区，以及青藏高原内零星地区。盐渍化中度敏感区面积为 58.9 万平方公里，主要分布在额尔齐斯河、伊犁河洪积平原、青海湖以西布哈河流域平原、河西走廊南部、鄂尔多斯高原西部和三江源等地区。

石漠化敏感性：我国石漠化敏感性主要分布在石灰岩地区，受石灰岩地层结构、成分和降水量影响。石漠化极敏感区面积为 3.6 万平方公里，集中分布在贵州省西部、南部区域，包括遵义、贵阳、毕节南部、安顺南部、六盘水、黔南州、铜仁等地区，广西壮族自治区百色、崇左、南宁交界处、四川省西南峡谷山地、大渡河下游及金沙江下游等地区也有成片分布；石漠化高度敏感区多与极敏感区交织分布，面积为 15.2 万平方公里，主要在贵州省西部、中部和南部，广西壮族自治区西部和东部，四川省南部和西南部，四川盆地东部平行岭谷地区，云南省东部，湖南省中西部，广东省北部等地区有零星分布；石漠化中度敏感区分布较广，主要分布在四川盆地周边、四川省西部、云南省东部、贵州省中部、广西壮族自治区中部、湖南省南部、湖北省西南、江西省和湖北省交界地区，以及甘肃省的北山、华北的燕山、太行山等地区的石灰岩地区。

冻融侵蚀敏感性：我国冻融侵蚀敏感性主要受气温、地形、植被以及冻土、冰川分布的影响。冻融侵蚀极敏感区面积为 46.1 万平方公里，主要分布在青藏高原，海拔普遍高于 4100 米；冻融侵蚀高度敏感区面积为 74.7 万平方公里，集中分布在阿尔泰山、天山、祁连山脉北部、昆仑山脉北部、横断山脉，以及大兴安岭高海拔地区；冻融侵蚀中度敏感区面积为 92.7 万平方公里，分布在祁连山南部、阿尔金山以南、可可西里山以东、冈底斯山以北、三江源东南部，以及大兴安岭北部等地区。

酸雨敏感性：我国酸雨敏感性主要受土壤、水分盈亏、生态系统类型的影响。酸雨敏感区主要分布在我国南方地区，酸雨极敏感区面积为 139.8 万平方公里，占全国国土面积的 14.6%，分布区包括四川省南部、重庆市、贵州省、湖南省、湖北省、广西壮族自治区、江西省、江苏省、浙江省、福建省、广东省和安徽省南部等；酸雨高度敏感区面积为 60.9 万平方公里，占全国国土面积的 6.4%，主要分布在四川省西部、云南省南部、广西宜山；酸雨中度敏感面积为 144.3 万平方公里，占全国国土面积的 15.0%，主要分布在大兴安岭北部、小兴安岭、长白山、山东半岛、秦巴山区、横断山脉。

3. 生态系统服务功能及其重要性评价

生态系统服务功能评价的目的是明确生态服务功能类型及其空间分布。全国生态服务功能包括生态调节功能、产品提供功能与人居保障功能。其中，生态调节功能主要是指水源涵养、土壤保持、防风固沙、生物多样性保护、洪水调蓄等维持生态平衡、保障全国或区域生态安全等方面的功能。产品提供功能主要包括提供农产品、畜产品、水产品、林产品等功能。人居保障功能主要是指满足人类居住需要和城镇建设的功能，主要区域包括大都市群和重点城镇群等。生态系统服务功能重要性评价是根据生态系统结构、过程与生态服务功能的关系，分析生态服务功能特征，按其对全国和区域生态安全的重要性程度分为极重要、重要、中等重要、一般重要4个等级。

水源涵养：重要水源涵养区是指我国重要河流上游和重要水源补给区，面积为113万平方公里。主要包括黑龙江、松花江、东西辽河，滦河，淮河，珠江（东江、西江、北江）的上游，渭河、汉江和嘉陵江上游，长江—黄河—澜沧江三江源区，黑河和疏勒河上游，塔里木河、雅鲁藏布江上游，以及南水北调水源区和密云水库上游等重要水源涵养区域。

土壤保持：土壤保持的重要性评价主要考虑土壤侵蚀敏感性及其对下游的可能影响。全国土壤保持的极重要区域面积为27.1万平方公里，主要分布在黄土高原、三峡库区、金沙江干热河谷、西南石漠化地区、西藏自治区东南部等区域；重要区域面积为61.2万平方公里，主要分布在大兴安岭东南地区、江南红壤丘陵区、四川盆地东部丘陵和盆周山地地区、阴山山脉西部地区、横断山地区、西藏自治区东南部和新疆维吾尔自治区的天山山脉西段、北麓，以及塔里木河南段；中等重要地区面积为97.5万平方公里，主要分布在太行山东部、西藏自治区东部、青海省东南部、大兴安岭中部、东北平原大部、山东半岛等广大地区。

防风固沙：防风固沙重要性评价主要考虑沙漠化敏感性和沙尘及其影响范围与程度。全国防风固沙极重要区主要分布在内蒙古浑善达克沙地、呼伦贝尔西部、科尔沁沙地、毛乌素沙地、河西走廊和阿拉善高原西部、黑河下游、柴达木盆地东部、准噶尔盆地周边、塔里木河流域，以及京津风沙源区和西藏"一江两河"（雅鲁藏布江、拉萨河、年楚河）等地区，面积为95.1万平方公里。

生物多样性保护：不同地区保护生物多样性的价值取决于濒危珍稀动植物的分布，以及典型的生态系统分布。我国生物多样性保护极重要区域主要包括西双版纳、海南岛中部山区、川西高山峡谷地区、藏东南地区、横断山脉中部、滇西北地区、武陵山地区、巴山区、十万大山地区、祁连山南部地区、江苏省北部沿海滩涂湿地、洞庭湖和鄱阳湖湿地等地区，面积为37.2万平方公里；生物多样性保护重要区面积为139.5万平方公里，主要包括小兴安岭北部、三江平原、长白山、大兴安岭北部、浙闽山地、南岭地区和三江源地区。

洪水调蓄：主要考虑具有滞纳洪水、调节洪峰的湖泊湿地生态系统。全国防洪蓄洪重要区域主要集中在一、二级河流下游蓄洪区，其面积为3.6万平方公里，分布在淮河、长江、松花江中下游蓄洪区及其大型湖泊等。

产品提供：产品提供功能主要是指提供粮食、油料、肉、奶、水产品、棉花、木材等农林牧渔业初级产品生产方面的功能。根据国家商品粮基地分布特征，主要有南方高产商品粮基地、黄淮海平原商品粮基地、东北商品粮基地和西北干旱区商品粮基地。南方高产商品粮基地包括长江三角洲、江汉平原、鄱阳湖平原、洞庭湖平原和珠江三角洲；淮河平原商品粮基地包括苏北和皖北两个地区；东北商品粮基地包括三江平原和松嫩平原、吉林省中部平原及辽宁省中部平原地区。我国为粮食主产区，如东北平原、华北平原、长江中下游平原、四川盆地等，同时也是水果、肉、蛋、奶等畜产品的主要生产区。水产品主要分布在长江中下游和沿海地区。我国速生丰产林主要分布在大兴安岭、长白山、长江中下游丘陵、四川东部丘陵等地区。我国畜牧业发展区主要分布在内蒙古自治区东部草甸草原、青藏高原高寒草甸、高寒草原，以及新疆天山北部草原等地区。

人居保障：根据我国经济发展与城市建设布局，我国人居保障重要功能区主要包括大都市群、区域重点城镇群。大都市群主要包括京津冀大都市群、长三角大都市群和珠三角大都市群。重点城镇群主要包括辽中南城镇群、胶东半岛城镇群、中原城镇群、关中城镇群、成都城镇群、武汉城镇群、长株潭城镇群和海峡西岸城镇群等。

三　全国生态功能区划方案

1．分区方法

按照我国的气候和地貌等自然条件，将全国陆地生态系统划分为 3 个生态大区：东部季风生态大区、西部干旱生态大区和青藏高寒生态大区；然后依据《生态功能区划暂行规程》，将全国生态功能区划分为 3 个等级：

（1）根据生态系统的自然属性和所具有的主导服务功能类型，将全国划分为生态调节、产品提供与人居保障 3 类生态功能一级区。

（2）在生态功能一级区的基础上，依据生态功能重要性划分生态功能二级区。生态调节功能包括水源涵养、土壤保持、防风固沙、生物多样性保护、洪水调蓄等功能；产品提供功能包括农产品、畜产品、水产品和林产品；人居保障功能包括人口和经济密集的大都市群和重点城镇群等。

（3）生态功能三级区是在二级区的基础上，按照生态系统与生态功能的空间分异特征、地形差异、土地利用的组合来划分生态功能三级区。

2．区划方案

全国生态功能一级区共有 3 类 31 个区，包括生态调节功能区、产品提供功能区与人居保障功能区。生态功能二级区共有 9 类 67 个区。其中，包括水源涵养、土壤保持、防风固沙、生物多样性保护、洪水调蓄等生态调节功能，农产品与林产品等产品提供功能，以及大都市群和重点城镇群人居保障功能二级生态功能区。生态功能三级区共有 216 个。全国生态功能区划体系见表 1，区划方案见附一。

表 1　　　　　　　　　　　全国生态功能区划体系

生态功能一级区（3 类）	生态功能二级区（9 类）	生态功能三级区举例（216 类）
生态调节	水源涵养	大兴安岭北部落叶松林水源涵养
	防风固沙	呼伦贝尔典型草原防风固沙
	土壤保持	黄土高原西部土壤保持
生态调节	生物多样性保护	三江平原湿地生物多样性保护
	洪水调蓄	洞庭湖湿地洪水调蓄
产品提供	农产品提供	三江平原农业生产
	林产品提供	大兴安岭林区林产品
人居保障	大都市群	长三角大都市群
	重点城镇群	武汉城镇群

四　生态功能区类型及概述

全国生态功能三级区中水源涵养功能、土壤保持、防风固沙、生物多样性保护、洪水调蓄、农产品提供、林产品提供，以及大都市群和重点城镇群等功能区共216个（表2）。各类生态功能区的空间分布特征、面临的问题和保护方向概述如下：

表2　　　　　　　　全国陆地生态功能区类型统计表

主导生态服务功能		三级区数量（个）	面积（万平方公里）	面积比例（%）
生态调节	水源涵养	50	237.90	24.78
	土壤保持	28	93.72	9.76
	防风固沙	27	204.77	21.33
	生物多样性保护	34	201.05	20.94
	洪水调蓄	9	7.06	0.73
产品提供	农产品提供	36	168.63	17.57
	林产品提供	10	30.90	3.22
人居保障	大都市群	3	4.23	0.44
	重点城镇群	19	8.03	0.84
合计		216	956.29	99.61

注：本区划不含香港特别行政区、澳门特别行政区和台湾省，其面积合计为3.71万平方公里。

1. 水源涵养生态功能区

全国共有水源涵养生态功能三级区50个，面积237.90万平方公里，占全国国土面积的24.78%。其中对国家生态安全具有重要作用的水源涵养生态功能区主要包括大兴安岭、秦巴山地、大别山、淮河源、南岭山地、东江源、珠江源、海南省中部山区、岷山、若尔盖、三江源、甘南、祁连山、天山以及丹江口水库库区等。

该类型区的主要生态问题：人类活动干扰强度大；生态系统结构单一，生态功能衰退；森林资源过度开发、天然草原过度放牧等导致植被破坏、土地沙化、土壤侵蚀严重；湿地萎缩、面积减少；冰川后退，雪线上升。

该类型区生态保护的主要方向：

（1）对重要水源涵养区建立生态功能保护区，加强对水源涵养区的保护与管理，严格保护具有重要水源涵养功能的自然植被，限制或禁止各种不利于保护生态系统水源涵养功能的经济社会活动和生产方式，如过度放牧、无序采矿、毁林开荒、开垦草地等。

（2）继续加强生态恢复与生态建设，治理土壤侵蚀，恢复与重建水源涵养区森林、草原、湿地等生态系统，提高生态系统的水源涵养功能。

（3）控制水污染，减轻水污染负荷，禁止导致水体污染的产业发展，开展生态清洁小流域的建设。

（4）严格控制载畜量，改良畜种，鼓励围栏和舍饲，开展生态产业示范，培育替代产业，减轻区内畜牧业对水源和生态系统的压力。

2. 土壤保持生态功能区

全国共有土壤保持生态功能三级区 28 个，面积 93.72 万平方公里，占全国国土面积的 9.76%。其中对国家生态安全具有重要作用的土壤保持生态功能区主要包括太行山地、黄土高原、三江源区、四川盆地丘陵区、三峡库区、南方红壤丘陵区、西南喀斯特地区、金沙江干热河谷等。

该类型区的主要生态问题：不合理的土地利用，特别是陡坡开垦，以及交通、矿产开发、城镇建设、森林破坏、草原过度放牧等人为活动，导致地表植被退化、土壤侵蚀和石漠化危害严重。

该类型区生态保护的主要方向：

（1）调整产业结构，加速城镇化和社会主义新农村建设的进程，加快农业人口的转移，降低人口对土地的压力。

（2）全面实施保护天然林、退耕还林、退牧还草工程，严禁陡坡垦殖和过度放牧。

（3）开展石漠化区域和小流域综合治理，协调农村经济发展与生态保护的关系，恢复和重建退化植被。

（4）严格资源开发和建设项目的生态监管，控制新的人为土壤侵蚀。

（5）发展农村新能源，保护自然植被。

3. 防风固沙生态功能区

全国有防风固沙生态功能三级区 27 个，面积 204.77 万平方公里，占全国国土面积的 21.33%。其中，对国家生态安全具有重要作用的防风固沙生态功能区主要包括科尔沁沙地、呼伦贝尔沙地、阴山北麓—浑善达克沙地、毛乌素沙地、黑河中下游、塔里木河流域，以及环京津风沙源区等。

该类型区的主要生态问题：过度放牧、草原开垦、水资源严重短缺与水资源过度开发导致植被退化、土地沙化、沙尘暴等。

该类型区生态保护的主要方向：

（1）在沙漠化极敏感区和高度敏感区建立生态功能保护区，严格控制放牧和草原生物资源的利用，禁止开垦草原，加强植被恢复和保护。

（2）调整传统的畜牧业生产方式，大力发展草业，加快规模化圈养牧业的发展，控制放养对草地生态系统的损害。

（3）调整产业结构、退耕还草、退牧还草，恢复草地植被。

（4）加强西部内陆河流域规划和综合管理，禁止在干旱和半干旱区发展高耗水产业；在出现江河断流的流域禁止新建引水和蓄水工程，合理利用水资源，保障生态用水，保护沙区湿地。

4. 生物多样性保护生态功能区

全国共有生物多样性保护生态功能三级区 34 个，面积 201.05 万平方公里，占全国国土面积的 20.94%。其中，对国家生态安全具有重要作用的生物多样性保护生态功能区主要包括长白山山地、秦巴山地、浙闽赣交界山区、武陵山山地、南岭地区、海南岛中南部山地、桂西南石灰岩地区、西双版纳和藏东南山地热带雨林季雨林区、岷山—邛崃山、横断山区、北羌塘高寒荒漠草原区、伊犁—天山山地西段、三江平原湿地、松嫩平原湿地、辽河三角洲湿地、黄河三角洲湿地、苏北滩涂湿地、长江中下游湖泊湿地、东南沿海红树林等。

该类型区的主要生态问题：人口增加以及农业和城市扩张，交通、水电水利建设，过度放牧、生物资源过度开发，外来物种入侵等，导致森林、草原、湿地等自然栖息地遭到破坏，栖息地破碎化、岛屿化严重；生物多样性受到严重威胁，许多野生动植物物种濒临灭绝。

该类型区生态保护的主要方向：

（1）加强自然保护区建设和管理，尤其自然保护区群的建设。

（2）不得改变自然保护区的土地用途，禁止在自然保护区内开发建设，实施重大工程对生物多样性影响的生态影响评价。

（3）禁止对野生动植物进行滥捕、乱采、乱猎。

（4）加强对外来物种入侵的控制，禁止在自然保护区引进外来物种。

（5）保护自然生态系统与重要物种栖息地，防止生态建设导致栖息环境的改变。

5. 洪水调蓄生态功能区

全国共有洪水调蓄三级生态功能区 9 个，面积 7.06 万平方公里，占全国国土面积的 0.73%。其中，对国家生态安全具有重要作用的洪水调蓄生态功能区主要包括松嫩平原湿地、淮河中下游湖泊湿地、江汉平原湖泊湿地、长江中下游洞庭湖、鄱阳湖、安徽省沿江湖泊湿地等洪水调蓄生态功能区。这些区域同时也是我国重要的水产品提供区。

该类型区的主要生态问题：由于流域土壤侵蚀加剧，湖泊泥沙淤积严重、湖泊容积减小、调蓄能力下降；围垦造成沿江沿河的重要湖泊、湿地萎缩；工业废水、生活污水、农田退水大量排放，以及淡水养殖等导致地表水质受到严重污染；血吸虫和其他流行性疾病的传播，危害人民身体健康。

该类型区生态保护的主要方向：

（1）加强洪水调蓄生态功能区的建设，保护湖泊、湿地生态系统，退田还湖，平垸行洪，严禁围垦湖泊湿地，增加调蓄能力。

（2）加强流域治理，恢复与保护上游植被，控制土壤侵蚀，减少湖泊、湿地萎缩。

（3）控制水污染，改善水环境。

（4）发展避洪经济，处理好蓄洪与经济发展之间的矛盾。

6. 农产品提供生态功能区

农产品提供生态功能区主要是指以提供粮食、肉类、蛋、奶、水产品和棉、油等农产品为主的长期从事农业生产的地区，包括全国商品粮基地和集中连片的农业用地，以及畜产品和水产品提供的区域。全国共有农产品提供生态功能三级区 36 个，面积 168.63 万平方公里，占全国国土面积的 17.57%，集中分布在东北平原、华北平原、长江中下游平原、四川盆地、东南沿海平原地区、汾渭谷地、河套灌区、宁夏灌区、新疆绿洲等商品粮集中生产区，以及内蒙古东部草甸草原、青藏高原高寒草甸、新疆天山北部草原等重要畜牧业区。

该类型区的主要生态问题：农田侵占、土壤肥力下降、农业面源污染严重；在草地畜牧业区，过度放牧，草地退化沙化，抵御灾害能力低。

该类型区生态保护的主要方向：

（1）严格保护基本农田，培养土壤肥力。

（2）加强农田基本建设，增强抗自然灾害的能力。

（3）发展无公害农产品、绿色食品和有机食品；调整农业产业和农村经济结构，合理组织农业生产和农村经济活动。

（4）在草地畜牧业区，要科学确定草场载畜量，实行季节畜牧业，实现草畜平衡；

草地封育改良相结合，实施大范围轮封轮牧制度。

7. 林产品提供生态功能区

林产品提供生态功能区主要是指以提供林产品为主的林区，即速生丰产林基地。全国共有林产品提供生态功能三级区 10 个，面积 30.90 万平方公里，占全国国土面积的 3.22%，集中分布在大兴安岭、长白山、长江中下游丘陵、四川东部丘陵、云南西南山地等速生丰产林基地集中区。

该类型区的主要生态问题：林区过量砍伐，森林质量下降较为普遍。该类型区的生态保护主要方向：

（1）加强速生丰产林区的建设与管理，合理采伐，实现采育平衡，协调木材生产与生态功能保护的关系。

（2）改善农村能源结构，减少对林地的压力。

8. 大都市群

大都市群主要是指我国人口高度集中的城市群，主要指京津冀大都市群、珠三角大都市群和长三角大都市群生态功能三级区 3 个，面积 4.23 万平方公里，占全国国土面积的 0.44%。

该类型区的主要生态问题：城市无限制扩张，污染严重，人居环境质量下降。

该类型区生态保护的主要方向：加强城市发展规划，合理布局城市功能组团；加强生态城市建设，大力调整产业结构，提高资源利用效率，控制城市污染，推进循环经济和循环社会的建设。

9. 重点城镇群

重点城镇群是指我国主要城镇、工矿集中分布区域，主要包括哈尔滨城镇群、长吉城镇群、辽中南城镇群（大连—沈阳）、山西省中部城镇群（太原为中心）、鲁中城镇群、胶东半岛城镇群（青岛—烟台）、中原城镇群（郑州及其周边地区）、武汉城镇群、昌九城镇群（南昌—九江）、长株潭城镇群、海峡西岸城镇群（厦门—福州）、海南北部城镇群、重庆城镇群、成都城镇群、北部湾城镇群、滇中城镇群（昆明周边地区）、关中城镇群、兰州城镇群、乌鲁木齐城镇群。全国共有重点城镇群生态功能三级区 19 个，面积 8.03 万平方公里，占全国国土面积的 0.84%。

该类型区的主要生态问题：城镇无序发展，城镇环境污染严重，环保设施严重滞后，城镇生态功能低下。

该类型区生态保护的主要方向：加快城市环境保护基础设施建设，加强城乡环境综合整治；建设生态城市，优化产业结构，发展循环经济，提高资源利用效率。

各类生态功能区的主要生态问题、生态保护方向、限制或禁止措施详见表 3。

表 3　　**各类生态功能区的主要生态问题、生态保护方向、限制或禁止措施**

功能区类型	主要生态问题	生态保护方向	限制或禁止措施
水源涵养	植被破坏、土壤侵蚀严重；湿地萎缩、面积减少；冰川后退，雪线上升	建立生态功能保护区，保护和恢复天然植被	控制水污染，减轻水污染负荷，严格限制导致水体污染、植被破坏的产业发展

续表

功能区类型	主要生态问题	生态保护方向	限制或禁止措施
土壤保持	植被退化、土壤侵蚀和石漠化危害严重	退耕还林、退牧还草，小流域结合治理，发展农村替代能源，严格资源开发的生态监管	严禁陡坡垦殖和过度放牧，严禁乱砍滥伐树木
防风固沙	过度放牧、草地开垦、水资源不合理开发和过度利用导致被退化、土地沙化	建立生态功能保护区，发展圈养牧业，退耕还草，合理利用水资源	严禁过度放牧、樵采、开荒，限制经济开发活动
生物多样性保护	自然栖息地破坏和碎严重，生物资源过度利用，外来物种入侵，濒危物种增加	加强自然保护区建设，维护生态系统的完整性	禁止对生物多样性有影响的经济开发，加强外来物种入侵控制，禁止滥捕、乱采、乱猎
洪水调蓄	湿地萎缩、湖泊调蓄能力下降	建立洪水调蓄生态功能保护区，退田还湖，发展避洪经济	严禁围垦湖泊、湿地，禁止在行滞洪区建立永久性设施和居民点
农产品提供	农田侵占、土壤肥力下降、农业面源污染严重；在草地畜牧业区过度放牧，草地退化沙化，抵御自然灾害能力低	保护基本农田基本建设，发展无公害农产品、绿色有食品和有机食品，调整农业产业和农村经济结构；在草地畜牧业区，要科学确定草场载畜量，实现草畜平衡，草地封育改良相结合，实施大范围轮封轮牧制度	严禁破坏基本农田。禁止草场开垦和过度放牧
林产品提供	林区过量砍伐，森林质量下降较为普遍	加强生丰产林区的管理，改善农村能源结构，对林区合理采伐，采育平衡	禁止林木滥采滥伐
大都市群	城市无限制扩张，污染严重	加强城市发展规划，合理布局城市功能组团，加强城市污染源控制，保护城市生态	限制城市的无限制扩张
重点城镇群	环保设施严重滞后，城镇生态功能低下	加快城镇环境保护基础设施建设，加强城乡环境综合整治；建设生态城市	限制建设用地过快增长

五　全国重要生态功能区域

根据各生态功能区对保障国家生态安全的重要性，以水源涵养、土壤保持、防风固沙、生物多样性保护和洪水调蓄 5 类主导生态调节功能为基础，初步确定了 50 个重要生态服务功能区域。各重要区域的名称、主导功能和辅助功能见表 4，详细内容见附二。

表 4　　　　　　　　　　　全国重要生态功能区域

序号	重要生态功能区域名称	水源涵养	土壤保护	防风固沙	生物多样性保护	灌水调蓄
1	大小兴安岭水源涵养重要区	＋＋	＋	＋		
2	辽河上游水源涵养重要区	＋＋	＋			
3	京津水源涵养重要区	＋＋				
4	大别山水源涵养重要区	＋＋	＋			
5	桐析山淮河源水源涵养重要区	＋＋	＋			
6	丹江口库区水源涵养重要区	＋＋	＋			
7	秦巴山地水源涵养重要区	＋＋	＋	＋＋		
8	三峡库区水源涵养重要区	＋＋	＋	＋＋	＋＋	
9	江西东江源水源涵养重要区	＋＋	＋			
10	南岭山地水源涵养重要区	＋＋	＋	＋		
11	珠江源水源涵养重要区	＋＋				
12	若尔盖水源涵养重要区	＋＋	＋			
13	甘南水源涵养重要区	＋＋				
14	三江源水源涵养重要区	＋＋	＋			
15	祁连山山地水源涵养重要区	＋＋	＋	＋		
16	天山山地水源涵养重要区	＋＋				
17	阿尔泰地区水源涵养重要区	＋＋				
18	太行山地土壤保持重要区	＋	＋＋	＋		
19	黄土高原丘陵沟壑区土壤保持重要区	＋＋				
20	西南喀斯特地区土壤保持重要区	＋＋				
21	川滇干热河谷土壤保持重要区	＋＋				
22	科尔沁沙地防风固沙重要区	＋＋				
23	呼伦贝尔草原防风固沙重要区	＋＋				
24	阴山北麓—浑善达克沙地防风固沙重要区	＋＋				

序号	重要生态功能区域名称	水源涵养	土壤保护	防风固沙	生物多样性保护	灌水调蓄
25	毛乌素沙地防风固沙重要区	＋＋				
26	黑河中下游防风固沙重要区	＋＋				
27	阿尔金草原荒漠防风固沙重要区	＋＋				
28	塔里木河流域防风固沙重要区	＋＋				
29	三江平原湿地生物多样性保护重要区	＋＋	＋			
30	长白山山地生物多样性保护重要区	＋	＋＋			
31	辽河三角洲湿地生物多样性保护重要区	＋＋				
32	黄河三角洲湿地生物多样性保护重要区	＋＋				
33	苏北滩涂湿生物多样性保护重要区	＋＋				
34	浙闽赣交界山地生物多样性保护重要区	＋	＋	＋＋		
35	武陵山山地生物多样性保护重要区	＋＋	＋＋	＋＋		
36	东南沿海红树林生物多样性保护重要区	＋＋				
37	海南岛中部山地生物多样性保护重要区	＋＋	＋	＋＋		
38	岷山—邛崃山生物多样性保护重要区	＋	＋	＋＋		
39	桂西南石灰岩地区生物多样性保护重要区	＋	＋	＋＋		
40	西双版纳热带雨林季雨林生物多样生保护重要区	＋＋				
41	横断山生物多样性保护重要区	＋	＋＋			
42	伊犁—天山山地西段生物多样性保护重要区	＋	＋＋			
43	北羌塘高寒荒漠草原生物多样性保护重要区	＋	＋＋			
44	藏东南山地热带雨林季雨林生物多样性保护重要区	＋	＋	＋＋		
45	松嫩平原湿地洪水调蓄重要区	＋	＋＋	＋＋		
46	淮河中下游湿地洪水调蓄重要区	＋＋				
47	长江荆江段湿地洪水调蓄重要区	＋＋	＋＋			
48	洞庭湖区湿地洪水调蓄重要区	＋＋	＋＋			
49	鄱阳湖区湿地洪水调蓄重要区	＋＋	＋			
50	安徽沿长江湿地洪水调蓄重要区	＋＋	＋＋			

注：＋表示该项功能重要；＋＋表示该项功能极重要。

六　生态功能区划的实施

生态功能区划是科学开展生态环境保护工作的重要手段，是指导产业布局、资源开发的重要依据。

1. 要处理好全国和省域生态功能区划的关系。全国生态功能区划从满足国家经济社会发展和生态保护工作宏观管理的需要出发，进行大尺度范围划分。省级生态功能区划应与全国生态功能区划相衔接，在区划尺度上应更能满足省域经济社会发展和生态保护工作微观管理的需要。

2. 全国生态功能区划应与国家主体功能区规划、重大经济技术政策、社会发展规划、经济发展规划和其他各种专项规划相衔接。要依据生态功能区划，确定合理的生态保护与建设目标，制定可行的方案和具体措施，促进生态系统的恢复，增强生态系统服务功能，为区域生态安全和区域可持续发展奠定生态基础。

3. 对生态安全有重大意义的水源涵养、土壤保持、防风固沙、生物多样性保护、洪水调蓄等重要生态功能区，应分级建立国家和地方重点生态功能保护区，并抓紧编制相关规划。要积极探索健全保障重点生态功能保护区的财税、环境政策。

4. 要以生态功能区划为依据，严格建设项目环境管理。资源开发利用项目应当符合生态功能区的保护目标，不得造成生态功能的改变；禁止在生态功能区内建设与生态功能区定位不一致的工程和项目，对全部或部分不符合生态功能区划的新建项目，应对项目重新选址，重新进行环境影响评价；对已建成的与功能区定位不一致且造成严重生态破坏的工程和项目，应明确停工、拆除、迁址或关闭的时间表，提出恢复项目所在区域生态功能的措施，依照执行。

5. 要建立结构完整、功能齐全、技术先进的生态功能区划管理信息系统，与政府电子信息平台相联结，促进生态行政管理和社会服务信息化，提高各级生态管理部门和其他相关部门的综合决策能力和办事效率。

6. 要加强生态保护的宣传教育。积极宣传生态功能区划的科学意义和重要性，普及生态教育；完善信访、举报和听证制度，调动广大人民群众和民间团体的积极性，支持和鼓励公众和非政府组织参与生态功能区的管理。

附一：

全国生态功能区划方案

Ⅰ 生态调节功能区

Ⅰ-01 水源涵养功能区
Ⅰ-01-01 大兴安岭北部落叶松林水源涵养三级功能区
Ⅰ-01-02 大兴安岭中部落叶松、落叶阔叶林水源涵养三级功能区
Ⅰ-01-03 小兴安岭北部阔叶混交林水源涵养三级功能区
Ⅰ-01-04 小兴安岭南部阔叶、红松林水源涵养三级功能区
Ⅰ-01-05 张广才岭针阔混交林水源涵养三级功能区
Ⅰ-01-06 吉-辽中部低山丘陵落叶阔叶林水源涵养三级功能区
Ⅰ-01-07 长白山针阔混交林水源涵养三级功能区
Ⅰ-01-08 千山落叶阔叶林水源涵养三级功能区
Ⅰ-01-09 大兴安岭南部森林草原水源涵养三级功能区
Ⅰ-01-10 九华山常绿—阔叶林水源涵养三级功能区

Ⅰ－01－11 天目山—黄山常绿阔叶林水源涵养三级功能区

Ⅰ－01－12 钱塘江中游常绿阔叶林水源涵养三级功能区

Ⅰ－01－13 钱塘江上游森林与湿地水源涵养三级功能区

Ⅰ－01－14 怀玉山常绿阔叶林水源涵养三级功能区

Ⅰ－01－15 赣南—闽南丘陵常绿阔叶林水源涵养三级功能区

Ⅰ－01－16 大庾岭—骑田岭常绿阔叶林水源涵养三级功能区

Ⅰ－01－17 九连山常绿阔叶林水源涵养三级功能区

Ⅰ－01－18 粤东闽东南丘陵山地常绿阔叶林水源涵养三级功能区

Ⅰ－01－19 豫西南山地常绿落叶阔叶林水源涵养三级功能区

Ⅰ－01－20 桐柏山常绿、落叶阔叶林水源涵养三级功能区

Ⅰ－01－21 大别山常绿、落叶阔叶林水源涵养三级功能区

Ⅰ－01－22 鄂中丘陵岗地常绿阔叶林水源涵养三级功能区

Ⅰ－01－23 米仓山—大巴山常绿阔叶、针阔混交林水源涵养三级功能区

Ⅰ－01－24 三峡水库水源涵养三级功能区

Ⅰ－01－25 鄂西南山地常绿阔叶林水源涵养三级功能区

Ⅰ－01－26 武陵山常绿阔叶林水源涵养三级功能区

Ⅰ－01－27 雪峰山常绿阔叶林水源涵养三级功能区

Ⅰ－01－28 黔东北中低山常绿阔叶林水源涵养三级功能区

Ⅰ－01－29 黔东南山地丘陵常绿阔叶水源涵养三级功能区

Ⅰ－01－30 都庞岭—萌渚岭常绿阔叶林水源涵养三级功能区

Ⅰ－01－31 桂东北丘陵山地常绿阔叶林水源涵养三级功能区

Ⅰ－01－32 桂中北喀斯特常绿、落叶阔叶混交林水源涵养三级功能区

Ⅰ－01－33 秦岭落叶阔叶、针阔混交林水源涵养三级功能区

Ⅰ－01－34 六盘山典型草原、落叶阔叶林水源涵养三级功能区

Ⅰ－01－35 西祁连山高寒荒漠、草原水源涵养三级功能区

Ⅰ－01－36 东祁连山云杉林、高寒草甸水源涵养三级功能区

Ⅰ－01－37 青海湖湿地及上游高寒草甸水源涵养三级功能区

Ⅰ－01－38 海东—甘南高寒草甸草原水源涵养三级功能区

Ⅰ－01－39 黄河源高寒草甸草原水源涵养三级功能区

Ⅰ－01－40 长江源高寒草甸草原水源涵养三级功能区

Ⅰ－01－41 澜沧江源高寒草甸草原水源涵养三级功能区

Ⅰ－01－42 怒江源高寒草甸草原水源涵养三级功能区

Ⅰ－01－43 雅鲁藏布江中游谷地灌丛水源涵养三级功能区

Ⅰ－01－44 中喜马拉雅山北翼高寒草原水源涵养三级功能区

Ⅰ－01－45 雅鲁藏布江上游高寒草甸草原水源涵养三级功能区

Ⅰ－01－46 阿尔泰山南坡西伯利亚落叶松林水源涵养三级功能区

Ⅰ－01－47 额尔齐斯—乌伦古河荒漠草原水源涵养三级功能区

Ⅰ－01－48 准噶尔盆地西部山地草原水源涵养三级功能区

Ⅰ－01－49 天山北坡云杉林、草原水源涵养三级功能区

Ⅰ－01－50 天山南坡荒漠草原水源涵养三级功能区

Ⅰ-02 土壤保持功能区

Ⅰ-02-01 冀北及燕山落叶阔叶林土壤保持三级功能区

Ⅰ-02-02 永定河上游山间盆地落叶阔叶林土壤保持三级功能区

Ⅰ-02-03 太行山落叶阔叶林土壤保持三级功能区

Ⅰ-02-04 太岳山落叶阔叶林土壤保持三级功能区

Ⅰ-02-05 中条山落叶阔叶林土壤保持三级功能区

Ⅰ-02-06 晋北山地丘陵半干旱草原土壤保持三级功能区

Ⅰ-02-07 山东半岛丘陵落叶阔叶林土壤保持三级功能区

Ⅰ-02-08 鲁中山地落叶阔叶林土壤保持三级功能区

Ⅰ-02-09 吕梁山落叶阔叶林土壤保持三级功能区

Ⅰ-02-10 浙中丘陵常绿阔叶林土壤保持三级功能区

Ⅰ-02-11 金衢盆地常绿阔叶林土壤保持三级功能区

Ⅰ-02-12 武夷山常绿阔叶林土壤保持三级功能区

Ⅰ-02-13 浙南闽东丘陵常绿阔叶林土壤保持三级功能区

Ⅰ-02-14 梅江上游常绿阔叶林土壤保持三级功能区

Ⅰ-02-15 幕阜山—九岭山常绿阔叶林土壤保持三级功能区

Ⅰ-02-16 赣中丘陵常绿阔叶林土壤保持三级功能区

Ⅰ-02-17 罗霄山常绿阔叶林土壤保持三级功能区

Ⅰ-02-18 渝东南岩溶石山土壤保持三级功能区

Ⅰ-02-19 黔北山地常绿、落叶阔叶混交林土壤保持三级功能区

Ⅰ-02-20 黔中丘原盆地常绿阔叶林土壤保持三级功能区

Ⅰ-02-21 黔南山地盆谷常绿阔叶林土壤保持三级功能区

Ⅰ-02-22 滇东北—黔西北中山针阔混交林土壤保持三级功能区

Ⅰ-02-23 金沙江下游干热河谷常绿灌丛、稀树草原土壤保持三级功能区

Ⅰ-02-24 陕北—晋西南黄土丘陵沟壑土壤保持三级功能区

Ⅰ-02-25 陕中黄土塬梁土壤保持三级功能区

Ⅰ-02-26 陇东南黄土丘陵残塬土壤保持三级功能区

Ⅰ-02-27 黄土高原西部土壤保持三级功能区

Ⅰ-02-28 湟水谷地土壤保持三级功能区

Ⅰ-03 防风固沙功能区

Ⅰ-03-01 呼伦贝尔典型草原防风固沙三级功能区

Ⅰ-03-02 科尔沁沙地防风固沙三级功能区

Ⅰ-03-03 锡林郭勒典型草原防风固沙三级功能区

Ⅰ-03-04 浑善达克沙地防风固沙三级功能区

Ⅰ-03-05 阴山山地落叶灌丛、草原防风固沙三级功能区

Ⅰ-03-06 阴山北部荒漠草原防风固沙三级功能区

Ⅰ-03-07 鄂尔多斯高原东部典型草原防风固沙三级功能区

Ⅰ-03-08 鄂尔多斯高原西部荒漠草原防风固沙三级功能区

Ⅰ-03-09 陇中—宁中荒漠草原防风固沙三级功能区

Ⅰ-03-10 腾格里沙漠草原荒漠防风固沙三级功能区

Ⅰ-03-11 阿拉善东部灌木—半灌木、草原荒漠防风固沙三级功能区

Ⅰ-03-12 巴丹吉林典型荒漠防风固沙三级功能区

Ⅰ-03-13 黑河中下游草原荒漠防风固沙三级功能区

Ⅰ-03-14 阿拉善西北部矮半灌木荒漠防风固沙三级功能区

Ⅰ-03-15 北山山地灌木—半灌木防风固沙三级功能区

Ⅰ-03-16 河西走廊西部荒漠防风固沙三级功能区

Ⅰ-03-17 柴达木盆地东北部山地高寒荒漠草原防风固沙三级功能区

Ⅰ-03-18 柴达木盆地荒漠防风固沙三级功能区

Ⅰ-03-19 共和盆地草原防风固沙三级功能区

Ⅰ-03-20 准噶尔盆地西缘荒漠、绿洲防风固沙三级功能区

Ⅰ-03-21 准噶尔盆地东部灌木荒漠防风固沙三级功能区

Ⅰ-03-22 准噶尔盆地中部固定半固定沙漠防风固沙三级功能区

Ⅰ-03-23 吐鲁番—哈密盆地荒漠防风固沙三级功能区

Ⅰ-03-24 东疆戈壁—流动沙漠防风固沙三级功能区

Ⅰ-03-25 塔里木盆地北部荒漠、绿洲防风固沙三级功能区

Ⅰ-03-26 塔克拉玛干沙漠防风固沙三级功能区

Ⅰ-03-27 塔里木盆地南部荒漠防风固沙三级功能区

Ⅰ-04 生物多样性保护功能区

Ⅰ-04-01 三江平原湿地生物多样性保护三级功能区

Ⅰ-04-02 辽河三角洲湿地生物多样性保护三级功能区

Ⅰ-04-03 黄河三角洲湿地生物多样性保护三级功能区

Ⅰ-04-04 江苏沿海滩涂生物多样性保护三级功能区

Ⅰ-04-05 崇明岛湿地生物多样性保护三级功能区

Ⅰ-04-06 海南中部山地热带雨林与季雨林生物多样性保护三级功能区

Ⅰ-04-07 渝东山区—金佛山常绿阔叶林生物多样性保护三级功能区

Ⅰ-04-08 桂东粤西丘陵山地常绿阔叶林生物多样性保护三级功能区

Ⅰ-04-09 桂中喀斯特常绿、落叶阔叶混交林生物多样性保护三级功能区

Ⅰ-04-10 桂西南喀斯特热带季雨林生物多样性保护三级功能区

Ⅰ-04-11 桂西北山地常绿阔叶林生物多样性保护三级功能区

Ⅰ-04-12 乌蒙山针叶林山地云南松林、草甸生物多样性保护三级功能区

Ⅰ-04-13 哀劳山—无量山常绿阔叶林生物多样性保护三级功能区

Ⅰ-04-14 蒙自—元江岩溶高原峡谷针叶林、常绿阔叶林生物多样性

Ⅰ-04-15 文山岩溶山原山地常绿阔叶林生物多样性保护三级功能区

Ⅰ-04-16 滇东南中山峡谷热带雨林生物多样性保护三级功能区

Ⅰ-04-17 岷山—邛崃暗针叶林、高山草甸、常绿阔叶林生物多样性

Ⅰ-04-18 大雪山—念他翁山暗针叶林、高山灌丛、高山草甸生物多

Ⅰ-04-19 川西南山地偏干性常绿阔叶林生物多样性保护三级功能区

Ⅰ-04-20 沙鲁里山南部暗针叶林生物多样性保护三级功能区

Ⅰ-04-21 滇西横断山常绿阔叶林生物多样性保护三级功能区

Ⅰ-04-22 滇西山地常绿阔叶林、针叶林生物多样性保护三级功能区

Ⅰ-04-23 澜沧江中游山地常绿阔叶林、针叶林生物多样性保护三级功能区

Ⅰ-04-24 西双版纳热带季雨林生物多样性保护三级功能区

Ⅰ-04-25 念青唐古拉山南翼暗针叶林、草原生物多样性保护三级功能区

Ⅰ-04-26 山南地区热带雨林、季雨林生物多样性保护三级功能区

Ⅰ-04-27 阿尔金山高寒荒漠草原生物多样性保护三级功能区

Ⅰ-04-28 昆仑山东段高寒荒漠草原生物多样性保护三级功能区

Ⅰ-04-29 昆仑山中段高寒荒漠草原生物多样性保护三级功能区

Ⅰ-04-30 北羌塘高寒荒漠草原生物多样性保护三级功能区

Ⅰ-04-31 南羌塘高寒草原生物多样性保护三级功能区

Ⅰ-04-32 阿里山地荒漠生物多样性保护三级功能区

Ⅰ-04-33 昆仑山西段高寒荒漠草原生物多样性保护三级功能区

Ⅰ-04-34 帕米尔—喀喇昆仑山高寒荒漠草原生物多样性保护三级功能区

Ⅰ-05 洪水调蓄功能区

Ⅰ-05-01 嫩江—讷谟尔河洪水调蓄三级功能区

Ⅰ-05-02 嫩江—第二松花江洪水调蓄三级功能区

Ⅰ-05-03 黄河洪水调蓄三级功能区

Ⅰ-05-04 淮河中下游洪水调蓄三级功能区

Ⅰ-05-05 长江荆江段洪水调蓄三级功能区

Ⅰ-05-06 洞庭湖洪水调蓄三级功能区

Ⅰ-05-07 长江洪湖—黄冈段洪水调蓄三级功能区

Ⅰ-05-08 鄱阳湖洪水调蓄三级功能区

Ⅰ-05-09 安徽沿长江湿地洪水调蓄三级功能区

Ⅱ 产品提供功能区

Ⅱ-01 农产品提供功能区

Ⅱ-01-01 三江平原农产品提供三级功能区

Ⅱ-01-02 乌裕尔河下游农产品提供三级功能区

Ⅱ-01-03 松嫩平原西部农产品提供三级功能区

Ⅱ-01-04 通榆地区农产品提供三级功能区

Ⅱ-01-05 松嫩平原东部农产品提供三级功能区

Ⅱ-01-06 辽河平原农产品提供三级功能区

Ⅱ-01-07 西辽河上游丘陵平原农产品提供三级功能区

Ⅱ-01-08 辽东半岛丘陵农产品提供三级功能区

Ⅱ-01-09 冀东平原农产品提供三级功能区

Ⅱ-01-10 华北平原农产品提供三级功能区

Ⅱ-01-11 太行山太岳山山间盆地丘陵农产品提供三级功能区

Ⅱ-01-12 汾渭盆地农产品提供三级功能区

Ⅱ-01-13 南阳盆地农产品提供三级功能区

Ⅱ-01-14 汉江上游盆地农产品提供三级功能区

II－01－15 长江中下游平原农产品提供三级功能区

II－01－16 鄱阳湖平原南部农产品提供三级功能区

II－01－17 湖南中部丘陵农产品提供三级功能区

II－01－18 粤东丘陵平原农产品提供三级功能区

II－01－19 粤西丘陵平原农产品提供三级功能区

II－01－20 粤西北丘陵平原农产品提供三级功能区

II－01－21 海南环岛平原台地农产品提供三级功能区

II－01－22 四川盆地农产品提供三级功能区

II－01－23 广西中部丘陵平原农产品提供三级功能区

II－01－24 云南西南丘陵农产品提供三级功能区

II－01－25 河套—土默特平原农产品提供三级功能区

II－01－26 银川平原农产品提供三级功能区

II－01－27 河西走廊干旱荒漠—绿洲农产品提供三级功能区

II－01－28 新疆北部谷地草地农产品提供三级功能区

II－01－29 乌苏—石河子—昌吉绿洲农产品提供三级功能区

II－01－30 尤尔都斯盆地草原农产品提供三级功能区

II－01－31 叶尔羌河平原—喀什三角洲荒漠、绿洲农产品提供三级功能区

II－01－32 皮山—和田—民丰绿洲农产品提供三级功能区

II－01－33 郎钦藏布谷地农产品提供三级功能区

II－01－34 藏东—川西高原农产品提供三级功能区

II－01－35 拉萨谷地农产品提供三级功能区

II－01－36 雅鲁藏布江中游谷地农产品提供三级功能区

II－02 林产品提供功能区

II－02－01 大兴安岭林区林产品提供三级功能区

II－02－02 小兴安岭林产品提供三级功能区

II－02－03 吉林中部低山丘陵林产品提供三级功能区

II－02－04 幕阜山林产品提供三级功能区

II－02－05 武夷山林产品提供三级功能区

II－02－06 广东北部丘陵林产品提供三级功能区

II－02－07 四川盆地西部林产品提供三级功能区

II－02－08 四川盆地东部丘陵林产品提供三级功能区

II－02－09 四川盆地南部林产品提供三级功能区

II－02－10 甘肃南部盆地丘陵林产品提供三级功能区

III 人居保障功能区

III－01 大都市群人居保障功能区

III－01－01 京津冀大都市群人居保障三级功能区

III－01－02 长三角大都市群人居保障三级功能区

III－01－03 珠三角大都市群人居保障三级功能区

III - 02 重点城镇群人居保障功能区

III - 02 - 01 哈尔滨城镇群人居保障三级功能区

III - 02 - 02 长吉城镇群人居保障三级功能区

III - 02 - 03 辽中南城镇群人居保障三级功能区

III - 02 - 04 山西中部城镇群人居保障三级功能区

III - 02 - 05 鲁中城镇群人居保障三级功能区

III - 02 - 06 胶东半岛城镇群人居保障三级功能区

III - 02 - 07 中原城镇群人居保障三级功能区

III - 02 - 08 武汉城镇群人居保障三级功能区

III - 02 - 09 昌九城镇群人居保障三级功能区

III - 02 - 10 长株潭城镇群人居保障三级功能区

III - 02 - 11 海峡西岸城镇群人居保障三级功能区

III - 02 - 12 海南北部城镇群人居保障三级功能区

III - 02 - 13 重庆城镇群人居保障三级功能区

III - 02 - 14 成都城镇群人居保障三级功能区

III - 02 - 15 北部湾城镇群人居保障三级功能区

III - 02 - 16 滇中城镇群人居保障三级功能区

III - 02 - 17 关中城镇群人居保障三级功能区

III - 02 - 18 兰州城镇群人居保障三级功能区

III - 02 - 19 乌鲁木齐城镇群人居保障三级功能区

附二：

全国重要生态功能区域

1. 水源涵养重要区

（1）大小兴安岭水源涵养重要区：该区位于黑龙江省北部和内蒙古自治区东北部，是嫩江、额尔古纳河、绰尔河、阿伦河、诺敏河、甘河、得尔布河等诸多河流的源头，是重要水源涵养区。行政区涉及黑龙江省的大兴安岭、黑河、伊春，内蒙古自治区呼伦贝尔、兴安盟，面积为 151 579 平方公里。大兴安岭的植被类型主要是以兴安落叶松为代表的寒温带落叶针叶林，广泛分布于丘陵和低山区，并在林缘及宽谷发育了沼泽化灌丛和灌丛化沼泽。小兴安岭植被类型是以阔叶红松林为代表的中温带针阔混交林。该区对黑龙江省北部和内蒙古自治区大兴安岭西部地区具有重要的生态安全屏障作用。

主要生态问题：原始森林已受到较严重的破坏，出现不同程度的生态退化现象，现有次生林和其他次生生态系统保水保土功能较弱。

生态保护主要措施：加大原始森林生态系统保护力度，严禁开发利用原始森林；加强林缘草甸草原的管护和退化生态系统的恢复重建；发展生态旅游业和非木材林业产品及特色林产品加工业，走生态经济型发展道路。

（2）辽河上游水源涵养重要区：该区位于辽河上游的老哈河和西拉沐沦河上游，行政区涉及内蒙古自治区的赤峰、通辽,辽宁省的朝阳、阜新、铁岭等 7 个县(旗、市),面积为 24 005 平方公里。该区植被类型主要为暖温带落叶阔叶林,以蒙古栎和油松为代表,多以白桦、山杨、油松和栎的不同组合形成的呈片状形式分布,具有涵养水源重要功能;其次在保持水土和维系生物多样性方面发挥重要作用。

主要生态问题:原始森林面积小,大部分为砍伐后形成的次生林和灌丛;水源涵养能力低,土壤侵蚀较严重。

生态保护主要措施:加强天然林保护和退化生态系统恢复重建的力度;严格草地管理,实施禁牧或限牧;严格控制新建水利工程项目;加强矿产资源开发监管力度。

(3)京津水源地水源涵养重要区:该区包括密云水库、官厅水库、于桥水库、潘家口水库等北京市、天津市重要水源地的涵养区,以及滦河、潮河上游源头。行政区涉及北京市密云、延庆、怀柔 3 个县,天津市蓟县,河北省承德、张家口 2 个市,以及内蒙古自治区锡林浩特和山西省大同的部分地区,面积为 19 967 平方公里。该区内植被类型主要为温带落叶阔叶林,天然林主要分布在海拔 600~700 米的山区,树种主要有栎类、山杨、桦树和椴树等。

主要生态问题:水资源过度开发,环境污染加剧;现有次生林保水保土功能较弱,土壤侵蚀和水库泥沙淤积比较严重;水库周边地区人口较密集,农业生产及养殖业等面源污染问题比较突出;地质灾害敏感程度高,泥石流和滑坡时有发生。

生态保护主要措施:加强水库流域林灌草生态系统保护的力度,通过自然修复和人工抚育措施,加快生态系统保水保土功能的提高;改变水库周边生产经营方式,发展生态农业,加强畜禽和水产养殖污染防治,控制面源污染;上游地区加快产业结构的调整,控制污染行业,鼓励节水产业发展,严格水利设施的管理。

(4)大别山水源涵养重要区:该区位于河南、湖北、安徽 3 省交界处,行政区涉及河南省信阳 7 个县(市),安徽省六安等 2 个市 6 个县以及湖北省黄冈等 7 个县,面积为 30 455 平方公里。该区属亚热带季风湿润气候区,植被类型主要为北亚热带落叶阔叶与常绿阔叶混交林,在该区域内发挥着重要的水源涵养功能,是长江水系和淮河水系诸多中小型河流的发源地及水库水源涵养区,也是淮河中游、长江下游的重要水源补给区;同时该区属北亚热带和暖温带的过渡带,兼有古北界和东洋界的物种群,生物资源比较丰富,具有重要的生物多样性保护价值。

主要生态问题:原生森林生态系统结构受到较严重的破坏,涵养水源和土壤保持功能下降,致使中下游洪涝灾害损失加大,栖息地破碎化,生物多样性受到威胁。

生态保护主要措施:大力开展水土流失综合治理,采取造林与封育相结合的措施,提高森林水源涵养能力,保护生物多样性;鼓励发展生态旅游,转变经济增长方式,逐步恢复和改善生态系统服务功能。

(5)桐柏山淮河源水源涵养重要区:该区位于河南与湖北 2 省交界的桐柏山地,行政区涉及河南省驻马店、南阳、信阳 3 个县(市),湖北省的随州、广水 2 个市,面积为 12 194 平方公里,是淮河及长江支流汉水等诸河流的发源地,是水源涵养重要区。该区地处我国南北气候过渡带,植被丰茂,覆盖率高,地带性植被为北亚热带常绿与落叶阔叶混交林,在水源涵养、土壤保持和生物多样性保护等方面发挥着重要作用。

主要生态问题:原生地带性森林植被破坏严重,生物资源量减少,土壤侵蚀加重。

生态保护主要措施:加大矿产资源开发监管力度;停止产生严重污染的工程项目建设和加大污染环境的治理,消除对淮河源头的污染;制止乱砍滥伐,营造水土保持林;合理开发旅游资源和绿色食品，同时要加强旅游区森林生态系统的完整性和生物多样性的保护。

（6）丹江口库区水源涵养重要区：该区位于长江中游支流汉江上游丹江口水库周边地区，行政区涉及湖北省十堰等8个县（市、区），河南省的南阳等3个市6个县，面积为6774平方公里。1998年丹江口水库正式被国务院确定为南水北调中线工程取水处，并被列为国家重点水库。该区地处北亚热带，植被类型以常绿阔叶与落叶阔叶混交林为主。

主要生态问题：植被破坏较严重，森林生态系统保水保土功能较弱，土壤侵蚀较为严重；此外，库区点源和面源污染对水体环境带来严重影响。

生态保护主要措施：加快植被恢复，提高森林质量，增强森林的水源涵养与土壤保持能力；调整库区及其上游地区产业结构，停止产生严重环境污染的工程项目建设，加强城镇污水治理和垃圾处置场的建设，加强农业种植业结构调整和土壤保持相结合的面源污染控制；建设库区环湖生态带和汉江、丹江两岸东西绿色走廊。

（7）秦巴山地水源涵养重要区：该区包括秦岭山地与大巴山地，位于渭河南岸诸多支流的发源地和嘉陵江、汉江上游丹江水系源区，是长江、黄河两大河流的分水岭。行政区涉及陕西省的汉中、安康、西安、宝鸡4个市，甘肃省的陇南和天水2个市，重庆市的万州1个市，面积为74 428平方公里。该区地处我国亚热带与暖温带的过渡带上，发育了以北亚热带为基带（南部）和暖温带为基带（北部）的垂直自然带谱，是我国乃至东南亚地区暖温带与北亚热带地区生物多样性最丰富的地区之一。该区不但是重要的水源涵养区，而且是生物多样性重要保护区。

主要生态问题：该区土壤侵蚀极为敏感，山地植被破坏和水电、矿产等资源开发带来的水土流失及山地灾害问题较为突出，生物多样性受到严重威胁。

生态保护主要措施：加强已有自然保护区保护和天然林管护力度；对已破坏的生态系统，要结合有关生态建设工程，做好生态恢复与重建工作，增强生态系统水源涵养和土壤保持功能；停止导致生态功能继续退化的开发活动和其他人为破坏活动；严格矿产资源、水电资源开发的监管；控制人口增长，改变粗放生产经营方式，发展生态旅游和特色产业，走生态经济型发展道路。

（8）三峡库区水源涵养重要区：该区包括三峡库区的大部。行政区涉及湖北省宜昌、恩施土家族苗族自治州，以及重庆市的万州等22个区（县、市），面积为33 711平方公里。该区地处中亚热带季风湿润气候区，山高坡陡和降雨强度大，是三峡水库水环境保护的重要区域。

主要生态问题：受长期过度垦殖和近来三峡工程建设与生态移民的影响，森林植被破坏较严重，水源涵养能力下降，库区周边点源和面源污染严重，影响水环境安全；同时，土壤侵蚀量和入库泥沙量增大，地质灾害频发，给库区人民生命财产安全造成威胁。

生态保护主要措施：继续加强污水治理的同时，加大畜禽养殖业污染的防治力度；加快城镇化进程和生态搬迁的环境管理；加大退耕还林和天然林保护力度；优化乔灌草植被结构和库岸防护林带建设；加强地质灾害防治力度；开展生态旅游；在三峡水电收益中确定一定比例用于促进城镇化和生态保护。

（9）江西东江源水源涵养重要区：该区位于江西省赣州市南部，行政区涉及定南南部、安远南部、寻乌，面积为3681平方公里。该区属中亚热带季风湿润气候，植被以亚热带常绿阔叶林和针叶林为主，目前森林覆盖率较高，生物多样性较为丰富，有国家级森林公园1个及省级自然保护区多处。东江是香港的主要饮用水源，被香港同胞称为"生命之水"。加强源区生态的保护和建设，保持其优良的水质和充足的水量，关系到沿江居民，特别是香港居民饮用水的安全和香港的繁荣、稳定与发展。

主要生态问题：由于历史、人口、经济发展等多种因素的影响，局部地区出现生态功能退化；采矿遗留下的尾矿和尾砂未能得到有效治理；山体滑坡等地质灾害较为频繁。

生态保护主要措施：加大天然林保护力度，增强生态系统水源涵养功能；停止一切产生严重污染环境的工程项目建设，加强面源污染的控制力度，严格矿产资源开发的监管，发展沼气，减少薪柴砍伐；改变粗放的生产经营方式，发展生态旅游业、生态农业以及有机和绿色食品业，实现经济与生态协调可持续发展。

（10）南岭山地水源涵养重要区：该区是长江流域和珠江流域的分水岭，是沅江、赣江、北江、西江干流的重要源头区，行政区涉及广西壮族自治区的桂林、柳州、贺州，湖南省的郴州、衡阳、永州、邵阳，广东省的韶光、清远、河源、梅州，以及江西省的赣州，面积为 73 566 平方公里。该区属于亚热带湿润气候区，发育了以亚热带常绿阔叶林和针叶林为主的植被类型，具有重要的水源涵养、土壤保持和生物多样性保护等功能。

主要生态问题：原始森林植被破坏严重，次生林和人工林面积大，水源涵养和土壤保持功能较弱，以崩塌、滑坡和山洪为主的环境灾害时有发生，灾害损失较重，矿产资源开发无序，局部地区工业污染蔓延速度加快。

生态保护主要措施：停止导致生态功能继续退化的资源开发活动和其他人为破坏活动；对人口超出资源环境承载力的区域，要加大人口增长的控制力度，改变粗放经营方式，发展生态旅游和特色产业，走生态经济型发展道路；禁止污染工业向水源涵养地区转移；加强退化生态系统的恢复并加大重建力度，提高森林植被水源涵养功能。

（11）珠江源水源涵养重要区：该区位于云贵高原中部山地，行政区涉及云南省会泽、曲靖、寻甸和宣威等县（市），面积为 5566 平方公里。珠江为我国南部第一大河，珠江源区保存有较完整的岩溶地貌，植被类型主要有亚热带常绿阔叶林和针叶林，具有重要的水源涵养、土壤保持和生物多样性保护功能。

主要生态问题：由于该区岩溶地貌发育，岩溶生态系统具有脆弱性特征，不合理的人类活动造成的生态系统退化问题十分突出，主要表现为土层浅薄、干旱缺水、石漠化面积大、水源涵养功能下降。

生态保护主要措施：加大天然林保护力度，调整不利于生态质量提高的产业结构，对已遭受破坏的生态系统，结合有关国家生态工程建设，认真组织重建与恢复，尽快遏制生态恶化趋势；开展污水治理工程，减少面源污染，使珠江源头水资源得到有效保护。

（12）若尔盖水源涵养重要区：该区为四川省境内黄河流域区，位于川西北高原的阿坝藏族羌族自治州境内，包括若尔盖中西部、红原、阿坝东部，是黄河与长江水系的分水地带，面积为 16 950 平方公里。区内地貌类型以高原丘陵为主，地势平坦，沼泽、牛轭湖星罗棋布。植被类型主要以高寒草甸和沼泽草甸为主；其次有少量亚高山森林及灌草丛分布。这些生态系统类型在水源涵养和水文调节方面发挥着重要作用；此外，还有维系生物多样性、保持水土和防治土地沙化等功能。

主要生态问题：湿地疏干垦殖和过度放牧带来地下水位下降和沼泽萎缩及草甸退化和沙化问题突出。

生态保护主要措施：严禁沼泽湿地疏干改造，严格草地资源和泥炭资源的保护；对已遭受破坏的草甸和沼泽生态系统，要结合有关生态工程建设措施，认真组织重建和恢复；改变粗放的生产经营方式，发展生态旅游、观光旅游和科学考察服务的第三产业，开发具有地方特色的畜产品产业，走生态经济型发展道路。

（13）甘南水源涵养重要区：该区地处青藏高原东北缘，甘肃、青海、四川3省交界处，是黄河首曲，位于甘肃省甘南藏族自治州的西北部，面积为9835平方公里。该区植被类型以草甸、灌丛为主，其次还有较大面积的湿地生态系统。这些生态系统类型具有重要的水源涵养功能和生物多样性保护功能；此外，还有重要的土壤保持、沙化控制功能。

主要生态问题：生态脆弱，超载过牧引起的草地退化较为严重，表现为重度退化草地面积大、鼠虫害严重、生物多样性锐减、土壤保持和水源涵养功能下降。

生态保护主要措施：强化监管力度，停止一切导致生态功能继续恶化的人为破坏活动，建立自然保护区；对退化草地实行休牧、轮牧和围栏封育措施；合理控制载畜量，实施鼠虫害防治工程；对生态极脆弱区实施生态移民工程；调整产业结构，发展生态旅游。

（14）三江源水源涵养重要区：该区位于青藏高原腹地的青海省南部，行政区涉及玉树、果洛、海南、黄南4个藏族自治州的16个县，面积为250 782平方公里。该区是长江、黄河、澜沧江的源头汇水区，具有重要的水源涵养功能作用，被誉为"中华水塔"。此外，该区还是我国最重要的生物多样性资源宝库和最重要的遗传基因库之一，有"高寒生物自然种质资源库"之称。

主要生态问题：近年来人口增加和不合理的生产经营活动极大地加速了生态的恶化，表现为草地严重退化、局部地区出现土地荒漠化、水源涵养和生物多样性维护功能下降，并对长江和黄河流域旱涝灾害的发生与发展产生影响，严重地威胁江河流域社会经济可持续发展和生态安全。

生态保护主要措施：加大退牧还草、退耕还林和沙化土地防治等生态保护工程的实施力度，对部分生态退化比较严重、靠自然难以恢复原生态的地区，实施严格封禁措施；加大防沙治沙、鼠害防治和黑土滩治理力度，使生态环境得到有效恢复；加大对天然草地、湿地水源和生物多样性集中区的保护力度；有序推进游牧民定居和生态移民工作；加大牧业生产设施建设力度，逐步改变牧业粗放经营和超载过牧，走生态经济型发展道路。

（15）祁连山山地水源涵养重要区：该区位于青海省与甘肃省交界处，是黑河、石羊河、疏勒河、大通河、党河、哈勒腾河等诸多河流的源头区，行政区涉及甘肃省9个县（市）和青海省6个县，面积为80 014平方公里。该区植被类型主要有针叶林、灌丛及高山草甸和高山草原等。该区水源涵养极为重要；同时具有保护生物多样性和控制沙漠化功能。

主要生态问题：山地森林、草原生态系统破坏较严重，林草植被呈现不同程度的退化；水源涵养和土壤保持功能下降，土壤侵蚀加重，生物多样性受到破坏。

生态保护主要措施：加强土地使用的管理，停止一切导致生态功能继续退化的人为破坏活动；对已超出生态承载力的地方应采取必要的移民措施；对已经受到破坏的生态系统，要结合生态建设措施，认真组织重建与恢复。

（16）天山山地水源涵养重要区：该区位于天山山系的西段南部和东段，行政区涉及新疆维吾尔自治区伊犁地区、塔城地区、乌鲁木齐市和昌吉回族自治州，面积为33 146平方公里。该区是塔里木河支流阿克苏河、渭干河、开都河及伊犁河、玛纳斯河、乌鲁木齐河等众多河流的源头，是平原绿洲的生命线，对维系天山两侧绿洲农业和城镇发展具有极其重要的作用。区内植被类型有针叶林和高山草甸草原。山顶冰川发育，有大小冰川6000多条，是重要的天然固体水库，其中博格达峰自然保护区已纳入联合国"人与生物圈"自然保护区网。该区土壤侵蚀和沙漠化较为敏感，山地林草生态系统具有重要的水源涵养功能，此外，在保护生物多样性等方面发挥着重要作用。

主要生态问题：山地天然林和谷地胡杨林等植被破坏较严重，水源涵养功能下降；草地植被呈现不同程度的退化，并导致土壤侵蚀加剧。

生态保护主要措施：加大天然林保护力度；实施以草定畜，划区轮牧，对草地严重退化区要结合生态建设工程，认真组织重建与恢复；对已超出生态承载力的区域要实施生态移民，有效遏制生态退化趋势；严格水利设施管理；加大矿产资源开发监管力度；改变粗放的生产经营方式；发展生态旅游和特色产业。

（17）阿尔泰地区水源涵养重要区：该区位于新疆维吾尔自治区北部阿勒泰地区，面积为 51 432 平方公里。该区山地寒温带针叶林面积较大，在林分组成上，西伯利亚落叶松占绝对优势。该区既有重要的水源涵养功能，又有重要的生物多样性保护功能。区内有大小河流 50 余条，是额尔齐斯河和乌伦古河的发源地，"两河"年径流量为 118 亿立方米，是阿尔泰地区乃至北疆的"母亲河"。

主要生态问题：森林破坏较严重，林区内林牧矛盾突出，影响了森林资源的恢复，同时林区载畜量的快速增加，使林区草场植被受到较严重的破坏，加之不合理资源开发行为的影响，致使该区域生态出现较严重的退化现象。

生态保护主要措施：全面实施天然林资源保护工程，加强森林资源管护；对已遭受破坏的林草生态系统，要结合有关生态建设工程，积极组织重建与恢复，要改变粗放生产经营方式，大力发展人工饲草基地，推广"三储一化"、长草短喂、短草槽喂等牧业实用技术；完善管理机构，加强执法监管能力建设，杜绝滥采药、滥采矿等行为。

2. 土壤保持重要区

（18）太行山地土壤保持重要区：该区位于山西、河北 2 省交界处，行政区涉及河北省的保定、石家庄、邢台、邯郸 4 个市和山西省的阳泉、晋中、长治 3 个市，面积为 26 528 平方公里。太行山是黄土高原与华北平原的分水岭，是海河及其他诸多河流的发源地，其土壤保持功能对保障区域生态安全极其重要。该区发育了以暖温带落叶阔叶林为基带的植被垂直带谱，森林植被类型较为多样，在防止土壤侵蚀、保持水土功能正常发挥方面起着重要作用。

主要生态问题：太行山山高坡陡，具有土壤侵蚀敏感性强的特点，在长期不合理资源开发影响下，出现山地生态系统的严重退化，表现为生态系统结构简单、土壤侵蚀加重加快、干旱与缺水问题突出、山下洪涝灾害损失加大。

生态保护主要措施：停止导致土壤保持功能继续退化的人为开发活动和其他破坏活动，加大退化生态系统恢复与重建的力度；有效实施坡耕地退耕还林还草措施；加强自然资源开发监管，严格控制和合理规划开山采石，控制矿产资源开发对生态的影响和破坏；发展生态林果业、旅游业及相关特色产业。

（19）黄土高原丘陵沟壑区土壤保持重要区：该区位于黄土高原地区，行政区涉及甘肃省的庆阳、平凉、天水、陇南、定西、白银，宁夏回族自治区的固原和陕西省的延安、榆林，面积为 137 044 平方公里。该区地处半湿润—半干旱季风气候区，地带性植被类型为森林草原和草原，具有土壤侵蚀和土地沙漠化敏感性高的特点，是土壤保持极重要区域。

主要生态问题：过度开垦和油、气、煤资源开发带来植被覆盖度低和生态系统保持水土功能弱等生态问题，表现为坡面土壤侵蚀和沟道侵蚀严重、侵蚀产沙淤积河道与水库，严重影响黄河中下游生态安全。

生态保护主要措施：在黄土高原丘陵沟壑区实施退耕还灌还草还林；推行节水灌溉新技术，发展林果业，提高饲料种植比例和单位产量；对退化严重草场实施禁牧轮牧，实行舍饲养殖；停止导致生态功能继续恶化的开发活动和其他人为破坏活动，加大资源开发的监管，控制地下水过度利用，防止地下水污染；在油、气、煤资源开发的收益中确定一定比例，用于促进城镇化和生态保护。

（20）西南喀斯特地区土壤保持重要区：该区位于西南喀斯特山区，行政区涉及云南省曲靖、广西壮族自治区河池以及贵州省的大部分县（市），面积为 119 651 平方公里。该区地处中亚热季风湿润气候区，发育了以岩溶环境为背景的特殊生态系统。该生态系统极其脆弱，土壤侵蚀敏感性程度高，土壤一旦流失，生态恢复重建难度极大。

主要生态问题：毁林毁草开荒带来的生态系统退化问题突出，表现为植被覆盖度低、水土流失严重、石漠化面积大、干旱缺水。

生态保护主要措施：停止导致生态继续退化的开发活动和其他人为破坏活动，严格保护现存植被；对生态退化严重区采取封禁措施，对中、轻度石漠化地区，改进种植制度和农艺措施；对人口超过生态承载力的区域实施生态移民措施；改变粗放生产经营方式，发展生态农业、生态旅游及相关产业，降低人口对土地的依赖性，走生态经济型道路。

（21）川滇干热河谷土壤保持重要区：该区位于四川与云南 2 省交界的金沙江下游河谷区，河谷长 528 公里，行政区涉及四川省攀枝花市和凉山南部以及云南省丽江、大理、楚雄、昆明和昭通等县（市、州），面积为 52 454 平方公里。该区受地形影响，发育了以干热河谷稀树灌草丛为基带的山地生态系统。该河谷区生态脆弱，土壤侵蚀敏感性程度高，系统功能的好坏直接影响长江流域生态安全。

主要生态问题：河谷区植被破坏严重，生态系统保水保土功能弱，表现为地表干旱缺水问题突出、土壤坡面侵蚀和沟蚀加剧、崩塌和滑坡及泥石流灾害频发、侵蚀产沙量大，给金沙江乃至三峡工程带来危害。

生态保护主要措施：停止导致生态系统退化的人为破坏活动；合理规划，分步骤、分阶段地实施退耕还林还草；对已遭受破坏的生态系统，结合生态建设工程，认真组织重建与恢复；在立地条件差的干热河谷区，采取先草灌后林木的修复模式；改变落后粗放的生产经营方式，大力发展具有地方特色和优势资源的开发，合理布局和发展草地畜牧业和林果业，以此带动区域经济的增长。

3. 防风固沙重要区

（22）科尔沁沙地防风固沙重要区：该区位于内蒙古自治区赤峰东部，坐落在老哈河、西拉木伦河、乌力吉木伦河下游冲积平原。该区横跨内蒙古自治区的赤峰、通辽、兴安盟，吉林省的白城和辽宁省的朝阳和阜新等市，其中 90% 以上面积在内蒙古自治区境内，面积为 53 910 平方公里。该区处于温带半湿润与半干旱过渡带，气候干旱，多大风，属于沙漠化极敏感和防风固沙极重要区域。

主要生态问题：不合理的草地开发利用带来的草原生态系统退化问题突出，表现为土地沙漠化面积大、草场退化与盐渍化和土壤贫瘠化，为沙尘暴的发生提供沙源，对我国东北和华北地区生态安全构成严重威胁。

生态保护主要措施：实行围封、禁牧和退耕还草；以草定畜，划区轮牧或季节性休牧；禁止滥挖滥采野生植物；禁止任何导致生态功能继续退化的人为破坏活动；改变耕种方式，提倡和推广免耕技术，发展高效农业。

（23）呼伦贝尔草原防风固沙重要区：该区位于内蒙古自治区高原东北部的海拉尔盆地及其周边地区，行政区涉及内蒙古自治区呼伦贝尔的4个旗2个市，面积为75 643平方公里。该区地处温带—寒温带气候区，气候较干燥，多大风，沙漠化敏感性程度较高。

主要生态问题：草地过度开发利用带来草原生态系统的严重退化，表现为草地群落结构简单化、物种成分减少、土地沙化面积大、鼠虫害频发。

生态保护主要措施：停止一切导致生态功能继续退化的人为破坏活动；加强退化草地恢复重建的力度及优质人工草场建设；发展农区畜牧业经济，促进草原生态系统良性循环。

（24）阴山北麓—浑善达克沙地防风固沙重要区：该区地处阴山北麓半干旱农牧交错带、燕山山地、坝上高原，行政区涉及内蒙古自治区的锡林郭勒、乌兰察布、呼和浩特、包头、赤峰等盟（市），以及河北省北部的张家口和承德的2个市6个县，面积为54 664平方公里。该区气候干旱，多大风，沙漠化敏感性程度极高，属于防风固沙重要区，是北京市乃至华北地区主要沙尘暴源区。

主要生态问题：长期以来的草地资源不合理开发利用带来的草原生态系统严重退化，表现为退化草地面积大、土地沙化严重、耕地土壤贫瘠化、干旱缺水，对华北地区生态安全构成威胁。

生态保护主要措施：停止导致生态功能继续退化的人为破坏活动，控制农垦范围北移，坚持退耕还草方针；以草定畜，推行舍饲圈养，划区轮牧、退牧、禁牧和季节性休牧；改变农村传统的能源结构，减少薪柴砍伐；对人口已超出生态承载力的地方实施生态移民，改变粗放的牧业生产经营方式，走生态经济型发展道路。

（25）毛乌素沙地防风固沙重要区：该区位于鄂尔多斯高原向陕北黄土高原的过渡地带，行政区涉及内蒙古自治区的鄂尔多斯、陕西省榆林、宁夏回族自治区银川等盟（市），面积为49 015平方公里。该区属内陆半干旱气候，发育了以沙生植被为主的草原植被类型，土地沙漠化敏感性程度极高，是我国防风固沙重要区域。

主要生态问题：人类对草地资源的过度利用，油、气资源的开发带来草地生态系统功能的严重退化，表现为草地生物量和生产力下降、土地沙化程度加重，并对当地乃至周边地区居民生产生活带来危害。

生态保护主要措施：建立以"带、片、网"相结合为主的防风沙体系；建立能有效保护耕地的农田防护体系；加强对流动沙丘的固定；改变粗放的生产经营方式，停止一切导致生态功能继续恶化的人为破坏活动。

（26）黑河中下游防风固沙重要区：该区位于黑河中下游冲积平原和三角洲内，行政区涉及内蒙古自治区的额济纳中部、甘肃省金塔中部，面积为10 321平方公里。该区沙漠化敏感性和盐渍化敏感性高，防风固沙功能极重要。

主要生态问题：黑河中游人工绿洲扩展和灌溉农业发展带来入境水量锐减，导致植被退化、沙化土地分布广泛、沙尘暴频繁。

生态保护主要措施：严格执行国务院黑河分水方案，保障生态用水；保护现有天然胡杨林、柽柳林和草甸植被；控制绿洲规模，严格保护绿洲–荒漠过渡带；对人口已超出生态承载力的区域实施生态移民，改变牧业生产经营方式，实行禁牧、休牧和划区轮牧；调整产业结构，严格限制高耗水农业品种种植面积；充分发挥光能资源的生产潜力，在发展农村经济的同时，解决能源、肥料问题。

（27）阿尔金草原荒漠防风固沙重要区：该区属东昆仑山脉的北支，位于新疆维吾尔自治区东南部，与青海省、西藏自治区和甘肃省接壤，行政区涉及 9 个县，面积为 58 488平方公里。该区气候极为干旱，地表植被稀少，是典型的荒漠草原，土地沙漠化敏感性程度极高，防风固沙极为重要。此外，这里拥有许多极为珍贵的荒漠草原特有的动植物种类，具有极高的保护价值。

主要生态问题：不合理的草地资源开发利用带来许多生态问题，表现为土地荒漠化加速、珍稀动植物的生存受到威胁、鼠害肆虐等。

生态保护主要措施：停止一切导致生态功能继续恶化的开发活动和其他人为破坏活动；制定科学合理的草地载畜量，实施退牧还草和可持续牧业，确定禁牧期、禁牧区和轮牧期，开展围栏封育；对严重退化区域开展生态移民，对轻度和中度退化区域实施阶段性禁牧或严格的限牧措施。

（28）塔里木河流域防风固沙重要区：该区位于塔里木河流域，行政区涉及新疆维吾尔自治区 7 个县（市）和兵团农二师，面积为 44 442 平方公里。该区沙漠化敏感性和盐渍化敏感性极高，防风固沙功能极为重要。

主要生态问题：由于水、土和生物资源的不合理开发利用带来生态系统功能的严重退化，表现为退化草地面积大、沙漠化加快、珍稀特有野生动植物减少。

生态保护主要措施：加强流域综合规划，合理调配水资源；控制人工绿洲规模，恢复和扩大沙漠—绿洲过渡带；保障必要生态用水，保护和恢复自然生态系统；发展清洁能源，减少乔灌草的樵采；改善灌溉基础设施，发展节水农业，控制种植高耗水作物，提高水资源利用效益；加强油、气资源开发利用管理，实现油、气开发与荒漠生态保护的双赢。

4. 生物多样性保护重要区

（29）三江平原湿地生物多样性保护重要区：该区位于黑龙江省松花江下游及其与乌苏里江汇合处一带，行政区涉及黑龙江省 12 个县（市），面积为 55 819 平方公里。该区是我国平原地区沼泽分布最大、最集中的地区之一，原始湿地面积大，湿地生态系统类型多样。湿地植被类型以沼泽苔草为主，其次为沼泽芦苇，生物多样性丰富。三江平原湿地是具有国际意义的湿地，已被列入《亚洲重要湿地名录》。

主要生态问题：不合理围垦和过度开发生物资源带来湿地生态系统功能下降问题突出，表现为湿地面积减小和破碎化、生物物种多样性受到威胁、生物物质生产功能减退、农业生产带来的面源污染日趋严重。

生态保护主要措施：加强现有湿地资源和生物多样性的保护，禁止疏干、围垦湿地，开展退耕还湿生态工程，严格限制耕地扩张；改变粗放的生产经营方式，发展生态农业，控制农药化肥使用量；严格限制泥炭开发。

（30）长白山地生物多样保护重要区：该区位于我国东北长白山脉地区，行政区涉及黑龙江省 3 个县（市）、吉林省 11 个县（市），面积为 56 862 平方公里。该区地貌类型复杂，丘陵、山地、台地和谷地相间分布，主要植被类型有红松—落叶阔叶混交林、落叶阔叶林、针叶林和岳桦矮曲林等，属于"长白植物区系"的中心部分，野生动植物种类丰富，特有物种数量多，其中特有植物 100 多种，珍稀特有动物达 150 种，是生物多样性保护极重要区域。该区域还具有重要的水源涵养功能。

主要生态问题：天然林采伐程度高，生态系统功能有所减弱；森林破坏导致生境改变，威胁多种动植物物种生存；局部地区存在低温冷害和崩塌等地质灾害。

生态保护主要措施：加强天然林保护和自然保护区建设与监管力度；禁止森林砍伐，

继续实施退耕还林工程；加强对已受到破坏的低效林和新迹地的森林生态系统恢复与重建；发展林果业、中草药、生态旅游及其相关产业。

（31）辽河三角洲湿地生物多样性保护重要区：该区位于辽宁省辽河下游三角洲地带，行政区涉及辽宁省6个县（市），面积为5476平方公里。该区分布有我国最大的一片湿地芦苇，近海湿地鱼、虾、贝、蟹、蜇等资源丰富，停留或过境的鸟类有170多种，是丹顶鹤、黑嘴鸥等鸟类迁徙的重要停留栖息地，是湿地生物多样性保护极重要区域。

主要生态问题：石油资源开发导致海水倒灌、水体污染、湿地生态功能衰退；湿地保护与资源利用的矛盾突出，苇田部分被开发为水田，导致湿地面积减小、生态功能衰退。

生态保护主要措施：合理调度流域水资源，严格控制新上蓄水工程，保障河口生态需水量；规范农业、渔业开发；严格控制石油开发生产用地扩张及其环境污染；大力发展生态旅游和生态农业。

（32）黄河三角洲湿地生物多样保护重要区：该区地处黄河下游入海处三角洲地带，行政区涉及山东省垦利、利津、河口和东营4个县（区），面积为2445平方公里。区内湿地类型主要有灌丛疏林湿地、草甸湿地、沼泽湿地、河流湿地和滨海湿地5大类。湿地生物多样性较为丰富，是珍稀濒危鸟类的迁徙中转站和栖息地，是保护湿地生态系统生物多样性的重要区域。

主要生态问题：黄河中下游地区用水量增大，对下游三角洲湿地生态系统产生影响；海水倒灌引起淡水湿地的面积逐年减少，湿地质量不断下降；石油开发与湿地保护的矛盾突出。

生态保护主要措施：合理调配黄河流域水资源，保障黄河入海口的生态需水量；严格保护河口新生湿地；通过对雨水的有效调蓄，遏制海水倒灌，禁止在湿地内开垦或随意变更土地用途的行为，防止农业发展对湿地的蚕食，以及石油资源开发和生产对湿地的污染。

（33）苏北滩涂湿地生物多样性保护重要区：该区位于江苏省东部沿海滩涂地带，涉及8个县（市），面积为3499平方公里。该区为近海岸滩涂湿地生态系统分布区，湿地生物多样性较为丰富，是我国候鸟重要越冬地，鸟类有360余种。

主要生态问题：滩涂湿地开发、滩涂养殖及工业发展，使野生动物活动范围减小，给珍稀野生动物的生存和繁殖带来威胁。

生态保护主要措施：协调好生态保护和经济建设之间的矛盾，控制滩涂开发规模；加强自然保护区管理，加快保护区总体规划的实施进程；适当开展生态旅游，发展生态农业。

（34）浙闽赣交界山地生物多样性保护重要区：该区位于浙江、福建和江西3省交界处山地，行政区涉及浙江省10个县（市）、江西省3个县（市）和福建省3个县（市），面积为24 850平方公里。该区是目前华东地区森林面积保存较大和生物多样性较丰富的区域，高等植物超过2400种，是我国生物多样性重点保护区域，同时也是重要的水源涵养区。区内山地陡坡面积大，加之降雨丰富，多台风、暴雨，土壤侵蚀敏感性程度极高。

主要生态问题：森林针叶林化问题突出，地带性常绿阔叶林植被分布面积小，森林生态系统破碎化程度高，物种多样性保护和水源涵养功能较弱；采石业与生态保育矛盾突出。

生态保护主要措施：加强自然保护区的建设；通过人工抚育，恢复和扩大常绿阔叶林面积；加强花岗岩等矿产资源开发监管力度以及土壤侵蚀综合治理；加强林产业经营区可持续的集约化丰产林建设，发展沼气，解决农村能源问题，开展生态旅游。

（35）武陵山山地生物多样性保护重要区：该区地跨湖北、湖南、贵州、重庆4省（直辖市），其范围涉及湖南省湘西、怀化、张家界、常德，湖北省恩施南部，贵州省铜仁，重庆市黔江等，面积为 12 678 平方公里。

该区是东亚亚热带植物区系分布核心区，有水杉、珙桐等多种国家珍稀濒危物种，是国家一级保护野生动物华南虎主要栖息地；同时又是长江支流清江和澧水的发源地，部分地区为乌江水系汇水区。该区不但是生物多样性重要保护区域，同时又是水源涵养和土壤保持重要功能区。该区山地坡度大，降雨丰富，土壤侵蚀敏感性程度高。

主要生态问题：森林植被资源不合理开发利用带来生态功能退化问题较为突出，主要表现为土壤侵蚀加重、地质灾害增多、生物多样性受到威胁。

生态保护主要措施：停止可能导致生态功能继续退化的人为破坏活动；扩大天然林保护范围，大力开展退耕还林、还草工程；恢复常绿阔叶林的乔、灌、草植被体系，优化森林生态系统结构，加强地质灾害的监督与预防；改变传统粗放的生产经营方式，发展中草药、生态旅游和有机农业。

（36）东南沿海红树林生物多样性保护重要区：该区主要分布于我国福建省、广东省、海南省、广西壮族自治区、台湾省等地高温、低盐、淤泥质的河口和内湾滩涂区。红树林是亚热带和热带近海潮间带的一类特殊常绿林，特殊动植物种类丰富，在世界红树林植物保护中具有重要的意义。

主要生态问题：红树林面积锐减，红树林生态系统结构简单化，多为残留次生林和灌木丛林，生态功能降低，一些珍贵树种已消失，防潮防浪、固岸护岸功能较弱。

生态保护主要措施：加大红树林的管护，恢复和扩大红树林生长范围；禁止砍伐红树林，在红树林分布区停止一切导致生态功能继续退化的人为破坏活动，包括在红树林区挖塘、围堤、采砂、取土以及狩猎、养殖、捕鱼等；禁止在红树林分布区倾倒废弃物或设置排污口。

（37）海南岛中部山地生物多样性保护重要区：该区位于海南省中部，行政区涉及海南省 10 个县（市），面积为 8690 平方公里。该区内植被类型主要有热带季雨林和山地常绿阔叶林。区内生物多样性极其丰富，其中特有植物多达 630 种，国家一、二类保护动物 102 种。该区不但是生物多样性保护极为重要的区域，还具有水源涵养和土壤保持重要功能。

主要生态问题：原始森林遭受破坏，生物多样性减少，水源涵养能力降低，局部地区土壤侵蚀加剧。

生态保护主要措施：加强自然保护区建设和监管力度，扩大保护区范围；停止一切导致生态功能退化的开发活动和人为破坏活动；实施退耕还林，防止土壤侵蚀，保护生物多样性和增强生态服务功能；加强工业污染治理和农业面源污染控制；发展以热带水果、反季节瓜菜种植、林下花卉种植为主的热带高效农业和农产品加工业，以及热带雨林观光为主的旅游业。

（38）岷山—邛崃山生物多样性保护重要区：该区位于四川省西北部的岷山和邛崃山脉分布区，是白龙江、涪江、嘉陵江、大渡河、岷江等多条河流的水源地，行政区涉及甘肃省 4 个县（含陇南市）、四川省 31 个县（市），面积为 89 485 平方公里。该区内有卧龙、王朗、九寨沟等十多个国家级自然保护区。区内原始森林以及野生珍稀动植物资源十分丰富，是大熊猫、羚牛、金丝猴等重要珍稀生物的栖息地，是我国乃至世界生物多样性保护重要区域。该区具有水源涵养和土壤保持的重要功能。该区山高坡陡，雨水丰富，土壤侵蚀敏感性程度高。

主要生态问题：长期以来山地资源的不合理开发利用带来的生态问题较为突出，表现为土壤侵蚀严重、山地灾害频发和生物多样性受到威胁。

生态保护主要措施：加大天然林的保护和自然保护区建设与管护力度；禁止陡坡开垦

和森林砍伐，继续实施退耕还林工程；恢复已受到破坏的低效林和迹地；发展林果业、中草药、生态旅游及其相关产业；停止导致生态功能退化的不合理的人类活动，发展沼气，解决农村能源。

（39）桂西南石灰岩地区生物多样性保护重要区：该区位于广西壮族自治区西南部左、右江流域，行政区涉及广西壮族自治区 7 个县（市），面积为 8683 平方公里。该区地带性植被有热带季雨林，主要分布于海拔 700 米以下，向上是石灰岩常绿与落叶阔叶混交林，生物多样性比较丰富，高等植物种类达 3000 余种，其中 80% 为热带成分，是北热带岩溶生物多样性保护重要区域。由岩溶特殊地质环境和热带水热条件综合作用下的土壤侵蚀具有敏感性高的特点。

主要生态问题：自然资源不合理的开发利用导致该区土壤侵蚀严重；过度采挖野生植物，生物资源受到严重破坏，生物多样性降低。

生态保护主要措施：加大自然保护区建设和监管力度；严格执行天然林保护政策，禁止乱砍、乱挖，保护野生动植物资源；对生态退化区实施封山育林，恢复天然植被；调整产业结构，合理布局农业生产。

（40）西双版纳热带雨林季雨林生物多样性保护重要区：该区位于云南省最南端，行政区涉及云南省 8 个县（市），面积为 25 404 平方公里。在仅占全国 0.2% 的国土面积上，植物种类占全国的 1/5，动物种类占全国的 1/4，素有"动物王国""植物王国"和"物种基因库"的美称。

主要生态问题：由于长期森林资源的过量开发，使得原始森林面积大为减少，生境破碎化程度较高，野生动植物生存受到不同程度的威胁；打猎砍树、放火烧山垦殖的生产、生活方式对区域生态系统影响较大。

生态保护主要措施：扩大自然保护区范围，加强热带雨林和季雨林的保护；严禁砍伐森林和捕杀野生动物；改变传统粗放的生产经营方式，合理利用旅游资源，发展热带农业和生态旅游业。

（41）横断山生物多样性保护重要区：该区位于青藏高原东缘的西藏、云南、四川 3 省（自治区）交界的横断山脉分布区，行政区涉及四川省 4 个县、西藏自治区 5 个县和云南省 17 个县（市），面积为 93 172 平方公里。该区内珍稀野生动植物种类丰富，拥有大熊猫、牛羚、四川山鹧鸪、金雕、滇金丝猴、珙桐、桫椤等国家一级保护野生动植物，其中三江并流区为世界级的物种基因库，是我国乃至世界生物多样性重点保护区域。该区还具有重要的水源涵养和土壤保持生态功能。区内土壤侵蚀、冻融侵蚀和地质灾害敏感性程度极高。

主要生态问题：森林资源过度利用，原始森林面积锐减，次生低效林面积大，生物多样性受到不同程度的威胁，土壤侵蚀和地质灾害严重。

生态保护主要措施：加快自然保护区建设和管理力度；加强封山育林，恢复自然植被；防治外来物种入侵与蔓延；开展小流域生态综合整治，防止地质灾害；提高水源涵养林等生态公益林的比例；调整农业结构，发展生态农业，实施退耕还林还草，适度发展牧业；对人口已超出生态承载力的区域实施生态移民。

（42）伊犁—天山山地西段生物多样性保护重要区：该区位于新疆维吾尔自治区西部，是由南天山和北天山夹峙形成的东窄西宽、东高西低的楔形谷地，行政区涉及新疆维吾尔自治区 5 个县（市），面积为 20 647 平方公里。该区生物多样性资源丰富，主要有黑蜂、四爪陆龟、小叶白蜡、野核桃、雪岭云杉等野生动植物物种和山地草甸类草地生态系统，是我国内陆干旱地区生物多样性保护的重要区域。该区还具有重要的水源涵养功能。

主要生态问题：草地超载和林木过度砍伐带来的生态系统功能退化问题突出，表现为草场沙化、湖泊与湿地萎缩、土壤侵蚀加重及农田土壤盐渍化等。

生态保护主要措施：划定禁伐区、限伐区，封育保护云杉林和野果林；草原减牧，以草定畜，严禁毁草开荒、种树；调整种植业结构，扩大草料种植面积，低产田撂荒地应退耕还草；加强土壤保持及河谷林保护。

（43）北羌塘高寒荒漠草原生物多样性保护重要区：该区地处青藏高原北部的羌塘高原，行政区涉及青海省的治多西部、格尔木西部，西藏自治区的班戈中部、尼玛中部、申扎中北部，面积为 204 014 平方公里。区内野生动物资源独特而丰富，主要有藏羚羊、黑颈鹤等重点保护动物和高寒荒漠草原珍稀特有物种，生物多样性保护极其重要。由于该区海拔高，气候寒冷、干燥、多大风，土地沙漠化和冻融侵蚀敏感性程度高，具有生态破坏容易、恢复难的特点。

主要生态问题：过度放牧和受全球气候变暖影响，出现的生态退化问题日趋凸显，表现为土地沙化面积在扩大、草地生物量和生产力下降、病虫害和融冻滑塌及气候与气象灾害增多、高寒特有生物多样性面临严重威胁。

生态保护主要措施：停止一切导致生态继续退化的人为破坏活动；加大自然保护区建设与管理的力度；生态极脆弱区实施生态移民工程；草地退化严重区域退牧还草，划定轮牧区和禁牧区，适度发展高寒草原牧业；加大资源开发的生态保护监管力度，限制新增矿山开发项目。

（44）藏东南山地热带雨林季雨林生物多样性保护重要区：该区位于雅鲁藏布江下游流域以及丹巴曲、西巴霞曲、察隅河、卡门河和娘江曲中下游流域区，行政区涉及错那、墨脱和察隅等 7 个县，面积为 95 656 平方公里。区内主要生态系统类型有热带雨林、季雨林和亚热带常绿阔叶林等，野生动植物种类丰富，拥有较多的热带和亚热带动植物种类，具有很高的保护价值。该区土壤侵蚀敏感性高，生物多样性保护极为重要。

主要生态问题：森林资源过度消耗和原始林面积大幅度减少致使该区野生动植物生存受到较严重的威胁。

生态保护主要措施：加强自然保护区建设与管理力度，禁止捕杀野生动物；加强河谷地带稳产高产农田建设和人工草场建设；加强谷地土壤侵蚀治理和退化生态系统的恢复与重建。

5. 洪水调蓄重要区

（45）松嫩平原湿地洪水调蓄重要区：该区位于嫩江下游及其与第二松花江汇合处一带，行政区涉及黑龙江省 7 个县（市），面积为 12 462 平方公里。该区地势低洼，河流排水不畅，湖沼星罗棋布，湿地占该区面积的 1/3。区内植被类型以沼泽芦苇为主，其中动植物种多样丰富，鸟类多达 260 余种，并有"鹤乡"之称。该区是松花江、嫩江中游的天然洪水调蓄库，对其下游的哈尔滨及沿江中下游流域的生态安全具有十分重要的作用，洪水调蓄功能和生物多样性保护功能极为重要。

主要生态问题：湿地垦殖和大量取用水源导致湿地面积缩小和湿地景观破碎化，洪水调蓄能力降低以及生物多样性保护受到威胁。

生态保护主要措施：加大现有湿地保护和退化湿地恢复建设力度；停止导致生态功能退化的人为破坏活动；综合调度流域水资源，保障湿地的生态用水；加强水利、交通建设的规划和管理，确保湿地生态系统完整性；发展生态农业；严格限制泥炭的开发。

（46）淮河中下游湿地洪水调蓄重要区：该区行政区涉及安徽省 8 个县（市）和江苏

省6个县（市），面积为 14 086 平方公里。在淮河干流两岸的一级支流入河口处及平原区较大支流河口处，分布有多个喇叭形湖泊或低洼地，具有拦蓄洪水功能，对保证沿岸大堤和一些区域重要城市的防洪安全具有重要作用。

主要生态问题：地势低洼，雨季容易发生涝灾，沿淮湖泊洼地易成为行蓄洪区；淮河干流及支流水污染严重，影响沿岸城市供水及水产养殖。

生态保护主要措施：地势低洼地区建设成为淮河流域洪水调蓄重要生态功能区，迁移区内人口，避免行蓄洪造成重大损失；保护湖泊湿地和生物多样性与自然文化景观；加强城镇环境综合治理，严格控制地表水污染。

（47）长江荆江段湿地洪水调蓄重要区：该区位于湖北省荆州，面积为 4270 平方公里；该区地势低洼，湖泊众多，对调节长江洪水、保障长江下游的防洪安全具有重要的作用；同时还是我国重要的水产品生产区。

主要生态问题：过度开垦，湿地生态系统不断退化；蓄洪、泄洪能力下降，洪涝灾害频繁；生物资源过度利用，生物多样性丧失严重，水禽等重要物种的生境受到威胁。

生态保护主要措施：湖泊与地势低洼地区建设成为长江中游流域洪水调蓄重要生态功能区，迁移区内人口，避免行蓄洪造成重大损失；保护湖泊湿地和生物多样性。

（48）洞庭湖区湿地洪水调蓄重要区：该区位于湖南省北部的洞庭湖及其周围湿地分布区，行政区涉及湖南省岳阳、益阳、常德等3个市，面积为 8587 平方公里。该区内洲滩及湿地植物发育，为珍稀水禽动物提供了良好的栖息场所。该区是长江中游的天然洪水调蓄库，对湖南省乃至长江流域的生态安全具有十分重要的作用；同时还是我国重要的水产品生产区。

主要生态问题：湖泊围垦和泥沙淤积导致湖泊面积和容积缩小，洪水调蓄能力降低；水禽等重要物种的生境受到一定威胁。

生态保护主要措施：实行平垸行洪、退田还湖、移民建镇，扩大湖泊面积，提高其洪水调蓄的能力；以湿地生物多样性保护为核心，加强区内湿地自然保护区的建设与管理，处理好湿地生态保护与经济发展关系，控制点源和面源污染。

（49）鄱阳湖区湿地洪水调蓄重要区：该区位于江西省北部鄱阳湖及其周边湿地分布区，行政区涉及江西省15个县（市），面积为 22 708 平方公里。鄱阳湖是我国第一大淡水湖，是长江流域最大的洪水调蓄区，洪水期湖区水位每提高1米，可容纳长江倒灌洪水40亿立方米以上；鄱阳湖多年平均汇入长江水量占长江干流多年平均径流量的 15.6%，是长江下游的重要水源地；同时，是国际重要湿地和世界著名的候鸟越冬场所。该区洪水调蓄功能和生物多样性保护功能极为重要；同时还是我国重要的水产品生产区。

主要生态问题：湖泊容积减小，调蓄能力下降，洪涝灾害加剧；湖区垸内积水外排困难，涝、渍灾害易发；湖区水域面积的减小，破坏水生生物生境；水质污染及疾病蔓延，危害人民身体健康。

生态保护主要措施：严格禁止围垦，积极退田还湖，增加调蓄量；处理好环境与经济发展的矛盾；加强自然生态保护，对湖区污染物的排放实施总量控制和达标排放。

（50）安徽沿长江湿地洪水调蓄重要区：该区位于安徽省沿长江两岸地区，行政区域涉及安庆、池州、铜陵、巢湖、芜湖和马鞍山等市，面积为 6983 平方公里。该区地貌以湖积平原为主，地势低洼，面积在1平方公里以上的天然湖泊有19个，湖泊大多分布于皖江两岸及支流入口处。区内已建有3个国家级自然保护区。该区还是我国重要的水产品生产区。

主要生态问题：水土流失加重，湖盆淤积严重，湿地生态系统不断退化。蓄洪、泄洪能力下降，洪涝灾害频繁。生物资源过度利用，珍稀物种濒临灭绝；湖泊湿地部分湖区网箱养殖强度过大，破坏了湿地生态系统的功能，生物多样性丧失严重，水禽等重要物种的生境受到威胁。

生态保护主要措施：加强湿地生物多样性保护，实施退田还湖，发展生态水产养殖，控制水土流失；建设沿江洪水调蓄特殊生态功能区，保证湖泊湿地的洪水调蓄生态功能的发挥，从政策、技术、经济等多方面入手，保护湖泊湿地及其生物多样性。

关于印发《生态功能保护区规划编制大纲》（试行）的通知

环办〔2002〕8号

各省、自治区、直辖市环境保护局（厅）：

我局2001年3月发布了《生态功能保护区规划编制导则》（试行），对指导和规范地方编制生态功能保护区规划发挥了重要作用。随着工作的发展，生态功能保护区建设与管理的目标、任务和措施更加具体明确，在吸取各地编制生态功能保护区规划大纲的成功经验的基础上，我局对《生态功能保护区规划编制导则》（试行）的核心内容进行了修改、补充、完善，形成《生态功能保护区规划编制大纲》（试行），现印发供各地参考。

请各地根据本地实际和特点，按照《生态功能保护区规划编制大纲》（试行）的基本格式和要求进行配合，组织编制好各生态功能保护区规划。

附件：生态功能保护区规划编制大纲（试行）

二○○二年一月二十日

附件：

生态功能保护区规划编制大纲（试行）

1. 总则

1.1 任务的由来

1.2 必要性和意义

1.3 规划编制的依据

2. 生态功能保护区基本情况及现状评价

2.1 基本情况

2.1.1 地理位置、范围

范围的确定既要考虑生态系统结构的完整性和主导生态功能的同一性，又要考虑与行政边界保持一致，便于管理。范围以足以维持和发挥生态功能保护区主导生态功能作用为宜。

2.1.2 自然地理状况

2.1.3 经济、社会状况

2.2 生态环境现状及评价

2.2.1 生态环境保护与建设的成就

2.2.2 生态环境退化状况

植被退化状况：草地、森林的退化状况。

土地退化状况：水土流失、沙漠化、盐渍化等。

水生态失衡状况：江河断流、洪涝、湖泊萎缩、地下水位下降等。

污染状况：点源和面源污染状况。

生物多样性破坏状况：物种减少、退化等。

2.2.3 生态环境与经济、社会协调发展的限制因素暨生态环境退化原因分析

自然因素

经济因素

社会因素

政策因素

2.2.4 生态环境退化的影响

对社会的影响

对经济的影响

对环境的影响

2.2.5 生态环境承载力分析

全面、综合、客观地分析土地、水、生物（动、植物）等资源的承载力。

3. 规划的指导思想和基本原则

3.1 规划的指导思想

遵循《全国生态环境保护纲要》的各项原则，以实施可持续发展战略，改变粗放生产经营方式，走生态经济型发展道路为中心，以改善区域生态环境质量，维护生态环境功能为目标，把生态环境保护和建设与经济发展相结合，统一规划，加强法制，严格监管，实现区域经济、社会和环境的协调发展。

3.2 规划的基本原则

生态功能保护区规划是通过分析区域生态环境特点和人类经济、社会活动，以及二者相互作用的规律，依据生态学和生态经济学的基本原理，制定区域生态环境保护目标，以及实现目标所要采取的措施（规划的技术路线参见附录1）。规划应遵循以下基本原则：

3.2.1 保护优先，预防为主，防治结合的原则

建立生态功能保护区是为了对重要生态功能区实施抢救性保护。因此，必须坚持保护优先、预防为主，防治结合的原则，切实加强这些地区的社会、经济活动的环境监管，防止生态功能退化。同时，遵循自然规律，采取适当的生物和工程措施，尽快恢复和重建退化的生态功能。

3.2.2 生态保护与经济发展相结合的原则

通过调整生态功能保护区内的产业结构，改变区内粗放经济发展方式，最大限度地减轻人类活动对生态环境的影响，以达到保护生态功能的目的。

3.2.3 统筹规划，突出重点，分步实施的原则

规划要突出重点，抓住生态功能保护区的主导生态功能，重点解决制约主导生态功能发挥的各类限制性因素。同时，应当统筹兼顾，点面结合，分步实施。

4. 总体布局

4.1 生态功能的确定

生态功能是指生态系统及其生态过程所形成或所维持的人类赖以生存的自然环境条件与效用，主要包括水源涵养、调蓄洪水、防风固沙、水土保持、维持生物多样性等功能。

4.1.1 主导生态功能的确定

一个重要生态功能区同时具有多种生态功能。本《大纲》提出的主导生态功能，是指在维护流域、区域生态安全和生态平衡，促进社会、经济持续健康发展方面发挥主导作用的生态功能，也是建立生态功能保护区的根本依据。

4.1.2 辅助生态功能的确定

辅助生态功能是指其他与主导生态功能相伴而存的生态功能。辅助生态功能的保护必须服从主导生态功能保护的需要。

4.2 规划目标的制定

规划目标要与《全国生态环境保护纲要》和《全国生态环境建设规划》的目标相一致，要与当地的经济和社会发展计划、规划相结合，并将规划纳入当地经济和社会发展的长远规划和年度计划。在时间上以5年为一时段（与当地的经济和社会发展计划、规划要吻合），分为近期、中期和远期三个阶段。

4.2.1 总体目标（含社会、经济和环境综合目标）

4.2.2 近期目标（以规划基准年起第一个五年计划，含社会、经济和环境综合目标）

4.2.3 中期目标（以规划基准年起第二个五年计划，含社会、经济和环境综合目标）

4.2.4 远期目标（以规划基准年起第三个五年计划，含社会、经济和环境综合目标）

4.3 功能分区

功能分区目的主要是按照自然特点、环境现状、社会发展需要和保护与恢复生态功能的要求，在生态功能保护区内进行生态功能分区，制定各分区生态保护的措施。

4.3.1 功能分区的原则

4.3.2 功能分区的依据

4.3.3 功能区划分和命名

功能区划分不宜过细。每一功能区的命名方式为：地名 + 生态系统名称 + 主导生态功

能（＋辅助生态功能）

5. 规划内容

5.1 总体要求

生态功能保护建设与管理的主要任务与措施。一是采取严格保护措施，保护现有生态状况保持良好、生态功能正常发挥的重点区域，防止发生新的退化和人为破坏。其中生物多样性丰富、具有典型性、完整性的自然区域，也可以采取建立自然保护区的保护方式。二是对生态系统受到破坏，生态功能开始退化的区域，重点采取合理的管护措施，包括围栏封育，促进自然恢复。三是对区内严重退化的生态系统和生态严重恶化区域，通过生物和工程措施，开展生态恢复与重建，逐步恢复其生态功能。

同时，为了减轻不合理发展方式带来的冲击和压力，推动生态功能保护区内生态环境与社会经济的协调发展，应当在充分考虑当地经济、社会发展的需要和生态环境承载能力的基础上，调整产业结构和生产力布局，积极寻求替代产业，改变粗放的经济增长方式，发展生态经济。

对生态功能保护区实施分区建设与管理。围绕确保主导生态功能稳定、有效发挥的需要，按照自然特点、环境现状、社会发展需要和保护与恢复生态功能的要求，进行科学的分区保护，明确各分区的范围、主要生态问题、生态保护目标、任务和措施（不同地区、类型的生态功能保护区主要任务和措施的总体要求可参考附录2）。

5.2 规划重点

5.2.1 保护管理规划

5.2.2 基础设施能力建设规划

5.2.3 宣传教育规划

5.2.4 科研监测规划

5.2.5 社区共管规划

5.2.6 产业结构调整，生态产业发展规划

要围绕主导生态功能的保护，针对解决影响主导生态功能发挥的主要限制因素提出产业结构调整规划。产业结构调整要结合当地实际，明确生态功能保护区内的种植业、畜牧业、养殖业、工业等是否需要调整、如何调整。

5.2.7 人口控制或移民规划（根据需要选择此项）

6. 重点建设工程或项目的确定

要围绕上述规划重点，有针对性地确定重点建设工程，主要包括生态功能保护管理工程、科研监测工程、宣传教育工程、社区共管工程、生态产业工程等。根据实际情况，可编制近期内（以规划基准年起第一个五年计划）重点建设工程或项目的可行性研究报告（代项目建议书）作为规划文本的附件。

7. 投资概算

7.1 投资概算

7.2 投资计划安排

7.3 投资渠道

7.4 事业费估算

8. 组织机构及人员设置

8.1 设置原则

8.2 组织机构

8.3 人员编制

8.4 任务、职能

9. 实施规划的保障措施

9.1 法规政策保障

制定生态功能保护区建设的法律，做到"一区一法"；颁布生态保护政策，包括资源利用政策、产业政策、生态补偿政策等。

9.2 组织保障

应成立生态功能保护区建设领导小组，并将生态功能保护区建设的各项任务纳入政府工作目标责任制。

9.3 人力资源保障

应通过制定与实施切实有效的岗位人员培训计划和岗位激励政策，鼓励广大干部、群众投身生态功能保护区建设和管理。

9.4 科技保障

制定监测与科学研究计划，依靠科技进步，加强生态保护技术和生态破坏恢复治理技术的研究，开展生态监测，及时掌握生态环境状况和变化趋势。

9.5 资金保障

生态功能保护区建设各项任务应纳入各级政府经济和社会发展计划，建立国家、地方投入与社会、国际资金渠道。

10. 生态功能保护区建设的效益评估

10.1 经济效益

10.2 社会效益

10.3 环境效益

11. 规划的编制、论证和批准

地方级生态功能保护区规划由生态功能保护区所在地的环境保护行政主管部门会同有关部门组织编制、论证，经上级环境保护行政主管部门审查同意后，报当地人民政府批准实施；国家级生态功能保护区规划由生态功能保护区所在地的省级环境保护行政主管部门会同有关部门组织编制、论证，经国家环境保护总局审查同意后，报当地省级人民政府批准实施。

　　＊各地应结合实际，确定适合本地情况的生态功能保护区建设规划原则。

附1：

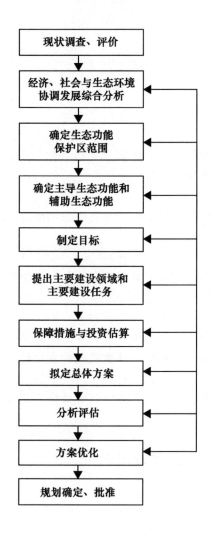

规划流程图

附2：

各种类型生态功能保护区建设主要任务与措施总体要求

按照《全国生态环境保护纲要》的规定，生态功能保护区类型包括江河源头区、重要水源涵养区、水土保持的重点预防保护区和重点监督区、江河洪水调蓄区、防风固沙区和重要渔业水域等。各种类型生态功能保护区的主要任务和措施如下：

1. 江河源头区

功能定位：主导功能是保持和提高源头径流能力和水源涵养能力，辅助功能主要是保护生物多样性和保持水土。

主要任务：严格保护自然、良好的冰川雪原、湿地生态系统和珍稀野生动植物栖息地与集中分布区，自然恢复退化中的草、灌、林植被或生态系统，科学治理水土流失和沙化土地。

主要措施：建立严格保护区域或自然保护区，设立禁挖区、禁采区、禁伐区、禁牧区、禁垦区；开展围栏封育和退耕退牧还草还林还水，适当开展生态移民；严格控制载畜量，改进粗放耕作方式；按照自然生态规律，适度开展植树种草和水土流失治理等人工生态建设工程；开展生态产业示范，培育替代产业和新的经济增长点等。

2. 江河洪水调蓄区

功能定位：主导功能是保持和提高自然的削减洪峰和蓄纳洪水能力，辅助功能主要是保护生物多样性、保护重要渔业水域和维护水自然净化能力。

主要任务：防止湖泊萎缩、湿地破坏，严格保护现有的湖滨带、河滩地，以及良好的湿地生态系统和珍稀野生动植物栖息地与集中分布区；保护湖泊通江口，维护良好的通江水道；加强退田还湖还湿（地）"双退区"的保护和"单退区"的监管，防止反弹；减轻水污染负荷，改善水交换条件，恢复水生态系统的自然净化能力。

主要措施：建立严格保护区域或自然保护区，形成完善的自然保护区网络；开展退田还湖还湿（地）和适度生态移民，在"双退区"从事渔业养殖要严格控制养殖规模，必要时采取禁渔措施，规范"单退区"资源开发利用活动；调整农林牧渔产业结构与生产布局，组织生态旅游、生态农业等生态产业示范和推广，发展绿色食品、有机食品等名优特产品；开展湿地生态系统修复工程、农业面源污染控制工程和城镇生活、工业污染治理工程。

3. 重要水源涵养区

功能定位：主导功能是保持和提高水源涵养、径流补给和调节能力，辅助功能可根据生态功能保护区类型而定。对于天然的水源涵养区，辅助功能主要是保护生物多样性；对于人工水源涵养区，辅助功能主要是保持水土，维护水自然净化能力。

主要任务：对于天然的水源涵养区，主要任务类似江河源头类生态功能保护区。对于人工水源涵养区，主要任务是严格保护现有的库滨带，维护良好的湿地生态系统；恢复库区草、灌、林植被或生态系统，治理水土流失；减轻水污染负荷，改善水交换条件，恢复水生态系统的自然净化能力。

主要措施：对于天然的水源涵养区，类似江河源头类生态功能保护区。对于人工水源涵养区，主要措施是建立严格保护区域或自然保护区，设立禁挖区、禁采区、禁伐区、禁垦区、禁牧区；开展湿地生态系统修复工程、农业面源污染控制工程和城镇生活、工业污染治理工程；开展退耕还草还林、植被恢复和水土流失治理等人工生态建设工程，适当开展生态移民；调整农林牧渔产业结构与生产布局，组织生态产业示范和推广，发展绿色食品、有机食品等名优特产品。

4. 防风固沙区

功能定位：主导功能是防风固沙，减少沙尘暴的危害，辅助功能是保护生物多样性和涵养水源。

主要任务：保护草原、沙区的湖泊、湿地，保障生态用水；严格保护现有自然、良好的草、灌、林植被；保护珍稀野生动植物栖息地与集中分布区；自然与人工相结合，恢复退化植被，治理沙化土地。

主要措施：建设水源保护区或自然保护区，设立禁牧区、禁垦区、禁采区；制止滥采、滥挖野生中草药材，合理规划和鼓励开展人工生产基地建设；严格控制载畜量，建立禁牧、限牧、轮牧制度，建设人工饲料基地，鼓励舍饲养殖；围栏封育退化草地、灌丛，开展退耕还林还草、农村新能源建设和生态移民工程；组织生态旅游、生态农业等生态产业示范和推广，发展绿色食品、有机食品等名优特产品。

5. 水土保持的重点预防保护区和重点监督区

参照国家水土保持法律、法规的有关要求执行。

6. 重要渔业水域

功能定位：主导功能是维护生物多样性，辅助功能是调蓄洪水和水质调节。

主要任务：保护鱼虾类产卵场、索饵场、越冬场、洄游通道和鱼虾贝藻类养殖场的生态环境，防治渔业水域污染；保护珍稀野生水生生物栖息地与集中分布区；维护渔业水域的生物多样性。

主要措施：建立珍稀野生水生生物自然保护区，划定禁渔区；对鱼虾类的产卵场、索饵场、越冬场、洄游通道和鱼虾贝藻类的养殖场等重要渔业水域，划定禁渔区、设定禁渔期；控制捕捞量，避免渔业资源衰竭；推广生态渔业生产方式，科学确定养殖密度，防止养殖造成污染；防止外来物种入侵；防治农业面源污染物、工业污染物和生活污染物对渔业水域的污染；禁止炸鱼、毒鱼，不得使用禁用的渔具和捕捞方法进行捕捞；禁止捕捞有重要经济价值的水生动物苗种，确需捕捞的，应按有关规定，在指定的区域和时间内，限额捕捞；禁止围湖造田，重要的苗种基地和养殖场不得围垦。

关于印发《生态功能保护区规划编制导则》（试行）的通知

环办〔2001〕18 号

各省、自治区、直辖市环境保护局，新疆生产建设兵团环境保护局：

为了指导和规范生态功能保护区规划的编制，我局制定了《生态功能保护区规划编制导则》（试行），现印发给你们，请遵照执行。

附件：生态功能保护区规划编制导则（试行）

二〇〇一年三月二日

附件：

生态功能保护区规划编制导则（试行）

1. 总则

1.1 任务的由来

1.2 必要性和意义

1.3 规划编制的依据

2. 现状分析与评价

2.1 自然地理状况

2.2 经济、社会状况

2.3 生态环境现状评价

2.3.1 生态环境保护与建设的成就

2.3.2 生态环境退化状况及其原因分析

植被退化状况：草地、森林的退化状况。

土地退化状况：水土流失、沙漠化、盐渍化等。

水生态失衡状况：江河断流、洪涝、湖泊萎缩、地下水位下降等。

污染状况：水污染、大气污染、土壤污染等。

生物多样性破坏状况：物种减少、退化等。

2.3.3 生态环境退化的影响

对社会的影响

对经济的影响

对环境的影响

2.4 经济、社会和环境综合分析

2.4.1 生态环境承载力分析

土地资源的可开发利用量及其对人口和经济的承载能力的分析，如在保证生态保护与生态建设用地需求的情况下，可供开发利用的土地面积，可承载的人口和经济规模等。

水资源的可利用量及其对人口和经济的支持能力的分析。

草场载畜量分析，为限牧措施提供依据。

森林资源的可采伐利用量、可再生能力的分析，为森林利用方式与利用量的确定提供依据。

2.4.2 生态环境与经济、社会协调发展的限制因素分析

自然因素

经济因素

社会因素

政策因素

3. 规划的指导思想和基本原则

3.1 规划的指导思想

遵循《全国生态环境保护纲要》的各项原则，以实施可持续发展战略，改变粗放生产经营方式，走生态经济型发展道路为中心，以改善区域生态环境质量，维护生态环境功能为目标，把生态环境保护和建设与经济发展相结合，统一规划，加强法制，严格监管，实现区域经济、社会和环境的协调发展。

3.2 规划的基本原则

生态功能保护区规划是通过分析区域生态环境特点和人类经济、社会活动，以及二者相互作用的规律，依据生态学和生态经济学的基本原理，制定区域生态环境保护目标，以及实现目标所要采取的措施。规划应遵循以下基本原则：

3.2.1 保护优先，预防为主，防治结合的原则

建立生态功能保护区是为了对重要生态功能区的退化地区实施抢救性保护。因此，必须坚持保护优先、预防为主，防治结合的原则，切实加强这些地区的生态保护，防止生态环境继续退化。同时，采取适当的生物和工程措施，尽快恢复和重建退化的生态功能。

3.2.2 生态保护与产业结构调整相结合的原则

通过调整生态功能保护区内的产业结构，最大限度地减轻人类活动对生态环境的影响，以达到保护生态功能的目的。

3.2.3 统筹规划，突出重点，分步实施的原则

规划要突出重点，抓住重点地区的重点生态问题，实现重点突破。同时，应当统筹兼顾，点面结合，分步实施。

3.2.4 因地制宜，坚持自然规律与社会经济发展规律相结合的原则。

规划要尊重客观规律，实事求是，在经济、技术上可行。

3.3 规划的技术路线

规划工作应在现状调查、分析的基础上，制定生态功能保护区总体目标、主要建设领域和主要建设任务，并做好规划的论证、批准工作。

规划的程序如图1所示：图1 规划程序图（略）

4. 规划目标的制定

规划目标的制定是一项综合性很强的工作，是规划的关键环节。建立生态功能保护区的根本目的是为了遏制生态功能退化的趋势，保障经济、社会的可持续发展。因此，在制定规划目标时要与《全国生态环境保护纲要》和《全国生态环境建设规划》的目标相一致，要与当地的经济和社会发展计划、规划相结合，并将规划纳入当地经济和社会发展的长远规划和年度计划，做到经济、技术上切实可行，具有可操作性。在时间上应分为近期（2005年）、中期（2010年）和远期（2015年）三个阶段目标。

4.1 经济发展目标

确保区内人民群众的现有生活水平不降低，并逐步得到提高；调整产业结构，改变粗放的经济发展模式，发展生态经济。

4.2 社会发展目标

区内人口密度合理，文化素质得到提高，生态环境意识明显增强。

4.3 生态环境目标

退化的生态功能得到恢复与重建，生态系统向良性循环方向发展。

5. 生态功能保护区建设的主要任务

生态功能保护区建设的重点区域包括江河源头区、重要水源涵养区、水土保持的重点预防保护区和重点监督区、江河洪水调蓄区、防风固沙区和重要渔业水域等。

5.1 主要任务

5.1.1 建立管理机构

包括基础设施建设和管理能力建设。

5.1.2 划定生态功能区

按照自然特点、环境现状、社会发展需要和保护与恢复生态功能的要求，在生态功能保护区内划定不同的生态功能区，制定各分区的生态保护目标和措施。

5.1.3 加强资源开发利用的环境管理

在生态功能保护区内，停止一切导致生态功能继续退化的开发利用活动和其他人为破坏活动；停止一切产生严重环境污染的工程建设项目；资源开发利用项目必须严格执行环境影响评价制度和"三同时"制度；开展资源开发利用的执法检查。

5.1.4 调整产业结构

充分考虑当地经济、社会发展的需要，调整产业结构，积极寻求替代产业，改变区内粗放的经济发展模式，发展生态经济。

5.1.5 开展生态恢复与重建

对区内退化的生态功能，采取适当的生物和工程措施，恢复和重建退化的生态功能。

5.1.6 加强生态环境保护的科学研究与监测

依靠科技进步，加强生态保护技术和生态破坏恢复治理技术的研究，开展生态监测，及时掌握生态环境状况和变化趋势。

5.2 分区措施

5.2.1 江河源头区

采取退耕退牧还草（林）、草地封育、发展生态牧业、适当移民等措施，解决超载过牧，粗放耕作等引起的草地退化与沙化，提高江河源头区保持水土，涵养水源的功能。

5.2.2 江河洪水调蓄区

采取退耕还湖还沼还草、移民、调整农林牧渔产业结构等措施，解决人水争地、湖泊萎缩、湿地破坏、洪水调蓄功能下降等问题，尽快遏制湿地生态环境恶化趋势。

5.2.3 重要水源涵养区

通过产业结构调整、加强封山封滩育林育草等措施，加强水源涵养区林草植被的保护与恢复，提高水源涵养功能。

5.2.4 防风固沙区

采取退耕还林还草、围栏封育、发展可替代能源等措施，解决风沙区燃料、饲料短缺问题，恢复林草植被，遏制沙化土地的扩展，减轻沙尘暴危害。

6. 效益分析及经济、技术的可行性评估

6.1 生态保护和生态建设的项目及资金安排

6.2 生态功能保护区建设的经济、社会及环境效益分析

6.3 经济、技术可行性评估

包括对生态功能保护区内的环境容量进行分析、预测。

7. 实施规划的保障措施

7.1 纳入经济和社会发展计划

7.2 纳入政府工作目标责任制

7.3 管理措施

主要内容包括生态环境管理政策、资源利用政策、产业政策、生态补偿政策、管理制度等。

7.4 资金筹措

7.5 监测与科学研究计划

7.6 宣传教育及培训计划

8. 规划的编制、论证和批准

地方级生态功能保护区规划由生态功能保护区所在地的环境保护行政主管部门会同有关部门组织编制、论证，经上级环境保护行政主管部门审查同意后，报当地人民政府批准实施；国家级生态功能保护区规划由生态功能保护区所在地的省级环境保护行政主管部门会同有关部门组织编制、论证，经国家环境保护总局审查同意后，报当地省级人民政府批准实施。

附：

生态功能保护区规划编写提纲

1. 总则

1.1 任务的由来

1.2 必要性和意义

1.3 规划编制的依据

2. 现状分析与评价

2.1 自然地理状况

2.2 经济、社会状况

2.3 生态环境现状评价

2.3.1 生态环境保护与建设成就

2.3.2 生态环境退化状况及其原因分析

2.3.3 生态环境退化的影响

2.4 经济、社会和环境综合分析

2.4.1 生态环境承载力分析

2.4.2 生态环境与经济、社会协调发展的限制因素分析

3. 规划的指导思想和基本原则

3.1 规划的指导思想

3.2 规划的基本原则

国务院关于印发《全国生态环境保护纲要》的通知

国发〔2000〕38号

各省、自治区、直辖市人民政府，国务院各部委、各直属机构：

现将国家环境保护总局会同有关部门制订的《全国生态环境保护纲要》印发给你们，请结合本地区、本部门的实际，认真贯彻执行。

各地区、各有关部门要根据《全国生态环境保护纲要》，制订本地区、本部门的生态环境保护规划，积极采取措施，加大生态环境保护工作力度，扭转生态环境恶化趋势，为实现祖国秀美山川的宏伟目标而努力奋斗。

国务院

二○○○年十一月二十六日

全国生态环境保护纲要

生态环境保护是功在当代、惠及子孙的伟大事业和宏伟工程。坚持不懈地搞好生态环境保护是保证经济社会健康发展，实现中华民族伟大复兴的需要。为全面实施可持续发展战略，落实环境保护基本国策，巩固生态建设成果，努力实现祖国秀美山川的宏伟目标，特制订本纲要。

一 当前全国生态环境保护状况

（一）当前生态环境保护工作取得的成绩和存在的问题。

1. 全国生态环境保护取得了一定成绩。改革开放以来，党和政府高度重视环境保护工作，采取了一系列保护和改善生态环境的重大举措，加大了生态环境建设力度，使我国一些地区的生态环境得到了有效保护和改善。主要表现在：植树造林、水土保持、草原建设和国土整治等重点生态工程取得进展；长江、黄河上中游水土保持重点防治工程全面实施；重点地区天然林资源保护和退耕还林还草工程开始启动；建立了一批不同类型的自然保护区、风景名胜区和森林公园；生态农业试点示范、生态示范区建设稳步发展；环境保护法制建设逐步完善。

2. 全国生态环境状况仍面临严峻形势。目前，一些地区生态环境恶化的趋势还没有得到有效遏制，生态环境破坏的范围在扩大，程度在加剧，危害在加重。突出表现在：长江、黄河等大江大河源头的生态环境恶化呈加速趋势，沿江沿河的重要湖泊、湿地日趋萎缩，特别是北方地区的江河断流、湖泊干涸、地下水位下降严重，加剧了洪涝灾害的危害和植被退化、土地沙化；草原地区的超载放牧、过度开垦和樵采，有林地、多林区的乱砍滥伐，致使林草植被遭到破坏，生态功能衰退，水土流失加剧；矿产资源的乱采滥挖，尤其是沿江、沿岸、沿坡的开发不当，导致崩塌、滑坡、泥石流、地面塌陷、沉降、海水倒灌等地质灾害频繁发生；全国野生动植物物种丰富区的面积不断减少，珍稀野生动植物栖息地环境恶化，珍贵药用野生植物数量锐减，生物资源总量下降；近岸海域污染严重，海洋渔业资源衰退，珊瑚礁、红树林遭到破坏，海岸侵蚀问题突出。生态环境继续恶化，将严重影响我国经济社会的可持续发展和国家生态环境安全。

（二）当前生态环境恶化的原因。

3. 资源不合理开发利用是造成生态环境恶化的主要原因。一些地区环境保护意识不强，重开发轻保护，重建设轻维护，对资源采取掠夺式、粗放型开发利用方式，超过了生态环境承载能力；一些部门和单位监管薄弱，执法不严，管理不力，致使许多生态环境破坏的现象屡禁不止，加剧了生态环境的退化。同时，长期以来对生态环境保护和建设的投入不足，也是造成生态环境恶化的重要原因。切实解决生态环境保护的矛盾与问题，是我们面临的一项长期而艰巨的任务。

二 全国生态环境保护的指导思想、基本原则与目标

（一）全国生态环境保护的指导思想和基本原则。

4. 全国生态环境保护的指导思想。高举邓小平理论伟大旗帜，以实施可持续发展战略和促进经济增长方式转变为中心，以改善生态环境质量和维护国家生态环境安全为目标，紧紧围绕重点地区、重点生态环境问题，统一规划，分类指导，分区推进，加强法治，严格监管，坚决打击人为破坏生态环境行为，动员和组织全社会力量，保护和改善自

然恢复能力，巩固生态建设成果，努力遏制生态环境恶化的趋势，为实现祖国秀美山川的宏伟目标打下坚实基础。

5. 全国生态环境保护的基本原则。坚持生态环境保护与生态环境建设并举。在加大生态环境建设力度的同时，必须坚持保护优先、预防为主、防治结合，彻底扭转一些地区边建设边破坏的被动局面。

坚持污染防治与生态环境保护并重。应充分考虑区域和流域环境污染与生态环境破坏的相互影响和作用，坚持污染防治与生态环境保护统一规划，同步实施，把城乡污染防治与生态环境保护有机结合起来，努力实现城乡环境保护一体化。

坚持统筹兼顾，综合决策，合理开发。正确处理资源开发与环境保护的关系，坚持在保护中开发，在开发中保护。经济发展必须遵循自然规律，近期与长远统一、局部与全局兼顾。进行资源开发活动必须充分考虑生态环境承载能力，绝不允许以牺牲生态环境为代价，换取眼前的和局部的经济利益。

坚持谁开发谁保护，谁破坏谁恢复，谁使用谁付费制度。要明确生态环境保护的权、责、利，充分运用法律、经济、行政和技术手段保护生态环境。

（二）全国生态环境保护的目标。

6. 全国生态环境保护目标是通过生态环境保护，遏制生态环境破坏，减轻自然灾害的危害；促进自然资源的合理、科学利用，实现自然生态系统良性循环；维护国家生态环境安全，确保国民经济和社会的可持续发展。

近期目标。到 2010 年，基本遏制生态环境破坏趋势。建设一批生态功能保护区，力争使长江、黄河等大江大河的源头区，长江、松花江流域和西南、西北地区的重要湖泊、湿地，西北重要的绿洲，水土保持重点预防保护区及重点监督区等重要生态功能区的生态系统和生态功能得到保护与恢复；在切实抓好现有自然保护区建设与管理的同时，抓紧建设一批新的自然保护区，使各类良好自然生态系统及重要物种得到有效保护；建立、健全生态环境保护监管体系，使生态环境保护措施得到有效执行，重点资源开发区的各类开发活动严格按规划进行，生态环境破坏恢复率有较大幅度提高；加强生态示范区和生态农业县建设，全国部分县（市、区）基本实现秀美山川、自然生态系统良性循环。

远期目标。到 2030 年，全面遏制生态环境恶化的趋势，使重要生态功能区、物种丰富区和重点资源开发区的生态环境得到有效保护，各大水系的一级支流源头区和国家重点保护湿地的生态环境得到改善；部分重要生态系统得到重建与恢复；全国 50% 的县（市、区）实现秀美山川、自然生态系统良性循环，30% 以上的城市达到生态城市和园林城市标准。到 2050 年，力争全国生态环境得到全面改善，实现城乡环境清洁和自然生态系统良性循环，全国大部分地区实现秀美山川的宏伟目标。

三　全国生态环境保护的主要内容与要求

（一）重要生态功能区的生态环境保护。

7. 建立生态功能保护区。江河源头区、重要水源涵养区、水土保持的重点预防保护区和重点监督区、江河洪水调蓄区、防风固沙区和重要渔业水域等重要生态功能区，在保持流域、区域生态平衡，减轻自然灾害，确保国家和地区生态环境安全方面具有重要作用。对这些区域的现有植被和自然生态系统应严加保护，通过建立生态功能保护区，实施保护措施，防止生态环境的破坏和生态功能的退化。跨省域和重点流域、重点区域的重要生态功能区，建立国家级生态功能保护区；跨地（市）和县（市）的重要生态功能区，建立省级和地（市）级生态功能保护区。

8. 对生态功能保护区采取以下保护措施：停止一切导致生态功能继续退化的开发活动和其他人为破坏活动；停止一切产生严重环境污染的工程项目建设；严格控制人口增长，区内人口已超出承载能力的应采取必要的移民措施；改变粗放生产经营方式，走生态经济型发展道路，对已经破坏的重要生态系统，要结合生态环境建设措施，认真组织重建与恢复，尽快遏制生态环境恶化趋势。

9. 各类生态功能保护区的建立，由各级环保部门会同有关部门组成评审委员会评审，报同级政府批准。生态功能保护区的管理以地方政府为主，国家级生态功能保护区可由省级政府委派的机构管理，其中跨省域的由国家统一规划批建后，分省按属地管理；各级政府对生态功能保护区的建设应给予积极扶持；农业、林业、水利、环保、国土资源等有关部门要按照各自的职责加强对生态功能保护区管理、保护与建设的监督。

（二）重点资源开发的生态环境保护。

10. 切实加强对水、土地、森林、草原、海洋、矿产等重要自然资源的环境管理，严格资源开发利用中的生态环境保护工作。各类自然资源的开发，必须遵守相关的法律法规，依法履行生态环境影响评价手续；资源开发重点建设项目，应编报水土保持方案，否则一律不得开工建设。

11. 水资源开发利用的生态环境保护。水资源的开发利用要全流域统筹兼顾，生产、生活和生态用水综合平衡，坚持开源与节流并重，节流优先，治污为本，科学开源，综合利用。建立缺水地区高耗水项目管制制度，逐步调整用水紧缺地区的高耗水产业，停止新上高耗水项目，确保流域生态用水。在发生江河断流、湖泊萎缩、地下水超采的流域和地区，应停上新的加重水平衡失调的蓄水、引水和灌溉工程；合理控制地下水开采，做到采补平衡；在地下水严重超采地区，划定地下水禁采区，抓紧清理不合理的抽水设施，防止出现大面积的地下漏斗和地表塌陷。继续加大二氧化硫和酸雨控制力度，合理开发利用和保护大气水资源；对于擅自围垦的湖泊和填占的河道，要限期退耕还湖还水。通过科学的监测评价和功能区划，规范排污许可证制度和排污口管理制度。严禁向水体倾倒垃圾和建筑、工业废料，进一步加大水污染特别是重点江河湖泊水污染治理力度，加快城市污水处理设施、垃圾集中处理设施建设。加大农业面源污染控制力度，鼓励畜禽粪便资源化，确保养殖废水达标排放，严格控制氮、磷严重超标地区的氮肥、磷肥施用量。

12. 土地资源开发利用的生态环境保护。依据土地利用总体规划，实施土地用途管制制度，明确土地承包者的生态环境保护责任，加强生态用地保护，冻结征用具有重要生态功能的草地、林地、湿地。建设项目确需占用生态用地的，应严格依法报批和补偿，并实行"占一补一"的制度，确保恢复面积不少于占用面积。加强对交通、能源、水利等重大基础设施建设的生态环境保护监管，建设线路和施工场址要科学选比，尽量减少占用林地、草地和耕地，防止水土流失和土地沙化。加强非牧场草地开发利用的生态监管。大江大河上中游陡坡耕地要按照有关规划，有计划、分步骤地实行退耕还林还草，并加强对退耕地的管理，防止复耕。

13. 森林、草原资源开发利用的生态环境保护。对具有重要生态功能的林区、草原，应划为禁垦区、禁伐区或禁牧区，严格管护；已经开发利用的，要退耕退牧，育林育草，使其休养生息。实施天然林保护工程，最大限度地保护和发挥好森林的生态效益；要切实保护好各类水源涵养林、水土保持林、防风固沙林、特种用途林等生态公益林；对毁林、毁草开垦的耕地和造成的废弃地，要按照"谁批准谁负责，谁破坏谁恢复"的原则，限期退耕还林还草。加强森林、草原防火和病虫鼠害防治工作，努力减少林草资源灾害性损失；加大火烧迹地、采伐迹地的封山育林育草力度，加速林区、草原生态环境的恢复和生态功能的提高。大力发展风能、太阳能、生物质能等可再生能源技术，减少樵采对林草植被的破坏。

发展牧业要坚持以草定畜，防止超载过牧。严重超载过牧的，应核定载畜量，限期压减牲畜头数。采取保护和利用相结合的方针，严格实行草场禁牧期、禁牧区和轮牧制度，积极开发秸秆饲料，逐步推行舍饲圈养办法，加快退化草场的恢复。在干旱、半干旱地区要因地制宜调整粮畜生产比重，大力实施种草养畜富民工程。在农牧交错区进行农业开发，不得造成新的草场破坏；发展绿洲农业，不得破坏天然植被。对牧区的已垦草场，应限期退耕还草，恢复植被。

14. 生物物种资源开发利用的生态环境保护。生物物种资源的开发应在保护物种多样性和确保生物安全的前提下进行。依法禁止一切形式的捕杀、采集濒危野生动植物的活动。严厉打击濒危野生动植物的非法贸易。严格限制捕杀、采集和销售益虫、益鸟、益兽。鼓励野生动植物的驯养、繁育。加强野生生物资源开发管理，逐步划定准采区，规范采挖方式，严禁乱采滥挖；严格禁止采集和销售发菜，取缔一切发菜贸易，坚决制止在干旱、半干旱草原滥挖具有重要固沙作用的各类野生药用植物。切实搞好重要鱼类的产卵场、索饵场、越冬场、洄游通道和重要水生生物及其生境的保护。加强生物安全管理，建立转基因生物活体及其产品的进出口管理制度和风险评估制度；对引进外来物种必须进行风险评估，加强进口检疫工作，防止国外有害物种进入国内。

15. 海洋和渔业资源开发利用的生态环境保护。海洋和渔业资源开发利用必须按功能区划进行，做到统一规划，合理开发利用。切实加强海岸带的管理，严格围垦造地建港、海岸工程和旅游设施建设的审批，严格保护红树林、珊瑚礁、沿海防护林。加强重点渔场、江河出海口、海湾及其他渔业水域等重要水生资源繁育区的保护，严格渔业资源开发的生态环境保护监管。加大海洋污染防治力度，逐步建立污染物排海总量控制制度，加强对海上油气勘探开发、海洋倾废、船舶排污和港口的环境管理，逐步建立海上重大污染事故应急体系。

16. 矿产资源开发利用的生态环境保护。严禁在生态功能保护区、自然保护区、风景名胜区、森林公园内采矿。严禁在崩塌滑坡危险区、泥石流易发区和易导致自然景观破坏的区域采石、采砂、取土。矿产资源开发利用必须严格规划管理，开发应选取有利于生态环境保护的工期、区域和方式，把开发活动对生态环境的破坏减少到最低限度。矿产资源开发必须防止次生地质灾害的发生。在沿江、沿河、沿湖、沿库、沿海地区开采矿产资源，必须落实生态环境保护措施，尽量避免和减少对生态环境的破坏。已造成破坏的，开发者必须限期恢复。已停止采矿或关闭的矿山、坑口，必须及时做好土地复垦。

17. 旅游资源开发利用的生态环境保护。旅游资源的开发必须明确环境保护的目标与要求，确保旅游设施建设与自然景观相协调。科学确定旅游区的游客容量，合理设计旅游线路，使旅游基础设施建设与生态环境的承载能力相适应。加强自然景观、景点的保护，限制对重要自然遗迹的旅游开发，从严控制重点风景名胜区的旅游开发，严格管制索道等旅游设施的建设规模与数量，对不符合规划要求建设的设施，要限期拆除。旅游区的污水、烟尘和生活垃圾处理，必须实现达标排放和科学处置。

（三）生态良好地区的生态环境保护。

18. 生态良好地区特别是物种丰富区是生态环境保护的重点区域，要采取积极的保护措施，保证这些区域的生态系统和生态功能不被破坏。在物种丰富、具有自然生态系统代表性、典型性、未受破坏的地区，应抓紧抢建一批新的自然保护区。要把横断山区、新青藏接壤高原山地、湘黔川鄂边境山地、浙闽赣交界山地、秦巴山地、滇南西双版纳、海南岛和东北大小兴安岭、三江平原等地区列为重点，分期规划建设为各级自然保护区。对西部地区有重要保护价值的物种和生态系统分布区，特别是重要荒漠生态系统和典型荒漠野生动植物分布区，应抢建一批不同类型的自然保护区。

19. 重视城市生态环境保护。在城镇化进程中，要切实保护好各类重要生态用地。大中城市要确保一定比例的公共绿地和生态用地，深入开展园林城市创建活动，加强城市公园、绿化带、片林、草坪的建设与保护，大力推广庭院、墙面、屋顶、桥体的绿化和美化。严禁在城区和城镇郊区随意开山填海、开发湿地，禁止随意填占溪、河、渠、塘。继续开展城镇环境综合整治，进一步加快能源结构调整和工业污染源治理，切实加强城镇建设项目和建筑工地的环境管理，积极推进环保模范城市和环境优美城镇创建工作。

20. 加大生态示范区和生态农业县建设力度。国家鼓励和支持生态良好地区，在实施可持续发展战略中发挥示范作用。进一步加快县（市）生态示范区和生态农业县建设步伐。在有条件的地区，应努力推动地级和省级生态示范区的建设。

四 全国生态环境保护的对策与措施

（一）加强领导和协调，建立生态环境保护综合决策机制。

21. 建立和完善生态环境保护责任制。要把地方各级政府对本辖区生态环境质量负责、各部门对本行业和本系统生态环境保护负责的责任制落到实处。明确资源开发单位、法人的生态环境保护责任。实行严格的考核、奖罚制度。对于严格履行职责，在生态环境保护中做出重大贡献的单位和个人，应给予表彰、奖励。对于失职、渎职，造成生态环境破坏的，应依照有关法律法规予以追究。要把生态环境保护和建设规划纳入各级经济和社会发展的长远规划和年度计划，保证各级政府对生态环境保护的投入。建立生态环境保护与建设的审计制度，确保投入与产出的合理性和生态效益、经济效益与社会效益的统一。

22. 积极协调和配合，建立行之有效的生态环境保护监管体系。国务院各有关部门要各司其职，密切配合，齐心协力，共同推进全国生态环境保护工作。环保部门要做好综合协调与监督工作，计划、农业、林业、水利、国土资源和建设等部门要加强自然资源开发的规划和管理，做好生态环境保护与恢复治理工作。在国家确定生态环境重点保护与监管区域的基础上，地方各级政府要结合本地实际，确定本辖区的生态环境重点保护与监管区域，形成上下配套的生态环境保护与监管体系。西部地区各级政府和有关部门要把搞好西部地区的生态环境保护和建设放在优先位置，确保国家西部大开发战略的顺利实施。

23. 保障生态环境保护的科技支持能力。各级政府要把生态环境保护科学研究纳入科技发展计划，鼓励科技创新，加强农村生态环境保护、生物多样性保护、生态恢复和水土保持等重点生态环境保护领域的技术开发和推广工作。在生态环境保护经费中，应确定一定比例的资金用于生态环境保护的科学研究和技术推广，推动科研成果的转化，提高生态环境保护的科技含量和水平。建立早期预警制度，加强生态环境恶化趋势的预测预报。

24. 建立经济社会发展与生态环境保护综合决策机制。各地要抓紧编制生态功能区划，指导自然资源开发和产业合理布局，推动经济社会与生态环境保护协调、健康发展。制定重大经济技术政策、社会发展规划、经济发展计划时，应依据生态功能区划，充分考虑生态环境影响问题。自然资源的开发和植树种草、水土保持、草原建设等重大生态环境建设项目，必须开展环境影响评价。对可能造成生态环境破坏和不利影响的项目，必须做到生态环境保护和恢复措施与资源开发和建设项目同步设计，同步施工，同步检查验收。对可能造成生态环境严重破坏的，应严格评审，坚决禁止。

（二）加强法制建设，提高全民的生态环境保护意识。

25. 加强立法和执法，把生态环境保护纳入法治轨道。严格执行环境保护和资源管理的法律、法规，严厉打击破坏生态环境的犯罪行为。抓紧有关生态环境保护与建设法律法规的制定和修改工作，制定生态功能保护区生态环境保护管理条例，健全、完善地方生态环境保护法规和监管制度。

26. 认真履行国际公约，广泛开展国际交流与合作。认真履行《生物多样性公约》《国际湿地公约》《联合国防治荒漠化公约》《濒危野生动植物国际贸易公约》和《保护世界文化和自然遗产公约》等国际公约，维护国家生态环境保护的权益，承担与我国发展水平相适应的国际义务，为全球生态环境保护做出贡献。广泛开展国际交流与合作，积极引进国外的资金、技术和管理经验，推动我国生态环境保护的全面发展。

27. 加强生态环境保护的宣传教育，不断提高全民的生态环境保护意识。深入开展环境国情、国策教育，分级开展生态环境保护培训，提高生态环境保护与经济社会发展的综合决策能力。重视生态环境保护的基础教育、专业教育，积极搞好社会公众教育。城市动物园、植物园等各类公园，要增加宣传设施，组织特色宣传教育活动，向公众普及生态环境保护知识。进一步加强新闻舆论监督，表扬先进典型，揭露违法行为，完善信访、举报和听证制度，充分调动广大人民群众和民间团体参与生态环境保护的积极性，为实现祖国秀美山川的宏伟目标而努力奋斗。

● 生态红线与生态底线

生态保护红线划定情况

红线的概念最早源于城市规划领域，是指城市建设用地的控制边界，长期以来城市规划领域一直是将建设用地和发展空间作为关注重点，近些年来生态用地空间开始逐渐受到重视。城市生态保护红线的划分与管理已经有不少有益的探索，如深圳、东莞、无锡、武汉、广州、天津等城市已经在编制城市规划过程中陆续划定城市生态红线。

生态保护红线的实质是生态环境安全的底线，目的是建立最为严格的生态保护制度，对生态功能保障、环境质量安全和自然资源利用等方面提出更高的监管要求，从而促进人口资源环境相均衡、经济社会生态效益相统一。生态保护红线具有系统完整性、强制约束性、协同增效性、动态平衡性、操作可达性等特征。系统完整性是指生态保护红线的划定、遵守与监管需要在国家层面统筹考虑，有序实施；强制约束性要求生态保护红线一旦划定，必须制定严格的管理措施与环境准入制度，增强约束力；协同增效性要求红线划定与重大区划规划相协调，与经济社会发展需求和当前监管能力相适应，与生态保护现状以及管理制度有机结合，增强保护效果；动态平衡性是指在保证空间数量不减少、保护性质不改变、生态功能不退化、管理要求不降低的情况下可以对生态保护红线进行适当调整，从而更好地使生态保护与经济社会发展形势相统一；操作可达性要求设定的红线目标具备可实现性，配套的管理制度和政策具有可操作性。具体来说，生态保护红线可划分为生态功能保障基线、环境质量安全底线、自然资源利用上线。

2012年3月，环境保护部组织召开全国生态红线划定技术研讨会，邀请国内知名专家和主要省份环保厅（局）管理者对生态红线的概念、内涵、划定技术与方法进行了深入研讨和交流，并对全国生态红线划定工作进行了总体部署。

2012年4~10月，生态红线技术组草拟了《全国生态红线划定技术指南》，初步制定生态红线划定技术方法，形成《全国生态红线划定技术指南（初稿）》。

2012年底，环境保护部召开生态红线划定试点启动会，确定内蒙古、江西为红线划定试点，随后，湖北和广西也被列为红线划定试点。

2013年技术组全面开展了试点省（自治区）生态红线划定工作，提出了试点省（自治区）生态红线划分方案，并进一步完善了《全国生态红线划定技术指南》。

在划定试点省（自治区）生态红线过程中，技术组分别于2013年5~8月陆续开展了内蒙古、江西、广西、湖北等省（自治区）生态红线区域实地调查，充分听取了地方政府各部门意见和建议，为《全国生态红线划定技术指南》的修改完善提供了有利的工作基础条件。

2014 年 1 月，环保部印发了《国家生态保护红线——生态功能基线划定技术指南（试行）》，成为中国首个生态保护红线划定的纲领性技术指导文件。2014 年，中国要完成"国家生态保护红线"划定工作。《国家生态保护红线——生态功能基线划定技术指南（试行）》，将内蒙古、江西、湖北、广西等地列为生态红线划定试点，但尚未提出大中型城市划分生态红线的指导和要求。

2015 年，环境保护部在《国家生态保护红线——生态功能红线划定技术指南（试行）》（环发［2014］10 号）基础上，经过一年的试点试用、地方和专家反馈、技术论证，形成《生态保护红线划定技术指南》。

生态保护红线划定后需要制定和实施配套的管理措施来实现生态保护红线的管理目标，各地在实施生态红线划分后往往对相关管理政策措施考虑不足，生态红线的精细化管理是需要重点关注的方向，从而实现生态保护红线与城市生态系统管理的有机结合。

生态保护红线目前仍处于不断探索的阶段，对生态保护红线的理解和划分方法还没有形成统一的标准体系。国家和省域生态红线划分已有一定基础，江苏省率先在全国制定出台省级生态红线区域保护规划，划出 15 种类型生态红线区域，出台补偿政策和管控制度。天津市出台《生态用地保护红线划定方案》，明确红线区内禁止一切与保护无关建设活动，黄线区内从事各项建设活动必须经市政府审查同意。

关于"生态红线"与"生态底线"概念的辨析[①]

2013 年 11 月，习近平总书记明确指示：贵州过去发展慢、欠账多，还是要保持一个较快的发展速度，要守住发展和生态两条底线。目前，政策及规划中也常说"划定红线守住底线""资源消耗上限、环境质量底线、生态保护红线"，那么，红线和底线的区别在哪里？

1. "红线"与"底线"认知的多元化

在生态环境与资源领域，对"红线"的理解主要有以下三种：一是把红线看作是一个空间概念。根据环境保护部印发的《生态保护红线划定技术指南》，生态保护红线是指依法在重点生态功能区、生态环境敏感区和脆弱区等区域划定的严格管控边界，是国家和区域生态安全的底线。二是把红线看作一种警戒数值概念。这种观点认为红线是具有法律约束力的数值，突破红线的数值，就要受到政策法律的惩罚，类似可耕地数量红线。三是把红线看作笼统的政策约束力。对于一些政策法规禁止的行为，人们一般也泛称"政策法规红线"，既包括具体的空间与数值概念，也包含一些制约人们行为的规定。

在"底线"的理解方面，主要观点也有三种：一是把底线看作是一种相对模糊的目

---

① 娄伟、潘家华：《关于"生态红线"与"生态底线"概念的辨析》，《人民论坛》2015 年第 36 期。

标诉求，例如，生态环境保护的底线是不影响人们的身心健康；二是把底线看作是一种数值概念，不同生态指标都有着明确的底线阈值；三是把底线作为空间概念来理解，其中，武汉市法制办发布的《武汉市基本生态控制线条例（征求意见稿）》具有典型性。根据该条例，武汉市基本生态控制线分为"生态底线区"和"生态发展区"。这里的"生态底线"就接近《生态保护红线划定技术指南》所界定的"生态红线"概念。

在生态环境与资源领域，对于"红线"与"底线"关系的认知，也主要有两种观点：

一种观点是把红线等同于底线。目前，社会各界持"底线就是红线"观点的人较多，例如，有观点认为，"红线亦即底线，通常具有约束性含义，表示各种用地的边界线、控制线或具有低限含义的数字"[1]。

一些政策文件也基于此观点提出了政策规定。如，《关于加快推进生态文明建设的意见》提出，要求严守资源环境生态红线，设定并严守资源消耗上限、环境质量底线、生态保护红线。这种并列提法实际上就是把底线等同于红线，只是应用领域的不同。从字面上理解，由于一个地区的环境最大容量可以通过客观地计算得出，因此，环境质量一般同"底线"概念相连。同样，一个区域的资源承载力也可以计算出来，最大承载力就是"上限"。而生态保护则是通过划定不可逾越的保护范围（"红线"）来实现相关部门人为确定的保护范围及目标。

另一种观点认为红线不同于底线。这种观点认为红线是受法律保障的空间概念或数值，而底线是经过科学计算得到了数值，或者是一些不具备法律约束力的目标诉求，属于学术概念。二者的区别在于，突破红线属于违法，突破底线则要受到大自然的报复。如，有观点就认为，"守住生态底线要靠法律红线"[2]，显然，该观点就认为底线不具备天然的法律约束力，需要另外的法规（"红线"）来保障。

常见的代表性提法就是"划定红线，守住底线"。这里的红线有两种理解：一是把红线看作空间概念，划定地理意义上的红线区；二是把红线理解为预防突破底线的警戒值。无论哪种理解，目的都是为了守住生态环境与资源底线

实际上，在生态环境与资源领域，红线与底线的关系非常复杂，从数值角度来看，有时红线就是底线。但从政策法规角度来看，二者又是不同的。因而，不能笼统认为二者是相同的，或者是不同的。

但一些地方在制定实施生态环境保护与资源节约相关政策法规过程中，并没有明确区分底线与红线，两个概念应用的比较混乱，这给相关工作带来一定的困扰。在我国积极推动生态文明建设的今天，亟须准确界定生态红线与生态底线的概念及相互关系，规范其使用。

2. 关于"生态红线"与"生态底线"关系界定的思考

要科学界定"生态底线"与"生态红线"，需要参考传统意义上的政策法规与伦理道德的关系。

在现实生活中，政策法规的规定就是红线，而伦理道德的要求则是底线。两者的关系非常复杂，既有联系，也有区别。伦理道德底线与法律红线的相连之处主要有两点：一是

---

① 左志莉：《基于生态红线区划分的土地利用布局研究——以广西贵港市为例》，广西师范学院2010年硕士学位论文。

② 《守住生态底线要靠法律红线》，《惠州日报》2015年2月2日第F02版。

"不触及政策法规红线"是伦理道德底线的一条重要标准。政策法规禁止的行为，也大都是伦理道德不允许的行为。二是两者可以转换。如果一项伦理道德不允许的行为比较重要，也可以及时升格为政策法规。两者的不同之处也主要有两点：一是两者并不是完全的包容关系。伦理道德底线涵盖范围要广泛得多，违反道德底线则不一定违法。当然，在特定条件下，违法也不一定违反道德。二是两者的处罚措施及确定性不同。触及政策法规红线，就要受到法律或行政手段的处罚，因而，相关标准必须非常明确。而违反道德底线，则主要受社会舆论的谴责，但一些道德指标很难量化，比如"孝敬父母指标"。

从以上分析可以看出，红线与底线不是等同的关系，从广义上看，两者属于一种相互包含的关系，底线包含了红线。红线是用政策法律手段规范底线中的重要内容，区分二者的主要标准是看是否触犯政策法规。

基于这种理解，就可以明确界定"生态底线"与"生态红线"的概念及相互关系。

"生态红线"是指为保护生态环境及资源，政策法规所规范的空间或数值，包括红线区与红线值。在红线区中，红线属于空间概念。在红线值中，红线属于数值概念。无论是红线区或是红线值都具有政策法律效力。

"生态底线"是指生态环境及资源能承受的最大值，是基于科学计算得出的数值。生态底线包括空间概念与数值概念，但由于每个区域都应守护生态底线，每个区域都应是生态底线区，一些生态环境被破坏严重的区域，则属于生态底线发展区。从这个意义上讲，设置生态底线区的意义不大，因此，生态底线更多的是数值概念。

如同生态文明概念涵盖范围较广一样，这里的生态红线与生态底线也都属于广义上的概念，涵盖生态、环境与资源领域，不再局限于传统的"生态"领域。

在生态红线与生态底线的关系方面，二者既有区别，又有联系。区别主要体现在以下两个方面：

首先，从约束力角度来看，生态红线是政策法规概念，生态底线是伦理道德概念。对于作为空间概念的"生态红线"，红线内的生态环境与资源受政策法规的严格保护。对作为数值概念的"生态红线"，红线值也被政策法规明确下来，超过红线就会受到政策法规的制裁。而底线值主要是通过计算资源承载力与环境容量来确定，是不能超过的，最后的界限，超过底线将严重影响人们的健康及生活质量，制约社会的可持续发展。生态红线的标准要非常清楚明确，这是政策法规需要执行的要求。而生态底线既可以是明确的底线值，也可以是相对模糊的目标诉求。

其次，从执行的角度来看，生态红线是刚性的，而生态底线则有一定的弹性。红线一旦划定，就必须执行，没有变通的余地。而底线则要考虑现实与发展情况，有一定的弹性空间。

从理论上讲，确定生态底线值需要严守环境容量等科学标准，但考虑到一些开发区及建成区的生态环境已受到不同程度破坏，难以达到理论值的现状，确定具体的底线数值时，要尊重历史与现实、实事求是。既要进行科学的计算，找到理论上的底线，也要充分考量现实以及未来可实现或达到的目标。

对于一些能准确计算出底线值的指标，底线值相对固定。而对于难以给出统一标准的指标，则需要结合各地的实际情况，确定底线值。这就导致一些指标的底线值是逐步发展的，当然，这些底线值也不是无限提高的，在到达一定值后，就相对固定下来。

"生态底线"与"生态红线"的联系主要体现在以下两个方面：

首先，在"生态红线"作为空间概念的背景下，划定红线区是保护一个区域生态底线的重要手段。整个国家都应守住生态底线，因此，每个区域都应看作底线区。但由于很多区域需要开发建设，只有少量区域才能被划为受政策法规严格保护的红线区，限制开发或禁止开发。在划定的红线区，水、土地、森林、能源等资源的开发利用都受到严格的保护，其目的就是为了严守该区域的生态底线。

其次，在"生态红线"作为数值概念的背景下，底线是确定红线的重要基础。生态环境领域一般应选取其承载力的极限值作为底线。由于底线一旦被突破，局面将无法挽回，需要利用政策法规予以保障，具有政策法规的约束力后，底线也就成了红线。由于低线具有一定的弹性，在一些生态环境保护与资源利用状况较好的地区，一些指标的底线标准相对较高，红线也相应较高。而对于一些生态环境破坏严重与资源利用状况较差的地区，一些指标底线与红线也可以在一个时期内采取"只能更好、不能变坏"标准。但无论哪种情况，底线值是确定红线值的重要基础。人们常说的红线就是底线，主要就是基于这种状况。

如同伦理道德的要求高于法律的要求一样，底线的标准一般要相对高一些，而红线则是最后的，不可逾越的界限。

3. 关于"生态底线"与"生态红线"概念应用的建议

在推动生态文明的进程中，要科学应用"生态红线"与"生态底线"概念，建议关注以下几个方面：

一是政策中明确区分相关概念。首先要区分红线区与红线值的概念。红线区是指生态红线所包围的区域。红线值是指一些生态指标的阈值，受法律保护，考评红线区的具体指标值均属于红线值。对于非红线区，一些生态指标的值如果具有严格的政策法律约束力，也属于红线值。对于大量不属于红线的指标值，生态底线值也是重要的参考标准，相关指标的考核标准或发展目标一般不能低于底线值。其次，明确相关口号中红线与底线的含义，对一些政策性提法应仔细斟酌，比如，常说的政策性语言"国家生态红线是维护国家生态安全的底线"就混淆了两个概念，更准确的提法应该是"国家生态红线是维护国家生态安全底线的重要保障"。在"划定红线，守住底线"口号中，红线也具有空间与数值的双重含义，不能单独作为空间概念。

二是同时开展"确定底线"与"划定红线"工作。生态底线是一个区域划定生态红线区及确定红线值的重要基础。"确定底线"与"划定红线"是相辅相成的，各地只有准确摸清当地的生态底线，才有利于划定红线区与确定红线值。

"确定底线"也是各地制定生态环境与资源发展目标的重要依据，从这个意义上讲，明确众多指标底线工作进展本身也应成为一项重要的考核标准。比如，在环境质量方面，国家环境保护部多次发文要求各地测算环境容量（实际上就是环境底线），但很多区域相关工作进展缓慢。这既使这些地区划定环境质量红线的工作缺乏科学的依据，也使"守住底线"成为一句空洞的口号。

三是把更多生态指标的底线逐步转变为具有政策法规约束力的生态红线。违反红线就是违法或违反政策，突破底线则要受到及自然的惩罚，但缺少约束力。

对于众多没有规定红线标准的生态指标来说，要"守住底线"，面临着较大的不确定性，需要在完善指标底线的基础上，把更多重要指标的底线值变成红线值。不过，生态领域很多指标的底线一般较难计算及统一标准，一般通过划定红线区实现。

四是构建一体化的红线与底线考核机制。目前，国家已出台有《生态保护红线划定技术指南》《党政领导干部生态环境损害责任追究办法（试行）》（中共中央办公厅、国务院办公厅）等政策措施，初步明确了红线的考核办法。一些地方也确定了红线考核指标及标准。但目前缺乏针对底线的考核机制，需要尽快完善。

尽管底线的范畴相对模糊，也是可以用来考核的，但需要与红线结合起来，构建一体化的考核机制。红线与底线一体化考核机制主要包括：第一，红线区考核。对于已划定的红线区，以不触犯红线作为重要考核标准；第二，对于非红线区，选择代表性且能明确低线值或底线目标的指标，作为考核指标。这时相应指标的底线值也就成了红线值。

五是在资源、环境与生态领域统一红线与底线内涵。红线与底线概念之所以出现混乱，主要是由于在资源、环境与生态领域有着各自的不同应用。如果不在几个领域同时规范，底线与红线概念混乱问题依然不能解决。

实际上，在资源、环境与生态领域，底线与红线有着统一口径的基础，关键是规范提法，统一标准，避免各自为政。

总之，"生态底线"与"生态红线"两个概念既有区别又有联系，在政策法规的应用中，需要明确定位与区分。随着两个概念在生态文明建设中的应用越来越广泛，准确理解与把握这两个概念，也具有现实的紧迫性与重要性。

关于印发《生态保护红线划定技术指南》的通知

各省、自治区、直辖市环境保护厅（局），新疆生产建设兵团环境保护局：

为贯彻落实《中华人民共和国环境保护法》《中共中央关于全面深化改革若干重大问题的决定》和《国务院关于加强环境保护重点工作的意见》的要求，推进全国生态保护红线划定工作，我部在《国家生态保护红线——生态功能红线划定技术指南（试行）》（环发〔2014〕10号）基础上，经过一年的试点试用、地方和专家反馈、技术论证，形成《生态保护红线划定技术指南》，现印发给你们。请按照本指南要求和我部的统一部署，组织开展本地区生态保护红线划定工作。

附件：生态保护红线划定技术指南

环境保护部

2015 年 4 月 30 日

附件：

生态保护红线划定技术指南

为贯彻落实《中华人民共和国环境保护法》《中共中央关于全面深化改革若干重大问

题的决定》和《国务院关于加强环境保护重点工作的意见》，指导全国生态保护红线划定工作，保障国家和区域生态安全，制定本指南。

1　适用范围

本指南适用于中华人民共和国境内生态保护红线的划定。

2　规范性引用文件

本指南内容引用了下列文件中的条款。凡是不注日期的引用文件，其有效版本适用于本指南。

《中华人民共和国环境保护法》

《国务院关于加强环境保护重点工作的意见》（国发〔2011〕35号）

《国务院关于印发全国主体功能区规划的通知》（国发〔2010〕46号）

《国家环境保护"十二五"规划》（国发〔2011〕42号）

《关于发布全国生态功能区划的公告》（环境保护部中国科学院公告2008年第35号）

《全国生态脆弱区保护规划纲要》（环发〔2008〕92号）

《中国生物多样性保护战略与行动计划（2011~2030年）》（环发〔2010〕106号）

《关于划分国家级水土流失重点防治区的公告》（水利部公告2006年第2号）

《国家级公益林区划界定办法》（林资发〔2009〕214号）

《第四次中国荒漠化和沙化状况公报》（2011）

《全国海洋功能区划（2011~2020年）》（国函〔2012〕13号）

《全国生态环境十年变化（2000~2010年）调查评估报告》

《GB/T 12343 国家基本比例尺地图编绘规范》

《GB/T 13923 基础地理信息要素分类与代码》

《HJ/T 338 饮用水水源保护区划分技术规范》

《CH/T 9005 基础地理信息数据库基本规定》

《SL190 土壤侵蚀分类分级标准》

3　术语和定义

依据《全国主体功能区规划》《全国生态功能区划》和其他相关文件，界定如下术语：

重点生态功能区：指生态系统十分重要，关系全国或区域生态安全，生态系统有所退化，需要在国土空间开发中限制进行大规模高强度工业化城镇化开发，以保持并提高生态产品供给能力的区域，主要类型包括水源涵养区、水土保持区、防风固沙和生物多样性维护区。

生态敏感区：指对外界干扰和环境变化具有特殊敏感性或潜在自然灾害影响，极易受到人为的不当开发活动影响而产生负面生态效应的区域。

生态脆弱区：指生态系统组成结构稳定性较差，抵抗外在干扰和维持自身稳定的能力较弱，易于发生生态退化且难以自我修复的区域。

禁止开发区：指依法设立的各级各类自然文化资源保护区域，以及其他禁止进行工业化城镇化开发、需要特殊保护的重点生态功能区。

生态安全：指在国家或区域尺度上，生态系统结构合理、功能完善、格局稳定，并能够为人类生存和经济社会发展持续提供生态服务的状态，是国家安全的重要组成部分。

4　生态保护红线概念、特征与管控要求

4.1 概念

生态保护红线是指依法在重点生态功能区、生态环境敏感区和脆弱区等区域划定的严格管控边界，是国家和区域生态安全的底线。生态保护红线所包围的区域为生态保护红线区，对于维护生态安全格局、保障生态系统功能、支撑经济社会可持续发展具有重要作用。

4.2 基本特征

根据生态保护红线的概念，其属性特征包括以下五个方面：

（1）生态保护的关键区域：生态保护红线是维系国家和区域生态安全的底线，是支撑经济社会可持续发展的关键生态区域。

（2）空间不可替代性：生态保护红线具有显著的区域特定性，其保护对象和空间边界相对固定。

（3）经济社会支撑性：划定生态保护红线的最终目标是在保护重要自然生态空间的同时，实现对经济社会可持续发展的生态支撑作用。

（4）管理严格性：生态保护红线是一条不可逾越的空间保护线，应实施最为严格的环境准入制度与管理措施。

（5）生态安全格局的基础框架：生态保护红线区是保障国家和地方生态安全的基本空间要素，是构建生态安全格局的关键组分。

4.3 管控要求

生态保护红线须依据生态服务功能类型和管理严格程度实施分类分区管理，做到"一线一策"。生态保护红线一旦划定，应满足以下管控要求：

（1）性质不转换：生态保护红线区内的自然生态用地不可转换为非生态用地，生态保护的主体对象保持相对稳定。

（2）功能不降低：生态保护红线区内的自然生态系统功能能够持续稳定发挥，退化生态系统功能得到不断改善。

（3）面积不减少：生态保护红线区边界保持相对固定，区域面积规模不可随意减少。

（4）责任不改变：生态保护红线区的林地、草地、湿地、荒漠等自然生态系统按照现行行政管理体制实行分类管理，各级地方政府和相关主管部门对红线区共同履行监管职责。

5　生态保护红线划定原则

5.1 强制性原则

根据《环境保护法》规定，应在事关国家和区域生态安全的重点生态功能区、生态

环境敏感区和脆弱区以及其他重要的生态区域内，划定生态保护红线，实施严格保护。

5.2 合理性原则

生态保护红线划定应在科学评估识别关键区域的基础上，结合地方实际与管理可行性，合理确定国家生态保护红线方案。

5.3 协调性原则

生态保护红线划定应与主体功能区规划、生态功能区划、土地利用总体规划、城乡规划等区划、规划相协调，共同形成合力，增强生态保护效果。

5.4 可行性原则

生态保护红线划定应与经济社会发展需求和当前监管能力相适应，预留适当的发展空间和环境容量空间，切合实际确定生态保护红线面积规模并落到实地。

5.5 动态性原则

生态保护红线面积可随生产力提高、生态保护能力增强逐步优化调整，不断增加生态保护红线范围。

6　生态保护红线划定技术流程

6.1 生态保护红线划定范围识别

依据《全国主体功能区规划》《全国生态功能区划》《全国生态脆弱区保护规划纲要》《全国海洋功能区划》《中国生物多样性保护战略与行动计划》等国家文件和地方相关空间规划，结合经济社会发展规划和生态环境保护规划，识别生态保护的重点区域，确定生态保护红线划定的重点范围。

6.2 生态保护重要性评估

依据生态保护相关规范性文件和技术方法，对生态保护区域进行生态系统服务重要性评估和生态敏感性与脆弱性评估，明确生态保护目标与重点，确定生态保护重要区域。

6.3 生态保护红线划定方案确定

对不同类型生态保护红线进行空间叠加，形成生态保护红线建议方案。根据生态保护相关法律法规与管理政策，土地利用与经济发展现状与规划，综合分析生态保护红线划定的合理性和可行性，最终形成生态保护红线划定方案。

6.4 生态保护红线边界核定

根据生态保护红线划定方案，开展地面调查，明确生态保护红线地块分布范围，勘定生态红线边界走向和实地拐点坐标，核定生态保护红线边界。调查生态保护红线区各类基础信息，形成生态保护红线勘测定界图，建立生态保护红线勘界文本和登记表等。

7　生态保护红线划定范围识别

依据《中华人民共和国环境保护法》，生态保护红线主要在以下生态保护区域进行划定。

7.1 重点生态功能区

7.1.1 陆地重点生态功能区

陆地重点生态功能区主要包括《全国主体功能区规划》和《全国生态功能区划》的

各类重点生态功能区，具体包括水源涵养区、水土保持区、防风固沙区、生物多样性维护区等类型。

7.1.2 海洋重点生态功能区

海洋重点生态功能区主要包括海洋水产种质资源保护区、海洋特别保护区、重要滨海湿地、特殊保护海岛、自然景观与历史文化遗迹、珍稀濒危物种集中分布区、重要渔业水域等区域。

7.2 生态敏感区/脆弱区

7.2.1 陆地生态敏感区/脆弱区

陆地生态敏感区/脆弱区主要包括《全国生态功能区划》《全国主体功能区规划》及《全国生态脆弱区保护规划纲要》的各类生态敏感区/脆弱区，具体包括水土流失敏感区、土地沙化敏感区、石漠化敏感区、高寒生态脆弱区、干旱、半干旱生态脆弱区等。

7.2.2 海洋生态敏感区/脆弱区

海洋生态敏感区/脆弱区主要包括海岸带自然岸线、红树林、重要河口、重要砂质岸线和沙源保护海域、珊瑚礁及海草床等。

7.3 禁止开发区

禁止开发区域主要包括国家级自然保护区、世界文化自然遗产、国家级风景名胜区、国家森林公园和国家地质公园等类型。

7.4 其他

其他未列入上述范围、但具有重要生态功能或生态环境敏感、脆弱的区域，包括生态公益林、重要湿地和草原、极小种群生境等。

8　生态保护红线划定方法

8.1 重点生态功能区保护红线

8.1.1 水源涵养功能区生态保护红线划定方法

（1）确定划定对象

依据水源涵养功能区类型和特点，生态保护红线划定的主要对象为《全国主体功能区规划》和《全国生态功能区划》确定的重点生态功能区，以及其他具有重要水源涵养功能的区域，主要包括以下 2 类：

①大江大河源头区和中上游其他汇水区

主要分布在大小兴安岭、长白山、祁连山、阿尔泰山、陇南山地、若尔盖湿地、三江源草原草甸湿地、南岭山地、辽东山区、辽河源区、燕山、太行山、天山、玛曲湿地、秦巴山地、桐柏山淮河源区、大别山、丹江口库区、罗霄山脉、黄山、天目山、三峡库区、雅鲁藏布江源区、珠江源区、横断山脉、三江并流、东江源区、武夷山、浙闽丘陵、两广丘陵、黔南桂北山地、云桂边界山地、桂东、粤西丘陵、海南岛中部山区等区域。

②重要饮用水水源地及其集水区

我国重要饮用水水源地主要包括水利部《关于公布全国重要饮用水水源地名录的通知》（水资源函［2011］109 号）中的第一至第三批全国重要饮用水水源地，以及地级以上城市集中式饮用水水源地。

（2）开展水源涵养功能重要性评估

针对重要江河源头区和汇水区，开展水源涵养功能重要性评估，具体评估方法参见附录 A。

（3）确定生态保护红线范围

依据水源涵养功能评估与分级结果，将水源涵养极重要区划入生态保护红线。重要饮用水水源地的一、二级保护区纳入生态保护红线。具体划定方法参照 HJ/T338 执行。

8.1.2 水土保持功能区生态保护红线划定方法

（1）确定划定对象

我国重点水土保持功能区主要分布在黄土高原丘陵沟壑区、三峡库区、大别山、西南喀斯特地区、太行山、川滇干热河谷、湖南湘中山地、南岭山地、湘赣罗霄山地、赣江上游区、黄山、闽东南丘陵山地、浙闽赣交界山地等区域。

（2）开展水土保持功能重要性评估

对上述重点区域开展水土保持功能重要性评估。

（3）确定生态保护红线范围

依据水土保持功能评估与分级结果，将水土保持极重要区划入生态保护红线。

8.1.3 防风固沙功能区生态保护红线划定方法

（1）确定划定对象

我国重点防风固沙功能区主要分布于塔里木河流域、阿尔金山、呼伦贝尔草原、科尔沁沙地、浑善达克沙地、阴山北麓、阿拉善高原、毛乌素沙地等区域。

（2）开展防风固沙功能重要性评估

对上述重点区域开展防风固沙功能重要性评估。

（3）确定生态保护红线范围

依据防风固沙功能评估与分级结果，将防风固沙极重要区划入生态保护红线。

8.1.4 生物多样性维护区生态保护红线划定方法

（1）确定划定对象

生态保护红线划定的主要对象为国家主体功能区规划和全国生态功能区划、生物多样性保护战略与行动计划确定的重点生物多样性维护功能区，以及其他具有重要生物多样性保护功能的区域，主要包括 2 类：

①重点生物多样性维护功能区

我国重点生物多样性维护功能区主要分布在三江平原湿地、长白山地、大小兴安岭、呼伦贝尔草原、锡林郭勒草原、天山—准噶尔盆地西南段、塔里木河流域荒漠区、阿尔泰山、阿尔金山、祁连山、西鄂尔多斯—贺兰山—阴山、太行山、羌塘高寒荒漠草原、三江源、藏东南山地、川滇森林区、武陵山地、秦巴山地、浙闽赣交界山区、南岭地区、海南岛中南部山区、东南沿海红树林区、西双版纳、桂西黔南地区、辽河三角洲湿地、黄河三角洲湿地、苏北滩涂湿地等生物多样性丰富区。

②其他重要保护物种分布地

指目前尚未纳入自然保护区的重要保护物种（主要包括国家一、二级保护动植物）、极小种群及其生境。

（2）开展生物多样性保护功能重要性评价

对上述重点生物多样性维护区开展生物多样性保护功能重要性评估。

（3）确定生态保护红线范围

依据生物多样性保护功能评估与分级结果，将生物多样性极重要区划入生态保护红线。针对尚未纳入自然保护区的国家一、二级保护动植物、极小种群以及未纳入保护名录的其他珍稀濒危物种，采用物种分布模型预测可能分布范围，结合物种实际分布情况最终划定确保物种长期存活的保护红线。

8.1.5 海洋重点生态功能区保护红线划定方法

海洋重点生态功能区保护红线的划定对象和划定方法参照海洋生态保护红线划定相关技术规范执行。

8.2 生态敏感区/脆弱区保护红线

由于生态敏感区和生态脆弱区的空间重叠性较大，且面临共同生态问题（土地沙化、水土流失、石漠化等），因此，本指南通过开展生态敏感性评估，提出生态敏感区/脆弱区保护红线划定方法。

8.2.1 水土流失敏感区生态保护红线划定方法

（1）确定划定对象

水土流失敏感区主要分布在黄土高原丘陵沟壑区、西南横断山地、东南山地丘陵、天山山地等土壤侵蚀敏感区，西南山地农林牧交错带、南方红壤山地丘陵区，以及其他水土流失重点预防保护区。

（2）开展水土流失敏感性评估

对上述重点区域开展水土流失敏感性评估。

（3）确定生态保护红线范围

依据水土流失敏感性评估与分级结果，将极敏感区划入生态保护红线。水土流失重点预防保护区中水土流失潜在危险较大的区域也应划入生态保护红线。

8.2.2 土地沙化敏感区生态保护红线划定方法

（1）确定划定对象

土地沙化敏感区主要分布在古尔班通古特、塔克拉玛干、腾格里、乌兰布和等沙漠边缘，黑河中下游、毛乌素沙地、阴山北麓—浑善达克沙地、科尔沁沙地、呼伦贝尔沙地等区域，以及东北林草交错带、北方农牧交错带、西北荒漠绿洲交错区等区域。

（2）开展土地沙化敏感性评估

对上述重点区域开展土地沙化敏感性评估。

（3）确定生态保护红线范围

依据土地沙化敏感性评估与分级结果，将极敏感区划入生态保护红线。宜林宜草沙化土地治理区、主要沙漠和沙地边缘也应划入生态保护红线。

8.2.3 石漠化敏感区生态保护红线划定方法

（1）确定划定对象

石漠化敏感区主要分布在西南喀斯特岩溶地区，范围涉及贵州全境、广西西部、云南东部、重庆西南部、四川南部以及湖南、湖北两省西部等地区。

（2）开展石漠化敏感性评估

对上述重点区域开展石漠化敏感性评估。

（3）确定生态保护红线范围

依据石漠化敏感性评估与分级结果，将极敏感区划入生态保护红线。全国岩溶地区石漠化综合治理区的重点区域可纳入生态保护红线。

8.2.4 海洋生态敏感区/脆弱区保护红线

海洋生态敏感区/脆弱区保护红线的划定对象和划定方法参照海洋生态保护红线划定相关技术规范执行。

8.3 禁止开发区生态保护红线

自然保护区原则上全部纳入生态保护红线,对面积较大的自然保护区,其实验区根据生态保护重要性评估结果确定纳入生态保护红线的具体区域范围。

其他类型的禁止开发区,根据生态保护重要性评估结果并结合内部管理分区,综合确定纳入生态保护红线的具体区域范围。

8.4 其他生态保护红线

对于上述区域以外的其他具有重要生态功能,以及生态极敏感/极脆弱的地区,各地可自行制定原则与方法,结合地方实际综合划定生态保护红线。

9 生态保护红线划定方案确定

在生态保护重要性评估的基础上,通过叠加分析和综合制图,形成生态保护红线划定建议方案,并充分与主体功能区规划、生态功能区划、土地利用总体规划、城乡规划等区划、规划相衔接,最终确定生态保护红线划定方案。

9.1 叠加分析

采用地理信息系统空间分析技术,在统一空间参考系统下,对划定的重点生态功能区保护红线、生态敏感区/脆弱区保护红线、禁止开发区保护红线进行空间叠加与综合分析,形成包含各类红线的空间分布图。当两种以上生态保护红线类型重叠时,须进一步明确主导生态功能和辅助生态功能。

9.2 综合制图

生态保护红线制图是开展边界核定的基本前提和依据。以基础年的高精度遥感影像和土地利用数据为底图,将评估结果图与底图进行叠合,采用地理信息系统软件进行图斑聚合处理,扣除独立细小图斑和人工用地。为保证生态保护红线区生态完整性和连续性,红线斑块最小上图面积原则为 $1~km^2$。根据实际土地利用类型和影像地物分布进行遥感判读与补充勾绘,调整生态保护红线界线,形成边界清晰、切合实际、生态完整性好的生态保护红线分布图。

9.2.1 数据准备与资料收集

(1) 专题图件

1:10000(或 1:50000、1:100000)国家基本比例尺地形图、土地调查及变更数据、基本农田界线图、国家基础地理信息数据库;有明确边界的保护地分布矢量图(自然保护区、风景名胜区、森林公园、生态公益林、饮用水水源保护区等)。

(2) 遥感影像

指数字正射影像图(简称 DOM),包括高分辨率卫星遥感 DOM [如快鸟(Quick-Bird)、资源 3 号、高分 1 号、高分 2 号(GF-1、GF-2)等] 或航空 DOM,影像空间分辨率在 5m 以内。

(3) 相关规划和区划

主体功能区规划、土地利用规划、生态功能区划、环境功能区划、环境保护专项规划、自然保护区发展规划、资源开发规划、旅游发展规划等。

9.2.2 数据预处理

（1）数据聚合

利用地理信息系统软件将生态系统服务重要性和生态敏感性评估数据转换为 Shape 格式，通过聚合工具将相对聚集或邻近的图斑聚合为相对完整连片图斑，聚合距离为 250m，最小孔洞大小为 $1km^2$。各行政区可根据图斑的破碎化程度和行政区面积适当调整聚合的距离。

（2）破碎斑块扣除

一般将评估所得的面积在 $1km^2$ 以下的独立图斑删除（若细小斑块为重要物种栖息地或其他具有重要生态保护价值的区域须予以保留），减少红线区的破碎化程度。独立图斑删除的面积阈值可根据评估结果和行政区面积大小进行适当调整。

（3）人工用地剔除

根据土地利用现状图和规划图等资料，扣除聚合后图斑内的大型建设用地和集中连片农田。其中，建设用地重点考虑城镇、工业开发、矿产开发等类型（扣除在产大规模采矿用地，对于废弃的采矿用地根据保持生态完整性需要，可予以保留并进行生态修复）。为了保持生态保护红线区完整性，面积较小的村庄、农田、采矿废弃地等地块可予以保留，单个生态保护红线区块内的可保留人工用地面积比例原则上不超过 5%。

9.2.3 边界调整与确定

对于经过上述处理后，仍较为破碎的红线区，可根据高分辨率 DOM 影像和土地调查数据，采用人机交互方式，补充勾绘出红线区。对于一些暂时无法确定的未知类型，先进行标记，再通过实地勘查进行确认，并根据调查结果确定斑块的最终边界。

9.2.4 专题图件制作

生态保护红线图件制作要求在地理信息系统软件下数字化成图，采用地图学规范方法表示，层次清晰，图式、图例、注记齐全。底图应包括行政区域界线、地表主要水系、水库、湖泊、交通线路、重要城镇等要素。

9.3 红线命名

生态保护红线可采取分层次命名的方法。

对于区域性生态保护红线，采取"自然地理单元 + 生态保护红线区"的命名方式，如"燕山生态保护红线区"。

对于具体生态保护红线地块，采取"自然地理单元 + 主导生态功能 + 红线区"的命名方式，如，"科尔沁沙地防风固沙红线区"。

当生态保护红线区兼具两种以上重要生态功能时，命名中采取"主导生态功能 + 辅助生态功能"的命名方式，如"秦岭水源涵养、生物多样性功能保护红线区"。

10　生态保护红线边界核定

10.1 边界核定原则

（1）与土地利用、城乡建设现状及规划、区域生态保护相关规划相协调；

（2）红线斑块连续成片，尽可能避免破碎化，有利于实际管理；

（3）尽可能保持已建各类保护区边界，与各部门管理边界相衔接；

（4）结合山脉、河流、地貌单元、植被等要素保留自然地理边界，保持森林、草地、湿地、荒漠等生态系统的完整性。

10.2 边界核定与基础信息采集

10.2.1 地面勘查

根据生态保护红线分布图开展实地勘查，调查生态保护红线区各类基础信息，进一步查明图上难以明确界定或具有争议的生态保护红线区块边界走向，确定红线边界拐点地理坐标。

生态保护红线区须调查与收集以下特征信息：

（1）分布、面积与范围：包括所处行政区域和地理位置，红线区面积（以公顷为单位表示）、红线区拐点坐标等。

（2）自然环境状况：包括自然地理特征和自然资源状况、生态系统类型等。

（3）经济社会状况：包括区内人口、社区数量与分布、土地利用状况与权属、所在区域经济发展水平、产业类型、产业结构与布局，以及其他人类活动特征等。

（4）主要生态问题：包括现存的主要生态问题、潜在的生态风险、社会经济问题及其成因。

（5）管控措施：包括生态保护红线区内的禁止和限制行为，为保护和改善生态系统服务功能需开展的恢复治理措施等。

10.2.2 定界成图

根据生态保护红线地面勘查结果，在图上修正生态保护红线区块边界，形成生态保护红线勘测定界图。

11 生态保护红线划定成果

生态保护红线划定成果包括图件、文本与登记表。

11.1 生态保护红线图件

生态保护红线图件数据采用 2000 国家大地坐标系统，1985 国家高程基准；国家层面基本比例尺为 1∶25 万，省级层面基本比例尺不小于 1∶5 万，勘测定界图基本比例尺与当地土地利用图件保持一致。

生态保护红线图件应包括但不限于：

（1）生态系统服务重要性评估系列图

（2）生态敏感性评估系列图

（3）不同类型生态保护红线分布图

（4）生态保护红线分布总图

（5）生态保护红线区土地利用现状图

11.2 生态保护红线文本

以文字报告形式表述生态保护红线划定的主要内容。

11.3 生态保护红线区块登记表

生态保护红线区块登记表是文本的配套材料，与文本具有同等效力。登记表内容应涵盖地面勘查所得的生态保护红线区各类基础信息与专题信息，满足管理需求。

12　指南实施

本指南由环境保护部负责解释。

本指南自发布之日起实施，《国家生态保护红线——生态功能红线划定技术指南（试行)》（环发〔2014〕10号）同时废止。

环境保护部

二〇一五年五月

武汉市基本生态控制线条例
（征求意见稿）

第一章　总则

第一条　为了加快生态文明建设，保护生态环境，彰显本市山水资源特色，防止城市建设无序蔓延，实现经济社会全面协调可持续发展，根据有关法律法规，结合本市实际，制定本条例。

第二条　本条例适用于本市行政区域内基本生态控制线的划定、调整，以及基本生态控制线范围内规划编制、土地利用和建设活动。

本条例所称基本生态控制线是指为维护城市总体生态框架完整、确保城市生态安全，依照法定程序划定的生态保护范围界线。

第三条　基本生态控制线的管理，应当遵循保护优先、严格控制、坚守底线、有序发展的原则，实行严格的生态保护制度，处理好生态保护与城乡建设的关系。

第四条　市人民政府负责本条例的组织实施，应当建立基本生态控制线工作协调机制，研究解决基本生态控制线管理中的重大问题，将基本生态控制线管理工作纳入工作目标考核内容，对基本生态控制线范围内的区域实行生态保护优先的绩效评价，重点考核生态要素的原真性、完整性。

第五条　各区人民政府（包括开发区、风景区、化工区管理机构，下同）是其管理区域内基本生态控制线管理的责任主体，负责组织实施基本生态控制线范围内生态项目建设、村庄搬迁和改造、既有项目的清理与处置，并负责组织协调违法建设、违法用地等违法行为的查处工作。

街道办事处、乡（镇）人民政府应当加强巡查，及时发现、制止基本生态控制线范围内的违法行为，及时向有关部门报告。

第六条　政府有关行政主管部门应当按照下列规定做好基本生态控制线管理工作：

（一）城乡规划主管部门负责组织基本生态控制线的划定、调整，规划的编制，依法对基本生态控制线范围内的建设项目实施规划管理；

（二）土地主管部门负责基本生态控制线范围内的用地管理工作；

（三）发展改革主管部门负责基本生态控制线范围内的项目投资管理以及生态补偿的统筹协调工作；

（四）绿化主管部门负责做好森林、林地、绿地、自然保护区等的保护与管理，组织实施绿化建设，并依法查处相关违法行为；

（五）水务行政主管部门负责做好基本生态控制线范围内江河湖库等水资源的保护和管理工作，并依法查处相关违法行为；

（六）环保主管部门负责基本生态控制线范围内的环境保护工作，并依法查处相关违法行为；

（七）财政主管部门负责基本生态控制线保护专项资金的管理工作；

（八）农业主管部门负责基本生态控制线范围内农业产业发展、新农村建设的统筹协调和指导工作；

（九）建设主管部门负责基本生态控制线范围内村镇建设的管理工作；

（十）城市管理综合执法部门负责对基本生态控制线范围内违法建设行为进行查处，加强巡查工作，防止基本生态控制线内出现新的违法建设；

（十一）工商、监察、旅游、文物等其他行政主管部门按照各自职责，负责基本生态控制线管理的相关工作。

第七条　市、区人民政府应当加强基本生态控制线范围内自然生态系统的保护力度，积极开展生态保育和生态修复，确保山体、水体、林地、农田、湿地等生态资源不受破坏，发挥其生态功能。

鼓励基本生态控制线范围内发展都市农业、生态旅游、休闲度假等产业，建设宜居、宜业、宜游的美丽乡村，促进生产、生活和生态空间的合理布局。

第八条　市、区人民政府应当整合基本生态控制线涉及的农业、林业、水务、园林、环保、建设、交通等方面财政资金，设立基本生态控制线保护专项资金，并纳入财政预算。

第九条　市、区人民政府及有关部门应当加强对基本生态控制线保护和管理的宣传，提高公民、法人和其他组织遵守规划、保护生态的意识。

鼓励社会公众以志愿者或者其他形式参与基本生态控制线保护活动。对在基本生态控制线保护工作中做出显著成绩的单位和个人，市、区人民政府及有关部门应当予以表彰和奖励。

第二章　划定和调整

第十条　基本生态控制线应当依据城市总体规划、土地利用总体规划和生态框架保护规划，按照全市生态框架结构和各类生态要素的保护要求划定，实施分层管控。

第十一条　基本生态控制线范围内分为生态底线区和生态发展区。下列区域应当划为生态底线区，其他区域划为生态发展区：

（一）饮用水水源一级、二级保护区，风景名胜区核心区，自然保护区，森林公园，郊野公园；

（二）河流、湖泊、水库、湿地、重要的城市明渠及其保护范围；

（三）山体及其保护范围；

（四）高速公路、快速路、铁路以及重大市政公用设施的防护绿地；

（五）永久性绿地、生态绿楔核心区、生态廊道；

（六）其他为维护生态系统完整性，需要进行严格保护的基本农田、林地等区域。

第十二条　基本生态控制线按照下列程序划定和公布：

（一）市城乡规划主管部门组织编制基本生态控制线划定方案；

（二）划定方案应当征求市人民政府相关部门和各区人民政府意见，采取论证会、听证会或者其他方式征求专家和公众的意见，并向社会公示。公示时间不少于 30 日；

（三）划定方案由市城乡规划主管部门根据有关意见修改完善后，经市规划委员会审议通过，报市人民政府批准；

（四）基本生态控制线应当自批准之日起 15 日内，在本市主要新闻媒体和政府网站上公布。

经批准的基本生态控制线，应当报市人大常务委员会备案。

第十三条　市城乡规划主管部门应当结合实际地形地貌，以及地形图比例尺变化，按照相关技术标准和规范，对基本生态控制线进行校核，提高基本生态控制线的精确度。

第十四条　市人民政府应当组织各区人民政府和相关部门，设置基本生态控制线保护标志，接受公众监督。任何单位和个人不得毁坏或擅自移动基本生态控制线保护标志。

第十五条　基本生态控制线一经划定，不得擅自调整。有下列情形之一的，方可按照规定的程序调整基本生态控制线：

（一）上位规划修改的；

（二）国家、省、市重大项目建设需要的；

（三）法律、法规规定的其他情形。

基本生态控制线的调整应当遵循生态功能相当、总量不减的原则。

第十六条　调整基本生态控制线应当按照下列程序进行：

（一）区人民政府在本市主要新闻媒体公布申请调整内容，公开征求规划地段内利害关系人的意见，征求意见时间不少于 15 日；并组织对调整的必要性、可行性进行论证，对环境影响和社会稳定风险进行评估，向区人大常务委员会报告，经区人大常务委员会审议同意后，向市人民政府提出调整申请；

（二）市城乡规划主管部门按照市人民政府的要求，组织编制调整方案，征求市人民政府相关部门、相关区人民政府以及规划地段内利害关系人的意见，采取论证会、听证会或者其他方式征求专家和公众的意见，并向社会公示。公示时间不少于 30 日；

（三）调整方案由市城乡规划主管部门根据有关意见修改完善，经市规划委员会审议通过后，报市人民政府审批。涉及生态底线区调整的，市人民政府在审批前应当将调整方案提交市人大常务委员会审议；

（四）经批准的调整方案应当报市人大常务委员会备案，并自批准之日起 15 日内，在本市主要新闻媒体和政府网站上公布。

因第十五条第一项规定的情形需要调整基本生态控制线的，按照前款第二项至第四项规定的程序执行。

调整方案涉及上位规划的强制性内容修改的，应当按照法定程序先修改上位规划。

第三章　规划与建设

第十七条　基本生态控制线范围内位于都市发展区内的区域，应当编制控制性详细规划；位于都市发展区外的区域，应当编制乡规划、村庄规划，也可根据实际管理需要编制局部区域的控制性详细规划。

第十八条　编制基本生态控制线范围内的控制性详细规划，应当遵循保护资源、挖掘特色、注入功能、合理布局、总量控制的原则，在对生态资源实行严格保护的基础上，结合生态功能的差异性和多样性，发展生态旅游、休闲度假、都市农业等多种功能，统筹农村居民点的整治与改造，提出相应的生态保护、建设控制要求。

第十九条　编制基本生态控制线范围内的乡规划、村庄规划，应当包括空间利用、生态保护、产业发展、资金安排、实施时序等内容，合理确定村庄布点，提出村庄的保留、迁并和建设等具体措施，明确生产生活配套设施、乡村旅游配套服务设施的建设布局，确保耕地保有量和基本农田面积不减少，村庄人均建设用地标准不突破。

第二十条　基本生态控制线范围内的建设活动，应当遵循低强度、低密度、高绿量的建设要求，合理控制建筑高度，建筑风格、形态、色彩等方面与周边自然环境相协调，不得破坏周边景观风貌。

基本生态控制线范围内的建设用地实行总量控制，用地布局应当集约化、小型化；生态底线区内的项目选址应当避让饮用水水源保护区、自然保护区核心区、生态廊道、山体、水体等重要生态敏感区域。

第二十一条　公园、绿道等生态项目建设应当注重生态优先，加强对原有山体、水体、植被等自然生态资源的保护，按照适地适树、保护生物多样性的要求，优化林木结构，突出自然景观和生态功能，拓展城乡居民休闲空间，满足城乡居民的休闲、游憩、观赏、健身等需求。

第二十二条　村庄建设应当按照提升生态价值、控制建设规模、优化功能布局的原则，节约集约利用土地，严格保护耕地，注重延续村庄风貌特色和传统文化的保护传承。

第二十三条　市人民政府应当将基本生态控制线范围内村庄建设，以及公园、绿道等生态项目建设优先纳入近期建设规划，市人民政府各部门、各区人民政府应当根据近期建设规划确定的项目，制定年度实施计划并组织实施。

第二十四条　除村庄建设以外，确需在尚未编制控制性详细规划的区域进行建设的项目，应当进行单独选址论证。建设单位应当编制规划选址论证报告，报城乡规划主管部门确定项目位置及建设控制要求，依法取得规划许可。规划选址批准前应当向社会公示，公示时间不少于30日。

基本生态控制线内的建设项目，区城乡规划主管部门在核发选址意见书、提出规划条件前，应当报经市城乡规划主管部门审查同意。

第二十五条　基本生态控制线范围内确需建设的项目，应当作为可能造成重大环境影响的项目进行环境影响评价。

第二十六条　基本生态控制线范围内的建设项目，应当严格执行《武汉市绿化条例》规定的建设工程项目配套绿地率标准，不得降低标准。

第四章　项目准入和既有项目处置

第二十七条　除下列项目外，生态底线区禁止建设其他项目：

（一）以生态保护、景观绿化为主的公园及其必要的配套设施；

（二）自然保护区、风景名胜区内必要的配套设施；

（三）确需建设的农业生产和农村生活、服务设施，以及乡村旅游设施；

（四）确需建设的交通及市政设施；

（五）确需建设的军事、安保、宗教设施；

（六）国家标准或规范对项目选址有特殊要求的建设项目。

第二十八条　除下列项目外，生态发展区禁止建设其他项目：

（一）本条例第二十七条规定允许建设的项目；

（二）生态型休闲度假项目；

（三）必要的公益性服务设施；

（四）其他与生态保护不相抵触，资源消耗低，环境影响小的项目。

按照前款第四项的规定确需在生态发展区内进行建设的项目，应当由市城乡规划主管部门会同环保、绿化、水务等相关主管部门进行规划论证，报市人民政府批准。

第二十九条　基本生态控制线范围内既有项目应当按照尊重历史、实事求是、依法处理、逐步解决的原则，根据对生态影响的程度，分别采用以下方式处理：

（一）污染物排放达标，对生态保护无不利影响的，可按照现状、现用途保留使用或者继续进行建设；

（二）对生态保护有不利影响的项目，引导相关权利人进行改造和产业转型，逐步转为资源消耗低、环境影响小，与生态保护不抵触的适宜用途，或者依法予以置换；

（三）属于违法建设的，按照有关法律、法规和本市查处违法建设的有关规定予以处理。

基本生态控制线范围内既有项目是指在基本生态控制线划定之前，已经建设或者已取得合法用地手续的建设项目。

第三十条　各区人民政府应当按照市人民政府制定的统一标准，对基本生态控制线范围内既有项目进行清理，制定分类处置方案，报市人民政府批准后组织实施。

第三十一条　确定可以保留的项目，不得改（扩）建，确需改（扩）建的，应当按照基本生态控制线范围内新增建设项目进行管理。区人民政府应当组织相关主管部门对保留项目进行实时监管，确保其符合生态环境保护管理的相关规定。

第三十二条　确定需要整改的项目，由区人民政府组织相关主管部门根据项目实际情况提出整改要求，项目业主应当按照整改要求予以整改，拆除位于重要生态敏感区域内的建（构）筑物，完善环保配套设施，消除项目对生态保护的不利影响。

第三十三条　确定需要改变用途的项目，项目业主应当按照项目准入要求，转型为生态旅游、休闲度假、都市农业等与生态保护相适应的产业，并依法办理相关手续。

第三十四条　确定需要置换用地的项目，由区人民政府与权属单位协商置换至符合城乡规划的建设区内，或者依法实施土地储备。

第三十五条　确定应当拆除的项目，由区人民政府组织相关主管部门依法予以拆除。

第五章　保障与监督

第三十六条　鼓励和支持通过政府投资、企业投入和社会融资等方式，多元化、多渠道筹集资金，用于基本生态控制线的管理工作。

市、区人民政府设立的基本生态控制线专项资金可以用于下列事项：

（一）公园、绿道等生态项目建设；

（二）村庄的搬迁与改造；

（三）既有项目的清理及处置；

（四）规划编制及保护标志设立；

（五）集中式污染防治和生态保护设施建设；

（六）生态补偿；

（七）与基本生态控制线保护和管理相关的其他事项。

专项资金的具体管理办法由市财政主管部门会同相关部门制定。

第三十七条　市、区人民政府应当组织发展改革、财政、水务、绿化、农业等相关主管部门，按照"生态损害者赔偿、受益者付费、保护者得到合理补偿"的原则，建立政府引导、市场推进和社会参与的生态补偿机制，通过资金补助、产业转移、人才培训、共建园区等方式，对因承担生态保护责任使合法权益受到损失的有关组织和个人给予补偿。

水务、绿化、农业等相关主管部门根据各自职责，制定有关生态补偿的具体实施方案，报同级政府批准后组织实施。

第三十八条　市、区人民政府对基本生态控制线范围内进行公园、绿道等生态项目建设的，可以在财政补贴、转移支付、发展备用地启用等方面给予扶持，探索建立公园、绿道等生态项目建设与新增建设用地挂钩机制。

第三十九条　市、区人民政府应当定期向同级人民代表大会常务委员会报告基本生态控制线管理情况。

市、区人民代表大会常务委员会通过组织执法检查、开展专题询问、质询等方式，对基本生态控制线管理工作进行监督。

第四十条　市人民政府应当建立基本生态控制线管理考核体系，对各区人民政府、市人民政府相关部门进行考核，考核结果应当向社会公布，并作为对被考核单位负责人任职、奖惩的重要依据。

市人民政府应当建立基本生态控制线督察制度，对基本生态控制线范围内生态项目建设、村庄搬迁和改造、既有项目的清理与处置以及违法行为的查处等情况进行监督检查。

第四十一条　规划、国土、绿化、环保、水务、城市综合管理等部门应当按照各自职责，加强监督检查，建立举报投诉制度，对单位和个人举报的违反基本生态控制线管理规定的违法行为，应当及时受理、依法处理，并将处理结果告知举报人。

第四十二条　市人民政府应当建立基本生态控制线的信息公开制度，定期公布基本生态控制线管理的情况，保障公众的知情权、参与权。

第六章　法律责任

第四十三条　行政机关及其工作人员在基本生态控制线管理工作中，有下列情形之一的，对直接负责的主管人员和其他直接责任人员依法给予行政处分；构成犯罪的，依法追究刑事责任：

（一）未依法划定或者者调整基本生态控制线的；

（二）越权审批、违反规划审批，以及同意项目边报边建、先建后报、少报多建等其他违法审批的；

（三）未按照要求组织实施基本生态控制线范围内生态项目建设、村庄搬迁和改造、既有项目处置的；

（四）对基本生态控制线范围内违法建设查处不严、处置不力的；

（五）未依法及时受理和处理违反基本生态控制线管理规定违法行为举报的；

（六）其他滥用职权、玩忽职守、徇私舞弊的行为。

第四十四条　损毁或者擅自移动基本生态控制线保护标志的，由设置该标志的行政主管部门责令改正，并处以1000元以上5000元以下罚款。

第四十五条　违反本条例其他规定的，由有关主管部门按照有关法律、法规的规定从重予以处罚，构成犯罪的，依法追究刑事责任。

第七章　附则

第四十六条　对基本生态控制线范围内的生产建设活动，湖泊、森林、绿化、湿地、文物、自然保护区、饮用水水源保护区、风景名胜区保护等法律、法规和规章有更严格规定的，从其规定。

第四十七条　本条例自　年　月　日起施行。

本次征集截止2015年7月25日。

● 生物多样性保护

关于发布《中国生物多样性红色名录
——脊椎动物卷》的公告

公告 2015 年第 32 号

为贯彻落实国务院批准发布的《中国生物多样性保护战略与行动计划（2011～2030
年）》，加强生物多样性保护，环境保护部和中国科学院联合编制了《中国生物多样性红
色名录——脊椎动物卷》，现予以发布。具体名录可在环境保护部网站（www. mep. gov.
cn）查询。

特此公告。

附件：《中国生物多样性红色名录——脊椎动物卷》评估报告（略）

环境保护部

中国科学院

2015 年 5 月 20 日

关于发布《中国生物多样性红色名录
——高等植物卷》的公告

公告 2013 年第 54 号

为贯彻落实国务院批准发布的《中国生物多样性保护战略与行动计划（2011～2030
年）》，加强生物多样性保护，环境保护部和中国科学院联合编制了《中国生物多样性红
色名录——高等植物卷》，现予以发布。具体名录可在环境保护部网站（www. mep. gov.
cn）查询。

特此公告。

附件：《中国生物多样性红色名录——高等植物卷》评估报告（略）

环境保护部
中国科学院
2013 年 9 月 2 日

关于印发《中国生物多样性保护战略与
行动计划》（2011～2030 年）的通知

环发〔2010〕106 号

各省、自治区、直辖市人民政府，新疆生产建设兵团，中宣部，外交部，发展改革委，教育部，科技部，公安部，财政部，国土资源部，住房城乡建设部，水利部，农业部，商务部，卫生部，海关总署，工商总局，质检总局，广电总局，林业局，知识产权局，新华社，中科院，海洋局，食品药品监管局，中医药局，人民日报社，光明日报社：

《中国生物多样性保护战略与行动计划》（2011～2030 年）已经国务院常务会议第126 次会议审议通过，现印发给你们，请认真贯彻落实。

附件：中国生物多样性保护战略与行动计划（2011～2030 年）

二〇一〇年九月十七日

附件：

中国生物多样性保护战略与行动计划
（2011～2030 年）

前言

"生物多样性"是生物（动物、植物、微生物）与环境形成的生态复合体以及与此相关的各种生态过程的总和，包括生态系统、物种和基因三个层次。生物多样性是人类赖以生存的条件，是经济社会可持续发展的基础，是生态安全和粮食安全的保障。

《生物多样性公约》（以下简称"公约"）规定，每一缔约国要根据国情，制定并及时更新国家战略、计划或方案。1994 年 6 月，经国务院环境保护委员会同意，原国家环境保护局会同相关部门发布了《中国生物多样性保护行动计划》（以下简称"行动计划"）。目前，该行动计划确定的七大目标已基本实现，26 项优先行动大部分已完成，行动计划的实施有力地促进了我国生物多样性保护工作的开展。

近年来，随着转基因生物安全、外来物种入侵、生物遗传资源获取与惠益共享等问题的出现，生物多样性保护日益受到国际社会的高度重视。目前，我国生物多样性下降的总体趋势尚未得到有效遏制，资源过度利用、工程建设以及气候变化严重影响着物种生存和生物资源的可持续利用，生物物种资源流失严重的形势没有得到根本改变。

为落实公约的相关规定，进一步加强我国的生物多样性保护工作，有效应对我国生物多样性保护面临的新问题、新挑战，环境保护部会同 20 多个部门和单位编制了《中国生物多样性保护战略与行动计划》（2011～2030 年），提出了我国未来 20 年生物多样性保护总体目标、战略任务和优先行动。

一 我国生物多样性现状

（一）概况

我国是世界上生物多样性最为丰富的 12 个国家之一，拥有森林、灌丛、草甸、草原、荒漠、湿地等地球陆地生态系统，以及黄海、东海、南海、黑潮流域大海洋生态系；拥有高等植物 34984 种，居世界第三位；脊椎动物 6445 种，占世界总种数的 13.7%；已查明真菌种类 1 万多种，占世界总种数的 14%。

我国生物遗传资源丰富，是水稻、大豆等重要农作物的起源地，也是野生和栽培果树的主要起源中心。据不完全统计，我国有栽培作物 1339 种，其野生近缘种达 1930 个，果树种类居世界第一。我国是世界上家养动物品种最丰富的国家之一，有家养动物品种 576 个。

（二）生物多样性受威胁现状

1. 部分生态系统功能不断退化。我国人工林树种单一，抗病虫害能力差。90% 的草原不同程度退化。内陆淡水生态系统受到威胁，部分重要湿地退化。海洋及海岸带物种及其栖息地不断丧失，海洋渔业资源减少。

2. 物种濒危程度加剧。据估计，我国野生高等植物濒危比例达 15%～20%，其中，裸子植物、兰科植物等高达 40% 以上。野生动物濒危程度不断加剧，有 233 种脊椎动物面临灭绝，约 44% 的野生动物呈数量下降趋势，非国家重点保护野生动物种群下降趋势明显。

3. 遗传资源不断丧失和流失。一些农作物野生近缘种的生存环境遭受破坏，栖息地丧失，野生稻原有分布点中的 60%～70% 已经消失或萎缩。部分珍贵和特有的农作物、林木、花卉、畜、禽、鱼等种质资源流失严重。一些地方传统和稀有品种资源丧失。

二 生物多样性保护工作的成效、问题与挑战

（一）行动计划的实施情况

1994 年以来，行动计划确定的主要目标已基本实现，对我国生物多样性保护工作起到了积极的推动作用。但是，由于缺乏足够的资金支持和项目实施监督机制、公众生物多样性保护意识还有待提高等原因，行动计划中的部分行动和项目实施效果欠佳。

（二）生物多样性保护成效

1. 生物多样性保护法律体系初步建立。我国政府发布了一系列生物多样性保护相关

法律，主要包括野生动物保护法、森林法、草原法、畜牧法、种子法以及进出境动植物检疫法等；颁布了一系列行政法规，包括自然保护区条例、野生植物保护条例、农业转基因生物安全管理条例、濒危野生动植物进出口管理条例和野生药材资源保护管理条例等。相关行业主管部门和部分省级政府也制定了相应的规章、地方法规和规范。

2. 实施了一系列生物多样性保护规划和计划。行动计划发布后，我国政府又先后发布了《中国自然保护区发展规划纲要（1996～2010年)》《全国生态环境建设规划》《全国生态环境保护纲要》和《全国生物物种资源保护与利用规划纲要》（2006～2020年）。相关行业主管部门也分别在自然保护区、湿地、水生生物、畜禽遗传资源保护等领域发布实施了一系列规划和计划。

3. 生物多样性保护工作机制逐步完善。我国成立了中国履行《生物多样性公约》工作协调组和生物物种资源保护部际联席会议，建立了生物多样性和生物安全信息交换机制，初步形成了生物多样性保护和履约国家协调机制。各相关部门根据工作需要，成立了生物多样性管理相关机构。一些省级政府也相继建立了生物多样性保护的协调机制。

4. 生物多样性基础调查、科研和监测能力得到提升。有关部门先后组织了多项全国性或区域性的物种调查，建立了相关数据库，出版了《中国植物志》《中国动物志》《中国孢子植物志》以及《中国濒危动物红皮书》等物种编目志书。各相关部门相继开展了各自领域物种资源科研与监测工作，建立了相应的监测网络和体系。

5. 就地保护工作成绩显著。到2008年底，我国已建立各级自然保护区2538个，总面积14894.3万公顷，占陆地国土面积的15.13%，超过全世界12%的平均水平，其中国家级自然保护区303个，初步形成了类型比较齐全、布局比较合理、功能比较健全的自然保护区网络；建立森林公园2277处，其中国家级森林公园709处，面积973.8万公顷，占国土面积的1.01%；国家级风景名胜区187处，面积841.6万公顷，占国土面积的0.88%；国家湿地公园试点100处，国家地质公园138处。全国各类保护区域总面积约占国土面积的17%。此外，我国还建立了国家级海洋特别保护区17处，国家级畜禽遗传资源保种场、保护区等113处。

6. 迁地保护得到进一步加强。野生动植物迁地保护和种质资源移地保存得到较快发展，全国已建动物园（动物展区）240多个，植物园（树木园）234座。至2008年底，我国已建成农作物种质资源国家长期库2座、中期库25座；国家级种质资源圃32个；国家牧草种质资源基因库1个，中期库3个，种质资源圃14个；国家级畜禽种质资源基因库6个。保存农业植物种质资源量达39万份。此外，我国林木种质资源、药用植物种质资源、水生生物遗传资源、微生物资源、野生动植物基因等种质资源库建设工作也初具规模。

7. 生物安全管理得到加强。国家设立了生物安全管理办公室，农业、林业等转基因生物安全管理体系已基本形成。外来入侵物种预防和控制管理进一步规范，建立了外来入侵物种防治协作组，成立了跨部门的动植物检疫风险分析委员会，相关部门设立了外来入侵物种防治的专门机构。

8. 国际合作与交流取得进步。我国积极履行公约，参与国际谈判和相关规则制定，加强与相关国际组织和非政府组织的合作与交流，开展了一系列合作项目，加强生物多样性保护政策与相关技术的交流。通过开展培训和宣传，科技人员技术水平得到提高，公众生物多样性保护意识得到增强。

（三）生物多样性保护面临的问题与挑战

1. 生物多样性保护存在的主要问题。生物多样性保护法律和政策体系尚不完善，生物物种资源家底不清，调查和编目任务繁重，生物多样性监测和预警体系尚未建立，生物多样性投入不足，管护水平有待提高，基础科研能力较弱，应对生物多样性保护新问题的能力不足，全社会生物多样性保护意识尚需进一步提高。

2. 生物多样性保护面临的压力与挑战。城镇化、工业化加速使物种栖息地受到威胁，生态系统承受的压力增加。生物资源过度利用和无序开发对生物多样性的影响加剧。环境污染对水生和河岸生物多样性及物种栖息地造成影响。外来入侵物种和转基因生物的环境释放增加了生物安全的压力。生物燃料的生产对生物多样性保护形成新的威胁。气候变化对生物多样性的影响有待评估。

三　生物多样性保护战略

（一）指导思想

深入贯彻落实科学发展观，统筹生物多样性保护与经济社会发展，以实现保护和可持续利用生物多样性、公平合理分享利用遗传资源产生的惠益为目标，加强生物多样性保护体制与机制建设，强化生态系统、生物物种和遗传资源保护能力，提高公众保护与参与意识，推动生态文明建设，促进人与自然和谐。

（二）基本原则

——保护优先。在经济社会发展中优先考虑生物多样性保护，采取积极措施，对重要生态系统、生物物种及遗传资源实施有效保护，保障生态安全。

——持续利用。禁止掠夺性开发生物资源，促进生物资源可持续利用技术的研发与推广，科学、合理和有序地利用生物资源。

——公众参与。加强生物多样性保护宣传教育，积极引导社会团体和基层群众的广泛参与，强化信息公开和舆论监督，建立全社会共同参与生物多样性保护的有效机制。

——惠益共享。推动建立生物遗传资源及相关传统知识的获取与惠益共享制度，公平、公正分享其产生的经济效益。

（三）战略目标

1. 近期目标。到 2015 年，力争使重点区域生物多样性下降的趋势得到有效遏制。完成 8~10 个生物多样性保护优先区域的本底调查与评估，并实施有效监控。加强就地保护，陆地自然保护区总面积占陆地国土面积的比例维持在 15% 左右，使 90% 的国家重点保护物种和典型生态系统类型得到保护。合理开展迁地保护，使 80% 以上的就地保护能力不足和野外现存种群量极小的受威胁物种得到有效保护。初步建立生物多样性监测、评估与预警体系、生物物种资源出入境管理制度以及生物遗传资源获取与惠益共享制度。

2. 中期目标。到 2020 年，努力使生物多样性的丧失与流失得到基本控制。生物多样性保护优先区域的本底调查与评估全面完成，并实施有效监控。基本建成布局合理、功能完善的自然保护区体系，国家级自然保护区功能稳定，主要保护对象得到有效保护。生物多样性监测、评估与预警体系、生物物种资源出入境管理制度以及生物遗传资源获取与惠益共享制度得到完善。

3. 远景目标。到 2030 年，使生物多样性得到切实保护。各类保护区域数量和面积达到合理水平，生态系统、物种和遗传多样性得到有效保护。形成完善的生物多样性保护政策法律体系和生物资源可持续利用机制，保护生物多样性成为公众的自觉行动。

（四）战略任务

1. 完善生物多样性保护相关政策、法规和制度。研究促进自然保护区周边社区环境友好产业发展政策，探索促进生物资源保护与可持续利用的激励政策。研究制订加强生物遗传资源获取与惠益共享、传统知识保护、生物安全和外来入侵物种等管理的法规、制度。完善生物多样性保护和生物资源管理协作机制，充分发挥中国履行《生物多样性公约》工作协调组和生物物种资源保护部际联席会议的作用。

2. 推动生物多样性保护纳入相关规划。将生物多样性保护内容纳入国民经济和社会发展规划和部门规划，推动各地分别编制生物多样性保护战略与行动计划。建立相关规划、计划实施的评估监督机制，促进其有效实施。

3. 加强生物多样性保护能力建设。加强生物多样性保护基础建设，开展生物多样性本底调查与编目，完成高等植物、脊椎动物和大型真菌受威胁现状评估，发布濒危物种名录。加强生物多样性保护科研能力建设，完善学科与专业设置，加强专业人才培养。开展生物多样性保护与利用技术方法的创新研究。进一步加强生物多样性监测能力建设，提高生物多样性预警和管理水平。加强生物物种资源出入境查验能力建设，研究制定查验技术标准，配备急需的查验设备。

4. 强化生物多样性就地保护，合理开展迁地保护。坚持以就地保护为主，迁地保护为辅，两者相互补充。合理布局自然保护区空间结构，强化优先区域内的自然保护区建设，加强保护区外生物多样性的保护并开展试点示范。建立自然保护区质量管理评估体系，加强执法检查，不断提高自然保护区管理质量。研究建立生物多样性保护与减贫相结合的激励机制，促进地方政府及基层群众参与自然保护区建设与管理。对于自然种群较小和生存繁衍能力较弱的物种，采取就地保护与迁地保护相结合的措施，其中，农作物种质资源以迁地保护为主，畜禽种质资源以就地保护为主。加强生物遗传资源库建设。

5. 促进生物资源可持续开发利用。把发展生物技术与促进生物资源可持续利用相结合，加强对生物资源的发掘、整理、检测、筛选和性状评价，筛选优良生物遗传基因，推进相关生物技术在农业、林业、生物医药和环保等领域的应用，鼓励自主创新，提高知识产权保护能力。

6. 推进生物遗传资源及相关传统知识惠益共享。借鉴国际先进经验，开展试点示范，加强生物遗传资源价值评估与管理制度研究，抢救性保护和传承相关传统知识，完善传统知识保护制度，探索建立生物遗传资源及传统知识获取与惠益共享制度，协调生物遗传资源及相关传统知识保护、开发和利用的利益关系，确保各方利益。

7. 提高应对生物多样性新威胁和新挑战的能力。加强外来入侵物种入侵机理、扩散途径、应对措施和开发利用途径研究，建立外来入侵物种监测预警及风险管理机制，积极防治外来物种入侵。加强转基因生物环境释放、风险评估和环境影响研究，完善相关技术标准和技术规范，确保转基因生物环境释放的安全性。加强应对气候变化生物多样性保护技术研究，探索相关管理措施。建立病源和疫源微生物监测预警体系，提高应急处置能力，保障人畜健康。

8. 提高公众参与意识，加强国际合作与交流。开展多种形式的生物多样性保护宣传教育活动，引导公众积极参与生物多样性保护，加强学校的生物多样性科普教育。建立和完善生物多样性保护公众监督、举报制度，完善公众参与机制。建立生物多样性保护伙伴关系，广泛调动国内外利益相关方参与生物多样性保护的积极性，充分发挥民间公益性组织和慈善机构的作用，共同推进生物多样性保护和可持续利用。强化公约履行，积极参与相关国际规则的制定。进一步深化国际交流与合作，引进国外先进技术和经验。

四 生物多样性保护优先区域

根据我国的自然条件、社会经济状况、自然资源以及主要保护对象分布特点等因素，将全国划分为8个自然区域，即东北山地平原区、蒙新高原荒漠区、华北平原黄土高原区、青藏高原高寒区、西南高山峡谷区、中南西部山地丘陵区、华东华中丘陵平原区和华南低山丘陵区。

综合考虑生态系统类型的代表性、特有程度、特殊生态功能，以及物种的丰富程度、珍稀濒危程度、受威胁因素、地区代表性、经济用途、科学研究价值、分布数据的可获得性等因素，划定了35个生物多样性保护优先区域，包括大兴安岭区、三江平原区、祁连山区、秦岭区等32个内陆陆地及水域生物多样性保护优先区域，以及黄渤海保护区域、东海及台湾海峡保护区域和南海保护区域等3个海洋与海岸生物多样性保护优先区域。

（一）内陆陆地和水域生物多样性保护优先区域

1. 东北山地平原区

（1）概况。本区包括辽宁、吉林、黑龙江省全部和内蒙古自治区部分地区，总面积约124万平方公里，已建立国家级自然保护区54个，面积567.1万公顷；国家级森林公园126个，面积276.5万公顷；国家级风景名胜区16个，面积64.8万公顷；国家级水产种质资源保护区14个，面积4.9万公顷，合计占本区国土面积的8.45%。本区生物多样性保护优先区域包括大兴安岭区、小兴安岭区、呼伦贝尔区、三江平原区、长白山区和松嫩平原区。

（2）保护重点。以东北虎、远东豹等大型猫科动物为重点保护对象，建立自然保护区间生物廊道和跨国界保护区。科学规划湿地保护，建立跨国界湿地保护区，解决湿地缺水与污染问题。在松嫩—三江平原、滨海地区、黑龙江、乌苏里江沿岸、图们江下游和鸭绿江沿岸，重点建设沼泽湿地及珍稀候鸟迁徙地繁殖地、珍稀鱼类和冷水性鱼类自然保护区。在国有重点林区建立典型寒温带及温带森林类型、森林湿地生态系统类型，以及以东北虎、原麝、红松、东北红豆杉、野大豆等珍稀动植物为保护对象的自然保护区或森林公园。

2. 蒙新高原荒漠区

（1）概况。本区包括新疆维吾尔自治区全部和河北、山西、内蒙古、陕西、甘肃、宁夏等省（区）的部分地区，总面积约269万平方公里，已建立国家级自然保护区35个，面积1983.3万公顷；国家级森林公园40个，面积112.2万公顷；国家级风景名胜区7个，面积68.3万公顷；国家级水产种质资源保护区14个，面积63.1万公顷，合计占本区域国土面积的7.76%。本区生物多样性保护优先区包括阿尔泰山区、天山—准噶尔盆地西南缘区、塔里木河流域区、祁连山区、库姆塔格区、西鄂尔多斯—贺兰山—阴山区和锡林郭勒草原区。

（2）保护重点。按山系、流域、荒漠等生物地理单元和生态功能区建立和整合自然保护区，扩大保护区网络。加强野骆驼、野驴、盘羊等荒漠、草原有蹄类动物以及鸨类、蓑羽鹤、黑鹳、遗鸥等珍稀鸟类及其栖息地的保护。加强对新疆大头鱼等珍稀特有鱼类及其栖息地的保护。加强对新疆野苹果和新疆野杏等野生果树种质资源和牧草种质资源的保护，加强对荒漠化地区特有的天然梭梭林、胡杨林、四合木、沙地柏、肉苁蓉等的保护。整理和研究少数民族在民族医药方面的传统知识。

3. 华北平原黄土高原区

（1）概况。本区包括北京市、天津市、山东省全部以及河北、山西、江苏、安徽、河南、陕西、青海、宁夏等省（区）部分地区，总面积约 95 万平方公里，已建立国家级自然保护区 35 个，面积 103 万公顷；国家级森林公园 123 个，面积 120 万公顷；国家级风景名胜区 29 个，面积 74 万公顷。国家级水产种质资源保护区 6 个，面积 2.3 万公顷，合计占本区国土面积的 3.03%。本区生物多样性保护优先区域包括六盘山—子午岭区和太行山区。

（2）保护重点。加强该地区生态系统的修复，以建立自然保护区为主，重点加强对黄土高原地区次生林、吕梁山区、燕山—太行山地的典型温带森林生态系统、黄河中游湿地、滨海湿地和华中平原区湖泊湿地的保护，加强对褐马鸡等特有雉类、鹤类、雁鸭类、鹳类及其栖息地的保护。建立保护区之间的生物廊道，恢复优先区内已退化的环境。加强区域内特大城市周围湿地的恢复与保护。

4. 青藏高原高寒区

（1）概况。本区包括四川、西藏、青海、新疆等省（区）的部分地区，面积约 173 万平方公里，已建立国家级自然保护区 11 个，面积 5632.9 万公顷；国家级森林公园 12 个，面积 136.3 万公顷；国家级风景名胜区 2 个，面积 99 万公顷；国家级水产种质资源保护区 4 个，面积 22.9 万公顷，合计占本区国土面积的 33.06%。本区生物多样性保护优先区域包括三江源—羌塘区和喜马拉雅山东南区。

（2）保护重点。加强原生地带性植被的保护，以现有自然保护区为核心，按山系、流域建立自然保护区，形成科学合理的自然保护区网络。加强对典型高原生态系统、江河源头和高原湖泊等高原湿地生态系统的保护，加强对藏羚羊、野牦牛、普氏原羚、马麝、喜马拉雅麝、黑颈鹤、青海湖裸鲤、冬虫夏草等特有珍稀物种种群及其栖息地的保护。

5. 西南高山峡谷区

（1）概况。本区包括四川、云南、西藏等省（区）的部分地区，面积约 65 万平方公里，已建立国家级自然保护区 19 个，面积 338.8 万公顷；国家级森林公园 29 个，面积 83.1 万公顷；国家级风景名胜区 12 个，面积 217.1 万公顷，合计占本区国土面积的 7.80%。本区生物多样性保护优先区域包括横断山南段区和岷山—横断山北段区。

（2）保护重点。以喜马拉雅山东缘和横断山北段、南段为核心，加强自然保护区整合，重点保护高山峡谷生态系统和原始森林，加强对大熊猫、金丝猴、孟加拉虎、印支虎、黑麝、虹雉、红豆杉、兰科植物、松口蘑、冬虫夏草等国家重点保护野生动植物种群及其栖息地的保护。加强对珍稀野生花卉和农作物及其亲缘种种质资源的保护，加强对传统医药和少数民族传统知识的整理和保护。

6. 中南西部山地丘陵区

（1）概况。本区包括贵州省全部，以及河南、湖北、湖南、重庆、四川、云南、陕西、甘肃等省（市）的部分地区，面积约 91 万平方公里，已建立国家级自然保护区 45

个，面积 218.7 万公顷；国家级森林公园 119 个，面积 77.3 万公顷；国家级风景名胜区 36 个，面积 88.6 万公顷；国家级水产种质资源保护区 16 个，面积 4.0 万公顷，合计占本区国土面积的 3.71%。本区生物多样性保护优先区域包括秦岭区、武陵山区、大巴山区和桂西黔南石灰岩区。

（2）保护重点。重点保护我国独特的亚热带常绿阔叶林和喀斯特地区森林等自然植被。建设保护区间的生物廊道，加强对大熊猫、朱鹮、特有雉类、野生梅花鹿、黑颈鹤、林麝、苏铁、桫椤、珙桐等国家重点保护野生动植物种群及栖息地的保护。加强对长江上游珍稀特有鱼类及其生存环境的保护。加强生物多样性相关传统知识的收集与整理。

7. 华东华中丘陵平原区

（1）概况。本区包括上海市、浙江省、江西省全部，以及江苏、安徽、福建、河南、湖北、湖南、广东、广西等省（区）的部分地区，总面积约 109 万平方公里，已建立国家级自然保护区 70 个，面积 184.5 万公顷，国家级森林公园 226 个，面积 148.9 万公顷；国家级风景名胜区 71 个，面积 175.5 万公顷；国家级水产种质资源保护区 48 个，面积 22.5 万公顷，合计占本区国土面积的 2.77%。本区生物多样性保护优先区域包括黄山—怀玉山区、大别山区、武夷山区、南岭区、洞庭湖区和鄱阳湖区。

（2）保护重点。建立以残存重点保护植物为保护对象的自然保护区、保护小区和保护点，在长江中下游沿岸建设湖泊湿地自然保护区群。加强对人口稠密地带常绿阔叶林和局部存留古老珍贵动植物的保护。在长江流域及大型湖泊建立水生生物和水产资源自然保护区，加强对中华鲟、长江豚类等珍稀濒危物种的保护，加强对沿江、沿海湿地和丹顶鹤、白鹤等越冬地的保护，加强对华南虎潜在栖息地的保护。

8. 华南低山丘陵区

（1）概况。本区包括海南省全部，以及福建、广东、广西、云南等省（区）的部分地区，总面积约 34 万平方公里，已建立国家级自然保护区 34 个，面积 92 万公顷；国家级森林公园 34 个，面积 19.5 万公顷；国家级风景名胜区 14 个，面积 54.3 万公顷；国家级水产种质资源保护区 2 个，面积 511 公顷，合计占本区国土面积的 2.91%。本区生物多样性保护优先区域包括海南岛中南部区、西双版纳区和桂西南山地区。

（2）保护重点。加强对热带雨林与热带季雨林、南亚热带季风常绿阔叶林、沿海红树林等生态系统的保护。加强对特有灵长类动物、亚洲象、海南坡鹿、野牛、小爪水獭等国家重点保护野生动物以及热带珍稀植物资源的保护。加强对野生稻、野茶树、野荔枝等农作物野生近缘种的保护。系统整理少数民族地区相关传统知识。

（二）海洋与海岸生物多样性保护优先区域

1. 概况

我国海洋资源丰富，海洋沿岸湿地是鸟类的重要栖息地，也是海洋生物的产卵场、索饵场和越冬场。目前，我国已建成各类海洋保护区 170 多处，其中国家级海洋自然保护区 32 处，地方级海洋自然保护区 110 多处；海洋特别保护区 40 余处，其中，国家级 17 处，合计约占我国海域面积的 1.2%。

2. 优先区域及保护重点

（1）黄渤海保护区域。本区的保护重点是辽宁主要入海河口及邻近海域，营口连山、盖州团山滨海湿地，盘锦辽东湾海域、兴城菊花岛海域、普兰店皮口海域，锦州大、小笔架山岛，长兴岛石林、金州湾范驼子连岛沙坝体系，大连黑石礁礁群、金州黑岛、庄河青碓湾、河北唐海、黄骅滨海湿地，天津汉沽、塘沽和大港盐田湿地、汉沽浅海生态系、山东沾化、刁口湾、胶州湾、灵山湾、五垒岛湾，靖海湾、乳山湾、烟台金山港、蓬莱一龙口滨海湿地，山东主要入海河口及其邻近海域，潍坊莱州湾、烟台套子湾、荣成桑沟湾，莱州刁龙咀沙堤及三山岛，北黄海近海大型海藻床分布区，江苏废黄河口三角洲侵蚀性海岸滨海湿地、灌河口，苏北辐射沙洲北翼淤涨型海岸滨海湿地、苏北辐射沙洲南翼人工干预型滨海湿地、苏北外沙洲湿地等，以及黄海中央冷水团海域。

（2）东海及台湾海峡保护区域。本区的保护重点是上海奉贤杭州湾北岸滨海湿地、青草沙、横沙浅滩，浙江杭州湾南岸、温州湾海岸及瓯江河口三角洲滨海湿地，渔山列岛、披山列岛、洞头列岛、铜盘岛、北麂列岛及其邻近海域，大陈、象山港、三门湾海域，福建三沙湾、罗源湾、兴化湾、湄洲湾、泉州湾滨海湿地，东山湾、闽江口、杏林湾海域，东山南澳海洋生态廊道，黑潮流域大海洋生态系。

（3）南海保护区域。本区的保护重点是广东潮州及汕头中国鲎、阳江文昌鱼、茂名江豚等海洋物种栖息地，汕尾、惠州红树林生态系统分布区，阳江、湛江海草床生态系统分布区，深圳、珠海珊瑚及珊瑚礁生态系统分布区、中山滨海湿地、珠海海岛生态区、江门镇海湾、茂名近海、汕头近岸、惠来前詹、广州南沙坦头、汕尾汇聚流海洋生态区，惠东港口海龟分布区、珠江口中华白海豚分布区，广西涠洲岛珊瑚礁分布区、茅尾海域、大风江河口海域、钦州三娘湾中华白海豚栖息地、防城港东湾红树林分布区，海南文昌、琼海珊瑚礁海草床分布区，万宁、蜈支洲、双帆石、东锣、西鼓、昌江海尾、儋州大铲礁软珊瑚、柳珊瑚和珊瑚礁分布区，鹦哥海盐场湿地、黑脸琵鹭分布区，以及西沙、中沙和南沙珊瑚礁分布区等。

五　生物多样性保护优先领域与行动

根据总体目标和战略任务，综合确定我国生物多样性保护的 10 个优先领域及 30 个优先行动。

优先领域一：完善生物多样性保护与可持续利用的政策与法律体系

行动 1　制定促进生物多样性保护和可持续利用政策

（1）建立、完善与促进生物多样性保护与可持续利用相关的价格、税收、信贷、贸易、土地利用和政府采购政策体系，对生物多样性保护与可持续利用项目给予价格、信贷、税收优惠。

（2）完善生态补偿政策，扩大政策覆盖范围，增加资金投入。

（3）制定鼓励循环利用生物资源的激励政策，对开发生物资源替代品技术给予政策支持。

行动 2　完善生物多样性保护与可持续利用的法律体系

（1）全面梳理现有法律、法规中有关生物多样性保护的内容，调整不同法律法规之间的冲突和不一致的内容，提高法律、法规的系统性和协调性。

（2）研究制定自然保护区管理、湿地保护、遗传资源管理和生物多样性影响评估等法律法规，研究修订森林法、野生植物保护条例和城市绿化条例。

（3）加强外来物种入侵和生物安全方面的立法工作，研究制定生物安全和外来入侵物种管理等法律法规，研究修订农业转基因生物安全管理条例。

（4）加强国家和地方有关生物多样性法律法规的执法体系建设。

行动3 建立健全生物多样性保护和管理机构，完善跨部门协调机制

（1）建立健全相关部门的生物多样性管理机构和地方政府生物多样性管理协调机制，加强基层保护和管理机构的能力建设。

（2）评估现有"中国履行《生物多样性公约》工作协调组"和"生物物种资源保护部际联席会议制度"的有效性，加强其协调与决策能力。

（3）加强国家和地方管理机构之间的沟通和协调。

（4）建立打击破坏生物多样性违法行为的跨部门协作机制。

优先领域二：将生物多样性保护纳入部门和区域规划，促进持续利用

行动4 将生物多样性保护纳入部门和区域规划、计划

（1）林业、农业、建设、水利、海洋、中医药等生物资源主管部门制定本部门生物多样性保护战略与行动计划。

（2）在科技、教育、商务、国土资源、水利、能源、旅游、交通运输、宣传、扶贫等相关部门的规划、计划中体现生物多样性保护要求。

（3）各省级政府制定本地区生物多样性保护战略与行动计划。

（4）制定流域生物多样性保护战略与行动计划。

（5）建立规划、计划实施的评估监督机制，促进其有效实施。

行动5 保障生物多样性的可持续利用

（1）开展生物多样性影响评价试点，对已完成的大型建设项目开展生物多样性保护措施有效性的后评估。

（2）深入开展生态省、生态市、生态县、生态乡镇、生态村等生态建设示范区、国家园林城市（县城、城镇）以及国家生态园林城市建设工作。

（3）在农业、林业、渔业、水利、工业和能源、交通、旅游、贸易等领域，推广有利于生物多样性保护的理念与行为规范。

（4）倡导有利于生物多样性保护的消费方式和餐饮文化。

行动6 减少环境污染对生物多样性的影响

（1）继续实施"三河三湖"、三峡库区、长江上游、黄河中上游、松花江、珠江、南水北调水源地及沿线的水污染治理工程。

（2）继续开展电厂、钢铁、有色、化工、建材等行业二氧化硫综合治理，开展城市烟尘、粉尘、细颗粒物和汽车尾气治理。

（3）继续开展医疗废物及危险废物集中处置设施、城市生活垃圾处理设施、中低放射性废物处置设施的建设，对堆存铬渣及受污染土壤进行综合治理。

（4）推进村镇污水和垃圾治理，开展农村污水、垃圾、农业面源、禽畜养殖污染、土壤和工矿企业历史遗留污染治理及修复工作。

优先领域三：开展生物多样性调查、评估与监测

行动7 开展生物物种资源和生态系统本底调查

（1）开展生物多样性保护优先区域的生物多样性本底综合调查。

（2）针对重点地区和重点物种类型开展重点物种资源调查。

（3）建立国家和地方物种本底资源编目数据库。

（4）定期组织全国野生动植物资源调查，并建立资源档案和编目。

（5）开展河流湿地水生生物资源本底及多样性调查。

（6）建设国家生物多样性信息管理系统。

行动8 开展生物遗传资源和相关传统知识的调查编目

（1）以边远地区和少数民族地区为重点，开展地方农作物和畜禽品种资源及野生食用、药用动植物和菌种资源的调查和收集整理，并存入国家种质资源库。

（2）重点调查重要林木、野生花卉、药用生物和水生生物等种质资源，进行资源收集保存、编目和数据库建设。

（3）调查少数民族地区与生物遗传资源相关的传统知识、创新和实践，建立数据库，开展惠益共享的研究与示范。

行动9 开展生物多样性监测和预警

（1）建立生态系统和物种资源的监测标准体系，推进生物多样性监测工作的标准化和规范化。

（2）加大生态系统和不同生物类群监测的现代化设备、设施的研制和建设力度。

（3）依托现有的生物多样性监测力量，构建生物多样性监测网络体系，开展系统性监测，实现数据共享。

（4）开发生物多样性预测预警模型，建立预警技术体系和应急响应机制，实现长期、动态监控。

行动10 促进和协调生物遗传资源信息化建设

（1）整理各类生物遗传资源信息，建立和完善生物遗传资源数据库和信息系统。

（2）制定部门间统一协调的生物多样性数据管理计划，构建生物遗传资源信息共享体系。

行动11 开展生物多样性综合评估

（1）开发生态系统服务功能、物种资源经济价值评估体系，开展生物多样性经济价值评估的试点示范。

（2）对全国重要生态系统和生物类群的分布格局、变化趋势、保护现状及存在问题进行评估，定期发布综合评估报告。

（3）建立健全濒危物种评估机制，定期发布国家濒危物种名录。

优先领域四：加强生物多样性就地保护

行动12 统筹实施和完善全国自然保护区规划

（1）统筹实施自然保护区发展规划，建立信息管理系统。

（2）加强生物多样性保护优先区域内的自然保护区建设，优化空间布局，提高自然保护区间的联通性和整体保护能力。

（3）在乌苏里江、内蒙古达赉湖、内蒙古乌拉特、新疆阿尔泰、新疆夏尔希里、新疆红其拉甫山口、西藏珠峰、图们江下游等地区研究建立跨国界保护区。

行动13 加强生物多样性保护优先区域的保护

（1）在东北山地平原区，重点是在松嫩—三江平原、黑龙江和乌苏里江沿岸、图们江下游和鸭绿江沿岸建设沼泽湿地和珍稀候鸟迁徙地、繁殖地自然保护区。

（2）在蒙新高原草原荒漠区，重点加强对新疆地区野生果树资源遗传多样性以及四合木、沙地柏等荒漠化地区特有物种的保护。

（3）在华北平原黄土高原区，重点加强对水源涵养林的保护，通过规划和建立各类生态功能区，减少黄土高原水土流失。

（4）在青藏高原高寒区，重点保护冬虫夏草和藏羚羊、藏野驴、藏原羚、雪豹、岩羊、盘羊、黑颈鹤等高寒荒漠动物。

（5）在西南高山峡谷区，重点保护横断山地区的森林生态系统、大熊猫和羚牛等物种，以及松口蘑和冬虫夏草等。

（6）在中南西部山地丘陵区，重点保护桂西、黔南等石灰岩地区的动植物。

（7）在华东华中丘陵平原区，重点保护长江中下游沿岸湖泊湿地和局部存留的古老珍贵植物，以及珍稀濒危的鱼类资源等。

（8）在华南低山丘陵区，重点保护滇南西双版纳地区和海南岛中南部山地特有灵长类动物、亚洲象、海南坡鹿、野牛等野生动物以及热带珍稀植物。

（9）重点保护环渤海湾滨海湿地和黄海滩涂湿地。

（10）制定优先区域生物多样性保护相关规划、政策、制度和措施。

（11）加强监管，开展生物多样性恢复示范区和保护示范区建设。

行动14　开展自然保护区规范化建设，提高自然保护区管理质量

（1）制定总体规划和管理计划，定期评估其实施效果。

（2）以国家级自然保护区为重点，完善管理设施，强化监管措施，开展规范化建设。

（3）探索不同类型自然保护区的社区共管模式，开展社区共管试点与推广。

（4）开展培训，提高管理人员的管理能力和业务水平。

（5）扩大与国外保护区之间的合作，加强国内保护区之间的经验交流和合作。

（6）严格执行自然保护区审批程序，加强自然保护区管理。

行动15　加强自然保护区外生物多样性的保护

（1）继续推进天然林保护、退耕还林还草、京津风沙源治理、防护林体系、野生动植物保护等重点生态工程。

（2）工程措施和生物措施相结合，修复遭到破坏或退化的江河鱼类产卵场，恢复江湖鱼类生态联系。

（3）继续实施禁渔区、禁渔期、捕捞配额和捕捞许可证制度。

（4）加强红树林、珊瑚礁、海草床等典型海岸、海洋生态系统的保护和恢复，改善近岸海域、海岸带和海洋生态环境。

（5）加强对自然保护区外分布的极小种群野生植物就地保护小区、保护点的建设，开展多种形式的民间生物多样性就地保护。

（6）继续实施退牧还草工程，通过禁牧封育、轮封轮牧等措施，限制超载放牧等活动，加强草原生态系统保护。

（7）在具有较高经济价值和遗传育种价值的水产种质资源主要生长繁育区域建立水产种质资源保护区。

（8）加强对城市规划中的绿地、河湖、自然湿地等生态和景观敏感区的管理和保护。

行动16　加强畜禽遗传资源保种场和保护区建设

（1）完善已建畜禽遗传资源保种场和保护区。

（2）新建一批畜禽遗传资源保种场和保护区，进一步加大对优良畜禽遗传资源的保护力度。

（3）健全我国畜禽遗传资源保护体系，对畜禽遗传资源保护的有效性进行评价。

优先领域五：科学开展生物多样性迁地保护

行动17　科学合理地开展物种迁地保护体系建设

（1）建立和完善国家植物园体系，统一规划全国植物园的引种保存，提升植物园迁地保护的科学研究水平。

（2）完善"西南地区野生物种种质资源保存基地"，建设"中东部地区种质资源库"。

（3）扩展、充实野生动物繁育体系，开展对动物园和野生动物繁育中心的科学评估，合理规划动物园和野生动物繁育中心的建设，规范各类野生动物驯养繁育场所及其商业活动，保护知识产权，公平分享因利用生物遗传资源而产生的惠益。

行动18　建立和完善生物遗传资源保存体系

（1）加强国家农作物种质资源中期库、长期库和备份库仪器设备的更新、维护，完善畜禽牧草种质资源保存利用中心和种质资源库建设，完善26座农作物种质资源中期库和32个种质圃，以及2个试管苗库的配套设备和田间繁殖圃。

（2）建立国家林木植物种质资源保存库和相应的种质保存圃，逐步完善林木种质资源保存体系。

（3）建成国家野生花卉种质和药用植物资源保存库，收集保存优良的野生花卉和药用植物种质资源。

（4）继续加强国家畜禽基因库的建设，建立畜禽遗传资源细胞库和基因库。

（5）建立水产种质资源基因库，加强国家级引育种中心、种质库、原种场、良种场和种质检测中心的建设。

（6）加强国家野生动植物基因库建设，开展野生动植物基因材料的收集、保存、研究和开发。

（7）加强微生物资源的收集、保护、保藏的能力建设，建立国家微生物资源库及共享体系。

（8）完善各类生物遗传资源保存体系的管理制度和措施，规范生物遗传资源获取利用活动。

（9）加强城市规划区内珍稀濒危物种的迁地保护，建立城市古树名木保护档案，并划定保护范围。

（10）利用各种多边和双边机制，积极开展生物遗传资源保存方面的国际交流。

行动19　加强人工种群野化与野生种群恢复

（1）继续实施虎、藏羚羊、普氏原羚、扬子鳄、长臂猿、苏铁、兰科植物等珍稀濒危野生动植物的拯救工程。

（2）开发濒危物种繁育、恢复和保护技术，开展珍稀濒危植物，特别是兰科植物的人工繁育。

（3）开展人工种群回归自然的试点示范，在哺乳动物、爬行动物、鱼类、鸟类以及极度濒危野生植物中选择3~5种实现自然回归。

优先领域六：促进生物遗传资源及相关传统知识的合理利用与惠益共享

行动20　加强生物遗传资源的开发利用与创新研究

（1）建立畜禽遗传资源生产性状、品质性状、抗逆性和形态学评价体系，筛选影响畜禽肉、蛋、奶、毛等畜产品产量和品质的主效基因，对其进行分离、克隆、测序和定位。

（2）开展畜禽遗传资源开发与利用技术研究，加强畜禽新品种、配套系培育，建设我国畜禽遗传资源技术自主创新体系。

（3）开展农作物种质资源的更新繁殖、性状鉴定与评价，对作物种质资源优异功能基因进行分离、克隆。

（4）对林木种质资源进行系统的性状鉴定和基因筛选，确定重要林木资源的核心种质，选择优良基因用于林木品种改良。

（5）加强药用和观赏植物资源利用新技术的开发与应用，开展种质基因的鉴定、整理和筛选，培育优良新品种。

（6）发展能够体现微生物资源特性的检测或筛选技术，有计划地采集、分离、保存、评估和利用微生物菌种及菌株。

（7）实施生物产业专项工程，鼓励生物技术研究创新和知识产权保护，实现生物产业关键技术和重要产品研制的新突破。

（8）开展野生动植物特殊功能性基因研究。

行动21　建立生物遗传资源及相关传统知识保护、获取和惠益共享的制度和机制

（1）制定有关生物遗传资源及相关传统知识获取与惠益共享的政策和制度。

（2）完善专利申请中生物遗传资源来源披露制度，建立获取生物遗传资源及相关传统知识的"共同商定条件"和"事先知情同意"程序，保障生物物种出入境查验的有效性。

（3）建立生物遗传资源获取与惠益共享的管理机制、管理机构及技术支撑体系，建立相关的信息交换机制。

行动22　建立生物遗传资源出入境查验和检验体系

（1）建立生物遗传资源出入境查验和检验制度，做好国内管理与出入境执法的衔接，制定有效的惩处措施，加强出入境监管。

（2）制定生物遗传资源出入境管理名录。加强海关和检验检疫机构人员专业知识培训，提高查验和检测准确度。

（3）研究生物遗传资源快速检测鉴定方法，在旅客和国际邮件出入境重点口岸配备先进的查验和检测设备，建立和完善相关实验室。

（4）通过多种形式的宣传教育，提高出境旅客，特别是科研人员和涉外工作人员保护生物遗传资源的意识。

优先领域七：加强外来入侵物种和转基因生物安全管理

行动23　提高对外来入侵物种的早期预警、应急与监测能力

（1）开发外来物种环境风险评估技术，建立外来物种环境风险评估制度。

（2）建立和完善口岸检疫设施，按地区、行业部门的需求建设引种隔离检疫圃与基地、隔离试验场与检疫中心。

（3）完善外来入侵物种快速分子检测等技术与方法，建立外来入侵物种监测与预警体系，实施长期监测。

（4）跟踪新出现的潜在有害外来生物，制订应急预案，开发外来入侵物种可持续控制技术和清除技术，组织开展危害严重的外来入侵物种的清除。

（5）加强有害病原微生物及动物疫源疫病监测预警体系建设，从源头控制其发生和蔓延。

（6）加强环保领域使用的微生物菌剂进出口管理能力建设，对养殖业使用的微生物实施规范化管理和长期跟踪监测。

行动24　建立和完善转基因生物安全评价、检测和监测技术体系与平台

（1）重点发展转基因生物环境风险分析以及食用、饲料用安全性评价技术。

（2）发展转基因生物抽样技术、高通量检测技术，研制相关标准、检测仪器设备和产品，研究全程溯源技术。

（3）开发转基因生物环境释放、生产应用、进出口安全监测与风险管理技术、标准，以及风险预警和安全处理技术。

（4）建设转基因生物安全评价中心，逐步建立转基因生物安全检测及监测体系，实施实时跟踪监测。

（5）积极参与生物安全相关领域国际谈判。

优先领域八：提高应对气候变化能力

行动25　制定生物多样性保护应对气候变化的行动计划

（1）制定生物多样性保护应对气候变化的行动计划。评估气候变化对我国重要生态系统、物种、遗传资源及相关传统知识的影响，提出相关对策。

（2）开发气候变化对生物多样性影响的监测技术，建设监测网络，开展重点监测。

（3）建设物种迁徙廊道，降低气候变化对生物多样性的负面影响；培育优良动植物新品种，增强其适应气候变化的能力。

行动26　评估生物燃料生产对生物多样性的影响

（1）评估能源植物种植对生物多样性的影响。

（2）研究建立生物燃料生产环境安全管理体系。

优先领域九：加强生物多样性保护领域科学研究和人才培养

行动27　加强生物多样性保护领域的科学研究

（1）加强生物多样性保护新理论、新技术和新方法的研究，加大对生物分类等基础学科的支持力度。

（2）加强生物多样性基础科研条件建设，合理配置和使用科研资源与设备，增强实验室的研究开发能力。

（3）推广成熟的研究成果和技术，促进成果共享。

行动28　加强生物多样性保护领域的人才培养

（1）采取措施，吸引优秀科技人才从事生物多样性保护研究。

（2）发挥高等院校专业教育的优势，加强生物多样性专业教育和人才培养。

（3）加强培训，提高专业人员和管理人员技术水平和决策水平，培养科技创新人才。

优先领域十：建立生物多样性保护公众参与机制与伙伴关系

行动29　建立公众广泛参与机制

（1）完善公众参与生物多样性保护的有效机制，形成举报、听证、研讨等形式多样的公众参与制度。

（2）依托自然保护区、动物园、植物园、森林公园、标本馆和自然博物馆，广泛宣传生物多样性保护知识，提高公众保护意识。

（3）建立公众和媒体监督机制，监督相关政策的实施。

行动30　推动建立生物多样性保护伙伴关系

（1）建立部门间生物多样性保护合作伙伴关系。

（2）建立国际多边机构、双边机构和国际非政府组织参与的生物多样性保护合作伙伴关系。

（3）建立地方、社区和国内非政府组织的生物多样性伙伴关系。

六　保障措施

（一）加强组织领导。地方人民政府是本行政区域内生物多样性保护工作的责任主体，要建立各自的生物多样性保护协调机制，分解保护任务，落实责任制。全面提高中国履行《生物多样性公约》工作协调组和生物物种资源保护部际联席会议的组织协调能力，各相关部门要明确职责分工，加强协调配合和信息沟通，切实形成工作合力，加强对地方政府生物多样性保护工作的指导。建立战略与行动计划实施的评估机制，由环境保护部会同有关部门对国家和地方生物多样性保护战略与行动计划的执行情况进行监督、检查和评估，定期向国务院报告相关情况。

（二）落实配套政策。各地和各相关部门要对生物多样性保护现有政策、制度进行梳理，以优先区域为重点，针对不同区域和流域自然环境特点、经济社会发展情况以及生物多样性保护需求，完善现有政策并制定适于不同区域流域、不同领域和不同层次的生物多样性保护政策和标准，形成生物多样性保护的政策体系。综合运用法律、经济和必要的行政手段，推动各项政策措施的落实。鼓励进行有利于生物多样性保护的政策、制度创新。

（三）提高实施能力。进一步提高生物多样性调查、评估和监测预警能力，以及各级自然保护区、森林公园、风景名胜区、自然遗产地、重要湿地、水产种质资源保护区等生物多样性丰富区域的管护能力，加强队伍建设和人才培养，提高执法能力和水平。环境保护、农业、林业、商务、住房城乡建设、水利、国土资源、质检、海关、工商、中医药和海洋等部门要组织开展生物多样性保护行政监管与执法管理培训，加大对破坏生物多样性违法犯罪行为的打击力度。

（四）加大资金投入。拓宽投入渠道，加大国家和地方资金投入，引导社会、信贷、国际资金参与生物多样性保护，形成多元化投入机制。整合生物多样性保护现有分散资金，提高使用效率。加大各级财政对生物多样性保护能力建设、基础科学研究和生态补偿的支持力度。

（五）加强国际交流与合作。积极参与生物多样性国际谈判和相关规则的制定，加强对热点问题的研究以及国外相关信息、动态的分析，争取更多的话语权和主动权，切实维护国家利益。加强跨国界生物多样性保护合作，积极参与地区性活动，完善生物多样性保护双边和多边合作机制，拟订合作计划，定期交流信息。围绕我国生物多样性保护的优先行动和优先项目，以技术合作为先导，以能力建设为重点，进一步扩大对外合作领域，丰富合作内容，提高合作层次。

附：

生物多样性保护优先项目

项目1：制定生物多样性保护与持续利用激励措施

内容：研究制定生物多样性保护激励措施（政策、资金、技术等），对生态补偿政策实施情况进行跟踪研究。开展试点示范，建立和评估激励措施的合理运作模式，鼓励利益相关者积极参与生物多样性保护与可持续利用。项目为期5年。

项目2：制定大型工程项目对生物多样性影响评估指南

内容：建立不同类型的大型工程项目生物多样性评估指标体系，选择有代表性的大型工程项目进行评估试点和跟踪监测，制定大型工程项目对生物多样性影响的评估指南。项目为期6年。

项目3：修改和完善生物多样性保护相关法律法规

内容：健全我国生物多样性保护法律体系，对包括《生物多样性公约》在内的相关公约、议定书的国际谈判进程、发展趋势以及其他国家采取的相应对策进行研究。系统梳理国内现行法律法规中有关生物多样性保护的内容，根据管理工作需求，提出修改和完善生物多样性保护法律法规的建议。项目为期5年。

项目4：建立生物遗传资源获取与惠益共享制度

内容：开展国家生物遗传资源获取与惠益共享制度研究，制定相关法规和管理制度，并开展试点示范。项目为期10年。

项目5：土地利用领域生物多样性保护规划和示范工程

内容：在土地利用规划编制和实施过程中，以及土地整理复垦开发和土地整治项目设计中，充分考虑生物多样性保护的要求，保护当地物种和生态系统。在2个省份选择3～4个城市开展试点示范。项目为期10年。

项目6：城乡建设领域生物多样性保护与利用规划和示范工程

内容：在城乡建设中体现生物多样性保护与生物资源可持续利用内容。在充分调查的基础上，研究编制国家城市生物多样性保护规划，在城市绿地系统规划建设中体现生物多样性要素，并选择3～5个中等城市开展示范。研究如何将乡土物种和传统知识内容纳入到新农村建设与发展规划，并选择10～15个村庄开展示范。项目为期5年。

项目7：生物多样性保护纳入经济社会发展规划示范工程

内容：将生物多样性保护纳入国家和地方经济社会发展规划中。对我国社会经济发展形势、政府工作重点等进行综合分析，研究制定将生物多样性保护纳入国家和地区经济社会发展规划的指南，并选择1～2个部门和1～2个省（区）进行试点示范。项目为期10年。

项目8：优先区域生物多样性调查与编目

内容：对全国32个内陆陆地和水域生物多样性保护优先区域开展本底调查，包括生物物种资源的种类和种群数量、生态系统类型、面积和保护状况等，评估生物多样性受威胁状况，提出各优先区域自然保护区网络设计、生物多样性监测网络建设和应对气候变化的生物多样性保护规划。项目为期10年。

项目 9：主要河流湖泊水生生物资源调查与编目

内容：开展长江、珠江、黄河、黑龙江等江河和鄱阳湖、洞庭湖、太湖、青海湖等湖泊水生生物资源的种类、种群数量和生存环境调查并编目，评估主要水生生物资源，特别是鱼类资源的受威胁状况，并提出保护对策。项目为期 10 年。

项目 10：城市园林中迁地保护的生物物种资源调查与编目

内容：对主要城市动物园、植物园、树木园、野生动物园、水族馆及养殖场保存的物种进行调查、整理和编目，查明城市园林生物物种资源迁地保护现状，建立数据库和动态监测系统，保护和可持续利用重要动植物物种。项目为期 3 年。

项目 11：少数民族地区传统知识调查与编目

内容：对我国少数民族地区体现生物多样性保护与持续利用的传统作物、畜禽品种资源、民族医药、传统农业技术、传统文化和习俗进行系统调查和编目，查明少数民族地区传统知识保护和传承现状，建立我国少数民族传统知识数据库，促进传统知识保护、可持续利用和惠益共享。项目为期 10 年。

项目 12：生物多样性监测网络建设与示范工程

内容：开发针对不同生态系统、物种和遗传资源的监测技术，研究制定生物多样性监测标准体系。依托现有的监测力量，提出全国生物多样性监测网络体系建设规范，并开展试点示范。项目为期 10 年。

项目 13：农业野生植物保护点监测预警系统建设

内容：建立农业野生植物保护点监测预警系统，以现有的农业野生植物保护点为对象，每个物种选择 1～2 个保护点进行系统研究，制定监测指标，建立保护点监测和预警信息系统，提高监测和预警能力。项目为期 5 年。

项目 14：湿地保护和恢复示范及重要湿地监测体系建设

内容：选择我国一些重要区域的不同类型湿地，开展保护、恢复和可持续利用示范，形成湿地保护、恢复和可持续利用的模式。在 36 个国际重要湿地建设监测设施，配备专业技术人员，建立全国国际重要湿地监测网络，定期提供动态监测数据，全面掌握我国国际重要湿地的动态变化。项目为期 8 年。

项目 15：传染性动物疫源疫病对生物多样性的影响评估

内容：在全国范围内开展传染性动物疫源疫病本底调查，摸清传染性动物疫源疫病现状、空间分布及发展趋势。建立疫源疫病信息数据库，进一步分析疫源疫病分布与生物多样性的关系，并评估其对生物多样性的影响。项目为期 10 年。

项目 16：全国生物多样性信息管理系统建设

内容：对国内现有生物多样性数据库进行系统整理，根据生态系统、物种、遗传资源、就地保护、迁地保护、生物标本、法规政策等内容，分层次、分类型建立数据库，研究提出生物多样性信息共享机制，逐步形成全国生物多样性信息管理系统。项目为期 5 年。

项目 17：跨国界野生动物自然保护区建设与管理示范工程

内容：开展跨国界野生动物资源及其生存环境的科学考察，研究提出跨国界自然保护区建设和管理方法，探索建立跨国界保护管理体系和监测体系，并开展试点示范。项目为期 8 年。

项目 18：海岸及近海典型生态系统保护与生态修复工程

内容：开展海岸及近海典型生态系统本底调查，摸清各类典型海岸及近海生态系统现状，研究制定海洋生态区划与保护示范。选择在沿海地区红树林、珊瑚礁、海草床、滨海湿地集中分布区及重要海岛生态区，实施海洋保护区建设工程。项目为期 10 年。

项目 19：自然保护区建设管理工程

内容：开展全国自然保护区管理现状调查，建立全国自然保护区遥感监测体系和管理信息系统，加强自然保护区管护设施和能力建设，切实加强自然保护区管理。项目为期10 年。

项目 20：红树林生态系统恢复工程

内容：制订全国红树林保护和人工恢复计划，对退化严重的红树林生态系统实施生态恢复工程，研究开发红树林生态系统生态恢复和重建技术，遏制红树林退化趋势，促进红树林生态系统恢复。项目为期 10 年。

项目 21：典型煤矿区退化生态系统恢复治理示范工程

内容：查明东北煤矿区和山西煤矿区生态系统退化状况，研究提出煤矿区的生态恢复治理技术和模式，选择典型区域开展试点示范，增强煤矿区退化生态系统的生态恢复能力。项目为期 5 年。

项目 22：典型荒漠生态系统自然保护区建设与生态恢复工程

内容：开展典型荒漠生态系统生物多样性及其生态环境调查，摸清其生物多样性现状及生态系统空间分布，按照自然保护区建设标准或技术规范进行自然保护区建设规划和论证，实施生态恢复工程。项目为期 5 年。

项目 23：自然保护区周边地区社区发展示范工程

内容：在确保自然保护区保护功能的前提下，研究建立保护区与周边社区的伙伴关系及共管机制，提出促进保护区周边社区经济社会发展的措施，并开展试点示范。项目为期5 年。

项目 24：西北生态脆弱地区替代生计示范工程

内容：根据因地制宜原则，在西北地区选择 3 ~ 4 处生态极端脆弱区域，通过推广户用沼气、生态农业、生态旅游、草场轮牧、人工草场建设、舍饲、圈养等实用技术，改变当地生产生活方式，在保护生物多样性的同时提高当地农牧民生活水平。项目为期 5 年。

项目 25：生物物种资源迁地保护体系建设

内容：开展动物、植物、微生物和水生生物（包括海洋生物）等迁地保护物种的调查、整理、收集和编目工作，合理规划迁地保护设施的数量、分布及规模，建立数据库和动态监测系统，构建迁地保护生物物种资源体系。全面保护和利用迁地保护的重要生物物种资源，加强其物种基因库的功能。项目为期 10 年。

项目 26：农作物种质资源收集保存工程

内容：抢救性收集一批分布在自然环境恶劣、交通不便的边远落后地区的野生和稀有种质资源和部分育种急需的国外种质资源，实现资源的有效管理。到 2015 年，全国农作物种质资源收集保存数量达到 41 万份；到 2020 年，达到 43 万份。项目为期10 年。

项目 27：珍稀濒危野生动物物种拯救工程

内容：选择《国家重点保护野生动物名录》中的珍稀濒危野生动物及其栖息地为保护对象，采取就地保护和人工繁育措施，实施珍稀濒危野生动物物种拯救工程，扩大其栖息地，确保其生存和繁衍。项目为期 10 年。

项目 28：珍稀濒危野生植物物种拯救工程

内容：选择列入《国家重点保护野生植物名录》、《中国植物红皮书》中的野生植物物种以及近年来通过调查明确的小种群植物物种及其栖息地为保护对象，通过建设自然保护区等就地保护措施，实施珍稀濒危野生植物物种拯救工程，扩大其栖息地，确保其生存和繁衍。项目为期 10 年。

项目 29：畜禽遗传资源鉴定、评价与开发利用工程

内容：建立畜禽遗传资源自主创新体系，培育优良品质资源。以国家畜禽基因库中保存的特有、珍稀家畜家禽为研究对象，研究建立主要畜禽遗传资源的形态学和生产性状、品质性状、抗逆性等方面的鉴定、评价技术体系。增强科研开发能力，大力培育畜禽新品种、配套系。项目为期 10 年。

项目 30：作物种质资源鉴定、评价与开发利用工程

内容：建立作物种质资源自主创新体系，培育优良作物种质品种资源。研究建立主要作物种质资源的形态学和生产性状、品质性状、抗逆性等方面的鉴定、评价技术体系，对种质库、种质圃和保护点保存的 5 万份作物种质资源及其野生近缘植物资源进行农艺性状、抗病虫、抗逆境和品质鉴定，分离优异基因，应用于作物育种和生物技术发展。项目为期 10 年。

项目 31：珍稀濒危野生药用生物物种的引种驯化和替代品开发工程

内容：研究野生药物生物物种引种驯化技术，对冬虫夏草等珍稀濒危野生药用生物物种进行引种驯化。利用先进生物技术研究确定物种的药理成分和作用机理，开发替代产品。项目为期 10 年。

项目 32：生物物种资源查验技术体系和平台建设

内容：研究制定生物物种资源查验技术标准和规范，建立国家级物种查验研究中心和口岸物种资源检验鉴定重点实验室，搭建物种查验技术网络体系，建立生物物种资源查验信息共享平台。项目为期 5 年。

项目 33：生物物种资源出入境监管体系建设

内容：研究制定生物物种资源输出和引入的风险评估、许可制度以及出入境查验管理措施。以各类保护物种目录为基础，研究确定出入境查验对象和要求，建立生物物种资源出入境监管体系。项目为期 5 年。

项目 34：外来入侵物种监测预警及应急系统建设

内容：研究外来入侵物种危害机理，提出有效的监测预警机制和应急防治技术，建立外来入侵物种监测预警及应急中心与野外监测台站，形成全国性的监测预警及应急系统。项目为期 5 年。

项目 35：转基因抗虫棉对生物多样性影响的监测和防控

内容：开展转基因抗虫棉对目标害虫的抗性机理研究，跟踪监测转基因抗虫棉对土壤生物、棉花野生近缘植物等的影响，研究制定监测指标体系，提出防控对策和技术措施，确保转基因棉花的安全使用。项目为期 10 年。

项目 36：转基因林木对生物多样性影响的监测和防控

内容：以转基因林木为对象，开展转基因林木耐旱、抗盐碱、抗病抗虫机理研究，跟踪监测和评估转基因林木对动植物、微生物、土壤和环境等的影响，研究制定监测指标体

系，提出防控对策和措施，确保转基因林木安全使用。项目为期 10 年。

项目 37：气候变化对生物多样性影响评估及对策

内容：评估气候变化对我国重要生态系统、物种、农林种质资源和生物多样性保护优先区域的影响，制定评估指标体系。研究气候变化对生物多样性影响的监测技术，建立相应的监测体系，提出应对措施和对策。项目为期 10 年。

项目 38：生物多样性保护宣传工程

内容：研究制定中国生物多样性保护宣传战略，提出宣传目标、任务和行动，利用国际生物多样性日宣传《生物多样性公约》及履约责任和义务。利用电视、广播、网络等媒体以及宣传册、宣传画、培训班等，普及生物多样性知识，提高全民生物多样性保护意识。项目为期 5 年。

项目 39：民间团体参与生物多样性保护机制建立及示范

内容：建立非政府组织和公众参与生物多样性保护机制，增强非政府组织和公众的参与能力。研究建立社会各方参与的生物多样性保护联盟，组织开展生物多样性保护活动。项目为期 10 年。

关于印发《全国生物物种资源保护与利用规划纲要》的通知

环发〔2007〕163 号

各省、自治区、直辖市人民政府，新疆生产建设兵团，发展改革委，教育部，科技部，财政部，建设部，农业部，商务部，卫生部，海关总署，工商总局，质检总局，林业局，食品药品监管局，知识产权局，中科院，中医药局，海洋局：

为贯彻落实国务院办公厅《关于加强生物物种资源保护和管理的通知》（国办发〔2004〕25 号）精神，我局联合生物物种资源保护部际联席会议成员单位共同编制了《全国生物物种资源保护与利用规划纲要》。经国务院同意，现印发给你们，请结合实际工作，认真贯彻落实。

各地区、各有关部门要充分认识生物物种资源保护和管理的重要性和紧迫性，将生物物种资源保护和管理工作列入重要议事日程，分别编制本行政区和相关领域的保护与利用规划，并纳入国家和地方国民经济和社会发展计划，认真组织实施。

附件：全国生物物种资源保护与利用规划纲要

二○○七年十月二十四日

附件：

全国生物物种资源保护与利用规划纲要

一 前言

"生物物种资源"指具有实际或潜在价值的植物、动物和微生物物种以及种以下的分类单位及其遗传材料。"生物物种资源"除了指物种层次的多样性，还包含种内的遗传资源和农业育种意义上的种质资源。而"遗传资源"是指任何含有遗传功能单位（基因和DNA水平）的材料；"种质资源"是指农作物、畜、禽、鱼、草、花卉等栽培植物和驯化动物的人工培育品种资源及其野生近缘种。

生物物种资源是人类生存和社会发展的基础，是国民经济可持续发展的战略性资源，生物物种资源的拥有和开发利用程度已成为衡量一个国家综合国力和可持续发展能力的重要指标之一。

我国是世界上生物多样性最丰富的国家之一，也是世界上重要的农作物起源中心之一，还是多种特有畜、禽、鱼类种和品种的原产地。此外，世界著名的中国传统医药及其相关传统知识是许多相关产业的珍贵创新资源。

由于人口的快速增长、对生物物种资源的过度开发、外来物种的引进、环境污染、气候变化等原因，我国生物物种资源丧失和流失情况严重。为了进一步加强生物物种资源保护，扭转生物物种资源管理面临的被动局面，并在保护的基础上，推进生物物种资源的可持续利用，制定本规划纲要。

二 指导思想和原则

（一）指导思想

以科学发展观为统领，按照加强保护、促进可持续利用的方针，遵循生态、经济、社会发展规律，以完善的法制和政策措施为保障，以机制和体制创新为动力，以强化监督管理和宣传教育为手段，政府主导，全社会参与，促进生物物种资源的有效保护与可持续利用，为实现全面建设小康社会，促进人与自然和谐服务。

（二）原则

1. 国家对领土内分布的生物物种资源拥有主权。获取我国的生物物种资源必须遵守我国的法律法规和相关政策。

2. 坚持科学性和可操作性。提倡依靠科学进步和科技手段保护和持续利用生物物种资源，保护和利用措施力求务实、创新和具有可操作性。

3. 实行优先保护和分级保护。采取分阶段和分级保护，确保最重要和最受威胁的生物物种资源得到优先保护。

4. 促进保护与利用相协调。体现保护为主，注重可持续利用，建立保护与利用相协调的长效机制。

5. 重视各利益相关方的协调与充分参与。加强各相关主管部门之间的协调以及中央与地方政府的协调，鼓励科研机构、企业和公众的广泛参与。

三　规划目标

（一）总体目标

使用现代科学技术和适用传统知识，保护生物多样性，保护物种及其栖息环境，持续利用生物物种及其遗传资源，公平分享因利用生物物种及遗传资源和相关传统知识产生的惠益，促进人与自然和谐共处。

（二）阶段目标

1. 近期目标（2006～2010 年）

到 2010 年，有效遏制目前生物物种资源急剧减少的趋势，特别是有效遏制因人为因素造成的生物物种资源急剧丧失趋势。以重点调查和普查相结合的方式，调查薄弱地区和重要类型生物物种资源本底，以及与生物物种资源相关的传统知识与适用技术，进行鉴别、整理和编目；协调和建立生物物种资源数据库和信息系统，构建生物物种资源保护与持续利用信息共享平台；建立和完善相关的管理体系、法规、政策和标准体系；配合国际公约谈判，研究并建立生物遗传资源获取与惠益分享制度；建立生物物种资源进出口管理制度，加强出入境查验，控制生物物种及遗传资源的流失。以各种措施保护生物物种及遗传资源，对特别受威胁的生物物种实施重点保护，加强保护设施建设，特别是自然保护区的规划和建设。开发可持续利用生物物种资源的科学技术，加强人才培养，推进生物物种资源的研究开发和优良基因的挖掘。

2. 中期目标（2011～2015 年）

到 2015 年，基本控制生物物种资源的丧失与流失。基本完成相关领域的生物物种及遗传资源调查与编目，制定优先保护物种名录，完善标准体系，实现生物物种资源保护与管理的数据化和信息共享。建立以保护重要生物物种及遗传资源为目标的自然保护区、移地保护设施和种质资源库等离体保存设施，加强对这些保护设施的建设与管理。建立国内相关传统知识的文献化编目和产权保护制度；通过试点，逐步实施生物遗传资源获取与惠益分享制度；加大投入，强化生物物种及基因性状和功能的鉴别、筛选和利用，广泛进行生物物种资源可持续利用的研究与开发，使生物物种得到充分的利用。

3. 远期目标（2016～2020 年）

到 2020 年，生物物种资源得到有效保护。进一步加强生物物种资源保护，使绝大多数的珍稀濒危物种种群得到恢复和增殖，生物物种受威胁的状况进一步缓解；自然保护区及各类生物物种资源保护、保存设施的建设与管理质量得到进一步提高，资源保存量大幅度增加；相关法律制度和管理机构、生物遗传资源获取与惠益分享制度进一步完善；进一步健全国内相关传统知识的文献化编目和产权保护制度，并与国际接轨；完成一系列持续利用各类生物物种资源的技术开发，基因鉴别和分离技术逐步完善，并发掘更多的优良基因，用于农业生产和医药保健等；形成公众参与生物物种资源保护的长效机制。

四　保护与利用的重点领域

（一）陆生野生动物资源保护与利用

1. 现状

我国有陆生脊椎动物约 2748 种，其中兽类约 607 种，鸟类约 1294 种，爬行类约 412 种，两栖类约 435 种，分别占世界兽类、鸟类、爬行类和两栖类的 12.6%、13.3%、6.5% 和 10.8%。由于我国大部分地区未受到第三纪和第四纪大陆冰川的影响，保存有大量的特有物种。据统计，约有 467 种陆生脊椎动物为我国所特有，大熊猫、金丝猴、藏野驴、黑麂、白唇鹿、麋鹿、矮岩羊、朱鹮、褐马鸡、绿尾虹雉等均为我国特有的珍稀濒危陆生脊椎动物。

近年来，由于野生动物栖息地遭破坏、掠夺式的开发利用和环境污染等原因，野生动物资源面临的压力不断增大，我国有 300 多种陆生脊椎动物处于濒危状态。林业局 1995～2000 年对 252 个物种的调查结果显示，一些非重点保护物种，尤其是经济利用价值较高的物种资源量呈下降趋势。

建国以来，我国政府十分重视野生动物及其栖息地的保护工作，已建立各级野生动物类型自然保护区 511 个，面积达 4000 多万公顷。大熊猫、朱鹮、扬子鳄、东北虎、金丝猴、麋鹿、野马、高鼻羚羊等珍稀濒危野生动物保护工作取得积极进展。

2. 存在的主要问题

有法不依，执法不严。一些地方乱捕滥猎、倒卖走私野生动物及其制品的违法犯罪活动时有发生，团伙作案、跨国走私等大案要案发案率上升的势头没有得到根本遏制；侵占、破坏野生动物栖息地和自然保护区的现象非常突出。

投入不足，保护意识不高。保护和管理资金匮乏，野生动物保护和自然保护区建设的投资和运行经费大多没有纳入财政预算。一些地方"野生无主，谁猎谁有"的旧观念还根深蒂固，保护野生动物的意识还比较淡薄。

管理机构不健全，研究队伍力量薄弱。目前，尚有 10 多个省份未建立野生动物管理专门机构。相关科学研究基础薄弱，专业人员缺乏，有效的科学研究和监测体系尚未建立，一些特殊物种的保护与合理利用技术研究还没有突破。

3. 主要目标与任务

近期目标与任务（2006～2010 年）：重点实施 15 个野生动物拯救工程，新建 15 个野生动物驯养繁育中心和 32 个野生动物监测中心（站）。到 2010 年，使全国各级野生动物类型自然保护区总数增加到 525～535 个，面积达 4730～4750 万公顷，初步形成较为完善的野生动物自然保护区网络，使 90% 国家重点保护野生动物得到有效保护，极大改观濒危物种的生存状况。认真履行有关国际公约，有效管理濒危野生动物物种的进出口。

中期目标与任务（2011～2015 年）：进一步加强各级管理部门的能力建设，实现指挥、查询、统计、监测等管理工作网络化，初步建立野生动物保护管理体系，完善科研体系和进出口管理体系。到 2015 年，全国各级野生动物类型自然保护区总数增加到 575～585 个，面积达 5070～5090 万公顷，形成完整的自然保护区保护管理体系，使 60% 的国家重点保护野生动物种群数量得到恢复和增加，35% 的国家级自然保护区达到规范化建设要求。

远期目标与任务（2016～2020 年）：全面提高野生动物保护管理的法制化、规范化和科学化水平，实现野生动物资源保护和利用的良性循环。进一步增加全国野生动物类型自然保护区数量和面积，全面提高管理质量。新建一批野生动物禁猎区、繁育基地，使我国85％的国家重点保护野生动物种群数量得到恢复和增加，使 70％的国家级和 50％的地方级自然保护区实现规范化建设。

4. 保护与利用措施

实施野生动物拯救工程。在黑龙江省饶河、虎林和吉林省珲春等地实施东北虎拯救工程；在蒙新高原荒漠区实施藏羚羊、林麝和雪豹拯救工程；在青藏高原实施藏羚羊、普氏原羚和马麝拯救工程；在喜马拉雅地区实施喜马拉雅麝的拯救工程；在长江上游山系实施大熊猫拯救工程；在藏东南地区实施孟加拉虎和黑麝拯救工程；在湘南、闽西、赣南、粤北地区实施华南虎拯救工程；在皖南和浙西地区继续实施扬子鳄拯救工程；在滇南地区实施印支虎拯救工程；在滇南、桂南地区实施长臂猿拯救工程。

建立野生动物自然保护区。在目前自然保护区建设的基础上，至 2020 年，新建 100个左右各级野生动物类型自然保护区。在蒙新高原荒漠区加强有蹄类动物的保护和荒漠生态系统保护区的建设，重点新建 4 处以保护藏羚羊和林麝为主的保护区和 5 处禁猎区；在四川省西部高原地区实施黑颈鹤保护工程；在四川、云南两省完成金丝猴种群及栖息地保护工程和虹雉等特有雉类栖息地保护工程，新建 30 条动物走廊带；在华东丘陵地区完成丹顶鹤、白鹤越冬地建设，以及黄腹角雉、白颈长尾雉等特有雉类栖息地建设；在华南低山丘陵地区实施亚洲象栖息地和海南坡鹿栖息地的自然保护区建设。

建立动物园和规模化野生动物繁育中心。根据地方条件和需要，在经济发达地区，建设地市级城市动物园或动物展区，近期和中期建设总数为 50～60 个。在完善现有 11 处野生动物救护繁育中心的基础上，新建 20 处规模化野生动物繁育中心（或驯养繁殖场），解决高鼻羚羊、麝、鹿、穿山甲、灵长类、羚羊类、灵猫、野猪、紫貂、河狸、雉类、雁鸭类、鸠鸽类、观赏鸟类、陆生蛇类、巨蜥、陆龟、虎纹蛙等野生动物种源的规模化繁育及技术问题，引进羊驼、西瑞等种源进行繁育推广，进一步丰富驯养繁殖的野生动物种类。规范管理各类野生动物驯养繁育场所及其商业活动。

加强资源利用技术研究。在可利用资源本底调查和保护工作不断加强的基础上，发展相关技术，对某些有条件利用的种类合理开发其观赏、狩猎和动物制品。在 2015 年之前，重点加强圈养野生动物种群遗传衰退的生物学研究，加强遗传多样性的恢复技术、驯养繁殖技术和传染病的预防与控制技术以及药用动物制品有效成分的鉴定和替代品开发技术研究，加强经济野生动物产业化和规模化养殖的关键技术、转基因动物与动物制品的研制开发技术、野生动物产业状况监测技术和解决产业化关键问题的管理技术等方面的研究。加强野生动物动态监测体系、疾病控制防治预警系统以及信息系统的研究。

（二）水生生物资源保护与利用

1. 现状

水生生物资源具有巨大的经济、社会和生态价值。我国水生生物资源具有特有程度高、子遗物种数量大、生态系统类型齐全等特点，目前经调查并记录的水生生物物种有 2万多种，其中鱼类 3800 多种、两栖爬行类 300 多种、水生哺乳类 40 多种、水生植物 600多种，具有重要利用价值的水生生物种类 200 多个。以水生生物资源为主体形成的水生生态系统，在维系自然界物质循环、能量流动、净化环境、缓解温室效应等方面功能显著，对维护生物多样性、保持生态平衡有着重要作用。

水生生物是人类重要的食物蛋白来源。目前，我国水产品产量占动物性（肉、禽蛋、水产品）食物生产量的1/3，为保障食物安全、改善人民膳食结构和提高营养水平发挥了重要作用。2006年，我国水产品出口额达到93.6亿美元，同比增长18.7%。渔业已成为我国国民经济的重要组成部分，是促进农村经济发展、调整农业产业结构、增加农民收入的有效途径之一。

多年来，各级渔业行政主管部门在水生生物资源保护方面开展了大量工作，取得了一定成效：相继组织实施了海洋伏季休渔制度、长江禁渔期制度、捕捞许可管理制度、海洋捕捞渔船数量功率指标双控制度、海洋捕捞产量"零增长""负增长"计划及捕捞渔民转产转业等一系列行之有效的保护管理制度和措施；积极开展水生生物资源增殖放流活动，1999~2006年间，各地累计向海洋和内陆水域增殖放流各类渔业资源种苗达892.2亿尾（粒）。仅2004~2006年间，投放各类水生生物资源种苗450.2亿尾（粒），增殖品种达90多个。建设各种类型人工鱼礁43处，总体积60余万立方米；建成国家级水产原良种场43个，省级水产原良种场168个，建立各级各类水生生物自然保护区近210个，其中国家投资建设的水生野生动植物保护区和救护中心48个，已累计救治各类珍稀濒危水生野生动物10000多头（尾）。

2. 存在的主要问题

水域生态环境不断恶化。近年来，我国废水排放量呈逐年增加趋势，2006年监测数据表明，我国主要江河均遭受不同程度污染，长江、黄河、淮河等七大水系的408个水质监测断面中，有46%的断面满足国家地表水Ⅲ类标准；28%的断面为Ⅳ—Ⅴ类水质；超过Ⅴ类水质的断面比例占26%。全国近岸海域288个海水水质监测点中，达到国家一、二类海水水质标准的监测点占67.7%；三类海水占8.0%；四类、劣四类海水占24.3%。全国海域未达到清洁水质标准的面积约14.9万平方公里，其中，严重污染海域面积约为2.9万平方公里。四大海区近岸海域有机物和无机磷浓度明显上升，无机氮全部超标，渤海、长江口、杭州湾、珠江口等经济发达地区近岸水域污染情况尤为严重。水域污染事故频繁，2006年仅渔业污染事故就发生1463起，造成直接经济损失和天然渔业资源损失36.4亿元。近岸海域和内陆水域是众多水生生物的主要产卵场和索饵育肥场，受污染影响，水域功能明显退化，水生生物的亲体繁殖力和幼体存活力降低，水域生产力急剧下降，其中渤海水域，生产水平已不足20世纪80年代的1/4。

过度捕捞造成渔业资源严重衰退。2004年，我国捕捞机动渔船数量35.6万艘，专业捕捞渔民达183万人，是世界上捕捞机动渔船最多、专业捕捞渔民数量最大的国家，其中海洋捕捞机动渔船22万艘，功率1234万千瓦，专业捕捞渔民约112万人。根据资源调查与专家评估结果，现有海洋捕捞能力已超过资源承受能力的30%以上。同时，长期以来粗放式、掠夺式的捕捞生产方式，大量非传统渔业劳动力的无序涌入，使海洋生物资源承受着日益巨大的压力。内陆渔业资源状况也不容乐观，长江流域的捕捞产量已从20世纪50年代的40多万吨下降到目前的10万吨左右。

其他人类活动致使大量水生生物栖息地遭到破坏。拦河筑坝、围湖造田、交通航运和海洋海岸工程等人类活动的增多，使水生生物生存空间被挤占，洄游通道被切断、栖息地及生态环境遭严重破坏，生存条件不断恶化。水利水电工程和海洋海岸工程对水域生态造成的不利影响不容忽视，对内陆水域中的珍稀濒危水生生物破坏尤为明显，直接导致我国水生野生动植物濒危程度不断加剧。据调查，我国处于濒危状态的水生野生动植物种类已由 1988 年的 80 个上升到目前的近 500 个，白鳍豚、白鲟、鲥鱼等珍稀物种濒临绝迹，或已难觅踪迹。

3. 主要目标与任务

近期目标与任务（2006～2010 年）：水生生物资源衰退、濒危物种数目增加的趋势得到初步缓解，过剩的捕捞能力得到压减，捕捞生产效率和经济效益有所提高。全国海洋捕捞机动渔船数量、功率和国内海洋捕捞产量分别压减到 19.2 万艘、1143 万千瓦和 1200 万吨左右；每年增殖重要渔业资源品种的种苗数量达到 200 亿尾（粒）以上；省级以上水生生物自然保护区总数达到 100 个以上。

中期目标与任务（2011～2015 年）：渔业资源衰退和濒危物种数目增加的趋势得到进一步遏制，全国海洋捕捞机动渔船数量、功率和国内海洋捕捞产量分别压减到 17.6 万艘、1070 万千瓦和 1100 万吨左右；每年增殖重要渔业资源品种的种苗数量达到 300 亿尾（粒）以上；省级以上水生生物自然保护区总数达到 150 个以上。

远期目标与任务（2016～2020 年）：渔业资源衰退和濒危物种数目增加的趋势基本得到遏制，捕捞能力和捕捞产量与渔业资源可承受能力大体相适应。全国海洋捕捞机动渔船数量、功率和国内海洋捕捞产量分别压减到 16 万艘、1000 万千瓦和 1000 万吨左右；每年增殖重要渔业资源品种的种苗数量达到 400 亿尾（粒）以上；省级以上水生生物自然保护区总数达到 200 个以上。

4. 保护与利用措施

加强渔业资源重点保护。坚持并不断完善禁渔区和禁渔期制度，针对重要渔业资源品种的产卵场、索饵场、越冬场、洄游通道等主要栖息繁衍场所及繁殖期和幼鱼生长期等关键生长阶段，设立禁渔区和禁渔期，对其产卵群体和补充群体实行重点保护。继续完善海洋伏季休渔、长江禁渔期等现有禁渔区和禁渔期制度，并在珠江、黑龙江、黄河等主要流域及重要湖泊逐步推广。修订《重点保护渔业资源品种名录》和重要渔业资源品种最小可捕标准，推行最小网目尺寸制度和幼鱼比例检查制度。建立水产种质资源保护区，强化和规范保护区管理。建立水产种质资源基因库，保存水产遗传种质资源。采取综合性措施，改善渔场环境，对已遭破坏的重要渔场、重要渔业资源品种的产卵场实施重建计划。

增殖渔业资源。统筹规划和合理确定适用于渔业资源增殖的水域滩涂，重点针对已经衰退的重要渔业资源品种和生态荒漠化严重水域，采取各种增殖方式，加大增殖力度，不断扩大增殖品种、数量和范围。合理布局增殖种苗生产基地，确保增殖种苗供应。制定国家和地方的沿海人工鱼礁和内陆水域人工鱼礁建设规划，科学确定人工鱼礁（巢）的建设布局、类型和数量，注重发挥人工鱼礁（巢）的规模生态效应。规范渔业资源增殖管理，大规模的增殖放流活动，要进行生态安全风险评估，大型人工鱼礁建设项目要进行可行性论证。

实行负责任捕捞管理。根据捕捞量低于资源增长量的原则，确定渔业资源的总可捕捞量，逐步实行捕捞限额制度。继续完善捕捞许可证制度，严格执行捕捞许可管理有关规定。加强对渔船、渔具等主要捕捞生产要素的有效监管，强化和规范职务船员持证上岗制度，逐步实行捕捞从业人员资格准入，严格控制捕捞从业人员数量。

引导捕捞渔民转产转业。积极引导捕捞渔民向养殖业、水产加工流通业、休闲渔业及其他产业转移，实行捕捞渔民转产转业扶持政策。国家财政预算继续安排减船转产专项补助资金，地方各级政府要加大投入，落实各项配套措施，确保减船工作顺利实施。对转产从事其他行业的捕捞渔民，财政、金融、税务等部门继续实行优惠政策。

加大自然保护区建设力度。加强水生野生动植物物种资源调查，在充分论证的基础上，结合当地实际，统筹规划，逐步建立布局合理、类型齐全、层次清晰、重点突出、面积适宜的各类水生生物自然保护区体系。建立水生野生动植物自然保护区，保护白鳍豚、中华鲟等濒危水生野生动植物以及土著、特有鱼类资源的栖息地；建立水域生态类型自然保护区，对珊瑚礁、海草床等进行重点保护。加强保护区管理能力建设，完善保护区管理设施，加强保护区人员业务知识和技能培训，强化保护区内禁渔、巡航监督、跟踪监测及其他管理措施，促进保护区的规范化、科学化管理。

实施濒危物种专项救护。建立救护快速反应体系，建设水生野生动物救护中心或基地，增加应急救护专项经费，对误捕、受伤、搁浅、罚没的水生野生动物及时进行救治、暂养和放生。针对白鳍豚、白鲟、水獭等亟待拯救的濒危物种，制定重点保护计划，采取特殊保护措施，实施专项救护行动。对栖息场所或生存环境受到严重破坏的珍稀濒危物种，采取迁地保护措施。

驯养繁殖濒危物种。对中华鲟、大鲵、海龟和淡水龟鳖类等国家重点保护的水生野生动物，建设基因库、细胞库等，保存种质资源。建设濒危水生野生动植物驯养繁殖基地，进行驯养繁育核心技术攻关。建立水生野生动物人工放流制度，制订相关规划、技术规范和标准，对放流效果进行跟踪和评价。

管理濒危物种经营利用。调整和完善国家重点保护水生野生动植物名录。建立健全水生野生动植物经营利用管理制度，对捕捉、驯养繁殖、运输、经营利用、进出口等各环节进行规范管理，严厉打击非法经营利用水生野生动植物行为。根据国内外有关法律法规规定，完善水生野生动植物进出口审批管理制度，严格规范水生野生动植物进出口贸易活动。加强水生野生动植物物种识别和产品鉴定工作，为水生野生动植物保护管理提供技术支持。

监管外来物种。加强水生动植物外来物种管理，完善生态安全风险评价制度和鉴定检疫控制体系，建立外来物种监控和预警机制，在重点地区和重点水域建设外来物种监控中心和监控点，防范和治理外来物种对水域生态造成的危害。

（三）畜禽遗传资源保护与利用

1. 现状

我国畜禽等家养动物主要有猪、鸡、鸭、鹅、特禽、黄牛、水牛、牦牛、独龙牛、绵羊、山羊、马、驴、骆驼、兔、水貂、貉、蜂等 20 个物种，共计 576 个品种，其中地方品种为 426 个、培育品种有 73 个、引进品种有 77 个。

20 世纪 50 年代初至 70 年代中期，农业部两次组织全国家畜品种资源调查，编写出《祖国优良家畜品种》以及各种家畜的品种志，为我国畜禽遗传多样性保护奠定了基础。20 世纪 80 年代以来，开展了畜禽遗传资源调查、收集整理、品种遗传关系研究、活体和冷冻移地保护、保护和开发利用方案等方面工作。90 年代末，开展了"畜禽种质资源收集、整理、评价、保存"项目，新发现了一批畜禽遗传资源，收集了畜禽种质资源动态变化信息，对绵、山羊进行了遗传多样性分析，建立了畜禽遗传资源体细胞保存体系，收集了濒危畜禽动物资源入库长期保存。并且建立了畜禽遗传资源数据库，收录了 282 个品种的信息。2002 年，建立了畜禽遗传资源网络信息系统，收集 500 余个畜禽品种的信息资料，初步实现了网络查询和共享。

由于生态环境恶化、品种单一化等因素，畜禽种质资源的状况堪忧。随着新畜禽品种的推广，过去数千年来驯化的许多传统品种被遗弃，大量珍贵的遗传资源也随之损失，如上海的荡脚牛、湖北的枣北大尾羊、河南的项城猪、江苏的九斤黄鸡等已经完全灭绝。1999 年调查结果表明，严重濒危畜禽品种达 37 个。

2. 存在的主要问题

畜禽品种资源收集尚存差距，基因鉴定工作停留于表面。由于我国农业系统复杂，品种资源收集工作量大，对部分地区的畜禽种质资源未能进行深入细致的考察，致使一些品种资源未能编目并得到有效保护。对于现有畜禽品种资源的种质鉴定评价，尽管做了大量基础性工作，积累了一些鉴定数据，但基因的传递和变异规律仍需深入研究。

科学技术手段落后，研究力量薄弱。我国在基础研究，创新研究方面成果较少，缺乏具有自主知识产权的研究成果。相应专业人才缺乏、试验手段落后和技术开发力量薄弱，尚未形成完整健全的研究工作体系。

投入不足，设施与手段落后。由于我国畜禽品种资源保护工作起步较晚，保护体系不健全，保护措施不配套，资金投入严重不足，目前国家重点保护的 78 个畜禽品种中，有14 个品种还没有保种场，近一半以上的保种场经营困难，开展保种选育工作难度很大，部分畜禽品种的优良性状严重退化或丧失。

缺乏创新机制。我国畜禽品种资源保护与开发的组织形式单一，多数资源保护场处于被动保种，对畜禽品种的培育和优良遗传基因的开发利用不够，科研工作滞后，造成多数品种保护和利用脱节。大部分地方品种未能得到很好的保护，保种场经济效益差。

新驯化动物缺乏规范管理。近年来，为开发野生动物的经济用途，各地新驯养了一些食用动物、毛皮动物、药用动物等种类，如果子狸、紫貂等，对这些驯养动物的资源情况缺乏系统的调查。另一方面，宠物的家庭饲养越来越普遍，种类也越来越多，目前对宠物类动物资源现状缺少了解。此外，对驯养动物和宠物动物传染性疾病的防治还不够重视，许多疾病的传染机理尚不清楚。

3. 主要目标与任务

近期目标与任务（2006～2010 年）：开展畜禽遗传资源普查，用 2～3 年的时间基本查清我国现有畜禽品种（类群）的数量、分布、特性及开发利用状况，并在此基础上出版国家畜禽品种志书，逐步建立、完善畜禽遗传资源数据库和信息网；加强畜禽品种保种场、保护区基础设施建设，对濒危资源实施抢救性保护，对国家级、省级保护品种实施重点保护，国家级保护品种有效保护率要达到 100%，对于实施抢救性保护的濒危品种，确保登记品种不再消失；继续加强国家家畜基因库（北京）、家禽基因库（江苏）和水禽基因库（福建）建设，增强保种能力，建立畜禽遗传资源细胞库，开展多种形式保护研究；采取现代生物技术与常规技术相结合的方法，加快新品种培育和推广的步伐，每年培育出3～5 个畜禽新品种（配套系）。

中期目标与任务（2011～2015 年）：根据资源调查结果，建立相应的原产地保护设施或异地保存设施。开展畜禽遗传资源库建设，完善畜禽遗传资源收集、评价及保存技术体系，实现畜禽遗传资源长期、妥善保存；鉴定和筛选一批优异畜禽种质基因，建立畜禽"优异基因核心库"，实现畜禽遗传资源的创新和有效利用。

远期目标与任务（2016～2020 年）：跟踪世界畜禽遗传资源研究的动向，结合我国实际情况，逐步实现由重点收集、监测到深入评价和利用的转变，进而有针对性地、快速地、连续不断地为生产、育种和其它科研提供一批名、特、优资源及创新材料。研究出学术水平较高、实用价值较大的成果，在优势专业和新型技术等若干领域缩短与世界水平的差距，增强我国动物农业的国际竞争力。

4. 保护与利用措施

继续进行国内外种质资源的考察和收集。至 2010 年，基本完成对已知畜禽和特种经济动物种质资源的收集入库。考察收集国外新品种和有用品种，在确保国家珍稀资源不流失的前提下，加强国际畜禽种质交换，着重引进利用价值高的品种资源，收集多样性丰富的种质资源和有益基因，并加强检疫研究和完善检疫基地。

加强畜禽遗传资源保存体系建设。在原有畜禽种质资源就地保护场的基础上，2020年前，增加 30～50 个畜禽原生境保护场，保护濒危受威胁的畜禽种质资源，同时完善已建畜禽遗传资源保护场和保护区建设，使更多的地方畜禽优良品种得到保护；继续加强国家家畜基因库、家禽基因库和水禽基因库的建设，建立畜禽遗传资源细胞库和 DNA 库。

建立畜禽遗传资源评价体系和畜禽"优异基因核心库"。采用先进技术，研究我国畜禽动物及其近缘野生种的起源、进化和分类。建立畜禽遗传资源的生产性状、品质性状、抗逆性和形态学评价体系，研究制定畜禽遗传资源评价国家或行业标准，对畜禽遗传资源进行全面、系统的评价。

加强特殊与优异基因的筛选和优异种质创新利用体系建设。研究畜禽遗传资源的功能基因组学和比较基因组学，筛选影响畜禽肉、蛋、奶、毛等畜产品产量和品质的主效基因；研究分子数量遗传学和生物信息学，对重要经济性状的主效基因进行分离、克隆、测序和定位，开展优异种质创新和利用研究。在 2010 年前，完成部分家畜禽种类重要经济性状主效基因的分离和克隆。2020 年前，在优异种质创新和利用研究方面取得突破性进展。

大力推进畜禽品种资源开发利用，实现产业化开发。根据市场需求，有计划、有步骤、有重点地引进国外优良畜禽品种，同时开发和利用好地方畜禽遗传资源，争取在 2015 年前，培育出 30 个用于生产推广的新畜禽品种（配套系），逐步形成以自我开发为主的育种体系。以名牌品种为依托，通过严格规范和独特的生产加工方式，生产出系列化优质产品，全面带动畜禽遗传资源的开发利用。

促进畜禽遗传资源共享服务平台建设。在 2010 年前，完成制定畜禽遗传资源普查、数据采集和整理的国家标准与技术规范，制定畜禽遗传资源分类分级标准、编码体系；制定畜禽遗传资源数据标准和数据质量管理规范。2015 年前，建成以畜禽遗传资源网络数据库系统为基础的共享服务平台。

（四）农作物及其野生近缘植物种质资源保护与利用

1. 现状

我国农业历史悠久，据不完全统计，全国有农作物及其野生近缘植物数千种，其中栽培植物约 1200 种，主要栽培的 600 多种，其中起源于我国的近 300 种。我国农作物种质资源数量位居世界前列。

过去几十年中，我国农作物种质资源大量丧失或遭到严重破坏。一是由于作物新品种和栽培技术的提高，使大量老品种特别是农家品种遭到淘汰，虽然多数品种资源已得到收集保存，但仍有部分丢失；二是因为土地用途改变、大型水利与交通工程建设、城市扩展等，一些重要作物的野生近缘种生境遭受破坏，面积缩小或消失，如普通野生稻、药用野生稻和疣粒野生稻的栖息地和种群数量比 20 年前约分别减少了 70%、50% 和 30%；三是在对外合作研究中，因保护意识不强和管理不力，造成农作物种质资源的大量流失。

我国自 20 世纪 50 年代以来，先后组织了多次农作物种质资源及其野生近缘植物的征集和考察，收集到大量的样本和标本。特别是 20 世纪 80 年代以来，国家在农作物种质资源保存设施建设方面加大了投入，已基本形成种质资源保存长期库、中期库和种质圃相配套的保存体系。目前编入全国作物种质资源目录的资源材料约 40 万份，其中已入国家作物种质库（圃）的为 38 万多份，涉及 1000 多个物种。对上述的种质资源已进行了主要农艺性状鉴定，多数或部分进行了主要病虫害、逆境和品质鉴定，对优良种质资源已开展了综合评价和利用研究。

我国农业野生植物原生境的就地保护工作起步较晚，从 21 世纪初才开始实施保护区（点）建设。目前已建成或正在建设的农业野生植物原生境保护区（点）共 67 个，保护的野生植物有 7 科、12 属、14 种，以野生稻、野生大豆和小麦野生近缘植物为主。

2. 存在的主要问题

法律法规执行不力，原生境保护滞后。国家虽已发布了一系列有关农作物种质资源的法律法规，但由于宣传不广泛、守法意识差、执法不力等原因，生物物种资源流失现象严重，急需加强对生物物种资源引进引出的管理。目前农作物种质资源保护工作主要侧重于非原生境保存，而原生境保护直到 21 世纪初才开始启动。由于原生境保护工作滞后，使许多重要的作物野生近缘植物原生境遭到严重破坏，原生境保护点的建设速度远远落后于破坏速度。

本底尚不清楚，种质资源收集不全。农作物种质资源特别是作物野生近缘植物资源的普查缺乏系统性，涉及的种类少、范围小，对全国各类农作物野生近缘植物的种类和种群数量不清楚，有些门类的调查尚属空白，即使是已调查过的物种，因缺乏监测，对其数量、分布区、受威胁程度和原因等尚不清楚。农作物种质资源收集保存量尚不足 40 万份，还有相当多的种质资源没有完成收集，特别是作物野生近缘植物资源和国外农作物种质资源的收集工作还很薄弱。

研究滞后，基因鉴别能力不足。虽然我国的种质资源丰富，但通过研究筛选出的具有突出利用价值的优异种质很少，能够拥有自主知识产权的功能基因资源更少，这既不能满足作物育种和农业生产的需求，也不能适应日益激烈的国际遗传资源竞争。迫切需要对已保存农作物种质资源的性状基因进行鉴别，发掘对作物育种和农业生产有益的基因。

3. 主要目标与任务

近期目标与任务（2006~2010 年）：继续进行农作物种质资源多样性和农业野生植物的濒危状况调查；完成农作物种质资源收集、整理、保存技术规程以及农业野生植物就地保护的技术规范和原生境保护区（点）建设技术标准的编制；继续考察收集农作物种质资源和农业野生植物，对西部地区农作物种质资源进行抢救性考察收集；完善、更新国家长期库、中期库、种质圃的设施和基础条件，增建种质圃 7~9 个，增建一座热带亚热带牧草中期库，并进行监测和更新保存的种质资源；应用超低温技术和试管苗技术保存特殊类型的种质资源，并研究相关的保存方法和技术；增建 50~80 个农业野生植物原生境保护区（点）；逐步完善管理体系和法律法规以及有关规章制度。

中期目标与任务（2011~2015 年）：完成农作物种质资源多样性和农业野生植物濒危

状况的调查；继续考察收集农作物种质资源，基本完成西部地区农作物种质资源的抢救性考察收集；完善国家长期库、中期库和种质圃的设施和基础条件，增建种质圃 3～5 个，继续监测已保存种质资源的活力并定期更新；国家长期库和中期库保存种质资源增加到 40 万份和 30 万份，国家种质圃保存种质资源增加到 4.7 万份；增建农业野生植物原生境保护区（点）90～110 个，建成超低温保存库和试管苗保存库各 1 座；管理体系和法律法规基本健全。

远期目标与任务（2016～2020 年）：保护设施和技术以及保护的资源种类、数量、质量和利用水平等全面跻身世界先进行列；收集、保护、保存、利用和管理达到规范化和信息化；全国长、中期库配套，种质圃达 40 个，超低温保存库和试管苗库保存设施健全；原生境保护区（点）达到 260 个；长期保存的种质资源达到 45 万份；管理体系和法律法规比较健全。

4. 保护与利用措施

继续进行农作物种质资源的收集。我国农作物种质资源收集工作潜力大。我国西部地区是多种作物的起源地和农业野生植物分布中心，抢救那里的农作物种质资源和农业野生植物资源。同时，要加紧国外农业种质资源的收集，满足未来农业可持续发展的需要。

建立原生境保护区（点）。加快建立农业野生植物原生境保护区（点），近期建成 50～80 个，中期建成 90～110 个，远期建成 90～110 个，共计 260 个，其中在华南和西南地区建立野生稻原生境保护点 32 个，在西北地区建立小麦野生近缘植物原生境保护区（点）18 个，在东北、华北、华中和西北地区建立野生大豆原生境保护点 36 个，在华中和华东地区建立水生野生蔬菜原生境保护点 15 个，在西北、华北地区建立栽培牧草近缘野生种原生境保护点 50 个。在全国范围内建立野生牧草、野生蔬菜、野生果树、野生药材、野生花卉、野生茶、野生桑等原生境保护点 99 个。在西南地区建立籽粒苋、红花、藜等未被开发利用作物的农场（田）保护区，在华北和西北地区建立荞麦、燕麦、高粱等小宗作物的农场（田）保护区。

建立和完善非原生境保护设施。加强国家农作物种质资源长期库及备份库、中期库仪器设备的更新和维护，完善我国农业科学院作物专业所、全国畜禽牧草种质资源保存利用中心和地方科研单位的 26 座中期库。增建国家作物种质圃 10～15 个，近期在江苏省（或浙江省）建立 1 个杨梅种质圃，在河北省廊坊市建立 1 个无性蔬菜种质圃，在河南省、湖北省和云南省各建立 1 个野生猕猴桃种质圃；中期在海南省建立 1 个咖啡和 1 个香料种质圃，在新疆维吾尔自治区建立 1 个野生苹果圃，在华南地区分别建立热带果树圃、木薯圃、热带牧草圃、热带棕榈圃、剑麻圃各 1 个；远期在西南和华南地区各建立 1 个无性繁殖作物（已保存在圃中的物种除外）种质圃。完善已有的 32 个种质圃，健全 2 个试管苗库的配套设备和田间繁殖圃。在北京市建成 1 座超低温保存库。

开展农作物种质资源的更新繁殖、性状鉴定与评价。重点对入库（圃）作物种质资源的优良品质重要性状进行鉴定和评价，加强极端环境条件下的农业野生植物特异性状的鉴定。近期主要针对水稻、小麦、大豆等作物，筛选 1500～2000 份优异资源；中期扩展到对主要粮食作物、油料作物、蔬菜、果树、花卉、牧草、天然橡胶等，筛选 2000～3000 份优异资源；远期将基本完成所有作物种质资源的性状鉴定和评价，筛选 3000～3500 份具有重要经济价值的优异资源，加强对库存资源尤其是优质资源的繁殖利用。

开展作物种质资源优异功能基因发掘与克隆。利用现代生物技术重点进行优异基因发掘和功能基因组研究，最大限度地获得我国具有自主知识产权的标记基因，并对重要基因进行分子标记鉴定和克隆，挖掘一批新的优质基因，促进农业野生植物资源的合理利用。定位 200 个高产、优质、抗病虫、抗旱、抗寒、耐高温、养分高效利用及对环境友好的基因，获得与优异基因紧密连锁的分子标记，克隆出 60～80 个具有重要应用价值的新基因，为育种提供一批重要的中间材料及分子标记选择技术。

建立共享技术平台，进行惠益分享试点。在鉴定评价和功能基因研究的基础上，建立快速、简便、高效的信息和实物共享技术平台，择优向作物育种、农业生产和其他研究机构提供优异种质，充分发挥优异作物种质资源的生产潜力。同时进行农作物种质资源获取与惠益分享制度的研究和试点，对引进和引出农作物种质资源进行规范管理。

（五）林木植物资源保护与利用

1. 现状

我国林木植物资源极为丰富，居北半球地区森林资源的首位，拥有 187 个木本科（含 17 科藤本），1200 多个木本属，分别占总科数的 54.5% 和总属数的 38% 以上；有 9000 多种木本植物，约占全国所有植物种数的 30%，包括乔木 3000 多种，灌木 6000 多种，其中珙桐、鹅掌楸、香果树、连香树、水青冈等是我国古老类群的特有珍稀树种，银杏、银杉、水杉、金钱松、白豆杉等是我国特有的珍稀孑遗木本植物。

由于人类长期的干扰活动，诸如毁林、过度采伐和非木林产品的开发利用、外来入侵种、林业病虫害、大气污染、气候变化，以及各种灾害的破坏，林木植物资源和遗传多样性丧失非常严峻。目前，我国有 17% 树种面临濒危。

1991 年，我国开始全国性林木遗传资源收集与保存，开展了系统的种类遗传多样性的研究与保护。近 10 年时间内，建成了各具特色的 10 个林木种质资源（活体）保存库，地跨我国寒温带、温带、亚热带、南亚热带、北热带的林木种质资源库已初具规模，保存了主要树种的大群体、种源（林分）、家系、优树、无性系等，保存乔灌木树种、花卉等 76 个主要物种种质资源 1.5 万份。全国林木良种繁育基地保存育种材料种质 3.5 万余份，初步建立了林木种质资源库的技术体系。

2. 存在的主要问题

林木植物资源不清。许多林木植物资源的本底及遗传变异情况不清，严重制约了林木植物资源的保护与开发利用。由于缺少有效的监测体系以跟踪监测和评价林木植物资源的动态变化状况与发展趋势，导致决策与管理的科学依据不足。

资源流失严重。一些发达国家的大型公司或科研单位大量收集我国林木植物资源，并通过生物技术，加强对生物遗传资源的控制和专利垄断。在过去一、二百年间，我国大量树种资源流失国外。总体上看，物种及其基因资源丢失呈上升趋势，尤其是我国西部地区的黄河中上游地段的灌木基因资源和南方热带雨林的基因资源丢失最为严重。

管理制度薄弱。我国尚未建立系统的林木植物资源保护和管理的法律法规，现行法规的相关内容也不具体。此外，林木植物种质资源保护的机构、人员、资金、基础设施、科技支撑能力等投入不足。林木植物资源的管理体制也需要进一步完善。

3. 主要目标与任务

近期目标与任务（2006～2010 年）：基本完成全国林木植物资源本底调查，特别是搞清我国特有的约 1100 种林木和西部地区约 200 种藤本植物以及灌木树种的分布和资源状况，并在资源编目基础上建立国家林木植物种质保存库；对具有重要经济价值的林木、珍稀物种和有利用价值的野生植物开展遗传多样性分析，评估其濒危程度，进而确定林木植物的优先保护名录；开发驯化当地野生树种；开发经济树种；启动红豆杉等重点野生树种和苏铁等观赏植物为主的拯救保护项目；建立一批保护珍稀濒危林木种质资源的自然保护区和树木园。

中期目标与任务（2011~2015年）：建立完善林木植物资源监测、预警与决策管理系统，对全国林木植物资源的动态变化和病虫害发生情况进行监测，即时更新物种资源数据库；逐步建立林木植物资源保护与可持续利用的技术标准体系，实现资源管理数据化、网络化和信息化；制定并实施100个特有树种和重点经济林木植物的保护与利用计划；在重点林业省份或林区建立5~10个各有特色的林木植物资源保存库。

远期目标与任务（2016~2020年）：基本完成全国林木种质资源的收集与保存，完成大部分已收集林木种质资源的性状鉴定和基因筛选，获得一批优质基因用于林木良种培育，建立林木植物基因库；建成完备的林木植物物种资源保护与开发利用体系，完善林木植物物种资源自然保护区网络。

4. 保护与利用措施

开展资源本底调查。组织全国林木植物资源调查，应用高新技术，建立林木植物资源调查、动态监测平台和先进的资源监测技术体系。2006年至2010年期间，初步摸清林木植物种类、数量、分布、濒危状况、保护状况和利用情况。同时建立我国林木植物资源动态数据库，并定期更新数据。

实施林木植物保护工程。制定我国林木植物保护名录，并对自然保护区外分布的重点保护林木植物资源适当建立自然保护区或保护点；建立国家树木园/植物园网络、乡土植物引种驯化园网络、林木种质资源保存林网络。在2015年前，分别在不同地理气候区建立20~30个树木园/植物园或引种驯化园，引种保存当地的珍稀濒危林木植物，进行栽培繁殖与利用研究和病虫害防治研究，研究更新繁殖技术方法，建立一批珍稀濒危树种培育基地，并扩大其种群规模，实现其回归野化。

加强林木种质保存设施建设。2006~2010年，建立国家林木植物种质资源保存库（包括活体保存基因保存林、种子保存库、离体组织保存库等）和相应的种质保存圃，同时开始规划建立有特色的地区性林木植物资源保存设施，2011~2015年，在全国建立七个地区性林木植物物种资源保护中心。建立银杏、杉木等500~800个我国特有属、种林木植物的专属、种及品种资源的保护体系。建立一批珍稀树种（以用材树种为主）资源库。到2020年，基本建立我国全部特有属、种的专属、种及品种资源的保护体系。

建立林木植物资源信息系统。到2015年，建立比较完善的林木植物资源信息系统。利用高新技术建立珍稀濒危林木植物的空间地理信息系统，编制林木植物物种多样性分布图，确定我国林木植物资源保护区划。建立基于网络的林木植物资源利用信息平台，收集、处理、分析、决策和传播林木植物资源可持续利用信息，全面实现林木植物资源信息社会化共享，促进资源的保护与可持续利用。

加强林木植物种质资源开发利用研究。到2015年，对种质资源库保存的林木种质资源进行系统的性状鉴定和基因发掘，确定重要林木资源的核心种质，开发优良的基因用于林木品种改良。按照不同用途和类别，对林木植物资源进行系统的评估和化学成分测试，挖掘其资源价值，筛选出新的经济用途。对有重大用途价值的物种，采用扦插、组培、体细胞胚胎发生、细胞培养等现代生物技术，开发建立规模化快速繁殖体系，加速产业化利用。

（六）观赏植物资源保护与利用

1. 现状

我国具有悠久的观赏植物栽培与应用的历史，是世界观赏植物文化最发达的国家之一，也是世界上观赏植物资源多样性最丰富的国家之一。估计我国原产的观赏植物种类达7000种。在我国原产的观赏植物中，有很多是我国特产的优良种类，如全世界200种蔷薇中，我国原产82种；全世界900余种杜鹃花中我国原产的有530种，占60%。现代杜鹃的几千个品种，其主要种源均来自我国；我国还是百合种质资源的分布中心，种质资源占全世界一半以上。我国的牡丹、丁香、翠菊、海棠、枸子、乌头等很多种野生花卉对世界花卉业的发展也起到了重要作用。

改革开放以来，我国引进了大量商品花卉和园林植物的品种资源。据估计，这类品种大约有2000个左右，主要是香石竹类、唐菖蒲类、郁金香类、菊花类、南洋杉类、樱花类、现代月季等。我国目前商品花卉生产中90%左右的品种是从国外引进的。

我国目前对野生花卉资源仍以直接利用为主，由于过度采挖，野生植物资源总量下降，许多花卉植物种群减少，趋于濒危。在经济利益驱动下，一些具有特殊经济价值的野生花卉成为国内外商业公司争相采挖的对象，如兰花、苏铁等，导致一些花卉资源遭到严重破坏，甚至消失。

2. 存在的主要问题

资源本底不清。已有记载的我国原产花卉及观赏植物达1600种，但普遍认为实际野生花卉及观赏植物远多于此数，但由于缺少定义和评价标准，至今没有一个权威的名录。

重要花卉资源破坏严重。一些经济价值较高的花卉资源遭到严重破坏。我国兰花在所有产区均受到毁灭性破坏，以四川、云南和贵州等省最为突出。

原产花卉利用率低。我国野生花卉资源开发利用程度极低。我国可供利用的野生花卉资源有数千种之多，而目前真正得到开发利用的种类有限，不足总数的5%，一些珍贵的野生花卉品种还未开发利用。

国产花卉产业化水平低。我国野生花卉应用开发研究工作滞后，在野生花卉种质资源的收集、整理、保存、新品种选育、规模化生产技术应用方面的研究较少，未能解决人工繁育和产业化技术。由于直接采挖利用野生植株，致使野生花卉资源大量消耗。特别是珍稀濒危的野生花卉往往分布区狭窄，种群自我更新繁育能力不强，长期采挖势必造成这些资源面临濒危状态。

3. 主要目标与任务

近期目标与任务（2006~2010年）：组织开展野生花卉资源调查，完成对重点地区如西南地区的花卉资源调查，完成100种重要原产花卉资源的调查。在调查的基础上，对野生花卉资源进行整理、编目，编制重点保护花卉植物名录和受威胁花卉植物名录。加强对现有栽培花卉品种资源的鉴定、整理和编目。开展对我国特产野生花卉繁育技术研究，为野生花卉产业化做准备。

中期目标与任务（2011~2015年）：完成全国野生花卉资源调查和编目，完成300种原产花卉资源的调查。在调查的基础上，制定保护计划，建立以保护珍贵野生花卉资源为主要目标的自然保护区、野生花卉植物移地保护中心以及花卉种质资源保存库。完成对我国原产、市场消费量大的 20 种花卉的繁育技术研究和产业化开发。

远期目标与任务（2016～2020 年）：在资源调查和编目的基础上，继续加强保护措施，形成花卉资源就地保护和移地保护网络体系。稳步发展野生花卉产业化。2020 年前，开发出 50 种我国原产花卉，使之产业化，一些种类进入国际市场。

4. 保护与利用措施

对野生花卉原生境实施就地保护。到 2020 年，在全国范围内新建 50～100 个野生花卉保护区或保护点，重点区域有长白山区、秦巴山区、冀南太行山区、甘肃南部、青岛崂山、舟山群岛、云南、藏东南和新疆等地，保护重点有兰科植物、苏铁属植物、野生玫瑰、百合科植物，以及山茶、杜鹃、报春花、蕨类、木兰科、蔷薇属、菊属、牡丹、芍药、攀援植物、高山花卉、虎耳草科、毛茛科观赏植物等。在现有自然保护区保护范畴中增加野生花卉资源或重点野生花卉的保护内容。

加强移地保存设施建设。对于天然群体遗传组成发生较大变化的花卉植物，以及适应性差、对环境、气候等生态条件要求严格的种类，或存在潜在破坏威胁的野生花卉，需要在其群体中收集种子或繁殖材料，并在其原生境附近营建移地保存园（圃）进行集中保存，或建立花卉种质资源库。到 2015 年，建成"国家野生花卉种质资源保存库"，收集保存优良的野生花卉种质资源，并通过人工繁育扩大种群数量，使一些珍贵的野生花卉资源得以长期保存和市场开发。

推动国内原产花卉的产业化生产。优先开发具有栽培历史和文化基础，适合大众消费的国内原产花卉种类。因地制宜地发展具有地方特色的野生花卉商业化生产。

引种驯化野生花卉。野生花卉多数具有特殊的观赏特性，有些种类的生态适应性广，容易繁殖和栽培，可以直接应用到城市园林绿地中，提高城市绿地的植物多样性。到2015 年，开发 100 种野生花卉用于当地城市园林绿化。

利用野生花卉基因资源培育新的花卉品种。选择具特别遗传性状的花卉植物作为亲本材料，利用传统育种技术和分子生物学的手段，培育新的优良品种。到 2015 年，挖掘 30个优良基因，培育 50 个优良花卉品种。

利用野生花卉资源发展花卉旅游。野生花卉资源群落常形成优美的自然植物景观，可将保护野生花卉资源与花卉观赏旅游结合起来。

（七）药用生物物种资源保护与利用

1. 现状

根据 1983 年第三次全国中药资源普查的结果，我国分布有药用植物种类涉及 383 科，2309 属，11146 种（含亚种、变种）；药用动物种类 415 科，861 属，1581 种；矿物药 80种，合计 12807 种，在世界上位居前列。

在整个药用生物资源种类中，民间草药最多，有 7000 多种，约占资源种类的 60%，其中相当一部分民间草药还处于比较原始的经验积累阶段。民族药有 4000 多种，约占30%，具有传统药学理论基础、可供直接利用的约 400 种左右，有 100 种左右与中药交叉（重复）。中药材约 1200 种，其中列入商品经营必备目录的有 600 种（包括制品和加工品），普通药店（房）的经营品种约为 300～400 种，进入流通领域的商品药材仅 100 多种。按来源分类，植物药材占 85% 以上，动物药材占 10% 左右。

常用中药材是当前中医处方和中成药制剂的主体，年总需求量超过 60 万吨，其中出口近 30 万吨，常用中药材 70% 的品种供应仍依赖于野生资源。在过去的 25 年中，中药工业产值年平均递增 20% 以上，国际上一些著名制药公司加强了对包括我国中药在内的天然药物的研究开发。出口中药材的种类和数量大幅度上升，药用植物提取物的大量出口，对野生药用生物资源造成了巨大压力。

药用生物资源保护已成为生物多样性保护重点议题。目前，我国已列入国家野生植物保护名录（第一批）的药用植物有 20 种，列入《濒危动植物种国际贸易公约（CITES）》附录的药用植物有 30 种（类）。

2. 存在的主要问题

法规不健全。1987 年颁布实施的《野生药材资源保护管理条例》，由于执法主体、保护级别、资源状况和保护措施已经发生了重大变化，已经不能适应新的形势，迫切需要加强药用生物资源保护的立法与执法。

中药野生资源的无序利用加重了资源危机。因过度采挖，冬虫夏草、肉苁蓉、石斛、红景天、雪莲、蛤蚧等中药材品种已成为珍稀濒危物种，面临灭绝；历史上一些名贵中药品种如野山参、筇桥地黄、茅苍术、多伦赤芍、木通等已经消失。

资源本底不清。中药资源普查已长期中断，资源监测网络不健全，目前的许多数据还是 20 多年前第三次中药资源普查的数据，原有的资源产地信息、市场供求信息的统计渠道被取消，缺乏官方和有权威的统计数据。此外，在资源普查技术、监测系统研究、信息系统、资源保存和繁育技术等方面都存在基础薄弱的情况。

3. 主要目标与任务

近期目标与任务（2006~2010 年）：完成 400 种常用和 100 种珍稀濒危药用物种资源的调查研究工作，开展重要药用生物种质资源的调查、收集和保存；完成 5~10 个野生药用植物资源的就地保护设施建设；完成 5~10 个珍稀濒危野生药用植物的移地保护设施和人工繁育基地建设；建立和完善 1~2 个药用植物种质资源库；开展 1~2 种药用生物新技术和替代品方面的研究；研究药用生物保护和利用相关政策体系，初步建立药用生物资源动态监测系统。到 2010 年，基本遏制药用生物资源过度利用的趋势，使其资源利用转入良性循环。

中期目标与任务（2011~2015 年）：基本完成重要药用生物资源种质资源的收集、整理和保存工作，建设 20~30 个以药用生物为主要保护对象的自然保护区；开展对 50 种左右的野生药用生物的抚育保护、采收利用和栽培驯化的研究；开展 100 种大宗中药材规范化生产的研究和技术推广工作；建立药用生物资源动态监测系统；建立 1 座国家级药用植物种质资源保存库。

远期目标与任务（2016~2020 年）：开展珍稀濒危药用生物资源的拯救及其替代品研究，开展药用生物的良种选育和利用生物技术生产药用活性成分的研究及其技术推广。到 2020 年，完成对 200 种野生药用生物的抚育保护、采收利用和栽培驯化的研究，基本实现主要药用物种资源的可持续利用。

4. 保护与利用措施

开展药用生物资源的本底调查工作，并建立药用生物资源的动态监测体系。定期进行药用植物资源的调查，建立我国药用植物资源动态数据库。建立中药资源监测点和中药资源信息采集点，加强中药资源监测和信息采集网络建设。力争在 2006 年至 2010 年期间，完成第四次全国药用生物资源普查工作。

加强药用生物的就地保护。2015 年前，建立 20 个药用生物资源自然保护区，如建设青藏高原中/藏药材资源保护区、新疆荒漠沙生中药资源保护区、鄂尔多斯高原甘草、麻黄、锁阳、银柴等干旱沙生药用植物自然保护区、吉林长白山北药资源保护区、海南南药资源保护区、广西隆安龙虎山中药资源保护区、云南西双版纳中药资源保护区等。并在野生药材重点生产地区，建立 10 ~ 20 个生产性抚育保护区。

建立药用生物移地保护体系。根据道地药材的自然分布状况以及我国区域性气候特点，至 2015 年分别在东北、华北、西北、青藏高原、云贵高原、华东或华中、华南、海南等地区建立 8 个国家药用植物种质资源保存圃。另外，建立一些适合寒冷、干旱（荒漠）、湿地等特殊环境的小型种质资源圃，并依托动物园建立 3 ~ 5 个药用动物专用种质资源保存园区，形成全国药用植物种质资源收集保存网络系统。

建立中药资源综合利用示范体系。2015 年前，建立 5 ~ 10 个中药资源可持续利用示范区，并通过示范区建设探索不同类型药材资源的可持续利用模式。为高效利用药材资源，需要积极倡导药材资源的综合利用，多用途开发药用生物资源和多部位综合开发利用药用生物资源，实现根、茎、叶、花、果实、种子等各器官的利用，提高利用效率。

加强药用生物资源生物技术研究。利用组织培养快繁技术实现珍稀濒危药用生物的快速繁殖；利用发酵培养等方法，推动药用生物资源利用新技术的开发与利用。到 2015 年前，建立部分野生药用物种资源的核心种质体系，开展种质基因的鉴定、整理和筛选。利用优良基因，培育优良药用生物品种，全面提高栽培药用生物资源的质量和产量，降低对野生药用生物资源的依赖。

建立合理的药用生物资源的管理机制。建立和完善药用生物资源进出口管理的相关法律、法规，稳步推进《中药材生产质量管理规划规范》（中药材 GAP）的实施，保障药材生产企业按照规范要求，生产质量合格的中药材。

（八）竹藤植物资源保护与利用

1. 现状

我国竹类植物资源丰富，有 500 多种，占世界竹种的 40% 以上；竹林面积约 500 万公顷以上，占全世界竹林面积的 25%；我国竹种资源、竹林面积、竹笋和竹材产量均居世界首位。我国热带和南亚热带地区分布有棕榈藤种 3 属 40 种 21 变种。

随着人口增加和经济社会的发展，大量土地利用从原生状态转为农牧业生产和城市建设，热带、亚热带竹类和藤类植物资源遭到大面积破坏，生境受到不同程度的威胁；同时，由于不合理的工业化利用，致使某些竹类和藤类物种资源处于濒危边缘。

2. 存在的主要问题

资源本底不清，监测体系落后。许多竹、藤类物种资源的本底及遗传变异不清。我国竹、藤类资源调查、监测一直采用人工调查手段，周期长、效率低、精度差、实时性弱，缺少有效的跟踪监测体系来监测和评价竹、藤类植物资源的动态变化与发展趋势，影响和限制了我国天然竹、藤类资源的保护与利用。

保护不力。我国竹、藤植物保护工作处于起步阶段，工作区域性明显，任务量大，周期性长，研究与管理缺少连续的支持。一些竹种、藤种园和收集圃遭到破坏。

资源开发利用率低，资源共享不充分，资源评价工作缺少系统深入的研究。我国可供利用的竹藤类物种资源有几百种之多，而目前得到开发利用种类有限，不足总数的 5%。

3. 主要目标与任务

近期目标与任务（2006 ~ 2010 年）：调查我国竹藤类物种资源本底，并进行编目，建立数据库。明确需要特别关注的处于濒危和受威胁状态的竹藤类物种，对其濒危原因进行深入的研究。建立珍稀濒危竹藤类植物自然保护区，实行优先保护。

中期目标与任务（2011~2015年）：在摸清本底的基础上，初步建立全国竹类、棕榈藤类植物资源保护与持续利用的信息系统。收集、保存毛竹、早竹、麻竹、箣竹、巴山木竹、巨龙竹等主要竹种种质资源，建立完善的竹种质资源移地保存圃。

远期目标与任务（2016~2020年）：建立竹、藤类植物的种质资源保存库。通过人工繁育和扩大种群，使珍稀濒危竹藤种类回归自然。在种质资源收集的基础上，进行性状鉴定、评价和种质筛选研究，对具有经济价值的竹、藤类物种资源进行开发利用。

4. 保护与利用措施

加强竹、藤类物种资源及竹、藤林环境中生物多样性保护。竹、藤林环境中生活着种类繁多的野生动物、微生物及非竹类植物，它们相互联系、相互作用，构成一个完整的竹林或藤林生态系统。建立自然保护区是保护竹林和藤林生态系统和生物多样性的最有效的措施。采取就地保护措施，重点保护箭竹属、玉山竹属、筇竹属、寒竹属、巴山木竹属等5属的近20种竹类植物，以及一些具有潜在开发价值和应用前景的竹、藤种质资源。

对于适应性差和对环境、气候等生态条件要求严格的竹藤种类进行迁地保护。拟分别在国际竹藤网络中心黄山基地、广西大青山、在福建漳州华安竹植物园和海南省三亚市建立主要竹藤种质保存圃。

加强竹、藤物种资源清查。建立竹藤资源调查、动态监测平台和先进的资源监测技术体系，掌握现有竹藤资源现状及其消长变化规律。通过对全国的资源调查，物种鉴定，实现竹藤资源信息共享，促进竹藤资源的有效保护与合理利用。

加强竹藤类物种资源开发利用基础研究。筛选重要的核心竹藤类种质，开发优良的基因用于品种改良。按照不同用途和类别，对竹藤类植物资源进行系统的评估和化学成分测试，挖掘其资源价值，筛选出新的经济用途。对有重大用途价值的物种，采用现代生物技术，开发建立规模化快速繁殖体系，促进其可持续的高附加值产业化利用。

（九）其他野生植物资源保护与利用

1. 现状

其他野生植物资源是指除农业野生植物、林木野生树种、野生观赏植物、野生药用植物、野生竹藤类植物以外的其他野生植物资源。

据《中国植物志》（1959~2004）统计，全国共有维管植物约31000种，约占全世界的10%。植物总数列全球第三。我国的植物资源有种类繁多、地域性显著、特有性突出、用途广泛、可替代性强、种质资源丰富等特点，在世界上占有非常重要的地位。据估算，在全国3万余种高等植物中，约有近半数种类在不同地区被人们所利用。其中已开发利用的重要野生经济植物有3000多种，目前还在陆续开发植物的新用途。事实证明野生植物资源及其悠久的利用历史是我国宝贵的生物学遗产，野生植物资源作为一种重要的战略资源储备，可满足未来农业和生物药业研发日益增长的需求。

其他野生植物资源面临的主要威胁包括植被破坏、生境破碎、对生物物种资源的过度开发利用以及外来种入侵和环境污染等。《中国物种红色名录》（第一卷，2004）列出的受威胁生物物种比例达15%，其中裸子植物、兰科植物等具有重要经济价值类群的受威胁比例高达40%以上。

为保护野生植物资源，各级政府先后建立了1000多个以野生植物物种资源为保护目标的自然保护区，75%左右的国家重点保护野生植物得到了保护。建有 140 多个植物园，移地收集保存的植物物种总数达 10000 多种，约占我国植物区系成分的 65%。各植物园还根据自己的优势，建立了 135 个各具特色的专类植物园。

2. 存在的主要问题

现行法律法规与管理机构不健全。目前我国尚无一部专门的野生植物保护法律，已颁布的《野生植物保护条例》操作性不强，并存在有法不依、执法不严的现象。管理机构不健全，力量薄弱，全国三分之一的省市没有设立专门的野生植物管理机构。

保护意识薄弱。普通公众乃至一些地方政府部门对野生植物的保护意识仍然淡薄，滥采滥挖国家保护的野生植物现象还十分严重。

本底和保护现状不清。野生植物物种资源编目尚未完成，保护现况仍然不清楚。现有的全国及各地区植物志的编写主要是基于 20 世纪 70~80 年代以前积累的标本资料，未能真实反映最近 20 多年来野生植物分布的现况，尤其是近年来经济植物的消长情况以及濒危植物面临的实际状况尚不清楚。

缺乏全国野生植物资源网络信息系统。许多资源研究单位还没有认识到网络信息的价值，缺乏信息共享意识。目前，大量植物资源信息分散在各有关科研机构，因各机构信息管理技术手段不一，许多资料可比性和可利用性差。

3. 主要目标与任务

近期目标与任务（2006~2010 年）：完成全国野生植物资源编目，重点是除了农作物野生近缘种、林木、花卉和药用植物资源以外的其他各类野生资源植物；对野生植物资源重点分布地区和经济植物重要地区及重点类群开展有重点的野生植物资源调查；对全国自然保护区和植物园保护的植物资源进行本底编目，了解其保护状况和野生植物受威胁现状，初步建立全国野生植物资源保护与持续利用的信息系统。

中期目标与任务（2011~2015 年）：在资源调查和编目的基础上，编制全国植物红皮书，明确生物物种保护的优先等级，深入研究珍稀濒危植物的濒危状况和原因；规划新的珍稀濒危植物自然保护区，加强相关类型自然保护区的建设与管理，建立资源档案；加强野生植物移地保护设施建设，完善植物园建设和管理，建立 2~3 个综合性大型植物园；深入研究珍稀濒危植物的濒危状况和濒危原因。

远期目标与任务（2016~2020 年）：建立和完善野生植物资源保护监测体系，包括对开发利用和贸易的动态监督；通过人工繁育和扩大种群，使大量珍稀濒危植物回归自然。在资源常规调查和保护的同时，加强重点目标野生植物资源的开发利用，并完成对野生植物资源潜在利用价值的鉴定，开发一批野生植物的医药价值和其它价值。完成国家野生植物战略资源储备库的建设。

4. 保护与利用措施

加强保护区建设，新建一批保护特有植物资源和重要物种的保护区。在天山地区建立中亚特有属沟子荠、天山特有属疆堇天山紫草等物种的保护区和保护点，在准噶尔地区新建保护梭梭等荒漠植物的保护区；在青海可可西里地区新建保护昼笔菊、藏木蓼、蚤草和骆驼蓬等的保护区或保护点；在山东青岛附近岛屿新建耐冬山茶保护区；在华北平原和山地新建特有属蚂蚱腿子和独根草的保护区；在四川甘孜阿坝地区新建披碱草保护区等等。

调查全国野生植物资源本底。以重点调查和普查相结合方式，调查全国各地野生植物物种及遗传资源本底，进行编目，了解其分布和保护状况以及野生植物受威胁现状。至

2015 年，重点调查野生植物分布关键地区，如西南石灰岩地区、武陵山地区、浙闽赣交界山区、青藏高原地区及西北干旱、半干旱地区。普查重点是各类经济植物的野生资源储量、利用方式、过去几年的市场行情及资源消长量。在调查的基础上，对全国野生植物资源综合状况进行评估。分别提出可充分利用物种资源、保护性利用物种资源和限制性利用物种资源的名单和目录。

建立和完善国家野生植物种质资源库和植物园体系。到 2015 年，建立并完善我国野生植物移地保护的网络体系，增建 5~6 个国家级野生植物移地保护植物园和 50~80 个地区和城市植物园。建立一批专业类型植物园（圃）和种质繁殖基地；加强植物园体系建设，统一规划全国植物园的引种栽培计划，提升植物园迁地保育的科学研究水平。

开发和应用陆生野生植物资源可持续利用新技术。到 2015 年，一方面对现有的成熟技术进行全面系统的分析总结，制定野生植物资源可持续利用技术指南；另一方面，根据需要制定新开发可利用植物资源名单并提供相应的可持续利用技术。鼓励开发驯化、栽培野生植物的新技术，鼓励对有潜在利用价值的野生植物开展核心化学成分分析，鼓励开发我国特有资源的自主创新技术活动。开展重要经济植物和珍稀濒危物种的人工繁育技术研究，开发生物能源技术。

（十）微生物资源保护与利用

1. 现状

我国生态类型具有多样性和代表性，有丰富的微生物资源和特有类型。目前，我国真核微生物已知物种数约 9000 种，仅占我国估计物种数的 4%，占全世界已知种数的 11%，其中可人工培养的种数约 800~1000 种。在我国已查明的真核微生物中，我国特有种超过2000 种。由于我国原核微生物资源缺少全面调查研究，尚无法估计已发现的物种数量。

我国第一个专业微生物菌种保藏机构是成立于 1951 年的中国科学院菌种保藏委员会。随后，又陆续建立了医学和工业微生物菌种保藏机构。1979 年，原国家科委批准成立中国微生物菌种保藏管理委员会。目前，我国共有 16 个保藏中心（包括香港、台湾各一个）在世界菌种保藏中心注册，注册保藏各类微生物菌种 61 623 株（其中台湾保存10 398株）。相比之下，我国微生物菌种资源的占有量与资源丰富大国的地位极不相符。根据 2005~2006 年环保总局组织的调查统计，我国大陆区域共保存各类微生物菌种资源约 29 万株，主要分散保存在近 50 个微生物学研究单位，共有 9 个保藏中心出版发行了各自的菌种目录，登载各类共享微生物菌种 20 862 株。这些菌种保藏单位，每年向社会提供各类微生物菌种估计在 3 万株左右。

2. 存在的主要问题

不合理的开发使微生物资源受到威胁。自然界中的微生物易受环境因素的影响，一旦原始环境遭到破坏，其原有的微生物物种区系组成将发生变化，一部分物种甚至消失灭绝。

资源本底不清，缺少菌株动态调查和编目信息系统。除放线菌和根瘤菌，我国原核微生物资源缺少系统和全面的调查研究。对于我国已鉴定和保存的微生物菌种数量已有比较清楚的数据，但是在菌株水平上，资源本底仍然不清。微生物菌株保存信息系统也尚未建立。微生物资源拥有数量的严重不足，已成为制约我国生命科学研究和生物技术产业发展的瓶颈之一。

研究工作不充分，开发利用率低。基础研究方面与发达国家相比尚有差距，在应用研究方面大多是模仿国外，对已经开发利用的微生物资源，资源共享不充分，实现共享的菌种资源不到 30 000 株。资源评价工作目前处于表观性状或产量性状层面，缺少系统研究，无法揭示菌种全面的生物学特性，为资源开发所能提供的信息有限，综合开发利用率低下。

3. 主要目标与任务

近期目标与任务（2006～2010 年）：查明各研究机构保存的微生物菌种和菌株，重点调查和收集具有重要应用前景的微生物资源，加强微生物资源库的能力建设和设施建设，重建我国微生物资源保存和共享体系，根据需要引进国外重要经济微生物菌种和菌株，系统开展重要微生物资源的编目和收集保存。到 2010 年，我国微生物资源储备超过 35 万株。

中期目标与任务（2011～2015 年）：充分利用现代生物科学技术的最新成果，建立微生物资源发掘、分离培养、保存、评价的完整技术体系，实现微生物物种和基因资源收集、保存、研究、开发利用的有机整合。到 2015 年，我国微生物遗传资源储备超过 40 万株。同时开发农业生物制剂用微生物菌种资源，开发安全、健康的微生物食品或食品添加剂，提高我国食品安全保障水平。

远期目标与任务（2016～2020 年）：到 2020 年，我国微生物资源储备超过 45 万株。同时通过大规模筛选和提取微生物生物活性物质，研制一批抗肿瘤、抗真菌、抗病毒、新型人用、畜用和农用抗生素等微生物药物。利用微生物技术，大幅度提高再生能源的生产效率，突破环境生物修复、整治技术。在微生物资源领域取得一批具有自主知识产权的新资源和新技术。

4. 保护与利用措施

加快微生物资源的查明和编目工作。抓紧微生物资源调查，重点调查和收集具有重要应用前景的微生物资源，逐步摸清我国微生物资源家底。在资源调查中，要特别关注我国特有自然生态地区内的微生物资源，对不同生态地区进行广泛调查、分离和收集，开展系统学、分类学研究，以及类群之间亲缘关系和系统演化理论的探讨。资源调查中还要特别重视极端环境微生物资源和污染环境微生物资源，选择具有特殊化学因子的盐湖、碱湖、热泉、深海等，发展采样、分离、培养等新的方法技术，进行系统的物种及基因分析。

建立国家微生物资源库与共享体系，并进行系统的研究工作。我国虽已建立了微生物菌种保藏体系，但其规模、机制、功能已不能适应当今科学研究和应用开发的发展需要。需要整备、重建高水平的国家微生物菌种资源保存与管理体系，以及信息资源共享服务体系。到 2015 年，共享微生物菌种超过 10 万株，保护的微生物物种达 5000 种，为工农业生产、环境保护、科研教育提供优质微生物遗传资源、信息资源和技术保障。需要对微生物资源进行系统和深入的研究工作，特别是结合疫病等传染病防治工作，对病原微生物的传播机理进行深入研究。

依靠科学技术进步不断开发微生物资源潜力。不断发展能够展示微生物资源特性的检测或筛选技术，发展新的理论和技术，建立不同技术集成平台，包括组合化学技术、分子育种技术、微阵列技术、高通量筛选技术等。在此基础上，研究和建立高效筛选模型，缩短资源的开发利用周期。至 2015 年，要集中研究力量，有计划地采集和分离微生物菌种及菌株，对已分离的菌种及菌株进行保存、评估和利用。

开发利用各类微生物资源。注重调查和收集土壤中具有药用价值的微生物资源，从中寻找各种生理活性物质，如各种酶抑制剂、免疫调节剂、受体拮抗剂和激动剂、离子载体、类激素、抗氧剂、生物表面活性剂和抗辐射药物等。到 2020 年，开发出 100 个微生物新药。深入研究与生物固氮、生物防治以及和纤维素、木质素等自然资源的合理利用有关的微生物资源，促进其在我国农业生产中发挥重要作用，包括微生物饲料和现代微生物农药以及现代微生物肥料的应用，到 2020 年，人工驯化栽培珍稀食用菌达 100 种。

加强生物能源的研究。通过微生物发酵技术，利用有机废物转化产生再生能源，利用微生物产生氢和生物电池。此外，还要加强微生物在生态环境保护方面的应用，利用微生物的分解特性，处理生产和生活中的有机废弃物，净化环境。

（十一）与生物物种资源相关的传统知识保护与利用

1. 背景

传统知识是指当地居民或地方社区经过长期积累和发展、世代相传的，具有现实或者潜在价值的认识、经验、创新或者做法。与生物物种资源相关的传统知识在食品安全、农业和医疗事业的发展中，发挥着重要的作用。我国历史悠久，民族众多，各族劳动人民在数千年的实践中，创造了丰富的保护和持续利用生物多样性的传统知识、革新和实践。

近年来，与生物物种及遗传资源相关的传统知识保护问题已经成为《生物多样性公约》（CBD）和世界知识产权组织（WIPO）乃至世界贸易组织（WTO/TRIPS）等关注的重要议题，也是发展中国家与发达国家争论的焦点之一。

《生物多样性公约》提出，鼓励公平分享因利用土著传统知识、创新和实践而产生的惠益，要求各缔约国，依照国家立法，尊重、保护和维持土著和地方社区体现传统生活方式并与生物多样性保护和持续利用相关的知识、创新和实践，促进其广泛利用，鼓励公平地分享因利用此等知识、创新和做法而获得的惠益。

随着履行《生物多样性公约》的深入，传统知识对于生物遗传资源的利用以及生物多样性保护的作用日益显现，成为《生物多样性公约》后续谈判新的热点问题。2004 年，《生物多样性公约》第七次缔约方会议已决定成立"传统知识特设工作组"，研究在习惯法和传统做法的基础上建立保护传统知识的专门制度。

2. 存在的主要问题

传统知识往往被视为公知领域的知识，权属不明确。许多与生物物种及遗传资源相关的传统知识是传统群体共同创造并世代相传的成果，其权属关系复杂，有的很久以前就已经文献化，或者以其他方式进入公知领域；还有的是以严格保密的方式由直系亲属或者师傅口头传授，没有文献化资料。这些都给传统知识的知识产权保护增加了难度。

现有专利制度要求，申请专利必须符合新颖性、创造性和实用性三个标准。传统知识因其公知性，不符合其新颖性条件。有些传统知识如传统的中药、藏药等，不像西药那样可以确切地表达其分子结构，难以清晰地界定其保护范围。另外，中药等复方是由多味中药材制成的产品，增减药味可能难以确定其侵权行为。

传统知识流失及失传现象严重。许多传统知识在尚未获得现代知识产权制度充分认可之前就已经流失国外，并被广泛流传和商业开发利用，而传统知识的持有人却不能分享利益。

3. 主要目标与任务

近期目标与任务（2006～2010 年）：密切关注《生物多样性公约》、世界知识产权组织、世界贸易组织等在传统知识保护方面的谈判进展，研究并制定传统知识保护的相关法律、法规、政策、保护方案与措施，建立遗传资源和相关传统知识获取与惠益分享制度。在全国范围内全面调查生物资源相关传统知识，并进行系统文献化编目，2010年前重点调查传统医药和传统农作物、畜禽品种资源，特别是加强少数民族地区相关传统知识的调查。

中期目标与任务（2011～2015年）：继续全面进行相关传统知识调查，除传统医药和传统农业品种资源，还要调查与保护和持续利用生物多样性相关的传统生态农业方式、社区生活方式和传统食品、工艺品加工技术，以及与生物多样性相关的民族文化与宗教文化，并对调查的相关传统知识进行系统文献化编目，建立数据库。结合国际上相关传统知识的谈判进展，研究制定和完善保护传统知识的相关政策、法规与制度，制定并完善遗传资源和传统知识获取与惠益分享的制度和机制，要求专利申请者必须披露所使用传统知识和遗传资源的来源。

远期目标与任务（2016～2020年）：2020年前基本完成全国传统知识的调查和数据库建立；通过评估，制定传统知识保护目录，继承、弘扬和推广具有应用价值的传统知识。建立和完善有效的传统知识保护制度，普遍实施专利申请中必须披露所使用传统知识和遗传资源来源的制度，确保在共同商定条件下与传统知识拥有者分享惠益。

4. 保护与利用措施

开展中医药传统知识调查、登录与编目。2006～2010年，由相关主管部门组织实施全国传统医药知识调查，在全国普查的基础上，重点调查云南、贵州、西藏、四川、内蒙古、新疆等省区的民族医药，包括藏药、苗药、侗药、彝药、傣药、蒙药、维药等少数民族医药传统知识。建立国家传统医药知识登记制度，使用统一标准，记录整理传统医药知识、疗法、原产地区、发明年代、知识持有人（社区）、使用历史、惠益分享实践、资源现状、引出或流失情况。

开展与遗传资源相关传统知识的调查、登录与编目。2011年至2015年，继续进行民族医药传统知识调查、登录与编目，并扩展到整个中医药和民间草药传统知识。同时开展与遗传资源相关的传统知识、创新及实践方面的调查，重点是传统品种资源和传统栽培与育种技术的调查和文献化整理，包括品种资源的性状特性、遗传组成、生物学特性、特别优良性状、选育和栽培年代、原始培育社区、保存地、品种权人、引出推广地区、产生效益和惠益分享情况等。

开展与生物多样性相关传统农业方式和传统民族文化的调查、登录与编目，包括传统加工技术、农业生产方式和与生物多样性保护与持续利用相关的民族习俗、艺术、宗教文化和习惯法等。整理、评估和研究其知识的内核、文化根源、发展历史、对生物多样性影响效果、原产地、影响范围、推广应用等。

采取适当措施，有效保存、继承和发展具有应用价值的传统实用技术，特别是总结推广对生物多样性有利的农业生产技术。2006年至2015年，集中力量在对西南、西北地区少数民族农业传统知识和技术进行总结和推广。利用生态学理论和现代先进技术，对传统知识和技术进行理论总结和技术改良。

研究制定传统知识保护政策、法规与制度。研究保护传统知识的特殊制度，建立遗传资源及相关传统知识来源的合法性证明制度。开展传统知识其知识产权性质及其保护方式的研究工作，争取在理论研究和相关保护制度的建设方面有所进展，加强传统知识管理的能力建设。

（十二）生物物种资源出入境查验体系建设

1. 背景

我国是世界上生物遗传资源最丰富的国家之一，也是发达国家搜取生物遗传资源的重要地区。过去的一二百年间，我国大量的物种及其遗传资源被国外研究人员和商业机构搜集引出。一些资源在国外经生物技术加工后，形成专利技术或专利产品再销至国内，造成国家利益的重大损失。我国流失的物种及遗传资源大部分是通过非正常途径流入国外，除了国外人员和国外机构的非法搜集、走私、剽窃外，还包括邮寄国外、出境携带、对外研究合作带出等方式，而进出境管理制度的不完善是导致许多生物物种及遗传资源流失国外的直接原因。

2. 存在问题

缺少必要的执法依据。目前，国家在生物物种资源出入境管理方面，立法尚属空白，未对禁止和限制出入境的生物物种品种及出入境审批方式作出明确和具体的规定，给口岸执法工作带来很大困难。

缺乏必要的甄别知识。生物物种资源多种多样，既包括植物、动物和微生物物种，又包括种以下的分类单位及其遗传材料，口岸执法人员缺乏必要的甄别知识，给查验工作带来很大困难。

缺少有效的查验手段。携带生物物种资源出境的载体多种多样，可以是传统的动植物活体及其部分或其标本，也可以是菌株、组培体、胚胎，甚至可能是细胞培养液、克隆载体等，可以随身携带，也可以夹杂在行李之中，除了传统的动植物活体及其标本外，海关现行常用设备很难检查出来。

缺乏必要的检验检测力量。由于目前动植物检验检疫专业人员主要来自兽医、植物保护等专业，知识结构侧重于疫病疫情的检测，而在动、植物分类鉴定方面的技术力量比较缺乏，需要配备专门从事生物物种资源检验检测的专业人员。

缺少快速准确的鉴定技术。现场鉴定的基本要求是快速准确，但是由于生物物种资源的范围十分广泛，检验检疫人员依据常规显微镜等设备难以进行快速准确鉴定，特别是细胞培养液、克隆载体等遗传物质，必须采用分子生物学等各种高科技检测手段，需要有针对性地研发新的鉴定技术。

3. 主要目标与任务

近期目标与任务（2006~2010年）：研究相关法律的制定和对现有法规的完善，研究制定和完善生物物种及其遗传材料出入境管理制度，包括对出境生物物种及其遗传材料审批、申报和查验制度。研究先进的查验鉴定技术，达到准确和快速查验、检测的要求。加强对相关工作人员的专业培训，使其具备必要的专业知识，以提高执法水平。

中期目标与任务（2011~2015年）：在完善法规制度的基础上，有效实施对旅客携带和邮寄生物物种及遗传材料的出入境管理，在主要口岸初步具备快速准确查验鉴定生物物种及遗传材料的技术能力，具备较强的专业技术力量。

远期目标与任务（2016~2020年）：将实践中行之有效的管理制度和查验、检测技术手段推广到全国所有口岸和国际邮局，使其制度化和程序化，同时不断完善查验、检测手段。

4. 措施

加强对公众的宣传教育。在各个出入境口岸设置海关、检验检疫宣传标识、公告栏，发放检验检疫宣传册，加大宣传力度；系统地通过媒体、网络、科普读物、生物物种保护宣传周（日、月）等多种方式开展国家对生物物种资源保护的法律法规宣传，以提高出境旅客及公众，特别是科研人员和涉外人员的生物物种资源保护及自觉守法意识。

建立生物物种资源出入境查验制度。加强对生物物种资源出入境的监管。携带、邮寄、运输生物物种资源出境的，必须提供有关部门签发的批准证明。涉及濒危物种进出口和国家保护的野生动植物及其产品出口的，需取得国家濒危物种进出口管理机构签发的允许进出口证明书。出入境检验检疫机构、海关要依法按照各自职责对出入境的生物物种资源严格执行申报、检验、查验的规定，对非法出入境的生物物种资源，要依法予以没收。

配备先进查验、检测设备。在全国 31 个省、市、自治区的 148 个旅客和国际邮件进出境重点口岸配备先进的查验、检测设备，加大出入境查验、检测力度。

加强培训，提高查验、检测准确度。加强专业知识培训，分批为一线工作人员举办相关知识的培训，使一线工作人员了解和掌握生物物种有关基本知识，增强查验、检测意识，提高查验、检测准确度。

加强快速检测技术设施建设。研究建立快速、灵敏的核酸鉴定方法，建立生物资源的物种和品种指纹图谱，制定标准检测方法，研制标准检测试剂，并研究建立标准化生物资源指纹图谱数据库。并在北京、上海、广州、昆明、厦门建立生物物种资源出入境检测鉴定实验室。

五 近期优先行动领域与优先项目（2006～2010 年）

优先行动一：生物物种及遗传资源的查明与编目

优先项目：

1. 西南石灰岩地区、横断山脉地区等生物多样性关键地区野生动植物资源调查与编目；

2. 全国特有珍贵林木树种、药用生物、观赏植物、竹藤植物等资源调查与编目；

3. 全国重点地区（如西部地区）水生生物资源调查与编目；

4. 重点地区农业野生植物与栽培作物品种资源、畜牧遗传资源调查与编目；

5. 中国特有动物和特殊生态区及干旱、半干旱地区动物资源调查与编目；

6. 全国保藏微生物资源调查、特定环境中微生物资源的调查与编目，以及人和动物重要及新发病原微生物资源的查明与编目；

7. 西南地区相关传统知识（民族传统作物品种资源、民族医药、乡土知识、传统农业技术）的调查、文献化编目及数据库建立；

8. 制定各类生物物种资源清单目录（包括禁止交易类、限制交易类、自由交易类），加强对进出口贸易的监督与管理。

优先行动二：生物物种资源就地保护

优先项目：

1. 农业野生植物资源和草种质资源的就地保护网络建设；

2. 重要林木树种、竹藤类种质资源、野生花卉和野生药用植物资源的就地保护与网络建设；

3. 重要野生动物资源、畜禽近缘动物种及畜禽品种资源就地保护设施建设；

4. 重要水生生物资源就地保护设施建设。

优先行动三：生物物种资源移地保护与种质资源库建设

优先项目：

1. 珍稀濒危野生动物保护拯救工程与繁育中心建设；

2. 重要农业野生植物、草类与牧草植物资源库、圃建设和超低温及试管苗保存库的建设；

3. 重要林木、竹藤类植物、野生花卉和野生药用植物等种质资源库、移地保护设施和人工繁育基地建设；

4. 野生动物、家畜禽动物种质资源离体保存设施建设与"优异基因核心库"建立；

5. 渔业资源增殖种苗基地及水产种质资源保存设施建设；

6. 人工繁育物种种群的野化与回归自然工程；

7. 全国微生物菌种资源保存库建设。

优先行动四：生物物种资源保护与持续利用新技术研究

优先项目：

1. 珍稀濒危物种人工繁育技术及人工繁育种群回归自然的技术研究；

2. 野生植物与农作物种质资源的性状鉴定、基因克隆与利用技术研究，包括原产特有珍稀饲用野生植物种质资源保存与利用技术研究；

3. 珍贵林木、竹藤植物、中国原产花卉资源繁育技术研究与产业化技术开发；

4. 药用生物有效成分提取技术、现代生物技术研究和濒危药用生物的繁育技术研究；

5. 野生动物与畜禽优质基因资源开发与利用，以及动物仿生资源的开发利用与新材料仿生技术研究；

6. 水生生物资源保护与增殖（含人工鱼礁建设）技术研究；

7. 经济微生物资源新用途的开发技术、难培养微生物基因资源的筛选与开发利用；

8. 高效、新型生物农药产品的研制与生产；

9. 生物芯片等高新技术的研制与开发。

优先行动五：建立生物物种资源保护与持续利用数据信息系统

优先项目：

1. 编制全国生物物种资源数据管理规划和计划，建设和完善全国生物物种资源信息网络系统；

2. 建立和完善各类生物物种资源数据库体系，建立国家生物物种资源公共信息网络和基础数据平台；

3. 建立和维护"国家生物物种及遗传资源信息交换所机制"（CHM）。

优先行动六：建立生物遗传资源获取与惠益分享法规制度体系

优先项目：

1. 研究传统知识定义，制定重要传统知识保护名录，并制定生物资源与传统知识的知识产权保护制度；

2. 研究并建立专利申请中要求披露生物遗传资源来源地证书的制度；

3. 建立处理生物遗传资源和相关传统知识的机构和信息交换机制；

4. 研究生物遗传资源和传统知识保护数据库的建设，制定遗传资源及相关传统知识保护名录。

优先行动七：研究建立持续利用生物物种资源政策体系

优先项目：

1. 生物物种资源价值体系与纳入国民经济核算体系研究，以及生物物种资源保护纳入国家和地方国民经济与社会发展计划的机制研究；

2. 生态补偿制度和生物物种资源保护经济激励政策研究；

3. 生物物种资源保护与利用相关标准体系研究；

4. 生物物种资源监测和预警机制研究；

5. 国际机构、非政府组织、企业和社会各界利益相关方生物多样性保护伙伴关系建立和融资机制与政策研究。

优先行动八：国外生物物种及遗传资源的引进与开发利用

优先项目：

1. 国外优良农作物种质资源的引进与开发利用；

2. 国外优良经济林木、花卉植物、竹藤植物和药用生物资源的引进与开发利用；

3. 国外优良种畜禽资源和其他优良动物种质资源的引进与开发利用；

4. 国外经济水生生物资源的引进与开发利用；

5. 国外优良经济微生物菌种的引进与利用；

6. 国外生物物种资源产业化开发技术的引进；

7. 引进物种风险评估与管理体系的建立。

优先行动九：建立生物物种资源出入境控制查验体系

优先项目：

1. 建立生物物种资源输出风险评估、许可制度以及出入境查验法律法规，制定各类保护物种名录，明确出入境查验对象和查验要求；

2. 口岸查验设施的配置，以及生物物种资源出入境检验鉴定实验室建设；

3. 生物物种资源远程鉴定技术研究和外来物种快速鉴定及监测技术研究；

4. 微生物分离培养、快速检测鉴定技术研究、远程鉴定网络建设以及微生物环境安全评价体系研究。

优先行动十：宣传教育与培训

优先项目：

1. 主流媒体宣传教育材料制作，以及学校及公众宣传教育教材编制；

2. 基层生物物种保护机构宣传与教育设施建设；

3. 各类培训计划的实施与培训设施建设；

4. 非政府组织在生物多样性公众教育与提高公众参与意识方面的行动计划与实施。

六 保障措施

（一）完善管理体系与协调机制

进一步发挥生物物种资源保护部际联席会议制度在《规划纲要》实施过程中的作用，明确各成员单位的职责，强调部门之间的支持与合作，统一部署，分工负责，协调步伐，一致行动。加强地方政府和基层机构能力建设，建立多形式、多层次的监督机制和监督机构。

（二）加强相关法律制度建设

抓紧起草和完善生物物种资源保护法律法规，规范生物物种资源的采集、收集、保护、保存、研究、开发、交换、贸易等活动。建立生物物种、遗传资源及相关传统知识的获取与惠益分享的制度。建立生物物种资源出入境查验制度。

（三）加大执法力度

明确职责，强化责任，严格执法，加强对有关单位持有、对外交换和提供生物物种资源情况的监督检查。加强执法队伍建设，提高执法能力，坚决打击偷采盗猎、非法经营、倒卖走私生物物种资源的行为。

（四）完善经济政策与市场监督体系

建立适合市场经济的生物物种资源保护与持续利用政策体系，引导对生物物种资源进行有效保护和合理开发利用，以解决保护与开发的矛盾，实现生物物种资源的持久保护和可持续利用双赢。建立市场监督体系，规范市场行为，引导生物物种资源的可持续开发利用。对列入国家保护名录和国际公约保护名录的动植物种的贸易实行严格的市场管理。

（五）加大资金投入

多渠道筹集资金，建立稳定的投入机制。中央和地方政府要随着国家财力的增强，不断加大对生物物种资源保护的资金投入，尤其要重视基础能力建设的投入。各级人民政府要将生物物种资源保护纳入国民经济和社会发展规划，所需经费纳入同级财政预算。鼓励单位和个人参与生物物种资源保护与可持续利用。同时，更多地争取国际资助。

（六）强化宣传教育

突出宣传国家相关法律法规，重点提高科研人员、出境人员和直接从事物种资源采集和开发活动的基层群众的遵法和守法意识，增强保护与持续利用生物物种资源的自觉性。充分发挥主流媒体在宣传生物物种资源保护方面的作用。加强基层机构的宣传教育设施建设，建立基层宣传教育专业队伍。加强青少年教育，在中、小学教材中增加生物物种资源保护的内容，培训青年学生志愿者宣传队伍，加强对基层群众的宣传教育。

（七）加强科学研究

重点开发保护与持续利用生物物种资源的各类技术，加强部门、机构和项目间的信息沟通和协调，避免重复和资源浪费。积极推广应用成熟的研究成果和技术，促进科学研究成果的交流和社会共享。

（八）提高人力资源能力保障水平

提高政府部门决策层人员素质，培养和充实大量优秀的基层管理人才。通过各种机制，培养大量科学技术人才，特别是生物分类学、生态学、生物技术、保护生物学等方面的专家，以及相关专业技术人才。

（九）探索和建立公众参与机制

建立并逐步完善动员、引导、支持公众参与生物物种资源保护的有效机制，实行群众举报投诉、信访制度、听证制度、新闻舆论监督制度和公民监督参与制度等。建立利益相关方共同参与的生物多样性伙伴关系，调动社会各方力量，以多种方式参与生物多样性保护。

第六篇

省级生态文明建设
实践与进展

● 贵州

贵州省生态文明建设综述

由于特定的地理位置和复杂的地形地貌，整个贵州省生态基础十分脆弱，容易受到损害，损害后非常难以修复。因此，贵州省人大常委会牢固树立尊重自然、顺应自然、保护自然的理念，坚持立法突出贵州特色、服务贵州发展、积极跟进生态保护和建设立法。贵州省生态建设立法起步较早，1980 年贵州省人大常委会就制定了第一部关于环境保护和生态建设的地方性法规——《贵州省奖励"三废"综合利用和排放"三废"收费、罚款暂行办法》，开启贵州省生态立法之路。

2009 年，出台国内首部促进生态文明建设的地方性法规《贵阳市促进生态文明建设条例》。2011 年 7 月，《贵州省赤水河流域保护条例》出台，成为对"一河一条例"立法模式的一次具体实践。赤水河流域经过一年多的努力，生态环境得到修复，流域水环境质量得到有效改善，流域生态文明制度改革取得初步成效。2013 年 7 月，生态文明贵阳国际论坛拉开帷幕，成为我国唯一以生态文明为主题的国家级国际性论坛。2014 年 5 月，贵州省人大常委会审议通过了《贵州省生态文明建设促进条例》，这是全国第一部关于生态文明建设的省级地方性法规，将贵州生态文明建设综合立法进一步引向深入，发出了"多彩贵州拒绝污染"的生态文明建设强音。2014 年 6 月 5 日，国家发展改革委等六部门批复《贵州省生态文明先行示范区建设实施方案》，标志着贵州在生态文明建设方面已先行一步，走在全国前列。贵州省成为继福建省之后的全国第二个以省为单位的生态文明先行示范区。

截至 2015 年 3 月，贵州省共制定涉及环境保护和生态建设的省级地方性法规 56 件，约占制定地方性法规总数的 20%，现行有效的 36 件；贵阳市共制定涉及环境保护和生态建设的地方性法规 27 件，现行有效的 20 件；各自治地方共制定涉及环境保护和生态建设的单行条例 38 件，现行有效的 32 件。这些地方性法规、单行条例立足贵州实际，着眼解决问题，既注重对上位法的补充和细化，增强地方立法的针对性和可操作性，又坚持"针对问题立法，立法解决问题"，强调先行先试，彰显贵州特色。

在污染防治方面，贵州省环保部门配合省人大、政府法制部门制定了《贵州省夜郎湖水资源环境保护条例》《贵州省红枫湖百花湖水资源环境保护条例》《贵阳市环境噪声污染防治规定》《贵阳市水污染防治规定》《贵阳市大气污染防治办法》等；在生态建设和综合环境保护方面，制定了《贵州省生态文明建设促进条例》《贵阳市建设生态文明城市条例》《贵州省环境保护条例》等。除此之外，在其他地方性法规、单行条例中，也规定了涉及环境保护和生态建设的相关内容，各地方自治条例对于环境资源保护也作了相应规定。

贵州省生态文明建设立法特色鲜明。突出地方特色，符合地方需要，解决实际问题，是衡量地方立法质量的重要标准，也是地方立法的生命力所在。贵州省生态文明建设立法坚持立足省情，突出重点，着力先行先试，解决实际问题，具有鲜明的地方特色。一是开启地方生态文明建设综合立法新征程。2009年10月，贵阳市首开全国生态文明建设综合立法之先河，通过了《贵阳市促进生态文明建设条例》，这是全国第一部促进生态文明建设的地方性法规。此后，贵阳市通过了全国第一部建设生态文明城市专项法规《贵阳市建设生态文明城市条例》。2014年5月，贵州省人大常委会审议通过了全国第一部省级生态文明建设地方性法规《贵州省生态文明建设促进条例》，将贵州省生态文明建设综合立法进一步引向深入。二是深化流域、区域生态文明建设立法新模式。坚持从实际出发，着力解决区域、流域环境资源保护和生态建设中存在的突出问题，切实增强地方性法规的针对性和可操作性，进一步深化了"一河一条例、一湖一法规"的立法模式。比如，为了保障贵阳市饮用水源安全，制定了《贵州省红枫湖百花湖水资源环境保护条例》《贵阳市阿哈水库水资源环境保护条例》；为了保障安顺市饮用水源安全，制定了《贵州省夜郎湖水资源环境保护条例》；为了保护以国酒茅台为代表的中国优质白酒生产环境安全，制定了《贵州省赤水河流域保护条例》，等等。这些针对流域和区域的专项立法，从流域和区域实际出发，在细化、补充、完善有关法律法规规定的同时，有针对性地创设了若干制度和措施，有效解决了流域、区域环境资源保护和生态建设中存在的突出问题。三是探索点面结合、同步推进、均衡发展的生态文明建设立法新途径。贵州省生态文明建设立法坚持由点扩展到面与由面深入到点的有机相结合，既有针对某一区域、某个单一要素、内容比较单一的立法，也有针对全省、涵盖若干要素的综合性法规；既有专门的生态文明建设立法，也有其他法规中关于生态文明建设的规定。这种方式，既重点解决了全省生态文明建设领域的突出问题，又使省内各区域、各流域及生态文明建设的各个方面得以均衡协调发展。

2015年11月，贵州省委、省政府印发了《生态文明体制改革实施方案》。《实施方案》明确提出了改革的指导思想、理念、原则和目标，要求改革要全面贯彻党的十八大和十八届二中、三中、四中、五中全会精神，以邓小平理论、"三个代表"重要思想、科学发展观为指导，深入贯彻落实习近平总书记系列重要讲话精神，按照党中央、国务院决策部署，立足贵州省省情实际，以建设美丽中国为目标，以正确处理人与自然关系为核心，以解决生态环境领域突出问题为导向，保障国家安全，改善环境质量，提高资源利用效率，推动形成人与自然和谐发展的现代化建设新格局。改革要树立尊重自然、顺应自然、保护自然的理念；树立发展和保护相统一的理念；树立绿水青山就是金山银山的理念；树立自然价值和自然资本的理念；树立空间均衡的理念；树立山水林田湖是一个生命共同体的理念。坚持生态文明体制改革原则：坚持正确改革方向，健全市场机制；坚持自然资源资产的公有性质，创新产权制度；坚持城乡环境治理体系统一；坚持激励和约束并举；坚持主动作为和国际合作相结合；坚持鼓励试点先行和整体协调推进相结合。《实施方案》指出，改革的目标是：到2020年，构建起由自然资源资产产权制度、国土空间开发保护制度、空间规划体系、资源总量管理和全面节约制度、资源有偿使用和生态补偿制度、环境治理体系、环境治理和生态保护市场体系、生态文明绩效评价考核和责任追究制度等八项制度构成的产权清晰、多元参与、激励约束并重、系统完整的生态文明制度体系，努力走向社会主义生态文明新时代。

为保障《方案》实施，贵州省将积极开展试点试验，并完善地方性法规和规章，2020 年前制定出台《贵州大气污染防治条例》《贵州水资源保护条例》《贵州省环境影响评价条例》《贵州省水污染防治条例》《贵州省湿地保护条例》，并修订出台《贵州省环境保护条例》，推进重点领域生态环境保护地方立法。

贵州生态文明大事记

2007 年，贵阳市启动建设生态文明城市。同年 11 月，我国首个环保法庭——贵州省贵阳市中级人民法院环境保护审判庭和辖区内清镇市人民法院生态保护庭同时成立。

2009 年，国内首部促进生态文明建设的地方性法规——《贵阳市促进生态文明建设条例》出台。

2010 年，贵阳环境能源交易所成立。

2011 年 7 月，国家发展改革委批复《贵州省水利建设生态建设石漠化治理综合规划》。

2012 年，国家发改委批复《贵阳建设全国生态文明示范城市规划（2012～2020年)》。

2013 年，已连续举办 4 届的生态文明贵阳会议升格为生态文明贵阳国际论坛，是目前全国唯一以生态文明为主题的国际论坛。

2013 年 5 月，制定《贵州省主体功能区规划》。

2014 年 6 月 5 日，国家发展改革委、财政部、国土资源部、水利部、农业部、国家林业局六部门联合下发通知，批准《贵州省生态文明先行示范区建设实施方案》。

2014 年 7 月 1 日，《贵州省生态文明建设促进条例》正式实施，这是我国首部省级生态文明建设地方性法规。

2014 年 6 月 10 日，贵州省生态文明建设大会召开。

2015 年 11 月，贵州省委、省政府印发了《生态文明体制改革实施方案》。

贵阳推进生态文明建设综述

"十五"规划之初，贵阳市的经济增长在很大程度上依靠对磷、煤、铝等不可再生资源进行采掘和初加工上，对此，贵阳市委、市政府将发展的目光投向当时在全世界范围内都属于经济发展新理念的循环经济上。从 2000 年起，贵阳就先于全国其它城市开始探索循环经济发展。2002 年，市委、市政府正式做出了建设循环经济生态城市的决定。

随后，贵阳市先后委托清华大学和中国环境科学研究院编制完成了"贵阳市循环经济生态城市建设总体规划""贵阳磷化工生态工业园区规划""贵阳开阳磷煤化工（国家）生态工业示范基地规划"等，并明确要求在"十一五"规划中全面体现循环经济理念。

2004 年底，贵阳市又提出了建设生态经济市的战略定位，并以发展"循环经济"为战略途径来建设生态经济市。

与此同时，贵阳还颁布施行了我国第一部循环经济方面的地方性法规《贵阳建设循环经济生态城市条例》，第一次以法律的形式，明确了贵阳市发展循环经济的总体原则，在全国引起广泛关注。

贵阳市坚持以科技为动力、以项目为载体、以效益为中心，循环经济发展取得了实质性进展。2002 年，贵阳市被国家环保总局确认为全国建设循环经济生态城市首个试点。2004 年初，又被联合国环境规划署确认为全球唯一的循环经济试点城市。2005 年，贵阳市成为入选国家 6 部委第一批国家循环经济试点单位中唯一的省会城市。

党的十七大以后，贵阳迎来新一轮发展机遇。为贯彻落实党的十七大关于"建设生态文明"的要求和省第十次党代会关于实施"环境立省"战略的部署，贵阳市委、市政府作出了建设生态文明城市的决定。《中共贵阳市委关于建设生态文明城市的决定》指出："近年来，贵阳市实施'环境立市'战略、发展循环经济、建设生态经济市，积累了宝贵经验。建设生态文明城市，必将使贵阳扬长避短，走出一条符合市情的新的发展路径。"

2010 年以后，省委、省政府专门召开了支持贵阳市加快经济社会发展动员大会，出台了省人民政府《关于支持贵阳市加快经济社会发展的意见》，对贵阳市的发展起到了强有力的推动作用，贵阳市成为全省经济社会发展的"火车头"、成为黔中经济区崛起的"发动机"的作用日益凸显。2011 年，贵阳市多项经济指标增速在全国省会城市中位居前列。在全省经济发展增比进位综合排位中，位居第 1 名。

2013 年 5 月 1 日，全国首部生态文明建设地方性法规《贵阳市建设生态文明城市条例》施行。通过两年的实践，贵阳经济发展速度持续位居全国省会城市前列，绿色经济发展引人注目，城乡环境更加宜人，生态文化更加普及，生态制度更加完善，市民幸福指数不断提升，实现了经济效益和社会效益的双赢。生态文明城市不仅成为了贵阳的城市品牌，也成为贵阳市民的骄傲和自豪。

2015 年初，贵阳市拟定的《贵阳市蓝天保护计划（2014～2017 年）》《贵阳市碧水保护计划（2014～2017 年）》《贵阳市绿地保护计划（2014～2017 年）》（以下简称三大保护计划）正式明文发布。三大保护计划中明确：到 2017 年，贵阳市将确保空气质量优良率保持在 80% 以上，8 个市区集中式饮用水源地水质稳定在 Ⅲ 类，森林覆盖率达到 47.5%。

2015 年上半年，市生态文明委深入实施"蓝天""碧水""绿地"三大保护计划，全力提升改善生态环境质量，生态文明建设各项工作基本实现了"时间过半、任务过半"。

2015 年 6 月 8 日，全国首个生态文明示范城市指标体系——"贵阳生态文明城市指标体系（GECCIS）"专家认证会在贵阳市隆重召开，并获联合国人居署认证通过。

2015 贵阳生态文明大事记

1 月 1 日，《中共贵阳市委关于全面实施"六大工程"打造贵阳发展升级版的决定》

出台。《决定》提出，实施公园城市工程，打造生态贵阳升级版，创新城市规划建设管理理念，以"疏老城、建新城"为核心推进城市建设，以建设城市公园为主导提升城市品位，为人民群众创造宜居的生活环境。

1月5日，贵阳市政府下发《贵阳市环境保护大检查工作方案》，要求全市各地立即围绕检查大气污染防治、化工企业等为检查重点的九大内容开展检查。

1月16日，贵阳市交管局、贵阳市生态委发布通告，贵阳市未取得"绿标"的机动车辆，每日7时至22时在二环路以内（含二环路）行驶将被抓拍记录。

1月21日至23日，贵阳市创建国家环境保护模范城市工作迎来国家考核验收、现场检查。23日上午，工作汇报暨考核验收情况反馈会召开，国家考核验收组认为贵阳市以生态文明建设为引领，"创模"工作决心大、措施实、有特色、效果好，同意贵阳创建国家环境保护模范城市通过考核验收。

2月4日，贵阳市委、市政府拟办的"十件实事"公布。实事之一为不断改善生态环境质量，要求新增城市绿地100万平方米；实施东山等5个山体公园建设、开阳县环湖公园等5个公园建设；空气质量优良率达80%以上，在全国省会城市中排名前列。

2月25日，贵阳市"绿色贵州建设三年行动计划"市县乡三级启动仪式举行。当天，贵阳市5500余人参加活动，共建义务植树基地585亩，植树40871株。2015年，全市将完成义务植树600万株，完成营造林任务16万亩以上。

4月18日，《贵阳市蓝天保护计划（2014～2017年）》《贵阳市碧水保护计划（2014～2017年）》《贵阳市绿地保护计划（2014～2017年）》正式发布。"三大保护计划"明确：到2017年，贵阳市将确保空气质量优良率保持在80%以上，8个市区集中式饮用水源地水质稳定在Ⅲ类，森林覆盖率达到47.5%。

4月29日，贵阳市甲醇汽车试点工作新闻发布会举行。贵阳市率先在出租车行业开展甲醇汽车试点，并首先安排150台甲醇出租车进行试点运营。

4月底，贵阳市质监、生态、发改、工信和财政等部门联合下发通告，启动全市范围内10蒸吨及以下燃煤锅炉限期淘汰改造工作。要求有关业主对于需淘汰改造锅炉，或者限期拆除，或者改造为采用天然气或电能供热。

6月3日，《2014年贵阳市环境状况公报》发布。公报显示：2014年，贵阳市空气质量优良率为86.0%，比上年提高9.8个百分点；饮用水水质达标率100%；森林覆盖率达45%。

6月27日，生态文明贵阳国际论坛2015年年会在贵阳国际生态会议中心举行。此次年会以"走向生态文明新时代——新议程、新常态、新行动"为主题，超过4000人参会。

7月起，《贵阳市环境空气质量考核暨奖惩办法（试行）》正式施行。贵阳市对各区（市、县）环境空气进行月（年）度考核和季度奖惩核算，对连续三个月排名第一的将通报表扬。

9月8日，贵阳市文明委下发《贵阳市"多彩贵州文明行动——整脏治乱专项行动"整治重点》的通知，明确9大类整治重点。

9月10日，南明河水环境综合整治项目二期二阶段开工。项目建设工期设计为12个月，包含新建孟关污水处理厂、牛郎关污水处理厂等7个子项目。

9月29日，《清镇市环境总体规划》通过评审。清镇市成为贵州省首个建立环境总体规划的县级市。

9月30日，贵阳市环境空气质量连续优良天数达6个自然月，同时总连续优良天数达195天，创下历史之最。

10月1日，贵阳市生态文明委正式向公众发布贵阳市首个未来24小时、48小时环境空气质量试预报。

10月，《贵阳市生态文明建设委员会关于开展党员干部"负面清单"管理试点工作实施方案》发布，市生态文明委在全市机关中对党员干部率先实行"负面清单"管理试点工作，构建从严管理党员干部新常态。

11月2日，贵阳市开出首笔环境空气质量考核罚单。除修文县以外，其余各区（市、县）和经开区因未完成季度目标而被罚款，罚款总计达886万元。

11月24日，贵阳市正式开启为期6个月的大气污染防治履职情况督查，全力确保《贵阳市2015～2016年冬春季大气污染防控工作方案》中各项任务落到实处。

12月7日，《贵阳市环境总体规划（2015～2025年）》通过专家论证会。规划主要内容包括确认贵阳城市环境功能定位和功能分区、提出环境发展目标指标、构建贵阳生态环境保护空间格局、确立环境承载和资源利用上线、明确环境质量底线等方面。

12月23日至24日，中共贵阳市委九届五次全会举行。全会强调，要以建设"千园之城"为重点，在生态环境建设保护上"守底线、奔高标"，在公园城市体系构建上"蹄疾步稳"，全力增创生态文明新优势。

● 福建

福建省生态文明建设综述[①]

"山海画廊，人间福地"，森林覆盖率 65.95%，连续 37 年位居第一。生态环境质量继续保持为优，生态环境状况指数继续保持全国前列，"清新福建"成为金字招牌。

从生态省到生态文明先行示范区建设，12 万平方公里的八闽大地，山清水秀的好生态如何传承保持？加快生态文明建设，福建怎样先行示范？

从青山绿水的山区到碧海蓝天的海滨，从仍欠发达的乡村到繁华热闹的特区，扑面而来的，是转型发展后发赶超的勃发干劲，是生态环境红线不可逾越的清醒认知，是生态文明先行示范的奋力探索。

任期有限、责任无期，保护生态环境成为福建广大干部永久的责任。十多年来，福建省委、省政府一任接着一任干，推进生态文明建设，严守生态环境红线，努力实现"机制活、产业优、百姓富、生态美"的有机统一。

行走在八闽大地，草木馥郁，青绿满眼，花香扑鼻，空气清新，让人时常忍不住来个深呼吸。

"清新福建"成为金字招牌。目前，全省 23 个城市的空气质量达到或超过国家二级标准。2014 年，福州、厦门在全国 74 个重点城市空气质量综合排名分别位列第七名和第八名；今年上半年，厦门、福州分别位列第五名和第十名。12 条主要水系水质状况优良。

2000 年，时任福建省长的习近平向全省干部群众发出号召，提出生态省建设战略构想，作出了具有跨世纪意义的战略抉择。

2002 年，福建省环保大会首次明确了生态省建设的工作目标、任务和措施。同年 8 月，福建被列为全国第一批生态省建设试点省份。

2004 年底，经原国家环保总局论证批准，《福建生态省建设总体规划纲要》出台，提出要在 20 年内，总投资至少达 700 亿元，完成以生态农业、生态效益型工业、生态旅游和绿色消费为基础的生态效益型经济等六大体系建设。

绘出蓝图，一任接着一任干。

2006 年 4 月，福建省政府下发《关于生态省建设总体规划纲要的实施意见》，全面推进生态省建设。

2010 年 1 月，《福建生态功能区划》正式实施。

[①] 《让"生态美"更好携手"百姓富"——福建先后开展生态省和生态文明先行示范区建设，"清新福建"成金字招牌》，《中国环境报》2015 年 11 月 5 日第 1 版。

2010 年 6 月，福建省人大常委会颁布《关于促进生态文明建设的决定》，建设生态省成为全省人民的共同意志。

2011 年 9 月，福建省政府下发《福建生态省建设"十二五"规划》，明确到 2015 年，经济发展方式转变取得重大进展，生态省建设主要目标基本实现，率先建成资源节约型、环境友好型社会。

2013 年 1 月，《福建省主体功能区规划》出台。《规划》首次将全省国土明确规划为优化、重点、限制和禁止 4 类开发区域，其中占全省 2/5 的县（市）和 197 处区域被列入限制和禁止开发区域，规划为全省重点生态功能区的面积超过 3.6 万平方公里，接近全省陆域面积的 1/3。

2014 年 3 月，国务院出台《关于支持福建省深入实施生态省战略加快生态文明先行示范区建设的若干意见》，福建成为全国第一个生态文明先行示范区，这无疑为福建生态文明建设确立了高目标，增添了新动力。

生态文明先行示范区建设为福建加强生态文明建设注入了新的动力，是对福建生态文明建设成效的褒奖和肯定，标志着福建的生态文明建设全面升级、全速推进

从实施生态省战略到建设生态文明先行示范区，清新福建之路，一步一个脚印。长汀治理水土流失，是一个生动缩影。

1999 年 11 月，时任福建省委副书记、代省长的习近平来长汀县调研水土保持工作，看到这里水土流失情况仍较严重，提出用 10~15 年时间，完成水土整治，造福百姓。

长汀大规模治山治水的大幕，就此拉开。

经过十几年的努力，水土流失治理区植被覆盖率由 15%~35% 提高到 65%~91%。2011 年以来，全省共完成治理水土流失面积 941 万亩，提前一年完成"十二五"规划 900 万亩的目标任务。

除了长汀经验，福建生态省建设还有很多创新之举：全国率先实行集体林权制度改革的省份、全国率先推行海域资源有偿使用制度的省份、全国较早探索流域生态补偿的省份……

在大力推进生态文明建设工作中，福建省通过强化省直部门协作、各级政府联动，着力推进机制体制创新，逐步改善生态环境质量，探索建立了一些具有地方特色且行之有效的做法。

福建省委、省政府认真组织实施《福建生态省建设总体规划纲要》，围绕经济发展、生态环境保护、社会进步 3 个方面 22 项指标，对生态省建设进程进行动态跟踪和评价考核。

成立以省长为组长的生态省建设领导小组，各级政府设立相应机构，形成上下衔接、分工负责的生态文明建设组织管理体系。将生态省建设目标任务的完成情况纳入环保目标责任制考核，实行领导干部环保"一岗双责"制度，将领导干部任期内区域生态环境质量以及所推动出台的相关政策的生态环境影响纳入审计，做到领导到位、工作到位、责任到位。

严把创建质量，科学统筹环境质量、区域容量、减排总量三者关系，坚持守住总量排放强度、突出环境问题、环保基础设施三条底线，促进各地政府以生态文明建设示范区创建为抓手，解决本地区环境突出问题，不断改善生态环境质量。

生态省建设加快推进，生态文明制度体系建立健全。"清新福建"成为叫得越来越响

的金字招牌。"机制活、产业优、百姓富、生态美"的蓝图，正在绿色的八闽大地上变成现实

回望来路，一次次实践、一次次探索、一次次创新、一步步升华，福建省委、省政府对生态文明建设的认识更加深刻、思路更加明确、措施更加到位。

规划先行。福建科学划定全省生态功能红线，严格按照主体功能定位开发和保护国土空间，形成绿色布局。

在一条条生态红线的限制下，山区、林地、水源地靠山不吃山、靠水不吃水，拒绝污染项目和产业。

政绩考核指挥棒越来越绿。在福州市五区八县中，福州"后花园"永泰县的考核排名曾长期居于末尾。从 2010 年开始，福州将区县分为不同考核类型，不搞一刀切。永泰县利用优良生态环境发展绿色产业，在全市的排名从末尾冲到中游。

从以往的 GDP 竞赛，转向生态保护竞赛、节能减排竞赛、改善民生竞赛。自 2014 年开始，福建省取消对永春、永泰、武夷山等 34 个生态保护县（市）的 GDP 考核，实行生态保护优先和农业优先的绩效考评方式，建立生态文明考核评价机制，为继续推动福建生态文明建设走在全国前列奠定了坚实的基础。

生态补偿额度越来越高。福建是全国最早试水生态补偿的省份之一。2015 年 1 月，福建省政府出台《福建省重点流域生态补偿办法》，在原来闽江、九龙江、敖江流域每年 3.05 亿元资金补偿力度的基础上，大幅度提高三江流域生态补偿资金的筹集力度，重点流域补偿金从流域范围内市、县政府按地方财政收入的一定比例和用水量的一定标准筹集。同时，福建省级财政也出资 9.1 亿元用作流域生态补偿金。自今年起，福建流域生态补偿资金将按照水环境综合评分、森林生态和用水总量控制三类因素统筹分配至流域范围内的市、县，约 70% 的资金将分配到流域上游的南平、三明、龙岩等设区市的县（市）。

大气、水、土壤污染防治力度持续加大。福建省将大气、水、土壤等环境质量"只能更好、不能变坏"作为地方各级政府环保责任红线，相应确定污染物排放总量限值和环境风险防控措施。2014 年福建省政府以 1 号文件形式印发了大气污染防治行动计划实施细则，强化 10 个方面 34 条具体措施，深化重点工业源综合治理，全省火电、钢铁、水泥、玻璃等重点行业企业已全部完成脱硫脱硝改造。今年 6 月，在全国率先出台《福建省水污染防治行动计划工作方案》，细化 10 项主要任务和 6 条保障措施，明确了各级政府主体责任及相关部门监管职责。

党的十八大以来，福建省委作出了加快推进科学发展跨越发展、努力实现"机制活、产业优、百姓富"与"生态美"有机统一的决策部署。福建省委书记尤权说："开宝马住别墅，呼吸着雾霾，喝着不纯净的水，不能算富。经济不发展，百姓收入没提高，生态美也很难维持。"

"割肉"很痛，但福建人深知"舍得"的意味。大红袍、铁观音、安踏鞋……福建产业结构偏轻，高能耗、高污染项目不多，钢铁、电解铝、水泥都有缺口，需从外省调入。然而，近几年，福建每年都超计划完成国家关停落后产能的指标，关停量在全国排在前列。

存量调优，增量选优，福建培育壮大龙头骨干企业，通过做大做优增量，实现结构调整优化，提高发展的质量和效益。长乐纺织化纤、福州光电显示器、泉州鞋业等 8 个产业集群，2013 年产值均超千亿元。2013 年，福建地区生产总值增长 11%，公共财政总收入

增长 14% 。同时，生态环境保持优良，节能减排降耗水平位居全国前列，单位地区生产总值能耗为全国平均水平的 79% 。

经过十多年的不懈努力，福建省生态创建工程已结出累累硕果。厦门市被评为国家级生态市，龙岩市等 8 个市（县、区）被列为国家生态文明试点地区，建成国家级生态县 5 个、生态乡镇 519 个，省级生态县 57 个、生态乡镇 916 个，20 多个县（市、区）达到国家生态县标准。涌现出生态与经济和谐共荣的典范长泰，城乡环境综合整治的典范泰宁，绿色瓷都发展的典范德化，自然生态与土楼人文相得益彰的典范南靖，生态治水的典范永春等一批特色鲜明、成效显著的生态创建特色市（县、区）。

厦门不断探索生态文明建设之路

中国生态文明建设理论体系的萌芽与成长，与厦门紧紧地联系在一起。习近平总书记在厦门和福建对生态文明的思索和实践，一直以来引领着厦门的生态文明建设之路。

上世纪 80 年代，习近平同志在厦门工作期间，明确提出要"创造良好的生态环境，建设优美、清洁、文明的海港风景城市"。

1994 年，厦门获得特区立法权后颁布的第一部实体性法规，就是《厦门市环境保护条例》。

2002 年 6 月，时任福建省省长的习近平同志在厦门市调研时提出："厦门自然条件得天独厚，原来基础也比较好，希望你们成为'生态省'建设的排头兵。"由此，厦门创建生态市开启了由"绿色厦门"到"生态厦门"的建设历程。

作为中国东南沿海特色鲜明的滨海城市，厦门经济特区创立以来，始终坚持"生态立市、文明兴市、保护优先、科学发展"的基本方针，秉承"发展与保护并重，经济与环境双赢"的原则，以创建国家生态市为抓手，积极开展生态文明建设的实践探索，将生态文明贯穿于经济建设、政治建设、文化建设、社会建设之中，努力实现人与自然和谐共存、协同发展。

厦门创建国家生态市历经 10 多年，这也是厦门人认识、探索、自觉和践行生态文明的 13 年，并一路留下了踏实的足迹。2005 ～ 2008 年中共中央编译局与厦门市委市政府联合开展的建设社会主义生态文明重大课题，就对厦门的实践与经验进行了系统的总结。《求是》杂志二次宣导厦门探索生态文明所形成的经济社会与生态环境协调发展的模式，厦门的经验被认为"富有创新性、反映规律性、展现系统性、具有示范性"。创建省级生态市，是厦门市迈向国家级生态市的关键一步，按照计划，厦门市将在 2015 年在全省各地市中率先建成国家级生态市。

近年来，在国家生态市创建进程中，厦门结合新形势新任务，不断推进生态文明制度创新，努力构建持续发展的生态经济体系、温馨宜居的生态环境体系、和谐繁荣的生态文化体系、规范高效的生态执法体系、创新完善的生态保障体系。"两个百年"的发展愿景和"五个城市"定位，大海湾、大山海、大花园的城市发展战略，使转型发展中的厦门一个台阶一个台阶地攀上国家生态市的新高地。

2014 年，厦门市第十四届人民代表大会第三次会议审议并表决通过了《美丽厦门战略规划》（草案）。《美丽厦门战略规划》，为新常态下厦门的生态文明建设铺出了一条全新的道路。规划提出的"两个百年"愿景、"五个城市"目标定位，制定的大海湾、大山海、大花园的发展战略，让厦门加快建设美丽中国典范城市的目标和路径空前明晰。

2015 年 1 月 1 日，《厦门市经济特区生态文明建设条例》的正式实施，让厦门再次聚焦了全国的视线。这是全国第二部、福建第一部关于生态文明建设的地方法规，伴着新法规荡漾出的油墨清香，厦门的生态建设，也大踏步迈入刚性管理、长效治理的新常态。

2015 年 6 月，《美丽厦门生态文明建设示范市规划（2014～2030 年)》和《美丽厦门环境总体规划（2014～2030 年)》付诸实施，为厦门的生态文明建设又提供了新的推动力量。

● 海南

海南生态文明建设综述

　　1999 年，海南在全国率先提出建设生态省的发展战略。此前 1983 年，于光远提出"把青海省建设为生态省"的理念。1997 年底至 1998 年初，九三学社颜家安、颜敏撰文提出建设海南生态省，得到海南省委、省政府的重视。1999 年初，海南省二届人大二次会议作出了《关于建设生态省的决定》。1999 年 3 月 30 日，国家环保总局正式批准海南省为中国第一个生态示范省；7 月 30 日，海南省二届人大八次会议通过《海南生态省建设规划纲要》；随后，海南还制定颁布系列法规条例确保生态省建设的法律地位。

　　2000 年 7 月，省人大通过了《海南生态省建设规划纲要》（2000 年），确立了生态省建设的法律地位。

　　2005 年 5 月，省人大通过了《海南生态省建设规划纲要》（2005 年修编），深化了生态省建设的内涵，对海南省生态省建设起到了重要指导作用，为国际旅游岛建设奠定了良好的环境基础。

　　2009 年 12 月，国务院出台《关于加快推进海南国际旅游岛建设发展的若干意见》，把建设全国生态文明示范区定位为国际旅游岛建设的战略目标。

　　2012 年 4 月，省第六次党代会在深刻总结十三年生态省建设经验的基础上，提出了以人为本、环境友好、集约高效、开放包容、协调可持续发展的"科学发展，绿色崛起"发展战略。绿色崛起是生态省建设的升华，是建设全国生态文明示范区的实现路径，最终目标就是要建设美丽海南。海南选择绿色崛起的发展道路和致力于建设全国生态文明示范区，顺应时代新变化、再造环境新优势、扩展发展新空间、满足人民新期待，与十八大报告中的生态文明建设布局不谋而合，是实现海南省经济社会全面、协调、可持续发展，建设美丽海南的必由之路。

　　"十二五"期间，海南省印发《海南生态省建设工作考核办法》，对市县政府开展以生态省建设工作为主的绩效考核，并将考核结果纳入市县主要领导政绩考核内容。为进一步从考核机制上为保护生态树立导向。2014 年，省委六届五次全会做出取消中部生态核心区 4 个市县的 GDP 考核的决定，对中部市县实行生态保护优先的绩效评价。

　　"十二五"期间，全省在 5 年时间里累计出台《海南省环境保护条例》《海南省饮用水水源保护条例》等 70 余项与生态省建设相关的法规规章和规范性文件，为全省生态文明示范区建设全方位保驾护航。

　　除此之外，海南省还出台了一系列针对生态文明建设的政策文件。如，2015 年印发的《2015 年度海南省生态文明建设工作要点》（以下简称《要点》），明确了海南生态文明建设 6 个方面 18 项工作：提出要重点发展热带高效农业、生态循环农业，积极发展生态旅游以及引导发展生态工业。加强自然生态保护，修复退化生态环境。组织修订《海南省自然保护区发展规划》，划定生态红线保护区域；在水环境整治方面，海南将组织制定实施《海南省清洁水行动计划》，制定跨区域污染防治对策，建立协调联动工作机制；在农村生态文明建设工作中，海南省要求继续实施农村环境综合整治规划，提升农村污染防治水平，其中包括乡村生活垃圾收运体系建设、畜禽养殖污染防治、槟榔加工店合理布局和烘烤技术改造、农村沼气建设、农田废弃物回收以及乡村集中式饮用水水源地生态保护等具体措施和要求；要求从加强大气污染防治、水污染防治、农业面源污染防治、重金属和危险废物污染防治以及清洁生产审核等方面着手，加强全省污染防治工作，加强节能减排降耗工作，实施节能减排工程，建设环境友好型社会；指出要严厉查处破坏生态环境违法行为，遏制生态破坏现象发生。加大对环境违法案件查处力度，对偷排偷放、非法排放有毒有害污染物、非法处置危险废物、不正常使用治污设施等恶意违法行为，依法严厉处罚；要推行信息公开，定期公开曝光一批重大环境违法企业。将环境违法信息记入社会诚信档案，将违法企业列入"黑名单"，并在开展企业和企业负责人"评先评优"时实行"一票否决"。建立环境执法社会监督员制度。

2015 年，海南省政府与国家海洋局在海南三亚市签署共同服务"一带一路"建设的框架协议。按照协议，海南将着力建设成为南海资源开发服务保障基地和海上救援基地，进一步加强国家海洋生态文明建设。海南管辖海域面积约占我国的三分之二，拥有中国特有热带海洋生态环境，所管辖海域是国家"一带一路"建设海上互联互通的重要区域。根据协议，国家海洋局支持海南省建设国家南海资源开发服务保障基地，支持海南省"多规合一"改革试点；支持海南省建设完善海洋防灾减灾体系；支持海南省建设全国海洋生态文明建设示范区；支持海南加强与南海周边国家海上交流与合作；支持海南发展海洋科技力量；支持西沙无居民海岛旅游设施建设和生态环境保护。在"支持西沙无居民海岛旅游设施建设和生态环境保护"方面，国家海洋局支持海南积极开发和保护南海岛礁及其海域，帮助海南做好海岛保护规划编制、海岛监视监测体系和管理信息系统建设、领海基点等特殊用途海岛保护工作。根据协议，海南省政府将进一步贯彻落实国家海洋生态文明建设任务，科学、规范、集约管理和使用岸线、海域、海岛资源，加大海洋生态保护执法力度。到 2020 年，海南省自然岸线保有率不低于 60%，近岸海域清洁海水的面积保持在 85% 以上。

● 上海

上海市生态文明建设综述

上海作为中国改革开放的排头兵，推进生态文明建设，任重而道远，要率先走出一条生态文明建设的新路子。在中共上海市委、市政府的领导下，上海市在生态文明建设方面做了一些有益的探索，积累了一定的经验，打下了一定的基础。上海市的污染减排取得新进展，经济发展的质量和效益进一步提高，全市环境质量保持稳中趋好的态势；污染防治更加突出标本兼治，城市污染防控能力进一步提升；环境整治坚持以人为本，老百姓最关心的环境问题得到高度重视和有力推进。上海市闵行区正在创建全国生态文明建设试点区，其探索性的经验值得总结。

上海市历届市委、市政府高度重视生态文明建设和环保工作。特别是2000年以来，本市把环境保护放在城市经济社会发展全局的重要战略位置，在全国率先建立环境保护和建设综合协调推进机制，滚动实施了五轮环保三年行动计划。

2000年以来，在市委市政府正确领导下，上海市围绕建设"四个中心"和实现"四个率先"，将环境保护放在城市经济社会发展全局的重要战略位置，在全国率先建立了环境保护和建设综合协调推进机制，按照"四个有利于"和"三重三评"的指导原则，滚动实施了五轮环保三年行动计划，分阶段解决工业化、城市化和现代化进程中的突出环境问题和城市环境管理中的薄弱环节。

2014年7月，国家发改委等六部委联合印发《关于开展生态文明先行示范区建设（第一批）的通知》，确定上海闵行区等55个地区为首批生态文明先行示范区。

在环保部公布的2014年全国生态文明宣传教育工作绩效评估结果中，上海市以总分106.2分名列全国第七，综合考评优秀。

上海位于我国大陆海岸线中部、长江入海口，依托独特的区位优势和海洋资源，海洋经济已成为上海市国民经济发展新的增长点。发展上海海洋事业、建设海洋生态文明，既是贯彻、对接和服务"建设海洋强国"战略的责任，也是上海拓展发展空间、促进产业转型、维护生态环境及保障城市安全的必然选择。"十三五"期间，上海海洋工作将以《国家海洋局海洋生态文明建设实施方案》（2015年~2020年）为指导，认真贯彻落实各项工作要求和措施，坚持陆海统筹，加强部门合作，全面推进上海海洋生态文明建设，努力建成与国家海洋强国战略和上海全球城市定位相适应，海洋经济发达、海洋科技领先、海洋环境友好、海洋管理先进的海洋事业体系。

2015年11月，上海市环境保护局在上海市政府新闻通气会上就"十三五"上海环境保护的总体思路和主要任务措施进行了披露。根据初步拟定的目标，上海到2020年，主要污染物排放总量继续下降，生态环境质量、生态空间规模、资源利用效率显著提升，基本形成系统完善的特大型城市生态文明制度和环境治理体系。

目前，上海形成了较为全面系统的环境法规体系，修订了《上海市环境保护条例》，出台了《上海市饮用水水源保护条例》《上海市大气污染防治条例》《上海市社会生活噪声污染防治办法》等29项地方法律法规，制定了《半导体行业污染物排放标准》《铅蓄电池行业大气污染物排放标准》等20余项地方环境标准和规范。

上海在生态文明体制改革推进中，逐步建立了三省一市和国家八部委共同参加的长三角区域协作机制。

上海市闵行区生态文明建设实践纪实[①]

2014年7月，国家发改委等六部委联合印发《关于开展生态文明先行示范区建设（第一批）的通知》，确定上海闵行区等55个地区为首批生态文明先行示范区。一直以来，闵行区坚持实施"生态立区"战略，将生态文明建设作为促进全区经济社会转型发展的有效载体，通过滚动实施环保三年行动计划和国家环境保护模范城区、生态区、生态文明试点区创建活动，在具体实践中不断探索工业型城区践行生态文明的"闵行之路"，走上了生态环境不断优化的良性发展轨道。

生态经济发达

调整结构，不断提升产业能级。

十一五以来，闵行区已关停淘汰了1200多家高能耗、高污染、低效益的企业，小化工类企业基本消除。新一代信息技术、高端装备制造、生物科技、新能源、新材料、节能环保、新能源汽车等七大高新技术产业成为区域经济重点，战略性新兴产业基地的打造建设为经济发展形势提供了新的空间。目前，全区经济结构中产业能级有效提升，二产比重不断下降，由72%降到58%；三产比重不断加大，由27%上升到41.5%。

优化布局，提高产业生态效率。

近年来，闵行区实施"3个集中"工程（即工业向园区集中，农业向规模集中，农民向城镇集中）。形成以"闵行经济技术开发区"等六大特色工业园区为载体的工业集聚格局。

强化引导，提高资源能源利用水平。

闵行区积极推进企业开展清洁生产审核、节能技术改造等工作。2013年，全区已有

---

① 《践行生态文明 建设美丽闵行——上海市闵行区生态文明建设实践纪实》，《中国环境报》2014年11月24日第4版。

197 家企业开展清洁生产审核，360 家企业通过 ISO14001 环境管理体系认证，不同层面循环经济试点单位 83 个，形成了以点带面的循环经济发展态势。低碳试点逐步推进，闵行经济技术开发区建设低碳经济园区、新虹街道建设低碳社区列入全国低碳发展园区、社区试点。

生态环境优美

加快环境基础设施体系建设，改善区域面貌。

闵行区加大生态绿地建设，建成区绿化覆盖率达到 39.8%，人均公共绿地面积已达 19.5 平方米，高于上海市平均水平 13 平方米。闵行区先后荣获"世界屋顶绿化最佳城市金奖"、"中国人居范例奖"等荣誉称号，闵行区体育公园、莘庄公园被评为上海市文明示范公园。

完善污水管网建设，建成吴闵北排、春元昆、中北片及浦东地区四大污水收集系统，污水管网 1254 公里，并且结合新农村建设，开展了农村生活污水收集处置为重点的村庄综合改造。区域污水集中收集处理率达到 87.5%，区域水面积率保持在 7% 以上。

大力发展生态农业，推行绿肥种植，实施节水节肥工程，推进稻麦秸秆还田，农业面源污染得到有效控制，区域环境面貌得到明显改善。

完善城市服务功能，推广低碳宜居生活。

闵行区域综合交通体系不断优化，现路网密度 3.23 公里/平方公里，公交线网密度 1.64 公里/平方公里。区内已有轨道交通 6 条线，形成了地面公交与轨道交通相互衔接的公交网络。

对城区实施低碳化改造，结合大型居住社区的建设，严格落实新建建筑节能标准，确保新建民用建筑 100% 采取节能技术，同时对既有建筑实施节能改造。至 2012 年，闵行区完成既有建筑节能改造 470 万平方米，建成万兆碧林湾、万科朗润园、一品漫城等一批低能耗绿色住宅，世博会的"上海人家"的雏形就诞生在闵行。

推进重点领域环境治理，提升区域环境品质。

曾为上海市最重要的老工业基地之一的吴泾工业区，自 2005 年起区域环境综合整治工作启动，至今已实现减排 SO_2 超过 4.93 万吨，减排 COD 为 853.5 吨，区域环境面貌大为改善。

加强交通噪声污染的治理，闵行区在金山支线、沪杭客专等工程中落实了隔声屏障措施，同时"以新带老"，对已建成的 A4、A20 等高速公路实施了沿线噪声敏感点整治，共计投资 1.1 亿元，安装隔声屏 1.8 万余米。

大力开展大气环境治理，制定出台产业结构调整以及锅炉清洁能源替代的专项资金扶持办法，促进企业加快落后产能及污染工艺的淘汰。2013 年，区域平均降尘量较 2010 年下降 36% 以上。

生态机制健全

规划引领，列入重要议题。

闵行区将"生态立区"的理念落实到经济社会发展总体规划和产业规划中。先后组织编制了《闵行区生态建设规划》等。配套制订了"产业结构调整三年滚动计划"等系列行动计划，确保规划有效实施。2013 年，区委开展"闵行生态文明建设的瓶颈及对策研究"重要议题研究，区委常务会议审议通过《闵行区加快推进生态文明建设，建设美丽闵行的决定》。

多方联动，管控环境风险。

2011 年，"闵行区生态文明建设与环保三年行动计划推进领导小组"成立，增强了生态文明建设工作推进的整体性。同时，全区以环境绩效综合考核和污染源分级管理为重点，逐渐形成了推动生态文明建设的区镇协同机制。

全民参与，践行绿色理念。

区政府机关带头开展"绿色办公"，率先使用绿色电力，各机关事业单位全面开展"节约型机关"建设活动，近 3 年机关办公经费和接待费用每年下降约 10%，建筑能耗和人均能耗每年下降 5% 以上。深入推进绿色创建，大力倡导新型生活方式和消费模式，全区已形成 369 个"绿色社区（小区）"，68 个"生态村"，65 所"绿色学校"。

加大投资，支撑环保项目。

闵行区持续加大环保投入力度，区政府将环保类项目资金列入年度财政预算，确保专款专用。2000 年以来，全区环保投入资金累计达 300 亿元，环保投资指数年均超过生产总值的 3%。同时，闵行区积极探索"政府主导、政策扶持、多元投入"的资金筹措方式，建立了市、区、镇（街道、工业区）三级投入机制，把各级政府对环保工作的重视落实到财政投入上。

优化服务，创新管理模式。

通过严格把关与优化服务并重，推动区域污染企业的关停和现有企业的减排增效。近年来，闵行区平均每年否决不符合产业发展导向的污染型项目或可能引起扰民项目 50 个以上。同时，将产业升级、清洁生产、循环经济等优质项目列入环评审批"绿色通道"重点支持项目，对占项目审批总数 10% 左右的项目实施了"绿色通道"审批。建立案件回访和后督察制度，确保整改措施落实。

近 5 年来，累计对 1000 余起环保违法行为作出行政处罚，处罚金额达 2500 多万元。建立重点企业监督员平台，通过座谈会、现场调研会等形式，倾听企业呼声，为企业提供切实有效的环保法律、政策、技术等的指导和服务。在上海市率先建立起农村生态补偿机制，设立系列区级节能减排专项资金，用于企业节能减排、清洁能源替代、清洁生产、循环经济等的奖励。

生态文化繁荣

促进企业自律，引导践行生态文明。

闵行区积极推动实施企业环境行为评价，建立起环保违法企业环境信息强制公开制度、上市企业环保核查制度以及环境质量公报制度，以此为抓手，促进企业环保诚信体系建设。全区目前已有百余家企业（园区）每年发布环境质量报告书，一批企业走进环保公益的行列，成为弘扬生态文化的生力军。可口可乐饮料（上海）有限公司向社会开放，共享企业环境教育资源，成为首批"上海市环境教育基地"；奥特斯（中国）有限公司、上海米其林轮胎有限公司分别与政府合作启动"绿动社区"项目，深入社区每年滚动实施系列环境宣传和实践活动；闵行经济技术开发区内72%以上的企业加入到"共同环境行为宣言"签署行动中，组建起"绿色企业联盟"。

推广生态项目，普及公众绿色理念。

围绕"六五"世界环境日、世界水日活动，开展生态文明主题宣传教育活动，号召市民用实际行动改善生态环境和保护我们的家园，自觉践行绿色发展的环保理念。闵行区培育了"生态文明百场宣讲活动""生态文明校园行活动""生态文明结对共建活动"等一批面向社会不同层面、特色鲜明的生态文明宣教和实践活动项目，并形成品牌化设计、项目化推进、社会化运作开展生态文明宣教的长效机制。

注重实践导向，推动公众绿色行动。

闵行区以绿色系列创建为载体，搭建公众参与生态文明建设的有效平台。现已建成国家级和市级绿色社区8个，建成区级绿色社区323个。全区7个镇创建为国家生态镇，"绿色小区"覆盖率达到40%以上，在全市区县中名列前茅。不同类型环保科普基地17个。200多个居民小区和一批机关、学校企事业单位、公园实施垃圾分类减量试点。全区人均生活垃圾处理量每年减量5%，固体废弃物资源化利用率达到30%以上。政府部门与多个社团组织联合推出了系列环保公益项目，持续开展了"光盘行动""我们相约不放烟花""绿色出行""绿色大冲浪，环保也快乐"等系列环保活动，NGO、NPO组织，环保志愿者团体蓬勃发展，2008年保护母亲河志愿者行动入围"福特汽车环保奖"，2012年环保志愿者张更大被评为"上海市十大杰出志愿者"之一。

● 北京

北京市生态文明建设综述

近年来首都以绿色发展为理念，加快转变经济发展方式，全面打响"城市病"治理攻坚战，生态文明建设取得重大突破。

多年来，为形成合理的城市布局，控制城市无序发展，北京对城市功能和规划布局加强研究，大力推动生态文明建设。尤其是面对人口过快增长、环境污染、交通拥堵等日益突出的"城市病"，北京于2014年启动了城市总体规划的修改工作，以期为生态文明建设长远发展开拓新的空间。同时，强化科技创新驱动，大力发展循环经济，加快构建绿色生产体系、绿色消费体系和绿色环境体系。

针对日趋尖锐的"城市病"，北京着力开展生态环境建设，先后实施了京津风沙源治理、三北防护林等一大批生态环境建设工程。特别是2012年起实施了平原百万亩造林工程，目前已完成造林90多万亩。工程完成后，平原地区的森林覆盖率将从不足15%提高到25%。

此外，北京还强化机动车污染控制，加快更新淘汰老旧机动车80多万辆。退出污染企业近600家，压缩水泥产能150万吨，农村地区换用优质煤30多万吨、减少用煤40多万吨。同时加快垃圾减量化设施建设，提高垃圾处理资源化、无害化水平，城八区、郊区生活垃圾无害化处理率分别达到97%和60%。

2013年，北京市生态文明和城乡环境建设动员大会召开后，首都文明办发出倡议，号召广大市民积极参与，从我做起，携手建设美丽北京，共享生态文明成果。

2014年，北京市密云县等57个地区纳入第一批生态文明先行示范区建设，同时明确了57个地区的制度创新重点。

首批生态文明先行示范区建设将体现生态文明要求的领导干部评价考核体系、资源环境承载能力监测预警、生态补偿机制、污染第三方治理、国家公园体系、探索健全国有林区经营管理体制等30多项创新性制度纳入各地方实践探索重点。

2015年2月13日，北京市委、市政府组织召开首都生态文明和城乡环境建设动员大会，总结2014年首都生态环境建设工作情况、部署2015年重点工作。

2015年10月30日上午，北京市政府召开常务会议，研究提升生态文明水平、促进国际一流和谐宜居之都建设等事项。北京市委副书记、市长王安顺主持会议。会议研究了《关于全面提升生态文明水平促进国际一流和谐宜居之都建设的实施意见》（以下简称《实施意见》），强调要全面贯彻党的十八大和十八届三中、四中、五中全会精神，深入学习贯彻习近平总书记系列重要讲话和对北京工作的重要指示精神，高度重视、切实抓好

《实施意见》的贯彻落实，确保取得成效。要坚持生态环境治理修复和生态文明制度建设两手抓，统筹生态建设与农民增收，实现经济社会发展与生态环境保护双赢。要扎实推进生态文明建设各项工作，不断提升首都经济社会可持续发展能力，加快建设国际一流的和谐宜居之都。

随着中央《关于加快推进生态文明建设的意见》的发布，京津冀跨区域生态文明建设也将进入快速发展的新阶段。从保护区域水环境，到共同防治大气污染，从绿色生态屏障建设，到构建区域旅游合作廊道，涵盖范围非常广泛。

林业方面，重点加强区域之间的生态廊道对接，协同推进区域性重大生态工程，共同建设一批跨地区、跨流域的国家公园，形成环首都国家公园，在更大范围内改善和提高区域生态承载能力。

京冀则共建生态文明先行示范区，环首都筑"绿色长城"。北京延庆和张家口怀来、赤城三县持续开展风沙源治理工程，投资额增加至 7.7 亿元。不断提高的森林覆盖率，为北京"青山绿水"保驾护航。同时，不断改善的沙区生态环境，也会促进区域经济社会的可持续发展。

北京市积极运用标准化手段加快
推进生态文明建设①

2015 年 4 月 25 日，中共中央、国务院印发《关于加快推进生态文明建设的意见》。4 月 28 日，国务院常务会议研究按照《大气污染防治行动计划》，加快推进成品油质量升级国家专项行动。会议要求，适应日益严格的排放标准，是改善环境、治理雾霾等污染，促进绿色发展、增添民生福祉的重要举措，也有利于扩大投资、促进企业技术改造和消费需求。

北京市积极落实中央要求，主动适应经济新常态，发挥标准化在推进首都治理体系和治理能力现代化中的基础性、战略性作用，加快推进生态文明建设。5 月 13 日，市委常委会审议并原则通过《关于加强城市管理与服务标准化建设的意见》，就运用标准化手段推进城市管理与服务做出全面部署。

近期，北京市有关部门采取一系列措施推进工作落实。

4 月 30 日，市质监局发布《清洁生产评价指标体系——汽车整车制造业》《卫生陶瓷单位产品能源消耗限额》《固定污染源监测点位设置技术规范》等 22 项地方标准。

5 月 1 日，《供热锅炉综合能源消耗限额》《商场、超市能源消耗限额》等地方标准开始实施。

---

① "北京市积极运用标准化手段加快推进生态文明建设"。（http://bj. people. com. cn/n/2015/0529/c82840 - 25058505. html. ）

5月13日，市政府批准，市质监局、市环保局发布《锅炉大气污染物排放标准》《炼油与石油化工大气污染物排放标准》《印刷业挥发性有机物排放标准》《木质家具制造业大气污染物排放标准》和《火葬场大气污染物排放标准》5项地方标准，将于7月1日起实施。五项标准规定的污染物排放限值均达到国际先进水平，标准的发布与实施将对本市进一步加强大气污染防治，以及改善空气质量产生显著环境效益。

5月25日，市环保局、市质监局、市公安局公安交管局发布《关于实施重型柴油车第五阶段排放标准的公告》，经国务院批准，自2015年6月1日起，凡申报北京环保目录的重型柴油车（发动机）其污染物排放必须符合《车用压燃式、气体燃料点燃式发动机与汽车排气污染物排放限值及测量方法（中国Ⅲ、Ⅳ、Ⅴ阶段）》国家标准（GB17691－2005）、《车用压燃式、气体燃料点燃式发动机与汽车排气污染物限值及测量方法（台架工况法）》地方标准（DB11/964～2013）和《重型汽车排气污染物排放限值及测量方法（车载法）》地方标准（DB11/965～2013）中第五阶段排放控制要求。北京市成为全国第一个全面实施第五阶段机动车排放标准的地区。

根据2014年发布的《北京市大气环境PM2.5污染现状及成因研究》显示：常年情况下区域污染传输占北京市PM2.5污染的28%～36%，本地污染排放占64%～72%。在本地污染排放中，汽车尾气占31.1%，燃煤排放占22.4%，工业污染排放占18.1%，扬尘排放占14.3%，农业、餐饮油烟、汽修等其余污染排放占14.1%。北京市坚持问题导向，在市委、市政府领导和首都标准化委员会统筹协调下，通过建立完善标准体系、设立百项节能工程等手段，各行业部门齐抓共管，充分运用标准化手段有针对性做好生态文明建设工作。

一 加大控车减油力度，削减机动车污染排放

北京市机动车保有量已经突破了560万辆，机动车尾气污染成为大气污染的最主要来源。通过标准的制修订，加强经济政策引导，强化行政手段约束，使全市机动车结构向更加节能化、清洁化方向发展。

2012年，发布实施第五阶段《车用汽油》《车用柴油》两项地方标准，在全国率先实施了第五阶段油品标准，标准中规定硫的含量比原来的标准严格了5倍，有效降低了硫化物含量的排放浓度。

2013年，发布《轻型汽车（点燃式）污染物排放限值及测量方法（北京Ⅴ阶段）》地方标准，在全国率先执行第五阶段轻型车排放标准。据初步测算，标准实施后单辆机动车排放的氮氧化物将减少43%左右，对缓解北京市机动车污染、改善空气质量起到了重要作用。组织实施《车用压燃式、气体燃料点燃式发动机与汽车排气污染物排放限值及测量方法（台架工况法）》《重型汽车排气污染物排放限值及测量方法（车载法）》《非道路机械用柴油机排气污染物限值及测量方法》《在用非道路柴油机械烟度排放限值及测量方法》地方标准，强化排放管理。

2014年，发布实施修订后的《摩托车和轻便摩托车双怠速污染物排放限值及测量方法》《汽油车双怠速污染物排放限值及测量方法》《柴油车自由加速烟度排放限值及测量方法》等地方标准。

2015年，将研究第六阶段车用燃油地方标准指标限值并开展车油适配实验、基本完

成国家第六阶段机动车排放标准初稿编制工作作为清洁空气行动计划 2015 年工作措施，积极推进。

北京市积极参与电动汽车国家标准创制。2010 年起率先在全国开展电动汽车及充电设施相关标准研制工作，成立电动汽车产业标准化工作组开展研究工作。2015 年 4 月，国家标准委公布 2015 年第一批国家标准立项计划，《城市公共设施——电动汽车充电设施安全技术防范系统要求》《城市公共设施——电动汽车充电站、电池更换站运行管理服务规范》2 项由北京市标准化研究院联合相关单位组织起草。

二　压减燃煤，削减燃煤污染排放

北京市坚持能源清洁化战略，因地制宜规范清洁能源的建设使用，通过标准的发布实施保证"减煤换煤"和煤改电的建设需求。

2014 年，发布实施《低硫煤及制品》地方标准。该标准要求所有用煤企业不管是民用还是工业，都必须使用硫的含量小于等于 0.4% 低硫煤，此项指标优于国家特低硫煤分类指标，从源头控制燃煤二氧化硫的排放。标准中也对工业用及民用煤灰分指标进行了分别规定，在保证热值的前提下有效减少了固体污染物的排放。为防止散料储存、运输、销售过程中产生粉尘污染，该标准对民用煤，除蜂窝煤之外，还要求必须使用包装袋或包装箱进行包装，并对产品进行批次、生产日期等信息的标注，以便于问题产品的质量追溯等。

三　强化清洁生产和能耗限额管理，削减工业污染排放

北京市加强对工业领域清洁生产工作的总体指导，先后制定发布《工业企业清洁生产审核报告编制技术规范》《工业清洁生产审核技术通则》地方标准。在汽车整车制造业、医药制造业、家具制造业、印刷业、石油炼制业等耗能高、污染重的领域重点推进清洁生产工作，制定发布 5 项清洁生产评价指标体系地方标准。

根据北京市构建高精尖经济结构的总体布局，选择关键发展产业和重点耗能领域，制定发布数控机床、液晶显示器、普通乘用车、原油加工等 25 项单位产品能源消耗限额地方标准，移动通讯基站、数据中心等 2 项能效分级地方标准，充分发挥标准作为市场准入与退出的调控杠杆作用。

四　推进城市精细化管理，削减扬尘污染排放

2014 年，北京市发布实施《建筑垃圾运输车辆标识、监控和密闭技术要求》地方标准，对建筑垃圾运输车辆运营、车箱密闭的技术内容进行了具体规定，有效抑制扬尘污染、杜绝遗撒渗漏、控制超载超速、查处随意倾倒，是全国率先推出智能化渣土车相关标准的城市。实施《城镇污水处理能源消耗限额》地方标准，让污水处理更合理用能，起到了节能减排作用。加强了对北京已建成 41 座大中型污水处理厂、50 座城镇小型污水处理厂的能耗审核，污水处理后达到一级 B 类标准，总体节能 8% 左右。这也是全国首个针对污水处理能耗限额的标准。

2015 年，实施《供热锅炉综合能源消耗限额》标准实施，预测年降低能耗 2.5% 左右，节约能源 35 万吨标准煤左右。实施《商场、超市能源消耗限额》地方标准，预计节约电力 10.36%，节约标准煤 9.23%。实施《电梯节能监测》地方标准，指导电梯能效监测及其能效评定工作。实施《公交专用车道设置规范》地方标准，针对首都公共交通发展特点，首次明确双向 2 车道道路也可施划专用道。标准中还规定了借道区和公交专用导向车道的设置方法，促进公交专用道网络化。根据对标准实施效果的预测，北京市公交专用道里程将达到 580 公里以上，更加适合北京绿色交通、绿色出行的发展要求。

北京市房屋建筑类建筑施工，年开复工为 1.9 亿平方米，3300 多个施工现场，轨道工程 100 个标段，近 200 公里。2014 年以来，通过实施《预拌混凝土绿色生产管理规程》和《绿色施工管理规程》地方标准，对全市建设工程施工现场节能、节地、节水、节材和环境保护方面起到了重要的作用，提升了全市建设工程项目安全生产和绿色施工管理水平。通过实施《再生混凝土结构设计规程》《城镇道路建筑垃圾再生路面基层施工与质量验收规范》等地方标准，有效利用建筑垃圾资源，解决了建筑垃圾乱堆乱倒和无序填埋现象，进一步保护了生态环境资源。

五　加强园林绿化建设，营造优美生态环境

北京市启动平原地区 100 万亩造林工程，提升城市宜居环境和广大市民生活品质。围绕工作需求，制定实施《平原地区森林生态体系建设技术规程——景观生态林》《平原地区森林生态体系建设技术规程——公路、铁路、河流绿化带》等系列标准，有效地指导了造林工程，确保了首都景观生态林建设的科学性与可操作性，确保了成林后生态效益的最大化，对提高首都重点园林绿化工程的质量和水平奠定了坚实的技术和管理基础。作为我国首批的 7 个碳排放权交易试点省市之一，林业碳汇作为重要的补充抵消机制被纳入了全市的碳排放权交易体系当中。发布实施《林业碳汇计量监测技术规程》地方标准，为增汇目标的科学统计提供技术支撑，规范行业减排增汇目标量化工作的开展。北京湿地不仅具有涵养水源、调蓄洪水、调节气候、净化污染、提供野生动植物栖息地等生态功能，也为人们提供了丰富的产品资源、历史古迹和休闲观光场所等社会服务功能。目前正在组织修订 2010 年发布的《北京市级湿地公园建设规范》《北京市级湿地公园评估标准》地方标准。

六　加强地方标准管理，鼓励创制相关技术标准

北京市加强地方标准全流程管理，确保地方标准质量。2013 年明确了每项节能标准的归口部门负责复审工作，建立了节能标准的复审机制，从 2014 年起每年对发布满五年的地方标准进行复审，根据产业政策的调整、节能技术的发展、社会需求的变革对节能标准进行及时修订。经复审，2014 年启动修订《用水器具节水技术条件》《绿色建筑评价标准》《电力变压器节能监测》等 6 项节能标准。2015 年启动修订《村镇住宅太阳能采暖应用技术规程》等 3 项节能标准。2014 年起建立节能地方标准实施情况年度报告制度，对节能地方标准实施情况进行统计、分析与评价，加强能效能耗数据监测和统计分析。同时，充分发挥北京市技术标准制修订补助资金的引导作用，对创制节能领域国际标准、国

家标准、行业标准以及地方标准进行重点鼓励。在北京市重点发展的技术标准领域和重点标准方向中，将资源节约与环境保护标准列为九大重点领域之一。"十二五"规划截至以来，共计补助节能环保领域国际标准、国家标准、行业标准、地方标准110项，投入补助金额727万元，涌现出一批诸如《供热系统节能改造技术规范》（国家标准）、《移动通信手持机节能参数和测试方法》（行业标准）、《废胎橡胶沥青路用技术要求》（地方标准）等节能效益高、经济效益好的优秀标准。

2014年，北京主要污染物二氧化硫、氮氧化物、化学需氧量和氨氮排放总量比上年分别下降9.35%、9.24%、5.40%和3.82%，提前超额完成"十二五"时期污染减排任务。全年能源消费总量控制在7454.5万吨标准煤，万元GDP能耗同比下降5.5%，降至0.349吨标准煤，成为全国最低，提前一年动态完成"十二五"节能目标。截至2015年4月，北京市共发布涉及节能环保、污染治理类地方标准227项，约占已发布地方标准的五分之一。这些地方标准的发布实施，为北京市构建高精尖经济结构、推进生态文明建设发挥了重要作用。但北京市仍然面临人口规模调控难度大、资源环境约束趋紧、大气污染和交通拥堵治理需要付出长期艰苦的努力的局面。北京市将认真落实国务院标准化体制改革工作方案，加强统筹协调，进一步发挥标准化在生态文明建设中的基础性、战略性作用，扎实推进世界一流和谐宜居之都建设。

● 重庆

重庆市生态文明建设综述

重庆地处三峡库区腹心地带，是长江流域重要生态屏障和全国水资源战略储备库，作为中西部地区唯一的直辖市和国家重要的中心城市，肩负着市域生态环境建设和三峡库区水资源保护的重要使命。加强重庆市的生态文明建设，不仅事关重庆的发展和环境改善、我国西南地区的生态安全，也事关三峡工程的长远效益、长江经济带的可持续发展。必须进一步加强认识，加大改革创新的力度，努力做好建设生态文明城市这篇大文章。

2013 年 3 月 19 日，重庆市委书记孙政才在"传达学习习近平总书记重要讲话和全国'两会'精神电视电话会议"上指出，要把生态文明建设放在突出位置，着力推进绿色发展、循环发展、低碳发展，绝不能以牺牲生态环境为代价追求一时的经济增长，绝不能以牺牲绿水青山为代价换取金山银山，绝不能以影响未来发展为代价谋取当期增长和眼前利益，绝不能以破坏人与自然的关系为代价获取表面繁荣。"四个绝不能"昭示市委、市政府建设生态文明的决心和力度。

在 2013 年至 2017 年的 5 年间，重庆将投入 588 亿元开展五大环保行动，助推重庆市生态文明建设，五大环保行动是重庆市未来几年全力推进生态文明建设的重要战略部署，包含 6000 余项工程项目和工作措施，其中蓝天、碧水、宁静行动以主城区为重点，而绿地、田园行动则以区县农村为重点。

2014 年 11 月 6 日，重庆市生态文明建设大会召开，市委、市政府下发了《关于加快推进生态文明建设的意见》。这份意见是重庆市委、市政府经过一年多调研，并融入了中央关于生态文明建设的最新要求形成的。重庆是长江流域重要生态屏障和全国水资源战略储备库，在全国生态文明建设版图上有特殊地位。重庆市委提出了"五个绝不能"：绝不能以牺牲生态环境为代价追求 GDP 和一时的经济增长，绝不能以牺牲绿水青山为代价换取所谓的"金山银山"，绝不能以影响未来发展为代价谋取当前增长和眼前利益，绝不能以破坏人与自然的关系为代价获得表面繁荣，绝不能对当前环保突出问题束手无策、无所作为，对苗头性问题疏忽大意，无动于衷。

优化国土空间开发格局是《意见》部署的重要内容。重庆将依据五大功能区域定位，科学定位生产空间、生活空间和生态空间。例如，城市发展新区要充分利用山脉、河流、农田形成的自然分割和生态屏障条件，建设组团式、网络化、人与自然和谐共生的产业集聚区和现代山水田园城市。重庆还提出几条保护"红线"，全市耕地、林地、森林面积分别不低于 3000 万亩、6300 万亩和 5600 万亩。

《意见》还要求进一步转变经济发展方式，加快构建技术和资本含量高、资源消耗少、环境污染低的产业结构。五大功能区域将实施产业投资"禁投清单"政策。为了加强生态环保的法治和制度建设，重庆将全面清理现有法规规章中和生态文明要求不一致的内容，加大对污染、浪费等处罚力度，违法排污不作为将被依法按日计罚。同时，促进重点排污单位的环境信息公开，建立企业环境行为信用评价制度，定期公布评定结果和违法者名单，让"排污大户"更多地接受公众监督。

充分利用市场化机制是重庆此轮"生态攻坚"的一大特点。在改革生态环保的投融资体制上，由于生态环保基础设施项目投资大、成本回收周期长，对社会资本吸引力不强，重庆成立了水务（水务资产公司）、水投（水利投资有限公司）等国有融资平台，拓宽了建设融资渠道。在健全环境资源市场上，要求健全排污权有偿使用和交易制度，建立资源与环境交易所，培育壮大碳排放权交易市场等。

2014 年重庆生态文明建设报告[①]

2014 年 11 月，重庆市出台了《加快推进生态建设意见》，提出到 2020 年，努力将重庆建成为碧水青山、绿色低碳、人文厚重、和谐宜居的生态文明城市，实现全市生态文明水平与全面建成小康社会相适应的总目标。

回首 2014 年，重庆市在生态文明建设中可圈可点。本报告从重庆市生态文明建设的理念目标、生态文明建设水平在全国的位置、五大功能区规划的生态图景以及环保、林业等相关部门在生态文明建设中的作用等诸方面，系统考察和呈现了 2014 年重庆在生态文明建设上的进展。

重庆建设生态文明的理念清晰、目标明确，顺应自然、尊重规律和法治被提到了空前的高度。和全国不少省、区、市相比，重庆的生态环境相对较好，改善生态环境的压力也并非最大，但重庆在生态文明建设的推进力度上却非常大。

同时，重庆对各项生态议题的关注比较均衡，应对生态环境问题也更加注重综合治理。在缓解经济发展与生态文明建设之间的矛盾上，重庆有了诸如五大功能区规划这样的战略布局，力图谋求经济社会的可持续发展和生态的持续改善。

一 重庆生态建设的目标和理念

生态文明是反映人与自然和谐程度的新型文明形态，是人类文明进步的重大成果。重庆提出的生态文明建设目标，包括建成长江上游地区的重要生态屏障；转变发展方式，实现经济社会可持续发展；保护传承好历史文化遗产，实现自然地理、人文历史、现代文明的有机融合、包容发展；最终创造一个人与自然亲近、人与人和睦、人与社会和谐的美好

[①] "2014 年重庆生态文明建设报告"。（http://news.takungpao.com/special/2015cqnianbao/）

家园。目标体现了"生态文明"四字的真义。

在生态文明建设中，重庆的理念和做法也非常鲜明。

首先，少了"人定胜天"的霸气，多了尊重自然、顺应自然、保护自然的谦卑。

几年前，重庆斥巨资力推"森林工程"，开展冒进的"换树行动"，有的用外来树种取代本土树种，结果造成水土不服。具有丰富"三农"工作经验的孙政才，深谙尊重自然规律的重要性，认为盲目追求"人定胜天"或许要自酿苦果。他说："我们还是要种树，但是要种植适合重庆生长的树。"

在全市生态文明建设大会上，孙政才引用了美国生物学家蕾切尔·卡逊（Rachel Carson）的名著《寂静的春天》、罗马俱乐部《增长的极限》报告和联合国《我们共同的未来》宣言等重要文献，强调称坚持走可持续发展道路、实现人与自然和谐相处已经成为当今世界的发展大势。他还引用《礼记》《管子》等中国经典古籍，阐述了人与自然和谐相处的生态哲学思想。他着重指出建设生态文明，就是要树立尊重自然、顺应自然、保护自然的理念。

其次，将生态文明建设进一步纳入法治轨道，强调依法推进。

在重庆市生态文明建设过程中，法治被屡次提到，重庆主政者认为"法治管长远、管根本，建设生态文明必须依靠法治"。

重庆还特别强调要强化司法保护，健全完善行政执法与刑事司法衔接机制，严厉打击生态环境犯罪行为，对污染环境、浪费资源、破坏生态等违法行为实行零容忍。而对各类环境纠纷，也鼓励通过司法渠道解决。

具体做法上，重庆清理了现有法规规章中与生态文明建设要求不一致、相脱节的内容，加快制定和修订生态环境保护、资源能源节约、循环经济等重点领域的地方性法规规章。在重庆环保局的工作报告中，首要的工作任务就是贯彻落实新《环保法》，加快构建规范严谨的环境法治体系。

第三，提出要处理好生态文明建设与经济发展的关系，既要金山银山，又要绿水青山。

中共中央赋予重庆加快建成城乡统筹发展的直辖市、国家重要中心城市、长江上游地区经济中心、国家重要现代制造业基地以及西南地区综合交通枢纽等重大战略定位。对重庆来说，发展仍是第一要务。但面对生态环境负荷日益加重的趋势，重庆也在努力走出一条与生态文明建设要求相适应的可持续发展道路，求得经济发展和生态文明建设的平衡。

为此，重庆提出严守生态文明建设"五个决不能"的底线：决不能以牺牲生态环境为代价追求一时的经济增长；决不能以牺牲绿水青山为代价换取所谓"金山银山"；决不能以影响未来发展为代价谋取眼前利益；决不能以破坏人与自然关系为代价获得表面繁荣；决不能对突出问题束手无策、无所作为，对苗头性问题疏忽大意、无动于衷。

具体做法上，重庆进一步推动促进发展理念转变，制定诸如产业禁投清单、发展生态旅游等措施。特别需要指出的是，重庆降低了对五大功能区中生态涵养发展区和生态保护发展区的 GDP 考核要求，提高了生态环境保护指标的权重，实行差别化财税政策。

二　2014 年重庆生态文明建设的整体态势

在 2014 年的重庆市政府工作报告里，黄奇帆市长称：2014 年重庆市区空气质量优良天数达到 246 天（2013 年为 206 天），PM2.5 平均浓度下降 7.1%，城市生活污水、生活垃圾处理率分别达到 90% 和 99.5%。单位生产总值能耗和碳排放分别下降 3% 和 2.5%，国家下达的节能减排任务超额完成。完成营造林 320 万亩，全市森林覆盖率达到 43.1%，建成区绿化覆盖率达到 42.1%。渝东北生态涵养发展区、渝东南生态保护发展区成为国家生态文明先行示范区，金佛山成功列入世界自然遗产保护名录。

2014 年 11 月，重庆出台《关于加快推进生态文明建设的意见》，并为此还专门召开全市大会。《意见》中提出了 30 多项推动生态文明建设的各类措施，将生态文明建设提升到一个空前的高度。力度之大，在全国其他省市中是不多见的。

为考察 2014 年重庆生态文明建设的战略动向和其在全国的水平，我们选取了重庆、北京、天津、内蒙古、上海、浙江、江苏、山东、河南、福建、陕西、湖南等 12 个省区市作为研究样本（其中地区选择上涵盖了华北、华南、华中、华东等地区）。与重庆相比，这些省区市的生态问题有与重庆相当的，也有异常严峻的，还有相对优于重庆的。

在 12 个省区市的 284 次省政府常务会议，一共提到 129 次生态文明相关话题，平均每个省提及次数为 10.75 次。

从图 1 中可以看出，2014 年重庆市政府常务会议次数和提及生态议题的次数在各省区市中都位居第一（提及次数与北京并列第一），这从一个方面说明了生态文明建设在重庆政务工作中的"分量"。

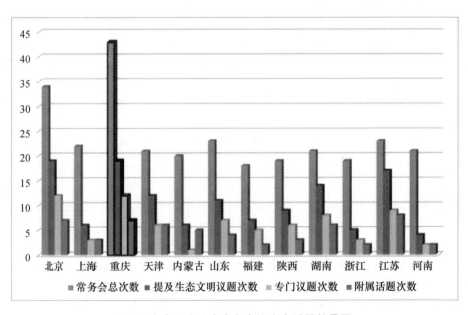

图 1　各省区市政府常务会议生态话题数量图

生态议题的"专门议题次数"，是指就生态问题"听取汇报、研究讨论、审议文件、会议特别强调"等的次数。统计发现，12 个省区市政府常务会议将生态列为专门议题共 74 次，平均次数为 6.17 次。从绝对值看，北京、重庆次数最多，均为 12 次。

"附属话题次数"是指生态以附属性议题出现的次数，各省市为 2 至 8 次不等，但仍以重庆、北京、江苏三地次数最多。

总体看，发达省区市对生态的关注度要显著高于欠发达地区，在常务会议中，东部地区也比西部地区更多的涉及到了生态文明建设议题。但重庆作为西部的一个直辖市，其表现却打破了这种常规。从中可见，重庆当政者在施政过程中对生态文明的重视。

我们以各省区市常务会议通稿为参照，统计了12个省区市常务会议上各项生态环保议题的出现频次。

从图表2可以看出，在大气、水资源、土壤、垃圾、能源、森林、气象等议题上，各地呈现出很大的不同。东部沿海地区的浙江、福建在水治理方面着力较多，而北京因其特殊的城市功能定位和经济社会发展情况，环保工作任务最多最重，压力也最大。

	北京	天津	上海	重庆	内蒙古	浙江	江苏	山东	湖南	福建	河南	陕西
大气	12	2	1	1		1	3	3	1	1		
水	11	2	2	1	1	2	1	1	2	4	1	2
土壤	4	1		1		1		1	2	1		1
垃圾	6			1								
森林	2			2				1	1		1	
旧能源	1	2	2	1				1				1
新能源		1	1	1						1	1	1
气象			2	1			1	1	2		1	1

图2 各省政府常务会议生态议题分布图

而重庆的关注点则比较平均，每个议题都有关注，这与重庆市生态文明建设中的综合治理，协调均衡发展的理念相吻合。

此外，林业发展议题在重庆的生态议题中出现了两次，这体现了"森林重庆"的威力，凸显了区域优势和区域特色。

在2014年，各省级政府在推动生态文明法治建设上力度很大，我们选取了"政府""政府函""政府办""府办函"等主要的官方文件发布形式，统计出了12个省级政府在2014一年中发布的文件、通知，并统计分析了其中涉及生态文明建设的部分。

从图3可以看出，各地发布生态环保类文件总计达314份，平均发布26份，生态文明制度建设正在成为中国地方政府在落实中央生态环保改革精神的重要途径。从环保类文件占文件总数的比例看，重庆、北京、湖南、上海、山东、河南、江苏、福建等均超过10%。

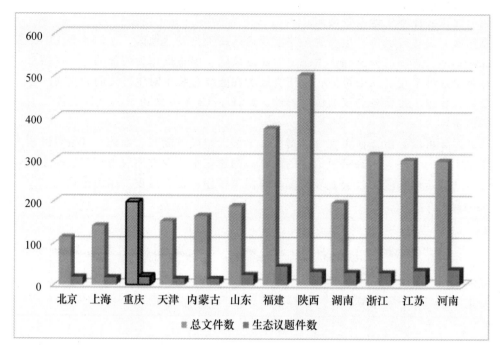

图3 文件中的生态建设图

以此来看，利用文件、通知、批示等形式加强生态文明建设，已经成为一项重要的施政手段，制度化的生态文明建设在地方政府运行中得到了推广运用。在这方面，重庆与各地大体相当。

除以上三项外，考虑到各地生态议题的差异性，我们选择了共性较大的大气治理为参考项，将各地2014年政府工作报告中所列生态成绩对应到头一年提出的目标上，看看哪些省份如期完成任务，哪些省份在环保工作上依然困难重重。数据显示，仅重庆、天津、浙江、江苏四省市公布了全年PM2.5平均浓度下降的具体数据，分别为7.1%、13.5%、13%、9.6%，其他省份因种种原因并未公布，而是代之以概括型表述，比如有几个省份称"完成国家年度任务""提前一年完成十二五目标"等。

当前，生态文明在各地施政清单上的重要性得到提升，但生态文明建设尚未摆脱"边污染边治理"的怪圈，本质上说，这些纠结与矛盾是经济和生态博弈的结果。从这个意义上说，重庆提出的生态文明建设"五个决不能"颇具指导意义。

三 五大功能区的生态图景

2013年9月，重庆提出了"五大功能区"的战略规划，将全市分为都市功能核心区、都市功能拓展区、城市发展新区、渝东北生态涵养发展区、渝东南生态保护发展区五个功能区域。根据五大功能区域资源禀赋、发展定位、比较优势，发展循环经济、低碳经济和节能环保产业，功能区划分意图从根本上缓解经济发展与生态文明建设之间的矛盾，实现可持续发展。

"五大功能区"中与生态建设直接相关的就包含了"渝东北生态涵养发展区"和"渝

东南生态保护发展区"两个，这两个区域已经成了国家生态文明先行示范区，落实"面上保护，点上开发"原则，集约高效利用资源，严格执行环境保护政策。都市功能核心区、都市功能拓展区、城市发展新区，在发挥引领和辐射带动作用的同时，也被赋予承担生态环保的责任。

图表 4 是 2014 年重庆市委书记孙政才和市长黄奇帆的区县调研统计。从图中可以看出，除了被定位为"全市未来工业化城镇化主战场"的城市发展新区最受重庆主政者关注外，重庆的生态两翼（渝东南生态保护区与渝东北生态涵养发展区）也颇受重庆市领导的关注。2014 年，孙政才和黄奇帆共走访了两区域 17 区县中的 16 个，调研次数为 23 次，调研主题涉及生态环境、扶贫开发和农业等。调研路线图从侧面反映出重庆经济建设和生态文明建设呈现齐头并进的局面。

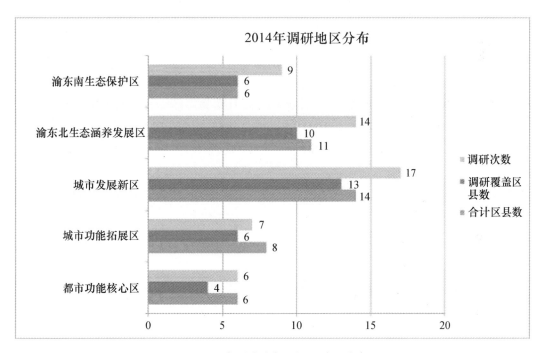

图 4　2014 年重庆市领导调研地区分布图

孙政才格外关注生态两翼的发展建设。2014 年，孙政才调研了渝东南生态保护区与渝东北生态涵养发展区 17 区县中的 15 个，调研次数为 17 次。其中，位于渝东南生态保护发展区的黔江和渝东北生态涵养发展区的忠县等区县格外受到关注，黔江正朝着山地特色品质城市迈进，而忠县则正在致力于打造成渝东北生态涵养发展示范县。

2014 年，重庆都市功能核心区和拓展区空气质量优良天数达到 246 天，同比增加 40 天。其余三大功能区的 31 个区县（经开区）城区，空气质量优良天数均达 318 天以上（按照老标准评价）。全市地表水水质总体良好，三峡库区水质保持稳定，长江干流水质为优，城乡饮用水源总体安全。

作为生态文明建设的重要执行者，重庆市环保局在生态文明建设中责任巨大，压力巨大。根据《加快推进生态建设意见》细化的 194 项具体工作任务中，环保部门牵头的任务有 71 项，作为配合和责任单位的任务有 51 项。

为此，重庆市环保局在生态建设中尝试了不少创新举措，如发起成立规模为 10 亿元的全国第一支环保产业股权投资基金，将把排污权以废气票、污水票、垃圾票形式进行交易及抵押融资，促进城乡环境资源资本有序流动。赋予各区县环保部门更大的权力，给区县下放 45 类 90 种环保项目审批权限。推动建立环境保护行政执法与刑事司法衔接机制，市公安局成立环境安全保卫总队，市高法院在各功能区的万州、涪陵、黔江、渝北和江津区设立环境资源审判庭。

2014 年，五大功能区中的铜梁、黔江、南岸、九龙坡等 14 个区县相继召开了生态文明建设大会。涪陵、彭水等 9 个区县也制定出台了生态文明建设实施意见。

此外，林业部门也是重庆生态文明建设中的大户。在五大功能区林业发展的定位中，都市功能核心区被定位为精品林业展示区，突出林业的生态宜居支撑功能；都市功能拓展区被定位为主城生态屏障区，突出林业的生态屏障和生态隔离功能；城市发展新区被定位为城乡林业统筹发展区，突出林业在城市集群发展中的生态支撑作用；渝东北生态涵养发展区被定位为三峡库区重要生态屏障区，突出林业的涵养水源、保持水土、维护生物多样性以及提供生态产品等多种功能；渝东南生态保护发展区被定位为武陵山重要生态屏障区，突出林业的生态保护、森林旅游、生态产业以及生物质能源基地等功能。

在五大功能区的生态图景中，重庆希望发挥各功能区域的最大优势和整体生态效益，形成推进全市生态文明建设的合力。

四　重庆市六项措施谋划推进全市林业生态文明建设

2014 年 9 月 16 日，重庆市林业局召开专题会议，传达学习市委、市政府关于生态文明建设系列决策部署，谋划加快推进全市林业生态文明建设，研究制定六项工作推进措施。

一是统一林业生态文明建设指导思想。充分认识林业在生态文明建设中的首要地位，大力实施五大功能区域发展战略，把"五个绝不能"作为林业生态文明建设的底线和红线，严格遵循"面上保护、点上开发"的发展路径，全面谋划林业生态治理、修复、保护和利用等各项工作。

二是修改完善《重庆市推进生态文明建设（林业）规划纲要》。在市政府第 43 次常务会议审查意见的基础上，按照市委市政府生态文明建设新的要求，充分吸纳市级有关部门合理意见，进一步体现重庆林业生态建设的特点、任务、措施和行动，为今后一段时间全市林业生态文明建设提供行动指南。

三是科学编制《重庆市"十三五"林业发展规划》。以把重庆建设成为碧水青山、绿色低碳、人文厚重、和谐宜居的生态文明城市为目标，谋划好全市林业生态建设重点工程项目，思考好推进林业重点工程的工作措施，落实好全市林业生态建设分期任务，为全市林业生态建设提供行动路径。

四是积极推进四项林业重点改革。深化林木采伐管理改革，促进森林资源科学经营和合理利用；健全集体林权制度配套改革，推动集体森林资源变资产、资本；开展国有林场改革试点，盘活国有森林资源和资产；探索国家公园建设试点，建立健全生态文明制度体系。

　　五是健全完善林业考核评价体系。根据五大功能区域差异化发展战略，合理设置林业工作考核指标和权重分值。强化生态效益监测评估体系建设，研究建立常态化工作评价指标，适时发布森林、湿地生态系统监测评估报告，探索建立绿色经济发展评价体系。

　　六是切实加强林业法制化建设。认真研究当前重庆市林业生态文明建设中出现的新问题，争取从国家《森林法》（修改稿）中吸纳相关内容。推动市人大、市政府和市法制办等市级林业地方性法规、规章、规范性文件的制定和修改工作，建立健全林地、湿地、地方公益林等保护管理制度。

● 天津

天津市生态文明建设综述

多年来，天津认真贯彻落实党中央、国务院部署要求，围绕加快建设美丽天津，紧紧抓住制约发展和影响群众生产、生活的突出环境问题，全力以赴抓生态环境保护，坚持不懈抓污染防治，扎实推进清新空气、清水河道、清洁村庄、清洁社区和绿化美化"四清一绿"行动，实施一系列治理措施，完成大气和水污染等治理任务2000多项，取得明显成效，城乡环境面貌有了新的改善。

建设生态城市一直是天津市的一项重要工作。天津提出建设生态城市的一个重要基础，就是成功创建成为国家环保模范城市。2006年，天津市被原国家环保总局授予国家环保模范城市称号。同年7月，国务院批复《天津市城市总体规划（2005年～2020年)》。提出"逐步建设成为经济繁荣、社会文明、科教发达、设施完善、环境优美的国际港口城市，北方经济中心和生态城市"的城市定位。为了进一步改善城市生态环境质量，使群众在良好的环境中生产、生活，在创模成功的基础上，又有中央对天津生态城市定位要求，市委、市政府提出了建设生态市目标。

2006年，天津"创模"成功后，就有了建设生态市的初步想法，怎么建生态市呢？各级领导考虑必须有规划的指导，决定编制生态市规划。于是，天津市组织编制了《天津生态市建设规划纲要》，2007年9月市人大常委会批准通过，使生态市建设步入了法制化轨道。市委、市政府高度重视，从2008年起生态市建设进入了快速推进阶段。2011年，市政府颁布实施《2011～2013年天津生态市建设行动计划》。

党的十八大强调把生态文明建设放在突出地位，党的十八届三中全会提出要用制度保护生态环境、划定生态保护红线，习近平总书记在天津考察工作时明确要求要高度重视生态文明建设，加快打造美丽天津，市委十届三次全会对美丽天津建设做出了总体部署。市十六届人大二次会议审议通过了《天津市绿化条例》依法保障和促进美丽天津建设。为进一步贯彻市委要求，将《天津市绿化条例》的有关规定具体化，将保护生态环境转化为全市人民的自觉行动，2014年2月14日天津市人大常委会召开第八次会议，表决通过了关于批准划定永久性保护生态区域的决定。

2014年1月10日市政府召开第23次常务会议，审议并原则通过《天津市生态用地保护红线划定方案》。1月23日，将《方案》通过《天津日报》等媒体向社会公开征求意见。

划定永久性保护生态区域，体现了中央精神和市委的要求，是功在当代、利在千秋的大事，是改善生态环境的重要举措，是实现经济社会可持续发展的必然要求，是保障民生的迫切需要，对于加快建设美丽天津，实现中央对天津的城市定位，具有非常重要的意义。

从美丽天津建设的总体部署，到《天津市绿化条例》的制定实施，再到划定永久性保护生态区域具体规定的出台，天津市已形成较完备的生态文明建设的政策法规体系，为美丽天津建设提供了重要的法制支撑。

● 广东

广东省生态文明建设综述

作为改革开放的前沿阵地，广东发展的一条最重要的经验，就是"敢试敢闯，敢为天下先"。这种精神在生态建设进程中同样出彩。当别人还在忙于发展生产、顾着填饱肚子时，广东省已经开始把目光、行动放在绿化荒山、发展林业上。

早在1985年，广东省委书记林若就提出"五年消灭荒山，十年绿化广东大地"。当时的广东，东到汕头，西到湛江，南粤大地荒山秃岭比比皆是。对于这项决策，许多人并不理解，改革开放正酣，经济热点、亮点频现，决策层为什么要挥师转向山区、眼睛盯住荒山？

答案在1991年3月揭晓——广东省被国务院授予"全国荒山造林绿化第一省"荣誉称号，南粤人民开始享受生态建设的果实，"造林书记"林若成为走在时代前列的具有战略眼光的决策者，也成为人们敬仰的英雄。

自此，历届广东省委、省政府从全省经济社会长远发展和人民群众切身利益出发、从全局和战略高度出发，以敢为天下先的气魄，不断探索完善生态建设之路。

1999年以来，广东在全国率先实施林业分类经营、生态公益林效益补偿，建设林业生态省。

2002年5月，时任广东省委书记李长春提出，要把珠江三角洲建设成为可持续发展的示范区，把山区生态建设提高到全省生态屏障的战略地位来安排。他还把几十年的山区开发比作接力赛，并表示"我们这一棒一定要跑得更快"。

2006年4月，时任广东省委书记张德江强调，要从树立和落实科学发展观的高度，充分认识林业发展在全省经济社会发展中的战略地位，全面加强林业工作，建设林业生态省，打造生态屏障，建设绿色广东。

2008年，广东率先提出科学发展生态、民生、文化、创新、和谐"五个林业"，迈开了建设现代林业强省的新步伐。

"十一五"期间，时任广东省委书记汪洋强调，幸福广东应当是生态优美的广东。要实施绿色发展战略，走生态立省之路，推进新一轮绿化广东，构建区域生态安全体系，建设宜居广东、幸福广东。

2012年，广东省委、省政府全面启动新一轮绿化广东大行动，志在建设全国一流、世界先进的现代林业。

2013年1月，广东省委十一届二次全会提出要把生态文明建设放在突出位置，推进绿色发展、循环发展、低碳发展，建设美丽广东。该年广东省委、省政府作出《全面推

进新一轮绿化广东大行动的决定》，实施四大工程、构建五大体系，建设全国绿色生态第
一省。

从"十年绿化广东"到林业生态省建设，从"五个林业"到现代林业强省，从生态
立省到新一轮绿化，广东生态文明建设的发展脉络清晰可见。

2015 年，广东省持续加大生态文明建设的力度，广东省人民政府办公厅印发的《实
施珠三角规划纲要 2015 年重点工作任务》中提出，2015 年要出台实施《广东省生态文明
建设规划纲要（2015~2030 年）》及省生态保护与建设规划，建设森林碳汇 20 万亩、森
林公园 60 个、湿地公园 31 个、乡村绿化美化示范点 730 个。落实生态安全体系一体化规
划，东莞、佛山、肇庆、珠海市加快创建国家森林城市，推动珠三角建成全国首个森林城
市群。划定珠三角生态控制线，陆域生态功能用地规模占国土比例达 20%，落实耕地和
基本农田保护目标，耕地保有量达 8068 万公顷。编制省海洋主体功能区规划，启动"美
丽海湾"示范点建设。

生态文明"第一考"引领深圳绿色发展[①]

近年来，深圳在全国率先将生态文明建设作为党政干部任免奖惩的最大考核项，通过
多种方式引导党政干部树立"绿色政绩观"，取得了实效。目前，深圳万元 GDP 能耗、
PM2.5 浓度等重点生态指数在全国副省级以上城市中均处最好水平。

生态环境 14 分、经济发展 10 分，社会建设、政府绩效分别为 12 分……这是深圳市
委组织部针对市管领导干部出台的 2014 年度考核办法。这意味着，对于深圳 10 个区、17
个市直部门和 12 个重点企业的"一把手"而言，生态文明建设是名副其实的"第一考"，
如果生态环境考核得分低，全年政绩考核将大受影响；如果生态环境考核不合格，全年的
工作就会被"一票否决"。

"生态文明建设考核是深圳保留下来的 5 个'一票否决'事项之一，近些年的考核权
重不断上升。"深圳市委常委、常务副市长张虎说，在协调推进"四个全面"战略布局的
新时期，国家对生态文明建设提出了更高要求，深圳强化绿色政绩考核，为推动绿色发展
提供了组织和制度保障。

据介绍，这一考核制度源于 2007 年开始的环境保护工作实绩考核，当年深圳要求各
区、各部门"一把手"陈述一年的环境保护工作并打分，结果成为评价领导干部政绩和
任免奖惩的关键依据。2012 年，深圳在全国率先将环保实绩考核升级为生态文明建设考
核，成为唯一一个列入市委常委会议题的专项考核。

持续 8 年的坚持效果彰显。据深圳市人居环境委主任刘初汉介绍，近年来深圳在经济

---

① "生态文明'第一考'引领深圳绿色发展"，新华社深圳 2015 年 11 月 8 日电。（http: //
sztqb. sznews. com/html/2015 – 11/09/content_ 3381783. htm）

高速发展的同时，已经成为全国环境最好的大城市之一。

对于生态文明建设考核，深圳市委、市政府高度重视。深圳成立生态文明建设考核领导小组，市领导牵头挂帅，市委组织部、人居环境委等部门具体落实；考核结果作为领导干部年度考核、选拔任用及"五好"班子评选的重要依据，对不合格领导进行诫勉谈话、亮"黄牌"、两年内不提拔重用。

考核好不好，关键看指标。据介绍，深圳"第一考"尽量采取用数据说话的方式，最大限度地减少主观人为因素的影响。比如对各区的考核分为 4 大类 20 项指标，涵盖空气质量、生态保护等，每项都明确了政府部门或第三方机构等指标数据来源，还应用卫星遥感技术等提高考核的说服力。

考虑到不同对象的差异性，深圳采取分类考核的办法，对各区、市直部门、重点企业实行不同的考核方案；同时还设置静态指标和动态指标，以体现被考核单位的努力程度。如空气质量，不仅考核达标状况，也考核 PM2.5 污染改善情况。

社会力量也广泛参与到考核过程中。39 个被考核单位要现场陈述一年的生态文明建设实绩，接受党代表、人大代表、政协委员、生态环保专家及辖区居民代表等组成的评审团现场打分。

绿色发展受益最大的是群众，深圳市民切身感受到了环境的改善。不少网友表示，深圳以一个县级的版图承载着省级经济体的能量，环境还能不断改善，体现出管理者的担当："这样的发展，棒棒的！"

"8 年来，生态文明建设考核这一指挥棒，发挥了鲜明的导向作用。"深圳人居环境委有关负责人表示：过去，在一些领导干部的观念中，GDP 和基础设施是"显绩"，"一俊遮百丑"；生态环境是"潜绩"，投入多，见效慢。而通过考核，很多"一把手"对生态建设和环境保护的认识大幅提高，绿色发展成了共识。

珠海创新制度依法推进生态文明建设经验

珠海自建市以来就高度重视以立法保障生态环境建设，早在 1998 年就开全国先河，出台了《珠海市环境保护条例》。这些年来，又率先在全国实施土地管理"五个统一"、城市建设管理"八个统一"、环境保护"八个不准"、城市发展"三严"方针等，至今已颁布、修订了 17 件地方性法规和 12 件政府规章，涵盖了规划布局、产业发展、土地开发、执法查处、污染治理等领域，为生态环境法治保障奠定了坚实的法律基础。

2012 年，珠海决定启动全国生态文明示范市创建工作，先后印发了《珠海市关于率先创建全国生态文明示范市的决定》《珠海市创建生态文明示范市"四年行动计划"》和《珠海市创建国家生态市实施方案》等系列纲领性文件，明确将用四年时间，通过"三步走"，实现"生态市"与"生态文明示范市"成功连创的目标，为创建工作提供了坚实的法律保障。2013 年，《珠海市生态文明建设规划》通过修编论证，正式将创建国家生态市作为珠海生态文明建设的阶段奋斗目标。

2014 年出台的《珠海经济特区生态文明建设促进条例》是全省首个生态文明建设条例，在体制、机制和制度上均有创新。不仅首次提出了探索自然资源资产离任审计制度、探索排污权交易制度、明确主体功能区管理、探索生态文明考核制度等创新做法，而且规定政府、企业和公民应当各尽其责，政府要身体力行，打造生态文明政府，对全社会起到引领示范作用；企业要勇于承担生态文明建设主力军的重任；公民在日常生活中要逐步形成"尊重自然，顺应自然，保护自然"的良好行为和习惯。

30 多年来，珠海先后 8 次调整城市基调和功能布局，但历届珠海市委、市政府都坚持"发展经济不以牺牲环境和后代人利益为代价"的原则，坚持经济建设和城市建设、环境建设同步规划、同步发展。

珠海早已明确了建设"最适宜居住、最适宜创业、最富有魅力"的国际生态宜居城市目标，而提升城市品位，改善人居环境离不开规划引领。珠海先谋划、再策划、再规划，形成了具有前瞻性、指导性、可操作性的生态规划新体系，为目标定位的落实发挥了导航保驾的作用。

1988 年，珠海在全国率先完成了城市发展战略规划。2009 年以来，珠海先后出台了山体、水岸线保护与利用、河流水系生态建设、水土保持、湿地保护规划、循环经济发展等系列规划。2013 年出台的《珠海经济特区城乡规划条例》，对绿地建设、水体保护等管理作出了规定。这一系列规划完善了珠海市生态建设规划体系。

由世界顶级规划大师刘太格先生参与的《珠海城市概念性空间发展规划》对珠海市的生态建设作出中长期布局，率先提出了"蓝绿系统"理念，并加大对红树林、水松林、近岸滩涂等自然资源的保护和生态建设，拟将珠海打造成珠三角最大、全国著名的滨海湿地保护之城。目前正在编制的《珠海市"五规融合"规划》把生态环境建设列为"五规"的重要内容，搭建"五规融合"综合信息管理平台。此外，珠海市还先后出台了《珠海低碳规划研究》《珠海东澳岛低碳发展规划（2012～2020）》《横琴新区低碳发展规划（2012～2020）》，在低碳产业、低碳交通、低碳建筑、低碳能源、低碳生活等方面率先建立了具有珠海特色的低碳城市发展模式。

而《珠海市生态文明建设规划（2010～2020 年）》制定了珠海市生态文明建设的近远期目标。按照远期规划（2016 年～2020 年），珠海市将建成城乡一体化的环境保护体系，建设成为国家级生态文明示范市。

● 浙江

浙江省生态文明建设综述

改革开放以来，浙江凭借以市场为取向的改革先发优势迅速崛起，从资源小省一跃成为经济大省。然而，快速工业化、城市化也带来了环境污染问题，对生态环境造成了一定的破坏。

生态兴则文明兴，生态衰则文明衰。浙江率先从"成长的阵痛"中觉醒。浙江从有限的资源环境承载力、日益壮大的经济实力、人民群众对环境的新期待等现实基础出发，在全国较早地开始探索生态文明的科学发展之路。

2002 年，省委第十一次党代会提出建设"绿色浙江"。

2003 年，省委、省政府作出建设生态省的决定。

……

2010 年，省委十二届七次全会作出《关于推进生态文明建设的决定》。

2011 年，省委、省政府全面部署开展"811"生态文明建设推进行动。

2012 年，省第十三次党代会提出把"坚持生态立省方略，加快建设'生态浙江'"作为建设物质富裕、精神富有现代化浙江的六项主要任务之一。

既层层递进，又一步一个脚印，在生态文明建设上，浙江干在实处、走在前列。

浙江把加强污染整治、解决突出环境问题作为生态文明建设的突破口，以环境质量的改善取信于民。

2004 年 10 月，一场席卷全省的环境污染整治大会战——"811"环境污染整治行动在浙江打响。"8"指的是浙江省八大水系；"11"既是指全省 11 个设区市，也指当年省政府划定的区域性、结构性污染特别突出的 11 个省级环保重点监管区。

2008 年，"811"环境保护第二轮 3 年行动启动。

2010 年 6 月，再度开展"811"生态文明建设五年推进行动……连续三轮"811"行动让百姓切实感受环境质量的改善，人民群众对生态环境质量的满意度不断提高，生态文明理念逐渐在浙江扎根。

建设与治理同步：70 亿元用于建设城市污水处理设施；14 亿元用于建设城市生活垃圾处理设施；投资 250 亿元对万里清水河道实施疏浚、截污等工程；每年新建 100 个镇（乡）级污水集中处理厂；3500 个村环境综合整治，解决 200 万农村居民饮用水安全问题；新增城镇污水配套管网 1500 公里……

在农村，"千村示范、万村整治""万里清水河道""农村环境连片整治"等工程持续推进，村容村貌焕然一新。在城市，浙江率先实现县以上城市污水处理厂全覆盖，率先建成重点污染源在线监控系统，环境质量自动监测能力显著增强。从城市到乡村，从平原到山区，退耕还林、生态公益林建设、废矿复绿、水土保持、公路绿化、清水河道、湿地保护、自然区保护等一个个大手笔次第展开。浙江人的家园更美了。全省环境质量自2007年实现转折性改善以来，持续保持稳中向好势头，生态环境状况指数位居全国前列。

如何实现"绿水青山就是金山银山？"浙江绝不允许"只顾眼前、不顾长远；先污染后治理、先破坏后恢复"的发展方式。浙江努力发挥好生态优势，把发展生态经济作为推进生态建设的根本性举措。

2012年数据显示，浙江淘汰落后产能的企业数是国家任务的近24倍，部分行业完成淘汰落后产能指标超过国家任务4至6倍，共腾出土地资源12744亩，为绿色产业、绿色经济创造发展空间。

在保持经济平稳较快增长、工业化和城市化加快推进的同时，全省主要污染物排放总量持续下降。2003至2012年，浙江实现了年均15%的GDP增长，而万元GDP所对应的化学需氧量和二氧化硫的排放强度，仅相当于全国平均值的48.68%和44.35%。

越来越多的开发区（园区）完成生态化改造规划编制工作，实施生态化改造。越来越多的企业把环保压力变为发展动力，开展科技创新、实施清洁生产，发展循环经济，加快转型升级。生态倒逼之下，企业逐步走上低能耗、低污染、高附加值的路子，实现美丽蝶变。经过整治，全省200多家铅蓄电池企业减至几十家，利税却大幅增长。生态工业、生态循环农业、现代林业园区、现代渔业园区、生态型服务业……风生水起。

各地的环境准入关更严了，从招商引资转向招商选资。据不完全统计，每年全省否决的"两高一资"等不符合环保要求的建设项目达上千个。

发展生态产业和生态经济，推动整个经济发展的"生态化转型"。如今，生态县建设如火如荼，宜居、宜业、宜游的美丽乡村如雨后春笋。各地把发展绿色经济、循环经济、推广低碳技术，加快形成节约能源资源和保护生态环境的产业体系作为经济社会发展的重要战略任务。

2005年浙江就在全国率先出台生态保护补偿制度，近年来这一制度不断完善。如今已在全省所有市县实现了生态环保转移支付。2007至2012年，省财政累计安排财力转移支付资金66亿元。同时，浙江省还建立健全分类补偿与分档补助相结合的森林生态效益补偿机制，2007至2011年，省财政累计安排财力转移支付资金51亿元。2004年，浙江首次将万元产值主要原材料消耗、万元产值能源消耗、万元产值水资源消耗、万元产值"三废"排放总量等指标引入现有的统计指标体系。对那种不顾环境容量拼资源能源，偏离科学发展、可持续发展的行为，坚决亮出了"红灯"。

作为全国试点省份，从2010年起，浙江开始实施最严格水资源管理制度，并率先在全国建立围填海规划计划管理制度；推进海洋生态损害赔（补）偿探索；推行"林权IC卡"制度……一系列市场化要素配置机制的不断创新和完善，引导着各类市场主体主动承担起生态建设的责任。制度引导生态文明渗透至全社会的各个角落，潜移默化中影响了越来越多人的行为方式。浙江将每年6月30日定为"生态日"，成为全国首个设立生态日的省份。中科院近年来发布的中国可持续发展战略报告均显示，浙江省可持续发展能力居全国前列。

十年来，浙江从"绿色浙江"到"生态省建设"，从"美丽浙江"到"两美浙江"，从实施"811"环境整治行动和循环经济"991 行动计划"到五水共治、四边三化……

十年"两山"建设（绿水青山就是金山银山）带来的这一切，最直观的体现在老百姓感官上：水清了，天蓝了，山绿了，人富了！

● 江苏

江苏省生态文明建设综述

江苏省是全国较早开展生态省建设的省份之一。2000年10月，省委九届十二次全会提出"积极推进生态城市、生态省建设"。2001年12月，省人大常委会通过《关于加强环境综合整治推进生态省建设的决定》，提出到2020年基本建成生态省。2004年12月，省政府编制《江苏生态省建设规划纲要》，明确了指导思想、目标任务和政策措施，提出了包括经济发展、资源与环境、社会进步在内的三大类20项监测指标，经省人大常委会批准实施。各地积极编制实施生态市（县、区）建设规划，生态省建设全面启动。

为加快推进生态省建设，江苏省委、省政府从2008年开始就筹备召开全省生态省建设工作会议。省主要领导十分重视，进行专项调研，分管省长多次召集会议，协调解决有关问题，省有关部门围绕会议筹备作了大量工作。经精心准备，2010年10月24日，全省生态省建设工作会议隆重召开。省委、省人大、省政府、省政协、省纪委等领导，各市县党委政府、省各有关部门等共500多人参加会议。会议总结了全省生态省建设进展，对下阶段工作进行了全面部署，为今后开展生态文明建设指明了方向。

江苏省统筹推进，不断完善生态省建设工作机制。省委、省政府制订出台《关于加快推进生态省建设全面提升生态文明水平的意见》以及《成立生态省建设领导小组的通知》《生态省建设领导小组职责及考核办法》《生态省建设主要监测指标》《生态省建设重点工程项目》《生态省建设重点工作任务分解落实方案》等配套文件，提出了创新生态省建设理念、机制、投入和政策的一系列措施。

生态创举

率先提出"环保优先"的方针，把环境质量综合指数纳入全面建设小康社会指标体系。

太湖流域在全国率先启动排污权有偿使用和交易试点。

探索建立生态保护转移支付机制，实施环境资源区域补偿办法，加大对限制和禁止开发区域补偿力度。

太湖流域实施新的水污染物排放标准，全部达到国际先进标准，成为国内最严的标准。

建成全国第一个环保模范城市，创建了第一批全国生态示范区和国家生态市。

生态文明建设工程也是江苏省委、省政府落实"六个注重"，实施"八项工程"的重要内容，是"十二五"期间推进生态省建设的首要任务和核心内容，对化解资源环境约束，实现可持续发展具有十分重要的战略意义。为贯彻落实《中共江苏省委关于又好又快推进"两个率先"在新的起点上开创科学发展新局面的决定》和《中共江苏省委、江苏省人民政府关于加快推进生态省建设全面提升生态文明水平的意见》，就实施生态文明建设工程，推进生态省建设，江苏提出了《江苏省生态文明建设工程行动计划》。

在新的历史阶段，面对日益趋紧的资源环境约束，江苏的生态文明建设比以往任何时候都更加紧迫。为进一步提升生态文明建设水平，省委、省政府决定在《江苏省生态文明建设工程行动计划》的基础上，编制《江苏省生态文明建设规划》。该规划坚持以科学发展观为指导，全面贯彻落实党的十八大精神和习近平总书记对江苏工作的最新要求，把生态文明作为坚持科学发展的重要标志、实现"两个率先"的重要标杆，总结回顾江苏省生态文明建设的历程和成效，分析当前面临的形势，进一步明确生态文明建设的指导思想、总体目标和重点任务，是江苏省生态文明建设工作的基础性、指导性、纲领性文件。

为深入贯彻落实中央和江苏省委、省政府关于生态文明建设的决策部署，充分发挥林业在生态建设和环境保护中的重要作用，江苏省林业局根据《国家林业局推进生态文明建设规划纲要（2013～2020年）》《江苏省生态文明建设规划（2013～2022年）》《中共江苏省委、江苏省人民政府关于深入推进生态文明建设工程率先建成全国生态文明建设示范区的意见》，制订了《江苏省生态文明建设林业行动计划》，经省政府同意，2014年初印发全省各地实施。

南京出台加快推进生态文明
建设三年行动计划

2014年9月24日，南京市政府出台《南京市加快推进生态文明建设三年行动计划（2015～2017）》（以下简称《行动计划》），明确了未来3年南京市推进生态文明建设的总体要求、目标和七大类48项行动任务，PM2.5浓度下降、灰霾天数减少都有了"硬指标"。

未来3年打造"美丽中国"标志性城市

根据《行动计划》，南京未来3年将按照苏南现代化示范区建设、生态文明先行示范区建设的基本要求，把生态文明融入全市经济社会发展和区域城市化发展、产业转型升级等全过程和各方面，逐步建立起生态文明建设长效工作机制，加快推进生态文明建设，打造"美丽中国"标志性城市。

到2017年，南京生态文明示范区建设要走在全省和全国前列，力争建成全国生态文明先行示范区。

2017 年 PM2.5 浓度比 2012 年下降 20%

具体而言，未来 3 年南京市生态文明建设要实现绿色经济协调发展、资源效率显著提升、环境质量明显改善、生态文化持续弘扬、生态制度不断健全五大目标。

绿色经济发展方面，服务业增加值占 GDP 的比重达 58% 左右，战略性新兴产业增加值占 GDP 比重达 26%。

环境质量改善方面，到 2017 年细颗粒物（PM2.5）年均浓度要较 2012 年下降 20% 左右，环境空气质量得到有效改善，灰霾天数明显下降。

主城工业企业 2015 年基本完成"退城入园"

南京市推进生态文明建设的具体行动，包括生态空间优化、产业绿色转型、资源高效利用、环境质量提升等七大类 48 项细化任务。

为推动产业更加"绿色"，南京市将坚定不移地推进四大片区产业调整，加快推进片区内与重点骨干企业无配套关系的中小企业搬迁关停工作。同时加快主城区域工业布局调整，实施长江以南、绕城公路以内工业生产企业"退城入园"，到 2015 年底，主城区域具备搬迁条件的工业生产企业基本完成搬迁任务。

张家港市生态文明建设经验①

1996 年荣获全国首家"环境保护模范城市"，1999 年在全国第一个确立生态市创建目标，2006 年建成首批"国家生态市"，2007 年提出全面建设"协调张家港"战略目标，2008 年 5 月被国家环保部列为全国第一批生态文明建设试点市。

2009 年 4 月，张家港市在全国率先编制完成《生态文明建设规划》，并通过了环保部组织的专家评审。《生态文明建设规划》重点围绕"生态意识文明、生产行为文明、生活行为文明、生态环境文明、人居环境文明、生态制度文明"六大方面、104 项工程展开，共分三个阶段：第一阶段（2009~2011 年）的主要任务是，构建比较系统、完整的生态文明基本框架；第二阶段（2012~2014 年）的主要任务是，力争率先建成全国首个生态文明建设示范区；第三阶段（2015~2016 年）的主要任务是，全面巩固提升建设成果，为全国生态文明建设作出示范。

诸多"第一"的背后，是张家港协调推进经济社会发展和生态环境保护的不懈实践。

---

① "生态张家港"。（http://www.zjg.gov.cn/Home/infodetail/? InfoID = f25bdd67 - 145c - 4cbc - 982f - 99084f460212）

张家港的做法和成效主要有以下几个方面：

1. 强化绿色行政，全面建立科学合理的决策考核机制

绿色发展，决策先行。张家港市不断强化"绿色行政"理念，要求各级政府和领导干部把绿色发展的理念贯穿于决策、管理和执行等各个环节，逐步探索并形成了一系列环保与发展综合考虑的科学决策考核机制。一是较早提出绿色行政理念。早在 20 世纪 90 年代，张家港市就率先提出"既要金山银山，更要绿水青山"的理念，创造了环境保护一把手亲自抓、建设项目环保第一审批权和评先创优环保"一票否决制"的"三个一"经验，得到了原国家环保总局的充分肯定，在全国广泛推广。实现了环境保护工作由"城区"向"整个城乡"延伸拓展，由单纯的防污治污向污染防治和生态建设同步推进的历史转变。二是不断提高环保准入门槛。面对激烈的区域经济竞争态势，我们不断提高环保准入门槛，对建设项目审批实行"总量指标"和"容量许可"双重控制标准，禁止建设不符合国家产业政策的项目，严控高能耗、高污染，群众反响强烈项目的进入，近年来先后否决或劝阻项目近 600 个，其中包括投资上百亿元的超大项目。三是严格采用"绿色GDP"考核体系。建立健全生态文明领导责任制、任期目标责任制、责任追究制。对各镇、开发区实行经济指标和环境指标"双重考核"，"既考核 GDP，又考核 COD"，在年度千分考核中，生态、环境方面的考核分值达到 170 分。同时，把辖区内的现代农业示范园区和双山岛等确定为"不开发区"，实行"只考核 COD，不考核 GDP"，促使干部放下包袱，集中精力、全力以赴投入环境保护和生态文明建设中去。四是建立健全"三项机制"。科学规划机制。张家港市聘请中国环科院等专业机构，专门编制生态市和生态文明建设规划。先后出台《生态市创建实施方案》《2003～2005 年生态建设八项重点工程》《生态文明建设 2009～2011 三年工作意见》《关于建立健全加强生态文明促进可持续发展工作机制的意见》。组织领导机制。成立以市委、市政府主要领导任正副组长，各相关职能部门、各镇（区）一把手为成员的专门领导小组，并聘请金鉴明院士、陈吉宁教授等知名学者担任顾问，形成了齐抓共管、科学决策的有利局面。多元投入机制。实行"政府引导、政策扶持、多元投入"，市政府制定了《生态市建设奖励（补助）办法》。如对各镇生活污水处理厂、居民集中居住区建设地埋式生活污水处理设施，市财政按建设资金的 30% 给予配套；对市区"禁煤区"内燃煤锅炉改用清洁能源的每蒸吨补助 2 万元。同时，积极吸引社会资金，通过 BOO、BOT 等模式推进环境基础设施建设。

2. 发展生态经济，加快形成集约高效的低碳产业体系

张家港市始终坚持源头控制、结构优化方针，以清洁生产为手段，大力发展循环经济，加快推进生态低碳发展、集约节约发展和高效文明发展。一是调整优化产业结构，构筑三次产业协调发展的低碳产业体系。工业方面，出台《新兴产业培育实施意见》等 5 个发展创新型经济的文件，加快培育新能源、新材料、新装备、新医药四大新兴产业集群，积极发展智能电网等其它新兴产业。同时，落实环保倒逼机制，逐步淘汰电镀、印染、化工等传统高污染行业，腾出宝贵的环境容量用于持续发展。农业方面，以"现代、都市、生态、景观"为主题，大力培育高效生态农业，建成 50 余个多功能农业示范点，主要农产品中有机、绿色及无公害产品种植面积占比近 80%。服务业方面，突出现代物流、专业市场、旅游业三大重点行业，金融保险、文化创意、专业服务三大新兴行业，以及商贸流通、公共服务两大传统行业，大力实施服务业提速工程，服务业增加值占 GDP比重每年提高 1 个百分点。二是大力推行循环经济，构建三大循环链接的生态格局。以国

家级生态工业示范园区——张家港保税区为代表的工业园区，引导企业按照"资源利用最大化、污染排放最小化"的原则，实施机制、技术、管理"三创新"和源头、过程、末端"三控制"，积极推行"绿色招商、补链引资"，成功吸引了杜邦、雪佛龙、陶氏等众多国际知名企业，打造多条循环经济产业链条，园区半数以上企业进入循环经济圈；投资2亿多元，建成日处理4万吨的国内第一个园区水循环综合利用工程，出现媒体津津乐道的"企业在中水回用池中养天鹅"的情景。目前，张家港市已构建起企业内部"小循环"、园区工业"中循环"和经济社会"大循环"的循环经济空间布局。

3. 推进污染减排，大力实施两轮环保"333"工程

2006年以来，张家港市连续实施两轮环保"333"工程（第一轮：大气污染防治三年行动计划、化工行业三年专项整治、乡镇生活污水管网建设三年规划；第二轮：第二轮大气污染防治三年行动计划、第二轮化工行业三年专项整治、水环境综合整治三年行动计划），污染减排成效显著。一是加快重点工业污染整治进程。累计投入60多亿元，全市电力、玻璃行业全部完成脱硫治理，钢铁行业烧结脱硫稳步推进，基本消除了冒黄烟、黑烟现象。全市累计拆除燃煤锅炉495台、拆除砖制烟囱154根，关停砖瓦窑19座，市区二环路以内建成全国首家"清洁能源使用区"。全市累计关停化工生产企业235家。122家重点水污染企业完成提标升级，81家企业完成中水回用工程。二是加强畜禽养殖及农业面源污染治理。通过推广高效除草剂和实行精准用药技术，安装杀虫灯，减少农药使用量，化肥施用强度控制在218公斤/公顷以下，农药施用强度控制在2.5公斤/公顷以内，病虫草害综合防治率达98%以上。三是有序推进生活污水治理。目前全市已有专业生活污水处理厂8家，其中市区4家，累计设计处理能力17.4万吨/天。同时，四片区共6家生活污水处理厂正按计划建设。全市累计新增污水管网240.83公里，完成有动力、微动力等农村生活污水处理设施74座，累计接纳农户27091户，共计91684人。通过实施上述工程，"十一五"期间全市COD和SO_2分别削减25.7%和23.7%，提前完成上级下达的污染减排目标。

4. 构建绿色城市，全力打造统筹协调的城乡人居环境

让群众喝上清洁的水、呼吸新鲜的空气、吃上绿色食品，是改善民生福祉的首要内容。近年来，张家港市以高标准的"城乡一体化"为抓手，推进城乡共建共享环境保护和生态建设成果，力求"让清水贯通城乡、让鲜花开满港城"。规划上，坚持综合开发理念，统筹考虑城乡空间布局、生产力布局、土地利用模式、综合交通体系、基础设施建设等，以"发展新市镇、繁荣新街道、建设新社区"为思路，采取"9+11+X"的镇村布局模式，加快农村集中居住，建设具有浓郁苏南特色、节地节水节能的组团式水乡村居。建设上，坚持"自然不足人工补，先天不足后天补"，不断在生态修复重建、人居环境改善上探索创新：我们把废弃的窑洼地建成山水相依的张家港公园；把高速公路集中取土的低洼地建成占地4.25平方公里的暨阳湖生态园区；把市中心的梁丰生态园建成生长15大类、1500种植物的生物多样性森林公园；把百里沿江湿地建成芦苇摇曳的天然生态屏障。管理上，持续开展"蓝天碧水"工程、"三清三绿"工程（清洁村庄、清洁家园、清洁河道，绿色通道、绿色屏障、绿色家园），全市建成区绿化覆盖率达45.4%，人均公共绿地面积达12.91平方米。全力打造城市水循环体系，建设朝东圩港—环城河工程，深入开展小城河、纪澄河等市区河道的综合整治。大力实施农村大环境改造工程，突出村容村貌整治、生活污水处理、拆坝建桥、绿化美化，着力提升农村生态环境。高度重视生活垃圾和

工业固废，建成总库容 25 万立方米的工业固废填埋场、年处置能力 1.2 万吨的危险废物焚烧处置中心和日处理能力 600 吨的垃圾焚烧发电厂。全面推广清洁能源，城乡居民清洁能源普及率达到 100%，全市天然气用户达 6.8 万户。

5. 突出绿色人文，着力提升和谐共生的生态文明意识

一是大力普及生态教育。坚持生态教育从娃娃抓起、从学生抓起，将生态文化教育纳入国民教育体系，深入开展"新课程背景下生态课堂案例研究"，着力打造"生态课堂"。大力培育暨阳湖生态教育馆、张家港中小学实践基地等一批特色鲜明的生态教育基地，通过亲身体验、寓教于乐的方式，培养青少年爱护自然、关注环境的意识。深入开展绿色系列创建，全市所有中小学、幼儿园创建成各级绿色学校，绿色社区比例达到 85% 以上。二是加强节能低碳产品的应用。制定政府绿色采购标准和办法，建立健全政府绿色采购机制，形成稳定的绿色产品供应渠道。积极推进无纸化办公，开展节水、节电等节约行动，达到资源、能源的高效利用。大力开展节能器具推广活动，加快推进太阳能光伏等节能产品的研发应用，使节能器具成为市场和家庭的主流。在市区和各镇（区）建设生活垃圾分类收集站，试点实施生活垃圾分类投放和收集。三是大力倡导绿色出行。在江苏省率先批量使用 LNG 清洁能源公交车；建成投运公共自行车服务系统，首批投入使用的 2000 辆公共自行车，每辆车日均使用 5.2 次，每天替代公共交通 173 辆次，减少碳排放 17 吨。

● 江西

江西省生态文明建设综述

一直以来，江西牢固树立这些绿色发展的理念，坚持生态环境保护优先，清晰地把自己定位于"中部地区绿色崛起先行区、大湖流域生态保护与科学开发典范区、生态文明体制机制创新区"。

2009 年底，国务院批复鄱阳湖生态经济区规划，将建设鄱阳湖生态经济区上升为国家战略，率先在江西探索生态与经济协调发展的路子。为此，江西省先后出台《江西省湿地保护条例》《鄱阳湖生态经济区环境保护条例》《"五河一湖"及东江源保护区建设管理办法》等规章制度，保护鄱阳湖一湖清水。

2013 年 7 月 22 日，省委十三届七次全会开幕。全会发出"发展升级、小康提速、绿色崛起、实干兴赣"的十六字"动员令"，成为江西省经济社会发展的重要战略。

2014 年 11 月，国家发改委、财政部、国土资源部、水利部、农业部、国家林业局正式批复了《江西省生态文明先行示范区建设实施方案》。作为我国首批全境列入生态文明先行示范区建设的省份之一，《实施方案》的获批，标志着江西省建设生态文明先行示范区上升为国家战略，成为江西省继鄱阳湖生态经济区规划（包含 38 个县、市、区）和赣南等原中央苏区振兴发展（包含 54 个县、市、区）后的第三个国家战略，也是江西省第一个全境列入的国家战略。

2015 年 3 月，习近平总书记在参加全国两会江西代表团审议时指出，环境就是民生，青山就是美丽，蓝天也是幸福。要像保护眼睛一样保护生态环境，像对待生命一样对待生态环境。江西要着力推动生态环境保护，走一条经济发展与生态文明相辅相成、相得益彰的路子，巩固提升江西生态优势，打造生态文明建设的江西样板。

根据党的十八大、十八届三中、四中全会和省委十三届七次、八次、九次、十次全会精神，为贯彻落实国家发改委、财政部、国土资源部、水利部、农业部、国家林业局等六部委批复的《江西省生态文明先行示范区建设实施方案》，探索江西生态文明建设的有效模式，努力走出一条具有江西特色的生态文明建设新路子，2015 年江西省出台了《中共江西省委江西省人民政府关于建设生态文明先行示范区的实施意见》。

2015 年江西启动生态文明建设"十大工程"60 个项目包，将在生态建设、旅游强省、绿色产业体系等方面展开探索。

启动生态文明 60 个项目包建设

4 月底前，全面建立省、市、县三级生态文明先行示范区建设领导小组及其办公室。

突破现行体制机制约束，从生态补偿机制、主体功能区制度、河湖管理与保护制度、生态文明建设考核评价体系等4个重点领域着手，启动先行先试。

全面启动生态文明"十大工程"60个项目包建设，力争在"三净工程"、重大能源保障工程、旅游强省基础工程、绿色产业体系等方面取得重大成效。

倡导家庭垃圾分类处理试点、绿色出行"135"行动计划（即1公里内步行，3公里内骑自行车，5公里内选择公共交通）等低碳生活方式。

积极搭建宣传交流平台，把"世界低碳生态经济大会"打造成推动生态文明建设国际交流合作的重要宣传窗口和对外开放合作的高端平台。

统筹用好国家安排江西省的生态文明先行示范区专项建设资金和省级各相关财政性资金，重点加大对生态文明先行示范区重点工程和先行先试的投入。

强化规划引导，结合"十三五"规划编制工作，研究提出生态文明专项建设规划体系，重点在环境保护、循环经济发展、垃圾无害化处理、污水处理、重金属污染治理等方面启动专项规划编制工作。

十大工程：现代农业体系建设工程；十大战略性新兴产业重点工程；现代服务业集聚区建设工程；旅游强省基础工程；清洁能源重大工程；推行绿色循环低碳生产方式重大工程；生态建设重点工程；环境保护重点工程；生态文化推广工程；绿色生活引导工程。共60个项目包。

在启动生态、水资源、耕地"三条红线"划定工作的基础上，"净水、净土、净空"的立体化生态建设工程在江西如火如荼开展。

——"净水"工程，加快"五河一湖"环保整治、鄱阳湖流域水环境综合治理等工程建设，启动工业园区污水处理管网配套完善工程，在部分重点河段推行"河长制"；

——"净土"工程，加快赣江源头和乐安河流域等7个重点防控区试点示范工程建设，加强对农业面源污染和重金属污染区的治理；

——"净空"工程，建成投入运行99个大气先期治理项目，力争在所有设区市开展PM2.5实时监测，年内建成省碳排放交易平台……一系列生态工程在为江西生态文明建设奠定基础。

2015年11月，江西省首批生态文明先行示范县名单出炉，分别为武宁、婺源等16个县（市区），它们将会在项目资金、用地、财政转移支付以及国家、省级政策改革试点等方面得到省委、省政府重点支持和优先安排，打造生态文明建设的"江西样板"。

从目前江西省的一些经验看，以下几个方面，有望成为可供复制和推广的"江西模式"：

划定生态红线。加快推进国家生态红线划定试点工作，把禁止开发区和重要江河源头、主要山脉、重点湖泊等生态功能极重要地区划入红线范围，2015年完成划定工作，并研究出台生态红线内的管制措施，一经划定，任何单位、任何人都不能踩、不能碰。

破冰生态补偿。《实施方案》提出，要建立中央转移支付与地方配套相结合的补偿方式，探索通过对口支援、产业园区共建等方式实施横向补偿；在东江源、赣江源、抚河源等流域开展生态补偿试点，落实生态补偿试点政策，推动建立东江源跨省流域生态补偿机制；支持在鄱阳湖实施湿地生态补偿试点，探索湿地生态效益补偿办法。

完善"生态考核"机制。把生态文明建设工作纳入领导干部年度述职重要内容，将资源消耗、环境损害、生态效益纳入领导干部政绩考核体系，逐步提高考核权重；实行领导干部自然资源资产离任审计，实施与生态环境质量监测结果相挂钩的领导干部约谈制度，建立生态环境损害责任终身追究制度。2013 年，江西省在全国率先建立"绿色"市县考核体系，不唯 GDP 论英雄，实行差别化分类考核，经济发展占考核总权重的 40%，由于更加注重发展的均衡、协调、可持续，其创新性、科学性、可操作性得到国家发改委的密切关注和高度评价。

此外，江西省还将建立自然资源资产产权管理制度，建立健全市场化机制，积极开展智慧城市、森林城市、生态园林城市、环保模范城市、水生态文明城市、水土保持生态文明工程、水权制度改革、乡村度假示范区和旅游扶贫实验区等试点示范建设，全方位、多领域开展先行先试，力争在重点领域和关键环节取得突破。

● 云南

云南省生态文明建设综述

近年来，云南省进一步明确了推进生态文明建设和建设"美丽云南"的目标和举措，成立了省生态文明建设领导小组；云南各地不断完善生态文明建设的体制机制，把生态文明建设纳入国民经济和社会发展规划，建立了环境保护"一岗双责"制度，同时大力推进七彩云南保护行动、森林云南建设、生物多样性保护、高原湖泊污染治理、节能减排等工作。

从2007年2月开始，以"七彩云南·我的家园"为主题，以环境法治、环境治理、环境阳光、生态保护、绿色创建、绿色传播、节能减排为主要内容的"七彩云南保护行动"在云南全面铺开，并成为了云南环境保护的一张名片。

自2007年起，省政府每年都把环境保护纳入政府20项重点工作之一，并先后印发《"十二五"低碳节能减排综合性工作方案》《"十二五"主要污染物总量减排考核实施办法》等，积极推进管理减排、结构减排和工程减排。

省级财政从2009年起，每年安排的环保项目专项经费同比增长10%。

2009年，在"七彩云南保护行动"实施三周年之际，云南省编制了《七彩云南生态文明建设规划纲要》（2009~2020），通过实施九大高原湖泊及重点流域水污染防治工程、滇西北生物多样性保护工程、生态创建工程等十大工程，用十年时间完成生态省的建设。2010年，云南启动实施了《七彩云南生态文明建设规划纲要》和"森林云南"建设计划，推进"三江"流域生态保护和水土流失治理规划。

2009年，云南省委通过了《中共云南省委云南省人民政府关于加强生态文明建设的决定》。云南将坚持生态立省、环境优先，经济建设与生态建设一起推进，物质文明与生态文明一起发展，树立云南省生态环境最好、生态环境保护得最好、经济社会与生态环境协调发展得最好的形象，努力争当全国生态文明建设排头兵。《决定》明确了努力构建生态文明产业支撑体系、生态文明环境安全体系、生态文明道德文化体系、生态文明保障体系等4大体系的目标任务，要求力争在"十一五"末形成争当全国生态文明建设排头兵的良好氛围，到"十二五"末奠定争当全国生态文明建设排头兵的良好基础，到2020年实现争当全国生态文明建设排头兵的目标，让"彩云之南"天更蓝、地更绿、水更清，人与自然更加和谐，各族人民共享生态文明建设成果。《决定》还提出，要从推进循环经济和低碳经济发展、加快发展生态林产业等6个方面构建生态文明产业支撑体系；从加强自然生态环境保护与建设等5个方面构建生态文明环境安全体系；从牢固树立生态文明观念、建立生态文明道德规范等3个方面构建生态文明道德文化体系；从加强生态文明建设的科技支撑、建立健全生态文明建设的综合评价体系等 5 个方面构建生态文明保障体系。

2013 年，为深入贯彻落实党的十八大精神和省第九次党代会精神，进一步加快七彩云南生态文明建设，结合云南省实际，现就努力争当全国生态文明建设排头兵，云南省出台了《中共云南省委云南省人民政府关于争当全国生态文明建设排头兵的决定》。

2014 年，云南省被列入国家生态文明建设先行示范区，给云南带来了发展和机遇。

2014 年，省林业厅结合林业实际，实施了生态文明建设林业十大行动计划。十大行动计划是当前和今后一段时期全省林业工作的总抓手，将为云南争当全国生态文明建设排头兵打下坚实基础。十大行动计划分别是：实施生态红线保护行动。到 2020 年确保全省林地面积不低于 2487 万公顷，森林面积不低于 2143 万公顷，森林覆盖率要力争达到并保持在 60% 左右，森林蓄积量要保持在 18.5 亿立方米以上，全省自然湿地面积保持在 42 万公顷以上。实施陡坡地生态治理行动。以增加林地面积、恢复森林植被、改善生态环境、促进农民增收、推动农村产业结构调整为目标，结合国家新一轮退耕还林工程，对全省 1000 万亩陡坡地实施生态治理。实施生态公益林保护行动。进一步完善森林分类经营和生态补偿机制，拓宽生态效益补偿投入渠道，逐步提高公益林生态补偿标准，确保实现国家级、省级公益林补偿和管护同标准、全覆盖。实施重点区域生态保护与修复行动。加大城镇面山、铁路、公路沿线、江河两岸，湖库周边及水源涵养区的防护林建设力度，逐步建成结构合理、功能完善的防护林体系。加快推进石漠化地区、干热河谷地区、高寒山区等困难地理条件的造林工程，努力恢复生态植被，提升生态功能。实施物种零灭绝行动。加快建立和完善国家公园体制，切实加强自然保护区建设，扎实推进极小种群物种拯救与保护，强化森林公园、湿地公园建设管理，努力形成较为完备的就地、近地、迁地保护体系，确保实现"物种零灭绝"的目标。实施高原湿地保护与恢复行动。加大投入力度、健全法规体系、完善体制机制，切实强化湿地保护管理。开展退耕还湿、湿地生物群落恢复与重建等工作，逐步扩大湿地面积，恢复湿地生态结构与功能。实施森林生态服务功能提升行动。积极探索橡胶生态化种植方式，建设生态环境友好型胶园，提升经济林生态服务功能，积极开展碳汇造林项目试点，加强森林抚育经营管理，加大低效林改造力度，调整优化森林结构，切实提高森林质量，增强森林生态服务功能。实施林业产业振兴行动。大力发展木本油料、林下养殖、竹藤、速生珍贵用材林和观赏苗木基地，加快推进森林、湿地生态旅游，集中打造一批集林产品加工、研发、物流、商贸、信息为一体的基础先进、配套完备、交通发达、产业集聚的林业产业园区。大力发展庄园经济，提升林业特色产业发展水平。实施森林灾害防控行动。加强森林火灾、有害生物和野生动物疫源疫病预警防控体系建设；探索完善森林火灾、野生动物公众责任、林业有害生物防治保险制度，提升林业灾害防控水平。实施生态文化建设行动。加快推进生态文明教育基地建设，积极创建森林城市、森林城镇；开展生态文明宣传教育，普及生态文化知识，全面提升全民生态文明意识，抢占绿色发展制高点。

2015 年 1 月 19 日至 21 日，中共中央总书记、国家主席、中央军委主席习近平在云南考察时强调，要把生态环境保护放在更加突出位置，像保护眼睛一样保护生态环境，像对待生命一样对待生态环境，在生态环境保护上一定要算大账、算长远账、算整体账、算综合账，不能因小失大、顾此失彼、寅吃卯粮、急功近利。

为深入贯彻落实党的十八大和十八届三中、四中全会以及习近平总书记考察云南时的重要讲话精神，努力使云南成为全国生态文明建设排头兵，2015 年 4 月 1 日由云南省环境保护厅组织在昆明市召开了《云南省生态文明建设规划大纲》咨询会。会议邀请了中国生态文明研究与促进会会长、中国科学院、中国环境科学研究院、环境保护部环境规划院、环境保护部华南环境科学研究院、云南省委研究室、云南省政府研究室、云南大学、云南农业大学、云南省环境科学研究院的领导和专家。

　　2015年十一届三次会议上，由农工党云南省委提交的《进一步加强云南省生态文明制度建设》提案，被省政协确定为2015年10件重点提案之一，是省环保厅2015年所主办的省人大代表建议和政协委员提案中唯一的重点提案。此提案从建立健全地方生态文明法规制度、强化各级政府环境考核约束、理顺生态环境管理监督体系、健全生态文明社会制衡机制、加强生态文明建设基础研究、完善生态文明建设管理体系6个方面提出了意见建议。

　　截止到2015年上半年，云南省已建成10个国家级生态示范区、85个国家级生态乡镇、8个省级生态文明县市区、328个省级生态文明乡镇、9个省级生态文明村。

● 青海

青海省生态文明建设综述

青海是欠发达省份，集西部地区、高原地区、民族地区、贫困地区和生态脆弱地区于一身，一直给人以"面积大省、资源富省、人口小省、经济穷省"的印象。既要筑牢生态安全屏障，又要推动科学发展，更要使人民群众共享发展成果，如何处理好三者之间的关系，是青海面临的一大难题。

随着党中央提出建设生态文明，把三江源生态保护和建设上升为国家战略，青海的决策者逐步认识到，青海在全国生态文明建设中具有重要战略地位。"青海最大的价值在生态、最大的潜力在生态、最大的责任也在生态。"他们认为，保护好生态，对青海来说不是包袱而是机遇，既是服务全国大局的需要，也是青海自身可持续发展的需要。

"把良好的生态环境视为青海最大的优势、财富和品牌，把生态文明作为核心竞争力来打造。"青海较早提出并大力推进"生态立省"战略，力争在生态文明建设上先行先试，并将其融入经济、政治、文化、社会建设各方面和全过程。

为深入贯彻落实党的十八大和十八届三中全会精神，青海又明确提出"创建全国生态文明先行区"战略，并先后制定了《青海省创建全国生态文明先行区行动方案》《青海省生态文明制度建设总体方案》。

2014 年 2 月初，青海省委书记骆惠宁、省长郝鹏专门邀请有关专家学者就青海省生态文明制度建设进行座谈并达成初步共识。随后骆惠宁在中央党校省部级主要领导干部研讨班的发言中，表示为使青海进一步承担起构筑国家生态安全屏障的重大历史责任，决心继续解放思想，不断深化对生态文明制度建设的探索。青海省委全面深化改革领导小组把生态文明制度建设作为青海经济、文化、社会、生态、政治和党建五大领域改革的重要突破口和形成特色的重点领域，成立了以省长为组长的生态领域改革专项小组。生态领域改革专项小组起草了《青海省生态文明制度建设总体方案》，从生态文明制度建设的总体要求和基本原则、重点领域和主要任务、保障措施等方面提出了改革的基本思路和目标。5月 23 日，经青海省委常委会审议通过后，《青海省生态文明制度建设总体方案》这一青海生态领域改革的"设计总图"正式出炉。

2014 年，青海省实施主体功能区规划，严守资源环境生态红线。建立了 1∶250000 空间地理信息系统，在 5 个县实施主体功能区试点工作，在 3 个县开展"多规合一"试点工作。启动生态保护红线划定工作，建立省域生态红线评价数据库，增加耕地面积 3.67 万亩，耕地保有量控制在国家规定的指标内。

2015 年 1 月 13 日，省十二届人大常委会第十六次会议审议通过《青海省生态文明建设促进条例》并于 2015 年 3 月 1 日起施行。这是青海省第一部省级生态文明建设立法，也是我国藏区第一部省级生态文明建设立法。

2015 年 5 月，青海省委、省政府出台《贯彻落实〈中共中央国务院关于加快推进生态文明建设的意见〉的实施意见》（以下简称《实施意见》），明确一系列具体奋斗目标和重点任务，标志着青海省生态文明建设总体布局和工作体系形成。

《实施意见》进一步明确了生态文明建设的目标。提出到 2020 年，全省资源节约型和环境友好型社会建设取得重大进展，主体功能区布局基本形成，生态安全屏障进一步巩固，生态产品生产能力大幅提升，循环经济发展成为主导模式，人居环境明显改善，生态文明制度先行先试取得重大成果，生态文化主流价值观在全社会得到推广，生态文明建设水平与全面建成小康社会目标相适应，生态文明先行区和循环经济发展先行区基本建成。

《实施意见》还提出了生态文明建设的重点任务。要求强化主体功能定位，优化国土空间开发格局；推动技术创新和结构调整，提高发展质量和效益；全面促进资源节约循环高效使用，推动利用方式根本转变；加大自然生态系统和环境保护力度，切实改善生态环境质量；健全生态文明制度体系；加强生态文明建设统计监测和执法监督；加快形成推进生态文明建设的良好社会风尚。

以《实施意见》为支撑，青海省形成了以中共中央、国务院《关于加快推进生态文明建设的意见》为统领、以国家批准的《青海省生态文明先行示范区建设实施方案》为载体、以年度工作重点为抓手的生态文明建设总体布局和工作体系。

随着《青海省主体功能区规划》的正式实施，2015 年青海省积极谋划推进国家公园体制创建，国家林业局将青海省纳入国家公园体制创建试点省份。编制完成了《青海三江源国家公园建设规划》，这是全国首部国家公园建设规划。同步开展生态红线划定、"多规合一"等其他 5 个重点领域生态文明制度建设改革。

对地方政府，以绿色发展为主的绩效考核深入开展。青海省将 39 个县（市、区）划分为经济发展和扶贫开发重点县、生态保护和扶贫开发重点县 2 类 6 组进行分类分组考核。

严格划定生态红线，青海省对各级政府负责人考核实行重大生态问题"一票否决"。在市州考核指标中，生态环境保护考核指标由原先的 5 项大幅增加至 10 项。率先在全国启动实施湿地生态管护员制度，率先在全国开展生态资产评估填补国内空白；《青海三江源生态保护和建设二期工程八个管理办法》，为三江源生态保护建设提供了制度保障。

科技部和青海省建立了部省会商制度，进一步推动建设柴达木循环经济试验区、发展高原现代农牧业、改善三江源生态保护与民生，直接支持青海项目 357 项，资助经费 3.87 亿元。

生态文明是不同于传统农业文明和近现代工业文明的新文明形态。建设生态文明，国内外没有现成的模式和经验可以照搬照抄，其难度无异于一场革命。青海近几年坚持立足省情，重点从以下方面加强生态文明建设：

一是培育生态文化。青海是个多民族聚居、多文化交融的省份。历史上各民族共同开发青海，创造了敬畏自然、尊重自然、善待自然、顺应自然的生态文化。在推进生态文明建设中，青海注重挖掘传统生态文化，培育生态伦理道德观，融入社会主义核心价值体系，引导社会公众在价值取向、生产方式和消费模式上进行绿色转型，使保护生态环境、建设生态文明成为各级党委政府决策和企业行为的自觉行动。同时，以一系列文化节庆、赛事活动和文艺作品为载体，打造生态文化品牌——"大美青海"，增强各族人民群众支持参与生态文明建设的积极性和主动性，使越来越多的人认识、关注、向往并走进青海。

二是实施重大工程。2005年以来，青海坚持保护优先、自然恢复为主，先后在三江源、青海湖、祁连山实施了生态保护和建设工程，加大退牧还草、退耕还林力度，加强节能减排和环境污染治理。同时，探索"协议保护"模式，设立生态管护公益性岗位，使广大农牧民成为生态保护的主体。2015年，正式启动实施三江源国家生态保护综合试验区建设与三江源生态保护和建设二期工程，治理面积由原来的15.23万平方公里增加到39.5万平方公里，占青海总面积的54.6%。未来，青海将以保护和恢复植被为核心，把自然修复与工程建设相结合，加强草原、森林、荒漠、湿地与河湖生态系统保护和建设，完善生态监测预警预报体系，夯实生态保护和建设的基础，从根本上遏制生态整体退化趋势。

三是发展生态经济。虽拥有丰富的矿产资源，但由于限制开发、禁止开发区域广，守护生态屏障责任重大，决定了青海不能走传统工业经济发展的老路。青海利用高原特有的自然生态资源、民族文化资源，大力发展生态农牧业、生态林业、文化旅游业等朝阳产业。同时，以柴达木循环经济试验区、西宁经济技术开发区等为主战场，着力打造循环经济和新能源产业，转变经济发展方式，提高区域经济竞争力，带动经济持续健康发展。

四是加强制度建设。青海从2006年起取消对三江源地区的GDP考核，逐步探索建立新型绿色政绩考核体系。2010年开展生态补偿试点工作，印发了《关于探索建立三江源生态补偿机制的若干意见》和《三江源生态补偿机制试行办法》。发布实施《青海省主体功能区规划》，划定重点开发、限制开发、禁止开发三类区域，限制开发、禁止开发区面积占全省国土面积近90%。同时，抓紧制定《青海省促进生态文明建设条例》。青海着眼于解决生态文明建设面临的一些深层次矛盾，加大重点领域和关键环节改革力度，在重大政策和体制机制创新上先行先试。

青海省在生态文明建设中，不断完善生态文明评价和考核制度，实行最严格的生态保护和责任追究。青海对重点开发区、限制开发区和禁止开发区等不同主体功能区继续实施差别化绩效评价考核制度，加大资源消耗、生态效益等指标权重，禁止开发区考核GDP、工业发展和招商引资，把重要生态功能区县域生态环境质量考核结果，作为财政转移支付和干部任用奖励的重要依据。严格执行源头保护、环境治理、生态修复和责任追究等制度，编制自然资源资产负债表，对领导干部离任审计，对造成生态破坏严重后果的，终身追究责任。

青海省建立了强化生态补偿制度，以激发生态保护的内生动力，实施了教育经费保障、异地办学奖补、禁牧与草畜平衡补偿、牧民生产资料补贴、生态移民创业扶持、农牧民基本生活燃油费补贴、生态移民创业扶持、农牧民基本生活燃料费补助、农牧民技能培训和转移就业补偿等补偿政策，探索建立重点生态功能区环境监测、草原生态保护奖补绩效考评、草原日常管护补偿等机制。

五是规划引领生态文明建设。在建立生态文明规范时，青海省完善资源有偿使用制度，依靠市场主体保护生态环境。2014年，青海省启动主要污染物总量控制管理系统，在10家重点排污单位进行实际排污情况核算和许可指标核定试点。制定主要污染物排污权有偿使用和交易试点实施方案及管理办法，组织3次主要污染物排污权竞买交易会。

六是生态文明建设促进生活方式绿色化。为了提高全民生态文明意识，青海省开展了机关干部和企业经营生态文明专题培训，创办高原生态文明高峰论坛，实施院校生态文明教育试点，建立绿色消费奖励制度，开展"绿色行业""绿色企业"创建活动。

在建设生态文明先行区的工作中，青海加快了基础设施和公共服务设施建设。全省300个高原美丽乡村新建或改建了村级综合服务中心（包括图书室、活动室和幼儿园等），建设村级文化体育休闲广场77.59万平方米，并配备了相应的文体设施；文化进村入户工程达到全覆盖，对农（牧）家书屋图书进行更新补充。

经过多年的宣传教育，目前，"实现青山常在、绿水长流、空气清新，让人民群众在良好的生态环境中生产生活，走出一条资源能支撑、环境能容纳、生态受保护的科学发展新路子"，已经成为青海各族人民群众的共识。

七是重视利用科技创新助推生态文明建设。"十二五"期间，青海省科技厅认真贯彻省委、省政府"生态立省"战略思想，紧紧围绕三江源区、青海湖流域、祁连山地区、柴达木地区、湟水河流域五大区域开展科技攻关，着力加强生态保护和修复、着力转变生产生活方式、着力加快生态文明制度建设，解决制约生态文明建设的关键技术，促进生态文明与经济、政治、社会、文化建设高度融合，建立了生态畜牧业生产基地、退化生态系统修复和移民安置区、可持续发展试验示范区，为促进退化生态系统的改善、生态保护建设工程以及社会经济可持续发展提供了强有力的科技支撑，成效显著。

2015 年青海生态文明建设综述①

2015，对于青海，注定是历史坐标系上熠熠闪光的一年。

坚持生态保护优先——努力在生态文明建设上迈出更大、更坚实的步伐，取得更加丰硕的成果，使青海的天更蓝、水更清、地更绿，为建设美丽中国做出新的更大贡献。

积极担当政治责任——以生态保护优先的理念协调推进经济社会发展，统筹落实"四个全面"，把青海建设得更加和谐美丽。

走过 2015，走过"十二五"。

从第一部省级地方生态文明建设立法诞生，到《中国三江源国家公园体制试点方案》通过；从《青海省主体功能区规划》正式实施，到贯彻国务院意见加快推进生态文明建设；从率先在全国启动实施湿地生态管护员制度，到对领导班子考核实行重大生态问题"一票否决"……

一年可数的日子，青海生态文明建设挥出的厚重之笔，刷新的精彩篇章，不仅深刻变革、驱动着年度的发展，更穿越逝去的分分秒秒，照耀新年，指南未来，聚集形成的绵延发展推动力无以估量。

---

① 《迈出生态文明建设铿锵步伐——2015 年青海生态文明建设综述》，《青海日报》2016 年 1 月 6日第 1 版。

生态领域改革制度和措施密集出台，青海生态保护驶入制度化、规范化、科学化管理轨道。

青海集西部、民族、贫困于一身，是国家重要生态安全屏障，省情特殊、责任特殊。

中华水塔，江源腹地，高原生物多样性集中区，全球气候变化敏感区和重要启动区——青海在全国生态文明建设中具有着特殊而重要的地位。

2015，青海生态保护与建设迈出新步伐，开启新时代。

3月，青海第一部省级地方生态文明建设立法，《青海省生态文明建设促进条例》正式施行。这是青海走生态文明之路的一次重大进步，为生态文明建设奠定了坚实的法治基础。

4月，国家出台《关于加快推进生态文明建设的意见》，由此，青海省加快生态文明建设的新认识、新思想、新理论的革新和观念升华。

5月，青海省结合省情出台了《贯彻落实〈中共中央国务院关于加快推进生态文明建设的意见〉的实施意见》，这标志着青海省生态文明建设进入了一个新的发展阶段。

……

密集出台的生态领域改革制度和措施，将青海生态保护纳入了制度化、规范化、科学化的轨道。

"绿水青山"就是"金山银山"理念持续转化为实践。

青海生态保护形成以面上突破带动点上开花格局。

坚持保护优先，筑牢国家生态安全屏障。

必须把生态文明建设放在突出位置来抓——2015年11月省委十二届十次全会，再一次吹响了青海生态文明建设新号角。

岁末收尾的时间里，青海生态文明建设的脚步愈发铿锵，建设的喜讯也频频传来。

一份来自中国生物多样性和自然资源需求的研究报告显示，目前全国仅剩青海和西藏两个省区仍维持生态盈余。

西宁成为青藏高原首个"国家森林城市"，也是西北地区唯一获得"国家园林城市"和"国家森林城市"双荣誉的省会城市。

全国20个省级单位开展的2014年天然林资源保护工程"四到省"综合考核中，青海省天保工程建设，以总分101.99的成绩名列第一，勇摘生态保护"国考"桂冠。

……

12月9日，《中国三江源国家公园体制试点方案》通过审议，这是青海生态文明体制改革取得的重大成果，是三江源生态保护和建设翻开的崭新篇章，对加快青海省生态文明建设历史进程具有里程碑的意义。

2015年，青海生态文明建设浓墨重彩，可圈可点。

这一年，全省各地各部门以开展优化国土空间开发格局、生态屏障保护与建设、绿色产业构建、环境综合整治、建设美丽家园、生态文化建设"六大行动"为载体，力争生态文明先行区创建取得明显实效。

"绿水青山"就是"金山银山"，面上的突破才能带动点上开花结果。

这一年，投资75亿元的三江源生态保护和建设一期工程收官，总投资160.6亿元的二期工程全面启动；三江源区域环境空气质量优，青海湖流域、柴达木盆地环境空气质量良好；

全省累计淘汰燃煤锅炉 2271 蒸吨，淘汰黄标车及老旧车 6 万余辆；

累计投资 15.5 亿元，综合整治 2015 个村庄和游牧民定居点环境，175 万农牧民受益；

这一年，西宁空气质量优良天数达到 283 天，优良率达 77.5%，各项污染物浓度水平较 2014 年同期明显下降。

全省重点饮用水水源地水质良好，长江及黄河干流水质优，黑河、大通河和格尔木河水质均保持在良好以上，湟水干流国控断面水质达标率在 75% 以上；

……

生态文明建设成效显著，生态保护优先理念确立，三江源头美景如画，青海湖、祁连山等重点生态工程扎实推进，青海生态文明制度改革开启了新篇章，"中华水塔"更加丰沛坚固。

动员全社会力量凝聚合力，青海生态文明攻坚战、持久战坚持让群众当"主角"。

生态文明建设是一项庞大的系统工程，是"攻坚战"和"持久战"，动员全社会力量形成合力，建设生态文明先行区广大群众是当然的"主角"。只有充分依靠群众，前行之路才能步步筑牢夯实。

和每年一样，2014 年环保志愿者曹倩和"爱自然 QQ 群"的成员按计划开展环保宣传教育活动。

这群活跃在民间的环保志愿者，在"爱鸟周"活动期间，到西宁植物园开展爱鸟宣传活动，发现个别树木受到人为破坏之后，立即找来植物园负责人就防护树木采取了有效措施，受到群众好评。

在西宁市城北区小桥办事处社区的废旧电池兑换点，这一年兑换废旧电池几千节；暑期青海大学、青海师范大学、青海民族大学组建的 24 个环保科普小分队深入农村，将环保知识、环保理念在农村广泛传播，收到了较好效果。

一年来，省环保宣教中心全体工作人员多次开展"限放烟花爆竹、过一个低碳春节"、家园美化行动等主题宣传活动，发放倡议书几万份。

在青海南大门——玉树藏族自治州囊谦县白扎林场，人、动物与自然和谐相处，是这里环保理念深入人心最真实的写照。

来到这里我们可以一目看到，林子深处保护环境的汉藏文宣传公告格外醒目，当地群众捡拾垃圾的身影随处可见。由 43 名牧民组成的义务环境保护小组，每年在农闲、牧闲季节，组织 3~4 次大型环保行动，大家心怀一个目的——就是保护环境卫生，共同维护生活家园。

2015 年，青海省在三江源综合试验区内的 22 个县（市）及三江源、可可西里和隆宝国家级自然保护区，共设置 963 名湿地生态管护员，管护三江源国家生态保护综合试验区内的湖泊、河流和人工湿地面积 2890 万亩。

在治多、杂多、囊谦等地，牧民自发组建起近 10 个民间环保组织，为治理三江源生态、保护野生动物不懈努力。

……

如今，从河湟谷地到环湖地区、柴达木盆地，再到三江源地区，全省各市州每一个角落，生态保护的理念深入人心，令人欣慰。

生态、环保——这是青海 2015 发展最响亮的关键词。

在青海"掬"一盆蓝天可以洗脸，这话听着虽然有些夸张，但这是青海人发自内心的骄傲。

因为，这一年，青海生态环境明显改善，这一抹青海蓝变得越透越蓝。

因为，这一年，青海生态优先战略正努力守护着诱人的蓝、蓬勃的绿，正竭力将青海人的生活绘成幸福的自然本色。

● 山东

山东省生态文明建设综述

2003 年 9 月，时任中共山东省委书记张高丽在出席山东省生态省建设动员大会上，要求从当时开始全面启动生态省建设。张高丽说，建设生态省就是要建设"六大体系"，到 2020 年，在全省初步形成遵循循环经济理念的生态经济体系、可持续利用的资源保障体系、山川秀美的生态环境体系、与自然和谐的人居环境体系、支撑可持续发展的安全体系、体现现代文明的生态文化体系，全面增强经济和社会的可持续发展能力，把山东基本建设成为经济繁荣、人民富裕、环境优美、社会文明的生态省。2012 年 5 月举行的省十次党代会上，山东省又作出了建设"生态山东"，增创绿色发展新优势的战略部署。

近年来，山东省委、省政府高度重视生态文明建设，从"水"字破题，积极深化改革，确立点面结合、立体推进、循序发展战略和城市"包围"农村的总体布局，开辟城乡两大战场。

2012 年 10 月，泉城济南被水利部确定为全国第一个创建国家级水生态文明城市试点。

2014 年开始，以实施《山东省农村新型社区和新农村发展规划（2014～2030）》为引领，扎实推进生态文明乡村建设。

作为海洋大省，山东省也重视海洋生态文明建设。2015 年，为加快推进山东省海洋生态文明建设，形成海洋生态文明建设合力，山东成立山东省海洋与渔业厅海洋生态文明建设推进小组。推进小组主要任务是研究讨论《山东省人民政府关于加快推进海洋生态文明建设的意见》的调研起草，《山东省海洋生态文明建设规划》的编制等项工作。2016 年 1 月，山东省还明确了"十三五"时期海洋生态文明建设五大目标：一是海洋开发格局进一步优化，二是海洋资源利用更加高效，三是近岸生态环境趋于好转，四是生态文明制度体系确立，五是海洋生态效果更加明显。山东省海洋生态文明建设将重点推进强化海洋功能定位等 8 项任务。

为了贯彻落实"十八大"提出的建设生态文明的目标要求，按照"贴近群众、贴近生活、贴近基层"的原则，2015 年山东省启动了"齐鲁环境讲堂——生态文明宣传教育十进活动"，通过环保宣讲、科普下乡、绿色创建、文艺演出、竞赛活动等形式，把生态文明知识送进社区、学校、企业、农村、景区、饭店、机关、商场、医院、军营，全方位、多层次、广角度地开展生态文明宣传教育。活动启动以来，各市积极响应，结合"绿色创建""环保之星"评比等活动，不断创新工作形式，取得了明显成效。截止 2015 年 12 月 20 日，全省各市（县、区）共发放环保资料 100 余万份，开展问卷调查 4 万余人次，现场解答群众咨询 35 万余人次，600 余名志愿者接受了环保培训，1000 余名学生被授予"环保之星""环保小卫士"等荣誉称号，500余户家庭被评为"绿色家庭"。12月11日至19日，省环保宣教中心分别在山东英才学院、肥城市、临邑县举办了生态文明"大篷车"宣传教育活动，我省首辆环保"大篷车"登台亮相，约2000余人参加了活动。

总体来说，在过去的几年间，以体制机制改革为突破口的山东生态文明建设已经迈上了一个新阶段，创新、深入、严格、高效的改革，展示了鲜明的山东特色。

这几年，是山东体制机制的改革创新措施出台最多的时期，累计推出的改革措施就有几十项。在全国率先推出的环境空气监测管理制度改革，把原来的"考核谁、谁监测"变成了"谁考核、谁监测"，让空气质量良好率由过去各地自行上报的90%多下降到60%左右，让监测数据更贴近人们的真实感受；同样是国内第一个的"环境空气质量生态补偿暂行办法"，把地方每一点治理的努力，都量化成具体的奖惩数据，这个办法规定，地方大气污染物每改善1微克，就奖励20万元，调动起了各地生态治理的积极性。

这场生态环保机制体制改革，也是全方位、更具有全民参与色彩的。新推出的区域共治联动执法，让跨行政区域污染有了治理办法；创造性引入的"蓝天白云、繁星闪烁天数"，让公众理解和判断空气质量有了具象性指标；完善推出的公众投诉、信访、舆情和执法联动机制，以及"晒企业治污、晒环保监管"的"山东双晒"活动，为社会各界参与环保监督治理的渠道更为多样。

而制度和机制执行力度之严也是前所未有的。2013年，山东发布实施了《山东省2013~2020年大气污染防治规划》，确定要分4个阶段、步步加严，到2020年让全省空气质量比2010年改善50%左右，这个标准的主要指标比国家现行标准严6倍左右，倒逼着一大批企业提标改造。而山东创建的环境行政执法与刑事司法衔接机制，实行的是公安、环保部门联勤联动执法，仅2014年一年，全省就侦办近千起生态环境案件，1500多名环境违法犯罪人员被处理，环境监管法律的权威性和震慑力，正在让环境执法亮出利剑。

建设水生态文明，打造美丽山东

"生态文明""美丽中国"，这些党的十八大报告中提出的新提法、新思想，如何变为各级政府的执政理念，形成社会各界和全国人民的共识，进而落实到工作实践中。

党的十八大首次把大力推进生态文明建设专章部署，提出必须树立尊重自然、顺应自然、保护自然的生态文明理念，把生态文明建设放在突出地位，融入经济建设、政治建设、文化建设、社会建设各方面和全过程，努力建设美丽中国，实现中华民族永续发展。

在水生态文明建设方面，山东省在全国走在前列。为充分发挥水利在生态文明建设中的基础载体和先导作用，围绕生态山东建设和实现"水资源可持续利用、水生态系统完整、水生态环境优美"发展目标，在水利风景区建设繁荣发展的基础上，山东省率先在全国创造性地提出了水生态文明建设的新理念、新思路，提出"建设生态文明，水利必须先行"的新举措、新目标，并积极付诸实践，取得了良好的效果。

2012 年 2 月，在济南召开的水生态文明城市发展研讨会上，山东省政府提出水生态文明建设"三步走"战略。第一步，依托水利工程建设和水生态修复，积极推动水利风景区建设和发展；第二步，依托水利风景区的建设和发展，积极推进水生态文明城市创建；第三步，依托水生态文明城市的建设和发展，有序推动水生态文明市（县、区）创建，实现城乡水利一体化、生态化发展。

2012 年 8 月 9 日，山东省颁布《山东省水生态文明城市评价标准》，这是全国第一个水生态文明城市省级地方标准，包括五大评价体系、23 项指标。10 月 23 日，山东省人民政府办公厅转发省水利厅等部门《关于开展水生态文明城市创建工作的意见的通知》，标志着水生态文明建设在全省正式拉开帷幕。

山东水生态文明建设的创新探索，引起水利部党组的高度关注。水利部部长陈雷连续两次作出批示。2012 年 10 月 20 日，陈雷赴山东专门调研水生态文明建设及济南创建全国水生态文明城市工作，鼓励山东各级水利部门锐意进取、不断开拓，在全国率先形成人水和谐的现代水利体系。

山东水利的实践探索、水利部党组的肯定支持与中央精神高度契合，在实践中摸索前行的山东水利，迎着建设生态文明的朝阳，道路越走越宽广。

水利部决定将济南市作为全国水生态文明城市试点市。以"泉城"闻名的济南，作为全国创建水生态文明城市试点，高起点、大手笔规划，凸显"山、泉、湖、河、城"特色，一项总投资 470 亿元的宏伟工程正在紧张建设，不久的将来济南市将会实现"泉涌、河畅、水净、景美"的目标。

随后，莱芜市与山东省水利厅签署加快建设水生态文明市的战略合作备忘录。东营市擎起争创生态文明典范城市的旗帜，一处处正在实施的生态建设工程，改变着昔日的荒凉。江北水城聊城市也在积极行动。市领导在中国（聊城）生态文明建设国际论坛开幕式上，全面阐述了生态城市建设理念，提出擦亮"运河古都——生态聊城"的城市品牌，为生态城市发展勾画出一幅美丽蓝图。

2012 年 11 月 28 日，山东省水生态文明城市创建工作联席会议办公室在临沂市组织召开山东省水生态文明城市专家评审会议。评审专家组一致通过临沂市创建省级水生态文明城市考评验收，经过省创建联席会议办公室确认后以省政府名义命名。这个具有 2500 年历史的古城，有了一张新的名片——第一个山东省水生态文明城市。

山东济南市水生态文明示范城市创建综述①

2012 年 10 月，济南市委、市政府提出全面贯彻党的十八大提出的建设生态文明战略

---

① "奏响和谐生态乐章——山东济南市水生态文明示范城市创建综述"。（http：//eco. cri. cn/492/2015/05/25/243s28493. htm）

目标和任务，并结合济南实际，决定深入开展创建水生态文明城市活动。

此举旨在通过创建水生态文明示范试点，构建起健康优美的水生态体系、科学严格的水管理体系、安全集约的水供用体系和独具特色的水文化体系，不断提升泉城水生态的自然、管理、用水和意识文明水平，形成"河湖连通惠民生，五水统筹润泉城"的现代水利发展新格局，实现"泉涌、河畅、水净、景美、人和"的总体目标。继而，从根本上统筹解决济南市水资源短缺、水灾害威胁、水生态退化三大问题。

活动开展两年来，济南市水利部门紧紧围绕实施方案，狠抓政策落实，强化细化工作措施，加大项目建设投入，创建工作形成鲜明特色，并取得显著成效。

突出特色　打造健康优美的水生态格局

按照"泉涌、湖清、河畅、水净、景美"的目标，济南市积极推进水系生态建设，如今全市水生态和谐，水环境优美，泉城风采日益彰显。

城市核心区水生态保涵养源不断加强。结合南部山区绿色发展，济南以水生态文明建设示范项目为重点的水土流失治理、小流域综合治理收效显著。南部山区相继实施的土屋峪、大佛峪、金刚纂等清洁型小流域综合治理工程，植树造林，整理水系，有力促进了项目区生态环境向良性循环转化。济南市水利局有关负责人介绍，已开工建设、总投资30亿元的玉符河综合治理工程完成后，玉符河将成为具有防洪补源、生态保护、旅游休闲等功能的绿色安全屏障，生态景观长廊，新型城乡协调发展示范区。

截污治污、河道治理有序推进。城区腊山河、兴济河、大明湖、大辛河四大分区内65条河道截污整治收到实效；英雄山路、金牛公园、赤霞广场等多处中水处理站建设投用，消除河道污水直排口1000余处，每天截留污水6万多吨，基本实现河道内"看不见污水、闻不到异味"的目标。实施大明湖水循环工程，建设历阳湖等亲水景点，大辛河、全福河等7个河段生态治理工程基本完成，使沿河绿色景观带更为畅通。

湿地保护、修复和建设协调推进。小清河源头综合治理项目（济西湿地公园）景观效果初步显现，具备通航条件；白云湖人工湿地二期工程主体完成并通过竣工验收；大明湖至小清河连通工程（含北湖湿地公园）正紧张有序实施前期工作，力争年底前启动北湖主体开挖。

多措并举　强化科学严格的水资源管理

科学严格的水资源管理，是创建活动的核心内容之一。因此，济南各级水利部门把落实最严格水资源管理制度，作为水生态文明示范市创建活动的总抓手，通过"三条红线"控制措施，促进水资源的科学配置、合理开发、高效利用和节约保护。

围绕上述目标，市政府修订并颁布实施了《济南市水资源管理条例》，印发《济南市实行最严格水资源管理制度考核办法》及考核工作实施方案，把水资源管理目标用水总量、用水效率、水功能区水质达标率和规模以上饮用水水源地水质达标率4项指标，纳入各县（市、区）政府科学发展综合考核目标。

与此同时，大力开展地下水保护行动，编制完成《济南泉域重点强渗漏带保护修复规划》，开展了玉符河、泉泸渗漏带回灌补源工作。2014年，卧虎山、锦绣川两座水库累计补水 5000 多万立方米，确保了趵突泉 11 年持续喷涌。

不断深化水管理体制改革，在推进东部城区供水，统筹协调城市防洪、供水、排水、河道治理等工作中，加强协作，完善水生态文明建设多部门合作共建机制。积极建立合理的水价形成机制，联合市物价局、财政局、发改委等有关部门，对目前供水价格进行了充分调研，从居民生活、企事业单位、经营服务、旅游星级饭店、特种行业用水 5 大类入手进行论证，形成水价改革意见。

积极建立水权转让制度，结合济南市水资源禀赋和管理体制，以多级水权为核心，以保障各级取用水户的合法权益、优化水资源配置、提高水资源利用效率和效益为目的，初步制定出"全市取水许可暨水权登记方案"和"水权分配框图"，为建立水资源资产产权制度奠定了基础。

强化保障　完善安全集约的供用水体系

城乡安全供水，事关民生福祉，直系百姓生活。在创建活动中，济南市同样给予高度重视、极大关注，并全力抓好三件大事。

全力推进水源连通工程。依托全市大水网，科学规划了六大连通工程，科学调配区域水资源。目前，田山灌区与济平干渠连通工程、玉清湖引水工程、玉符河卧虎山水库调水工程主体已建设完成，卧虎山、锦绣川、兴隆、浆水泉、龙泉湖"五库连通"工程于 10 月 26 日开工建设。"五库连通"工程实施后，将实现当地地表水、长江水、黄河水的联合调度，互连互通，年最大调水能力达到 3 亿立方米。

加快实施水源置换工程。按照生产、生态使用地表水，生活使用地下水的供水原则，重点实施东联供水工程和泉域补给区 60 万亩高标准农田水利建设项目。东联供水工程以鹊山水库为依托，向济钢、黄台电厂等重点企业提供原水，置换地下水供市区生活用水及保泉需要，日均置换地下水约 10 万立方米。泉域补给区 60 万亩高标准农田水利建设，以引黄、引库、引河等地表水为主置换灌溉水源。

开展城乡饮水安全工程和非常规水利用工程。按照"农村供水城市化、城乡供水一体化"的思路，大力实施农村饮水安全工程，加快管网升级改造，提高规模化供水覆盖率，强化水质监测，提高供水水质。

丰富内涵　彰显泉城特色的水文化

"家家泉涌，户户垂柳"，这是古人对泉城济南的赞美，更是济南市独具特色的名片。

两年来，济南市紧紧抓住创建水生态文明示范市的契机，以水为魂，以泉为媒，不断强化水利宣传，大力弘扬以大明湖、趵突泉为特色的泉城水文化。市水利局利用"世界水日"有利时机，通过设展板、发传单、组织投票等方式，开展以"建设生态文明"为主题的大型宣传活动和水生态保护志愿者行动，组织"泉城环保世纪行"活动，提升护泉保泉影响。编制水生态文明建设教育读本，通过组织中央和地方媒体，开展水源连通、河道整治、截污治污、生态景观等水生态文明重点工程的系列报道，为水生态文明建设营造良好舆论氛围。

实施"水生态文明试点科技支撑计划"，不断丰富水生态文明建设科技内涵。把济南市作为主要研究对象，对水生态文明状态诊断与济南市建设路径研究、济南市生态水系构建技术与示范等 5 大专题 24 项子课题进行研究和推广。"支撑计划"的实施，对丰富生态文明建设理论和技术体系具有重要意义，对国内其他地区开展水生态文明建设具有重要借鉴作用。

各方联动　建立生态文明建设保障机制

"水生态文明示范市创建，是一项系统工程，它离不开济南市各行业、各部门的统筹协调、密切配合，更离不开社会各界的鼎力支持。"济南市水利局有关负责人表示。

在"六城联创"工作领导小组架构下，济南市成立了水生态文明建设办公室，具体负责创建中的组织、协调工作。市政府多次召开水生态文明建设工作专题会议，研究部署相关工作，解决工作中的重大问题，确保水生态文明建设扎实有效开展。

创建活动注重顶层设计，突出规划引领。结合城市发展总体规划、土地利用总体规划，修编完善全市水生态文明建设规划，并编制完成 11 个县（市、区）水生态文明建设、小清河湿地风貌区水生态建设、湿地保护工程实施、河道治理等专项规划，为全市水生态文明建设提供了有力的技术支撑。

面对建设任务中建设资金紧张的局面，济南市多方筹措资金，积极争取中央及省级资金支持，用足用好国家、省支持政策，发挥市本级财政资金的杠杆作用和放大效应，拓宽投融资渠道。

发挥本市四大投资集团投融资平台作用，让玉符河等重点河道，济西、华山湖、北湖等湖泊湿地，分别由市四大投资集团进行土地熟化、运作实施。现初步建立起政府引导、地方为主、市场运作、社会参与的多元化筹资机制。

目前，济南市水生态文明建设已进入攻坚阶段，市水利部门以水网水系建设为重点，以客水补源为关键，以河道综合整治为抓手，按照"南部补源、中部造景、北部净化"的总体思路，正全力推进水生态文明示范市创建工作深入健康开展。

● 甘肃

甘肃省生态文明建设综述

甘肃地处黄土高原、青藏高原、内蒙古高原三大高原交会处，是黄河、长江上游的重要水源补给区，是国家"两屏三带"生态安全屏障的重要组成部分，生态环境具有多样性、脆弱性和战略性特征，在全国生态安全战略和发展稳定大局中具有极为重要的地位。

甘肃作为西北乃至全国的重要生态安全屏障，在水源涵养补给和遏制沙尘等方面，对保障国家生态安全具有重要作用，被列为国家生态安全屏障综合试验区。

2012年，国家发展改革委、财政部、国家林业局联合批复同意甘肃省张掖市、陇南市、甘南州和永靖县、渭源县、天祝县开展全国生态文明示范工程试点。

2014年1月，国务院常务会议审议通过了《甘肃省加快转型发展建设国家生态安全屏障综合试验区总体方案》。提出用8年时间分两个阶段推进国家生态安全屏障综合试验区建设，努力构筑黄河上游、长江上游、河西内陆河和黄土高原四大生态安全屏障。

2014年初，甘肃省委印发《中共甘肃省委关于贯彻落实〈中共中央关于全面深化改革若干重大问题的决定〉的意见》（以下简称《意见》）。《意见》提出，实行最严格的生态环境源头保护制度、损害赔偿制度、责任追究制度，健全环境治理和生态修复制度，建立系统完整的生态文明制度体系。坚持自然资源资产产权制度和用途管制制度。研究制定全省不动产统一确权登记实施办法，对省内水流、森林、山岭、草原、荒地、滩涂等自然生态空间进行统一调查摸底登记，并对其归属进行清晰界定，明确相应权责及监管主体。《意见》提出划定生态保护红线。积极争取和推进甘肃省国家生态安全屏障综合试验区建设。坚持主体功能区制度，严格按照主体功能区定位推动发展。研究制定国土空间管理条例，完善造林绿化、湿地保护、防沙治沙等专项规划，形成科学系统的国土生态空间规划体系。按照建立国家公园体制要求，制定甘肃省国家公园管理条例。编制推进生态文明建设实施规划，确定生态保护红线，实行最严格的保护措施。探索编制自然资源资产负债表，对领导干部实行自然资源资产离任审计。建立生态环境损害责任终身追究制。《意见》提出实行资源有偿使用制度和生态补偿制度。推动全面反映市场供求、资源稀缺程度、生态环境损害成本和修复效益的自然资源及其产品价格改革。坚持使用资源付费和"谁污染环境、谁破坏生态谁付费"原则，逐步扩大资源税征收范围。稳定和扩大退耕还林、退牧还草范围，调整严重污染和地下水严重超采区的耕地用途，有序实现耕地、河湖的休养生息。完善重点生态功能区生态补偿机制，推动地区间建立横向生态补偿制度。《意见》提出，健全国有林区经营管理体制，深化集体林权制度改革，鼓励发展林业专业合作社、股份林场、家庭林场等新型经营主体。

2014 年 7 月，《甘肃省林业推进生态文明建设规划》通过评审。《规划》提出，甘肃将划定生态红线，实施国土生态安全空间体系等五大战略任务，开展生态红线保护等 12 项重大行动，完善林地保护和公共财政扶持等政策、制度措施，全方位、多层次推进甘肃生态文明建设。

2015 年，甘肃省政府办公厅印发《甘肃省生态保护与建设规划（2014～2020 年）》（以下简称《规划》）。规划确定的具体目标是：到 2020 年，森林覆盖率达到 12.58% 以上，森林蓄积达到 2.62 亿立方米以上，森林覆盖率、森林蓄积量继续实现"双增长"，森林生态系统功能显著提高；初步遏制湿地面积萎缩和河流生态功能下降趋势，稳定各类自然保护区的面积，有效保护生物多样性；生态脆弱区农田保护性耕作比重加大；城市建成区绿化覆盖率稳步提高，城市园林绿化和农村村屯绿化迈上新台阶。

在 2015 年的甘肃省两会上，甘肃省省长刘伟平在《政府工作报告》中指出：2015 年，甘肃将以实施重大生态工程、推进农村人居环境整治、强化污染综合防治等工作为抓手，认真实施国家生态安全屏障综合试验区总体方案，积极探索内陆欠发达地区转型跨越发展、扶贫开发攻坚与生态文明建设相结合的路子。

2016 年 1 月，甘肃省省委、省政府下发了《甘肃省加快推进生态文明建设实施方案》（以下简称《实施方案》），提出把生态文明建设放在更加突出的位置，融入经济、政治、文化、社会建设各方面和全过程，着力推进国家生态安全屏障综合试验区建设，建设经济发展、山川秀美、民族团结、社会和谐的幸福美好新甘肃。

《实施方案》提出，到 2020 年，国家生态安全屏障综合试验区基本建成，循环经济发展水平进一步提高，资源利用更加集约高效，生态文明体制机制较为健全。单位 GDP 用水量和单位工业增加值用水量年均分别下降 2.67 和 1.74 个百分点，农田灌溉水有效利用系数提高到 0.57，非化石能源占一次能源消费比重达到 20% 以上，可再生能源电力装机占电力总装机比例达到 60%，重要河流水功能区水质达标率大于 80%，森林蓄积量不低于 2.6 亿立方米，森林覆盖率达到 12.58%，湿地面积稳定在 2535 万亩以上。

《实施方案》明确了甘肃省加快生态文明建设的八项重点任务。一是落实主体功能区战略，优化国土空间开发格局。着力构建甘肃省国土空间开发"一横两纵六区"为主体的城市、"一带三区"为主体的农业、"三屏四区"为主体的生态安全三大战略格局。二是建设国家生态安全屏障综合试验区，加大自然生态系统和环境保护力度，对河西内陆河、中部沿黄、甘南高原、南部秦巴山、陇东陇中黄土高原等五大片区实施分区域综合治理。三是协同推进生态建设与扶贫攻坚，促进贫困地区脱贫致富奔小康，提出把生态建设与扶贫开发、全面建成小康社会相结合。四是深入推进循环经济示范区建设，促进资源节约和循环高效利用。五是发展生态友好型产业，坚持走新型工业化路子。六是加强防灾减灾体系建设，增强适应气候变化能力。七是加强生态文明制度建设，建立健全生态环境保护机制。八是提高生态文明意识，形成良好社会风尚。

为确保《实施方案》落地实施，达到预期目标，省委省政府要求，各地各部门要准确把握新理念、新制度、新举措，以高度的政治敏锐性、行动自觉性、措施有效性、工作持续性，加强组织领导，创新体制机制，综合施策，分类指导，毫不动摇、持之以恒地加快推进生态文明建设。

广西生态文明建设综述

广西壮族自治区地理位置独特，一湾相挽十一国，沿江、沿海、沿边，背靠大西南，毗邻台港澳，地处我国珠三角、西南和东盟三大经济圈的结合部，是我国唯一与东盟既有陆地接壤又有海上通道的区域，在国家生态安全格局中具有重要地位，生态环境保护要求高。广西又素有"八山一水一分田"之称，环境承载力十分有限。特殊的地理位置和国土空间格局决定了广西既有加快推进工业化、城镇化的繁重任务，也面临越来越大的资源环境压力。作为后发展地区，广西始终坚持"环保优先"的理念，确立"生态立区、绿色发展"战略，把建设生态文明示范区作为生态文明建设的主干线、大舞台和着力点，逐步走出一条环境保护和经济发展高度融合的新道路，生态文明建设取得明显成效。

生态文明建设起步较早。自治区党委、政府 2005 年作出建设生态省区的重大决策；2007 年出台建设生态广西的决定，同年 9 月启动实施《生态广西建设规划纲要》；2010 年作出推进生态文明示范区建设的决定，努力建设全国生态文明示范区。广西的生态文明建设在认识和实践上都走在全国前列。

2015 年 3 月 26 日，广西壮族自治区十二届人大常委会第十五次会议分组审议"自治区环境保护条例修订草案""自治区巴马盘阳河流域生态环境保护条例草案"等，通过加强生态文明建设等重点领域立法，为自治区生态文明建设提供法治保障。

在生态文明建设方面，广西取得的成效主要有以下几点：

保持和扩大生态优势。2011 年，全区森林覆盖率达 60.5%，居全国第四位；红树林面积 12.56 万亩，居全国第二位。广西是我国生物多样性最丰富的省区之一，物种总数居全国第三位。目前，已建立自然保护区 78 个，总面积达 145.10 万公顷，建成布局合理和类型科学的自然保护区网络，有效保护重要物种。

以小资金引导大生态。从 2008 年起，自治区本级财政设立生态广西建设引导资金，逐年加大投入，2011 年增加到 4500 万元，4 年间共安排引导资金 1.5 亿元，在生态产业、节能减排等方面支持一批试点示范项目实施，同时吸引社会资金近 5 亿元投入生态产业发展，带动广大农村地区走生态文明发展道路。

探索生态文明建设的考核机制。来宾市探索生态文明建设，更注重顶层设计，注重与实际相结合。2008 年，来宾市结合地方实际和生态文明建设要求，开始探索生态文明建设的考核机制，尝试对辖内部分县（市）实行差别化考核。实行差别化考核以来，金秀、忻城、合山 3 县（市）卸下包袱、轻装上阵，在保护生态环境的同时，经济增长质量和效益也明显提高。

积极推进农村环境综合整治和生态示范创建。"十一五"期间，广西充分运用城乡清洁工程和城乡风貌改造载体，积极开展以饮用水水源地保护、生活污水垃圾污染治理、畜禽养殖业污染防治为主要内容的农村环境综合整治和生态示范创建工作，生态县、生态乡镇和生态村不断涌现。到2010年，全区14个设区市和80个县（区）已完成生态市、生态县的规划编制工作，积极开展生态乡镇、生态村等创建工作。

开展石漠化综合治理，建设生态美好新家园。广西地处我国西南岩溶地区，全区岩溶区土地面积1.25亿亩，石漠化土地3500多万亩。全区90%以上的贫困人口分布在石漠化地区。自治区党委、政府高度重视石漠化综合治理，将其作为生态文明建设的重要内容。2008年，国家正式启动石漠化综合治理试点工程，广西都安、大化等12个县列为全国石漠化综合治理试点县，通过推进石漠化综合治理，积极改善广西的生态环境，构建珠江上游的生态屏障，从源头上保障珠江下游地区生态安全。

推进城镇环境基础设施建设，县县建成污水处理厂。全区城镇生活污水处理设施建设全面提速，实现跨越式发展。2007年，广西城镇生活污水集中处理率仅为11.8%。"十一五"期间，全区共投资94.86亿元建成城镇污水处理设施103项，全区污水集中处理率首次突破60.6%，成为全国第9个、西部第2个县县建成污水处理厂的省（区）。

积极实施农村饮水工程，提升民生福祉。在广西，降雨大部分通过岩溶裂缝或石灰岩消水洞流入地下河，石山地区地表水奇缺，农村饮水难问题十分突出。自2005年起，广西将农村饮水安全工程建设列入政府为民办实事项目，以重点区域"人饮"工程建设大会战为抓手，共建成"人饮"工程13 886处，1066.69万农村群众实现了饮水安全解困。

广西依法建设生态文明海洋综述[①]

广西是我国沿海11个省（市、区）之一，处于我国18000多公里大陆海岸线最西南岸段海域，地处华南经济圈、西南经济圈和东盟经济圈的结合部，是我国西部大开发地区唯一的沿海区域，也是我国与东盟国家既有海上通道、又有陆地接壤的区域，区位优势明显，战略地位突出，产业资源丰富，发展潜力巨大。

广西近海海域有海洋生物900多种，其中有较高经济价值的100多种。还有著名的北海银滩、山口国家级红树林生态自然保护区、国家级北仑河口海洋自然保护区、钦州湾"七十二泾"和龙门诸岛，以及（与越南相邻的）京族三岛等特色旅游资源。

近年来，广西海洋事业迎来了大发展的机遇，同时海洋开发利用与环境保护面临的新挑战也不断涌现。广西海洋综合管理部门坚持科学用海，依法管海，全力推进广西海洋生态文明建设。

[①] 《广西海洋与渔业局积极开展海洋生态文明建设综述》，《中国海洋报》2015年8月13日第A1版。

2007 年，广西海洋与渔业局会同自治区环保厅编制印发了《广西海洋环境保护规划》。以此为基础，从 2009 年起陆续开展了《广西海洋生态保护与建设规划》《广西生态监控区建设规划》《广西海洋生态文明建设规划》的编制工作。2014 年启动修编《广西海洋环境保护规划》，系统开展海洋生态环境保护工作。

2014 年 2 月，广西首部海洋地方法规《广西海洋环境保护条例》正式施行。该条例的出台标志着广西海洋生态环境保护工作进入一个新阶段。同年，广西海洋与渔业局还开展了广西海洋生态红线划定研究、广西海洋生态补偿机制及立法可行性研究等工作。

在海洋保护区建设与管理方面，广西成功申建了钦州茅尾海国家级海洋公园和北海涠洲岛珊瑚礁海洋公园。山口红树林自然生态保护区、北仑河口红树林自然保护区、广西海洋生态监控区建设管理工作有序开展。

为做好海洋污染防控工作，广西海洋与渔业局先后完成了海上污染源调查和北部湾近岸海水质量 5 年变化规律分析，并先后与北海、防城港、钦州、玉林市政府签订近岸海域环境保护目标责任书，实施陆海统筹、区域联动，开展入海河流环境整治。

广西海洋与渔业局按照党的十八届三中全会提出的"建立陆海统筹的生态系统保护修复和污染防治区域联动机制"的部署要求，与自治区环保厅签订建立完善海洋环境保护沟通合作工作机制的框架协议，探索建立海洋环境保护沟通合作工作机制。同时，会同自治区有关部门编制了《广西壮族自治区近岸海域环境保护行动方案》和《近岸海域环境保护行动计划》，努力形成海洋环境保护工作合力。

2014 年，广西海洋与渔业局还开展了海洋环境污染源调查工作，全面掌握入海污染源情况。不断加大对重点工业园区、重大项目建设的环境监管力度，在海洋工程环评审批中，确保园区项目与海洋功能区划和环境保护规划相衔接、相协调。广西近岸海域海水质量不断好转，2014 年近海劣四类水质面积比 2013 年减少 52.5%。

抓好生态保护修复、环境管理扎实有效，广西海洋与渔业局积极构建海洋环境在线监测体系，制订和实施年度海洋环境监视监测工作方案，加强对入海河口、陆源入海排污口监测及时掌握污染源的变化情况。2014 年，建设了国内首个省级海洋放射性监测实验室，为监控好沿海核电企业生产活动带来的海洋放射性影响夯实基础。先后在广西近海布设 3 套海洋水文气象观测浮标，实时观测海洋水文气象要素，为突发海洋环境灾害的应急处置提供水文气象等关键数据。

在湿地保护方面，广西山口红树林生态自然保护区 2013 年被评为全国最美湿地之一。2014 年，《广西山口国家级红树林生态自然保护区总体规划》获国家海洋局批复，保护区建设迎来新的发展契机。

在海洋生态保护与修复方面，2010 年～2014 年，广西区海洋与渔业局组织沿海 3 市海洋部门向国家海洋局申报并实施了北仑河口边界海岸带生态修复工程、钦州市茅尾海沙井生态修复工程等多个项目，共获得国家级海域使用金约 2.8 亿元，对部分脆弱的海洋生态系统进行了保护与修复。

同时，广西严抓海洋工程环评审批，开展海洋环境执法，结合"海盾""碧海""护岛"专项，开展立体式执法监察，制止多起违法违规用海、用岛和破坏海洋环境行为。

• 四川

四川省生态文明建设综述

拥有丰富植被种类的四川大熊猫栖息带，是全球最大最完整的大熊猫栖息地，全球30%以上的野生大熊猫栖息于此。被誉为"活化石"的大熊猫在四川繁衍生息数百万年。

四川是全国林业大省，林地面积居全国第3位，林业管理和服务的林地、湿地和沙地面积占全省幅员55%以上，在推动绿色发展、建设生态文明新家园中具有重要的基础性和关键性作用。"十二五"以来，全省自然生态状况持续改善，长江上游生态屏障基本建成，山清水秀的底色更加鲜明。一是森林资源持续增长。累计营造林4936万亩，新增森林面积923万亩，森林覆盖率达到36%，高出全国平均14个百分点。二是生态保护修复明显。治理巩固沙化、石漠化土地400多万亩，恢复震损植被42.4万亩。现有省级以上林业自然保护区、森林公园、湿地公园207个，大熊猫保护科研水平世界第一。三是生态功能不断增强。监测显示，全省森林和湿地生态系统年减少土壤侵蚀1亿吨，固定碳量7542万吨，涵养水源864亿吨，相当于86个大型水库蓄水量。四是绿色生态产业持续发展。林业产业总产值超过2500亿元，生态旅游位居全国首位，森林康养等新型业态健康发展。这些数据反映出四川省历年来对生态文明建设的高度重视。

早在2006年，四川便出台了《四川生态省建设规划纲要》，指出着力建设生态经济体系、生态环境体系、生态社会体系、生态文化体系和生态建设能力是促进经济社会可持续发展的重要推动力。

2007年，成都出台了《成都生态市建设规划》，明确指出要建立具有地方特色的生态经济发展模式，提出了最适合成都的景观格局模式。于是，成都市各区县纷纷走在了大力建设生态文明的前沿。

2011年7月1日，先后荣获中国生态旅游百强县、四川省生态县、四川省绿化模范县等多项荣誉的双流县，被国家环保部授予"国家生态县"荣誉称号。

2012年4月，国家发改委、财政部、国家林业局联合批复，同意成都市青白江区开展生态文明示范工程试点，青白江区也成为成都市唯一的示范区（市）县。

2014年，全面深化改革元年。省委十届四次全会剑指六大改革，生态文明体制改革正是其一，从认识的转变上升到全方位的顶层设计。

2014年10月，四川省林业厅在成都组织召开"四川省林业推进生态文明建设规划新闻通气会"。会上，由四川省林业厅发布《四川省林业推进生态文明建设规划纲要（2014～2020年）》。纲要阐释了林业在四川省生态文明建设中承担的职责，明确了构建五大体系的任务，给出划定四条生态红线、推进十大生态修复工程、实施十大行动的建设路径。

2014 年 11 月 5 日，四川省印发《关于建立成都市及周边地区、川东北地区、川南地区大气污染防治工作联席会议制度的通知》。这是四川历史上首次突破行政区域藩篱，统筹全省大气污染治理的一大创举。

2015 年 4 月 9 日 ~ 11 日，首届四川生态文明论坛在成都举办，130 多名专家、代表围绕四川水环境生态修复与水域经济开发问题展开研讨。与会专家认为，推进长江上游生态屏障建设，构建水生态工程保障体系，增强水资源调控配置和保护能力是四川水生态文明建设的重要任务。

2015 年 4 月 13 日，四川省绿委办（绿化委员会办公室）召开了四川省部门绿化工作座谈会，讨论并通过了《践行生态文明　四川绿化宣言》，倡议社团、企业、个人等社会各界共同践行生态文明理念，参与植树造林和身边增绿，投身生态退化土地治理，支持绿化发展和保护。

2015 年 5 月 8 日，省环保厅发布《关于划定生态保护红线的指导意见》，四川省将划分三类生态保护红线——重点生态功能区保护红线、生态环境敏感区和脆弱区保护红线、生物多样性保护红线。到 2015 年底，要基本完成省级生态保护红线划定，全面启动各市（州）生态保护红线划定工作。

成都深入推进生态文明建设[①]

2014 年，国家发展改革委等六部门联合下发《关于开展生态文明先行示范区建设（第一批）的通知》，成都成为全国首批 55 个生态文明先行示范区之一。

根据《成都市国家生态文明先行示范区建设实施方案》，成都"示范区"将按照"五位一体"总体布局和生态文明建设总体部署，立足工业化转型期的特大型中心城市新型城镇化发展，以改革为动力，实现城市转型发展和体制机制创新的重大突破；以彰显蜀水生态文明精髓为核心，弘扬生态文化，塑造新型生态人格；以绿色、循环、低碳为基本途径，促进经济社会转型发展。奋力建设经济繁荣、环境优美、文明祥和、天人合一的现代化、国际化大都市，探索由"环境换增长"向"环境促增长"转变、由工业文明向生态文明跨越的发展模式。

根据成都市的规划，力争通过 5 年左右的努力，形成可复制、可推广的成都模式：经济发展质量明显提高、资源能源利用水平明显提升、生态建设与环境保护取得明显成效、生态文化体系基本形成、体制机制建设取得重大突破……

生态立市，深化改革成为贯穿生态建设"主旋律"

探索成都生态建设和环境保护体制机制改革创新，成都探索乡镇（街道）环境保护

---

① 《成都深入推进生态文明建设》，《成都日报》2014 年 11 月 1 日第 7 版。

机构改革，317 个乡镇（街道）环保机构建设正在全力推进。2012 年起，成都市开始实施的跨界断面水质超标资金扣缴制度。联合平原经济区其他城市积极探索建立环境保护的区域协调和跨区域综合治理机制。

党的十八大吹响了生态文明建设的号角，十八届三中全会《关于全面深化改革若干重大问题的决定》做出了一系列有关改革生态环境保护管理体制的决策部署。在刚刚闭幕的党的十八届四中全会，通过了《中共中央关于全面推进依法治国若干重大问题的决定》，这更是将对环境保护、生态文明建设起到重要的推动作用。面对史无前例的生态文明建设宏伟蓝图和瞬息万变的经济社会发展形势，成都清醒地认识到，要在高速发展的经济和生态环境保护的迫切需求之间寻求平衡点，打好推进生态文明建设的攻坚战，必须以深化生态环境保护管理体制改革为突破口，为生态建设和环境保护提供制度保障。为此，市委十二届三次全会在关于全面深化改革的决定中专门设立了 4 大板块 23 项专题，重点就生态文明建设进行了专题部署，并将"加快生态文明制度改革"确定为 2014 年成都市深化改革重点工作。

改革，无疑成为了贯穿生态成都建设的"主旋律"。

2014 年以来，成都市结合新《环境保护法》精神，对全市乡镇（街道）环境保护机构改革进行了积极探索，市政府出台《关于进一步加强基层生态环境保护工作的意见》加强指导，市编委印发了《关于设立乡镇（街道）环境保护机构的通知》，将环境保护有关职责落实到全市 317 个乡镇（街道）。目前全市基层环保机构建设工作正在稳步推进，预计能在全国率先实现基层环境保护机构建设网格化、全覆盖。

不仅如此，近年来"改革"一词，也频频体现成都市生态建设和环境保护体制机制建设上，全面夯实了生态环境保护保障体系。

2012 年起，成都市开始实施的跨界断面水质超标资金扣缴制度，打开了建立流域生态补偿机制的突破口。

同时，成都市还联合平原经济区其他城市积极探索建立环境保护的区域协调和跨区域综合治理机制。

未来，成都市还将与区域内其他城市加强协作，建立健全大气污染防治工作联席会议制度、开展跨界流域综合整治、加强区域环保信息共享与通报合作……真正实现成都平原经济区生态环境的联防联控联治。

当然，除了深化改革之外，为给生态文明建设保驾护航，成都市从大处着眼，不断修订、完善环保法规体系。2013 年，成都出台《成都市环城生态区保护条例》，成为国内首个为城市特定区域生态保护出台地方条例的城市。目前，全市范围内的《成都市生态保护条例》正在启动立法前期工作。2014 年 4 月，《成都市湿地保护条例》开始开展立法调研；7 月，《成都市饮用水水源保护条例》通过市人大常委会审议，将于 2015 年开始实施。这些政策法规构成了成都市生态文明建设的骨架，支撑着成都市生态文明建设系统化、立体化发展。

与此同时，成都市相继启动《成都生态市建设规划》编制工作，并经市人大常委会审议通过实施，并以双流、温江、郫县、蒲江等生态资源优势突出、环保工作扎实、创建热情高涨的区（市）县为先导，分期分批开展国家生态县、生态文明建设示范区创建工作，影响带动其他区（市）县奋起直追，坚持走在全国生态文明建设的前沿。

成都在生态环境保护和建设方面的努力，正在不断赢来新的机遇。在国家批准的首批

55 个生态文明先行示范区中，成都再获青睐，成为生态文明先行示范区之一。成都也希望借助此次示范区的机遇，力争通过 5 年左右的努力，形成在生态文明建设方面可复制、可推广的成都模式：经济发展质量明显提高、资源能源利用水平明显提升、生态建设与环境保护取得明显成效、生态文化体系基本形成、体制机制建设取得重大突破……

生态强市，优化产业结构实现产业升级

加快转变经济发展方式，扎实推进产业转型升级与产能过剩行业调整，坚决遏制产能过剩产业发展和重复建设，努力为人民群众创造更加良好的宜居环境，让良好生态环境成为城市新名片。

生态文明是"经济强、百姓富"与"生态优、环境好"相统一的文明形态。成都市始终坚持把生态建设与经济发展放在同等重要的位置，把生态文明建设融入"打造西部经济核心增长极、建设现代化国际化大都市"总体目标中，深入实施"改革创新、转型升级"总体战略，在构建绿色经济体系这一目标引领下，优布局、调结构、促转型，逐步形成了以节约能源资源和保护生态环境的产业结构、发展方式和经济模式。

在产业布局上，成都市优先规划建设了 32 个现代服务业重点集聚区；按照"一区一主业"原则，形成了 21 个工业集中发展区，工业集中度达 81.4%；在城市近郊发展景观农业，在二、三圈层发展规模化、区域化、标准化的优质高效农业和山地丘陵特色生态农业，基本形成了中心城区以现代服务业和总部经济为主，二、三圈层以先进制造业、都市型现代农业和旅游等特色产业为主的产业发展格局。

在结构调整上，"十二五"以来，成都市加大产业结构调整优化力度，三次产业结构不断优化，2012 年三次结构优化为 4.3：46.2：49.5。2012 年全市产业聚集度达 61.2%，初步形成电子信息、汽车、航空航天、生物医药等 11 大产业集群，7 大战略性新兴产业规模以上工业增加值占全市工业比重 33%。成都不仅是全球重要的电子信息产业基地，也是国家新型工业化产业示范基地和新能源、新材料、信息、民用航空、高技术服务业产业基地。

在产业转型上，成都市坚持低碳绿色发展理念，积极支持企业运用高新技术和先进适用技术改造传统产业，大力扶持企业开展技术创新，加快推动科技成果转化。2007 年以来累计完成技改投资 4759.3 亿元，实施重点技术改造项目 1080 个、创新项目 854 个，在全国率先实行区域单位 GDP 能耗平衡补偿机制。同时，大力推进工业节能降耗和淘汰落后产能，先后淘汰钢铁、火电、水泥、化工、印染、砂洗、小石灰窑等企业 459 户，整体退出采煤行业和烟花爆竹生产行业，2012 年全市单位 GDP 能耗降至 0.601 吨标准煤，在一次能源消费构成中，煤炭所占比重降至 6.41%，电力所占比重上升到 45.57%，全市清洁能源使用率达 85% 以上。

此外，节能环保产业也被纳入了成都市战略性新兴产业的发展规划，展现出蓬勃发展的势头。在《成都市环保产业发展规划》等相关政策的支撑下，成都市大力扶持节能环保产业发展，目前已初步形成了环保设备制造、资源综合利用、环境咨询服务、洁净产品生产等四大类，产品较为丰富的环保产业链条。在金堂县的成都节能环保产业基地，中国节能环保集团、德国西门子、杭州士兰、河北先河等 230 余家节能环保企业已经落户。

生态治市，深入实施大气和水环境综合治理

在环境容量"先天不足"的情况下，成都迎难而上，深入开展大气和水环境综合治理，同时有针对性开展环保专项行动和环境综合整治，在一系列强有力的综合治理措施下，成都市环境质量状况得到了有效改善。

生态环境的改善，无疑是衡量一座城市建设生态文明最直观的考核指标，而在环境容量"先天不足"的成都，这样致力于生态环境改善的努力更是迎难而上。按照"环保为民、环保利民、环保惠民"的工作原则，成都市大力推进重点流域水污染防治、强化重点行业大气污染治理、有针对性地深入开展环保专项行动和环境综合整治，严肃查处破坏环境、损害群众环境权益等违法行为，着力解决影响可持续发展和群众生产生活的突出环境问题，在一系列强有力的综合治理措施下，成都市环境质量状况得到了有效改善。

近年来，随着城市经济的迅猛发展，大气污染物排放量快速增加，为回应市民对大气污染治理的强烈期待，成都市先后印发了《成都市重污染天气应急预案（试行）》《成都市环境空气质量改善方案》《成都市大气污染防治行动方案（2014～2017）》等文件，有针对性地开展了燃煤锅炉污染清理整顿、餐饮业油烟污染整治、施工和道路扬尘治理、秸秆禁烧等多项专项整治。同时还完成了水泥、钢铁、玻璃等重点行业企业节能减排设施建设，积极推行绕城高速路内燃煤禁烧和煤改气工程，年均减少燃煤400余万吨。

不仅如此，成都市打击违法排污企业也效果初现。据统计，目前全市共排查锁定违法排污单位10235家，已完成整治8727家（取缔"三无"企业3192家），立案查处502家，曝光典型违法排污案件19起。随着8000多家企业的整治，而带来成都市空气质量的改善也正在显现。

为打造城市绿色交通体系，减轻城市交通系统造成的环境压力，成都市深入实施了城市公共交通清洁能源改造，现已实现出租车、公交车清洁能源使用率81.6%。同时严格实施机动车国家环保标志管理和高污染车区域限行，加速淘汰高污染机动车。目前，全市建成机动车环保检测机构24个，核发国家机动车环保标志56.93万张，共淘汰"黄标车"5.09万辆。从2013年起，成都市新车上户全面执行国Ⅳ排放标准，新上户柴油汽车、重型汽油车都将正式执行国Ⅳ排放标准，对外地转入成都市的车辆，也参照成都新上户排放标准进行注册登记，并同时在中心城区全面供应国Ⅳ标准燃油。

与此同时，"绿水行动"也在有条不紊地进行中。除了全面实行河道跨界断面水质超标资金扣缴制度外，在"全流域整治"的总体框架下，成都市还制定了《成都市河道管理维护标准（试行）》，启动了中小河流整治三年行动计划，2013年完成中心城区30条黑臭河渠治理，2014年又启动了183条黑臭河渠综合治理，被水利部评为全国水生态文明建设试点城市。

在水污染防治工作基础上，成都市不遗余力地加大饮用水水源保护力度，每年都安排不少于6000万元的专项资金，用于中心城区主要水源地成都市自来水六（七）厂饮用水水源保护。在中心城区及新津、双流、大邑、都江堰、彭州、崇州等县（市），也相继建成饮用水水源保护区水质自动监测站，实现了水源地水质自动监测，有效保障了群众的饮水安全。目前，成都全市共划定了集中式饮用水资源保护区121个，其中县城以上集中式饮用水源地29个、乡镇集中式饮用水源地92个。

为实现城乡环境综合治理，成都市在城区周边建立起覆盖全部乡村的"户集、村收、镇运、县处理"的农村生活垃圾收运处置体系，农村生活垃圾无害化处置率达95%。建成245座污水处理厂（站），其中中心城区9座、县城25座、乡镇186座、小流域末端污水处理设施26座，污水处理能力达249.7万吨/日，实现了中心城区、郊区（市）县城、乡镇生活污水处理设施全覆盖。

生态兴市，成都划定生态红线出台地方条例

致力于城市的生态保护，成都台了《成都环城生态区保护条例》，这也是国内首个为城市特定区域生态保护出台的地方条例。"生态红线"在成都实体化，100块环城生态区生态用地边界示意牌在生态区与居住区接壤的地段竖立。

不断提升人居环境质量，是城市生态文明建设的首要任务。随着一个个"大手笔"生态建设项目的实施，成都"宜人之都"的称号越来越名副其实，而成都生态环境的提升，更是得到了市民的交口称赞。

2013年5月底建成的白鹭湾生态湿地一期，现已成为成都市民休闲游玩、青少年参加科普活动的最佳去处之一。白鹭湾湿地一期内有植物品种200余种，还有多种动物，是一座"生物多样性的博物馆"。这座集生态、观光、科普等功能于一身的湿地公园是成都市湖泊水系建设工程之一。成都市将用五年时间，依托现有水系，加大建设力度。除了白鹭湾外，目前锦城湖、锦江滨河公园一期也已建成开放，它们将与其他正在建设中的湖泊、湿地一起构成"蓉城之肾"，承载起全市大气和水环境改善的重要生态功能。

得益于大范围的生态保护，成都城市面貌不断改善，让市民"舒心养眼"的绿地面积也越来越大。数据显示，近年来，成都市中心城区新增了永陵公园等18个市政公园和10个郊区公园，建成1623公里城市绿道，建成绕城200米生态带52.6公里，2013年新增健康绿道92公里、城市绿化65万平方米。在市区之外的龙泉山、龙门山脉，成都市继续实施退耕还林、天然林保护工程，目前全市自然保护区、风景名胜区和森林公园总面积达到3773平方公里，全市森林覆盖率增至38.1%。

为了保护环城生态屏障，2013年成都市出台了《成都环城生态区保护条例》，这也是国内首个为城市特定区域生态保护出台的地方条例。环城生态区保护之外，成都正在做全域的生态保护总体规划，计划将整个市域面积的百分之五十纳入严格的生态保护中去，并划定全域生态红线。2014年上半年，100块环城生态区生态用地边界示意牌在生态区与居住区接壤的地段竖立——从此以后，看碑明界，"生态红线"在成都实体化。而为了优化城市空间布局，成都明确提出建设环城生态区，绕城高速建设长达85公里的"绿色走廊"，连接了中心城区和二圈层共11个郊区（县）。总面积达300多平方公里的环城生态区并非一个规则的圈，其边缘呈楔形状延伸，将生态的走廊接入闹市，防止城市粘连发展。

同时，让环保入心，让公众都参与到生态保护的行列中，成都市还从点滴入手，向公众全方位、多角度宣传环保理念，普及环保知识。并通过"成都环保"政务微博、微信等通道，积极打造政府与市民互动平台，畅通沟通渠道，解决环境诉求。随着市民的环保意识不断增强，环保参与热度也得到明显提升。2014年4月以来，为确保新

修订的《环境保护法》得到认真贯彻、有效实施，依靠全社会的力量共同推进成都环境法制工作和环境保护事业的可持续发展，全面提高全市环境监管水平，市环保局先后制定《关于认真组织学习宣传贯彻新环保法通知》和相应的学习宣传方案，要求各区（市）县紧密结合当地环保工作实际，重点围绕新《环境保护法》的新提法、新内容、新要求，采取多项措施深入学习贯彻新《环境保护法》，并通过新闻发布会、通气会、举办讲座、发表文章、发放宣传图册等多种形式，组织开展了一系列的环保宣传活动，在全市范围内掀起了一轮接一轮的学习宣传热潮，把新《环境保护法》的贯彻落实引向深入。

在刚刚闭幕的党的十八届四中全会上，通过了《中共中央关于全面推进依法治国若干重大问题的决定》，依法治国将为环境保护注入强大动力，环境领域的依法治国从理论到实践都将提升至一个全新水平。当前和今后一个时期，成都经济社会步入新常态，环境保护和环境法治正面临新情况，也正在酝酿新突破。随着党的十八届四中全会做出进一步部署，环境领域的依法治国从理论到实践都将提升至一个全新水平。未来，成都将不断深化生态环境保护制度创新，随着环境法律体系的不断完善，引领成都生态文明建设和环境保护砥砺前行。

未来十年，四川成都将计划总投资 5619 亿元，建设 238 个生态文明建设重大项目，通过推动生态文明建设全方位升级，加快建设"美丽中国典范城市"。此外，作为指导未来十年生态文明建设的发展蓝图，《成都市生态文明建设 2025 规划》和《成都市生态文明建设"十三五"规划》也即将出台。

● 湖南

湖南省生态文明建设综述

2007 年，长株潭城市群被列为全国"资源节约型、环境友好型"社会建设综合配套改革试验区。资源节约、环境友好，正是绿色湖南建设中的关键词。

改革倒逼经济转型。"两型社会"国家试验启动以来，为保一江水，2008 年至 2010 年，湖南省启动"碧水湘江千里行动"，投入 174 亿元，重点治理湘江水污染突出问题以及株洲清水塘、衡阳水口山、湘潭岳塘和竹埠港工业区及郴州有色采选集中地区环境污染问题。通过 3 年艰苦努力，共完成 2063 个整治项目。其中，关闭、退出、停产企业 765 家；流域内建成 62 座污水处理厂、14 个垃圾填埋场、3 个园区污水处理厂。2013 年，湘江保护与治理被列为省政府"一号重点工程"。同年，备受关注的《湘江保护条例》正式实施，这是我国第一部江河流域保护的综合性地方法规。地方立法与政府决策形成合力，共同为湘江母亲河的保护与治理保驾护航。

2007 年，洞庭湖区造纸污染整治大幕拉开，一举依法关停 234 家造纸企业。2008 年 6 月，湘江污染整治"3 年行动计划"开始实施，全力打造"东方莱茵河"；2011 年 8 月，湘江流域重金属综合治理首个项目在株洲清水塘启动。千里湘江再现碧水，洞庭湖从劣五类水质变成了三类水质，多年不见的江豚又出没在湖中。

2012 年 4 月，《绿色湖南建设纲要》出台，成为绿色湖南建设行动纲领。绿色，成为越来越清晰的发展主题。

长株潭三个市自 2013 年 9 月正式启动的长株潭区域大气 PM2.5 源解析工作，从监测点位代表的功能区、地理位置均匀性等因素考虑，在长株潭三市共布设 11 个点位，由省环境监测站联合三市环境监测站同步开展 PM2.5 采样等。

这些探索为生态文明体制改革积累了有益经验，正从长株潭逐步推广到三湘大地。同时，湖南也计划用生态文明理念引领"两型社会"建设。从 2014 年起，湖南将"两型"综合考评体系列为生态文明体制改革的重要内容，在长株潭三市开展绿色 GDP 评价试点。湖南还率先实行"政府两型采购"，推广十大清洁低碳技术。

在生态文明体制改革中，湖南省为全国创造了多项可推广、可复制的经验。如，在全国率先实施绿色 GDP 评价体系，将经济增长与资源节约、环境保护综合考评；《两型旅游景区》地方标准是国内第一个两型旅游景区的地方标准；两型政府采购率先在全国推行，政府采购中被纳入两型产品采购目录的已达到 10%。

2015 年 1 月 27 日，杜家毫省长在湖南省第十二届人民代表大会第四次会议上提出的工作目标任务中，以独立的第五节《加快两型社会建设，共建共享美丽家园》，对 2015

年生态文明建设和环境保护提供了具体工作目标，内容如下：

多管齐下开展污染防治。加大水污染治理力度，全面完成湘江保护与治理省政府"一号重点工程"第一个"三年行动计划"。加强工业废水、生活污水、养殖污染等源头防控，实施生活垃圾无害化处置和资源化利用，加大株洲清水塘、湘潭竹埠港、衡阳水口山、郴州三十六湾、娄底锡矿山，以及邵阳龙须塘等其它重点区域的污染整治。大力推进雾霾治理，降低工业污染物排放强度，严控建筑工地和道路扬尘，推广清洁能源和新能源汽车，提高城市污染物扩散和消纳能力，抓好长株潭等重点地区的大气污染防治。完成重金属污染防治"十二五"规划，继续实施重金属污染耕地修复及农作物种植结构调整试点。

坚持不懈推进节能减排。强化能源消费总量和强度双控制，因地制宜发展绿色能源。突出分业施策和减量调整，严格执行节能节地节水和环境、技术、安全等市场准入标准。坚决淘汰落后产能、化解过剩产能，遏制产能盲目扩张。加快推进污水、垃圾处理设施和配套管网建设，加强污染治理设施日常运行监管。促进循环经济发展和资源综合利用，推进节能改造和节能技术产品产业化。支持环保企业发展，培育环保产业集群。

持之以恒加强生态文明建设。全面完成长株潭两型试验区第二阶段改革。加快自然资源及其产品价格改革；全面推行排污权有偿使用和交易，探索建立水权交易制度。建立健全生态补偿机制，推进"一市两县一片"主体功能区试点示范和武陵山片区、湘江源头生态文明先行示范区建设，创新昭山生态绿心保护发展模式。落实最严格的耕地保护、节约集约用地和水资源管理制度，对山水林田湖统一保护、统一治理，修复治理矿山生态，在重点生态敏感区域实施禁伐限伐，推进裸露山体复绿。加强两型标准体系建设和认证，完善节能环保监测监管机制，实行重大环境问题责任追究。倡导生态文明理念，推行低碳生活方式。

2015年2月，湖南省委深化改革领导小组第八次会议审议通过了《湖南省生态文明体制改革实施方案（2014～2020年)》，4月正式公布实施。根据"实施方案"，湖南省将继续深入推进"两型社会"建设综合配套改革，对生态文明建设采取源头严防、过程严管、后果严惩等措施，"实施方案"还对20多项具体改革任务都明确了牵头单位和责任单位，制定了改革任务书、时间表、路线图。根据改革要求，到2017年湖南生态文明改革主要任务要基本完成，到2020年初步形成系统完备、科学规范、运行有效的生态文明制度体系。

推进生态文明体系建设　打造湖南现代林业升级版①

"十二五"期间，湖南省林业厅围绕省委、省政府提出的绿色湖南建设总体目标，着

---

① 中国园林网。（http://news.yuanlin.com/View/229026/2.htm）

力打造山清水秀、鸟语花香、人与自然和谐共生的生态环境，主要建设指标较"十一五"末实现"八增长""两稳定"，为推进生态文明建设、实现美丽中国愿景，书写了精彩篇章。

展望"十三五"，湖南林业提出，着眼"绿色化"和"绿色湖南"建设大局，以提高发展质量和效益为中心，以严守林地、湿地、物种等生态红线为根本，着力推进生态文明体系建设，加快推进林业治理体系和治理能力现代化，为全面建成小康社会、推进绿色化进程提供保障和支撑，着力打造湖南现代林业升级版。

回眸"十二五" 实现"八增长""两稳定"

连续 5 年 10 余次采访湖南，领略过三湘大地春天的山花烂漫、夏天的绿意情怀、秋天的累累硕果、冬天的秀美村庄。湖南真的越来越美了。

湖南省林业厅厅长邓三龙说，湖南林业"十二五"实现"八增长""两稳定"，湖南林业人交出了一份完美的答卷。

森林覆盖率由 57.01% 增长到 59.57%，增长 2.56 个百分点；

活立木蓄积量由 4.02 亿立方米增长到 5.05 亿立方米，增幅 25.62%；

林业产业总产值由 1150 亿元增长到 3225 亿元，增幅 180%；

国家湿地公园由 9 处增至 49 处；

各级自然保护区由 130 处增至 191 处；

各级森林公园由 104 个增至 126 个；

国有林场由 205 个增至 208 个；

全省国家和省级生态公益林由 7119 万亩增至 7493 万亩；

林地继续稳定在 1.949 亿亩；

湿地（除水稻田外）继续稳定在 1530 万亩。

"湖南是全国林业战线的一面旗帜，湖南林业做在湖南、影响在全国、示范在全国、带动在全国"，这是分管农业工作的中共中央政治局原委员、国务院原副总理回良玉对湖南林业的高度评价。

国家林业局原局长贾治邦也曾对湖南林业给予高度评价，称湖南林业是全国林业战线的一面旗帜。

湖南省委、省政府对湖南林业工作高度认可。近年来，在省直单位绩效考核中，湖南林业一直居于前列。湖南省林业厅班子建设也得到加强，2014 年在全省考评中位列第二。

"十二五"期间，湖南林业用行动再次证明，"全国林业战线的一面旗帜"当之无愧。

突出生态建设 主题营造林质量连续 6 年全国第一

绿色国土是人类生存之基。近年来，湖南每年营造林均在 1300 万亩以上，义务植树 1.2 亿株以上。截至 2015 年底，全省有林地 1.949 亿亩、湿地 1530 万亩（除水稻田外），分别占全省国土总面积的 61.35% 和 4.81%；全省森林覆盖率 59.57%，森林蓄积量 5.05 亿立方米，两项指标均居全国前列。

突出四大主题建设。驱车行驶在郴州市城区、乡镇，沿途所见，城区路面干净整洁，村居民舍格局统一。不论是城区，还是乡村；不论是河道，还是通道，能种树的地方，几乎都被绿色覆盖。如今，郴州已经实现城乡全面绿化，山上绿屏、水岸绿网、道路绿荫、城乡绿景的生态美景已成为现实。这是湖南省围绕构筑"一湖三山四水"生态安全屏障，扎实开展"健康森林、美丽湿地、绿色通道、秀美村庄"四大主题建设的一个缩影。"十二五"期间，围绕省委、省政府提出的绿色湖南建设总体目标，湖南着力打造山清水秀、鸟语花香、人与自然和谐共生的生态环境。四大主题建设成为实现绿色湖南建设总体目标的重要载体。"十二五"期间，湖南在经营健康森林方面，实施了退耕还林、长珠防林、石漠化治理、林业血防等重点工程项目，完成营造林 6757.4 万亩，义务植树 6.3 亿株，营造林质量连续 5 年居全国第一。在保护美丽湿地方面，制定《湖南省"美丽湿地"建设三年行动计划》，新建国家湿地公园 40 处，湿地保护率达 72.5%。在打造绿色通道方面，实施"绿色通道"建设三年行动，完成公路、铁路通道沿线造林绿化与提质 11.2 万公里，在 66 个重点县（市、区）的通道两旁，完成"裸露山地"造林绿化 90.7 万亩。在建设秀美村庄方面，通过发动"见缝插绿"和开展珍贵树种进农家活动，在 41955 个行政村开展"秀美村庄"建设，建成"秀美村庄"示范村 108 个。如今，在湖南你走到任何一个地方，都能看到一幅幅美丽的青山绿水山水画。

构建立体防火体系。进入秋冬季森林防火期以来，衡阳市南岳区林业部门紧绷森林防火弦。在衡阳市唯一的森林防火监控中心，南岳森林防火视频监控中心工作人员每天都要通过大屏幕对景区人群密集处和火灾多发地段进行监控。对于他们来说，防住了景区火灾，就是守住了全区的生态安全屏障。森林防火事关人民群众生命财产安全，事关经济社会发展大局，森林防火责任重于泰山。2015 年，湖南省森林防火成绩刷新纪录，火灾次数、受害面积、损失蓄积、死亡人数同比分别下降 82%、85%、87%、75%，且所有森林火灾都做到了即发即灭，没有一起火灾超过 24 小时，创造了湖南森林防火 1950 年以来的最好纪录。"十二五"期间，湖南通过组建省、市、县三级 100 支 3400 人的武警森林灭火救援队伍，建设森林防火指挥中心、视频监控系统和 GPS 护林员管理系统，开通"12119"森林火灾报警电话系统，完善航空护林机制，构建了"地下有网络、地面有部队、空中有飞机"的立体防火体系，全省森林火灾受害率持续控制在国家规定的 1‰以下。

加强林业有害生物防治。2015 年，湖南省林业厅提请省政府与国家林业局签订了《2015～2017 年重大林业有害生物防治目标责任书》，出台了《关于进一步加强林业有害生物防治工作的实施意见》，进一步增强了地方政府的责任意识。全省林业有害生物发生面积 605.8 万亩，防治面积 477 万亩，其中无公害防治面积 458 万亩，无公害防治率 96%；成灾面积 42.5 万亩，成灾率 2.74‰，远低于国家规定的 4‰。松材线虫病、松毛虫、竹蝗等病虫害得到有效控制。"十二五"期间，湖南建立了省天敌繁育中心，对病虫害"天敌"实行工厂化生产。全省已用生物天敌治理染病森林 3000 多万亩，无公害防治率超过 90%，林业有害生物成灾率持续控制在国家规定的 4‰以下。

加大野生动物保护力度。湖南是我国候鸟南北迁飞的主要通道省份，每年在此过境的候鸟超过 200 万只。为保护候鸟安全过境，湖南省林业部门自 2013 年以来，在候鸟迁徙通道建立省级候鸟保护站 20 个，在候鸟迁徙季节实行 24 小时巡护蹲守，并在全省开展了声势浩大的候鸟等野生动物保护"百日专项行动""天剑专项行动""利剑行动"，有效地打击了破坏野生动物资源的违法犯罪行为，进一步树立了林业部门的执法权威。同时，充分利用国际湿地日、世界野生动植物日、爱鸟周、野生动物保护宣传月、观鸟节等生态保护节庆平台，广泛宣传生态保护的重大意义、政策法规、科普知识、先进典型，为生态保护营造了良好的社会环境。"十二五"期间，湖南新建自然保护区60个，开展了黄腹角雉繁育与放归实验、自然野化麋鹿种群的保护与监测等工作。全省共查处野生动植物案件17765起，挽回经济损失3.1亿多元。记者曾到访过东洞庭湖国家级自然保护区，见到大批候鸟停留在这里，成双成对的鸟儿在保护区里觅食、嬉戏，为湖区增添了美丽。记者不时停下匆忙的脚步，静听那"叽叽喳喳"的鸟鸣，就像听到那动人的情歌，令人愉悦。

大力发展绿色产业　林业产值年均增速超过20%

良好生态需要有新兴的绿色产业支撑。在大力推进新型工业化、调控高耗能传统行业、巩固高技术产业和战略性新兴产业良好发展势头的同时，大力发展可再生、可循环的农林优势产业，特别是大力发展油茶、花卉、南竹、林下种植以及家具制造、森林旅游等生态与经济双赢的绿色产业，是湖南实现绿色化发展的现实途径。"十二五"期间，全省基本形成了林纸、林板、家具、林化、林药、林食六大支柱产业，建设各类林业园区142个，获省和国家级著名商标273个。全省林业产业总产值年均增速超过20%。

油茶三项指标均居全国第一。在湖南，小小的油茶果，被看作是神奇之果、致富之果、希望之果，特别是邵阳县的油茶产业已经成为当地、乃至湖南省响当当的名片。"中国油茶之乡"邵阳县油茶林面积已达58.7万亩，年产茶油1.34万吨，境内"邵阳茶油"品牌分别被国家工商总局、国家质检总局冠名为国家地理标志证明商标、国家地理标志产品，2014年邵阳县成功举办湖南省首届油茶产业户外新闻发布会，现正规划投资8亿元建设国家油茶产业示范园。像邵阳一样，湖南许多地方都把发展油茶作为主打产业。据统计，目前，全省有300多家企业、2000多家种植大户、500多家专业合作社参与油茶发展，初步形成了衡阳、常德、怀化3条百里油茶产业带，25个油茶高产栽培（改造）示范园和祁阳、零陵、宁远、道县、湖南科技学院油茶科技示范园的油茶产业集群。2015年，全省油茶林总面积2068万亩，茶油产量22万吨，产值230亿元，3项指标均居全国第一。

花木产业欣欣向荣。在绿色产业中，像茶籽油一样，原产于浏阳的红花檵木也是湖南特产，行销海内外，已成湖南花木产业的"代言人"。2014年调查显示，全省有10万亩以上的花木生产大县5个、5000亩以上的花木生产规模乡镇74个、500亩以上的规模企业（合作社）463个，有城市园林绿化国家一级资质企业24个，全省花卉产业年综合产值超过200亿元，种植面积、产业规模和综合实力均居全国前列，涌现出众多花木之乡。

森林旅游势头强劲。优美的生态环境能给人带来身心的愉悦和无限的乐趣。身处舜皇山国家森林公园，你会完全沉浸在大自然的气息中。公园内层峦叠翠、峰险谷幽、溪涧纵横、瀑布成群，森林覆盖率高达91.8%，空气中负氧离子含量每立方厘米达9.8万个。优美的生态环境又总是令人趋之若鹜，能迅速带动周边地区第三产业、特殊种植业、旅游产品加工业等，形成新的经济增长点。在我国第一个国家森林公园，张家界森林旅游的发展带动了武陵源区、张家界市乃至整个湘西北的社会经济文化发展。"十二五"期间，湖南森林生态旅游发展势头强劲，仅2015年就接待海内外游客3815万人次，实现综合收入

529.44 亿元。如今，湖南正以绿色湖南建设、构建和谐社会为契机，确定了以张家界为核心的长沙—张家界等 5 条精品旅游线路，着力打造生态旅游的"航空母舰"。

"家具湘军"日益崛起。2015 年底，湖南省第三届家具博览会在益阳成功举办。博览会成为全国木竹家具展示的平台、交流的纽带，推动了家具企业的大交流、家具产品的大创新、家具产业的大提升，得到社会各界一致好评。湖南省政府从 2010 年起，已经举办了 3 届家具博览会，并出台了一系列配套政策，促进"家具湘军"的崛起。目前，全省已拥有家具产业园区 5 个、年产值过亿元的木竹家具企业 10 家，全省家具产业总产值接近 300 亿元，较 5 年前翻了一番，湖南家具叫响湖南、走向全国的绿色梦已经起航。目前，祁东、永安、新田等地产业园区已初具规模。特别是"顺德城"落户益阳市，将吸引一批知名家具商家和企业入驻，有望成为我国家具集群的重要板块。

林下经济实现多元化发展。林下经济作为近年来国家林业局大力倡导的绿色产业发展迅猛。在湖南，已初步形成林下种植、林下养殖、林下产品采集加工和森林景观利用等四大类，林药、林果、林菌、林禽、生态休闲旅游等 24 种模式的林下产业发展格局。2013 年，湖南出台《关于加快林下经济发展的实施意见》，当年开始由省财政设立林下经济发展专项扶持资金。2014 年，确立省级林下经济示范基地 80 家、林下经济科研示范基地 4 家，并建立了 4 个"特色林下经济产业示范园"，全省有 6 个县、4 个林下经济实体被国家林业局确定为"全国林下经济示范基地"。目前，全省有林下经济专业合作社近 700 家，各类林下经济示范基地 558 个，经营企业 1280 家，从业农户 320 万户，2015 年林下经济产值 400 亿元。

推出一批精品力作　深度挖掘生态文化

如果说绿色自然资源是一种物质财富，那么，文化就是一种情怀、一种温暖、一种力量，甚至一种信仰。湖南自然资源丰富、植物种类多样，拥有悠久多样的人文景观资源，湖湘文化源远流长。湖南始终强化对森林文化、湿地文化、花卉文化、野生动植物文化、生态旅游文化、特色林果文化等多种绿色文化的深度挖掘，同时，糅合体现湖南地域特色的湖湘文化、伟人文化、红色文化、佛教文化和休闲文化等人文元素，进而形成湖南绿色文化与众不同的气质。

持续开展生态文化活动。2009 年，一首反映林业建设者心声的歌曲《绿色恋歌》应运而生，填补了湖南省林业歌曲创作的空白。歌曲一经推出，就被林业干部职工广为传唱。2014 年，《绿色恋歌》荣获湖南省第十二届"五个一"工程奖。"十二五"期间，湖南绿色文化创作与传播势头迅猛，以林事、湿地观光、特色林产品、森林生态保护等为内容，创作出众多贴近生活、贴近实际、贴近群众的优秀文化作品。除了《绿色恋歌》，具有湖湘特色的电影《梦萦张家界》《洞庭渔姑》、散文集《香樟年记》等精品应运而生，林业诗集《人类绿洲》、歌曲《林业之歌》以及《林业与生态》杂志等绿色文化作品广为人知。除了脍炙人口的绿色文化作品，湖南还相继开展了一系列展示林业魅力、凝聚绿色发展共识的社会文化活动。张家界国际森林保护节已连续举办 17 届。这是目前全国唯一以弘扬生态文明、宣传森林保护为主旨的公益性节庆活动，已成为传播生态文明、交流森林保护经验、发展绿色产业的品牌盛会，被评为中国十大自然生态类节会。湖南林业"绿色恋歌"艺术团多次开展送文艺下乡活动，深入林区基层，深受群众赞誉。每年，湖南社会各界都积极参加义务植树、爱鸟周、世界湿地日、三湘环保世纪行、保护湘江"绿色卫士"招募活动等绿色文化活动，尊重自然、热爱自然、善待自然的社会风尚日益形成，全民生态文明意识大幅提高。

深入普及绿色发展意识。为精心培育文化软实力，湖南社会各界通过举办形式多样的活动，形成典型示范效应，普及绿色发展意识。省绿化委员会组织了绿色村庄（社区）创建；省教育厅将生态文明教育列入中小学教学内容，进行师资培训，评选"湖南省生态文明示范学校"；省"两型"办开展"两型企业"等创建活动；省标准局发布了《绿色乡村》《乡村绿色家庭》两项地方标准。长沙市大围山、资兴市东江湖等荣获国家生态旅游示范区称号，湘潭昭山、长沙岳麓山、宁乡沩山、株洲仙庾岭等风景名胜区先后成为全省首批生态文明景区试点单位。全省有森林公园 126 个、自然保护区 191 个、国家湿地公园 49 个、国有林场 208 个，已成为绿色文化宣传与传播的前沿阵地。值得一提的是，近年来，在全社会大力传播绿色文化、普及生态文明意识的潮流中，湖南省森林植物园异军突起，成为生态文明教育、示范的生力军。自 2009 年举办首届世界名花生态文化节以来，湖南世界名花生态文化节影响力不断扩大，现已成为湖南乃至中南地区最具影响力的赏花文化活动之一，每年观众超过 100 万人次。

有效强化生态道德教育。如今，通过精心策划的各种主题活动，全景展示绿色湖南的魅力、丰富生态文化的内容、展现湖南绿色文化发展的内涵，这样的文化交流平台越来越多。自 2002 年以来，岳阳市已经连续举办了 8 届"中国洞庭湖国际观鸟节"，每年都会吸引大量的国内外观鸟爱好者汇聚洞庭湖，这里也因此成为向公众传播生态理念、强化生态道德教育的重要窗口。"十二五"期间，依托自然保护区、森林公园、生态文明教育基地，湖南省每年举办植树节、爱鸟节、世界湿地日、野生动植物保护月、张家界国际森林保护节、洞庭湖国际观鸟节、世界名花生态文化节等节庆活动 10 余场（次），积极宣传、引导和培育了生态文明意识与绿色理念。与此同时，生态基地创建如火如荼。长沙、益阳、株洲、郴州、永州 5 个城市成功创建国家森林城市，长沙、岳阳、娄底三市建成全国绿化模范城市，长沙县鹿芝岭村等 18 个行政村被评为"全国生态文化村"。

强化林业支撑保障　惠民效应持续放大

"十二五"期间，湖南林业立足改善生态、改善民生，通过加强信息化建设、加快科技创新、深化林业改革、完善生态文明制度体系，进一步增强了林业支撑保障能力，提升了林业管理水平，优化了林业资源配置，促进了兴林富民。

推动林业信息化建设。在国家林业局公布的 2015 年全国林业信息化发展水平评测报告中，湖南以 90.8 分遥遥领先，位居全国之首。"十二五"期间，湖南将信息化确定为实现林业现代化和绿色湖南的重大举措，坚持集中经费、统一建设、统一管理、统一应用，全省累计投入信息化建设资金 6 亿多元，加强云计算、物联网、大数据等新一代信息技术与林业核心业务深度融合，建成了林权信息管理系统、林地测土配方系统、林业有害生物监测系统，显著提升了林业现代化水平。通过湖南林业电子政务网实现了全省林业主管部门和林业基层单位的互联互通，通过开发电子办证、林地测土配方等 46 个应用系统，为基层林农提供了方便快捷的服务。2015 年，全省林业系统网上办证 300 多万份，平均用时 7.6 个工作日，比规定时效提速 62%。自 2008 年以来，湖南省林业厅连年被评为

"全国林业信息化建设十佳单位"和"全国林业信息化发展水平十佳单位"。

加大林业科技创新。长沙市近郊,一片占地约 4000 亩的山岗,植被覆盖率超过 90%。2014 年,这里成为国家林业科技示范园,集科研成果展示、丰产栽培示范、科普知识宣传于一体,成为科技助力林业发展、推进绿色湖南建设的又一阵地。"十二五"以来,湖南以解决生态林业、民生林业中的关键技术作为主攻方向,组织实施了行业重大专项、省科技重大专项等一批重点项目,全省林业科技进步贡献率较"十一五"有较大提升,林业科技在支撑引领现代林业建设中发挥着越来越重要的作用。5 年来,实施各类林业科研项目 400 多项,获得新技术和新品种 190 余项(个)、国家科技进步奖二等奖 2 项、国家和省科技进步奖 25 项、科研专利 100 多项。

完善林业政策法规。"十二五"期间,在省人大的大力支持和相关部门的配合下,湖南出台了《林产品质量安全条例》《植物园条例》《长株潭城市群生态绿心地区保护条例》《绿色湖南建设纲要》《洞庭湖生态经济区生态建设规划》等法律法规和重大政策文件,进一步优化了发展环境,夯实了林业和生态建设基础。

推进林业体制改革。2015 年,湖南省委、省政府出台了《国有林场改革实施方案》。这是继中央 6 号文件后,全国第一个以省委、省政府名义出台的省级国有林场改革文件,不仅在湖南省林业改革发展史上具有里程碑意义,而且对全省生态文明建设都具有划时代的历史意义。2015 年,湖南全面完成国有林场改革,有 208 个国有林场全部定性为公益事业单位,其中,明确一类事业单位 191 个、二类事业单位 17 个;重新核定事业编制 14177 个,人员和工作经费全部纳入当地财政预算。与此同时,湖南进一步深化了集体林权制度改革,建立了中部林业产权交易服务中心,与全省 120 个县(市、区)的林权交易中心实现了互联互通;累计在线流转、资产评估森林面积达 1680 万亩,成交金额突破 60 亿元;全省森林保险投保面积 12423.48 万亩,森林保险保额达 507.16 亿元。湖南还推进了木材采伐管理改革,实施林木采伐指标"入村到户工程",有效解决了木材采伐指标暗箱操作、林农采伐难的问题。

持续放大惠民效应。生态与民生,是当前和今后林业发展的关键词。如何在大力推进生态建设的同时,充分尊重民意、保障民生,实现兴林富民,湖南林业作出了表率。在减免税费方面,全面清理涉林税费项目,取消林业行业的所有"搭车"收费。在生态补偿方面,全省现有国家级和省级公益林 7487.95 万亩,年补偿额达到 12.21 亿元,全部发放到林农手中。在洞庭湖区开展了湿地生态补偿试点,争取中央财政补偿资金 6000 万元,对区域内因候鸟、麋鹿活动造成的居民损失进行补偿。在林权交易方面,联合银信部门开展森林保险,构建起现代化的林业投融资体系。老百姓只要点击林权交易网,就可以足不出户议价租山,带动了林地估值升值。2015 年,全省流转林地 140 多万亩,合同金额突破 8 亿元,为涉农企业融资 2 亿多元。

展望"十三五" 打造绿色化的湖南样本

2016 年是我国进入全面建成小康社会决胜阶段的开局之年。中共十八届五中全会明确了未来 5 年我国发展的方向。湖南林业如何在时代大潮中奋力搏击、再创佳绩?湖南省林业厅厅长邓三龙说,"十三五"期间,湖南林业将通过加强生态建设,构建生态屏障稳固、生态质量提升、生态服务功能明显增强的林业生态体系,有效维护国家生态安全,促进经济社会可持续发展，同时使湖南省森林覆盖率、活立木蓄积量、林业生态建设继续在全国处于领先地位。概括来说，就是"六上两下"：

林地保有量稳定在 1.9 亿亩以上；

森林面积保有量稳定在 1.53 亿亩以上；

森林覆盖率稳定在 59% 以上；

活立木蓄积量稳定在 5.8 亿立方米以上；

林业产业总产值达到 5525 亿元以上；

湿地保护率稳定在 72% 以上；

森林火灾受害率控制在 1‰ 以下；

林业有害生物成灾率控制在 4‰ 以下。

"十三五"期间，湖南拟投资 1930 亿元，重点实施三大方面的林业重点工程。

生态安全保障建设方面。以公益林保护、天然林保护、退耕还林、防护林体系建设、退化防护林修复、森林碳汇建设、岩溶地区石漠化综合治理、野生动植物保护与自然保护区建设、平原绿化、美丽湿地建设等工程为依托，以森林管护、湿地保护、封山育林、人工造林等保护与修复措施为抓手，稳定或修复森林生态系统、湿地生态系统，促进森林生态系统、湿地生态系统正向演替，全面保障湖南生态安全格局。

生态质量提升建设方面。通过抚育间伐、林相改造、补植阔叶和珍贵树种的措施，以改善森林生态系统的结构与功能、维护和加强生态安全、提高森林景观价值为目标，在树种选择上，坚持适地适树，根据立地条件选择造林树种，以获得最大的稳定性；在景观设计上，以森林生态学、森林美学理论为指导，重视树种的林学特性、生物（态）学特性和美学特性的有机结合，充分考虑当地生产条件和经济状况，因地制宜地制定和实施生态经营措施，讲求实效。

生态兴林富民建设方面。大力发展绿色产业，引导企业向规模化、集群化发展，努力打造一批国内知名品牌。以木材战略储备基地建设工程等国家林业产业工程建设为契机，建设一批原材料基地，为林业产业发展提供优质可靠的原料。大力发展林业合作社，带动林农开发森林旅游与森林休闲产业、林下经济产业，提高林农收入，推动生态与养生的有机融合，大力发展生态医疗、增寿保健、健康养颜等新型产业，促进全面建成小康社会。

● 湖北

湖北省生态文明建设综述

回顾近年来湖北省生态文明建设，从"两型社会"建设、生态立省到"绿色决定生死"，生态湖北如一根绿线贯穿始终；从"用绿水青山换金山银山"，到"既要金山银山也要绿水青山"，再到"绿水青山本身就是金山银山"，生态文明发展理念深入人心、生态强省理念深入人心成为全省持以继之的目标追求。

长期以来，湖北省委、省政府坚持把生态文明建设作为贯彻落实科学发展观的重要抓手，从"建成支点走在前列"的战略高度全面谋划，作出了构建"生态湖北"等一系列重大决策，将生态文明建设与经济建设、政治建设、文化建设、社会建设共同部署、共同推进。

2012年，省十次党代会明确提出"生态立省"战略。2014年初，湖北省委、省政府将生态省建设领导小组职能纳入省环委会之中，生态省建设全面启动。年末，省十二届人大常委会第十二次会议审议了《湖北生态省建设规划纲要（2014～2030年)》，《纲要》清晰地勾勒出湖北国土空间开发路线图，明确了湖北生态省建设的目标，描绘了湖北未来的生态蓝图。"把湖北建设成为促进中部地区崛起的绿色支点"。《纲要》提出：从2014年至2030年，力争用17年左右的时间，使湖北省在转变经济发展方式上走在全国前列，经济社会发展的生态化水平显著提升，全社会生态文明意识显著增强，全省生态环境质量总体稳定并逐步改善，保障人民群众在"天蓝、地绿、水清"的环境中生产生活，基本建成空间布局合理、经济生态高效、城乡环境宜居、资源节约利用、绿色生活普及、生态制度健全的"美丽中国示范区"。

《湖北生态省建设规划纲要》提出的2015年全面推进生态省建设的六大措施：

一、建立健全生态省建设保障机制。建立健全省、市、县各级环委会领导体制和工作机制。出台省级生态省建设"以奖促创"激励政策措施。健全考核奖惩机制，按照《湖北生态文明（生态省）建设考核办法（试行)》，对各市（州）、县（市、区）人民政府和省直有关部门进行目标责任量化考核。

二、继续深化生态文明体制改革。巩固和扩大碳排放权交易，制定湖北省排污初始权核定工作方案，全面推进排污权交易。推进排污收费改革，调整排污费征收标准。全面启动生态市县创建，推进生态省、市、县、乡、村"五级联创"。

三、严格依法保护生态环境。认真贯彻实施新《环保法》，深入推进向污染宣战环保"三大行动"，加快建立健全符合湖北省实际的地方环保政策法规标准体系，建立完善区域联防联控和部门联合执法机制。

四、着力推进重点领域污染防治工作。着力推进大气污染防治，基本淘汰全省 2005 年前注册营运的黄标车，实施农作物秸秆综合利用工程，力争农作物秸秆综合利用率超过 80%。将四项污染物（二氧化硫、氮氧化物、烟粉尘和挥发性有机物）总量控制要求纳入环评前置条件。着力推进水污染防治，抓紧出台《湖北省行政区域跨界断面水质考核管理办法》，对地方政府实施严格的水环境保护目标考核。着力推进土壤污染防治及环境风险防范，以铅、砷、汞、镉、铬为主要防控元素，确保圆满完成国家重金属污染防治规划任务。

五、扎实推进总量减排工作。强化环评约束作用，对未完成减排目标的地区，暂停该地区新增主要污染物排放项目的环评审批。力争全省城镇生活污水处理率、县城以上生活垃圾无害化处理率均达到 85% 以上。

六、鼓励生态环保公众参与。加强生态环保政策和法律法规的宣传力度，以绿色创建行动为抓手，让广大人民群众在实践参与中得到教育、得到实惠。支持人民群众参与生态环保工作，及时解决人民群众反映的生态环境问题。

为进一步做好 2014 年度湖北省生态文明建设"以奖代补"资金竞争性分配工作，确保资金分配科学合理、高效公平，切实推进各市（州）、县（市、区）（以下简称"各市县"）持续开展生态文明建设，不断提高全省生态文明建设水平，根据《省人民政府关于省级财政部分专项资金试行竞争性分配改革的意见》（鄂政发〔2012〕107 号）、《省人民政府关于推进预算绩效管理的意见》（鄂政发〔2013〕9 号）和《省人民政府办公厅关于印发省级财政部分专项资金竞争性分配管理暂行办法的通知》（鄂政办发〔2014〕22 号）有关精神，特制定实施了《湖北省 2014 年生态文明建设"以奖代补"资金竞争性分配实施方案》。

主体功能区、生态红线这些词汇近年来不断进入公众视野。生态红线是保证生态安全的底线，可从根本上化解经济发展中资源开发与生态保护之间的矛盾。2013 年 3 月，湖北省被环保部列为生态红线划定试点省份后，经过大量前期工作和修订完善，在国家生态红线建议方案基础上，湖北省对生态保护红线范围进行了扩展。2014 年 10 月，《湖北省生态保护红线划定方案》（征求意见稿）正式完成，明确了 8 种生态红线区域类型。为让生态红线"落地"，省环保厅又与有关部门合作，购买高清卫星图件，根据国家关于生态红线划定方案及本省省情，又对全省生态红线进行核对，确保红线落地。根据规划方案，湖北省生态保护红线包括重要生态功能区、生态敏感区和脆弱区、禁止开发区。"红线区"内，将禁止开展与生态保护无关的一切建设活动，禁止工业生产、资源开发、城镇化建设等，并将依法关闭红线区内所有污染物排放。生态省的创建，需要依靠生态红线来支撑，通过划定生态红线，重要的生态功能区、生态敏感脆弱区和禁止开发区将得到有效保护，为生态省建设后续工作打下基础。

省政府在 2014 出台的《湖北林业推进生态文明建设规划纲要（2014～2020 年）》中划定了四条生态红线。分别是：全省林地面积不低于 860.67 万公顷；森林面积不低于 745.18 万公顷，森林蓄积量不低于 3.6 亿立方米；湿地面积保持 144.5 万公顷，维护国家淡水安全；林业自然保护区面积不低于 149 万公顷。林地保有量、森林保有量、森林蓄积量、湿地保有量和林业自然保护区面积 5 项指标为约束性指标，还有 13 项指标为预期性指标。

生态文明体制改革是攻坚战，也是持久战，重在行动，贵在创新。2014 年的 40 项改革任务全部完成，其中两项举措受到了国家改革领导小组肯定。2015 年编制了《湖北省生态文明体制改革实施方案》，"推进生态省体制机制集成创新"列为全省 10 个重大改革项目之一。湖北省印发了《关于深化全省环境保护改革的实施意见》，对未来几年环境保护改革工作进行总体安排。

2015 年，是全面深化改革的关键之年，湖北省委、省政府高度重视生态文明建设，依靠改革、依靠制度保护生态环境，取得了良好的成效。从提出"三维纲要"①发展理念，到把"绿色决定生死"列在"绿色决定生死、市场决定取舍、民生决定目的"首位。从将环境保护"一票否决"纳入五个一票否决事项到跨界面水质监测。从将空气质量环保目标纳入市（州）党政班子绩效考核和省直单位目标考核体系到出台环境空气生态补偿制度。从向市（州）环保部门下放 25 个类别建设项目的审批权到在全国第一家完成省级环科院环评机构脱钩改制。

2015 年 2 月，湖北省发布《湖北生态文明建设考核办法（试行）》，以确保生态省规划各项工作落到实处，具体地对各地政府和省级各部门生态文明建设工作开展考核和评价。考核涉及组织领导、保障机制、日常工作、综合水平、重点任务和附加考核六大部分，其中权重最重的就是综合水平，即地区生态环境质量和反映生态文明综合水平的重要指标，包括森林覆盖率、碳排放强度下降率、万元 GDP 能耗下降率、地表水环境功能区水质达标率、PM10 和 PM2.5 浓度下降率、秸秆综合利用率等 24 项，均与群众生活息息相关。该办法对各市（州）、县（市、区）人民政府和省直有关部门进行目标责任量化考核，并将考核结果作为相关领导干部选拔任用和安排各类生态文明补助资金的重要依据。而附加考核中规定，如果因监管不力、失职渎职造成重特大环境污染、生态破坏和因环境问题引起的重大群体性或群访事件，或者辖区内发生环境污染责任事故、较大环境违法事件和生态破坏事件，最高可扣 10 分。与此同时，湖北省委组织部取消了对神农架林区的 GDP 考核，降低了限制开发区域和生态脆弱的贫困县 GDP 考核指标权重，将减排指标纳入县域综合经济考核。GDP 考核不再一刀切，这意味着，发展生态在湖北省将有更大的伸展空间。

2016 年伊始，湖北省在治理空气方面再出重拳，2015 年底印发的《湖北省环境空气质量生态补偿暂行办法》（以下简称《办法》）于 2016 年 1 月 1 日起正式实行，即日起，湖北省各地市的空气质量改善将会成为硬任务，谁改善谁受益、谁污染谁付费，这是湖北省在环境保护和生态文明建设方面新近推出的又一项改革举措。

湖北省强力推进生态省建设启动工作

在环境保护部的大力支持和指导下，湖北省成为十八大后国家批复的第一个生态省试

---

① 2015 年，湖北省"两会"政府工作报告，把全省"三维纲要"（市场决定取舍、绿色决定生死、民生决定目的）中的"绿色决定生死"提到了首要位置，成为"绿色决定生死、市场决定取舍、民生决定目的"，这个看似简单的顺序变化，实则彰显了全省上下践行"绿色发展"的决心和行动。

点单位。湖北省委、省政府高度重视生态省试点工作，在党的十八大、十八届三中和四中全会重要精神指引下，全面落实环境保护部各项工作部署，将生态省创建作为推进生态文明建设的重要平台和载体，强力推进实施生态湖北战略。

一是建立了目标考核机制并将部分生态文明指标纳入领导干部考核目标。省政府常委会原则通过了《湖北生态文明（生态省）建设考核办法》，即将在 2015 年的省环委会全会印发实施。在 2014 年市（州）党政领导班子和领导干部考核目标（鄂办发〔2014〕23 号）中，取消了神农架林区 GDP 考核，降低了限制开发区域和生态脆弱的贫困县 GDP 考核指标权重，新增可吸入颗粒物（PM10）、细颗粒物（PM2.5）浓度下降率、水环境质量达标率三项指标。

二是制定完善了相关生态文明（生态省）法律法规。

省人大通过了《关于大力推进绿色发展的决定》，四审通过并颁布了堪称史上最严格的《湖北省水污染防治条例》，颁布了《武汉市机动车排气污染防治条例》。《湖北省土壤环境保护条例》《关于农作物秸秆综合利用和禁烧的决定》已通过省人大一审。

三是积极推进生态文明体制相关改革。制定了《湖北省生态文明体制改革实施方案》和《关于深化全省环境保护改革的实施意见》，2014 年 40 项改革任务已基本完成。

四是初步划定生态红线。建立源头严管的环境保护制度，在国家生态功能红线划定建议方案的基础上，结合湖北省情和实际，明确了 8 种类型的生态红线，已完成技术报告初稿。

五是迅速推进生态文明示范创建。1 个城市通过国家环保模范城复核，4 个城市创模规划通过国家评审，新增 2 个省级模范城市，省级生态县实现了零突破。3 个市（县、区）成为全国生态文明建设试点，2 市入选国家生态文明先行示范区试点。创建国家级、省级生态乡镇 89 个，生态村 395 个，生态旅游示范区 28 家。

六是全面开展各类环境污染防治和生态环境保护工作。省政府提出了"向污染宣战"的三大行动，即饮用水水源保护行动、空气质量改善行动、打击环境违法行为"零容忍"行动。坚决淘汰落后产能，2014 年除炼铁行业外，其他行业均提前 2 年超额完成国家下达湖北省的"十二五"淘汰落后产能总任务。在丹江口库区开展"清水行动"，加大五条入库支流环境综合整治力度，确保水质优良，国家按期调水。环保行政执法与司法联动取得新进展，印发了《加强全省环境行政执法与刑事司法联席联动工作的实施意见》。颁发了第二届环境政府奖。

"十二五"武汉推进生态文明建设综述[①]

生态不是城市发展所必须付出的代价，而是城市建设的引领。这是生态文明的理念，

---

① "不负半城山水，建设'生态武汉'——'十二五'武汉推进生态文明建设综述"。（http://hbwh. wenming. cn/jwmsxf/201511/t20151124_ 2142667. html）

绿色发展的认识。党的十八大首次提出"美丽中国"的概念,将生态文明建设纳入"五位一体"总体布局。"十二五"期间,是武汉市实现跨越式发展的关键时期,也是全面建设"两型社会"、促进社会经济环境协调可持续发展的重要阶段。纵览武汉市"十二五"期间生态文明建设的历程,为"十三五"全面建成小康社会决胜阶段提供参考样本,具有重要意义。

"既要金山银山,又要绿水青山",生态保护,离不开顶层设计。"十二五"期间,武汉市注重用制度保护生态环境,创造了多个"全国第一":组织起草了《武汉市基本生态控制线条例》,在全国首创将城市生态保护上升到地方法律层面;在全国率先以市人大"决定"和"市长令"的形式为生态控制线把关;颁布实施全国首部湖泊保护条例,组建了全国首个湖泊管理局;出台全国首个湖泊"三线一路"保护规划……

人水和谐,"百湖之城"大做"水文章"

武汉是"百湖之市",武汉的城市史,就是一部不断理水营城的历史。伴随城市可持续发展的要求,关于"水资源"的价值与作用被重新定位。湖泊的功能、属性也由此发生了深刻变化,不仅仅有着雨水调节、排洪防涝、养殖、绿化园林、景观休闲等功用,更是成为城市水资源、水环境的重要考量指标,以及城市发展的重要驱动力。

2013年,市委、市政府提出生态保护和城市建设"十不"理念。"十不"理念中,当务之急就是要以"铁的精神、铁的手腕、铁的纪律"重拳治湖,166个湖泊一个都不能少,一寸都不能填。

2012年,武汉市首次公布了中心城区40个湖泊的"湖长"名单,在全国率先实行"湖长制"。即明确了湖泊保护行政首长负责制,各区区长为本辖区内湖泊的"总湖长",对辖区内湖泊保护管理负总责,每个湖泊明确一位区级领导为"湖长"。2013年,又公布了新城区的126个湖泊官方"湖长"名单。

2015年,武汉市首次将全市166个湖泊的湖岸线分段细化,对湖岸线的管理精确分割到每一米。5年来,全市还不断强化湖泊巡查执法,对违法填湖"零容忍",集中曝光、查处20起违法填湖案,出台《武汉市涉湖违法案件移送暂行规定》,对出现恶性违法填湖的区年度绩效考评直接"一票否决"。

2015年2月25日,《武汉市第三批湖泊"三线一路"保护规划》得到原则通过,至此,全市166个湖泊的保护范围全部划定。

"十二五"期间,全市水环境保护重点工程投资总计508.27亿元。采取排污口截污及综合整治、湖泊连通、引江济湖、湖滨带生态修复、湖泊水体修复等系列综合手段以及项目工程,改善武汉市湖泊、河流的水环境质量。通过城镇集中式饮用水水源地、农村饮用水水源地保护工程和备用水源地建设工程,保障饮用水水源安全。实施"大东湖生态水网"构建工程,促进水网水体修复;投资100亿元,建立武湖、北湖等河湖联系,形成动态水网;在全面截污的基础上,实施湖泊水质达标工程、水体消除黑臭工程、水体修复工程等重点项目,确保湖泊水质提档升级。

"1+6"城市空间格局，打造滨江滨湖生态城

"十二五"期间，武汉市坚决拒绝"摊大饼"，全新构建"1个主城+6个新城组群"的城市空间格局。在"1+6"城市空间格局中，主城区建设基本控制在三环线以内；6个中等城市规模的"卫星城"拱卫着主城区；通达各远城区的轻轨和快速路，在主城和6个新城组群间搭起便捷通畅的交通衔接通道，绿色生态廊道和开敞空间则为"1+6"划出明显间隔；更多的主城人口疏散至新城组群居住，工业布局加快向新城组群集聚。

目前，以长江、汉江和蛇山、洪山、九峰等东西山系为"十字"形成山水生态纵横两轴；以三环线防护绿地为纽带，形成主城区外围生态保护圈；以外环线防护绿地为纽带，构成外环线生态保护圈；六片放射状生态绿楔深入主城区内部，成为联系城市内外的生态廊道和通风走廊。

全市生态环境保护与建设项目投资约45.3亿元，包括城村相连绿化带建设，水土流失治理，农田面源污染治理，国家森林公园建设，湿地生态修复，水土保持环境综合整治，滨湖带植被建设工程和生物多样性保护工程等8类。

大气污染联防联控，36项举措改善空气质量

2010年，武汉市编制和实施《武汉城市圈"十二五"大气污染联防联控规划》，推进青山工业区、化工新城和主要交通道路区域的大气环境综合整治；划定二环线内为高污染燃料禁燃区、三环线内为限燃区；建立区域空气质量监测网络，加强对酸雨、灰霾形成机理、成分和污染防治措施的研究，区域污染与联合防治研究；以"改善城市空气环境工程"为载体，控制中心城区扬尘污染、餐饮油烟污染和机动车尾气污染。

2013年12月2日，武汉市政府常务会议通过《改善空气质量行动计划》，推出36项举措力图改善空气质量，综合治理雾霾。

倡导绿色出行理念，大力建设城市轨道交通

"十二五"期间，武汉市深入开展"公交都市"建设示范工程，减少碳排放，建设绿色交通。在优先发展城市公共交通基础上，大力建设城市轨道交通，加快地铁建设的速度，地铁1号线、2号线、4号线相继贯通，3号线将在2015年年底实现运行。

为建设资源节约型、环境友好型社会，武汉市开展城市无车日活动，在全社会倡导绿色出行理念，促进个人出行方式的改变，引导城市构建低消耗、低污染和低排放的绿色交通体系，转变城市交通发展思路，进一步推动城市交通领域节能减排，缓解城市交通拥堵，降低空气污染，增强可持续发展能力。

制度设计走向监管，生态控制线划出"禁区"

武汉市划定基本生态控制线，面积1814平方公里，其中生态底线区1566平方公里，仅允许确需建设的道路交通设施和市政公用设施、生态型农业设施、公园绿地及必要的风

景游赏设施等 4 类项目进入。很快，生态控制线从制度设计层面走向监管层面。2013 年，《武汉市基本生态控制线管理条例》报市人大常委会立法审议。进一步严格了基本生态控制线的调整程序，并在生态修复、生态补偿机制、项目准入、奖惩考核、监督检查等方面也作出了明确的规定。这是全国首次由地方人大常委会就生态专项工作作出重大事项决定。

此外，武汉市在全国开创性地开展了《生态绿楔控规导则》编制，探索武汉市 1814 平方公里内生态资源保护与利用的合理模式。

综合整治农村环境，污水处理实现全覆盖

作为全国农村环境综合整治目标责任制试点城市，"十二五"期间，武汉市在 6 个远城区全面实施农村环境综合整治，包括农村连片村庄环境综合整治，生活垃圾收运、处理工程，推广清洁能源，渎水河流域综合整治，农产品基地环境安全工程，农村生活污水处理与回用工程，规模化畜禽养殖污染治理等 8 类项目，投资总计 56.08 亿元。

在 2020 年前，武汉市农村地区生活污水处理实现全覆盖，项目涵盖武汉市 1181 个行政村，服务人口约 252 万人，处理生活污水总规模约 30 万吨/日。

打击环境违法，探索工业园区发展新路径

保护生态环境就是保护生产力，改善生态环境就是发展生产力。建设美丽中国，要正确处理好经济发展同生态环境保护的关系，决不以牺牲环境为代价去换取一时的经济增长。十八届三中全会之后，面临经济发展新常态和人民群众提高生活质量的新诉求，如何选择工业发展新路径成为绕不开的话题。

"十二五"期间，武汉市抢抓难得的历史机遇，以新城区工业倍增示范园区为主战场，以集聚项目、密集投资为主抓手，以规模化发展工业经济驱动制造业提速升级，改变了城市经济格局，为武汉市迈入"万亿俱乐部"，重回国内城市"十强"作出了不可磨灭的贡献。在经济建设与生态保护的共生命题上，武汉市辖区内的工业园区均交出了较满意的答卷，本文仅以几个区为例。

洪山区：用 5 年时间，打造美丽生态新园区。2011 年，根据武汉市的工业总体部署，洪山区开始大力推进青菱都市工业园建设，专门组织编制了《青菱工业园环境保护五年行动计划》作为园区环境保护工作的总领文件。通过 5 年的努力，青菱都市工业园环境管理水平明显提升，污水收集管网实现全覆盖，经济发展与环境保护更协调，成为支撑武汉市"万亿倍增"的绿色平台。

青山区："PPP 模式"，建设园区环保基础设施。2015 年，青山循环经济产业园启动建设的两个污水处理站首次采用了 PPP 模式，区政府持有股权，参与项目公司的重大决策，但不参与日常的经营和管理，探索了园区基础设施建设投资管理的新路径。2014 年以来，先后拒绝了投资 10 亿元的众一炭黑、投资 5 亿元的脱硫渣等一批有强烈投资意向而环保排放指标不落实的项目入园。此外，青山工业园注重用活企业资源，提升固废危险品的处理能力；还运用技术革新，实现园区污水全收集全处理全回用。

硚口区："互联网＋"，引导工业园区转型。硚口经济开发区整体定位为创新创业聚

集区，打造"电商及互联网+企业孵化区""青年办公配套服务区""定制化办公区"三大功能区。园区拟将原有2万平方米的厂房通过改扩建和适度新建后增加到5万余平方米，通过腾笼换鸟，引进以"互联网+"为主导的科技型、总部型、智能型企业。按照城市规划和产业空间布局要求，在原地提高容积率，引导鼓励企业生产外迁自行开发等方式，建设一批办公楼宇。

汉阳区：留住"青山绿水，碧湖蓝空"。汉阳区黄金口都市工业园自2001年建园以来，建设了黄金口污水处理厂、什湖泵站和一套比较完善的雨污排水系统，园区环保基础设施已初步建成。该区编制了《汉阳黄金口都市工业园区环保基础设施专项规划》。为提高园区环保基础设施承载力，汉阳区还加强了区域环保基础设施维修和养护，完成了什湖清淤等工作。汉阳区还大力宣传新《环保法》等法律法规，开展环保大检查，建立健全"一企一档"台账，密切监测园区重点行业、企业排污行为，加强琴断口小河沿线排口的巡查、抽查，对企业环境违法行为严厉查处。立案调查，并处罚了相关企业。

蔡甸区：企业违法排污，100%查处。蔡甸区注重规划引领，完成了常福工业倍增发展区详细规划导则和启动区控规细则，编制了污水处理专项规划、污水收集处理建设规划及环境卫生工程专项规划。在监测执法方面，蔡甸区严格工业园区环境准入。在项目审批环节，严格做到了"六个不批"，明确各工业园区规划环评准入要求。蔡甸区环保局在常福工业园专门设了一个环境监察组，全区3个国控重点企业每月现场检查不少于1次。该区畅通环保投诉举报热线（12369），安排专人24小时接听。按照属地管理原则，及时办理群众关于企业违法排污问题投诉，做到举报投诉的受理率100%、查处率100%、回复率100%。

2015年，市委、市政府吹响了"万亿倍增"的总攻号角，追求"绿色GDP"，实施"绿色制造"，坚持"绿色、协调、可持续"发展理念成为这座城市的共识，全市工业经济发展迎来新时期。环保投资反过来促进了工业经济增长。2014年9月至2015年9月的一年间，全市"9+14"工业园区实现新增工业总产值711.51亿元，新增投资额446.17亿元，新增税收44.745亿元，新增就业人数38145人。

● 安徽

安徽省生态文明建设综述

安徽省人口密度大，人均环境容量小，单位国土面积工业污染负荷较高，生态环境比较脆弱。因此，必须把建设生态文明摆在更加突出的位置，大力推进资源节约型、环境友好型社会建设，加快形成节约能源资源和保护生态环境的产业结构、增长方式和消费模式，有效破解经济社会发展的资源环境瓶颈制约，推动经济社会和生态环境协调发展。

自 2003 年安徽省在中部地区率先试点生态省建设以来，各地通过生态创建，促进了城乡生态环境逐步改善。省环保厅提出，力争到 2015 年，全省建成 1 至 2 个国家级生态市，10 至 15 个国家级生态县，全省 20% 的乡镇建成国家级生态乡镇，10% 的村建成国家级生态村，创建省市级生态乡镇、生态村的数量分别达到全省乡镇、村数量的 30%。到 2020 年，全省 80% 的地级市、80% 的县、80% 的乡镇和 80% 的村创建成为国家级生态市、县、乡镇和村，初步建成生态省。

2004 年初制定公布了指导生态省建设的纲领性文件——《安徽生态省建设总体规划纲要》。

"十一五"期间，安徽省深入贯彻落实科学发展观，在加速崛起进程中，大力推进污染减排，切实加强环境监管，全面推动污染防治，着力解决危害群众健康的突出环境问题。在经济持续增长、工业化和城镇化加快推进、污染物产生量不断增加的背景下，主要污染物排放量持续削减，地表水环境质量局部改善、总体趋好，空气环境质量保持稳定，生态环境状况良好，全省环境保护工作取得显著成效。

"十二五"安徽环境保护工作的指导思想是，深入贯彻落实科学发展观，以削减主要污染物排放总量为主线，以解决危害群众健康和影响可持续发展的突出环境问题为重点，以实行严格的环境保护政策和环境执法措施为保障，严格环境准入，强化执法监管，防范环境风险，改善环境质量，推动公众参与。在满足《安徽省"十二五"国民经济和社会发展规划纲要》和《国家环境保护"十二五"规划》对全省环境保护要求的基础上，充分发挥环境保护倒逼经济结构调整、倒逼发展方式转变的积极作用，加快建设资源节约型、环境友好型社会，促进经济社会可持续发展，促进社会和谐进步。

省委、省政府 2012 年出台《安徽省生态强省建设实施纲要》，明确了生态强省建设的目标，提出要用 10 年时间实现全省生态竞争力比 2010 年翻一番，基本建成生态环境优美、生态经济发达、生态家园舒适、生态文化繁荣的宜居宜业宜游的生态强省，使城乡居民都能喝更干净的水、呼吸更清洁的空气、吃上更安全的食品、享受更良好的环境。

2013 年 11 月 14 日，省环保厅在转发环保部《关于大力推进生态文明建设示范区工作的意见》时提出，到 2020 年，全省 80% 的地级市、县、乡镇、村创建成为国家级生态市、县、乡镇、村，初步建成生态省。

在 2013 年底，安徽省印发了《安徽省主体功能区规划》，将安徽省国土空间划分为重点开发区域、限制开发区域和禁止开发区域。其中，重点开发区域是工业化、城镇化的主要空间，以提供工业品和服务产品为主体功能，承担着增强经济综合实力重要任务；限制开发区域则作为重要的农业空间和主要的生态空间，承担着保障农产品供给安全、维系生态系统稳定的功能。规划刚出，就有些地方担心限制开发区域的划分会影响本区域发展，都在积极争取重点开发区域的面积最大化，尽量缩小限制开发区域。

经省十二届人大常委会第十四次会议通过、2014 年 12 月 1 日起施行的《安徽省气候资源开发利用和保护条例》，针对安徽省气候资源的突出优势和分布特点，从立法上进行规范、引导、保障和促进，强化安徽省生态文明建设的法制保障。

2015 年初，为认真贯彻落实党的十八大及十八届三中全会精神，按国家林业局印发的《推进生态文明建设规划纲要》要求，安徽省林业厅组织编制了《安徽省林业推进生态文明建设总体规划（2013~2020 年）》，作为安徽林业推进生态文明建设的指导性和纲领性文件。《规划》明确，安徽全省生态建设总体布局是：围绕打造生态强省和建设美好安徽，加快推进千万亩森林增长工程，大力建设皖北及沿淮平原农区生态屏障、江淮及沿江平原丘陵区城市带生态屏障、皖西大别山区水资源保护生态屏障、皖南山区旅游资源保护生态屏障；着力构建安徽国土生态空间规划体系、重大生态修复工程体系、生态产品生产体系、维护生态安全的制度体系和生态文化体系。发展目标是：到 2020 年，全省森林覆盖率达到 35%，森林蓄积量达到 2.6 亿立方米，林业产业总产值达到 4000 亿元，自然湿地保护率达到 60%，濒危动植物种保护率达到 90%。《规划》划定四条林业生态红线。一是林地红线：全省林地面积确保不低于 6645 万亩。二是森林红线：全省森林面积不低于 6225 万亩，森林蓄积量不低于 2 亿立方米，确保维护全省生态安全。三是湿地红线：全省湿地面积不少于 1560 万亩，确保维护全省淡水安全。四是物种红线：确保各级各类自然保护区严禁开发，确保濒危野生动植物种类不再增加，已濒危野生动植物全部得到保护，确保维护国家物种安全。《规划》强调要制定最严格的林业生态红线管理办法，将林地、湿地及生物多样性保护纳入政府责任制考核，依法保护红线，制定出台征占用生态用地项目禁限目录，有效补充生态用地数量，确保生态用地资源适度增长。

2015 年 7 月 14 日，省十二届人大常委会第二十二次会议举行分组会议，审议关于《安徽省湿地保护条例（草案）》。审议中，省人大常委会组成人员认为，目前安徽省湿地保护与经济社会发展之间的矛盾仍较为突出，存在湿地资源利用不合理、功能退化，生物多样性减少，湿地保护意识亟待提高等问题。因此，制定《安徽省湿地保护条例》是促进安徽省生态文明建设的迫切需要，也是安徽省湿地保护行之有效的实践经验法治化的重要举措。

根据安徽制定出台的生态环保重大工程建设推进方案，2015 年将重点实施黄山、巢湖生态文明先行示范区生态环保示范等 10 大工程，预计项目总投资 1373 亿元。

● 吉林

吉林省生态文明建设综述

承载着"共和国工业长子""老工业基地"等重任的吉林省，从建国之初，就从未放慢过发展的脚步。然而，粗放式的发展模式让这片沃土不堪重负。20 世纪 70 年代，吉林省以水和大气污染为主的环境污染日益严重，环境保护迫在眉睫。

从 1972 年，吉林省成立"三废"领导小组，到 2000 年制定较为完整的环境法规，吉林省实现了从单项治理为主的环境污染防治向环境污染综合防治转变。从"九五"期间，全省用于污染治理资金投入的 18 亿元，到"十二五"期间全省环境保护项目总投资 280 亿元，数字的倍增，让"美丽吉林"的愿景在黑土地上逐渐呈现。

1987 年，长春第一汽车制造厂实现环保治理项目 179 项，建成当时全国机械行业唯一的综合污水处理厂。

到 1995 年底，全省提前实现了 10 年绿化吉林大地规划目标，基本消灭了宜林荒山荒地，成为北方灭荒第一省。1998 年全省森林覆盖率达 42.5%。

到 2000 年，全省采取末端治理、限产压量达标、停产治理或者关闭淘汰落后企业，排污工业企业达标率达 99.5%；全省已建立各种类型、不同级别的自然保护区 28 个，保护区总面积达 184.6142 万公顷，约占全省国土面积的 9.85%。

2008 年，吉林省全面实施林业分区施策三大战略，东部长白山区树立经营森林理念，建设采育林工程，培育高功能森林生态体系；中部实施农田防护林改造工程，建设功能完备的农防林体系；西部以荒漠化治理和湿地保护为重点，建设森林、草地、湿地相结合生态体系。

1999 年，省委七届二次全会作出发展生态环保型效益经济、建设生态省的重大决策。这项决策提出了从吉林省生态经济系统的特征出发，遵循经济规律、社会发展规律和自然规律，科学运作生态资本，大力发展绿色产业，开拓新的市场空间，改善生态环境，全面提高综合实力和人民生活质量的目标。

到 2000 年，吉林省已经逐步形成了从事环境技术开发、环保产品生产、环境工程设计与施工、环保设施营运和环境保护科技咨询服务等环保产业体系；形成"以中小型从业单位为主，产业门类齐全，就要有一定经济规模"的环保产业格局。

2006 年，国务院批复了《松花江流域水污染防治规划（2006～2010 年）》。松花江在吉林省境内的流域面积 13.4487 万平方公里，为长春、吉林、松原等城市提供了丰富的水资源、电力资源和渔业资源，是吉林省最重要的产业经济发展区域，反哺母亲河，让松花江"休养生息"，成为实现吉林省又好又快发展的重中之重。

压力就是动力。吉林省以转变经济发展方式的有利契机，通过坚持不懈地强化污染减排，促进产业结构优化，为松花江"减负"。2006 年末，吉林省《松花江流域水污染防治规划》正式启动，流域治污项目 86 个，总投资 50.39 亿元。

2012 年，吉林省又将松花江污染防治纳入全省经济社会发展全局，紧紧围绕松花江水污染防治的关键和重点，实施了污染减排攻坚工程、固体废物污染防治工程、农村环境综合整治工程、生态保护与恢复工程、环保产业振兴工程、环境安全保障工程等"八大工程"，实施组织领导、政策和投入、环境管控、基础设施建设和运行、环境监管、考核问责等"六大机制"，推动全省发展向资源节约、环境友好型社会转变，为构建"美丽吉林"打下了坚实的基础。

2012 年 4 月，省政府正式批准了《吉林省湿地保护规划》。这是吉林省湿地保护事业发展史上的一件大事，作为一个全面系统的指导性文件，极大地促进和推动吉林省湿地保护事业规范有序、又好又快的发展。

2011 至 2013 年间，作为国家第二批农村环境连片整治示范省的省份，吉林省投入 14 亿元开展农村环境连片整治，以长吉图区域为先导，分三批在全省开展了重点解决农村饮用水安全、生活污水、生活垃圾、畜禽养殖污染等问题的环境综合治理，推动农村环境综合整治从"小而散"向"点连线、线成面"转变。

2014 年 2 月 14 日，经济体制和生态文明体制改革专项小组办公室成立，建立工作制度，制定工作规则，形成 79 项改革任务的总体实施方案，明确具体的推进措施。

2014 年 3 月 14 日，专项小组第一次工作会议召开，研究通过了《关于推进全面深化全省经济体制和生态文明体制改革的具体实施方案》为全面深化改革做好基础工作。

2014 年，省住房城乡建设厅多措并举，加快推动绿色建筑发展。一是完善了政策标准体系。印发了《关于加快推动我省绿色建筑发展的实施意见》，将到 2015 年末累计完成绿色建筑 1000 万平方米计划任务分解到各市。组织编制了《吉林省公共租赁住房绿色建筑技术规程》（初稿）、《吉林省绿色建筑评价标准》（初稿）等系列标准规范，为建立全省绿色建筑推进体系奠定了技术基础。二是健全工作机制。成立了工作推进组，进一步明确职责分工，确保工作落实。三是建立了财政补助机制。为推动绿色建筑的发展，省财政厅积极落实建筑节能专项奖补资金，下发了《吉林省建筑节能奖补资金管理办法》，确定了绿色建筑及可再生能源示范项目奖补范围和标准，2014 年绿色建筑专项奖补资金 2000 万元、三星级 25 元/平方米、二星级 15 元/平方米。

为贯彻落实党的十八大、十八届三中全会精神，深化生态文明制度改革创新，加快建立有利于生态文明建设的投融资机制，进一步拓宽融资渠道，优化资源配置，提升全省生态文明建设水平，2015 年 3 月，吉林省出台《加快建立有利于生态文明建设投融资机制实施意见》（简称《意见》）指出，吉林省将建立排污权、碳排放权和节能量交易平台。

吉林省生态建设与保护综述①

吉林省提出"绿色发展"的理念。林业在绿色发展中发挥着基础保障作用，承担着维护区域生态安全和保障粮食安全的重大职责，为全省经济社会可持续发展提供保障。

发展生态林业，加快绿色发展，生态文明建设的"吉林模式"全面启动。一方面是加快生态建设，增加生态资源总量，提升生态系统功能，加快发展植树造林、生态修复工程等。另一方面是严格对生态资源的保护管理，严守生态保护红线，加强对林地资源和森林资源的保护，保护造林绿化成果。

A：生态建设篇

吉林省生态建设的重点放在三大主体功能区系统性生态修复。全省基本完成了东部长白山森林生态系统修复、中部农防林建设、西部生态屏障建设的总体布局，三大主体功能区系统性生态修复全面展开，稳步推进。

西部生态屏障建设工程。

在吉林西部，长年干旱使这里成为全省生态环境最脆弱的地区。吉林林业在西部实施生态屏障建设工程，重点对西部湿地进行生态修复。

多年来，由于干旱少雨、开垦耕地对湿地进行蚕食、对湿地不合理的开发利用等原因，导致湿地水资源短缺、功能退化、面积减少。吉林省加强湿地保护与修复工程建设，通过引水保湿、退耕还湿等方式，对湿地进行有效恢复和保护，使全省湿地面积萎缩和功能退化的趋势得到缓解。

吉林省开展了引水保湿工程。对向海、莫莫格、波罗湖、大安等重要湿地实施了生态补水，使退化湿地得到恢复。针对近年来吉林省西部大部分年份干旱少雨、湿地周期性缺水严重的状况，省委省政府高度重视，在省发改委、财政、水利等部门大力支持下，组织实施了"河湖连通""引霍入向""引嫩入莫""引洮入向"等重点湿地补水工程，为湿地长效补水奠定了基础。目前，西部地区重要湿地生态补水长效机制已基本建立，已累计为向海、莫莫格等重要湿地补水6亿多立方米。向海3万公顷湿地得到有效恢复。莫莫格湿地通过引水，使6万公顷的苔草、小叶樟和芦苇得到恢复，抢救性恢复鹤、鹳等珍稀濒危鸟类栖息地。2013至2014年，通过引水工程和湿地保护基础设施建设的作用，加上年降雨量大、河流上游来水多，湿地自然补水比较充分，整个西部地区湿地水覆盖面积增加了15.8万公顷，接近历史最好水平，湿地功能得到有效恢复，西部地区的生态环境有了

---

① "谱写生态新篇章：吉林省生态建设与保护综述"，新华网吉林频道。(http://www.jl.xinhua-net.com/2012jlpd/2015–08/04/c_ 1116139955.htm)

明显的改善。

开展了退耕还湿工程。2014 年，在省林业厅的组织指导下，向海国家级自然保护区利用国家林业局退耕还湿试点项目，开展退耕还湿工程 1600 公顷。莫莫格湿地开展退耕还林还草还湿工程，对被开垦的 4000 公顷湿地进行还林还草还湿。

水光潋滟、苇荡无边、碧草连天、鹤舞鸟鸣，通过湿地修复与保护工程，吉林省湿地呈现生机盎然的景象。湿地生态环境得到明显改善，依赖湿地生存的 613 种湿地植物和 297 种湿地野生动物得到有效保护。符合鸟类觅食条件的栖息地面积明显增加，有效保护了亚洲东部候鸟迁徙的重要停歇地，提升了中国在国际保护濒危鸟类中的重要地位。莫莫格湿地鸟类种类比建区时增加 100 种，增长近 50%，白鹤停歇数量由 2000 年以前的 500 多只增加到最高年份的 3800 多只。向海湿地补水后引来了大批的候鸟，仅天鹅数量就达 1000 多只，使生物种群数量明显增加。

为加快西部生态经济区建设，吉林省林业厅拟利用 5 年的时间，实施西部绿色生态屏障工程，以修复生态保护功能、保障农牧业增产增收为目的，以重点生态工程为依托，以荒漠化土地治理为主线，通过大力推进以植树造林为主要内容的生态工程建设，进一步增加绿量，提高质量，完善湿地功能，努力建设森林、草地、湿地有机结合的生态体系，显著改善西部生态环境。

东部长白山森林生态系统修复。

吉林林业在东部实施长白山森林生态系统修复。重点启动实施了长白山生态景观美化、森林小镇创建、绿美示范村屯创建、林区绿美家园创建、裸露山体修复等生态修复和绿化美化工程。

长白山生态景观美化工程主要以长白山环区旅游公路绿化美化为重点，以自然恢复为主，人为修复为辅，采取清理、整治、修复、改造、提升等措施，修复和改善长白山景观，把长白山环区旅游公路打造成反映长白山地域特色的森林生态走廊。

森林小镇和绿美示范村屯创建工程主要以交通便利、条件较好的小城镇、村屯绿化美化为重点，在全省高标准打造一批绿化美化示范作用突出的乡镇和村屯。林区绿美家园创建工程主要是以 18 个国有林业局局址绿化美化为重点，打造高标准的绿化美化典型，示范带动森林小镇创建活动的开展。

裸露山体修复工程主要对干线公路可视范围内裸露山体进行植被恢复和治理改善主要公路沿线的景观。2014 年已投入 500 万元，2015 年继续完善和提高磐石、辉南、敦化等 8 个县市的裸露山体修复。

目前，东部长白山森林生态系统修复工程共投资 9420 万元，完成了长白山环区路修复 110 公里、森林小镇 54 个、绿美村屯 400 个、裸露山体修复 11.4 万平方米，对 18 个国有林业局局址进行了高标准绿化。

中部农防林建设工程。

吉林省现有农田防护林 8.7 万公顷，林木蓄积 1316 万立方米，在防风固沙、保土增肥、减灾增产、改善生态环境中发挥着不可替代的保障作用，是维护吉林省粮食安全的重要保障。但这些防护林多为 70 年代末和 80 年代初营造的，大部分已经过熟老化，防护总量不足，林龄结构不合理，残次林比重过大，防护功能下降，林木资产自然流失严重。

吉林省林业厅在中部实施农防林建设工程，对未来 20 年农防林更新进行了系统谋划。2015 年，吉林省启动新一轮农田防护林更新改造工程，计划利用十年时间，构筑结构合理、功能完备的绿色屏障。

2015 至 2024 年的十年间，全省计划完成农田防护林更新改造 35000 公顷，新建农田防护林 20000 公顷，以建设高标准、高效益、多功能的区域性防护林体系为目标，以成过熟林更新、低效林改造、恢复和营造新林带为重点，为全省经济社会可持续发展提供资源支撑和生态保障，推进美丽吉林和生态文明建设。

农田防护林更新改造的建设原则是，坚持保证生态功能持续稳定和减少经营者损失兼顾，逐步有序推进的原则；坚持更新、改造、恢复新建相结合，增加面积与提高质量并重的原则；坚持政策扶持与经营者投入相结合，多元化投入的原则；坚持采伐与造林挂钩，经济效益和建设责任相结合的原则；坚持生态效益优先，社会效益和经济效益统筹，生态建设和农民增收结合的原则。

今后一个时期，全省农田防护林建设主要任务：一是调整结构，二是提高质量，三是增加总量。要完善落实各级政府领导责任制，层层分解农田防护林更新改造任务，签订更新改造责任状。要创新农田防护林的经营机制，采取承包、租赁、拍卖、转让、合作、股份制等多种形式，落实好"谁造谁有，允许继承转让"等优惠政策，调动农民造林护林的积极性。

B：生态保护篇

吉林林业通过重点国有林区全面停止商业性采伐、林地清收还林工程、坚持抓森林防火、野生动物保护等，保护森林资源、林地资源和生态建设成果。

重点国有林区停止商业性采伐。

从 2015 年 4 月 1 日开始，吉林省重点国有林区全面停止商业性采伐。吉林省此次全面停止商业性采伐的范围内的有林地总面积为 347.9 万公顷，占全省林地面积的三分之一以上，森林蓄积达到 4.6 亿立方米，占全省森林蓄积量的 50%。这是吉林省生态文明建设史上的标志性事件，宣告了多年来向森林过度索取的历史已经结束，重点国有林区从开发利用转入全面保护的发展新阶段。吉林省重点国有林区迎来了前所未有的"休养"契机。

林地清收还林。

多年来，由于各种原因，吉林省林地被改变用途的问题日益突出，严重影响了林业发展和生态建设。全省被违法改变用途的林地面积高达 80 多万公顷。

2013 年 10 月，吉林省政府召开全省林地清收工作会议，计划利用 3 年时间将多年来被违法改变用途的林地依法收回，用 5 年时间将清理收回的林地全部还林还草还湿。

吉林省委、省政府把林地管理由林业部门的工作上升到政府行为，建立党委政府统一领导、各级政府负全责、相关部门齐抓共管的工作机制，形成高位推动格局。吉林省林业厅制定了一系列管理办法和优惠政策。全省开展调查摸底工作，把改变用途的林地落实到村屯、山头、地块，定点定位，登记造册，签订边界认定协议和清收还林合同。为保障清收还林工作有效开展，省里千方百计筹集还林资金，省政府决定每年拿出专项资金用于造林补贴，育林基金和植被恢复费优先用于还林。

经过一年多的努力，吉林省核定流失林地面积 80.4 万公顷，已经收回林地面积 46.5 万公顷，完成还林面积 19.3 万公顷。

虽然还林工作开展的时间并不长，但生态效益已经开始显现出来。还林后的农民，切身感受到了种树给当地人民生存环境带来的良好变化。

连续34年无重大森林火灾。

坚持警钟长鸣抓森林防火，吉林省是全国唯一实现了连续34年无重大森林火灾的省份，成为全国森防战线的一面旗帜。

全省实行"全社会抓保护、全民搞防火，各级政府负全责"的原则，每年各级政府层层签订森林防火责任状，明确年度工作目标和考核标准，根据工作完成情况，年终按规定兑现奖惩，使森林防火的责任切实落到各级领导的肩上，森林防火变部门行为为政府行为。

十户联防这种群众联防形式是吉林省的特色，已在全省林区普遍实行，160余万林区农户签订联防公约，形成了一支强大的火源管理大军，使得违章用火现象明显减少。

吉林省坚持预防为主，练好火源监管这项硬功夫，防患于未然，把森林火灾的发生率控制在最低程度。全省567个瞭望台实现了防火期内对火情全方位、全天候监测，做到全省林区基本无盲区；全省3.8万名护林员、公益林管护员和检查员普遍采用分片包保巡护、定点把守和巡回检查的方式，全力查管野外违章用火，在高火险期还临时增加管护力量，细致到山山有人管、路路有人巡、口口有人守的程度。

对比1980年前后的两个30年，吉林省森林火灾发生次数下降72.6%，受害森林面积下降96.1%，累计减少直接经济损失45亿元以上。全省森林防火工作战绩卓越，有效保护了森林资源，为维护长白山林区生态安全做出了重要贡献。

野生动物保护。

通过长期坚持实施全面禁猎和自然保护区建设等措施，吉林省野生动物种群数量有了较大的恢复和增长。吉林省有陆生野生动物445种，约占我国陆生野生动物种类的17.66%，是东北虎、东北豹在我国的主要分布区之一。

加强栖息地建设，野生动物栖息环境有了质的改善。为了保护好这些珍贵的野生动物资源，吉林省加快了保护网络体系的建设步伐，加强了自然保护区建设，形成了布局较为合理、类型较为齐全的自然保护区体系。吉林省林业系统共建立自然保护区41个。其中国家级保护区14个，省级自然保护区20个，保护区总面积达258万公顷，占吉林省国土总面积的13.76%。加强了森林公园和湿地公园建设。吉林省森林公园总数达到57个，建立湿地公园26个。森林公园和湿地公园建设有效保护了生态资源，已成为物种生存繁衍的另一种重要自然保护地。吉林省共有国家重要湿地8处，向海湿地和莫莫格湿地被评定为国际重要湿地。通过采取以上综合措施，吉林省野生动物的栖息地面积不断扩大，逐步连片，从根本上改变了栖息地破碎的局面。

坚持实施全面禁猎，野生动物种群数量得到了有效恢复。吉林省自1996年起在吉林省范围内全面禁止猎捕陆生野生动物，吉林省各级政府把保护野生动物资源纳入政府重要工作日程。多年来，吉林省各级林业主管部门严厉打击乱捕滥猎等破坏野生动物资源不法行为，坚持每年与省工商、公安、交通等部门开展联合执法大检查活动，重点整治当地农贸市场、宾馆、饭店等流通领域，这项工作已成为吉林省的常态化工作。特别是近些年来，加强了林区巡护和清山清套的工作力度。加大了对各类破坏野生动物保护行为的整治力度，集中处理了一批大案要案，并在社会媒体公开曝光，始终保持对破坏野生动物资源违法犯罪分子打击的高压态势。

全面实施损害补偿，有力促进野生动物保护事业健康顺利发展。持续多年的禁猎活动，野生动物种群得以快速的恢复与增长，但随之而来的野生动物伤害人畜、毁损农作物现象频繁发生，保护野生动物与人民群众的生产生活之间的矛盾越来越突出。为切实解决这一矛盾，推动吉林省野生动物保护事业的健康发展，2006年，吉林省人民政府相继出台实施了《吉林省重点保护陆生野生动物造成人身财产损害补偿办法》和《〈吉林省重点保护陆生野生动物造成人身财产损害补偿办法〉实施细则》，对野生动物造成人身财产损害给予资金补偿。吉林省共受理野生动物造成人身财产损害案件31572起，补偿金额10301.7万元，补偿案件受理率达100%。

突出保护重点，全方位推进东北虎、东北豹等旗舰物种保护。吉林省加强了以恢复东北虎、东北豹栖息地为主要目标的保护区建设，建立了以保护东北虎、东北豹为主的珲春国家级自然保护区、雁鸣湖国家级自然保护区、黄泥河国家级自然保护区、吉林汪清国家级自然保护区、蛟河威虎岭保护区等，野生东北虎、东北豹栖息地得到了改善，种群数量得到恢复与发展。建立了东北虎、东北豹监测网络。在重点地段布设红外相机，监测野生动物活动规律，架设高清探头，加强入山人员的管理，对盗猎行为进行监控，震慑了犯罪分子。同时，为确保东北虎、东北豹在中俄间安全、通畅和自由迁移，主动协调有关部门提出改造中俄边防围栏等保护工程。珲春东北虎国家级自然保护区与边防部队某部建立了中俄边境东北虎、东北豹及有蹄类动物资源监测机制，并取得初步成绩。

目前，吉林省有林地面积827万公顷，活立木总蓄积9.7亿立方米，森林覆盖率43.9%。全省造林总量和质量实现双增长，森林资源得到休养生息，区域防护林体系得到完善，城乡人居环境不断改善。据吉林省林业科学院评估，森林有涵养水源、固碳释氧、保育土壤、净化大气环境、森林防护等8项功能，吉林省森林生态服务功能的总价值达到7935.44亿元。据中国森林生态系统定位研究网络管理中心评估，2014年全省森林固碳3600万吨、释氧8490万吨，固碳释氧价值达到1280亿元。

●黑龙江

黑龙江省生态文明建设综述

"十一五"以来，省财政认真落实省委、省政府加强环境保护和生态文明建设的工作部署，积极调整优化财政支出结构，努力创新投入机制，不断加大资金投入和政策扶持力度，有力地促进了黑龙江省环保事业持续健康发展，为全省的生态文明建设奠定了坚实的基础。

一 工作总体进展情况

（一）加大投入，为环境保护事业发展和生态文明建设提供财力支持。

环境保护和生态文明建设，政府投入必不可少。"十一五"以来，省财政始终把生态省建设作为支持社会事业发展和民生改善的重点领域，通过积极对上争取、省级预算安排、整合专项资金等方式，支持环境保护和生态文明建设。2006 至 2011 年，累计投入资金 103.1 亿元，重点支持了全省生态环境保护重大工程、中小河流治理、松花江流域水污染防治、农村环境综合整治，控制了面源污染，保护了流域生态，全省自然生态和水土水质得到明显改善，各项环保约束性指标全面完成。2012 年申请落实环境保护项目财政资金总计 71 038 万元，其中争取到位中央资金 52 925 万元，省财政落实资金 18 113 万元。启动了农村环境集中连片整治工程、镜泊湖和兴凯湖生态环境保护工程，继续扶持松花江流域规划的污染防治项目，为全省环境保护重点工作的顺利推进提供了资金保障，松花江水污染防治不断深化，农村环境整治取得重大明显进展，全省污染减排任务超额完成，全省环境质量持续提高，环境风险趋于安全可控，环境民生随之不断改善。2012 年，省级财政克服资金紧张矛盾，通过积极对上争取，整合相关资金等方式，累计筹措节能资金 35 亿元，其中，争取中央财政资金 32.9 亿元，省级财政安排 2.1 亿元，有力地促进了黑龙江省各项节能约束性指标的完成。

（二）以促进环境质量改善和推进生态文明建设为目标，不断增加政策扶持力度。

一是落实税收政策。对销售废旧物资和资源综合利用产品分别给予增值税免税、全额退税和减半退税等优惠政策，促进废弃物减量化、资源化；对企业从事符合条件的环境保护、节能节水项目及公共基础设施项目所得，实行"三免三减半"的优惠政策；提高大排量乘用车、含铅汽油消费税率，将实木地板、木质一次性筷子纳入消费税征收范围，促进资源节约利用；争取国家全面实施原油天然气资源税从价计征政策，提高了地方环境治理和保障民生能力。二是落实森林生态环境保护和恢复政策。支持大小兴安岭生态功能保护区建设，2008 年以来，累计争取中央生态功能区转移支付资金 56.3 亿元，对纳入国家重点生态功能区的 35 个市、县给予补助，控制生态功能区市、县开发强度，促进生态环境改善。深入实施天然林保护工程，全面完成天保工程一期建设任务，配合有关部门积极争取国家实施天保二期工程，从 2001 年开始的 10 年时间，中央财政将每年补助黑龙江省天保工程资金 71.5 亿元，是黑龙江省一期天保工程每年资金投入的 3.8 倍，将极大地提高森林保护和抚育的成效。三是落实节能政策。"十一五"以来，省财政累计投入资金 41.4 亿元，支持 186 户企业淘汰落后产能、155 户企业进行节能技术改造，采取财政奖励方式促进合同能源管理，支持 25 户企业年秸秆能源化利用 75 万吨，对 5 个可再生能源建筑应用县级示范县、5 个太阳能光电建筑应用示范项目、42 个市县节能改造项目给予补助，积极争取国家将哈尔滨市纳入首批餐厨废弃物资源化利用和无害化处理项目试点城市，推动经济结构调整和发展方式转变。

（三）以推进环境保护和生态建设项目为重点，不断加快生态文明建设的进程。

一是支持城镇污水管网建设。为有效提升城镇基础设施功能，改善群众生产生活条件，采取集中支持和整体推进方式，支持建设污水管网 3430.1 公里，日污水处理能力达到 377.9 万吨。二是支持松花江流域水污染防治项目建设。为提高资金的使用效率、放大资金使用效果，改投为奖，以奖代补。相继支持了 107 个城镇污水处理厂，"十二五"松花江流域水污染防治规划项目稳步实施。404 个规划项目完成投资 35 亿元，建成投运 108 个，流域水质持续改善，流域 Ⅰ~Ⅲ类水质占 54.5%，松花江干流Ⅲ类水质占 60%，松花江的治理成果得到了俄罗斯政府的赞誉。三是支持农村环境综合整治。积极探索有效改善农村环境，提升农民生活水平的投入方式和投入重点，三年来，在农村环境综合整治方面，争取国家资金 22 865 万元，省级财政累计投入农村环境整治资金 19 340 万元，支持项目 222 个，全省开展农村环境整治的自主意识得到提升，农民维护农村环境权益的主动性和自觉性得到增强。四是支持实施三年绿化工程。按照省委、省政府提出的"三年绿化龙江大地"的要求，2009 至 2010 年，省级财政筹集资金 5 亿元，支持完成了 1000 万亩绿化任务，加快生态大省建设步伐。五是支持节能工程。验收"十一五"节能项目 907 个。2012 年有重点支持了节能技术改造、淘汰落后产能、循环经济和资源综合利用、农村新能源、节能源头产业、节能建筑等 8 大类节能项目。六是生态文明宣传教育深入开展。省财政安排环境宣传教育基地建设、环保公益广告宣传制作、绿色印记宣传册制作等项目资金 300 万元，建立环境教育基地 5 个、制作的环保公益广告宣传短片已在省台 7 套和公益广告电子屏幕播放，在社会引起良好的反响。

（四）以提高资金效益为导向，不断加强财政监管。

为将有限的财政资金管好、用好，最大限度地发挥效益，近年来，我们围绕财政管理科学化、精细化要求，积极构建环保专项资金管理机制，实现了资金从分配、拨付到使用的全过程同步监督。一是建立工作会商机制。切实加强与省直相关部门的协调配合，积极做好年度省级预算资金安排、中央预算资金分解下达等工作，通过预算指标提前告知的方式，督促部门早日确定年度环保支持重点，加快资金分解计划，确保预算资金及时下达。二是建立工作联动机制。在积极向财政部汇报黑龙江省相关工作进展情况的基础上，及时指导市、县财政部门加快预算执行进度，完善管理制度，加强监督检查，及时准确反馈项目预算执行、配套资金落实及工程形象进度等情况，使资金拨付与项目建设协调同步。三是建立工作通报机制。充分运用信息公开、审计监督、绩效评价等手段，及时对项目进展情况进行跟踪问效，切实提高资金使用的安全性和有效性。四是建立工作协调机制。统筹相关部门积极配合，完备项目立项审批、土地环评等各项开工建设条件，做好招标投标等项目用款的各项准备，督促地方积极安排配套资金，加快项目建设和预算执行，确保专项资金项目顺利开展。五是建立工作谋划机制。建立项目储备库，根据国家和省各环境保护与生态建设专项资金设立情况和黑龙江省工作实际，与有关部门联合建立省级环境保护项目储备库，形成项目梯队，不但提高项目前期工作质量，而且提高了预算资金的执行速度。

（五）生态文明体制改革，划定保护红线，资源有偿使用。

2014年全省建立大气污染联席会议制度，实施部门、区域联动。推动工业企业改用清洁能源。严把环保准入关，禁批污染较重项目30余个，拆并、改造燃煤小锅炉803台。至2014年底，哈尔滨主要污染物二氧化硫、氮氧化物排放总量在2010年的基础上下降了3%。

2014年，大兴安岭地区、通河县、富锦和海林市被列入国家主体功能区试点。黑龙江省编制出台《全省13个市地、63个县市推进本地主体功能区建设实施方案》。这是探索人与自然和谐相处，这也是划定生态保护的红线，划定出生产、生活、生态空间开发管制的界限，推动形成符合生态文明要求的生产方式和生活方式。

《编制完成水土保持补偿费征收使用管理办法》。全面停止林区商业采伐，推进林权管理服务平台和林权交易市场建设……这是2014年黑龙江省关于生态文明改革制定的43项工作。

黑龙江省林业厅深入贯彻党的十八届三中全会和黑龙江省委十一届四次全会精神，以加快生态文明制度建设为重点，加大林业改革推进力度，紧紧围绕生态林业、民生林业、产业林业建设改革主基调，进一步理顺国有森林资源资产管理体制，建立和完善森林培育、森林和湿地保护的长效机制，完善集体林权制度改革各项配套措施，深入研究森林资源承载能力监测机制和森林生态效益评估，努力增强林业发展活力和动力。2014年，省林业厅成立了全面深化改革领导小组，组织开展森林、湿地生态修复制度的前期调研、森林湿地生态效益评价研究，研究制定政策性森林保险试点方案，制定林权抵押贷款管理办法，大力推进林权管理服务平台和林权交易市场建设，调整林区发展布局，加快林区小城镇建设，开展森林分类经营、资源保护、抚育等政策体系的研究，建立森林资源承载能力监测预警机制，积极推进在地方国有林区建立"国家所有，省级管理，林场经营"的森林资源产权管理体制。在推进各项改革措施过程中，省林业厅采取深度调研和政策推进相结合的工作机制，列出工作时间表，落实到部门和责任人。坚持研究和推进兼顾，确保工作任务顺利完成。坚持上下联动，确保省和地方积极性的有效发挥。坚持攻坚克难，确保有力把握林业改革重点和方向。坚持符合实际，确保各项政策的贯彻落实。坚持依法依规，确保林区社会和谐稳定。

二 2015年主要工作情况

2015年6月10日上午，省委书记王宪魁主持召开省委常委会议，研究讨论《关于加快推进生态文明建设的意见》，传达全国农村基层党建工作座谈会议精神并讨论贯彻意见。会议强调，建设生态文明，关系人民福祉，关系民族未来。生态环境保护，功在当代，利在千秋。要深入学习贯彻习近平总书记关于生态文明建设重要讲话精神和中央关于推进生态文明建设一系列重大决策部署，以对人民群众、对子孙后代高度负责的态度，加强生态环境保护，加快转变经济发展方式，完善生态保护体制机制，真正下决心把环境污染治理好、把生态环境建设好，着力解决影响群众健康的突出环境问题，既要金山银山又要绿水青山，努力加快建设生态文明龙江。抓好农村基层党建工作，对于巩固农业基础地位、维护全省改革发展稳定大局、全面建成小康社会，具有十分重要的意义。要把思想和行动统一到习近平总书记关于加强农村基层党建的重要指示精神上来，深入落实全国农村基层党建工作座谈会议精神，进一步强化重视基层、大抓基层的导向，投入足够精力、拿出有效措施，切实把农村基层党建工作抓实抓好。

2015 年 7 月 7 日上午，省委副书记、省长陆昊主持召开省政府常务会议，听取落实事业单位"三权合一"项目筛查、编制省级责任清单、全面取消非行政许可审批进一步简政放权和 2015 年 32 件民生实事推进情况汇报，讨论《关于加快推进生态文明建设的实施意见（讨论稿）》《黑龙江省湿地保护条例（草案）》，研究部署工作。

● 辽宁

辽宁省生态文明建设综述

　　李克强总理在辽宁省工作期间启动了辽宁生态省建设。在 2005 年，省委、省政府就第一次提出了辽宁要积极推进生态省建设、促进可持续发展的目标。2006 年《辽宁生态省建设规划》编制完成并通过国家论证。2007 年启动了"生态省建设暨群众性节约环保联合行动"，确定到 2025 年使辽宁省在经济发展、环境保护和社会建设等各方面全面达到生态省建设标准。至此，辽宁生态省建设全面展开。随后，省人大、省政府通过了一批地方法规、政府规章等规范性文件，为全面建设生态省提供了法律依据和制度基础。

　　近年来，尤其是 2008 年以来，省委、省政府加大力度治理生态环境，投入了大量人力物力，相继启动了辽西北边界防护林体系建设、朝阳 500 万亩荒山绿化、大规模造林等一批生态治理工程。通过科学决策，狠抓落实，精心组织，强化质量，各项工程都取得了显著发展成果。

　　2008 年，经省政府批准，辽宁省实施了东部生态重点区域财政补偿政策，对东部 16 个生态重点县给予生态补偿，有效缓解了这些生态重点县区因生态保护造成的财政困难，对全省的水源涵养起到了积极作用。补偿资金初始规模 1.5 亿元，以后年度省财政不断加大支持力度，资金规模逐年增加。2013 年，按照省政府要求，省财政厅会同省有关部门进一步加大工作力度，积极采纳人大代表、政协委员的建议和意见，深入基层调研，努力工作，结合财政部国家重点生态功能区转移支付政策，在辽宁省现有东部重点区域生态补偿机制基础上，经省政府批准，进一步建立了全省跨市地表水饮用水源生态补偿机制和国家级自然保护区生态补偿机制，对大伙房水源、观音阁水库、汤河水库等 7 个跨市供水水源和盘锦湿地、锦州医巫闾山、北票鸟化石等 11 个国家级自然保护区给予生态补偿，保护区面积 18683 平方公里，惠及了 12 个市 29 个县（区）。2013 年，省财政共筹措和安排上述三方面生态补偿资金 4.22 亿元，全部切块下达到有关市、县，由市、县政府统筹用于有关保护区范围内的生态环境保护和改善民生的支出，有效促进了相关生态重点保护区的生态环境保护和民生改善。下一步，省财政厅将按照省政府有关要求，进一步加强生态补偿资金管理，会同环保、水利、林业等部门不断健全和完善有关制度办法，研究建立生态保护与补偿权责匹配的约束长效机制，定期督促和检查有关市、县生态补偿政策落实和补偿资金使用情况，规范补偿资金使用，全力推进全省生态文明建设。

　　2009 年，省委、省政府提出了"大干四年，绿化辽宁"的奋斗目标，到 2012 年末，这个阶段性目标任务已全面完成，生态屏障格局基本形成，生态效益价值充分显现。

　　2011 年 9 月，青山工程全面启动。全省计划用 3 到 5 年的时间，投资约 180 亿元，重点实施矿山生态治理，公路、铁路破坏山体修复等八大工程，完成治理面积 894 万亩。其中，要使全省现有 4184 座废弃矿山全部恢复生态植被；4300 余座生产矿山边生产边恢复，恢复植被 30% 以上；"小开荒"及 25 度坡以上的超坡地全部退耕还林；公路、铁路建设破坏的山体全部恢复植被；建设工程围栏 1.6 万公里，使全省 30% 的荒山实施工程围栏封育；坟地墓地增加生态植被。为了保证青山工程的顺利实施，省人大制定并颁布实施了《辽宁省青山保护条例》。这是辽宁省历史上第一部青山保护专项地方法规，在全国也是首开先河。经省政府批准，编制并下发了《辽宁省青山保护规划》。这是全省首个青山保护的专项规划，也是全国唯一一个青山保护专项规划。按照确定的目标和规划的要求，全省采取工程化的措施对已破坏的山体强力恢复植被；强化法制化的手段严格保护青山资源，免遭再度破坏。在实施过程中，各地坚持治理工程与造地相结合，与村镇改造相结合，与工业园区建设相结合，与矿山关闭整顿相结合，与退耕还林相结合，与发展沟域经济相结合。全力推进青山工程。

2014 年 4 月 23 日，经省政府常务会议审议原则通过了《辽宁省主体功能区规划》（以下简称《规划》），并于 2014 年 5 月 27 日以辽政发 [2014] 11 号文件印发实施。这是在辽宁省全面深化改革开放、推进辽宁老工业基地全面振兴进入关键阶段，省政府颁布实施的一项重要规划。

2014 年 9 月 26 日，《辽宁省水土保持条例》经辽宁省第十二届人民代表大会常务委员会第十二次会议审议并通过，将于 12 月 1 日起正式实施。《辽宁省水土保持条例》在原《辽宁省实施〈中华人民共和国水土保持法〉办法》的基础上，依据修订后的《水土保持法》对辽宁省水土保持规划、治理、监督、监测等工作做了全面的优化调整，更加立足于实际，适应时代的发展。

辽宁省长李希在 2015 年辽宁省两会上作政府工作报告时指出，2015 年主要工作任务之一是切实加强生态文明建设。他强调，要用硬措施完成硬任务，让老百姓喝上放心的水，呼吸上清新的空气，吃上安全的食品，生活在美丽的家园。

大连积极推进海洋生态文明建设综述①

大连是一座依海而立、因海而兴的城市。近年来，大连市委、市政府高度重视海域管理和海洋生态环境保护工作，注重规划引领作用，从多方面入手，科学有序、集约节约利用海洋资源，海洋生态文明建设取得长足进展。

划定海洋生态保护红线。按照"保住生态底线、兼顾发展需求"的原则，2013 年大连市开展渤海区域生态红线划定工作，将大连斑海豹国家级自然保护区、长兴岛北部自然

---

① 《注重规划引领强化过程管控——大连积极推进海洋生态文明建设综述》，《中国海洋报》2015 年 9 月 1 日第 199 期第 A1 版。

岸线划定为生态红线，严格限制在红线内进行海洋开发活动，推行海洋生态补偿机制。在原有老偏岛—玉皇顶、海王九岛自然保护区基础上，新设立长山群岛、金石滩等国家级海洋公园，编制实施《辽宁沿海经济带大连区域用海规划》，严格按规划用海管海，任何项目都不得触碰海洋生态保护的红线。

坚持陆海统筹统一规划。在保护与开发并重的基础上，大连创新性地提出海岸线管控机制，明确海岸建筑后退线、填海造地控制线、围海工程控制线等，保持现有自然岸线比例，提高人工岸线开发综合效益，集约节约利用岸线资源，确保海岸生态完整性和公众亲海需求。建设用海范围严格限制在填海造地限制内，超过填海控制线管制范围的用海需求原则上不予考虑。严格限制围海工程，控制围海养殖区现有规模。投入550余万元完成重点养殖水域承载力调查，在预设水域布置2000多个点位，历时两年时间，取得该海域水生生物养殖容量报告等成果，直接服务渔民养殖生产。对34个入海排污口、9个海滨浴场及全市重点养殖水域水质进行监测，监测结果及时向社会公布，每年发布一次海洋环境质量公报。

建立生态修复联动机制。先后实施大连东部海岸带、普湾新区海岸带、庄河蛤蜊岛、长山群岛、海洋岛、广鹿岛等海洋生态修复工程，取得较好效果。加强对海洋排污管控，加强对海洋工程环境影响评价的管理。自2012年起，大连市海洋与渔业局与环保、水务、海事等部门建立会商制度，在入海排污口管理、入海河道治理、海洋溢油和联合执法等方面建立信息互通和共享机制，为有效保护海洋生态环境提供了制度和机制保障。

加强海洋灾害预报预警。建立四级应急联络网，形成应急指挥高效、管理有力、日常工作通畅的良好局面。每年都投入大量人力、物力组织各级有关部门进行演练，增强公众应急防范意识，提高应急处置能力。近年来，大连市投入1500多万元，与大连海洋环境监测中心站共建了大连市海洋预报台，并与各级技术单位密切配合，对台风、海浪、海冰、赤潮、风暴潮、海啸等海洋灾害进行预报、预警，防患于未然。每年"5·12"防灾减灾日，深入基层传授防灾避险技能，普及防灾减灾科普知识。同时，组织各类人员培训，提升灾害信息员专业水平。通过这些行之有效的机制和手段，有效减少了海洋自然灾害带来的损失。

● 内蒙古

内蒙古生态文明建设综述

近年来，自治区党委、政府高度重视防沙治沙工作，在实施西部大开发战略规划纲要中明确提出，把内蒙古建设成为我国北方最重要的生态防线。自治区"8337"发展思路进一步明确了把自治区建设成为祖国北方重要生态安全屏障的战略定位，并把防沙治沙工作作为生态建设的重中之重，实行全民尽责、全社会参与，全区荒漠化和沙化土地面积实现"双减"。

进入21世纪以来，国家全面实施京津风沙源治理、三北防护林四期、退耕还林、退牧还草、小流域治理等一批重点生态建设工程。自治区依照"预防为主、科学治理、合理利用"的方针和统筹规划、因地制宜、分类施策、先急后缓、重点突破的原则，采取宜乔则乔、宜灌则灌、宜草则草，林业、农业、水利、扶贫、移民等相结合的措施，综合治理沙化土地。

2014年，内蒙古自治区发改委、环保厅、金融办、银监局、证监局、保监局和人民银行呼和浩特中心支行7个部门联合印发"《金融支持内蒙古生态文明建设指导意见》的通知"（以下简称《通知》），积极推进内蒙古生态文明建设。《通知》指出，金融机构要以高度的社会责任感，将生态理念、生态效益等纳入投融资决策行为中，充分发挥金融在生态文明建设中的杠杆作用和资源配置功能，并进一步细化为发展绿色信贷，支持节能减排和淘汰落后产能；发展绿色保险，支持生态建设和环境保护；发展循环经济，支持产业结构转型升级；发展生态环境基础设施建设，支持城乡统筹协调发展。《通知》明确，按照"消化一批、转移一批、整合一批、淘汰一批"的要求，对产能过剩行业区分不同情况实施差别化信贷政策。对产品有竞争、有市场、有效益的企业，要继续给予资金支持。对属于淘汰落后产能的企业，要通过保全资产和不良贷款转让、贷款损失核销等方式支持压产退市。严禁对产能过剩行业违规建设项目提供任何形式的新增授信和直接融资，防止盲目投资加剧产能过剩；积极开展森林、草原保险试点，探索建立对森林、草原火灾、洪涝、病虫害等自然灾害的保险补偿机制，提高森林、草原的防灾减灾能力。

2015年3月17日上午，内蒙古自治区党委副书记、自治区主席巴特尔主持召开自治区政府常务会议，围绕推进依法治区决策落实和大力加强生态文明建设，研究通过了《内蒙古自治区森林草原防火工作责任追究办法》《内蒙古自治区城镇绿化管理办法（草案）》《内蒙古自治区工业节能监察办法（草案）》和《内蒙古自治区矿山地质环境治理办法（草案）》等政府规章和规范性文件，并对学习贯彻落实全国两会精神作出安排部署。

2015年11月，内蒙古自治区党委自治区人民政府出台《关于加快推进生态文明建设的实施意见》。该文件提出的总体目标是：到 2020 年，全区森林覆盖率达到 23%，草原综合植被覆盖度提高到 46% 以上，湿地面积不低于 9000 万亩，森林、草原、湿地、河流、沙漠沙地、农田六大生态系统趋于稳定，国土空间开发强度控制在 1.6% 以内，主体功能区布局和我国北方重要生态安全屏障架构基本形成；产业结构调整和转型升级实现重大突破，全面完成国家下达的节能减排降碳目标任务，大气环境质量明显改善；全区用水总量（不包括黑河水量）控制在 211.57 亿立方米以内，万元工业增加值用水量持续下降，农田灌溉用水有效利用系数提高到 0.55 以上，重要江河湖泊水功能区水质达标率达到 71% 以上；生态文明建设制度机制更加健全，基本形成源头预防、过程控制、损害赔偿、责任追究的生态文明制度体系；绿色发展理念深入人心，全民生态文明意识大幅度提高，生产方式和生活方式绿色、低碳水平得到较大提升，努力实现生产空间集约高效、生活空间宜居适度、生态空间山清水秀，更好地满足人民群众望得见山、看得见水、记得住乡愁的精神需求。

2015 年 3 月 31 日，随着最后一声采伐号子在林海响起，内蒙古大兴安岭林区持续了 63 年的木材生产作业画上了句号。从 2015 年 4 月 1 日起，自治区国有林场林区全面停止木材商业性采伐，其职能从开发利用转入到全面保护的发展新阶段。

在生态文明建设方面，自治区取得的成效还表现在以下方面：

——为摸清自然资源"家底"，自治区探索编制自然资源资产负债表，出台自然资源实物量变动表编制工作方案。

——为明确领导责任，自治区开展了领导干部自然资源资产离任审计试点，在总结两年试点经验的基础上，制定了自治区领导干部自然资源资产离任审计试点实施方案。

——为保护好国土资源，自治区建立国土空间开发保护制度。实施自治区主题功能区规划，全面推进生态红线划定工作，26 个旗县市开展了基本草原红线划定试点，实施了水功能区分级分类管理。

——为加强环境综合整治，自治区与北京、天津、河北、山西、山东 5 省市建立起跨区域大气污染防治协作机制，确立了公安、交通等 15 个部门会商联动机制。

——为保护水资源、控制污染物排放，自治区成立了自治区水权收储转让中心，在呼和浩特、包头、鄂尔多斯先期开展碳排放权交易试点，全面实行了排污许可证制度、排污权有偿使用和交易制度。

内蒙古财政支持生态文明建设综述①

内蒙古自治区地处祖国北部边疆，横跨三北，是黄河、辽河、嫩江等河流的上中游或

---

① "构筑北方重要生态安全屏障——内蒙古财政支持生态文明建设综述"。（http：//www.mof.gov.cn/zhengwuxinxi/caijingshidian/zgcjb/201407/t20140722_ 1116042. html）

源头，生态区位独特，对维护北方地区的生态平衡发挥着巨大作用。

2013 年，内蒙古自治区党委、政府提出要把内蒙古建成我国北方重要的生态安全屏障。为此，自治区财政部门将支持生态文明建设作为财政支农的一项重大任务，不断改进完善财政扶持政策，积极筹措资金，大力支持林业和草原生态保护。

2011～2013 年，内蒙古共投入生态建设资金 524 亿元（含森林植被恢复费 21 亿元），其中，国家 452.4 亿元、自治区 71.6 亿元，完成林业生态建设面积 3350 万亩，全区森林面积和蓄积量实现持续"双增长"，草原禁牧和草畜平衡面积达 10.2 亿亩，草原植被盖度达到 44.1%，比 2010 年提高 7.02 个百分点。生态环境建设取得"整体恶化趋势趋缓，局部地区明显改善"的初步成效。

林业生态建设成效显著

2011～2013 年，内蒙古共投入林业专项资金 368 亿元，其中，中央资金 327 亿元、自治区本级安排 41 亿元（含森林植被恢复费 21 亿元）。

支持林业重点工程，大力实施天然林保护、森林生态效益补偿基金、退耕还林、森林抚育、造林补贴等国家重点工程。

开展内蒙古森工集团剥离办社会职能改革，在 2008～2010 年，3 年过渡期自治区投入 18.2 亿元的基础上，从 2011 年起自治区每年投入 10 亿元改革经费，减轻了企业负担，突出了森工主业。

落实重点区域绿化资金，采取财政投入、工程带动、部门筹集和社会企业、个人出资等办法投入 160 亿元，完成道路两旁、村庄前后、园区内外、城镇周边、大青山南坡、黄河两岸重点区域造林绿化面积 159.1 万亩。

将生态脆弱地区巴丹吉林、腾格里等 6 大片沙漠列入国家沙化土地封禁保护范围，支持生态脆弱地区的生态恢复。

草原生态保护补奖机制顺利推进

国家草原生态保护补奖机制实施以来，内蒙古共投入资金 156.01 亿元。其中，中央共下达补奖资金 125.46 亿元，包括禁牧补贴资金 76.2 亿元、草畜平衡奖励资金 24.38 亿元、牧民生产资料补贴 7.2 亿元、牧草良种补贴 13.57 亿元。

自治区配套政策及时跟进，筹集落实配套资金 30.55 亿元，包括畜牧业良种补贴 3.9 亿元、牧机购置补贴 2.03 亿元、牧民燃油补贴 4.32 亿元，安排禁牧区转移安置牧民试点 6 亿元，建设牧区饲草料基地及苜蓿行动项目 2 亿元，安排嘎查村牧民管护员补贴 0.71 亿元。

项目惠及牧民 146 万户、534 万人，使草原生态恢复速度明显加快，农牧民收入显著增加，粗放型草原畜牧业正逐步向建设型、生态型的现代化草原畜牧业转型。

启动生态脆弱地区移民扶贫工程

内蒙古为从根本上解决沙漠地区、荒漠化地区和山区等地的生态脆弱问题，坚持生态保护与扶贫开发相结合的原则，计划从 2013～2017 年，安排资金 55.5 亿元，对农牧交错带生态脆弱区不适宜人类居住地区 11.6 万户、36.7 万人实施移民搬迁。

移民迁出后收回的土地全部用于生态建设，使原有的林地、草地得到有效的保护，遏制生态环境的恶化。同时，加强移民新村绿化和农田防护林带建设，达到改善生态和消除贫困的双赢目标，促进区域资源、环境、人口协调发展。

目前，此项工程已全面启动。2013 年，全区投入 11.1 亿元，其中，中央资金 3 亿元、自治区本级资金 8.1 亿元，共搬迁移民 2.3 万户、7.3 万人。

环境污染得到有效整治

自治区本级财政使用排污费收入开展环境监察执法能力建设及重点减排工程建设。2013 年，自治区本级下达排污费专项资金 6.2 亿元，支持自治区本级以及各盟市的环境信息化建设、主要污染物减排、污染物排放监督管理与控制以及生态地面监测等项目建设。

加大污染防治力度，自治区本级财政安排重点地区重点流域污染防治专项资金 2000 万元，通过以奖促治的方式，支持重点流域内加快污染防治项目建设。

推动农村环境综合整治，自治区本级财政安排农村环境治理专项资金 1000 万元，加强面源污染防治和农村环境综合整治，强化农村饮用水源地保护及生活污水治理、生活垃圾处理、畜禽养殖污染防治设施建设，努力改善农村环境质量。

加强重金属污染防治，2013 年争取中央重金属污染防治专项资金 8070 万元，重点支持列入自治区重金属污染综合防治"十二五"规划的 10 个盟市开展铅、汞、铬、砷等重金属污染综合整治、清洁生产工艺改造、污染防治新技术示范和推广等，促进重点区域加快重金属污染治理。

大力支持辽河、松花江和海河流域水污染防治。2013 年争取中央资金 1.6 亿元，支持重点流域内区域水环境综合整治、饮用水水源地保护和畜禽养殖污染防治。

创新财政投入机制

内蒙古各级财政部门推进涉农资金整合，做好生态文明建设资金保障。从预算编制、资金分配、项目实施等环节着手，探索了多个层次、多种平台整合模式，探索建立支农资金整合的长效机制。据初步统计，2011 ~ 2013 年，自治区财政共整合和捆绑各类支农资金突破 150 亿元，其中，重点区域绿化整合 4.5 亿元，生态脆弱地区移民整合 5 亿元。

自治区财政加强建章立制工作，强化预算管理。按照"夯实基础、创新机制、强化管理、狠抓落实"的要求，会同有关部门制定印发了多项制度办法，涉及资金管理、支农改革、工作部署，做到有章可循。建立健全"谁管理、谁分配、谁负责、谁监管"的责任追究制度，加强预算执行，狠抓生态建设资金分配下达的季节性和时效性，将预算执行进度纳入部门和盟市考核范围与资金分配直接挂钩。

自治区财政完善资金分配机制，提高资金分配透明度。推行和完善报账制、公示制、专家评审制等管理方式，将国有贫困农牧林场扶贫、林业产业化、支农资金整合试点项目资金全部纳入专家评审和项目库管理范围。进一步规范了生态建设专项资金申报、分配和管理，实行因素法分配，逐步使专项资金走向规范化、科学化、制度化的轨道。2011 ~ 2013 年，经过专家评审的生态建设项目 370 多个，涉及财政补助资金约 1.8 亿元。

宁夏生态文明建设的发展历程

　　20 世纪 50 年代开始，实施防沙治沙工程。在中卫市，为保护我国第一条沙漠铁路包兰线的畅通，宁夏治沙人创造出麦草方格治沙技术，在裸露的移动沙丘上大面积固沙造林，建立起了"五带一体"治沙防护体系，解决了世界性难题，确保了铁路至今畅通无阻。在灵武市毛乌素沙漠边缘的白芨滩林场，植树造林 6400 多万株，控制流沙 40 万亩，在宁夏东部筑起 400 多平方公里的绿色屏障。

　　自 2000 年宁夏实施退耕还林工程。截至 2010 年底，宁夏共完成退耕还林 1272 万亩，实现了人均退耕还林面积居全国第一，国家累计兑现宁夏退耕还林补助资金 62.63 亿元。通过实施退耕还林工程，宁夏局部地区的生态环境得到了明显的改善，宁夏森林覆盖率由 2000 年的 8.4% 提高到现在的 11.4%，累计治理水土流失 2.01 万平方公里，每年减少黄河泥沙 4000 万吨。

　　从 2003 年 5 月 1 日开始，宁夏成为全国第三个实行全境"禁牧封育"工程的省区。10 年来，全区封育区内林草盖度由过去的 30% 左右增加到现在的 50% 以上，500 多万亩沙化土地得到治理，全区羊只饲养总量已由禁牧前的 380 万只下山进圈，增加到现在的 1507 万只，畜牧业年增长速度超过 10%。呈现出"生态恢复、生产发展"的良好局面。

　　宁夏实施生态移民工程。从 20 世纪 80 年代开始，宁夏就先后组织实施了引黄灌区吊庄移民、"1236 工程"、易地扶贫搬迁移民、中部干旱带县内生态扶贫等，累计易地搬迁 66 万人。从 2011 年开始实施生态移民扶贫工程，计划投资 105 亿元，用 5 年时间将生活在生存条件极差地区的 35 万贫困群众搬迁至近水、沿路、靠城的区域；再用 5 年时间帮助他们脱贫致富。

宁夏林业厅大力推进生态文明和美丽宁夏建设[①]

"十二五"以来,宁夏林业厅紧抓国家高度重视生态建设的大好机遇,狠抓十项工作,加快发展生态林业民生林业,推进生态文明和美丽宁夏建设。

一是拓展生态空间,狠抓生态移民迁出区生态修复。先后出台了《关于加强生态移民迁出区生态修复与建设的意见》《宁夏生态移民迁出区生态修复工程规划》和《宁夏生态移民迁出区生态修复工程年度实施方案》,对生态移民迁出区1272万亩土地,通过自然修复和人工治理等措施恢复生态,从根本上改善移民迁出区生态条件。2013年以来,全区完成生态移民迁出区生态修复95万亩,在生态移民迁出区新建国有林场4个,全面加强了森林资源管护。启动实施了飞播造林种草工程,两年完成飞播造林种草25.2万亩。宁夏生态移民迁出区生态修复和黄土丘陵区综合治理的模式和经验得到了国家林业局的充分肯定。

二是打造绿色名片,全力推进主干道路大整治大绿化。制定下发了《自治区主干道路大绿化工程实施方案》,对各阶段建设任务、工作重点和进度要求做出具体安排,对工程建设质量和标准提出明确要求。制定了《主干道路大绿化工程考核办法》,成立主干道路大绿化工程专家组,按照高质量、做精品、出亮点的要求,全力抓好京藏、青银等11条高速公路、6条国道、12条省道两侧及国省干道省际节点的绿化美化,高标准建设了青银高速黄河大桥至水洞沟段、中宁109复线、兴庆区徕龙公园、永宁西部水系等精品园林工程。全区完成主干道路造林绿化35.8万亩,修剪抚育各类树木8640余万株,整治湖泊湿地7800亩,主干道路沿线环境面貌全面改观。

三是满足生态需求,全面启动建设市民休闲森林公园。以提升城市品位,增加绿色总量,为市民创造休憩、娱乐、文化活动场所为目标,全面启动建设市民休闲森林公园。出台《关于加快市民休闲森林公园建设意见的通知》,加强对各市、县(区)市民休闲森林公园建设的指导。加大督导力度,自治区林业厅与住建厅联合下发了《宁夏市民休闲森林公园建设技术指导意见》,科学、有序推进市民休闲森林公园项目建设。截至2015年,全区25个市民休闲森林公园全部开工建设,规划建设总面积18.9万亩,完成投资14.9亿元,占规划总投资94.4亿元的15.8%,部分市、县(区)市民休闲森林公园已初具雏形。

四是坚持科学防治,防沙治沙用沙成效显著。积极推广沙坡头、白芨滩、盐池等地防沙治沙模式,争取自治区人大出台了《宁夏回族自治区防沙治沙条例》。先后建立了盐池、灵武、同心、中卫四个县级防沙治沙综合治理示范区。组织实施全国沙化土地封禁保

---

① "宁夏林业厅狠抓十项工作大力推进生态文明和美丽宁夏建设",国家林业局网站。(http://www.forestry.gov.cn/main/102/content-747261.html)

护和世行贷款防沙治沙项目，全区每年完成荒漠化治理 50 万亩以上，沙化面积由 20 世纪 70 年代的 2475 万亩减少到现在的 1720 万亩，率先在全国实现了沙漠化逆转。建设宁夏防沙治沙学院，积极推广宁夏防沙治沙经验。

五是狠抓退耕还林还草，生态效益、社会效益相得益彰。从 2000 年开始，宁夏实施退耕还林还草工程，截至 2015 年，全区累计完成国家下达退耕还林还草任务 1293.5 万亩，其中，退耕地造林 471 万亩，荒山荒地造林 757.5 万亩，封山育林 65 万亩；国家累计给退耕农户兑现补助资金 66.7 亿元（含粮食折款），30 多万退耕农户、153 万农民受益，退耕农民人均直接受益 4359 元；全区人均退耕还林面积 0.78 亩，位列全国第一，是全国人均退耕还林面积 0.15 亩的 5.2 倍。不断加大退耕还林还草成果巩固力度，实现了国家阶段验收面积保存率和核实率连续 7 年达到 100%。退耕还林还草工程改善了当地生态条件，并为区域产业结构调整和农民脱贫致富搭建了平台。

六是加强湿地保护与恢复，塞上江南再放异彩。争取自治区人大出台了《宁夏湿地保护条例》，湿地保护步入法制化轨道。自治区组建了湿地保护管理机构，编制完成了《宁夏湿地保护工程规划》，启动了全区 28 处湿地保护与恢复示范区、湿地保护小区和湿地公园建设，新增鹤泉湖和太阳山两处国家级湿地公园和五处自治区级湿地，建成 14 个国家级湿地公园，21 个自治区级湿地公园，全区自然湿地保护率达到 40%，宁夏成为全国为数不多的湿地面积不减反增的省区之一。承办了全国黄河流域湿地保护与经验交流会，发布了《保护黄河流域湿地——吴忠宣言》。积极争取国家在宁夏开展了湿地生态效益补偿和退耕还湿试点。在国家林业局和中央电视台组织的最美湿地评选中，沙湖荣获"全国十大魅力湿地"称号。

七是坚持保护优先，确保森林资源安全。2003 年率先在全国以省域全境实施封山禁牧，禁牧封育区内林草覆盖度由 15% 增加到 40% 以上。全区 1530.8 万亩森林资源纳入天然林保护工程管护，892.8 万亩国家级公益林纳入国家森林生态效益补偿范围。加强森林防火和林业有害生物防治，全区 56 年未发生重大以上森林火灾。加强自然保护区基础设施建设，提高保护区发展能力和水平。贺兰山森林面积达到 42.6 万亩，森林覆盖率为 12.92%；六盘山森林面积达到 63.9 万亩，森林覆盖率为 47.8%；罗山森林面积达到 4.95 万亩，森林覆盖率为 9.63%；南华山森林面积达到 10.2 万亩，森林覆盖率为 30.05%。

八是坚持绿色富民，大力发展特色优势经济林产业。充分挖掘和利用宁夏独特的光热水土资源，通过政策扶持和法规保障，从标准化基地建设、产品质量监管、产区品牌保护、市场规范开拓等环节扶持壮大葡萄、枸杞、红枣、苹果等产业。截至 2015 年，全区特色优势经济林基地面积达到 437.5 万亩，产值突破 190 亿元。特别是宁夏葡萄、枸杞产业优势突出，发展潜力巨大，全区酿酒葡萄面积达 46 万亩，产量 18 万吨，葡萄酒庄 58 家，产值达 40 亿元以上；全区枸杞面积达 85 万亩，产量 13 万吨，流通加工企业近 200 家，实现总产值 74 亿元以上。种苗花卉、森林旅游、林下种养业等林产业发展势头强劲。

九是坚持深化改革，着力增强林业发展活力。科学划定并严守森林、林地、湿地、沙区植被、物种保护 5 条生态红线。严格林地限额管理，坚持占补平衡，占少补多。不断深化集体林权制度改革，进一步放活经营权、落实处置权、保障收益权，鼓励林地承包经营权向家庭林场、农民合作社、林业企业流转，推进林业规模化、集约化和专业化经营。2014 年启动了国有林场改革试点，为全面推开探索了经验。进一步简政放权，将原有 20

项林业审批事项精简合并为 10 项，行政审批时间压缩 50% 以上。

十是坚持围绕中心、服务大局，着力推进"两区"建设。争取国家林业局出台了《关于支持宁夏内陆开放型经济试验区生态林业建设的意见》，从项目、资金等方面明确了七条具体的支持措施。积极在银川综合保税区建立了红酒保税加工及贮藏交易区。制定了《支持银川滨河新区建设的若干意见》，协助编制了滨河新区生态建设规划，并积极解决两区建设中占用林地的问题。将滨河新区、银川综合保税区生态建设列入全区生态林业工作重点，加快区域生态林业建设步伐。

● 河南

河南省生态文明建设综述①

河南地处中原，地貌类型复杂，气候变化多样，河南生态文明建设的成就和经验主要有以下几点：

一是建设思路日趋成熟。河南环境保护起步于 20 世纪 70 年代，当时仅限于部分工业"三废"治理和综合利用。90 年代，环境管理工作开始从定性管理向定量管理转变。进入 21 世纪后，环保事业跃入崭新发展阶段。

继全国 14 个省提出建设生态省后，2013 年省政府印发《河南生态省建设规划纲要的通知》，未来河南省将形成"四区三带"区域生态格局，到 2030 年绿色高效的生态经济体系、可持续利用的资源支撑体系、全防全治的环境安全体系、山川秀美的自然生态体系、环境友好的生态人居体系、健康文明的生态文化体系将构建完成。

2014 年 4 月，正式出台《关于建设美丽河南的意见》。《意见》提出：要坚持节约资源和保护环境的基本国策，把生态文明建设放在突出地位，加快建立生态文明制度，大力推进绿色发展、循环发展、低碳发展，持续探索不以牺牲农业和粮食、生态和环境为代价的"三化"协调、"四化"同步科学发展路子，为加快实现中原崛起、河南振兴、富民强省提供有力支撑。

为认真贯彻落实党的十八大和十八届二中、三中全会精神，大力培育和践行社会主义核心价值观，全面提高公民道德素质和社会文明程度，凝聚中原崛起、河南振兴、富民强省的强大正能量，2014 年 6 月，中共河南省委、河南省人民政府出台了《关于推进文明河南建设的若干指导意见》。

二是节能减排措施有力。先后采取一系列强有力措施，坚决淘汰落后产能，加快推进治污工程，主要污染物排放总量持续下降，断面水质累计达标率不断提高。合理配置水资源，万元 GDP 用水量大幅减少，能源资源利用率显著提高。

三是生态保护效果明显。通过抓好生态廊道网络、"百千万"农田防护林等重点生态工程，森林覆盖率逐步提高。组织开展水土保持生态文明工程创建、节水型社会建设、小流域综合治理等活动，奠定了扎实水利基础。

四是环境法制建设不断加强。先后颁布《河南省环境监测管理办法》等数十部法规、规章，初步构建了具有河南特色的地方环保法规体系。连续多年开展"整治违法排污企业保障群众健康"环保专项行动及"中原环保世纪行"活动，解决了一大批环境违法

---

① 《以生态文明理念引领美丽河南建设》，《河南日报》2014 年 11 月 21 日第 11 版。

问题。

五是人居环境建设成就卓著。把宜居城市与美丽乡村建设作为生态文明建设的具体抓手。宜居城市方面，如鹤壁以创建国家森林城市为契机，打造城乡绿化美化一体化的生态旅游全景；美丽乡村以信阳市郝堂村为代表，将保留旧有房屋原貌与发展原生态乡村旅游相结合，开创了河南省新农村建设的生态致富新模式。

加强矿山地质环境保护与恢复治理，改善矿山生态环境，是建设生态文明的重要内容和抓手。近年来，河南省国土资源厅认真落实《河南省地质环境保护条例》，采取多种有效措施，不断加大地质环境的保护和恢复治理力度，促进了矿山生态环境的明显改善，为"生态河南"建设和全省经济社会全面协调可持续发展发挥了很好的保驾护航作用。

六是重视标准建设。为贯彻落实党的十八大对建设生态文明作出的全面部署，根据国家林业局《推进生态文明建设规划纲要（2013～2020年）》《河南省人民政府关于印发〈河南林业生态省建设提升工程规划（2013～2017年）〉的通知》（豫政〔2013〕42号）等要求，2014年3月31日，河南省绿化委员会、河南省林业厅制定印发了《河南省林业推进生态文明建设示范县考核办法》。《办法》明确了评选、推荐河南省林业推进生态文明建设示范县的指导思想、考核原则、目标、申报范围和考核条件、程序和要求、申报材料、授牌、复查与管理、组织领导。《河南省林业推进生态文明建设示范县考核办法》特别规定出现6种情况之一的县（市、区）不能参与申报。开展此项活动主要目的是进一步落实习近平总书记关于"林业要为全面建设小康社会，实现中华民族伟大复兴的中国梦不断创造更好的生态条件"的要求，鼓励各县（市、区）在林业生态建设中做出突出业绩和重大贡献，激励更多社会力量投入到国土绿化建设中，形成政府引导、全社会办林业、全民搞绿化的新局面，共同推进生态文明建设。

新疆生态文明建设综述

独具特色的自然生态环境，是新疆成为绝佳旅游目的地的重要基底。然而，新疆生态环境极为脆弱的现实却不可否认，生态文明建设在自治区显得尤为重要。如何正确处理好迫切的发展愿望与脆弱的生态环境之间的关系，成为自治区跨越发展中面临的一道难题。因此，部署与决策先行，大力推进生态文明建设，大力保护环境，走资源开发、经济社会发展和生态环境可持续的发展之路，是新疆坚持科学发展观的唯一战略选择。

1991 年 11 月，由自治区政府主要部门组成的新疆维吾尔自治区防沙治沙工作协调领导小组成立，防治荒漠化被纳入国民经济和社会发展计划，并在当年就制定实施了《新疆治沙工程规划（1991 ~ 2000 年）》。强化政府负责制，紧紧依靠各行各业、社会各界，大力推进农、林、牧、工、商、服务等多业一体化发展。针对不同区域、不同地貌类型，坚持宜造则造、宜封则封的原则，通过采取生物、工程、水利、畜牧、农艺、移民搬迁等措施，进行造林封育结合、乔灌草结合、农林牧结合、旱治与水治结合的综合治理，取得显著成效。

2010 年，自治区党委、自治区人民政府全面落实第一次中央新疆工作座谈会精神，把推进生态文明建设摆在了十分突出的战略地位。这五年，自治区党委、自治区人民政府在加强生态环境保护和建设方面作出了一系列重大决策和工作部署。

2010 年 5 月 26 日，自治区党委七届九次全委（扩大）会议提出，牢固树立"环保优先、生态立区"理念，采取更有力的措施保护好生态环境。

2010 年 12 月 25 日，自治区党委七届十次全委（扩大）会议上，走"资源开发可持续、生态环境可持续"的两个可持续发展道路被提上了议程。

2010 年第一次中央新疆工作座谈会召开以来，新疆维吾尔自治区党委、政府始终坚持"环保优先、生态立区"发展理念，走"资源开发可持续、生态环境可持续"道路，将生态环保作为新疆"安身立命"的大问题进行全面部署，并采取有效措施不断加大生态环境保护和建设力度，切实改善生态环境质量和人居环境，实施重点区域流域污染治理，精心呵护着"三山两盆"的秀美山川。

特别是 2011 年 10 月召开的自治区第八次党代会上，自治区党委把环境保护放在经济社会发展的首要位置，强调一切开发建设必须坚持"环保优先、生态立区"，必须遵循资源开发可持续、生态环境可持续，提出全疆各族人民都要积极行动起来，坚决保护我们的森林、冰川，坚决保护我们的河流、湖泊，坚决保护我们的湿地、植被，坚决保护我们的绿洲、草原。2012 年 5 月 4 日，自治区党委第 25 次常委（扩大）会议以及后续召开的一系列重大会议上，"环保优先、生态立区"的理念又一次被详细阐述并为其提出了明确要求。

2013年，新疆出台《自治区环保厅环境保护约谈办法》（试行），明确了七类环境违法行为将被约谈，让环保监督关口前移；出台施行建设项目环境影响评价公众参与管理规定，切实增强环境影响评价工作的透明度，扩大公众环保参与度；首次发布全疆城市空气质量状况，可让公众及时了解新疆城市质量状况，督促排名靠后的地方政府加大治污力度；首次发布《新疆工业企业、建设项目环境保护状况蓝皮书》，公布环保优良、不良企业名单，将企业和建设项目的环保情况置于公众监督之下。

2013年11月、2014年11月先后召开的自治区党委八届六次、八届八次全委（扩大）会议对推进生态文明制度建设和加强生态文明法治保障分别作出了部署安排。2014年12月，自治区党委明确提出：努力把新疆建设成为最洁净的地方。"洁净新疆"的提出，是对"环保优先、生态立区"和"两个可持续"发展理念的丰富和发展。如今，"环保优先、生态立区"理念正成为全疆上下共同的努力方向。

2014年11月3日，中国工程院牵头实施的重大咨询研究项目"新疆天山北坡经济带生态文明建设战略研究"在乌鲁木齐市正式启动。此后一年多时间里，中国工程院、中国环境科学研究院、中科院地理所等十余家单位的18位院士、60余位专家顾问将为天山北坡经济带生态文明建设"把脉问诊"。

环境保护是生态文明建设的主阵地。在自治区党委、政府的领导下，自治区环保厅也迅速行动起来，坚持规划先行、环保优先，把环境保护放在经济社会发展大局中统筹考虑，重新修订颁布了《自治区环境保护条例》；发布实施了《自治区主体功能区规划》，确定了重点开发区、限制开发区、禁止开发区，为优化空间开发格局奠定基础；实施了《自治区环境保护"十二五"规划》和环境保护重点专项规划，在全国率先编制完成了《新疆生态环境功能区划》，将全区国土空间划分为八类生态环境功能区，明确了自治区"生态红线区"，并提出了维护区域生态功能的保护对策，为相关规划编制、产业布局优化、建设项目准入、生态保护与建设提供基础依据。同时，还开展了自治区16个重点行业规划环评和20多个区域开发规划环评，优化区域布局，促进产业和项目向产业园区集聚，从源头预防环境污染和生态破坏，保障生态环境安全，促进经济社会稳定健康发展。

2014年5月19日，新疆维吾尔自治区环保厅公布了自治区第一批"生态文明建设创建试点示范区"的18个县市区，乌鲁木齐县位列其中。这18个县市区分别为昭苏县、特克斯县、巩留县、裕民县、哈巴河县、布尔津县、温泉县、乌鲁木齐县、克拉玛依市白碱滩区、玛纳斯县、吐鲁番市、伊吾县、和静县、沙雅县、塔什库尔干县、泽普县、墨玉县、阿合奇县。

近年来，环保部门提出的调研成果和产业发展、生态保护、污染防治等相关政策建议在自治区及重点区域经济社会发展综合决策中得到采纳和吸收，这充分表明环境保护优化经济发展作用更加显著。仅在2013年，自治区级及以上73个工业园区（开发区）中，67个完成规划环评，为调整优化产业结构和布局起到了积极推动作用。

2015年，新疆将启动史上最严格的水资源管理制度，力争到2030年将新疆的用水总量控制在526.74亿立方米以内。同时，选择基础条件较好、代表性和典型性较强的县市，先行开展水生态文明建设试点工作。在2015年2月25日召开的自治区党委常委（扩大）会议上，通过了《关于深化水利改革的总体实施意见》。《意见》的通过，为新常态下新疆水利改革指明了方向。

同时，新疆注重把少数民族生态文化与民族地区生态文明建设相结合。新疆有着13个世居民族，虽然民族不同，又处于不同的生态环境、地理位置，也有着不同的文化背景，但在长期的适应和改造过程中，他们已形成一套与现代环保理念有关的习俗、禁忌乃至习惯法，与自然之间已形成一种和谐的关系，并通过传统文化表现出来。如同有学者言：生态文化不仅仅是"选择""更新"，更是"挖掘""恢复"，它不只存在于未来，也存在于我们人类已有的财富中。现在需要的，一方面是重新选择，进行一场"工业文明"的革命；另一方面，就是回过头来，重新发现、认识、恢复、改造我们传统文化中的生态化的成分，将其作为我们谋求继续生存发展的主要手段之一。解决民族地区的生态环境问题，不能只依赖于自然科学技术，还要动员一切有利于生态建设、环境保护的社会资源，深入地发掘和研究众多环境问题背后所隐藏的纷繁复杂的社会问题，发挥民族文化中有益于生态环境保护的积极作用，使其在新的社会发展形势下不断升华，将传统文化、意识转化到适应当代生态环境保护的主动行为上来。因此，新疆重视利用民族文化中有利于生态文明发展的部分，创建民族地区人与自然和谐相处的社会。

为加强生态文明建设，自治区重视加强环保工作，主要举措包括以下几个方面：

坚持规划先行，坚持高起点、高水平、高效益推进资源开发，积极实施重大生态环保工程，切实解决关系民生的环境问题。

中央新疆工作座谈会召开以来，自治区坚持规划先行，发布实施了《自治区主体功能区规划》，确定了自治区重点开发区、限制开发区和禁止开发区，完善了配套政策。

发布实施环境保护"十二五"规划及八个专项规划，形成了完整的环保规划体系，从源头预防了环境污染和生态环境破坏。

坚持高起点、高水平、高效益推进资源开发。在伊犁河流域停建30多座小水电项目；成功地以320亿元挂牌出让哈密三塘湖煤田3个区块的探矿权，在资源有偿使用及审批制度改革的探索和创新上取得重大突破；为提高资源综合利用效率，对煤炭煤电煤化工、石油石化、冶金等行业资源开发项目的生产工艺和环保技术要求为国内甚至国际最高、最先进；对不符合国家和自治区产业政策以及对环境敏感区域产生重大不利影响、群众反映强烈的项目，一律不予审批。

全力推进天山、阿尔泰山天然林保护和"三北"防护林生态工程，启动实施伊犁河谷百万亩生态经济林工程等重大生态环境保护工程。以主要河流、湖泊环境保护为重点，中央、自治区累计投入8.04亿元实施了博斯腾湖、赛里木湖、乌伦古湖等湖泊生态环境治理。目前，试点湖泊水质保持稳定并向好。新疆天山成功列入世界遗产名录，实现自治区世界自然遗产零突破。

为切实解决好关系民生的环境问题，自治区在乌鲁木齐累计投入454亿元实施以"煤改气"为重点的大气污染治理项目。乌鲁木齐市空气质量优良天数由2009年的262天提高到2014年的310天，创近20年来最好水平。与此同时，自治区全面实施大气污染防治行动计划，积极推进"奎—独—乌区域"、克拉玛依、石河子和库尔勒市等重点区域大气污染联防联控，开展喀什、和田等城市沙尘型污染综合治理。

此外，建立自治区环保厅、自治区监察厅等部门联合执法机制；出台环境保护约谈办法和环境问题挂牌督办办法，对辖区环境问题突出的两个地州、6个县级政府及12家环境违法企业负责人进行了约谈，对全区76家企业实施挂牌督办。

在环保成效方面，主要表现在以下几个方面：

生态环境质量总体保持稳定、城乡人居环境明显改善、生态环境保护制度建设取得积极进展。5 年多来，自治区生态环境保护取得显著成效，为各族人民提供了良好的生态环境保障。生态环境质量总体保持稳定。森林覆盖率由 2009 年的 4.02% 提高到 4.24%；绿洲森林覆盖率由 2009 年的 14.95% 提高到 23.5%。截至 2014 年底，全疆累计完成退牧还草、休牧轮牧 7150 万亩。全疆土地沙化趋势有所减缓，重点治理区生态状况明显改善。在保护区建设上，自治区已建立国家级自然保护区 11 个，自治区级自然保护区 18 个，保护区总面积占自治区国土面积的 11.8%。全区城市空气质量优良天数占全年的 73.4%。全疆河流水质总体为优。城乡人居环境明显改善。目前，全区共创建园林城市（县城）54 个，占所有县市的 60%。农村生产生活环境大幅改善。实施农村饮水安全工程，新解决 420 万农村人口的饮水安全问题。扎实推进农村环境连片整治示范工作，累计对 1836 个村庄实施了环境综合整治，受益农牧民 295 万。生态创建如火如荼，创建国家级生态乡镇 35 个、自治区级生态乡镇 141 个；国家级生态村 7 个，自治区级 915 个，带来了"生产发展、生活富裕、乡风文明、村容整洁"的崭新面貌。

生态环境保护制度建设取得积极进展。修订颁布了《自治区环境保护条例》，发布实施《自治区煤炭石油天然气开发环境保护条例》《自治区湿地保护条例》《塔里木河水资源管理条例》等一系列重要法规。

5 年多来，自治区牢固树立"环保优先、生态立区"理念，坚持"两个可持续"，更加自觉地推动绿色发展、循环发展、低碳发展，为"建设美丽新疆、共圆祖国梦想"砥砺前行。

● 西藏

西藏生态文明建设综述

党中央、国务院高度重视西藏的环境保护与生态建设，长期以来，不断加大对西藏环境保护与生态建设的投入力度，积极推进环境保护与生态建设工作。自治区立足区情，认真落实科学发展观和环境保护基本国策，大力实施可持续发展战略，在经济持续快速稳定发展的同时，有效保护了西藏的生态环境。

自治区退牧还草工程始于 2004 年，先在那曲、比如、改则 3 个县进行试点，对生态脆弱区和严重退化的草原区全面推行禁牧制度；对尚在退化的重点放牧场，在牧草返青期推行季节性休牧制。2004 ~ 2011 年，自治区退牧还草工程总投资达到 22 亿多元，在 7 地（市） 30 个县实施退牧还草工程建设任务 7746 万亩。

2006 年，国家确定自治区为国家生态安全屏障。2010 年，中央第五次西藏工作座谈会进一步明确了西藏生态环境的战略定位，从而开启了自治区生态文明建设新的历史篇章。目前，西藏生态安全屏障构建取得重大进展，生态环境保护进入了科学规划、整体推进、保护与建设并重的历史新阶段。为确保国务院批准的《西藏生态安全屏障保护与建设规划（2008 ~ 2030 年）》顺利实施，自治区作出了建设生态西藏的决定，把生态安全屏障保护与建设工程确定为自治区重大民生工程。

2008 年，实施国家重点生态功能区转移支付试点政策；2009 年，自治区开展草原生态保护奖励机制试点；2011 年此项工作全面实施，生态补偿机制逐步完善。

半个多世纪来，在中央和自治区各级党委、政府的支持下，西藏仍然是迄今为止世界上环境质量最好的地区之一。据 2015 年 4 月 15 日国务院新闻办发表《西藏发展道路的历史选择》白皮书显示：目前，西藏仍是世界上环境质量最好的地区之一，大部分区域处于原生状态。其中，西藏的自然保护区面积达到 41.37 万平方公里，占全区国土面积的 33.9%，居全国之首；森林覆盖率达 11.91%，活林木总蓄积量居全国首位；各类湿地面积 600 多万公顷，居全国首位。125 种国家重点保护野生动物、39 种国家重点保护野生植物在自然保护区得到很好保护。

西藏在生态保护与生态文明建设方面的经验主要有以下几点[①]：

第一，探索创新环保宣传机制，增强公众环保意识。利用"6·5 世界地球日""世界土地日""世界水日"和"6·17 防治荒漠日"等有关环境保护日，开展形式多样的宣

---

① 《健全生态文明体制机制，保护好西藏的碧水蓝天——深入学习贯彻中央第六次西藏工作座谈会精神》，《西藏日报》2015 年 12 月 9 日第 1 版。

传教育活动，提高公众生态环境保护意识。深入开展环保宣教进机关、进社区、进企业、进学校、进寺庙、进农村"六进"活动，增强公众的低碳意识、生态意识、环境意识，降低对自然资源的无序、过度开采，提高对资源的使用效率。减少空气、水源、土壤等方面的环境污染，争取达到资源、能源消耗速率和生态环境退化速率"零增长"。加大全区环保信息公开力度，最大限度满足公众环保知情权。

第二，建立健全环保工作机制，扎实推进生态环境保护与建设。明确各级政府及各行业部门应承担的环境保护职责，着力构建各级政府权责统一的属地管理体系、各行业部门齐抓共管的责任体系，真正形成各级党委、政府统一领导、各职能部门分工协作、环保部门统一监管的工作机制。以生态文明建设先行区、示范区和国家公园试点为载体，积极探索可复制、可推广的生态文明建设机制。调整规范环境保护机构设置，探索分区域设立环境监测监察机构，建立片区执法联动机制。完善环境行政执法与刑事司法联动机制，环保部门会同法院、检察院、公安、纪检监察等机关，推动建立环境违法犯罪案件移送、会商督办、联合调查、信息共享等工作机制，实现环境行政执法与行政问责、刑事司法的有序衔接。建立完善生态补偿机制和资源有偿使用制度，让生态保护者得到合理补偿、受益者付费、损害者赔偿。

第三，加快完善生态环境监管机制，全面提升环境监管能力和水平。严格执行环境准入政策，严格落实环境保护"一票否决"、矿产开发自治区政府"一支笔"审批制度；强化各级政府和相关部门的环保职责，落实领导干部环境保护"一岗双责""终身追责"的要求。建立健全环境网格化监管机制，合理划分环境监管网格，将监管责任落实到单位和个人，确保监管不留死角、执法不留盲区。完善环评管理体制机制，推进环评审批改革，深化事业单位环评机构改革，严格执行环境影响评价制度，建立环境监理认证制度，加强环保诚信制度建设，健全公众投诉、信访、舆论等环保监督机制，强化环境事中事后监管。加快建设现代化环境监管体系，编制实施《自治区智慧环保总体规划》。继续落实好环境援藏政策，探索建立全国环保系统援藏新机制，进一步加大援藏力度，全面加强环境监测、监察、辐射管理、信息、评估、科研等能力建设，为西藏生态环境保护提供技术支撑。

第四，健全完善环保政策法规制度，为生态文明建设提供法律支撑。加强生态环境保护地方立法工作，以贯彻实施新环保法为契机，全面修订《西藏自治区环境保护条例》，加快制定出台《西藏自治区环境保护监督管理责任规定》《西藏自治区环境保护违法违纪行为处分办法》等配套法规，健全环境保护的标准体系，制定出台环保权力清单等相关制度。编制《自治区"十三五"环保规划》《全国环保系统"十三五"对口援藏规划》等区域性、行业性和专题性规划并纳入自治区经济社会发展"十三五"规划，统筹提出推进自治区生态文明建设的一揽子政策措施，大力加强环境基础保障能力建设，提高环境管理的信息化、智能化、精细化水平。

拉萨市生态文明体制改革成效显著^①

　　拉萨市生态文明体制改革工作紧紧围绕市委"六大战略",以"环境立市"为纲,依照《市委全面深化改革领导小组 2015 年工作要点》组织开展工作,明确改革要点任务,充分发挥部门联动作用,全面推进生态文明体制改革专项工作,并取得良好效果。

　　完善强化重金属和风险企业精细化管理体系,推进重金属企业和风险企业强制性清洁生产审核,推进企业升级改造和提高企业污染防治水平。拉萨市出台了《拉萨市环境保护考核办法(试行)》,推进了 12 家重金属企业和国控重点企业强制性清洁生产审核工作。

　　实施大气污染防治行动计划。根据"大气十条",拉萨市重点开展了黄标车及老旧车辆淘汰和燃煤锅炉淘汰工作,2015 年 1~9 月份已淘汰报废黄标车共计 1288 辆。同时,紧抓禁燃区内燃煤锅炉的整治,按照计划目前已淘汰禁燃区内 10 蒸吨以下的燃煤锅炉 12 台。

　　生态环境保护建设持续开展。拉萨市生态文明体制改革工作以"环境立市"为工作总目标,持续开展生态环境保护建设,推进"树上山"、南北山绿化工程、"河变湖"等建设任务,目前已在南山栽植树木 37 万余株。加快拉萨河城区段综合治理,强化河道采石采砂监管,全面提升城市水生态环境质量。

　　推进自治区级生态村创建。为更好地保护和改善农村生态环境,促进经济、社会、环境协调发展,紧紧围绕"环境立市"战略目标,推进自治区级生态村创建工作。在 74 个行政村已经成功创建为自治区级生态村的基础上,2015 年对全市 111 个行政村(社区、居委会)及 20 个乡(镇)进行了申报。

　　建设低碳拉萨。严格落实节能减排降耗措施和总量控制制度,加大环境污染防治力度;实施建筑节能改造,强化新建建筑节能工作及扬尘治理项目;推广拉萨市新能源汽车示范配套政策研究,深入实施拉萨市"环境立市"战略,打造资源节约型、环境友好型城市公共交通,积极倡导绿色、低碳节能、环保的出行方式。

---

① 《拉萨市生态文明体制改革成效显著》,《西藏日报》2016 年 1 月 6 日第 9 版。

● 陕西

陕西省生态文明建设综述[①]

黄土高原、土石山区、茫茫荒漠，陕西的这种地貌特点，曾经让很多人把"黄色、贫瘠、荒凉"与陕西画上等号。

新中国成立以来，经过几代人不懈努力，三秦大地发生了巨变：绿色版图北扩 400 多公里，森林面积达到 1.28 亿亩，森林覆盖率由 22% 提高到 41.42%。实现了由"整体恶化、局部好转"到"总体好转、局部良性循环"的历史性转变。

退耕还林，树起全国一面旗帜

说起变化，不得不提及退耕还林工程的实施。陕西在全国率先打响"第一枪"，工程投资及建设规模均居全国第一，成为全国退耕还林的一面旗帜。

陕西省 1999 年在全国率先启动退耕还林试点，2002 年全面启动，工程涉及全省 10 个市 102 个县，惠及 230 万退耕户 915 万农民。在试点后的 10 年间，国家累计投入陕西省退耕还林补助资金 188 亿元，全省累计完成退耕还林 3449.5 万亩。

大规模的退耕还林及林业生态建设，使陕西省森林覆盖率由退耕前的 30.92% 增长到 41.42%，初步治理水土流失面积 9 万余平方公里，黄土高原区年均输入黄河泥沙量由原来的 8.3 亿吨减少到 4 亿吨。随后，陕西省平均每年完成退耕还林 60 万亩、补栽补植 100 余万亩。

全国退耕还林第一县吴起，累计完成退耕还林面积 245.99 万亩，其中经国家确认面积 185.37 万亩，兑现补助资金 17.4 亿元，成为全国退耕还林封得最早、退得最快、面积最大、农民参与面最广的县。如今，吴起县域内 90% 的坡耕地得到有效治理，水土流失治理率达 76.1%，林草覆盖率从 1998 年的 19.2% 提高到现在的 62.9%。

退耕还林后续产业的快速发展，让农民鼓起了腰包。陕西省每年投入 2 亿多元扶持后续产业发展。安康市紫阳县双桥镇六河村村民符代芳，退耕还林后大力发展厚朴产业，除了自家 100 亩退耕地外，还通过土地流转，把厚朴园发展到目前的 3000 多亩，并办起了林下养鸡场。

---

① 《三秦绿了！陕西美了！——陕西生态文明建设综述》，《陕西日报》2015 年 11 月 26 日第 1 版。

防沙治沙，举世瞩目创造人间奇迹

历史上，榆林城就曾因风沙侵蚀而被迫三次南迁。直到新中国成立初期，这里的林木覆盖率也只有 0.9%。

近年来，沙区干部群众不断加快沙区治理步伐。目前，沙化土地已由 3600 万亩减少到 2100 万亩；流动沙地也由 860 万亩减少到 50 万亩；沙区森林覆盖率已由 1.8% 提高到 30.7%。沙区治理已进入到"整体改善、局部攻坚"新阶段。

陕西省在大规模引进种植优良固沙植物的同时，积极开展沙地飞播造林种草，取得了荒漠化土地治理技术研究与示范等 54 项科研成果，其中 5 项达到国际先进水平，17 项达到国内先进或领先水平。榆林的防沙治沙工作，被国际社会誉为"人间奇迹"。

针对沙化土地类型，陕西省还探索总结出沙地公路景观型防风固沙林示范模式、林牧一体化防沙治沙模式、大荔复合型产业化治沙模式等 6 大类型 24 种治理模式，为全国防沙治沙创建了样板。"十一五"期间，全省完成沙化土地治理任务 897 万亩，占目标任务 870 万亩的 103%。

2012 年，陕西全面治理荒沙行动启动，规划 3 年治理荒沙 300 万亩，对剩余 50 万亩流沙进行彻底治理。仅榆林市，治理任务就占到全省的 99%。对此，榆林市坚持"谁造谁有、长期不变、允许继承转让"原则，形成多渠道、多元化、全方位的投资体系和多样化沙地治理模式。目前，榆林沙区造林保存面积达 1364 万亩，林木覆盖率达到 43.5%，860 万亩流沙地得到固定或半固定，基本实现了"人进沙固"。

治污降霾，保卫蓝天

"关中大地园林化、陕北高原大绿化、陕南山地森林化"，是陕西省确定的生态建设战略。2012 年起，陕西林业重点实施了"3·10"工程，全力构建黄土高原、秦巴山地、渭北台地三大生态屏障和长城沿线、渭河两岸、汉丹江两岸绿色长廊等"三屏三带"生态安全屏障。自"三化"战略实施以来，全省共完成造林绿化 1298 万亩。

近年来，陕西省围绕"大气、渭河、农村"污染，全面打响环境治理攻坚战，使全省各项主要污染物排放指标全面下降。

"美丽陕西"从健康呼吸开始。陕西省启动实施了"治污降霾·保卫蓝天"行动。同时，陕西林业治污减霾三年行动启动，重点建设关中两个"百万亩"生态系统，目前已完成"百万亩森林"67 万亩，保护恢复湿地 50 多万亩。

陕西省还加快渭河污染治理，全力推进城镇污水处理厂扩建及提标改造。目前渭河水质正在逐年好转。农村环境也得到有效整治，全省每年新增农村生活污水收集处理能力 410 万吨、生活垃圾收集清运能力 33 万吨。

陕西省 2014 年出台《陕西省人民政府关于加强环境保护推进美丽陕西建设的决定》，要求下大力气解决大气、水、土壤等突出环境问题。《决定》提出，到 2017 年，污染减排目标全面完成，生态环境质量明显改善，环境安全得到有效保障，环境保护基础设施全面完善，城乡环境均衡发展，环境监管能力显著增强。

自 2014 年以来，陕西省连续打出了"削减燃煤、锅炉拆改、油品升级、尾气治理、扬尘控制、禁燃增绿"组合拳，治污降霾取得明显成效。

2015年，陕西省人民政府办公厅下发《陕西省大气污染重点防治区域联动机制改革方案》，方案明确重点防控对象为钢铁、焦化、水泥、石油化工、煤化工、火电等行业。重点防控污染物为二氧化硫、氮氧化物、烟尘、粉尘、挥发性有机物。坚决遏制过剩产能，加快污染企业"退城入区"搬迁，不断优化产业结构和布局。对陕西的生态文明建设将起到积极作用。

创新水利投融资机制，促进水生态文明建设

2011年陕西省开启刚性治水模式。渭河、汉江以及中小河流治理，堵疏结合，行洪有力。沿渭388公里的渭河两岸，铺开了100多处施工现场，数万名建设者战酷暑、斗严寒，掀起渭河整治大会战。

2014年7月，陕西省启动编制关中水系规划研究，规划通过10~15年努力，到2030年前构建"四横十纵、百库千塘、湿地连片、湖泊镶嵌"的关中水系综合布局，实现河库湖池渠连通、地表水地下水互补、打造"河湖连通、安澜惠民、山水相依、环境优美、城水交融、宜居宜业"的关中新貌，早日实现陕西"山青、水净、坡绿"的生态环境。

近年来，陕西大力推进水生态综合整治，积极探索新时期水利投融资工作的新模式，加大市级财政投入，安排水利建设基金、多方申请银行贷款资金等措施推动全省水利快速发展。四年来共计落实水利建设投资152.82亿元，是"十一五"五年完成投资82.36亿元的1.86倍。

为破解公益性水利工程融资难度不断加大，西安市实行财政资金以奖代补政策，先后吸引社会资金近50亿元，建成了浐灞国家湿地公园、灞河灞桥滨河生态湿地、沣河生态景区、沙河湿地公园、皂渭人工湿地等一批水景观工程，既整治了河道，改善了环境，又推进了区域经济发展，实现"双赢"。同时，采用BOT模式，引进企业投资11.6亿元。

陕西省正在全面的完善关中水系生态环境，已经初步建立了与经济社会发展相适应的防洪减灾体系，实现河库湖池渠连通、地表水地下水互补，打造"河湖连通、安澜惠民、山水相依、环境优美、城水交融、宜居宜业"的关中新貌，传递的是水与城、水与人自然和谐的生态文明理念。

山西省生态文明建设综述

高定位，把造林绿化确定为兴省之策

山西作为全国重要的能源基地，生态环境较为脆弱，十年九旱，缺林少绿，水土流失严重，生态问题已成为制约山西经济社会发展的突出障碍，生态产品已成为全省人民群众的最高渴望。山西之长在于煤，山西之短在于水，山西之基在于林，已成为全省上下的共识。近几年，山西省委、省政府高度重视林业工作，把林业生态建设作为山西转型、跨越发展的基础和前提，摆在突出位置来抓，取得了显著成效。

在 2009 年召开的山西省委林业工作会议上，山西省委、省政府下发了《关于实施生态兴省战略，加快推进林业改革发展的意见》。2010 年山西省人大又通过了《关于大力推进林业生态建设的决定》，将生态建设上升到法律的层面加以推进。同时省政府下发了《山西省林业生态建设总体规划纲要》《山西省创建林业生态县实施方案》，进一步明确了造林绿化的行动指南，提升了全省林业建设力度。

建章立制，制度呵护美丽三晋

制度约束力，造就环境生产力。山西生态环境质量的明显改善，行之有效的制度体系建设和完善功不可没。

近年来，山西制定出台了"领导干部环保实绩考核办法"等规章制度，将"环保目标责任制、污染减排、蓝天碧水、城市环境综合整治"任务指标，分解落实到市县政府，市县政府进一步落实到企业和有关部门，并层层签订责任书，实行严格的环保考核制、问责制、一票否决制；同时就重大环境问题对各级政府及其职能部门负责人和重点工业企业负责人进行逾期追责性约见谈话。

2006 年以来，省政府对环境空气质量明显改善和区域整治效果显著的市、县给予了万元的奖励；先后对多名环保不作为的干部进行了责任追究，否决了一些单位和个人的评先评优资格，有力地促进了各级政府履行环保责任。

同时，针对工业企业污染严重的状况，省政府颁布实施了"重点工业污染源治理办法""减少污染物排放条例"和"重点工业污染监督条例"等 81 项环境管理法规、规章和规范性文件，使工业污染防治纳入法制化轨道，有效地推动了全省重点工业企业全面治理和达标。

"十一五"期间，山西省主要污染物减排任务全面完成，环境质量明显改善，生态环境恶化趋势得到缓解，生态建设和环境保护取得显著成效。但主要污染物排放总量仍居全国前列，环境压力仍在加大，形势依然严峻。为推进资源节约型、环境友好型社会建设，持续改善环境质量，提高生态文明建设水平，2012 年山西省人民政府出台了《关于加强环境保护促进生态文明建设的决定》。

2013 年，山西省人民政府出台了《关于加强环境保护促进生态文明建设的决定》。《决定》强调，创新体制机制，强化法律政策支撑，推进资源节约型、环境友好型社会建设，持续改善环境质量，提高山西生态文明建设水平。

污染防治、环境治理，要向质量改善聚焦

从 2012 年开始，山西加大治理力度，把省城环境质量的改善作为一项重大工程，省市联动，并成立领导组，常务副省长担任组长，市委书记、市长亲自挂帅，在"一年初见成效，两年明显改善，三年大见成效"的目标指导下，全面推进集中供热全覆盖、气化太原、城中村整村拆迁改造、污染企业搬迁、水污染治理"五大工程"，全面实施工业污染治理、扬尘污染控制、机动车尾气污染控制、商品市场和饮食服务业燃煤设施环境整治、垃圾和秸秆焚烧污染控制"五项整治"，坚决向大气污染宣战。

山西省提出，2015 年污染防治、环境治理要向质量改善聚焦，确保环境质量改善有明显成效。主要包括：紧紧抓住控煤、治污、管车、降尘重点工作，加大燃煤锅炉淘汰，强化黄标车淘汰，控制扬尘污染；高度重视重污染天气监测预警及应对，特别注意采暖期城中村、城边村小锅炉污染问题；全面控制重点行业水污染物排放，专项整治工业集聚区工业污染；启动建立从水源到水龙头全过程监管机制，科学防治地下水污染，确保饮用水安全；启动 300 个行政村生活污水治理工程。

既要发展电力工业，又要保护环境

山西省作为煤炭大省，同样是电力大省，现有发电装机 6305 万千瓦，其中燃煤发电厂 5562 万千瓦，占到总装机容量的 88%，比例非常高。近几年，国家对燃煤发电厂实行严格的排放标准，发电公司加强治理、加强管理，对节能减排和治污作出了重要贡献。但是，它依然是一个排放大户。对山西来说，这 5000 多万千瓦的燃煤发电机组，带来的氮氧化物、二氧化硫、烟尘排放长期处于较高水平，是山西污染的重要源头之一。

既要发展电力工业，又要保护环境，必须对常规燃煤电厂实行超低排放，达到燃气电厂的排放水平。

为破解煤炭资源利用和环境承载力之间的矛盾，2014 年省政府办公厅专门出台《关于推进全省燃煤发电机组超低排放的实施意见》，其中明确提出：到 2020 年，全省单机30 万千瓦及以上常规燃煤、低热值煤发电机组大气主要污染物排放确保达到超低排放标准Ⅰ、Ⅱ。并要求各相关部门配合出台相应优惠政策，资金支持、电量奖励、政策优惠、产业支持等方式，多措并举鼓励电力企业加快推进现役燃煤发电机组超低排放改造。

2015 年，山西省将交好"十二五"污染减排这本账，全省继续实施脱硫、脱硝、除尘电价政策，推行燃煤发电机组超低排放技术。同时，实施焦化、电力、钢铁、水泥等重

点行业对标改造，落实重点行业限期治理方案以及建设项目总量指标管理办法。对于减排目标责任书要求 2015 年底建成但目前进展缓慢的太原晋阳污水处理厂、忻州市污水回用工程、阳泉市污水处理厂扩建工程、朔州市第二污水处理厂和平鲁区污水处理厂扩建工程，要求倒排工期，确保年底建成通水。

• 河北

河北省生态文明建设综述

"十一五"期间，河北省将生态建设作为实现科学发展和提高人民生活质量的重要内容，开展了规模化造林绿化示范县建设，在生态状况脆弱的地区大力开展植树造林；强力推进城市大气综合整治，集中力量抓好燃煤锅炉取缔改造工作，强化施工扬尘治理，加速生态改造项目建设，确保实现空气质量改善。

2008 年，河北省提出"三年大变样"战略规划，三年建设，三年发展，一年一大步，三年大变样。"三年大变样"，因民生而变，为民生而变。河北省确定的 5 个方面量化指标中，居首位的是大气和水质的改善，要让百姓呼吸上新鲜的空气、喝上放心水。

《中共河北省委关于制定国民经济和社会发展第十二个五年规划的建议》则为河北省今后 5 年生态建设指明了方向：大力开展植树造林，大幅提高森林覆盖率；以解决饮用水不安全和空气、土壤污染等损害群众健康的突出环境问题为重点，加强综合整治和执法监督，明显改善环境质量；实施以燕山、太行山生态屏障和坝上防风固沙林带、滨海湿地及沿海防护林带、环首都生态带为骨干的"一屏三带"工程等。

过去对领导干部的管理，基本没有自然资源核算的概念；领导干部离任，对自然资源欠账没有任何说法，这种情况即将发生变化。2014 年开始，河北省将在经济责任审计工作中，探索将自然资源资产作为领导干部离任审计的重要内容。

大力推行高效节水灌溉技术，是河北省综合治理地下水超采的重要方式，也是该省 2014 年 8 月出台的《关于加快山水林田湖生态修复的实施意见》的重要内容。河北省是我国海洋、平原、盆地、山区、丘陵、草原、湖泊等各种地貌齐全的唯一省份，得天独厚的条件使山水林田湖生命共同体和谐相依。但蓝天白云、碧水清流、青山如黛的美景却受到环境的影响，整体修复生态已经刻不容缓。《意见》的出台意味着河北生态环境渐入全面恢复期。根据《意见》要求，河北省 2014 年要着力抓好京津保生态过渡带建设、河流水网建设、张承水源涵养生态功能区建设、张家口坝上地区退化林分改造等 4 项重点工作。同时，开展地下水超采综合治理试点工程、绿色河北攻坚工程、南水北调中线配套工程、引黄入冀补淀工程、尾矿库综合治理工程等 15 项重点生态修复工程。

2014 年，在大生态、大治理的框架下，河北省一系列重量级攻坚工程加速推进。

钢铁、水泥、电力、玻璃行业是河北省大气污染的主要排放源。河北省全年压减炼铁产能 1500 万吨、炼钢 1500 万吨、水泥 3918 万吨、平板玻璃 2533 万重量箱，均超额完成国家下达任务。淘汰改造燃煤锅炉 3.96 万台，全年削减煤炭消费量 1500 万吨，首次实现煤炭消费负增长。

大气质量持续改善。11 个设区城市空气质量平均达标天数增加 23 天，重度以上污染天数减少 14 天。全面实施关停限产、扬尘管控、机动车限行、秸秆禁烧等综合措施，为"APEC 蓝"作出了重要贡献。

环境执法力度空前。坚持重拳出击、依法治污，开展河北省环保史上规模最大、查处最严的执法行动，大力实施"利剑斩污"专项执法，查处环境违法企业 7090 家，行政处罚环境违法案件 2357 起，有力震慑了环境违法行为。

生态修复全面启动。出台山水林田湖生态修复规划，推进重大生态工程建设。完成 351 个饮用水水源保护区划分，综合整治 14 条重污染河流，北戴河及相邻地区近岸海域水质持续好转。开展矿山环境治理攻坚行动，治理矿山 180 个、面积 1.3 万亩。实施绿色攻坚工程，完成造林绿化 500 万亩。

为从根本上改善河北生态环境，2015 年河北省人代会审议通过了《河北省国土保护和治理条例》，率先将国土保护治理纳入法治轨道，助力京津冀绿色发展。这部法规将从根本上恢复提升国土生态功能，对于打造山清水秀的河北，促进京津冀协同发展，其意义和影响重大而深远。

2015 年 11 月，河北省委、省政府出台了《关于加快推进生态文明建设的实施意见》，明确了着力优化国土空间格局、推动绿色低碳循环发展、推进能源生产消费变革、努力改善环境质量、实施山水林田湖海生态修复等五项重点任务。《意见》提出：到 2020 年，资源节约型和环境友好型社会建设取得重大进展，京津冀生态环境支撑区初步建成，生态文明建设水平与全面建成小康社会目标基本适应。

2016 年 1 月，为贯彻落实《中共中央、国务院关于印发〈生态文明体制改革总体方案〉的通知》（中发〔2015〕25 号）精神，加快推进全省生态文明体制改革和制度体系建设，制定本实施方案。河北省委、省政府印发《河北省生态文明体制改革实施方案》，并发出通知，要求各地各部门结合实际认真组织实施。

第七篇

中国生态文明研究智库及研究成果

● 部分生态文明研究机构

2015 年成立的生态文明研究机构

1. 中国社会科学院生态文明研究智库

2015 年 5 月 26 日，中国社会科学院新型智库启动仪式在京举行，中国社会科学院此次共启动 11 个专业智库。

中国社会科学院此次率先启动的 11 个专业智库分别是：马克思主义理论创新智库，意识形态研究智库，财经战略研究院，国家金融与发展实验室，生态文明研究智库，国家治理研究智库，新疆智库，中国文化研究中心，国家全球战略研究智库，世界经济与政治研究所，中国廉政研究中心。

2. 南开大学成立生态文明研究院

2015 年 11 月 11 日，"生态文明与大学责任"高峰论坛暨南开大学生态文明研究院成立典礼在省身楼举行。生态文明研究院将打通不同学科间的界限，整合环境科学、化学、历史学、经济学等 10 多个学科研究团队，旨在中国环境保护与生态文明建设中发挥资政辅政、创新理论、保存历史、传播教育等方面作用。

南开大学校长龚克担任生态文明研究院院长，当日他在题为"生态文明与大学责任"的报告中指出，从历史发展的维度看，生态文明或成为继原始文明、农业文明、工业文明以后新的文明形式，代表新型的人与自然关系。就大学而言，工业文明与农业文明相比，需要更多的学科支撑起来发展，因此可以预见，生态文明需要现有工业文明基础上发展起来的学科更多地交叉起来，产生更多的学科创新。

据悉，研究院将积极建构完整的生态文明教育体系，进一步完善复合型人才培养制度，倡议成立由政府部门、高等院校、新闻出版机构和社会团体联合参与的"中国生态文明教育联盟"，主办高水准培训班，推出生态文明系列教材和慕课（MOOC）。研究院还将大力开展固废处理、生态修复、循环经济、生态城市建设等项目研究，开展环境治理政府、社会和企业行为与法规效率影响机制等方面的综合研究，推动中国环境历史文化研究，建设中国环境历史数字资源库。

2014 年成立的生态文明研究机构

1. 中国社会科学院内蒙古气候政策研究院成立

2014 年 5 月 19 日，中国社会科学院可持续发展研究中心内蒙古气候政策研究院在北京成立。

自治区政协主席任亚平、中国社会科学院副院长李培林出席成立仪式并讲话，中国科协副主席、中科院院士秦大河致辞，自治区政协副主席董恒宇主持成立仪式，自治区政协副主席、发改委主任梁铁城，国务院参事刘燕华、徐锭明出席成立仪式。

任亚平在讲话中指出，自治区党委、政府深入贯彻落实党的十八大和习近平总书记重要讲话精神，立足区情实际，着眼全国大局，确定了"8337"发展思路，提出"把内蒙古建成保障首都、服务华北、面向全国的清洁能源输出基地及我国北方重要的生态安全屏障"等战略定位。作为全国唯一的被国家六大生态建设工程全部覆盖的省区，内蒙古近年来坚持以生态建设为主的发展战略，不断加大生态保护建设力度，切实提高全社会生态文明理念，在生态文明建设上取得了显著成绩。

同时也要看到，内蒙古生态建设的难度很大，加上内蒙古正处在工业化和城镇化加速推进阶段，作为全国能源资源大区，既肩负着能源资源输出重任，又面临着节能减排的严峻考验。此次自治区与中国社会科学院联合成立气候政策研究院，为把内蒙古建成我国北方重要的生态安全屏障和我国重要的清洁能源输出基地提供智力支撑，这对内蒙古乃至全国具有重要的战略意义。

任亚平强调，气候政策研究院要立足内蒙古发展实际，聚焦节能减排、大气污染防治等问题开展研究，不断为内蒙古经济社会发展拓展空间，增强动力。积极与国内外政府、企业、学界及研究机构建立多边合作的新型伙伴关系，通过交流、合作与互鉴，引进先进的技术和理念，汇集各方智慧和经验，搭建内蒙古生态文明建设交流合作平台，不断为内蒙古经济社会健康发展提供持久动力。

李培林说，中国社会科学院作为我国哲学社会科学研究最高殿堂、党中央、国务院重要的思想库和智囊团，在生态文明建设、可持续发展、应对气候变化等领域有着良好的研究基础。内蒙古幅员辽阔，作为全国最重要的国家综合能源基地之一，一方面承担能源生产、供应与输出职能，囿于煤炭为主导的资源禀赋制约，高碳排放强度和低碳生产力的局面短期难以改观。另一方面，森林碳汇和风能等零碳能源资源丰富，生态屏障战略地位显著，走生态文明发展道路成为内蒙古实现可持续发展的战略选择。以内蒙古为基地，设立气候政策研究机构，开展气候政策战略相关研究，具有典型意义和示范作用。

成立仪式举行前，内蒙古气候政策研究院召开了理事会第一次会议，聘请包括两院院士和中国社会科学院学部委员在内的一批国内外知名专家担任理事。

2. 中国生态文明研究院成立

在 2014 年世界环境日来临之际，中国生态文明研究院在北京林业大学挂牌成立。据了解，成立后的研究院将为我国的生态文明建设提供智力、技术支持和政策咨询。

研究院由中国生态文明研究与促进会和北京林业大学共建共管，依托北京林业大学的优质学术资源，在生态文明标准研究建设、指数评价等方面开展工作，目标是建设成为生态文明建设的国家级智库平台。

为响应 2014 年世界环境日"向污染宣战"的主题，北京林业大学等百所高校将以"生态梦，我们行"为主题举办一系列宣传实践活动，包括对优秀大学生生态环保公益项目进行资助、大学生讲述"我的生态故事"微视频大赛等。

其他代表性生态文明研究机构

近年来，随着生态文明研究成为热点，各地出现了一批生态文明研究机构，成立较早的有北京生态文明工程研究院、中国生态文明研究与促进会等。

1. 北京生态文明工程研究院

北京生态文明工程研究院是 2002 年经北京市人民政府正式批准成立的，是从人类发展的战略高度研究人类未来发展模式的智库，是集产学研为一体，致力于生态文明理论研究、生态文明理念推广和生态文明建设实践的研究机构。北京生态文明工程研究院总部设在北京中关村。

20 世纪 90 年代中期，全国哲学社会科学规划办公室把中国人民大学申报的"生态文明与生态伦理的信息增殖基础"正式列为国家哲学社会科学"九五"规划重点项目（项目编号为 96AZX022，课题组组长为刘宗超，核心成员为刘粤生、张天平、张孝德、贾卫列），中国人民大学联合了北京大学、中国科学院、中国社会科学院等全国相关高校和研究机构组成课题组，首开世界系统研究生态文明理论的先河。

1997 年 5 月中国科学技术出版社出版了刘宗超主持的课题组的研究成果、《生态文明丛书》第一册——《生态文明观与中国可持续发展走向》一书，首次提出"21 世纪是生态文明时代，生态文明是继农业文明、工业文明之后的一种先进的社会文明形态"。《生态文明观与中国可持续发展走向》的出版发行，基本完成了生态文明观作为哲学、世界观、方法论的建构，同时也标志着中国生态文明学派的诞生。

2000 年，由课题组承担的后续课题《生态文明观与全球资源共享》由经济科学出版社出版发行、《效益农业的理论与实践》由改革出版社出版发行，把生态文明的研究推向一个新的高度。

2001 年 11 月，"生态文明与生态伦理的信息增殖基础"课题顺利结项。原课题组在国家计划、科技、农业、林业、水利、环保、国土等主管部门的及其他相关部门的支持下，2002 年北京市人民政府批准设立"北京生态文明工程研究院"。2003 年"北京生态文明工程研究院"正式挂牌运营。

2. 中国生态文明研究与促进会

中国生态文明研究与促进会是我国第一个以生态文明建设作为主要关注方向的社会团体，民政部于 2010 年 10 月 18 日批复筹备成立；是由有志于生态文明建设事业的人士与生态文明相关的企事业单位和社会组织自愿结成的、协助党和政府推进生态文明建设的专业性、非营利性社会组织，其宗旨在凝聚全国有志于生态文明建设的力量，深入研究生态文明建设的重大课题，即推进生态文明建设，坚持为生态文明建设服务。中国生态文研究与促进会的日常决策与执行机构是"一会三委"，即理事会、专家咨询委员会、研究指导委员会、创建促进委员会。

2011 年 11 月 11 日，中国生态文明研究与促进会成立大会在北京召开，全国政协副主席、中国生态文明研究与促进会会长陈宗兴，环境保护部部长周生贤等领导出席成立大会并讲话。中国生态文明研究与促进会常务副会长祝光耀主持会议。全国人大环资委、全国政协人资环委和中央有关部门、部分省市负责同志及国内外代表 500 多人出席成立大会。

中共中央原政治局委员、国务院原副总理、九届全国人大常委会副委员长姜春云任总顾问，黑龙江省政协主席王巨禄，全国人大环资委原主任委员曲格平，十一届全国人大农业与农村委员会副主任委员、国土资源部原部长孙文盛，全国政协人资环委副主任、浙江省政协原主席李金明，全国人大财经委副主任委员、水利部原部长汪恕诚，十一届全国政协人资环委主任、国家人口计生委原主任张维庆，中国生态道德教育促进会会长陈寿朋，环境保护部部长周生贤，农业部部长韩长赋，国家林业局局长贾治邦，中国工程院原副院长、中科院院士、中国工程院院士潘家铮任顾问。十一届全国政协副主席、农工党中央常务副主席陈宗兴任会长，原国家环保总局副局长祝光耀任常务副会长（法定代表人），全国人大常委会原副秘书长于友民，农业部原副部长、国家食物与营养咨询委员会主任万宝瑞等 9 人任副会长，著名生态学研究专家水利部发展研究中心副主任王景福任秘书长。

中国县域生态文明建设高层研讨会在张家港举行。中国县域生态文明建设高层研讨会 2015 年 7 月 18 日在江苏张家港召开。本届研讨会以"县域生态文明建设的绿色发展路径"为主题，深入研讨县域生态文明建设"绿色化"的路径和机制。

环境保护部自然生态保护司司长庄国泰在发言中指出，绿色化赋予了生态文明建设新内涵，构建了生态文明建设新格局，需要融入经济、社会、生活的方方面面。多次来张家港考察的庄国泰认为，该市的生态文明建设全国领先，做得很实，真正让老百姓得益。

县域生态文明建设，是全国生态文明建设的微观基础和关键环节，它的成效将直接影响总体效果。国务院发展研究中心资源与环境政策研究所副所长常纪文透露，开展"多规合一"试点以来，所有的试点市县和自愿实施"多规合一"的市县都加强了领导机构的协调机制建设。

之所以选择市、县作为试点，常纪文认为这主要有三个方面的考虑：一是市县的空间范围相对不大，经济结构也比较清晰；二是市县以前的发展主要依靠发展工业园区和房地产，极易突破土地等规划，极易产生环境污染；三是市县是以后吸纳人口、实行城镇化的桥头堡。

常纪文表示，"多规合一"是生态文明、新常态、绿色化、绿色 GDP 的逻辑必然。他充分肯定张家港这几年在生态文明建设方面取得成绩。作为"多规合一"试点城市，张家港在发展经济的同时，更是扎实推进生态环境保护工程，坚持"绿水青山就是金山银山"理念，推进排放减量化、产业替代化、经济循环化。

从编制完成国内首份《生态文明建设规划》，到出台各个阶段的生态文明建设计划，再到全力推进现代化建设"十大生态工程"，生态文明充分体现在张家港经济发展、城市建设和民生保障等各领域。特别是在重大项目引进过程中，张家港市不断提高环境准入门槛。这几年，该市先后否决或劝阻各类工业污染项目600多个，其中包括投资上百亿的超大型项目。

据介绍，中国县域生态文明建设高层研讨会已连续三届在张家港举办，是中国生态文明研究与促进会为深入推进县域生态文明建设而专门举办，旨在为全国县域地区生态文明建设的创新发展积累经验。

3. 中国生态文化协会

中国生态文化协会（英文名称：China Eco - Culture Association，缩写：CECA）是经民政部批准成立，由从事生态环境建设、经营、管理、研究的企事业单位、科研院所、大专院校、新闻、出版单位，以及一切关心和有志于推动中国生态文化事业发展的社会各界人士，自愿组成的非营利性的全国性社会团体。业务主管部门：国家林业局。

中国生态文化协会业务范围：（1）普及生态文化知识，宣传生态文明理念；（2）传播绿色生产、生活方式，引导绿色消费；（3）组织开展生态文化领域的理论研究，推动成果应用与示范；（4）定期评选"中国生态文化示范基地"；（5）定期举办"中国生态文化高峰论坛"；（6）丰富生态文化产品，繁荣生态文化产业；（7）开展生态文化领域的国际合作与交流；（8）开展各种生态文化交流活动，组织生态文化业务培训，出版生态文化宣传刊物。

第七届中国生态文化高峰论坛在漳举行。2015年11月19日，由中国生态文化协会主办，福建省林业厅、漳州市人民政府承办的第七届中国生态文化高峰论坛在漳开幕。

全国政协人口资源环境委员会副主任、中国生态文化协会会长江泽慧在会上作题为《培育生态文化　激发内生动力——走向社会主义生态文明新时代》的主旨报告。国家林业局副局长彭有冬、副省长黄琪玉、市委书记陈家东在开幕式上致辞。中宣部学习出版社社长、中国生态文化协会副会长董俊山主持开幕式。

江泽慧指出，生态文化是生态文明建设的重要支撑。党的十八届五中全会和中共中央、国务院的有关重要文件都对加强生态文明建设、培育生态文化提出具体要求，我们要认真学习贯彻有关精神，在传承、弘扬生态文化的实践中，运用"尊重自然、顺应自然、保护自然"的理念、"发展和保护相统一"的理念、"绿水青山就是金山银山"的理念、"自然价值和自然资本"的理念、"空间均衡和山水林田湖是一个生命共同体"的理念，来指导各项工作，为建设美丽中国激发内生动力、提供文化支撑。弘扬生态文化重在培育、贵在践行。中国生态文化协会自2008年创建以来，秉承"弘扬生态文化，倡导绿色生活，共建生态文明"的宗旨，面向全国培育生态文化，对我国生态文明建设产生了积极影响。她强调，要把培育生态文化作为生态文明建设的重要支撑常抓常新。推进生态文明建设，首先要转变观念、文化先行。弘扬主流价值观，全民生态文化宣传教育应该成为新常态。我们要同心同德、协力互动，为繁荣生态文化，推进绿色发展，建设生态文明贡献智慧和力量。

彭有冬代表国家林业局向参加论坛的领导、专家和代表长期以来对林业建设的关心支持表示衷心感谢。他指出，"十三五"是建设生态文明、实现全面建成小康社会目标的关键时期。林业承担着弘扬生态文化、建设生态文明的重要使命。国家林业局将进一步加强生态文化顶层谋划，努力打造生态文化示范精品，强化生态文化传承创新，丰富生态文化宣传教育形式，提高全社会的生态文明素养。

本届论坛为期两天，以"培育生态文化，共建生态文明"为主题，与会专家、学者将共同探讨和交流生态文化、绿色发展和生态文明等议题。开幕式上，中国生态文化协会表彰了一批"全国生态文化村""全国生态文化示范基地"和"生态文化小标兵"，漳州闽南文化生态产业走廊被授予"全国生态文化示范基地"荣誉称号。

生态文明贵阳国际论坛

生态文明贵阳国际论坛（前身为生态文明贵阳会议）于 2013 年 1 月获党中央和国务院批准，成为目前国内唯一以生态文明为主题的国家级国际论坛。论坛致力于建立官、产、学、媒、民共建、共享的国际性高端平台，着力普及生态文明理念，展示生态文明建设成果，推动生态文明建设实践，搭建生态文明建设国际交流平台，共同应对气候变化，维护全球生态安全。

论坛起源

党的十七大提出建设生态文明后，贵州省为普及生态文明理念、探索生态文明建设规律、借鉴国内外成果推动生态文明实践、打造对外交流合作平台，2008 年开始谋划举办生态文明贵阳会议。在国家有关部委的大力支持下，2009 年以来，连续五年举办了生态文明贵阳会议，每年一届。会议得到党和国家领导人的亲切关怀，2013 年国家主席习近平曾给论坛发来贺信；中共中央政治局常委、国务院总理李克强对论坛给予充分肯定；国务院副总理张高丽出席论坛开幕式并作了重要讲话；原中央政治局常委、十一届全国政协主席贾庆林连续四次致信祝贺或作出重要批示；原国务委员戴秉国多次听取汇报，给予具体指导；原全国政协副主席郑万通、董建华、李金华等领导同志出席并发表演讲。一些有影响力的外国政要、国际知名的专家学者也以不同方式参与会议，联合国秘书长潘基文发来贺信；英国前首相托尼·布莱尔 2 次参会并发表演讲、1 次作视频演讲；爱尔兰前总理伯蒂·埃亨、德国前总理格哈德·施罗德分别参会并发表演讲；美国耶鲁大学校长理查德·莱文等近 30 位世界知名大学、研究机构负责人、专家学者等出席会议、发表演讲。会议在国内外的影响逐步扩大，得到广泛好评。2012 年 12 月 3 日，国家主席胡锦涛在贵阳视察期间，专门视察了贵阳国际会议展览中心和贵阳会展城。省委书记、省人大常委会主任赵克志同志汇报了希望将生态文明贵阳会议升格为国际会议的想法，得到胡锦涛同志的赞同，他说："会展城硬件设施好，可以举办专业性的峰会，邀请国际政要参加会议。"贵州省委、省政府抢抓机遇，于 2012 年 12 月 30 日正式向国务院报送《关于举办生态文明贵阳国际论坛的请示》。经党中央、国务院主要领导批准，2013 年 1 月 21 日外交部正式批复同意举办生态文明贵阳国际论坛。

生态文明贵阳国际论坛的特点及成果

1. 生态文明贵阳国际论坛的特点

生态文明贵阳国际论坛的主要特点为：一是官民结合、中外协作的办会机制。论坛的主办单位为全国政协人口资源环境委员会、科学技术部、环境保护部、住房和城乡建设部、北京大学、中国工程院、贵州省政府等单位，支持单位为国家发展改革委，协办单位为中国人民外交学会、中国气象学会、中国市长协会、联合国开发计划署、联合国教科文组织、联合国环境规划署、全球人居环境论坛等。这些单位中既有权威性的中央国家机关，也有影响力大的全国性社会组织、高校和科研院所，特别是联合国机构以及国际地方环境行动理事会、世界自然基金会等近 20 家高端国际组织积极参与会议主题设计、论坛设置，并主动承办专题论坛，帮助邀请国际知名人士参与会议，大力促进生态项目、人才培训等方面的合作，极大拓展了会议的国际视野。在这个复合型、互补型的组织构架下，会议遵循"扎根贵州、着眼全国、面向国际"的原则，逐步探索出整合各方优势、共同举办大型国际性高端会议的路子，使生态文明贵阳国际论坛成为政府、企业、专家、学者、民众等多方共建共享的长期性、制度性平台。二是经验丰富、务实敬业的专业团队精心策划。聘请了具有国际教育背景和国内地方工作经验，在国家有关部委和联合国机构担任过领导职务，并于 2012 年 9 月当选世界自然保护联盟主席的章新胜任会议秘书长。在他的主导下，在北京成立了论坛秘书处，负责会议的总体策划设计、对外联络等工作。贵州省、贵阳市作为会议承办地，主要负责会议的接待、会务服务等工作，与秘书处形成相对合理的分工。三是企业出资、公益参与的运作模式。会议通过为企业提供宣传推广服务、搭建合作平台等方式，吸引企业积极参与。五届会议的费用主要由企业赞助，并已与 20 余家知名企业建立战略合作伙伴关系。2012 年 4 月，由章新胜担任理事长的天合公益基金会获国务院正式批准，基金会负责会议经费募集，首期运作资金已接近 1 亿元。

2. 生态文明贵阳国际论坛的成果

一是广泛传播了生态文明理念。会议向国际社会发出了推进生态文明建设的"中国声音"，展示了加快绿色发展的"中国行动"，有效树立了中国自觉应对气候变化的负责任的大国形象。会议一开始就有包括联合国有关机构在内的许多国际组织深度参与，促进了生态文明建设的国际交流与合作。受联合国邀请，生态文明贵阳会议参加了 2012 年联合国可持续发展大会（"里约 +20"首脑峰会），成功举办两场边会，提出的承诺写入了联合国可持续发展大会成果汇编文件。二是有力推动了生态文明建设的实践。五次会议均提出富有建设性的主张和具有操作性的具体措施，被广泛应用到建设生态文明实践中，并由全国政协向党中央、国务院作了汇报，相当部分建议被充分运用到建设生态文明的实践中。三是搭建了贵州省对外交流合作的有效平台。贵州、贵阳与参会城市、企业、大学、国际组织广泛交流，建立紧密联系，开展务实合作，取得了系列成果。五次会议期间，分别举办了全国生态文明建设成果展、中国·贵阳节能环保产品与技术展、全国生态文明建设试点经验交流会、全国低碳发展现场交流研讨会、名人生态环保公益活动、贵阳市十大工业园区展示暨项目推介会、中国·贵州生态产品（技术）博览会等，有效展示和交流了生态文明建设成果，共签约并实施 40 余个、总金额近 200 亿元的绿色低碳项目。其中，与气候组织合作的花溪摆贡寨"千村计划"，推动了农村清洁能源的使用，2011 年作为唯一入选的中国项目在联合国德班气候变化大会上被评为最佳案例之一。通过生态文明贵阳国际论坛这个窗口，各方嘉宾深入地了解贵州、贵阳，使贵州、贵阳的知名度、美誉度得到提升。

历届会议概况

生态文明贵阳会议定于每年夏季在贵州省贵阳市召开，与会代表主要包括党和国家领导人、外国前政要、国家部委领导和企业界、教育界、学术界的重量级人物。会议的形式主要包括开幕式、闭幕式、分论坛讨论，以及各项主题系列活动、新闻发布会等。同时，每年会议均发布了重要会议成果——贵阳共识。

1. 2009 年会议概况

2009 年生态文明贵阳会议于 8 月 22 至 23 日在花溪迎宾馆举行，会议主题为：发展绿色经济——我们共同的责任。举办了生态城市论坛、科学家论坛、生态教育和传媒论坛、经济企业界论坛等 4 个分论坛。

会议成果：《2009 贵阳共识》

生态文明是人类社会发展的潮流和趋势，不是选择之一，而是必由之路。生态兴则文明兴，生态衰则文明衰。以高投入、高能耗、高消费、高污染为特征的工业文明，在物质生产取得巨大发展的同时，对地球资源的索取已超出了合理范围，对生态环境的破坏已达到临界状态。当前各类自然灾害呈增加趋势，特别是气候变化已对人类社会和自然生态系统构成严重威胁，严重影响人类可持续发展的进程。保护自然资源和生态系统显得尤为迫切。正确处理经济发展和生态保护的关系，促进经济社会可持续发展，构建人与自然和谐相处的生态文明，已日益成为城市发展的必然选择。

2. 2010 年会议概况

2010 年生态文明贵阳会议于 7 月 30 至 31 日在花溪迎宾馆举行，会议主题为：绿色发展——我们在行动。举办了生态城市论坛、科学与技术论坛、教育论坛、企业家绿色行动论坛、国际传播论坛、生态文明与传媒行动论坛 6 个分论坛；发布了《贵阳市低碳发展行动计划（纲要）（2010～2020 年）》，挂牌成立了贵阳环境能源交易所，举行了花溪国家城市湿地公园授牌暨生态示范小区签约仪式等活动。

会议成果：《2010 贵阳共识》

自 2009 年 8 月生态文明贵阳会议以来，生态文明理念得到更加广泛的传播和普及，各城市以及科学界、教育界、新闻媒体和企业家积极行动，生态文明建设取得新的理论成果和实践成果。生态文明贵阳会议的主题从 2009 年的"责任"到 2010 年的"行动"，使得会议内涵得到升华，不仅注重思想引领，更揭示行动的紧迫性。

绿色发展与应对气候变化，是后金融危机时代国际社会面临的重大机遇和挑战，也是实现中国经济社会发展和生态文明建设目标的重要内容。与其坐而论道，不如起而行之。要从当前的事情做起，从能够做到的事情做起，立即把凝聚的共识落实到行动上，让生态文明走进楼宇、走进社区、走进车间、走进田野，渗透到每一个角落，深入到每一个人的脑海，不仅把生态文明作为一种理念，而且要作为一种行动指南，作为一种道德标准，把科学的、生态的、绿色的发展理念、发展模式转变为实际行动。为达成此目标，应采取坚实和有效的行动，把环保投入加大到足以加快扭转生态、环境恶化趋势，消除生态赤字，达到良性循环；大力发展低碳经济、循环经济、绿色经济；积极推动绿色消费；大力发展绿色科技；各方务实合作，减少个人和集体的碳足迹。

3. 2011 年会议概况

2011 年生态文明贵阳会议于 7 月 16 至 17 日在贵阳国际会议展览中心举行，会议主题为：通向生态文明的绿色变革——机遇和挑战。举办了绿色文明与媒体传播论坛、科学论坛、教育论坛、对话樊纲等 16 个分论坛；举行了全国生态文明建设成果展暨中国·贵阳节能环保产品与技术展、名人生态公益活动、全国低碳发展交流研讨会、招商引资项目签约仪式等活动。

会议成果：《2011 贵阳共识》

第一，始终坚持以生态文明理念引领经济社会发展，推动新型工业化与生态文明建设互动双赢。生态文明是建立在工业文明基础之上的文明形态，是现代工业高度发展阶段的产物。这种文明形态追求有效的经济增长、公正的社会环境和人与自然的和谐，本质要求是高效低耗、无毒无害、互利共生，通过改变人的行为模式以及经济和社会发展模式，达到经济增长与环境相互协调、经济增长与环境压力脱钩、经济社会可持续发展的目的。建设生态文明，不是要回到原始生态状态，而是在现代化进程中选择更先进的生产方式，通过更科学的制度安排，走生产发展、生活富裕、生态良好的科学发展之路。中国正处于加速实现工业化的过程，但已没有发达国家工业化初期那种充裕的资源和环境条件，环境资源问题越来越突出，已成为制约全面建设小康社会的瓶颈。必须坚持以生态文明理念引领经济社会发展，引领工业化和城镇化，构建符合生态文明要求的产业结构、增长方式和消费模式，实现新型工业化与生态文明建设互动双赢，做到既尊重自然、保护自然，又合理开发、永续利用自然资源。

第二，加强生态文明建设的综合研究和专题研究。全球金融危机和气候变化触发了一场经济发展模式和世界秩序的深刻变革。其中绿色发展已成为世界各国摆脱困境、渡过后金融危机时代、合力解决气候变化问题的共同选择。要立足国内、面向国际，整合政界、商界、学界、民间各方智力资源，进行战略思考和综合研究，为 2012 年里约热内卢联合国可持续发展大会 20 周年峰会做好重要准备。要开展更有适应性和针对性的专题研究。适应性侧重于查找差距，推动我国绿色、生态可持续发展的理念、技术、政策、措施与国际发展趋势相对接。针对性侧重于研究我国的具体国情和资源禀赋，确定现阶段我国绿色发展的方向和目标，提出重点区域、重点产业、重点项目的行动方案。

第三，坚持把建设生态文明、推动可持续发展作为一项长期战略。在思想上，要充分发挥教育和传媒机构的作用，大规模深入开展生态文明理念普及活动，使公众特别是各级决策者认识环境保护与经济发展是相互促进、内在融合的关系，坚决防止非此即彼、厚此薄彼、顾此失彼等僵化思维。在机制上，要加快节能环保标准体系建设，建立"领跑者"标准制度，促进用能产品能效水平快速提升；建立低碳产品标识和认证制度；健全节能环保和应对气候变化相关制度。在政策上，重点要理顺资源性产品价格，完善污水和垃圾处理收费政策，深化政府推广高效节能技术和产品的激励机制，落实和完善资源综合利用税收政策，加大各类金融机构对节能减排、低碳项目的信贷支持力度。在措施上，要优化产业结构和能源结构。大力发展服务业、战略性新兴产业和循环经济，抑制高耗能、高排放行业过快增长，形成节能环保减碳循环经济的产业体系，大力发展可再生能源。在技术上，要加快低碳技术开发和推广应用，组织开展节能减碳共性、关键和前沿技术攻关，推广应用节能减碳技术。在行动上，要大力开展植树造林等生态修复、生态治理活动，全面开展节能减碳全民行动，重点在工业、建筑、交通运输、公共机构等领域开展节能减排，特别是要鼓励青年人在社会上积极倡导绿色理念与绿色行为方式，带动更多的人关注生态环境保护，从而开创一个全社会人人参与生态文明建设的新局面。

4. 2012 年会议概况

2012 年生态文明贵阳会议于 7 月 27 至 28 日在贵阳国际会议展览中心举行，会议主题为：全球变局下的绿色转型和包容性增长。举办了城乡规划论坛、企业家论坛、城市空气质量论坛、双城计：中外城市生态文明建设比较论坛等 34 个分论坛；举行了生态文明贵阳会议回顾展、泛珠三角省会（首府）城市形象展、参观花溪十里河滩国家城市湿地公园、培育生态林、漂流、高尔夫赛、茅台鸡尾酒会等参观体验联谊活动，以及以"道家养生""中国文化与文化中国""佛学的生态观"为主题的 3 场国学讲座。

会议成果：《2012 贵阳共识》

绿色转型与包容性增长，本质都是寻求经济和社会协调、可持续发展，体现了一种全新的发展理念。绿色转型与包容性增长，相互关联、相互促进。绿色转型与包容性增长，应当坚持把加快发展作为第一要务，打牢生态建设与环境保护的物质基础，增加社会财富，改善人民生活水平，维护社会和谐稳定，在更高层次上实现对生态环境的保护；应当探索绿色经济的有效模式，注重建设低投入、高产出、低消耗、少排放、可持续的经济体系，注重培养绿色生产方式和消费模式，注重生态建设和环境保护；应当遵循以人为本、公平公正的发展理念，突出人与自然和谐相处的时代要求，促进人人平等获得发展机遇，实现经济增长、人口发展和制度公平三者之间的有机统一。

应从五个方面推进绿色转型和包容性增长。一是把绿色转型作为促进增长的首要选择。摒弃以大量消耗和浪费资源为代价的非绿色增长方式，实现原创性的技术进步和效率提高，降低资源在经济增长中所拥有的相对"价值"。二是把绿色理念深度融入社会生产生活各环节。发达国家、发展中国家，发达地区、欠发达地区，城市、农村，公共部门、企业组织，生产者、消费者，青年、妇女，都是绿色转型的直接责任者，都应全面融入绿色转型的时代潮流。三是在加速绿色发展、绿色转型中推动民生改善。不断消除民众参与经济发展、分享发展成果的障碍，努力实现机会平等、权利平等和社会福利平等，让每个人过上幸福、有尊严的生活。四是运用新的模式提升生态系统服务能力。探索代价小、效益好、排放低、可持续的环保新道路，以尽可能小的资源环境代价，支撑更大规模的经济活动。五是更加深入广泛地开展生态文明建设的国际合作。坚持"共同但有区别"的责任原则，尊重世界各国各自的可持续发展自主权，加强新兴产业合作尤其是加强节能减排、环保、新能源等领域合作。

5. 2013 年会议概况

生态文明贵阳国际论坛 2013 年年会于 7 月 19 至 21 日在贵阳国际会议展览中心举行，会议主题为"建设生态文明：绿色变革与转型——绿色产业、绿色城镇和绿色消费引领可持续发展"。举办了贵州与瑞士对话：携手瑞士绿色赶超、儒学生态论坛、大数据时代的媒介与社会责任论坛、可持续高效能源产业论坛、城市建设与饮用水源保护等 35 个分论坛，举行了全国保障性安居工程工作研讨会、第三届环境司法论坛、长江湿地保护网络

2013 年年会、中国环境与发展国际合作委员会 2013 年圆桌会议等 6 个全国性、国际性会议，并开展了中国·贵州生态产品（技术）博览会、培育生态林、生态文明建示范点参观及推介等系列主题活动。

生态文明贵阳国际论坛 2013 年年会取得了丰硕成果，主要为：

一是鲜明地发出了生态文明建设的"中国宣言"。习近平主席的贺信，是一篇中国政府强力推进生态文明建设的宣言书，贺信首次提出了生态文明是"中国梦"重要内容的重大观点，并深刻阐述了中国建设生态文明的基本理念、奋斗目标、实现路径、政策措施，明确表达了"将继续承担应尽的国际义务""携手共建生态良好的地球美好家园"的坚定决心，得到了各国与会嘉宾的热烈响应。毛雷尔主席说："我们都面临着共同的问题，希望我们以极大的勇气来解决，让可持续发展方式在地球上任何一个大陆、任何一个国家都能够实现。"斯凯里特总理说："今天世界最大的威胁就是气候变暖。大家坐在同一条船上，不管是贫穷还是富裕，是大国还是小国，是东方国家还是西方国家，所有的国家都应该共同努力，承担共同但是有区别的责任。"图伊瓦卡诺首相说："在中国，人们已经深刻地认识到了绿色转型以及生态文明的重要性"；"相信中国在生态文明建设中发挥着重要的作用。"普罗迪前总理说："中国和世界都有同样的一个梦想，也就是要提高生活质量、保护环境，所以，中国梦和世界梦是完全兼容的。"所有这些表明，中国进一步树立起负责任大国的良好形象。

二是在国际上确立了中国政府生态文明话语权。通过论坛年会这个平台，与会各方对中国首倡建设生态文明的理念高度认同，对中国生态文明建设的做法和成效充分肯定，对中国将在全球应对气候变化、促进可持续发展方面发挥越来越重要的作用抱有极大信心。会前，基辛格博士在接受媒体采访时指出："举办生态文明贵阳国际论坛将对人类未来产生重要影响。"陆克文总理在贺信中盛赞，生态文明贵阳国际论坛所从事的事业正在推动着全球绿色转型和可持续发展这个目标逐步成为现实。斯凯里特总理说："多米尼克非常支持生态文明贵阳国际论坛，我们需要这样一个极好的国际合作平台，让所有关心生态文明的人都走在一起。我们非常高兴地看到，像中国这样的一个大国正在走向低碳文化，并在这方面发挥着领导的作用。"图伊瓦卡诺首相提出："各个国家都应该非常认真地规划自身的生态文明，国际社会应该规划全球生态文明。相信中国的生态文明必将发挥重要作用"。尼瓦塔隆副总理说："泰国并不是在朝着绿色发展方向前进的唯一国家，中国在这个领域已经给我们制定了非常好的标准，给我们树立了非常好的榜样。"参加论坛的南南合作培训班、金砖国家代表、国合会委员等也围绕生态文明话题进行了深入的讨论。论坛年会建议，将生态文明建设的议题纳入联合国后 2015 的发展议程。所有这些表明，生态文明的表达正从中国走向国际社会，并逐步深入人心。

三是在建设生态文明的思想观念、政策举措、保障措施等方面达成共识。论坛年会讨论通过了《2013 贵阳共识》。与会中外嘉宾共同认识到，必须找到经济发展和生态环保之间的平衡，采取一种更宜于环境保护的生产方式、生活方式，彻底摒弃"先污染、后治理"的传统工业化思维模式，走出一条既不破坏生态、又能让人们过上美好生活的共赢发展新路子，给未来世界留下一个宜居地球。中外嘉宾积极响应习近平主席的倡议，围绕把生态文明建设融入经济建设、政治建设、文化建设、社会建设各方面和全过程的总要求，明确了加快绿色发展和产业转型、推进社会和谐和包容性发展、采取最严格的措施修复自然生态和治理环境、普及以生态为导向的价值取向等四个方面的政策举措。国家发改委、环保部、住建部、国土资源部、水利部、国家林业局等部委局负责人分别从各自角度，就加快生态文明建设提出了政策措施。所有这些，必将对我国生态文明建设产生有力的推动作用。

四是有力促进了贵州对外开放和交流合作。论坛期间，贵阳凉爽的气候、良好的生态、整洁的市容、热情的市民，给与会嘉宾留下了美好而深刻的印象。赵克志、陈敏尔等省领导通过发表讲话、会见外国政要等，广泛介绍了贵州科学发展、后发赶超、同步小康的总体思路和具体实践，极大提升了贵州的对外形象。会议认真落实习近平主席与毛雷尔主席会面时的重要指示，开展了"贵州与瑞士对话：携手瑞士绿色赶超"主题活动，就如何推进内陆山区的产业发展、生态文明建设等话题展开对话交流，提出了建设"东方瑞士"的美好愿景，为推动双方务实合作打下了坚实的基础。张高丽副总理接见富士康科技集团总裁郭台铭，直接促成富士康科技集团与贵州省签署了战略合作协议，领域涉及电子信息、商贸流通、生态旅游、人力资源培训、资源深加工等，将在贵安新区投资建设第四代产业园，成为本次论坛的一个亮点和重大成果。论坛结合贵州实际，设置了生态旅游、生态农业、山区经济等内容的讨论，开展了一系列丰富的展会、洽谈、项目签约活动，24 个国家和地区的 2600 家参展商、19 个国际组织，参加了中国·贵州生态产品（技术）博览会，签约项目 30 个、总投资达 332.3 亿元，涉及风力发电、页岩气勘探开发、生态观光农业、生态休闲旅游等领域。

会议成果：《2013 贵阳共识》

生态文明涉及环境、气候、能源、水等方方面面，同国际上倡导的可持续发展是相通的。面对能源、资源危机和气候变暖、环境破坏，任何一个国家或地区都不能独善其身。不管是贫穷还是富裕，是大国还是小国，是东方国家还是西方国家，都应该顺应历史潮流，承担共同但有区别的责任，履行共同但有区别的义务。建议把生态文明建设的议题纳入联合国后 2015 的发展议程，深入开展生态文明领域的交流合作，共同应对气候变化、促进可持续发展，以造福世界人民，造福子孙后代。

当前，应围绕把生态文明建设融入经济建设、政治建设、文化建设、社会建设各方面和全过程的总要求，重点采取以下四个方面的政策举措：

第一，加快绿色发展和产业转型。以生态文明理念引领工业化发展，采用最先进的技术、最科学的方式，积极探索发展经济、节约资源、降低能耗、保护环境相得益彰的途径和办法。大力发展新能源和可再生能源、节能环保等生态产业，鼓励节能环保产品使用和消费，形成新的经济增长点。促进生产、流通、消费过程的减量化、再利用、资源化，最大限度实现循环利用。

第二，推进社会和谐和包容性发展。面对公众环境敏感增强、环境风险压力加大的新形势，在向公众充分提供物质产品、文化产品的同时，着力提供更多优质的生态产品，让民众普惠共享良好的生态环境，以促进社会和谐。尊重全体国民的发展权利、发展责任、发展机会和发展利益，共同应对粮食安全、能源安全、气候变化、自然灾害等难题，做到权利公平、机会均等、规则透明、分配合理，促进人的全面发展，最终实现各个国家互利共赢、各种文明兼容并蓄、人与自然和谐相处。

第三，采取最严格的措施修复自然生态和治理环境。实施重大生态修复工程，推进荒漠化、石漠化、水土流失综合治理，扩大森林、湖泊、湿地面积，保护生物多样性。特别是，要通过有效保护森林资源、治理汽车尾气、加快搬迁污染企业、大力发展清洁能源等措施，尽快使治理大气取得明显成效，让公众呼吸更加清新的空气；要优先保护饮用水源，实施重要河湖全流域综合治理，建设完备的污水收集处理系统，多建湿地并充分发挥其生态净化功能，确保让公众喝上更加干净的水。实行最严格的制度、最严密的法治，把资源消耗、环境损害、生态效益等纳入经济社会发展评价体系，为生态文明建设提供可靠的制度保障。

第四，普及以生态为导向的价值取向。深入推进生态文化、道德伦理教育，引导每个人对自然心存敬畏，规约自己的行为，形成有利于生态文明建设的价值理念，在全社会增强生态意识、强化生态责任。加大绿色消费价值观念宣传力度，普及绿色产品知识，引导公众从追求豪华、奢侈的生活转向崇尚简朴、节俭的文明生活，自觉践行低碳、绿色消费。

6. 2014 年会议概况

生态文明贵阳国际论坛 2014 年年会于 7 月 10 至 12 日在贵阳国际会议展览中心举行。会议主题为"改革驱动，全球携手，走向生态文明新时代——政府、企业、公众：绿色发展的制度架构和路径选择"。举办了中瑞对话 2014：山地经济、绿色发展，两岸携手共创绿色商机，绿色丝绸之路主题论坛，云上贵州·大数据论坛，打造智慧生态城市论坛，中华文化与生态文明论坛等 40 余个主题论坛；举行了世界非物质文化遗产"侗族大歌"展示与研讨、参观富士康（贵州）第四代绿色产业园、生态文明建设示范点参观和培育生态林等实地考察、体验等活动。

生态文明贵阳国际论坛 2014 年年会取得了丰硕成果，主要为：

一是中国生态文明建设的理念、行动、成效得到国际社会更为广泛的认同。李克强总理的贺信、李源潮副主席的致辞向世界表明了中国顺应时代发展潮流、保护生态环境、促进绿色发展的决心和行动。与会嘉宾高度赞扬，中国是生态文明建设的倡导者和实践者，在快速工业化、城市化进程中把生态文明建设放在突出位置，健全生态文明体制机制，下大力气防治空气雾霾和水、土壤污染，推进能源资源生产和消费方式变革，实施重大生态工程，把良好生态环境作为公共产品向全民提供，努力建设一个生态文明的现代化中国；继续加强同世界各国、国际组织的环境合作，深入推进国际环境公约的履行，携手应对气候变化，共同推动人类环境与发展事业。马耳他总理穆斯卡特说："我们需要所有的国家都采取行动，从而能够来解决我们所面临的全球环境挑战。"泰国前副总理素拉杰说："全球自然资源在匮乏，消费的速度是不可持续的，必须找到一个办法充分解决两者之间的矛盾，我们认为中国能够在这个方面做出表率，引领我们的道路。"格尔曼议长表示，希望瑞中两国携手推动环保产业、环保技术的合作，共同为保住"只能拥有一次的美好大自然"贡献力量。潘基文秘书长在贺信中说："中国在清洁能源技术的生产和使用方面是全球的领导者。"所有这些，都十分有利于进一步彰显我国在应对气候变化中负责任的大国形象，有利于占领生态文明建设、可持续发展的制高点，营造有利于我国发展的国际环境。

二是达成了走向生态文明新时代的许多国际性共识。本次论坛年会的许多主题论坛发布了共识和宣言，如《生态文明建设与反贫困贵阳共识》《生态文明与旅游可持续发展贵阳宣言》《当代人类生态文明行为准则》等，就相关领域生态文明建设、可持续发展取得了一致意见。这些一致意见又集中体现在论坛年会通过的《2014 贵阳共识》中。与会中外嘉宾从加快绿色转型、推进改革创新、加强制度约束、各方共同努力、全球紧密携手等五个方面，呼吁以对人类共同负责和人类间相互包容的精神，秉持平等、互助、合作、共赢的宗旨，实现各国共同绿色发展，携手迈向生态文明新时代。共识的形成和发布，使生态文明更加成为全球话题，走向生态文明新时代更加成为全球行动。

三是论坛作为凝聚共识的国家级、国际性平台的知名度和影响力进一步提升。此次论坛年会在层次、内容上都有了新的突破性提升和拓展，思想交流、智慧碰撞、成果展示、务实合作的共享平台的作用更加明显，得到与会政要、嘉宾的一致好评。李克强总理在贺信中说，生态文明贵阳国际论坛是共享可持续发展经验的国际平台。李源潮副主席表示，生态文明贵阳国际论坛为各国交流分享生态文明建设经验、促进可持续发展国际合作提供了重要平台。格尔曼说，生态文明贵阳国际论坛的举办，开启的是一条负责任的发展之路，对加强生态文明交流合作、推动可持续发展具有重要意义；我们非常高兴、非常支持中国政府坚定不移地、大力地改善生态环境，特别赞同举办生态文明贵阳国际论坛。潘基文指出，生态文明贵阳国际论坛为我们提供了一个重要平台，帮助中国主要决策者们协调合作、付诸实践。英国前副首相普雷斯科特表示，生态文明贵阳国际论坛给我们打开了一扇窗户，让我们思考如何解决全球问题的方案，他说："我从来没有看到这样全面的论坛，它所代表的信念和远景给我留下了深刻的印象，就是我们有想法就要实现。"此外，论坛年会邀请到了江丙坤、刘兆玄等台湾著名人士参会，举办了"两岸携手共创绿色商机"等主题论坛，为促进两岸关系和平发展发挥了积极作用。

四是更好地服务了贵州守住发展和生态两条底线、后发赶超、加快全面小康建设的大局。一方面，论坛的举办，树立了贵州绿色发展的品牌形象。李源潮副主席会见富士康科技集团总裁郭台铭，并指出：富士康投资贵州，是企业转型升级、实现绿色可持续发展的重要而十分明智的战略抉择；希望富士康集中力量建设好贵州第四代绿色产业园，打造"生态富士康"；尤其要着眼未来，着力打造新一代"研发富士康"，推动经济发展和生态环保实现"双赢"。赵克志、陈敏尔等省领导通过发表致辞，会见外国政要、重要嘉宾等，广泛介绍贵州科学发展的思路和实践，得到了与会者高度评价。同时，论坛年会精心组织各种参观活动，有近700名嘉宾参观了贵安新区和富士康（贵州）第四代绿色产业园，近距离感受贵州高起点进行产业转型升级、绿色发展的成果。穆拉图说："埃塞俄比亚非常期待与贵州加强交流，在绿色发展等方面深化合作。"格尔曼议长在参观贵阳综合保税区后说，"贵阳综合保税区正在以惊人的速度向前推进，给我留下了美好深刻的印象"。俄罗斯总统办公厅主任伊万诺夫表示，回国后将大力宣传推介贵州，让更多俄罗斯游客来贵州观光旅游。陆克文认为："在贵州举行这个会议非常合适，因为贵州是可持续发展的典范。"参加了历年生态文明贵阳论坛的联合国教科文组织高级官员道维勒由衷地说："贵州是可持续发展的排头兵。"另一方面，利用论坛年会这个平台，贵州省与外界签订了一系列战略合作和项目建设协议。"中瑞对话2014"围绕生态建设、产业和贸易、文化和旅游、教育四个方面加强务实交流合作，签署了《山地经济绿色发展贵阳共识》《贵州与瑞士上瓦尔登州合作意向书》，达成了黔瑞旅游、环保、贸易、人员培训交流合作协议。贵阳市、贵安新区与富士康科技集团在大数据、纳米等领域签署五项合作协议。浙江吉利控股集团在论坛开幕式上宣布在贵阳投资建设具有全球代表性的清洁能源汽车产业基地。在贵州省清洁能源发展恳谈会上，贵州与中国广核集团、中国石化集团等大型企业集中签约14个清洁能源投资项目，总额880亿元。在"流域保护"主题论坛举办期间，贵州与亚洲开发银行签署合作备忘录，共同推动赤水河流域可持续发展。绿色新区主题论坛发起成立国家级新区绿色发展联盟，北京大学联合 12 所世界知名高校发起成立"生态文明国际大学联盟"，并将总部定在贵阳。

会议成果：《2014 贵阳共识》

走向生态文明新时代，新在生产方式、新在消费模式，也新在科学技术、新在体制机制。必须坚持经济发展与生态建设的平衡，坚持环境保护与生态修复的平衡，坚持控制污染与节约资源的平衡，坚持明确各自责任与加强合作的平衡，维护全球生态安全，共同建设天蓝、地绿、水净的宜居美丽家园。

第一，走向生态文明新时代，必须加快绿色转型。通过产业转型实现绿色发展，既是解决地区差异和贫困问题的必然途径，也是实现现代化生活方式与良好自然生态环境兼得的唯一选择。任何发展成果的评估都必须综合考虑物质成本和生态成本，既要有经济效益，也要有生态盈余，实现可持续的平衡发展。我们应该把握全球经济绿色发展趋势，加快产业结构优化升级，大力发展绿色、循环、低碳产业，发展可再生能源，实现更加清洁的生产。科学运用价值分工体系，加大科技创新力度，以更大的决心淘汰落后工艺和产能，通过技术变革拉动绿色增长。围绕大数据、云计算等新型产业和健康养生、文化旅游、山地高效农业等生态友好型产业，促进以物质生产服务为主的增长模式向以信息生产服务为主的增长模式转变，实现绿色就业。

第二，走向生态文明新时代，必须推进改革创新。通过改革推动生态资源利用方式的生态转变，通过创新实现节约型的生产和消费模式，是当前各国面临的紧迫任务。应理顺市场、政府和公众的关系，让市场、政府和公众各司其职又相互补充，加强市场化改革创新，积极开展节能量、排放权、水权等交易，加快发展碳交易市场，运用市场机制解决节能减排、低碳生产的利益导向问题。从绿色金融、绿色城镇化、绿色交通、绿色建筑、绿色能源等领域，加强政策引导和新材料、新技术的运用，减少温室气体排放，努力建设清洁社会。

第三，走向生态文明新时代，必须加强制度约束。节约资源和保护环境，需要严密的制度和法治作保障。应健全生态文明体制机制，形成绿色发展的制度架构，通过严格的制度规范、有效的治理体系、严厉的法治约束，为生态文明建设提供根本保障。围绕评价考核、自然资源资产产权和用途管制、生态红线、生态补偿、资源有偿使用等关键环节，加快体制机制创新，使自然资源和生物多样性得到切实保护。制定更加严格的节能、节材、节水、节地标准，充分运用法律、经济、技术和必要的行政手段，规范公民、法人、社会团体和政府行为。

第四，走向生态文明新时代，必须各方共同努力。保护地球家园、促进可持续发展，加强生态文化建设，需要政府、企业、社会的共同努力。加快转变发展方式，政府应致力于可持续发展相关政策的制定，为环境保护和绿色生产提供保障；企业应发挥重要主体作用，坚持绿色投资，追求绿色增长；公众应增强生态意识，履行生态责任，践行生态行为，自觉维护生态环境。无论家庭还是社会，无论非官方主要群体还是公共机构，无论学校还是传媒，都应当尽其所能、各负其责，共同建设生态文明新家园。

第五，走向生态文明新时代，必须全球紧密携手。人类只有一个地球，面对全球性的环境挑战，建设生态文明需要世界各国齐心协力，采取集体行动。各国都应更积极、更深入地参与到可持续发展进程当中，认真执行有关国际环境协议，承担"共同但有区别的责任"，坚持同舟共济，携手应对气候变化、生态安全等重大问题，共同呵护人类赖以生存的地球家园。对自然资源的开发利用应遵循"人际公平、国际公平、代际公平"的道德准则，实现有序、有节、有方，加强绿色科技国际交流，扩大绿色产业国际合作。有关各国共建绿色丝绸之路，落实中瑞自由贸易协定。

生态文明贵阳国际论坛 2015 年年会概况

生态文明贵阳国际论坛 2015 年年会于 6 月 26 日（星期五）至 28 日（星期日）在贵阳国际会议展览中心举行。主题为："走向生态文明新时代——新议程、新常态、新行动"。邀请出席论坛嘉宾预计为 1000 人，加上展览、座谈、观摩等人数，总人数达 2500 人左右。

2015 年论坛设"绿色发展和产业转型、和谐社会和包容发展、生态安全和环境治理、生态价值和全球治理"四大板块，并设置了全球生态安全与绿色创变论坛，生态农业与农业国际化的模式创新论坛，气候与能源示范区/智慧城市论坛，中瑞对话 2015：山地经济、持续发展论坛，中华文明与生态文明论坛，两岸共创绿色产业发展新模式论坛等 30 余个主题论坛；以及全球低碳转型与可持续发展、绿色丝绸之路、绿色金融与绿色经济发展等专题高峰会议，同时，还将举办"生态天堂·欢乐共享"民族生态文化展示、生态文明示范点参观和培育生态林等实地考察、体验等活动。

2015 年论坛的议题内容围绕五条主线展开：一是紧紧围绕国际、区域和国家可持续发展议程，发出中国声音；二是创新驱动、催化绿色转型与产业升级；三是以人为本，推动绿色城镇化；四是制度创新，塑造生态文明现代治理体系；五是扭转逆势，建立有效生态保护红线制度。

2015 年论坛呈现六大亮点：一是突出 2015 年国际、国内建设生态文明的重大议题和重大事件，使论坛成为探索这些议题的前沿思想库、参与这些事件的主要群体和推动国际合作的第二桥梁和力量；二是探索并传播在新的全球发展议程启动过程中的中国理念、中国实践和中国形象；三是展示并交流绿色产业、绿色城市、绿色就业和绿色消费的科技、产品、商业模式、监管体制、社会参与和国际合作的最佳案例，充分体现绿色转型与变革带来的巨大历史性机遇，大力推进政府、企业和公众的主动性和创造性；四是集中探索解决空气、水、土壤、固体垃圾等事关重大民生问题的环境、生态问题的典型案例，发动各利益攸关方群策群力、持续关注、身体力行，逐步打造解决这些问题的科技力量、经济力量、社会力量和舆论力量，使论坛的影响力落地生根；五是显著提升论坛国际化、专业化、全国化和务实化水平和参与者层次，加大论坛的多样性和互动性，切实扩大论坛的传播途径，使论坛真正走出会场，造福更多的受众；六是进一步深化贵州与瑞士、欧盟、各联合国机构、跨国公司和兄弟省市的合作，通过以绿色转型实现后发赶超的务实项目树立新型工业化、信息化、城镇化和农业现代化的典型案例，为我国中西部地区和发展中国家后发地区的绿色发展提供样板启示。

中国气象学会:"应对气候变化、低碳发展与生态文明建设"分会

——第32届中国气象学会年会在津召开

　　中国气象学会由高鲁、蒋丙然、竺可桢等人共同发起,以谋求"气象学术之进步与测候事业之发展"为宗旨,于1924年10月10日在青岛成立,是我国最早成立的全国性自然科学学会之一。学会成立后,在开展气象学术交流,创办《中国气象学会会刊》(后改为《气象杂志》《气象学报》),培养气象人才,普及气象知识等方面做了大量工作,对民族气象事业的发展和现代气象科学的建立具有重要的推动作用。

　　新中国成立后,中国气象学会在北京重建,成为中国共产党领导下的气象学术组织。自1958年9月起,中国气象学会成为中国科协的组成部分。1966~1978年,学会暂停活动。1978年后,中国气象学会重新恢复正常活动,在学术交流、期刊发展、科普活动、国际和区域交流、海峡两岸交流、人才举荐等方面逐步进入快速发展期,学会工作制度、会员发展等日趋完善。先后创办《气象知识》《Acta Meteorologica Sinica》[AMS,《气象学报》英文版,后改名《Journal of Meteorological Research》(JMR)],设立涂长望青年气象科技奖、邹竞蒙气象科技人才奖。

　　自学会成立以来,蒋丙然、竺可桢、赵九章、叶笃正、陶诗言、张基嘉、邹竞蒙、曾庆存、伍荣生、秦大河等著名气象学家先后担任气象学会理事长。

　　近年来,在中国科协和中国气象局大力支持下,以学会年会、海峡两岸气象科学技术交流、中韩日三国气象学会联合研讨会、国际气象学会论坛、理事长高层论坛以及各种专题学术交流等联合形成综合气象科技学术交流平台;以气象夏令营、气象防灾减灾大学生志愿者中国行、气象科普进校园等系列气象科普品牌活动为主,并积极组织开展气象日、减灾日、科技周、科普日等各类科普宣传活动,有力推动气象科普社会化协作大格局的形成与发展;以《气象学报》为主建立符合国际规范的《气象学报》编委会和网络平台,不断提高《气象学报》的影响力,积极推动气象期刊联盟建设,促进气象行业期刊资源共享、规范学术风气;以承接政府转移职能为契机,积极开展气象科技咨询和科技评估工作,不断改进和提高气象学会自身服务能力,壮大气象学会综合实力和社会影响力,取得了较好成绩。

　　目前中国气象学会是在民政部注册的4A级学术性社会组织,业务上接受中国科协指导,挂靠中国气象局。

　　第二十八届理事会成立于2014年11月,由137名理事组成。聘请曾庆存、伍荣生、秦大河为名誉理事长。王会军任理事长,宇如聪、费建芳、钱泽宏、端义宏、杨修群、胡永云、李廉水任副理事长。翟盘茂任秘书长。拥有百余个会员单位,近两万名个人会员,

下设 35 个学科委员会和 4 个工作委员会，出版学术期刊《气象学报》、《Journal of Meteorological Research》及科普期刊《气象知识》，设有涂长望青年气象科技奖、邹竞蒙气象科技人才奖、大气科学基础研究成果奖、气象科学技术进步成果奖。

2015 年 10 月 14~15 日，中国气象学会气候变化与低碳发展委员会、国家气候中心和国家应对气候变化战略研究和国际合作中心在天津联合举办了第 32 届中国气象学会年会"应对气候变化、低碳发展与生态文明建设"分会。分会围绕气候变化的监测、检测和归因；气候变化预估、影响评估和气候服务；减缓和适应气候变化的社会经济学；低碳发展的理论、方法和实践四个领域进行了充分的研讨和交流。会议以特邀专题报告及自由投稿专题报告（口头报告及墙报交流）的形式开展，气候变化与低碳发展委员会主任委员巢清尘研究员主持了特邀报告；刘洪滨与周波涛研究员分场主持了其他专题报告。来自多家单位的特邀专家、参会代表等百余人听取了本分会场的报告。

分会特别邀请了六位国内外气候变化与低碳发展领域顶尖专家作现场报告。中国科学院秦大河院士以"冰冻圈科学、气候变化与冰冻圈地缘政治学"为题系统而全面地介绍了气候变化与冰冻圈研究领域的热点、关键和前沿性问题；中国工程院杜祥琬院士作了题为"应对气候变化，给力低碳发展"的指导性的精彩科学报告；中国气象科学研究院张小曳研究员详尽介绍了"从我国大气气溶胶污染与控制想到的绿色低碳发展之路"；中科院大气物理研究所周天军研究员深入地剖析了"气候模式的敏感度与气候预估的不确定性问题"；国家应对气候变化战略研究和国际合作中心徐华清研究员全面总结与阐述了"我国低碳发展的战略目标、政策导向及制度设计"；国家发改委能源研究所姜克隽研究员的报告充分展示了我国在低碳发展与能源转型方面的战略性研究结果：2020~2022 年达峰，能源排放；2020 年达峰，包括水泥和钢铁排放。

分会场邀请了中科院、高校、国家以及各省、市（县）气象局等多家单位的 40 多名代表参会并作口头报告和墙报交流，展示了我国专家学者在气候变化科学和低碳发展战略等领域的最新研究成果。经过综合评审，评选出优秀论文和优秀墙报各 5 名，分别设一等奖一名、二等奖和三等奖各二名。何超（中国气象局广州热带海洋气象研究所）的"全球变暖将导致西太平洋副热带高压增强还是减弱？"一文荣获优秀论文一等奖；夏杨（南京大学大气科学学院）的"全球变暖背景下观测的 ENSO 特征改变"一文荣获优秀墙报一等奖。

分会期间，各位代表进行了深入的学术交流和讨论，对气候变化与低碳发展领域的研究工作及进展情况有了进一步的了解和认识，达到了学术交流、加强沟通的目的，此次会议是一次创新发展、成果丰硕的会议。

中国社科院生态文明研究智库首批成果发布

由中国社会科学出版社和《光明日报》智库研究与发布中心联合主办的"生态文明研究智库系列成果发布暨学术研讨会"2015 年 7 月 24 日在京举行。关于生态环保的四本智库成果集中亮相——中国社会科学院城市发展与环境研究所研创的《中国的环境治理与生态建设》《内蒙古发展定位研究——京津冀及周边地区大气污染联防联控》、中国社会科学院农村研究所农业资源与农村环境保护创新团队的《内蒙古草原可持续发展与生态文明制度建设研究》、内蒙古大学环境与资源学院的《内蒙古草原碳储量及其增汇潜力分析》。这是中国社会科学院 5 月整合成立"生态文明研究智库"后由该智库发布的首批研究成果。

中国社会科学院城市发展与环境研究所所长潘家华等专家分别对四本成果进行介绍。《中国的环境治理与生态建设》紧扣人类社会可持续发展的理论与实践困境，直指美丽中国愿景与生态现实之间的矛盾，厘清了生态文明与工业文明之间关系，提出了生态文明的新发展范式；《内蒙古发展定位研究——京津冀及周边地区大气污染联防联控》梳理了大气污染联防联控的理论基础，提炼了京津冀大气污染联防联控内蒙古发展路线图，提出了内蒙古减缓气候变化政策与行动方案；《内蒙古草原可持续发展与生态文明制度建设研究》科学设计内蒙古草原生态补偿机制框架，提出"生态资本"概念和自然资源资产核算理论，并以锡林浩特市草原为例，探索性编制出内蒙古草地资源资产负债表；《内蒙古草原碳储量及其增汇潜力分析》以评价内蒙古草原的固碳能力、碳汇潜力及碳汇价值为基础，探索建立草地碳汇监测与计量方法学，提出草地碳汇交易机制及政策建议，为草地碳汇交易和节能减排降碳提供科学支撑。

应对气候变化报告（2015）

2015 年 11 月 20 日，由中国气象局国家气候中心、中国社会科学院城市发展与环境研究所与社会科学文献出版社共同举办的《气候变化绿皮书：应对气候变化报告（2015）》（以下简称绿皮书）发布会在中国气象局气象科技大楼一层多功能厅举行。

2014 年是有现代气象记录数据 135 年来最为炎热的一年，气候变暖给全球生态环境和可持续发展带来的损失和风险与日俱增。科学证据表明，人类活动是当前气候变暖的主因。近年来，随着发展中国家经济快速发展，以及全球分工引起的产业转移，导致中低端制造业高排放产能大量向发展中国家转移，发展中国家温室气体排放呈快速上升趋势。尽管如此，其历史排放格局总体未有大的变化。因此，在气候治理国际合作中，既要各国积极主动自主减排，为减缓全球变暖做出贡献，也要强调遵循公约"共同但有区别的责任"原则，重点即发达国家要承担历史责任并尽其相应的义务。国际社会期待的《联合国气候变化框架公约》第 21 次缔约方大会在巴黎召开。求同存异，促成巴黎大会达成共识是国际社会的共同期望，巴黎气候协议不应只是一份减排协议，而应遵循全面、平衡地反映减缓、适应、资金、技术转让、能力建设、行动和支持透明度等各个要素。正如中国与美国、印度、欧盟、巴西、法国等国的气候变化联合声明指出的，协议应该全面遵循公约的原则和规定，特别是"共同但有区别的责任原则"、公平原则和各自能力原则，发达国家要履行其在资金和技术方面的义务。

2015 年是国际气候治理进程中非常重要的一个时间节点。德班平台工作组，在经历了长达三年的磋商后，2015 年底巴黎会议达成关于 2020 年后国际社会协同应对气候变化的制度安排。在巴黎会议之前，包括欧盟、美国、中国、印度等气候公约缔约方，纷纷提出国家自主贡献目标。截至 2015 年 10 月 1 日，147 个联合国气候变化框架公约缔约方提交了国家自主贡献。也就是说，有大约四分之三的缔约方提交了国家自主贡献，这些国家温室气体排放量占全球排放总量的 80% 以上。可以说，在国际社会应对气候变化的进程中，各国携手开展行动已然成为主旋律，是大势所趋。我国作为全球温室气体排放量最大的发展中国家，正在以更加积极的姿态参与全球气候治理，中国与美国、印度、欧盟、巴西、法国等国家发表应对气候变化联合声明，以及向联合国气候变化框架公约秘书处按时提交国家自主贡献等一系列行动和承诺，向国际社会表明了我国开展气候治理行动的决心，更展现了一个发展中经济体建设性地参与国际事务的姿态和对控制温室气体排放负责任的态度。我国正本着绿色、可持续发展的理念，通过创新发展模式，为实现全球经济发展与保障全球气候安全做出自己的贡献。

发达国家应承担历史排放责任，帮助发展中国家实现低排放发展

尽管世界经贸、排放结构发生了一些调整，发展中国家占全球的比例有所提升，但发达国家占历史累积二氧化碳排放绝大部分份额、人均排放远高于发展中国家以及控制国际金融、技术和标准等体系的基本格局没有改变。因此，发达国家和发展中国家在应对气候变化国际合作中的责任体系没有也不应该发生根本改变。

1. 发达国家仍然占有历史排放的主要份额

正如《联合国气候变化框架公约》缔约方在缔结公约时达成的共识，气候变化不仅是一个现实问题，而且是一个历史问题，是历史累积的温室气体排放导致了现在和未来的全球气候风险。因此，正视历史排放并承担历史排放责任，是国际气候合作理论和道义的基础。从发达国家、发展中国家历史累积排放总量来看，发达国家所应承担的应对气候变化的责任和义务还是非常大的。美国自然资源研究所统计数据显示，1990 年发达国家历史累积二氧化碳排放占全球排放的 82%，这一比例在 2011 年虽然出现了明显下降，但仍

然高达 71%。这也说明，尽管发展中国家二氧化碳排放近年来出现了快速增长，年度排放总量也超过发达国家，但发达国家在应对气候变化国际合作进程中承担主要责任和义务的理论和道义基础并没有发生改变。

2. 人均排放格局差异仍然巨大

从公平的角度来看，公平的人均排放权是公平原则的重要内涵。排放权作为人权的组成部分，每个人应享有平等的权利使用作为全球公共资源的大气排放容量资源。从经济发展的角度来看，社会发展阶段和富裕程度，与人均二氧化碳排放具有正相关关系。美国自然资源研究所的数据显示，发达国家（OECD 国家）自 20 世纪 70 年代以来，人均二氧化碳排放一直保持在 10 吨左右，尽管自 1990 年以来，发达国家将大量中低端制造业转移到发展中国家，降低了其生产部门的碳排放，但消费领域的碳排放并未显著下降，从而使人均排放稳定在 10 吨左右，这也可能是在目前技术水平下，保证实现高品质生活所必需的碳排放量。同期，发展中国家人均排放仅 2 吨左右，2003 年以来略有增长，2012 年人均二氧化碳排放约 3.2 吨，与发达国家尚存在巨大的差距。

历史人均累积排放，是更能体现一个国家历史排放责任的指标。该指标不仅可以显示排放公平的程度，而且可以显示包含了历史发展过程的排放公平的意义。发展相对较早、目前来看比较成熟的经济体，碳排放存量高，人均历史累积排放水平也较高；而大多数发展中国家，发展起步较晚，碳排放存量低，人均历史累积排放大幅度低于发达国家的水平，这也显示了发展中国家未来发展还将有一个存量累积的过程。根据世界资源研究所（CAIT）数据库资料进行计算，发达国家（地区）人均历史累积排放普遍很高，美国、英国、德国均超过人均 1000 吨二氧化碳排放，分别为人均 1159 吨、1107 吨、1208 吨二氧化碳，加拿大 808 吨，欧盟 27 国人均 647 吨，而发展中国家一般不超过 100 吨，中国 104 吨，处于发展中国家中间水平，印度仅 29 吨。气候变化是由历史排放的温室气体造成的，从各国人均历史累积排放，可以看出各国在应对气候变化的国际合作中历史责任的大小和对未来排放空间的需求。

总体来看，发达国家发展起步早、碳排放存量高、基础设施建设完备、未来碳排放主要用于保持现有的高水平生活，比较容易控制；发展中国家发展较晚、碳排放存量低，还处于基础设施建设的关键阶段，未来排放主要是满足基本生活需求并逐步改善生活水平，相对难以控制增长速度和总量。但发展中国家增量排放的需求无疑是刚性的也是合理的。因此，发达国家在国际气候治理进程中应该担负历史排放责任，并利用未来控制排放的优势，继续引领全球气候治理进程，并帮助发展中国家实现低排放发展。

2014 年为有记录以来最炎热的一年，全球变暖毋庸置疑

绿皮书指出，气候风险日益加剧，观测和研究表明，全球气候系统变暖毋庸置疑。联合国政府间气候变化专门委员会（IPCC）分别于 1990 年、1995 年、2001 年、2007 年、2014 年发布了五次气候变化科学评估报告，这些报告集中了全球顶尖科学家最新最全的观测与研究成果。随着研究的深入，IPCC 对于全球气候变暖这一事实的态度，从可能到很可能再到毋庸置疑。最新的观测分析表明，当前全球气候仍在持续变暖。2014 年全球气候系统在全球地表气温、海表面温度、海平面升高、海洋热容量、全球温室气体浓度、格陵兰冰盖反照率、南极海冰面积等 7 方面打破了历史纪录。2014 年是有现代气象记录

数据的 135 年来最为炎热的一年，是全球海表面气温最高的一年，是自 1993 年有卫星监测数据以来海平面最高的一年，也是 700 米深以上全球海洋热容量最高的一年。2015 年 1～6 月全球地表平均气温继续升高，为有气象纪录以来的最高值；2015 年上半年整个欧亚大陆、南美、非洲、北美洲西部与澳大利亚都异常偏暖，其中多个地区出现了持续的高温热浪。根据美国国家海洋和大气管理局（NOAA）8 月下旬新发布的报告，2015 年 7 月是自有记录以来全球气温最高的一个月，也可能是过去 4000 年中最热的一个月。

气候变暖给全球经济社会可持续发展和自然生态环境带来的损失和风险与日俱增。自 1960 年以来，随着增温幅度和速率的增加，全球气象灾害的发生频次上升了 4 倍，经济损失上升了 7 倍。2005 年卡特里娜飓风是美国历史上造成损失最大的自然灾害之一，受灾范围几乎与英国国土面积相当；2010 年破纪录的洪水导致巴基斯坦五分之一的国土面积被淹没，2000 万人受到不同程度的影响；2013 年海燕台风造成菲律宾 7000 多人死亡、1600 多万人受灾、400 万人流离失所，超过了卡特里娜飓风和印度洋海啸造成的无家可归的人数总和，是 2013 年全球遇难人数最多的一次自然灾害。近几十年来，中国区域性干旱增加、暴雨发生频次增多、高温热浪明显、登陆台风强度增强，中国粮食、水资源、生态、能源等方面的安全保障面临巨大风险。

巴黎气候大会是迈向新时期国际气候治理的新起点

绿皮书指出：巴黎气候大会是继 2009 年哥本哈根气候大会后，全球应对气候变化的又一次重要的大会，将是国际气候进程中具有里程碑意义的会议。各国领导人再次相聚共商应对气候变化的行动，以期构建 2020 年后国际气候治理制度。随着各国政府和国际社会在应对气候变化问题上逐步形成共识，主动作为的政治意愿和合作共赢的理念在不断增强。已有约 150 个国家提交了各自应对气候变化的国家自主贡献文件。求同存异，促成巴黎大会达成共识是国际社会的共同期望。中美等大国和集团在巴黎气候大会前纷纷积极开展各类外交活动，希望能在会议开幕之前达成最大程度的共识。推动各方在巴黎气候大会谈判中达成共识，达成一个全面、平衡、有力度的协议，为全球应对气候变化提供真正有效的解决方案，这既是全球的期望，更是我国的愿望。我国坚守发展中国家的基本主张和我国的目标原则，按照"共同但有区别的责任"原则、公平原则和各自能力原则，推进构建公平合理、合作共赢的全球气候治理体制。

各国提交的国家自主贡献表明政治意愿和合作共赢理念在不断增强。各主要国家提出国家自主贡献为当前和今后一个时期国际社会应对气候变化迈出了关键一步。截至 10 月初，欧盟（含 28 个成员国）、美国、俄罗斯、加拿大、瑞士、挪威、新西兰、澳大利亚、巴西、印度以及秘鲁和南非等国在内的 154 个国家先后提交了国家自主贡献文件，已覆盖了全球温室气体排放的近 80%。

中国提出的国家自主贡献具有重大国际影响，也是我国务实科学的重大战略。文件提出二氧化碳排放 2030 年左右达到峰值并争取尽早达峰、单位国内生产总值（GDP）二氧化碳排放比 2005 年下降 60%～65%、非化石能源占一次能源消费比重达到 20% 左右、森林蓄积量比 2005 年增加 45 亿立方米左右等 2020 年后强化应对气候变化行动目标，向国内外宣示中国应对气候变化行动的坚定决心和积极态度。中国的国家自主贡献目标无论从峰值的发展阶段、碳强度指标还是非化石能源的消费量上来说都是有力度的。据测算，中国达峰时人均 GDP 大致只相当于美国和欧盟平均水平的 30% ~ 40% 左右，人均排放只有美国达峰时的一半。实现我国国家自主贡献目标，将有望开创一条比欧美等发达国家传统发展路径更为低碳、在较低收入水平上达到更低峰值的崭新的发展路径。2014 年中国能源消费总量比 2013 年增长了 2.2%，增速创新低；煤炭消费量比 2013 年下降了 2.9%，煤炭消费总量峰值可能提前达到。随着中国可再生能源的快速发展，未来煤炭消费量下降的趋势不可逆转，这将带动中国温室气体排放量在 2030 年之前甚至更早达到峰值，为全球温室气体排放达到峰值、有效减缓气候变化、降低气候风险作出贡献。

中美气候变化合作，助力双方新型大国关系建设

绿皮书指出：中国和美国是最大的发展中国家和发达国家，是最大的经济体和温室气体排放国，在全球应对气候变化国际合作进程中举足轻重。近些年，两国在气候变化领域的合作不断加强，2014 年 11 月《中美气候变化联合声明》发布，2015 年 9 月第一届中美气候智慧型/低碳城市峰会在美国洛杉矶成功举行，随后两国又发布了《中美元首气候变化联合声明》，不断扩大两国在巴黎协议谈判关键问题上的共识，深化各层次各领域的双边务实合作，并宣布加强对发展中国家的气候资金支持。中美在气候变化中所展现的合作意愿和领导力，对于提振应对气候变化的信心、推进国际气候合作和开展务实行动有重要的战略意义，也为巴黎会议的成功奠定基础并注入积极的动力。

中美气候变化合作具有多重战略意义：

1. 重塑全球领导力，为气候变化国际合作提供了新动力。

《公约》及其《京都议定书》为应对气候变化国际合作打下了良好的基础。但进入 21 世纪以来，由于美国宣布拒绝核准《京都议定书》，很长一段时间以来，应对气候变化的国际合作进程进入了低潮期。尽管欧盟一直致力于扮演应对气候变化领导者的角色，但受限于其自身的影响力和国家集团的性质，欧盟的领导力并未达到预期的效果。从"巴厘路线图"、《哥本哈根协定》到《坎昆协议》，应对气候变化的国际合作进程一直处于坎坷前行的状态。

哥本哈根会议以后，国际社会越来越明确地意识到，中国和美国在应对气候变化国际合作上起着举足轻重的作用，中美气候变化合作进一步强化了中美两国应对气候变化的决心和目标，重塑了应对气候变化的全球领导力，为深化应对气候变化国际合作提供了新的推动力。

2. 开创了南北合作的新范例，影响国际气候合作利益格局。

在诸多国际问题上，"南北矛盾"一直是利益格局的决定因素。在气候变化问题上，也存在发展中国家和发达国家两大阵营以及 77 国集团加中国、以美国为首的伞形集团和欧盟这三股力量。各方对气候变化国际合作中的很多原则问题都存在分歧，包括发达国家和发展中国家的历史责任和应负义务等。

随着以中国为代表的新兴经济体的快速发展，排放大国和小国之间的矛盾开始逐渐显现，气候变化问题上利益诉求和格局开始产生演化。发达国家和发展中国家，特别是排放大国之间如何展开务实合作，探求绿色低碳发展之路成为解决气候变化问题的关键。中美之间近年来气候变化合作不断加强，不仅树立了在气候变化问题上南北合作的新典范，而且为在"共区"原则指导下开展应对气候变化国际合作实现共赢打下了良好的基础。

3. 注重务实合作，进一步深入探求低碳发展之路。

应对气候变化是一个长期复杂的系统性工程，解决气候变化问题、实现低碳发展需要提高能源使用效率，尽快实现能源系统的转型，减少化石能源的消费。各国在技术资源方面有各自的优势，只有目标明确、优势互补的战略合作才能最大限度地挖掘全球应对气候变化的潜力。中美两国都意识到技术创新和务实合作是全球应对气候变化的根本出路，在中长期尺度上进一步明确了低碳转型的趋势，相关务实合作领域对双方各界近期的应对气候变化行动提供了明确的指引，也将有力推动更为广泛和深入的国际务实合作。

4. 助力中美新型大国关系建设，构建和平发展合作共赢的新秩序。

加强中美的战略互信是中美构建新型大国关系最重要的基础。现阶段，从传统的贸易问题到近来不断升温的南海问题和网络安全问题，中美之间各种摩擦不断出现，对中美关系健康发展造成了不小的负面影响。中美亟须在更多的领域内寻求共识，而应对气候变化正提供了这样的契机。中美作为排放大国，在应对气候变化问题上都有着不可推卸的责任，也有共同的关切和挑战，中美在气候变化问题上达成共识有助于建立长期稳定的中美关系，进而推动国际秩序向和平发展和合作共赢的方向发展。

减灾防灾与应对气候变化需协同开展

绿皮书指出，减灾防灾与应对气候变化关系密切，应对气候变化有利于减灾防灾，减少灾害风险是应对气候变化影响的第一道防线，想要积极适应气候变化，加强气象灾害风险管理必不可少。中国是世界上气象灾害最严重的国家之一，也是受气候变化影响最大的国家之一，中国一直非常关注应对气候变化与防灾减灾方面的工作，会上中国政府组织发布了《中国极端天气气候事件和灾害风险管理与适应国家评估报告》，相关结论对中国政府与社会各界在气候变化背景下更好地应对极端天气气候事件与灾害、提高综合风险管理水平具有重要的参考价值与指导作用，对其它国家也具有借鉴意义，其中"中国灾害风险影响和早期预警"等相关某些工作领域已经走在世界前列，尤其是在防灾减灾、灾害风险管理和应急响应方面中国具有一些独特的实践经验。虽然如此，还是需要看到中国同世界先进国家之间存在一定的差距，未来应采取相应的行动来适应和减缓气候变化，减轻天气气候灾害风险。

短寿命气候污染物对局域空气污染贡献较大

绿皮书指出，甲烷、黑碳、对流层臭氧和某些氢氟碳化物等短寿命气候污染物在大气中停留的时间较二氧化碳和氧化亚氮等长寿命温室气体短，且全球增温潜势（GWP）较高，对短期全球气候影响显著。短寿命气候污染物还对局域空气污染贡献较大。如黑碳和甲烷，是局域雾霾天气和光化学烟雾的重要成因之一，并且对人体健康、粮食产量和生态环境有负面影响。减少短寿命气候污染物的排放，能够产生多方面的协同收益，特别是能在应对短期气候变化带来的极端影响及改善局域空气质量等方面产生共赢。2012 年 2 月16 日成立的"气候与清洁空气联盟"在本质上是一种应对气候变化和大气污染问题的全球自愿公私合作伙伴关系，从气候变化国际谈判角度看具有融资的便利性和灵活性，各国均不能忽视短寿命气候污染物的重要性及其战略意义。从各国国内环境治理角度看，短寿命气候污染物减排带来的"气候""环境""健康"协同收益高，对于可持续发展过程中的协同增效意义重大。对短寿命气候污染的国内治理和国际合作进行战略考虑，有利于我国相关产业的可持续发展，并实现空气质量改善、短期升温减缓等方面的多重收益。

城市适应气候变化的首要任务是灾害风险管理

集中了大量人口和财富的城市是受气候变化影响的高风险区域，城市发展和气候变化正以一种危险的方式交织在一起。国内外一些城市适应气候变化的行动给我们的一个重要启示，城市适应气候变化的首要任务是灾害风险管理。

上海城市气候变化综合灾害风险治理的创新实践主要包括三个方面：

一是着力于强化应急联动，推动城市极端气象灾害防御的体制机制创新，如：建立跨部门的预警信息发布中心，强化部门间的风险管理决策联动；建立红色预警应急处理联动机制，有效缩短城市应对灾害风险的处理时效；建立多灾种早期预警系统，探索全市参与的防灾减灾体制等。

二是着力于基础能力建设，推动城市气候变化风险管理的政策措施和工程技术创新，如：成立专门的气候变化研究机构开展适应气候变化基础研究工作；将适应气候变化基础能力建设写入城市发展专项规划，利用金融保险等新手段探索气象灾害风险转移机制；开展社区气象灾害风险普查，结合智慧城市建设建立社区风险管理工程。

三是着力于气候变化科普教育，引导公众提高城市防灾减灾意识，如：借助世博会等重大社会活动宣传气候变化知识；开展气象灾害防范进校园活动，提高气象防灾避险知识能力；针对气候变化科技和管理工作者定向开展提高气候变化科学认识等。

上海的应对经验可以为沿海大城市提供参考和借鉴。

2014 年全球最暖年的可能成因是人类活动影响叠加海洋变暖和热容量增大的结果

全球变暖是一种长期的变化趋势，2014 年呈现最暖年是这种长期趋势上叠加的年际变化。众所周知，地球表面气温是气候系统的能量平衡决定的，全球变暖的主要成因可以从气候系统外源强迫和气候系统内部的变化两个角度分析。

从外源强迫的角度出发，导致全球变暖的主要原因是长期人类活动所造成的大气中温室气体的含量增加。长期温室气体继续排放将导致 21 世纪末全球气温在现有基础上再升高 0.3 ~ 4.8℃。

除了大气温室气体的作用之外，气候系统内部各圈层的变化也会影响地表气温的变化。众多研究表明，海洋变暖和热容量增大是全球最暖年的重要原因。作为地球上年代际时间尺度上的气候变率强信号，太平洋年代际振荡现象（Pacific Decadal Oscillation，简称 PDO）可以部分解释全球气温的年代际振荡。在年代际背景下，当 PDO 呈现正位相时，全球地表气温通常偏高。监测显示，2014 年的 PDO 指数为 1.13，从年代际时间尺度上来看，PDO 很可能由之前的负指数年代（20 世纪 90 年代 ~ 2013 年）转为正位相时期。此外，这种年代际的气候现象与另外一种海洋的年际信号——厄尔尼诺现象是密切相关的。研究表明，当 PDO 呈现正位相时，赤道太平洋发生厄尔尼诺现象的可能性更大。大量研究表明，厄尔尼诺现象发生的年份，全球平均气温也容易偏高。2014 年处于厄尔尼诺年，赤道东太平洋的海温较常年平均偏高。因此，不论是在年代际背景还是年际变化，海洋对 2014 年呈现全球最暖年的贡献都是不容忽视的。

"APEC 蓝"给我们的重要启示是建立区域联动减排和重污染天气预警机制是治理大气污染的有效途径

根据中国环境科学研究院和中国环境监测总站的评估结果，APEC 会议期间北京地区空气质量明显改善，各项污染物浓度大幅降低，北京市区 PM2.5、PM10、SO_2、NO_2 的浓度比上年同期下降 22% ~ 59%；京津冀地区 4 项污染物浓度比上年同期下降 25% ~ 49%；京津冀各城市空气质量优良率达到 66%，比上年同期上升 25 个百分点；中度以上污染天数只占 12%，严重污染天数仅 1 天。

事实证明，APEC 会议期间的大气污染防控措施效果显著，在遭遇了较强的不利污染物扩散气象条件下，仍然保障了北京的蓝天。北京"APEC 蓝"的大气污染防控行动，充分证明了大气污染排放是造成京津冀大气重污染的根本原因，也由此获得了京津冀地区削减不同类型污染排放与空气质量改善之间关系的第一手实验资料，可以为京津冀地区大气污染治理和"一体化"发展规划提供科学依据。

"APEC 蓝"增强了我们消灭重污染天气、改善城市空气质量的信心，并用事实证明了京津冀大气污染治理的正确途径有以下几点：

1. 建立重污染天气区域应急联动减排机制。

随着中国城镇化的快速推进，中东部地区已形成多个城市群，大气污染物的跨区域输送已经是不争的事实，APEC 会议期间大气污染防控措施涉及北京市及周边 6 个省（区、市），有效地保障了北京市的空气质量。为此，京津冀及周边地区大气污染防治协作小组通过了《京津冀及周边地区大气污染联防联控 2015 年重点工作》报告，明确了建立京、津、冀、晋、鲁、内蒙古六省区市区域空气重污染预警会商和应急联动长效机制。借鉴 APEC 会议空气质量保障工作经验，率先在京津冀，特别是在北京、天津、唐山、廊坊、保定、沧州六市，建立统一的空气重污染预警会商和应急联动协调机构，逐步实现预警分级标准、应急措施力度的统一，共同提前采取措施，应对区域性、大范围空气重污染，最大限度减缓不利扩散条件下污染物的累积速度，有效遏制污染程度，保障公众健康。同时开展区域性大气污染联动执法，全面落实《中华人民共和国环保法》，重点查处非法偷排、超标排放、逃避监测、阻挠执法等违法行为；坚决遏制秸秆焚烧、油品质量不达标、机动车排放等区域性污染问题。此外，加强信息共享和经验交流，实现空气质量和重点污染源数据、治污技术和经验等信息共享，共同提高治污水平。

2. 强化本地应急减排措施。

APEC 会议期间，京津冀及周边地区大气污染防治协作小组在得到重污染气象条件预报之后，迅速加大了污染防控力度，使北京市在非常不利污染扩散的气象条件下仍然保持住蓝天。因此，摸清本地各类污染源对大气污染的贡献，制定各类不利气象条件下的应急减排方案，是在短时间内有效控制大气污染的有力措施。

3. 加强重污染气象条件预警。

APEC 会议期间，由于 11 月 3 日预测了 8 ~ 11 日的不利气象条件，京津冀及周边地区大气污染防治协作小组从 6 日起加大了污染防控力度。由于有了前 3 天防控实施的基础，有效地控制了大气污染的发生。从污染防控措施的实施到空气质量的提高需要一定的时间，针对重污染气象条件制定相应的应急减排方案也需要一定时间，因此，重污染天气预警需要有足够的提前量，需要开发 10～30 天的重污染天气预警技术。

城市应对气候变化可借鉴美国一些城市协同决策、协同治理、全社会参与的经验。

绿皮书指出，在城市气候变化风险的协同治理层面，尽管美国城市也尚在探索和发展中，但是一些城市开展适应规划的过程、政策内容及其实践行动都有许多可借鉴之处。

一是多主体参与的协同决策过程。美国是"自下而上"的以州为治理主体的行政管理模式，地方城市政府拥有较大的自治权，城市治理模式包括市长负责制、城市经理人制、管理委员会制等，这使得这些城市能够因地制宜、根据自身情况和需求制定最适合自己的气候行动方案。这些城市的适应战略和行动计划都有科学的决策程序，尤其是比较重视科学研究和公众参与，强调将气候风险和适应目标纳入城市各部门的发展规划及政策评估过程。这种科学的、严格依照程序进行的决策过程，确保了适应规划的严谨性和科学性，也使得规划从一开始就具有很强的法律效力和可操作性。

二是部门协同的合作治理。美国城市的适应规划非常翔实，例如美国芝加哥、波士顿等城市的适应战略中，都强调了"示范先行"（leads by examples），通过实施一些具有优先性和重要性的示范项目（例如针对重点领域、脆弱地区、脆弱群体的政策设计或投资项目），不断积累经验，查漏补缺。此外，国外城市的规划文件都有较强的现实操作性，纽约适应计划尤其突出，针对未来可能影响纽约安全的主要风险，如海平面上升、飓风、洪水、高温热浪等，详细列举了 250 条适应气候变化的行动计划，明确了各个重点领域、优先工作等，体现出纽约适应计划坚实的可操作性。这些工作都需要不同部门之间的密切配合与协同合作。

三是注重全社会参与的治理理念。社会公众对环境和气候变化问题的重视，对于城市开展成功有效的适应行动尤为重要。美国城市开展适应规划重视利益相关方的参与，关注社区和民生，注重适应项目与城市的长远发展、城市更新和可持续发展等政策目标的协同。美国纽约、芝加哥、波士顿等城市在适应计划编制和实施过程中，广泛征集社会各界的意见和建议，使得每一项适应举措都能够得到认可与实施。此外，适应规划尤其关注贫困社区、少数族裔等脆弱群体，通过适应项目推动社区、企业和就业等发展目标。例如纽约的适应计划投资推动了旧城更新改造，尤其是边缘群体居住的老旧社区的基础设施建设，既可以消除灾害隐患，还可以创造就业计划，减小城市社会阶层的分化，从而提升社会凝聚力和城市竞争力。

中国暴雨洪涝灾害呈现逐渐严重的趋势

绿皮书指出，中国是世界上洪涝灾害发生最为频繁的国家之一。1984～2013 年，中国暴雨洪涝灾害多年平均受灾面积达 9.35 万平方公里，多年平均受灾人口达 8661 万人，多年平均直接经济损失达 793.78 亿元，且受灾人口和直接经济损失呈现逐渐增加的趋势。进入 21 世纪，中国暴雨洪涝呈现新的特征，主要体现在中小河流洪水、山洪、暴雨诱发的泥石流和滑坡，以及城市内涝灾害频发，造成人民生命伤亡和财产巨大损失。虽然，随着中国经济的飞速发展，灾害的经济脆弱性有所缓解，但灾害的人口暴露度、经济暴露度和人口脆弱性均表现为增大趋势。在未来气候变暖背景下，中国暴雨致灾危险度较高的区域集中在中国东南部，且危险度较高的范围不断扩大。因此，在未来气候变化和社会经济变化条件下，加强暴雨洪涝灾害的社会经济影响风险评估方法和技术研究，把风险纳入到社会经济发展规划之中，减少高危险区域尤其是中国东部地区的人口和经济暴露度、增强社会经济的恢复力和适应性，是降低灾害风险的有效途径。

加强气候承载力研究开展气候承载力评估迫在眉睫

绿皮书指出，生态文明建设需要兼顾资源环境保护和经济社会发展。气候是重要的环境资源之一，也是人类社会赖以发展的基础，气候变化已经在全球范围内产生了重要的影响并还将持续，进而影响到人口、生计、经济、资源、生态等诸多方面。气候承载力为气候系统对可持续发展的承载能力，指在一定的时间和空间范围内，气候资源（如光、温、水、风……）对社会经济某一领域（如农业、水资源、生态系统、人口、社会经济规模……）乃至整个区域社会经济可持续发展的支撑能力。气候资源与耕地、水资源一样，在一定的时空范围内，所能承载人口、经济、社会等要素的能力是有限的，而不是无节制的。气候承载力是与社会经济发展和人类活动密切相关的动态阈值，强调人类活动不能超出特定生态环境所能承载的范围，其本质是界定气候资源对人类可持续发展的影响，将资源的利用和社会经济发展规模或强度限定在合理的程度或范围内。在未来的发展规划中，需要统筹考虑气候要素的变化和气候变化的影响，充分遵循气候规律，考虑气候资源的承载能力，界定气候资源所能承载的自然生态系统和人类社会经济活动的强度和规模。

我国气候承载力研究和评估刚刚起步，还面临很多挑战，首先亟待构建并完善气候承载力理论基础及评估框架；其次是气候承载力评估需要因地制宜地开展，注重实用性和可操作性；开展气候承载力评估需要与其他学科的交叉融合，拓宽气候承载力评估的应用领域和服务对象；最后开展气候承载力评估，特别是定量化的承载力评估还需要不断创新，融入新的技术方法。

地球生命力报告·中国 2015

2015 年 11 月 12 日，世界自然基金会（WWF）与中国环境与发展国际合作委员会共同发布最新一期关于中国生物多样性和自然资源需求的研究报告《地球生命力报告·中国 2015》（以下简称《报告》）。《报告》显示：目前，全国仅剩青海和西藏两个省区仍维持生态盈余，内蒙古、云南、海南、新疆四个省区成为新的生态赤字省份。换句话说，一些"财大气粗"的经济发达省份，在生态财富方面出现生态赤字。

《报告》以"发展、物种和生态文明"为主题，在国内首次建立起基于地球生命力指数（LPI）计算方法的中国陆地生态系统脊椎动物变化趋势指数，而 LPI 是运用于 WWF

全球《地球生命力报告》中的评估地球生物多样性的重要指标。

《报告》中，不同省区市间的生态足迹和生物承载力有明显差异。东部省份人均生态足迹相对较高，中西部省份人均生态足迹相对较低。2010年中国有6个省区（内蒙古、云南、海南、新疆、青海、西藏）生态盈余（生物承载力大于生态足迹）。但至2015年，我国仅有青海和西藏两个省区维持生态盈余，而上海的人均生物承载力在全国省（区、市）里排名倒数第一。

中国省域生态文明状况试评价报告

2015年6月9日，中国生态文明研究与促进会在京发布的中国省域生态文明状况试评价报告。报告显示：2010年以来，我国省域生态文明总体状况企稳向好，进入持续提升的新阶段，浙江、江苏、福建等地在省域生态文明状况综合指数评价中名列前茅。

此次省域生态文明状况试评价报告是在环保部的支持下，历经两年多的调查研究和反复论证完成的。评价报告从生态空间、生态经济、生态环境、生态文化、生态生活、生态制度六个领域，分为23个指标，对全国31个省区市生态文明状况进行了分析评价。

综合指数评价中，浙江、江苏、福建、重庆、广东、辽宁、北京、云南、四川、海南排名前十位。其中，生态环境领域得分居前的是海南、西藏、福建等省区市，天津、浙江、北京等省区市生态经济排名居于前列。统计表明，生态环境与生态经济、生态生活等领域得分呈现一定的负相关性。

生态制度领域得分居前的省份是青海、北京、黑龙江。在生态文化领域，各地得分总体偏低，江苏、浙江、上海等省区市位居前列。生态生活领域排名居前的省区市有上海、福建、浙江等，均位于我国东部地区。

中国生态文明研究与促进会常务副会长祝光耀表示，对省域生态文明状况进行评价，将为生态文明建设政绩考核、责任追究等工作探索路子，为各省级党委政府进一步创新生态文明建设的思路、举措，完善机制体制提供决策支持。

祝光耀说，中国生态文明研究与促进会将每五年对评价体系的满分值及合格值进行动态更新，使每届政府任期内的评价结果具有一定的可比性。

"全国百佳生态文明城市与景区"推选活动

由新华社半月谈杂志社、中国名牌杂志社、中国国情调查研究中心共同主办的"全国百佳生态文明城市与景区"大型推选活动在 2014 年正式启动。活动以"促进生态文明建设，共建美好家园"为主题，弘扬社会尊重自然、顺应自然、保护自然的生态文明理念，将推选出"全国十佳生态文明城市""全国最佳生态保护城市""全国最佳生态规划治理城市""全国十佳生态休闲旅游城市""中国最具潜力绿色经济发展城市""全国十佳生态文明景区""全国十佳生态旅游示范景区""全国十佳文化生态景区""全国十佳明星景区""中国最具原生态景区"十大系列代表、百家生态文明典型。

该活动旨在通过向社会推荐一批明星生态文明城市和景区，着力推进绿色发展、循环发展、低碳发展理念，积极引导各城市、各景区大力发展绿色环保的可持续经济。同时，为那些保护生态环境、建设美好家园而付出巨大努力的建设者、领路人提供一个展示平台，集中体现各地区、各部门在党的领导下，不断努力满足人民建设"天蓝、地绿、水净"美好家园的新期待。

该推选活动的流程分为：材料申报、专家评审、定向考察、集体审议、媒体公示、表彰宣传等几个阶段逐步进行。

· 2015 首届"生态文明建设高峰论坛暨城市与景区生态文明成果发布会"于 2015 年 7 月 18 日上午在北京京西宾馆隆重召开。

论坛后半程对获得推选的各单位生态文明建设成果进行了表彰，出席论坛的领导对各地方、各单位就生态文明建设所作出的贡献表示支持与鼓励，表示希望各单位在今后的生态文明建设工作中再接再厉，努力建设绿色城市、绿色景区，努力满足人们对"天蓝、地绿、水净"的美好期待。

中国低碳发展报告 2015

"实现 2030 年碳排放达峰目标的一个重要前提就是经济增速不超过 5%。对全国而言，履行气候承诺可能制约经济增速，但并不制约经济增长。对于不同地区和省份，由于经济发展水平的差异，情况可能大不相同。"清华大学发布的《中国低碳发展报告 2015》（以下简称《报告》）提出了上述观点。

《报告》提出，在过去几十年中，我国的经济高速增长是与化石能源消耗和碳排放增长密不可分的。数据显示，改革开放之初的 1980 年，我国人均能耗为 0.63 吨标准煤，折合碳排放为 1.47 吨。到了 2012 年，人均能耗上升为 2.52 吨标准煤，折合二氧化碳排放为 5.52 吨，年均增长率分别为 4.42% 和 4.22%。与此同时，国内生产总值提高了近 20 倍，年均增长约 10%。由此看来，2030 年左右碳排放不再增加，甚至有所下降，意味着经济增速必须随之下降。

根据国家气候变化专家委员会副主任、清华大学原常务副校长何建坤的研究，碳排放的变化率可近似地表示为 GDP、能源强度和能源碳密度变化率之代数和。在过去 30 多年中，由于节能和能效提高，我国的能源强度平均每年以 5% 的速度下降。

近年来，随着水能、风能、太阳能以及核能等低碳能源的不断开发利用，能源领域的总体碳密度也呈下降趋势。

研究认为，2030 年碳排放实现零增长，意味着 GDP 增长速度与能源强度及能源碳密度的下降速度之和大体相当，也就是说由经济增长产生的增碳效应被能效提高和低碳能源利用的减碳效应所中和。如果能效和低碳能源比例提升较快，就会为 GDP 增长创造较大空间。在新的气候承诺下，能源强度和能源碳密度的下降幅度事实上为经济增长幅度设定了上限。

清华大学教授齐晔认为，纵观世界各国经济增长与碳排放关系的历史变迁，一般情况是，随着经济增长，能源强度会经历一个先升后降的过程，最终一国的能源强度及能源碳密度下降率之和一般不超过 5%。虽然这并非不可改变的物理定律，但得重视这个经验数值。鉴于我国政府承诺 2030 年碳排放目标的严肃性，可以认为，政府在作这项决策时，对于 2015 年后经济增长的预期不会超过 5%。

国务院发展研究中心在其《2030 年的中国》中也预期，在接下来的三个五年计划期间（2016～2030 年），我国经济增速将从"十三五"的 7% 降至"十五五"的 5%。在经济增速方面，这项研究与碳排放达峰规划不谋而合。基于中外节能降碳的历史数据，要保证实现 2030 年碳排放达峰目标，经济增速不大可能突破 5% 的上限。有经济学家认为我国经济在未来 20 年仍能保持 7%～8% 的高速增长。从经济学角度这或许是可行的。但从履行气候承诺角度来看，这种经济高速增长的可能性几乎不存在。

《报告》从电力角度测算后认为，2030 年我国发电量需求将达 8 万亿～10 万亿千瓦时，为我国 2011 年发电量的 2 倍，年均电力需求增加量为 2.8%～4% 的水平，分别由煤电和非化石能源发电来共同实现；其中煤电比重将下降到约 60% 左右的份额，这意味着非化石能源供应量将保持更高的发展速度，2030 年非化石能源的供应量约为 11.6 亿吨标煤，未来的年均增速达到约 8% 的水平，而届时每千瓦时电量的二氧化碳排放强度将下降约 35%，年下降率达 2.2%，最终到 2030 年人均二氧化碳排放量达到 8 吨左右。

世界可持续发展报告

由中国科学院科技政策与管理科学研究所顾问牛文元主编、科学出版社出版的《2015 世界可持续发展年度报告》（以下简称《报告》）2015 年 8 月 26 日在北京发布，这是中国首份《世界可持续发展报告》。

这一报告从 2012 年开始进行规划编纂，共分理论篇、主题篇、指标篇、统计篇 4 个板块，全方位关注了世界可持续发展的趋势和进展，并以独创的理论与方法对世界可持续发展做出独立的评价。报告认为，从 2015 年到 2030 年，是世界可持续发展"从认识走向实践""从号召走向落实""从行动走向科学"的关键成长期。报告还对中国、美国等国家实现可持续发展的时间做出了预测。

该报告的内容摘要如下：

世界代表性国家实现可持续发展时间表

排序	国家	实现可持续发展年份
1	挪威	2040
2	瑞士	2045
3	加拿大	2053
4	芬兰	2054
5	奥地利	2056
6	德国	2061
7	澳大利亚	2064
8	新西兰	2067
9	美国	2068
10	法国	2069
10	日本	2069
10	韩国	2069
18	中国	2079
	世界	2141

典型国家人类发展指数达到 0.8 目标的实现时间

国家类型	国家名称	目标实现时间
发达国家	美国	2013
	德国	2013
	挪威	2013
	澳大利亚	2013
	日本	2013
新兴经济体国家	巴西	2024
	俄罗斯	2017
	中国	2029
	印度	2053
	南非	2040

续表

国家类型	国家名称	目标实现时间
发展中国家	印度尼西亚	2035
	不丹	2053
	埃及	2036
	尼日利亚	2067
	委内瑞拉	2020
最不发达国家	阿富汗	2074
	孟加拉国	2058
	苏丹	2073
	莫桑比克	2089
	埃塞俄比亚	2080

进入 21 世纪的地球，面临着人口增长、能源和资源需求、生态和环境胁迫、社会问题等带来的多重压力，也面临着土地利用改变巨大、城市化迅速发展、人类活动强度非线性增大、气候变暖、网络化带来的全新挑战。在此背景下，21 世纪开始之年，"应对变化中地球的挑战 2001"世界大会首倡并发布了"可持续发展科学"诞生宣言，并正式宣布"可持续发展科学"是科学领域一个全新的学术方向。

2015 年被称为可持续发展年，9 月在纽约世界首脑特别峰会上批准"2015 后发展议程"。为配合这一时间节点，本课题组发布世界首份《2015 世界可持续发展年度报告》。本报告在世界上首次计算了主要国家实现可持续发展目标的时间表，获得了全球 192 个国家（地区）的可持续发展能力指数，还特别提出了在"后发展议程"中全球目标设计的新思路。

本报告既从经济增长、结构治理和环境安全的实用性要求出发，也从哲学观念、人类进化、文明形态的理性化总结出发，力求全方位涵盖"自然、经济、社会"复杂巨系统的行为规则，体现"人口、资源、环境、发展"四位一体的辩证关系，从而在可持续发展这个庞大的交叉科学体系中，彰显中国学派的学术见解。

1. 深入认识可持续发展概念

自 1983 年联合国启动可持续发展的奠基性研究以来，"可持续发展科学"已经凝练出以下三项共识：必须坚持以创新驱动克服增长停滞和边际效益递减（提供动力）；必须保持财富的增加不以牺牲生态环境为代价（维系质量）；必须保持代际与区际的共建共享，促进社会理性有序（实现公平），从而在可持续发展内涵中提取出了"动力、质量、公平"三大元素。只有上述三大元素及其组合在可持续发展进程不同阶段获得最佳映射时，可持续发展科学的内涵才具有统一可比的基础，才能制定可观控和可测度的共同标准。

1999 年，中国第一份可持续发展战略研究报告发布，明确提出"人与自然之间关系的平衡"与"人与人之间关系的和谐"是贯穿于整个可持续发展的两大核心主线，为可持续发展科学的建立提出了可公度性要求。

可持续发展科学的建立与完善大致分为四个主要方向——经济学方向、社会学方向、生态学方向以及系统学方向，其中，系统学方向为中国学者所独立开创。

由于各类局限性约束，可持续发展科学的公理破缺也正逐渐显现出来：在强调代际公平的同时比较忽略区际公平；在强调环境效应的同时比较忽略社会效应；过分强调自然变化，比较忽略文化变化。

联合国《21世纪议程》与千年发展目标实施以来，全球可持续发展进程进入2015年后发展议程的新阶段。在此基础上，依据可持续发展科学，我们寻求可持续发展的"拉格朗日点"作为制定全球实现可持续发展时间表的定量指南，并据此作出对各国可持续发展目标实现时间的基本预测。我们将进入可持续发展门槛的前提设定为："无世界大战发生、无全球性经济危机发生、无全球性国际治理结构失控发生、无全球性网络灾难发生、无全球性不可控事件发生。"

2. 世界2015年后发展议程

2015年后的世界可持续发展面临新挑战。

挑战之一，人与自然关系不和谐，表现为：全球温度上升控制在2摄氏度阈值之内面临巨大挑战；世界资源短缺风险日益凸显，实现资源消耗"零增长"目标任重道远；全球环境污染程度持续加重，仍处于环境与发展的"两难"境地；全球生态服务功能持续下降，"生态赤字"加速上升。

挑战之二，人与人关系不和谐，表现为：人口总量呈加速增殖，人口结构失衡日益严重；全球"财富鸿沟"越来越大，陷入发展与公平的"两难"悖论；全球失业和贫困人口居高不下；全球社会风险持续增加，社会认同感降低。

挑战之三，人类身心关系不和谐，表现为："财富增长"与"幸福流失"悖论；"致富至上""唯GDP论"泛滥；"消费异化"与"可持续消费"冲突。

有鉴于此，本报告设计了一套人类可持续发展面临威胁的定量评估体系，该评估体系从威胁空间范围、时间尺度、应对难度三个维度对人类可持续发展面临的威胁进行评价。其中，空间范围分为全球尺度、洲际尺度和区域尺度三类。时间尺度分为长期（大于100年）、中期（50~100年）和短期（小于50年）三类。应对难度分为高（无解决方案）、中（有解决方案难实施）和低（有解决方案易实施）三类。

评估结果显示，21世纪人类可持续发展面临的前十大威胁依次为——气候变暖、恐怖活动、资源短缺、自然生态退化、贫富差距、环境污染、腐败行为、人口膨胀、地区冲突和传染病。

当今全球可持续发展也正迎来历史性的新机遇。首先，从发展动力引擎的升级来看，第三次工业革命大潮方兴未艾，创新驱动引领发展动力升级，为人类可持续发展提供了可靠的动力支撑；其次，从全球治理体系调整来看，以中国为代表的新兴经济体国家群体性崛起，与传统发达国家在全球可持续发展治理体系构建的良性互动和共建共享之中，为全球可持续发展创造了新机遇、新活力和领导力；最后，从发展理念变革来看，全球绿色新政方兴未艾，从追求"资本红利"向追求"生态红利"转变，推动了工业文明向生态文明转型，生态文明建设孕育着世界可持续发展的历史性机遇。

3. 世界的社会难题与人文响应

本报告基于世界可持续发展的社会维度，构建了社会和谐指数指标体系，旨在通过对全球社会和谐指数的研究发现各国政府在治理过程中存在的问题。

世界社会和谐指数研究指标体系具体包括社会治理、社会稳定和社会发展三大子系统及其分属的七大要素。其中，社会治理是对世界各国政府社会管理能力和管理水平的综合度量，由治理能力、社会清廉及和平指数三项组成。社会稳定是对世界各国政府应对国内社会矛盾、平衡社会各阶层利益能力的综合度量，由幸福体验和基尼系数两项组成。社会发展是对世界各国政府促进本国人民发展、提升国家综合竞争能力的综合度量，由教育投入和创新能力两项组成。该体系还对三级指标进行说明与界定，并给出了详细的计算方法与权威的资料来源。

通过计算，我们得出全球典型国家2013年社会和谐指数。测算结果显示，社会和谐指数与国家类型基本一致。

人类发展指数（HDI）由平均预期寿命、成人识字率和人均GDP的对数三个指标构成，分别反映人的长寿水平、教育水平和生活水平，然后按照一定的计算方法，得出当年世界各国的综合指数，据此衡量当年各国的人类发展水平。根据人类发展指数的高低，联合国开发计划署将世界各国依次分为极高人类发展水平、高人类发展水平、中等人类发展水平和低人类发展水平四个组别。

本报告认为，世界各国人类发展指数达到0.8以上将是社会问题减少、人类发展水平较高的阶段。因此，本报告根据现有不同组别人类发展水平的年均增长率估算出世界平均HDI值发展趋势和不同类型的典型国家人类发展指数达到0.8的时间。就世界范围来看，人类发展指数大约将在2040年前后达到0.8，之后增速将进一步放缓，预计将在21世纪末达到0.95。

4. 未来15年后发展目标的重整

本报告以联合国可持续发展目标工作组建议的17项目标为基础，对不同类型国家可持续发展目标的选择进行计算、分析和总结，定量分析的结果显示，可在如下几个方面对"17项目标"进行改进。

（1）提出可持续发展目标的系统理论，可持续发展强调发展的系统性和全面性。本报告充分重视人与自然的和谐、人与人关系的和谐两大可持续发展主题，并由此提出发展动力、质量和公平等三大元素的逻辑自治理论。

（2）考虑不同发展阶段的可持续发展目标，本报告将全球各国的发展阶段分为发达国家、发展中国家和最不发达国家，并对各种类型发展阶段下可持续发展的动力、质量和公平优先级进行评价。

（3）本报告以"17项目标"为基础，对五种类型国家，特别是小岛国家，未来15年可持续发展目标体系进行了梳理和评价。

（4）本报告在发达国家、新兴经济体国家、发展中国家、最不发达国家和小岛国家中，分别选取五个代表性国家，对其未来15年可持续发展的目标优先级进行排序。

（5）明确可持续发展"共同而有区别的责任"原则，本报告不仅关注可持续发展目标，还强调目标背后的责任。

未来15年发达国家可持续发展的目标选择中，本报告以美国、德国、挪威、澳大利亚、日本为例，虽然他们在各维度上的可持续发展水平普遍较高，但其中也存在短板，假设以0.618（标准化数据的黄金分割点）作为各项目标实现可持续发展的标准值，距离标准值越远，越应该优先发展该项目标。基于这样的假设，未来15年发达国家应依次优先在能源配置、用水安全、生产消费、气候变化、劳动就业等目标方面实施可持续发展战略。

未来15年新兴经济体国家可持续发展的目标选择中，按同一研究方法，本报告以巴西、俄罗斯、中国、印度、南非为例，未来15年新兴经济体国家应依次优先在结束饥饿、能源配置、确保健康、用水安全、生产消费、劳动就业、社会平等、城市发展、海洋利用、全球合作等目标方面实施可持续发展战略。

发展中国家以印度尼西亚、不丹、埃及、尼日利亚、委内瑞拉为例，未来15年应依次优先在确保健康、结束饥饿、能源配置、生产消费、用水安全、劳动就业、城市发展、基础设施、全球合作、社会平等、海洋利用、优质教育、性别平等等目标方面实施可持续发展战略。

最不发达国家以阿富汗、孟加拉国、苏丹、莫桑比克、埃塞俄比亚为例，未来15年应依次优先在基础设施、确保健康、城市发展、用水安全、消除贫困、优质教育、全球合作、结束饥饿、生产消费、社会进步、社会平等、能源配置、海洋利用等目标方面实施可持续发展战略。

小岛国家以马尔代夫、斐济、所罗门群岛、汤加、毛里求斯为例，未来15年应依次优先在确保健康、海洋利用、用水安全、劳动就业、生产消费、基础设施、生态保护、城市发展、社会进步、性别平等、社会平等等目标方面实施可持续发展战略。

5. 世界192个国家（地区）可持续发展能力

衡量可持续发展的指标体系是正确引导可持续发展方向的关键。指标体系应具有三大重要特征：一是反映系统本质和行为规矩的"量化特征组合"；二是衡量系统变化和质量优劣的"比较尺度标准"；三是调控系统结构和优化功能的"实际操作手柄"。

可持续发展的指标体系，分为总体层、系统层、状态层和要素层四个等级。其中，总体层表达可持续发展的总体能力，代表着战略实施的总体态势和总体效果；系统层由内部的逻辑关系和函数关系表达为五大系统；状态层在每一个划分的系统内能够代表系统行为的关系结构；要素层采用可测、可比、可以获得的指标及指标群，对变量层的数量表现、强度表现、速率表现给予直接度量。

综上，课题组在可持续发展总体框架原则下，综合考虑指标的可获取性和连续性，构建了共包括五大系统和26项要素组成的"可持续发展能力"指标体系。其中，五大系统包括生存支持系统、发展支持系统、环境支持系统、社会支持系统和智力支持系统，26项要素中既包括单一要素指标，也包括综合要素指标。

依照所设计的指标体系，应用"世界银行"和《人类发展报告》（2014）发布的全球各国家（地区）最新年度统计数据，在统计规则的统一比较下，本报告完成了世界各国家（地区）可持续发展能力以及五大分项的计算。根据数据的可获取性，共选取全球192个国家（地区）。据测算结果，前十名为挪威、瑞士、瑞典、加拿大、冰岛、芬兰、奥地利、德国、斯洛文尼亚、澳大利亚，末十名为格林纳达、基里巴斯、索马里、密克罗尼西亚、尼基茨和尼维斯、毛里塔尼亚、圣马力诺、马绍尔群岛、图瓦卢、南苏丹。

6. 首推可持续发展"资产负债表"

在对世界可持续发展能力系统学解析的基础上，《报告》首次从全球视角介绍了世界可持续发展能力的"资产负债表"。可持续发展能力的"资产负债表"基本思想是从本质上强调对发展质量的评判。可持续发展能力"资产负债表"的分析构筑在对可持续发展的系统解析之中，寻求不同国家之间及同一国家不同支持系统内部支撑要素的比较优势，将比较优势定量化、规范化，然后置于统一基础上加以对比，形成可持续发展能力的"资产"（比较优势）和"负债"（比较劣势）。

应用可持续发展能力资产负债表，对全球各国的可持续发展能力做出相应的定量判别，即应用相对资产和相对负债相互抵消的净结果，作为各国可持续发展能力水平的"质"的表征。

所统计的 192 个国家（地区）中，可持续能力相对资产最优的 5 个国家（地区）是：挪威、德国、冰岛、瑞典、新西兰。可持续能力相对负债最大的 5 个国家（地区）为：南苏丹、约旦河西岸和加沙、乌干达、也门、冈比亚。依据国家类型划分，可持续能力相对资产最优的为发达国家（66.07%），其次为新兴经济体国家（61.50%），最后是最不发达国家（47.28%）。

2015 全球可持续能源竞争力报告

生态文明贵阳国际论坛 2015 年年会成果发布会上发布了《2015 全球可持续能源竞争力报告》，该报告是浙江大学环境与能源政策研究中心课题组成员协同攻关的成果。

《2015 全球可持续能源竞争力报告》主要对全球可持续能源发展和竞争力进行了系统和深入研究，对太阳能、风能、水能、地热能、生物质能等可持续能源在全球主要国家的发展现状及开发前景进行定性和定量分析，并通过设计和建构一个科学的量化分析指标体系，对各国的可持续能源竞争力进行综合评估与比较：经计算，在 G20 国家可持续能源竞争力综合指数与排名中，中国的可持续能源竞争力排到了首位，美国居次席，与中国差距不大，德国位居第三。

《报告》分六个部分，着力解释了两方面的信息：一是可持续能源相对于传统化石能源的竞争力；二是全球主要经济体在可持续能源领域的竞争力。研究表明，提高可持续能源竞争力的秘诀并非是一国拥有多少资源，而更多的在于该国如何利用这些资源。如石油资源丰富的俄罗斯与沙特阿拉伯，其发展潜力很大程度上就受制于原油可采储量，相反，丹麦等国土狭小、资源贫瘠的国家，则能够从国情出发，积极吸收借鉴先进经验、技术与资本来发展可持续能源产业。

2014 年中国省域生态文明建设报告

北京林业大学生态文明研究中心 2014 年 12 月 8 日发布的"生态文明绿皮书"《中国

省域生态文明建设评价报告（ECI2014）》指出，我国整体生态文明建设水平保持上升趋势，但与发达国家的差距仍在加大。各省生态文明指数 2014 年排名显示，海南得分最高（93.27），河北得分最低（65.85），北京得分首次退居第二。而在 2010～2013 年的报告中，北京的排名均为第一。报告分析称，环境质量排名相对落后，成为北京生态文明建设的短板。

我国整体生态文明建设呈上升趋势

报告指出，我国整体生态文明建设呈上升趋势，年度进步指数为 2.92%。除了受社会发展强力推动外，反映资源能源消耗及污染物排放与生态、环境承载能力关系的协调发展能力也稳步提升 4.72%。

但国际比较显示，我国生态文明水平与发达国家的差距仍在扩大。随着国内经济社会的快速发展，我国与发达国家间经济差距日益缩小，但生态、环境等公共产品供给能力却仍在拉大。根据测算，在 105 个样本国家中，中国的生态文明建设水平位列倒数第二。当前，全国整体环境质量形势依然严峻，部分地区生态文明建设短板问题突出，经济社会发展的生态环境代价过高。

报告指出，全国 31 个省（自治区、直辖市，不含港澳台）的生态文明建设可归纳为均衡发展型、社会发达型、生态优势型、相对均衡型、环境优势型和低度均衡型 6 种类型。从整体来看，东北及沿海地区生态活力较高，但环境质量优良的省份屈指可数。在社会发展受经济水平强势制约的情况下，报告建议：各省应从自身类型特点出发，结合自身具体条件，采取有效措施，尤其是抓住社会与自然相互协调程度提升大有可为的机遇，推进生态文明建设的发展。

生态文明建设的四大核心领域进步不均衡

报告指出，我国生态文明建设的四大核心领域——生态活力、环境质量、社会发展、协调程度都有所进步，但进步尚不均衡。其中，社会发展进步显著，仍是推动我国整体生态文明建设进步的主要因素；体现我国资源能源消耗及污染物排放与生态、环境承载能力关系的绝对协调发展能力稳步提升；而生态活力的增加和环境质量的改善较小，变化率都在 1% 以内，这也是人们对生态文明建设水平取得进步感受不明显的根源所在。去除社会发展的进步，仅考虑生态活力、环境质量和协调程度的绿色生态文明进步指数为 1.88%。

随着经济社会的发展，生态、环境质量在人民群众生活幸福指数中的地位不断凸显，人民群众对生态、环境的要求会越来越高，因此，我国生态文明建设的任务还很艰巨，不能盲目乐观。

为此，报告建议，应更加重视和加强顶层设计；更加注重因地制宜、扬长补短；更加重视协调程度的好转。在推进生态文明建设方面，应当树立"生态立国"理念，落实主体功能区划，确保经济、生态双赢，健全生态文明制度，完善数据统计发布等。

各地生态文明指数得分差异显著

报告研究数据显示，各省区市在生态文明指数得分上的差异仍然比较显著。

其中，获得最高分的海南，在生态文明建设取得成绩的同时，也必须看到其在进一步推进生态文明建设中存在的问题和困难：农业生产中化肥、农药投入量依旧较大，通过减少化学品投入降低农业面源污染风险压力明显；控制污染物排放，改善城乡环境的任务依然存在。报告指出，海南下一步重点应是加大 COD 减排、氨氮减排等工作力度。

北京的生态文明建设处于全国领先地位。其中，社会发展已成为北京生态文明建设的绝对优势，而由于起点较高，其进步程度相对缓慢。另外，环境质量排名相对落后，成为北京生态文明建设的短板。除地表水体质量外，其他指标基本位于全国中游或中下游水平，尤其是环境空气质量、化肥施用超标量等指标明显落后于其他绝大部分省市。报告指出，有效实施大气污染治理措施和清洁空气行动计划措施，是未来推动北京生态文明水平不断提高的方向和着力点，而环境污染治理投入的力度在一定程度上影响着环境质量的缓解与改善，最终会影响生态环境与经济、社会发展的匹配程度。

本年度的评价，河北生态文明指数得分为 65.85 分，排名全国第 31 位。报告指出，总体而言，河北在生态活力、环境质量、社会发展和协调程度四方面均居全国下游水平，生态文明建设的类型属于低度均衡型。

与此同时，中西部的河北、宁夏、河南、安徽、湖北、甘肃、陕西、山西等重工业大省、农业大省、能源大省，受总体自然资源禀赋较差和产业布局的双重影响，排名一直相对靠后。报告指出，这些省份需要重点推进产业转型升级，国家也应加强对这些省份的补偿，改观其艰难的生态文明建设局面。

2014 年中国省市区生态文明水平报告

自 2009 年开始，以北京大学杨开忠教授为首席科学家的北京大学中国生态文明指数（Ecology Civilization Index，ECI）研究小组开始对各省区市生态文明水平进行研究，并推出相关报告。2014 年 7 月，研究组再次推出《2014 年中国省市区生态文明水平报告》[①]，报告结合我国生态文明发展的特点和需求，尤其是人们对于环境质量关注的提升，在以往的研究方法基础上，加入了以空气质量水平为核心指标的环境质量指数（EQI），让报告更接"地气"，也更为贴近中国的现实。

报告显示，生态文明前 10 位的省份中，7 个位于东部，福建、海南和上海位列前 3 位，依据生态效率和环境质量的不同，30 个省份被分类"提醒"。

---

① 报告全文详见经济网。（http://www.ceweekly.cn/）

由北京大学中国生态文明指数研究小组发布的该报告，首次将生态效率指数和环境质量指数纳入评价范围，对中国 30 个省份生态文明水平进行排名（不包括西藏、港澳台地区），其中，生态效率指数反映出该地区生态资源的利用效率，环境质量指数则衡量其自然环境遭受污染的程度。

在生态文明前十位的省份中，福建、海南、上海等 7 个东部省份入选，课题组首席科学家、北京大学教授杨开忠认为，东部省份在生态效率方面优势较大，在环境质量方面也有一定优势，整体生态文明水平高于西部。

他表示，虽然大部分西部省份在环境质量方面表现突出，但由于生态效率较低，单位GDP 消耗的资源较多，影响了整体生态文明水平。

依据该指数，30 个省份被分为综合平衡型、环境质量主导型、环境质量制约型、生态效率主导型和生态效率制约型，进行分类提醒。杨开忠表示，不同类型的省份应有针对性的确定重点，全面提升生态文明。

报告将广东、重庆、山东等十个省份列入综合平衡型，课题组建议，这些省份应着重关注和提升制约要素，如广东、山东、湖南等应着重提升环境质量，重庆、广西、安徽等应着重提升生态效率。

环境质量主导型的省份包括海南、云南、贵州等 5 个省份，报告指出，这些省份环境质量突出，但生态效率水平较低，应着力促进发展方式转型。对于天津、河南、河北等 8 个环境质量制约型省份，报告建议，应从产业结构调整入手，提升环境质量。

报告将北京、浙江、上海、江苏 4 省份列入生态效率主导型，课题组指出，这些省份经济和技术水平发达，资源效率较高，但经济高速发展的代价是环境污染，应以提升环境质量水平为重点。与之相反，内蒙古、宁夏和山西的经济水平和资源利用水平较低，应着重提升生态效率。

首次将“环境质量”纳入评价范围

《2014 年中国省市区生态文明水平报告》为国家社科基金重大项目“新区域协调发展与政策研究”（批准号 07&ZD010）研究成果之一。在这份代表国家社科研究高水平的报告中，有两个重要指标：生态效率指数（EEI）和环境质量指数（EQI）。报告采用数据为各省份 2013 年相关数据。

生态效率指数是衡量一个地区消耗单位生态资源所换取的经济发展程度，表征了一个地区生态资源的利用效率。环境质量指数则是衡量一个地区的自然环境遭受污染的程度以及对人体健康产生影响状况的指标。

往年的生态文明指数（ECI）单纯强调经济活动对全球生态冲击程度的最小化，实际上只包括生态效率指标，忽视了地方自然环境质量的好坏。这在一定程度上适应了2002—2012 年我国突出强调节能降耗减排的要求。

然而，随着近年环境污染严重加剧，尤其是空气污染形势严峻，雾霾频现，人们的身体健康受到前所未有的威胁。为切实改善环境质量，2013 年 9 月国务院发布《大气污染防治行动计划》，明确提出了到 2017 年的治理目标及行动措施。党的十八届三中全会也再一次强调了生态文明建设和生态文明制度改革的重要性，与人们身体健康息息相关的生态环境保护和污染防治成为生态文明建设的重点。

为适应人们对生态文明发展的新期待和国家生态文明建设的新要求，进一步体现生态文明以人为本的原则，本次报告中，该研究组尝试在原有生态文明指数的基础上，在兼顾生态效率的同时，将环境质量因素纳入生态文明评价的范围，进而使生态文明指数更加完善。

研究组在总体考察和研究了目前我国公开公布的环境质量数据状况后，将空气质量综合指数（AQII）作为核心指标用来表征环境质量状况。仅采用 AQII 表征环境质量状况并不意味着水环境、土壤环境等自然环境质量不重要，而是由于空气污染对于人们身体健康影响最为直接，对于环境质量具有极强的代表性。此外，在数据方面，我国水污染主要是流域监测数据，很难划分到省市区一级，影响了数据的可获得性。

研究组将标准化后的生态效率指数和环境质量指数加权合并（两者的权重分别为 0.3 和 0.7），便得到修正后的 2013 年生态文明指数（ECI）。杨开忠表示，生态效率指数衡量的是一个地区人口的自然资源消费，其影响不局限于本地；而环境质量指数是一个本地概念，直接反映了本地空气质量对人们健康的影响，与人们的日常生活更为相关，因此，研究组赋予环境质量指数更大的权重。

东部七省市入围前十名

在"2013 年中国省市区生态文明水平排名"榜单中，前 3 位（福建、海南和上海）均在我国东部，而且在前 10 名中，有 7 个（福建、海南、上海、北京、广东、浙江、江苏）都在东部。

在"2013 年中国省市区生态文明水平排名"榜单中，福建、海南和上海位列前 3 名。第 4 名到第 10 名分别为北京、广东、浙江、江苏、重庆、云南、贵州。

值得关注的是，前 3 位均在我国东部，而且在前 10 名的省份中，有 7 个（福建、海南、上海、北京、广东、浙江、江苏）都在东部，其他 3 个在西部。

生态文明排名取决于生态效率和环境质量两方面。GDP 只是通过生态效率而间接影响生态文明水平的高低，即单位 GDP 产生的生态冲击越小，生态效率越高。从这种意义上，生态文明水平与 GDP 高低有一定的关系。

东部省份在生态效率方面存在较大优势，部分省市在环境质量方面也位居上游，比如福建、海南等地，这些地方整体生态文明水平高是正常的。虽然大部分西部省份在环境质量方面表现突出，但由于生态效率较低，影响了整体生态文明水平。

福建取代北京，生态文明排第一

此次生态文明水平排名，福建取代多年来高居榜单第一位的北京成为"新霸主"，其生态效率指数排名第 7、环境质量指数排名第 2，两方面均名列前茅，颇让人感觉意外；但是分析福建 2013 年环境和经济发展状况后发现，福建成为第一也是必然。

福建省政府公布的《2013 福建省环境状况公报》显示：2013 年，福建 12 条主要河流水质状况为优，森林覆盖率 65.95%，继续位居全国首位。在城市环境空气质量方面，2013 年福建省 23 个城市按 GB3095～1996 评价，均达到或优于国家环境空气质量二级标准，各城市平均达标天数比例为 99.5%。公报提出，福建省环境质量持续保持优良，生态环境状况指数继续保持全国前列。

不仅环境状况突出，福建的经济发展也不甘落后。在全国 31 个省份 2013 年 GDP 排名中，福建位列第 11 名。

一些西部地区，虽然环境质量很好，但是单位 GDP 产生的冲击很大，生态效率并不高。而福建不仅生态环境很好，而且生态效率也不低。这两个因素使得福建高居榜首。

不过，研究组也发现，福建省存在第二产业为主导、高耗能行业快速增长的产业隐患。为此，杨开忠通过《中国经济周刊》向福建省建议：要继续保持生态文明水平的领先位置，福建省需要坚持综合平衡的发展方向，在维护良好的自然环境质量的同时，进一步优化产业结构，着力发展轻工业和服务业，不断提升生态效率水平。

北京首次跌出前三名，河北排名最后

导致北京排名位次降低的主要原因，是在 2014 年的评价中加入了环境质量的考量。北京的生态效率非常突出，但环境质量表现欠佳。

有意思的是，多年来一直高居榜首的北京，此次仅位居第 4 位。

导致北京排名位次降低的主要原因，是在 2014 年的评价中加入了环境质量的考量。研究组测算过，如果生态效率的权重高一点，达到 0.35，北京就会排到第一位。因为相对于各个地方，北京的生态效率非常突出，所以这个排名只有在环境质量权重比较高的情况下，北京才排到第 4 位。

而让人意外的是，毗邻北京、同样饱受"雾霾"困扰的河北省却排在了最后一位。

就河北而言，跟北京的差别，首先来自于生态效率。北京的生态效率比河北要高得多，这个生态效率跟北京的产能结构密切相关。而河北的产能结构，重化工产业比较多，能源消耗比较大，污染比较大，相应的，生态冲击也比较大，再加上河北的生产技术总体比较落后，就决定了河北省的生态效率低于北京；其次河北省的环境质量也比北京糟糕，因此排在最后一位也在情理之中。

全国 30 个省份被分类"提醒"

研究组提醒：北京、浙江、江苏等省份应在保持经济发展的同时，着重把环境保护和满足人们对高品质生活的需求作为发展的重点。内蒙古、宁夏、山西等省份应着重转变生产方式、提高资源利用水平、促进生态效率的提升。

研究组认为，由于自然地理环境、经济发展程度、人口消费结构、科学技术水平等方面的差异，生态效率和环境质量这两个要素对各省份生态文明的贡献比重和影响作用不尽相同。

根据生态文明指数、生态效率指数、环境质量指数三项排名及其关系，研究组将 30 个省份分为五类：综合平衡型、环境质量主导型、环境质量制约型、生态效率主导型、生态效率制约型。杨开忠通过《中国经济周刊》提醒：不同类型的省份应有针对性地确定建设重点，朝着生态效率和环境质量全面提升的生态文明方向发展。

综合平衡型省份的生态效率与环境质量对生态文明指数的影响程度相近，而影响方向相反，即一个要素对生态文明发挥正向拉动作用，另一个要素发挥负向制约作用。课题组

建议：这类省份应着重关注和提升负向制约要素的水平。例如广东、山东、湖南等省份应着重提升环境质量水平，而重庆、广西、安徽等省份应着重提升生态效率水平。

对于环境质量主导型省份来说，环境质量极大地推动了生态文明水平的提高。这类省份的环境质量突出，有利于人们的生存健康。但相对来说，生态效率水平较低，对自然资源的利用效率不高，从长远看，不利于经济、社会、自然的可持续发展。课题组建议：这类省份应着力促进发展方式转型，提升技术与管理水平，逐步提高生态效率水平，进而总体提升生态文明水平。典型省份包括海南、云南、贵州等。

对于环境质量制约型省份来说，环境质量直接制约了生态文明水平的提高。这类省份往往具有相对较高的生态效率水平，经济发展水平和技术水平也很高，但同时环境质量较差、环境问题突出。课题组建议：提升环境质量是这类省份生态文明建设的重中之重。典型省份包括天津、河南、河北等。

对生态效率主导型省份来说，生态效率极大地提升了生态文明水平。这类省份拥有较高的资源利用效率，经济发达，技术水平相对较高，人们的物质生活相对丰裕。但高速经济发展的代价是产生了威胁人们健康的环境污染，因此环境质量水平往往较低。课题组建议：这类省份应在保持经济发展的同时，着重把环境保护和满足人们对高品质生活的需求作为发展的重点，营造健康舒适的生存和生活环境，促进区域生态文明的均衡发展。典型省份包括北京、浙江、江苏。

对生态效率制约型的省份来说，其生态效率极大地制约了生态文明水平的提升。这类省份的生态效率水平、经济发展水平和资源利用效率都较低。课题组建议：着重转变生产方式、提高资源利用水平、促进生态效率的提升，应是这类省份生态文明建设的重点。典型省份包括内蒙古、宁夏、山西。

《中国生态文明发展报告》首次发布

生态文明贵阳国际论坛 2014 年年会召开前夕，由贵州大学贵阳创新驱动发展战略研究院（下称贵阳研究院）最新研究编制的《中国生态文明发展报告》和《贵阳建设全国生态文明示范城市报告》2014 年 7 月 8 日在贵阳正式发布。

《中国生态文明发展报告》首次运用"贵阳指数"对我国 31 个省区市及 35 个省会城市（包括计划单列市）的生态文明发展水平进行了全面评价。"贵阳指数"亦称"中国生态文明发展指数"，是我国第一个以地方命名的生态文明评价指数。据悉，这是贵阳研究院成立后首次发布的两项最新研究成果。

"贵阳指数"由独立的第三方民间机构北京国际城市发展研究院、贵州大学贵阳创新驱动发展战略研究院共同完成。科学编制和发布"贵阳指数"，就是要通过一套相对全面的指标体系，真实、客观地反映各地区和城市生态文明建设的发展现状、特点、趋势，展示地区生态文明建设取得的成就和亮点，为社会全面、系统、深入了解生态文明提供了一个窗口，从而成为中国生态文明建设的"风向标"。从生态经济、生态环境、生态文化、生态社会、生态制度五个方面提出我国生态文明发展的新趋势和新挑战，提出了以生态战略明确城市发展方向、以生态规划引导城市发展功能、以生态产业转变城市发展方式、以生态文化凝聚城市发展动力、以生态管理创新城市治理模式的"五位一体"的中国特色生态城市发展道路。

生态文明发展指数北京第一，贵阳第八

据悉，昨日首发的《中国生态文明发展报告》首次运用"贵阳指数"对我国 31 个省区市及 35 个省会城市（包括计划单列市）的生态文明发展水平进行了全面评价。按照得分高低，北京居第一，甘肃、兰州垫底。

据悉，中国 31 个省区市生态文明发展指数排名最高的 10 个地区分别是北京、江苏、上海、浙江、海南、天津、重庆、广东、山东、安徽，除重庆与安徽外，均为东部省份；中国 35 个大中城市生态文明发展指数排名最高的 10 个城市分别是北京、深圳、上海、宁波、天津、南京、杭州、贵阳、大连和厦门，除贵阳外，均为东部沿海城市。在两项排名中，甘肃和兰州排名最后。

生态建设"鸿沟"与经济差距成正比

报告指出，从整体的排名情况看，排名靠前的省区市大多集中于东部沿海地区，经济发展水平较高，而排名靠后的省区市则更多集中在经济发展水平相对欠发达地区，这主要是由于地区之间因经济社会发展基础、环保投入、技术水平等方面存在较大差异而造成的发展"鸿沟"，要想缩小东西部生态文明建设水平的差距，加快发展依然是第一位的，只不过要注意选择好发展模式和发展路径，必须走经济发展与生态改善双赢的可持续发展之路。

贵阳成生态建设"黑马"

值得注意的是，评价结果显示：贵阳市生态文明发展指数为 0.498，在 35 个大中城市中排名第 8 位，是排名前 10 位城市中唯一一个西部城市。

贵阳生态文明建设的基本特点是生态制度和生态文化建设居于 35 个大中城市的领先水平，生态环境和生态社会建设居于 35 个大中城市的中上游水平，但生态经济建设水平相对较弱。

生态文明并不简单地等同于资源节约、环境友好、生态保护等活动，而应该从文明更替的角度认识生态文明。资源环境问题的根本原因在于工业文明的发展模式之中，要从发展机制上防止资源环境问题的发生，因此更需要工业文明的创新与变革。贵阳以及众多中国城市的未来发展，既不是沿袭传统的工业文明，也不是提前进入后工业化的生态文明，而是要走出自己特色的生态化的工业文明道路来。

中国与世界主要国家生态文明建设水平仍有较大差距

据悉，昨日首发的《中国生态文明发展报告》对中国与世界主要国家进行综合评价，显示中国与世界主要国家生态文明建设水平仍有较大差距，主要表现在三个方面。

第一，我国生态文明建设水平在国际上排名还较为靠后，只有为数不多的指标已经达到或超过了同期世界平均水平。这些指标包括：陆地保护区面积占陆地面积比重、每千人的内科医生数、人均预期寿命；分别涉及生态环境建设、生态社会建设领域。比较而言，其他指标所对应的领域建设压力较大，其中，又以水体有机污染物（BOD）的治理任务最为艰巨。

第二，我国生态文明建设由于各地区自然地理、经济社会条件的巨大差异，实现整体水平的飞跃还需要较长一段时间。各地区生态文明建设的水平参差不齐，在不同的建设方面各有优势和劣势，这种不平衡性决定了我国生态文明建设还是一个长期的任务。

第三，我国生态文明建设虽然压力较大，但整个发展趋势很好。我国经济在快速发展的同时，也在努力减轻对环境造成的巨大负担，并把生态文明建设列入基本国策，已经取得了初步的成效。在生态文明建设的一些领域，我国的进步十分明显，尤其是生态环境建设领域和生态社会建设领域。

全国生态文明意识调查研究报告

环保部在2014年2月20日向媒体公布我国首份《全国生态文明意识调查研究报告》。环保部有关负责人表示，该报告填补了国内公众生态文明意识研究领域的空白，是一项具有科学性、前瞻性的基础性工程，对有效推进公众参与生态文明建设具有积极意义。

背　景

党的十八大报告明确提出："加强生态文明宣传教育，增强全民节约意识、环保意识、生态意识，形成合理消费的社会风尚，营造爱护生态环境的良好风气。"2013年5月24日，中共中央政治局第六次集体学习时，习近平总书记再次强调要加强生态文明宣传教育。为深入贯彻落实党的十八大精神，更好地做好新形势下生态文明宣传教育工作，（环保）部宣传教育司于2013年启动了全国生态文明意识调查工作，并委托中国环境文化促进会具体承办，以了解公众对生态文明的认知、意识和行为。

本次调查广泛吸纳了哲学、教育学、传媒学、社会学、心理学、统计学、环境科学等领域的专家，运用社会调查统计方法，从公众对生态文明的知晓度、认同度和践行度等3个维度出发，设置13个指标，29道问题，对全国除港澳台、西藏以外的全部省、自治区和直辖市，涉及 50 个大中城市、地区、城镇及农村进行了多层随机抽样，共回收 14977 份有效调查问卷。同时，与腾讯公益频道合作开通"全国生态文明意识调查网上调查问卷系统"，共回收 6665 份有效问卷。

新世纪以来，国内先后开展了多次关于公众环境意识的调查研究，如 2007 年中国社科院环境意识项目、北京市公众环境意识调查等。2012 年受环境保护部宣传教育司的委托，中国环境文化促进会也完成了"全民环境意识评估体系"研究。这些项目对我国不同地区、不同群体的环境意识及相关理论有了一定的研究，对公众的生态环境友好行为也有了初步的了解。

针对公众生态文明意识方面的专门调查研究目前在国内尚属首次。下一步，将充分利用生态文明意识调查研究成果，深入分析原因，研究对策，为生态文明宣传教育政策制定和决策提供参考。

首次全国生态文明意识调查结果揭晓。调查数据显示，以百分制计算，公众对生态文明的总体认同度、知晓度、践行度得分分别为 74.8 分、48.2 分、60.1 分，呈现出"高认同、低认知、践行度不够"的特点。

环保部宣传教育司委托中国环境文化促进会进行了首次全国生态文明意识调查研究。调查从公众对生态文明的知晓度、认同度和践行度等 3 个维度出发，涵盖生态忧患意识、生态价值意识、生态道德意识、理性消费意识和环境法治意识等 5 个方面，综合考量公众生态文明意识的特征。

知晓度包括受访者对生态文明概念、生态环境问题、生态文明建设战略等基本内容的了解及辨识程度；认同度包括受访者对生态文明建设、环境友好行为、农村生态环境保护、饮用水及食品安全的认可度；践行度则包括受访者在节约资源、理性消费、举报环境违法行为及主动宣传生态文明的日常行为习惯。

特征 1：受访者对国家建设生态文明与"美丽中国"的战略目标高度认同。

调查数据显示，对于党的十八大报告中提出的建设"美丽中国"战略，99.5% 的受访者选择了高度关注并积极参与生态文明建设；78.0% 的受访者认为建设"美丽中国"是每个人的事；93.0% 的受访者了解生态文明，其余的受访者表示会加强对相关知识的关注和学习。

特征 2：城市居民的生态文明意识水平明显高于农民。

调查数据显示，城市居民在知晓度、认同度、践行度 3 个方面的得分均高于农民，平均高出农民 3.7 分。分要素来看，城市居民的生态忧患意识、生态价值意识、环境法治意识也均明显高于农民。

特征 3：受访者对生态文明知识的知晓度呈现"高了解率、低准确率、知晓面广"的特征。

调查数据显示，受访者对雾霾、生物多样性、环境保护法等的了解率均在 80% 以上，其中对雾霾的了解率达到 99.8%；但对 PM2.5、世界环境日、环境问题举报电话等的准确率都在 50% 以下，其中能确切说出 PM2.5 的受访者只有 15.9%。另外，受访者对 14 个有关生态文明知识的平均知晓数量为 9.7 项，其中对 14 个知识均知晓的占 1.8%。

特征 4：高学历人群知晓度高、践行度相对较低，知行存在反差。

调查数据显示，专科或本科、硕士及以上两类高学历群体的知晓度得分比其他群体平均高出 1.5 分以上，已经掌握了丰富的生态文明知识；但践行度得分甚至低于小学及以下群体。表明高学历群体"知道"却不一定"做得到"。

特征 5：受访者对生态文明信息的获取以电视、网络和报纸为主，网络的上升势头迅猛。

调查数据显示，收看电视和收听广播成为受访者获取生态文明知识的首要渠道，占 69.3%；排在第二位、第三位的分别是互联网和手机短信（52.3%）、报纸/杂志（50.9%）。与中国社科院《2007 年全国公众环境意识调查报告》公布的数据进行比较发现，公众通过网络获取生态文明信息的比例从 2007 年的 9.3% 到 2013 年的 52.3%，6 年间上升了 43 个百分点。

特征 6：年轻人获取生态文明信息的渠道更加现代化、多样化。

调查数据显示，在当今互联网时代，19～29 岁受访者通过互联网获取生态文明知识的占 59.0%，14～18 岁的占 54.1%，30～60 岁的占 47.8%，60 岁以上的仅占 29.2%；年老者获取生态文明知识的渠道则比较传统，依靠电视/广播的达到 75.3%。

另外，年轻人获取生态文明知识的渠道也更加多样化，19～29 岁之间的受访者获取生态文明知识渠道的广度最大，平均数量为 2.7 个；排在第二、三位的分别为 14～18 岁、30～60 岁；60 岁以上的为 2.33，仅高于 14 岁以下。

特征 7：受访者"政府依赖型"明显，同时生态文明建设的参与意识较强。

调查数据显示，70% 以上的受访者认为政府和环保部门对"美丽中国"建设负主要责任，排在第二位的企业占 15.1%，个人占 12.7% 排在第三位；受访者普遍认为政府和环保部门是生态文明建设的责任主体，具有较强的"政府依赖型"特征。

同时，公众自我参与意识增强，77% 的受访者会向身边的人宣传生态环保知识，经常这样做的达到 11.8%；83.2% 的受访者积极配合参与垃圾分类；73% 的受访者响应国家的"厉行节约、反对浪费"政策，以自身行动支持并参与"光盘"行动。

特征 8：受访者的行为以"律己"为主，出发点是降低生活开支和健康生活。

调查数据显示，受访者随手关灯和水龙头、不乱扔垃圾等的践行比例均较高，表现出较好的"律己"行为，能很好地规范自身行为；有 23.0% 的受访者从不向身边人宣传环保，50.3% 对身边的污染环境行为置之不理，表现出薄弱的"律他"意识。

不乱扔垃圾是最常见的生态环境友好行为；排在第二、三、四位的分别为随手关灯和水龙头、按需点餐、自带环保袋购物；接下来是出行方式、夏季空调开到 26℃ 以上。然而，调查得知受访者的生态环境友好行为明显具有功利性，大多出于自身健康和节省生活开支的考虑，保护生态环境成为附带结果。

特征 9：高收入人群的生态忧患意识也较高。

调查数据显示，从收入水平看，受访者对我国环境状况的担忧、对饮用水及食物的关注的比例随收入的增加呈增高的趋势。收入低的受访者大多为生计而奔波，无暇顾及生活的质量；收入高的受访者已得到了基本的生活保障，会将更多的精力投入到提高生活质量上去。

特征 10：高学历受访者的生态价值意识明显较高。

调查数据显示，从文化程度看，受访者对生物多样性、野生动物保护法和排污收费制度等的知晓度随着文化程度的升高而明显上升。另外，受访者的生态价值观很大程度上还属于工业文明框架下的"以人为中心""万物为人而存"的经济价值观，还没有树立起生态文明所倡导的"人与自然和谐相处和协调发展"的生态价值观。

特征11：年老者的理性消费意识相对较高，"不浪费"成为省吃俭用的新内涵。

调查数据显示，年老者的理性消费意识相对较高。这不是环境意识教育的原因，而是长期的节俭的生活习惯所致，同时也与老年人对健康的高度关注以及养生理念有关。

调查中也发现，受访者对国家倡导的"厉行节约、杜绝浪费"有很高的知晓度，反"四风"中关于勤俭节约的内容也深得公众赞同。但这些理性消费规范主要是在工作领域起作用，而在私人消费或熟人交往中较难贯彻。

特征12：受访者的环境法治意识较低，普遍缺乏维权意识。

调查数据显示，受访者环境问题举报电话的准确率为45.5%，举报污染环境行为的比例仅为49.7%。从职业来看，环保工作者及公务员的环境法治意识较高，环境问题举报电话的准确率、污染环境行为举报率平均比农民、普通职员、个体经营者高出7个百分点以上。

正如著名环境科学专家曲格平教授指出的："环境保护靠宣传教育起家，也要靠宣传教育发展。"公众对生态文明知识的掌握程度、对生态环境问题的关注程度、对生态文明建设的认同程度以及符合生态文明理念的行为表现等，在很大程度上取决于环境宣教的深度和广度。有效的环境宣传教育是生态文明政策顺利实施和生态环境保护工作广泛开展的前提，使得公众参与生态建设由被动、自发变为自觉行动，这远超出任何事后治理的项目所能产生的环境效益。为此，结合我国公众生态文明意识的现状及生态文明宣传教育的实际，提出以下6点建议：

（1）加大对提高公众生态文明意识的支持力度，增强生态文明宣传教育能力。

生态文明意识的调查、宣传覆盖的地区、行业、领域广，涉及到的专家、调查人员、媒体等人员多，特别是开发新的传播渠道、内容、平台，需要新的人、财、物投入。首先，应积极争取国家层面加大经费支持力度，并积极寻求企业、社会的支持，使经费投入与宣教事业发展的实际需求相适应；其次，加强宣教队伍建设，定期开展交流培训，提高宣教队伍的业务素质、业务能力。

（2）转变宣传教育模式，推动公众参与。

积极构建公众参与机制；促进环境信息公开，保障公众的环境知情权；完善环境立法、重点项目环评等的听证制度；探索社区圆桌对话机制，建立政府、企业、公众定期沟通、协商解决的平台，促进公众参与的法制化、制度化、规范化。

公众的参与和压力对政府制定环境政策和法规具有非常重要的作用，往往是企业环境违法行为曝光和叫停的催化剂，也是启动官民协商对话的助推剂。近年来的环保群体性事件也足以显示公众参与的力量。当然，逢反必停也并非一定符合公共理性和公共利益。"压力"应成为理性建设与环境保护相协同的动力，应借此机会开展参与式协商，就相关建设与环保议题达成可接受共识，既反对政府不顾环境利益蛮干，也反对逢反必停式的参与"民粹化"倾向，通过鼓励更有成效的公众参与来提高公民参与政策议题讨论的实际能力与理性化水平。

政府及相关机构的功能从直接从事环境宣传教育，变成鼓励生态教育的资助者和推动者，把主要精力集中在研究推出相关政策法规、建立完善的公众参与程序，满足公众的表达权、参与权，引导公众身体力行参与环保工作；构建立体、多元、全民参与的生态文明宣传教育统一战线，资助研究生态教育普及和传播工作的学者，加强相关研究的推动，对环保社会组织进行多方面的扶持和引导，发挥其作为政府与社会之间联系的桥梁和纽带作用。探索社区圆桌对话机制，建立政府、企业、公众定期沟通、协商解决的平台。

（3）调整宣传的内容、形式等，拓宽宣教平台，加强宣教的精准性、有效性。

根据信息传播渠道、形式的变化和公众获取信息渠道的改变，调整宣传的内容、形式等，做到有的放矢，精准传播。充分发挥数字新媒体的平台，主动探索利用新媒体进行环境信息传播、公众投诉反馈、在线互动交流、环境舆情监测和环境应急响应等方面的方法和策略。这就要求，加强与电信、新媒体等渠道商、内容制作商的合作，通过移动互联、移动终端、开辟环保微博、微信、APP等，加强宣传、沟通、调查、互动，提高信息的透明、及时、快捷；从百姓角度设置议题，从公众舆论捕捉话题，多用鲜活语言和群众喜闻乐见的方式进行宣传报道，让生态文明宣传报道更加亲民，营造浓厚的舆论氛围，提高生态文明信息的传播能力、互动性。

对于不同年龄阶段的公众，在宣教内容、形式上要有所差异，投其所好。对于老年人、农村居民，侧重采取传统的电视、广播、宣传栏等；对于年轻人，特别是80、90后，多运用新媒体、移动互联网等。

重视生态文化载体的挖掘，发挥各级环境教育基地、图书馆、博物馆以及主流媒体、网络、社会媒体等在传播生态文化方面的作用。更加重视生态环境文化的宣传教育，创新世界环境日等节日纪念活动的形式与内容，加大推行绿色生活方式的文化宣传力度，形成健康合理的绿色生活方式和消费模式。

（4）改变传统以城市为中心的宣传重点，加强对重点地区、人群的宣传教育。

改变传统以城市、城市居民、城市内容为宣教重点，加强对农村地区、农民、农村环境的宣传。积极探索适合农村生活的宣教内容和形式；通过"环保科普知识下乡"宣传队、现场环境咨询等面对面交流形式，文艺表演、有奖问答等互动形式，以生活化内容、寓教于乐的方式，向广大农民开展生态环保宣教活动。加强对民间环保组织开展环境宣教活动的支持和引导。

（5）加强公众生态文明意识的研究，为公众生态文明意识宣教工作提供实践指导。

从生态文明建设战略高度出发，而不是从各自部门、单独学科的角度，系统研究生态文明建设问题，加强顶层设计。长期跟踪公众生态文明意识的动态变化，及时、实时掌握公众生态文明意识状况，调整工作重点、思路、方式方法等。建立全国性生态文明意识调查网络、平台，定期组织全国性相关调查、专项调查或特定地区、特定行业、特定人群的公众生态文明意识的调查，以及公众生态建设成效的评估、生态文明建设公众关注的热点问题、新的需求等。建立专业的调查机构、研究机构，与相关职能部门及时发布调查成果。

围绕生态环境保护重点工作和公众关注的热点环境问题，开展环境宣传教育策略理论研究，建立生态文明宣传教育评价考核体系，推动宣教工作的制度化、规范化建设，为生态文明建设和生态环境保护重点工作提供坚实理论基础和实践指导。

（6）重视生态环境文化发展，奖励环境艺术的公益创作。

在生态文明宣教方面加大"艺术"成分，以便与"知识宣教"相互补充，形成更加完整有力的环保宣教体系。鼓励民间创作环保电影、戏剧、文学、漫画等，鼓励艺术家群体对环境主题的公益性创作，创作的作品可用于充实环境宣教的素材，特别是应用于农村地区的环境宣教，期待取得更加良好的宣教效果。

● 代表性论文

【生态文明理念与低碳城镇化的几点思考】

《环境保护》，2014 年第 22 期

作者：潘家华

机构：中国社会科学院城市发展与环境研
究所；《环境保护》专家委员会

摘要：环境保护、低碳发展实际上是利用
和保护具有自然恢复和增殖力的自然资产。
文章从资源配置的角度入手，分析认为城
市化面临的最大问题就是行政权级别决定
着优质社会服务和经济资源的集中程度，
指出在城镇化进程中，需要解决本质问题，
秉承生态文明理念，实现真正的绿色和新
型城镇化。

关键词：生态文明　低碳城镇化　第三产
业　重化工业

**【生态文明建设的科学指南——学习习近
平总书记系列重要讲话体会之五十六】**

《前线》，2014 年第 10 期

作者：李　萌　潘家华

机构：中国社会科学院城市发展与环境研
究所

摘要：党的十八大以来，习近平总书记就
生态文明建设发表了一系列重要讲话，作
出了许多重要的指示批示，系统地论述了
生态文明建设的内涵、重要性、指导思想、
实现路径和机制与制度保障等重大理论和
实践问题，深化了我党对社会主义建设规
律、人类社会发展规律、人与自然发展规
律的认识，提出了崭新的生态文明理念和
加强生态文明建设的目标任务，为我们建
设美丽中国、实现中华民族永续发展、走
向社会主义生态文明新时代提供了科学
指南。

关键词：生态文明　生态环境　人与自然

社会公正　指导思想　人民群众　后
发赶超　人类文明形态　总体布局　物
质文化需求

【城市生态文明建设重点与推进策略】

《人民论坛》，2014 年第 34 期

作者：李学锋　袁晓勐

机构：中国社会科学院城市发展与环境研
究所；中国社会科学院城市经济研
究室

摘要：城市生态文明建设，需要统筹规划，
并着重在推动产业持续升级、发展绿色交
通、改善人居环境、统筹城乡发展和提升
城市资源价值等方面取得突破。新型城镇
化将经历较长时期，城市生态文明建设也
不可能一蹴而就。在当前的生态文明建设
中，应采取重点突破、突出特色、制度建
设、技术创新、争先创优的策略。

关键词：党的建设　生态文明　绿色交通
人居环境

**【书写多彩贵州新华章——学习习近平总
书记关于生态文明建设的重要论述】**

《求是》，2014 年第 20 期

作者：陈敏尔

机构：中共贵州省委

摘要：走向生态文明新时代，建设美丽中
国，是实现中华民族伟大复兴中国梦的重
要内容。生态文明新时代，新在哪里？新
在发展理念，新在生产方式，新在消费模
式，新在科学技术，新在体制机制。我们
要深入学习习近平总书记关于生态文明建
设的重要论述，加快创建生态文明先行区，
满怀信心走向生态文明新时代。

关键词：生态文明　生态环境保护　中国

梦　生态补偿机制　生态保护　消费模
式　面源污染治理　产业高端化　人民
群众　新型城镇化

【要金山银山　更要绿水青山——学习习近平同志关于生态文明建设的重要论述】

《求是》，2014 年第 3 期

作者：黄兴国

机构：中共天津市委

摘要：党的十八大以来，习近平同志从中国特色社会主义事业全面发展的战略高度，对生态文明建设提出了一系列新观点、新论断、新要求，思想深刻、内涵丰富，具有重大的理论和实践意义，为努力建设美丽中国、实现中华民族永续发展指明了方向。

关键词：生态文明　生态文化　民生观
和谐幸福　经济发展　人民群众　农村
垃圾　经济社会资源　社会发展规律
中国特色

【为建设美丽中国筑牢环境基石】

《求是》，2015 年第 14 期

作者：陈吉宁

机构：环境保护部

摘要：近日，党中央、国务院发布《关于加快推进生态文明建设的意见》（以下简称《意见》）。《意见》紧紧围绕"四个全面"战略布局，对生态文明建设作出顶层设计和总体部署，明确目标方向、主要任务和重点举措，对于经济转型升级、筑牢建设美丽中国的环境基石、维护全球生态安全，具有重大意义。

关键词：生态文明　顶层设计　战略布局
生态安全　污染防治　目标方向　生
态补偿　生态保护　战略环评　规划
环评

【"生态保护红线"——确保国家生态安全的生命线】

《求是》，2014 年第 2 期

作者：李干杰

机构：环境保护部

摘要：党的十八届三中全会通过的《中共中央关于全面深化改革若干重大问题的决定》明确提出，要加快生态文明制度建设，用制度保护生态环境。其中，关于划定生态保护红线的部署和要求是生态文明建设的重大制度创新。生态保护红线是指在自然生态服务功能、环境质量安全、自然资源利用等方面，需要实行严格保护的空间边界与管理限值，以维护国家和区域生态安全及经济社会可持续发展，保障人民群众健康。"生态保护红线"是继"18亿亩耕地红线"后，另一条被提到国家层面的"生命线"。

关键词：生态保护　区域生态安全　生态
文明　全面深化改革　资源约束　生态
环境　人民群众　环境质量　自然资源
利用　制度建设

【生态重建是生态文明建设的核心】

《中国科学：生命科学》，2014 年第 3 期

作者：张新时

机构：中国科学院植物研究所；北京师范
　　　大学资源学院

摘要："文明"是人类在社会历史发展过程中所创造的物质财富和精神财富的总和，特指精神财富，如文艺、教育、科学、法律、经济等。"生态文明"即指生态理念在上述人类社会文明事业中的体现和实践。生态重建（ecological restoration）就是生态文明建设的核心。党的十七大报告以较大篇幅，多次强调生态文明和加强生态建设："加强水利、林业、草原建设，加强荒漠化石漠化治理，促进生态修复。加强应对气候变化能力建设，为保护全球气候做出新贡献。"

关键词：生态文明　生态重建　生态建设
　　精神财富　生态修复　全球气候　石
　　漠化治理　气候变化　十七大报告　人
　　类社会

【生态文明建设若干战略研究】

《中国工程科学》，2015 年第 8 期
机构："生态文明建设若干战略问题研究"
　　综合组
摘要：为实现我国从"工业文明"到"生
态文明"的转变，2013 年中国工程院联合
国家开发银行股份有限公司和清华大学开
展了"生态文明建设若干战略问题研究"
重大咨询研究项目。研究从战略层面探索
生态文明建设的三大支柱（资源节约、生
态安全和环境保护）如何与新型工业化、
城镇化、农业现代化相融合等重大战略问
题。研究提出了国土生态安全与水土资源
配置格局、生态文明建设中的能源可持续
发展战略、生态保护和建设战略、环境保
护战略、新型工业化战略、新型城镇化战
略、农业现代化战略、绿色消费与文化教
育战略、绿色交通运输战略；提出了"十
三五"时期生态文明建设目标与重点任务
以及生态文明建设政策保障，为国家加快
推进生态文明建设提供决策支撑。
关键词：生态文明建设　工程科技　战略
基金：中国工程院重大咨询项目"生态文
　　明建设若干战略问题研究"（2013 - ZD -
　　11）

【"十三五"生态文明建设的目标与重点任务】

《中国工程科学》，2015 年第 8 期
作者：孟　伟　舒俭民　张林波　罗上华
　　　　杜加强　梁广林
机构：中国环境科学研究院
摘要："十三五"时期是我国加快推进生
态文明建设、全面建成小康社会的关键时
期。基于对生态文明建设面临的八大重要

挑战的总体判断，提出了"十三五"时期
生态文明建设目标和指标建议，提出了生
态文明建设的九大重点任务，包括实施绿
色拉动战略驱动产业转型升级、提高资源
能源效率建设节约型社会、以重大工程带
动生态系统量质双升、着力解决危害公众
健康的突出环境问题、划定并严守生态保
护红线体系、推进新型城镇化战略统筹城
乡发展、开展国家生态资产家底清查核算
与监控评估平台建设、全面开展全民生态
文明新文化活动、实施生态文明工程科技
支撑重大专项，最后提出了五项保障的条
件与政策建议。
关键词：生态文明建设　十三五　重点任
　　务　政策建议
基金：中国工程院重大咨询项目"生态文
　　明建设若干战略问题研究"（2013 - ZD -
　　11）

【生态文明背景下我国能源发展与变革分析】

《中国工程科学》，2015 年第 8 期
作者：杜祥琬　呼和涛力　田智宇　袁浩
　　　　然　赵丹丹　陈　勇
机构：中国工程物理研究院；中国科学院
　　广州能源研究所；国家发展和改革
　　委员会能源研究所
摘要：能源是人类社会文明演进的前提和
基础，能源发展是生态文明建设的重要组
成部分，能源生产利用方式的变革创新是
经济社会转型升级的关键。本文阐述了生
态文明与能源变革的社会作用，分析了我
国能源发展与发达国家之间的差距及存在
问题，并根据未来国际能源发展总体趋
势，阐述了我国能源发展面临的挑战和机
遇。结合能源需求预测分析，指出我国能
源变革的必要性，为我国生态文明建设与
能源发展和变革提供战略决策及参考
依据。
关键词：生态文明　能源变革　发展模式

能源技术 能源战略

基金：中国工程院重大咨询项目"生态文明建设若干战略问题研究"（2013 – ZD – 11）

【城镇化与生态文明——压力，挑战与应对】

《中国工程科学》，2015 年第 8 期
作者：吴志强 干 靓 胥星静 吕 荟 姚雪艳 杨 秀 刘朝晖
机构：同济大学

摘要：随着城镇化的推进、产业和经济的快速发展、能源的大量消耗，我国城镇化正遭遇一系列严重的环境问题。英国、德国、美国三个发达国家先后经历了类似的阶段，各国为应对这些环境问题，在城镇化 50% 的时期针对大规模污染提出了多种应对策略。本文基于对上述三国城镇化发展中经历的环境问题与环境治理策略的回顾，以及对现阶段我国生态城镇化转型压力与挑战的分析，提出我国新型城镇化过程中生态文明建设的应对战略措施。
关键词：城镇化 生态文明 环境问题 压力与挑战 环境治理
基金：中国工程院重大咨询项目"生态文明建设若干战略问题研究"（2013 – ZD – 11）

【生态文明建设的时代背景与重大意义】

《中国工程科学》，2015 年第 8 期
作者：杜祥琬 温宗国 王 宁 曹 馨
机构：中国工程物理研究院；清华大学环境学院

摘要：生态文明是人类文明发展的新阶段，是人类社会发展中出现的更复杂、更进步、更高级的人类文明形态。在我国，建设生态文明已被提升为国家发展战略并逐步付诸实践。本文从人与自然关系的角度入手揭示了人类文明形态的演进，指出生态文明是继原始文明、农业文明、工业文明之后的一种新的文明形态；阐释了我国建设生态文明的国际和国内背景，并在新中国成立以来发展理念变革分析的基础上，解读了生态文明建设的五大意义；最后结合现状提出开展生态文明建设的战略建议，为我国生态文明建设理论和实践提供参考。
关键词：生态文明 时代背景 文明演变 重大意义 战略建议
基金：中国工程院重大咨询项目"生态文明建设若干战略问题研究"（2013 – ZD – 11）

【国外生态文明建设的科技发展战略分析与启示】

《中国工程科学》，2015 年第 8 期
作者：蔡木林 王海燕 李 琴 武雪芳
机构：中国环境科学研究院

摘要：本文对比分析了国外生态文明建设的科技发展战略制定与发展变化情况，总结经验与教训，为我国生态文明建设提供参考。分析结果表明，各国将科技创新作为生态文明建设的核心驱动力，建立和完善科技创新机制和体系是生态文明建设科技支撑的重要内容和保障。我国生态文明建设应更加重视科技发展战略工作，围绕国土空间开发与资源配置、生产生活消费、生态保护与建设以及环境保护等领域，在低碳技术、绿色经济、生态恢复和环境治理技术等重要领域瞄准核心问题，加强科技战略布局。
关键词：生态文明 科技创新 发展战略

【生态文明建设：文化自觉与协同推进】

《哲学研究》，2015 年第 3 期
作者：刘湘溶
机构：湖南师范大学生态文明研究院；湖南师范大学道德文化研究中心；湖南师范大学中华道德文化协同创新中心

摘要：生态危机在实质上是人类存在方式

的危机，它以人口膨胀、资源枯竭和环境恶化为主要表现。走向生态文明，不但是人类文明可持续发展的必由之路，而且是扼制乃至消除生态危机的总对策。生态文明建设不但有赖于人的文化自觉，需要一个文化启蒙或思想解放的历史过程，而且必须整体谋划，作为系统工程协同推进。

关键词：生态文明　文化自觉　协同推进

【生态文明视域下资源型城市低碳转型战略框架及路径设计】

《管理世界》，2014 年第 6 期

作者：徐　君　高厚宾　王育红

机构：河南理工大学

摘要：本文从转型的指导思想、转型目标、参与主体、支撑体系 4 个方面构建了资源型城市低碳转型的战略框架，并对生态文明视域下的低碳转型路径进行了设计。

关键词：生态文明　资源型城市　低碳转型路径

基金：河南省高校科技创新人才支持计划（教社科〔2014〕295 号）；河南省教育厅人文社会科学重点项目（2014 - zd - 029）

【国家审计在生态文明建设中的作用研究】

《管理世界》，2015 年第 1 期

作者：刘西友　李莎莎

机构：审计署审计科研所；审计署交通运输审计局

摘要：生态环境形势日益严峻，生态文明建设面临重大挑战，正在成为严重制约中国社会安全、生活安全与经济安全的瓶颈。生态文明建设是一项系统工程，审计监督在其间的作用不可或缺。国家审计应当在总结已有环境审计实践的基础上，吸取多年来资源环境审计工作中的经验，正视审计过程中的各种不足，在持续发展创新审计理念的基础上，厘清生态文明建设的审计思路，并在促进生态文明建设的同时，促进国家审计的自我完善。

关键词：生态文明建设　国家审计　国家治理

基金：国家社会科学基金重点项目"编制自然资源资产负债表与生态环境损害责任终身追究制研究"（14AGL006）

【论社会主义生态文明三个基本概念及其相互关系】

《马克思主义研究》，2014 年第 7 期

作者：方时姣

机构：中南财经政法大学经济学院

摘要：生态文明、建设生态文明、生态文明建设，是从中国语境中产生出来的话语词汇，是社会主义生态文明理论体系的三个基本概念，也是坚持和发展中国特色社会主义文明的三个关键词。我们党对生态文明概念的重新界定，揭示了生态文明的社会主义本质属性与科学内涵，准确地体现了社会主义生态文明的本真形态。在此基础上，运用生态马克思主义经济学哲学理论，深入阐明了三个基本概念的一致性与差异性及其相互关系。我们党领导人民建设社会主义生态文明，是对社会主义经济发展理论、价值选择、发展方向、战略任务、发展目标的重大创新。

关键词：生态文明　建设生态文明　生态文明建设　社会主义本质

基金：作者主持的国家社科基金项目"基于生态文明的中国经济创新驱动道路研究"（10BJL005）

【特大型城市生态文明建设评价指标体系及应用——以武汉市为例】

《生态学报》，2015 年第 2 期

作者：张　欢　成金华　冯　银　陈　丹　倪　琳　孙　涵

机构：中国地质大学（武汉）矿产资源战略与政策研究中心；中国地质大学经济管理学院

摘要：特大型城市是我国社会、经济、文化和人口的中心，也是我国资源环境问题最为突出的地方之一。由于特大型城市与中小城市资源环境问题存在差异，特大型城市之间生态环境问题和生态文明建设的状态也存在相似之处，建立反映特大型城市资源环境问题特征的生态文明评价指标体系，依据评价结论，指导特大型生态文明建设十分必要。以服务于特大型城市生态文明建设为目标，在对特大型城市发展状态和特大型城市资源环境问题与社会经济发展突出矛盾分析的基础上，建立了包括有生态环境健康度、资源环境消耗强度、面源污染治理效率和居民生活宜居度等4个方面，共20个指标的特大型城市生态文明评价指标体系，并以各个指标对应的国家标准、政策和规划要求，以及相关研究确立的指标发展目标为依据，对武汉市2006～2011年生态文明建设完成情况进行了评价。依据评价结果，指出武汉市要从以下方面加强生态文明建设：一要控制空气中可吸入颗粒物含量，降低大气中硫化物含量，控制污水排放规模和噪音污染，循环利用废水资源；二要实施总量和强度"双控"政策，显著降低单位GDP的能耗、废气排放量和工业固体排放量；三要提高城市生活污水和生活垃圾的治理能力，循环利用可再生的城市生……

关键词：生态文明　特大型城市　指标体系　评价　武汉市

基金：国家社科基金重大项目（11&ZD040）；国家社科基金项目（11BKS045；12CKS022；13CKS021）；国家自然科学基金项目（71103164）；中央高校基本科研业务费专项科研基金项目（CUG110835）；湖北省资源环境经济研究中心（开放基金）项目（G2012001A）

【试论生态文明建设中的系统观】

《系统科学学报》，2015年第1期

作者：刘翠兰　盖世杰
机构：山西大学哲学社会学学院；北京交通大学语言与传播学院

摘要：本文概括说明生态文明系统观的本质内涵、构成生态系统的要素，并从整体和部分的辩证关系说明生态文明系统观的整体性，进而从生态文明系统观的统筹和顶层设计等四个方面具体论述了生态文明系统观践行的具体对策。

关键词：生态文明　系统观　整体性　细节　践行

【流域水生态系统健康与生态文明建设】

《环境科学研究》，2015年第10期

作者：孟　伟　范俊韬　张　远
机构：中国环境科学研究院环境基准与风险评估国家重点实验室；北京师范大学水科学研究院

摘要：健康的流域水生态系统是保障流域经济社会可持续发展的基础，解决我国严峻的流域水生态系统健康问题迫切需要开展以流域为基本单元的生态文明建设。针对我国流域水生态系统健康现状，确立了流域生态文明的概念和内涵，提出了流域生态文明建设的基本框架和主要任务。以保障流域自然生态系统的完整性、流域经济社会系统发展的可持续性、人居环境的生态性为内涵，构建流域水生态—经济社会复合生态系统的动态平衡是流域生态文明建设的基本框架。流域生态文明建设的主要任务：1. 构建以水生态系统健康为目标的流域分区管理模式，优化国土空间开发；2. 健全流域的水环境质量基准和标准体系，科学确定生态系统保护阈值；3. 建立以流域生态承载力为约束的污染物总量控制技术，优化产业结构与布局；4. 以保障流域环境流量为前提，实现水资源生态利用；5. 加强人居环境生态建设，实现流域城市生态化发展；6. 加强生态制度建设，构建流域生态文明建设长效机制。该研究成果可以为实现流域人与自然和谐发展提供理论指导。

关键词：流域管理　水生态系统健康　生态文明　水生态功能区

【建设生态文明的"青海实践"】

《人民论坛》，2014 年第 36 期

作者：陶建群　武伟生　马洪波　王志远

机构：人民论坛与青海省委党校联合课题组

摘要：生态文明的提出，是人们对可持续发展问题认识深化的结果。生态文明建设，是一个漫长而又艰难的实践过程，需要各地立足实际，开拓创新，大胆探索。近年来，青海省把生态文明建设作为事关全局和长远发展的重大战略任务，着力培育生态文化体系，深入实施重大生态工程，大力发展高原生态经济，建立健全生态文明制度体系，正确处理生态保护、区域发展、民生改善三者的关系，初步探索出一条符合本地实际的生态文明建设新路。为深入了解青海建设生态文明的秘诀，前不久，人民论坛杂志社与中共青海省委党校共同邀请生态、经济、文化和社会等研究领域的专家学者，组成联合课题组，赴青海进行了专题调研。

关键词：生态文明　生态文化体系　生态保护　区域发展　高原生态　三江源地区　生态环境保护　人民论坛　生态补偿机制　战略任务

【消费伦理：生态文明建设的重要支撑】

《上海师范大学学报》（哲学社会科学版），2015 年第 5 期

作者：周中之

机构：上海师范大学马克思主义学院

摘要：在社会生产力高度发达的现代社会，必须重新审视消费与生产的关系，重视消费伦理观念在推动生态文明建设中的基础性作用。要按国家治理体系和治理能力现代化的要求，建立系统完整的制度体系，但决不能忽视生态文化的重要支撑作用。生态文明建设是千百万人民群众的事业，不仅需要顶层设计，建立和完善制度，也要通过广泛的宣传教育，奠定坚实的社会基础、群众基础。要鼓励消费与引导消费相结合，协调好生态文明建设与经济建设的发展。

关键词：生态文明　消费　伦理

基金：国家社科基金重大项目"中国经济伦理思想通史研究"（11&ZD084）

【生态文明建设背景下优化国土空间开发研究——基于空间均衡模型】

《经济问题探索》，2015 年第 10 期

作者：邓文英　邓　玲

机构：四川大学

摘要：本文通过对国土空间开发机理进行经济学分析，明确指出应将生态财富纳入全社会财富生产过程中，并以空间均衡模型为基础，构建以两类财富生产为核心的财富空间均衡模型，并探讨了物质财富与生态财富的空间均衡问题以及生态财富的价值核算，提出国土空间优化开发的最终目标就是实现区域物质财富和生态财富同步增长。同时，以环渤海城市经济圈、长三角城市经济圈和我国主要农产品主产区为例，对这些地区的区域财富价值进行实证研究，最后提出在生态文明建设背景下优化国土空间开发的政策建议。

关键词：生态文明建设　国土空间开发　生态财富　优化

【体现生态文明要求的干部绩效考核】

《理论视野》，2015 年第 9 期

作者：马　丽

机构：中央党校党的建设教研部

摘要：生态文明建设议题的提出，使建立

一套适应生态文明建设要求的干部绩效考核制度显得极其重要和迫切。当前，改进干部绩效考核已进入组织部门的操作日程，各部门各地区也开展了一系列有益的探索。应以改进干部绩效考核为切入点，从三方面建立更明确的生态文明政治激励制度：以顶层设计带动体现生态文明要求的干部绩效考核体系建设；为生态文明建设提供明确的领导干部职位晋升示范；建立健全生态环境损害责任追究制度。

关键词：生态文明　干部绩效考核　地方政府　政绩

基金：国家社会科学基金青年项目"体现生态文明要求的地方党政领导政绩考核研究"（项目编号：14CZZ041）

【生态文明体制改革宏观思路及框架分析】

《环境保护》，2015 年第 19 期

作者：董战峰　李红祥　葛察忠　王金南
机构：环保部环境规划院环境政策部；南开大学环境科学与工程学院；环保部环境规划院

摘要：中共中央、国务院近日出台的《生态文明体制改革总体方案》是我国生态文明建设探索的巨大突破，绘制了我国中长期生态文明体制改革蓝图，为我国下一步的生态文明体制改革明确了思路、方向、框架和重点。本文对该方案进行了系统解读，包括出台的意义、理念与原则、主要内容，以及下一步推进实施的建议等。

关键词：生态文明　顶层设计　体制改革　制度建设

【习近平生态文明建设思想初探】

《河海大学学报》（哲学社会科学版），2014 年第 4 期

作者：刘希刚　王永贵
机构：南京大学哲学系；江苏省妇女研究所；南京师范大学社会主义意识形态研究中心

摘要：党的十八大以来，习近平生态文明建设思想逐步形成。习近平从人类史高度强调生态文明的历史趋势和时代意义，阐述生态文明的重要意义，凸显其全局性地位，系统强调生态问题的刚性约束，把生态文明建设上升为党的执政主题和政府责任，坚持对生态文明的系统性认识，提出了建设的总体要求。习近平生态文明建设思想是对人类生态文明发展趋势的自觉顺应，是对马克思主义生态文明思想的创新应用，是对生态文明和环境建设规律的理性认识以及对党的执政思想的丰富拓展。在实践中贯彻落实习近平生态文明建设思想，需要把握历史大势，推动理论创新，着力实践落实。

关键词：习近平　生态文明建设　基本观点　理论创新　实践要求

基金：国家社会科学基金重点项目（14AZD001）；国家社会科学基金项目（13BKS015）；江苏省社会科学基金重大项目（13ZD001）；江苏省社会科学基金项目（13MLB009）

【走向社会主义生态文明新时代——学习习近平总书记关于生态文明建设的重要论述】

《学习论坛》，2015 年第 2 期

作者：赵振华
机构：中共中央党校经济学教研部

摘要：习近平总书记关于生态文明建设的重要论述，深化了对中国特色社会主义发展规律的认识；他从保护生态环境就是保护生产力，改善生态环境就是改善生产力以及建立有利于生态文明的生产方式和消费方式的角度，提出要努力走社会主义生态文明新路和以最严格的制度建设社会主义生态文明。

关键词：生态文明　生态环境　生产方式　消费方式

【基于生态文明的我国产业结构优化研究】

《河海大学学报》（哲学社会科学版），2014
　年第 4 期

作者：黄志红　任国良
机构：中国地质大学（武汉）经济管理学
　　　院；湖南财政经济学院；中华联合
　　　保险控股股份有限公司研究所

摘要：产业结构优化是生态文明建设的重
要诉求和手段。结合我国产业结构的演化
情况，分析了产业结构演进过程中存在的
生态问题及其产生原因。采用灰色关联度
分析法对我国污染物排放水平与三次产业
的关系进行分析，发现第二产业对生态文
明建设水平的影响最大，其次是第三产业
和第一产业。在此基础上，分别从三次产
业间比例优化和各产业内部结构优化角
度，提出生态文明下我国产业结构优化对
策：在产业间层面，保持第一产业产值稳
定增长，控制工业产值，适度降低第二产
业比重，加快发展服务业，提高第三产业
比重；在各产业层面，要促进各产业内部
结构优化，发展生态产业、循环经济，逐
步实现农业、工业、服务业的生态化
转型。

关键词：生态文明　产业结构优化　灰色
　关联度　生态化转型
基金：国家社会科学基金项目（11BKS
　045）

【中国农村生态文明建设政策的制度分析】

《中国人口、资源与环境》，2015 年第
　11 期

作者：刘晓光　侯晓菁
机构：南京农业大学公共管理学院

摘要：农村生态文明建设的本质问题是农
村发展方式的改变和农民生活方式的变革，
相关政策体系应在系统的制度框架下进行
评价。基于制度理论的规制、规范和文化
认知等三要素分析框架，借助内容分析方
法，分析了当前中国农村生态文明建设政
策在源头预防、过程控制、损害赔偿、责
任追究等方面的文本，并以 2013 年和
2014 年在苏北地区的调查结果作为例证。
在宏观层面，首先从五个维度对中国 240
件生态文明建设政策的文本形式进行了定
性分析，发现在时间维度上，中国权威部
门对生态文明建设问题的关注度不断提高，
但部分法律亟待修订；在政策效力维度上，
中国生态文明建设政策制定主要是以职能
部门为主；在政策主题维度上，中国生态
文明建设政策的范围和层次有待扩展，政
策保障机制有待完善；在政策体例维度上，
原则性的政策较多，具体操作层面的政策
较少；在特别说明维度上，中国生态文明
建设政策具有一定的连续性和稳定性。在
微观层面，根据政策的权威性、时效性和
影响力，选取了其中 12 件具有代表性的农
村生态文明建设政策。利用制度分析框架
对这些政策的文本实质进行了定量分析，
发现中国现行农村生态文明建设政策中存
在规范性要素较多且结构不平衡；规制性
要素总量不足且农村……

关键词：农村　生态文明　政策　制度
　分析

【建设生态文明保障新型城镇群环境安全与可持续发展】

《地球学报》，2015 年第 4 期

作者：卢耀如　张凤娥　刘　琦　顾展飞
机构：同济大学地下建筑与工程系；中国
　　　地质科学院水文地质环境地质研
　　　究所

摘要：党的十八大报告提出生态文明建设
应融入经济建设、政治建设、文化建设与
社会建设之中，成为"五位一体"。这项
发展战略将对我国今后的科学发展，有着
重要的指导意义。论文以生态文明建设为
基本出发点，根据自然条件及其发展效应
概括了八种不同的城镇群发展类型，指出
了现阶段因地制宜发展城镇群的必要性；

并针对发展过程中的一些地质环境问题进行讨论，重点针对普遍存在的水、土资源安全与可持续发展问题、极端自然灾害问题、大型工程建设与发展的综合环境不良效应问题，环境污染的危害问题进行了探讨。基于以上分析讨论，作者对城镇建设划分为五个级别，并分别探讨了不同层次城镇的功能，强调了城乡一体化以及协调发展的重要性。

关键词：生态文明　新型城镇群　环境安全　可持续发展

基金：国家十二五科技支撑计划重大课题"喀斯特高原峡谷石漠化综合治理技术与示范"（编号：2011BAC09B01）；国家自然科学基金（编号：41302220）

【水生态文明建设理论体系研究】

《人民长江》，2015 年第 8 期

作者：左其亭　罗增良　马军霞

机构：郑州大学水利与环境学院；郑州大学水科学研究中心

摘要：水生态文明建设是缓解人水矛盾、解决我国复杂水问题的重要战略举措，是保障经济社会和谐发展的必然选择。目前，我国水生态文明建设处于探索阶段，研究基础薄弱，尚未形成一套完善的理论体系支撑整个文明进程的发展，极大地影响了研究工作的进一步推进。基于此，从我国基本国情、水情出发，结合水生态文明现状，在对水生态文明概念、内涵和建设目标认真分析的基础上，提出了构建水生态文明建设理论体系的设想，阐述其必要性，并给出水生态文明建设理论体系的初步框架；阐述了理论体系的主要内容，包括水生态文明建设的思想体系、基本理论和技术方法等。以期逐步形成比较完善的生态文明建设理论体系，为推进水生态文明建设奠定基础。

关键词：水生态文明建设　理论体系　基本理论　技术方法

基金：2014 年水利部重大课题（2014～1）；河南省科技攻关计划项目（132102310528）；河南省高校科技创新团队支持计划（13IRTSTHN030）

【关于生态文明建设主体的哲学思考】

《人民论坛》，2015 年第 14 期

作者：徐克飞

机构：北京师范大学哲学学院

摘要：近代主体性哲学将人视为自然界的主宰者，从而造成了生态危机。当代，人类开始主动调适与自然的关系，这为生态文明建设奠定了理论基础。同时，当代哲学反对本质先于存在的主体形而上学，认为人是开放的、经验的产物，而且是结合实践不断自我建构的过程。这种对人的理解是塑造生态文明建设主体的契机。生态文明主体的生成是一个生态文明共生的过程，生态文明的主体主动承担起建设生态文明的历史责任，生态文明的主体也在建设生态文明的实践中建构了自我——"生态人"。

关键词：生态文明　主体性哲学　生态人

基金：教育部留学回国人员科研启动基金资助项目；北京师范大学自主科研基金项目研究成果，项目编号：213007；SKZZY2013044

【论生态文明建设与美丽中国梦的实现】

《学习论坛》，2015 年第 6 期

作者：孙洪坤　俞翰沁

机构：浙江农林大学

摘要：生态文明建设是实现美丽中国梦的重要组成部分。在经济全球化快速发展的今天，生态文明建设面临巨大挑战。美丽中国梦凝聚全国人民的信念，是全国人民在经济、政治、文化、社会、生态文明等五个方面的综合追求，而生态文明建设又是实现美丽中国梦的健康底色、资源保障和精神动力。因此，生态文明建设必须紧随时代步伐，紧紧围绕美丽中国梦，始终遵循生态文明建设规律，牢固树立生态文明意识，尽早确立环境法学在生态文明建设中的核心地位。

关键词：美丽中国梦　生态文明建设　生态追求

基金：浙江农林大学生态文明研究中心预研基金重点项目"生态文明制度体系建设与创新研究"（2013A01）

【试论生态文明五大体系的构建】

《科学》，2015 年第 1 期

作者：张修玉　李　远　彭晓春　许振成

机构：环境保护部华南环境科学研究所

摘要：建设"生态经济、生态环境、生态人居、生态文化与生态制度"五大体系是推进生态文明建设的重点，五大体系的建设内涵，旨在为全面建成人与自然和谐的美丽中国提供技术指导。生态文明五大体系是美丽中国重要组成部分，更是实现伟大中国梦的主要路径。"资源约束趋紧、环境污染严重、生态系统退化"的形势日加严峻，目前已成为考验人类与自然协调共处的主战场。生态文明，重在践行。要突破环境资源制约的瓶颈，加快推进生态文明。

关键词：生态文明　五位一体　五大体系

基金：环保公益性行业科研专项"基于分区管理的生态文明建设指标体系和绩效评估方法研究"；中央级公益性科研院所基本科研业务专项"生态文明城市建设规划标准体系创新研究"

【论生态文明建设的司法保障机制】

《学习论坛》，2014 年第 7 期

作者：胡　铭　曹怡骏

机构：浙江大学法学院

摘要：生态文明是人类反思过去发展模式所提出的一种新型发展模式，在现实环境的压力与党和政府的共同推动下，其已被提升至与经济建设同等重要的高度。司法环节作为生态文明建设制度保障的关键一环，必须顺应生态文明建设社会化、专业化等特性，在原有制度的基础上加以创新。完善环境公益诉讼制度，设立专业化的环保法庭，采取环境保护联动机制等新型司法保障机制回应了生态文明建设的现实需求。但在司法保障机制革新的过程中应注意与立法、行政的配合，并应在既定法律框架内寻求突破。

关键词：生态文明　司法保障　公益诉讼　环保法庭　能动司法

基金：国家社科基金重点项目"社会管理创新的法治化路径及其实现机制"（11AZD020）；浙江省之江青年社科学者计划资助项目的阶段性成果

生态文明建设的十年足迹①

潘家华

生态文明，是人类文明的一种形态。它以尊重和维护自然为前提，以人与人、人与自然、人与社会和谐共生为宗旨，以建立可持续的生产方式和消费方式为内涵，以引导人们走上持续、和谐的发展道路为着眼点。可以说，生态文明是人类对传统文明形态特别是工业文明进行深刻反思的成果，是人类文明形态和文明发展理念、道路和模式的重大进步。

生态文明理论不断创新

10 年来，我国生态文明理论在实践中不断向前推进。2002 年，党的十六大将"可持续发展能力不断增强，生态环境得到改善，资源利用效率显著提高，促进人与自然的和谐，推动整个社会走上生产发展、生活富裕、生态良好的文明发展道路"作为全面建设小康社会的一个重要目标，将生态和谐理念上升到文明的战略高度，初步奠定了生态文明建设的思想基础。

2005 年，在中央人口资源环境工作座谈会上，胡锦涛同志提出了"生态文明"。他指出，我国当前环境工作的重点之一是"完善促进生态建设的法律和政策体系，制定全国生态保护规划，在全社会大力进行生态文明教育"。

2007 年，党的十七大提出，建设生态文明，基本形成节约能源资源和保护生态环境的产业结构、增长方式、消费模式，并将其作为全面建设小康社会的一项新要求、新任务。这是"生态文明"的概念首次写入党代会报告。由此，生态文明成为中国现代化建设的战略目标。

2009 年，党的十七届四中全会又把生态文明建设提升到与经济建设、政治建设、社会建设、文化建设并列的战略高度，形成了中国特色社会主义事业"五位一体"的总体布局。"十二五"规划纲要明确把"绿色发展，建设资源节约型、环境友好型社会""提高生态文明水平"作为我国"十二五"时期的重要战略任务。

2012 年 7 月 23 日，胡锦涛同志在省部级主要领导干部专题研讨班开班式上进一步强调："推进生态文明建设，是涉及生产方式和生活方式根本性变革的战略任务，必须把生

---

① 潘家华：《生态文明建设的十年足迹》，《时事报告》2012 年第 10 期。

态文明建设的理念、原则、目标等深刻融入和全面贯穿到我国经济、政治、文化、社会建设的各方面和全过程，坚持节约资源和保护环境的基本国策，着力推进绿色发展、循环发展、低碳发展，为人民创造良好的生产生活环境。"这一系列生态文明建设的战略思想，是对人类文明发展理论的丰富与完善，是党执政兴国理念的新发展。

法规政策体系逐步完善

过去 10 年，是我国生态环境保护的相关法律、法规出台最为密集的时期。《清洁生产促进法》《环境影响评价法》《放射性污染防治法》《防沙治沙法》《可再生能源法》《循环经济促进法》……这些法律，成为了环境和百姓健康的"守护神"。

针对群众关心的环境质量问题，10 年来，国家修订了一批与百姓生活密切相关的环境质量标准，如《声环境质量标准》《环境空气质量标准》《地表水环境质量标准》，一些工业排放标准不断加强，有力促进了污染物的减排。截至"十一五"末，我国累计发布环境保护标准 1494 项，覆盖水、空气、土壤、噪声与振动、固体废物与化学品、生态保护、核与辐射等各个领域。2012 年 2 月 29 日，新修订的《环境空气质量标准》正式发布，标准增加了 PM2.5、臭氧和一氧化碳三项常规监测指标，省会以上城市陆续开始监测 PM2.5，让百姓看到了政府治理大气污染的决心和实际行动。

10 年来，我国陆续发布了《国家重点生态功能保护区规划纲要》《全国生态功能区划》等一系列有关生态保护的政策文件。在"十一五"规划的 22 个指标中，纳入了 7 个资源环境指标。在"十二五"规划的 28 个指标中，包含有 12 个资源环境指标，占总数的 43%，其中 11 个为约束性指标。"十二五"时期，我国污染减排指标将由化学需氧量、二氧化硫两项扩大到四项，增加氨氮、氮氧化物；减排领域由原来的工业与城镇，扩大到交通和农村。

2012 年 8 月 6 日，国务院印发了《节能减排"十二五"规划》。节能减排目标包括单位国内生产总值能耗下降 16%，主要污染物排放总量下降 8% ~ 10%，单位工业增加值（规模以上）能耗下降 21% 左右，绿色建筑标准执行率达到 15% 等。正是这样一套法规和政策体系，有力地推动了生态文明建设的实践。

生态良好局面正在形成

重大生态工程建设成就喜人。10 年来，我国不断增加投入，加强森林生态系统、湿地生态系统、荒漠生态系统建设和生物多样性保护，全面实施了退耕还林、天然林保护、三江源自然保护区生态保护与建设、"三北"防护林体系建设、沿海防护林体系建设等一系列生态环境保护工程。过去 10 年，我国累计完成造林面积 8.63 亿亩，是历史上造林面积最多的 10 年，森林面积达到 1.96 亿公顷，其中人工林面积达到 6168 万公顷，居世界首位。全国陆地自然保护区面积达到了国土面积的 14.7%，全国累计初步治理水土流失面积近 110 万平方公里。

节能减排成效显著。"十一五"期间，在经济增速和能源消费总量均超过规划预期的情况下，全国单位 GDP 能耗下降 19.1%，累计减少二氧化碳排放 14.6 亿吨。到"十一五"末，全国二氧化硫、化学需氧量排放量分别比 2005 年下降 14.29% 和 12.45%，均超额完成"十一五"规划提出的两项主要污染物排放量分别下降 10% 的减排目标。以年均 6.6% 的能源消费增速支撑了国民经济年均 11.2% 的增速，能源消费弹性系数[①]由"十一五"时期的 1.04 下降到 0.59，能源供需矛盾得到缓解。

"十一五"期间，我国共关停小火电机组 7210 万千瓦，淘汰落后炼钢产能 12000 万吨、炼钢产能 7200 万吨、水泥产能 3.7 亿吨，大大减少了污染物的排放。2010 年水电发电量 6867 亿千瓦时，占全国总发电量的 16.2%，折合 2.3 亿吨标准煤，约占能源消费总量的 7%。2010 年，我国风能装机超过 4000 万千瓦，太阳能热水器安装使用总量达到 1.68 亿平方米，年替代化石能源约 2000 万吨标准煤，均位居世界第一。截至 2011 年底，全国沼气用户达到 4000 多万户，占适宜农户数的 34%，受益人口达 1.5 亿人。目前全国每年沼气生产量达到 150 多亿立方米，相当于年替代化石能源 2500 多万吨标准煤，减少二氧化碳排放 6000 多万吨。

绿色低碳的发展理念逐渐深入人心。10 年来，随手关灯、拔下电源插头、少开一天车等良好生活小习惯，已经渗透到普通民众生活的每个细节中。百姓对身边的环境越来越关注，"人与自然和谐发展"逐渐成为公众意识。各地也涌现出了许多绿色发展、循环发展、低碳发展的积极成果。例如，在首都北京，人均水资源占有量仅为 100 立方米，远远低于国际公认的缺水警戒线 1000 立方米，水资源短缺几乎成为制约首都发展的"第一瓶颈"。2007 年，北京市提出"要提高水资源的循环利用水平，在治理水污染的同时解决水资源短缺问题"。5 年间，北京市污水处理实现了向再生水的升级。北京市共用再生水 33.3 亿立方米，相当于 1670 个昆明湖，再生水已经成为北京市的第二大水源。如今，北京市六环路内 52 条河道的水有 70% 以上是再生水，这些再生水还是工业用水、农业灌溉、城市绿化等的重要水源。

新中国成立以来中国共产党对
生态文明建设的探索[②]

陈延斌　周　斌

新中国成立以来，中国共产党在社会主义革命和建设实践中，对生态环境、生态文明建设逐渐有了认识，进行了不断探索。而改革开放以来，在实行以经济建设为中心的战略方针、重点抓好物质文明建设的同时，我们党对生态文明建设的认识更加自觉和深刻。六十多年的探索历程，大致可以分为四个阶段，本文对各个时期的相关理论成果及建设经验作了系统梳理和评析，力求为当下我国的生态文明建设提供一些参考。

---

①　反映能源消费增长速度与国民经济增长速度之间比例关系的指标。
②　《中州学刊》2015 年第 3 期。

1. 1949～1978：对生态环境问题的初步探索。

新中国成立以后，中国共产党对生态环境建设的探索是以社会主义建设为导向的。在这一时期，生态环境建设在社会主义事业全局中并没有相应的地位，相反，是社会主义建设理念决定了关于生态环境问题的认识程度。在新中国成立以后的很长一段时间内，能不能战胜严重的经济困难、迅速恢复和发展国民经济是中国共产党执政面临的重要考验，党和人民的主要任务是集中力量把我国尽快地从落后的农业国变为先进的工业国。"征服自然""战天斗地""赶超英美"等口号正是这一时期的写照。中国共产党对生态环境建设的曲折探索就是在这一背景下展开的。

经过"大跃进"的曲折，毛泽东开始关注生态环境问题。他说："如果对自然界没有认识，或者认识不清楚，就会碰钉子，自然界就会处罚我们，会抵抗。比如水坝，如修得不好，质量不好，就会被水冲垮，将房屋、土地都淹没，这不是处罚吗？"① 在反思"大跃进"的重要教训时，毛泽东认为主要是没有搞好平衡。他强调要搞好农业内部、工业内部、工业和农业三种综合平衡②。

在社会主义建设过程中，资源浪费引起了中央领导的关注，毛泽东多次强调要厉行节约，他告诫全党，对办食堂破坏山林、浪费劳力等问题要引起高度重视。"这些问题不解决，食堂非散伙不可，今年不散伙，明年也得散伙，勉强办下去，办十年也还得散伙。没有柴烧把桥都拆了，还扒房子、砍树，这样的食堂是反社会主义的。"③ 在这一时期，党的其他领导人也非常重视生态环境建设。比如，周恩来总理就多次提到森林资源问题。他指出，基础太小，林政不修，森林采伐不按科学的方法，这都需要大力整顿。不科学的采伐，没有护林和育林，森林地带也会变成像西北那样的荒山秃岭④。周恩来总理不仅指出了问题，还提出了环境保护的对策。他强调，必须加强国家的造林事业和森林工业，有计划有节制地采伐木材和使用木材，同时在全国有效地开展广泛的群众性的护林造林运动⑤。随着中国社会主义建设事业的发展，环境污染日益严重。周恩来总理在1970年前后曾多次指示国家有关部门和地区切实采取措施防治环境污染。1972年6月，中国派代表团出席了在斯德哥尔摩召开的联合国人类环境会议。在环境保护工作受到普遍重视的情况下，1973年8月我国召开了第一次全国环境保护会议，通过了第一个环境保护文件《关于保护和改善环境的若干规定》，指出要从战略上看待环境问题，对自然环境的开发，包括采伐森林、开发矿山、兴建大型水利工程，都要考虑到对气象、水生资源、水土保持等自然环境的影响，不能只看局部，不顾全局，只看眼前，不顾长远。可见，生态可持续发展的思想在首次全国环保会上已经萌芽。

新中国成立后百废待兴，社会主义建设缺乏历史经验，在这种情况下追求社会经济发

---

① 毛泽东：《经济建设是科学，要老老实实学习》，《毛泽东文集》第八卷，人民出版社1999年版，第72页。

② 参见毛泽东《庐山会议讨论的十八个问题》，《毛泽东文集》第八卷，人民出版社1999年版，第80页。

③ 毛泽东：《要做系统的由历史到现状的调查研究》，《毛泽东文集》第八卷，人民出版社1999年版，第254页。

④ 参见《周恩来选集》下，人民出版社1984年版，第25、138页。

⑤ 同上。

展速度的急切心态，对于中国共产党及其所领导的中国社会民众来说都应当是某种常识性的观念，就比如人们在吃不饱的时候无暇顾及高脂肪等健康饮食问题。因此，在面临经济建设与生态环境保护相抵触的时候，在理论和实践上习惯于从微观的层面和具体的层面来探讨，比如单一地强调林业问题、综合平衡，等等，这样就使生态环境建设内容较为单一和分散。更为突出的问题是，生态环境建设在理论和实践上难以一致。对环境保护的重视源于经济建设引起的"倒逼"状态，但大多数时候只是停留在提出和分析问题层面，在实践中往往难以推进。尤其是 20 世纪 50 年代末赶超型的发展理念更加剧了问题的严峻性。在阶级斗争观念的影响下，西方资本主义国家关于保护生态环境的重要观念难以传入中国并得到重视。可以说，环境保护思想在整体上是围绕生产发展而形成的初步认识，虽也意识到要保护自然，但远未提升到尊重自然、顺应自然的高度。

另外，在生态环境建设的指导思想上，马克思、恩格斯的生态观念并没有受到重视，而苏联发展模式的弊端却对中国共产党的政策有很大影响。新中国成立初期，因为没有经验，在经济建设上和其他方面，只能系统地向苏联学习。在向苏联一边倒的同时，苏联的生产模式和斯大林的自然观也对我国生态环境建设带来了消极影响。有人指出，斯大林的自然观具有片面性，由于对恩格斯存有偏见，他没有继承恩格斯的辩证自然观，即轻视了自然是个整体，轻视了自然界中各种因素的相互作用，只看到人对自然的改造，忽视了自然的自我生长、自我修复能力；只看到改造自然带来的眼前的变化，忽视了人的活动给自然带来的长期影响；只看到自然的人化，没有看到自然的反人化[1]。可以说，虽然我们党的领导人也认识到环境保护的重要性，但在照搬苏联建设经验的同时，在实践中也认同和接受了斯大林片面的发展观和自然观。从新中国成立到 20 世纪 70 年代末，由于众所周知的历史原因，生态环境问题始终没有出现在党代会的报告中，中国共产党对于生态环境建设的探索虽然有所跟进，但由于没有树立科学的自然观和发展观，生态环境建设在实践中并未受到足够的重视，生态环境免遭破坏远远未能成为中国社会经济发展的底线。

2. 1979～2002：从生态环境保护到生态文明建设理念的形成。

在我国经济社会发展进入改革开放阶段以后，中国共产党对生态环境建设的探索已是在世界各国共同应对全球生态环境危机的背景中展开的。改革开放带来的不仅是先进的生产技术和经济发展理念，还有与经济发展相伴随的一系列生态环境理念。

改革开放以来，中国共产党对生态环境建设问题的重视程度大幅提高，生态问题首次出现在党代会报告中。党的十二大报告在提及"生态平衡"问题时强调，今后必须在坚决控制人口增长、坚决保护各种农业资源、保持生态平衡的同时，加强农业基本建设，改善农业生产条件，实行科学种田，在有限的耕地上生产出更多的粮食和经济作物，并且全面发展林、牧、副、渔各业，以满足工业发展和人民生活水平提高的需要。在此基础上，国务院在 1984 年 5 月通过了《关于环境保护工作的决定》，将生态环境建设上升为我国的一项基本国策，并在实践中初步形成了一套适合中国国情的政策和措施。随着改革开放和现代化建设事业的不断推进，我们党对生态环境建设的科学地位和作用的认识进一步深化，并为此出台了一系列具有重大现实意义和长远指导意义的方针政策。

在党的十三大报告中，中国共产党意识到生态环境问题的严重性，特别提到"靠消

---

[1]　参见刘增惠《马克思主义生态思想及实践研究》，北京师范大学出版社 2010 年版，第 121 页。

耗大量资源来发展经济，是没有出路的"。党的十三大报告还重点指出，人口控制、环境保护和生态平衡是关系经济和社会发展全局的重要问题。在推进经济建设的同时，要大力保护和合理利用各种自然资源，努力开展对环境污染的综合治理，加强生态环境的保护，把经济效益、社会效益和环境效益很好地结合起来。强调了生态环境与社会经济发展要相协调，要努力寻求两者之间的利益结合点。党的十四大报告中继续把"加强环境保护"作为十大关系全局的战略任务加以强调，并进一步提出"努力改善生态环境"。

在这一时期，生态环境建设方面最富有成效的探索是可持续发展理念的形成与实践。早在改革开放的初期，邓小平同志就指出植树造林、绿化祖国是造福子孙后代的伟大事业，要世世代代传承下去，这其中就包含了可持续发展的理念，即自然资源利用不仅要满足当代人的需求，更重要的是通过长远发展，为后辈留下充足的空间。在国际上，1992年6月，在巴西里约热内卢召开的联合国环境与发展大会通过了《里约环境与发展宣言》《21世纪议程》等重要文件，体现了当今人类社会可持续发展的新思想，反映了关于环境与发展领域合作的全球共识和最高级别的政治承诺。《21世纪议程》要求各国制订和组织实施相应的可持续发展战略、计划和政策，迎接人类社会面临的共同挑战。按照这一要求，我国政府于1994年通过了《中国21世纪议程——中国21世纪人口、环境与发展白皮书》。书中指出，走可持续发展之路，是中国在未来和下一世纪发展的自身需要和必然选择。这标志着党和政府正式确立了可持续发展的观念。

此后，江泽民同志多次阐述了可持续发展的重要思想。1996年7月16日，他在第四次全国环境保护会议上明确指出，经济的发展，必须与人口、环境、资源统筹考虑，不仅要安排好当前的发展，还要为子孙后代着想，为未来的发展创造更好的条件，决不能走浪费资源和先污染后治理的路子，更不能吃祖宗饭，断子孙路。在党的十四届五中全会上江泽民同志明确提出，在现代化建设中，必须把实现可持续发展作为一个重大战略。党的十五大报告进一步强调，我国是人口众多、资源相对不足的国家，在现代化建设中必须实施可持续发展战略；坚持计划生育和保护环境的基本国策，正确处理经济发展同人口、资源、环境的关系。十五届三中全会指出，要加快以水利为重点的农业基本建设，改善农业生态环境，切实保护耕地、森林植被和水资源，为农业和农村经济的可持续发展奠定更加坚实的基础。此后，十五届五中全会按照党的十五大对新世纪我国现代化建设的总体展望和部署，提出了"十五"时期我国经济社会发展的主要奋斗目标，即加强基础设施建设，重视生态建设和环境保护，加强人口和资源管理，实现可持续发展。党的十六大正式将可持续发展能力不断增强，生态环境得到改善，资源利用效率显著提高，促进人与自然的和谐；推动整个社会走上生产发展、生活富裕、生态良好的文明发展道路写入党的报告，并作为全面建设小康社会的四大目标之一。可以说，党的十六大报告关于可持续发展理念的阐述呈现出生态文明建设的端倪。

20世纪90年代以来，党和国家在生态环境建设策略方面提出了一系列实事求是的方法和手段。随着社会主义市场经济建设的深入，充分运用经济手段，促进保护资源和环境，实现资源可持续利用成为主要方法。例如，按照资源有偿使用的原则研究制定自然资源开发利用补偿收费政策和环境税收政策；将自然资源和环境因素纳入国民经济核算体系；制定不同行业污染物排放的限定标准，逐步提高排污收费标准，促进企业污染治理达到国家和地方规定的要求；对环境污染治理、开发利用清洁能源、废物综合利用和自然保护等社会公益性项目，在税收、信贷和价格等方面给以必要的优惠；改革资源价格体系，促进资源的节约利用和保护增值①。

此外，强化管理，运用法律和必要的行政手段也是维护可持续发展、建设生态环境的基本策略。如建立可持续发展法律体系，并注意与国际法的衔接；把强化自然资源和环境保护工作作为各级政府的基本职能之一；建立健全科学的环境保护法规体系和标准体系，严格执法，完善和推行行之有效的管理制度和措施；污染防治逐步从浓度控制转变为总量控制，从末端治理转变到全过程防治；认真制订和监督执行环境保护的规划计划；强化环境统计和监测体系，逐步建立全国环境信息网络，及时准确地掌握环境质量和污染动态；加强环境保护机构建设，组织业务培训，提高决策管理者的素质；普及环境科学知识，提高全民族的环境意识②。可以说，与可持续发展有关的立法与实施是把可持续发展战略付诸实现的重要保障。

3. 2002～2012：从生态文明理念到生态文明社会建设蓝图的整体勾画。

进入21世纪，我国生态环境建设已经成为全球性生态建设进程的重要部分。面对日益紧迫的全球性环境危机，需要一种更加积极的生态文化意识。这一时期，中国共产党基于改革开放以来生态环境建设的理论成果，将生态文明建设列入科学发展观的思想谱系之中，在理论探索和制度层面上做出顶层设计，体现了马克思主义生态理论以及中国传统生态文化与当代中国社会发展及其现代转型的高度契合。

2003年，中共中央总书记胡锦涛提出了"坚持以人为本，树立全面、协调、可持续的发展观"，强调按照统筹城乡发展、统筹区域发展、统筹经济社会发展、统筹人与自然和谐发展、统筹国内发展和对外开放的要求推进各项事业的改革和发展。党的十六届三中全会正式使用了"坚持以人为本，树立全面、协调、可持续的发展观"的表述。

党的十七大报告提出了"中国特色社会主义理论体系"的科学概念，把科学发展观等重大战略思想与邓小平理论、"三个代表"重要思想一道作为中国特色社会主义理论体系的重要组成部分，并把科学发展观正式写入党章。党的十七大报告精辟概括了科学发展观的科学内涵和精神实质，报告指出：科学发展观，第一要义是发展，核心是以人为本，基本要求是全面协调可持续，根本方法是统筹兼顾。从新中国成立之初的"综合平衡"到"可持续发展"，再到"全面协调可持续"的科学发展观，在新的时期赋予了中国共产党关于生态环境建设的理论和实践基础，从而把生态环境建设提高到新的战略地位。

深入贯彻和落实科学发展观以来，生态环境建设不可避免地涉及中国共产党的理论创新和一系列重大决策，生态环境建设成为"建设一个什么样的社会"的探索中的关键问题，进一步突出了生态环境问题的极端重要性。

第一，"资源节约型和环境友好型社会"成为生态环境建设的内涵和任务。十六届五中全会首次把建设资源节约型和环境友好型社会确定为国民经济与社会发展中长期规划的一项战略任务，提出要加快建设资源节约型、环境友好型社会，大力发展循环经济，加大环境保护力度，切实保护好自然生态。2007年10月21日，"建设资源节约型、环境友好型社会"被写入部分修改的中国共产党章程中。十七届三中全会提出，到2020年，农村

① 参见《中国21世纪议程——中国21世纪人口、环境与发展白皮书》第二章，中国环境科学出版社1994年版。

② 同上。

改革发展的基本目标任务是资源节约型、环境友好型农业生产体系基本形成，农村人居和生态环境明显改善，可持续发展能力不断增强。十七届五中全会强调，坚持把建设资源节约型、环境友好型社会作为加快转变经济发展方式的重要着力点。

第二，生态环境建设成为建构社会主义和谐社会的基本要求之一。十六届六中全会审议通过的《中共中央关于构建社会主义和谐社会若干重大问题的决定》指出，"人与自然的和谐相处"是社会主义和谐社会的五个基本要求之一，并将"资源利用效率显著提高，生态环境明显好转"作为构建社会主义和谐社会的目标和主要任务。以解决危害群众健康和影响可持续发展的环境问题为重点，加快建设资源节约型、环境友好型社会。优化产业结构，发展循环经济，推广清洁生产，节约能源资源，依法淘汰落后工艺技术和生产能力，从源头上控制环境污染。实施重大生态建设和环境整治工程，有效遏制生态环境恶化趋势。

第三，生态环境建设是全面建设小康社会的目标。党的十六大提出全面建设小康社会的目标，即可持续发展能力不断增强，生态环境得到改善，资源利用效率显著提高，促进人与自然的和谐，推动整个社会走上生产发展、生活富裕、生态良好的文明发展道路。党的十七大报告指出，建设生态文明，基本形成节约能源资源和保护生态环境的产业结构、增长方式、消费模式，提出了主要污染物排放得到有效控制、生态环境质量明显改善以及生态文明观念在全社会牢固树立的小康社会目标。

从党的十六大、十七大报告所提出的全面建设小康社会的目标来看，从文明的高度提升生态环境建设的重要地位具有里程碑的意义。从党的十六大关于"生态良好的文明发展道路"到党的十七大首次明确"建设生态文明"的表述方式上看，中国共产党在生态环境建设探索进程中实现了理论创新。回顾改革开放以来中国共产党关于生态环境建设的探索过程，从党的十二大首次提及"生态平衡"，再到党的十七大把解决环境问题提高到"建设生态文明"的高度，这无疑是我国生态环境建设理论发展的标志性跨越。

党的十七大提出的"生态文明"引起学界的普遍关注。与"生态环境建设"的提法相比，生态文明建设的内涵和外延有了显著变化，对于人类社会的整体发展提出了更高要求。那么，生态文明如何界定？生态文明与物质文明、精神文明的关系是什么？生态文明建设与经济建设、政治建设、文化建设和社会建设相比有何特色？这不仅涉及如何推进生态文明建设的问题，也涉及在社会主义事业总体布局中怎样定位生态文明建设的问题。党的十八大报告对这些问题做了权威性的阐述，具体有三个方面。

第一，进一步突出了生态文明建设的地位，将生态文明建设纳入社会主义事业的"五位一体"总体布局之中。党的十七大报告虽然明确提出生态文明建设，但还没有将其视为社会主义事业总体布局中的基本内容。党的十七届四中全会将生态文明建设单列为社会主义建设的基本方面，提出全面推进社会主义经济建设、政治建设、文化建设、社会建设以及生态文明建设。党的十八大报告更明确提出，必须更加自觉地把全面协调可持续作为深入贯彻落实科学发展观的基本要求，全面落实经济建设、政治建设、文化建设、社会建设、生态文明建设五位一体总体布局，要把生态文明建设放在突出地位，融入经济建设、政治建设、文化建设、社会建设各方面和全过程。从"三位一体"到"四位一体"，再到"五位一体"，显示了中国共产党对生态问题和社会发展认识的不断深入。

第二，提出必须树立尊重自然、顺应自然、保护自然的生态文明理念，这是在新的历史条件下对自然发展规律和人与自然关系的新认识。新中国成立以来的社会主义建设在处理人与自然的关系上曾走过一些弯路，把人与自然的关系看做人对自然的征服和改造，不是尊重自然、顺应自然，而是基于主客二分的思维方式站在自然的对立面，单纯地强调自然为人类服务从而在实践中忽视了自然对人类社会的反牵制作用。

第三，就大力推进生态文明建设进行了全面部署。党的十八大报告在十六大、十七大确立的全面建设小康社会目标的基础上提出了新的要求，努力推进资源节约型、环境友好型社会建设取得重大进展。加快建立生态文明制度，健全国土空间开发、资源节约、生态环境保护的体制机制，推动形成人与自然和谐发展的现代化建设新格局。党的十八大报告对推进生态文明建设做出了全面战略部署，指明了建设生态文明的现实路径，坚持节约资源和保护环境的基本国策，坚持节约优先、保护优先、自然恢复为主的方针，着力推进绿色发展、循环发展、低碳发展，形成节约资源和保护环境的空间格局、产业结构、生产方式、生活方式。在具体实施方面，党的十八大报告指出，应从优化国土空间开发格局、全面促进资源节约、加大自然生态系统和环境保护力度以及加强生态文明制度建设等四个方面大力推进生态文明建设。

中国共产党适时提出社会主义生态文明建设具有重要的理论和实践意义，是对马克思主义经典作家文明观和发展观的深刻诠释。恩格斯在《家庭、私有制和国家的起源》一书中指出，文明时代是学会对天然产物进一步加工的时期，是真正的工业和艺术的时期[①]。可以说，生态文明建设不仅具有经济价值也具有美学价值，是现代社会发展过程中真善美的统一，是人类文明形态和文明发展理念的里程碑式的标志。生态文明建设较之经济建设、政治建设、文化建设、社会建设而言，应当是最高位的价值理念，在理论和实践上都体现了人类社会发展的最佳模式。生态文明的全面实现体现了人向自身、向社会的合乎人性的人的复归。"作为完成了的自然主义＝人道主义，而作为完成了的人道主义＝自然主义，它是人和自然界之间、人和人之间的矛盾的真正解决，是存在和本质、对象化和自我确证、自由和必然、个体和类之间的斗争的真正解决。"[②]

党的十八大报告提出尊重自然、保护自然和顺应自然的生态文明理念，强调尊重和维护大自然的发展规律，强调人与自然的和谐，体现了人类对未来生活理想及幸福状态的最高追求，生态文明之路就是以人的能动性意识加诸社会发展之上的具有主动性和创造性的发展模式。从我国生态环境建设的历史来看，在很长一段时期内，无论在发展理念还是发展实践上都是起步较晚的国家，但生态文明建设的提出，使我国成为当今解决世界环境问题最具有话语权的国家之一，占据了世界生态建设领域道义与文化的制高点。

生态文明建设这一目标终将被证明是有着多重意义的里程碑式的战略选择，它把这一文明价值作为执政党的执政理念和政府的重要任务具有无比重要的意义，它宣告了继续忽视生态环境建设显然是不正确和不能接受的。如何把生态文明建设融入经济建设、政治建设、文化建设、社会建设各方面和全过程，应当作为我国长期发展的重要目标。

[①]　参见《马克思恩格斯选集》第 4 卷，人民出版社 1995 年版，第 24 页。

[②]　《马克思恩格斯全集》第 3 卷，人民出版社 2002 年版，第 297 页。

4. 十八大以来：生态文明社会建设保障体系的完善。

如果说党的十八大对大力推进生态文明建设进行的全面部署标志着生态文明社会建设蓝图的绘就，而此后的十八届三中、四中全会出台的两个重大文件则标志着实施生态文明社会建设蓝图的保障体系的完善。党的十八届三中全会通过的《关于全面深化改革若干重大问题的决定》，进一步将生态文明建设提高到制度层面，更加明确提出了用制度保护生态环境的任务。该决定提出，要紧紧围绕建设美丽中国深化生态文明体制改革，加快建立生态文明制度，健全国土空间开发、资源节约利用、生态环境保护的体制机制，推动形成人与自然和谐发展的现代化建设新格局。该决定还明确要求，建设生态文明，必须建立系统完整的生态文明制度体系，健全自然资源资产产权制度和用途管制制度，划定生态保护红线。这种"用制度保护生态环境"的决策，为生态文明建设提供了前所未有的保障。

党的十八届四中全会通过了《中共中央关于全面推进依法治国若干重大问题的决定》，《决定》对于生态文明建设从法治上提出了更高要求，规定"用严格的法律制度保护生态环境"，促进生态文明建设。这就从法律上给生态文明社会建设提供了根本保障。

5. 新中国成立以来中国共产党对生态文明建设探索的经验教训。

回顾上述探索历程可以看出，这一探索是随着中国经济建设、社会发展和改革开放进程不断校正、深化和完善的，既有经验也有教训。

从新中国成立到 20 世纪 70 年代末期，党和国家领导人在社会主义革命和建设实践中，虽然对于节约资源、保护自然环境也提出了一些要求，但整体上看生态环境问题尚未得到重视，生态文明建设更未提上日程。新中国成立以后召开的党的八大、九大、十大、十一大报告中，均未涉及生态环境问题。十年"文化大革命"，导致了我国国民经济濒临崩溃边缘，因而改革开放之初，我们党确立了以经济建设为中心的战略方针，重点强调抓好物质文明建设。而在资源过度利用、生态环境失衡初见端倪的 20 世纪 80 年代初，党的十二大报告就鲜明地提出了坚决保护各种农业资源、保持生态平衡的任务。党的十二大后仅一年多时间，1984 年 5 月国务院就颁布了《关于环境保护工作的决定》，成立了国务院环境保护委员会，明确将生态环境建设上升为我国的一项基本国策。党的十三大报告与党的十四大报告中都把"加强环境保护"作为关系全局的战略任务加以强调，党的十四大还进一步提出"努力改善生态环境"，党的十五大继续强调"重视生态建设和环境保护"，党的十六大更是进一步将生态环境得到改善、资源利用效率显著提高、促进人与自然的和谐、走"生态良好的文明发展道路"写入党的报告。

进入 21 世纪后，面对日益紧迫的全球性环境危机和我国生态环境形势，中国共产党更加清醒地认识到，建设生态文明是"中国特色社会主义"的题中之义，要带领中国人民实现社会主义现代化建设和中华民族伟大复兴，必须将生态文明建设放在突出地位。因而，从党的十六大把重视生态建设和环境保护作为实现可持续发展的科学发展观的重要内涵，到党的十七大首次明确"建设生态文明"，再到党的十八大将生态环境建设作为全面建设小康社会的目标，明确强调经济建设、文化建设、社会建设、生态建设、政治建设"五位一体"同步推进，充分显示出中国共产党在生态文明建设方面的认识与时俱进。十八届三中、四中全会通过了两个重要文件，则分别从制度和法律上为建设目标的实现提供了最有力的保障，不断昭示着我们党在治国理政上的成熟和理论认识上的高度自觉。

新中国成立以来尤其是改革开放以来，我们党在领导中国特色社会主义建设过程中，对生态文明建设进行的上述探索，是在实践中不断应对现实问题、总结经验教训的过程中前进的。从中我们形成以下三点基本认识，这也是当下社会主义生态文明建设必须着力之处。

第一，生态文明建设必须上升到重要执政理念和基本国策层面。从单纯追求经济发展速度到逐渐重视生态环境，并将"国家保护环境和自然资源，防治污染和其他公害"写入 1978 年 3 月 5 日通过的《中华人民共和国宪法》，确认环境保护是国家职能之一；从 1974 年成立国务院环境保护领导小组，到 1984 年落实党的十二大精神，专门成立环境保护领导机构——国务院环境保护委员会；从没有环境保护法规，到总结经验和吸取教训于 1979 年制订《中华人民共和国环境保护法（试行）》，再到 1989 年修订并正式颁布《中华人民共和国环境保护法》，彰显了党和国家环保理念的进步，鲜明地体现了推进国家治理体系和治理能力现代化的执政能力。2014 年十二届全国人大常委会第八次会议又通过了新修订的环境保护法，这部被誉为"史上最严环保法"正是全国人大常委会认真贯彻党的十八大和十八届三中全会精神、针对当前环境保护领域的紧迫任务和突出问题进行全面修订的。新修订的环保法的法律条文不仅由原来的 47 条增加到 70 条，在环境保护基本理念、政府监管、公众参与、法律责任等方面做出了相关规定，而且增强了法律的可执行性和可操作性，强化了政府、企业、公众违法行为的处罚力度。新环保法的重大修改体现了党对生态文明建设的新要求，以及对"五位一体"社会文明整体推进给予的强有力的法律支撑。正由于中国共产党对生态文明建设认识不断深化，才逐渐上升到重要执政理念和基本国策层面，"用法治向污染宣战"，保障了生态文明建设进程不断推进，努力实现了经济社会的可持续发展。

第二，要从建设美丽中国、实现民族伟大复兴"中国梦"的高度切实推进生态文明社会进程。新中国成立后百废待兴，加之社会主义建设缺乏历史经验，在这种情况下追求社会经济发展速度、急切改变中国一穷二白面貌是可以理解的。但自然环境和生态状况一旦遭到破坏，其代价和修复的难度是相当大的。正是在领导中国特色社会主义建设实践中，中国共产党不断深化对自然生态环境的认识，从"征服自然""战天斗地"到人与环境和谐相处，将生态文明作为"美丽中国"的重要内涵，将生态文明程度作为实现民族伟大复兴"中国梦"的重要指标，都体现了作为执政党的使命意识，理应成为全党全社会的共识。每个公民也都应该从实现中华民族百年梦想的高度充分认识这一任务的神圣，明确责任担当，身体力行，自觉践行生态观念，为祖国的繁荣、文明做出自己的应有贡献。

第三，将生态文明理念的宣传教育与制度建设、法治保障结合起来。建设生态文明社会，需要形成全社会的共识，引导人们树立生态理念，提高生态文明素质，这就需要加强公民生态文明观的宣传教育。同时，人们的行为总是从外在的他律到内在的自律，这就要把生态文明观的宣传教育与制度建设、法治保障结合起来。改革开放以来我们党对生态文明建设的上述探索和实践充分说明了这一点。正是看到宣传教育离开了制度的规范、约束和法律的强制保障，不可能达到预期的效果，我们党对建设生态文明社会的认识，才不断从理论层面到操作层面，从宣传教育引导的软性约束到制度规范和法律保障的刚性措施，不断完善生态文明社会建设的理论指导和实践指导。

中国共产党对生态文明建设的探索历程①

梁佩韵

党的十八大报告提出大力推进生态文明建设，以独立篇章系统阐述了推进生态文明建设的总体要求，并把生态文明建设放在事关全面建成小康社会的战略地位，纳入建设中国特色社会主义总体布局。生态文明思想的形成不是一蹴而就的，而是建立在长期实践基础上的。本文梳理了我们党的四代中央领导集体的生态自然观以及生态建设的实践历程。总的看，我们党对人与自然关系的认识，经历了一个从"战胜自然""人定胜天"到"尊重自然""人与自然和谐相处"，再到大力推进生态文明建设的不断深化的过程。

一　以毛泽东同志为核心的第一代中央领导集体对生态问题的基本认识

以毛泽东同志为核心的第一代中央领导集体在社会主义建设初期就重视生态环境问题，提出了一些保护生态环境的理论和主张，对我党生态理论和生态建设进行了初步探索：

第一，把生态环境保护看作是发展农业经济的重要内容。毛泽东早在 1934 年就指出："森林的培养，畜产的增殖，也是农业的重要部分。"他还提出："水利是农业的命脉。"这说明毛泽东早已认识到生态环境与农业生产的天然联系，并且先后提出了"要把黄河的事情办好""一定要根治海河""一定要把淮河修好"等分流域综合治理的思想。在他的亲自推动下，治理淮河、黄河、荆江等水域的大型水利工程相继开工；三门峡水利枢纽、葛洲坝水利枢纽工程先后展开。这一系列水利工程的建设为抵御洪涝灾害，促进工农业发展发挥了巨大作用。

第二，把植树造林看作是美化环境的有效措施。新中国成立后，毛泽东号召"绿化祖国""实现大地园林化"。1956 年，我国开始了第一个"12 年绿化运动"。周恩来也一直把林业作为一项重要工作来抓，他指出："林业工作为百年工作，我们要一点一点去增加森林，森林不增加，就不能很好地保持水土，森林对农业有很大的影响。"毛泽东指出植树造林不是一蹴而就的事情，"一两年怎么能绿化了？用二百年绿化了，就是马克思主义。先做十年、十五年规划，'愚公移山'，这一代人死了，下一代人再搞。"

第三，及时转变"社会主义制度下没有污染"的思想，坚持预防为主，防治污染。20 世纪 70 年代初，全国正值"文化大革命"十年内乱，由于极"左"思潮的影响，不承认社会主义制度下有环境污染，认为那都是资本主义社会的产物，是资本主义国家的不治之症，谁要是说中国有污染问题就是给社会主义抹黑。周恩来则敏锐地意识到在中国的

---

① 求是理论网。（http://www.qstheory.cn/qszq/qsbjyc/201301/t20130114_205592.htm.）

工业化过程中，也将面临环境公害问题。在周恩来的推动下，我国派代表团参加了1972年人类环境会议，该会议促发了一个重要的思想转折即生态破坏和环境污染问题不仅仅是资本主义社会的产物，在社会主义中国也有，而且非常严重。周恩来还把卫生部门"预防为主"的方针，应用到环境保护上来，提出治理环境污染要坚持"预防为主"原则，避免重蹈西方国家"先污染，后治理"的老路。

但是，新中国成立初期百废待兴，国家面临着实现由农业国向工业国转型的现代化任务，虽然在生态建设方面进行了初步探索，但鉴于发展生产力是当时首要任务，对生态环境的认知具有一定的局限性，具体来说存在以下特征：

一是自然灾害的频发和后发国家的发展要求使得我国在人与自然的关系问题上呈现出一维性认识，即强调人对自然的征服。毛泽东同志在《关于正确处理人民内部矛盾的问题》中指出"团结全国各族人民进行一场新的战争——向自然界开战，发展我们的经济"，这成为当时国家发展生产的重要思路，在这种的思路的指引下进一步提出"革命的中国人民，有改造自然的雄心壮志，有长期奋斗的决心，……创出一条征服自然的道路"。这种思路仅强调了人与自然对立和斗争的一面，没有重视对自然生态环境的保护问题。考虑到当时最重要的历史任务是提高物质生产以满足人民的生存需要。这种认识具有一定的必然性。

二是赶超型的发展战略导致对生态环境的认识具有较强的功利性，仅从为经济发展服务的角度来认识生态环境建设。例如，在五六十年代的抗旱和水土保持运动中，提倡"变水害为水利，……使江河为人民服务""所有水土保持措施，都必须从解决当前的生产生活着手"；在森林建设上，要求"为了尽快地增加森林覆盖率和供应国需民用，在树种的选择上必须着重发展杨树、洋槐、桉树、泡桐、柳树等速生树种"。这种认识没有遵循自然本身规律，忽视了生态环境的生物多样性。为尽快改变中国贫穷落后的面貌，20世纪50年代后期开始，社会主义建设中出现了急于求成、违背客观规律的现象。在"赶超英美""跑步进入共产主义"等目标鼓舞下，人们激情高涨地开展生产实践。为了增加粮食产量，毁林开荒、围湖造田、破坏草原，这加剧了水土流失、湖泊小气候改变和土地荒漠化。而全民炼钢则建起众多高炉大炼钢铁，砍掉大量树木，毁掉了宝贵的森林资源，污染了环境。急于改变贫穷落后面貌的心态，致使领导者未能正确处理改造自然与保护自然的关系，不仅给工农业生产带来不良后果，而且对生态环境造成了污染和破坏。

三是生态文明建设手段单一，生态建设主要依靠行政命令和发动群众，缺乏有效的环境保护的经济手段和法律手段。为了尽快修复战争后中国被破坏的自然环境，党中央开启了"植树造林、绿化祖国"、爱国卫生运动等一系列发动群众主观能动性的活动，取得了一定的积极效果。在这一时期，各种环境保护措施都是以行政命令的形式出台。一些具体防治手段，如"三同时"制度、限期治理制度和各种环保运动手段都具有明显的行政命令特征。出现纠纷和矛盾时，"应当以共产主义精神，采取互让互谅的态度，在本地区范围以内解决，不将矛盾上交"。这一时期的生态建设缺乏相应的体制机制和政策保障措施。

二　以邓小平同志为核心的第二代中央领导集体对生态文明思想的实践和完善

邓小平在总结了第一代领导集体历史实践的经验教训基础上，提出发展中国的社会主义事业要走生态资源的可持续化发展道路，认为没有良好的生态环境和长期可利用的自然资源，人们就将失去赖以生存和发展的基础和条件，社会主义社会的经济就不能得到长期稳定持续的发展。具体观点体现在以下几个方面：

一是强调生态适应性，指出发展经济要遵循自然规律。这一时期，我们党逐步改变过去单一的"向自然开战"的自然观，强调利用自然资源的同时，要尊重自然，按照自然的客观规律来发展经济。1981 年，国务院作出在国民经济调整时期加强环境保护工作的决定，强调人口和经济的发展，不仅要注意经济规律，同时也要注意自然规律，否则就会受到客观规律的惩罚。自然观的变化反映了国家发展观抛弃"大跃进"的理性回归，成为实施生态文明建设的最初哲学基础。

二是强调长远规划，渗透可持续发展理念，将环境保护上升为基本国策。邓小平虽未直接阐述过可持续发展的战略，但其生态环境思想却蕴涵了这一道理。他指出植树造林、绿化祖国是造福子孙后代的伟大事业，要世世代代传承下去，这其中就包含了生态可持续发展的理念，即生态环境建设不仅要满足当代人的需求，更重要的是通过长远发展，为后辈留下良好的环境。1982 年，他在对空军的讲话中强调："空军要参加支援农业、林业建设的专业飞行任务，至少要搞二十年，为加速农牧业建设，绿化祖国山河作贡献。"类似的表述还有很多，都强调了生态建设要长远规划，走可持续发展的路子，并最终带动社会的发展与进步。1983 年，万里在第二次全国环境保护会议上也指出："环境保护是我们国家的一项基本国策，是一件关系到子孙后代的大事"。以上论述可以说是生态环境建设可持续发展思想的深刻体现。

三是以科学技术推动生态环境建设。邓小平把科学技术作为第一生产力，他主张在我国资源短缺、人口众多的国情下必须依靠科技的发展来解决有关生态的一些基础性、全局性以及关键性的问题，提倡绿色技术在我国国民生产和生活中的推广与普及，提高环境污染的防治能力和自然资源的利用率，同时要积极引进国外治理生态问题的先进技术，改善我国解决生态问题的不合理现状。1983 年，他在同胡耀邦等人谈话时强调："解决农村能源，保护生态环境，等等，都要靠科学。"这些思想为我国生态环境建设打上了科技烙印，林业工作者以此为指导，在遗传、育种、森林护理等方面，攻克了大量技术难题，保护了生态环境。

四是以法律制度保障生态环境建设。生态环境建设不仅需要科技、行政等措施，更要有强有力的法制手段来支撑。邓小平结合我国实际国情与世界接轨，陆续通过了《关于在国民经济调整时期加强环境保护工作的决定》《国务院关于环境保护工作的决定》《中华人民共和国环境保护法》《中华人民共和国海洋保护法》等一系列法律法规，虽然截至目前我国的环境保护立法仍然有待完善，但是在环境保护法 20 年的建设和实践中，我国早已结束了环境保护无法可依的局面，使我国的生态文明建设做到了有法可依，有章可循，使环境保护工作又向前迈进了一大步。

三 以江泽民同志为核心的第三代中央领导集体对生态文明思想的继承和发扬

江泽民同志在领导全党推进社会主义现代化建设过程中，始终重视人口、资源、环境工作，坚持走可持续发展道路。他虽然没有明确提出"生态文明"的概念，但是在他的讲话和报告中，却大量使用"生态环境""生态保护""生态工程""生态建设""生态安全""生态意识""生态农业""生态环境良性循环""生态良好的文明"发展道路等概念，包含了丰富的生态文明思想。

一是改变了对生态文明建设的功利性认识，强调生态环境保护和经济发展的同等重要性。强调环境保护与经济发展相协调，就是环境问题要在发展中解决，边保护，边发展，实现环境保护与发展双赢。1996年7月16日，江泽民在第四次全国环境保护会议上，明确指出："经济的发展，必须与人口、环境、资源统筹考虑，不仅要安排好当前的发展，还要为子孙后代着想，为未来的发展创造更好的条件，决不能走浪费资源和先污染后治理的路子，更不能吃祖宗饭，断子孙路。""因此，在经济社会中，我们必须努力做到投资少，消耗资源少，而经济社会效益高、环境保护好。"1998年，他在中央计划生育和环境保护工作座谈会上，又反复强调："各地在经济发展的过程中，都必须正确处理环境与发展的关系，决不能以牺牲环境为代价换取短期的经济增长。"

二是明确提出可持续发展战略，将生态良好列入建设小康社会的目标之一。依据邓小平持续发展的理论，江泽民等国家领导人大力倡导实施可持续发展战略，并于1993年我国召开的"中国21世纪国际研讨会"上宣布了我国政府实施可持续发展战略的构想。江泽民还在《正确处理社会主义现代化建设的重大关系》中指出："在现代化建设中，必须把实现可持续发展作为一个重大战略，把控制人口、节约资源、保护环境放到重要位置，使人口增长和社会生产力发展相适应，使经济建设与资源环境相协调，实现良性循环。"并于1996年3月将可持续发展作为社会主义建设的重要内容。1997年十五大报告中进一步强调："我国是人口众多、资源相对不足的国家，在现代化建设中必须实施可持续发展战略。"把我国的生态问题放到了一个更加重要的位置。在江泽民同志的重视下，2002年11月党的十六大正式将"可持续发展能力不断增强，生态环境得到改善，资源利用效率显著提高，促进人与自然的和谐，推动整个社会走上生产发展、生活富裕、生态良好的文明发展道路"写入党的报告，并作为全面建设小康社会的四大目标之一。这里实际上已经表达了生态文明建设思想。

三是随着社会主义市场经济的全面深化，生态建设中更加强调制定规划，健全法律法规。江泽民认为，要使环境保护与经济发展相协调，或者说在经济发展的同时保护好环境，必须将环境保护的目标及其实施措施纳入国民经济和社会发展计划。他指出："各级政府和有关部门一定要把环境保护目标纳入经济和社会发展年度计划和中长期规划。确定重大建设项目，要同时制定保护环境的对策措施。"在江泽民这一思想的指导下，我国重大规划都把环境保护作为一个重要的内容，并提出了环境保护的目标。这一时期更加强调建立健全法规，为加强环境保护提供制度保障。2001年的中央人口资源环境工作座谈会上，江泽民进一步强调："人口资源环境法制工作要切实纳入依法治理的轨道。加强人口资源环境方面的法制宣传教育，普及有关法律知识，使企事业单位和广大群众自觉守法。"根据环境保护的指示精神，国家相继颁布了《环境保护法》《海洋环境保护法》《大气污染防治法》《水污染防治法》等多部法律，对做好生态环境建设起了积极的保护作用。修改后的《刑法》增加了"破坏环境资源保护罪""环境保护监督渎职罪"的规定，首次将破坏环境定为犯罪。

四 以胡锦涛同志为总书记的党中央对生态文明建设的探索和创新

自十六届三中全会胡锦涛同志第一次提出科学发展观，十七大正式提出建设生态文明，十八大报告将生态文明建设纳入社会主义现代化建设总体布局之后，我们党对生态文明建设的认识和实践发生了质的变化，上升到一个全新的高度。

一是对自然的认识发生了质的变化，要求尊重自然、顺应自然、保护自然，实现"人与自然和谐相处"。早在2004年《在中央人口资源环境工作座谈会上的讲话》中，胡锦涛就指出："对自然界不能只讲索取不讲投入、只讲利用不讲建设。"2005年2月19日，胡锦涛在省部级主要领导干部提高构建社会主义和谐社会能力专题研讨班开班仪式上指出："构建社会主义和谐社会，是党提出的一项重大任务。要建设的和谐社会是民主法制、公平正义、诚信友爱、充满活力、安定有序、人与自然和谐相处的社会。""人与自然和谐相处，就是生产发展，生活富裕，生态良好。""要科学认识和正确运用自然规律，学会按照自然规律办事，更加科学地利用自然为人们的生活和社会发展服务，坚决禁止各种掠夺自然、破坏自然的做法。"党的十七大还将"人与自然和谐""建设资源节约型、环境友好型社会"写入新修改的党章中。党的十八大报告提出要树立尊重自然、顺应自然、保护自然的生态文明理念。这种对自然前所未有的高度重视，标志着我国的自然观从传统的"向自然宣战""征服自然"向"建设自然""人与自然和谐相处"的实质性转变。

二是在科学发展观的指导和要求下，明确提出大力建设生态文明。发展观是一定时期经济与社会发展的需求在思想观念层面的聚焦和反映，是一个国家在发展进程中对发展及怎样发展的总的和系统的看法。确立了什么样的发展观，就会有与之相适应的发展道路和发展模式，它是伴随经济社会的演变进程而不断完善的。从毛泽东为核心的第一代领导集体高度重视经济增长阶段，到以邓小平为核心的第二代领导集体提出的全面发展思想阶段，再到以江泽民为核心的第三代领导集体提出的可持续发展观阶段，到以胡锦涛为总书记的党中央在继承前三代领导集体发展思想的基础上，提出了全面、协调、可持续、以人为本的科学发展观阶段。党的十六大以来，以科学发展观为指导，形成了建设生态文明的战略思想。党的十七大把"建设生态文明"列入全面建设小康社会奋斗目标的新要求，作出战略部署，强调要坚持生产发展、生活富裕、生态良好的文明发展道路，建设资源节约型、环境友好型社会，实现速度和结构质量相统一、经济发展与人口资源环境相协调，使人民在良好生态环境中生产生活，实现经济社会永续发展。生态文明建设的提出和发展是中国特色社会主义理论体系的又一创新，是中国共产党执政兴国理念的新发展。

三是明确生态文明建设的内涵和任务。胡锦涛指出："建设生态文明，实质上就是要建设以资源环境承载力为基础、以自然规律为准则、以可持续发展为目标的资源节约型、环境友好型社会。"这准确把握了生态文明建设与可持续发展的关系，深刻揭示了建设生态文明的内涵和本质。在这一战略思想指导下，我国扎实推进节能减排、生态建设和环境保护，单位国内生产总值能耗持续下降，超额完成化学需氧量、二氧化硫排放量"十一五"减排任务，全面实施退耕还林等重点生态工程，为促进绿色增长、推动可持续发展打下了可靠基础。党的十八大的召开，给生态文明制定了新的发展方向：坚持节约资源和保护环境的基本国策，坚持节约优先、保护优先、自然恢复为主的方针，着力推进绿色发展、循环发展、低碳发展，形成节约资源和保护环境的空间格局、产业结构、生产方式、生活方式，从源头上扭转生态环境恶化趋势，为人民创造良好生产生活环境，为全球生态安全作出贡献。明确了今后生态文明建设的四大任务：优化国土空间开发格局；全面促进节约；加大自然生态系统和环境保护力度；加强生态文明制度建设。

四是生态文明建设的手段发生显著变化。以经济手段促进生态文明建设。2006 年按照"探索将发展过程中的资源消耗、环境损失和环境效益纳入经济发展水平的评价体系"的思路，国民经济和社会发展计划中专门提出，要下大力气发展循环经济和清洁生产，用经济的宏观手段调节能源消费结构，促进循环经济产业的发展。2008 年，政府在生态文明建设中进一步发挥宏观经济手段，实施了包括绿色信贷、绿色保险、绿色贸易、绿色税收等在内的一系列宏观环境经济政策。这标志着这一时期建设生态文明的经济手段已经完全贯彻于社会生产的整个过程。在法律手段上也有新的变化。过去的法律手段只规范企业等生产单位，而对政府的宏观规划却没有制约。2003 年 9 月实施的《环境影响评价法》将环境评价范围从建设项目扩大到政府规划，为政府规划要先进行环境评价提出了法律要求，扩大了生态环保法律所约束的范围。加强生态文明制度建设既是任务也是手段，十八大报告中重点指出"保护生态环境必须依靠制度"。"要把资源消耗、环境损害、生态效益纳入经济社会发展评价体系，建立体现生态文明要求的目标体系、考核办法、奖惩机制。"制度是根本保障，只有制定完备的、可操作性强的制度去落实生态文明的各种具体要求，通过制度去规范人的各种可能影响环境的行为，协调人类各种利益，才能保护生态环境，实现中华民族的永续发展。

从十六大到十八大党对生态文明建设的认识历程[①]

蒋光贵

一　将"生态良好"与"可持续发展"战略联系起来

2002 年 11 月，党的十六大提出了全面建设小康社会的任务，并提出了具体的目标，其中有一项就是生态建设。大会要求：到 2020 年"可持续发展能力不断增强，生态环境得到改善，资源利用效率显著提高，促进人与自然的和谐，推动整个社会走上生产发展、生活富裕、生态良好的文明发展道路"。党的十六大对"生态"的重视体现在以下几个方面：

一是将"生态良好"提到了"道路"的高度。这是认识上的一大进步，使我们在中国特色社会主义建设的道路上不能忽视生态的保护和建设。

---

①　《上海党史与党建》2013 年第 4 期。

二是将保护环境和保护资源作为基本国策的内容。党的十六大提出："必须把可持续发展放在十分突出的地位，坚持计划生育、保护环境和保护资源的基本国策。"将生态建设作为"基本国策"的内容之一，使我们在制定各项具体政策时不能违背。

三是开始认识到"生态良好"是"文明"的标志之一。这个认识是前所未有的，为后来的发展奠定了基础。但党的十六大是将"生态良好"作为可持续发展的一部分要求，还没有完整的生态文明理念，更没有明确地将生态文明建设与经济建设、政治建设、文化建设和社会建设并列。

二　从"可持续发展"战略到"建设资源节约型、环境友好型社会"

2005年10月，党的十六届五中全会通过的《中共中央关于制定国民经济和社会发展第十一个五年规划的建议》（以下简称《建议》）提出："要把节约资源作为基本国策，发展循环经济，保护生态环境，加快建设资源节约型、环境友好型社会，促进经济发展与人口、资源、环境相协调。推进国民经济和社会信息化，切实走新型工业化道路，坚持节约发展、清洁发展、安全发展，实现可持续发展。"进一步发展了十六大关于生态建设的思想。

一是《建议》明确提出"建设资源节约型、环境友好型社会"的重大战略思想。"社会"包含了经济、政治、文化、生态以及人们的思想、观念、意识等各个方面，即生态建设已被提到重要的战略高度来认识。一方面，我国人均资源相对较少，资源利用效率还非常低下。这种低下表现在资源开采、资源加工、资源回收和资源循环等生产、生活消费各个方面。目前，我国单位国内生产总值的资源能源消耗远远高于发达国家，甚至高于印度等国家。我国单位资源的产出水平，只相当于美国的1/10，日本的1/20，德国的1/6；单位产值能耗比世界平均水平高2.4倍，是德国的4.9倍，日本的4.43倍，美国的2.1倍，印度的1.65倍，其中，电力、钢铁、有色金属、石化、建材、化工、轻工、纺织8个行业主要产品能耗平均比国际先进水平高40%。我国的资源浪费也相当严重，如农用灌溉用水利用系数为0.4，是国外先进水平的一半。矿产资源回收率低，总回收率仅为30%，比国外先进水平低20个百分点以上。由于我国主要矿产探明储量的增长，远远低于可开采量的增长，开采量的增长又远低于消费量的增长，形成了倒逼资源强度开发。另一方面，建设环境友好型社会，也是借鉴国际社会经验、对人类社会发展规律认识深化的结果。早在20世纪70年代初，国际社会认识到环境问题的严峻性，达成了保护环境的共识。1992年联合国里约环境与发展会议通过的关于全球可持续发展战略的《21世纪议程》中，强调了"无害环境"概念，并正式提出了"环境友好"理念。之后，世界各国开始以全方位的视角认识环境友好的理念，涉及的范围也从技术、产品、产业、地区等领域上升到整个社会层面，涵盖了生产、消费、技术，甚至新的伦理道德等众多领域。

二是《建议》明确提出"建设资源节约型、环境友好型社会"的有效对策。《建议》把发展循环经济作为建设资源节约型、环境友好型社会的重要途径，要求加大环境保护力度。坚持预防为主、综合治理，强化从源头防治污染和保护生态；坚持保护优先、开发有序，以控制不合理的资源开发活动为重点，强化对水源、土地、森林、草原、海洋等自然资源的生态保护。这些对策使建设资源节约型、环境友好型社会的战略思路更加具体、更加清晰。

三 从"建设资源节约型、环境友好型社会"到"促进人与自然相和谐"原则

2006 年 10 月，党的十六届六中全会通过了《中共中央关于构建社会主义和谐社会若干重大问题的决定》（以下简称《决定》）。指出社会和谐是中国特色社会主义的本质属性，是国家富强、民族振兴、人民幸福的重要保证。《决定》发展了生态建设的思想。

一是《决定》以全方位的视野审视生态建设。《决定》指出："必须坚持科学发展"，"统筹城乡发展，统筹区域发展，统筹经济社会发展，统筹人与自然和谐发展，统筹国内发展和对外开放"，"提高发展质量，推进节约发展、清洁发展、安全发展，实现经济社会全面协调可持续发展"。城市与乡村、经济与社会，都涉及生态保护与发展的问题。把生态问题放入各领域统筹思考，这还是首次，我们党的认识又进了一步。

二是《决定》将生态建设和"以人为本"有机联系。《决定》提出构建和谐社会的原则的第一条就是"以人为本"。要"以解决危害群众健康和影响可持续发展的环境问题为重点，加快建设资源节约型、环境友好型社会"。这里不但明确了环境建设的重点，尤其重要的是将生态建设与"以人为本"联系起来，突破了把生态建设仅仅作为手段的狭隘认识。

三是《决定》提出了"促进人与自然相和谐"的思想。社会和谐只是和谐社会一个方面的要求，少了人与自然的和谐，社会的和谐是不可能的，至少也是不会长远的。而且，从人的属性来看，少了自然属性，人也不是一个幸福的人。自然，是人的存在属性之一。只强调利用自然、改造自然，这也是把自然仅仅当手段，这种"人类中心主义"不懂得社会和谐与自然和谐的关系，不懂得保护环境、生态建设是人类本身的最重要目的之一，最终会有害人类本身。提出"促进人与自然相和谐"，这就在更高层次上明确了生态建设的深刻意义。

四 从"促进人与自然相和谐"原则到"建设生态文明"的思路

2007 年 10 月，党的十七大报告大大发展了"生态文明"思想。

一是党的十七大报告明确提出了"生态文明"的科学概念。报告阐述的科学发展观的基本内涵给生态文明建设提供了世界观和方法论的指导。根据全面协调可持续的基本要求，报告强调："坚持生产发展、生活富裕、生态良好的文明发展道路，建设资源节约型、环境友好型社会，实现速度和结构质量效益相统一、经济发展与人口资源环境相协调，使人民在良好生态环境中生产生活，实现经济社会永续发展。"这个要求又是"以人为本"的运用和体现。报告提出的统筹城乡发展、区域发展、经济社会发展、人与自然和谐发展等，是"统筹兼顾"这个根本方法的运用和体现。报告认为科学发展观是我国经济社会发展的重要指导方针，是发展中国特色社会主义必须坚持和贯彻的重大战略思想。这就必然会将生态文明建设放在战略地位来思考。

二是党的十七大报告把生态文明建设提到了至关重要的战略地位。报告指出："坚持节约资源和保护环境的基本国策，关系人民群众切身利益和中华民族生存发展。必须把建设资源节约型、环境友好型社会放在工业化、现代化发展战略的突出位置，落实到每个单

位、每个家庭。"

三是党的十七大报告明确了生态文明建设的战略思路。首先，提出要从体制、制度和政策方面促进生态文明建设的发展。"要完善有利于节约能源资源和保护环境的法律和政策，加快形成可持续发展体制机制。落实节能减排工作责任制。"其次，提出建设的多维思路。例如，"开发和推广节约、替代、循环利用和治理污染的先进适用技术，发展清洁能源和可再生能源，保护土地和水资源，建设科学合理的能源资源利用体系，提高能源资源利用效率"，"发展环保产业、加大节能环保投入"，"重点加强水、大气、土壤等污染防治，改善城乡人居环境"，等等。显然，党的十七大不但极大地重视生态文明建设，而且将"人与自然相和谐"原则具体化，具有明确的思路，便于操作，其指导作用是显而易见的。

五 从"建设生态文明"的思路到"提高生态文明水平"的具体途径

2010 年 10 月，党的十七届五中全会通过了《关于制定国民经济和社会发展第十二个五年规划的建议》，明确提出坚持把建设资源节约型、环境友好型社会作为加快转变经济发展方式的重要着力点。为此，必须"加快建设资源节约型、环境友好型社会，提高生态文明水平"，并将"树立绿色、低碳发展理念，以节能减排为重点，健全激励和约束机制，加快构建资源节约、环境友好的生产方式和消费模式，增强可持续发展能力"作为总的要求。

同时，大会还提出了生态文明建设的具体途径和措施。例如，在积极应对气候变化方面，提出把大幅降低能源消耗强度和二氧化碳排放强度作为约束性指标，有效控制温室气体排放。合理控制能源消费总量，抑制高能耗产业过快增长，强化节能目标考核，等等。在大力发展循环经济方面，提出要以提高资源产出效率为目标，加强规划指导、财税金融等政策支持。完善再生资源回收体系和垃圾分类回收制度，等等。提出加强资源节约和管理，落实节约优先战略，全面实行资源利用总量控制、供需双向调节、差别化管理。加强能源和矿产资源地质勘查、保护、合理开发。完善土地管理制度。健全水资源配置体系，强化水资源管理和有偿使用，等等。提出加大环境保护力度，以解决饮用水不安全和空气、土壤污染等损害群众健康的突出环境问题为重点，加强综合治理，明显改善环境质量，等等。还提出了加强生态保护和防灾减灾各种具体体系建设。这些具体措施丰富、完善了生态文明建设战略，使其贯彻落实有了保障。

六 生态文明建设的理念、方针、政策的成熟

2012 年 11 月党的十八大的召开，标志着党的生态文明建设理念、方针和政策的成熟。

一是党的十八大报告十分清楚地强调了生态文明建设的重要性。报告认为："建设生态文明，是关系人民福祉、关乎民族未来的长远大计。"

二是形成了完整的生态文明理念。党的十八大报告明确指出："必须树立尊重自然、顺应自然、保护自然的生态文明理念。""理念"一词的运用，是有其深刻含义的。古希腊哲学家柏拉图所用的"理念"一词，指的是一种完善的观念，而不是一般的概念。"尊

重自然"，要求我们不要仅仅把自然当作对象，当作手段，而是要把自然当作目的，当作家园。尊重自然，就是尊重人类自己。"顺应自然"，要求我们正确认识人类在自然中的地位，即自然是人类生存和发展的源泉，人来自于自然，一刻也离不开自然，只有顺应自然，人的内在因素如理智、情感、欲望、意志才会和谐，人才是一个健全的人，人类社会也才是一个健全的社会，人与自然才会和谐。保护自然，不只是手段，也不是权宜之计，而是目的。保护自然，也就是保护人类自己。只有尊重自然，才能顺应自然，只有顺应自然，才能保护自然。有了这样的理念，才能真正自觉搞好生态文明建设。

三是对生态文明建设的地位和影响有了至高的认识。党的十八大报告将生态文明建设与经济建设、政治建设、文化建设、社会建设一起作为发展中国特色社会主义"五位一体"的"总布局"，不但确立了生态文明建设"长远大计"的地位，而且明确了它与经济建设、政治建设、文化建设和社会建设的内在关系。报告深刻指出：要把生态文明建设"融入经济建设、政治建设、文化建设、社会建设各个方面和全过程"，只有这样，才能建设美丽中国，实现中华民族永续发展。生态文明建设内在于其它建设中，从长远和全局看，离开生态文明建设，不可能搞好其它建设。对生态文明建设的地位和影响的认识，也反映了党在这方面的成熟。

四是形成了一整套生态文明建设的正确方针政策和思路。党的十八大报告提出："坚持节约资源和保护环境的基本国策，坚持节约优先、保护优先、自然恢复为主的方针，着力推进绿色发展、循环发展、低碳发展，形成节约资源和保护环境的空间格局、产业结构、生产方式、生活方式。"这个方针政策和思路逻辑清晰，涵盖了生产和生活，将目的和手段真正统一起来。此外，党的十八大还对生态文明建设的具体政策和制度作了详细要求，体现了党在生态文明建设的理论和实践方面的日趋成熟。

生态文明建设，国际宣传理念哪些值得借鉴？[①]

自 1992 年联合国环境与发展大会以来，可持续发展理念已经深入人心，成为国际社会的普遍共识。世界各国也在此框架下，不断探索和总结适合自身国情的可持续发展道路，形成各具特色的理念、战略和实践等，如联合国环境署倡导的"绿色经济"、韩国以及经合组织倡议的"绿色增长"、玻利维亚提出的"地球母亲"等。总结借鉴这些理念的国际宣传和推广经验，有助于推动我国生态文明在国际社会的宣传。

经验一：确定清晰的理念内涵、目标和路径等，便于国际社会理解和认识

可持续发展理念一经提出便明确了相关定义，即既满足当代人的需求，又不损害后代

① 《中国环境报》2015 年 9 月 29 日第 02 版。

人满足自己需要的能力的发展模式。虽然这一定义近 20 年来不断得到延伸和拓展，但始终围绕这一最初定义展开，可持续发展的经济发展、社会发展和环境保护三大支柱也得到广泛认可。联合国环境署将"绿色经济"定义为：一种改善人类福祉和社会公平，同时显著降低环境风险和生态稀缺性的经济。诸如绿色增长、生态现代化等具有明确的内涵和定义，实现途径也较为明确。同时，无论是可持续发展还是绿色经济、绿色增长等，都强调指标体系的重要性。2000 年，联合国千年首脑会议制定了"千年发展目标"，随着 2015 年千年发展目标即将到期，世界各国正致力于讨论制定 2015 年后的可持续发展目标。联合国环境署在提出绿色经济理念伊始，便强调用指标体系衡量绿色经济进展、引导和制定绿色经济政策的重要性，并通过各种方式加强世界各国制定绿色经济指标体系的能力建设。欧盟等国家和地区在实施可持续发展、绿色经济和绿色增长等战略时，也在全球可持续发展目标框架和方法论的指导下，制定了中长期、本土化的目标指标体系。

经验二：去国家化和去政治化，基于多方共同协商的理念更有利于各国认同

可持续发展、绿色经济等理念都不是国家化的理念，这些理念都强调没有固定、统一、普遍适用的范式，而是需要不同国家和地区根据具体情况进行探索。这些理念都有明确的理论基础，并延伸出一套新的科学理论体系和技术方法体系。这都有利于得到世界各国的认同。此外，可持续发展、绿色经济等理念都是由国际组织各成员国通过协商、或由国际组织倡议提出，在提出伊始便得到了世界各国的广泛认可。在推广过程中，通过国际组织的平台，更易于促成相关理念进一步达成共识、分享相关成果和成功经验，进一步促进理念的传播。

经验三：能够解决各国共性问题并具有包容性的理念更容易产生国际社会共鸣，易于被接受和传播

可持续发展理念的提出发端于西方国家对于资源环境危机的认识。1992 年召开的联合国环境与发展大会通过了《21 世纪议程》，主张将可持续发展列为国际社会议程中的优先项。在其后的 20 年间，气候变化、减少贫困、包容增长、绿色经济等世界各国普遍关注的议题也逐步整合到可持续发展的宏观框架中。绿色经济理念也在 2008 年金融危机后，被西方国家视为寻求新的经济增长、改变经济结构以解决经济衰退的切入点。"里约 + 20"峰会更是将绿色经济明确为实现可持续发展的工具和重要路径之一。在欧盟制定的绿色增长战略中，也整合了气候变化和清洁能源、可持续交通、可持续消费和生产、自然资源保护和管理、公共卫生、全球贫困和可持续发展挑战等多个议题。上述理念的核心议题是大多数国家关注的内容和全球性问题，更易于在国际话语体系中传播。

经验四：由国际组织或独立的国际机构推广传播相关理念

可持续发展、绿色经济等理念均由国际组织提出，并在国际组织的平台上进行推广和传播。值得一提的是，绿色增长理念最初是联合国亚洲及太平洋经济社会委员会在韩国政府的支持下于 2005 年提出的，并在亚太地区进行推广。为了推广这一理念，韩国政府支

持成立了全球绿色增长研究所，并逐步促使其国际化和去韩国化。2012 年，在"里约 + 20"峰会期间，这一组织及其成员国签署了作为国际组织的成立协议，并于当年 10 月正式成为国际性的政府间组织。目前，全球绿色增长研究所已经成为独立于韩国政府的国际机构，成为全球唯一一个致力于绿色增长理念传播、科学研究、能力建设和知识分享的平台，在亚太乃至全球发挥了重要影响力，并得到了联合国环境署的认可。

经验五：重视建立国家、国际组织间的伙伴关系和政策对话

上述国际组织以及欧盟等国家和地区在推广和传播相关理念时，十分重视建立国家、国际组织间的伙伴关系和政策对话。例如，为了推动绿色经济，联合国环境署、联合国工业发展组织、国际劳工组织和联合国训练研究所于 2013 年联合启动了绿色经济行动伙伴关系计划（PAGE），旨在全球范围内推动绿色经济的能力建设和政策创新。2014 年 3 月，在由阿拉伯联合酋长国主办的第一届全球 PAGE 大会上，挪威、芬兰、韩国、瑞士、瑞典和欧盟宣布共同出资 1100 万美元支持 PAGE 开展活动。全球绿色增长研究所也致力于建立全球范围内的伙伴关系，截至 2014 年 4 月，这一组织已有 22 个成员国，包括澳大利亚、丹麦、韩国、英国等发达国家，以及柬埔寨、哥斯达黎加、埃塞俄比亚等发展中国家。欧盟也积极通过政策对话等形式，宣传其可持续发展战略以及环境治理、资源效率、生态创新等领域的具体做法和经验。例如，在 2011 年启动了中欧环境治理项目，旨在与相关部委和地方伙伴展开对话并建立伙伴关系；2014 年与我国环境保护部联合实施了中欧政策对话二期生态文明制度创新项目等。

经验六：通过建立平台增强相关理论知识和最佳实践的分享

为了加强相关经验的传播和最佳实践的分享，相关国际组织还积极建立知识分享平台。例如，2012 年由世界银行发起，在联合国绿色经济发展联盟组织、环境署和全球绿色增长研究所参与下，建立了由超过 30 个国际组织、研究机构与智库构成的全球网络——绿色增长知识平台（GGKP）。这一平台旨在通过合作与协调研究，建立在世界范围内充分协商、广泛认同的绿色增长理论体系，为实践者和决策者提供绿色经济转型所必要的政策指导，以及良好的实践经验、分析工具和数据。2014 年 1 月，这一平台得到瑞士政府的支持，在联合国环境署日内瓦联络处设立了秘书处。绿色增长知识平台建立后不久就吸收了众多不同领域的"知识伙伴"，包括在地方、国家、地区和国际层面所开展的绿色增长和绿色经济活动中处于领先地位的组织。其 2013～2014 年的研究课题包括贸易与竞争力、指标体系、技术与创新、财政手段等，并且每个课题都配有研究委员会。

● 部分重要国际成果介绍

世界气象组织:全球温室气体浓度再创新高

世界气象组织2015年11月9日发布的最新一期《温室气体公报》称,由于人类工农业等活动产生的二氧化碳、甲烷等长期存在,地球大气的辐射强迫水平从1990年到2014年上升了36%。

通常,科学家以辐射强迫来定量二氧化碳等温室气体对于气候的影响,并通过工业革命前和当前这些气体的浓度在地球辐射场的估计值之间的差来计算。

根据该报告,2014年全球大气中的二氧化碳浓度达到397.7ppm,系工业革命前(1750年)水平的143%,而且2014年一年增加的二氧化碳几乎与过去十年的平均数相同。此外,甲烷和一氧化二氮(俗称笑气)的浓度也分别是工业革命前水平的254%和121%。

"每年我们都报告温室气体浓度创新高,每年我们都在说没时间了。如果我们还想让全球气温升高处于可控水平,就必须立刻行动,大幅削减温室气体排放。"世界气象组织总干事米歇尔·雅罗说。

据报告,北半球大气二氧化碳浓度在2014年春季超过了400ppm这个重要关口,2015年春季全球二氧化碳平均浓度也超过了400ppm。雅罗强调,大气二氧化碳的浓度超过400ppm很快就会成为在全世界都普遍存在的现实。

"我们看不到二氧化碳,但它却是一个实实在在的威胁。二氧化碳意味着全球气温升高,也会使酷暑、洪水等极端天气事件频繁发生。"雅罗警告称,"这些事件不仅正在发生,而且正以令人恐惧的速度滑向不可预测的境况。"

联合国气候变化大会将于11月30日至12月11日在巴黎召开,为期三天的非正式部长级预备会刚于8日下午开幕,世界气象组织在此时发布《温室气体公报》,就是想敦促国际社会尽快就此达成协议。联合国环境规划署也将于近期发布温室气体排放差距报告。

国际能源署:《2015世界能源展望》

2015年11月24日,国际能源署(IEA)和第一财经研究院联合在北京发布了IEA

《2015 世界能源展望》报告。在报告中，IEA 采用情景分析法展望 2040 年全球能源行业发展：其中"中心情景"预计 2020 年国际石油市场实现再平衡，油价将达到 80 美元/桶，此后进一步上涨；但无法排除低油价将持续更长时间，"低油价情景"预计油价在未来 10 年保持 50 美元/桶，到 2040 年回涨到 85 美元/桶。

如果油价长时间保持低位，将会意味着什么？

国际能源署资源与投资部门负责人蒂姆·古尔德在发布会上指出，非欧佩克国家原油供给能力极强的承压能力和相对稳定的中东地区的持续高产量，将使全球油价在 2020 年前维持在接近 50 美元/桶的水平。如此一来，石油进口国将获益，每桶 1 美元的降价，意味着有 150 亿美元的红利。因此，现在正是进行化石燃料补贴改革的重要窗口期。

同时，IEA 也担心，如果油价未来数十年持续在低位，世界对中东地区石油的依赖将回到 1970 年代的水平；一旦市场开始紧缩，原油生产国收入下降与全球原油需求增长等因素共同作用，市场存在巨大反弹风险。

1970 年代是怎样的水平？世界石油 50% 以上由欧佩克国家提供。而现在仅有 40% 出头。

2015 年油气上游领域的投资已经比去年下降了 20%，预计 2016 年石油和天然气行业将迎来上游投资减量的第二年，这将是自 20 世纪 80 年代以来第一次连续两年下降。

IEA "低油价情景"假设的前提条件是：全球经济增长速度较低；中东局势趋于稳定，欧佩克国家依然保持较高的市场份额；弹性更强的非欧佩克国家（主要是美国致密油）供应。

蒂姆·古尔德认为，美国致密油投资周期短，并且能够对价格信号做出快速响应，这正在改变石油市场的运作模式，但是美国的致密油资源开发强度最终会推高其价格。

低油价可能会损害能源转型的政策支持，因为较低的激励可能导致 15% 的能效下降。

低油价导致的主要原油生产国收入下降与全球原油需求增长等因素，使油价长期保持低位的可能性越来越小。

IEA 同时认为，低油价对推广可再生能源影响不大，前提是持续提供必要的市场规则、政策和补贴；但低油价会影响生物燃料、电动汽车和燃气汽车的发展。低油价可能使世界错失几乎 15% 的能源节约，减少价值大约 8000 亿美元的轿车、卡车、飞机和其他终端用能设备的能效提高，延缓能源转型的节奏。

中国、印度是影响世界能源重要因素

IEA 认为，全球能源消费增量全部来自非经合组织国家，而经合组织国家随着人口和经济结构发生变化、能效提高，其能源消费总量从 2007 年的峰值开始下降。

对于中国，蒂姆·古尔德的报告中这样描述，中国的增长模式进入新常态。中国转向能源强度较低的发展模式，对全球能源发展趋势具有重要影响。

中国是世界上最大的煤炭生产国和消费国；可再生能源电力装机容量比其他任何国家都要高；到 20 世纪 30 年代，中国将超过美国成为最大的石油消费国，天然气市场也超过欧盟。中国将于 2017 年引入涵盖电力行业和重工业的碳排放交易方案，这将有助于抑制

对煤炭的需求。在 2005 年时，中国只有 3% 的能源消费满足强制性能效标准，如今，已有大约半数满足。而且，持续的能效提高和风能、太阳能、水电和核电等低碳能源使中国的排放增长放缓，到 2030 年左右达到峰值。

对于印度，IEA 的提法是"印度站在了世界能源舞台的中心"。印度目前仅占全球能源消费 6%，且有 20% 的人口（约 2.4 亿人）尚未用上电。印度已制定多项政策加速现代化进程，通过"印度制造"加快制造业发展。印度人口和收入不断增长，到 2040 年城市人口将再增加 3.15 亿，印度正进入一个能源消耗持续快速增长的时期。

印度占全球能源需求增长大约四分之一，到 2040 年需要 2.8 万亿美元的投资（其中四分之三投向电力行业）且需大力推进能源监管体制改革。印度将成为第二大煤炭生产国，2020 年成为世界最大煤炭进口国；到 2040 年，印度的石油进口依存度将超过 90%。印度新建大型水坝或核电厂的计划仍不确定，必须加速推广低碳技术才能实现到 2030 年非化石燃料装机占电力行业 40% 的承诺。印度需通过加快技术研发、提高能源效率来应对能源安全忧患和环境污染问题。

能源系统转型将由电力引领

蒂姆·古尔德说，能源转型已在进行中，但巴黎气候大会需要释放一个强烈信号，各国政府必须对市场波动专门采取政策。能效措施蓄势待发，要把到 2040 年的世界能源需求增长限制到三分之一，能效将发挥关键作用，同期全球经济增长 150%。IEA 估计，2030 年全世界新购设备的能效会再增加 11%，所节约能源的平均成本是 300 美元/吨油当量，远远低于 1300 美元/吨油当量的加权平均能源价格。目前只有美国、加拿大、日本及中国对卡车和重型货运车辆的能耗进行监管，欧盟也计划出台相关规定，更广泛的地域覆盖和更严格的标准可以把 2030 年时新卡车的石油需求削减 15%。

改变产品设计、进行再利用和循环利用也会提供巨大的节能潜力；对于能源密集型产品，比如钢铁、水泥、塑料或铝，到 2040 年时，材料的高效利用和再利用节约的能源，可以是生产过程中能效措施带来的节能量的两倍。

电力行业引领能源系统低碳化发展。预计到 2040 年电力会占最终能源消费总量的四分之一，非经合组织国家占新增电力需求的近 90%。到 2040 年，60% 的电力投资会用于可再生能源技术，全球可再生能源发电量将占总发电量增量的一半。

IEA 预计，到 2040 年，可再生能源发电在欧盟的份额会达到 50%，在中国和日本会达到 30%，在美国和印度会超过 25%。相比之下，在亚洲之外，煤炭在电力供应中的份额不足 15%。

《世界能源展望 2015》摘要精华：

【第一部分】重点国家

一　中国转向能源强度更低的发展模式

（一）中国为最大煤炭生产国和消费国，可再生能源装机世界第一；到 2030 年，中国将超越美国成为最大石油消费国，超越欧盟成为最大天然气消费国。

（二）通过偏重于服务业的经济结构调整，2040 年中国能源强度下降 85%。

（三）中国将于 2017 年引入涵盖电力行业和重工业的碳排放权交易，在 2030 年左右达到二氧化碳排放峰值。

（四）现今，中国近半数能源消费能满足强制性能效标准（2005 年仅 3%）。

二　印度能源消耗持续快速增长

（一）印度目前仅占全球能源消费 6%，且有 20% 的人口（2.4 亿人）尚未用上电。印度已制定多项政策加速其现代化进程，通过"印度制造"加快制造业发展。印度人口和收入不断增长，到 2040 年城市人口将再增加 3.15 亿。

（二）印度占全球能源需求增长大约四分之一，到 2040 年需要 2.8 万亿美元的投资（其中四分之三投向电力行业）且需大力推进能源监管体制改革。

（三）印度将成为第二大煤炭生产国，煤炭在能源结构中占比增加到 50%；2020 年成为世界最大煤炭进口国。印度 2040 年石油进口依存度超过 90%。

（四）印度新建大型水坝或核电厂的计划仍不确定，必须加速推广低碳技术才能实现到 2030 年非化石燃料装机占电力行业 40% 的承诺。

（七）印度需采用综合的土地利用和城市化政策，通过加快技术研发、提高能源效率来应对能源安全忧患和环境污染问题。

【第二部分】各能源种类

石油

"中心情景"表现为：2020 年实现再平衡，油价达到 80 美元/桶，此后油价进一步上涨。

（一）需求方面：2020 年时需求逐步恢复，年均增长 90 万桶/天，到 2040 年增加到 1.035 亿桶/天，届时受价格上涨、补贴取消、能效政策及燃料替代等因素影响需求趋于平缓。

（二）供应方面：由于上游开支下降，2015 年下降幅度超过 20%。预计非欧佩克国家产油量在 2020 年前达到峰值，约为 500 万桶/天。欧佩克国家产油量增长由伊拉克与伊朗主导，其中伊拉克基础设施和管理体系薄弱，存在不稳定风险，伊朗在制裁完全取消的假设下仍需保证技术升级与投资到位。

（三）目前的过剩供应不是对石油市场安全自满的理由。为弥补现有产量下滑，维持未来平稳供应，全球上游石油与天然气投资每年需要 6300 亿美元。

（四）致密油投资周期短，能快速对价格信号做出响应。美国致密油产量会在 2020 年达到峰值，略高于 500 万桶/天，之后逐步下降。

无法排除低油价将持续更长时间。"低油价"情景表现为：油价在未来 10 年保持 50 美元/桶，到 2040 年回涨到 85 美元/桶。

（一）低油价情景的假设条件为：1. 全球经济增长速度较低；2. 中东局势趋于稳定，欧佩克国家依然保持较高的市场份额；3. 弹性更强的非欧佩克国家（主要是美国致密油）供应。

（二）低油价加剧对中东石油的依赖，增大投资枯竭后油价猛烈反弹的风险。低油价也会影响天然气投资，从而影响天然气供应。

（三）只要持续提供必要的市场规则、政策和补贴，低油价对推广可再生能源影响不大；但低油价会影响生物燃料、电动汽车和燃气汽车。与中心情景相比，低油价使世界错失15%的能源节约，减少价值8000亿美元的能效提高。

天然气

（一）因可以取代碳强度更高的燃料或支持可再生能源并网，天然气消费增加近50%，非常适合逐步低碳化的能源体系。

（二）中国和中东是天然气消费增长的中心，欧盟的天然气消费不会再回到2010年的峰值，在北美和其他地区天然气价格也较低。

（三）天然气的长期增长受到能效政策、可再生能源开发、煤炭利用（仅部分国家）、低价格下投资减缓等因素的影响。

（四）天然气开发需整合的政策行动来应对供应管道沿线的天然气泄漏，维护天然气消费的环境效益。

（五）非常规天然气占新增的60%，主要来源于北美。预计到2040年中国非常规天然气产量会超过2500亿立方米。中国虽然开发政策已经到位，但面临地质条件复杂、水资源有限、资源密集区人口密度大等挑战，定价机制、市场准入、管线监管等问题也制约其发展。

煤炭

（一）煤炭在全球能源结构中的份额已经从2000年的23%增加到现在的29%，但迅速发展的势头正在减弱。此前预期的煤炭需求强劲增长未能保持，特别是在中国，煤炭产能已严重过剩，价格暴跌。

（二）2040年能源需求增量只有10%靠煤炭，主要由于印度和东南亚煤炭需求增长三倍。亚洲煤炭消费预计占全球的五分之四，同期经合组织煤炭消费下降40%，欧盟下降到目前的三分之一左右，中国可能有更多的下行风险。

（三）煤炭依旧是许多国家电力系统的主要能源，其持续的有效利用需要采用先进的控制技术减少污染，对二氧化碳进行安全、经济的捕获和封存。

电力

（一）电力行业引领能源系统低碳化发展。预计到2040年电力会占最终能源消费总量的四分之一，非经合组织国家占新增电力需求的八分之七。

（二）到2040年，60%的电力投资会用于可再生能源技术，全球可再生能源发电量达到8300TWh，占总发电量增量的一半。

（三）在全球电力结构中，煤炭从41%下降到30%，非水可再生能源增幅弥补煤炭降幅，而天然气、核能和水电总体保持现在的份额。

（四）到2040年，可再生能源发电在欧盟的份额会达到50%，在中国和日本会达到30%，在美国和印度会超过25%。相比之下，在亚洲之外，煤炭在电力供应中的份额不足15%。

（五）到2040年，发电产生的二氧化碳排放的增速只有发电量增速的五分之一，而过去 25 年（1990 年至 2015 年）是一比一的关系。

（六）世界需要增加的装机容量比如今全球装机容量的总和还要多，但容量平均利用率下降，需要设计适当的市场机制为发电和电网提供必要的投资。

能源效率

（一）要把未来 25 年世界能源需求增长限制到三分之一，而同期经济增长 150%，能效措施将发挥关键作用。

（二）中国和印度的强制性目标已经把全球能效法规对工业的覆盖率从 2005 年的 3% 提高到 2015 年的超过三分之一，未来将持续扩大。

（三）在经合组织国家，能效措施把需求增长减少为没有此类措施的 60%。

（四）2030 年，全世界新购设备的能效会再增加 11%。

（五）对于能源密集型产品（如钢铁、水泥、塑料或铝），2040 年材料的高效利用和再利用节约的能源会是生产过程中能效措施带来的节能量的 2 倍。

低碳技术

（一）可再生能源和更加高效的终端能源利用技术的成本将持续下降，政策会更加优先考虑低碳能源方案。

（二）2014 年，全球对化石燃料的补贴为近 5000 亿美元，而推广可再生能源发电技术的补贴为 1120 亿美元（外加 230 亿美元的生物燃料补贴）。

（三）在成本持续下降、批发电价上涨的基础上，到 2040 年可再生能源补贴增加 50%，达到 1700 亿美元，非水可再生能源发电量增长五倍。如没有成本下降与批发电价上涨，补贴将达 4000 亿美元。

（四）没有任何补贴支持的、具有竞争力的非水可再生能源所占的份额会翻一番，占比达到三分之一。

气候变化

（一）迫切需要的全球能源转型正在进行中，但其步伐尚不足以持久逆转二氧化碳排放不断攀升的态势。在中心情景中，到 2040 年累计 7.4 万亿美元的可再生能源投资只占全球能源供应总投资的 15%。

（二）现在制定的能源政策会导致能源相关的二氧化碳排放增长放缓，但不会与经济增长完全脱钩，也不会实现满足 2 摄氏度目标所需的排放绝对减少。

（三）2015 年 6 月发布的 WEO 特别报告《能源和气候变化》建议采取以下措施：1. 提高工业、建筑业和交通运输业的能效；2. 逐步关停低效燃煤电厂，并禁止新建；3. 把电力行业可再生能源技术的投资从 2014 年的 2700 亿美元增加到 2030 年的 4000 亿美元；4. 到 2030 年时逐步取消对终端用户的化石能源补贴；5. 减少石油和天然气生产过程中的甲烷排放。

（四）在 COP21（联合国气候变化巴黎峰会）上需达成一致框架，建立一个随时间推移不断加强气候承诺的程序，为长期投资提供正确的信号。

国际能源署《世界能源展望 2015》与彭博新能源财经《新能源展望 2015》对比

2015 年 11 月 10 日，国际能源署（IEA）发布了 2015 年的世界能源展望，在去年的基础上做了一些细微调整。本文将 IEA 的最新研究成果与彭博新能源财经（BNEF）今年 6 月份发布的《新能源展望 2015》进行了对比。

IEA 报告整体上显示出了一种乐观的态度，其主管法提赫·比罗尔（Fatih Birol）谈到了巴黎气候谈判带来的一系列前所未见的政治推力，以及各国的承诺可以促成减排政策的出台，使得全球升温保持在 2.7 摄氏度之内。

但是，报告本身仅仅是在去年的结果上进行了有限的调整：以中性情景"New Policies Scenario"为例，今年对于 2040 年的电力需求预测较去年的结果下调了 1.6%；对于 2040 年发电量中煤电占比的预测从去年的 30.5% 下调到了今年的 30.1%，同时对于风电和光伏占比的预测分别从 8.9% 和 3.2% 上调到 9% 和 3.9%。

IEA 也下调了 2040 年气电发电量的占比，从 23.7% 下调至 22.8%；同时下调了 2040 年的二氧化碳排放量，从 380 亿吨下调至 367 亿吨。

IEA 认为未来油价将重回 80 美元/桶，主要因为发展中国家的需求增长，从而需要开发复杂地质条件的油田，然后带动整体成本上升。而如果油价没有回升到 80 美元/桶的水平，则将维持在 50 美元/桶左右。IEA 警告说，这将意味着全球石油供给将极大程度上依赖于中东地区的生产，依赖程度很可能超过上世纪 70 年代的水平。

IEA 认为印度将成为能源需求增长的引擎，其 2013 年至 2040 年的发电量增长将保持在年均 4.7% 的水平。

相较于 BNEF 的《新能源展望》，IEA 预测的 2040 年光伏发电量占比明显偏低，仅为 3.9%。而 BNEF 的预测为 14.5%，其中大型地面光伏电站发电量占 8%，分布式光伏发电量占 6.5%。

IEA 预测 2040 年全球光伏装机总量为 11 亿千瓦，相当于未来每年新增装机 3440 万千瓦，但这个数字可能远远小于实际水平，因为仅 2015 年就很有可能迎来 5000 万千瓦的全球新增光伏装机。相比之下，BNEF 预计 2040 年全球光伏装机总量达到 37 亿千瓦，其中 19 亿千瓦为大型地面电站，18 亿千瓦为分布式电站。

IEA 认为 2040 年的风电发电量占比仅为 9%，远小于 BNEF 预测的 15.7%。IEA 对于风电装机总量的预测也仅有 14 亿千瓦，也小于 BNEF 的 20 亿千瓦。而 IEA 对于 2040 年发电量的预测则高达 39.4 万亿千瓦时，相比之下，BNEF 的预测值仅为 34.2 万亿千瓦时。

如果从历年预测结果的变化来看，IEA 自 2010 年起，几乎每年都在上调对于风电和光伏的预测结果，而 BNEF 对于可再生能源的发展则保持了更为一致的看法，且 BNEF 的预测更加接近于实际装机容量。

BNEF 对于风电和光伏领域的成本下降趋势更有信心，且更加重视节能技术和经济结构调整对于用电量需求的影响。BNEF 也认为油价将维持在 50 美元/桶左右，而非 IEA 认为的 80 美元/桶。

IEA 与 BNEF 对于能源领域排放的预测基本接近。IEA 认为 2040 年的排放量较 2013 年增长 12% 至 151 亿吨，而 BNEF 认为同时期内排放量将增长 15%。IEA 认为未来电力行业将更多地依靠燃料低碳化来降低单位发电量的碳排放水平（而非更多地利用可再生能源）。

除了和 BNEF 的对比之外，IEA 还在报告中强调了以下观点：

本次 IEA 报告的两大重点是：第一，如此低的能源价格能维持多久？第二，巴黎气候变化大会以及其对于能源领域的影响。

Fatih Birol 提到今年油气上游领域的投资已经比去年下降了 20%，且明年还有可能继续下降。这是自上世纪 80 年代以来第一次连续两年的下降。

IEA 上调了印度的能源需求，下调了中国的能源需求：印度在 2013 年至 2040 年的年均电力需求增长从 4.3% 上调至 4.7%；中国在 2013 年至 2040 年的年均电力需求增长从 2.7% 下调至 2.5%。

印度由于经济增长，将站在未来能源舞台的中心。然而，对于印度的乐观预测也有可能在将来被大幅调整。这就要看印度是否能像中国一样保持 GDP 的高速增长。

中国能源需求增长的奇迹将接近尾声，未来能源需求将大幅低于 GDP 增速。

IEA 认为如果未来各国都不会出台新的控制排放政策，全球碳排放将保持 1.2% 的年均增速。电力行业的年排放增速为 1.5%。2040 年煤电发电量占比仍为 38%，而风电、光伏仅为 6% 和 2%。

对于交通领域，IEA 认为 2013 至 2040 年的年均能源需求增速为 1.1%。到 2040 年，该领域将消耗 34 亿吨标油。其中 29 亿吨由石油提供，2 亿吨由生物燃料提供，2.3 亿吨由其他燃料提供，而电力仅提供 0.8 亿吨标油的需求。

电动汽车在 2040 年将消耗 2700 亿千瓦时的电量，意味着 2013 至 2040 的年均增长将高达 18.2%。但是电力在交通领域的绝对值仍然太低，电动车普及的限制因素主要来自于电池成本居高、消费者的谨慎态度以及有限的充电设施。

BNEF 对于可再生能源装机的预测一直高于 IEA 的预测，且 BNEF 的预测更接近实际装机容量。IEA 则从 2010 年开始，几乎每年都明显地上调了对于可再生能源装机的预测。

国际可再生能源署与中国国家可再生能源中心：
《中国可再生能源展望》

2015 年 11 月 24 日，国际可再生能源署发布《中国可再生能源展望》报告，该报告是国际可再生能源署可再生能源 2030 年路线图《Remap2030》的项目组成部分，描绘了全球 2030 年可再生能源比重翻番的实现路径，并探讨中国及其他国家在电力供应以及能源消费端如建筑、工业、交通等行业可再生能源所具有的开发潜力。

要点

中国在可再生能源领域已经占据世界领先地位，凭借丰富的可再生能源资源，未来发展潜力仍为可观。2013 年，中国新增可再生能源总装机容量超过欧洲和亚太地区其他国家的总和。

这种转变的主要驱动力源于可再生能源技术的成本效益不断提升，以及其它诸多效益，如保障国家能源安全、减少空气污染等。

2010 年可再生能源在中国最终能源结构在所占的比重为 13%，其中包括约 6% 的传统生物质能源，以及 7% 的现代可再生能源。水力发电（3.4%）和太阳能热利用（1.5%）为中国最主要的现代可再生能源利用方式。

按照现行政策和投资模式，到 2030 年，现代可再生能源在中国能源结构中的比例将上升到 16%。《Remap 2030》路线图预计，将现代可再生能源的比重提高到 26% 的比例在技术与经济上均是可行的。

要实现 26% 的目标，2014～2030 年期间每年所需投资规模为 1450 亿美元，但由此在提高健康水平、降低二氧化碳（CO_2）排放量方面为中国经济减少支出分别为 550 亿美元和 2280 亿美元。

本报告指出，如果能够加速发展风电和太阳能光伏发电，并全面推动水电建设，预计到 2030 年，电力行业的可再生能源比重将会从 20% 提高到 40% 左右，但同时也需要大力开展电网建设，提高输电能力，并实行电力市场改革。

值得一提的是，可再生能源在终端用能行业有着巨大的潜力。工业终端用能单位可以实现 10% 的可再生能源的利用比例，突破目前几乎是零利用率的现状。与目前的零比重相比，建筑行业中所需能源的四分之三可以由可再生能源来提供，包括太阳能热利用和太阳能发电，加上现代生物质能，可以广泛应用于工业供热、采暖和热水供应。

中国的可再生能源

中国的能源政策在世界上举足轻重，因为中国是世界上最大的能源消费国，占全球能源消费总量的五分之一。到 2030 年，预计中国的能源消费量将在目前的水平上再提高 40%，中国能源利用方式的选择将对世界遏制气候变化的能力产生不可忽视的影响。

中国对能源安全的担忧在不断加剧。截至 2014 年，中国天然气的进口量约为 30%，但这一比例可能会大幅增加。中国的原油一半来自进口，而且进口比例在逐年增加。页岩气曾被认为是作为一种能够替代煤炭的能源，但勘探难度很大。目前，中国仍主要利用煤炭来满足大部分能源需求。但燃煤对环境所带来的日益增长的负面影响（2010 年，由于空气污染，大约有 120 万人过早死亡；另外，由于煤炭工业的高水耗也加剧了水资源日益匮乏），这些已经引起了政策的调整。

调整之一就是中国正在转向可再生能源。中国在风电和水电装机总量上为世界第一，太阳能热水器和沼气设施的使用数量也居世界首位。2013 年，中国年太阳能光伏发电装机容量超过整个欧洲当年装机容量的总和。

这一战略的调整正在带来可观的经济回报。中国已成为可再生能源技术的主要出口国，占全球太阳能光伏组件产量的三分之二。中国的可再生能源产业提供 260 万个就业岗位。并且，中国仍有经济实力进一步扩大投资。

如按照目前的发展方式，中国将远远不能开发其全部可再生能源的潜力。但如果采取更合理的政策措施，中国拥有的资源和活力将能引领全球能源体系的转型。

REmap 2030：中国的可再生能源发展潜力

Remap 2030 是国际可再生能源署（IRENA）为实现可再生能源 2030 年占全球能源结构的比重翻一番这一目标所作出的规划。这一目标能否实现，中国将起到举足轻重的作用。

IRENA 利用中国可再生能源中心（CNREC）的各项预测计算出，按照常规发展速度（本研究中的参考场景），现代可再生能源（不包括生物质能的传统用途）在中国的能源结构中的比例将从目前的约 7% 提高到 2030 年的 16%。

按照 Remap 2030 年路线图，在合理政策的扶持下，利用已有的技术，这样比重将会达到 26%。这将使中国成为世界上最大的可再生能源利用国，占全球可再生能源使用量的 20%。水电、风电、太阳能光伏发电、太阳能热利用和现代生物质能将成为中国最主要的可再生能源。

电力行业可再生能源的多元化战略

中国利用可再生能源发电拥有巨大的潜力。目前，全国 20% 的电力来自可再生能源。根据常规发展前景，到 2030 年，这一比例将上升到 30%，按照 Remap 2030 提出的各种发展方案，这一比例将接近 40%。和目前的情况一样，水电将是最大的可再生能源种类，但风电和太阳能光伏发电将实现最大的增长，并发挥至关重要的作用。

2010 至 2030 年期间现代可再生能源比重可提高四倍

水电：到 2030 年，中国的水电开发潜力为 4 亿千瓦电力（GWe）。按照已经提出的常规发展情景，这需要有力的跨区域协调，以及需要加强河流和水资源管理。对能源存储至关重要的抽水蓄能电站总装机容量，应能达到 100GWe。

风电：2013 年，风电已成为中国第二大可再生能源电力，并有可能进一步增长。西北和东北是风能资源最丰富的地区。Remap 2030 提出陆上风电装机规模将提高 5 倍，从目前的 9100 万千瓦增加到 2030 年的 5 亿千瓦（是目前全球风电装机容量的一倍），另外还有 6000 万千瓦的海上风电。要实现这一目标，2030 年前中国北方地区所有可开发的风电资源需要全部开发利用，还必须要提前淘汰一些煤电产能（主要在中国西部）。中国需要新建电网和扩大输电能力（包括 100 个新建直流输电线路），将风电基地与华南和华东用电地区连接起来。

太阳光伏发电：2013 年，中国太阳光伏发电年新增装机容量为 13GWe，这一增幅巨大，使得中国的光伏发电总装机容量达到了 20GWe，其中有 1GWe 来自分布式发电项目，如住宅或商业建筑屋顶太阳能光伏发电。中国的目标是 2017 年将光伏发电总能力提高到 70GWe，一半为集中式大规模光伏电站，另一半为分布式光伏发电系统。Remap 2030 提出到 2030 年实现 308GWe 的总装机容量，是目前全世界光伏装机容量的一倍，其中近 40% 为分布式发电。

挑战与解决方案

成本与外部性：按照今天的市场价格，风电和太阳能光伏发电还无法与低成本的煤炭发电相竞争。但当考虑到煤电的显著环境外部性，如空气污染及其对人体健康的影响时，可再生能源就会变得具有成本竞争力。中国需要每吨二氧化碳（CO_2）约为50美元的一个全国性价格，以提高煤炭发电的成本，足以使分布式太阳光伏发电成本具有竞争力。当每吨二氧化碳排放价格接近25至30美元时，就能确保集中式并网风电和太阳能光伏发电与煤电形成竞争。

电网与输电：由于电网基础设施的薄弱，加上由于燃煤电厂可优先调度，中国的并网太阳能发电和风力发电饱受限制。由于对可再生能源给予了优先政策，这一状况正在改善。因为很大比例的风电和光伏发电将需要建设在人口稀少的偏远地区，电网和输电能力将来会得到越来越多的重视。有些输电设施需要重新规划路线，需要建设省与省之间的互联需要更好的地区协调，也需要与周边国家开展电力交易（如从西伯利亚地区进口水电，或从蒙古国输入风电等）。

分布式太阳能光伏发电：提供了另一种解决方案，但其要成功与否很大程度上取决于商业模式的创新，以便使投资者获得高回报率，并解决所有权不清的问题，并加快装机容量的增长速度。

电力市场设计和基础设施规划：现有的电网并不是为高比例可再生能源并网所建。一种解决方案为加快电力市场化改革，包括成立独立实体，开展可再生能源的生产，输电和配电工作。定价和监管过程需要进一步公开透明。

生物质能在可再生能源转型中所起的作用：按照 ERmap 2030 路线图构想，现代生物质能占中国全部可再生能源利用量的1/4，主要用于最终用户，如生物燃料和供热。实现这一目标面临巨大挑战，包括需要解决数据收集，取代传统生物质利用方式，以及解决运输物流等问题。

生物能源原料：中国拥有丰富的生物质能资源，要实现可持续、经济实惠地加以利用，则需要精心设计的政策。生物质能的主要形式是秸秆（主要集中在华北和长江中下游地区）和薪材（在东南和东北地区），也有农业废弃物和垃圾，而向需求中心运输这些生物质原料成为一项重大挑战。

烹饪/取暖/发电：几乎目前所有的生物质利用都采用传统的形式，即用于烹饪。依靠传统生物质的人口比例在逐渐减少，而利用现代炉灶的人数在不断增加。但这些数字并不准确，数据的收集工作需要加强。到2030年，生物质发电和垃圾发电将占可再生能源电力的10%。

工业应用：生物能源在中国的工业应用目前仅限于纸浆和造纸，用量很少。到2030年，生物质和废弃物将占烧结所需能源的五分之一，生物能源也可在工业热电联产（CHP）电厂和生产工艺加热器中使用，但仅能满足工业部门的最终总能量需求的不到5%。要从目前的利用水平实现可利用的资源潜力，工业部门还要做大量的工作。

交通运输：中国政府正在促进利用可持续生物原料生产高级液体生物燃料。Remap 2030 提出将液体生物燃料产量从25亿升提高到370亿升。中国目前已有2亿辆电动自行车或摩托车上路，到2030年这一数字将提高到5亿辆。生物燃料产量的增幅将是一个巨大的挑战。

生物质能以外的其他可再生能源：实现 Remap 2030 提出的生物质能发展潜力，需要利用至少 2/3 的全国生物质供应潜力。太阳光用于取暖，以及各种形式的电动交通工具，提供了用可再生的替代生物能源的不同途径。中国在太阳能热水器利用方面已成为全球领先者，按照 Remap 其装机容量将会增加 6 倍：其中制造业占 30%，用于住宅和商业建筑占 70%。电动汽车每年运送的乘客数达到了数亿人次，到 2030 年将满足高达预计汽车需求的 20%，随着中国的电力系统变得更加可再生能源化，这些电动汽车也将消耗更多的可再生能源电力。

Remap 2030 的实现成本

从现在开始到 2030 年，实现 Remap 2030 所需的投资平均为每年 1450 亿美元，这比目前预计每年要增加 540 亿美元。

Remap 从两个角度来量化成本：商业角度和政府角度。

从商业角度看，加上最终用户的纳税和补贴，实现 Remap 各项技术方案的平均增加成本为 20.2 美元每兆瓦时（MWh），或每千兆焦耳（GJ）5.6 美元。

从政府的角度来看，在不包含能源税和补贴情况下，这些成本将上升到 24.8 美元每兆瓦时或 6.9 美元每吉焦。对于整个能源系统来讲，这相当于增加每年 580 亿美元的底线成本。

在考虑可再生能源所带来的外部效益时，如提高健康水平、减少 CO_2 排放量，Remap 2030 路线图方案的实施可每年节省 550 亿 ~ 2280 亿美元的开支。

按 Remap 2030 路线图规划，煤炭用量将减低到与目前持平，可再生能源将成为第二大类能源产品。

CO_2 减排

鉴于煤炭用量巨大，中国是世界上最大的二氧化碳排放国。中国的发电厂以及最终能源使用行业每年生产约 70 亿吨二氧化碳，按照常规发展模式，到 2030 年排放量将会增长 50%，Remap 2030 路线图显示，完全可以通过可再生能源替代燃煤发电，将这一排放增长限制在 25% 以下。

然而，即使按照本研究估算的可再生能源发展潜力，到 2030 年，中国的煤炭用量仍将与目前水平接近。中国需要在 2030 年以后继续推动可再生能源利用，并提高终端用能行业的能源效率，以实现向可持续能源系统的转型。

加入 Remap 2030 方案在全球得以实现，加上提高能效，可使得大气中二氧化碳的浓度保持在 450ppm 以下，这将有利于将全球平均温度升幅控制在 2 摄氏度以下。

所需的政策

Remap 2030 为未来向可持续能源的转型提供了若干建议，包括：

可再生能源政策：制定综合性全国电力、热力和燃气运输与分配规划；引入税收、限额、二氧化碳配方交易等制度，体现二氧化碳的排放成本；评估各种可再生能源技术对社会经济、能源安全、健康、土地和水资源利用方面的影响。制定可再生能源在制造业、建筑和交通行业应用的目标。

电力供应系统和市场设计：建立全国电力市场，创造经济鼓励环境，吸引新的投资商；开展电网建设，接纳更多的可再生能源，加强电力贸易，应对波动性对电网的影响。

针对技术的政策：加强政府对创新和研发工作的支持力度，降低可再生能源的成本；扶持下一代可再生能源技术的开发；改进生物能源信息和数据的采集系统，开发有效的生物质原料市场。

近年来，中国的能源使用量迅速增长，如按当前的发展模式发展的话，到 2030 年将增加 40%。中国不仅是迄今世界上最大的能源消费国，其二氧化碳排放量是第二排放大国美国的一倍。如不提高可再生能源的利用水平，中国的能源体系将继续导致严重的空气污染，对人民健康、经济增长和环境均带来负面影响。如果没有各种可再生能源构成的多样化能源体系，中国将越来越依赖于进口化石燃料，从而削减了国家的能源安全，影响了经济增长。

中国可以选择不同的途径，以加速向可再生能源的转型。中国的可再生能源发展将面临各种挑战，包括扩大电网和输电基础设施建设，以及加强生物质的收集、运输与存储。这些挑战可以通过有效的规划，建立一套实现可再生能源外部效益内部化的机制来解决。如果中国下定决心行动起来，提高可再生能源在能源系统中的应用，中国能够显著降低其环境污染，提高能源安全，促进经济发展，并在减缓气候变化方面发挥主导作用。

联合国粮农组织:《2015 世界森林资源评估报告》

2015 年 9 月 7 日，第 14 届世界林业大会在南非东部海滨城市德班开幕。这是该会议首次在非洲大陆举办。

此次会议的主题是"森林和人类：投资可持续发展的未来"。来自 150 多个国家和地区的 4000 余名代表将在为期 5 天的会议期间，就林业资源的保护与开发、林业政策、可持续发展和气候变化等一系列重要议题进行交流。

根据联合国粮农组织在大会开幕当日发布的《2015 世界森林资源评估报告》，伴随着全球人口数量增长和经济发展，过去 25 年间，世界森林覆盖率持续收缩，越来越多的森林转化为农田等非林用地。

南非副总统拉马福萨在开幕式上说，粮食安全问题是全球森林资源退化的主要诱因之一。他号召与会各国为了地球和全人类的利益，将森林保护提高到国家议程层面，以抑制日益严峻的气候变化和水安全威胁。

非盟委员会主席德拉米尼·祖马说，森林占非洲面积的 21%。但过去几年里，非洲生态系统的破坏程度和速度居全球之首，保护森林迫在眉睫。

联合国粮农组织在报告中多次列举中国，是提及次数最多的国家之一。在阐述世界森林资源分布时指出，"全球 67% 的森林集中分布在 10 个国家""中国列俄罗斯、巴西、加拿大和美国之后，位居第五，占全球森林面积的 5%"。在评价世界森林资源变化时指出，"2010 年~2015 年，中国是世界上净增森林面积最多的国家，年均增加 154.2 万公顷"。在分析全球永久性森林面积变化时特别指出，"中国在通过天然更新和人工造林增加永久性森林面积方面，为全球树立了榜样"。在评价森林生态完整性及其生物多样性保护状况时指出，"全球 17% 的森林分布于依法建立的各类保护区""中国有 2809.7 万公顷的森林分布于各类保护区，列巴西、美国和印尼之后，位居第四"。在评价全球私有林面积变化时强调，"2010 年各大洲中，东亚和大洋洲私有林面积比例最高，达 42%""中国私有林增加至 8500 万公顷，始于 2008 年的集体林权制度改革是其主要推动力"。

在评估林业就业状况时指出，"中国是林业就业大国，也是报告女性林业职工人数最多的 3 个国家之一"。在展望森林中长期发展目标时指出，"到 2030 年，中国和印度、俄罗斯的森林面积将持续增长，其余多数国家的森林面积则保持相对稳定或有所减少"。

联合国粮农组织最新评估结果显示，2015 年全球森林面积 39.99 亿公顷，森林覆盖率 30.6%。其中天然林面积 37.09 亿公顷，占森林总量的 93%；人工林面积 2.90 亿公顷，占森林总量的 7%。森林蓄积量 4310 亿立方米，森林单位面积蓄积量为每公顷 108 立方米。森林碳储量 2500 亿吨。人均森林面积 0.6 公顷。1990 年~2015 年的 25 年期间，全球森林面积减少 1.29 亿公顷（森林覆盖率下降 1 个百分点），森林蓄积量也有所下降。从年度变化来看，全球森林年均净减少面积由 1990 年~2000 年的 726.7 万公顷，降至 2010 年~2015 年的 330.8 万公顷，减速明显趋缓。

全球森林资源评估（FRA）是由联合国粮农组织牵头组织开展的全球周期性森林资源评估活动，是考察森林可持续经营政府间进程，评估世界各国国际公约履约情况的重要依据。根据《联合国粮食及农业组织章程》的规定，联合国粮农组织从 1947 年组织开展第一次全球森林资源评估，迄今已完成了 13 次评估。

联合国发布《2015 年世界水资源开发报告》

联合国世界水资源开发报告（WWDR）是世界淡水资源的权威性、全面性评估报告。每三年由世界水评估计划发布一版。后改为每年发布一版。

联合国世界水资源开发报告（WWDR）探讨了全球水资源的不同管理方式以及世界不同地区面临的水资源问题，密切关注全球日益严重的水问题（如获得洁净水和卫生设施），以及对水资源产生影响的跨学科问题，如能源，气候变化，农业和城市发展。该报告还提供如何以更加可持续的方式管理淡水资源的相关建议。

报告由构成联合国水计划（UN Water）的 26 个联合国机构与各国政府、国际组织、非政府组织和其他利益相关者共同努力完成。

1998 年，可持续发展委员会第六届会议认为，有必要对淡水资源状况进行定期的全球评估。为响应这一建议，联合国水计划成员组织决定，每三年发布一版世界水资源开发报告，旨在报告全球淡水资源现状和在实现千年发展目标与水有关的子目标方面取得的进展。

第一版世界水资源开发报告

第一版联合国世界水资源开发报告名为"人类之水，生命之水"，于2003年日本第三届世界水论坛期间发布。报告对全球水危机、进展和发展趋势进行了评估；提出了衡量可持续发展的方法和指标；评估了11个挑战领域（医疗，食品，环境，共享水资源，城市，工业，能源，风险管理，知识，对水和治理的重视）方面的进展；并提出了流域的7个试点案例研究，反映了不同的社会、经济和环境现状。

第一版报告案例研究：第一版报告提供了7个案例研究，包括湄南河流域（泰国），大东京（日本），湖佩普/ Chudskoe – Pskovskoe（爱沙尼亚，俄罗斯联邦），的的喀喀湖盆地（玻利维亚，秘鲁），卢胡纳盆地（斯里兰卡），塞纳—诺曼底流域（法国）和塞内加尔河流域（几内亚，马里，毛里塔尼亚，塞内加尔）。

第二版世界水资源开发报告

第二版世界水资源开发报告题为"水：共同的责任"，于2006年墨西哥第四届世界水论坛期间发布。该报告在第一版报告的基础上，跟踪各国实现联合国千年发展目标中与水有关子目标的进展情况，对全球各个地区和大多数国家淡水资源现状进行了评估。它对一系列关键问题进行了研究探讨，包括人口增长和城市化水平提高，生态系统的改变，粮食生产，卫生，工业，能源，风险管理，重视水的价值和支付水费，增加知识和建设能力。该版报告中的16个案例研究了典型的水资源挑战，并针对水危机各方面问题和水资源管理提供了有价值的见解。最后，报告提出了一系列结论和建议，以指导今后的行动，并鼓励可持续利用、保护和管理日益稀缺的淡水资源。

案例分析：该版报告包含16个案例，涵盖巴斯克自治区（西班牙），多瑙河流域（阿尔巴尼亚，奥地利，波黑，保加利亚，克罗地亚，捷克共和国，德国，匈牙利，意大利，马其顿共和国，摩尔多瓦，波兰，罗马尼亚，塞尔维亚和黑山，斯洛伐克共和国，斯洛文尼亚，瑞士和乌克兰），埃塞俄比亚，法国，日本，肯尼亚，湖佩普（爱沙尼亚和俄罗斯联邦），的的喀喀湖（秘鲁和玻利维亚），马里，墨西哥，蒙古，拉普拉塔河流域（巴西，玻利维亚，巴拉圭，阿根廷和乌拉圭），南非和斯里兰卡。

第三版世界水资源开发报告

第三版世界水资源开发报告题为"不断变化世界中的水资源"，在2009年3月伊斯坦布尔第五届世界水论坛期间发布。

该版报告不同于先前报告按照联合国机构顺序编排的思路，而是采取了一种全面的方法，在整个报告中设置一系列主题，如气候变化，千年发展目标（MDGs），地下水，生物多样性，水和迁移，水和基础设施，以及生物燃料。除引论和建议外，该版报告有四部分："变化的驱动因素""利用资源，使人类和生态系统受益""资源现状"和"应对变化的世界：我们有何选择？"

案例分析：第三版报告设有单独的世界水评估计划案例研究卷，题目为"直面挑战"，收录了 20 项来自非洲、亚洲和太平洋地区，欧洲和拉丁美洲的案例研究，各地区条件、与水相关的压力和社会经济环境各不相同。案例研究的地区包括巴斯克地区自治共同体（西班牙），孟加拉国，喀麦隆，中国，焦利斯坦沙漠（巴基斯坦），爱沙尼亚，汉江流域（韩国），伊斯坦布尔（土耳其），拉普拉塔河流域（阿根廷，玻利维亚，巴西，巴拉圭和乌拉圭），荷兰，太平洋岛国，波河流域（意大利），斯里兰卡，苏丹，斯威士兰，突尼斯，乌兹别克斯坦的武克希河流域（芬兰和俄罗斯联邦）和赞比亚。

第四版世界水资源开发报告

第四版报告主题为"不确定性和风险条件下的水管理"，共 3 卷，已在 2012 年 3 月法国马赛第六届世界水论坛期间发布。第四版围绕主题，以全球视角、翔实数据和大量案例，全面分析了世界水资源领域最新进展、主要挑战、驱动因素和发展趋势，深刻论述了水与人类健康、减少贫困、粮食安全、能源安全、生态环境等可持续发展目标的纽带关系，从政策和管理层面提出了应对涉水挑战的建议方案和具体措施。报告中对中国治水时间给予特别关注，向国际社会介绍了黄河流域综合管理的成功案例。全书篇幅宏大，资料翔实，图文并茂，堪称当今世界水资源管理的知识宝库。

报告的结论非常清晰：淡水资源是跨领域的问题，在为发展所做的各种努力中处于中心位置。世界范围内淡水资源面临的挑战在不断增加，这些挑战来源于城市化与过度消费，投资不足与能力欠缺，管理低下与浪费，以及农业、能源和粮食生产对水的需求等。从多种需要的角度看，淡水没有被可持续地利用。准确信息缺乏关联性，管理职责被人为割裂。在此背景下，未来显得愈加不确定，而各种风险也进一步加剧。今天如果我们不能将水变成和平的工具，那么明天它可能会成为冲突的主要渊源。

第四版报告包含几个突出的新亮点：一是从报告系列发布以来首次确定了一个突出的主题——"不确定和风险条件下的水管理"，为撰稿人和合作机构树立了导向，使不同编写素材和撰写风格得到统一。二是增加了五个区域报告，由联合国经社理事会的五个区域委员会撰写，分区域重点研究与水有关的问题和挑战，包括确定"热点话题"，对水挑战方面的内容进行了补充。三是汇集了世界水评估计划世界水情景项目第一阶段成果，该项目研究对水紧缺和可持续性有明显作用的外部条件下未来可能的发展状况。最后，为了确保性别和社会平等等重要问题得到适当和系统的阐述，整个报告将性别问题贯穿始终，并在这版报告中增添了新的章节专门开展性别与水的论述。

为帮助各国在现有优势和经验基础上提高自我评估能力，报告又一次采用了世界各地不同国家的案例研究，说明不同自然、气候和社会经济条件下的水资源状况。

2014 年《世界水资源开发报告》

2014 年报告主题为"水与能源"。水和能源密切关联，相互依赖。在某一个领域中所做的决策将会对其他领域产生极大影响，有可能是积极的影响，也有可能是消极的。我们应对这种此消彼长的关系进行管理，将消极影响降到最低，并为各行业领域之间的协同作用创造机会。水和能源对减贫不仅具有直接影响（因为多项千年发展目标的实现取决于水、卫生设施、电力和能源），而且具有间接影响（水与能源可成为经济增长的制约因素）。总之，水与能源是实现更大范围内减贫的重要因素。

该报告对来自世界各地的主要和新兴趋势进行了全面概述，探讨了诸多应对新挑战的案例、政策制定者可吸取的经验、利益相关者和国际社会可采取的措施。

如今，世界水资源开发报告每年出版一部，篇幅比以往简短，大约100页左右，有固定的结构模块，以及与主题相关的数据支撑和案例分析。

从2014年开始，联合国世界水资源开发报告和世界水日的主题将相互呼应，每年针对一个特定的水领域议题展开深入分析。

2015年《世界水资源开发报告》

联合国2015年3月发布《世界水资源开发报告》，报告指出，全球用水量在20世纪增加了6倍，其增长速度是人口增速的两倍。全球滥用水的情况非常严重，从目前的走势来看，到了2030年，世界各地面对的"全球水亏缺"，即对水的需求和补水之间的差距可能高达40%。报告指出："我们能否满足持续增长的全球用水需求，将取决于人们对现有资源的有效管理。"报告就此提出了9个值得重视的问题。

（一）水资源的管理、制度建设、基础设施建设均不足：地球淡水资源尽管分布不均，也还说得上充足。但是，管理不善、资源匮乏、环境变化及基础设施投入不足使得全球约有五分之一的人无法获得安全的饮用水，40%的人缺乏基本卫生设施。以目前这种状况及改善速度，将很难达到联合国千年发展目标，即在2015年前使得不到安全饮用水的人数减半。

（二）水质差导致生活贫困和卫生状况不佳：2002年，全球约有310万人死于腹泻和疟疾，其中近90%的死者是不满5岁的儿童。每年约160万人的生命原本都是可以通过提供安全的饮用水和卫生设施来挽救的。

（三）大部分地区的水质正在下降：有证据表明，淡水物种和生态系统的多样性正在迅速衰退，其退化速度往往快于陆地和海洋生态系统。报告指出，生命赖以生存的水循环需要健康的开发与运行环境。

（四）90%的自然灾害与水有关：许多自然灾害都是土地使用不当造成的恶果。日益严重的东非旱灾就是一个沉痛的实例，当地人大量砍伐森林用来生产木炭和燃料，使得水土流失，湖泊消失。由于周围过度开发，乍得湖面积已经缩小了近90%。报告指出，水资源的萎缩会引发各类恶劣自然反应。

（五）农业用水供需矛盾更加紧张：到2030年，全球粮食需求将提高55%。这意味着需要更多的灌溉用水，而这部分用水已经占到全球人类淡水消耗的近70%。

（六）城市用水紧张：到2007年，全球一半人口将居住在城镇。到2030年，城镇人口比例会增加到近三分之二，从而造成城市用水需求激增。报告估计将有20亿人口居住在棚户区和贫民窟。缺乏清洁用水和卫生设施对这些城市贫民的打击最重。

（七）水力资源开发不足：发展中国家有20多亿人得不到可靠的能源，而水是创造能源的重要资源。欧洲开发利用了75%的水力资源。然而在非洲，60%的人还用不上电，水力资源开发率很低。

（八）水资源浪费严重：世界许多地方因管道和渠沟泄漏及非法连接，有多达30%到40%甚至更多的水被白白浪费掉了。

（九）用于水资源的财政投入滞后：报告指出，近年来用于水务部门的官方发展援助平均每年约为30亿美元，世界银行等金融机构还会提供15亿美元非减让性贷款，但只有12%的资金用在了最需要帮助的人身上，用于制订水资源政策、规划和方案的援助资金仅占10%。此外，私营水务部门投资呈下降趋势，这增加了改善水资源利用率的难度。

联合国可持续发展目标:17个可持续发展目标

联合国可持续发展目标（Sustainable Development Goals）是一系列新的发展目标，将在千年发展目标到期之后继续指导2015～2030年的全球发展工作。2015年9月25日，联合国可持续发展峰会在纽约总部召开，联合国193个成员国在峰会上正式通过17个可持续发展目标。可持续发展目标旨在从2015年到2030年间以综合方式彻底解决社会、经济和环境三个维度的发展问题，转向可持续发展道路。

可持续发展目标指导2015年至2030年的全球发展政策和资金使用。可持续发展目标作出了历史性的承诺：首要目标是在世界每一个角落永远消除贫困。

2015年是千年发展目标的收官之年。2000年9月，世界各国通过为期15年的千年发展目标，团结协作，应对贫困问题。自那以来，联合国发展集团一直致力于落实八大千年发展目标。

千年发展目标设立了明确的具体目标，促使人们关注贫困问题并调动资金用于减贫——过去15年中，超过6亿人摆脱了贫困。千年发展目标还动员了政治意愿，提高公众意识，关注发展问题，支持落实以人类发展为重点的议程，规模空前。千年发展目标已经取得了巨大进展，中国在实现减贫目标等多项千年发展目标上发挥了重要作用。

随着实现千年发展目标的最后期限日益临近，国际社会正处于建立2015年后开发框架的关键时刻。自2000年《联合国千年宣言》公布千年发展目标以来，尽管发展成绩斐然，但区域之间的发展并不平衡，并且全球经济危机的影响仍然阻碍着发展工作的进程。

2015年是关键的转折点——是千年发展目标计划的收官之年，也是新的可持续发展目标启动之年。17个可持续发展目标即将在2015年联合国可持续发展峰会上通过，旨在转向可持续发展道路，解决社会、经济和环境三个维度的发展问题。中国高度重视此次峰会，并将从各方面推动可持续发展议程的实质进展。

2014年6月3日，联合国开发计划署驻华代表处与中国外交部合作主办了2015年后发展进程研讨会。研讨会讨论了千年发展目标的实施状况及正在进行中的新议程设定过程。

2015年7月24日，中国政府和联合国驻华系统合作撰写的《中国实施千年发展目标报告（2000～2015年）》正式发布。同日，开发署驻华代表处和外交部共同主办了2015

年后发展议程国际会议，讨论了新议程的议题，并着重探讨中国将在 2015 年后发展峰会及可持续发展目标实施中发挥的作用。

对于数百万人来说，发展目标仍未实现——在消除饥饿、取得全面性别平等、改善医疗服务和基础教育上，我们要完成最后的攻坚。联合国开发计划署必须让世界走上可持续发展道路。

可持续发展目标必须承接千年发展目标，不把任何人排除在发展之外。

17 项目标

（一）消除贫困

在世界各地消除一切形式的贫困。

1990 年以来，极端贫困率下降了一半。成绩虽然显著，但在发展中地区有五分之一的人仍旧生活在每天 1.25 美元贫困线以下，千百万人每日收入勉强高于这个水平，还有许多人有返贫的风险。

贫困不仅是缺乏收入和资源导致难以维持生计，还表现为饥饿和营养不良、无法充分获得教育和其他基本公共服务、受社会歧视和排斥以及无法参与决策。经济增长必须具有包容性，才能提供可持续的就业并促进公平。

人类在彻底消除贫困方面仍面临严峻挑战：

1. 有 12 亿人仍处于极端贫困状态；

2. 在发展中地区有五分之一的人仍旧生活在每天 1.25 美元以下；

3. 每日生活标准在 1.25 美元以下的人绝大多数生活在两个地区：东南亚和撒哈拉以南的非洲；

4. 高贫困率常见于脆弱和受冲突影响的小国；

5. 世界上五岁以下的儿童中，有四分之一的身高低于其年龄段的正常值；

6. 2013 年，每天有 3200 名儿童由于战乱要逃离家园寻求庇护。

（二）消除饥饿

消除饥饿，实现粮食安全、改善营养和促进可持续农业。

现在是重新思考我们如何种植、共享和消费粮食的时候了。如果方法得当，农业、林业和渔业可以为所有人提供营养的食物，并创造体面收入，同时支持以人为本的农村发展和环境保护。目前，土壤、淡水、海洋、森林和生物多样性正在迅速退化。气候变化对我们赖以生存的资源带来了更多的压力，增加干旱和洪水一类的灾害风险。许多农村妇女和男人单靠自己的土地已经入不敷出，迫使他们迁移到城市寻找机会。

如果要为今天 9.25 亿饥饿人口和预计到 2050 年新增加的 20 亿人口提供营养，全球粮食和农业系统必须作出深刻的改变。粮食和农业部门提供了发展中的关键解决方案，这也是消除饥饿和贫困的重点。

全球饥饿人口现状：

1. 世界上有 8.05 亿人，即地球人口的九分之一食不果腹，无法享受健康、活跃的生活；

2. 世界上绝大多数的饥饿人口生活在发展中国家，那里有 13.5% 的人营养不足；

3. 亚洲是饥饿人口最多的大洲，占全球总数的三分之二。近年来南亚所占比重已经下降，但西亚的比重略有上升；

4. 撒哈拉以南的非洲是饥饿现象（占人口比重）最普遍的地区，有四分之一的人营养不足；

5. 营养不良导致的死亡占五岁以下儿童死亡总数的近一半（45%），达每年 310 万人；

6. 世界上有四分之一的儿童发育不良。在发展中国家这个比例可升至三分之一；

7. 在发展中世界，有 6600 万的小学学龄儿童饿着肚子去上学，仅非洲就有 2300 万。

食品安全现状：

1. 农业是世界上最大的单一雇主，为目前全球 40% 的人口提供生计。农业是农村贫困家庭的收入和就业机会的最大来源。

2. 全球约有 5 亿个小农场，大部分实行旱作，提供大多数发展中国家食品消费的 80%。投资于小农妇女和男人是增加对最贫穷国家粮食安全和营养，以及为本地和全球粮食生产的一个重要途径。

3. 自 1990 年以来，约 75% 的农作物多样性已从农田里消失。更好地利用农作物多样性可以促进更多的营养膳食，增强农业社区的生计和更有抗灾能力及可持续的农业系统。

4. 全球有 13 亿人没有电用，他们大部分生活在发展中国家的农村地区。能源贫困在许多地区是对减少饥饿和确保世界可以生产足够的粮食来满足未来需求的根本性障碍。

（三）良好健康与福祉

确保健康的生活方式、促进各年龄段人群的福祉。

确保健康的生活方式，促进各年龄段所有人的福祉对可持续发展至关重要。各国在增加预期寿命和减少导致母婴死亡的常见病方面取得长足的进步。在加强提供清洁用水和卫生设施、消除疟疾、肺结核、骨髓灰质炎和艾滋病毒/艾滋病的传播方面已取得重大进展。但是，还需要加倍努力，以根除一系列疾病，解决多种顽固和新出现的健康问题。

儿童健康现状：

1. 虽然人口增长了，但是 5 岁以下儿童死亡人数从 1990 年的 1270 万下降到 2013 年的 630 万，每天儿童死亡人数减少了 17000；

2. 2000 年以来，麻疹疫苗已经挽救了 1400 多万人的生命；

3. 尽管全球在降低儿童死亡率方面已经取得了决定性的进步，撒哈拉以南非洲和南亚在儿童死亡方面所占比例正在上升。每 5 个 5 岁以下儿童死亡中就有 4 个发生在这两个地区；

4. 出生在贫穷家庭的儿童 5 岁之前死亡的几率几乎是出身在富裕家庭儿童的两倍；

5. 如果母亲接受过教育——即使是仅接受过初等教育，其孩子比没有接受过教育的母亲的孩子更容易存活下来。

产妇保健现状：

1. 1990 年至 2013 年间，产妇死亡率下降了 45%；

2. 在东亚、北非和南亚，产妇死亡率下降了近三分之二；

3. 在发展中地区，产妇死亡率仍是发达地区的 14 倍；

4. 更多女性接受产前护理。在发展中地区，产前护理覆盖率从 1990 年的 65% 上升到 2012 年的 83%；

5. 发展中地区只有半数的孕妇获得了推荐的护理次数；

6. 青少年生育率在大多数发展中地区出现下降，但进展速度有所放缓，20 世纪 90 年代避孕药具使用量大幅增加，2000 年代增加更多；

7. 越来越多妇女的计划生育需求正在被慢慢满足，但是需求增长的速度很快；

与艾滋病毒/艾滋病和其他疾病作斗争：

1. 2012 年 970 万人接受了挽救生命的艾滋病毒/艾滋病药物治疗；

2. 大部分地区新的艾滋病毒感染人数正在下降；

3. 2001 年至 2012 年每 100 名成年人（15 至 49 岁）中新的艾滋病毒感染人数下降了 44%；

4. 每小时有 50 位年轻女性感染 HIV 病毒；

5. 年轻人对于艾滋病毒知识的掌握水平及安全套使用率仍然较低；

6. 2000 年至 2012 年间，由于大幅扩大的疟疾干预措施，全球疟疾死亡率下降了 42%；

7. 自 2000 年以来的十年中，避免了 330 万因疟疾导致的死亡，挽救了 300 万婴幼儿的生命；

8. 得益于更多资金协助，越来越多的撒哈拉以南非洲儿童能够在驱虫蚊帐内睡觉；

9. 1995 年至 2012 年间，肺结核治疗挽救了约 2200 万人的生命。

（四）优质教育

确保包容、公平的优质教育，促进全民享有终身学习机会。

获得高质量的教育是改善人民生活和实现可持续发展的基础。各国在增加各级教育机会、提高入学率尤其是女童入学率方面取得了重大进展。基本的读写算技能大幅提高，但还需要更多的努力和更大的步伐，来实现普及教育的目标。比如，世界在初级教育阶段已经实现了男女平等，但在所有教育阶段都实现这个目标的国家很少。

优质教育面临的挑战：

1. 发展中地区的小学入学率，小学教育适龄儿童失学人数为 5800 万；

2. 撒哈拉以南非洲地区，一半以上的儿童还没有上学；

3. 在小学阶段辍学的儿童中，有 50% 生活在受冲突影响的地区；

4. 世界上有 7.81 亿成年人和 1.26 亿青少年缺乏基本的读写算技能，其中 60% 为女性。

（五）性别平等

实现性别平等，为所有妇女、女童赋权。

虽然各国依据千年发展目标在性别平等方面取得了进步（包括初级教育中的男女平等），但世界各地的妇女和女童依然在遭受歧视和暴力。性别平等不仅是一项基本人权，也是世界和平、繁荣和可持续发展的必要基础。让妇女和女童获得教育、保健、体面工作并参与政治经济决策，将促进经济可持续发展，造福整个社会和人类。

性别平等工作现状：

1. 在南亚，1990 年小学阶段男女生入学比例为 100∶74。2012 年，男女生入学比例实现平衡；

2. 在撒哈拉以南的非洲、大洋洲和西亚，女童进入中小学依然面临诸多障碍；

3. 在北非，非农业部门的有偿就业中，妇女占五分之一以下；

4. 在 46 个国家，目前妇女在议会中至少一院的席位占到 30% 以上。

（六）清洁饮水与卫生设施确保所有人享有水和环境卫生，实现水和环境卫生的可持续管理。

人人享有清洁饮水及用水是我们所希望生活的世界的一个重要组成部分。地球上有足够的淡水让我们实现这个梦想。但由于经济低迷或基础设施陈旧，每年数以百万计的人口——其中大多数是儿童，死于供水不足、环境卫生和个人卫生相关的疾病。

水资源缺乏、水质差和卫生设施不足也对粮食安全、生计选择和世界各地贫困家庭的教育机会造成负面影响。干旱困扰着世界上一些最穷的国家，使饥饿和营养不良状况日益恶化。到2050年，至少有四分之一的人可能生活在受到周期性或反复缺少淡水影响的国家。

清洁饮用水和卫生设施现状：

1. 自1990年以来，约有17亿人口获得了安全饮用水。然而，全球还有8.84亿人仍然没有获得安全饮用水；

2. 大约有26亿人无法获得基本卫生服务，如坐厕或蹲厕；

3. 每天，平均有5000名儿童死于可预防的与水和卫生相关的疾病；

4. 水电是最重要和最广泛使用的可再生能源，占全球总电力生产的19%；

5. 约70%所有可用水用于灌溉；

6. 洪水导致的死亡人数占所有与自然灾害相关总死亡人数的15%。

（七）廉价和清洁能源

确保人人获得可负担、可靠和可持续的现代能源。

能源是当今全世界共同关心的问题，处于几乎每一个主要挑战和机遇的核心。无论任何职业、安全、气候变化、粮食生产或增加收支，对所有人来说获得能源是必不可少的。可持续能源为我们改变生活方式、改善经济运行和保护地球提供了绝佳良机。联合国秘书长潘基文带头推动的"人人享有可持续能源"倡议旨在确保普及现代能源服务，提高可再生能源的效率和使用。

可持续能源面临的挑战：

1. 有五分之一的人仍然无法使用现代电力；

2. 30亿人依靠木材、煤、木炭或动物废弃物做饭和取暖；

3. 能源供应、转换、传递和使用，是导致气候变化的主要原因，在全球温室气体排放量中约占60%；

4. 降低能源碳强度，即每单位能源用量的碳排放量，是实现长远气候目标的一个关键。

（八）体面工作和经济增长

促进持久、包容、可持续的经济增长，实现充分和生产性就业，确保人人有体面工作。

世界人口中约有半数仍旧生活在每天大约两美元的水平。在许多地方，有工作不意味着能够摆脱贫困。进步的缓慢和不均衡要求我们重新思考和调整消除贫困方面的经济社会政策。

持续缺乏体面的就业机会及投资和消费不足侵蚀了作为民主社会根基的社会契约，即"进步所得，人人有份"。创造高质量的就业岗位仍将是几乎所有经济体2015年之后长期面临的主要挑战之一。可持续的经济增长要求社会创造条件，使人们得到既能刺激经济又不会危害环境的优质就业，也要求为所有达到工作年龄的人提供就业机会及像样的工作环境。

经济增长与保障就业方面的挑战与目标：

1. 全球失业人口从 2007 年的 1.7 亿人升至 2012 年的 2.02 亿人，其中有 7500 万是青年男女；

2. 有将近 9 亿工人，即劳动人口的三分之一，生活在两美元贫困线以下；要想脱贫，提供稳定和有足够收入的工作是唯一途径；

3. 在 2016 至 2030 年期间，全球需要为刚进入劳动市场的人提供 4.7 亿个就业岗位。

（九）工业、创新和基础设施

建设有风险抵御能力的基础设施、促进包容的可持续工业，并推动创新。

在许多国家，交通、灌溉、能源和信息通信技术等基础建设方面的投资对可持续发展和社区赋权至关重要。人们早就认识到如果要提高生产力以及健康和教育水平，就需要投资于基础建设。增长速度和城市化步伐加快，也需要继续投资建设可持续的基础设施，来加强城市应对气候变化的能力，同时促进经济增长和社会稳定。除政府拨款和官方发展援助外，我们也鼓励私营部门支援有资金、技术和技能需求的国家。

（十）缩小差距

减少国家内部和国家之间的不平等。

国际社会在帮助人们摆脱贫困方面已经取得长足进步。最脆弱的国家，包括最不发达国家、内陆发展中国家和小岛屿发展中国家继续在脱贫方面取得进展。但是，不平等现象依然存在，卫生、教育服务和其他生产性资产的分配差异巨大。

此外，虽然国家之间的收入不均可能减少，但国家内部的收入不均却在增加。人们日渐认识到，如果经济增长不具包容性，而且没有兼顾可持续发展的三个方面，即经济、社会和环境，则经济增长就不足以减少贫困。

为减少收入不均，我们建议各项政策在原则上具有普适性，但要兼顾贫困和边缘化群体的需求。

减少不平等方面的现状与挑战：

1. 在 1990 年至 2010 年间，考虑到人口规模，发展中国家的收入不平等平均上升了 11%；

2. 发展中国家绝大多数的家庭——占总人口的 75%，如今生活在收入分配比 1990 年代更加不平等的社会中；

3. 有证据表明，不平等若超过一定限度，就会损害增长和脱贫、公共和政治领域的人际关系、个人满足感和对自身价值的认知；

4. 收入不平等的加剧并非什么不可避免的现象；一些国家在实现高速增长的同时，成功遏制了或减少了收入不平等；

5. 如不考虑到结果不平等和机会不平等之间脱不开的干系，就无法有效应对不平等；

6. 在一项联合国开发计划署进行的调查中，各国的决策者们承认，不平等的程度在他们各自国家总体上处于高位，而且有可能威胁到社会和经济的长期发展；

7. 来自发展中国家的证据表明，与出生在最富裕的五分之一人口中的儿童相比，出生在最贫困的五分之一人口中的儿童 5 岁之前死亡的概率是前者的三倍；

8. 全球社会保障的覆盖面已有很大改善，但残疾人产生灾难性健康支出的概率是一般人的五倍。

尽管大多数发展中国家的孕产妇死亡率总体上下降，但农村地区的妇女分娩时死亡的概率仍是城市妇女的三倍。

（十一）可持续城市和社区

建设包容、安全、有风险抵御能力和可持续的城市及人类社区。

城市在各种观念、商业、文化、科学、生产力、社会发展进程中起着枢纽的作用。城市在最佳状态运行时，人们能在社会和经济方面得到提高。然而，城市发展的过程中仍然存在着许多挑战，其中包括以何种方式在创造就业机会和繁荣的同时，而不造成土地匮乏和资源紧缺。

城市常面临的挑战包括拥堵、缺乏资金提供基本服务、住房短缺和基础设施的下降。城市面临的挑战可通过不断繁荣和发展，同时提高资源的利用及减少污染和贫困的方式解决。我们期望的未来，还包括这样的城市：它能为所有人提供机会，并使大家都能获得基本服务、能源、住房、运输和更多服务。

城市发展的现状与挑战：

1. 目前全球人口的一半约 35 亿生活在城市中；

2. 到 2030 年，近 60% 的世界人口约 50 亿人将居住在城镇地区；

3. 今后几十年约 95% 的城市扩张将发生在发展中世界；

4. 目前有 8.28 亿人居住在贫民窟，这一数字还在不断上升；

5. 世界上的城市面积只占地球陆地的 2%，但能源消耗却达 60~80% 并产生 75% 的碳排放量；

6. 快速的城市化对淡水供应、污水处理、生活环境和公众健康都带来了压力；

7. 但高密度人口的城市可以带来效率的提高和技术创新，同时减少资源和能源消耗。

（十二）负责任的消费和生产。

确保可持续消费和生产模式。

可持续的消费和生产是指促进资源和能源的高效利用，建造可持续的基础设施，以及让所有人有机会获得基本公共服务、从事绿色和体面的工作、改善生活质量。它的落实有助于实现总体发展规划，减少未来的经济、环境和社会成本，加强经济竞争力和减少贫困。

可持续消费和生产旨在"降耗、增量、提质"，即在提高生活质量的同时，通过减少整个生命周期的资源消耗、环境退化和污染，来增加经济活动的净福利收益。这个过程需要多方参与，包括企业、消费者、决策者、研究人员、科学家、零售商、媒体和发展合作机构等。

可持续消费和生产也要求从生产到最终消费这个供应链中各行为体的系统参与和合作，包括通过教育让消费者接受可持续的消费和生活方式，通过标准和标签为消费者提供充分的信息，以及进行可持续公共采购等。

可持续的消费和生产面临的挑战：

1. 每年，据估计在全部食物产出中有三分之一，即相当于 13 亿吨、价值 1 万亿美元的食物，在消费者和零售商的垃圾桶中腐烂，或由于运输和收获不当变质；

2. 如果全世界的人都使用节能灯泡，世界每年会节省 1200 亿美元；

3. 如果到 2050 年全球人口达到 96 亿，就可能需要差不多三个地球来提供目前的生活方式所需的自然资源。

（十三）气候行动

采取紧急行动应对气候变化及其影响。

目前，由人类活动产生的温室气体排放量是有史以来最高的。因经济和人口增长引发的气候变化正在广泛影响各大洲、各国的人类和自然系统。大气和海洋升温，冰雪融化，导致海平面上升。预计 21 世纪地表温度将上升；如不采取行动，本世纪的升幅可能超过 3 摄氏度。由于气候变化影响到经济发展、自然资源和消除贫困工作，如何应对气候变化已成为实现可持续发展的棘手问题。拿出负担得起、可升级的气候变化解决方案，将确保过去几十年的取得的进展不会因气候变化而停滞，并确保各国经济的健康和复原力。

政府间气候变化专门委员会告诉我们：

1. 自 1880 年至 2012 年，全球气温上升了 0.85℃。为清楚起见，气温每上升 1 度，粮食产量就下降约 5%。从 1981 年到 2002，由于气候变暖，全球玉米、小麦和其他主要作物的产量均每年大幅下降 4000 万吨；

2. 海洋升温，冰雪融化，海平面上升。从 1901 到 2010 年，由于暖化和海冰融化，全球海洋面积扩大，海平面平均上升 19 厘米。自 1979 年以后，北极的海冰面积以每十年 107 万平方千米的速度缩小；

3. 以目前的温室气体浓度和排放水平来看，除非出现一种情形，否则到本世纪末，全球气温很可能比 1850～1900 年高出 1.5℃。世界的海洋将会变暖，海冰将继续融化。预计到 2065 年，海平面将平均上升 24～30 厘米，到 2100 年，平均上升 40～63 厘米。即使现在停止排放，气候变暖的多方面效应也会持续几个世纪；

4. 自 1990 年以来，全球的二氧化碳（CO_2）排放量几乎上升 50%；

5. 2000 年至 2010 年十年间，排放量的增长速度高于此前三个十年中的每个十年；

6. 目前还有可能通过一系列科技手段和行为改变，将全球平均气温升幅控制在工业化前平均气温之上 2 摄氏度。

如果在制度和技术上作出重大变革，把全球暖化控制 2 摄氏度之内的机会就会超过一半。

（十四）水下生物

保护和可持续利用海洋及海洋资源以促进可持续发展。

世界上的海洋，其温度、化学成分、洋流和生物，驱动着全人类居住的地球系统。我们的雨水、饮用水、天气、气候、海岸线、我们的许多食物，甚至我们呼吸的空气中的氧气，最终都是由海洋提供和调控的。纵观历史，海洋一直是贸易和运输的重要渠道。对海洋这一重要的全球资源的认真管理是建设可持续发展未来的一个主要方面。

保护与管理海洋资源的现状与挑战：

1. 海洋覆盖地球表面的近四分之三，占地球全部水资源的 97%，若以体积衡量，海洋占据了生物在地球上所能发展空间的 99%；

2. 超过 30 亿人的生计依赖于海洋和沿海的多种生物，包括发展中国家的许多人口，对他们来说，捕鱼是其主要的生活和商业活动；

3. 在全球范围内，海洋和沿海资源及产业的市场价值估计每年达 3 万亿美元，占全球 GDP 的 5% 左右，估计 63% 的全球"生态系统服务"由海洋和沿海生态系统提供；

4. 目前已知的海洋生物有近 20 万种，预计实际的数量则可能要成百上千万；

5. 海洋吸收约 30% 人类活动产生的二氧化碳，缓冲着全球暖化的影响；

6. 海洋蕴藏着世界上最大的蛋白质资源，超过 26 亿人口，主要靠海洋为他们提供蛋白质；

7. 海洋渔业直接或间接雇用 2 亿多人；

8. 渔业补贴是由于许多鱼类物种的迅速耗竭而做出的预防努力，旨在保存和恢复全球渔业及相关职业，导致海洋渔业生产每年比预期损失 500 亿美元。

全球多达 40% 的海洋被认为受到了人类活动的"严重影响"，包括污染、渔业耗竭、沿海栖息地的丧失。

（十五）陆地生物

保护、恢复和促进可持续利用陆地生态系统、可持续森林管理、防治荒漠化、制止和扭转土地退化现象、遏制生物多样性的丧失。

森林占地球陆地表面 30%，其作用除了保障粮食安全和提供防护外，还对抗击气候变化、保护生物多样性至关重要，同时它也是原住民的家园。每年森林面积减少 1300 万公顷，而旱地不断退化则导致 360 万公顷的土地荒漠化。由人类活动和气候变化引起的毁林和荒漠化，为可持续发展带来重大挑战，并影响到千百万人的生计和脱贫努力。目前正在努力对森林进行管理，抗击荒漠化。

森林资源现状：

1. 包括 2000 多个土著文化在内的 16 亿人靠森林谋生；

2. 超过 80% 的陆生动植物和昆虫生活在森林中。

荒漠化威胁：

1. 有 26 亿人直接依赖农业生活，但有 52% 的农业用地受土壤退化的一定影响或严重影响；

2. 土地退化影响全球 15 亿人；

3. 耕地丧失速度估计是历史速度的 30 到 35 倍；

4. 由于干旱和荒漠化，全世界每年丧失 1200 万公顷耕地（每分钟 23 公顷），这些土地本可以生产 2000 万吨粮食；

5. 全球有 74% 的穷人直接受土地退化影响。

生物多样性挑战：

1. 在 8300 个已知动物品种中，8% 已经灭绝，22% 濒临灭绝；

2. 在 8 万个树种中，作为潜在利用对象加以研究的不到 1%；

3. 鱼类为大约 30 亿人提供 20% 的动物蛋白。仅 10 个品种就占海洋捕捞渔场产量的 30%，仅 10 个品种就占水产养殖渔场产量的 50%；

4. 人类膳食的 80% 以上来自植物。仅 5 种粮食作物就提供人类能量摄入的 60%；

5. 微生物和无脊椎动物对生态系统服务至关重要，但人们还不太了解或认同它们的各种贡献。

（十六）和平、正义与强大机构

促进有利于可持续发展的和平和包容社会、为所有人提供诉诸司法的机会，在各层级建立有效、负责和包容的机构。

2012 年，在"里约 + 20"大会上，各国重申将自由、和平和安全以及尊重人权纳入基于千年发展目标的新的发展框架，强调公正、民主的社会是实现可持续发展的必要条件。可持续发展目标中的目标十六，致力于为实现可持续发展建设和平和包容的社会，为所有人提供司法救济途径，以及在各级建立有效和问责的体制。

经济增长和充分就业方面的挑战：

1. 在 1990 年至 2010 年间，考虑到人口规模，发展中国家的收入不平等平均上升了 11%；

2. 发展中国家绝大多数的家庭——占总人口的 75%，如今生活在收入分配比 1990 年代更加不平等的社会中；

3. 大幅减少世界各地一切形式的暴力、降低相关死亡率；

4. 制止针对儿童的虐待、剥削、贩卖和一切形式的暴力和酷刑；

5. 促进国际和国家层面的法治建设，确保所有人平等获得司法救济；

6. 到 2030 年大幅减少非法资金和武器流通，加强对赃物的追缴，打击一切形式的有组织犯罪；

7. 实质性减少一切形式的腐败和贿赂行为；

8. 在各级建设有效、问责和透明的体制；

9. 确保各级决策的回应性、包容性、参与性和代表性；

10. 扩大和加强发展中国家对全球治理体制的参与；

11. 到 2030 年，为所有人提供法律身份，包括出生登记；

12. 依照国内立法和国际协议，确保公众知情权、保护基本自由；

13. 利用包括国际合作在内的各种手段，加强国内尤其是发展中国家相关制度建设，提升各级机构能力，预防暴力、打击恐怖主义和犯罪。

推动和执行非歧视性法律和政策，促进可持续发展。

（十七）促进目标实现的伙伴关系

加强执行手段、重振可持续发展全球伙伴关系。

一项成功的可持续发展议程要求政府，私营部门与民间社会建立伙伴关系。这些包容性伙伴关系基于原则和价值观、共同的愿景和共同的目标：把人民和地球放在中心位置。不论在全球层面，地区层面抑或国家层面，地方层面，这些包容性伙伴关系都不可或缺。联合国秘书长潘基文在报告《2030 年享有尊严之路》中指出，成功将依赖新的议程激发和调动重要行为体、新的伙伴关系、关键相关人员和更广泛的全球公民的力量。

联合国环境规划署发布《全球环境展望5》中文报告

2012年9月4日，联合国环境规划署（UNEP）正式发布了《全球环境展望5》（GEO-5）报告中文版。最新发布的GEO-5中文版将为世界上人口最多国家的研究人员、学者、政府代表、行业和民间团体带来联合国最全面的环境评估。

联合国环境规划署2012年6月以英文版本的形式首次发布了GEO-5。该报告评估了世界上最重要的90个环境目标的完成情况，报告发现，只有四个目标取得了重大进展。

报告提醒说，如果继续保持当前的全球消费和生产趋势，可能会击穿环境方面的几个至关重要的承受能力极限，一旦超出环境的可承受范围，生命赖以生存的地球机能将发生意想不到和基本上不可逆转的改变。

GEO-5是2012年6月"里约+20"峰会上的谈判者们使用的一个关键文本。该报告贯穿于"里约+20"峰会成果文件《我们希望的未来》（The Future We Want）中的大部分内容。在这份成果文件中，各国重新明确了政治上为实现可持续发展所需要承担的义务，同意制定一系列可持续发展目标（SDGs），设立了一个可持续发展的高层论坛，并采取了一些其他行动。

非盈利组织亿利公益基金会（Elion Green Foundation）提供了将GEO-5翻译成中文的费用。该基金会致力于环境保护、荒漠化治理、以及内蒙古当地的社区发展和教育等领域。

2015年7月28日，第五届库布其国际沙漠论坛在内蒙古库布其沙漠开幕，主题为"沙漠生态文明、共建丝绸之路"。同时联合国环境规划署在论坛上发布了关于《全球环境展望5》（青年版和企业版）的中文报告。

据悉，早在2012联合国可持续发展大会暨"里约+20峰会"前夕，环境署的旗舰科学评估报告《全球环境展望5》（英文版）就已经发布，为制定全球可持续发展目标提供了科学依据。此次为了进一步向公众和社会推广《全球环境展望5》成果，提高报告的可读性和针对性，环境署又推出了《全球环境展望5》不同版本，企业版、青年版和工业版等。

《全球环境展望5：企业版》专为企业领导者撰写，用简短的真实案例剖析了这些风险和机遇的本质，使企业家认识到这些环境影响给企业可持续发展带来的风险与机遇，从而有效应对风险，把握机遇。

《全球环境展望5：青年版》由青年人为同龄人而写，旨在激励更多年轻人了解当今环境现状，寻求解决环境问题的办法，让青年人在生活和工作中采取更多行动，实现"我们想要的未来"。

联合国经济和社会事务部:《全球可持续发展报告》

联合国经济和社会事务部（简称联合国经社事务部）在 2015 年 6 月 30 日发布 2015 年《全球可持续发展报告》，为各国制定可持续发展政策提供科学依据。

联合国经社事务部可持续发展司负责人塞斯表示，全球所面临的挑战错综复杂，希望此份报告能够为正在举行的可持续发展问题高级别政治论坛的讨论提供科学依据，帮助各国做出明智决策，改善人民生活。

塞斯说，针对与可持续发展相关的一系列问题，报告提供了科学调查结果，涵盖海洋问题、自然灾害、工业化、可持续消费与生产以及在非洲使用"大数据"等方面。

报告采取"文献评估"的模式，围绕具有政策相关性的可持续发展议题进行汇总评估。联合国系统、科学界、各级政府及其政策顾问和相关联合国专家小组的代表为报告的撰写提供了建议。其中，中国学者为本期报告提供了 41 篇高质量的科学简报，占全部提交的科学简报的四分之一。

可持续发展问题高级别政治论坛于 2015 年 6 月 26 日至 7 月 8 日在纽约举行。本次论坛的主题是"加强融合、实施和回顾——2015 年后的高级别政治论坛"。

联合国环境规划署公布《城市区域能源:充分激发能源效率和新能源的潜力》中文版

2015 年 6 月 27 日，联合国环境规划署和能效解决方案领域的全球领导者丹佛斯在贵阳国际生态文明论坛 2015 年年会——"气候与能源示范区/智慧城市"主题论坛上联合发布了《城市区域能源：充分激发能源效率和新能源的潜力》报告中文版（以下简称"报告"）。这份"报告"为世界各国的城市在复杂的全球气候变化、能源转型的背景下，提供行之有效的可持续城市解决方案和可供借鉴的成功经验，以实现应对气候变化、空气污染、可再生能源发展、经济增长等多重可持续发展目标。

为了帮助更多国家解决可持续能源供给，改善环境和社会发展等问题，2009 年联合国秘书长潘基文和世界银行行长等全球合作伙伴共同发起了"人人享有可持续能源"全球倡议，以实现 2030 年全球能效和可再生能源占能源比例翻番。在此倡议下，联合国设立了区域能源、建筑、交通、照明、家电设备等多个领域的加速器平台。其中，联合国环境规划署和丹佛斯作为区域能源效率加速器平台的联合主席，正与全球数十个城市的地方政府及其他合作伙伴一起推进区域能源基础设施建设。

这份"报告"总结了区域能源的优势：

减少温室气体排放：通过向区域能源体系转型，到2050年可减少二氧化碳排放35GT，相当于控制全球气温仅升高2°C所需减排量的58%，并可实现减少30~45%初级能源消耗；

提高能源效率：应用区域能源设施，将热力系统和电力系统相连，能提高运营效率至90%；

提升抵御力和能源覆盖：减少进口依赖和化石燃料价格波动的影响；有效管理电力需求并降低断电风险；

发展绿色经济：削减化石燃料支出并增加地方税收；为设计、建造、运营和维护提供就业。

"报告"从全球范围筛选出的45个区域能源领域的示范城市成功案例证明：在不同社会经济背景下，当地政府需要将能源纳入城市发展规划中，可以克服诸多困难，实现预期效果，这也证明了区域能源项目的可复制性。在这些城市中，丹佛斯直接参与支持的有丹麦的哥本哈根、森讷堡和中国鞍山市；鞍山也是中国大陆地区唯一入选的城市。

联合国环境规划署技术、工业和经济司长丽嘉·诺娜（Ligia Noronha）女士在发布现场表示："城市占全球碳排放70%，消耗全球70%的能源，其中一半的能源用于供暖和制冷，而现代化区域能源体系将是降低能源需求的关键。到2050年，区域能源体系转型将能贡献减排目标的60%，节省一次能源消耗达50%。我们衷心期盼更多城市、企业、国际组织成为我们的合作伙伴，让'区域能源化'的低碳城市遍布全世界。"

大自然保护协会发布《全球发展对自然影响地图》

2015年，大自然保护协会（TNC）发布了一份全球发展对自然影响地图。

这份报告指出，到2050年，全球人口总量预计将达到90亿。激增的人口将对土地资源产生更大需求。到那时，城市化发展、农业扩张、能源开发、矿产开采将对全球现存森林、草原及其他生态系统总面积的20%造成威胁。毫无疑问，高速的发展扩张将对淡水、气候变化及生物多样性带来挑战。

为了缓和发展带来的环境问题，TNC科学家和地理学者迈出了关键一步，编制了这份全球发展地图，以此标明人类发展对自然造成的潜在影响。地图明确显示，若不加以控制，人类发展将会对脆弱的生态系统造成怎样的影响。

研究者利用目前公开的全球数据预测出9种对陆地生态系统影响较大的人类活动：城市及农业发展、化石燃料（常规油气、非常规油气、煤）、可再生能源（太阳能、风能、生物燃料）、矿产开采等。科学家将各项活动的发展潜力进行了排名。

研究者认为，不同地区间，土地开发情况各有不同。35 年后，目前欠发达国家将会发生翻天覆地的变化：在南美，用于生产的土地将是目前的两倍，在非洲则可能达到 3 倍。在被开发的土地总量中，预计有 66% 为热带和亚热带草原、稀树草原、灌木丛、森林和荒漠。

研究者称，全球仅有 5% 的高危自然土地得到了全面保护，而这远远不够。人类发展不断向偏远地区延伸，跨国公司、政府和环境保护机构应携手合作，使人类发展对现存自然土地的影响最小化。

研究者呼吁各国政府出台更严格的法规，限制发展选址和土地使用计划，以减轻对自然的危害。

英国石油公司:《BP2035 世界能源展望》
（2015 年版）

《BP 世界能源展望》是英国石油公司（BP 公司）每年出品的重要行业报告之一，报告展望了全球能源未来发展趋势，反映出 BP 公司根据对经济和人口的可能增长趋势及政策和技术动态的看法，是能源行业人士的重要参考文献之一。

2015 年 4 月 28 日，BP 公司在北京举行了《BP2035 世界能源展望》报告发布会。此次报告着眼于世界能源市场在未来 20 年间的长期能源趋势以及发展前景预测。

一 对世界能源发展趋势的主要预测

在 2013 年到 2035 年间，全球能源需求预计将增长 37%，即年平均增长将达到 1.4%。世界能源消费到 2035 年将比当前水平增长 37%，其中中国和印度将贡献约一半的增长份额。同时，发电领域用能将增长约 60%。

到 2035 年，世界能源强度约为 1995 年水平的一半，比 2013 年降低 36%。但是，全球人均能源消费将增长 12%。

美国将在 2021 年实现能源自给自足。到 2035 年，其能源总供应的 9% 将用于出口。同时，中国将在 2025 年取代欧盟成为世界上最大的进口国家和地区。

俄罗斯仍将是最大的能源净出口国，其能源出口量将可以满足 2035 年全球 4% 的能源需求。欧洲仍将是世界上最大的天然气进口地区，而中国将成为世界上最大的石油进口国。

到 2035 年，全球 70% 的二氧化碳排放将来自于非经合组织国家，尽管其人均二氧化碳排放量仍然低于经合组织国家的一半。全球整体碳排放量到 2035 年增长 25%。

到 2035 年，可再生能源（包含生物燃料）在能源整体消费量的占比将从今天的 3% 上升到 8%。

增长最快的能源是可再生能源（年均 6.3%）。核能（年均 1.8%）和水电（年均

1.7%）的增速也超过总能源消费增速。在化石能源中，天然气增速最快（年均1.9%），石油（年均0.8%）略快于煤炭（在小数点水平上也接近年均0.8%）。

液体燃料（石油、生物燃料和其他液体）消费量到2035年增至1.11亿桶/日，主要受非经合组织国家交通和工业领域的需求驱动。

到2035年，美国、俄罗斯和沙特阿拉伯将供应全球超过三分之一的液体燃料。欧佩克到2035年在全球液体燃料市场的份额为40%，与2013年持平。

到2035年，天然气供应量将达到近5000亿立方英尺/日，美国将占全部供应量的25%。超过80%的需求增长源自发电和工业领域。

中国和印度加总的煤炭需求增长要大于全球水平，抵消并超出了全球其他地区的煤炭需求降低量。到2035年中国和印度占全球煤炭需求量的66%。

中国将超过美国成为最大的核能生产国，其占世界核能生产总量的比重将从当前的4%上升至2035年的30%。

二　对中国能源发展趋势的主要预测

中国的能源产量增加47%，消费量增加60%。

中国在全球能源需求中的比重从22%升至2035年的26%，而其增长贡献了世界净增量的36%。

中国的能源结构继续演变，煤炭的主导地位从当前的68%降至2035年的51%，天然气的比重翻倍至12%；石油的比重保持不变，约为18%。

中国的化石燃料产量继续增长，天然气（+200%）和煤炭（+19%）的增量超过石油的减量（-3%）。

所有化石燃料的需求均有增长，石油（+67%）、天然气（+270%）和煤炭（+21%）占需求增长的66%。可再生能源电力（+580%）、核电（+910%）和水电（+50%）也强劲增长。

中国的二氧化碳排放增长37%，到2035年将占世界总量的30%，人均排放在展望期结束时超过经合组织。

到2035年，中国经济增长220%，而能源强度下降50%，与1990~2010年期间的降幅（-52%）相近。

中国能源产量在消费中的比重从当前的85%降至2035年的77%，使中国成为世界上最大的净进口国。

中国将在2030年前后超过美国成为世界上最大的石油消费国，在2020年代中期超过俄罗斯成为第二大天然气消费国（仅次于美国）。

石油进口依存度从2013年的60%（600万桶/日）升至2035年的75%（1300万桶/日）——高于美国2005年的峰值。天然气依存度从略低于30%（40亿立方英尺/日）升至超过40%（240亿立方英尺/日）。

运输行业的能源消费增长98%。石油仍然是主导性燃料，但市场份额下降，从90%降至2035年的83%。天然气的份额从5%升至11%。

电力行业的能源消费增长81%，虽然煤炭仍然是主导性燃料类型，但其市场份额从当前的77%降至2035年的58%，而可再生能源（从3%升至13%）和核电（从2%升至

11%）的份额提高。

工业仍将是所有领域中最大的最终能源消费主体，但是其消费增速最为缓慢（＋41%），导致其消费需求比重从51%下降至45%。

绿色和平组织：中国《年度城市 PM2.5 排行榜》

2015年1月22日，绿色和平组织发布的中国《年度城市 PM2.5 排行榜》显示，超标城市占九成以上。在 PM2.5 年均浓度最糟的十座城市中有七座位于河北，三座来自山东。据德国之声网站1月22日报道，按照中国国家环保部相关条例的要求，目前全国有190个城市公开发布空气质量信息，它们相较于其它城市有更完整和连续的 PM2.5 监测数据。

报道说，绿色和平组织的报告显示，中国全国190个城市的 PM2.5 年均浓度平均为60.8微克/立方米，其中 PM2.5 年均浓度达到"国标"35微克/立方米的城市仅18座，超标城市占九成以上。而有四分之一的城市的 PM2.5 浓度甚至达到国家二级标准的两倍以上。

报道说，绿色和平和"全国空气质量指数"监控组织从中国国家环保部公开信息平台上收集了已有相关信息公开的城市的所有空气质量监测点每日每小时的 PM2.5 数值作为原始数据，并按算数平均的方法分别计算出不同城市的 PM2.5 年均值，以反应这些城市2014年的 PM2.5 污染状况。

报告称，京津冀地区依然是全国空气污染最严重的区域。河南、湖北、安徽、陕西、江苏等省份部分城市的 PM2.5 年均值排名也较靠前，且均超过国家二级标准两倍以上。榜单显示污染最严重的十座城市是邢台、保定、石家庄、邯郸、衡水、德州、菏泽、聊城、廊坊和唐山。

根据2012年发布的中华人民共和国《环境空气质量标准》（GB3095－2012）中所定义，PM2.5 表示环境空气中空气动力学当量直径小于等于2.5微米的颗粒物，也被称为细颗粒物。PM2.5 主要来源于燃料燃烧。可到达细支气管壁，干扰肺泡的气体交换。

中国许多城市因为雾霾而声名狼藉。雾霾是由空气污染和天气因素相结合造成的结果。严重的空气污染迫使中国于当年出台了一项全国性的计划：未来五年将投入1.7万亿元用于污染治理。

世界自然基金会：《达峰登顶，量碳而行》

"越来越多的证据表明，企业能够从高回报率的低碳投资中获益颇丰。"世界自然基金会（下称 WWF）中国总干事卢思骋表示。在如何将全球气温升高幅度控制在 2℃ 的目标这一问题上，WWF 与能源咨询公司 Ecofys 的一份合作研究报告指出：中国企业方面需要将企业的温室气体直接排放强度每年减少 2.7%。"企业是减排的核心，因为它们既是温室气体的主要排放者，也是低碳解决方案的提供者。"卢思骋说。

这份题为《达峰登顶，量碳而行》的报告 2015 年 2 月 17 日在北京发布，报告介绍了已建立超前减排目标的中国领跑企业的案例和经验，并在考虑不同企业的基础上，提出全球性的共识目标。有力的减排目标需要具有科学依据、技术可行性以及能够达到控制全球温升在 2℃ 以内的要求。

基于对中国现状的研究，报告指出：中国若要实现本世纪的温室气体减排目标，碳排放量需早日达到峰值，且电力部门每年的碳强度需要降低 8%。

"这些目标是对中国现状和未来排放情景进行全面分析后而设定的。"报告的主笔者之一、Ecofys 中国区负责人马尔腾博士（Maarten Neelis）表示，"通过管理和行为的转变，提高能效和使用低碳能源等资源可以帮助中国到达 2℃ 温升控制要求。"

"我们相信这项报告能够激励中国企业抓住低碳转型的契机并采取与 2030 年碳排放峰值目标一致的有力行动。"WWF 全球气候与能源先锋项目负责人萨曼莎·史密斯（Samantha Smith）说。

政府间气候变化专门委员会：第五次评估报告

IPCC 是由 WMO（世界气象组织）和 UNEP（联合国环境规划署）于 1988 年建立了政府间气候变化专门委员会（Intergovernmental Panel on Climate Change，缩写 IPCC；又译政府间气候变化专业委员会、跨政府气候变化委员会等）。IPCC 是一个政府间机构，它向 UNEP 和 WMO 所有成员国开放，它的作用是在全面、客观、公开和透明的基础上，对世界上有关全球气候变化的最好的现有科学、技术和社会经济信息进行评估。每六年左右 IPCC 就会编写出有关气候变化的综合评估报告。除了综合性报告，IPCC 还会根据会员的要求发布有关特定主题的特别报告、方法论报告以及软件，以帮助会员报告温室气体清单（排放量减去清除量）。

《第一次评估报告》于 1990 年发表，报告确认了对有关气候变化问题的科学基础。它促使联合国大会作出制定联合国气候变化框架公约（UNFCCC）的决定。该公约于 1994 年 3 月生效。

《第二次评估报告》"气候变化 1995"提交给了 UNFCCC 第二次缔约方大会，并为公约的京都议定书会议谈判作出了贡献。

《第三次评估报告》（IPCC TRA）"气候变化 2001"也包括三个工作组的有关"科学基础"、"影响、适应性和脆弱性"和"减缓"的报告，以及侧重于各种与政策有关的科学与技术问题的综合报告。

《第四次评估报告》（IPCC AR4）于 2007 年完成。

《第五次评估报告》（AR5）由中国气象局主办的政府间气候变化专门委员会（IPCC），2014 年 5 月 9 日在中国气象局科技大楼举行宣讲会。基于 IPCC 第五次评估报告①第二工作组报告《气候变化影响、适应和脆弱性》与第三工作组报告《气候变化减缓》的评估结论，来自 60 多家单位的近 200 位专家对适应和减缓气候变化的理念、政策措施进行宣讲。

据悉，IPCC 第五次报告重点阐明了七方面的科学问题：一是更多的观测和证据证实全球气候变暖；二是确认人类活动和全球变暖之间的因果关系；三是气候变化影响归因，气候变化已对自然生态系统和人类社会产生不利影响；四是未来气候变暖将持续；五是未来气候变暖将给经济社会发展带来越来越显著的影响，并成为人类经济社会发展的风险；六是如不采取行动，全球变暖将超过 4℃；七是要实现在本世纪末 2℃升温的目标，须对能源供应部门进行重大变革，并及早实施全球长期减排路径。

联合国环境规划署：全球《适应差距报告》

2014 年 12 月 5 日，联合国环境规划署在利马气候大会期间发布首份全球《适应差距报告》。报告指出，在适应气候变化方面，世界各国在资金、技术和知识领域都存在巨大差距，希望各国采取积极措施，努力缩小差距，减少气候变化带来的负面影响。

报告撰写负责人安妮·奥利霍夫说，这份报告由 19 个机构和研究中心共同编制，在此前类似的评估报告基础上又纳入了对不同国家和行业的新分析，初步评估了资金、技术和知识领域的全球差距，从而为将来更好地确定和消除这些差距确定了框架。

在资金方面，报告指出，南亚地区年平均适应成本达 400 亿美元，即使到本世纪末全球气温升幅控制在 2 摄氏度以内的水平，发展中国家适应气候变化的成本依然可能是以往估算的 2 到 3 倍。而根据以往的估算，发展中国家在 2050 年前每年的适应成本为 700 亿至 1000 亿美元。

报告还说，尽管 2012 年至 2013 年间从公共领域募集的适应资金达 230 亿至 260 亿美元，但如果无法找到新的资金来源，在 2020 年后将出现巨大的资金缺口。在技术方面报告认为，有必要加快适应技术的国际传播和转让，各国政府为此必须消除技术吸收的障碍。

报告最后指出，现有的气候变化和适应知识应该更有效地运用，许多地区和国家对适应气候变化的知识缺乏系统辨别和分析，整合、分析不同来源的科学证据并将其提供给各个层面的决策者，是当前最重要的知识需求之一。

---

① IPCC 第五次报告的主要内容参见中国国家气候中心制作的"变暖的星球——IPCC 第五次评估科学基础报告解读"。（http：//www.cma.gov.cn/2011xzt/gqzt/201405/t20140506_ 245322_ 8. html）

　　参加报告发布的联合国环境署副执行主任易卜拉欣·蒂亚乌表示，各国政府和国际社会应当采取必要措施，确保在未来的规划和预算中解决好资金、技术和知识方面的差距，发达国家有义务提供支持，而最不发达国家需要重新配置用于发展的财政资源，为适应措施提供更多资金。

　　他强调："这份报告有力地提醒我们不作为可能带来的真实经济代价。我们必须更诚实地讨论气候变化应对策略，我们要对自己和后代负责。"

联合国环境规划署发布《中国绿色经济展望》报告

　　2014 年 6 月 11 日，联合国环境规划署（UNEP）在北京发布《中国绿色经济展望：2010～2050》报告，通过情景分析，对比中国未来发展中不同的路径选择，构建了一幅中国发展绿色经济的清晰图景。

　　与会联合国环境规划署高级经济学家盛馥来表示，绿色经济是指以市场为导向、以可持续发展为目的而开展的经济活动，过去十年来，在中国已经取得了明显的成效。

　　该《报告》基于"中国科学技术信息研究所"与"美国千年研究所"共同开发的中国可持续发展模型，对农业、森林、绿色建筑、可再生能源和核能、城市生活垃圾、城市交通、水泥产业等行业从绿色经济的角度进行界定，模拟这些行业在发展绿色经济过程中，需要的绿色投资额度，带来的绿色就业数量，旨在研究分析绿色经济对中国经济、社会和环境系统的相关影响。

　　《报告》指出，中国绿色经济的发展面临诸多挑战，中国许多地区的水、空气和土地等都出现了不容忽视的污染问题。环境压力和碳排放约束，要求中国走更加绿色、低碳的道路。居民收入水平的提高，以及政府扩大内需的政策取向，在未来将带动农业、交通和建筑等领域的消费持续上升，都意味着及早向绿色经济转型。

　　报告工作组负责人、中国科学技术信息研究所佟贺丰副研究员表示，中国已经开始了向绿色经济转轨的积极行动。中国政府已经把生态文明建设放在突出地位，并对其做出了全面部署。

　　《报告》主要研究结论，中国的绿色转型已经迫在眉睫，中国已经开始了向绿色经济转轨的积极行动，走绿色发展道路实现更有质量的经济增长，传统产业通过改造可以完成绿色转型，绿色就业中存在一部分非正规就业，急需政策保护。

　　为了更好地促进中国绿色经济的发展，需要多方面措施协同推进。发展绿色经济是一项复杂的系统工程不是某项政策或措施能够单独实现的，需要绿色投资、绿色消费和绿色技术的协同推进才能取得最佳效果。为此《报告》提出政策建议：

　　1. 加强部门间的统筹协调，从整体层面制定绿色经济相关规划；

　　2. 发挥政府投资的杠杆效应，运用多种财政与税收工具支持绿色投资；

　　3. 政府发挥主导作用，引导公众绿色消费；

4. 政府要关注长远目标，支持绿色技术创新。

《中国绿色经济展望：2010~2050》由联合国环境规划署提供资助，中国科学技术信息研究所组织完成。

联合国成立生态文明委员会

2014 年 4 月 2 日，联合国文明联盟"和平共处是可持续发展之路：2015 年后的发展议程"会议在纽约联合国总部召开。会议期间，国际生态安全合作组织与联合国文明联盟宣布合作成立"联合国文明联盟生态文明委员会"。国际生态安全合作组织总干事蒋明君呼吁相关各方通过文明对话，采取协调行动解决全球面临的生态安全问题。

会议由联合国 66 届大会主席、联合国文明联盟高级代表纳西尔阿卜杜勒阿齐兹纳赛尔主持，多国和国际组织驻联合国代表出席会议。中国、土耳其、西班牙、巴西、埃及、美国、沙特、德国、欧盟、非盟等代表在会上发表了讲话。

蒋明君作为国际组织代表在会上发言时指出：近年来，由于气候变化和环境破坏引发的环境灾害和生态灾难正对世界产生深刻影响。不仅影响和改变世界政治格局，导致地区冲突和国家冲突，而且严重影响社会和谐与世界和平发展进程。因此，降低气候灾害风险，解决生态和环境危机，实现联合国制定的 2015 年后可持续发展议程，需要各国政党、议会、政府改变现行政策，通过文明对话并协调行动，来保护全人类的地球家园。

蒋明君在发言时还宣布，由于国际生态安全合作组织与联合国文明联盟的宗旨吻合，目标一致，两个组织已正式签署了合作备忘录，批准成立"联合国文明联盟生态文明委员会"，并结为战略合作伙伴。

据悉，联合国文明联盟是由西班牙和土耳其于 2004 年 9 月倡议发起，2005 年由联合国秘书长科菲·安南宣布成立的。其宗旨是"动员国际社会，通过对话和交流，消除不同文明间的偏见、误解和冲突，促进世界和平与安全"。

国际生态安全合作组织是由中国倡议发起，在联合国机构的支持下，并由主权国家参与创建的全球性国际组织。其宗旨是加强与各国、政党、议会、智库的合作，促进生态文明建设，构建生态安全格局，保护自然生态资源，实现人类可持续发展。

世界自然基金会：《地球生命力报告 2014》

《地球生命力报告》是 WWF 每两年发布一次的旗舰出版物。它利用"地球生命力指数"这一工具，追踪了 1970 年至 2010 年间超过 10 000 种脊椎动物种群规模的变化趋势。

《地球生命力报告 2014》显示，自 1970 年起，"地球生命力指数"中的鱼类、鸟类、哺乳动物、两栖动物和爬行动物的数量减少了 52%；其中淡水物种数量平均下降了 76%，平均下降量是陆生物种和海洋物种的两倍。

生物多样性正在急剧下降，而我们对自然的需求不断增长且不可持续。全球物种的种群数量自 1970 年以来已下降 52%。我们需要 1.5 个地球才能满足目前对自然的需求。这意味着，我们正在逐渐耗尽我们的自然资源，这将使得子孙后代的需求更加难以维持。人口数量的不断增加和高人均生态足迹的双重效应，让我们施加在地球上的资源压力成倍增加。人类发展水平较高的国家往往具有较高的生态足迹。这些国家面临的挑战是，如何在提高人类发展水平的同时，将其生态足迹降低到可持续水平。人类的生存或许已经跨越了"地球边界"，这可能导致突然或不可逆转的环境变化。人类的安康乐业取决于各种自然资源，如：水、耕地、鱼类和树木，及生态系统为我们提供的各种服务，如：授粉、养分循环和防止侵蚀作用。虽说世界上最贫穷的人口是最易受影响的弱势群体，但食物、水和能源安全这些相互关联的问题却在影响着我们每一个人。世界自然基金会提出"一个地球"的观点，为了我们共同的地球能够维持现在的生命力提供了一系列解决方案——这些方案专注于保护自然资源、提高生产效率、转变消费模式、引导资金流向和更公平的资源管理。改变我们的发展路线，找到替代方法，虽非易事，但仍然是可以做到的。

最新版的《地球生命力报告》揭示了我们面临的严峻挑战。尤其引人关注的是，地球生命力指数（LPI）自 1970 年以来已下降了 52%，该指数衡量了 10000 多种有代表性的哺乳动物、鸟类、爬行动物、两栖动物和鱼类种群的生存状态。换个角度说，在不到两代人的时间里，脊椎动物种群规模已减少一半。这些物种种群支撑着维系地球生命力的生态系统，是反映人类活动对地球家园影响的晴雨表。如果我们不重视这些变化，那么苦果只能由我们自己吞下。我们享用着大自然的馈赠，就如有不止一个地球可供我们挥霍似的。我们对生态系统和生态功能的过度索取，正在危害着我们自己的将来。自然保护和可持续发展理应携手并进。这不仅关乎保护生物多样性和自然环境，而且也同样关乎保护人类的将来——我们的安康、经济、食物安全及社会稳定，乃至我们的生存。当今世界，仍有许多人在贫困中苦苦挣扎，保护自然似乎是一件奢侈的事情。但事实却截然相反，对于世界上许多贫困人口而言，大自然恰恰是他们的命线。重要的是，我们每个人都离不开自然，我们都需要食物营养、淡水和洁净的空气——不论我们生活在世界的哪一个角落。事情看似令人担忧，似乎难以让人对将来感到乐观。改善固然艰难，但并非不可能，解铃还须系铃人——正是在造成这些问题的我们自己身上就能够找到解决的办法。现在，我们必须付出努力以确保下一代人能够抓住我们没有抓住的机会，终结我们历史上这一具有破坏性的篇章，创造人类与自然和谐相处，共同繁荣的美好未来。我们彼此相连、休戚与共。相信只要我们齐心协力，就一定能够找到解决方案并采取行动来保护我们唯一的地球家园和它美好的明天。

物种和空间，人与自然：我们的社会和经济依赖于一个健康的地球

可持续发展已经摆在国际议程上二十五年了。人们一直认真地谈论着环境、社会和经济这三个不同维度的发展。然而，我们却仍然在以相当可观的环境代价支撑着经济的发

展。我们对生态系统存在着根本性的依赖，不能充分认识到这一点将极有可能损害社会和经济成果。只有一个健康的地球，才能实现社会和经济的可持续发展。生态系统是经济社会的基础，反之则不然。尽管人类是自然界的产物，我们却已成为塑造生态系统和生物圈的主导力量。这样，我们不仅在威胁自身的健康、繁荣和安乐，而且也在威胁着我们的未来。《地球生命力报告2014》揭示了我们给地球带来的压力和影响，并着重指出了我们所作选择和所采取措施的重要性，以确保这个生机勃勃的地球能够继续维持我们这一代人，以及子孙后代的生存。

地球生命力指数：过去四十年间脊椎动物数量已经减少一半

目前，全球生物多样性受到有史以来最严重的挑战。作为衡量成千上万种脊椎动物种群规模变化趋势的指标，地球生命力指数（LPI）从1970至2010年间显示了52%的下降率。换句话说，目前地球上的哺乳动物、鸟类、爬行类和鱼类数量平均约为40年前的一半。由于采用了更加精密的方法来代表全球生物多样性，使得这一降幅比过去计算的数据大得多。在温带地区和热带地区，生物多样性都呈下降趋势，但热带地区的降幅更大一些。在1970至2010年间，温带地区地球生命力指数中的1606个物种、6569个种群下降了36%。热带地球生命力指数显示1638个物种、3811个种群同期减少了56%。拉丁美洲下降最为明显——降幅达83%。栖息地丧失和退化及捕猎和捕鱼过度，是地球生命力指数下降的主要原因。气候变化则是第二常见的主要威胁，而且可能会对将来的种群数量产生更大压力。

生态足迹：我们使用的资源已经超出了地球的可供给能力

40多年来，人类对自然的需求已经超过地球的可供给能力。我们需要1.5个地球的资源再生能力，才能提供我们目前使用的生态服务。"生态超载"之所以会出现是因为我们砍伐树木的速度超过其生长速度，捕鱼的数量超过海洋的供给能力，或者释放到大气中的二氧化碳超过了森林和海洋的吸收能力。造成的后果是自然资源蓄积量的减少，废弃物堆积的速度超过其可被吸收或循环利用的速度，如：空气中碳浓度的不断增大。生态足迹是人类为满足其需求而利用的所有生物生产性土地的总和，其中包括耕地、草地、建设用地、渔业用地、林木产品生产所需的林地，以及吸收海洋无法吸收的二氧化碳排放所需的林地。生物承载力和生态足迹都用全球公顷（gha）单位表达。半个多世纪以来，燃烧化石燃料产生的碳足迹一直是人类生态足迹的主要组分，并且呈上升趋势。1961年，碳足迹占人类总生态足迹的36%；到2010年，碳足迹占比为53%。

在1961年至2010年间，科技进步、农业投入和灌溉已经提高了每公顷生产用地（尤其是耕地）的平均产量，将地球的生物承载力总量由99亿全球公顷（gha）提高至120亿全球公顷。然而，在同一时期内，全球人口由31亿增至近70亿，致使人均生物承载力由3.2全球公顷减少至1.7全球公顷。与此同时，人均生态足迹由2.5全球公顷增至2.7全球公顷。所以，尽管生物承载力在全球范围内有所增加，但现在已经不够分配了。随着世界人口预计在2050年和2100年分别达到96亿和110亿，可供我们每个人使用的生物承载力还将进一步缩水——同时，土壤退化、淡水短缺和能源成本上升将使保持生物承载力的持续上升更具挑战。

不同国家的生态足迹：在被调查的国家中有四分之一的国家，碳足迹占其生态足迹的一半以上

一个国家的人均生态足迹的规模和组成，取决于该国人均使用的商品与服务以及提供这些商品与服务时各种资源（包括化石燃料）的使用效率。令人毫无意外的是，人均生态足迹最大的 25 个国家大部分都是高收入国家；而几乎对所有这些国家而言，碳足迹都是其生态足迹中占比最大的组分。不同国家带来全球生态超载程度各不相同。例如，如果地球上的所有人都具有卡塔尔居民的人均生态足迹，我们将需要 4.8 个地球来满足对自然资源的需求。如果我们都按照美国人的生活方式，那么我们将需要 3.9 个地球的资源。对于斯洛伐克人或韩国人而言，这一数据分别为 2 个或 2.5 个地球，而南非人或阿根廷人则分别需要 1.4 个或 1.5 个地球。

不均衡的需求，不公平的后果：低收入国家生态足迹最小，其生态系统却遭受了最大的破坏，低收入国家的生物多样性下降趋势是灾难性的，其后果不仅作用于自然也作用于人类

半个多世纪以来，大多数高收入国家的人均生态足迹均已超过地球上人均可获得的生物承载力，这很大程度上是靠利用其他国家的生物承载力来支撑其生活方式。而同时，中低收入国家人们的人均生态足迹相对较小，且增长很少。

国家的收入水平不同，它们的"地球生命力指数"变化趋势也呈现出明显的差异。高收入国家的生物多样性有所增加（10%），而中等收入国家却表现出下降趋势（18%），低收入国家则表现出显著下降趋势（58%）。然而，这掩盖了 1970 年以前欧洲、北美以及澳大利亚的大规模生物多样性丧失的事实。它或许还可以反映出高收入国家进口资源的方法——将生物多样性丧失及其影响转嫁给低收入国家。低收入国家的生物多样性下降趋势是灾难性的，其后果不仅作用于自然也作用于人类低收入国家生态足迹最小，其生态系统却遭受了最大的破坏。

可持续发展之路：还没有哪个国家既实现了高水平的人类发展，又保持着可持续的生态足迹——但不可否认，有些国家正在朝这个方向发展

从全球来看，一个国家要想实现可持续发展，其人均生态足迹必须小于地球可提供的人均生物承载力，同时保持体面的生活水准。前者意味着人均生态足迹小于 1.7 全球公顷——一个可在全球各国内适用而不会导致全球生态超载的最大值。后者可定义为联合国经过不平等因子修正后的人类发展指数（IHDI）高于或等于数值 0.71。目前，没有哪个国家能同时达到这两个标准。

然而，有些国家在朝着正确的方向发展。发展道路因不同国家而异，一些国家的人类发展水平大幅提升，而生态足迹则增长较小，而另一些国家在保持着较高发展水平的同时

实现了生态足迹的下降。高收入国家较高的人类发展水平是以高生态足迹为代价的。如何转变这一关系是全球面临的关键挑战。

地球边界：为地球上的生命界定安全的空间

一些补充性的信息和指标，通过关注全球性议题，或聚焦于特定地区、主题或物种，可以加深并拓展我们对地球生态系统的认识。在过去的 10 000 年——即被称为"全新世"的地质期里，人类受益于高度稳定、可预见的自然环境，并因此得以从定居的人类社区进化发展成为现代人类社会。但是，世界已经进入一个新的时期——"人类世"——在这个时期，人类活动是地球层面变化的最大驱动因素。鉴于变化的步调和规模，我们再也不能排除这种可能性，即地球将会达到使其生存条件突然间发生不可逆转的改变的关键临界点。

现有的最高科学水准，试图为每个环境过程界定出安全边界。超出这些地球边界框架识别出了调节地球生态环境稳定性的环境过程。它基于边界，我们会进入一个有可能发生消极突变的危险区。尽管无法确定地判断准确的转折点，但有三个"地球边界"已显示被打破，并且已经对人类健康及人类所需要的食物、水和能源产生了明显的影响，它们是：生物多样性丧失、气候变化和氮循环。地球边界的概念表明，我们从"全新世"期间了解并获益的世界能否存续，依赖于现在作为地球管理员的我们所采取的行动。

我们为什么应该关注：环境变化影响我们每一个人

对许多人而言，地球家园和我们所属的生物圈本身都非常值得保护——对自然的好奇和尊重深深地体现在了很多文化和宗教之中。人们本能地联想到《联合国人类环境宣言》中家喻户晓的一句：我们不是继承了父辈的地球，而是借用了儿孙的地球。然而事实上，我们并没有为唯一的地球提供良好的管理。今天我们满足自身需求的方式，无疑正在损害子孙后代满足他们自身需求的能力——这恰恰是与可持续发展相对立的。

人类的存续、福祉和繁荣依赖于健康的生态系统及其提供的服务，如：洁净的水、宜居的气候、食物、燃料、纤维和肥沃的土地。近年来在量化自然资本的经济价值和由此产生的红利方面已经取得一定进展。这些价值评估从经济角度为实现自然保护和可持续生活提供了例证——尽管任何针对生态系统服务的价值评估仍然是对大自然无限价值的"重大低估"，因为没有这些服务，地球上就不会有生命。

食物、水和能源：我们的需求与生物圈的健康密切关联

到 2050 年，地球人口预计将增加 20 亿，届时为每个人提供生存所需的食物、水和能源将成为一个严峻的挑战。如今，近 10 亿人正遭受饥饿，7.68 亿人没有安全洁净的水供应，14 亿人无法获得可靠的电力供应。气候变化和生态系统与自然资源的衰竭将进一步加剧这种局面。食物、水和能源安全这些相互关联的问题影响着我们每个人，并最直接地影响着世界上最贫困的人口。食物、水和能源安全与生态系统的健康密切相关。这种相互依赖性意味着，我们为保障其中一方的安全所付出的努力会轻易造成另外几方的不稳

定——例如，为提高农业产出率作出的尝试，可能会导致对水和能源的需求增大，并影响生物多样性和生态系统服务。我们满足自身需求的方法会影响生态系统的健康，生态系统的健康又会影响保障这些需求的能力。这一规律既适用于最贫穷的农村社区，他们往往直接依赖于自然谋生；也同样适用于世界上的大城市，他们因环境退化而极易于遭受诸如洪灾、污染等问题的威胁。保护自然和有节制的使用自然资源，是实现人类发展和繁荣，以及构建具有恢复能力的健康社区的前提。

"一个地球" 的解决方案：我们可以做出更好的选择

实用的解决方案也确实存在世界自然基金会提出的 "一个地球" 的理念成为我们在地球限度内管理、使用和分享自然资源，确保人人享有食物、水和能源安全提供了一个更好的选择。

世界自然保护联盟公布首批全球绿色名录

2014 年世界自然保护联盟（IUCN）世界公园大会在澳大利亚的悉尼举行，会上公布了首批全球最佳管理保护地绿色名录（简称 IUCN 绿色名录），包括了 8 个国家的 23 个不同类别的保护地，我国安徽黄山风景名胜区、黑龙江五大连池风景名胜区和四川唐家河国家级自然保护区等 6 个不同类别的保护地一同入选，标志着这些保护地成为全球保护地有效管理的典范，建设管理达到了国际先进水平。

IUCN 绿色名录是 IUCN 为促进以保护地为基础的生物多样性保护而制定的一项计划，旨在鼓励对保护地管理采取积极的手段，并对其管理的公平性和有效性进行评估，进而对创新和卓越的管理进行鼓励。这项计划将会在一定程度上激励和促进保护地的有效管理，促进各相关方面更积极地参与管理，同时提高相关国家在国际进程中的参与度和话语权。

在 2014 年世界公园大会上，中国代表就保护地建设提出 3 点建议：一是突出保护优先的原则，加强立法、完善制度，实行有效保护、有限利用；二是优化国土空间格局，提高管理质量，防止自然生态系统和野生动植物栖息地破碎化和孤岛化；三是进一步加强保护地领域的国际合作与交流，搭建双边、多边合作机制和平台，充分发挥保护地体系的多重功能。

中国拥有多样的生态系统及丰富的生物多样性，同时保护地体系建设历史悠久，成果丰硕。据介绍，到 2020 年，中国的保护地将约占全国陆地面积的 20%。

附　　录

● IEA：燃料燃烧的二氧化碳排放

燃料二氧化碳排放[①]

二氧化碳 （万吨）	1971	1980	1990	2000	2005	2009	2010	2011	2012	2013
世界	13995	17780	20623	23322	27048	28321	29838	31293	31491	32190
经济合作与发展组织										
非经济合作发展组织			8270	7139	7364	6760	7021	7009	6953	6874
国际船舶燃油										
国际航空燃油	9342	10582	11006	12447	12816	11819	12306	12132	11990	12038
加拿大	340.1	422.2	419.0	515.9	535.6	504.2	515.2	524.4	523.9	536.3
智利	21.0	21.4	29.4	48.6	54.4	64.2	68.6	75.3	77.2	82.0
墨西哥	93.7	204.5	259.5	344.0	381.8	395.9	414.0	428.3	433.7	451.8
美国	4288.1	4594.9	4802.5	5642.6	5702.3	5119.9	5355.5	5219.0	5031.7	5119.7
经济合作与发展组织：美洲	4743.0	5243.0	5510.4	6551.1	6674.0	6084.1	6353.3	6247.0	6066.5	6189.8
澳大利亚	143.4	206.7	259.6	334.7	371.4	394.5	385.1	385.5	387.0	388.7
以色列	13.8	18.8	32.8	54.8	58.8	63.8	68.4	67.5	74.8	68.2
日本	750.7	870.2	1049.3	1156.6	1196.1	1076.4	1126.1	1177.9	1217.2	1235.1
韩国	52.9	125.6	231.7	431.7	457.5	501.9	550.8	573.6	575.3	572.2
新西兰	13.5	16.5	21.7	29.0	33.7	30.4	30.2	29.7	31.2	30.7
经济合作与发展组织：亚洲、大洋洲	974.2	1237.9	1595.1	2006.8	2117.6	2067.0	2160.6	2234.1	2285.4	2294.9
奥地利	48.6	54.3	56.2	61.7	75.1	64.7	69.7	68.1	65.2	65.1
比利时	117.9	125.5	106.2	114.1	107.4	93.5	101.9	94.4	88.7	89.1

---

① IEA 网站中文版。（http：//www.iea.org/chinese/）

二氧化碳（万吨）	1971	1980	1990	2000	2005	2009	2010	2011	2012	2013
捷克	153.6	168.1	150.3	121.3	118.5	109.1	111.4	110.4	105.6	101.1
丹麦	55.4	63.0	51.0	50.7	48.4	46.9	47.4	42.2	37.0	38.8
爱沙尼亚			36.0	14.5	16.8	14.8	18.7	17.7	16.4	18.9
芬兰	39.8	54.8	53.5	54.4	54.6	53.3	61.6	54.2	48.7	49.2
法国	423.2	455.1	345.5	364.5	370.2	333.4	340.1	310.5	311.7	315.6
德国	978.2	1048.4	940.3	812.4	786.8	720.4	759.0	731.4	744.9	759.6
希腊	25.1	45.2	69.9	88.0	95.2	90.2	83.4	82.2	77.1	68.9
匈牙利	60.3	82.6	65.7	53.3	54.7	46.9	47.5	45.8	42.1	39.5
冰岛	1.4	1.7	1.9	2.2	2.2	2.1	1.9	1.9	1.9	2.0
爱尔兰	21.6	25.9	30.1	40.8	44.2	39.5	39.3	35.2	35.7	34.4
意大利	89.3	355.2	389.3	420.3	456.3	383.7	392.0	384.1	366.8	338.2
卢森堡	16.5	12.4	10.7	8.1	11.5	10.1	10.6	10.5	10.3	9.8
荷兰	127.6	145.4	144.9	157.2	163.2	157.9	168.3	156.9	156.8	156.2
挪威	23.0	27.2	27.5	31.9	34.6	35.8	37.7	36.3	35.5	35.3
波兰	287.4	416.0	344.8	289.7	296.3	291.4	310.4	303.5	296.8	292.4
葡萄牙	14.4	23.7	37.9	57.8	61.4	53.1	47.5	47.0	46.3	44.9
斯洛伐克共和国	38.9	55.8	54.8	36.9	37.3	32.6	34.6	32.8	31.2	32.4
斯洛文尼亚			13.5	14.1	15.4	15.0	15.4	15.4	14.9	14.3
西班牙	119.0	186.2	202.6	278.5	333.6	276.0	262.0	264.8	260.4	235.7
瑞典	82.0	73.1	52.1	52.0	49.1	40.7	46.0	42.4	39.3	37.5
瑞士	38.9	39.2	40.7	41.9	43.9	41.7	43.1	39.1	40.5	41.5
土耳其	41.7	71.5	127.1	201.2	216.2	256.7	265.4	284.8	302.7	283.8
联合王国	621.0	570.5	547.7	521.2	531.2	458.9	476.6	438.7	461.5	448.7
经济合作与发展组织：欧洲	3624.8	4101.1	3900.2	3888.6	4023.9	3668.1	3791.7	3650.4	3638.2	3553.0
阿尔巴尼亚	3.9	6.8	5.7	3.0	3.8	3.7	3.9	4.1	3.5	3.6
亚美尼亚			19.8	3.4	4.1	4.3	4.0	4.7	5.4	5.2
阿塞拜疆			53.5	27.3	29.0	24.5	23.5	26.4	28.9	29.5
白俄罗斯			99.8	52.1	55.0	55.9	59.9	56.9	57.8	58.2
波斯尼亚和黑塞哥维那			24.0	13.7	15.9	20.2	20.5	23.4	21.6	21.5

续表

二氧化碳（万吨）	1971	1980	1990	2000	2005	2009	2010	2011	2012	2013
保加利亚	63.8	85.0	74.6	42.2	46.5	42.4	44.4	49.2	44.5	39.3
克罗地亚			20.7	16.9	20.0	19.2	18.4	18.1	16.5	16.0
塞浦路斯	1.7	2.6	3.9	6.3	7.0	7.5	7.3	7.0	6.5	5.6
前南斯拉夫的马其顿共和国			8.6	8.5	8.9	8.5	8.3	9.4	8.8	8.3
格鲁吉亚			33.5	4.6	4.1	5.3	5.0	6.0	6.6	6.6
直布罗陀	0.1	0.1	0.1	0.3	0.4	0.5	0.5	0.5	0.5	0.5
哈萨克斯坦			237.2	112.0	156.9	202.7	221.1	234.8	233.8	244.9
科索沃				5.1	6.6	8.4	8.7	8.6	8.1	8.3
吉尔吉斯斯坦			22.8	4.5	4.9	6.5	6.0	7.2	9.6	8.9
拉脱维亚			18.8	6.8	7.6	7.2	8.1	7.3	7.0	6.9
立陶宛			32.2	10.2	12.3	11.3	12.2	11.4	11.4	10.7
马耳他	0.7	1.0	2.3	2.1	2.7	2.5	2.5	2.5	2.7	2.3
摩尔多瓦共和国			30.5	6.5	7.7	7.3	7.9	7.8	7.6	6.7
黑山					2.0	1.7	2.5	2.5	2.3	2.3
罗马尼亚	114.6	177.3	168.3	86.2	92.7	77.5	74.8	80.9	78.6	68.8
俄罗斯联邦			2163.2	1474.2	1481.7	1440.4	1528.9	1604.4	1550.8	1543.1
塞尔维亚			62.0	43.0	49.6	45.7	45.9	50.0	44.6	45.3
塔吉克斯坦			11.0	2.2	2.3	2.3	2.3	2.4	2.8	3.3
土库曼斯坦			44.6	36.7	48.4	50.2	57.2	62.2	64.5	66.0
乌克兰			688.4	295.0	293.9	249.4	266.3	279.5	273.8	265.0
乌兹别克斯坦			114.9	114.0	107.1	99.2	97.1	105.8	107.6	96.2
前苏联（如果没有详细说明）	1941.6	2935.6								
前南斯拉夫（如果没有详细说明）	61.8	84.2								
非经合组织：欧洲和欧亚地区	2188.3	3292.7	3940.4	2377.0	2471.2	2404.2	2537.1	2673.1	2606.0	2573.3
阿尔及利亚	8.6	27.7	51.2	61.5	77.4	94.4	95.8	102.1	110.7	113.9
安哥拉	1.6	2.7	3.9	4.6	6.1	13.9	15.1	16.1	17.5	18.5

续表

二氧化碳 （万吨）	1971	1980	1990	2000	2005	2009	2010	2011	2012	2013
贝宁	0.3	0.4	0.3	1.4	2.7	4.2	4.6	4.7	4.9	5.2
博茨瓦纳			2.8	4.0	4.3	4.1	4.9	4.6	4.5	5.5
喀麦隆	0.7	1.7	2.6	2.8	2.9	4.8	5.0	5.1	5.3	5.9
刚果	0.6	0.7	0.6	0.5	0.8	1.5	1.8	2.0	2.3	2.3
科特迪瓦	2.4	3.4	2.7	6.3	5.8	5.9	6.2	5.9	7.9	8.7
刚果共和国	2.6	3.2	3.0	0.9	1.3	1.7	1.8	2.3	2.4	2.6
埃及	20.0	40.7	77.8	99.7	144.6	174.4	176.4	182.6	189.3	184.3
厄立特里亚				0.6	0.6	0.4	0.5	0.5	0.5	0.6
埃塞俄比亚	1.3	1.4	2.2	3.2	4.5	6.0	6.0	6.9	7.3	8.5
加蓬	0.5	1.3	0.9	1.5	1.7	2.1	2.4	2.5	2.6	2.8
加纳	1.9	2.2	2.5	5.0	6.4	9.2	10.4	10.8	12.8	13.6
肯尼亚	3.2	4.4	5.5	7.8	7.5	10.4	11.2	11.3	10.4	11.7
利比亚	3.7	17.6	25.8	37.0	43.0	45.1	48.0	34.2	42.4	43.2
毛里求斯	0.3	0.6	1.2	2.4	3.0	3.4	3.7	3.6	3.7	3.8
摩洛哥	6.6	13.7	19.6	29.5	39.5	42.7	46.0	50.1	51.5	50.3
莫桑比克	2.9	2.3	1.1	1.3	1.5	2.2	2.4	2.8	2.6	3.0
纳米比亚				1.9	2.5	3.0	3.1	3.1	3.2	3.4
尼日尔				0.6	0.7	1.1	1.4	1.4	1.9	1.9
尼日利亚	5.7	25.3	28.1	43.8	56.4	43.9	55.8	60.7	63.3	61.0
塞内加尔	1.2	2.0	2.1	3.5	4.6	5.4	5.5	5.8	5.7	6.0
南非	157.1	208.4	243.8	280.5	372.3	399.4	408.9	394.7	407.8	420.4
南苏丹									1.4	1.5
苏丹	3.2	3.7	5.3	5.5	9.9	14.7	15.0	14.0	13.7	13.6
坦桑尼亚联合共和国	1.4	1.5	1.7	2.6	5.1	5.1	6.1	7.1	8.5	9.7
多哥	0.3	0.4	0.6	0.9	1.0	2.3	2.1	1.9	1.6	1.7
突尼斯	3.7	7.9	12.2	17.6	19.5	21.1	23.3	22.2	23.5	23.7
赞比亚	3.4	3.3	2.6	1.7	2.1	1.6	1.7	2.0	2.7	3.4
津巴布韦	7.2	8.0	16.2	13.3	10.3	8.1	9.0	11.4	12.6	13.5
其他非洲	8.4	13.3	12.6	16.4	19.6	23.8	25.3	28.6	29.7	30.5
非洲	249.0	397.6	529.0	658.3	857.6	956.0	999.0	1001.1	1054.3	1074.7

二氧化碳（万吨）	1971	1980	1990	2000	2005	2009	2010	2011	2012	2013
孟加拉国	2.9	6.6	11.4	20.9	32.0	44.0	49.9	53.3	57.3	59.6
文莱达鲁萨兰国	0.4	2.6	3.3	4.4	4.8	7.4	6.9	7.0	7.0	6.9
柬埔寨				2.0	2.6	4.4	4.6	4.8	5.1	5.2
朝鲜	69.2	108.1	116.8	70.0	75.3	69.9	65.5	46.1	47.0	47.7
印度	182.4	263.9	534.1	892.0	1086.5	1512.7	1596.8	1659.9	1780.1	1868.6
印度尼西亚	25.2	67.6	133.9	258.3	321.6	370.4	383.2	390.5	416.3	424.6
马来西亚	12.8	23.7	49.2	114.1	154.6	168.5	188.4	189.9	191.4	207.2
蒙古			12.9	9.0	11.0	13.5	14.2	15.6	17.2	18.7
缅甸	4.5	5.1	3.9	9.3	10.6	7.1	7.9	8.1	11.5	13.3
尼泊尔	0.2	0.5	0.9	3.1	3.1	3.5	4.1	4.4	5.0	5.1
巴基斯坦	15.9	24.3	56.0	96.0	116.8	135.4	131.4	132.6	134.2	134.8
菲律宾	23.0	33.3	38.0	68.1	71.5	71.4	77.1	77.7	80.4	89.6
新加坡	6.1	12.7	29.0	42.1	37.9	40.3	44.2	46.7	46.1	46.6
斯里兰卡	2.8	3.6	3.7	10.5	13.4	11.6	12.4	14.7	16.1	13.7
中国台北	29.8	71.4	111.1	214.3	253.6	239.7	256.2	254.7	246.6	248.7
泰国	16.2	33.7	80.9	152.3	200.2	207.2	223.4	221.8	239.0	247.4
越南	16.3	14.9	17.4	44.2	79.1	111.6	126.1	126.5	127.2	130.1
亚洲其他	10.6	16.7	10.3	11.4	15.5	19.2	22.1	27.5	36.4	38.8
亚洲（不包括中国）	418.2	688.7	1212.7	2021.9	2490.0	3037.6	3214.4	3281.8	3463.7	3606.6
中华人民共和国	831.3	1435.5	2183.6	3259.3	5359.7	6618.3	7095.3	8420.1	8519.2	8977.1
中国香港	9.2	14.6	33.3	40.3	41.3	46.2	42.0	45.6	45.1	46.0
中国（包括香港）	840.5	1450.1	2216.9	3299.7	5401.0	6664.5	7137.3	8465.7	8564.3	9023.1
阿根廷	82.5	95.1	99.4	139.3	149.4	168.9	173.5	181.0	185.3	182.3
玻利维亚	2.2	4.2	5.2	7.1	9.4	12.8	14.1	15.3	17.2	17.3
巴西	87.5	167.7	184.3	292.3	310.5	324.4	370.5	389.5	422.2	452.4
哥伦比亚	26.7	34.8	45.8	54.2	53.6	59.0	60.2	65.4	65.4	68.3
哥斯达黎加	1.3	2.2	2.6	4.5	5.4	6.4	6.6	6.8	6.8	7.1
古巴	20.8	30.5	34.1	27.3	25.1	32.5	29.8	27.9	26.9	29.8
库拉索岛	14.5	8.7	2.7	5.6	6.0	6.0	4.4	5.5	4.6	4.5
多米尼加共和国	3.5	6.3	7.4	16.2	17.4	18.3	19.1	19.3	20.0	19.7

续表

二氧化碳 （万吨）	1971	1980	1990	2000	2005	2009	2010	2011	2012	2013
厄瓜多尔	3.5	10.4	13.3	18.1	23.2	30.7	33.2	34.7	36.7	39.5
萨尔瓦多	1.3	1.6	2.1	5.2	6.3	6.2	5.9	6.0	6.1	5.8
危地马拉	2.3	4.2	3.2	8.6	10.6	11.2	10.3	10.5	10.6	12.2
海地	0.4	0.6	0.9	1.4	2.0	2.2	2.1	2.1	2.1	2.2
洪都拉斯	1.1	1.7	2.2	4.5	7.2	7.4	7.3	8.4	8.4	8.5
牙买加	5.5	6.5	7.2	9.8	10.3	7.5	6.9	7.3	7.0	7.5
尼加拉瓜	1.5	1.8	1.8	3.5	4.0	4.2	4.4	4.5	4.4	4.2
巴拿马	2.5	2.9	2.6	4.9	6.7	8.0	8.9	9.6	9.8	9.2
巴拉圭	0.6	1.3	1.9	3.3	3.5	4.1	4.7	4.9	5.0	4.9
秘鲁	15.4	20.4	19.1	26.4	28.6	37.7	41.1	44.2	44.0	45.5
特立尼达和多巴哥	5.4	6.4	7.9	10.1	17.5	20.2	22.3	22.2	22.0	23.0
乌拉圭	5.1	5.3	3.6	5.1	5.2	7.5	6.0	7.2	8.2	7.1
委内瑞拉	45.9	83.3	93.6	116.2	137.1	155.8	171.6	151.3	168.7	155.6
其他非经合组织：美洲	8.2	10.3	12.4	15.1	16.1	17.4	19.0	19.2	20.5	21.1
非经合组织：美洲	337.4	506.3	553.2	778.8	855.3	948.1	1021.9	1042.7	1101.9	1127.6
巴林	2.9	7.2	10.7	15.8	20.6	24.9	25.8	25.7	26.0	28.3
伊朗伊斯兰共和国	38.9	88.5	171.2	312.2	417.6	504.1	498.4	509.1	516.4	525.9
伊拉克	10.3	26.0	51.4	70.8	81.7	91.9	103.5	111.5	125.6	138.0
约旦	1.4	4.3	9.3	14.4	18.1	19.4	18.9	19.9	22.8	22.8
科威特	14.0	26.4	27.8	46.3	64.7	78.4	77.0	81.5	86.0	84.1
黎巴嫩	4.6	6.7	5.5	14.0	14.5	19.3	18.2	18.5	21.0	20.6
阿曼	0.3	2.2	10.2	20.4	24.7	40.7	47.9	54.3	55.9	57.9
卡塔尔	2.2	7.0	12.4	21.3	33.2	50.3	57.1	62.7	70.9	72.4
沙特阿拉伯	12.7	99.4	151.1	234.6	298.0	379.4	419.1	434.6	463.3	472.4
叙利亚阿拉伯共和国	5.4	12.3	27.2	37.0	53.4	56.7	55.9	52.1	38.7	33.5
阿拉伯联合酋长国	2.5	19.2	51.9	85.5	108.7	147.0	151.8	158.7	170.5	167.6
也门	1.2	3.5	6.3	13.3	18.8	23.5	22.4	19.2	17.4	23.9
中东	96.3	302.7	534.9	885.6	1153.9	1435.5	1496.0	1547.8	1614.5	1647.5
欧洲联盟—28			4023.8	3782.2	3915.9	3499.5	3611.2	3464.8	3424.8	3340.1
G7	7690.6	8316.5	8493.6	9433.5	9578.4	8596.8	8964.5	8786.1	8657.7	8753.2

二氧化碳（万吨）	1971	1980	1990	2000	2005	2009	2010	2011	2012	2013
G8			10656.8	10907.7	11060.0	10037.2	10493.5	10390.5	10208.5	10296.3
G20			16899.0	19279.9	22197.7	23008.8	24241.3	25578.6	25686.3	26314.7

煤炭二氧化碳排放

二氧化碳（万吨）	1971	1980	1990	2000	2005	2009	2010	2011	2012	2013
世界	5282	6674	8398	9133	11452	12448	13139	14348	14321	14809
经济合作与发展组织	3200	3684	4240	4422	4513	4036	4266	4158	4003	4040
非经济合作发展组织	2082	2991	4158	4711	6939	8412	8874	10190	10318	10769
国际船舶燃油	0							0		0
国际航空燃油										
加拿大	63.9	82.1	95.7	125.6	110.7	88.2	89.9	85.1	80.2	81.0
智利	5.1	4.8	9.8	11.7	10.3	15.1	17.5	21.4	24.7	28.2
墨西哥	5.2	7.3	14.7	27.5	38.9	34.7	40.3	41.8	41.5	53.1
美国	1105.7	1433.4	1837.2	2171.8	2179.2	1870.8	1982.0	1869.8	1648.0	1705.0
经济合作与发展组织：美洲	1179.9	1527.7	1957.3	2336.6	2339.0	2008.7	2129.7	2018.2	1794.3	1867.3
澳大利亚	75.3	106.7	140.7	190.2	207.2	215.5	203.4	195.2	191.2	187.7
以色列	0.0	0.0	9.5	25.6	29.5	29.2	29.3	30.4	33.7	27.7
日本	201.4	198.3	298.2	371.0	432.4	395.1	429.5	410.3	431.2	463.4
韩国	22.2	50.5	90.7	180.4	200.0	259.0	284.2	306.1	298.6	289.8
新西兰	4.0	3.9	3.4	4.5	9.0	6.4	5.6	5.4	6.8	6.0
经济合作与发展组织：亚洲、大洋洲	302.9	359.4	542.5	771.6	878.1	905.1	952.0	947.4	961.6	974.6
奥地利	16.3	14.2	16.6	15.0	16.6	12.1	15.2	16.0	14.7	15.5

续表

二氧化碳 （万吨）	1971	1980	1990	2000	2005	2009	2010	2011	2012	2013
比利时	44.2	41.8	40.4	30.4	20.7	10.8	14.0	13.0	11.9	12.3
捷克	132.2	132.3	116.7	86.4	78.1	71.8	73.2	74.0	69.9	65.8
丹麦	6.1	24.2	24.2	15.7	14.7	16.0	15.6	13.0	10.2	13.0
爱沙尼亚			24.5	10.5	12.1	10.7	14.3	13.5	12.1	14.3
芬兰	8.7	20.1	21.7	21.6	20.6	22.2	28.6	23.4	18.8	20.7
法国	140.1	125.5	75.9	59.6	55.9	42.6	45.8	36.5	39.9	42.4
德国	558.2	561.6	516.6	346.1	334.8	292.3	314.5	314.3	325.2	329.3
希腊	6.7	13.2	33.6	38.4	38.6	35.8	33.6	33.4	33.6	29.3
匈牙利	35.9	37.4	24.6	15.6	12.6	10.2	10.7	10.8	10.5	9.1
冰岛	0.0	0.1	0.3	0.4	0.4	0.4	0.4	0.4	0.4	0.4
爱尔兰	8.9	8.1	14.7	10.6	11.0	8.3	8.2	8.1	9.3	8.4
意大利	32.6	44.4	56.5	43.9	63.8	47.6	52.5	59.2	61.3	53.9
卢森堡	12.3	8.4	5.2	0.4	0.3	0.3	0.3	0.2	0.2	0.2
荷兰	15.2	14.4	32.3	29.5	30.9	28.2	28.8	28.0	31.2	31.6
挪威	3.8	4.0	3.5	4.0	2.9	2.1	2.6	2.8	2.9	2.9
波兰	254.6	356.9	291.2	221.5	215.6	203.3	217.5	210.9	206.5	206.4
葡萄牙	2.5	1.7	10.8	15.0	13.4	11.3	6.5	8.8	11.6	10.5
斯洛伐克共和国	24.2	32.8	31.4	16.4	16.0	14.7	14.5	14.1	13.1	13.0
斯洛文尼亚			6.7	5.6	6.3	5.9	6.0	6.1	5.8	5.6
西班牙	38.2	49.0	75.2	83.4	81.9	41.4	32.4	51.3	59.8	44.9
瑞典	5.5	5.5	10.5	8.3	10.0	6.4	9.2	8.5	7.4	7.6
瑞士	1.9	1.4	1.4	0.6	0.6	0.6	0.6	0.5	0.5	0.5
土耳其	16.4	27.6	59.6	91.6	88.8	115.3	123.0	128.5	142.5	119.9
联合王国	352.9	271.9	245.5	143.3	149.9	112.5	115.9	116.6	147.8	140.4
经济合作与发展组织：欧洲	1717.3	1796.6	1739.7	1313.7	1296.4	1122.5	1183.9	1192.1	1247.1	1198.1
阿尔巴尼亚	1.2	2.5	2.4	0.1	0.1	0.4	0.5	0.6	0.3	0.3
亚美尼亚			1.0				0.0		0.0	0.0
阿塞拜疆			0.4							
白俄罗斯			9.6	3.8	2.4	1.9	2.2	2.3	3.0	3.2

续表

二氧化碳 （万吨）	1971	1980	1990	2000	2005	2009	2010	2011	2012	2013
波斯尼亚和黑塞哥 维那			17.7	10.1	12.0	15.3	15.6	18.4	17.1	17.0
保加利亚	34.1	38.8	37.7	26.1	28.7	26.6	28.7	33.7	28.7	24.7
克罗地亚			3.4	1.7	2.7	2.0	2.7	2.8	2.5	2.7
塞浦路斯			0.3	0.1	0.1	0.1	0.1	0.0	0.0	0.0
前南斯拉夫的马其顿 共和国			5.6	5.7	6.2	5.7	5.5	6.5	5.9	5.3
格鲁吉亚			3.5	0.0	0.0	0.5	0.1	0.3	0.5	1.3
直布罗陀										
哈萨克斯坦			158.7	74.7	102.7	128.5	137.6	145.7	147.6	145.9
科索沃				4.1	5.3	6.7	7.1	6.9	6.5	6.6
吉尔吉斯斯坦			10.2	1.9	2.2	2.9	2.8	3.0	4.2	3.5
拉脱维亚			2.8	0.5	0.3	0.3	0.4	0.4	0.4	0.3
立陶宛			3.2	0.4	0.8	0.7	0.8	1.0	0.9	1.1
马耳他			0.7							
摩尔多瓦共和国			7.9	0.5	0.3	0.4	0.4	0.4	0.4	0.6
黑山					1.2	0.9	1.7	1.8	1.6	1.6
罗马尼亚	32.5	50.8	50.8	29.5	36.3	31.4	29.7	34.7	31.9	24.8
俄罗斯联邦			707.3	443.2	413.7	375.4	405.0	425.0	378.8	359.8
塞尔维亚			42.2	35.7	34.1	32.6	32.4	36.7	31.8	32.9
塔吉克斯坦			2.5	0.0	0.2	0.4	0.4	0.4	0.8	0.9
土库曼斯坦			1.2							
乌克兰			292.8	120.5	122.0	124.5	132.9	144.5	149.2	146.9
乌兹别克斯坦			14.0	5.2	4.7	5.6	5.5	5.8	5.8	5.9
前苏联（如果没有 详细说明）	884.8	1138.2								
前南斯拉夫（如果 没有详细说明）	36.7	43.7								
非经合组织：欧洲和 欧亚地区	989.3	1274.0	1376.0	763.9	775.9	762.7	812.1	870.8	817.9	785.3

续表

二氧化碳 （万吨）	1971	1980	1990	2000	2005	2009	2010	2011	2012	2013
阿尔及利亚	0.4	0.2	1.3	0.7	1.1	0.8	0.8	0.6	0.6	0.4
安哥拉										
贝宁										
博茨瓦纳			1.8	2.3	2.3	1.7	2.2	1.8	1.6	2.4
喀麦隆										
刚果										
科特迪瓦										
刚果共和国	1.0	0.9	0.9							
埃及	1.4	2.2	2.9	3.1	3.4	2.4	1.8	1.8	1.6	1.6
厄立特里亚										
埃塞俄比亚						0.1	0.1	0.4	0.5	0.7
加蓬										
加纳										
肯尼亚	0.2	0.0	0.4	0.3	0.4	0.4	0.7	0.9	0.8	0.8
利比亚										
毛里求斯			0.1	0.6	0.9	1.5	1.6	1.6	1.6	1.7
摩洛哥	1.2	1.6	4.2	10.5	12.9	10.7	11.1	11.8	12.0	11.8
莫桑比克	1.5	0.7	0.1		0.0	0.0	0.0	0.1	0.0	0.0
纳米比亚				0.0	0.0	0.1	0.0	0.0	0.1	0.1
尼日尔				0.2	0.2	0.2	0.3	0.3	0.3	0.3
尼日利亚	0.5	0.5	0.2	0.0	0.0	0.1	0.1	0.1	0.1	0.1
塞内加尔					0.4	0.6	0.7	1.0	0.9	0.9
南非	129.3	174.5	200.7	231.4	314.9	338.6	342.2	322.9	335.6	343.0
南苏丹										
苏丹		0.0								
坦桑尼亚联合共和国		0.0	0.0	0.2	0.1			0.2	0.2	0.2
多哥										
突尼斯	0.3	0.3	0.3	0.3				0.1	0.1	
赞比亚	2.0	1.4	0.9	0.3	0.3	0.0	0.0	0.0	0.2	0.9
津巴布韦	5.8	6.2	13.7	10.3	8.2	6.4	7.1	8.0	8.8	9.2

二氧化碳 （万吨）	1971	1980	1990	2000	2005	2009	2010	2011	2012	2013
其他非洲	0.1	1.6	0.9	1.5	1.7	2.1	2.3	2.3	2.4	2.4
非洲	143.7	190.0	228.4	261.8	346.8	365.6	371.0	353.8	367.4	376.6
孟加拉国	0.4	0.5	1.1	1.3	1.9	3.1	3.2	2.9	3.6	3.8
文莱达鲁萨兰国										
柬埔寨						0.0	0.0	0.0	0.0	0.2
朝鲜	66.6	100.0	108.9	66.8	72.5	67.3	63.0	43.4	44.5	45.1
印度	128.6	182.2	369.9	578.9	724.4	1040.9	1104.6	1147.8	1256.7	1348.3
印度尼西亚	0.5	0.6	18.2	52.5	87.6	113.9	109.0	108.8	128.2	135.0
马来西亚	0.0	0.2	5.3	9.8	27.3	41.4	58.5	58.5	62.9	59.7
蒙古			10.4	7.7	9.3	11.2	11.7	12.5	13.7	15.0
缅甸	0.6	0.6	0.3	1.3	1.3	1.4	1.6	1.6	1.9	1.5
尼泊尔	0.0	0.2	0.2	1.0	1.0	0.8	1.2	1.4	1.7	1.8
巴基斯坦	2.6	2.7	7.3	6.9	14.6	17.4	16.4	16.2	14.5	15.2
菲律宾	0.1	1.5	5.1	19.9	22.7	25.9	29.8	32.7	34.4	42.5
新加坡	0.0	0.0	0.1		0.0	0.0	0.0	0.0	0.1	1.0
斯里兰卡	0.0	0.0	0.0	0.0	0.3	0.3	0.3	1.4	2.0	2.1
中国台北	10.2	14.9	42.7	111.3	147.6	147.6	155.0	153.3	150.5	152.7
泰国	0.5	1.9	16.4	32.1	47.8	59.8	65.5	66.1	65.8	69.0
越南	5.7	9.4	9.1	18.0	34.0	51.9	60.2	63.8	65.2	64.8
亚洲其他	4.5	7.8	0.8	1.4	1.7	3.0	4.4	5.5	5.1	5.4
亚洲（不包括中国）	220.2	322.5	595.7	908.9	1193.9	1585.8	1684.3	1716.1	1850.7	1963.1
中华人民共和国	710.5	1173.2	1885.6	2687.6	4519.2	5596.4	5893.7	7123.6	7153.9	7507.2
中国香港	0.1	0.0	24.1	16.8	26.4	30.1	25.2	30.6	30.1	31.7
中国（包括香港）	710.6	1173.2	1909.8	2704.4	4545.7	5626.5	5918.9	7154.1	7184.0	7538.9
阿根廷	3.3	3.1	3.6	4.8	5.9	4.4	5.9	6.7	5.7	5.4
玻利维亚										
巴西	6.0	15.0	27.7	46.4	45.6	39.6	54.1	56.5	59.3	64.9
哥伦比亚	6.1	8.8	12.2	12.1	10.5	12.4	10.8	12.6	10.0	12.9
哥斯达黎加	0.0	0.0		0.0	0.1	0.3	0.3	0.3	0.3	0.3
古巴	0.4	0.4	0.6	0.1	0.1	0.1	0.1	0.1	0.1	0.0

续表

二氧化碳 （万吨）	1971	1980	1990	2000	2005	2009	2010	2011	2012	2013
库拉索岛										
多米尼加共和国			0.0	0.2	1.7	3.0	3.0	3.2	3.4	3.3
厄瓜多尔										
萨尔瓦多		0.0		0.0	0.0					
危地马拉		0.1		0.5	1.0	0.7	1.2	1.2	1.2	1.4
海地			0.0							
洪都拉斯			0.0	0.3	0.6	0.5	0.5	0.7	0.7	0.8
牙买加			0.1	0.1	0.1	0.2	0.1	0.2	0.2	0.2
尼加拉瓜										
巴拿马	0.0		0.1	0.1	1.0	0.2	0.3	0.8	1.3	1.3
巴拉圭										
秘鲁	0.6	0.7	0.6	2.5	3.6	3.3	3.6	3.3	3.2	3.3
特立尼达和多巴哥										
乌拉圭	0.1	0.0	0.0	0.0	0.0					
委内瑞拉	0.6	0.7	1.9	0.5	0.1	0.9	0.8	0.8	0.8	0.8
其他非经合组织：美洲	0.1	0.1	0.0	0.0	0.0	0.0	0.0	0.0	0.0	0.0
非经合组织：美洲	17.3	28.9	46.9	67.9	70.4	65.5	80.7	86.4	86.3	94.7
巴林										
伊朗伊斯兰共和国	0.4	2.0	1.2	3.4	4.7	2.7	2.7	3.0	2.7	2.8
伊拉克										
约旦									0.9	0.9
科威特										
黎巴嫩	0.0	0.0		0.5	0.5	0.5	0.6	0.7	0.7	0.5
阿曼										
卡塔尔										
沙特阿拉伯										
叙利亚阿拉伯共和国	0.0	0.0		0.0	0.0	0.0	0.0	0.0	0.0	0.0
阿拉伯联合酋长国					0.6	2.2	2.8	4.9	6.7	5.7
也门						0.2	0.4	0.4	0.4	0.5
中东	0.5	2.0	1.2	3.9	5.8	5.6	6.6	9.0	11.4	10.4

续表

二氧化碳 （万吨）	1971	1980	1990	2000	2005	2009	2010	2011	2012	2013
欧洲联盟—28			1773.8	1275.6	1272.7	1065.4	1119.7	1132.5	1165.2	1127.9
G7	2454.8	2717.2	3125.6	3261.4	3326.6	2849.0	3030.1	2891.9	2733.7	2815.6
G8			3832.9	3704.6	3740.3	3224.4	3435.1	3316.9	3112.5	3175.4
G20			7547.7	8495.3	10667.4	11583.0	12211.7	13391.3	13346.8	13823.3

石油二氧化碳排放

二氧化碳 （万吨）	1971	1980	1990	2000	2005	2009	2010	2011	2012	2013
世界	6668	8390	8505	9551	1016	10184	10531	10649	10751	10825
经济合作与发展组织	4656	5156	4841	5350	5470	4848	4896	4828	4784	4738
非经济合作发展组织	1489	2674	3033	3348	3843	4280	4508	4673	4871	4987
国际船舶燃油	354	357	371	499	580	619	667	673	615	609
国际航空燃油	169	202	259	355	423	437	460	476	481	490
加拿大	208.0	243.5	203.9	227.2	257.0	247.2	252.2	253.2	254.4	256.4
智利	14.6	15.1	18.7	30.3	33.6	44.5	42.3	43.6	43.6	44.6
墨西哥	69.0	156.8	196.4	254.7	257.6	253.2	253.5	259.7	261.1	257.3
美国	1986.9	2076.4	1951.2	2196.6	2316.1	1998.8	2055.2	2012.8	1990.0	1989.6
经济合作与发展组织：美洲	2278.5	2491.9	2370.3	2708.7	2864.3	2543.7	2603.2	2569.3	2549.1	2548.0
澳大利亚	64.1	83.8	85.5	99.8	109.6	114.0	116.0	120.4	125.2	127.7
以色列	13.7	18.8	23.3	29.3	26.1	26.2	28.9	27.6	36.2	27.0
日本	540.7	620.5	635.6	617.3	585.6	472.1	474.4	507.2	515.7	501.4
韩国	30.7	75.0	132.9	205.3	185.3	159.5	163.0	155.0	155.4	156.1
新西兰	9.3	10.7	11.8	15.7	17.8	17.4	17.3	17.4	17.4	17.7
经济合作与发展组织：亚洲、大洋洲	658.5	808.8	889.1	967.5	924.4	789.2	799.5	827.6	849.8	829.9

续表

二氧化碳（万吨）	1971	1980	1990	2000	2005	2009	2010	2011	2012	2013
奥地利	26.9	31.9	27.2	30.7	37.6	31.8	32.5	30.7	30.1	30.8
比利时	62.4	64.0	46.1	51.7	52.3	45.7	46.6	43.3	41.5	41.9
捷克	19.6	30.2	22.0	17.4	21.5	20.9	19.8	19.4	19.0	18.3
丹麦	49.3	38.6	22.0	23.4	21.7	20.1	19.8	18.8	17.0	16.5
爱沙尼亚			9.0	2.7	3.1	2.9	3.0	3.0	3.1	3.0
芬兰	31.2	33.0	26.8	24.6	25.1	22.9	24.0	22.8	22.5	21.6
法国	265.4	285.4	214.1	223.5	220.2	201.0	195.7	188.5	183.4	180.0
德国	381.5	372.0	303.6	301.8	276.5	249.8	249.3	239.2	240.5	248.2
希腊	18.3	31.9	36.2	45.5	51.2	48.1	42.9	40.4	35.8	32.6
匈牙利	18.4	29.0	21.9	16.4	15.2	16.0	14.7	14.0	13.1	12.9
冰岛	1.4	1.7	1.6	1.7	1.8	1.7	1.6	1.5	1.5	1.6
爱尔兰	12.7	16.1	12.1	23.1	25.3	21.2	20.3	17.7	17.1	16.9
意大利	232.6	264.5	244.7	242.4	227.2	184.9	177.6	171.9	158.2	146.6
卢森堡	4.1	3.0	4.5	5.9	8.2	7.1	7.4	7.7	7.5	7.3
荷兰	65.2	63.9	44.6	49.7	52.4	49.1	49.8	50.5	50.0	48.1
挪威	19.2	21.2	19.1	20.2	22.0	22.2	23.1	22.3	21.6	21.2
波兰	21.4	41.6	33.4	49.7	56.6	62.5	65.3	64.8	61.7	57.1
葡萄牙	11.9	22.1	27.1	37.9	38.7	31.5	29.8	26.7	24.3	24.9
斯洛伐克共和国	12.0	17.9	11.6	5.4	8.4	8.3	9.1	9.0	8.7	8.7
斯洛文尼亚			5.1	6.8	7.2	7.3	7.5	7.4	7.2	6.9
西班牙	80.2	134.0	117.1	160.1	184.2	161.3	157.3	146.3	135.0	130.6
瑞典	76.5	67.3	39.5	40.7	35.4	30.2	31.8	29.3	27.6	25.6
瑞士	37.0	36.0	33.2	32.6	33.4	31.4	32.0	28.7	29.6	30.2
土耳其	25.3	43.9	61.2	80.7	74.9	73.7	68.9	70.3	73.0	76.0
联合王国	246.4	205.8	197.8	178.7	181.0	163.3	163.8	156.5	156.5	152.5
经济合作与发展组织：欧洲	1718.9	1855.0	1581.7	1673.6	1681.2	1515.0	1493.6	1430.8	1385.4	1360.2
阿尔巴尼亚	2.4	3.5	2.8	2.9	3.7	3.2	3.4	3.5	3.1	3.3
亚美尼亚			10.5	0.8	1.0	1.0	1.0	0.9	0.9	0.9
阿塞拜疆			20.9	16.9	11.9	7.7	7.4	8.8	9.5	10.0

续表

二氧化碳 （万吨）	1971	1980	1990	2000	2005	2009	2010	2011	2012	2013
白俄罗斯			65.6	17.3	15.7	22.3	18.1	17.3	18.2	18.1
波斯尼亚和黑塞哥维那			5.4	3.2	3.2	4.5	4.5	4.5	4.1	4.1
保加利亚	29.2	38.7	25.8	10.1	11.8	11.2	10.9	10.0	10.5	9.6
克罗地亚			13.1	11.1	12.7	12.4	10.5	10.5	9.7	9.1
塞浦路斯	1.7	2.6	3.6	6.2	6.9	7.4	7.1	7.0	6.5	5.6
前南斯拉夫的马其顿共和国			3.0	2.7	2.6	2.7	2.6	2.7	2.7	2.6
格鲁吉亚			19.3	2.4	2.1	2.6	2.8	2.8	2.8	2.7
直布罗陀	0.1	0.1	0.1	0.3	0.4	0.5	0.5	0.5	0.5	0.5
哈萨克斯坦			53.6	22.0	25.6	27.9	29.7	35.8	32.6	46.6
科索沃				1.0	1.4	1.7	1.6	1.7	1.6	1.7
吉尔吉斯斯坦			9.0	1.2	1.4	3.1	2.7	3.6	4.7	4.8
拉脱维亚			10.4	3.8	4.0	4.0	4.1	3.7	3.6	3.6
立陶宛			19.7	6.4	7.1	6.8	6.8	6.4	6.7	6.4
马耳他	0.7	1.0	1.6	2.1	2.7	2.5	2.5	2.5	2.7	2.3
摩尔多瓦共和国			15.0	1.2	1.9	2.0	2.2	2.3	2.1	2.2
黑山					0.8	0.8	0.8	0.7	0.7	0.7
罗马尼亚	29.8	50.5	49.8	26.6	27.1	23.8	22.3	23.2	24.4	22.7
俄罗斯联邦			618.5	318.0	293.9	296.9	297.5	328.7	327.8	315.0
塞尔维亚			13.7	4.1	11.5	10.0	9.6	9.4	9.0	8.3
塔吉克斯坦			5.2	0.7	0.9	1.5	1.6	1.6	1.7	1.8
土库曼斯坦			14.7	11.1	14.9	14.8	16.5	17.4	18.3	18.5
乌克兰			185.1	31.9	35.8	38.8	37.3	37.4	36.8	35.9
乌兹别克斯坦			24.9	17.8	13.3	11.3	10.2	9.3	8.3	7.9
前苏联（如果没有详细说明）	635.5	1119.7								
前南斯拉夫（如果没有详细说明）	23.8	35.6								
非经合组织：欧洲和欧亚地区	723.1	1251.7	1191.1	521.7	514.5	521.4	514.2	552.4	549.4	545.0

二氧化碳 （万吨）	1971	1980	1990	2000	2005	2009	2010	2011	2012	2013
阿尔及利亚	5.8	14.1	23.7	24.9	31.4	42.0	43.7	46.7	49.8	52.1
安哥拉	1.5	2.5	2.9	3.5	4.9	12.5	13.7	14.6	16.1	17.7
贝宁	0.3	0.4	0.3	1.4	2.7	4.2	4.6	4.7	4.9	5.2
博茨瓦纳			1.0	1.7	2.0	2.4	2.6	2.8	2.9	3.1
喀麦隆	0.7	1.7	2.6	2.8	2.9	4.3	4.6	4.7	4.9	5.2
刚果	0.6	0.7	0.6	0.5	0.8	1.4	1.6	1.7	1.8	1.9
科特迪瓦	2.4	3.4	2.7	3.4	2.9	3.1	3.1	2.8	4.5	4.9
刚果共和国	1.6	2.3	2.1	0.9	1.3	1.7	1.8	2.3	2.4	2.6
埃及	18.5	35.8	61.6	66.8	78.5	99.5	100.8	99.8	105.7	99.0
厄立特里亚				0.6	0.6	0.4	0.5	0.5	0.5	0.6
埃塞俄比亚	1.3	1.4	2.2	3.2	4.5	5.9	5.8	6.5	6.7	7.8
加蓬	0.5	1.3	0.7	1.2	1.4	1.7	1.7	1.8	1.9	2.0
加纳	1.9	2.2	2.5	5.0	6.4	9.2	9.6	9.2	12.0	13.0
肯尼亚	3.0	4.4	5.1	7.5	7.1	10.1	10.6	10.4	9.5	10.9
利比亚	1.6	12.3	17.7	30.1	34.5	36.4	37.9	25.2	33.3	35.4
毛里求斯	0.3	0.6	1.0	1.8	2.1	2.0	2.0	2.1	2.1	2.1
摩洛哥	5.3	11.9	15.3	18.9	25.7	30.8	33.6	36.7	37.1	36.2
莫桑比克	1.5	1.7	0.9	1.3	1.5	2.0	2.2	2.5	2.4	2.6
纳米比亚				1.9	2.4	2.9	3.0	3.1	3.2	3.4
尼日尔				0.5	0.5	0.9	1.1	1.1	1.6	1.6
尼日利亚	4.8	22.0	21.0	29.1	37.7	27.5	36.4	34.0	36.1	34.8
塞内加尔	1.2	2.0	2.1	3.5	4.2	4.7	4.7	4.8	4.8	5.1
南非	27.8	33.9	43.1	49.1	57.4	60.9	62.6	67.8	68.2	73.4
南苏丹									1.4	1.5
苏丹	3.2	3.7	5.3	5.5	9.9	14.7	15.0	14.0	13.7	13.6
坦桑尼亚联合共和国	1.4	1.5	1.7	2.4	4.2	3.8	4.6	5.2	6.4	7.6
多哥	0.3	0.4	0.6	0.9	1.0	2.3	2.1	1.9	1.6	1.7
突尼斯	3.4	6.8	9.0	10.9	11.7	11.6	11.4	10.6	11.0	11.3
赞比亚	1.4	1.8	1.7	1.4	1.8	1.6	1.6	2.0	2.4	2.5
津巴布韦	1.5	1.7	2.6	3.0	2.1	1.7	1.9	3.4	3.8	4.2

续表

二氧化碳 （万吨）	1971	1980	1990	2000	2005	2009	2010	2011	2012	2013
其他非洲	8.3	11.7	11.8	14.9	17.8	20.8	22.1	25.3	26.5	27.2
非洲	100.1	182.0	241.8	298.5	361.8	423.0	446.9	448.0	479.2	489.9
孟加拉国	2.2	4.6	4.9	7.9	11.0	9.7	10.9	14.3	15.3	14.9
文莱达鲁萨兰国	0.2	0.5	0.7	1.2	1.3	1.7	1.7	1.9	2.0	1.9
柬埔寨				2.0	2.6	4.3	4.6	4.8	5.0	5.0
朝鲜	2.6	8.1	8.0	3.1	2.9	2.6	2.6	2.6	2.5	2.6
印度	52.8	80.0	151.1	276.9	307.7	383.2	395.9	414.7	440.5	447.3
印度尼西亚	24.6	61.6	91.4	160.4	183.1	187.2	202.9	210.1	214.3	213.3
马来西亚	12.7	23.3	37.2	55.8	63.4	63.5	66.8	72.8	70.7	81.5
蒙古			2.4	1.3	1.7	2.4	2.5	3.1	3.5	3.7
缅甸	3.8	3.9	2.1	5.4	6.3	3.3	3.3	3.5	6.1	8.1
尼泊尔	0.2	0.3	0.7	2.1	2.1	2.7	2.9	3.0	3.3	3.4
巴基斯坦	8.4	12.7	30.7	58.2	49.5	63.5	62.5	61.7	64.3	67.1
菲律宾	22.9	31.8	33.0	48.2	42.1	38.0	40.1	37.2	38.6	40.2
新加坡	6.0	12.5	28.6	38.9	23.8	24.0	26.4	28.3	26.3	23.3
斯里兰卡	2.8	3.6	3.7	10.5	13.1	11.3	12.1	13.3	14.1	11.6
中国台北	18.0	53.2	65.4	89.3	83.3	66.1	68.7	65.4	61.9	61.0
泰国	15.8	31.8	52.8	79.4	91.5	82.0	83.2	87.4	93.9	94.8
越南	10.6	5.5	8.2	23.6	34.1	43.1	46.8	45.2	43.0	44.8
亚洲其他	5.6	8.6	8.9	9.5	13.3	15.5	16.9	21.2	30.7	32.7
亚洲（不包括中国）	189.2	342.1	529.7	873.6	932.8	1003.9	1050.8	1090.4	1135.9	1157.2
中华人民共和国	113.4	234.2	278.1	534.5	768.7	870.6	997.8	1037.0	1078.9	1139.5
中国香港	9.1	14.4	8.4	16.5	8.4	9.7	8.8	8.6	8.9	8.7
中国（包括香港）	122.5	248.6	286.5	551.0	777.1	880.3	1006.6	1045.6	1087.8	1148.2
阿根廷	67.0	70.3	52.4	64.4	66.4	77.4	80.3	83.4	86.1	83.0
玻利维亚	2.0	3.7	3.7	4.7	5.7	7.4	8.0	8.6	10.1	9.9
巴西	80.9	151.1	150.9	229.5	227.8	246.6	266.5	283.8	304.2	317.1
哥伦比亚	18.0	20.2	26.0	29.2	28.7	29.2	30.9	35.3	37.2	35.3
哥斯达黎加	1.3	2.2	2.6	4.5	5.3	6.1	6.3	6.5	6.6	6.8
古巴	20.3	29.9	33.4	26.1	23.5	30.2	27.7	25.9	24.9	27.7

续表

二氧化碳 （万吨）	1971	1980	1990	2000	2005	2009	2010	2011	2012	2013
库拉索岛	14.5	8.7	2.7	5.6	6.0	6.0	4.4	5.5	4.6	4.5
多米尼加共和国	3.5	6.3	7.4	16.0	15.4	14.4	14.5	14.4	14.5	14.2
厄瓜多尔	3.5	10.4	13.3	18.1	22.6	29.8	32.2	33.8	35.5	38.1
萨尔瓦多	1.3	1.6	2.1	5.2	6.2	6.2	5.9	6.0	6.1	5.8
危地马拉	2.3	4.2	3.2	8.1	9.6	10.5	9.1	9.3	9.4	10.8
海地	0.4	0.6	0.9	1.4	2.0	2.2	2.1	2.1	2.1	2.2
洪都拉斯	1.1	1.7	2.2	4.2	6.6	6.9	6.9	7.6	7.6	7.7
牙买加	5.5	6.5	7.1	9.7	10.1	7.4	6.8	7.1	6.8	7.2
尼加拉瓜	1.5	1.8	1.8	3.5	4.0	4.2	4.4	4.5	4.4	4.2
巴拿马	2.5	2.9	2.5	4.7	5.7	7.8	8.6	8.7	8.5	7.9
巴拉圭	0.6	1.3	1.9	3.3	3.5	4.1	4.7	4.9	5.0	4.9
秘鲁	14.2	18.7	17.5	22.8	21.1	24.7	24.6	25.7	25.2	28.7
特立尼达和多巴哥	2.6	2.5	2.1	2.6	3.9	4.4	4.8	4.6	4.4	4.6
乌拉圭	5.0	5.3	3.6	5.0	5.0	7.3	5.8	7.1	8.1	7.0
委内瑞拉	28.4	56.2	54.1	63.9	83.4	96.5	111.2	101.4	116.9	105.0
其他非经合组织：美洲	8.1	10.1	12.3	14.4	14.7	15.8	17.4	17.6	18.9	19.5
非经合组织：美洲	284.4	416.2	403.6	546.8	577.3	645.0	683.1	703.9	747.1	752.3
巴林	1.1	1.5	2.0	2.4	3.5	4.0	4.1	3.7	3.8	3.9
伊朗伊斯兰共和国	33.0	77.9	136.2	190.8	223.3	243.0	221.5	226.8	234.6	238.5
伊拉克	8.5	23.5	47.6	64.8	78.2	82.8	93.6	99.7	114.1	124.0
约旦	1.4	4.3	9.1	13.9	14.9	12.2	13.5	17.9	20.3	19.8
科威特	4.1	13.2	16.2	27.9	41.1	54.7	49.1	48.9	51.2	48.6
黎巴嫩	4.6	6.6	5.5	13.5	13.9	18.7	17.1	17.8	20.4	20.1
阿曼	0.3	1.5	5.2	8.7	9.9	10.8	11.3	13.7	15.1	16.0
卡塔尔	0.3	1.4	1.9	2.8	6.6	13.3	14.1	11.4	15.1	14.7
沙特阿拉伯	10.0	78.5	107.9	167.8	196.5	266.9	288.2	301.8	318.7	325.0
叙利亚阿拉伯共和国	5.4	12.2	24.0	29.6	44.5	44.5	40.2	38.5	27.7	23.9
阿拉伯联合酋长国	0.4	9.5	18.6	21.0	28.3	32.7	33.5	34.5	35.4	38.6
也门	1.2	3.5	6.3	13.3	18.8	22.5	20.0	17.5	15.4	21.4
中东	70.1	233.7	380.4	556.5	679.5	806.1	806.4	832.3	871.7	894.7

二氧化碳 （万吨）	1971	1980	1990	2000	2005	2009	2010	2011	2012	2013
欧洲联盟—28			1590.4	1604.5	1621.6	1454.0	1432.3	1371.1	1323.9	1290.5
G7	3861.7	4068.1	3751.0	3987.5	4063.6	3517.2	3568.2	3529.2	3498.7	3474.7
G8			4369.5	4305.5	4357.5	3814.0	3865.6	3857.9	3826.4	3789.8
G20			6359.1	7103.2	7517.5	7171.9	7416.0	7485.5	7546.4	7577.5

天然气二氧化碳排放

二氧化碳 （万吨）	1971	1980	1990	2000	2005	2009	2010	2011	2012	2013
世界	2044	2709	3677	4535	5178	5568	6012	6125	6243	6381
经济合作与发展组织	1485	1736	1881	2593	2755	2838	3039	3032	3086	3147
非经济合作发展组织	559	973	1796	1942	2423	2730	2973	3093	3157	3234
国际船舶燃油										
国际航空燃油										
加拿大	68.2	96.5	119.1	162.5	167.3	168.0	172.4	185.2	188.4	197.9
智利	1.3	1.4	0.9	6.7	10.6	4.6	8.7	10.2	9.0	9.2
墨西哥	19.6	40.4	48.4	61.8	85.3	108.1	120.1	126.8	131.0	140.5
美国	1195.5	1085.1	994.6	1233.8	1180.2	1221.0	1286.6	1303.1	1360.6	1398.5
经济合作与发展组织：美洲	1284.6	1223.5	1163.0	1464.9	1443.3	1501.7	1587.8	1625.3	1689.0	1746.1
澳大利亚	4.0	16.3	32.3	43.6	54.0	64.4	65.0	69.3	70.0	72.7
以色列	0.0	0.0	0.0	0.0	3.2	8.5	10.2	9.5	4.9	13.5
日本	8.6	51.5	114.7	165.3	174.0	204.7	216.3	251.3	260.8	260.2
韩国			6.4	40.1	64.1	72.4	91.2	98.3	106.5	110.7
新西兰	0.2	1.9	6.6	8.7	6.9	6.7	7.4	6.8	7.0	7.1
经济合作与发展组织：亚洲、大洋洲	12.9	69.6	159.9	257.8	302.2	356.6	390.1	435.2	449.3	464.1

二氧化碳 （万吨）	1971	1980	1990	2000	2005	2009	2010	2011	2012	2013
奥地利	5.4	8.3	11.3	14.6	18.4	16.9	18.4	17.5	16.7	15.5
比利时	11.3	19.6	18.3	29.7	32.0	33.5	37.7	34.3	31.6	31.5
捷克	1.9	5.6	11.5	17.1	17.9	15.3	17.3	15.8	15.5	15.8
丹麦		0.0	4.2	10.4	10.5	9.2	10.4	8.8	8.2	7.8
爱沙尼亚			2.4	1.3	1.6	1.2	1.3	1.2	1.3	1.1
芬兰		1.7	5.1	7.9	8.3	7.5	8.3	7.3	6.4	6.0
法国	17.7	44.2	53.3	77.9	90.1	85.4	94.0	81.2	83.6	88.1
德国	38.4	111.2	115.2	155.8	168.4	161.2	176.8	159.9	160.7	163.8
希腊			0.1	3.7	5.2	6.3	6.7	8.2	7.5	6.8
匈牙利	6.0	16.2	19.0	21.2	26.6	20.3	21.7	20.6	18.1	17.2
冰岛										
爱尔兰		1.7	3.3	7.1	8.0	9.9	10.8	9.4	9.2	8.7
意大利	24.1	46.3	87.0	133.1	162.4	147.8	157.3	148.0	142.2	132.7
卢森堡	0.0	1.0	1.0	1.6	2.8	2.6	2.8	2.4	2.5	2.1
荷兰	47.3	67.0	67.0	75.8	77.2	77.7	86.9	75.5	72.8	73.4
挪威		2.0	4.6	7.4	9.3	11.0	11.3	10.4	10.2	10.2
波兰	10.3	15.2	15.5	17.8	23.2	23.8	25.5	25.4	26.4	26.5
葡萄牙				4.6	8.7	9.6	10.5	10.6	9.1	8.7
斯洛伐克共和国	2.7	4.9	11.7	13.2	12.6	9.4	10.9	9.6	9.1	10.0
斯洛文尼亚			1.8	1.6	1.9	1.7	1.8	1.7	1.7	1.6
西班牙	0.7	3.1	10.0	34.1	66.8	72.1	71.6	66.5	65.0	59.6
瑞典			1.3	1.6	1.7	2.3	3.0	2.5	2.2	2.0
瑞士	0.0	1.9	3.8	5.7	6.5	6.3	7.0	6.2	6.8	7.2
土耳其			6.3	28.9	52.3	67.5	73.3	85.8	86.9	87.8
联合王国	21.7	92.8	104.1	198.3	197.2	181.0	195.3	162.4	153.8	152.3
经济合作与发展组 织：欧洲	187.4	443.0	558.1	870.4	1009.6	979.6	1060.7	971.2	947.5	936.6
阿尔巴尼亚	0.2	0.8	0.5	0.0	0.0	0.0	0.0	0.0	0.0	0.0
亚美尼亚			8.4	2.6	3.1	3.3	3.0	3.7	4.5	4.4
阿塞拜疆			32.2	10.4	17.1	16.8	16.1	17.7	19.3	19.4

续表

二氧化碳 （万吨）	1971	1980	1990	2000	2005	2009	2010	2011	2012	2013
白俄罗斯			24.7	30.9	36.8	31.5	39.4	37.1	36.5	36.8
波斯尼亚和黑塞哥维那			0.9	0.5	0.7	0.4	0.5	0.5	0.5	0.4
保加利亚	0.6	7.5	11.0	6.0	5.7	4.6	4.8	5.4	5.2	5.0
克罗地亚			4.2	4.0	4.5	4.7	5.1	4.8	4.2	4.2
塞浦路斯										
前南斯拉夫的马其顿共和国				0.1	0.1	0.2	0.2	0.3	0.3	0.3
格鲁吉亚			10.7	2.2	1.9	2.2	2.1	2.9	3.4	2.7
直布罗陀										
哈萨克斯坦			24.9	15.3	28.6	46.4	53.8	53.3	53.7	52.4
科索沃										
吉尔吉斯斯坦			3.6	1.3	1.2	0.5	0.5	0.6	0.7	0.6
拉脱维亚			5.6	2.5	3.2	2.8	3.4	3.0	2.8	2.8
立陶宛			9.4	3.5	4.4	3.8	4.6	3.9	3.7	3.2
马耳他										
摩尔多瓦共和国			7.6	4.8	5.5	4.9	5.3	5.1	5.1	3.9
黑山										
罗马尼亚	52.3	76.0	67.7	29.5	28.7	22.1	22.6	22.9	22.2	21.1
俄罗斯联邦			837.4	695.1	753.6	747.4	802.5	826.4	819.4	843.1
塞尔维亚			6.1	3.2	4.0	3.1	3.8	3.9	3.9	4.1
塔吉克斯坦			3.3	1.5	1.3	0.5	0.4	0.4	0.3	0.6
土库曼斯坦			28.8	25.6	33.5	35.4	40.7	44.8	46.2	47.5
乌克兰			210.4	142.7	136.1	86.1	96.0	97.5	87.8	82.2
乌兹别克斯坦			75.9	90.9	89.2	82.2	81.4	90.7	93.5	82.3
前苏联（如果没有详细说明）	421.4	677.7								
前南斯拉夫（如果没有详细说明）	1.3	4.9								
非经合组织：欧洲和欧亚地区	475.8	766.9	1373.2	1072.7	1159.2	1098.9	1186.2	1224.9	1213.1	1216.9

续表

二氧化碳（万吨）	1971	1980	1990	2000	2005	2009	2010	2011	2012	2013
阿尔及利亚	2.4	13.5	26.2	35.9	44.9	51.7	51.3	54.8	60.3	61.4
安哥拉	0.1	0.2	1.0	1.1	1.2	1.3	1.4	1.4	1.5	0.8
贝宁										
博茨瓦纳										
喀麦隆						0.5	0.5	0.3	0.4	0.7
刚果	0.0				0.0	0.1	0.2	0.3	0.4	0.4
科特迪瓦				3.0	2.9	2.8	3.1	3.1	3.3	3.8
刚果共和国						0.0	0.0	0.0	0.0	0.0
埃及	0.2	2.8	13.4	29.8	62.8	72.5	73.8	81.1	82.0	83.7
厄立特里亚										
埃塞俄比亚										
加蓬		0.0	0.2	0.2	0.3	0.5	0.6	0.7	0.7	0.8
加纳						0.0	0.8	1.6	0.8	0.6
肯尼亚										
利比亚	2.1	5.3	8.1	6.9	8.5	8.7	10.1	9.1	9.1	7.9
毛里求斯										
摩洛哥	0.1	0.1	0.1	0.1	0.9	1.2	1.3	1.7	2.5	2.3
莫桑比克				0.0	0.0	0.2	0.2	0.2	0.2	0.3
纳米比亚										
尼日尔										
尼日利亚	0.4	2.9	6.9	14.7	18.7	16.2	19.3	26.7	27.1	26.1
塞内加尔			0.0	0.0	0.0	0.0	0.0	0.0	0.1	0.1
南非							4.1	4.1	4.0	4.0
南苏丹										
苏丹										
坦桑尼亚联合共和国						0.8	1.3	1.5	1.7	1.9	1.9
多哥										
突尼斯	0.0	0.8	2.8	6.4	7.8	9.5	11.9	11.5	12.5	12.4
赞比亚										
津巴布韦										

二氧化碳（万吨）	1971	1980	1990	2000	2005	2009	2010	2011	2012	2013
其他非洲				0.0	0.1	0.9	0.9	1.0	0.9	1.0
非洲	5.3	25.6	58.8	98.0	149.0	167.4	181.0	199.3	207.7	208.2
孟加拉国	0.3	1.5	5.4	11.7	19.0	31.3	35.8	36.1	38.4	40.8
文莱达鲁萨兰国	0.2	2.1	2.5	3.2	3.5	5.7	5.1	5.1	5.0	4.9
柬埔寨										
朝鲜										
印度	1.0	1.8	13.1	36.2	54.3	88.1	95.7	96.6	81.9	71.9
印度尼西亚	0.1	5.4	24.3	45.4	50.9	69.2	71.3	71.6	73.8	76.2
马来西亚	0.0	0.2	6.8	48.5	63.9	63.6	63.1	58.6	57.8	66.1
蒙古										
缅甸	0.1	0.6	1.6	2.6	3.0	2.4	3.0	3.0	3.5	3.8
尼泊尔										
巴基斯坦	4.9	8.9	17.9	30.9	52.6	54.5	52.5	54.8	55.4	52.6
菲律宾				0.0	6.7	7.5	7.2	7.7	7.4	6.8
新加坡	0.0	0.1	0.1	2.9	13.3	15.4	16.7	17.2	18.5	20.9
斯里兰卡										
中国台北	1.6	3.3	3.0	12.9	20.8	24.1	30.6	33.4	31.7	32.4
泰国			11.7	40.8	60.9	65.4	74.7	68.3	79.3	83.7
越南			0.0	2.6	11.0	16.7	19.1	17.6	19.0	20.5
亚洲其他	0.5	0.2	0.6	0.5	0.5	0.7	0.9	0.8	0.6	0.7
亚洲（不包括中国）	8.7	24.2	87.1	238.2	360.5	444.6	475.4	470.8	472.4	481.3
中华人民共和国	7.4	28.1	19.8	37.2	71.8	151.2	181.2	232.7	258.1	298.8
中国香港	0.1	0.2	0.8	7.1	6.5	6.5	8.0	6.5	6.0	5.7
中国（包括香港）	7.4	28.3	20.6	44.3	78.3	157.7	189.1	239.2	264.1	304.5
阿根廷	12.1	21.7	43.3	70.2	77.1	87.1	87.3	90.8	93.5	93.9
玻利维亚	0.1	0.6	1.5	2.4	3.8	5.4	6.1	6.7	7.1	7.4
巴西	0.5	1.6	5.7	16.4	37.1	38.2	49.9	49.3	58.7	70.4
哥伦比亚	2.6	5.7	7.6	12.8	14.4	17.5	18.5	17.5	18.2	20.1
哥斯达黎加										
古巴	0.1	0.1	0.1	1.1	1.5	2.2	2.0	1.9	2.0	2.0

续表

二氧化碳 （万吨）	1971	1980	1990	2000	2005	2009	2010	2011	2012	2013
库拉索岛										
多米尼加共和国					0.4	0.9	1.5	1.7	2.1	2.1
厄瓜多尔					0.7	0.9	1.0	0.9	1.2	1.4
萨尔瓦多										
危地马拉										
海地										
洪都拉斯										
牙买加										
尼加拉瓜										
巴拿马										
巴拉圭										
秘鲁	0.6	1.0	1.0	1.1	3.9	9.6	12.9	15.2	15.6	13.5
特立尼达和多巴哥	2.8	3.9	5.8	7.5	13.6	15.8	17.6	17.7	17.7	18.3
乌拉圭				0.1	0.2	0.1	0.1	0.2	0.1	0.1
委内瑞拉	16.9	26.5	37.6	51.7	53.6	58.3	59.6	49.1	51.0	49.8
其他非经合组织：美洲	0.0	0.0	0.0	0.7	1.4	1.5	1.6	1.5	1.5	1.6
非经合组织：美洲	35.8	61.1	102.7	164.1	207.5	237.6	258.2	252.4	268.6	280.5
巴林	1.8	5.7	8.7	13.4	17.1	20.9	21.7	21.9	22.2	24.4
伊朗伊斯兰共和国	5.5	8.6	33.8	118.0	189.6	258.4	274.2	279.3	279.0	284.6
伊拉克	1.8	2.5	3.8	6.0	3.5	9.1	9.8	11.8	11.6	14.0
约旦			0.2	0.5	3.2	7.2	5.4	2.0	1.5	2.1
科威特	10.0	13.2	11.6	18.4	23.6	23.7	27.8	32.6	34.8	35.5
黎巴嫩						0.1	0.5			
阿曼		0.7	4.9	11.7	14.8	29.9	36.6	40.6	40.8	41.9
卡塔尔	1.9	5.6	10.5	18.5	26.6	37.0	43.0	51.3	55.8	57.7
沙特阿拉伯	2.7	20.9	43.2	66.8	101.5	112.5	130.8	132.7	144.6	147.3
叙利亚阿拉伯共和国		0.1	3.2	7.4	8.9	12.1	15.7	13.6	11.0	9.6
阿拉伯联合酋长国	2.1	9.7	33.3	64.5	79.8	112.1	115.4	119.3	128.5	123.3
也门						0.8	2.0	1.3	1.6	2.1
中东	25.7	67.0	153.3	325.2	468.6	623.8	683.0	706.5	731.4	742.4

二氧化碳 （万吨）	1971	1980	1990	2000	2005	2009	2010	2011	2012	2013
欧洲联盟—28			641.2	874.0	988.0	932.9	1009.6	908.7	881.7	867.5
G7	1374.2	1527.7	1588.0	2126.8	2139.6	2169.1	2298.8	2291.1	2350.2	2393.5
G8			2425.4	2821.8	2893.2	2916.5	3101.3	3117.5	3169.5	3236.5
G20			2950.5	3584.3	3918.0	4139.2	4465.3	4539.1	4625.9	4747.0

● IRENA：可再生能源开发利用数据

IRENA：可再生能源开发量统计[①]

（单位：MW）

	2000	2006	2007	2008	2009	2010	2011	2012	2013	2014
世界	842594	1036837	1094458	1164173	1250215	1347755	1456265	1569791	1695574	1828722
非洲	23119	25094	25530	26124	28209	29179	29509	30665	31668	34276
阿尔及利亚	277	251	251	232	230	230	255	255	255	265
安哥拉	269	529	789	805	805	805	805	876	876	877
贝宁	1	1	1	1	1	1	1	1	2	2
博茨瓦纳								0	1	1
布基纳法索	33	33	34	34	35	36	38	38	38	39
布隆迪	43	32	32	32	51	52	52	58	59	59
佛得角		3	3	3	3	11	32	32	33	33
喀麦隆	725	719	719	719	720	720	720	723	723	723
中非共和国	19	19	19	19	19	19	19	19	19	19
科摩罗	1	1	1	1	1	1	1	1	1	1
刚果	92	92	92	119	119	119	119	209	209	209
刚果民主共和国	2395	2416	2416	2416	2416	2416	2416	2416	2416	2416
科特迪瓦	604	604	604	604	604	604	604	604	604	604
吉布提								0	0	0
埃及	2855	3017	3098	3242	3287	3416	3436	3436	3436	3436
赤道几内亚比绍	2	3	7	7	7	7	7	127	127	127

---

① IRENA：Renewable Energy Capacity Statistics 2015，pp. 5 – 8.

	2000	2006	2007	2008	2009	2010	2011	2012	2013	2014
厄立特里亚		1	1	1	1	1	1	1	1	1
埃塞俄比亚	385	701	701	701	1421	1881	1978	2059	2149	2149
加蓬	170	170	170	170	170	170	170	170	330	330
加纳	1072	1180	1180	1180	1180	1180	1180	1203	1384	1384
几内亚	139	123	123	123	123	125	128	128	128	128
肯尼亚	773	849	850	947	995	1052	1060	11139	1196	1569
莱索托	77	77	77	77	77	77	77	77	77	77
利比里亚	4	4	4	4	4	4	4	4	4	4
利比亚		2	2	3	3	4	4	5	5	5
马达加斯加	109	109	109	125	125	134	132	170	170	170
马拉维	304	304	304	304	304	304	304	304	305	369
马里	53	158	158	158	158	159	159	161	190	190
毛里塔尼亚		30	30	30	30	30	30	35	71	71
毛里求斯	266	328	371	343	357	358	349	336	339	355
马约特岛									13	13
摩洛哥	1211	1795	1857	1863	1992	2090	2095	2097	2294	2598
莫桑比克	2184	2184	2151	2184	2184	2184	2184	2186	2187	2187
纳米比亚	249	249	250	250	250	250	251	334	335	337
尼日尔	1	1	1	1	1	2	3	4	5	6
尼日利亚	1940	1942	1942	1942	1942	1942	1942	2043	2043	2043
留尼汪	160	228	234	240	273	342	384	409	412	423
卢旺达	35	27	27	27	32	43	52	66	66	75
圣多美和普林西比	6	6	6	6	6	4	4	4	4	4
塞内加尔	76	77	77	78	78	94	96	97	110	111
塞舌尔									6	6
塞拉利昂	4	4	4	4	4	54	54	54	54	56
南非	2513	2524	2532	2548	2557	2563	2607	2613	2688	4023

续表

	2000	2006	2007	2008	2009	2010	2011	2012	2013	2014
南苏丹								0	0	0
苏丹	382	438	439	646	1646	1681	1681	1681	1681	1681
斯威士兰	93	93	93	112	112	112	112	137	137	137
坦桑尼亚联合共和国	596	606	606	607	607	618	634	640	643	646
多哥	67	67	67	67	67	67	67	67	67	67
突尼斯	71	82	82	83	117	117	118	239	267	323
乌干达	291	416	418	438	453	454	481	740	780	782
赞比亚	1833	1834	1834	1865	1875	1883	1883	1883	1942	2302
津巴布韦	743	765	765	765	766	767	783	786	789	790
亚洲	209432	292592	321394	359493	407081	456113	507780	555630	631188	706812
阿富汗	192	192	192	203	203	228	228	253	254	254
孟加拉国	230	236	240	246	255	271	295	315	372	395
不丹	345	468	1488	1488	1488	1488	1488	1488	1488	1488
文莱达鲁萨兰国		1	1	1	1	1				
柬埔寨	10	19	20	21	22	22	218	253	704	958
中国	80854	135500	157272	188061	227521	267189	305310	339416	398463	454835
中国台北	4862	5337	5446	5531	5658	5812	6019	6213	6425	6833
印度	27127	41825	45953	50065	52679	56345	61930	66339	70041	75263
印度尼西亚	5026	5512	5618	5693	6518	6655	6920	7269	7855	7895
日本	49986	54201	54726	55381	56004	57869	60219	62564	69734	79573
哈萨克斯坦	2333	2343	2343	2353	2358	2364	2516	2669	2682	2682
大韩民国	3159	5804	5880	6289	6540	6719	7995	8360	9032	10046
朝鲜	5093	5153	5258	5258	5278	5318	5318	5768	5768	5768
吉尔吉斯斯坦	3011	3011	3011	3011	3011	3131	3131	3131	3131	3131
老挝人民民主共和国	642	684	684	684	1848	2563	2569	2976	3009	3347

	2000	2006	2007	2008	2009	2010	2011	2012	2013	2014
马来西亚	2449	2572	2661	2683	2787	2797	3877	4146	4915	5161
马尔代夫				0	0	0	1	1	1	1
蒙古	15	17	18	21	21	33	34	34	84	84
缅甸	367	754	779	1209	1463	1936	2568	2702	2862	2914
尼泊尔	345	567	570	646	652	658	661	687	710	732
巴基斯坦	5194	6782	6817	6940	6942	7017	7023	7121	7492	7834
菲律宾	4232	5261	5273	5283	5308	5439	5391	5522	5542	5785
新加坡	235	235	235	235	259	261	263	267	272	290
斯里兰卡	1156	1324	1330	1361	1397	1433	1456	1677	1709	1715
塔吉克斯坦	4055	4055	4069	4070	4740	4740	4850	4848	4853	4963
泰国	3521	4551	4889	5135	5225	5309	5561	6198	7210	7899
东帝汶				0	0	0	0	0	0	0
土库曼斯坦	1	1	1	1	1	1	1	1	1	1
乌兹别克斯坦	1596	1599	1630	1630	1630	1746	1746	1746	1746	1761
越南	3399	4590	4993	5995	7276	8766	10193	13665	14831	15203
加勒比海	5543	6549	6880	7011	7250	7593	8437	9139	9495	10100
安提瓜和巴布达					0	0	0	0	0	0
阿鲁巴						30	30	30	30	30
巴哈马			0	0	0	0	0	1	1	1
巴巴多斯		0	1	1	1	1	2	2	3	7
伯利兹	39	42	42	42	68	86	86	86	86	86
博内尔岛，圣圣尤斯特歇斯和萨巴					11	11	11	11	11	11
哥斯达黎加	1425	1674	1760	1784	1839	1882	2038	2111	2136	2290
古巴	907	494	589	614	612	623	621	596	551	549

续表

	2000	2006	2007	2008	2009	2010	2011	2012	2013	2014
库拉索岛	3	12	12	12	12	12	12	30	30	30
多米尼加	8	8	8	5	5	14	14	14	14	14
多米尼加共和国	411	479	479	482	504	533	567	587	674	696
萨尔瓦多	567	709	798	794	794	785	807	803	804	832
格林纳达			0	0	0	1	1	1	1	1
瓜德罗普岛	52	77	79	79	90	102	109	140	148	148
危地马拉	725	1103	1136	1181	1206	1310	1340	1513	1645	1726
海地	54	54	54	54	54	54	54	54	54	54
洪都拉斯	434	563	588	604	618	618	769	746	784	918
牙买加	37	56	56	56	66	67	85	85	86	95
马提尼克		3	3	4	19	31	42	60	66	64
尼加拉瓜	153	314	315	315	355	378	378	550	556	596
巴拿马	623	857	857	879	889	946	1361	1478	1524	1644
波多黎各		100	100	100	100	104	104	104	234	285
圣基茨和尼维斯							2	2	3	3
圣露西亚					0	0	0	0	0	0
圣文森特和格林纳丁斯							0	0	0	0
特立尼达和多巴哥	5	5	5	5	5	5	5	5	5	5
欧亚地区	58673	63928	65075	65866	67181	69244	71164	75810	80896	84546
亚美尼亚	1022	1059	1069	1084	1098	1129	1154	1189	1190	1190
阿塞拜疆		1026	1026	1032	994	1064	1071	1131	1197	1220
格鲁吉亚	2561	2585	2611	2613	2620	2621	2621	2627	2651	2756
俄罗斯联邦	43785	46025	46715	46809	46940	47062	47156	48678	50308	51307
土耳其	11288	13234	13655	14329	15529	17369	19163	22185	25550	28073
欧洲	216996	272859	285518	302358	322581	352649	389606	423986	450550	471989

续表

	2000	2006	2007	2008	2009	2010	2011	2012	2013	2014
阿尔巴尼亚	1466	1467	1467	1467	1469	1472	1480	1544	1607	1624
奥地利	12460	14871	15323	15840	15934	16255	16882	17242	17391	18131
白俄罗斯	15	22	25	25	28	30	30	47	49	77
比利时	1591	2284	2384	2592	3427	4371	5037	6470	7087	7445
波斯尼亚和黑塞哥维那	1834	1871	1872	1903	1903	2093	2093	2094	2095	2096
保加利亚	1932	2881	2912	3104	3345	3571	3814	4833	4965	4985
克罗地亚	2079	2079	2094	2096	2167	2229	2286	2343	2439	2546
塞浦路斯		1	2	9	12	97	153	173	192	222
捷克	2101	2387	2518	2653	3195	4568	4849	5167	5290	5391
丹麦	2759	3962	3761	4106	4590	5066	5270	6092	6731	6871
爱沙尼亚	2	48	67	94	171	257	337	441	622	677
法罗群岛	32	36	36	36	36	36	36	47	47	58
芬兰	4423	4883	4974	5072	5000	5061	5224	5253	5545	5838
法国	26059	28104	28983	30144	31592	33908	36568	38634	39935	42075
德国	16809	38592	41911	46000	51777	62556	72688	82779	90528	97413
希腊	3299	3912	4044	4250	4458	4756	5521	6570	7672	7937
匈牙利	78	447	477	603	787	883	909	684	767	810
冰岛	1236	1586	2244	2455	2451	2458	2549	2542	2653	2654
爱尔兰	662	1302	1535	1590	1828	1940	2200	2354	2532	2760
意大利	22003	24838	25799	27337	29958	33700	44792	50690	53467	53998
拉脱维亚	1515	1572	1572	1574	1575	1622	1642	1701	1765	1780
立陶宛	863	923	944	953	998	1038	1111	1211	1294	1318
卢森堡	1157	1207	1207	1218	1220	1235	1249	1296	1316	1531
马其顿	443	545	546	553	553	556	559	599	624	666
马耳他		0	0	0	1	5	9	18	31	57
摩尔多瓦共和国	64	56	56	64	64	64	64	64	64	66
黑山		658	658	658	658	658	658	658	651	651
荷兰	1021	2467	2821	3405	3610	3834	4077	4348	4872	5395

续表

	2000	2006	2007	2008	2009	2010	2011	2012	2013	2014
挪威	28206	29122	29417	29941	30100	30270	30665	31399	32035	32081
波兰	2196	2560	2707	2953	3157	3584	4424	5499	6521	6999
葡萄牙	4885	7088	7653	8344	8959	9607	10548	10960	11146	11427
罗马尼亚	6371	6283	6349	6382	6465	6883	7502	8446	10190	10886
塞尔维亚	3501	2818	2818	2819	2831	2833	2851	2882	2910	2911
斯洛伐克	2420	2634	2663	2710	2660	2721	3219	3253	3332	3336
斯洛文尼亚	860	1029	1040	1085	1124	1313	1364	1455	1549	1624
西班牙	20472	30957	34692	39168	42319	44854	46566	49067	50169	50229
瑞典	1819	20674	20361	20467	21922	22617	23334	24157	24536	25826
瑞士	13566	13763	13881	13901	13987	16145	16237	16504	16914	17150
乌克兰	4802	5034	5189	5190	5518	5544	5818	6129	6617	7511
英国	5496	7898	8516	9599	10734	11962	14992	18341	22397	26938
中东	4107	10677	11591	12100	12183	13025	13445	14576	15408	16201
巴林				1	1	1	1	1	1	1
伊朗（伊斯兰共和国）	2018	6631	7497	7763	7812	8598	8862	9924	10447	10984
伊拉克	910	2225	2273	2513	2513	2513	2513	2513	2513	2513
以色列	7	12	13	14	38	93	213	260	444	694
约旦	11	18	18	18	18	18	19	18	20	25
科威特							0	0	0	0
黎巴嫩	221	221	221	221	221	221	221	222	224	224
卡塔尔							25	28	28	28
沙特阿拉伯								19	25	25
叙利亚阿拉伯共和国	940	1570	1570	1570	1570	1570	1572	1572	1572	1572
阿拉伯联合酋长国					10	11	20	20	135	135
北美	194170	212980	221583	231702	244909	253026	264067	281667	292185	309281

续表

	2000	2006	2007	2008	2009	2010	2011	2012	2013	2014
加拿大	69048	75971	76929	78462	79782	81010	83014	83380	85421	89518
墨西哥	10849	12340	13134	13028	13590	13808	13890	14572	14959	16295
圣彼埃尔和密克隆岛				1	1	1	1	1	1	1
美国	114273	124669	131520	140211	151536	158207	167162	183714	191804	203467
大洋洲	15930	16869	17579	17894	18449	19129	20508	22032	22915	24500
澳大利亚	9681	10240	10730	10866	11253	11865	13139	14614	15334	16769
库克群岛	0	0	0	0	0	0	0	0	0	1
斐济	129	138	148	157	157	157	157	198	198	198
法属波利尼西亚	48	49	50	50	50	54	58	61	70	70
基里巴斯	1	2	2	2	2	2	2	2	2	2
马绍尔群岛	0	0	0	0	0	0	0	0	1	1
密克罗尼西亚	2		0	0	0	0	0	0	1	1
瑙鲁		0	0	0	0	0	0	0	0	0
新喀里多尼亚	82	108	112	113	113	122	122	123	123	124
新西兰	5741	6062	6237	6397	6562	6616	6715	6718	6867	6992
纽埃						0	0	0	0	0
帕劳	0	0	0	0	0	0	1	1	1	1
巴布亚新几内亚	231	255	284	290	292	294	294	294	298	316
萨摩亚	15	13	13	13	13	13	13	13	13	16
群岛	0	0	0	0	0	0	1	1	1	1
托克劳群岛	0	0	0	0	0	0	0	1	1	1
汤加		0	0	0	0	0	1	2	2	3
图瓦卢	0	0	0	0	0	0	0	0	0	0
瓦努阿图	1	1	1	4	4	4	4	4	4	4

续表

	2000	2006	2007	2008	2009	2010	2011	2012	2013	2014
南美	114624	135290	139308	141628	142373	147797	151749	156287	161270	171018
阿根廷	10140	10487	10523	10590	10629	10623	10694	10809	10900	10953
玻利维亚	362	504	527	530	530	530	530	530	530	535
巴西	64299	80202	83513	84862	85319	89456	92764	96798	100937	107488
智利	4466	5355	5501	5616	5708	5834	6377	6468	6680	8054
哥伦比亚	8304	9062	9129	9169	9188	9924	9921	9981	10079	11123
厄瓜多尔	1703	1849	2096	2130	2127	2311	2303	2333	2350	2421
福克兰群岛（马尔维纳斯群岛）	0	0	1	1	1	2	2	2	2	2
法属圭亚那	114	114	114	114	117	138	148	155	155	159
圭亚那	15	15	15	15	42	42	42	42	43	43
巴拉圭	7390	8110	8130	8810	8810	8810	8810	8810	8810	8810
秘鲁	2883	3260	3265	3283	3353	3504	3522	3676	3812	4047
苏里南	180	180	180	180	180	180	180	180	180	180
乌拉圭	1552	1554	1715	1729	1745	1818	1829	1846	1860	2271
委内瑞拉（玻利瓦尔共和国）	13216	14598	14598	14598	14623	14625	14625	14655	14932	14933

2015 年全球 164 个国家设定可再生能源目标

　　IRENA 第九次理事会上发布的"可再生能源目标设定"报告指出，2015 年全球 164 个国家已采用了至少一种类型的可再生能源目标，这从 2005 年仅 43 个国家翻至 4 倍。其中，加拿大和阿联酋已设定了次级国家水平的可再生能源目标。

　　"可再生能源目标作为国家和地区经济体走向更安全、可持续能源未来的一种流行机制出现。"IRENA 总干事 Adnan Z. Amin. 表示，"这为行业发出了一个重要信号，并有助于利益相关者通过创造一个能源领域发展的更清晰的共同愿景来联合起来。"

　　发展中国家和新兴经济体正引领可再生能源目标采用，占全球国家总数中的 131 个。大多数国家关注电力领域，其中 150 个国家拥有可再生能源目标，但是也承诺会在其他领域设立目标。在加热/冷却领域设立目标的国家数量从 2005 年的 2 个增加到 2015 年的 47 个。同样地，设立可持续交通运输目标的国家数量从 2005 年的 27 个增加到如今的 59 个。

　　"各国政府正在越来越多地采用可再生能源目标，以实现能源安全、环境可持续及社会经济效益等多重目标。" Amin. 表示，"设立可再生能源目标的国家数量快速增加是全球正向可再生能源转变及远离化石燃料的又一个重要信号。"

　　在强调可再生能源目标重要性的同时，报告还指出市场面临资金不足困境。为了使投资者和社会有信心，以及针对能源构成的未来变革提供一个可靠轨迹，各国需要有一个清晰的战略，并有特殊政策和措施支持。

● 《巴黎协议》及国家自主贡献预案

《巴黎协议》全文

本协议缔约方，

作为《联合国气候变化框架公约》（下称《公约》）的缔约方，

根据《公约》缔约方会议第十七届会议第 1/CP. 17 号决定建立的德班加强行动平台，

推行《公约》目标，并遵循其原则，包括以公平为基础并体现共同但有区别的责任和各自能力的原则，同时要根据不同的国情，

认识到必须根据现有的最佳科学知识，对气候变化的紧迫威胁作出有效和逐渐的应对，

还认识到按《公约》的规定，发展中国家缔约方的具体需要和特殊情况，特别是那些对气候变化不利影响特别脆弱的发展中国家缔约方的具体需要和特殊情况，

充分考虑到最不发达国家在筹资和技术转让行动方面的具体需要和特殊情况，

认识到缔约方不仅可能受到气候变化的影响，而且还可能受到为应对气候变化而采取的措施的影响，

强调气候变化行动、应对和影响与平等获得可持续发展和消除贫穷有着内在的关系，

认识到保障粮食安全和消除饥饿的根本性优先事项，以及粮食生产系统对气候变化不利影响的具体脆弱性，

考虑到务必根据国家制定的发展优先事项，实现劳动力公正过渡以及创造体面工作和高质量就业岗位，

承认气候变化是人类共同关注的问题，缔约方采取行动处理气候变化，尊重、促进和考虑它们各自对人权的义务、健康权、土著人民权利、当地社区权利、移徙者权利、儿童权利、残疾人权利、弱势人权利、发展权，以及性别平等、妇女赋权和代间公平，

认识到必须酌情养护和加强《公约》所述的温室气体的汇和库，

注意到必须确保包括海洋在内的所有生态系统的完整性，保护被有些文化认作大地母亲的生物多样性，并注意到在采取行动处理气候变化时关于"气候公正"的某些概念的重要性，

申明必须就本协议处理的事项在各级开展教育、培训、宣传，公众参与和公众获得信息和合作，认识到在本协议处理的事项方面让各级参与的重要性，

并认识到按照缔约方各自的国内立法使各级政府和各行为者参与处理气候变化的重要性，

认识到在发达国家缔约方带头下的可持续生活方式以及可持续的消费和生产模式，对

处理气候变化所发挥的重要作用，协议如下：

第一条

为本协议的目的，《公约》第一条所载的定义都应适用。此外：
1. "公约"指 1992 年 5 月 9 日在纽约通过的《联合国气候变化框架公约》；
2. "缔约方会议"指《公约》缔约方会议；
3. "缔约方"指本协议的缔约方。

第二条

1. 本协议在加强《公约》，包括其目标的执行方面，旨在联系可持续发展和消除贫穷的努力，加强对气候变化威胁的全球应对，包括：
（a）把全球平均气温升幅控制在工业化前水平以上低于 2℃ 之内，并努力将气温升幅限制在工业化前水平以上 1.5℃ 之内，同时认识到这将大大减少气候变化的风险和影响；
（b）提高适应气候变化不利影响的能力并以不威胁粮食生产的方式增强气候抗御力和温室气体低排放发展；
（c）使资金流动符合温室气体低排放和气候适应型发展的路径。
2. 本协议的执行将按照不同的国情反映平等以及共同但有区别的责任和各自能力的原则。

第三条

作为应对全球气候变化的国家自主贡献，所有缔约方将保证并通报第三条、第四条、第六条、第七条、第八条和第九条所界定的有力度的努力，以实现本协议第二条所述的目的。所有缔约方的努力将随着时间的推移而逐渐增加，同时认识到需要支持发展中国家缔约方以有效执行本协议。

第四条

1. 为了实现第二条规定的长期气温目标，缔约方旨在尽快达到温室气体排放的全球峰值，同时认识到达峰对发展中国家缔约方来说需要更长的时间；并旨在从此后根据现有的最佳科学迅速减少，以联系可持续发展和消除贫困，在平等的基础上，在本世纪下半叶实现温室气体源的人为排放与汇的清除之间的平衡。
2. 各缔约方应编制、通报并持有它打算实现的下一次国家自主贡献。缔约方应采取国内减缓措施，以实现这种贡献的目标。
3. 各缔约方下一次的国家自主贡献将按不同的国情，逐步增加缔约方当前的国家自主贡献，并反映其尽可能大的力度，同时反映其共同但有区别的责任和各自能力。
4. 发达国家缔约方应继续带头，努力实现全经济绝对减排目标。发展中国家缔约方应当继续加强它们的减缓努力，应鼓励它们根据不同的国情，逐渐实现全经济绝对减排或限排目标。

5. 应向发展中国家缔约方提供支助，以根据本协议第九条、第十条和第十一条执行本条，同时认识到增强对发展中国家缔约方的支助，将能够加大它们的行动力度。

6. 最不发达国家和小岛屿发展中国家可编制和通报反映它们特殊情况的关于温室气体低排放发展的战略、计划和行动。

7. 从缔约方的适应行动和/或经济多样化计划中获得的减缓共同收益，能促进本条下的减缓成果。

8. 在通报国家自主贡献时，所有缔约方应根据第1/CP.21号决定和作为《巴黎协议》缔约方会议的《公约》缔约方会议的任何有关决定，为清晰、透明和了解而提供必要的信息。

9. 各缔约方应根据第1/CP.21号决定和作为《巴黎协议》缔约方会议的《公约》缔约方会议的任何有关决定，并参照第十四条所述的全球总结的结果，每五年通报一次国家自主贡献。

10. 作为《巴黎协议》缔约方会议的《公约》缔约方会议应在第一届会议上审议国家自主贡献的共同时间框架。

11. 缔约方可根据作为《巴黎协议》缔约方会议的《公约》缔约方会议通过的指导，随时调整其现有的国家自主贡献，以加强其力度水平。

12. 缔约方通报的国家自主贡献应记录在秘书处持有的一个公共登记册上。

13. 缔约方应核算它们的国家自主贡献。在核算相当于它们国家自主贡献中的人为排放和清除时，缔约方应促进环境完整性、透明、精确、完整、可比和一致性，并确保根据作为《巴黎协议》缔约方会议的《公约》缔约方会议通过的指导避免双重核算。

14. 在国家自主贡献方面，当缔约方在承认和执行人为排放和清除方面的减缓行动时，应当按照本条第13款的规定，酌情考虑《公约》下的现有方法和指导。

15. 缔约方在执行本协议时，应考虑那些经济受应对措施影响最严重的缔约方，特别是发展中国家缔约方关注的问题。

16. 缔约方，包括区域经济一体化组织及其成员国，凡是达成了一项协议，根据本条第2款联合采取行动的，均应在它们通报国家自主贡献时，将该协议的条款通知秘书处，包括有关时期内分配给各缔约方的排放量。再应由秘书处向《公约》的缔约方和签署方通报该协议的条款。

17. 在上文第16段提及的这种协议的各缔约方应根据本条第13款和第14款以及第十三条和第十五条对该协议为它规定的排放水平承担责任。

18. 如果缔约方在一个其本身是本协议缔约方的区域经济一体化组织的框架内并与该组织一起，采取联合行动开展这项工作，那么该区域经济一体化组织的各成员国单独并与该区域经济一体化组织一起，应根据本条第13款和第14款以及第十三条和第十五条，对根据本条第16款通报的协议为它规定的排放量承担责任。

19. 所有缔约方应努力拟定并通报长期温室气体低排放发展战略，同时注意第二条，根据不同国情，考虑它们共同但有区别的责任和各自能力。

第五条

1. 缔约方应当采取行动酌情养护和加强《公约》第四条第 1 款 d 项所述的温室气体的汇和库，包括森林。

2. 鼓励缔约方采取行动，包括通过基于成果的支付，执行和支持《公约》下已经为减少毁林和森林退化造成的排放所涉活动而采取的政策方法和积极奖励措施而议定的有关指导和决定所述的现有框架，以及发展中国家养护、可持续管理森林和增强森林碳储量的作用；执行和支持替代政策方法，如关于综合和可持续森林管理的联合减缓和适应方法；同时重申酌情奖励与这种方法相关的非碳收益的重要性。

第六条

1. 缔约方认识到，有些缔约方可选择自愿合作，执行它们的国家自主贡献，以能够提高它们减缓和适应行动的力度，并促进可持续发展和环境完整。

2. 缔约方如果在自愿的基础上采取合作方法，并使用国际转让的减缓成果来实现国家自主贡献，就应促进可持续发展，确保环境完整和透明，包括在治理方面，并应运用稳健的核算，以主要依作为《巴黎协议》的《公约》缔约方会议通过的指导确保避免双重核算。

3. 使用国际转让的减缓成果来实现本协议下的国家自主贡献，应是自愿的，并得到参加的缔约方的允许的。

4. 兹在作为本协议缔约方会议的《公约》缔约方会议的授权和指导下，建立一个机制，供缔约方自愿使用，以促进温室气体排放的减缓，支持可持续发展。它应受作为《巴黎协议》缔约方会议的《公约》缔约方会议指定的一个机构的监督，应旨在：

（a）促进减缓温室气体排放，同时促进可持续发展；

（b）奖励和便利缔约方授权下的公私实体参与减缓温室气体；

（c）促进东道缔约方减少排放量，以便从减缓活动导致的减排中受益，这也可以被另一缔约方用来履行其国家自主贡献；

（d）实现全球排放的全面减缓。

5. 从本条第 4 款所述的机制产生的减排，如果被另一缔约方用作表示其国家自主贡献的实现情况，则不应再被用作表示东道缔约方自主贡献的实现情况。

6. 作为《巴黎协议》缔约方会议的《公约》缔约方会议应确保本条第 4 款所述机制下开展的活动所产生的一部分收益用于负担行政开支，以及援助对气候变化不利影响特别脆弱的发展中国家缔约方支付适应费用。

7. 作为《巴黎协议》缔约方会议的《公约》缔约方会议应在第一届会议上通过本条第 4 款所述机制的规则、模式和程序。

8. 缔约方认识到，在可持续发展和消除贫困方面，必须以协调和有效的方式向缔约方提供综合、整体和平衡的非市场方法，以协助执行它们的国家自主贡献，包括酌情通过、除其他外，减缓、适应、融资、技术转让和能力建设。这些方法应旨在：

（a）提高减缓和适应力度；

（b）加强公私参与执行国家自主贡献；

（c）创造各种手段和有关体制安排之间协调的机会。

9. 兹确定一个本条第 8 款提及的可持续发展非市场方法的框架，以推广非市场方法。

第七条

1. 缔约方兹确立关于提高气候变化适应能力、加强抗御力和减少对气候变化的脆弱性的全球适应目标，以促进可持续发展，并确保在第二条所述气温目标方面采取适当的适应对策。

2. 缔约方认识到，适应是所有各方面临的，具有地方、次国家、国家、区域和国际层面的全球挑战，它是为保护人民、生计和生态系统而采取的气候变化长期全球应对措施的关键组成部分，并对此作出贡献，同时也要考虑到对气候变化不利影响特别脆弱的发展中国家迫在眉睫的需要。

3. 应根据作为《巴黎协议》缔约方会议的《公约》缔约方会议第一届会议通过的模式承认发展中国家的适应努力。

4. 缔约方认识到，当前的适应需要很大，提高减缓水平能减少额外适应努力的需要，增大适应需要可能会增加适应成本。

5. 缔约方承认，适应行动应当遵循一种国家驱动、注重性别问题、参与型和充分透明的方法，同时考虑到脆弱群体、社区和生态系统，并应当基于和遵循现有的最佳科学，酌情包括传统知识、土著人民的知识和地方知识系统，以期将适应酌情纳入相关的社会经济和环境政策以及行动中。

6. 缔约方认识到必须支持适应努力并开展适应努力方面的国际合作，必须考虑发展中国家缔约方的需要，特别是对气候变化不利影响特别脆弱的发展中国家的需要。

7. 缔约方应当加强它们在增强适应行动方面的合作，同时考虑到《坎昆适应框架》，包括在下列方面：

（a）交流信息、良好做法、获得的经验和教训，酌情包括与适应行动方面的科学、规划、政策和执行等相关的信息、良好做法、获得的经验和教训；

（b）加强体制安排，包括《公约》下的体制安排，以支持相关信息和知识的综合，并为缔约方提供技术支助和指导；

（c）加强关于气候的科学知识，包括对研究、气候系统观测和预警系统，以便为气候事务提供参考，并支持决策；

（d）协助发展中国家缔约方确定有效的适应做法、适应需要、优先事项、为适应行动和努力提供和得到的支助、挑战和差距，其方式应符合鼓励良好做法；

（e）提高适应行动的有效性和持久性。

8. 鼓励联合国专门组织和机构支持缔约方努力执行本条第 7 款所述的行动，同时考虑到本条第 5 款的规定。

9. 各缔约方应酌情开展适应规划进程并采取各种行动，包括制订或加强相关的计划、政策和／或贡献，其中可包括：

（a）落实适应行动、任务和／或努力；

（b）关于制订和执行国家适应计划的进程；

（c）评估气候变化影响和脆弱性，以拟订国家制定的优先行动，同时考虑到处于脆弱地位的人民、地方和生态系统；

（d）监测和评价适应计划、政策、方案和行动并从中学习；

（e）建设社会经济和生态系统的抗御力，包括通过经济多样化和自然资源的可持续管理。

10. 各缔约方应当酌情定期提交和更新一项适应信息通报，其中可包括其优先事项、执行和支助需要、计划和行动，同时不对发展中国家缔约方造成额外负担。

11. 本条第 10 款所述适应信息通报应酌情定期提交和更新，纳入或结合其他信息通报或文件提交，其中包括国家适应计划、第四条第 2 款所述的一项国家自主贡献和/或一项国家信息通报。

12. 本条第 10 款所述的适应信息通报应记录在一个由秘书处持有的公共登记册上。

13. 根据本协议第九条、第十条和第十一条的规定，发展中国家缔约方在执行本条第 7 款、第 9 款、第 10 款和第 11 款时应得到持续和加强的国际支持。

14. 第十四条所述的全球总结，除其他外应：

（a）承认发展中国家缔约方的适应努力；

（b）加强开展适应行动，同时考虑本条第 10 款所述的适应信息通报；

（c）审评适应的适足性和有效性以及对适应提供的支助情况；

（d）审评在实现本条第 1 款所述的全球适应目标方面所取得的总体进展。

第八条

1. 缔约方认识到避免、尽量减轻和处理与气候变化（包括极端气候事件和缓发事件）不利影响相关的损失和损害的重要性，以及可持续发展对于减少损失和损害的作用。

2. 气候变化影响相关损失和损害华沙国际机制应受作为《巴黎协议》缔约方会议的《公约》缔约方会议的领导和指导，并由作为《巴黎协议》缔约方会议的《公约》缔约方会议决定予以加强。

3. 缔约方应在合作和提供便利的基础上，包括酌情通过华沙国际机制，在气候变化不利影响所涉损失和损害方面加强理解、行动和支持。

4. 据此，为加强理解、行动和支持而开展合作和提供便利的领域包括以下方面：

（a）预警系统；

（b）应急准备；

（c）缓发事件；

（d）可能涉及不可逆转和永久性损失和损害的事件；

（e）综合性风险评估和管理；

（f）风险保险设施，气候风险分担安排和其他保险方案；

（g）非经济损失；

（h）社区的抗御力、生计和生态系统。

5. 华沙国际机制应与本协定下现有机构和专家小组以及本协定以外的有关组织和专家机构协作。

第九条

1. 发达国家缔约方应为协助发展中国家缔约方减缓和适应两方面提供资金资源，以便继续履行在《公约》下的现有义务。

2. 鼓励其他缔约方自愿提供或继续提供这种支助。

3. 作为全球努力的一部分，发达国家缔约方应继续带头，从各种大量来源、手段及渠道调动气候资金，同时注意到公共基金通过采取各种行动，包括支持国家驱动战略而发挥的重要作用，并考虑发展中国家缔约方的需要和优先事项。对气候资金的这一调动应当逐步超过先前的努力。

4. 提供规模更大的资金资源，应旨在实现适应与减缓之间的平衡，同时考虑国家驱动战略以及发展中国家缔约方的优先事项和需要，尤其是那些对气候变化不利影响特别脆弱和受到严重的能力限制的发展中国家缔约方，如最不发达国家，小岛屿发展中国家的优先事项和需要，同时也考虑为适应提供公共资源和基于赠款的资源的需要。

5. 发达国家缔约方应适当根据情况，每两年对与本条第 1 款和第 3 款相关的指示性定量定质信息进行通报，包括向发展中国家缔约方提供的公共财政资源方面可获得的预测水平。鼓励其他提供资源的缔约方也自愿每两年通报一次这种信息。

6. 第十四条所述的全球总结应考虑发达国家缔约方和/或本协议的机构提供的气候资金方面的有关信息。

7. 根据第十三条第 13 款的规定，发达国家缔约方应按照作为《巴黎协议》缔约方会议的《公约》缔约方会议第一届会议通过的模式、程序和指南，就通过公共干预措施向发展中国家提供和调动支助的情况每两年提供透明一致的信息。鼓励其他缔约方也这样做。

8. 《公约》的资金机制，包括其经营实体，应作为本协议的资金机制。

9. 为本协议服务的机构，包括《公约》资金机制的经营实体，应旨在通过精简审批程序和进一步准备支助发展中国家缔约方，尤其是最不发达国家和小岛屿发展中国家，来确保它们在国家气候战略和计划方面有效地获得资金资源。

第十条

1. 缔约方共有一个长期愿景，即必须充分落实技术开发和转让，以改善对气候变化的抗御力和减少温室气体排放。

2. 注意到技术对于执行本协议下的减缓和适应行动的重要性，并认识到现有的技术部署和推广工作，缔约方应加强技术开发和转让方面的合作行动。

3. 《公约》下设立的技术机制应为本协议服务。

4. 兹建立一个技术框架，为技术机制在促进和便利技术开发和转让的强化行动方面的工作提供总体指导，以根据本条第 1 款所述的长期愿景，支持本协议的执行。

5. 加快、鼓励和扶持创新，对有效、长期的全球应对气候变化，以及促进经济增长和可持续发展至关重要。应对这种努力酌情提供支助，包括由《公约》技术机制和《公约》资金机制通过资金手段，以便采取协作性方法开展研究和开发，以及便利获得技术，特别是在技术周期的早期阶段便利发展中国家获得技术。

6. 应向发展中国家缔约方提供支助，包括提供资金支助，以执行本条，包括在技术周期不同阶段的开发和转让方面加强合作行动，从而在支助减缓和适应之间实现平衡。第十四条提及的全球总结应考虑为发展中国家缔约方的技术开发和转让提供支助方面的现有信息。

第十一条

1. 本协议下的能力建设应当加强发展中国家缔约方，特别是能力最弱的国家，如最不发达国家，以及对气候变化不利影响特别脆弱的国家，如小岛屿发展中国家，以便采取有效的气候变化行动，其中主要包括执行适应和减缓行动，便利技术开发、推广和部署、获得气候资金、教育、培训和公共宣传的有关方面，以及透明、及时和准确的信息通报。

2. 能力建设，尤其是针对发展中国家缔约方的能力建设，应当由国家驱动，依据并向应国家需要，并促进缔约方的本国自主，包括在国家、次国家和地方层面。能力建设应当以获得的经验教训为指导，包括从《公约》下能力建设活动中获得的经验教训，并应当是一个参与型、贯穿各领域和注重性别问题的有效和叠加的进程。

3. 所有缔约方应当合作，以加强发展中国家缔约方执行本协议的能力。发达国家缔约方应当加强对发展中国家缔约方能力建设的支助。

4. 所有缔约方，凡在加强发展中国家缔约方执行本协议的能力，包括采取区域、双边和多边方式的，均应当定期就能力建设行动或措施。发展中国家缔约方应当定期通报为执行本协议而落实能力建设计划、政策、行动或措施的进展情况。

5. 应通过适当的体制安排，包括《公约》下为服务于本协议所建立的有关体制安排，加强能力建设活动，以支持对本协议的执行。作为《巴黎协议》缔约方会议的《公约》缔约方会议应在第一届会议上审议并就能力建设的初始体制安排通过一项决定。

第十二条

缔约方应酌情合作采取措施，加强气候变化教育、培训、宣传、公众参与和公众获取信息，同时认识到这些步骤对于加强本协议下的行动的重要性。

第十三条

1. 为建立互信并促进有效执行，兹设立一个关于行动和支助的强化透明度框架，并内置一个灵活机制，以考虑进缔约方能力的不同，并以集体经验为基础。

2. 透明度框架应为发展中国家缔约方提供灵活性，以利于由于其能力而需要这种灵活性的那些发展中国家缔约方执行本条规定。本条第 13 款所述的模式、程序和指南应反映这种灵活性。

3. 透明度框架应依托和加强在《公约》下设立的透明度安排，同时认识到最不发达国家和小岛屿发展中国家的特殊情况，以促进性、非侵入性、非处罚性和尊重国家主权的方式实施，并避免对缔约方造成不当负担。

4.《公约》下的透明度安排，包括国家信息通报、两年期报告和两年期更新报告、国际评估和审评以及国际协商和分析，应成为制定本条第 13 款下的模式、程序和指南时加以借鉴的经验的一部分。

5. 行动透明度框架的目的是按照《公约》第二条所列目标，明确了解气候变化行动，包括明确和追踪缔约方在第四条下实现各自国家自主贡献方面所取得进展；以及缔约方在第七条之下的适应行动，包括良好做法、优先事项、需要和差距，以便为第十四条下的全球总结提供参考。

6. 支助透明度框架的目的是明确各相关缔约方在第四条、第七条、第九条、第十条和第十一条下的气候变化行动方面提供和收到的支助，并尽可能反映所提供的累计资金支助的全面概况，以便为第十四条下的全球总结提供参考。

7. 各缔约方应定期提供以下信息：

（a）利用政府间气候变化专门委员会接受并由作为《巴黎协议》缔约方会议的《公约》缔约方会议商定的良好做法而编写的一份温室气体的人为源排放量和汇清除量的国家清单报告；

（b）跟踪在根据第四条执行和实现国家自主贡献方面取得的进展所必需的信息。

8. 各缔约方还应酌情提供与第七条下的气候变化影响和适应相关的信息。

9. 发达国家缔约方应，提供支助的其他缔约方应当就根据第九条、第十条和第十一条向发展中国家缔约方提供资金、技术转让和能力建设支助的情况提供信息。

10. 发展中国家缔约方应当就在第九条、第十条和第十一条下需要和接受的资金、技术转让和能力建设支助情况提供信息。

11. 应根据第 1/CP.21 号决定对各缔约方根据本条第 7 款和第 9 款提交的信息进行技术专家审评。对于那些由于能力问题而对此有需要的发展中国家缔约方，这一进程应包括查明能力建设需要援助。此外，各缔约方应参与第九条下的工作进展情况以及国家自主贡献的情况。

12. 本款下的技术专家审评应包括适当审议缔约方提供的支助，以及执行和实现国家自主贡献的情况。审评也应查明缔约方需改进的领域，并包括审评这种信息是否与本条第 13 款提及的模式、程序和指南相一致，同时考虑在本条第 2 款下给予缔约方的灵活性。审评应特别注意发展中国家缔约方各自的国家能力和国情。

13. 作为《巴黎协议》缔约方会议的《公约》缔约方会议应在第一届会议上根据《公约》下透明度相关安排取得的经验，详细拟定本条的规定，酌情为行动和支助的透明度通过通用的模式、程序和指南。

14. 应为发展中国家执行本条提供支助。

15. 应为发展中国家缔约方建立透明度相关能力提供持续支助。

第十四条

1. 作为本协议缔约方会议的《公约》缔约方会议应定期总结本协议的执行情况，以评估实现本协议宗旨和长期目标的集体进展情况（称为全球总结）。评估工作应以全面和促进性的方式开展，同时考虑减缓、适应问题以及执行和支助的方式问题，并顾及公平和利用现有的最佳科学。

2. 作为《巴黎协议》缔约方会议的《公约》缔约方会议应在 2023 年进行第一次全球总结，此后每五年进行一次，除非作为《巴黎协议》缔约方会议的《公约》缔约方会议另有决定。

3. 全球总结的结果应为缔约方提供参考，以国家自主的方式根据本协议的有关规定更新和加强它们的行动和支助，以及加强气候行动的国际合作。

第十五条

1. 兹建立一个机制，以促进执行和遵守本协议的规定。

2. 本条第 1 款所述的机制应由一个委员会组成，应以专家为主，并且是促进性的，行使职能时采取透明、非对抗的、非惩罚性的方式。委员会应特别关心缔约方各自的国家能力和情况。

3. 该委员会应在作为《巴黎协议》缔约方会议的《公约》缔约方会议第一届会议通过的模式和程序下运作，每年向作为《巴黎协议》缔约方会议的《公约》缔约方会议提交报告。

第十六条

1.《公约》缔约方会议——《公约》的最高机构，应作为本协议缔约方会议。

2. 非本协议缔约方的《公约》缔约方，可作为观察员参加作为本协议缔约方会议《公约》缔约方会议的任何届会的议事工作。在《公约》缔约方会议作为本协议缔约方会议时，在本协议之下的决定只应由为本协议缔约方者做出。

3. 在《公约》缔约方会议作为本协议缔约方会议时，《公约》缔约方会议主席团中代表《公约》缔约方但在当时非为本协议缔约方的任何成员，应由本协议缔约方从本协议缔约方中选出的另一成员替换。

4. 作为《巴黎协议》缔约方会议的《公约》缔约方会议应定期审评本协议的执行情况，并应在其授权范围内作出为促进本协议有效执行所必要的决定。作为本协议缔约方会议的《公约》缔约方会议应履行本协议赋予它的职能，并应：

（a）设立为履行本协议而被认为必要的附属机构；

（b）行使为履行本协议所需的其他职能。

5.《公约》缔约方会议的议事规则和依《公约》规定采用的财务规则，应在本协议下比照适用，除非作为《巴黎协议》缔约方会议的《公约》缔约方会议以协商一致方式可能另外作出决定。

6. 作为《巴黎协议》缔约方会议的《公约》缔约方会议第一届会议，应由秘书处结合本协议生效后预定举行的《公约》缔约方会议第一届会议召开。其后作为《巴黎协议》缔约方会议的《公约》缔约方会议常会，应与《公约》缔约方会议常会结合举行，除非作为《巴黎协议》缔约方会议的《公约》缔约方会议另有决定。

7. 作为《巴黎协议》缔约方会议的《公约》缔约方会议特别会议，将在作为《巴黎协议》缔约方会议的《公约》缔约方会议认为必要的其他任何时间举行，或应任何缔约方的书面请求而举行，但须在秘书处将该要求转达给各缔约方后六个月内得到至少三分之一缔约方的支持。

8. 联合国及其专门机构和国际原子能机构，以及它们的非为《公约》缔约方的成员国或观察员，均可派代表作为观察员出席作为《巴黎协议》缔约方会议的《公约》缔约方会议的各届会议。任何在本协议所涉事项上具备资格的团体或机构，无论是国家或国际的、政府的或非政府的，经通知秘书处其愿意派代表作为观察员出席作为《巴黎协议》缔约方会议的《公约》缔约方会议的某届会议，均可予以接纳，除非出席的缔约方至少三分之一反对。观察员的接纳和参加应遵循本条第 5 款所指的议事规则。

第十七条

1. 依《公约》第八条设立的秘书处，应作为本协议的秘书处。

2. 关于秘书处职能的《公约》第八条第 2 款和关于就秘书处行使职能作出的安排的《公约》第八条第 3 款，应比照适用于本协议。秘书处还应行使本协议和作为《巴黎协议》缔约方会议的《公约》缔约方会议所赋予它的职能。

第十八条

1.《公约》第九条和第十条设立的附属科学技术咨询机构和附属履行机构，应分别作为本协议附属科学技术咨询机构和附属履行机构。《公约》关于这两个机构行使职能的规定应比照适用于本协议。本协议的附属科学技术咨询机构和附属履行机构的届会，应分别与《公约》的附属科学技术咨询机构和附属履行机构的会议结合举行。

2. 非为本协议缔约方的《公约》缔约方可作为观察员参加附属机构任何届会的议事工作。在附属机构作为本协议附属机构时，本协议下的决定只应由本协议缔约方作出。

3.《公约》第九条和第十条设立的附属机构行使它们的职能处理涉及本协议的事项时，附属机构主席团中代表《公约》缔约方但当时非为本协议缔约方的任何成员，应由本协议缔约方从本协议缔约方中选出的另一成员替换。

第十九条

1. 除本协议提到的附属机构和体制安排外，根据《公约》或在《公约》下设立的附属机构或其他体制安排按照作为《巴黎协议》缔约方会议的《公约》缔约方会议的决定，应为本协议服务。作为《巴黎协议》缔约方会议的《公约》缔约方会议应明确规定此种附属机构或安排所要行使的职能。

2. 作为《巴黎协议》缔约方会议的《公约》缔约方会议可为这些附属机构和体制安排提供进一步指导。

第二十条

1. 本协议应开放供属于《公约》缔约方的各国和区域经济一体化组织签署并须经其批准、接受或核准。本协议应自 2016 年 4 月 22 日至 2017 年 4 月 21 日在纽约联合国总部开放供签署。此后，本协议应自签署截止日之次日起开放供加入。批准、接受、核准或加入的文书应交存保存人。

2. 任何成为本协议缔约方而其成员国均非缔约方的区域经济一体化组织应受本协议一切义务的约束。如果区域经济一体化组织的一个或多个成员国为本协议的缔约方，该组织及其成员国应决定各自在履行本协议义务方面的责任。在此种情况下，该组织及其成员国无权同时行使本协议规定的权利。

3. 区域经济一体化组织应在其批准、接受、核准或加入的文书中声明其在本协议所规定的事项方面的权限。此类组织还应将其权限范围的任何重大变更通知保存人，保存人应再通知各缔约方。

第二十一条

1. 本协议应在不少于 55 个《公约》缔约方，共占全球温室气体总排放量的至少约 55% 的《公约》缔约方交存其批准、接受、核准或加入文书之日后第三十天起生效。

2. 为本条第 1 款的有限目的 "全球温室气体总排放量" 指在《公约》缔约方通过本协定之日或之前最新通报的数量。

3. 对于在本条第 1 款规定的生效条件达到之后批准、接受、核准或加入本协议的每一国家或区域经济一体化组织，本协议应自该国家或区域经济一体化组织批准、接受、核准或加入的文书交存之日后第三十天起生效。

4. 为本条第 1 款的目的，区域经济一体化组织交存的任何文书，不应被视为其成员国所交存文书之外的额外文书。

第二十二条

《公约》第十五条关于通过对《公约》的修正的规定应比照适用于本协议。

第二十三条

1. 关于《公约》第十六条关于《公约》附件的通过和修正的规定应比照适用于本协议。

2. 本协议的附件应构成本协议的组成部分，除另有明文规定外，凡提及本协议，即同时提及其任何附件。这些附件应限于清单、表格和属于科学、技术、程序或行政性质的任何其他说明性材料。

第二十四条

《公约》关于争端的解决的第十四条的规定应比照适用于本协议。

第二十五条

1. 除本条第 2 款所规定外，每个缔约方应有一票表决权。

2. 区域经济一体化组织在其权限内的事项上应行使票数与其作为本协议缔约方的成员国数目相同的表决权。如果一个此类组织的任一成员国行使自己的表决权，则该组织不得行使表决权，反之亦然。

第二十六条

联合国秘书长应为本协议的保存人。

第二十七条

对本协议不得作任何保留。

第二十八条

1. 自本协议对一缔约方生效之日起三年后，该缔约方可随时向保存人发出书面通知退出本协议。

2. 任何此种退出应自保存人收到退出通知之日起一年期满时生效，或在退出通知中所述明的更后日期生效。

3. 退出《公约》的任何缔约方，应被视为亦退出本协议。

第二十九条

本协议正本应交存于联合国秘书长，其阿拉伯文、中文、英文、法文、俄文和西班牙文文本同等作准。

二〇一五年十二月十二日订于巴黎。

下列签署人，经正式授权，于规定的日期在本协定书上的签字，以昭信守。

155 个国家已提交了有关开展气候行动的国家自主贡献预案

由法国主持的 2015 年《联合国气候变化框架公约》第二十一次缔约方会议于 2015 年

11 月 30 日至 12 月 11 日在巴黎举行。11 月 4 日，联合国纽约总部就此举行了非正式高级别活动。潘基文秘书长与会并发表讲话，呼吁各国尽快在气候谈判中悬而未决且分歧较大的一些关键问题上达成妥协，以确保在巴黎成功达成应对气候变化的全球新协议。

潘基文秘书长当天在高级别活动上宣布，截至 10 月底，已有 155 个国家正式提交了有关开展温室气体减排等气候行动的"国家自主贡献预案"，相关提交方所排放的温室气体占到全球排放总量的近 90%。这些计划将推动 2030 年可持续发展议程取得进步，并有助于实现将全球升温幅度控制在 2 摄氏度以下这一最终目标。

此次气候变化问题高级别活动由法国和秘鲁常驻联合国代表团以及第 70 届联大主席吕克托夫特共同倡议和组织。潘基文在讲话中欢迎中国和法国于日前发表了雄心勃勃的《中、法元首气候变化联合声明》，对两国为当前国际谈判中的困难问题寻找应对之策的努力表示赞赏，称此举能够推动巴黎气候大会取得积极成果。

潘基文说，"应对气候变化全球行动的积极势头正在与日俱增……为此，我们必须达成一个具有普遍法律约束力的全球气候新协议，而且为此设立了最终时限。目前，距离这个期限还有不到四个星期的时间。我仍然乐观地认为，各国政府将会在巴黎达成一份有意义的气候协议……"

潘基文表示，尽管经过漫长的谈判，但一些极具挑战性的关键议题仍然悬而未决，其中包括公平性问题、有区别责任的原则、气候融资以及减排行动的雄心水平等。各国谈判代表已经难以独自解决，迫切需要政府领导人的明确指导。他表示，在未来三个星期时间里，他将与各国政府首脑和领导人积极接触，以帮助达成妥协、建立共识、超越狭隘的国家利益，并在发达和发展中国家之间构建沟通的桥梁。

潘基文强调，将于 11 月 30 日开幕的巴黎气候变化大会必须在四个关键领域取得成功。第一，必须确保新的协议具有持久性，为实现未来低排放、适应气候变化的绿色发展勾划全面、长远的蓝图；第二，协议必须具有灵活性，平衡体现发达国家的领导作用以及发展中国家所肩负的日益增多的减排责任，在不破坏集体努力的前提下适用"共同但有区别的责任"原则；第三，协议必须向贫困和最脆弱国家表达声援，确保发展中国家在减缓和适应气候变化影响方面获得充足的支持；第四，协议在应对迅速升级的气候影响方面必须具有公信力，并纳入每五年定期对国家减排承诺依据科学事实进行审议、评估和强化的相关机制。

联合国环境署:《2015 年排放差距报告》

2015 年 12 月 4 日，联合国环境署在内罗毕发布了《2015 年排放差距报告》，对截至 2015 年 10 月前各国提交的 119 份"国家自主贡献"减排方案进行了科学评估，同时对到 2030 年实现这些减排方案后的排放水平与实现到 2100 年全球平均温度升幅不超过 2 摄氏度的目标所需达到的排放水平进行了比较，并指出了差距。

环境署在 4 日发布的《2015 年排放差距报告》中指出，在过去几十年中，全球温室气体排放量一直保持稳步增长的趋势。2014 年全球碳排放量估值为 527 亿吨二氧化碳当量。为了达到在本世纪末把全球气温升幅控制在 2 摄氏度的目标，全球在 2030 年的碳排放量需要减少至 420 亿吨，即在 2014 年的水平上降低 20.3%。同时，世界在 2060~2075 年间需要实现零排放。

报告进一步指出，如果 119 份"国家自主贡献"减排方案能够全面无条件地得以实施，世界到 2030 年与实现将升温控制在 2 摄氏度的目标所需排放量的差距为 140 亿吨，到 2025 年的差距则为 70 亿吨。报告指出，这意味着全面实施无条件的"国家自主贡献"减排方案在 2030 年产生的排放水平将把全球平均温度升幅到 2100 年控制在约 3.5 摄氏度。这与 2 摄氏度的目标还有很大的差距。

报告表示，"国家自主贡献"显示了各国努力减排的决心，但还远远不够，而且与 2025 和 2030 年所需达到的排放量的差距仍然显著。报告表示，各国在巴黎气候变化大会前所提交的减排方案应被视为成功达成全球气候协议所奠定基础的第一步。在很多国家，减排目标的制定促进了对发展和气候之间联系的探索，以及新的国家气候政策的制定，因此是朝着低碳经济转型的重要一步。

强化应对气候变化行动——中国国家自主贡献（INDC）

气候变化是当今人类社会面临的共同挑战。工业革命以来的人类活动，特别是发达国家大量消费化石能源所产生的二氧化碳累积排放，导致大气中温室气体浓度显著增加，加剧了以变暖为主要特征的全球气候变化。气候变化对全球自然生态系统产生显著影响，温度升高、海平面上升、极端气候事件频发给人类生存和发展带来严峻挑战。

气候变化作为全球性问题，需要国际社会携手应对。多年来，各缔约方在《联合国气候变化框架公约》（以下简称公约）实施进程中，按照共同但有区别的责任原则、公平原则、各自能力原则，不断强化合作行动，取得了积极进展。为进一步加强公约的全面、有效和持续实施，各方正在就 2020 年后的强化行动加紧谈判磋商，以期于 2015 年年底在联合国气候变化巴黎会议上达成协议，开辟全球绿色低碳发展新前景，推动世界可持续发展。

中国是拥有 13 多亿人口的发展中国家，是遭受气候变化不利影响最为严重的国家之一。中国正处在工业化、城镇化快速发展阶段，面临着发展经济、消除贫困、改善民生、保护环境、应对气候变化等多重挑战。积极应对气候变化，努力控制温室气体排放，提高适应气候变化的能力，不仅是中国保障经济安全、能源安全、生态安全、粮食安全以及人民生命财产安全，实现可持续发展的内在要求，也是深度参与全球治理、打造人类命运共同体、推动全人类共同发展的责任担当。

根据公约缔约方会议相关决定，在此提出中国应对气候变化的强化行动和措施，作为中国为实现公约第二条所确定目标做出的、反映中国应对气候变化最大努力的国家自主贡献，同时提出中国对 2015 年协议谈判的意见，以推动巴黎会议取得圆满成功。

一　中国强化应对气候变化行动目标

长期以来，中国高度重视气候变化问题，把积极应对气候变化作为国家经济社会发展的重大战略，把绿色低碳发展作为生态文明建设的重要内容，采取了一系列行动，为应对全球气候变化作出了重要贡献。2009 年向国际社会宣布：到 2020 年单位国内生产总值二氧化碳排放比 2005 年下降 40%～45%，非化石能源占一次能源消费比重达到 15% 左右，森林面积比 2005 年增加 4000 万公顷，森林蓄积量比 2005 年增加 13 亿立方米。积极实施《中国应对气候变化国家方案》《"十二五"控制温室气体排放工作方案》《"十二五"节能减排综合性工作方案》《节能减排"十二五"规划》《2014～2015 年节能减排低碳发展行动方案》和《国家应对气候变化规划（2014～2020 年）》。加快推进产业结构和能源结构调整，大力开展节能减碳和生态建设，在 7 个省（市）开展碳排放权交易试点，在 42 个省（市）开展低碳试点，探索符合中国国情的低碳发展新模式。2014 年，中国单位国内生产总值二氧化碳排放比 2005 年下降 33.8%，非化石能源占一次能源消费比重达到 11.2%，森林面积比 2005 年增加 2160 万公顷，森林蓄积量比 2005 年增加 21.88 亿立方米，水电装机达到 3 亿千瓦（是 2005 年的 2.57 倍），并网风电装机达到 9581 万千瓦（是 2005 年的 90 倍），光伏装机达到 2805 万千瓦（是 2005 年的 400 倍），核电装机达到 1988 万千瓦（是 2005 年的 2.9 倍）。加快实施《国家适应气候变化战略》，着力提升应对极端气候事件能力，重点领域适应气候变化取得积极进展。应对气候变化能力建设进一步加强，实施《中国应对气候变化科技专项行动》，科技支撑能力得到增强。

面向未来，中国已经提出了到 2020 年全面建成小康社会，到本世纪中叶建成富强民主文明和谐的社会主义现代化国家的奋斗目标；明确了转变经济发展方式、建设生态文明、走绿色低碳循环发展的政策导向，努力协同推进新型工业化、城镇化、信息化、农业现代化和绿色化。中国将坚持节约资源和保护环境基本国策，坚持减缓与适应气候变化并重，坚持科技创新、管理创新和体制机制创新，加快能源生产和消费革命，不断调整经济结构、优化能源结构、提高能源效率、增加森林碳汇，有效控制温室气体排放，努力走一条符合中国国情的经济发展、社会进步与应对气候变化多赢的可持续发展之路。

根据自身国情、发展阶段、可持续发展战略和国际责任担当，中国确定了到 2030 年的自主行动目标：二氧化碳排放 2030 年左右达到峰值并争取尽早达峰；单位国内生产总值二氧化碳排放比 2005 年下降 60%～65%，非化石能源占一次能源消费比重达到 20% 左右，森林蓄积量比 2005 年增加 45 亿立方米左右。中国还将继续主动适应气候变化，在农业、林业、水资源等重点领域和城市、沿海、生态脆弱地区形成有效抵御气候变化风险的机制和能力，逐步完善预测预警和防灾减灾体系。

二　中国强化应对气候变化行动政策和措施

千里之行，始于足下。为实现到 2030 年的应对气候变化自主行动目标，需要在已采取行动的基础上，持续不断地做出努力，在体制机制、生产方式、消费模式、经济政策、科技创新、国际合作等方面进一步采取强化政策和措施。

（一）实施积极应对气候变化国家战略。加强应对气候变化法制建设。将应对气候变化行动目标纳入国民经济和社会发展规划，研究制定长期低碳发展战略和路线图。落实《国家应对气候变化规划（2014～2020年）》和省级专项规划。完善应对气候变化工作格局，发挥碳排放指标的引导作用，分解落实应对气候变化目标任务，健全应对气候变化和低碳发展目标责任评价考核制度。

（二）完善应对气候变化区域战略。实施分类指导的应对气候变化区域政策，针对不同主体功能区确定差别化的减缓和适应气候变化目标、任务和实现途径。优化开发的城市化地区要严格控制温室气体排放；重点开发的城市化地区要加强碳排放强度控制，老工业基地和资源型城市要加快绿色低碳转型；农产品主产区要加强开发强度管制，限制进行大规模工业化、城镇化开发，加强中小城镇规划建设，鼓励人口适度集中，积极推进农业适度规模化、产业化发展；重点生态功能区要划定生态红线，制定严格的产业发展目录，限制新上高碳项目，对不符合主体功能定位的产业实行退出机制，因地制宜发展低碳特色产业。

（三）构建低碳能源体系。控制煤炭消费总量，加强煤炭清洁利用，提高煤炭集中高效发电比例，新建燃煤发电机组平均供电煤耗要降至每千瓦时300克标准煤左右。扩大天然气利用规模，到2020年天然气占一次能源消费比重达到10%以上，煤层气产量力争达到300亿立方米。在做好生态环境保护和移民安置的前提下积极推进水电开发，安全高效发展核电，大力发展风电，加快发展太阳能发电，积极发展地热能、生物质能和海洋能。到2020年，风电装机达到2亿千瓦，光伏装机达到1亿千瓦左右，地热能利用规模达到5000万吨标准煤。加强放空天然气和油田伴生气回收利用。大力发展分布式能源，加强智能电网建设。

（四）形成节能低碳的产业体系。坚持走新型工业化道路，大力发展循环经济，优化产业结构，修订产业结构调整指导目录，严控高耗能、高排放行业扩张，加快淘汰落后产能，大力发展服务业和战略性新兴产业。到2020年，力争使战略性新兴产业增加值占国内生产总值比重达到15%。推进工业低碳发展，实施《工业领域应对气候变化行动方案（2012～2020年）》，制定重点行业碳排放控制目标和行动方案，研究制定重点行业温室气体排放标准。通过节能提高能效，有效控制电力、钢铁、有色、建材、化工等重点行业排放，加强新建项目碳排放管理，积极控制工业生产过程温室气体排放。构建循环型工业体系，推动产业园区循环化改造。加大再生资源回收利用，提高资源产出率。逐渐减少二氟一氯甲烷受控用途的生产和使用，到2020年在基准线水平（2010年产量）上产量减少35%、2025年减少67.5%，三氟甲烷排放到2020年得到有效控制。推进农业低碳发展，到2020年努力实现化肥农药使用量零增长；控制稻田甲烷和农田氧化亚氮排放，构建循环型农业体系，推动秸秆综合利用、农林废弃物资源化利用和畜禽粪便综合利用。推进服务业低碳发展，积极发展低碳商业、低碳旅游、低碳餐饮，大力推动服务业节能降碳。

（五）控制建筑和交通领域排放。坚持走新型城镇化道路，优化城镇体系和城市空间布局，将低碳发展理念贯穿城市规划、建设、管理全过程，倡导产城融合的城市形态。强化城市低碳化建设，提高建筑能效水平和建筑工程质量，延长建筑物使用寿命，加大既有建筑节能改造力度，建设节能低碳的城市基础设施。促进建筑垃圾资源循环利用，强化垃圾填埋场甲烷收集利用。加快城乡低碳社区建设，推广绿色建筑和可再生能源建筑应用，完善社区配套低碳生活设施，探索社区低碳化运营管理模式。到 2020 年，城镇新建建筑中绿色建筑占比达到 50%。构建绿色低碳交通运输体系，优化运输方式，合理配置城市交通资源，优先发展公共交通，鼓励开发使用新能源车船等低碳环保交通运输工具，提升燃油品质，推广新型替代燃料。到 2020 年，大中城市公共交通占机动化出行比例达到 30%。推进城市步行和自行车交通系统建设，倡导绿色出行。加快智慧交通建设，推动绿色货运发展。

（六）努力增加碳汇。大力开展造林绿化，深入开展全民义务植树，继续实施天然林保护、退耕还林还草、京津风沙源治理、防护林体系建设、石漠化综合治理、水土保持等重点生态工程建设，着力加强森林抚育经营，增加森林碳汇。加大森林灾害防控，强化森林资源保护，减少毁林排放。加大湿地保护与恢复，提高湿地储碳功能。继续实施退牧还草，推行草畜平衡，遏制草场退化，恢复草原植被，加强草原灾害防治和农田保育，提升土壤储碳能力。

（七）倡导低碳生活方式。加强低碳生活和低碳消费全民教育，倡导绿色低碳、健康文明的生活方式和消费模式，推动全社会形成低碳消费理念。发挥公共机构率先垂范作用，开展节能低碳机关、校园、医院、场馆、军营等创建活动。引导适度消费，鼓励使用节能低碳产品，遏制各种铺张浪费现象。完善废旧商品回收体系和垃圾分类处理体系。

（八）全面提高适应气候变化能力。提高水利、交通、能源等基础设施在气候变化条件下的安全运营能力。合理开发和优化配置水资源，实行最严格的水资源管理制度，全面建设节水型社会。加强中水、淡化海水、雨洪等非传统水源开发利用。完善农田水利设施配套建设，大力发展节水灌溉农业，培育耐高温和耐旱作物品种。加强海洋灾害防护能力建设和海岸带综合管理，提高沿海地区抵御气候灾害能力。开展气候变化对生物多样性影响的跟踪监测与评估。加强林业基础设施建设。合理布局城市功能区，统筹安排基础设施建设，有效保障城市运行的生命线系统安全。研究制定气候变化影响人群健康应急预案，提升公共卫生领域适应气候变化的服务水平。加强气候变化综合评估和风险管理，完善国家气候变化监测预警信息发布体系。在生产力布局、基础设施、重大项目规划设计和建设中，充分考虑气候变化因素。健全极端天气气候事件应急响应机制。加强防灾减灾应急管理体系建设。

（九）创新低碳发展模式。深化低碳省区、低碳城市试点，开展低碳城（镇）试点和低碳产业园区、低碳社区、低碳商业、低碳交通试点，探索各具特色的低碳发展模式，研究在不同类型区域和城市控制碳排放的有效途径。促进形成空间布局合理、资源集约利用、生产低碳高效、生活绿色宜居的低碳城市。研究建立碳排放认证制度和低碳荣誉制度，选择典型产品进行低碳产品认证试点并推广。

（十）强化科技支撑。提高应对气候变化基础科学研究水平，开展气候变化监测预测研究，加强气候变化影响、风险机理与评估方法研究。加强对节能降耗、可再生能源和先进核能、碳捕集利用和封存等低碳技术的研发和产业化示范，推广利用二氧化碳驱油、驱煤层气技术。研发极端天气预报预警技术，开发生物固氮、病虫害绿色防控、设施农业技术，加强综合节水、海水淡化等技术研发。健全应对气候变化科技支撑体系，建立政产学研有效结合机制，加强应对气候变化专业人才培养。

（十一）加大资金和政策支持。进一步加大财政资金投入力度，积极创新财政资金使用方式，探索政府和社会资本合作等低碳投融资新机制。落实促进新能源发展的税收优惠政策，完善太阳能发电、风电、水电等定价、上网和采购机制。完善包括低碳节能在内的政府绿色采购政策体系。深化能源、资源性产品价格和税费改革。完善绿色信贷机制，鼓励和指导金融机构积极开展能效信贷业务，发行绿色信贷资产证券化产品。健全气候变化灾害保险政策。

（十二）推进碳排放权交易市场建设。充分发挥市场在资源配置中的决定性作用，在碳排放权交易试点基础上，稳步推进全国碳排放权交易体系建设，逐步建立碳排放权交易制度。研究建立碳排放报告核查核证制度，完善碳排放权交易规则，维护碳排放交易市场的公开、公平、公正。

（十三）健全温室气体排放统计核算体系。进一步加强应对气候变化统计工作，健全涵盖能源活动、工业生产过程、农业、土地利用变化与林业、废弃物处理等领域的温室气体排放统计制度，完善应对气候变化统计指标体系，加强统计人员培训，不断提高数据质量。加强温室气体排放清单的核算工作，定期编制国家和省级温室气体排放清单，建立重点企业温室气体排放报告制度，制定重点行业企业温室气体排放核算标准。积极开展相关能力建设，构建国家、地方、企业温室气体排放基础统计和核算工作体系。

（十四）完善社会参与机制。强化企业低碳发展责任，鼓励企业探索资源节约、环境友好的低碳发展模式。强化低碳发展社会监督和公众参与，继续利用"全国低碳日"等平台提高全社会低碳发展意识，鼓励公众应对气候变化的自觉行动。发挥媒体监督和导向作用，加强教育培训，充分发挥学校、社区以及民间组织的作用。

（十五）积极推进国际合作。作为负责任的发展中国家，中国将从全人类的共同利益出发，积极开展国际合作，推进形成公平合理、合作共赢的全球气候治理体系，与国际社会共同促进全球绿色低碳转型与发展路径创新。坚持共同但有区别的责任原则、公平原则、各自能力原则，推动发达国家切实履行大幅度率先减排并向发展中国家提供资金、技术和能力建设支持的公约义务，为发展中国家争取可持续发展的公平机会，争取更多的资金、技术和能力建设支持，促进南北合作。同时，中国将主动承担与自身国情、发展阶段和实际能力相符的国际义务，采取不断强化的减缓和适应行动，并进一步加大气候变化南南合作力度，建立应对气候变化南南合作基金，为小岛屿发展中国家、最不发达国家和非洲国家等发展中国家应对气候变化提供力所能及的帮助和支持，推进发展中国家互学互鉴、互帮互助、互利共赢。广泛开展应对气候变化国际对话与交流，加强相关领域政策协调与务实合作，分享有益经验和做法，推广气候友好技术，与各方一道共同建设人类美好家园。

三　中国关于 2015 年协议谈判的意见

中国致力于不断加强公约全面、有效和持续实施，与各方一道携手努力推动巴黎会议达成一个全面、平衡、有力度的协议。为此，对 2015 年协议谈判进程和结果提出如下意见：

（一）总体意见。2015 年协议谈判在公约下进行，以公约原则为指导，旨在进一步加强公约的全面、有效和持续实施，以实现公约的目标。谈判的结果应遵循共同但有区别的责任原则、公平原则、各自能力原则，充分考虑发达国家和发展中国家间不同的历史责任、国情、发展阶段和能力，全面平衡体现减缓、适应、资金、技术开发和转让、能力建设、行动和支持的透明度各个要素。谈判进程应遵循公开透明、广泛参与、缔约方驱动、协商一致的原则。

（二）减缓。2015 年协议应明确各缔约方按照公约要求，制定和实施 2020～2030 年减少或控制温室气体排放的计划和措施，推动减缓领域的国际合作。发达国家根据其历史责任，承诺到 2030 年有力度的全经济范围绝对量减排目标。发展中国家在可持续发展框架下，在发达国家资金、技术和能力建设支持下，采取多样化的强化减缓行动。

（三）适应。2015 年协议应明确各缔约方按照公约要求，加强适应领域的国际合作，加强区域和国家层面适应计划和项目的实施。发达国家应为发展中国家制定和实施国家适应计划、开展相关项目提供支持。发展中国家通过国家适应计划识别需求和障碍，加强行动。建立关于适应气候变化的公约附属机构。加强适应与资金、技术和能力建设的联系。强化华沙损失和损害国际机制。

（四）资金。2015 年协议应明确发达国家按照公约要求，为发展中国家的强化行动提供新的、额外的、充足的、可预测和持续的资金支持。明确发达国家 2020～2030 年提供资金支持的量化目标和实施路线图，提供资金的规模应在 2020 年开始每年 1000 亿美元的基础上逐年扩大，所提供资金应主要来源于公共资金。强化绿色气候基金作为公约资金机制主要运营实体的地位，在公约缔约方会议授权和指导下开展工作，对公约缔约方会议负责。

（五）技术开发与转让。2015 年协议应明确发达国家按照公约要求，根据发展中国家技术需求，切实向发展中国家转让技术，为发展中国家技术研发应用提供支持。加强现有技术机制在妥善处理知识产权问题、评估技术转让绩效等方面的职能，增强技术机制与资金机制的联系，包括在绿色气候基金下设立支持技术开发与转让的窗口。

（六）能力建设。2015 年协议应明确发达国家按照公约要求，为发展中国家各领域能力建设提供支持。建立专门关于能力建设的国际机制，制定并实施能力建设活动方案，加强发展中国家减缓和适应气候变化能力建设。

（七）行动和支持的透明度。2015 年协议应明确各缔约方按照公约要求和有关缔约方会议决定，增加各方强化行动的透明度。发达国家根据公约要求及京都议定书相关规则，通过现有的报告和审评体系，增加其减排行动的透明度，明确增强发达国家提供资金、技术和能力建设支持透明度及相关审评的规则。发展中国家在发达国家资金、技术和能力建设支持下，通过现有的透明度安排，以非侵入性、非惩罚性、尊重国家主权的方式，增加其强化行动透明度。

（八）法律形式。2015 年协议应是一项具有法律约束力的公约实施协议，可以采用核心协议加缔约方会议决定的形式，减缓、适应、资金、技术开发和转让、能力建设、行动和支持的透明度等要素应在核心协议中平衡体现，相关技术细节和程序规则可由缔约方会议决定加以明确。发达国家和发展中国家的国家自主贡献可在巴黎会议成果中以适当形式分别列出。

● 联合国：2030 年可持续发展议程

改变我们的世界:2030 年可持续
发展议程(中文)

序言

本议程是为人类、地球与繁荣制订的行动计划。它还旨在加强世界和平与自由。我们认识到，消除一切形式和表现的贫困，包括消除极端贫困，是世界最大的挑战，也是实现可持续发展必不可少的要求。

所有国家和所有利益攸关方将携手合作，共同执行这一计划。我们决心让人类摆脱贫困和匮乏，让地球治愈创伤并得到保护。我们决心大胆采取迫切需要的变革步骤，让世界走上可持续且具有恢复力的道路。在踏上这一共同征途时，我们保证，绝不让任何一个人掉队。

我们今天宣布的 17 个可持续发展目标和 169 个具体目标展现了这个新全球议程的规模和雄心。这些目标寻求巩固发展千年发展目标，完成千年发展目标尚未完成的事业。它们要让所有人享有人权，实现性别平等，增强所有妇女和女童的权能。它们是整体的，不可分割的，并兼顾了可持续发展的三个方面：经济、社会和环境。

这些目标和具体目标将促使人们在今后 15 年内，在那些对人类和地球至关重要的领域中采取行动。

人类

我们决心消除一切形式和表现的贫困与饥饿，让所有人平等和有尊严地在一个健康的环境中充分发挥自己的潜能。

地球

我们决心阻止地球的退化，包括以可持续的方式进行消费和生产，管理地球的自然资源，在气候变化问题上立即采取行动，使地球能够满足今世后代的需求。

繁荣

我们决心让所有的人都过上繁荣和充实的生活，在与自然和谐相处的同时实现经济、社会和技术进步。

和平

我们决心推动创建没有恐惧与暴力的和平、公正和包容的社会。没有和平，就没有可持续发展；没有可持续发展，就没有和平。

伙伴关系

我们决心动用必要的手段来执行这一议程，本着加强全球团结的精神，在所有国家、所有利益攸关方和全体人民参与的情况下，恢复全球可持续发展伙伴关系的活力，尤其注重满足最贫困最脆弱群体的需求。

各项可持续发展目标是相互关联和相辅相成的，对于实现新议程的宗旨至关重要。如果能在议程述及的所有领域中实现我们的雄心，所有人的生活都会得到很大改善，我们的世界会变得更加美好。

宣言

导言

1. 我们，在联合国成立七十周年之际于 2015 年 9 月 25 日至 27 日会聚在纽约联合国总部的各国的国家元首、政府首脑和高级别代表，于今日制定了新的全球可持续发展目标。

2. 我们代表我们为之服务的各国人民，就一套全面、意义深远和以人为中心的具有普遍性和变革性的目标和具体目标，做出了一项历史性决定。我们承诺做出不懈努力，使这一议程在 2030 年前得到全面执行。我们认识到，消除一切形式和表现的贫困，包括消除极端贫困，是世界的最大挑战，对实现可持续发展必不可少。我们决心采用统筹兼顾的方式，从经济、社会和环境这三个方面实现可持续发展。我们还将在巩固实施千年发展目标成果的基础上，争取完成它们尚未完成的事业。

3. 我们决心在现在到 2030 年的这一段时间内，在世界各地消除贫困与饥饿；消除各个国家内和各个国家之间的不平等；建立和平、公正和包容的社会；保护人权和促进性别平等，增强妇女和女童的权能；永久保护地球及其自然资源。我们还决心创造条件，实现可持续、包容和持久的经济增长，让所有人分享繁荣并拥有体面工作，同时顾及各国不同的发展程度和能力。

4. 在踏上这一共同征途时，我们保证，绝不让任何一个人掉队。我们认识到，人必须有自己的尊严，我们希望实现为所有国家、所有人民和所有社会阶层制定的目标和具体目标。我们将首先尽力帮助落在最后面的人。

5. 这是一个规模和意义都前所未有的议程。它顾及各国不同的国情、能力和发展程度，尊重各国的政策和优先事项，因而得到所有国家的认可，并适用于所有国家。这些目标既是普遍性的，也是具体的，涉及每一个国家，无论它是发达国家还是发展中国家。它们是整体的，不可分割的，兼顾了可持续发展的三个方面。

6. 这些目标和具体目标是在同世界各地的民间社会和其他利益攸关方进行长达两年的密集公开磋商和意见交流、尤其是倾听最贫困最弱势群体的意见后提出的。磋商也参考借鉴了联合国大会可持续发展目标开放工作组和联合国开展的重要工作。联合国秘书长于2014年12月就此提交了一份总结报告。

愿景

7. 我们通过这些目标和具体目标提出了一个雄心勃勃的变革愿景。我们要创建一个没有贫困、饥饿、疾病、匮乏并适于万物生存的世界。一个没有恐惧与暴力的世界。一个人人都识字的世界。一个人人平等享有优质大中小学教育、卫生保健和社会保障以及心身健康和社会福利的世界。一个我们重申我们对享有安全饮用水和环境卫生的人权的承诺和卫生条件得到改善的世界。一个有充足、安全、价格低廉和营养丰富的粮食的世界。一个有安全、充满活力和可持续的人类居住地的世界和一个人人可以获得价廉、可靠和可持续能源的世界。

8. 我们要创建一个普遍尊重人权和人的尊严、法治、公正、平等和非歧视，尊重种族、民族和文化多样性，尊重机会均等以充分发挥人的潜能和促进共同繁荣的世界。一个注重对儿童投资和让每个儿童在没有暴力和剥削的环境中成长的世界。一个每个妇女和女童都充分享有性别平等和一切阻碍女性权能的法律、社会和经济障碍都被消除的世界。一个公正、公平、容忍、开放、有社会包容性和最弱势群体的需求得到满足的世界。

9. 我们要创建一个每个国家都实现持久、包容和可持续的经济增长和每个人都有体面工作的世界。一个以可持续的方式进行生产、消费和使用从空气到土地、从河流、湖泊和地下含水层到海洋的各种自然资源的世界。一个有可持续发展、包括持久的包容性经济增长、社会发展、环境保护和消除贫困与饥饿所需要的民主、良政和法治，并有有利的国内和国际环境的世界。一个技术研发和应用顾及对气候的影响、维护生物多样性和有复原力的世界。一个人类与大自然和谐共处，野生动植物和其他物种得到保护的世界。

共同原则和承诺

10. 新议程依循《联合国宪章》的宗旨和原则，充分尊重国际法。它以《世界人权宣言》、国际人权条约、《联合国千年宣言》和2005年世界首脑会议成果文件为依据，并参照了《发展权利宣言》等其他文书。

11. 我们重申联合国所有重大会议和首脑会议的成果，因为它们为可持续发展奠定了坚实基础，帮助勾画这一新议程。这些会议和成果包括《关于环境与发展的里约宣言》、可持续发展问题世界首脑会议、社会发展问题世界首脑会议、《国际人口与发展会议行动纲领》、《北京行动纲要》和联合国可持续发展大会。我们还重申这些会议的后续行动，包括以下会议的成果：第四次联合国最不发达国家问题会议、第三次小岛屿发展中国家问题国际会议、第二次联合国内陆发展中国家问题会议和第三次联合国世界减灾大会。

12. 我们重申《关于环境与发展的里约宣言》的各项原则，特别是宣言原则7提出的共同但有区别的责任原则。

13. 这些重大会议和首脑会议提出的挑战和承诺是相互关联的，需要有统筹解决办法。要有新的方法来有效处理这些挑战。在实现可持续发展方面，消除一切形式和表现的贫困，消除国家内和国家间的不平等，保护地球，实现持久、包容和可持续的经济增长和促进社会包容，是相互关联和相辅相成的。

当今所处的世界

14. 我们的会议是在可持续发展面临巨大挑战之际召开的。我们有几十亿公民仍然处于贫困之中，生活缺少尊严。国家内和国家间的不平等在增加。机会、财富和权力的差异十分悬殊。性别不平等仍然是一个重大挑战。失业特别是青年失业，是一个令人担忧的重要问题。全球性疾病威胁、越来越频繁和严重的自然灾害、不断升级的冲突、暴力极端主义、恐怖主义和有关的人道主义危机以及被迫流离失所，有可能使最近数十年取得的大部分发展进展功亏一篑。自然资源的枯竭和环境退化产生的不利影响，包括荒漠化、干旱、土地退化、淡水资源缺乏和生物多样性丧失，使人类面临的各种挑战不断增加和日益严重。气候变化是当今时代的最大挑战之一，它产生的不利影响削弱了各国实现可持续发展的能力。全球升温、海平面上升、海洋酸化和其他气候变化产生的影响，严重影响到沿岸地区和低洼沿岸国家，包括许多最不发达国家和小岛屿发展中国家。许多社会和各种维系地球的生物系统的生存受到威胁。

15. 但这也是一个充满机遇的时代。应对许多发展挑战的工作已经取得了重大进展，已有千百万人民摆脱了极端贫困。男女儿童接受教育的机会大幅度增加。信息和通信技术的传播和世界各地之间相互连接的加强在加快人类进步方面潜力巨大，消除数字鸿沟，创建知识社会，医药和能源等许多领域中的科技创新也有望起到相同的作用。

16. 千年发展目标是在近十五年前商定的。这些目标为发展确立了一个重要框架，已经在一些重要领域中取得了重大进展。但是各国的进展参差不齐，非洲、最不发达国家、内陆发展中国家和小岛屿发展中国家尤其如此，一些千年发展目标仍未实现，特别是那些涉及孕产妇、新生儿和儿童健康的目标和涉及生殖健康的目标。我们承诺全面实现所有千年发展目标，包括尚未实现的目标，特别是根据相关支助方案，重点为最不发达国家和其他特殊处境国家提供更多援助。新议程巩固发展了千年发展目标，力求完成没有完成的目标，特别是帮助最弱势群体。

17. 但是，我们今天宣布的框架远远超越了千年发展目标。除了保留消贫、保健、教育和粮食安全和营养等发展优先事项外，它还提出了各种广泛的经济、社会和环境目标。它还承诺建立更加和平、更加包容的社会。重要的是，它还提出了执行手段。新的目标和具体目标相互紧密关联，有许多贯穿不同领域的要点，体现了我们决定采用统筹做法。

新议程

18. 我们今天宣布 17 个可持续发展目标以及 169 个相关具体目标，这些目标是一个整体，不可分割。世界各国领导人此前从未承诺为如此广泛和普遍的政策议程共同采取行动和做出努力。我们正共同走上可持续发展道路，集体努力谋求全球发展，开展为世界所有国家和所有地区带来巨大好处的"双赢"合作。我们重申，每个国家永远对其财富、自然资源和经济活动充分拥有永久主权，并应该自由行使这一主权。我们将执行这一议程，全面造福今世后代所有人。在此过程中，我们重申将维护国际法，并强调，将采用信守国际法为各国规定的权利和义务的方式来执行本议程。

19. 我们重申《世界人权宣言》以及其他涉及人权和国际法的国际文书的重要性。我们强调，所有国家都有责任根据《联合国宪章》尊重、保护和促进所有人的人权和基本自由，不分其种族、肤色、性别、语言、宗教、政治或其他见解、国籍或社会出身、财产、出生、残疾或其他身份等任何区别。

20. 实现性别平等和增强妇女和女童权能将大大促进我们实现所有目标和具体目标。如果人类中有一半人仍然不能充分享有人权和机会，就无法充分发挥人的潜能和实现可持续发展。妇女和女童必须能平等地接受优质教育，获得经济资源和参政机会，并能在就业、担任各级领导和参与决策方面，享有与男子和男童相同的机会。我们将努力争取为缩小两性差距大幅增加投入，在性别平等和增强妇女权能方面，在全球、区域和国家各级进一步为各机构提供支持。将消除对妇女和女童的一切形式歧视和暴力，包括通过让男子和男童参与。在执行本议程过程中，必须有系统地顾及性别平等因素。

21. 新的目标和具体目标将在 2016 年 1 月 1 日生效，是我们在今后十五年内决策的指南。我们会在考虑到本国实际情况、能力和发展程度的同时，依照本国的政策和优先事项，努力在国家、区域和全球各级执行本议程。我们将在继续依循相关国际规则和承诺的同时，保留国家政策空间，以促进持久、包容和可持续的经济增长，特别是发展中国家的增长。我们同时承认区域和次区域因素、区域经济一体化和区域经济关联性在可持续发展过程中的重要性。区域和次区域框架有助于把可持续发展政策切实变为各国的具体行动。

22. 每个国家在寻求可持续发展过程中都面临具体的挑战。尤其需要关注最脆弱国家，特别是非洲国家、最不发达国家、内陆发展中国家和小岛屿发展中国家，也要关注冲突中和冲突后国家。许多中等收入国家也面临重大挑战。

23. 必须增强弱势群体的权能。其需求被列入本议程的人包括所有的儿童、青年、残疾人（他们有 80% 的人生活在贫困中）、艾滋病毒/艾滋病感染者、老人、土著居民、难民和境内流离失所者以及移民。我们决心根据国际法进一步采取有效措施和行动，消除障碍和取消限制，进一步提供支持，满足生活在有复杂的人道主义紧急情况地区和受恐怖主义影响地区人民的需求。

24. 我们承诺消除一切形式和表现的贫困，包括到 2030 年时消除极端贫困。必须让所有人的生活达到基本标准，包括通过社会保障体系做到这一点。我们决心优先消除饥饿，实现粮食安全，并决心消除一切形式的营养不良。我们为此重申世界粮食安全委员会需要各方参与并发挥重要作用，欢迎《营养问题罗马宣言》和《行动框架》。我们将把资源用于发展中国家的农村地区和可持续农业与渔业，支持发展中国家、特别是最不发达国家的小户农民（特别是女性农民）、牧民和渔民。

25. 我们承诺在各级提供包容和平等的优质教育——幼儿教育、小学、中学和大学教育、技术和职业培训。所有人，特别是处境困难者，无论性别、年龄、种族、族裔为何，无论是残疾人、移民还是土著居民，无论是儿童还是青年，都应有机会终身获得教育，掌握必要知识和技能，充分融入社会。我们将努力为儿童和青年提供一个有利于成长的环境，让他们充分享有权利和发挥能力，帮助各国享受人口红利，包括保障学校安全，维护社区和家庭的和谐。

26. 为了促进身心健康，延长所有人的寿命，我们必须实现全民健康保险，让人们获得优质医疗服务，不遗漏任何人。我们承诺加快迄今在减少新生儿、儿童和孕产妇死亡率方面的进展，到 2030 年时将所有可以预防的死亡减至零。我们承诺让所有人获得性保健和生殖保健服务，包括计划生育服务，提供信息和教育。我们还会同样加快在消除疟疾、艾滋病毒/艾滋病、肺结核、肝炎、埃博拉和其他传染疾病和流行病方面的进展，包括处理抗生素耐药性不断增加的问题和在发展中国家肆虐的疾病得不到关注的问题。我们承诺预防和治疗非传染性疾病，包括行为、发育和神经系统疾病，因为它们是对可持续发展的一个重大挑战。

27. 我们将争取为所有国家建立坚实的经济基础。实现繁荣必须有持久、包容和可持续的经济增长。只有实现财富分享，消除收入不平等，才能有经济增长。我们将努力创建有活力、可持续、创新和以人为中心的经济，促进青年就业和增强妇女经济权能，特别是让所有人都有体面工作。我们将消灭强迫劳动和人口贩卖，消灭一切形式的童工。劳工队伍身体健康，受过良好教育，拥有从事让人身心愉快的生产性工作的必要知识和技能，并充分融入社会，将会使所有国家受益。我们将加强所有最不发达国家所有行业的生产能力，包括进行结构改革。我们将采取政策提高生产能力、生产力和生产性就业；为贫困和低收入者提供资金；发展可持续农业、牧业和渔业；实现可持续工业发展；让所有人获得价廉、可靠、可持续的现代能源服务；建立可持续交通系统，建立质量高和复原能力强的基础设施。

28. 我们承诺从根本上改变我们的社会生产和消费商品及服务的方式。各国政府、国际组织、企业界和其他非国家行为体和个人必须协助改变不可持续的生产和消费模式，包括推动利用所有来源提供财务和技术援助，加强发展中国家的科学技术能力和创新能力，以便采用更可持续的生产和消费模式。我们鼓励执行《可持续消费和生产模式方案十年框架》。所有国家都要采取行动，发达国家要发挥带头作用，同时要考虑到发展中国家的发展水平和能力。

29. 我们认识到，移民对包容性增长和可持续发展做出了积极贡献。我们还认识到，跨国移民实际上涉及多种因素，对于原籍国、过境国和目的地国的发展具有重大影响，需要有统一和全面的对策。我们将在国际上开展合作，确保安全、有序的定期移民，充分尊重人权，不论移民状况如何都人道地对待移民，并人道地对待难民和流离失所者。这种合作应能加强收容难民的社区、特别是发展中国家收容社区的活力。我们强调移民有权返回自己的原籍国，并忆及各国必须以适当方式接受回返的本国国民。

30. 我们强烈敦促各国不颁布和实行任何不符合国际法和《联合国宪章》，阻碍各国、特别是发展中国家全面实现经济和社会发展的单方面经济、金融或贸易措施。

31. 我们确认《联合国气候变化框架公约》是谈判确定全球气候变化对策的首要国际政府间论坛。我们决心果断应对气候变化和环境退化带来的威胁。气候变化是全球性的，要开展最广泛的国际合作来加速解决全球温室气体减排和适应问题以应对气候变化的不利影响。我们非常关切地注意到，《公约》缔约方就到 2020 年全球每年温室气体排放量作出的减缓承诺的总体效果与可能将全球平均温升控制在比实现工业化前高 2 或 1.5 摄氏度之内而需要达到的整体排放路径相比，仍有巨大的差距。

32. 展望将于巴黎举行的第二十一次缔约方大会，我们特别指出，所有国家都承诺努力达成一项有雄心的、普遍适用的气候协定。我们重申，《公约》之下对所有缔约方适用的议定书、另一份法律文书或有某种法律约束力的议定结果，应平衡减缓、适应、资金、技术开发与转让、能力建设以及行动和支持的透明度等问题。

33. 我们确认，社会和经济发展离不开对地球自然资源的可持续管理。因此，我们决心保护和可持续利用海洋、淡水资源以及森林、山地和旱地，保护生物多样性、生态系统和野生动植物。我们还决心促进可持续旅游，解决缺水和水污染问题，加强在荒漠化、沙尘暴、土地退化和干旱问题上的合作，加强灾后恢复能力和减少灾害风险。在这方面，我们对预定 2016 年在墨西哥举行的生物多样性公约第十三次缔约方会议充满期待。

34. 我们确认,可持续的城市发展和管理对于我们人民的生活质量至关重要。我们将同地方当局和社区合作,规划我们的城市和人类住区,重新焕发它们的活力,以促进社区凝聚力和人身安全,推动创新和就业。我们将减少由城市活动和危害人类健康和环境的化学品所产生的不利影响,包括以对环境无害的方式管理和安全使用化学品,减少废物,回收废物和提高水和能源的使用效率。我们将努力把城市对全球气候系统的影响降到最低限度。我们还会在我们的国家、农村和城市发展战略与政策中考虑到人口趋势和人口预测。我们对即将在基多举行的第三次联合国住房与可持续城市发展会议充满期待。

35. 没有和平与安全,可持续发展无法实现;没有可持续发展,和平与安全也将面临风险。新议程确认,需要建立和平、公正和包容的社会,在这一社会中,所有人都能平等诉诸法律,人权(包括发展权)得到尊重,在各级实行有效的法治和良政,并有透明、有效和负责的机构。本议程论及各种导致暴力、不安全与不公正的因素,例如不平等、腐败、治理不善以及非法的资金和武器流动。我们必须加倍努力,解决或防止冲突,向冲突后国家提供支持,包括确保妇女在建设和平和国家建设过程中发挥作用。我们呼吁依照国际法进一步采取有效的措施和行动,消除处于殖民统治和外国占领下的人民充分行使自决权的障碍,因为这些障碍影响到他们的经济和社会发展,以及他们的环境。

36. 我们承诺促进不同文化间的理解、容忍、相互尊重,确立全球公民道德和责任共担。我们承认自然和文化多样性,认识到所有文化与文明都能推动可持续发展,是可持续发展的重要推动力。

37. 体育也是可持续发展的一个重要推动力。我们确认,体育对实现发展与和平的贡献越来越大,因为体育促进容忍和尊重,增强妇女和青年、个人和社区的权能,有助于实现健康、教育和社会包容方面的目标。

38. 我们根据《联合国宪章》重申尊重各国的领土完整和政治独立的必要性。

执行手段

39. 新议程规模宏大,雄心勃勃,因此需要恢复全球伙伴关系的活力,以确保它得到执行。我们将全力以赴。这一伙伴关系将发扬全球团结一致的精神,特别是要与最贫困的人和境况脆弱的人同舟共济。这一伙伴关系将推动全球高度参与,把各国政府、私营部门、民间社会、联合国系统和其他各方召集在一起,调动现有的一切资源,协助落实所有目标和具体目标。

40. 目标 17 和每一个可持续发展目标下关于执行手段的具体目标是实现我们议程的关键,它们对其他目标和具体目标也同样重要。我们可以在 2015 年 7 月 13 日至 16 日在亚的斯亚贝巴举行的第三次发展筹资国际会议成果文件提出的具体政策和行动的支持下,在重振活力的可持续发展全球伙伴关系框架内实现本议程,包括可持续发展目标。我们欢迎大会核可作为 2030 年可持续发展议程组成部分的《亚的斯亚贝巴行动议程》。我们确认,全面执行《亚的斯亚贝巴行动议程》对于实现可持续发展目标和具体目标至关重要。

41. 我们确认各国对本国经济和社会发展负有首要责任。新议程阐述了落实各项目标和具体目标所需要的手段。我们确认,这些手段包括调动财政资源,开展能力建设,以优惠条件向发展中国家转让对环境无害的技术,包括按照相互商定的减让和优惠条件进行转让。国内和国际公共财政将在提供基本服务和公共产品以及促进从其他来源筹资方面起关键作用。我们承认，私营部门——从微型企业、合作社到跨国公司——民间社会组织和慈善组织将在执行新议程方面发挥作用。

42. 我们支持实施相关的战略和行动方案，包括《伊斯坦布尔宣言和行动纲领》、《小岛屿发展中国家快速行动方式（萨摩亚途径）》、《内陆发展中国家 2014 ~ 2024 年十年维也纳行动纲领》，重申必须支持非洲联盟 2063 年议程和非洲发展新伙伴关系方案，因为它们都是新议程的组成部分。我们认识到，在冲突和冲突后国家实现持久和平与可持续发展面临很大挑战。

43. 我们强调，国际公共资金对各国筹集国内公共资源的努力发挥着重要补充作用，对国内资源有限的最贫困和最脆弱国家而言尤其如此。国际公共资金包括官方发展援助的一个重要用途是促进从其他公共和私人来源筹集更多的资源。官方发展援助提供方再次做出各自承诺，包括许多发达国家承诺实现对发展中国家的官方发展援助占其国民总收入的 0.7%，对最不发达国家的官方发展援助占其国民总收入的 0.15% 至 0.20% 的目标。

44. 我们确认，国际金融机构必须按照其章程支持各国、特别是发展中国家享有政策空间。我们承诺扩大和加强发展中国家——包括非洲国家、最不发达国家、内陆发展中国家、小岛屿发展中国家和中等收入国家——在国际经济决策、规范制定和全球经济治理方面的话语权和参与度。

45. 我们还确认，各国议会在颁布法律、制定预算和确保有效履行承诺方面发挥重要作用。各国政府和公共机构还将与区域和地方当局、次区域机构、国际机构、学术界、慈善组织、志愿团体以及其他各方密切合作，开展执行工作。

46. 我们着重指出，一个资源充足、切合实际、协调一致、高效率和高成效的联合国系统在支持实现可持续发展目标和可持续发展方面发挥着重要作用并拥有相对优势。我们强调，必须加强各国在国家一级的自主权和领导权，并支持经社理事会目前就联合国发展系统在本议程中的长期地位问题开展的对话。

后续落实和评估

47. 各国政府主要负责在今后 15 年内落实和评估国家、区域和全球各级落实各项目标和具体目标的进展。为了对我们的公民负责，我们将按照本议程和《亚的斯亚贝巴行动议程》的规定，系统进行各级的后续落实和评估工作。联合国大会和经社理事会主办的高级别政治论坛将在监督全球的后续落实和评估工作方面起核心作用。

48. 我们正在编制各项指标，以协助开展这项工作。我们需要优质、易获取、及时和可靠的分类数据，帮助衡量进展情况，不让任何一个人掉队。这些数据对决策至关重要。应尽可能利用现有报告机制提供的数据和资料。我们同意加紧努力，加强发展中国家，特别是非洲国家、最不发达国家、内陆发展中国家、小岛屿发展中国家和中等收入国家的统计能力。我们承诺制定更广泛的衡量进展的方法，对国内生产总值这一指标进行补充。

行动起来，变革我们的世界

49. 七十年前，老一代世界领袖齐聚一堂，创建了联合国。他们在世界四分五裂的情况下，在战争的废墟中创建了联合国，确立了本组织必须依循和平、对话和国际合作的价值观。《联合国宪章》就是这些价值观至高无上的体现。

50. 今天，我们也在做出具有重要历史意义的决定。我们决心为所有人，包括为数百万被剥夺机会而无法过上体面、有尊严、有意义的生活和无法充分发挥潜力的人，建设一个更美好的未来。我们可以成为成功消除贫困的第一代人；我们也可能是有机会拯救地球的最后一代人。如果我们能够实现我们的目标，那么世界将在 2030 年变得更加美好。

51. 我们今天宣布的今后十五年的全球行动议程，是二十一世纪人类和地球的章程。儿童和男女青年是变革的重要推动者，他们将在新的目标中找到一个平台，用自己无穷的活力来创造一个更美好的世界。

52. "我联合国人民"是《联合国宪章》的开篇名言。今天踏上通往 2030 年征途的，正是"我联合国人民"。与我们一起踏上征途的有各国政府及议会、联合国系统和其他国际机构、地方当局、土著居民、民间社会、工商业和私营部门、科学和学术界，还有全体人民。数百万人已经参加了这一议程的制订并将其视为自己的议程。这是一个民有、民治和民享的议程，我们相信它一定会取得成功。

53. 我们把握着人类和地球的未来。今天的年轻人也把握着人类和地球的未来，他们会把火炬继续传下去。我们已经绘制好可持续发展的路线，接下来要靠我们大家来圆满完成这一征程，并保证不会丧失已取得的成果。

可持续发展目标和具体目标

54. 在进行各方参与的政府间谈判后，我们根据可持续发展目标开放工作组的建议（建议起首部分介绍了建议的来龙去脉）①，商定了下列目标和具体目标。

55. 可持续发展目标和具体目标是一个整体，不可分割，是全球性和普遍适用的，兼顾各国的国情、能力和发展水平，并尊重各国的政策和优先事项。具体目标是人们渴望达到的全球性目标，由各国政府根据国际社会的总目标，兼顾本国国情制定。各国政府还将决定如何把这些激励人心的全球目标列入本国的规划工作、政策和战略。必须认识到，可持续发展与目前在经济、社会和环境领域中开展的其他相关工作相互关联。

56. 我们在确定这些目标和具体目标时认识到，每个国家都面临实现可持续发展的具体挑战，我们特别指出最脆弱国家，尤其是非洲国家、最不发达国家、内陆发展中国家和小岛屿发展中国家面临的具体挑战，以及中等收入国家面临的具体挑战。我们还要特别关注陷入冲突的国家。

57. 我们认识到，仍无法获得某些具体目标的基线数据，我们呼吁进一步协助加强会员国的数据收集和能力建设工作，以便在缺少这类数据的国家制定国家和全球基线数据。我们承诺将填补数据收集的空白，以便在掌握更多信息的情况下衡量进展，特别是衡量那些没有明确数字指标的具体目标的进展。

58. 我们鼓励各国在其他论坛不断作出努力，处理好可能对执行本议程构成挑战的重大问题；并且尊重这些进程的独立授权。我们希望议程和议程的执行工作支持而不是妨碍其他这些进程以及这些进程作出的决定。

59. 我们认识到，每一国家可根据本国国情和优先事项，采用不同的方式、愿景、模式和手段来实现可持续发展；我们重申，地球及其生态系统是我们共同的家园，"地球母亲"是许多国家和地区共同使用的表述。

---

① 见大会可持续发展目标开放工作组的报告。（A/68/970 和 Corr. 1，另见 A/68/970/Add. 1 和 2）

可持续发展目标

目标 1. 在全世界消除一切形式的贫困

目标 2. 消除饥饿，实现粮食安全，改善营养状况和促进可持续农业

目标 3. 确保健康的生活方式，促进各年龄段人群的福祉

目标 4. 确保包容和公平的优质教育，让全民终身享有学习机会

目标 5. 实现性别平等，增强所有妇女和女童的权能

目标 6. 为所有人提供水和环境卫生并对其进行可持续管理

目标 7. 确保人人获得负担得起的、可靠和可持续的现代能源

目标 8. 促进持久、包容和可持续的经济增长，促进充分的生产性就业和人人获得体面工作

目标 9. 建造具备抵御灾害能力的基础设施，促进具有包容性的可持续工业化，推动创新

目标 10. 减少国家内部和国家之间的不平等

目标 11. 建设包容、安全、有抵御灾害能力和可持续的城市和人类住区

目标 12. 采用可持续的消费和生产模式

目标 13. 采取紧急行动应对气候变化及其影响[*]

目标 14. 保护和可持续利用海洋和海洋资源以促进可持续发展

目标 15. 保护、恢复和促进可持续利用陆地生态系统，可持续管理森林，防治荒漠化，制止和扭转土地退化，遏制生物多样性的丧失

目标 16. 创建和平、包容的社会以促进可持续发展，让所有人都能诉诸司法，在各级建立有效、负责和包容的机构

目标 17. 加强执行手段，重振可持续发展全球伙伴关系

目标 1. 在全世界消除一切形式的贫困

（1.1）到 2030 年，在全球所有人口中消除极端贫困，极端贫困目前的衡量标准是每人每日生活费不足 1.25 美元

（1.2）到 2030 年，按各国标准界定的陷入各种形式贫困的各年龄段男女和儿童至少减半

（1.3）执行适合本国国情的全民社会保障制度和措施，包括最低标准，到 2030 年在较大程度上覆盖穷人和弱势群体

（1.4）到 2030 年，确保所有男女，特别是穷人和弱势群体，享有平等获取经济资源的权利，享有基本服务，获得对土地和其他形式财产的所有权和控制权，继承遗产，获取自然资源、适当的新技术和包括小额信贷在内的金融服务

（1.5）到 2030 年，增强穷人和弱势群体的抵御灾害能力，降低其遭受极端天气事件和其他经济、社会、环境冲击和灾害的概率和易受影响程度

（1.a）确保从各种来源，包括通过加强发展合作充分调集资源，为发展中国家、特

---

[*] 确认《联合国气候变化框架公约》是谈判确定全球气候变化对策的首要国际政府间论坛。

别是最不发达国家提供充足、可预见的手段以执行相关计划和政策，消除一切形式的贫困

（1.b）根据惠及贫困人口和顾及性别平等问题的发展战略，在国家、区域和国际层面制定合理的政策框架，支持加快对消贫行动的投资

目标 2. 消除饥饿，实现粮食安全，改善营养状况和促进可持续农业

（2.1）到 2030 年，消除饥饿，确保所有人，特别是穷人和弱势群体，包括婴儿，全年都有安全、营养和充足的食物

（2.2）到 2030 年，消除一切形式的营养不良，包括到 2025 年实现 5 岁以下儿童发育迟缓和消瘦问题相关国际目标，解决青春期少女、孕妇、哺乳期妇女和老年人的营养需求

（2.3）到 2030 年，实现农业生产力翻倍和小规模粮食生产者，特别是妇女、土著居民、农户、牧民和渔民的收入翻番，具体做法包括确保平等获得土地、其他生产资源和要素、知识、金融服务、市场以及增值和非农就业机会

（2.4）到 2030 年，确保建立可持续粮食生产体系并执行具有抗灾能力的农作方法，以提高生产力和产量，帮助维护生态系统，加强适应气候变化、极端天气、干旱、洪涝和其他灾害的能力，逐步改善土地和土壤质量

（2.5）到 2020 年，通过在国家、区域和国际层面建立管理得当、多样化的种子和植物库，保持种子、种植作物、养殖和驯养的动物及与之相关的野生物种的基因多样性；根据国际商定原则获取及公正、公平地分享利用基因资源和相关传统知识产生的惠益

（2.a）通过加强国际合作等方式，增加对农村基础设施、农业研究和推广服务、技术开发、植物和牲畜基因库的投资，以增强发展中国家，特别是最不发达国家的农业生产能力

（2.b）根据多哈发展回合授权，纠正和防止世界农业市场上的贸易限制和扭曲，包括同时取消一切形式的农业出口补贴和具有相同作用的所有出口措施

（2.c）采取措施，确保粮食商品市场及其衍生工具正常发挥作用，确保及时获取包括粮食储备量在内的市场信息，限制粮价剧烈波动

目标 3. 确保健康的生活方式，促进各年龄段人群的福祉

（3.1）到 2030 年，全球孕产妇每 10 万例活产的死亡率降至 70 人以下

（3.2）到 2030 年，消除新生儿和 5 岁以下儿童可预防的死亡，各国争取将新生儿每 1000 例活产的死亡率至少降至 12 例，5 岁以下儿童每 1000 例活产的死亡率至少降至 25 例

（3.3）到 2030 年，消除艾滋病、结核病、疟疾和被忽视的热带疾病等流行病，抗击肝炎、水传播疾病和其他传染病

（3.4）到 2030 年，通过预防、治疗及促进身心健康，将非传染性疾病导致的过早死亡减少三分之一

（3.5）加强对滥用药物包括滥用麻醉药品和有害使用酒精的预防和治疗

（3.6）到 2020 年，全球公路交通事故造成的死伤人数减半

（3.7）到 2030 年，确保普及性健康和生殖健康保健服务，包括计划生育、信息获取

和教育，将生殖健康纳入国家战略和方案

（3.8）实现全民健康保障，包括提供金融风险保护，人人享有优质的基本保健服务，人人获得安全、有效、优质和负担得起的基本药品和疫苗

（3.9）到2030年，大幅减少危险化学品以及空气、水和土壤污染导致的死亡和患病人数

（3.a）酌情在所有国家加强执行《世界卫生组织烟草控制框架公约》

（3.b）支持研发主要影响发展中国家的传染和非传染性疾病的疫苗和药品，根据《关于与贸易有关的知识产权协议与公共健康的多哈宣言》的规定，提供负担得起的基本药品和疫苗，《多哈宣言》确认发展中国家有权充分利用《与贸易有关的知识产权协议》中关于采用变通办法保护公众健康，尤其是让所有人获得药品的条款

（3.c）大幅加强发展中国家，尤其是最不发达国家和小岛屿发展中国家的卫生筹资，增加其卫生工作者的招聘、培养、培训和留用

（3.d）加强各国，特别是发展中国家早期预警、减少风险，以及管理国家和全球健康风险的能力

目标4. 确保包容和公平的优质教育，让全民终身享有学习机会

（4.1）到2030年，确保所有男女童完成免费、公平和优质的中小学教育，并取得相关和有效的学习成果

（4.2）到2030年，确保所有男女童获得优质幼儿发展、看护和学前教育，为他们接受初级教育做好准备

（4.3）到2030年，确保所有男女平等获得负担得起的优质技术、职业和高等教育，包括大学教育

（4.4）到2030年，大幅增加掌握就业、体面工作和创业所需相关技能，包括技术性和职业性技能的青年和成年人数

（4.5）到2030年，消除教育中的性别差距，确保残疾人、土著居民和处境脆弱儿童等弱势群体平等获得各级教育和职业培训

（4.6）到2030年，确保所有青年和大部分成年男女具有识字和计算能力

（4.7）到2030年，确保所有进行学习的人都掌握可持续发展所需的知识和技能，具体做法包括开展可持续发展、可持续生活方式、人权和性别平等方面的教育、弘扬和平和非暴力文化、提升全球公民意识，以及肯定文化多样性和文化对可持续发展的贡献

（4.a）建立和改善兼顾儿童、残疾和性别平等的教育设施，为所有人提供安全、非暴力、包容和有效的学习环境

（4.b）到2020年，在全球范围内大幅增加发达国家和部分发展中国家为发展中国家，特别是最不发达国家、小岛屿发展中国家和非洲国家提供的高等教育奖学金数量，包括职业培训和信息通信技术、技术、工程、科学项目的奖学金

（4.c）到2030年，大幅增加合格教师人数，具体做法包括在发展中国家，特别是最不发达国家和小岛屿发展中国家开展师资培训方面的国际合作

目标 5. 实现性别平等，增强所有妇女和女童的权能

（5.1） 在全球消除对妇女和女童一切形式的歧视

（5.2） 消除公共和私营部门针对妇女和女童一切形式的暴力行为，包括贩卖、性剥削及其他形式的剥削

（5.3） 消除童婚、早婚、逼婚及割礼等一切伤害行为

（5.4） 认可和尊重无偿护理和家务，各国可视本国情况提供公共服务、基础设施和社会保护政策，在家庭内部提倡责任共担

（5.5） 确保妇女全面有效参与各级政治、经济和公共生活的决策，并享有进入以上各级决策领导层的平等机会

（5.6） 根据《国际人口与发展会议行动纲领》、《北京行动纲领》及其历次审查会议的成果文件，确保普遍享有性和生殖健康以及生殖权利

（5.a） 根据各国法律进行改革，给予妇女平等获取经济资源的权利，以及享有对土地和其他形式财产的所有权和控制权，获取金融服务、遗产和自然资源

（5.b） 加强技术特别是信息和通信技术的应用，以增强妇女权能

（5.c） 采用和加强合理的政策和有执行力的立法，促进性别平等，在各级增强妇女和女童权能

目标 6. 为所有人提供水和环境卫生并对其进行可持续管理

（6.1） 到 2030 年，人人普遍和公平获得安全和负担得起的饮用水

（6.2） 到 2030 年，人人享有适当和公平的环境卫生和个人卫生，杜绝露天排便，特别注意满足妇女、女童和弱势群体在此方面的需求

（6.3） 到 2030 年，通过以下方式改善水质：减少污染，消除倾倒废物现象，把危险化学品和材料的排放减少到最低限度，将未经处理废水比例减半，大幅增加全球废物回收和安全再利用

（6.4） 到 2030 年，所有行业大幅提高用水效率，确保可持续取用和供应淡水，以解决缺水问题，大幅减少缺水人数

（6.5） 到 2030 年，在各级进行水资源综合管理，包括酌情开展跨境合作

（6.6） 到 2020 年，保护和恢复与水有关的生态系统，包括山地、森林、湿地、河流、地下含水层和湖泊

（6.a） 到 2030 年，扩大向发展中国家提供的国际合作和能力建设支持，帮助它们开展与水和卫生有关的活动和方案，包括雨水采集、海水淡化、提高用水效率、废水处理、水回收和再利用技术

（6.b） 支持和加强地方社区参与改进水和环境卫生管理

目标 7. 确保人人获得负担得起的、可靠和可持续的现代能源

（7.1） 到 2030 年，确保人人都能获得负担得起的、可靠的现代能源服务

（7.2）到 2030 年，大幅增加可再生能源在全球能源结构中的比例

（7.3）到 2030 年，全球能效改善率提高一倍

（7.a）到 2030 年，加强国际合作，促进获取清洁能源的研究和技术，包括可再生能源、能效，以及先进和更清洁的化石燃料技术，并促进对能源基础设施和清洁能源技术的投资

（7.b）到 2030 年，增建基础设施并进行技术升级，以便根据发展中国家，特别是最不发达国家、小岛屿发展中国家和内陆发展中国家各自的支持方案，为所有人提供可持续的现代能源服务

目标 8. 促进持久、包容和可持续经济增长，促进充分的生产性就业和人人获得体面工作

（8.1）根据各国国情维持人均经济增长，特别是将最不发达国家国内生产总值年增长率至少维持在 7%

（8.2）通过多样化经营、技术升级和创新，包括重点发展高附加值和劳动密集型行业，实现更高水平的经济生产力

（8.3）推行以发展为导向的政策，支持生产性活动、体面就业、创业精神、创造力和创新；鼓励微型和中小型企业通过获取金融服务等方式实现正规化并成长壮大

（8.4）到 2030 年，逐步改善全球消费和生产的资源使用效率，按照《可持续消费和生产模式方案十年框架》，努力使经济增长和环境退化脱钩，发达国家应在上述工作中做出表率

（8.5）到 2030 年，所有男女，包括青年和残疾人实现充分和生产性就业，有体面工作，并做到同工同酬

（8.6）到 2020 年，大幅减少未就业和未受教育或培训的青年人比例

（8.7）立即采取有效措施，根除强制劳动、现代奴隶制和贩卖人口，禁止和消除最恶劣形式的童工，包括招募和利用童兵，到 2025 年终止一切形式的童工

（8.8）保护劳工权利，推动为所有工人，包括移民工人，特别是女性移民和没有稳定工作的人创造安全和有保障的工作环境

（8.9）到 2030 年，制定和执行推广可持续旅游的政策，以创造就业机会，促进地方文化和产品

（8.10）加强国内金融机构的能力，鼓励并扩大全民获得银行、保险和金融服务的机会

（8.a）增加向发展中国家，特别是最不发达国家提供的促贸援助支持，包括通过《为最不发达国家提供贸易技术援助的强化综合框架》提供上述支持

（8.b）到 2020 年，拟定和实施青年就业全球战略，并执行国际劳工组织的《全球就业契约》

目标 9. 建造具备抵御灾害能力的基础设施，促进具有包容性的可持续工业化，推动创新

（9.1）发展优质、可靠、可持续和有抵御灾害能力的基础设施，包括区域和跨境基

础设施，以支持经济发展和提升人类福祉，重点是人人可负担得起并公平利用上述基础设施

（9.2）促进包容可持续工业化，到 2030 年，根据各国国情，大幅提高工业在就业和国内生产总值中的比例，使最不发达国家的这一比例翻番

（9.3）增加小型工业和其他企业，特别是发展中国家的这些企业获得金融服务、包括负担得起的信贷的机会，将上述企业纳入价值链和市场

（9.4）到 2030 年，所有国家根据自身能力采取行动，升级基础设施，改进工业以提升其可持续性，提高资源使用效率，更多采用清洁和环保技术及产业流程

（9.5）在所有国家，特别是发展中国家，加强科学研究，提升工业部门的技术能力，包括到 2030 年，鼓励创新，大幅增加每 100 万人口中的研发人员数量，并增加公共和私人研发支出

（9.a）向非洲国家、最不发达国家、内陆发展中国家和小岛屿发展中国家提供更多的财政、技术和技能支持，以促进其开发有抵御灾害能力的可持续基础设施

（9.b）支持发展中国家的国内技术开发、研究与创新，包括提供有利的政策环境，以实现工业多样化，增加商品附加值

（9.c）大幅提升信息和通信技术的普及度，力争到 2020 年在最不发达国家以低廉的价格普遍提供因特网服务

目标 10. 减少国家内部和国家之间的不平等

（10.1）到 2030 年，逐步实现和维持最底层 40% 人口的收入增长，并确保其增长率高于全国平均水平

（10.2）到 2030 年，增强所有人的权能，促进他们融入社会、经济和政治生活，而不论其年龄、性别、残疾与否、种族、族裔、出身、宗教信仰、经济地位或其他任何区别

（10.3）确保机会均等，减少结果不平等现象，包括取消歧视性法律、政策和做法，推动与上述努力相关的适当立法、政策和行动

（10.4）采取政策，特别是财政、薪资和社会保障政策，逐步实现更大的平等

（10.5）改善对全球金融市场和金融机构的监管和监测，并加强上述监管措施的执行

（10.6）确保发展中国家在国际经济和金融机构决策过程中有更大的代表性和发言权，以建立更加有效、可信、负责和合法的机构

（10.7）促进有序、安全、正常和负责的移民和人口流动，包括执行合理规划和管理完善的移民政策

（10.a）根据世界贸易组织的各项协议，落实对发展中国家、特别是最不发达国家的特殊和区别待遇原则

（10.b）鼓励根据最需要帮助的国家，特别是最不发达国家、非洲国家、小岛屿发展中国家和内陆发展中国家的国家计划和方案，向其提供官方发展援助和资金，包括外国直接投资

（10.c）到 2030 年，将移民汇款手续费减至 3% 以下，取消费用高于 5% 的侨汇渠道

目标 11. 建设包容、安全、有抵御灾害能力和可持续的城市和人类住区

（11.1）到 2030 年，确保人人获得适当、安全和负担得起的住房和基本服务，并改造贫民窟

（11.2）到 2030 年，向所有人提供安全、负担得起的、易于利用、可持续的交通运输系统，改善道路安全，特别是扩大公共交通，要特别关注处境脆弱者、妇女、儿童、残疾人和老年人的需要

（11.3）到 2030 年，在所有国家加强包容和可持续的城市建设，加强参与性、综合性、可持续的人类住区规划和管理能力

（11.4）进一步努力保护和捍卫世界文化和自然遗产

（11.5）到 2030 年，大幅减少包括水灾在内的各种灾害造成的死亡人数和受灾人数，大幅减少上述灾害造成的与全球国内生产总值有关的直接经济损失，重点保护穷人和处境脆弱群体

（11.6）到 2030 年，减少城市的人均负面环境影响，包括特别关注空气质量，以及城市废物管理等

（11.7）到 2030 年，向所有人，特别是妇女、儿童、老年人和残疾人，普遍提供安全、包容、无障碍、绿色的公共空间

（11.a）通过加强国家和区域发展规划，支持在城市、近郊和农村地区之间建立积极的经济、社会和环境联系

（11.b）到 2020 年，大幅增加采取和实施综合政策和计划以构建包容、资源使用效率高、减缓和适应气候变化、具有抵御灾害能力的城市和人类住区数量，并根据《2015～2030 年仙台减少灾害风险框架》在各级建立和实施全面的灾害风险管理

（11.c）通过财政和技术援助等方式，支持最不发达国家就地取材，建造可持续的，有抵御灾害能力的建筑

目标 12. 采用可持续的消费和生产模式

（12.1）各国在照顾发展中国家发展水平和能力的基础上，落实《可持续消费和生产模式十年方案框架》，发达国家在此方面要做出表率

（12.2）到 2030 年，实现自然资源的可持续管理和高效利用

（12.3）到 2030 年，将零售和消费环节的全球人均粮食浪费减半，减少生产和供应环节的粮食损失，包括收获后的损失

（12.4）到 2020 年，根据商定的国际框架，实现化学品和所有废物在整个存在周期的无害环境管理，并大幅减少它们排入大气以及渗漏到水和土壤的几率，尽可能降低它们对人类健康和环境造成的负面影响

（12.5）到 2030 年，通过预防、减排、回收和再利用，大幅减少废物的产生

（12.6）鼓励各个公司，特别是大公司和跨国公司，采用可持续的做法，并将可持续性信息纳入各自报告周期

（12.7）根据国家政策和优先事项，推行可持续的公共采购做法

（12.8）到 2030 年，确保各国人民都能获取关于可持续发展以及与自然和谐的生活方式的信息并具有上述意识

（12.a）支持发展中国家加强科学和技术能力，采用更可持续的生产和消费模式

（12.b）开发和利用各种工具，监测能创造就业机会、促进地方文化和产品的可持续旅游业对促进可持续发展产生的影响

（12.c）对鼓励浪费性消费的低效化石燃料补贴进行合理化调整，为此，应根据各国国情消除市场扭曲，包括调整税收结构，逐步取消有害补贴以反映其环境影响，同时充分考虑发展中国家的特殊需求和情况，尽可能减少对其发展可能产生的不利影响并注意保护穷人和受影响社区

目标 13. 采取紧急行动应对气候变化及其影响

（13.1）加强各国抵御和适应气候相关的灾害和自然灾害的能力

（13.2）将应对气候变化的举措纳入国家政策、战略和规划

（13.3）加强气候变化减缓、适应、减少影响和早期预警等方面的教育和宣传，加强人员和机构在此方面的能力

（13.a）发达国家履行在《联合国气候变化框架公约》下的承诺，即到 2020 年每年从各种渠道共同筹资 1000 亿美元，满足发展中国家的需求，帮助其切实开展减缓行动，提高履约的透明度，并尽快向绿色气候基金注资，使其全面投入运行

（13.b）促进在最不发达国家和小岛屿发展中国家建立增强能力的机制，帮助其进行与气候变化有关的有效规划和管理，包括重点关注妇女、青年、地方社区和边缘化社区

目标 14. 保护和可持续利用海洋和海洋资源以促进可持续发展

（14.1）到 2025 年，预防和大幅减少各类海洋污染，特别是陆上活动造成的污染，包括海洋废弃物污染和营养盐污染

（14.2）到 2020 年，通过加强抵御灾害能力等方式，可持续管理和保护海洋和沿海生态系统，以免产生重大负面影响，并采取行动帮助它们恢复原状，使海洋保持健康，物产丰富

（14.3）通过在各层级加强科学合作等方式，减少和应对海洋酸化的影响，

（14.4）到 2020 年，有效规范捕捞活动，终止过度捕捞、非法、未报告和无管制的捕捞活动以及破坏性捕捞做法，执行科学的管理计划，以便在尽可能短的时间内使鱼群量至少恢复到其生态特征允许的能产生最高可持续产量的水平

（14.5）到 2020 年，根据国内和国际法，并基于现有的最佳科学资料，保护至少10% 的沿海和海洋区域

（14.6）到 2020 年，禁止某些助长过剩产能和过度捕捞的渔业补贴，取消助长非法、未报告和无管制捕捞活动的补贴，避免出台新的这类补贴，同时承认给予发展中国家和最不发达国家合理、有效的特殊和差别待遇应是世界贸易组织渔业补贴谈判的一个不可或缺

的组成部分①

（14.7）到 2030 年，增加小岛屿发展中国家和最不发达国家通过可持续利用海洋资源获得的经济收益，包括可持续地管理渔业、水产养殖业和旅游业

（14.a）根据政府间海洋学委员会《海洋技术转让标准和准则》，增加科学知识，培养研究能力和转让海洋技术，以便改善海洋的健康，增加海洋生物多样性对发展中国家，特别是小岛屿发展中国家和最不发达国家发展的贡献

（14.b）向小规模个体渔民提供获取海洋资源和市场准入机会

（14.c）按照《我们希望的未来》第 158 段所述，根据《联合国海洋法公约》所规定的保护和可持续利用海洋及其资源的国际法律框架，加强海洋和海洋资源的保护和可持续利用

目标 15. 保护、恢复和促进可持续利用陆地生态系统，可持续管理森林，防治荒漠化，制止和扭转土地退化，遏制生物多样性的丧失

（15.1）到 2020 年，根据国际协议规定的义务，保护、恢复和可持续利用陆地和内陆的淡水生态系统及其服务，特别是森林、湿地、山麓和旱地

（15.2）到 2020 年，推动对所有类型森林进行可持续管理，停止毁林，恢复退化的森林，大幅增加全球植树造林和重新造林

（15.3）到 2030 年，防治荒漠化，恢复退化的土地和土壤，包括受荒漠化、干旱和洪涝影响的土地，努力建立一个不再出现土地退化的世界

（15.4）到 2030 年，保护山地生态系统，包括其生物多样性，以便加强山地生态系统的能力，使其能够带来对可持续发展必不可少的益处

（15.5）采取紧急重大行动来减少自然栖息地的退化，遏制生物多样性的丧失，到 2020 年，保护受威胁物种，防止其灭绝

（15.6）根据国际共识，公正和公平地分享利用遗传资源产生的利益，促进适当获取这类资源

（15.7）采取紧急行动，终止偷猎和贩卖受保护的动植物物种，处理非法野生动植物产品的供求问题

（15.8）到 2020 年，采取措施防止引入外来入侵物种并大幅减少其对土地和水域生态系统的影响，控制或消灭其中的重点物种

（15.9）到 2020 年，把生态系统和生物多样性价值观纳入国家和地方规划、发展进程、减贫战略和核算

（15.a）从各种渠道动员并大幅增加财政资源，以保护和可持续利用生物多样性和生态系统

（15.b）从各种渠道大幅动员资源，从各个层级为可持续森林管理提供资金支持，并为发展中国家推进可持续森林管理，包括保护森林和重新造林，提供充足的激励措施

（15.c）在全球加大支持力度，打击偷猎和贩卖受保护物种，包括增加地方社区实现

---

① 考虑到世界贸易组织正在进行的谈判、《多哈发展议程》和香港部长级宣言规定的任务。

可持续生计的机会

目标 16. 创建和平、包容的社会以促进可持续发展，让所有人都能诉诸司法，在各级建立有效、负责和包容的机构

（16.1） 在全球大幅减少一切形式的暴力和相关的死亡率

（16.2） 制止对儿童进行虐待、剥削、贩卖以及一切形式的暴力和酷刑

（16.3） 在国家和国际层面促进法治，确保所有人都有平等诉诸司法的机会

（16.4） 到 2030 年，大幅减少非法资金和武器流动，加强追赃和被盗资产返还力度，打击一切形式的有组织犯罪

（16.5） 大幅减少一切形式的腐败和贿赂行为

（16.6） 在各级建立有效、负责和透明的机构

（16.7） 确保各级的决策反应迅速，具有包容性、参与性和代表性

（16.8） 扩大和加强发展中国家对全球治理机构的参与

（16.9） 到 2030 年，为所有人提供法律身份，包括出生登记

（16.10） 根据国家立法和国际协议，确保公众获得各种信息，保障基本自由

（16.a） 通过开展国际合作等方式加强相关国家机制，在各层级提高各国尤其是发展中国家的能力建设，以预防暴力，打击恐怖主义和犯罪行为

（16.b） 推动和实施非歧视性法律和政策以促进可持续发展

目标 17. 加强执行手段，重振可持续发展全球伙伴关系

筹资

（17.1） 通过向发展中国家提供国际支持等方式，以改善国内征税和提高财政收入的能力，加强筹集国内资源

（17.2） 发达国家全面履行官方发展援助承诺，包括许多发达国家向发展中国家提供占发达国家国民总收入 0.7% 的官方发展援助，以及向最不发达国家提供占比 0.15% 至 0.2% 援助的承诺；鼓励官方发展援助方设定目标，将占国民总收入至少 0.2% 的官方发展援助提供给最不发达国家

（17.3） 从多渠道筹集额外财政资源用于发展中国家

（17.4） 通过政策协调，酌情推动债务融资、债务减免和债务重组，以帮助发展中国家实现长期债务可持续性，处理重债穷国的外债问题以减轻其债务压力

（17.5） 采用和实施对最不发达国家的投资促进制度

技术

（17.6） 加强在科学、技术和创新领域的南北、南南、三方区域合作和国际合作，加强获取渠道，加强按相互商定的条件共享知识，包括加强现有机制间的协调，特别是在联合国层面加强协调，以及通过一个全球技术促进机制加强协调

（17.7） 以优惠条件，包括彼此商定的减让和特惠条件，促进发展中国家开发以及向

其转让、传播和推广环境友好型的技术

（17.8）促成最不发达国家的技术库和科学、技术和创新能力建设机制到 2017 年全面投入运行，加强促成科技特别是信息和通信技术的使用

能力建设

（17.9）加强国际社会对在发展中国家开展高效的、有针对性的能力建设活动的支持力度，以支持各国落实各项可持续发展目标的国家计划，包括通过开展南北合作、南南合作和三方合作

贸易

（17.10）通过完成多哈发展回合谈判等方式，推动在世界贸易组织下建立一个普遍、以规则为基础、开放、非歧视和公平的多边贸易体系

（17.11）大幅增加发展中国家的出口，尤其是到 2020 年使最不发达国家在全球出口中的比例翻番

（17.12）按照世界贸易组织的各项决定，及时实现所有最不发达国家的产品永久免关税和免配额进入市场，包括确保对从最不发达国家进口产品的原产地优惠规则是简单、透明和有利于市场准入的

系统性问题

政策和机制的一致性

（17.13）加强全球宏观经济稳定，包括为此加强政策协调和政策一致性

（17.14）加强可持续发展政策的一致性

（17.15）尊重每个国家制定和执行消除贫困和可持续发展政策的政策空间和领导作用

多利益攸关方伙伴关系

（17.16）加强全球可持续发展伙伴关系，以多利益攸关方伙伴关系作为补充，调动和分享知识、专长、技术和财政资源，以支持所有国家、尤其是发展中国家实现可持续发展目标

（17.17）借鉴伙伴关系的经验和筹资战略，鼓励和推动建立有效的公共、公私和民间社会伙伴关系

数据、监测和问责

（17.18）到 2020 年，加强向发展中国家，包括最不发达国家和小岛屿发展中国家提供的能力建设支持，大幅增加获得按收入、性别、年龄、种族、民族、移徙情况、残疾情况、地理位置和各国国情有关的其他特征分类的高质量、及时和可靠的数据

（17.19）到 2030 年，借鉴现有各项倡议，制定衡量可持续发展进展的计量方法，作为对国内生产总值的补充，协助发展中国家加强统计能力建设

执行手段和全球伙伴关系

60. 我们再次坚定承诺全面执行这一新议程。我们认识到，如果不加强全球伙伴关系并恢复它的活力，如果没有相对具有雄心的执行手段，就无法实现我们的宏大目标和具体目标。恢复全球伙伴关系的活力有助于让国际社会深度参与，把各国政府、民间社会、私营部门、联合国系统和其他参与者召集在一起，调动现有的一切资源，协助执行各项目标和具体目标。

61. 本议程的目标和具体目标论及实现我们的共同远大目标所需要的手段。上文提到的每个可持续发展目标下的执行手段和目标 17，是实现议程的关键，和其他目标和具体目标同样重要。我们在执行工作中和在监督进展的全球指标框架中，应同样予以优先重视。

62. 可在《亚的斯亚贝巴行动议程》提出的具体政策和行动的支持下，在恢复全球可持续发展伙伴关系活力的框架内实现本议程，包括实现各项可持续发展目标。《亚的斯亚贝巴行动议程》是 2030 年可持续发展议程的一个组成部分，它支持和补充 2030 年议程的执行手段，并为其提供背景介绍。它涉及国内公共资金、国内和国际私人企业和资金、国际发展合作、促进发展的国际贸易、债务和债务可持续性、如何处理系统性问题以及科学、技术、创新、能力建设、数据、监测和后续行动等事项。

63. 我们工作的中心是制定国家主导的具有连贯性的可持续发展战略，并辅之以综合性国家筹资框架。我们重申，每个国家对本国的经济和社会发展负有主要责任，国家政策和发展战略的作用无论怎样强调都不过分。我们将尊重每个国家在遵守相关国际规则和承诺的情况下执行消贫和可持续发展政策的政策空间和领导权。与此同时，各国的发展努力需要有利的国际经济环境，包括连贯的、相互支持的世界贸易、货币和金融体系，需要加强和改进全球经济治理。还需要在全球范围内开发和协助提供有关知识和技术，开展能力建设工作。我们致力于实现政策连贯性，在各层面为所有参与者提供一个有利于可持续发展的环境，致力于恢复全球可持续发展伙伴关系的活力。

64. 我们支持执行相关的战略和行动方案，包括《伊斯坦布尔宣言和行动纲领》、《小岛屿发展中国家快速行动方式》（萨摩亚途径）、《内陆发展中国家 2014～2024 年十年维也纳行动纲领》，并重申必须支持非洲联盟《2063 年议程》和非洲发展新伙伴关系，因为它们都是新议程的组成部分。我们意识到在冲突和冲突后国家中实现持久和平与可持续发展有很大挑战。

65. 我们认识到，中等收入国家在实现可持续发展方面仍然面临重大挑战。为了使迄今取得的成就得以延续下去，应通过交流经验，加强协调来进一步努力应对当前挑战，联合国发展系统、国际金融机构、区域组织和其他利益攸关方也应提供更好、重点更突出的支持。

66. 我们特别指出，所有国家根据本国享有自主权的原则制定公共政策并筹集、有效使用国内资源，对于我们共同谋求可持续发展，包括实现可持续发展目标至关重要。我们认识到，国内资源首先来自经济增长，并需要在各层面有一个有利的环境。

67. 私人商业活动、投资和创新，是提高生产力、包容性经济增长和创造就业的主要动力。我们承认私营部门的多样性，包括微型企业、合作社和跨国公司。我们呼吁所有企业利用它们的创造力和创新能力来应对可持续发展的挑战。我们将扶植有活力和运作良好的企业界，同时要求《工商业与人权指导原则》、劳工组织劳动标准、《儿童权利公约》和主要多边环境协定等相关国际标准和协定的缔约方保护劳工权利，遵守环境和卫生标准。

68. 国际贸易是推动包容性经济增长和减贫的动力，有助于促进可持续发展。我们将继续倡导在世界贸易组织框架下建立普遍、有章可循、开放、透明、可预测、包容、非歧视和公平的多边贸易体系，实现贸易自由化。我们呼吁世贸组织所有成员国加倍努力，迅速结束《多哈发展议程》的谈判。我们非常重视向发展中国家，包括非洲国家、最不发达国家、内陆发展中国家、小岛屿发展中国家和中等收入国家提供与贸易有关的能力建设支持，包括促进区域经济一体化和互联互通。

69. 我们认识到，需要通过加强政策协调，酌情促进债务融资、减免、重组和有效管理，来帮助发展中国家实现债务的长期可持续性。许多国家仍然容易受到债务危机影响，而且有些国家，包括若干最不发达国家、小岛屿发展中国家和一些发达国家，正身处危机之中。我们重申，债务国和债权国必须共同努力，防止和消除债务不可持续的局面。保持可持续的债务水平是借债国的责任；但是我们承认，贷款国也有责任采用不削弱国家债务可持续性的方式发放贷款。我们将协助已经获得债务减免和使债务数额达到可持续水平的国家维持债务的可持续性。

70. 我们特此启动《亚的斯亚贝巴行动议程》设立的技术促进机制，以支持实现可持续发展目标。该技术促进机制将建立在会员国、民间社会、私营部门、科学界、联合国机构及其他利益攸关方等多个利益攸关方开展协作的基础上，由以下部分组成：联合国科学、技术、创新促进可持续发展目标跨机构任务小组；科学、技术、创新促进可持续发展目标多利益攸关方协作论坛；以及网上平台。

●联合国科学、技术、创新促进可持续发展目标跨机构任务小组将在联合国系统内，促进科学、技术、创新事项的协调、统一与合作，加强相互配合、提高效率，特别是加强能力建设。任务小组将利用现有资源，与来自民间社会、私营部门和科学界的 10 名代表合作，筹备科学、技术、创新促进可持续发展目标多利益攸关方论坛会议，并组建和运行网上平台，包括就论坛和网上平台的模式提出建议。10 名代表将由秘书长任命，任期两年。所有联合国机构、基金和方案以及经社理事会职能委员会均可参加任务小组。任务小组最初将由目前构成技术促进非正式工作组的以下机构组成：联合国秘书处经济和社会事务部、联合国环境规划署、联合国工业发展组织、联合国教育、科学及文化组织、联合国贸易和发展会议、国际电信联盟、世界知识产权组织和世界银行。

●网上平台负责全面汇集联合国内外现有的科学、技术、创新举措、机制和方案的信息，并进行信息流通和传输。网上平台将协助人们获取推动科学、技术、创新的举措和政策的信息、知识、经验、最佳做法和相关教训。网上平台还将协助散发世界各地可以公开获取的相关科学出版物。我们将根据独立技术评估的结果开发网上平台，有关评估会考虑到联合国内外相关举措的最佳做法和经验教训，确保这一平台补充现有的科学、技术、创新平台，为使用已有平台提供便利，并充分提供已有平台的信息，避免重叠，加强相互配合。

●科学、技术和创新促进可持续发展目标多利益攸关方论坛将每年举行一次会议，为期两天，讨论在落实可持续发展目标的专题领域开展科学、技术和创新合作的问题，所有相关利益攸关方将会聚一堂，在各自的专业知识领域中做出积极贡献。论坛将提供一个平台，促进相互交流，牵线搭桥，在相关利益攸关方之间创建网络和建立多利益攸关方伙伴关系，以确定和审查技术需求和差距，包括在科学合作、创新和能力建设方面的需求和差距，并帮助开发、转让和传播相关技术来促进可持续发展目标。经社理事会主席将在经社理事会主持召开的高级别政治论坛开会之前，召开多利益攸关方论坛的会议，或可酌情在考虑到拟审议的主题，并同其他论坛或会议组织者合作的基础上，与其他论坛或会议一同举行。会议将由两个会员国共同主持，并由两位共同主席起草一份讨论情况总结，作为执行和评估2015年后可持续发展议程工作的一部分，提交给高级别政治论坛会议。

● 高级别政治论坛会议将参考多利益攸关方论坛的总结。可持续发展问题高级别政治论坛将在充分吸纳任务小组专家意见的基础上，审议科学、技术和创新促进可持续发展目标多利益攸关方论坛其后各次会议的主题。

71. 我们重申，本议程、可持续发展目标和具体目标，包括执行手段，是普遍、不可分割和相互关联的。

后续落实和评估

72. 我们承诺将系统地落实和评估本议程今后15年的执行情况。一个积极、自愿、有效、普遍参与和透明的综合后续落实和评估框架将大大有助于执行工作，帮助各国最大限度地推动和跟踪本议程执行工作的进展，绝不让任何一个人掉队。

73. 该框架在国家、区域和全球各个层面开展工作，推动我们对公民负责，协助开展有效的国际合作以实现本议程，促进交流最佳做法和相互学习。它调动各方共同应对挑战，找出新问题和正在出现的问题。由于这是一个全球议程，各国之间的相互信任和理解非常重要。

74. 各级的后续落实和评估工作将遵循以下原则：

（a）自愿进行，由各国主导，兼顾各国不同的现实情况、能力和发展水平，并尊重各国的政策空间和优先事项。国家自主权是实现可持续发展的关键，全球评估将主要根据各国提供的官方数据进行，因此国家一级工作的成果将是区域和全球评估的基础。

（b）跟踪所有国家执行普遍目标和具体目标的进展，包括执行手段，同时尊重目标和具体目标的普遍性、综合性和相互关联性以及可持续发展涉及的三个方面。

（c）后续评估工作将长期进行，找出成绩、挑战、差距和重要成功因素，协助各国作出政策选择。相关工作还将协助找到必要的执行手段和伙伴关系，发现解决办法和最佳做法，促进国际发展系统的协调与成效。

（d）后续评估工作将对所有人开放，做到包容、普遍参与和透明，还将协助所有相关利益攸关方提交报告。

（e）后续评估工作以人为本，顾及性别平等问题，尊重人权，尤其重点关注最贫困、最脆弱和落在最后面的人。

（f）后续工作将以现有平台和工作（如果有的话）为基础，避免重复，顺应各国的国情、能力、需求和优先事项。相关工作还将随着时间的推移不断得到改进，并考虑到新出现的问题和新制定的方法，同时尽量减少国家行政部门提交报告的负担。

（g）后续评估工作将保持严谨细致和实事求是，并参照各国主导的评价工作结果和以下各类及时、可靠和易获取的高质量数据：收入、性别、年龄、种族、族裔、迁徙情况、残疾情况、地理位置和涉及各国国情的其它特性。

（h）后续评估工作要加强对发展中国家的能力建设支持，包括加强各国、特别是非洲国家、最不发达国家、小岛屿发展中国家和内陆发展中国家以及中等收入国家的数据系统和评价方案。

（i）后续评估工作将得到联合国系统和其他多边机构的积极支持。

75. 将采用一套全球指标来落实和评估这些目标和具体目标。这套全球指标将辅以会员国拟定的区域和国家指标，并采纳旨在为尚无国家和全球基线数据的具体目标制定基线数据而开展工作的成果。可持续发展目标的指标跨机构专家组拟定的全球指标框架将根据现有的任务规定，由联合国统计委员会在 2016 年 3 月前商定，并由经社理事会及联合国大会在其后予以通过。这一框架应做到简明严格，涵盖所有可持续发展目标和具体目标，包括执行手段，保持它们的政治平衡、整合性和雄心水平。

76. 我们将支持发展中国家，特别是非洲国家、最不发达国家、小岛屿发展中国家和内陆发展中国家加强本国统计局和数据系统的能力，以便能获得及时、可靠的优质分类数据。我们将推动以透明和负责任的方式加强有关的公私合作，利用各领域数据、包括地球观测和地理空间信息，同时确保各国在支持和跟踪进展过程中享有自主权。

77. 我们承诺充分参与在国家以下、国家、区域和全球各层面定期进行的包容性进展评估。我们将尽可能多地利用现有的后续落实和评估机构和机制。可通过国家报告来评估进展，并查明区域和全球各层面的挑战。国家报告将与区域对话及全球评估一起，为各级后续工作提出建议。

国家层面

78. 我们鼓励所有会员国尽快在可行时制定具有雄心的国家对策来全面执行本议程。这些对策有助于向可持续发展目标过渡，并可酌情借鉴现有的规划文件，例如国家发展战略和可持续发展战略。

79. 我们还鼓励会员国在国家和国家以下各级定期进行包容性进展评估，评估工作由国家来主导和推动。这种评估应借鉴参考土著居民、民间社会、私营部门和其他利益攸关方的意见，并符合各国的国情、政策和优先事项。各国议会以及其他机构也可以支持这些工作。

区域层面

80. 区域和次区域各级的后续落实和评估可酌情为包括自愿评估在内的互学互鉴、分享最佳做法和讨论共同目标提供机会。为此，我们欢迎区域、次区域委员会和组织开展合作。包容性区域进程将借鉴各国的评估结果，为全球层面（包括可持续发展问题高级别政治论坛）的后续落实和评估工作提出意见建议。

81. 我们认识到，必须巩固加强现有的区域后续落实和评估机制并留出足够的政策空间，鼓励所有会员国寻找交换意见的最恰当区域论坛。我们鼓励联合国各区域委员会继续在这方面支持会员国。

全球层面

82. 高级别政治论坛将根据现有授权，同联合国大会、经社理事会及其他相关机构和论坛携手合作，在监督全球各项后续落实和评估工作方面发挥核心作用。它将促进经验交流，包括交流成功经验、挑战和教训，并为后续工作提供政治领导、指导和建议。它将促进全系统可持续发展政策的统一和协调。它应确保本议程继续有实际意义，具有雄心水平，注重评估进展、成就及发达国家和发展中国家面临的挑战以及新问题和正在出现的问题。它将同联合国所有相关会议和进程、包括关于最不发达国家、小岛屿发展中国家和内陆发展中国家的会议和进程的后续落实和评估安排建立有效联系。

83. 高级别政治论坛的后续落实和评估工作可参考秘书长和联合国系统根据全球指标框架、各国统计机构提交的数据和各区域收集的信息合作编写的可持续发展目标年度进展情况报告。高级别政治论坛还将参考《全球可持续发展报告》，该报告将加强科学与政策的衔接，是一个帮助决策者促进消除贫困和可持续发展的强有力的、以实证为基础的工具。我们请经社理事会主席就全球报告的范围、方法和发布频率举行磋商，磋商内容还包括其与可持续发展目标进展情况报告的关系。磋商结果应反映在高级别政治论坛2016年年会的部长级宣言中。

84. 经社理事会主持的高级别政治论坛应根据大会2013年7月9日第67/290号决议定期开展评估。评估应是自愿的，鼓励提交报告，且评估应让发达和发展中国家、联合国相关机构和包括民间社会、私营部门在内的其他利益攸关方参加。评估应由国家主导，由部长级官员和其他相关的高级别人士参加。评估应为各方建立伙伴关系提供平台，包括请主要群体和其他相关利益攸关方参与。

85. 高级别政治论坛还将对可持续发展目标的进展，包括对贯穿不同领域的问题，进行专题评估。这些专题评估将借鉴经社理事会各职能委员会和其他政府间机构和论坛的评估结果，并应表明目标的整体性和它们之间的相互关联。评估将确保所有相关利益攸关方参与，并尽可能地融入和配合高级别政治论坛的周期。

86. 我们欢迎按《亚的斯亚贝巴行动议程》所述，专门就发展筹资领域成果以及可持续发展目标的所有执行手段开展后续评估，这些评估将结合本议程的落实和评估工作进行。经社理事会发展筹资年度论坛的政府间商定结论和建议将纳入高级别政治论坛评估本议程执行情况的总体工作。

87. 高级别政治论坛每四年在联合国大会主持下召开会议，为本议程及其执行工作提供高级别政治指导，查明进展情况和新出现的挑战，动员进一步采取行动以加快执行。高级别政治论坛下一次会议将在联合国大会主持下于2019年召开，会议周期自此重新设定，以便尽可能与四年度全面政策评估进程保持一致。

88. 我们还强调，必须开展全系统战略规划、执行和提交报告工作，以确保联合国发展系统为执行新议程提供协调一致的支持。相关理事机构应采取行动，评估对执行工作的支持，报告取得的进展和遇到的障碍。我们欢迎经社理事会目前就联合国发展系统的长期定位问题开展的对话，并期待酌情就这些问题采取行动。

89. 高级别政治论坛将根据第67/290号决议支持主要群体和其他利益攸关方参与落实和评估工作。我们呼吁上述各方报告它们对议程执行工作做出的贡献。

90. 我们请秘书长与会员国协商，为筹备高级别政治论坛2016年会议编写一份报告，提出在全球统一开展高效和包容的后续落实和评估工作的重要时间节点，供第七十届联合国大会审议。这份报告应有关于高级别政治论坛在经社理事会主持下开展国家主导的评估的组织安排、包括关于自愿共同提交报告准则的建议。报告应明确各机构的职责，并就年度主题、系列专题评估和定期评估方案，为高级别政治论坛提供指导意见。

91. 我们重申，我们将坚定不移地致力于实现本议程，充分利用它来改变我们的世界，让世界到 2030 年时变得更美好。